原书第四版
Fourth Edition

生命科学名著

Essential Developmental Biology

基础发育生物学

〔英〕J. M. W. 斯莱克（J. M. W. Slack）
L. 戴尔（L. Dale）　编著

林古法　陈　瑛　译

科学出版社
北京

图字：01-2015-0534 号

内 容 简 介

本书系统阐述发育生物学核心原理和前沿进展。以动物发育为主线，系统解析细胞命运决定、受精等基础过程，以及体轴形成、器官发生、细胞分化的分子机制与调控网络。书中融合模式生物发育经典案例与 CRISPR 基因编辑、单细胞测序等新技术成果，充分展现学科交叉融合态势。从生长、进化与再生视角，深入剖析物种间发育机制的异同，揭示胚胎发育异常、干细胞分化等生命现象的全新认知。章节后的研究新方向讨论，则助力读者把握学科前沿动态。

本书是生物学、医学、生物技术等专业本硕阶段的核心学习资料，也适合具备基础生物学知识的科普爱好者阅读。读者可从中领略生命发育的精妙逻辑，感受发育生物学在攻克疾病、推动组织再生方面的巨大潜力。

Title: Essential Developmental Biology, 4th Edition by Jonathan M. W. Slack, Leslie Dale，ISBN: 9781119512851

Copyright ©2022 John Wiley & Sons Ltd.

All Right Reserved. Authorised Translation from the English language edition published by John Wiley & Sons Limited. Responsibility for the accuracy of the translation rests solely with China Science Publishing & Media Ltd.(Science Press) and is not the responsibility of John Wiley & Sons Limited. No part of this book may be reproduced in any form without the written permission of the original copyright holder, John Wiley & Sons Limited.

Copies of this book sold without a Wiley sticker on the cover are unauthorized and illegal.

本书中文简体版专有翻译出版权由 John Wiley & Sons, Inc. 公司授予科学出版社。未经许可，不得以任何手段和形式复制或抄袭本书内容。

本书封底贴有 Wiley 防伪标签，无标签者不得销售。

图书在版编目（CIP）数据

基础发育生物学：原书第四版／（英）J. M. W. 斯莱克（J. M. W. Slack），L. 戴尔（L. Dale）编著；林古法，陈瑛译. -- 北京：科学出版社，2025. 6.

（生命科学名著）. -- ISBN 978-7-03-081895-9

Ⅰ. Q132

中国国家版本馆 CIP 数据核字第 2025U6T274 号

责任编辑：罗　静　刘　晶／责任校对：严　娜
责任印制：肖　兴／封面设计：刘新新

科 学 出 版 社 出版
北京东黄城根北街 16 号
邮政编码：100717
http://www.sciencep.com
北京中科印刷有限公司印刷
科学出版社发行　各地新华书店经销
*
2025 年 6 月第 一 版　开本：889×1194　1/16
2025 年 6 月第一次印刷　印张：36 3/4
字数：1 190 000
定价：328.00 元
（如有印装质量问题，我社负责调换）

前　言

本书介绍了与动物发育生物学相关的基本概念和事实。本书可供本科生以及低年级研究生参考使用，既适用于生物学导向的课程，也适用于医学导向的课程。本书假设读者已具备细胞和分子生物学的基本知识，但并不要求读者预先了解发育、动物结构或组织学。

本书是第四版，由两位作者共同完成。莱斯利·戴尔（Leslie Dale）是伦敦大学学院细胞与发育生物学教学主任，拥有宝贵的教学经验并与前沿研究保持紧密联系，他的加盟为本书资深作者乔纳森·斯莱克（Jonathan Slack）的专业知识提供了有力补充。本书特别纳入了两项技术进步：一是单细胞转录物组测序技术，为在分子水平上观察发育命运和定型提供了一种全新的方法；二是 CRISPR/Cas9 和其他靶向基因的操作方法，极大地扩展了发育生物学的研究范畴。

本书分为四个部分，其主题安排遵循逻辑递进的原则。第一部分介绍基本概念和技术。其中，第 2 章"发育如何运作"旨在对发育机制进行简明扼要的总结，适合入门教学。我们还将信号系统的生物化学内容（之前位于附录）移至了第 4 章，以便将实验胚胎学的理论概念及其背后的分子通路一起进行介绍。第一部分还包含一个关于"从细胞到组织"（第 6 章）的新章节，探讨形态发生的基础以及细胞接触和细胞骨架的底层作用。这个主题在其他教材中常常被分散为多个独立案例，从而失去了其连贯性。

第二部分涵盖了 6 种主要"模式生物"（爪蛙、斑马鱼、鸡、小鼠、果蝇和秀丽隐杆线虫）的早期发育（直至总体躯体模式阶段）。在这个版本中，我们添加了一个新的"模型"，即人类胚胎本身。当然，动物物种始终是研究人类的模式生物，但我们认为，现在对人类发育本身已经有了足够的了解，因此单独为其设立一章是必要的，也是恰当的。

第三部分探讨器官发育，主要涉及脊椎动物的器官发育，但也包括果蝇的成虫盘。该部分已被完全重写和更新，并特别关注了那些已阐明的、与人类发育缺陷有关的分子基础。

第四部分涉及当代高度关注的一些主题，包括组织结构（tissue organization）与干细胞，生长、衰老和癌症，再生医学、进化以及再生。"再生"的部分被调整至最后一章（第 24 章），因为我们发现第 23 章"进化与发育"中提供的关于动物分类的介绍对于理解某些再生模型的本质是很有用的。

与之前的版本一样，第四版《基础发育生物学》在以下四个重要方面与同类教材显著不同，我们认为所有这些特点对有效教学都是至关重要的。

- 在讨论早期发育时，本书将不同模式生物分开讲解。这避免了使学生产生混淆，比如误以为可以使用爪蛙胚胎干细胞进行基因敲除，或者认为结合蛋白（bindin）对于哺乳动物的受精是必不可少的。

- 本书避免过多强调历史和实验的先后顺序，因为对于学生们来说，如果这一切都发生于 20～30 年前，他们并不在乎是谁首先做了某件事。

- 本书对我们为何相信我们所做的工作进行了解释。对发育生物学的理解绝非源于简单记忆一长串基因名称，因此我们始终致力于深入阐释如何研究发育现象，以及需要何种证据来证明特定类型的研究结果。

- 本书重点突出。为了使文本简洁明了，我们对所讨论的器官系统的数量进行了限制，并避免涉及植物或低等真核生物发育等领域，这些领域可能非常有趣，但实际上是独立的生物学分支。

本书前三个版本受到了用户和评阅者的好评，我们希望第四版将使本书成为世界各地本科生和研究生教学更受欢迎的选择。

学习中的障碍

学生有时认为发育生物学是一门困难的学科，但只要能在早期阶段识别出某些理解上的障碍，情况就不会如此。胚胎身体部位的名称和相互关系对于学生来说往往是陌生的，因此本书将提及的不同身体部位的数量控制在理解实验所需的最低限度，并采用一致的命名规范，例如，本书通篇使用"前端"（anterior），而不用"喙端"（rostral）或"颅端"（cranial）。

许多同类教科书通常将不同的物种混合在一起，例如，它们通常会快速连续地讨论海胆原肠胚形成、爪蛙中胚层诱导和鸡胚体节形成。这使得学生不确定哪些生物体中发生了哪些过程。为了避免混淆，我们在第二部分中将模式生物物种分开，而在第三部分和第四部分中明确说明了哪些特定研究结果适用于哪些生物。

尽管大多数学生确实了解简单的孟德尔形式的遗传学，但他们不一定能够认识到发育遗传学突显出的某些关键特性。一个基因可以有多个具有不同特性的突变等位基因（如功能丧失、组成性或显性负性等位基因）；或者，一个基因的名称通常对应于其功能丧失表型而不是其正常功能，果蝇 *dorsal* 基因的正常功能是促进腹侧发育！此外，具有抑制性步骤的通路，如 Wnt 通路，常会造成相当大的麻烦，因为难以在图示中展示出"缺失"状态。对于这些问题，本书在前面的章节中进行了充分的解释，并在后续的章节中对其加以适当的强化。我们还提供了图表，以展示抑制通路每个组分后的状态，以便学生可以一目了然地看到改变特定组分的后果；我们还始终清楚地区分了功能丧失、功能获得和显性负性这些不同的突变。

对于一本教科书而言，基因命名是一个棘手的问题，因为不同的模式生物使用不同的命名规范，且通过突变发现的基因与通过蛋白质产物的生物化学研究发现的基因之间也存在不同的命名习惯。在本书中，当内容涉及特定物种时，我们遵循该物种的命名规范；但如果文本内容涉及多个物种中的特定基因，我们则使用一种通用的规范，将基因名称以斜体显示且首字母大写。

学生经常不能区分基因和基因产物，本书使用斜体表示基因符号和使用正体表示蛋白质来帮助他们进行区分。此外，学生有必要了解增加基因产物的表达和激活现有产物的生化功能之间的区别。本书中，我们尝试分别将这两种情况称为"上调"（up regulation）和"激活"（activation），以及将表达或活性降低的情况分别称为"阻遏"（repression）和"抑制"（inhibition），从而使这种区分变得更加容易。

我们尽量不采用名称和功能的口语化组合，如"Notch 受体"（Notch receptor）。这很容易让人误以为说的是 Notch 的受体，而不是 Notch 分子本身，这是一种最好避免的风格。

最后，我们试图将整体细节水平（就基因数量、信号系统和其他分子成分而言）保持在为了解释特定过程的运作所需要的最低限度。这常常意味着不会提及各种并行或冗余的组件，并且省略了 *Cell* 杂志发表的最新的细节信息。

学习成果

当学生完成了本书相关课程后，他们应该能够理解该学科的主要原理和方法。如果他们想进入研究生院深造，他们就已对发育生物学的研究生课程有了很好的准备；如果他们进入制药行业工作，他们应该能够评估用于药物筛选或药物开发的、基于发育系统的测试；如果他们成为高中教师，他们应该能够解释媒体上越来越多的涉及发育主题的故事，这些报道有时不准确，而且常常耸人听闻。无论报道是涉及奇迹的干细胞疗法、人类克隆、四腿鸡还是无头蛙，教师们都应该能够理解和解释这些结果的真实本质，以及这些工作背后的真正动机。确保科学研究成果得到广泛传播，同时使其成为启迪之源而非轰动效应的源头，这符合我们所有人的利益。

致谢

我们非常感谢 Marc Amoyel、Barbara Conradt、Vilaiwan Fernandes、Harv Isaacs、Eric Lambie、JP Martinez-Barbera、Stephen Price、Claudio Stern、Karl Swann 和 Masazumi Tada，他/她们为我们审阅了本书的章节。

我们还感谢 Wiley-Blackwell 编辑团队的持续支持，并感谢我们的家人让我们能够花大量时间来编写这本书。

目　　录

第二部分　主要模式生物

第三部分 器 官 发 生

第四部分 生长、进化与再生

第一部分

基　　础

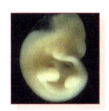

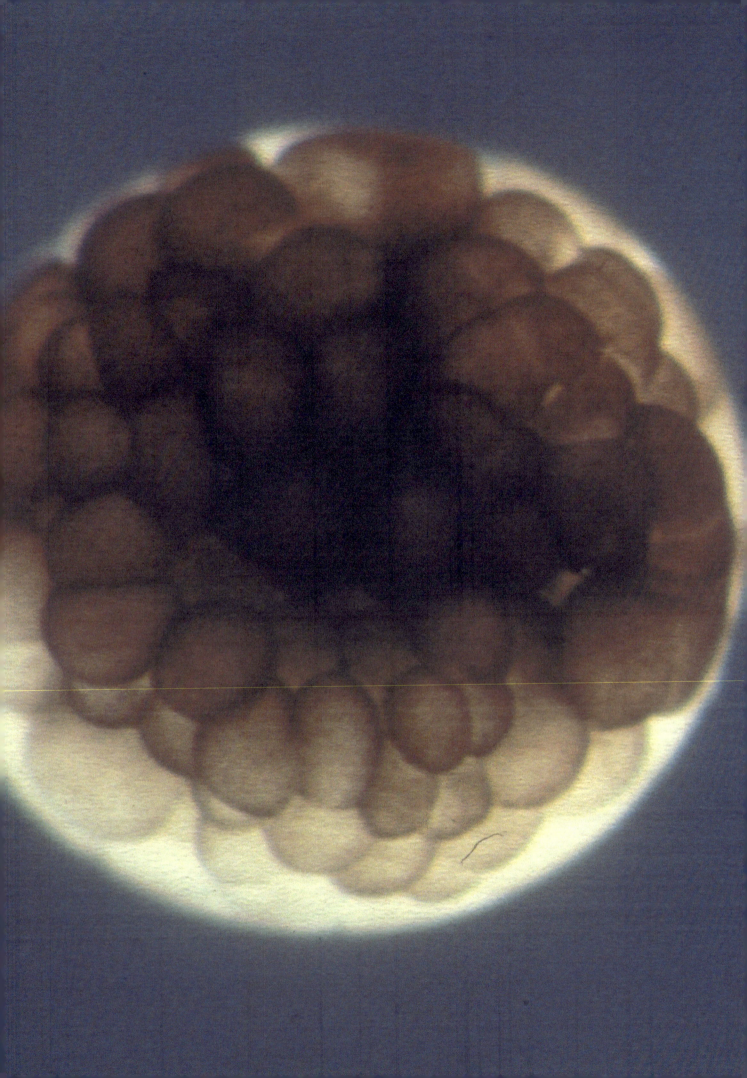

第 1 章

令人兴奋的发育生物学

发育生物学是研究生物形态如何随时间变化的科学。发育在胚胎中最显而易见，胚胎发育中，受精卵逐步发育成一个包含多种细胞类型、组织和身体部位的复杂动物个体。但发育也在其他情况下发生，如在缺失了身体部位后的再生中、在幼体动物向成体形态的变态过程中，甚至在我们自己体内，发育也以持续性的新细胞分化方式进行。

发育生物学在现代生物学中占有独特的中心地位，因为它整合了分子与细胞生物学、遗传学和形态学多个学科。分子与细胞生物学告诉我们单个基因和细胞是如何工作的。在发育中，这涉及细胞间信号因子、它们的受体、细胞内信号转导通路、调节基因表达的转录因子的运作方式。遗传学通常直接告诉我们单个基因的功能及其与其他基因活性的关系。形态学或解剖结构，既是分子事件的结果，也是其原因。这是因为，最初的发育过程产生了胚胎各部分的简单细分，然后在此基础上又发生了更多轮次的信号转导和响应，并最终创建了一个越来越复杂的形态。

因此，发育生物学是一门综合性的学科，它整合了上述三个科学领域的贡献。在思考发育问题时，必须能够同时运用来自这三个科学领域的概念。只有如此，才能对发育有一个完整的把握。

本学科从何而来

现代科学研究最令人惊奇的结论之一是所有动物（包括人类）的发育机制都是非常相似的。这个事实只有在人们能够研究发育过程的分子基础之后才为人所知。在 1980 年之前，我们对这些机制几乎一无所知，但 40 年后，我们知道了很多，并且已有几本关于该主题的本科教科书。在这段时间里，发育生物学一直是生物学研究中最令人兴奋的领域之一。现代发育生物学的每一个组成部分，包括实验胚胎学、发育遗传学和分子生物学，都有自己的历史传统，它们最终融合在一起，形成了目前的单一世界观。

实验胚胎学（**experimental embryology**）自 19 世纪末以来一直延续至今。在最初的几十年里，它主要包括对两栖动物和海胆胚胎的显微手术实验。这些实验证明了**胚胎诱导**（**embryonic induction**）的存在——化学信号控制了胚胎内细胞的发育途径。这些实验显示了这些化学信号在何时、何处起作用，但它们无法对这些信号以及对信号做出反应的分子性质进行鉴定。

发育遗传学（**developmental genetics**）自 20 世纪初就已存在，但它真正繁荣起来是在 20 世纪 70 年代后期，当时对果蝇（*Drosophila melanogaster*）进行了大规模遗传筛选，对数千种影响发育的突变进行了检查。这些**诱变筛选**（**mutagenesis screen**）导致大部分控制发育的基因被鉴定，这些基因不仅控制果蝇的发育，而且在所有动物中起作用。发育基因常具有奇怪的名称，即使在人类中也是如此，这些奇怪的名称往往反映了基因突变在果蝇中的效应。

分子生物学（**molecular biology**）实际上始于 1953 年 DNA 三维结构的发现，并在 20 世纪 70 年代成为基因操作的实用科学。分子生物学的关键技术创新包括：使单个基因能够被扩增到化学上有用的量的**分子克隆**（**molecular cloning**）方法；能够识别 DNA 或 RNA 样品的**核酸杂交**（**nucleic acid hybridization**）方法；

可以确定基因的一级结构及其蛋白质产物的 **DNA 测序**（**DNA sequencing**）方法。一旦这个分子生物学工具包得以组装，它可以应用于较广范畴的生物学问题，包括发育的问题。其最初被用于克隆果蝇的发育基因。事实证明这非常重要，因为研究发现大多数关键的果蝇基因也存在于其他动物中，并且通常控制类似的发育过程。分子生物学方法也直接应用于脊椎动物胚胎，并用于鉴定从前神秘的诱导因子和受其调控的基因。

分子生物学技术的应用意味着发育机制可以第一次从分子层面上得到理解。基因的活性区域可以通过整体原位杂交直接可视化；发育路径也可以通过引入新基因、有选择地移除基因或改变基因之间的调节关系来实验性地进行改变；分子生物学技术的应用还证实，所有动物都使用非常相似的机制来控制它们的发育，这特别令人兴奋，因为这意味着我们真的可以通过了解果蝇、斑马鱼、蛙或小鼠的发育过程来了解人类的发育。

发育生物学的影响

发育生物学除了在知识层面上令人兴奋之外，其某些领域还对社会产生了重大的实际影响。**体外受精**（***in vitro* fertilization**，**IVF**）现在是一项常规程序，已使数百万以前不育的夫妇能够生育孩子。据估计，发达国家现在有 2%～3% 的新生儿来自体外受精，其变化形式包括供体人工授精（artificial insemination by donor, AID）、卵子捐赠和冷冻储存受精卵。罗伯特·爱德华兹（Robert Edwards, 1925—2013）因引入该技术而获得了 2010 年诺贝尔生理学或医学奖。此外，AID、IVF、胚胎冷冻和母体之间的胚胎移植对于农场动物也非常重要，这些技术已在牛身上使用了多年，以提高最优良动物的繁殖潜力。

发育生物学还促使人们认识到，人类胚胎在**器官发生**（**organogenesis**）期间，即在总体躯体模式（body plan）形成之后、各个器官正在形成之时，对损害特别敏感。**畸形学**（**teratology**）研究化学物质、病毒感染和辐射等环境因素对胚胎的影响，促使人们意识到需要保护孕妇免受这些因素的影响。例如，用于降低胆固醇水平的他汀类药物会累及信号分子 Sonic Hedgehog 的胆固醇修饰，可能导致在发育过程中依赖 Hedgehog 信号的多个系统发生各种缺陷，这些系统包括中枢神经系统（central nervous system, CNS）、四肢和椎骨。虽然正常剂量的他汀类药物不太可能对人类产生致畸作用，但这提示人们在怀孕早期应尽量避免使用它们。

发育生物学有助于理解许多人类**出生缺陷**（**birth defect**）的遗传或染色体基础。例如，唐氏综合征是由于额外的 21 号染色体引起的，还存在一些相对常见的性染色体异常。这些异常可以在从羊水中提取的细胞或 DNA 中检测到，这构成了每年数百万准妈妈接受的**羊膜腔穿刺术**（**amniocentesis**）检查的基础。这些异常也可以在**绒毛膜绒毛**（**chorionic villi**）中检测到，绒毛膜绒毛是孕体（conceptus）衍生的胎盘的一部分，可以在怀孕的早期阶段对其进行采样。现在也可以对从 IVF 早期胚胎中移除的单个细胞进行缺陷筛查（**植入前诊断，preimplantation diagnosis**）。许多其他出生缺陷由控制发育的特定基因的突变引起。这些基因突变也可以通过分子生物学技术对父母的 DNA、植入前孕体的 DNA 或绒毛膜绒毛的 DNA 进行筛选。

发育生物学研究还导致了几种新的生长调节物质的鉴定，其中一些已进入临床实践。例如，造血生长因子促红细胞生成素（erythropoietin）和粒细胞-巨噬细胞集落刺激因子（granulocyte-macrophage colony-stimulating factor, GM-CSF）多年来一直被用于治疗因癌症化疗或其他原因而导致血细胞减少的患者。其他如血小板衍生生长因子（platelet-derived growth factor, PDGF），已被用于辅助伤口愈合。

发育生物学也对其他科学领域产生了重大影响。尤其是制作转基因小鼠的方法，这些小鼠现在普遍用作人类疾病的**动物模型**（**animal model**），可以更详细地研究病理机制和测试新的实验疗法。这些绝不仅限于遗传性的疾病模型，因为小鼠中的靶向突变往往可以模拟由非突变原因引起的人类疾病。

最后，同样重要的是，发育生物学一直是干细胞生物学的"助产士"。**胚胎干细胞**（**embryonic stem cell**）是由发育生物学家发现的，人类胚胎干细胞于 1998 年首次被分离出来。这些是**多能**（**pluripotent**）细胞，意味着可以通过体外定向分化的方法从胚胎干细胞获得体内的任何细胞类型。这些定向分化方法在很大程度上依赖于对胚胎中正常信号和响应序列的理解，这也是由发育生物学家建立的。现在还可以通过在皮肤或血液中的正常细胞中过表达某些基因，从任何个体制备**诱导多能干细胞**（induced pluripotent stem cell, iPS 细胞）。从人类多能干细胞中获得的功能性细胞类型，特别是心肌和肝脏细胞，现已被用于新药的安全性筛选。一些临床试验正在研究使用源自多能干细胞的细胞移植来治疗各种疾病，例如，用视网膜色素上皮（retinal pigment epithelium）治疗黄斑变性，或用多巴胺能神经元治疗帕金森病。

未来影响

发育生物学在过去产生了相当大的影响，而未来的影响肯定会更为深远。一些应用，特别是那些涉及人类基因操作的应用，可能会引起一些严重的伦理和法律问题。这些问题必须由整个社会，而不仅仅是作为该学科当前实践者的科学家们来解决。出于这个原因，应尽可能促进人们对发育生物学的了解，这是很重要的，因为只有了解、认可科学，人们才能做出明智的选择。

随着从多能干细胞产生配子技术的不断完善，辅助生殖的范围将进一步扩大。这将使完全不育的人能够拥有源自自身 iPS 细胞的孩子，尽管在可预见的将来，由此产生的孕体仍将需要植入到生物母亲或代孕母亲的子宫中，以确保其发育到足月。

我们可以期待**产前筛查**（prenatal screening）将涵盖所有种类的单基因疾病。尽管这将作为消除人类先天性缺陷的又一举措而受到欢迎，但它也带来了一个问题，即对个体基因构成进行的测试越多，他（或她）就越有可能因为被发现对某种疾病具有易感性而被拒绝提供保险，或失去获得特定职业的机会。

发育生物学肯定会越来越多地用于产生**移植**（transplantation）所需的人体细胞、组织或器官。现在有可能从患者特异性 iPS 细胞制备移植物，这对患者将是完美的免疫匹配。干细胞技术正在与**组织工程**（tissue engineering）方法融合，这使得从组成（constituent）细胞类型产生更复杂的组织和器官成为可能。这一过程涉及产生新型的三维细胞外基质或**支架**（scaffold），使细胞在其上生长并与之相互作用。组织工程将需要更多来自发育生物学的输入，以便能够创建包含多种相互作用的细胞类型的组织，或具有适当的血管和神经供应的组织。干细胞技术还将纳入**基因治疗**（gene therapy），为治疗疾病而引入或修改特定基因。因此，源自干细胞的移植物可能也携带了特定的基因修饰，以纠正患者所遭受的问题。

最后，我们不应忽视发育生物学在农业中的可能应用。对于农场动物，公众期望牛、猪、羊和家禽保留"传统"外观的诉求可能在一定程度上限制发育生物学的应用。但已经开发出技术来生产快速生长的鱼，在羊奶中产生药物或在鸡蛋中生产疫苗。未来，无疑还会涌现出更多其他的发育生物学应用机会。

拓展阅读

有用的网站

发育生物学会–教育部分：http://www.sdbonline.org/education

英国发育生物学会–倡议：http://bsdb.org/advocacy/

描述性为主的教科书

Gilbert, S.F. & Raunio, A.M., eds.（1997）*Embryology: Constructing the Organism*. Sunderland, MA: Sinauer Associates.

Hildebrand, M. & Goslow, G.E.（2001）*Analysis of Vertebrate Structure*, 5th edn. New York: John Wiley & Sons.

Carlson, B.M.（2019）*Human Embryology and Developmental Biology*, 6th edn. Philadelphia: Elsevier Saunders.

Schoenwolf, G., Bleyl, S., Brauer, P. et al.（2021）*Larsen's Human Embryology*, 6th edn. Philadelphia: Elsevier Saunders.

分析性为主的教科书

Wolpert, L., Tickle, C.A., Martinez Arias, A.（2019）*Principles of Development*, 6th edn. Oxford: Oxford University Press.

Barresi, M.J.F. & Gilbert, S.F.（2020）*Developmental Biology*, 12th edn. Sunderland, MA: Sinauer Associates.

生殖技术与畸形学

Ferretti, P., Copp, A., Tickle, C. et al.（2006）*Embryos, Genes and Birth Defects*. Chichester, UK: Wiley.

Gearhart, J. & Coutifaris, C. (2011) In vitro fertilization, the Nobel Prize, and human embryonic stem cells. *Cell Stem Cell* **8**, 12-15.

Araki, M. & Ishii, T. (2014) International regulatory landscape and integration of corrective genome editing into in vitro fertilization. *Reproductive Biology and Endocrinology* **12**, 1-12.

Milunsky, A. & Milunsky, J.M., eds. (2016) *Genetic Disorders and the Fetus: Diagnosis, Prevention, and Treatment*, 7th edn. Hoboken, NJ: Wiley-Blackwell.

Lu, L.N., Lv, B., Huang, K. et al. (2016) Recent advances in preimplantation genetic diagnosis and screening. *Journal of Assisted Reproduction and Genetics* **33**, 1129-1134.

Parrish, J.J. (2014) Bovine in vitro fertilization: in vitro oocyte maturation and sperm capacitation with heparin. *Theriogenology* **81**, 67-73.

干细胞与再生医学

Maienschein, J. (2011) Regenerative medicine's historical roots in regeneration, transplantation, and translation. *Developmental Biology* **358**, 278-284.

Slack, J.M.W. (2021) Stem Cells. *A Very Short Introduction*. 2nd edn. Oxford: Oxford University Press.

Gjorevski, N., Ranga, A. & Lutolf, M.P. (2014) Bioengineering approaches to guide stem cell-based organogenesis. *Development* **141**, 1794-1804.

Kimbrel, E.A. & Lanza, R. (2015) Current status of pluripotent stem cells: moving the first therapies to the clinic. *Nature Reviews Drug Discovery* **14**, 681-692.

Trounson, A. & DeWitt, N.D. (2016) Pluripotent stem cells progressing to the clinic. *Nature Reviews Molecular Cell Biology* **17**, 194-200.

Shafiee, A. & Atala, A. (2017) Tissue engineering: toward a new era of medicine, in: Caskey, C.T. (ed.), *Annual Review of Medicine*, vol. 68. Palo Alto, CA: Annual Reviews, pp. 29-40.

Slack, J.M.W. (2018) *The Science of Stem Cells*. Hoboken, NJ: Wiley-Blackwell.

Dunbar, C.E., High, K.A., Joung, J.K. et al. (2018) Gene therapy comes of age. *Science* **359**, eaan4672.

第2章

发育如何运作

胚胎发育的一些基本过程和机制目前已经相当清楚。本章将在我们目前理解的范围内对发育的工作原理进行总结。我们将在后面的章节中提供证据，介绍为什么我们相信这些机制是这样的，并提供特定生物体发育过程的许多例子。更多关于以名字提及的基因和分子的信息，可在第4章中找到。

胚胎发育涉及将一个单细胞（即受精卵）转变为由许多解剖部分组成的复杂生物体。为分解复杂性，我们可以将胚胎发育中发生的事件视为五类过程。

1. **区域特化（regional specification）**涉及图式（pattern）如何在先前相似的细胞群中出现。例如，大多数早期胚胎会经历一个称为**囊胚（blastula）**或**胚盘（blastoderm）**的阶段，在这个阶段，它们由一个无任何特征的细胞球或细胞片组成（图2.1）。不同区域的细胞需要被编程以形成不同的身体部位，如头部、躯干和尾部。最初的步骤通常涉及沉积在受精卵内特定位置的调节分子，即**决定子（determinant）**。后续的步骤通常涉及细胞间的信号事件，称为**胚胎诱导（embryonic induction）**，这导致在每个细胞区域中，不同组合的发育控制基因上调。

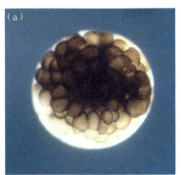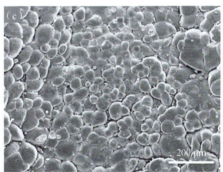

图2.1 （a）爪蟾胚胎的囊胚。（b,c）鸡胚胎的胚盘。低倍和高倍扫描电镜照片。来源：（a）Jonathan Slack；（b,c）Nagai et al. (2015). Development. 142, 1279–1286。

2. 细胞**分化（differentiation）**是指产生不同种类细胞的机制。脊椎动物体内有数百种不同的特化细胞类型，从表皮到甲状腺上皮、淋巴细胞或神经元。每种细胞类型的特征都归因于由特定基因编码的特定蛋白质的存在。细胞分化的研究涉及这些基因的启动表达方式，以及它们的活性是如何在启动后得以维持的。在一些由干细胞供给的有持续细胞更替的区域，细胞分化贯穿一生。

3. **形态发生（morphogenesis）**指的是赋予发育中的器官或生物体三维形状的细胞和组织的运动。这依赖于**细胞骨架（cytoskeleton）**的动力学，以及细胞的力学和黏弹性质。一些形态发生过程在发生组织更新的区域持续到成年期。

4. **生长（growth）**既指生物体整体大小的增加，也指身体各部分之间比例的控制。尽管普通人对生长比发育的其他方面要更熟悉一些，但对生长的分子机制方面仍然了解得较少。

5. 发育中，各个分过程在时间上是协调一致的，但**发育时间（developmental time）**仍然是这一过程中最神秘的一个方面。我们知道不同的物种以不同的速度发育，但我们不知道具体机制是什么。在这个领域，我们的知识存在严重空白。

极短的总结

以下内容提供了关于发育机制的一个快速总结。本章的其余部分将更详细地探讨一些基本的发育过程。后续章节将解释这些过程如何在特定的模式生物或器官发育情况下发挥作用，并为基本模型提供实验证据。

雄性和雌性**配子**（**gamete**）发育并经历**减数分裂**（**meiosis**），从而将它们的**染色体**（**chromosome**）数量减半为每条染色体的一个副本。由此产生的精子和卵在**受精**（**fertilization**）过程中融合形成受精卵或**合子**（**zygote**）。受精卵经历一段时间的**卵裂**（**cleavage**），分裂形成由相似的细胞构成的球状或片状结构，称为**囊胚**（**blastula**）或**胚盘**（**blastoderm**）。卵裂分裂通常很快并且不涉及生长，因此子细胞的大小是母细胞的一半，而整个胚胎保持大约同样的大小。一系列称为**原肠胚形成**（**gastrulation**）的形态发生运动将最初的细胞团转化为由**外胚层**（**ectoderm**）、**中胚层**（**mesoderm**）和**内胚层**（**endoderm**）多细胞层组成的三层结构，这些层被称为**胚层**（**germ layer**）。在卵裂和原肠胚形成过程中，发生第一个区域特化过程。除了三个胚层本身的形成之外，这些过程通常会生成**胚外**（**extraembryonic**）组织，用于支持和营养，并建立将来的**前–后**（**antero-posterior**）身体区域（头部、躯干和尾部）之间定型（commitment）的差异。

区域特化由存在于合子局部区域的**胞质决定子**（**cytoplasmic determinant**）启动，这些决定子被从该区域形成的细胞所继承。这个区域成为一个信号中心，其细胞释放诱导因子（图 2.2 和图 2.3）。因为在某一个地方产生、向外扩散及衰减，诱导因子形成靠近源细胞之处高、远离源细胞之处低的浓度梯度。胚胎的其余细胞不含决定子，但能够通过上调特定的发育控制基因而对不同浓度的诱导因子做出响应。因此，一系列的区域开始建立起来，以逐渐远离由决定子建立的信号中心的方式排列。在每个区域，不同组合的发育控制基因被打开。这些发育控制基因编码**转录因子**（**transcription factor**），上调各个区域新的基因组合的活性。其中一些区域最终将成为新的信号中心，发出与第一个中心释放的不同诱导因子。

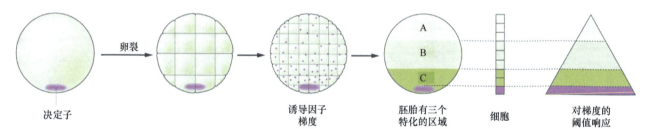

决定子　　　　　　　　　　　诱导因子　　胚胎有三个　　细胞　　对梯度的
　　　　　　　　　　　　　　　梯度　　　　特化的区域　　　　　　阈值响应

图 2.2 从简单的初始状态产生复杂性。此胚胎在下端有一个胞质决定子，充当形态发生素的来源。控制两个区域 B 和 C 形成的基因在适当的阈值浓度下被上调。无任何诱导因子时，默认形成区域 A。

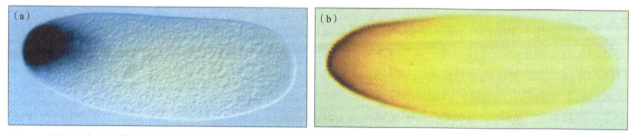

图 2.3 果蝇卵中释放诱导信号的一个决定子。（a）该决定子是位于前端的 *bicoid* mRNA（原位杂交：蓝色）。（b）诱导信号是 bicoid 蛋白梯度（免疫染色：棕色）。来源：Ephrussi and Johnston（2004）. Cell. 116, 143–152.

人们可能会认为，所有胚胎都必然围绕着由首个诱导因子的扩散方向所界定的轴呈辐射对称。一些胚胎类型确实具有辐射对称性，然而在动物发育中，双侧对称更为普遍。这是因为通常还有另一个偏离首个决定子中心的决定子，所以细胞最初的细分是由两个并非平行的信号引发的。这自然而然地产生了最初的双侧区域图式（图 2.4）。决定子存在于所有动物的合子之中。在某些情形下，它们由卵子发生过程中沉积在卵子特定部位的特定 RNA 或蛋白质构成。在其他情形下，决定子会因**对称性破缺**（**symmetry breaking**）过程而定位到合子的某个区域。对称性破缺会将一些物质分离到合子的一个区域，而将其他物质隔离到其他区域（图 2.5）。正是这种对称性破缺的过程，解释了为什么一个呈球形对称或辐射对称的卵仍能够启动内部结构图式的构建。

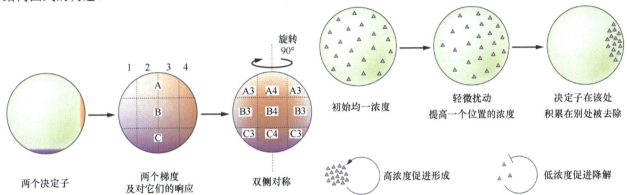

图 2.4　两个决定子产生双侧对称性。两个梯度（紫色和橙色）将胚胎沿两个轴划分为多个区域。由此产生的胚胎具有绕中轴面对称排列的区域。

图 2.5　对称性破缺过程局部化决定子。

最早的发育定型涉及负责**外胚层**、**中胚层**和**内胚层**这三个胚层形成的定型。每个胚层的定型都和特定转录因子的表达有关。这些转录因子的功能之一，是上调特定基因的表达，这些基因赋予表达它们的细胞以特定的黏附特性和运动特性。由于这些不同的形态发生特性，每个胚层的细胞发生移动，进而形成细胞层。最终，外胚层位于最外层，中胚层处于中间，内胚层则在最里层（图 2.6）。导致三个胚层最终定位的形态发生运动，统称为**原肠胚形成**。形态发生运动不仅改变了胚胎的形状和结构，还通过将细胞片带入新的空间关系，使得这些细胞群之间能够产生新的信号转导与响应循环。

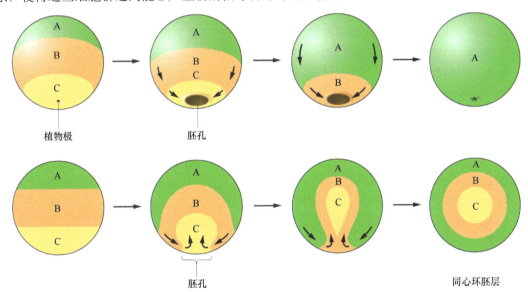

图 2.6　原肠胚形成运动：上排图显示表面视图，下排图显示胚胎的切片。在本图中这个非常简单的例子里，C 区域经下极（植物极）内陷，然后是 B 区域内陷，最终形成以同心环形式排列的三个区域。实际情况中，不同类型动物的原肠胚形成运动差异很大。

在典型胚胎的发育过程中，会多次循环出现同一类事件，包括信号中心分泌诱导信号，以及周围细胞对这些信号作出响应。每个新形成的细胞区域都有特定的活跃基因组合，具备特定的响应诱导信号的能力。这是因为这些细胞区域具有特定的细胞表面受体、特定的信号转导通路，并表达特定的发育控制基因，这些基因已做好准备，一旦接收到信号就会上调表达。诱导因子的种类相对有限，但由于细胞群的感应性（competence）可能随着时间而发生变化，所以同一细胞群在不同的时间对相同的信号可能会有不同的响应方式。基于这一原因，经过连续几轮的诱导信号与响应过程，再加上形态发生运动的影响，最终形成的胚胎发育极为复杂。

生长过程大多具有自主性。对于每个细胞区域而言，其生长速度由区域内活跃基因的组合来控制。独立发育（不依赖母体额外营养供给）的胚胎，其质量不会增加，因为它们没有外部食物供应。然而，由胎盘或胚外卵黄供应给养的胚胎，生长速度会非常快。并且，这些生物体各部分之间相对生长速度的变化，也对最终整体解剖结构的形成起到了促进作用。

整个发育过程需要在时间上精准协调。举例来说，如果诱导因子的分泌和扩散的时间尺度与信号感知和目标基因激活的时间尺度不匹配，那么诱导因子就无法发挥作用。目前，这一过程是如何受到控制的仍不清楚。有可能存在一个主时钟，能与胚胎的各个部分进行信息交互，从而控制所有事件进程；又或者，时间仅取决于事件局部因果序列的内在节奏。最新研究结果显示，不同生物体的发育速度，与它们整体的蛋白质降解速度相关。

配子发生

有性生殖真正起始于配子的形成。按照定义，雄性配子体积小且具有运动能力，被称为精子（spermatozoon 或 sperm）；雌性配子体积大且不具备运动能力，被称为卵（egg 或 ovum）。每个配子贡献一个**单倍体（haploid, 1n）**染色体组，因此合子是**二倍体（diploid, 2n）**，包含每个染色体的母系和父系衍生副本。

配子由胚胎中的**生殖细胞（germ cell）**形成，这些细胞被统称为**种系（germ line）**。它们包含将来可能会成为配子的细胞，而其余所有的细胞都称为**体细胞组织（somatic tissue 或 soma）**。不应将生殖细胞与三个**胚层**相混淆，前者通常在发育的极早期阶段就单独形成了。种系的重要性在于，它的遗传信息可以传递给下一代，而体细胞的遗传信息则无法传递。如果发生突变的配子产生了突变的合子，那么生殖细胞 DNA 中的突变就会传递给下一代。与之相反，体细胞突变可能发生在任何发育阶段的细胞中，并且可能对个体动物的生命活动很重要，但它并不能影响下一代。

通常，未来的生殖细胞在动物发育的早期阶段就定型于其命运了。在某些情况下，卵中存在一种胞质决定子，它能将继承它的细胞编程为生殖细胞。这与可观察到的、被称为**生殖质（germ plasm）**的细胞质特化现象有关。这种现象在秀丽隐杆线虫（*Caenorhabditis elegans*）中可以看到，继承**极粒（polar granule）**的细胞成为 P 谱系，随后成为生殖细胞；在果蝇中也存在这种现象，继承**极质（polar plasm）**的细胞成为极细胞，极细胞后来发育为生殖细胞；在爪蛙中同样如此，其局部定位的生殖质富含线粒体。在其他物种中，卵中可能没有可见的生殖质，但生殖细胞仍会在相对较早的发育阶段形成。

在胚胎发育过程中，生殖细胞会经历一段增殖期，并且通常会从形成部位迁移到**性腺（gonad）**，而性腺可能位于较远的位置。性腺起源于中胚层，最初完全由体细胞组织组成。生殖细胞到达性腺后，会完全整合到性腺结构，并在胚胎后的生命过程中经历配子形成或**配子发生（gametogenesis）**过程。在发育中期的某个阶段，会做出**性别决定（sex determination）**的关键抉择，性腺也因此被决定发育为卵巢或睾丸。有点令人意外的是，每个主要实验模型物种的性别决定分子机制都各不相同，所以本章不会对其进行阐述。但关键要点是，在雄性个体中，生殖细胞变成精子；而在雌性个体中，生殖细胞变成卵。与其他模式生物不同，秀丽隐杆线虫通常是**雌雄同体（hermaphrodite）**，同一个体中的生殖细胞会同时产生精子和卵。然而，秀丽隐杆线虫也有雄性个体，其性别决定机制控制的是雄性–雌雄同体的决定，而不是雄性–雌性的决定。

减数分裂

配子产生中的关键细胞事件是**减数分裂**（**meiosis**）。这是一种特殊的细胞周期类型，在此过程中染色体数目减少了一半（图 2.7）。与**有丝分裂**（**mitosis**）一样，减数分裂前也有一个 DNA 复制阶段。在这个阶段，每条染色体被复制，形成两条相同的姐妹**染色单体**（**chromatid**）。所以，减数分裂刚开始时，细胞核的总 DNA 含量是单倍体 DNA 含量的四倍。在有丝分裂中，姐妹染色单体分离，进入两个相同的二倍体子细胞。而减数分裂则涉及两次连续的细胞分裂。在第一次分裂中，同源染色体（即来自母亲和父亲的等价染色体）彼此配对。在这个阶段，染色体被称为**二价体**（**bivalent**），每个二价体包含四个染色单体，两个来自母系，两个来自父系。这些染色单体之间可能会发生**交换**（**crossing over**），从而导致不同位点上的等位基因发生重组（基因变体）。因此，位于同一个亲本同一条染色体上两个不同位点的**等位基因**（**allele**），可能会分离到不同的配子中，进而存在于不同的后代个体里。同一条染色体上的等位基因，通过重组发生分离的频率，大致与基因座的物理距离成正比，这也就是为什么测量重组频率是遗传作图的基础。重组也可能发生在姐妹染色单体之间，但它们的基因座应该都是相同的，因为它们刚刚通过 DNA 复制而形成，因此姐妹色单体重组不会产生遗传上的影响。

在第一次减数分裂时，四链的二价染色体分离成同源染色体对，然后分别进入两个子细胞。在第二次减数分裂中，不再进行 DNA 复制，每条染色体的两个染色单体被分离到单个配子中。

需注意的是，术语**单倍体**（1n）和**二倍体**（2n）通常用于指代细胞核中同源染色体组的数量，而不是DNA 的实际数量。DNA 复制后，一个细胞核包含两倍于之前的 DNA 量，但倍性称呼不变。减数分裂各阶段的 DNA 含量如图 2.7 和 2.8 所示。

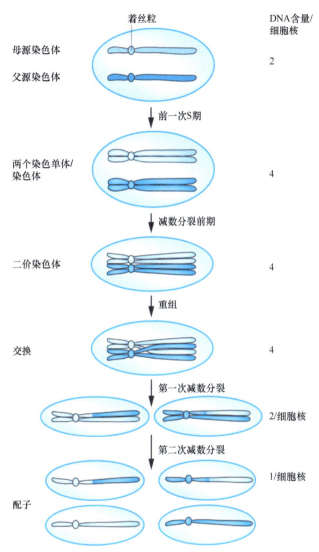

图 2.7　减数分裂过程中染色体的行为。每个阶段的细胞核 DNA 含量标注在右侧。

卵子发生

卵子形成的过程被称为**卵子发生**（**oogenesis**）（图 2.8）。当性别决定为雌性后，生殖细胞变成**卵原细胞**（**oogonium**），卵原细胞会继续进行一段时间的有丝分裂。在最后一次有丝分裂结束后，生殖细胞就被称为**卵母细胞**（**oocyte**）。在第一次减数分裂完成之前，它被称为**初级卵母细胞**（**primary oocyte**），完成第一次减数分裂后，到第二次减数分裂完成之前，它被称为**次级卵母细胞**（**secondary oocyte**）。从第二次减数分裂完成之后起，它被称为未受精的**卵**或卵子（**ovum**）。在本书考虑的所有脊椎动物中，受精过程发生在第二次减数分裂完成之前，所以严格来说，受精的对象是**卵母细胞**而不是**卵**。然而，"egg"这个术语在使用上常常比较宽泛，既可以指卵母细胞、受精卵，甚至还能指代早期胚胎。

卵比精子大，卵发生的过程涉及卵母细胞中物质的积累。通常，初级卵母细胞是一种寿命相当长的细胞，其体积会有相当大的增加。它的生长可能得益于从血液中吸收物质，例如鱼类或两栖动物肝脏产生的**卵黄**（**yolk**）蛋白质。它的生长也可能借助于其他细胞直接转移过来的物质。这种情况在果蝇身上就能看到，果蝇每个卵原细胞的最后四次有丝分裂会产生一个卵室，每个卵室包含一个卵母细胞和 15 个**抚育细胞**（**nurse cell**）。抚育细胞会产生物质，并通过细胞质桥将这些物质输送到卵母细胞中。能够产生大量卵的动物，通常在整个生命过程中都保有一个卵原细胞库，以便产生更多的卵母细胞。哺乳动物的情况有所不同，它们在出生前就已经产生了所有的初级卵母细胞。在人类中，妊娠 7 个月后就不再产生更多的卵母细胞了，而且初级卵母细胞在青春期之前一直处于休眠状态。

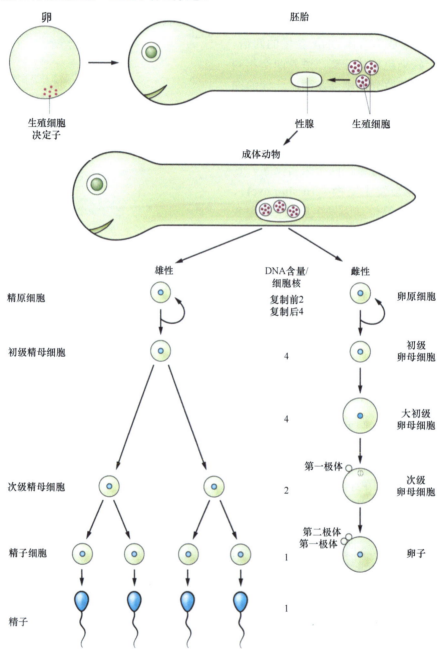

图 2.8　配子发生的典型顺序。生殖细胞最初从胞质决定子形成，在发育过程中迁移进入性腺。精子发生通常每次减数分裂会产生四个单倍体精子。卵子发生通常会形成一个卵子和两个极体（第一极体染色体数目与第二极体相同，但 DNA 含量是第二极体的两倍）。

　　排卵（**ovulation**）指的是卵母细胞重新启动减数分裂并从卵巢中释放出来。这一过程由激素刺激引发，涉及卵母细胞核（**生发泡，germinal vesicle**）的破裂，以及细胞分裂纺锤体向细胞外周的迁移。减数分裂并不会将卵母细胞一分为二，而是会导致小的**极体**（**polar body**）的出芽。第一次减数分裂将初级卵母细胞分为次级卵母细胞和第一极体，第一极体是一个小突起，里面包含复制后的单倍体染色体组（即 1n 信息含量和 2× DNA 含量）。第二次减数分裂将次级卵母细胞分成一个卵子和一个第二极体，第二极体也是一个小突起，包含单倍体染色体组（此时为 1n 信息含量和 1× DNA 含量）。极体很快就会退化，在后续发育中不再发挥作用。

精子发生

如果性别决定的结果是雄性，那么生殖细胞会进行精子发生（spermatogenesis，图 2.8）。睾丸中进行有丝分裂的生殖细胞被称为**精原细胞（spermatogonium）**。其中一部分是**干细胞（stem cell）**，它们既能产生更多的干细胞，也可以产生**祖细胞（progenitor cell）**，祖细胞在分化成精子之前会进行多次有丝分裂。在最后一次有丝分裂之后，雄性生殖细胞就被称为初级精母细胞（primary spermatocyte）。减数分裂是均等分裂，第一次减数分裂产生两个次级精母细胞（secondary spermatocyte），第二次减数分裂产生四个精子细胞（spermatid），这些精子细胞随后成熟成为具有运动能力的精子（spermatozoon，sperm）。

早期发育

受精

受精过程在不同动物群体间存在很大差异，但也有一些共同特征。当精子与卵融合时，卵的结构会发生迅速变化，从而阻止其他精子再与之融合，这一现象被称为多精受精阻抑（block to polyspermy）。精卵融合会激活肌醇三磷酸信号转导通路（见第 4 章），使得细胞内的钙含量迅速增加。这会引发皮质颗粒胞吐，其释放的物质会形成受精膜或参与受精膜的形成；还会触发卵的代谢激活，加快蛋白质合成速度，并且在脊椎动物中重新启动第二次减数分裂。此外，钙可能触发细胞质重排，完成决定子的定位，而决定子对胚胎未来的区域特化至关重要。比如爪蟾中 Wnt 通路的组分在背侧的定位，以及秀丽隐杆线虫中的极粒的分离，都是通过这种方式实现的。精子和卵的原核融合形成单一的二倍体核，此时，受精后的卵被称为**合子（zygote）**。

卵裂

图 2.9 展示了早期发育的一般顺序。典型的动物胚胎合子体积小、呈球形，并具有垂直轴极性。上半球通常带有极体，被称为**动物半球（animal hemisphere）**，下半球富含卵黄，被称为**植物半球（vegetal hemisphere）**。早期的细胞分裂称为**卵裂（cleavage）**。它们与正常细胞分裂的区别在于，连续的分裂之间没有细胞生长期。因此，每次分裂都会将母细胞分成两个体积减半的子细胞（图 2.10）。卵裂产生的细胞被称为**卵裂球（blastomere）**。

在缺乏细胞外卵黄团的独立发育胚胎中，不伴随生长的细胞分裂可以持续相当长的时间。而那些有一定食物供应的胚胎，比如由母体滋养的哺乳动物胚胎，或者卵黄量较大的卵（像鸟类和爬行动物的卵），只在发育初期经历一段有限的卵裂期，之后便开始真正的生长。在许多物种中，胚胎自身的基因组在部分或全部卵裂期都处于非活跃状态，蛋白质合成由卵子发生过程中转录的信使 RNA（**母体 mRNA，maternal mRNA**）来指导。这个阶段属于遗传上的**母体效应（maternal effect）**阶段，因为卵裂期胚胎的性状取决于母体的基因型，而非胚胎本身的基因型（见第 3 章）。

不同的动物类群呈现出不同类型的卵裂方式（图 2.11），这在很大程度上受卵中卵黄量的控制。当卵黄大量存在时，如在鸟类的卵中，细胞质集中在动物极附近，只有这个区域会分裂形成卵裂球，而主要的卵黄团则保持无细胞状态。这种卵裂类型被称为**不完全卵裂（meroblastic）**。当卵裂能将整个卵完全分成卵裂球时，就称为**完全卵裂（holoblastic）**。完全卵裂通常有些不均匀，富含卵黄的植物半球中的卵裂球较大（**大**

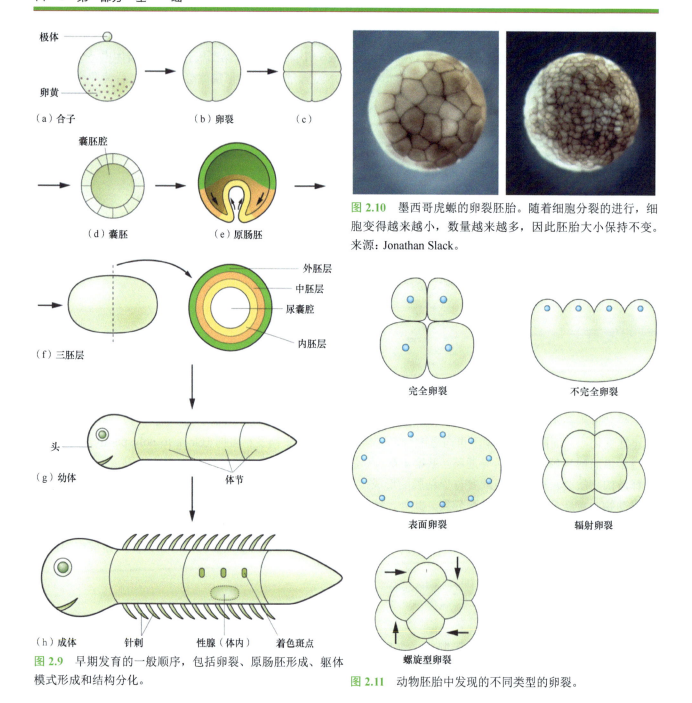

图 2.10　墨西哥虎螈的卵裂胚胎。随着细胞分裂的进行，细胞变得越来越小，数量越来越多，因此胚胎大小保持不变。来源：Jonathan Slack。

图 2.9　早期发育的一般顺序，包括卵裂、原肠胚形成、躯体模式形成和结构分化。

图 2.11　动物胚胎中发现的不同类型的卵裂。

卵裂球，macromere），而动物半球中的卵裂球较小（**小卵裂球，micromere**）。每个动物类或门往往都有早期卵裂的特征性模式，根据卵裂球的排列方式，可以将其分为辐射型（棘皮动物）、双侧型（海鞘）和旋转型（哺乳动物）卵裂等类别。一种重要的卵裂类型是大多数环节动物类的蠕虫、软体动物和扁虫所表现出的**螺旋型卵裂**（**spiral cleavage**）。在螺旋型卵裂里，大裂球会间断地切出小裂球层，从上方看，先是大裂球以右手螺旋方式切出一层小裂球，然后是以左手螺旋方式切出另一层，如此交替进行。大多数昆虫和一些甲壳类动物呈现出一种特殊的卵裂类型，称为**表面卵裂**（**superficial cleavage**）。在表面卵裂里，早期只有细胞核分裂，没有细胞质分裂。所以，早期胚胎变成了**合胞体**（**syncytium**），由许多悬浮在同一细胞质内的细胞核组成。到了一定阶段，细胞核向周边迁移，不久之后细胞膜从胚胎外表面向内生长，包裹住细胞核，形成一个上皮。

　　在卵裂阶段，通常会在细胞球的中心形成一个空腔，若是不完全卵裂，则会在细胞层下方形成一个空腔。这个空腔会因吸水而膨胀，成为**囊胚腔**（**blastocoel**）。在这个发育阶段，胚胎被称为**囊胚**（**blastula**）或**胚盘**（**blastoderm**）。细胞通常彼此紧密黏附，由被称为钙黏蛋白（cadherin）的细胞黏附分子连接在一起，并且通常具有**紧密连接**（tight junction）系统，在囊胚腔的外部环境和内部环境之间形成密封。

原肠胚形成

　　囊胚形成后，所有动物胚胎都会进入一个细胞和组织运动的阶段，称为**原肠胚形成**。这一过程会把简单的细胞球或细胞片层转变为一个三层的结构，即**原肠胚**（gastrula）。即便在亲缘关系较近的动物群体之间，原肠胚形成时形态发生运动的细节也可能大相径庭（图 2.12），但其结果却较为相似。原肠胚形成运动形成的三个组织层，被称为**胚层**，不过可别把它们和**生殖细胞**搞混了。传统上，外层被称为**外胚层**，之后会发育成皮肤和神经系统；中间层是**中胚层**，后来形成肌肉、结缔组织、排泄器官和性腺；内层是**内胚层**，将来发育成肠道的上皮组织。**生殖细胞**通常在原肠胚形成期就已出现，并不被视为三个胚层中的任何一个。

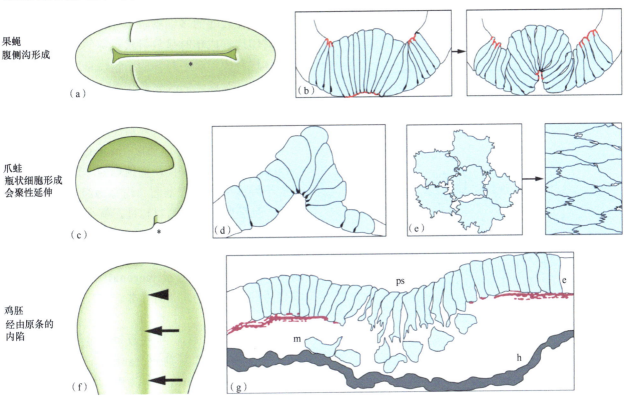

图 2.12　原肠胚形成中的不同过程。（a,b）果蝇腹侧沟形成，＊表示腹侧沟。（c-e）非洲爪蛙原肠胚形成：（c）一分为二的胚胎，＊表示背唇；（d）瓶状细胞出现在胚孔处；（e）细胞插入导致轴向伸长（会聚性延伸）。（f,g）通过鸡胚原条的细胞内移。ps，原条；e，外胚层；m，中胚层；h，下胚层。

　　在主要的身体形态发生运动完成后，大多数类型的动物胚胎都进入了总体**躯体模式**（body plan）阶段。在这个阶段，每个主要身体部位都以包含定型细胞的区域形式存在，但这些区域的内部尚未分化。这个阶段通常被称为**系统发育型阶段**（phylotypic stage），因为在这个阶段，同一动物群体的不同成员（不一定是整个门）彼此之间相似度最高（见第 23 章）。例如，所有脊椎动物在**尾芽**（tailbud）期都处于种系特征性发育时期，此时它们都具备脊索、神经管、成对的体节、鳃弓和尾芽（图 2.13）。所有昆虫都在**延伸胚带**（extended germ band）阶段处于种系特征性发育时期，都有 6 个头节、3 个带有附肢的胸节和数量不等的腹节。

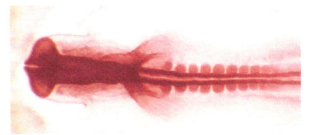

图 2.13　第 10 期鸡胚，显示呈现细胞凝聚的主要身体结构。来源：Jonathan Slack。

体轴与对称性

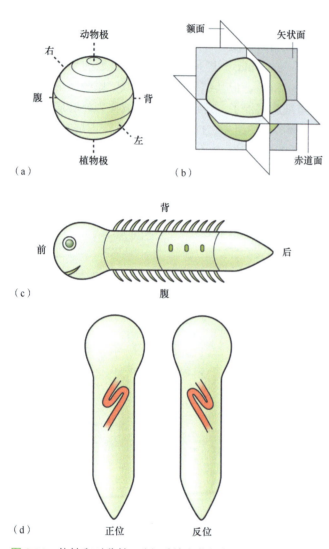

图 2.14　体轴和对称性。(a) 受精卵获得背-腹不对称性后的体轴。(b) 早期胚胎的解剖平面。(c) 从左侧看动物的主要体轴。(d) 动物的腹侧视图，显示从双侧对称性地偏离。

为了能以统一方式确定标本的方向，有必要使用专有术语来描述胚胎（图 2.14）。如果卵大致呈球形，且有动物极和植物极，那么连接这两极的线就是**动物-植物**（**animal-vegetal**）轴。未受精卵通常围绕该轴呈放射状对称，但受精后，细胞质常发生重排，打破最初的放射状对称，产生双侧对称性。在一些生物体（如果蝇）中，这种变化可能更早发生，出现在卵母细胞时期；在另一些动物（如哺乳动物）中，可能在较晚的多细胞阶段才出现。然而，即便是像海胆这样成年时呈放射状对称的动物，或像腹足动物这种成年时不对称的动物，早期胚胎也是双侧对称的。对称性的改变意味着该动物现在有了明显的**背部**（**dorsal**，上方）和**腹部**（**ventral**，下方）。

如果动物极和植物极分别位于顶部和底部，那么赤道面就是把卵分成**动物**（**animal**）半球和**植物**（**vegetal**）半球的水平面，像地球的赤道一样。所有对应于经度圈的垂直平面，均称为**经**（**meridional**）面。一旦胚胎获得双侧对称性，就会有一个尤为重要的经面，即**矢状**（**sagittal**）面，将身体的左右两侧分开。这通常（但并非一定）是第一个卵裂平面。**额**（**frontal**）面，或**冠状**（**coronal**）面，是与矢状面成直角的经面，通常（但并非一定）是第二个卵裂平面。

原肠胚形成后，大多数动物会发生身体延长。头部一端称为**前部**（**anterior**），尾部一端称为**后部**（**posterior**），所以头-尾轴也叫**前-后**（**anteroposterior**）（= craniocaudal 或 rostrocaudal）轴。上-下轴称为**背-腹**（**dorsoventral**）轴，左-右轴称为**内-外**（**mediolateral**）轴。在人体解剖学中，因为人类是双腿直立的，术语"前-后"通常与"背-腹"同义，但术语"颅-尾"（"craniocaudal"）仍然适用于头到尾的轴。**近端**（**proximal**）和**远端**（**distal**）这两个术语与附肢相关，近端表示"靠近身体"，而远端表示"离身体较远"。

通常，在原肠胚形成后的某个时间，主要身体部位会以细胞凝聚的形式变得可见。一些动物门，包括环节动物、节肢动物和脊索动物，在前-后轴上有明显的**分节**（**segmentation**）。要被认定为分节动物，生物体应呈现出彼此相似或相同的重复结构，这些结构属于主要身体部分而非次要身体部分，并且涉及所有胚层参与。

虽然大多数动物都以双侧对称为主，但这种双侧对称性并非绝对精准，存在系统性偏差，使得左右两侧彼此略有不同。例如，在哺乳动物中，心尖、胃和脾脏在左侧，肝脏、腔静脉和肺大叶在右侧。这种不对称排列被称为**正位**（*situs solitus*）。如果排列是相反的，像在某些突变体或实验情况下发生的那样，则称为**反位**（*situs inversus*）（图 2.14d）。

发育控制基因

不同躯体部位的定型状态，由特定的一组发育控制基因的表达所调控。这些基因有时被称为**同源异形**（**homeotic**）基因或**选择者**（**selector**）基因。正如本章前面所阐述的，这些基因在胚胎中的表达，受胞质决定子或诱导因子的控制。

发育控制基因几乎都编码转录因子，这些蛋白质的功能是调控其他基因的活性。需要注意的是，对于此类基因，"关闭"状态与"开启"状态编码的信息同样重要，因为阻遏物的缺如可能等同于激活剂的存在。尽管基因表达可能在任何水平发生，但对于发育控制基因而言，通常存在确保其稳态水平处于开或关状态的机制，这是保证对决定子或诱导信号产生灵敏且不连续的**阈值**（**threshold**）响应的自然方式。确保发育控制基因只有两种离散活性状态的方法之一是正反馈调节法，如图 **2.15** 所示。这种类型的系统被称为**双稳态**（**bistable**）开关，因为它有两种稳定状态：开和关。当调节因子和基因产物都不存在时，该基因处于关闭状态。它最初由调节因子开启，调节因子可能是胞质决定子，也可能是由诱导因子激活的信号转导通路。一旦基因产物积累起来，即便去除调节因子，基因仍会维持打开状态。该模型展现了发育过程中基因调控的三个极其重要的特征。第一，它能够对调节因子产生明显且不连续的阈值响应。第二，系统具有对调节因子暴露的记忆。这是因为尽管基因只是短暂地暴露于调节因子，它仍将永久处于开启状态。第三，双稳态开关是一个动力学现象。这意味着它们依赖于物质（在这种情况下是基因的产物）的持续产生和去除。简单的平衡热力学性质，如结合和解离，并不能产生尖锐的阈值响应或记忆。尽管基因活性的尖锐阈值极为常见，但在大多数情况下，它们是由比这种简单的正反馈模型复杂得多的机制来维持的，并且涉及许多基因产物。

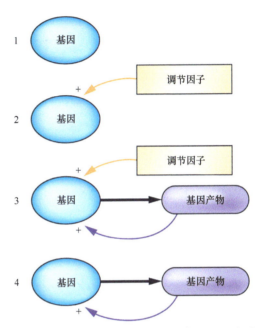

图 **2.15**　双稳态开关的运行。该图描绘了一个时间序列：在第 2 步中，基因被调节因子上调；在第 3 步中，它也被自己的产物上调；在第 4 步中，由于自身产物的原因，它保持打开状态，即使调节因子现在已经消失了。

形态发生素梯度

诱导信号的特性解释了胚胎如何从非常简单的开始状态增加其复杂性。卵裂期胚胎中至少需要有两个区域：一个区域发出信号，另一个区域对信号做出响应。即使对信号只有一个阈值响应，响应组织也会被分隔成两个区域，因此区域总数会从两个增加到三个。然而，在不同的信号浓度下，对诱导因子的阈值响应通常不止一个。如果诱导因子呈浓度**梯度**（**gradient**）分布，那么多个阈值响应可以只需一步就形成一个复杂的图式。这样的梯度控制着区域的类型、它们在空间中的顺序，以及一系列新结构的大致方向或极性。当诱导因子以具有多重响应的梯度形式存在时，它们通常被称为**形态发生素**（**morphogen**）。

一个稳定的浓度梯度不可能只通过释放形态发生素的脉冲来产生。这样的脉冲会通过扩散传播开来，最终使整个胚胎中的浓度趋于均匀。只有当形态发生素在一个区域连续产生（源，source）并在另一个区域被破坏（汇，sink）时，才会产生浓度梯度，导致物质从源流向汇。有一个模型似乎能解释许多自然系统的这种现象。该模型认为，在信号转导区域保持形态发生素的浓度恒定，并且在整个响应组织中，形态发生素的降解速率与局部浓度成比例。这样，当达到稳定状态时，就会产生一个近似呈指数形式的浓度梯度。

浓度梯度有两个重要特性。它可以通过阈值响应将细胞感应区域细分为几种定型状态，并自动赋予响应组织极性和图式。图 **2.16** 显示了三个示例，用以说明这种类型系统的基本属性。在图 **2.16a** 中，细胞的感应场通过三个发育控制基因以嵌套模式上调，并被细分为四个区域。由于基因活性只有两种状态，所

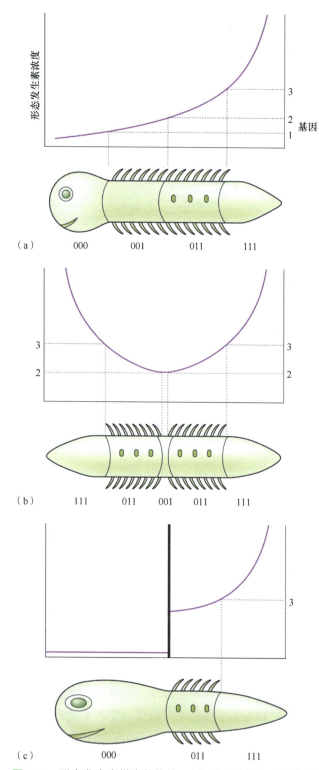

图2.16　形态发生素梯度的特性。(a) 具有头部和三个体节的动物的正常发育。(b) 将后部的源移植到前部源处，导致形成U形梯度并产生双后端动物。(c) 插入非渗透性屏障会导致图案中大的间隙形成。

以可以用二进制数字表示，其中"1"表示"开"，"0"表示"关"。梯度的作用会将感应场细分为四个区域（此处为一个头部和三个体节），编码分别为000、001、011和111。

在第二个图（图2.16b）中，假设已经进行了移植，将第二个信号源放置在感应场的另一端。在两端有信号源且信号降解遍及整个中心区域的情况下，浓度梯度将呈U形。现在，相同的阈值响应将产生不同的图式：111、011、001、011、111。这是一种称为镜像对称复制的结构，因为它是由镜像对称平面连接的两个相似的部分组成的。极性在感应场的右半部分是正常的，但在左半部分是反转的。镜像对称复制常在移植了信号中心的胚胎学实验中出现，例如，通过创建第二个组织者而产生的双背侧（double-dorsal）爪蛙胚胎（参见第8章），或通过**极性活性区（zone of polarizing activity, ZPA）**移植而产生的双后部（double posterior）肢（第17章）。第三个图（图2.16c）展示了另一种类型的实验，涉及插入一个不可渗透的屏障来阻断形态发生素的穿越。由于左侧没有形态发生素产生，其浓度很快降为零，而在右侧，形态发生素实际上堆积到了比正常情况下更高的浓度。这是因为相对于源的输出，汇的"容量"减小了。由于降解速率与浓度成正比，必须增加总浓度才能重新建立稳态。相同阈值响应的运行结果显示，不仅图式的左半部分丢失了，而且右半部分也丢失了，因为浓度的升高扩大了最后端区域的大小。这个例子表明，发育系统的属性乍一看可能并不明显，它们有时可能与直觉相悖，而且对实验结果的解释可能需要了解底层动态机制的特性，以及熟悉正在发挥作用的基因和信号分子。

同源异形突变

同源异形突变是一种能将身体的一个部位转变为另一个部位的突变。它们最初在昆虫和其他节肢动物中发现（图2.17），但也可以存在于任何多细胞生物体中。我们的简单模型解释了这是如何发生的。假设图2.18中的生物体是一个突变体，该系列中的第二个基因永久失活且无法被开启表达。在这种情况下，编码将从正常的000、001、011、111变为000、001、001和101。换句话说，第二个身体节段现在已变成第一个身体节段的另一个副本（图2.18a, b）。如果不了解更多关于逻辑环路的信息，就无法预测第三个节段（尾部）会发生什么，因为它现在拥有一种在正常生物体中找不到的新编码。这个例子阐释了功能丧失同源异形突变的行为。这种突变在遗传上是**隐性**（**recessive**）的，因为只要任一染色体上有一个正常的基因拷贝，功能就会得以恢复。

假设基因 2 的突变导致了组成性活性；换句话说，这个基因始终处于开启状态，那么编码序列将变成 010、011、011、111。这里第一个身体节段变成了第二个身体节段的副本，头部则有一个异常的编码（图 2.18c）。这是一种功能获得性突变，它在遗传上是**显性**（**dominant**）的，因为在仅有一个突变基因拷贝时就会发生不恰当的激活。

这个例子以高度简化的方式代表了 Hox 基因系统在动物前–后图式化中的运作。一般来说，功能丧失性突变会产生**前部化**（**anteriorization**），如图 2.18b 所示，其中一个节段的结构比根据其在体内的位置所预期的更靠前。相反，功能获得性突变会产生**后部化**（**posteriorization**），其中一个节段的结构比根据其在身体中的位置所预期的更靠后，如图 2.18c 所示。该模型还说明了发育中区域特化具有组合性。尽管有时通过操纵单个基因可能会产生惊人的解剖学转化，但在正常发育过程中，身体部位的特征实际上是由多个基因的组合来控制的。

同源异形、同源框和 Hox

关于同源异形行为的定义与同源异形基因的分子特性之间的关系，可能容易出现混淆。1984 年，在果蝇的 *Bithorax* 和 *Antennapedia* 复合体基因中发现了一个共同的 DNA 序列（参见经典实验框"同源框的发现"，第 13 章）。由于这些基因是同源异形的（如图 2.17 所示），所以这个基序被称为**同源（异形）框**（**homeobox**）。这些基因编码的蛋白质都是转录因子，同源框编码一个由 60 个氨基酸组成的序列，称为同源域，这是它们的 DNA 结合区。随后，在所有类型的真核生物中都发现了许多含有同源框的基因。所有含有同源框的基因都编码含有同源域的转录因子，其中许多（但不是全部）都与发育有关，但其中很少基因在突变或错义表达时真正产生同源异形转化。所以，并非所有含有同源框的基因都是同源异形的。

Hox 基因家族存在于动物中，但不存在于其他真核生物中，负责在不同身体水平上特化**前–后**（**anteroposterior**）身份特征（参见第 23 章图 23.9）。它们是一般同源框基因类别的一个子集，更具体地说，是果蝇 *Bithorax*（双胸）和 *Antennapedia*（触角足）基因簇的同源物。在许多动物中，Hox 基因形成一个单一的基因簇，不同的基因在染色体上彼此相邻。Hox 基因在躯体模式形成的早期阶段被激活，并且通常在所涉及的动物群体的**系统发育型**（**phylotypic**）时期前–后有最大程度的表达。Hox 基因簇中的每个基因都在特定的前–后水平上表达，其表达区域在前部有一个清晰的边界，然后逐渐向后端淡出。它们在中枢神经系统

图 2.17　四翅蝇。一个经典的果蝇同源异形突变例子。在右边的图片中，*Ubx* 基因功能的丧失导致平衡棒转变为第二对翅膀。来源：John Wiley & Sons。

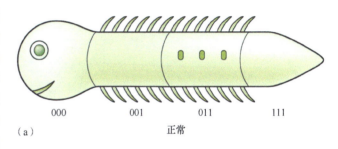

（a）　　　000　　　001　　　011　　　111

正常

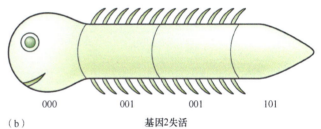

（b）　　　000　　　001　　　001　　　101

基因2失活

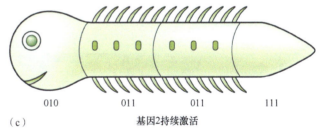

（c）　　　010　　　011　　　011　　　111

基因2持续激活

图 2.18　同源异形突变体。(a) 正常基因型和表型。(b) 基因 2 的功能丧失性突变导致第二个身体节段与第一个身体节段相似。(c) 基因 2 的功能获得性突变导致第一个身体节段与第二个身体节段相似。此示例假设异常编码（010 和 101）不会产生同源异形效应。

和中胚层中都有表达。值得注意的是，体内 Hox 基因从前到后表达的空间顺序，通常与它们在染色体上的排列顺序相同。无脊椎动物通常只有一个 Hox 基因簇，但脊椎动物有四个或更多簇，且每个簇位于不同的染色体上。由于 Hox 基因编码前–后躯体水平，它们经常显示同源异形突变并倾向于遵循上述介绍的模式，即功能丧失导致前部化，而功能获得导致后部化。

生长与死亡

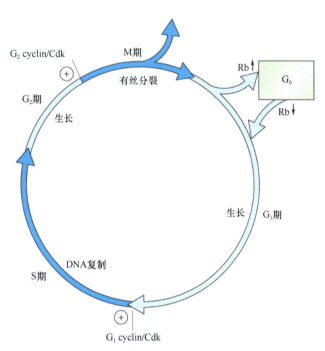

图 2.19　典型真核细胞的细胞周期，包括 G_1、S、G_2 和 M 期。符号 ⊕ 表示进入 M 期和 S 期的检查点。

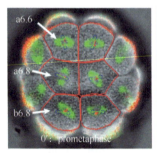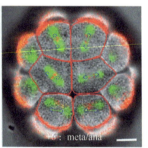

图 2.20　海鞘胚胎卵裂中的有丝分裂。此为转基因样本，其纺锤体蛋白与绿色荧光蛋白（GFP）融合（绿色），红色荧光蛋白（RFP）与一个染色体蛋白融合（红色）。细胞轮廓也以红色显示。prometaphase：有丝分裂前中期；meta/ana：有丝分裂/后中期。来源：Dumollard et al.（2017）. Elife. 6, e19290.

生长通常涉及细胞分裂，而动物细胞周期的分子生物学原理已为人们所熟知。典型的细胞周期如图 2.19 所示，早期胚胎的有丝分裂过程如图 2.20 所示。传统意义上，细胞周期被划分为四个时期：M 期表示有丝分裂期，S 期表示 DNA 复制期，G_1 期和 G_2 期则是细胞分裂的间期。对于处于生长状态的细胞而言，质量的增加在整个周期内持续进行，大多数细胞蛋白质的合成也是如此。通常情况下，细胞周期与生长速度相协调，否则，细胞的大小会随着每次分裂而出现增大或减小的情况，如在胚胎卵裂分裂过程中就会发生这种现象。细胞周期内部设置了多种控制机制，如能确保在 DNA 复制完成前不会启动有丝分裂的机制。这些控制机制在细胞周期的**检查点（checkpoint）**发挥作用，若未满足相应条件，细胞周期进程就会中断。

细胞周期的控制依赖于一个代谢振荡器，该振荡器包含几个称为细胞周期蛋白（cyclin）的蛋白质和几种细胞周期蛋白依赖性蛋白激酶（cyclin-dependent protein kinase, Cdk）。为通过 M 检查点并进入有丝分裂阶段，必须激活由细胞周期蛋白和 Cdk 组成的复合物 [称为 M 期促进因子，或**成熟促进因子（maturation promoting factor, MPF）**]。MPF 会对有丝分裂（核分解、纺锤体形成、染色体浓缩）所需的各种组分进行磷酸化，进而激活它们。从 M 期退出需要使 MPF 失活，这是通过降解细胞周期蛋白来实现的，所以在 M 期结束时，MPF 已消失。

通过 G_1 检查点依赖于一个类似的过程，由一组不同的细胞周期蛋白和 Cdk 运行，其活性复合物会对 DNA 复制酶进行磷酸化并激活。这也是核验细胞大小的节点。细胞周期普遍包含 G_1、S、G_2、M 期，但在特殊情况下也会有所变化。早期发育中快速卵裂周期的 G_1 和 G_2 期较短甚至不存在，而且没有细胞大小检查环节，每次分裂后细胞体积都会减半。减数分裂周期完成两次核分裂需要相同的活化 MPF 复合物，但两次核分裂中间没有 S 期。

早期胚胎卵裂在没有细胞外生长因子的情况下就能进行，但在发育后期，尤其是在成熟生物体中，大多数细胞处于静止状态，除非受到生长因子的刺激。在缺乏生长因子的情况下，细胞会进入被称为 G_0 的状态，其中 Cdk 和细胞周期蛋白都不存在。恢复生长因子则会诱导这些蛋白质重新合成，细胞从 G_1 检查点重新进入细胞周期。维持 G_0 状态的一个关键因子是视网膜母细胞瘤蛋白 Rb1（retinoblastoma protein）。当生长因子存在时，Rb1 被磷酸化从而失去活性。在没有 Rb1 时，转录因子 E2F 会变得活跃，并启动一系列基因表达，最终促使细胞周期蛋白、Cdk 和启动 S 期所需的其他成分重新合成。

　　微管在细胞分裂过程中起着至关重要的作用。微管的负端起始于中心体，而中心体是一种微管组织中心，能够启动新微管的组装。在有丝分裂前期，中心体分裂，每组呈辐射状的微管被称为星体（aster）。两个星体移动到细胞核的两侧，成为有丝分裂纺锤体的两极（图 2.21）。纺锤体包含两种类型的微管。极微管（polar microtubule）在中心附近相遇并相互连接，在它们延伸时会将两极推开。每条染色体都有一个特殊位点，称为动粒（kinetochore），它与另一组称为动粒微管（kinetochore microtubule）的微管相结合。在后期，同源染色体的动粒分离。极微管继续伸长，动粒微管则由于两端微管蛋白的丢失而缩短，将染色体组分别拉向纺锤体相对的两极。

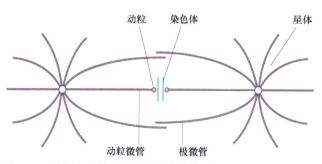

图 2.21　微管在有丝分裂纺锤体中的排列。

　　真正意义上的生长，也就是大小的增加，与细胞分裂并不完全等同。胚胎卵裂就是二者明显脱节的一个例子，在这个过程中发生了细胞分裂，但并没有出现生长（图 2.22a）。在后期发育中，生长确实需要细胞数量增加，细胞在两次分裂之间体积翻倍（分裂后大小保持不变），但生长通常还涉及细胞体积增大或细胞外基质量的增加。细胞外物质在早期胚胎中并不丰富，但在后续发育中，相当大比例的骨骼组织（如骨和软骨）都是由基质材料构成的。

　　在爪蛙、斑马鱼或海胆等独立发育的胚胎，在发育过程中并没有真正的生长。它们可能会因吸收水分而在一定程度上膨胀，但在能够自主进食之前，它们实际的物质含量不会增加。相比之下，有些胚胎类型有外部营养供应，例如，哺乳动物的胎盘，或者像鸟类和爬行动物胚胎中存在的大量胚外卵黄，这些胚胎在整个发育过程中确实会显著生长。这对实验有一定影响，例如，注入独立发育胚胎细胞中的物质不会因细胞生长而被稀释，并且可能在相当长的时间内保持其活性。

　　在胚胎中，可以观察到一些细胞进行明显的**不对称分裂**（asymmetric division）（图 2.22b）。这通常与细胞分裂前细胞质的不对称形成有关，因此两个子细胞所继承的胞质**决定子**（determinant）在其细胞核中引发不同的基因表达模式，进而导致不同的发育途径。目前，决定子的性质已经比较明确，包括局部分布的 mRNA，以及自组织蛋白复合物（如 PAR 复合物）（见第 13 章和第 14 章）。

　　细胞在组织培养中通常具备指数生长的能力（图 2.22c），但这种情况在动物体内很少见。虽然一些分化的细胞类型可以继续分裂，但总体趋势是分化与分裂的减慢或停止相伴随。在胚胎发育完成后的生命进程

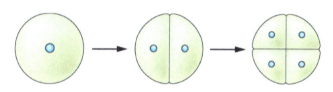

（a）卵裂分裂

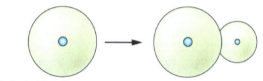

（b）不对称分裂

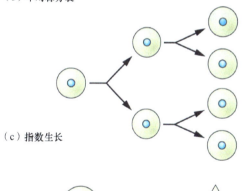

（c）指数生长

（d）干细胞

图 2.22　动物胚胎中发现的细胞分裂类型。（a）卵裂分裂使体积减半。（b）不对称分裂产生两种不同类型的子细胞。（c）指数生长主要发生在体外培养中。（d）干细胞产生更多的干细胞和注定要分化的细胞。

中，大多数细胞分裂发生在**干细胞**（**stem cell**）及其被称为**过渡性扩增细胞**（**transit amplifying cell**）的直接后代中（见第 20 章）。干细胞是既能自我复制，又能为特定组织类型产生分化后代的细胞（图 2.22d）。这并不一定意味着干细胞的每次分裂都是不对称的，但在一段时间内，一半的后代会用于更新干细胞群体，另一半则用于分化。"干细胞"这一术语也用于指代源自早期哺乳动物胚胎的胚胎干细胞（embryonic stem cell, ES 细胞）。它们可以在组织培养中无限制地扩增，并且能够重建胚胎并参与形成所有组织类型（见第 11、12 和 22 章）。

程序性细胞死亡在发育过程中同样重要。最常见的形式被称为**细胞凋亡**（**apoptosis**），这是一种在保证细胞生物活性内容物不会泄漏到周围环境的情况下清除细胞的方法。它涉及一种分子途径，最终激活胱天蛋白酶（caspase）（参见第 14 章）。这会导致细胞核凝缩、细胞体积缩小，并在其表面显示出被其他吞噬性细胞吞噬的信号（图 2.23）。细胞凋亡通常是由细胞生长因子的撤除引发的，但有时也可能是对信号的主动响应。在脊椎动物的发育过程中，细胞凋亡对减少感觉神经元库尤为重要，这是对靶器官中可用生长因子情况的一种响应（见第 16 章）；在肢发育过程中，指间组织因程序性细胞死亡而被清除，从而使指得以形成（见第 17 章）。

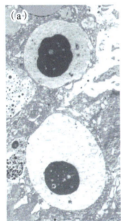
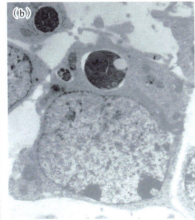

图 2.23　细胞凋亡。(a) 小鼠乳腺上皮中两个细胞的凋亡。细胞核发生凝聚。(b) 小鼠胚胎中被相邻细胞吞噬的凋亡细胞。来源：Lockshin and Zakeri（2004）. Int. J. Biochem. Cell Biol. 36, 2405–2419。

要点速记

- 动物发育的主要过程包括区域特化、细胞分化、形态发生、生长以及时间控制。
- 配子由种系细胞通过减数分裂产生。
- 发育最早阶段的事件涉及卵中预先形成的组分，因此依赖于母体的基因组。
- 自发性对称性破缺过程通常会导致胞质决定子的局部定位，这些因子随后控制区域特化的第一步。
- 后期的区域特化涉及诱导因子的作用，诱导因子通常以形态发生素梯度的形式，在不同的浓度上调不同的发育控制基因。
- 胚胎中每个细胞区域的定型，是由特定发育控制基因活性的组合所特化的。如果这些基因发生突变，可能会引发同源异形转化，即一个身体部位被转化为另一个部位。
- 早期发育包含一段卵裂期，导致囊胚或胚盘的形成；紧接着是一段形态发生运动阶段，称为原肠胚形成，在此期间形成三个胚层，即外胚层、中胚层和内胚层。
- 生长通常依赖于细胞分裂。细胞周期一般包括 G_1、S、G_2 和 M 期，但在减数分裂和卵裂分裂等特殊发育过程中会有所调整。

拓展阅读

综合

Lewis, J.（2008）From signals to patterns: space, time, and mathematics in developmental biology. *Science* **322**, 399–403.

Morelli, L.G., Uriu, K., Ares, S. et al.（2012）Computational approaches to developmental patterning. *Science* **336**, 187–191.

Lander, A.D.（2013）How cells know where they are. *Science* **339**, 923–927.

Slack, J.M.W.（2014）Establishment of spatial pattern. WIREs *Developmental Biology* **3**, 379–388.

生殖细胞和体细胞

Matova, N. & Cooley, L.（2001）Comparative aspects of animal oogenesis. *Developmental Biology* **231**, 291–320.

Extavour, C.G. & Akam, M.（2003）Mechanisms of germ cell specification across the metazoans: epigenesis and preformation. *Development* **130**, 5869−5884.

Strome, S. & Lehmann, R.（2007）Germ versus soma decisions: lessons from flies and worms. *Science* **316**, 392−393.

Richardson, B.E. & Lehmann, R.（2010）Mechanisms guiding primordial germ cell migration: strategies from different organisms. *Nature Reviews Molecular Cell Biology* **11**, 37−49.

Strome, S. & Updike, D.（2015）Specifying and protecting germ cell fate. *Nature Reviews Molecular Cell Biology* **16**, 406−416.

受精

Strickler, S.A.（1999）Comparative biology of calcium signalling during fertilization and egg activation in animals. *Developmental Biology* **211**, 157−176.

Jungnickel, M.K., Sutton, K.A. & Florman, H.M.（2003）In the beginning: lessons from fertilization in mice and worms. *Cell* **114**, 401−404.

Clift, D. & Schuh, M.（2013）Restarting life: fertilization and the transition from meiosis to mitosis. *Nature Reviews Molecular Cell Biology* **14**, 549−562.

对称性破缺、自组织、不对称

Wood, W.B.（1997）Left-right asymmetry in animal development. *Annual Reviews in Cell and Developmental Biology* **13**, 53−82.

Karsenti, E.（2008）Self-organization in cell biology: a brief history. *Nature Reviews Molecular Cell Biology* **9**, 255−262.

Gönczy, P.（2008）Mechanisms of asymmetric cell division: flies and worms pave the way. *Nature Reviews Molecular Cell Biology* **9**, 355−366.

Chubb, J.R.（2017）Symmetry breaking in development and stochastic gene expression. *Wiley Interdisciplinary Reviews: Developmental Biology* **6**, e284.

梯度、阈值、同源异形

Slack, J.M.W.（1987）Morphogenetic gradients − past and present. *Trends in Biochemical Sciences* **12**, 200−204.

Lewis, E.B.（1994）Homeosis: the first 100 years. *Trends in Genetics* **10**, 341−343.

Burrill, D.R. & Silver, P.A.（2010）Making cellular memories. *Cell* **140**, 13−18.

Dahmann, C., Oates, A.C. & Brand, M.（2011）Boundary formation and maintenance in tissue development. *Nature Reviews Genetics* **12**, 43−55.

Rogers, K.W. & Schier, A.F.（2011）Morphogen gradients: from generation to interpretation. *Annual Review of Cell and Developmental Biology* **27**, 377−407.

Christian, J.L.（2012）Morphogen gradients in development: from form to function. *Wiley Interdisciplinary Reviews: Developmental Biology* **1**, 3−15.

细胞周期和细胞死亡

Murray, A. & Hunt, T.（1993）*The Cell Cycle: An Introduction*. Oxford: Oxford University Press.

O'Farrell, P.H.（2003）How metazoans reach their full size: the natural history of bigness, in: Hall, M.N., Raff, M. & Thomas, G.（eds.）, *Cell Growth: Control of Cell Size*. Cold Spring Harbor, NY: Cold Spring Harbor Laboratory Press, pp. 1−21.

Lecuit, T. & Le Goff, L.（2007）Orchestrating size and shape during morphogenesis. *Nature* **450**, 189−192.

Jackson, P.K.（2008）The hunt for cyclin. *Cell* **134**, 199−202.

Prosser, S.L. & Pelletier, L.（2017）Mitotic spindle assembly in animal cells: a fine balancing act. *Nature Reviews Molecular Cell Biology* **18**, 187−201.

Sunchu, B., Cabernard, C., 2020. Principles and mechanisms of asymmetric cell division. *Development* **147**, dev167650.

Lockshin, R.A. & Zakeri, Z.（2004）Apoptosis, autophagy, and more. *The International Journal of Biochemistry & Cell Biology* **36**, 2405−2419.

Ghose, P., Shaham, S., 2020. Cell death in animal development. *Development* **147**, dev191882.

时间

Moss, E.G.（2007）Heterochronic genes and the nature of developmental time. *Current Biology* **17**, R425-R434.

Moss, E.G. & Romer-Seibert, J.（2014）Cell-intrinsic timing in animal development. *Wiley Interdisciplinary Reviews: Developmental Biology* **3**, 365-377.

Ebisuya, M. & Briscoe, J.（2018）What does time mean in development? *Development* **145**, dev164368.

Rayon, T., Stamataki, D., Perez-Carrasco, R. et al.（2020）Species-specific pace of development is associated with differences in protein stability. *Science* **369**, eaba76.

第 3 章

发育研究途径：发育遗传学

发育突变体

　　基因组中 1%～2% 的基因具有与发育密切相关的功能。当然，正常发育还需要更多基因，但这些基因的主要功能集中在细胞生物学或新陈代谢的核心领域，而非发育本身。

　　如今，人们能够颇为详细地研究发育中基因的表达情况，相关方法将在第 5 章进行简要概述。然而，特定时间和地点存在某种信使 RNA（mRNA）甚至蛋白质，并不能确保该基因产物在此情形下确实发挥功能。一个基因若不表达就无法发挥作用，但基因表达了却不一定就有相应的功能。为了检查基因的功能及表达，**突变体**（**mutant**）在发育生物学中被广泛使用。突变生物体所携带的**突变**（**mutation**），可能是自发产生的，也可能是通过化学诱变剂或辐射等诱变处理诱导而来的，还可能是利用如 **CRISPR/Cas9** 系统特意设计引入的"靶向"突变。

　　根据基因改变的分子基础，突变可分为几类。化学诱变通常会引发点突变，即单个 DNA 碱基被替换为另一个碱基。这可能导致一个氨基酸被另一个氨基酸取代；若突变产生了新的终止密码子，还会导致蛋白质链提前终止。插入或缺失单个核苷酸会产生移码突变，进而改变蛋白质中整个下游氨基酸的序列。X 射线辐射通常会诱发一整段 DNA 的缺失，这段 DNA 可能包含不止一个基因。自发突变可以是上述任何一种类型，此外，还可能涉及**转座因子**（**transposable element**）的插入。转座因子是指偶尔会改变其在基因组中位置的 DNA 序列。使用 CRISPR/Cas9 进行的靶向突变，可能是小片段的缺失；若与提供的 DNA 序列发生重组，也可以是任何所需的新序列。

　　同源异形（**homeotic**）突变会使身体的一部分转变为另一部分的类似形态。发生此类突变的同源基因通常编码转录因子，并且是发育控制基因，其正常功能是编码细胞的定型状态。不过，许多发育控制基因并不显示出同源突变。

　　基因的不同版本被称为**等位基因**（**allele**）。通常只有一个正常等位基因，即**野生型**（**wild type**），但可能存在大量不同的突变等位基因（图 3.1）。生物体中核 DNA 的总和被称为**基因组**（**genome**），其携带的等位基因的特定组合被称为**基因型**（**genotype**）。在发育生物学中，"基因型"这一术语通常用于在特定语境下，指代一个或几个基因座的构成（constitution）。生物体的全部特征被称为它的**表型**（**phenotype**），在发育生物学中，表型通常与生物体的可见外观相关。正常或野生型表型由野生型基因组产生，突变表型则源于基因组携带的一个或多个突变。仅通过观察突变表型，无法推断出基因的完整功能；但将基因的初级序列及其正常表达模式结合考量时，突变表型能提供十分丰富的信息。

　　通过观察同一基因的几个突变等位基因的效应，尤其是当每个突变等位基因都有不同的表型时，我们可以推断出很多关于正常基因功能的信息。最常见的突变类型是**功能丧失**（**loss-of-function**）突变，即突变基因的蛋白质产物的活性低于野生型。完全的功能丧失被称为**无效**（**null**）突变，对应于活性基因产物的完全缺失。有时会存在一组具有不同程度功能丧失的等位基因，可按异常表型的严重程度将它们排列成**等位基因系列**（**allelic series**）（图 3.2）。等位系列所呈现的表型集合，可能比单个突变等位基因的表型更能清晰地反映野生型基因的功能。弱功能丧失突变体比无效突变体更有可能存活至成年。功能丧失突变通常是**隐性**（**recessive**）遗传的，因为它们的影响会被另一条染色体上存在的野生型等位基因（能产生正常基因产物）所掩盖。不过，有时它们也可能是**显性**（**dominant**）遗传的，因为50%的基因产物缺失就足以引发异常表型。这种显性遗传类型被称为**单倍剂量不足**（**haploinsufficiency**）。单倍剂量不足的特性是，100%功能丧失的纯合表型比仅50%功能丧失的杂合表型严重得多。

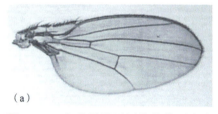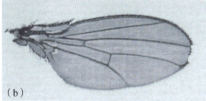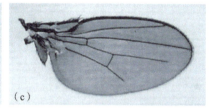

（a）　　　　　　　　　　　　　（b）　　　　　　　　　　　　　（c）

图3.1　一个基因的不同等位基因产生不同的表型。（a）野生型果蝇翅。（b）*Notch*的显性突变体显示翅缘缺口表型。（c）*Notch*的隐性等位基因显示静脉缩短表型。来源：转引自 Artavanis-Tsakonas et al.（1995）. Science. 268, 225−232。

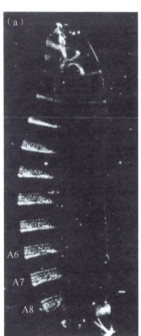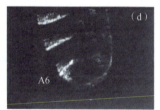

图3.2　果蝇基因 *tailless* 等位系列的例子。（a～d）果蝇幼虫的表皮制样：（a）野生型。（b～d）具有不同 *tailless* 等位基因突变体的后端，显示出越来越多的功能丧失。更严重的突变体会逐渐失去身体前端和后端的结构。来源：转引自 Strecker et al.（1988）. Development. 102, 721−734，经The Company of Biologists Ltd 许可。

也存在显示**功能获得**（**gain-of-function**）表型的显性突变体，例如，细胞表面受体通常在其细胞外结构域与配体结合时被激活。但无论配体是否存在，功能获得性突变体受体都可能持续发出信号。同样，转录因子通常在响应某些调节事件时开启其目标基因，而功能获得性突变体可能一直处于活跃状态，且不对调节产生响应。始终活跃的基因产物被称为**组成性**（**constitutive**）的，功能获得性突变体通常表达正常基因产物的组成性版本。这类突变体通常是显性遗传的，因为即使另一条染色体上的等位基因产生野生型基因产物，功能获得的特性依然存在。显性突变也可能导致**异位**（**ectopic**）表达，即基因在其通常不发挥作用的位置处于活跃状态。另一种突变类型也是显性遗传的，但不是组成性的，此为**显性负效/显性负性**（**dominant negative**）突变。在此情况下，基因产物的突变体本身没有功能，但会干扰野生型的功能。当分子需要形成二聚体才能发挥其活性时，就可能会出现这种情况。如果显性负效形式与正常形式形成的二聚体没有活性，那么杂合子的整体活性将远低于隐性突变体所表现的50%活性。所以，突变的隐性遗传特性通常意味着功能丧失，而显性遗传特性可能是单倍剂量不足、异位、组成性或显性负效等效应导致，这就需要进一步研究以确定具体情况。原则上，可以通过基因剂量分析来区分显性突变的类型，因为引入额外的单倍剂量不足等位基因拷贝几乎没有效果，而引入额外的功能获得等位基因拷贝会增加效果。但这类研究实施起来并非易事。

　　具有多种不同功能的基因被称为**多效**（**pleiotropic**）基因。发育控制基因常常属于这种类型，它们通常具有复杂的调控区域，以控制其在发育过程中几个不同时间和地点的表达。

　　需要牢记的是，基因通常是依据最先发现的突变表型来命名的，这往往是造成困惑和歧义的根源。如果表型是功能丧失表型，那么野生型基因的功能可能与其名称所指示的相反。例如，果蝇中的 *dorsal*（背侧）基因实际上负责启动腹侧发育，在 *dorsal* 基因缺失的情况下，腹侧结构无法发育，整个胚胎遵循默认途径发育成全背侧表型；*white*（白色）基因负责合成红眼色素，在 *white* 基因缺失的情况下，眼睛呈白色，因为无法产生红色素。另一个产生困惑的原因是，不同生物体中的同源基因通常有不同的名称，这是因为它们通常是根据突变表型命名的，而且是在确定携带突变的实际基因之前就已命名。此外，经常碰到依据脊椎动物生化研究命名的基因产物，在发育遗传学中，常以其在无脊椎动物模型中的突变名称更为人熟知，例如，脊椎动物中被称为 β-联蛋白的分子，是由果蝇 *armadillo* 基因和秀丽隐杆线虫 *wrm-1* 基因编码的。

性染色体

动物群体之间的性别决定机制差异显著，但通常取决于两种性别之间不同的染色体，它们被称为**性染色体**（**sex chromosome**）；除性染色体以外的染色体则被称为常染色体。在哺乳动物中，雌性拥有两条 X 染色体，雄性有一条 X 染色体和一条 Y 染色体。在鸟类中，雄性有两条 Z 染色体，雌性有一条 W 染色体和一条 Z 染色体。在果蝇中，雌性为 XX，雄性为 XY，但 Y 染色体不参与性别决定，其性别决定取决于 X 染色体与常染色体的比例。

性连锁（**sex-linked**）突变是指存在于性染色体上的突变，因此其影响取决于个体的性别。哺乳动物 X 染色体上的单拷贝隐性突变将被雌性（XX）的野生型拷贝所掩盖，但会在雄性（XY）中表现出表型，因为 Y 染色体不携带相应的基因座。需要注意的是，大多数性连锁基因与性别决定并无关联，例如，控制果蝇眼睛色素沉着的 *white* 基因是 X 连锁的。

母体与合子

通常，在遗传学中，我们认为个体的表型与同一个体的基因型相对应。但对于胚胎发育的最早期事件而言，情况往往并非如此。这是因为一些早期发育事件取决于母体的状况，而非胚胎本身。例如，在卵子发生过程中，若将胞质决定子置于卵母细胞的特定区域，那么参与该过程的所有基因都将是母体的基因（图 3.3）。如果由于母体基因组发生突变而未能形成决定子，即便从父本精子中获得该基因的正常拷贝也将无济于事，因为此时执行该功能已为时过晚。**母体效应**（**maternal-effect**）基因是指个体的表型不取决于自身基因型，而是取决于母体基因型的基因。小鼠中的 *Stella* 基因就是一个很好的例子，它编码存在于生殖细胞和早期胚胎卵裂球中的染色体蛋白质。如果该基因被敲除，雌性 −/− 小鼠自身是正常的，但其胚胎存在缺陷，并且会很早就死亡。

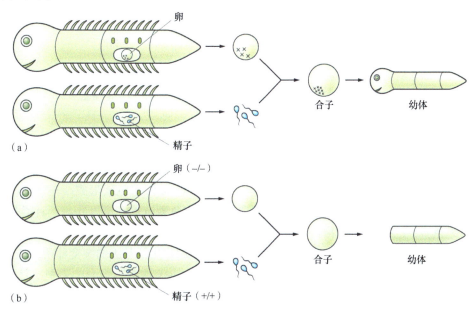

图 3.3　母体效应基因。（a）正常发育，其中需要母体效应基因在卵中储存头部决定子。（b）突变的母亲产下的卵缺乏头部决定子，因此其后代没有头。

母体对发育的控制时期并非在受精时就结束，因为对于大多数动物类型而言，胚胎自身的基因组，即**合子（zygotic）**基因组，在早期卵裂阶段处于不活跃状态。一旦合子基因组被激活，正常发育情况便会重新建立，此后胚胎表型才会与胚胎基因型相对应。在不同的动物群体中，合子基因组在不同阶段被激活，从早期卵裂到囊胚晚期不等。

基因通路

如果一组基因参与单一通路或过程，通常可以从遗传数据中推断出它们发挥作用的顺序。常见的情况有两种：一种是一组不同的突变具有相似的表型；另一种是一组突变具有两种在某种程度上彼此相反的表型。

当多个基因具有相似的突变表型时，有时可以通过拯救方案来确定作用顺序，如图 3.4 所示。假设一个导致动物第三腹节形成的通路中有三个基因，且每个基因都由前一个基因的作用打开。所有基因的功能丧失突变都具有相同的表型，即第三腹部节段缺失。现在，将每个正常基因产物 a、b 和 c 分别注射到基因 b 突变的胚胎中。显然，基因产物 a 不会产生任何效果，因为通路在 b 这一步被阻断了。基因产物 b 能够挽救其自身基因中的突变，使胚胎表现出正常表型。基因产物 c 也能挽救基因 b 中的突变，因为 c 位于通路的下游。从这些数据我们可以得出结论，该通路为 $a \rightarrow (b, c)$。但为了明确 b 和 c 的顺序，我们还需要进行类似的实验来观察 c 的功能丧失突变体表型是否能通过注射 b 或 c 的产物而得到拯救。这种类型的分析曾用于研究果蝇的后部突变体群组，并表明 *nanos* 是该通路中最后发挥作用的成员。

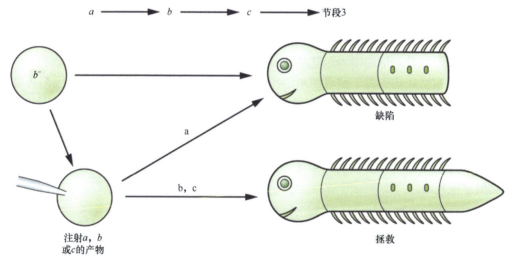

图 3.4　通过拯救实验阐明基因通路。a、b、c 是一组基因，它们在一个线性通路中相互上调，是腹部节段 3 形成所必需的。如果将 a、b、c 的每个基因产物分别注射到 b 的胚胎突变体中，则产物 b 和 c 将拯救腹部节段 3 的形成，但产物 a 不能。

同样，如果一组突变体的成员具有两种相反表型之一，那么这些基因可能编码通路中的连续步骤，但其中部分或所有步骤有可能是阻遏事件，而非上调事件。图 3.5 就展示了这种情况。在一个三基因通路的作用下，色素在节段 2 的斑点中产生，通路中 a 阻遏 b、b 阻遏 c、c 阻遏色素形成。正常情况下，基因 a 在斑点以外的所有地方都处于活跃状态，所以只有斑点处才会有色素沉着。可以获得两种类型的功能丧失突变体：b^-，全身无色素；a^- 或 c^-，全身有色素。在此情况下，可以通过检查双突变体的表型来推断基因的作用顺序。在每种情况下，双突变体的表型与两个基因中在后期起作用的基因的突变体所产生的表型相同。

例如，b^-c^- 全身着色，因为 c 在 b 之后起作用。通过查看每种双突变体组合的表型，就可以将这些基因排列成一条通路。有许多类似的例子，这种类型的分析曾被用于对果蝇中的 *dorsal* 基因群进行排序。阻遏通路非常普遍，也容易引起诸多困惑。理解它们的最佳方式是，写出通路中每个基因在两种可能条件下的状态：一种是第一步被激活，另一种是第一步被阻遏，如图 3.5 所示。在发育生物学中，这两种情形通常指的是在胚胎内的某些区域（如背方和腹方），相同的通路受到不同的调节。它们也可能与诱导因子的存在与否相关。这些方法属于**上位性**（epistasis）分析的范畴，因为在遗传学中，如果一个基因阻止另一个基因的表达，那么它就被认为是处于**上位**（epistatic）的。图 3.6 显示了小鼠毛色上位性的一个实例。

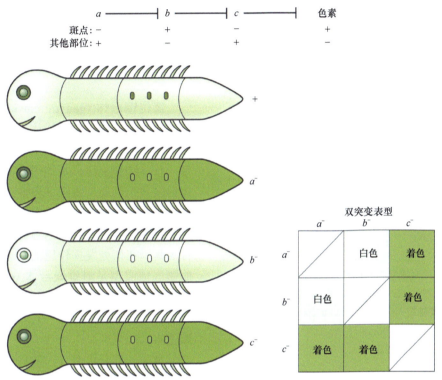

图 3.5　阻遏通路分析。正常情况下，基因 a 在节段 2 的三个点失活，导致黑色素的形成。如果 a 或 c 不活跃，则整个生物体都是着色的；如果 b 不活跃，则没有色素。双突变体的表型表明 b 必定是在 a 之后和 c 之前起作用的。

对基因在发育中作用排序的另一种方法，依赖于使用**温度敏感**（temperature-sensitive）突变体。与上述通路分析不同，这种方法不依赖于不同基因产物之间的任何特定关系，可用于确定机制上彼此完全独立的事件的顺序。温度敏感突变体是指在**非允许**（nonpermissive）温度（通常是高温）下表现出表型，而在**允许**（permissive）温度（通常是低温）下不表现出表型的突变体。它们通常是弱功能丧失的等位基因突变。其产生是由于蛋白质产物构象的变化，这些构象改变对温度变化（通常在与胚胎存活相容的温度范围内）敏感。通过将处于不同发育阶段的温度敏感突变体胚胎置于非允许温度，可以推断出基因发挥作用的时间。如果生物体最终表现出突变表型，那就意味着基因产物在其正常功能时期被灭活了；换言之，该基因在高温暴露期间是必需的。一个例子是 *cyclops* 基因的作用时间，*cyclops* 基因是斑马鱼神经管底板诱导所必需的。要形成底板，胚胎需要在 60% 和 90% 外包阶段之间处于允许

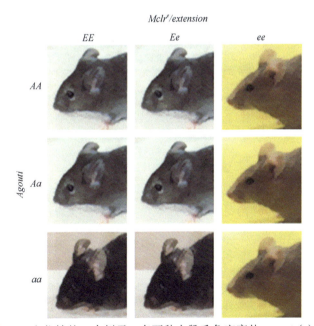

图 3.6　上位性的一个例子。在两种小鼠毛色突变体 agouti（a）和 extension（e）的杂合子（AaEe）之间的杂交中，extension 表型在双纯合子（aaee）后代中占优势，产生 9:3:4 的比例，而不是通常的 9:3:3:1 比例。该图表示由杂合子杂交产生的 9 种可能基因型的毛色。来源：转引自 Phillips (2008). Nat. Rev. Genet. 9, 855–867, 经 Nature Publishing Group 许可。

图 3.7 雌雄嵌合体：半雄半雌的动物。(a) 黄昏锡嘴雀。左边是雄性，中间是雌雄异形，右边是雌性。来源：明尼苏达大学贝尔博物馆。(b) 燕尾蝶雌雄同体。来源：Giuseppe Fusco, Alessandro Minelli, The Biology of Reproduction, pp 297-341（2019），经 Cambridge University Press 许可。

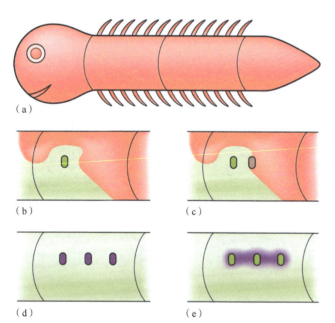

图 3.8 遗传镶嵌体分析的应用。(a) 在腹部节段 2 中缺失三个斑点的基因突变体。在 (b) 和 (c) 中，制作了遗传镶嵌体，其中红色组织是无效突变体，绿色组织是野生型。(b) 斑点出现在野生型区域，因此该基因必定具有一个自主性的功能，该功能与其在野生型中表达模式（如图 d 所示）相对应。(c) 斑点出现在突变组织区，因此该基因必具有非自主性功能，其功能与图 e 中的表达模式相对应。

温度，表明这个阶段是需要 cyclops 基因功能的时期。温度敏感型突变体更适用于变温生物，如秀丽隐杆线虫、果蝇和斑马鱼，而不太适用于小鼠等恒温动物，因为变温生物胚胎能够承受的温度范围更广。

遗传镶嵌体

　　遗传镶嵌体（**genetic mosaic**）是指由不同基因型细胞混合构成的生物体。由于体细胞突变持续发生，因此每个多细胞生物体的每个细胞都携带一些体细胞突变，从这个意义上说，所有生物体都呈现出高度的镶嵌体特性。然而，这个术语通常用于特定基因的语境中。遗传镶嵌体在发育生物学中意义重大，因为它们能提供有关胚胎中特定基因在何处发挥作用的信息。一种广为人知的镶嵌体类型是**雌雄嵌合体**（**gynandromorph**），即由一半雄性组织和一半雌性组织构成的动物（图 3.7），这是由于第一次卵裂时丢失了一条性染色体。

　　对于发育分析而言，最具价值的镶嵌体类型是个体间存在差异，且相对于身体结构有着不规则的边界。如图 3.8 所示，有一种突变会导致通常出现在第二腹节上的斑点丢失。图 3.8b 和 c 展示了遗传镶嵌体，其身体的一部分由突变细胞构成，另一部分由野生型细胞构成。图 3.8b 显示了斑点丢失的情况，无论突变基因型出现在何处，相应位置的斑点都会消失。在这种情形下，突变是**自主**（**autonomous**）的，它只影响基因活跃的区域。图 3.8c 展示了斑点也能在突变组织中形成的情况，但前提是有野生型组织直接与其相邻。这是**非自主**（**nonautonomous**）的，因为野生型基因正在影响其表达区域之外的结构。非自主意味着必定存在一个受突变影响的诱导信号事件。然而，这并不一定表明突变基因本身编码了一个信号因子，因为信号事件的失效可能是突变的下游结果。

　　遗传镶嵌体已在果蝇研究中广泛应用。一种极为有用的类型是通过极细胞移植制作而成的，这种镶嵌体由一种基因型的宿主中包含另一种不同基因型的生殖细胞构成。借助这种镶嵌体，人们得以理解控制卵母细胞图式化的因子，其中卵母细胞的图式化是卵母细胞与卵室体细胞衍生的卵泡细胞之间相互作用的结果。镶嵌体在秀丽隐杆线虫研究中也得到应用，线虫中镶嵌体因为小的重复染色体片段的丢失而自发出现。在斑马鱼研究中，可以通过移植来构建镶嵌体，因为斑马鱼早期细胞混合程度较高，能使标记的移植细胞分散开来。在哺乳动物中，**镶嵌体**（mosaic）一词通常用于指代自然存在的、由两种遗传上不同的细胞构成的生物体（如 X 失活镶嵌体，见第 11 章），而**嵌合体**（chimera）这一术语则用于通过细胞注射或胚泡聚集实验制造的胚胎。

遗传镶嵌体不应与表现出镶嵌行为的胚胎相混淆（见第 4 章）。镶嵌行为是指手术切除身体的一部分，会导致最终解剖结构中出现与命运图完全对应的缺陷。镶嵌行为与**调节**（regulative）行为形成对比，而与遗传镶嵌体并无关联。

筛选突变

正向遗传学（forward genetics）一词有时用于描述从发现感兴趣的突变表型开始的研究；相反，**反向遗传学**（reverse genetics）指的是对已知基因的功能研究。如今，许多发育遗传学研究都包含对已知基因的各种实验。生物功能与基因的最初关联，通常是通过突变发现的。即便在当下，诱变仍代表了寻找具有特定功能（可作为筛选基础）基因的唯一完全无偏倚的方法。

尽管一些感兴趣的突变体是自发出现的，但更多突变体是在果蝇、秀丽隐杆线虫、斑马鱼和小鼠的大规模筛选中获得的。这些筛选的细节可能极为复杂，尤其是果蝇筛选，其中有诸多筛选技巧，可减少需要处理的个体总数。这些原理很简单，依赖于基本的孟德尔遗传学。首先，用化学诱变剂等处理一组雄性动物，使其发生诱变。诱变会在精原干细胞中诱导出许多突变，随后这些动物会产生含有突变的精子，且突变可能发生在基因组的任意基因中。诱变后的雄性与正常雌性交配，产生 F_1 后代。每个 F_1 个体都可能携带突变，且由于产生每个个体的精子可能来自不同的突变精原细胞，所以每个个体携带的突变可能都与其他个体不同。任何显性突变都会立即在 F_1 个体的表型变化中显现出来，但更常见的隐性突变则不会显现，因为 F_1 动物都是杂合子。接下来，将每个 F_1 个体置于单独容器中，让其进一步与野生型个体交配，从而产生 F_2 代家族。如果 F_1 个体确实携带突变，那么产生的 F_2 个体中有一半是突变杂合子。然后在每个 F_2 家族的个体之间进行一组测试交配。若存在突变，每 4 次交配中就有 1 次发生在杂合子之间，且每次杂合子间的交配都会产生 F_3 代，其中 25% 是纯合突变体。在胚胎阶段对 F_3 代进行检查和评分。根据定义，发育突变是扰乱生物体解剖结构的突变，所以纯合隐性突变体应该会有明显异常。可以通过在解剖显微镜下检查胚胎来简单检测它们；或者，如果筛选更具针对性，也可以通过免疫染色或原位杂交，显示特定结构或细胞类型的改变，从而使突变表型可视化。

任何使早期发育必需基因失效的突变都可能是致命的，会阻碍正常基因发挥功能时间点之后的发育。因此，纯合突变体 F_3 胚胎很可能在早期死亡，需要在它们退化之前尽早检查。显然，纯合致死突变品系无法维持，但可以通过保留杂合体父母来维持这些突变体。这些父母会持续产生一批批胚胎，其中 25% 是纯合突变体。当原始 F_2 个体年龄太大无法继续繁殖时，可以用它们的杂合子后代替换。关于隐性筛选的更多描述可在第 9 章（斑马鱼）和第 13 章（果蝇）中找到。

在果蝇研究中，有一些极为复杂的方法可减少筛选所需的工作量，其中最重要的是**平衡染色体**（balancer chromosome）的使用。平衡染色体存在多个倒位，这意味着平衡染色体与其野生型同源染色体之间不会发生重组。它们还携带隐性致死突变，所以具有纯合平衡染色体的果蝇无法存活。此外，它们带有一个标记基因，能轻松识别所有携带一个拷贝平衡染色体的果蝇。平衡染色体用途广泛，其中最重要的用途之一是简单维持隐性致死突变系。如**图 3.9** 所示，该品系携带一个拷贝的平衡染色体和一个拷贝带有突变的同源染色体。在每一代中，纯合平衡染色体、杂合子和纯合突变体的比例

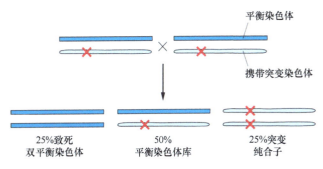

图 3.9　通过平衡染色体维持突变系。杂交的唯一幸存者是杂合子。

为 1：2：1。杂合子是唯一可存活的后代，用于维持该品系。纯合突变体胚胎则可用于实验。这意味着可以通过反复交配来维持一个品系，而无需对个体进行检测以确定它们是否为杂合子。

克隆基因

　　早在分子克隆技术被引入之前，发育遗传学就已存在，但如今的实验工作要求任何感兴趣的基因都必须有可用的 DNA 克隆。这一要求在过去曾带来相当大的困难，但如今有高分辨率基因组图谱和基因组序列可供使用，这一过程变得容易许多。当一个基因完整的编码序列被整合到细菌质粒或其他克隆载体中时，就视为该基因已被克隆，进而可以对其进行扩增和纯化，以获得足够的量用于如今被称为**反向遗传学**的各类研究中。

　　大多数在果蝇发育中发挥重要作用的基因，都是通过使用称为 **P 因子**（**P element**）的转座因子进行诱导突变而克隆得到的。一旦 P 因子整合到感兴趣的基因座中，它就可以作为**探针**（**probe**），从基因组文库中分离出该基因座的 DNA 克隆。如今，在大多数实验生物及人类遗传学研究中，基因都是通过**定位克隆**（**positional cloning**）的方法来进行克隆的。在这种情况下，通过微卫星多态性或限制性片段长度多态性，可将突变定位到极高的分辨率。这些多态性位点在基因组中广泛分布，只要基因组已完成测序，它们的所有位置就应该是已知的。可以获取多组**聚合酶链反应**（**polymerase chain reaction, PCR**）引物，通过 DNA 凝胶上特定条带的存在来检测 DNA 样本中的每个多态性。只要能产生足够多的后代，就有可能通过单次杂交将突变定位到特定的基因座上。该过程的原理如**图 3.10** 所示。通常，被测试亲本是隐性致死基因 g 突变的杂合子，即 $g^{+/-}$，它与另一个具有不同标记多态性位点品系的个体杂交。F_1 个体将有 50% 是 g 突变等位基因的杂合子，图中仅展示了这些个体。F_1 个体之间进行相互杂交，只有当两者都是 g 的杂合子时，$g^{-/-}$ 突变体才会在 F_2 代中出现。在这些家族中，从每个突变体和野生表型同胞（可能是 g^+g^+ 或 g^+g）中分离获得 DNA，并对一些选择性的多态性标记进行逐个检测。如**图 3.10** 所示，和突变位点紧密连锁的标记应与其一起分离，而其他标记将通过染色体的独立分配或染色体内的减数分裂交换而分离。通常需要使用与突变位点越来越接近的标记，对相同的 DNA 样本进行几个循环的定位作图。最终将能够确定一个较小的染色体区域，从基因组序列中可知该区域仅包含少量基因。然后，这几个基因中的每一个都作为候选基因进行评估。一个考量因素是从序列中推断出的蛋白质的假定性质，例如，如果一个突变具有细胞自主性作用，那么候选基因不太可能编码一个信号分子。另一个考量因素是候选基因的表达模式与突变的作用域之间的对应性，不在相关区域表达的基因也不太可能是一个好的候选基因。表达模式可以通过使用根据已知序列设计的探针进行原位杂交（见第 5 章）来确定，一旦找到一个好的候选基因，就可以对该基因座的突变 DNA 进行测序，查看它是否确实包含突变。最终的验证可以通过转基因引入一个正常的基因拷贝，并观察这是否能将突变表型挽救至野生型来获取。

　　DNA 测序技术的巨大进步以及资助机构对基因组测序的大量投入，意味着所有模式生物（以及越来越多的其他生物物种）的基因组测序和注释都具有了相当高的准确性。这使得人们能够较为准确地估计基因数量，进而间接估计生物体的复杂性。就蛋白质编码基因而言，自由生活的细菌有 2000～4000 个基因，单细胞真核生物（如酵母）约有 6000 个，果蝇约有 13 000 个，秀丽隐杆线虫约有 19 000 个，哺乳动物有 20 000～25 000 个。与脊椎动物的解剖结构和行为上的复杂程度相比，其基因数量可能看起来较少，但这种复杂性还得益于广泛的可变剪接和翻译后修饰，以及许多非翻译 RNA 的存在。此外，基因表达的控制可能非常复杂，尤其是对于发育控制基因而言。所有这些都表明，在构建脊椎动物解剖结构的复杂性过程中，并不存在基因短缺的问题。

功能获得与功能丧失实验

　　在分子生物学时代，遗传学的研究范畴得到了极大拓展，如今实验中运用的许多遗传操作手段，不再

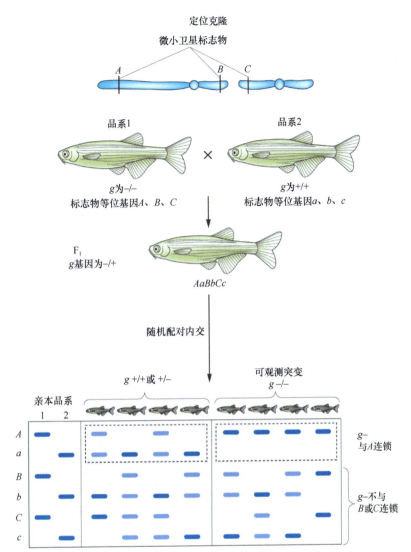

图 3.10 定位克隆。这是对定位克隆原理的非常简化的展示。待克隆的突变位点位于一个名为 g 的基因中。这里考虑了三个标记，亲本品系具有等位基因 A、B、C 或 a、b、c。使用每个多态性基因座的 PCR 引物对突变或野生型的 F₂ 个体进行分析。反应混合物通过凝胶电泳进行分离，每个特定等位基因由特定大小的 DNA 片段指示。可以看出 g⁻ 突变等位基因与 A 位点连锁，而 g⁺ 野生型等位基因与 a 位点连锁，这表明突变位点位于 Aa 基因座附近。

单纯依赖诱变，而是采用更为复杂且具有针对性的方法来改变基因表达。其中，有两种极为常见的实验类型，分别是**功能获得**方法和**功能丧失**方法。从名称便能看出，这两种方法分别是指在研究系统中添加或去除特定的基因产物。就实验目的而言，通常无须在种系中添加或去除基因，仅在特定的体细胞组织中改变基因活性，便能够对其功能展开分析。不过，人们往往期望获得一个遗传品种（有时也称为遗传系），在这个品种中，基因的修改已经整合到种系之中，如此便可以培育出大量具有相同修饰基因型的个体。功能获得通常被称为**过表达**（overexpression），功能丧失通常被称为**敲除**（knock out）。而"敲减"（knock-down）这一术语，一般用于部分功能丧失的情况。

转基因

转基因动物是指在其基因组中整合了由实验者引入的额外基因的动物。相应地，**转基因**（transgene）指的就是通过转基因技术导入生物体的基因。如今，所有标准模式生物都具备了转基因方法，本书第二部分对此会有详细描述。早期的转基因方法存在一个特性，即基因组内的整合位点是随机的，或者至少是不受控制的。转基因被设计成其表达由插入物中的启动子调控，并且包含间隔序列，尽可能使其免受整合到基因组位置的影响。自从小鼠"敲入"（knock in）方法问世，特别是 CRISPR/Cas9 系统被用于靶向修饰后，人们已经能够将转基因靶向到基因组内的特定位点，其调控和表达特异性将取决于所选位点。尽管大多数新的转基因都是针对特定位点进行的，但需要注意的是，仍有许多传统品系在使用，这些品系的转基因可能存在异常定位，其表达特性也可能与内源基因有所不同。

通常，人们希望原本不可诱导的转基因具备诱导性。一种常用的系统利用了来自大肠杆菌**四环素系统**（**tetracycline system**）的元件。这个系统有两种形式，通过添加四环素类似物多西环素（doxycycline），可以实现对基因表达的抑制或上调（具体详见第 15 章的描述）。

增强子捕获

有时会专门以**增强子捕获**（**enhancer trap**）的形式，利用转基因的随机整合来探测局部环境。这是一种仅携带极小启动子的转基因，该启动子提供了一个基本的 RNA 聚合酶 II 结合位点，但不足以引发可检测到的转录。如果它进入基因组并处于一个内源启动子或增强子的有效作用范围内，那么内源启动子或增强子就会补充这个极小启动子，进而激活显著的转录。增强子捕获通常不会导致突变，因为它们可以在任何处于内源性增强子有效范围的位置被激活。它们的主要用途是提供遗传品系，在这些品系中，特定组织或细胞类型可以通过表达 **β-半乳糖苷酶**（**β-galactosidase**）或**绿色荧光蛋白**（**green fluorescent protein, GFP**）等标记物而被凸显出来，从而便于观察。

增强子捕获的一种变体被用于驱动所选择的感兴趣基因的异位表达，这基于来自酵母的 Gal4 调节系统。Gal4 是一种锌指类转录激活因子，它会与名为"上游激活序列"（upstream activating sequence, UAS）的特定 DNA 序列结合，并驱动克隆到 UAS 下游的任何基因序列的表达。可以构建称为"驱动系"（driver line）的增强子捕获品系，在其中引入的基因不是报告基因，而是 Gal4。另外，再制备另一个转基因品系，将感兴趣的基因与 UAS 相连。当两个品系的个体杂交时，Gal4 蛋白在其增强子的控制下表达，并通过 UAS 上调目标基因。目标基因表达的空间模式将取决于用于驱动 Gal4 的增强子。该系统在第 19 章中有更全面的描述，最初在果蝇中开发，如今也广泛应用于斑马鱼。

其他功能获得技术

一种非常实用的瞬时过表达方法是将体外合成的感兴趣基因的 mRNA 注入单个细胞。这种技术适用于卵较大的生物体，如非洲爪蛙和斑马鱼，因为它们易于注射，而且注射的 mRNA 在被降解或因生长而稀释之前，能够对早期发育事件产生影响。RNA 至少能持续存在 1 天，这足以对早期发育过程施加作用。DNA 电穿孔技术也被广泛应用，特别是用于将 DNA 瞬时导入鸡胚。

靶向诱变

多年来，只有小鼠能够在基因组的特定位点引入专门设计的突变。CRISPR/Cas9 系统的出现，意味着只要具备足够的基因组信息，任何生物体都可以设计靶向系统。靶向诱变主要用于在特定基因中产生**敲除**或功能丧失突变，因为这些基因被认为在发育或医学领域可能具有重要意义。同样的方法也可以实现**敲入**（**knock in**），即在特定位置插入一个包含任何所需修改的转基因，这通常是为了利用基因组环境的调控特性。

在 CRISPR/Cas9 出现之前，靶向诱变仅能在小鼠中进行，因为需要借助**胚胎干细胞**（**embryonic stem cell, ES 细胞**）来完成必要的筛选步骤。通常情况下，如果将 DNA 添加到细胞或胚胎中，大多数整合事件会发生在基因组的错误位置，筛选步骤对于分离出少数发生同源重组的细胞至关重要，在这些细胞中，导入的 DNA 替代了内源性基因。筛选需要大量的细胞，所以这依赖于是否存在能够在体外培养，然后再重新导入胚胎的细胞。对于小鼠胚胎而言，胚胎干细胞就发挥了这样的作用。遗传修饰在细胞中进行，然后应用选择方法获得具有确切所需修饰的细胞克隆，再将这些细胞注射到小鼠的胚泡中，用于产生胚胎。通过适当的繁殖程序（在第 11 章中描述），这种方法可用于创建具有所需修饰的小鼠。

CRISPR/Cas9

CRISPR 代表"成簇规律间隔短回文重复"（clustered regularly interspaced short palindromic repeat），但以该名称命名的基因组修饰系统实际上并不涉及任何此类重复序列。该系统源于细菌对抗病毒的防御机制。在分子生物学工具包中，CRISPR/Cas9 由一种核酸内切酶 Cas9 和一个引导 RNA 组成，引导 RNA 一端结合 Cas9，另一端识别 DNA 中的目标序列（图 3.11）。结合后，Cas9 会在 DNA 中产生双链断裂。这会通过一种称为非同源末端连接（non-homologous end joining）的内源过程修复，通常在位点上形成小的插入或缺失，导致基因失活。当存在外源同源 DNA 序列时，双链断裂很有可能引发重组，产生包含外源序列的修改后的 DNA。CRISPR/Cas9 是一种非常简单且可靠的、用于对基因组 DNA 进行定点改变的系统。由于其效率高，因此需要的选择少得多，而且可以直接应用于合子以及培养的细胞。甚至可以在细胞中改变一个基因的母系和父系拷贝，这意味着可以在单一步骤中制作敲除品系，而无需漫长的繁殖方案。为了增加该方法的灵活性，最近发现了一种可以抑制 Cas9 活性的无毒小分子，称为 BRD0539，可以精确控制 Cas9 活动的时间段。

其他的靶向基因修饰方法依赖于使用锌指核酸酶或 TALEN（transcription activator-like effector nuclease，转录激活因子样效应物核酸酶）。这两种类型的蛋白质都被工程改造，用来识别特定的 DNA 序列。并且在 CRISPR/Cas9 技术未能成功应用的某些领域，它们仍在发挥着一定的作用。

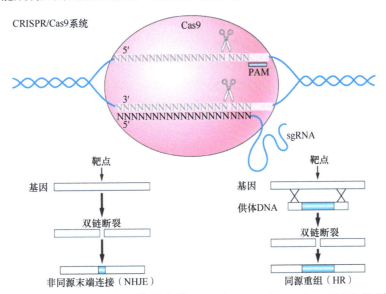

图 3.11　用于 DNA 修饰的 CRISPR/Cas9 系统。单链向导 RNA（single guide RNA, sgRNA）识别与原间隔子相邻基序（protospacer adjacent motif, PAM）相邻的互补序列。Cas9 核酸酶在 DNA 中产生双链断裂（DSB）。如果这是通过非同源末端连接修复的，则可能会出现突变。如果存在同源 DNA，则可能会发生重组以用新序列替换内源序列。

其他功能丧失系统

除了产生基因敲除的靶向诱变外，还有几种其他产生已知基因特异性抑制的方法被开发出来。不过，它们的特异性不如基因敲除，所以必须确保已经对其特异性进行了实验测试。

显性负性抑制剂

一种方法涉及**显性负性**因子的过表达。例如，缺少 DNA 结合域的转录因子通常可以作为显性负性因子，因为其过表达时，会隔离野生型因子所需的所有正常辅助因子，或者与野生型因子形成无活性的二聚体。基因产物的显性负性版本，即便仅以转基因方式引入到基因组中的任意位置，也可以抑制正常基因产物；或者，也可以在体外制作编码显性负性蛋白的 mRNA，并将其注射入受精卵中，达到抑制正常基因产物的目的。

此外，还有广泛用于转录因子的**结构域交换**（**domain swap**）方法。因为转录因子具有模块化设计的特点（见第 4 章），可以用抑制域替换激活域（或者相反，用激活域替换抑制域）。结构域交换的因子仍将与 DNA 中的相同位点结合，但它不会上调其目标基因，而是会阻遏它们（反之亦然）。这与功能丧失突变并不完全相同，因为靶因子结合的任何基因都会受到主动的阻遏，而这些基因在简单的转录因子消融后并不一定没有活性。同样，域交换因子可以通过转基因或将 mRNA 注射到受精卵中来引入。此类实验中常用的抑制性结构域来自果蝇基因 *engrailed*，通常使用的激活性结构域则来自疱疹病毒基因 *VP16*。

反义试剂

第三种策略涉及使用**反义**（**antisense**）试剂。如果 RNA 转录本是由 DNA 的非编码链制成的，那么它将是正常信使 RNA 的反义版本。当引入胚胎时，反义 RNA 将与正常的 mRNA 形成杂合体，这使得后者无法作为有效翻译底物，且通常会被迅速降解。过去曾流行过导入全长反义 mRNA，以及体外应用反义寡脱氧核苷酸的方法，但目前受到青睐的方法主要归为以下两类：使用 Morpholino 和使用 RNA 干扰（RNA interference, RNAi）。

Morpholino（**吗啉代寡核苷酸**）是寡核苷酸的类似物，其中糖–磷酸骨架被一个包含吗啉环的骨架所取代。与普通寡核苷酸不同，它们可以抵抗存在于所有细胞和细胞外液中的核酸酶的降解，但由于其通常的四个碱基以正确的间距连接到抗性骨架，因此它们仍然可以与正常核酸进行杂交。Morpholino 通常被合成为约 20 个残基，并被设计为与 mRNA 的一个可及区域（如翻译起始区域）互补。Morpholino 和 mRNA 的杂合体通常不会被降解，但不能进行蛋白质合成。由于 mRNA 不被降解，因此有必要表明特定蛋白质的合成已被阻断，这需要有可用于蛋白质印迹或免疫沉淀或原位免疫染色的蛋白质抗体。Morpholino 也可以靶向 mRNA 前体（pre-mRNA）中的剪接位点，这通常会导致异常剪接及产生编码异常且通常无活性的蛋白质 mRNA。mRNA 的剪接变体可以通过 PCR 轻松地进行检测。Morpholino 通常不能穿透细胞膜，因此它们的主要应用是早期的自由生活胚胎，如爪蛙、斑马鱼、海胆或海鞘，它们可以很容易地进行细胞内注射。Morpholino 可以引起脱靶效应，因此其特异性一直存在争议。通常的对照是碱基组成相同但序列不同的 Morpholino，这应该没有效应；另一个对照是共注射具有 5′ 序列修饰、不被 Morpholino 识别的靶蛋白 mRNA 来拯救 Morpholino 的效应。

RNAi（**RNA interference, RNA 干扰**）方法依赖于正常宿主对 RNA 病毒的防御。在某些胚胎类型中，引入与正常 mRNA 具有相同序列的**双链 RNA**（double-stranded RNA, **dsRNA**）可能是一种非常有效的破坏特定 mRNA 的方法。dsRNA 被 Dicer 酶切割成短的片段（21～23 bp）。它们进入一个沉默复合物，该复合物可以结合、解开，有时切割包含互补序列的 mRNA。在哺乳动物细胞中，长 dsRNA 会导致所有基因翻译的非特异性抑制，但经过处理的短片段（21～23 bp）是特异性的，可直接用于实现特定 mRNA 的翻译抑制或破坏。dsRNA 不容易进入细胞，但可以使用与将质粒导入细胞相同类型的脂质转染试剂来导入 dsRNA。因为可以制作大型的 dsRNA 库，所以 RNAi 已被用来代替化学诱变进行筛选，在秀丽隐杆线虫、果蝇和涡虫中广泛使用。

抗体与抑制剂

最后一种特异性抑制的方法是用针对感兴趣基因的蛋白质产物的特异性**中和抗体**（neutralizing antibody）处理胚胎。抗体不会穿透完整的胚胎，因此必须将它们注射到感兴趣的部位。这种方法的一个常见问题是大多数与特定蛋白质结合的抗体并不能中和其活性，因此有必要进行一些独立测试以证明所用的抗体的确中和了目标蛋白质。

市面上有许多小分子抑制剂，它们对胚胎诱导因子激活的信号通路具有相对特异的抑制效果。小分子抑制剂经常用于短期的非遗传学实验。用这些抑制剂处理独立发育的胚胎或体外器官培养物很容易，或者在需要时可以将物质注入爪蛙或斑马鱼的胚胎。使用小分子抑制剂的例子包括：用于抑制成纤维细胞生长因子（fibroblast growth factor, FGF）信号转导的SU5402；用于抑制激活素（activin）信号转导的SB431542；用于抑制骨形态发生蛋白（bone morphogenetic protein, BMP）信号转导的LDN193189。没有一种抑制剂是绝对特异性的，因此进行对照实验以排除脱靶效应是非常重要的。

基因复制

基因复制是进化新颖性的主要来源之一。如果一个基因发生复制，那么进化上对其序列变化的限制就会放松。在极端情况下，一个拷贝可以继续作为功能基因，而另一个拷贝可以积累许多突变，继而获得一种新颖且有利的功能；或者，第二个拷贝可能会积累有害的突变，直到它变得没有功能，甚至可能最终不再表达（假基因，pseudogene）。更常见的是，两个拷贝都会积累一些序列的差异，以便它们分别执行原始基因功能的一部分。基因复制后不久，会有相当可观的功能重叠，但在数百万年后，其功能将产生趋异化。例如，斑马鱼的 *cyclops* 和 *squint* 基因源于 *nodal* 基因的复制，*nodal* 基因编码脊椎动物发育中极其重要的内胚层/中胚层诱导因子。但是，*cyclops* 和 *squint* 基因在功能上发生了趋异化，其结果是它们在发育的不同阶段起作用。

基因复制的极端情况发生在整个基因组复制时，此时染色体的数目加倍，这称为四倍体化（tetraploidization），因为产生的生物体是**四倍体**（tetraploid, 4*n*）而不是二倍体（2*n*）。四倍体化可以瞬间产生大量新基因，从而极大地扩大了后续进化后代的适应可能性。脊椎动物多基因家族的模式表明，在脊椎动物起源时可能发生了两次四倍体化事件，短时内将它们的基因数量从大约 20 000 增加到大约 80 000，这可能是它们随后的适应性辐射和进化成功的原因，尽管现存脊椎动物中蛋白质编码基因的计数表明，在随后的进化时间内，蛋白质编码基因数量大大减少了。进一步的四倍体化似乎在多种物种谱系中也发生过，例如，非洲爪蛙看起来好像在大约 1700 万年前经历了四倍体化，是两个亲缘关系较近的二倍体物种杂交（**异种四倍体化，allotetraploidization**）的结果，因为大多数基因存在序列差异约 10% 的两个拷贝，被称为**拟等位基因**（pseudoallele）。它们看起来像等位基因，通常具有相似的表达图式和功能，但它们不是等位基因，因为它们占据了不同的遗传位点。硬骨鱼（包括斑马鱼）似乎在更久远的时候（大约 4.2 亿年前）首次作为一个谱系出现时经历了一次四倍体化。由于这一四倍体化事件发生后的时间间隔很长，现在硬骨鱼的每对基因在序列和功能上都已相当分化，因此现今认为硬骨鱼是二倍体生物。

发育遗传学的局限

尽管发育遗传学研究已取得一定成果，但其标准操作方案仍存在一些局限性。其中一个问题直接由基因复制导致，使得基因间广泛存在**冗余**（redundancy）现象，即两个或多个基因在功能上有明显重叠。反复的基因复制与趋异在脊椎动物中是尤为突出的问题。除了刚经历复制事件的基因，两个基因几乎不可能拥有完全相同的功能。不过，在实验室环境下检测基因功能时，大量实例表明，实验生物由于未面临野外生存的全部挑战，基因间存在显著的功能重叠。这就导致对单个基因进行突变使其失活，可能不会引发异常表型，或者仅产生与基因真实功能严重不符的轻微异常表型。诱变筛选通常旨在观察单个突变，所以基因组中普遍存在的冗余现象，极大地限制了能够获取的、具有研究价值的表型数量。

进行靶向诱变时，制备和鉴定一个突变体无须依赖特定表型。实际上，许多小鼠基因敲除实验并未出现异常表型，或者仅有极其轻微的异常。然而，当通过繁殖将多基因家族中几个成员的突变组合在一起时，通常就会观察到异常表型。例如，在小鼠中单独敲除成肌基因 *MyoD* 和 *Myf5*，仅会产生有限的影响，但同时敲除这两个基因，几乎会完全抑制肌肉生成。同样，单独敲除单个 Hox 基因通常影响甚微，但若敲除一个同源组（**旁系同源组**，**paralog** group；详见第 23 章）中的所有成员，异常就会变得十分显著。

当发育基因在不同发育阶段具备多种功能时，就会产生独特的遗传分析难题。在无效突变体中，由于基因的首要功能无法实现，胚胎可能会死亡，这意味着该突变体的表型无法提供关于基因后续功能的任何信息。以成纤维细胞生长因子 4（fibroblast growth factor 4, Fgf4）基因的小鼠敲除实验为例，尽管 FGF4 在原肠胚形成、大脑发育和肢体发育中都发挥着重要作用，但其无效突变会导致早期致死表型，因为植入前阶段胚外支持组织的细胞分裂需要 FGF4。在这种情况下，可以采用一些复杂的实验策略，如四倍体互补（tetraploid complementation，参见第 11 章）来解决这一问题。但这也表明，无效突变体的表型不一定能充分揭示基因的功能。

发育遗传学的任务是从个体基因功能的角度剖析发育过程。其中隐含着一个假设，即任何正在研究的发育过程在很大程度上都可以通过几个基因的作用来解释，并且每个基因都能通过功能获得和功能丧失实验进行研究。幸运的是，这一假设在发育生物学中常常被证实是正确的。然而，部分发育过程可能难以分析，因为它们由成百上千个基因的共同作用引发，而每个基因对整体活动的影响微乎其微。例如，在通过全基因组关联分析研究大多数常见人类疾病的遗传易感性时，就会出现这种情况。解决这类问题的一种途径或许可以从数学建模中寻找。目前已有许多遗传系统的数学模型，涵盖了从简单系统（如 λ 噬菌体）的高度定量模型，到复杂系统的偏定性模型，这些模型尝试捕捉一些动态特性，而无需知晓每个基因产物的所有分子细节。这个主题已超出基础发育生物学教科书的范畴，但在未来有望变得愈发重要。

要点速记

- 突变体对于鉴定发育基因和揭示发育机制至关重要。
- 一般而言，若突变导致功能丧失，通常呈隐性遗传；若突变导致功能获得，则通常呈显性遗传。
- 基因可能依据功能丧失突变表型来命名，所以其名称可能与其实际功能相悖。不同生物体中的相同基因可能有不同的名称。
- 影响早期发育过程的突变通常表现为母体效应，而影响后期发育过程的则是合子效应。
- 调控或生物化学途径可以从遗传实验中推断得出，尤其是从上位性实验，即在这些实验中，联合效应是由两个具有相反表型的突变所决定的。
- 发育突变体的筛选可以通过诱变实现，然后繁育至纯合子状态。
- 一旦确定了突变，就可以通过定位克隆来克隆该基因。
- 转基因生物是指在基因组中插入额外基因的生物，所有实验室模式物种都能制作转基因生物。
- 基于 CRISPR/Cas9 系统的靶向诱变技术如今可应用于大多数生物体。
- 还有许多其他抑制特定基因活性的实验方法，包括引入显性负性因子、反义寡核苷酸和 RNAi。
- 进化过程中广泛存在的基因复制，意味着许多基因存在功能重叠（冗余），因此功能丧失表型可能无法展现基因的全部活性。

拓展阅读

综合

Hartwell, L.H., Goldberg, M.L., Fischer, J.A. et al. (2015) *Genetics: From Genes to Genomes*, 5th edn. New York: McGraw-Hill.

Hartl, D.L. & Cochrane, B.J. (2017) *Genetics: Analysis of Genes and Genomes*, 9th edn. Sudbury, MA: Jones and Bartlett.

Wilkie, A.O.M. (1994) The molecular basis of genetic dominance. *Journal of Medical Genetics* **31**, 89–98.

Istrail, S., De-Leon, S.B.-T. & Davidson, E.H. (2007) The regulatory genome and the computer. *Developmental Biology* **310**, 187–195.

Mardis, E.R. (2008) The impact of next-generation sequencing technology on genetics. *Trends in Genetics* **24**, 133–141.

Karlebach, G. & Shamir, R. (2008) Modelling and analysis of gene regulatory networks. *Nature Reviews Molecular Cell Biology* **9**, 770–780.

诱变筛选

Patton, E.E. & Zon, L.I. (2001) The art and design of genetic screens: zebrafish. *Nature Reviews Genetics* **2**, 956–966.

St Johnston, D. (2002) The art and design of genetic screens: Drosophila melanogaster. *Nature Reviews Genetics* **3**, 176–188.

Boutros, M. & Ahringer, J. (2008) The art and design of genetic screens: RNAinterference. *Nature Reviews Genetics* **9**, 554–566.

Wieschaus, E. & Nüsslein-Volhard, C. (2016) The Heidelberg screen for pattern mutants of drosophila: a personal account. *Annual Review of Cell and Developmental Biology* **32**, 1–46.

发育遗传分析的经典例子

Anderson, K.V., Jurgens, G. & Nüsslein-Volhard, C. (1985) Establishment of dorso-ventral polarity in the Drosophila embryo: genetic studies on the role of the Toll gene product. *Cell* **42**, 779–789.

Schupbach, T. & Wieschaus, E. (1986) Maternal-effect mutations altering the anterior-posterior pattern of the Drosophila embryo. *Wilhelm Roux's Archives of Developmental Biology* **195**, 302–317.

Strecker, T.R., Merriam, J.R. & Lengyel, J.A. (1988) Graded requirement for the zygotic terminal gene, tailless, in the brain and tail region of the Drosophila embryo. *Development* **102**, 721–734.

Tian, J., Yam, C., Balasundaram, G. et al. (2003) A temperature-sensitive mutation in the nodal-related gene cyclops reveals that the floor plate is induced during gastrulation in zebrafish. *Development* **130**, 3331–3342.

转基因

Rubin, G.M. & Spradling, A.C. (1982) Genetic transformation of Drosophila with transposable element vectors. *Science* **218**, 348–353.

Palmiter, R.D. & Brinster, R.L. (1985) Transgenic mice. *Cell* **41**, 343–345.

Thomas, K.R. & Capecchi, M.R. (1987) Site-directed mutagenesis by gene targeting in mouse embryo-derived stem-cells. *Cell* **51**, 503–512.

Kroll, K.L. & Amaya, E. (1996) Transgenic Xenopus embryos from sperm nuclear transplantations reveal FGF signalling requirements during gastrulation. *Development* **122**, 3173–3183.

Frokjaer-Jensen, C., Wayne Davis, M., Hopkins, C.E. et al. (2008) Single-copy insertion of transgenes in Caenorhabditis elegans. *Nature Reviews Genetics* **40**, 1375–1383.

Skromne, I. & Prince, V.E. (2008) Current perspectives in zebrafish reverse genetics: moving forward. *Developmental Dynamics* **237**, 861–882.

Housden, B.E., Muhar, M., Gemberling, M. et al. (2017) Loss-of-function genetic tools for animal models: cross-species and cross-platform differences. *Nature Reviews Genetics* **18**, 24–40.

分子技术

Lagna, G. & Hemmati-Brivanlou, A. (1998) Use of dominant negative constructs to modulate gene expression. *Current Topics in Developmental Biology* **36**, 75–98.

Heasman, J. (2002) Morpholino oligos – making sense of antisense. *Developmental Biology* **243**, 209–214.

Dykxhoorn, D.M. & Lieberman, J. (2005) The silent revolution: RNAinterference as basic biology, research tool, and therapeutic. *Annual Review of Medicine* **56**, 401–423.

Komor, A.C., Badran, A.H. & Liu, D.R. (2017) CRISPR-based technologies for the manipulation of eukaryotic genomes. *Cell* **168**, 20−36.

Doench, J.G. (2018) Am I ready for CRISPR? A user's guide to genetic screens. *Nature Reviews Genetics* **19**, 67−80.

其他主题

Lewis, E.B. (1994) Homeosis: the first 100 years. *Trends in Genetics* **10**, 341−343.

Nagy, A. & Rossant, J. (2001) Chimaeras and mosaics for dissecting complex mutant phenotypes. *International Journal of Developmental Biology* **45**, 577−582.

Otto, S.P. (2007) The evolutionary consequences of polyploidy. *Cell* **131**, 452−462.

Phillips, P.C. (2008) Epistasis − the essential role of gene interactions in the structure and evolution of genetic systems. *Nature Reviews Genetics* **9**, 855−867.

Vastenhouw, N.L., Cao, W.X. & Lipshitz, H.D. (2019) The maternal-to-zygotic transition revisited. *Development* **146**, dev161471.

第4章

发育研究途径：实验胚胎学及其分子基础

历史上，实验胚胎学家对发育机制的思考最为深入，并构建了一套沿用至今的基础概念框架。本章先阐释主要的胚胎学概念，进而回顾目前已知的、支撑胚胎定型与诱导过程的分子和生化途径。

正常发育

正常发育（normal development）是指在标准实验室条件下，典型胚胎不受实验干预时遵循的发育进程。充分了解正常发育，是理解实验操作效果的必要前提。为描述胚胎，人们使用了一系列标准描述性术语（图 4.1），其中部分术语在第 2 章已经介绍。动物前端称为**前部**（anterior，也可用颅端 cranial 或喙端 rostral 表述），后端称为**后部**（posterior）或**尾部**（caudal）。上表面是**背部**（dorsal），下表面是**腹部**（ventral）。在人体解剖学中，由于人类直立行走，"前""后"这两个术语与"腹""背"可互换使用。对于显微镜切片，垂直于动物长轴的切片叫**横**（transverse）切面，平行于长轴的切片是**纵**（longitudinal）切面；若纵切面位于中线则为**矢状**（sagittal）面，偏离中线一侧则是**矢状旁**（parasagittal）面。将背侧和腹侧分开的水平纵切面被称为**冠状**（coronal）面或**额**（frontal）面。

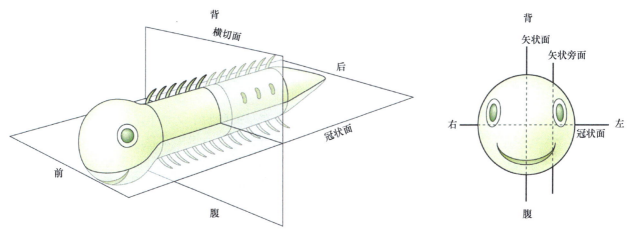

图 4.1　用于描述胚胎的轴和截面平面。

所有用于实验室研究的模式物种，都有已发表的发育**时期（阶段）系列**（stage series）表。这些表格把发育过程描述为一系列标准时期，通过显微镜下的外部特征便能识别。胚胎发育具有可预测性，若一个胚胎在特定时间达到第 10 期，那么可以确定它会在特定小时数后发育至第 20 期。对于哺乳动物和鸟类，发育始终在标准生理温度下进行；而像爪蟾或斑马鱼这类自由生活的胚胎，发育速度会随温度变化，温度越低，发育所需时间越长。有了这些表格，研究人员可以使用处于相同发育时期的胚胎来标准化实验步骤，而无需考虑当天实验室的温度。

　　如第 3 章所述，如果发育特征源于卵子发生过程中积累的成分，就称为**母体**（**maternal**）发育特征；若发育特征是受精后胚胎自身新合成的组分导致的，则称为**合子**（**zygotic**）发育特征。

命运图

　　命运图（**fate map**）是一种图表，展示正常发育过程中胚胎的每个区域将变成什么：它将移动到哪里、如何改变形状，以及将转变成什么结构。由于形态发生运动和生长，命运图会在不同发育阶段发生变化，因此一系列命运图能描绘从受精卵到成体的各个部分的发育轨迹。命运图的精确程度，取决于在发育过程中发生了多少随机的细胞混合。若没有混合（如秀丽隐杆线虫中的情况），命运图能精确到单个细胞层面；对于大多数胚胎类型，相似细胞间存在一定程度的局部混合，命运图就难以如此精确。尽管如此，命运图仍是胚胎学中的一个基本概念，几乎所有与早期发育决定有关实验的解释，都依赖于对命运图的了解。

　　如今，越来越普遍的做法是从单细胞转录物组序列构建命运图。由于这种方法需要一些额外辅助信息，因此将在第 5 章中进行介绍，本章先介绍更传统的构建命运图的方法。原则上，命运图是通过标记单个细胞或胚胎的一小块区域，并在后续发育时期确定标记斑块的位置和形状来构建的（图 4.2）。标记方法包括在一片细胞上应用细胞外标记、向单个细胞注射细胞内标记，或移植标记组织替换宿主胚胎中完全对应的部分。图 4.3 展示了非洲爪蛙胚胎的一个命运图实验，该实验将绿色荧光蛋白（GFP）的信使 RNA（mRNA）注入两个相邻的早期卵裂球，并在神经胚时期确定标记区域的位置。多个单独标记实验的结果可以整合起来，形成特定发育时期的命运图。需要注意的是，传统的命运图不提供任何与发育**定型**（**commitment**）相关的信息。胚胎的所有部分在整个发育过程中都有各自的**命运**（**fate**），但形成特定结构或细胞类型的定型通常是通过一系列细胞间相互作用实现的。从单细胞转录物组序列推导命运图时，数据确实包含关于定型的信息，但这未必与正常命运相对应。

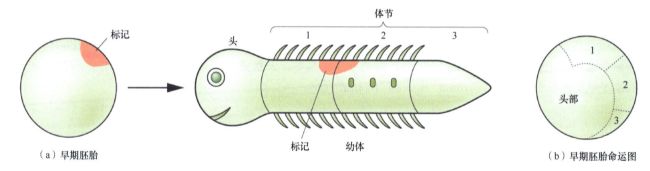

图 4.2　命运图。(a) 放置在早期胚胎特定位置的标签最终位于动物身上一个可以重复的位置。(b) 早期胚胎的可能命运图。

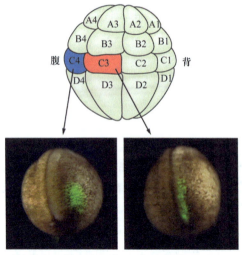

图 4.3　爪蛙的命运图实验。在 32-细胞期将 *Gfp* mRNA 注射到 C3 或 C4 卵裂球中。来源：Jonathan Slack。

　　在早期胚胎学文献中，如果实验分离的部分胚胎严格按照命运图发育，该胚胎被认为是**镶嵌的**（**mosaic**）；若分离的胚胎部分形成的结构比命运图预期的多，则被认为是**调节的**（**regulative**）。实际上，所有类型的胚胎在一定程度上都兼具镶嵌和调节行为，这取决于胚胎的区域和所处发育时期。对调节行为的解释，依赖于能够适应胚胎大小变化的双梯度系统，如非洲爪蛙中发现的 ADMP-Chordin 系统（参见第 8 章）。需注意，此处的"镶嵌"与**遗传镶嵌**（**genetic mosaic**）无关，遗传镶嵌是指由不同基因型细胞组成的生物体（见第 3 章）；这里的胚胎调节，也不同于基因调控或生理水平上的**调控**（**regulation**）。

克隆分析

克隆分析（clonal analysis）是构建命运图的一种形式，涉及标记单个细胞，并在后期确定其后代的位置和细胞类型。标记可通过向单个细胞注射**谱系标签**（lineage label）来实现，谱系标签是一种不会在细胞间扩散的可见物质。当细胞较大时，这种方法操作简单，适用于那些在标记期间生长不显著的生物，如早期非洲爪蟾（图 4.3）、斑马鱼或海胆。对于那些在标记期间会显著生长的生物，如鸡或小鼠的胚胎，此类标签会随生长而迅速稀释，因此最好引入一种遗传标签，它会在每次细胞分裂时复制，从而持续存在且不被稀释。遗传标签可以通过无复制能力的逆转录病毒插入，或者通过引发遗传重组事件引入，重组后会产生可见的标志物。

克隆分析最有价值的一个方面是判断一个细胞在被标记时是否已定型要形成特定的结构或细胞类型。如果细胞已定型为形成特定结构 A，那么它的后代将只能填充结构 A，而不能填充其他结构。由此，如果一个克隆同时填充了结构 A 和 B，那么标记时该细胞不可能已经完全定型为 A 或 B（图 4.4）。有时会发现，早期应用的标签会跨越 A 和 B，而晚期应用的标签只会填充 A 或 B。这可能是因为细胞在两次标记之间发生了定型，但也可能只是因为后期标记诱导的克隆更小、填充多个结构的机会更少。因此，克隆分析可以证明细胞定型的缺如，但无法证明定型的存在。

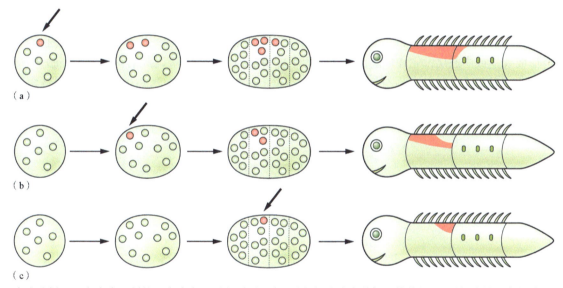

图 4.4　克隆分析。没有克隆限制就没有决定，反之则不一定。（a）细胞决定前标记的单细胞；后代跨越后来的边界。（b）决定前标记的细胞，但由于克隆太小，后代无法跨越边界。（c）决定后标记的细胞不能跨越边界。

克隆分析应用广泛，特别是在果蝇分节和脊椎动物后脑图式形成中。**区室**（compartment）一词有时用于指代胚胎中的一个区域，其边界是克隆限制的边界。区室一旦建立，任何细胞都不能进入或离开，即区室内的所有细胞都是创始细胞的后代。区室通常与可见结构相对应，例如，一段体节或器官原基，其维持方式要么是通过细胞迁移的物理边界（如基底膜），要么是通过区室内细胞与外部细胞的黏附差异，这种黏附差异使得一个区室的所有细胞都粘连在一起，却不会与相邻细胞混合。在少数情况下，特别是果蝇成虫盘的前后区室边界，克隆限制的边界与可见的解剖学边界并不一致（见第 19 章）。克隆分析也广泛用于组织特异性干细胞的研究。如果干细胞被标记，那么干细胞本身及其产生的整个分化细胞群都应该被永久标记，这种特征性行为在干细胞的鉴定中至关重要（见第 20 章）。

发育定型

随着发育推进，原本未定型的细胞开始定型，形成特定的身体部位或细胞类型。现在我们认为，定型由细胞中存在的转录因子组合编码，因此可以通过原位杂交或单细胞转录物组测序观察相关基因的表达，直接将其可视化。但在历史上，定型是通过胚胎学实验来研究的，由此产生了两个操作性的定义，即**特化**（specification）和**决定**（determination），这两个定义至今仍有重要意义。

如果一个细胞或组织外植体从胚胎中分离出来后，能自主发育成特定结构，那么就可以说该细胞或组织外植体已被**特化**（specified）发育成那种特定结构（图 4.5a，b）。大量开展此类实验并整合结果，就有可能构建出胚胎的**特化图谱**（specification map）。该图谱展示了在特定发育阶段细胞已被编程要执行的任务。一个区域的特化不一定与其在正常发育中的命运相同。例如，非洲爪蟾囊胚的预定神经板在分离培养时，不会分化为神经上皮，而是分化为表皮；要形成神经上皮，它需要接收来自中胚层的诱导信号。

一个**已决定**（determined）的组织区域，在孤立状态下也能自主发育，但其不同之处在于，就胚胎中存在的各种环境因素而言，它的定型是不可逆的，也就是说，即便将其转移到胚胎的其他任何区域，它仍会继续自主发育（图 4.5c，d）。大量的胚胎学实验涉及将一块组织从一个位置移植到另一个位置，观察它按照新位置还是旧位置发育。这些实验中，移植物通常会用第 5 章描述的方法之一进行标记，以便区分移植物和宿主组织。通过实践操作，这些移植实验可以做得相当精确。图 4.6 展示了将 GFP 标记的组织移植到爪蟾闭合神经胚的后部神经褶区域。向另一个胚胎相同位置的移植称为**原位**（orthotopic）移植，是构建命运图的常用方法之一；向宿主不同位置的移植称为**异位**（heterotopic）移植，代表一种测试**决定**的方法。如果异位移植物的发育途径不变，则认定该组织已决定；如果异位移植物根据其新位置发育，则可得出它在移植时尚未决定的结论，尽管它可能在移植时已被特化。一系列在不同发育时期进行的此类移植，通常能显示出组织决定的时间。例如，非洲爪蟾胚胎的预定神经板在囊胚期未被决定，因为移植到胚胎的其他部位时，它会形成表皮或中胚层；它在原肠胚形成过程中被决定为形成神经板，此后再移植到胚胎的其他区域，它最终将分化成神经上皮细胞。在分子层面来看，决定不仅意味着细胞表达与该状态相符的特定转录因子库，还意味着细胞已失去对最初开启这些转录因子基因的信号的反应能力或**感应性**（competence）。

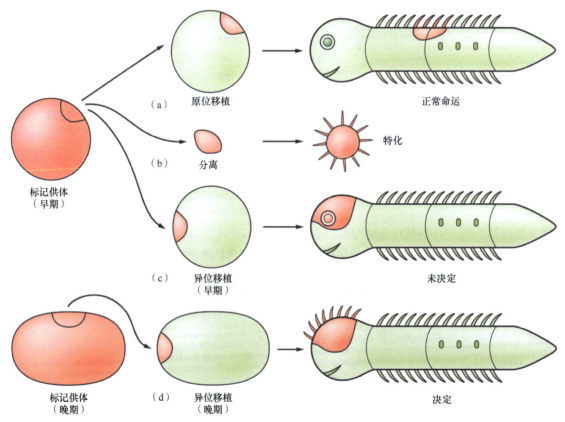

图 4.5 命运、特化和决定的测试。（a）标记区域通常会形成动物的多刺背部（命运）。（b）分离时，该组织仍形成背棘（特化）。（c）当在早期移植到另一个区域时，标记区域会根据新位置进行分化（未决定）。（d）当在晚期移植到另一个区域时，标记区域会根据其原始位置进行分化（已决定）。

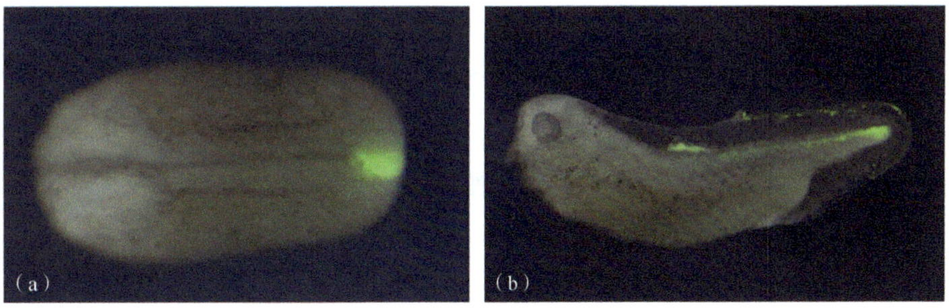

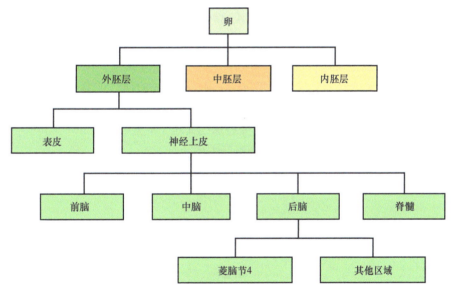

图 4.6 (a) 将 *Gfp* 转基因标记的组织移植到非洲爪蛙神经胚的后部神经褶。(b) 移植物后来参与形成脊髓和神经嵴。来源：Jonathan Slack。

理论上，可通过转录物组测序了解细胞的特化、决定或感应性状态，但实际上，实验胚胎学特性与基因表达之间的对应关系可能并不简单。一般来说，感应性可看成是细胞表面特定受体和相关信号转导通路的存在，这些通路与特定基因相关联。由于特化涉及多种可能的发育途径，必然会显示出不止一种类型感应性组件的集合。而决定具有不可逆性，可被视为一组固定活跃的转录因子，其存在和活性通过最初开启它们的信号以外的其他方式维持。

在任何胚胎的发育过程中，都存在一个与渐进物理性细分相关的定型层级结构（图 4.7）。首先形成三个胚层，即外胚层、中胚层和内胚层；然后每个胚层进一步细分，如外胚层分为表皮和神经上皮；随后，神经上皮会以更小尺度细分为更小的亚区，如后脑的单个菱脑节。这意味着胚胎中的任何细胞区域都会经历多种定型状态，每种状态由不同的转录因子组合定义。定义特化和决定的胚胎学方法，可应用于这种层级结构的任何级别。

```
                        卵
          ┌─────────────┼─────────────┐
        外胚层         中胚层        内胚层
     ┌────┴────┐
   表皮      神经上皮
       ┌──────┬──────┴──────┬──────┐
     前脑    中脑          后脑    脊髓
                       ┌────┴────┐
                    菱脑节4    其他区域
```

图 4.7 发育中区域特化的层级结构。成为后脑第 4 个菱脑节的细胞首先需要"决定"成为外胚层，然后是神经上皮，然后是后脑，最后是菱脑节 4。

由于定型层级结构的早期步骤并不对应于具体命名的身体部位，它们通常通过位置（如背侧/腹侧、前部/后部）来指代，这可能会让刚开始学习发育生物学的学生感到困惑。实验操作可以改变定型状态，因此可能会遇到诸如"X 的过表达使得背侧细胞群 Y 变为腹侧"之类的表述，这意味着位于胚胎背侧位置的细胞，被迫获得了与通常在腹侧区域所见相同的定型状态。因此，在阅读相关文献时，务必明确像"背侧"这样的位置术语，是按字面意思指代位置，还是指与正常发育中该位置相关联的定型状态。

潜能（potency）一词有时用于表示特定细胞群可以发育成的可能细胞类型或结构的范围。这与**感应性**类似，但也可能包括可在体外被胚胎中通常不存在的环境所引发的发育途径。现在，通常将能够形成身体中任何细胞类型的**胚胎干细胞（embryonic stem cell）**称为**多能（pluripotent）**干细胞，将能够形成其自身组织特征性的各种细胞类型的**组织特异性干细胞**（**tissue-specific stem cell**）称为**多潜能**（**multipotent**）干细胞。

胞质决定子

胞质**决定子**（**determinant**）是位于卵或卵裂球局部的一种或多种物质，它确保在卵裂过程中继承了该物质的细胞能够呈现出特定的发育定型状态。按照此定义，细胞分裂将是不对称的，两个子细胞会遵循不同的发育途径。如果将含有决定子的细胞质移植到卵的不同部分，那么含有决定子的新细胞将形成对应的适当结构（图 4.8）。

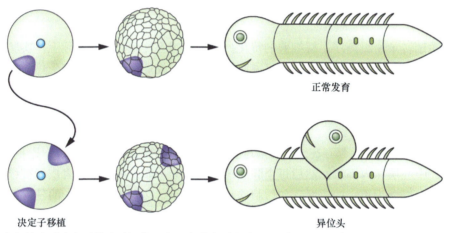

正常发育

决定子移植 　　　　　　　　　　　　　　　　　　　异位头

图 4.8　特化胚胎头部的胞质决定子的实验操作。在正常发育过程中，胞质决定子确保头部从继承它的细胞中形成。如果将决定子移植到别处，则会导致异位头部的形成。

胞质决定子对胚胎发育的最早期阶段至关重要，因为它们通常负责在胚胎中建立最初的两三个明确特化的区域，随后的图式复杂性就源自这些初始特化域之间的相互作用。决定子有时是定位于细胞某个部分的 mRNA，与细胞骨架关联，如果蝇卵中的 *bicoid* 和 *nanos* mRNA，或海鞘卵中编码一个后部决定子的 *macho-1* mRNA（图 4.9）；有时也可能是蛋白质。在秀丽隐杆线虫发育的早期阶段，包含蛋白质 PAR3、PAR6 和 aPKC 的复合物定位于前部，控制前两个卵裂球的命运（参见第 14 章）。在其他类型的动物中，类似的系统参与产生上皮极化，以及从干细胞或祖细胞产生神经元。

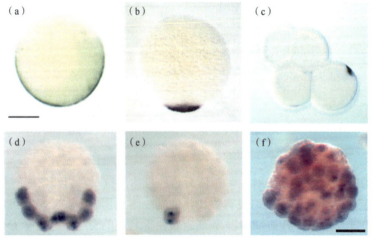

图 4.9　真海鞘（*Halocynthia roretzi*）中的 *macho-1*。（a）*macho-1* mRNA 由母体产生，此处显示其在未受精卵中的表达。（b）*macho-1* mRNA 在受精后定位于植物极，然后是后部区域。（c）在 8-细胞时期，*macho-1* mRNA 位于两个后部植物卵裂球中。在这个时期，mRNA 被翻译，其蛋白质产物进入细胞核。其后代细胞可能变成肌肉，或者在 FGF 存在的情况下变成间充质。（d~f）预期肌肉细胞中的肌动蛋白（*actin*）mRNA。（d）正常发育。在（e）中，通过用反义寡脱氧核苷酸处理未受精卵，大部分 *macho-1* 被消融；在（f）中，注射了 *macho-1* mRNA 后，所有细胞都表达肌动蛋白。来源：（a~e）Makabe and Nishida（2012）. WIRES Dev. Biol. 1, 501-518。

诱导

发育中的大多数区域特化，是由被称为诱导因子的细胞外信号作用引起的。在其他情况下，许多这样的诱导因子也被称为生长因子、细胞因子或激素。如"发育定型"部分所述，对诱导信号做出反应的能力称为感应性，这不仅需要特定受体的存在，还需要一个与转录因子调节相偶联的功能性信号通路。

以非洲爪蛙胚胎为例，动物半球组织响应从植物极区域释放的 Nodal 信号分子，从而诱导中胚层的形成（图 4.10 和图 4.11，参见第 8 章）。这些信号上调那些定义中胚层状态的各种转录因子的表达，如 T 盒蛋白 Brachyury。动物半球的其余部分变成外胚层，就像离体的整个动物半球一样。这种相互作用也可以发生在组合培养的囊胚小块之间，因此通过使用取自不同发育时期胚胎的组织块，已证实这种相互作用发生在囊胚期。这种类型的相互作用称为**指令性诱导**（instructive induction），因为响应组织在诱导前有选择（成为中胚层或外胚层），在正常发育中，这种相互作用导致胚胎复杂性的增加。

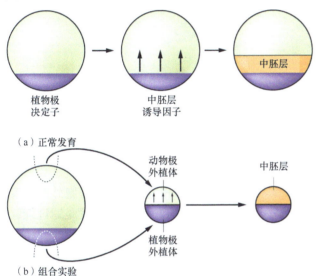

图 4.10　非洲爪蛙的中胚层诱导。（a）在正常发育中的中胚层诱导。（b）动物−植物极组合实验中的中胚层诱导。

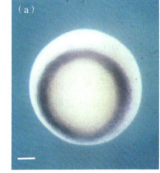
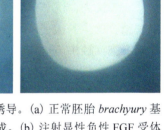

图 4.11　非洲爪蛙中胚层诱导。（a）正常胚胎 *brachyury* 基因的表达，指示中胚层形成。（b）注射显性负性 FGF 受体 mRNA 的胚胎，中胚层诱导失败。标尺：200 μm。来源：Jonathan Slack。

指令性诱导有两种不同类型，它们在区域特化方面的结果略有差异（图 4.12）。一种可能类型是信号中心位于细胞层的一端，是信号物质浓度梯度的来源。周围组织的感应性包含对不同浓度的不同**阈值反应**（threshold response），从而在对梯度响应后形成了一系列区域。在这种正面响应结果不止一个的情况下，通常将信号物质称为**形态发生素**（morphogen，见第 2 章的描述和图 2.16）。形态发生素梯度的一些公认的例子包括神经管和肢芽中的 Sonic Hedgehog 蛋白梯度、早期非洲爪蛙胚胎中的活性 BMP（bone morphogenetic protein，骨形态发生蛋白）梯度，以及果蝇成虫盘中的 Dpp（Decapentaplegic）蛋白梯度。中胚层诱导也涉及形态发生素，因为在此过程中建立了几个不同的中胚层区域（见第 8 章）。

另一种可能性是信号中心位于一个细胞层中，响应细胞位于另一个细胞层。当它们被放在一起时，由于响应组织中紧邻信号中心的部分发生单一阈值的响应，会诱导出适当的结构。例如，在下层组织的影响下，从脊椎动物神经胚的头部表皮诱导出鼻、晶状体和耳的**基板**（placode）时，即会发生这种情况。当信号存在时，表皮形成基板；当信号缺失时，分化为正常表皮，这称为**并置诱导**（appositional induction）。通常，响应组织只作出一个阈值响应，因此诱导因子不会被称为形态发生素，即使同一物质在其他情境下可能作为形态发生素发挥作用。

还有一种诱导相互作用，称为**允许性**（permissive）诱导。在这种情况下，信号对于响应组织的成功自我分化是必需的，但不能影响其选择的发育途径（图 4.12）。允许性相互作用在后期发育中非常重要。例如，在肾脏的发育过程中，间充质会在收到来自输尿管芽的允许性信号后形成小管；没有信号时，间充质根本无法发育，也不会形成任何其他替代组织。指令性诱导和允许性诱导的本质区别在于，指令性诱导会导致感应组织的细分，而允许性诱导则不会。

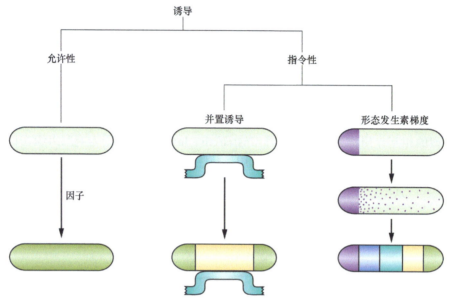

图 4.12　诱导的类型：允许性和指令性。在允许性诱导中，只会产生一个特化状态。在指令性诱导中，不止一种状态会产生。指令性诱导可以是并置型或形态发生素梯度类型。

一般认为，诱导信号通过细胞之间的细胞外空间进行扩散。然而，许多相关因子是与细胞外糖胺聚糖紧密结合的生长因子。基于这个原因和其他因素，人们也考虑了其他扩散途径，一种可能性是通过细胞间称为**细胞突触桥**（**cytoneme**）的细小细胞突起进行传输，这种细胞突起存在于许多发育中的组织。即使诱导因子确实在细胞间隙传播，它们在空间中的分布也可能取决于胞吞和胞吐作用的细胞过程。诱导因子的传输在果蝇成虫盘中理解得最为透彻，已发现不止一种传输机制（见第 19 章）。

侧向抑制

还有一类重要的细胞通信类别，也可以归为诱导，但通常会被单独探讨，即**侧向抑制**（**lateral inhibition**）。最为人熟知的侧向抑制是 Notch-Delta 系统的行为，该系统在许多情况下发挥作用，使得来自均一群体的某些单个细胞遵循一种发育途径，而其周围的细胞则遵循另一种发育途径（图 4.13）。例如，早期神经板中的**神经发生**（**neurogenesis**），以及肠道上皮中内分泌细胞的形成，都是这种现象的典型例子。从原理上讲，侧向抑制系统之所以起作用，是因为建立了多个小型信号中心，这些中心会抑制周围细胞中信号的产生。这在图 4.14 中有所展示，该图描绘了一个已经被特化为 B 型细胞的区域，但这个细胞区域却自发地朝着 A 型细胞定型的方向发育。最初转变为 A 型细胞的那几个细胞会产生"激活子"（activator）物质，这种物质能够促进 A 型细胞的发育；同时，它们还会产生一种"抑制子"（inhibitor）物质，该物质会拮抗激活子的作用，使受到抑制的细胞无法继续向 A 型细胞转化，转而恢复为 B 型细胞。该系统呈现出这种模式的原因在于，激活子的作用范围较小，可能仅通过细胞间的直接接触来发挥活性；而抑制子的作用范围较大，能够通过扩散在细胞间自由移动。这就意味着，在信号源附近，激活子的作用会超过抑制子，从而确保 A 型细胞的形成和维持，即便 A 型细胞同时产生了这两种物质。在周围区域，抑制子的作用会强于激活子，进而抑制 A 型细胞的形成。但超出一定范围后，抑制子的作用就不足以阻止 A 型细胞进一步形成信号中心。因此，最终的结果是形成许多信号中心，这些信号中心以大致均匀的方式分布在细胞区域中。最终形成的图式是否规整，取决于具体机制的细节。

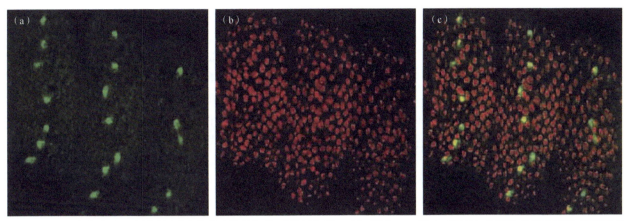

图 4.13　果蝇成虫盘中经侧向抑制过程形成的单细胞感觉祖细胞。(a) 通过 SuH 蛋白（绿色）免疫染色观察到的早期感觉细胞。(b) 一个常用的核染色（碘化丙啶）。(c) 合并视图。来源：转载自 Gho et al.（1996）. Development 122, 1673-1682, 经 The Company of Biologists Ltd. 许可。

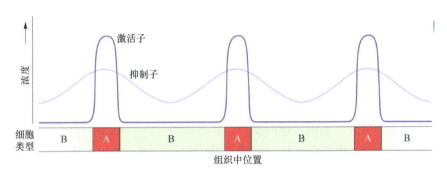

图 4.14　侧向抑制。A 型细胞产生激活子和抑制子。在激活子占优势的区域，A 型细胞得以稳定；在抑制子占优势的区域，A 型细胞受到抑制。

发育的随机性

　　发育似乎常常涉及从初始的均一状态构建出空间图式。当侧向抑制系统开始运行，或者胞质决定子定位于细胞的一端而非另一端时，这种情况就会发生。此外，无论何时，当多种细胞类型似乎从单一祖细胞分化而来时——即使这些祖细胞是在体外均一环境中培养的——这种从均一状态形成空间图式的现象也会发生。所有这些过程都涉及**对称性破缺**（symmetry breaking），即特定物质浓度或特定基因活性出现非常微小的、自然发生的波动。这些波动由于正反馈作用，在特定位置被放大，并且由于放大的结果，在相邻的区域受到抑制。那么，这些波动的最初来源是什么呢？归根结底，是因为细胞中的调节分子数量很少。每个细胞内可能仅有几百个特定转录因子的拷贝，它们需要在大量的 DNA 序列中搜寻，才能找到 DNA 中的结合位点。每个基因只有两个拷贝，在任何特定的时间，特定调控序列的每个拷贝要么结合有转录因子，要么没有结合。单个分子的停留时间相当长，以分钟为单位计算，所以就调节位点的即时占据情况而言，一群看似相同的细胞实际上是存在差异的。鉴于正反馈系统的存在，这种波动很容易被放大，进而成为宏观的、不可逆的构成成分上的差异。

"表观遗传景观"

　　"发育定型"这一概念，最早是由胚胎学家和遗传学家 Waddington 在 20 世纪 40 年代引入的，以一种卓越的视觉表现形式展现了这一主题，这就是"表观遗传景观"（图 4.15）。他的示意图最近重新流行起来，并且被频繁复制。一个典型的示意图描绘了这样一个景观：一系列的山谷沿着山坡下行的路径分叉出

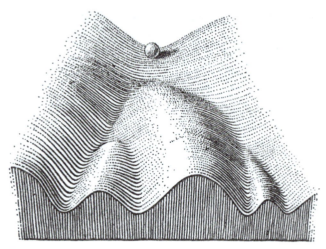

图 4.15 Waddington 的"表观遗传景观"。小球代表一个细胞，山谷代表小球的不同发育选择。

现，就如同被水流蚀刻的自然景观一般。放置在山顶的小球会顺着山谷滚落。在每个分叉点，小球会根据所受到的微小扰动向左或向右滚动，因此每个这样的路径选择都代表着一个对称性破缺事件。最终，小球会停留在山谷的最低处之一。这个小球代表胚胎中的一个细胞，山谷代表发育定型的状态，而每个分叉则代表一个发育选择。当然，整个胚胎需要用许多小球来代表，其中一些小球会沿着景观采用每一种可能的轨迹，从而生成一整套稳定的细胞类型。到目前为止，该图成功地捕捉到了一些重要观点，这些观点已在分子生物学兴起后得到了证实。然而，这个"表观遗传景观"也存在一些问题。一方面，该图仅与细胞状态相关，并未以任何方式体现胚胎的结构，这意味着胚胎各部分之间的相互作用没有被表现出来，而由于诱导信号的交换，这种相互作用是至关重要的。另一方面，一个更为抽象的问题是确定这个表面究竟代表什么。一些理论家将其解释为嵌入多维状态空间中的"势能面"（potential energy surface），代表细胞中发现的基因产物和其他物质的所有水平，但这样的表面是否真实存在，或者是否能够被计算出来，目前仍不清楚。

　　Waddington 本人引入**表观遗传学**（**epigenetics**）这个术语时，实际上是将其作为发育的同义词来用的，他认识到发育的一个重要要素在于基因表达的调控。然而，今天这个术语的含义已经发生了变化。**表观遗传**（**epigenetic**）现在主要是指根据染色质结构来理解基因表达，而并非仅仅依据 DNA。这一概念认可了 DNA 甲基化作为基因表达控制器的重要性，以及组蛋白和其他染色体蛋白质的众多化学修饰的重要性，它们共同启动或阻止转录活动（见下文）。

证据的标准

　　发育生物学的许多研究工作都与鉴定诱导因子、决定子或定义特定发育定型状态的转录因子相关。严格证明特定的分子在正常发育过程中确实执行了特定功能，至少需要三条独立的证据链，分别涉及表达（expression）、活性（activity）和抑制（inhibition）。"表达"意味着所研究的分子必须存在，并且必须有证据表明它在正确的位置、正确的时期以具有生物活性的形式表达。通常通过**原位杂交**（***in situ* hybridization**）、**免疫染色**（**immunostaining**）或**单细胞转录物组测序**（**single cell transcriptome sequencing**）来获取证据，但需要注意的是，mRNA 的存在并不能确保多肽的翻译，蛋白质的存在也不能保证其在翻译后被加工成具有活性的形式。有时，还可以从合适的报告构建体中获取额外证据，例如，通过引入与视黄酸反应元件（retinoic acid response element, RARE）偶联的报告基因，能够检测具有生物活性水平的视黄酸的存在。暴露于视黄酸并能够对其做出反应的区域将会表达报告基因。"活性"指的是所研究的分子必须在合适的测试系统中具备适当的生物活性。例如，一个候选诱导因子应该能够促使其目标组织产生正确的反应。对于候选胞质决定子，必须能够将其注射到细胞的另一部分或不同的卵裂球中，进而使注射区域沿着决定子引发的通路进行发育。"抑制"是指如果该分子在体内被抑制，那些被认为由它负责的过程就不会发生。如果有几个相似的分子共同负责一个过程（**冗余，redundancy**；见第 3 章），则可能有必要抑制所有这些分子才能获得相应结果。抑制可以通过多种途径实现：在 DNA 水平上，可以通过将基因突变使其失去活性；在 RNA 水平上，可以使用反义 Morpholino 或 RNA 干扰（RNAi）；在蛋白质水平上，可以引入正常基因产物的特异性抑制剂。细胞外物质有时能够被特异性中和抗体成功抑制。虽然能够充分表征的突变必然是针对单个基因的，但涉及其他方法的抑制实验的特异性可能就没那么强，因此需要进行仔细评估。牢记这三个证据标准，对于评估发育生物学的相关出版物非常有帮助。如果缺少其中任何一个标准，就无法充分证明是某分子导致了某效应。

转录因子

发育定型的状态在很大程度上取决于细胞内存在且活跃的**转录因子**（**transcription factor**）的组合。如第 3 章所述，转录因子是调节基因活性的蛋白质。转录因子有众多家族，可依据它们所包含的 DNA 结合结构域类型进行分类，如**同源异形域**（**homeodomain**）或锌指结构域等。"转录因子家族"部分罗列了发育中最重要的那些转录因子。大多数转录因子是核蛋白，但也有一些存在于细胞质中，直到它们被激活后才进入细胞核。激活通常是由于响应细胞间信号而发生的。

蛋白质中每种类型的 DNA 结合域在 DNA 中都有相应类型的目标序列，通常为 20 个或更少的核苷酸。这些目标序列可以通过对目标基因的调控区域进行测序来鉴定，不过还需要通过实验来证实特定转录因子在体内确实调节了给定的目标基因。转录因子的激活域通常包含许多酸性氨基酸，这些氨基酸形成"酸滴"（acid blob），能够加速一般转录复合物的形成。转录因子通常会募集组蛋白乙酰化酶（histone acetylase），乙酰化酶通过中和组蛋白上的氨基，打开染色质结构，使其他蛋白质能够靠近 DNA（图 4.16a）。一般来说，转录因子的分子结构具有模块化特点，因此在实验室中可以通过重组已有转录因子的各个结构域来创建新的转录因子。例如，将转录因子的激活域替换为阻遏域，就可以将其转化为阻遏因子。在核激素受体家族中，可以将一个因子的激素结合位点与另一个因子的 DNA 结合位点及效应位点结合起来。例如，如果将受体中的视黄酸结合位点替换为甲状腺激素结合位点，那么通常对视黄酸敏感的基因就会转而对甲状腺激素敏感。

转录因子通常分为转录激活因子或阻遏因子，但二者的作用也会受到具体情况的影响，其他因子的存在有时可能会使激活因子发挥阻遏因子的作用，反之亦然。

转录因子家族

本节列出了一些在发育中最为重要的转录因子结构家族，它们按照 DNA 结合域进行分类。

同源异形域因子

同源异形域是一段约 60 个氨基酸的序列，包含许多碱性残基，并且形成一个螺旋−转角−螺旋结构，能够结合 DNA 中的特定位点。同源异形域序列本身由基因中相应的同源异形框编码。**同源框**（**homeobox**）之所以得名，是因为它最初是在果蝇**同源异形基因**（**homeotic gene**）中被发现的（见第 3 章和第 13 章）。尽管有许多转录因子包含同源异形域作为它们的 DNA 结合结构域，并且经常参与发育过程，但拥有同源异形域并不能保证其在发育中发挥作用，同源异形框基因的突变体也不一定会出现同源异形的表型。然而，大量同源异形域蛋白确实具有重要的发育功能，例如，果蝇分节中的 Engrailed、脊椎动物组织中的 Goosecoid 以及前−后图式形成中的 Cdx 蛋白。一个重要的同源异形域蛋白亚群是由 Hox 基因编码的蛋白质，它们在控制动物的前−后图式方面具有特殊作用。同源异形框基因存在于动物、植物和真菌中，但 Hox 亚群仅存在于动物中。

LIM-同源异形域蛋白

LIM 结构域是一个富含半胱氨酸的锌结合区域，负责蛋白质−蛋白质之间的相互作用，但它本身并不是 DNA 结合结构域。LIM-同源异形域蛋白拥有两个 LIM 结构域和 DNA 结合同源异形域。LIM-同源异形域蛋白的例子包括脊椎动物胚胎组织者（organizer）区域中的 Lim-1、运动神经元中的 Islet-1、肢芽中的 Lhx 因子和果蝇翅中的 Apterous。

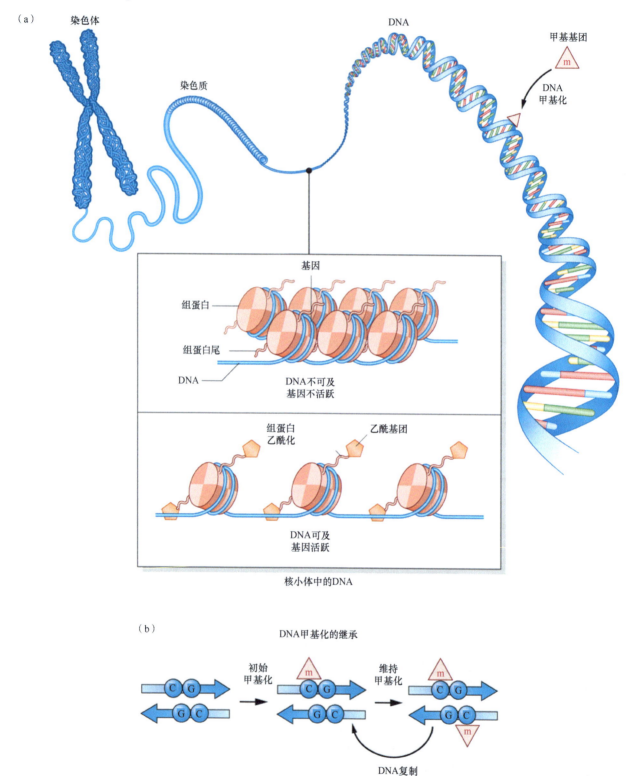

图 4.16 （a）染色质，显示通过组蛋白乙酰化而打开结构。资料来源：基于美国国立卫生研究院的数据。（b）DNA 甲基化模式是如何通过 DNA 复制和细胞分裂遗传的。在 DNA 复制过程中，维持甲基化酶发挥作用，使已经处于半甲基化状态的 CG 位点完全甲基化，从而保留了甲基化状态。

Pax 蛋白

Pax 蛋白的特征在于其具有称为配对结构域（paired domain）的 DNA 结合区域，该区域具有 6 个 α 螺旋节段。这个名称源自果蝇中的 Paired 蛋白。许多 Pax 蛋白也包含一个同源异形域。Pax 蛋白的例子包括在眼睛中表达的 Pax6，以及在发育中的体节里表达的 Pax3。

锌指蛋白

这是一个庞大且多样化的蛋白质群体，其中 DNA 结合区域包含由半胱氨酸和（或）组氨酸残基围绕锌原子折叠形成的凸出物（"指状物"）。一些例子包括对血液和肠道发育至关重要的 GATA 因子、早期果蝇胚胎中的 Krüppel、后脑菱脑节中的 Krox20、肾脏中的 WT-1，以及用于过表达实验的酵母转录因子 GAL4。

核激素受体超家族

核激素受体超家族是细胞内受体，同时也是转录因子。它们受到亲脂性**配体（ligand）**的刺激，包括类固醇、甲状腺激素和视黄酸等。它们具有一个激素结合域、DNA 结合域和转录激活域。具体例子包括视黄酸受体（retinoic acid receptor, RAR，现在称为 NR1B）和蜕皮激素受体。类固醇（但不包括视黄酸或甲状腺）受体通常与称为 hsp90 的热休克蛋白形成复合物，从而保留在细胞质中。当与激素结合时，hsp90 被置换，这些因子可以形成活性二聚体，移动到细胞核并与靶基因结合。出于这个原因，雌激素结合域通常用于转基因构建体，以赋予其他蛋白质诱导性，例如，Cre-ER 构建体被大量用于细胞谱系标记。

碱性螺旋–环–螺旋（bHLH）蛋白

这些转录因子以异二聚体形式发挥活性。它们包含一个碱性 DNA 结合区域和一个负责蛋白质二聚化的疏水性螺旋–环–螺旋（helix-loop-helix, HLH）区域。二聚体的一个成员存在于生物体的所有组织中，而另一个成员具有组织特异性。也有包含 HLH 但不包含碱性序列部分的蛋白质，它们与其他 bHLH 蛋白形成无活性二聚体，从而抑制它们的活性。bHLH 蛋白的例子包括脊椎动物中普遍存在的 E12 和 E47、生肌因子 MyoD 和果蝇成对规则蛋白 Hairy。一个没有碱性区域的抑制因子的例子是 Id，它是肌生成的抑制因子。

Fox 蛋白

Fox 蛋白具有一个 100 个氨基酸的翼状螺旋结构域，形成另一种类型的 DNA 结合区域。它们的"Fox"蛋白命名，源自果蝇的 *forkhead* 突变，该突变影响了胚胎的末端。Fox 因子对于脊椎动物前–后轴和肠道的形成也非常重要。

T-框蛋白

T-框（T-box）蛋白具有一个 DNA 结合域，类似于在小鼠中称为"T"、在其他动物中称为 Brachyury 的原型基因产物，其存在定义了脊椎动物胚胎的中胚层。它们包括内胚层决定因子 VegT，以及肢体身份因子 Tbx4 和 Tbx5。

高速泳动族蛋白盒（HMG-box）因子

高速泳动族蛋白盒（HMG-box）因子与大多数其他因子不同，因为它们没有特定的激活域或阻遏域。相反，它们通过弯曲 DNA，使其他调节位点与转录复合物接触来发挥作用，例如，睾丸决定因子 SRY、软骨分化的"主开关"SOX9，以及 TCF 和 LEF 因子（其活性受 Wnt 通路调节）。

其他的基因活性控制

微 RNA（microRNA）

一些对基因表达的负向控制是由小的 RNA 分子在翻译水平上施加的。微 RNA（microRNA, miRNA）是双链 RNA 分子，每条链的长度为 21～23 个核苷酸。它们最初以包含双链（发夹）区域的长初级转录本的形式产生。初级转录本被 Drosha 核酸酶加工成更短的分子，输出到细胞质中，然后被 Dicer 核酸酶进一步加工成它们的最终长度。一条或两条链会被整合到包含 Dicer 和 Argonaute 蛋白的 RNA 诱导沉默复合物（RNA-induced silencing complex, RISC）中。RISC 复合物通过并入的 miRNA 识别并结合目标 mRNA。通常情况下，microRNA 的作用是减少翻译或使 mRNA 不稳定。在某些情况下，mRNA 也可能会被切割。

脊椎动物基因组中约有 800 个 microRNA 基因，无脊椎动物基因组中有大约 150 个 microRNA 基因。它们可以在没有完美序列匹配的情况下发挥抑制作用，所以一个 miRNA 可以靶向许多不同的 mRNA。除了 miRNA 之外，还有另外两类干扰小 RNA（small inhibitory RNA, siRNA）——内源性 siRNA 和 Piwi 相关的 piRNA，它们也具有抑制作用，但生物产生模式不同。除了小 RNA 之外，还有许多长链非编码 RNA（long non-coding RNA, lnc-RNA），其中一些也调节基因表达。

miRNA 所利用的生物机制可以被外源性双链 RNA 所利用，这正是用于基因敲减的 **RNA 干扰**（**RNA interference, RNAi**）方法的基础。

染色质结构

在后期发育过程中，细胞所呈现的分化状态通常比早期的定型状态稳定得多。分化状态的稳定性，不仅取决于转录因子，还与**染色质**（**chromatin**）结构的重塑息息相关。许多 DNA 会与被称为组蛋白的蛋白质复合形成核小体，并排列成 30 nm 的细丝以及更高级的结构（图 4.16a）。在染色质的活跃区域，核小体具有某种程度的活动性，这使得转录因子能够靠近 DNA，这一区域被称为**常染色质**（**euchromatin**）。而在其他区域，染色质高度浓缩且不具备活性，被称为**异染色质**（**heterochromatin**）。在极端情况下，如存在于非哺乳类脊椎动物中的有核红细胞，整个基因组都处于异染色质状态，并且没有活性。染色质结构在一定程度上受到**染色质盒**（**chromobox**）蛋白的调节，例如，果蝇体内的 Polycomb 蛋白，其本身虽然并非转录因子，却能影响许多基因的表达。

在染色质状态方面，一个关键要素是组蛋白的修饰，尤其是组蛋白 3（histon 3, H3）的修饰。赖氨酸的乙酰化能够打开染色质结构，使转录复合物得以在 DNA 上组装。赖氨酸或精氨酸的甲基化可能产生正面或负面的影响，具体效果取决于修饰位点。此外，组蛋白还有其他化学修饰。在早期发育阶段，关键发育基因的染色质结构通常处于"就绪"（poised）状态，即在同一位点上同时存在激活和抑制修饰，这意味着它们能够很容易地被上调或下调。

DNA 本身可能在 CG 二核苷酸序列中的胞嘧啶残基上发生甲基化。由于一条链上的 CG 会与另一条反向平行链上的 GC 配对，所以潜在的甲基化位点在两条链上始终相互对应。存在多种 DNA 甲基转移酶，包括从头甲基化酶（*de novo* methylase），能够使先前未甲基化的 CG 发生甲基化；此外，维持甲基化酶（maintenance methylase）会使仅在一条链上带有甲基基团的另一侧链上的 CG 发生甲基化。一旦某个位点被甲基化，在随后的 DNA 复制过程中，它将得以保留，因为复制产生的半甲基化位点会成为维持甲基化酶的作用底物（图 4.16b）。与其他可能的二核苷酸相比，CG 二核苷酸在脊椎动物基因组中总体含量较低，并且许多 CG 聚集在基因 5′ 端附近的区域。这些所谓的"CpG 岛"大多未被甲基化，被认为指示了管家基因的位置。

DNA 甲基化本身会募集组蛋白去乙酰化酶，从而有助于维持基因阻遏状态。组蛋白修饰的状态也能够独立于 DNA 甲基化，通过修饰酶与染色质特定区域的永久结合，在细胞分裂过程中传递下去。因此，DNA 甲基化和组蛋白修饰都为维持发育中基因活性状态提供了途径，即便最初的上调或阻遏信号已经消失。

信号系统

在早期发育过程中，有几个重要的诱导因子的分子家族很活跃，这些分子在其他情景下也可能被称为生长因子、细胞因子或激素。诱导因子主要是蛋白质，不过也有少数是小的脂溶性分子，如视黄酸。大多数诱导因子是由信号细胞分泌的，尽管有一些是只能与紧邻细胞相互作用的固有膜蛋白。它们与特定**受体**（receptor）结合，进而激活细胞内的**信号转导通路**（signal transduction pathway）。这可能导致特定基因的上调或阻遏，或者引发由细胞骨架或细胞代谢变化介导的细胞行为改变。细胞的**感应性**取决于它所拥有的受体种类、这些受体与信号转导通路的耦合方式，以及这些通路与基因调控的耦合方式。正如"诱导"部分所指出的，能够在不同浓度下引起不止一种响应的诱导因子被称为**形态发生素**。这是因为从信号中心发出的浓度梯度会在距离信号源不同距离的位置引发不同的响应，从而在原本没有"形态"（morphology）的地方产生"形态"。

蛋白质分泌

所有分泌型蛋白质，包括诱导因子，通常都含有信号肽，是位于 N 端的一串疏水性氨基酸序列。在蛋白质合成过程中，这个信号肽会被信号识别颗粒识别，信号识别颗粒会将核糖体结合到内质网中的转位通道。随着合成的推进，不断增长的多肽通过该通道进入内质网腔。最后，信号肽被切除，蛋白质被释放。一旦进入内质网，蛋白质就会接受进一步加工，形成二级结构所需的二硫键会逐渐形成。这些二硫键可以是分子内的，也可以是分子间的，能够促使同源二聚体或异源二聚体的形成。大多数细胞表面和细胞外蛋白质还会通过向丝氨酸、苏氨酸或天冬酰胺残基添加碳水化合物链的方式进行糖基化，这可能会影响其生物活性，如在 Notch 蛋白中（参见"Notch 系统"）。蛋白质在囊泡中被运输到高尔基体，在那里碳水化合物会被进一步加工，然后在胞吐囊泡中被运输到细胞表面并释放。

信号转导

像视黄酸、甲状腺激素或类固醇这类脂溶性小分子因子，可以通过扩散自由进入细胞（图 4.17a）。视黄酸受体（RAR 或 NR1B）本身就是转录因子，当它们与视黄酸结合，并与一组称为 RXR（或 NR2B）的相关受体成员形成异源二聚体时，就会被激活。异源二聚体与 DNA 中的 RARE 结合并上调靶基因（图 4.18）。视黄酸是一种尤为重要的诱导因子，在后脑、胰腺和其他器官的形成过程中发挥着作用，在 10^{-7} mol/L 左右的浓度下具有活性。视黄酸产生的限速酶是视黄醛脱氢酶（retinaldehyde dehydrogenase, RALDH），而其降解则是通过 Cyp26 型 P450 酶的氧化作用进行的。对于类固醇而言，受体通常存在于细胞质中，与热休克蛋白 90（hsp90）形成复合物。当类固醇与受体结合时，受体就会从 hsp90 中释放出来，并进入细胞核。在细胞核中，它可以调节靶基因（图 4.17a）。蛋白质诱导因子无法扩散穿过细胞质膜，因此通过与特定的细胞表面受体结合来发挥作用。这些受体主要有三种类型：在发育过程中尤为重要的酶联受体；G 蛋白偶联受体；离子通道受体。在发育中起重要作用的主要酶联受体是酪氨酸激酶或丝氨酸/苏氨酸激酶（图 4.17b），它们都具有一个细胞外部的配体结合结构域、一个单次跨膜结构域，以及在细胞质结构域上的酶活性位点。对于酪氨酸激酶受体来说，配体结合会导致受体二聚化，引发受体自身磷酸化，每个受体分子磷酸化并激活另一个受体。磷酸化的受体继而能够激活多种靶标，其中许多是转录因子，它们被磷酸化激活后移动到细胞核，上调它们的靶基因。在其他情况下，会存在一系列的激酶级联反应，它们在反应链中相互激活，最终导致转录因子的激活。大致说来，每一类因子都有其相关的受体和特定的信号转导通路；然而，由于存在相当多的交互作用，不同的受体可能连接到相同的信号转导通路，或者一个受体可能对不止一个通路有

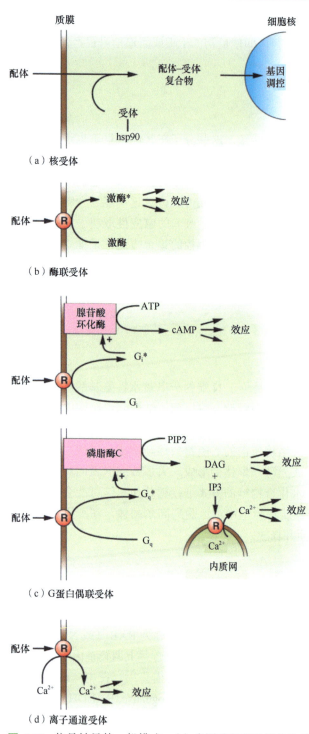

（a）核受体

（b）酶联受体

（c）G蛋白偶联受体

（d）离子通道受体

图 4.17 信号转导的一般模式。(a) 类固醇激素使用的核受体机制。(b) 酶联受体。(c) G 蛋白偶联受体。(d) 配体门控离子通道。

输入。以下罗列了发育中最重要的诱导因子家族和信号转导通路。

有几类 G 蛋白偶联受体（图 4.17c）。最为人所熟知的是七次跨膜蛋白，即它们由单一多肽链组成，七次穿越细胞膜。Hedgehog 信号通路上的 Smoothened 蛋白（参见"Hedgehog 家族"部分）就是一个例子，它们与 α、β 和 γ 亚基组成的三聚体 G 蛋白相关联。当配体结合时，激活的受体促使与 α 亚基结合的鸟苷二磷酸（guanosine diphosphate, GDP）与鸟苷三磷酸（guanosine triphosphate, GTP）交换，激活的 α 亚基被释放出来，并且能够与其他膜成分相互作用。最常见的作用目标是腺苷酸环化酶（adenylyl cyclase），它能将三磷酸腺苷（adenosine triphosphate, ATP）转化为环磷酸腺苷（cyclic adenosine monophosphate, cAMP）。cAMP 激活蛋白激酶 A（protein kinase A, PKA），该酶进一步磷酸化各种下游靶分子，影响细胞内代谢和基因表达。

另一大群 G 蛋白偶联受体使用不同的三聚体 G 蛋白来激活肌醇磷脂途径（图 4.17c）。在这里，G 蛋白激活磷脂酶 Cβ，该酶将磷脂酰肌醇二磷酸（phosphatidylinositol bisphosphate, PIP2）分解为二酰甘油（diacylglycerol, DAG）和肌醇三磷酸（inositol trisphosphate, IP3）。DAG 激活一种重要的膜结合激酶，即蛋白激酶 C。与蛋白激酶 A 一样，蛋白激酶 C 在不同情况下具有多种可能的靶标，能够引起代谢反应和基因表达的变化。IP3 与内质网中的 IP3 受体（IP3 receptor, IP3R）结合并打开 Ca^{2+} 通道，该通道允许 Ca^{2+} 进入细胞质。正常情况下，细胞质 Ca^{2+} 浓度保持在非常低的浓度（10^{-7} mol/L 左右）。由质膜中离子通道打开或 IP3 作用引起的 Ca^{2+} 浓度增加，能够对多种靶标分子产生广泛的影响。一个重要的发育实例是受体 CXCR4，它对趋化因子 SDF1（CXCL12）产生响应，并且经常参与涉及个体细胞迁移的过程。

离子通道受体（图 4.17d）在发育过程中的重要性不如其他类型的受体，但它们在受精过程中起着关键作用，而且它们在其他方面的重要性可能被低估了。在受到刺激时，离子通道受体打开，允许 Na^+、K^+、Cl^- 或 Ca^{2+} 通过。

蛋白信号因子家族

以下列出了一些作为胚胎诱导因子发挥作用的重要信号蛋白类别。这些因子中的大部分在脊椎动物和无脊椎动物中都存在，但在不同的发现途径中，它们的名称往往也不一样。这里采用的是常用的脊椎动物名称。通常情况下，对于一个特定因子，秀丽隐杆线虫或果蝇等无脊椎动物会含有一个基因，而脊椎动物物种则含有一个相应的基因家族，这些基因编码的蛋白质具有相似但不一定完全相同的生物活性。图 4.18 以简化形式展示了通常被接受的信号转导机制，但实际情况要复杂得多，存在许多其他修饰组分以及通路之间的诸多相互作用。

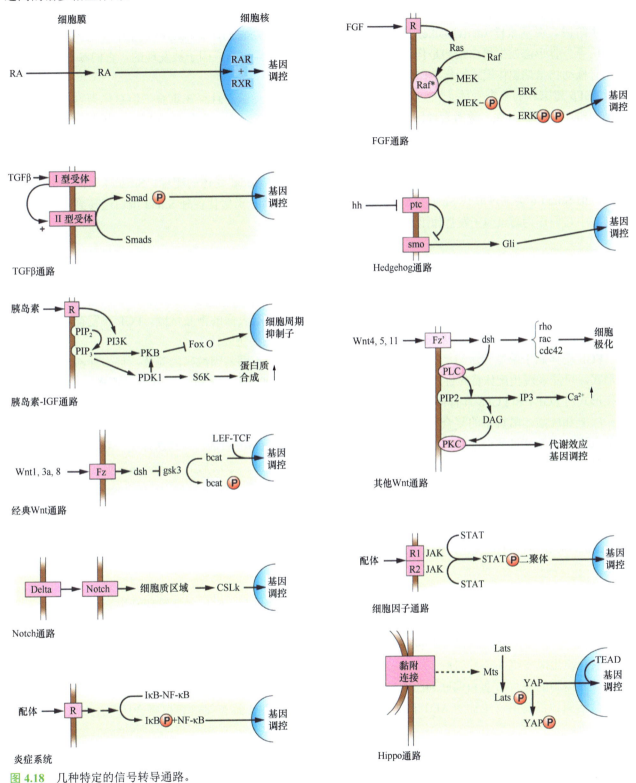

图 4.18　几种特定的信号转导通路。

转化生长因子 β 超家族

　　转化生长因子 β（transforming growth factor β，TGFβ）最初被发现是一种由"转化"（transformed）或癌样（cancer-like）细胞分泌的促有丝分裂原（mitogen，即在组织培养中促进细胞生长的因子）。后来人们发现它是一个庞大且多样的信号分子超家族的原型，所有家族成员都共享一些基本的结构特征。成熟的 TGFβ 因子是约 25 kDa 的二硫键聚合二聚体。它们在合成时是较长的前体形式，需要通过蛋白水解切割为成熟形式后，才会显示出生物活性。

TGFβ 本身实际上对细胞分裂具有抑制作用，并且能够促进细胞外基质物质的分泌，主要参与发育的器官发生阶段。激活素样 (activin-like) 因子包括 Nodal 相关家族，它们在脊椎动物胚胎中参与内胚层和中胚层的诱导。骨形态发生蛋白最初是作为促进啮齿动物软骨和骨异位形成因子被发现的。它们参与骨骼发育，也在脊椎动物早期躯体模式特化中作为腹侧化因子发挥作用。

TGFβ 超家族有多个受体。它们对不同因子的特异性较为复杂，且存在重叠，但总体而言，有不同的受体亚群与 TGFβ 本身、激活素样因子和 BMP 结合。在所有情况下，配体首先与一个 II 型受体结合，使其能够形成由两个 II 型受体分子与两个 I 型受体分子组成的复合物。I 型和 II 型受体都是丝氨酸/苏氨酸激酶，但 I 型受体只有在与 II 型受体形成的复合物中才会被激活。激活会导致细胞质中 Smad 蛋白的磷酸化。Smad 1、5 和 8 是 BMP 受体的靶标，Smad 2 和 3 则是激活素/Nodal 受体的靶标。Smad 4 是两种通路都需要的，但 Smad 6 会通过取代 Smad 4 的结合来抑制这两种通路。磷酸化促使 Smad 蛋白迁移到细胞核，在细胞核中它们作为转录因子发挥作用，调节靶基因 (图 4.18)。

成纤维细胞生长因子家族

顾名思义，成纤维细胞生长因子 (fibroblast growth factor, FGF) 最初是作为组织培养中成纤维细胞的促有丝分裂原被鉴定出来的，构成了一个庞大的、具有众多重要生物活性的因子家族。它们是与硫酸乙酰肝素紧密结合的单体多肽，而硫酸乙酰肝素是一种存在于所有细胞表面的糖胺聚糖。FGF 在发育过程中具有非常广泛的功能，包括早期前–后图式形成、大脑的区域化以及促进肢体生长。

FGF 受体属于酪氨酸激酶类。在脊椎动物中，共有 4 种由不同基因编码的受体，每一种都有不同的剪接形式，可能表现出配体特异性。具体来说，FGFR2b 剪接形式对 FGF7 和 FGF10 具有选择性，而 FGFR2c 剪接形式对 FGF4 和 FGF8 具有特异性。

FGF 和硫酸乙酰肝素的复合物与受体结合，促使受体形成二聚体，这会导致自身磷酸化以及胞外信号调节激酶 (extracellular signal regulated kinase, ERK) 信号转导通路的激活。该通路涉及一系列级联事件。第一步是通过将结合的 GTP 交换为 GDP，激活 GTP 结合蛋白 Ras。激活后的 Ras 会通过促使 Raf 蛋白与细胞膜结合，进而激活 Raf 蛋白。Raf 是一种激酶，能够磷酸化另一种称为 MEK (mitogen-activated, ERK-activating kinase，促有丝分裂原激活的 ERK 激活激酶) 的激酶，后者又会磷酸化 ERK。激活的 ERK 进入细胞核，通过磷酸化激活各种转录因子 (图 4.18)。ERK 曾经是 MAP (促有丝分裂原活化蛋白, mitogen-activated protein) 激酶的同义词，但 MAP 这个术语现在指的是一组激酶，包括 JNK 和 p38，以及 ERK 本身。

胰岛素家族

胰岛素和胰岛素样生长因子之类的因子在生长控制中尤为重要。它们与酪氨酸激酶型受体结合，这些受体是由两条 α 链和两条 β 链通过二硫键连接形成的四聚体。这些受体磷酸化衔接蛋白如 IRS1 (胰岛素受体底物 1)，导致磷脂酰肌醇 3-激酶 (PI3 激酶) 的激活。PI3 在细胞膜中发挥作用，使各种磷脂酰肌醇底物磷酸化，生成一组 3-磷酸肌醇 (3-phosphoinositide)。3-磷酸肌醇作为磷脂发挥其生物活性，不应将其与本章前面提到的参与 G 蛋白偶联通路的游离肌醇 1,4,5-三磷酸 (inositol 1,4,5-trisphosphate) 相混淆。3-磷酸肌醇激活蛋白激酶 B (也称为 Akt) 和 PDK1，后者进一步磷酸化具有促进蛋白质合成和生长作用的底物 (图 4.18)。

磷酸酶 PTEN 使 PKB 去磷酸化，拮抗胰岛素信号。Pten 是一种肿瘤抑制基因，其功能丧失突变在癌症中较为常见。

其他酪氨酸激酶偶联因子

表皮生长因子 (epidermal growth factor, EGF) 最初是作为一种导致新生小鼠牙齿过早萌出的蛋白质被鉴定出来的，结构上与 TGFα 相似。TGFα 是与 TGFβ 同时分离出来的一个因子，因此具有相似的名称，但在生化方面有明显差异。EGF/TGFα 因子在果蝇母体阶段的图式形成中非常重要。与 FGF 受体一样，EGF 受体是酪氨酸激酶，而且它们也能激活 ERK 通路。

一组类似的因子是神经调节蛋白（neuregulin），它们都是由一个单基因的差异剪接形成的。它们结合一组不同的受体酪氨酸激酶（如 ErbB2），并且通常由神经元分泌。神经调节蛋白是肢体再生所需的神经衍生因子之一。

干细胞因子（stem cell factor, SCF）是小鼠 *Steel* 基因的产物，能够激活受体 KIT。该系统在造血、生殖细胞和黑素细胞发育中起着重要作用。

血小板衍生生长因子（platelet-derived growth factor, PDGF）是胎儿血清中的主要生长因子，因此对于促进组织培养中的细胞分裂十分重要。该因子有 A 型和 B 型两种形式，而其受体也有 α 和 β 两种形式。该系统的敲除或抑制会导致多个发育过程失败。

肝细胞生长因子（hepatocyte growth factor, HGF）是一种不同于 FGF 和 EGF 类的配体。它与另一种称为 c-Met 的酪氨酸激酶型受体结合，在肝脏再生和成肌细胞迁移到肢芽的过程中发挥重要作用。肝细胞生长因子也被称为"分散因子"（scatter factor），因为它最早被发现的活性是引起上皮细胞的上皮-间充质转换。

神经营养因子在神经系统中具有关键作用，当然，其作用范围并非局限于神经系统，对于神经元的存活也起着至关重要的作用，并且通常由轴突所投射到的靶细胞分泌产生。神经营养因子包括神经生长因子（nerve growth factor, NGF）、脑源性神经营养因子（brain-derived neurotrophic factor, BDNF）以及神经营养因子 3 和 4（neurotrophin 3 and 4, NT3 和 NT4）。其受体称为 Trk（发音为 track）蛋白，属于酪氨酸激酶型受体。胶质细胞源性神经营养因子（glial cell-derived neurotrophic factor, GDNF）具有不同的受体 Ret，Ret 同样是一种酪氨酸激酶。

Ephrin 是 Eph 类酪氨酸激酶受体的配体。ephrin A 亚组成员通过糖基磷脂酰肌醇（glycosylphosphatidylinositol, GPI）锚与产生它的细胞相连，并主要与 Eph A 受体相结合。ephrin B 亚组的成员本身是跨膜蛋白，主要与 Eph B 受体结合。因此，ephrin-Eph 系统在相互接触的细胞之间发挥作用，信号转导有可能双向进行。目前已知 ephrin 参与原肠胚形成、后脑分节的建立，以及神经系统投射拓扑地形图的建立。

Hedgehog 家族

Hedgehogs 最初被发现，是因为果蝇的基因突变扰乱了分节模式，使得幼虫外形看起来有点像刺猬。Sonic Hedgehog 对于神经管的背-腹图式形成、椎骨的形成和四肢的前-后图式形成都极为重要。Indian Hedgehog 在骨骼发育中发挥重要作用。全长的 Hedgehog 多肽是一种自身蛋白酶，能够将自身切割成有活性的 N 端和非活性的 C 端部分。N 端片段通常会通过共价添加脂肪酰基链和胆固醇进行修饰，这些修饰对于其充分发挥活性是必不可少的。许多 Hedgehog 信号转导组分位于初级纤毛中，这些纤毛的完整性对 Hedgehog 发挥功能来说至关重要。

Hedgehog 受体被称为 Patched，它同样是以果蝇基因突变所表现出的表型来命名的。Patched 属于 G 蛋白偶联受体类，处于组成性活跃状态，会被配体结合阻遏。当 Patched 处于活跃状态时，会抑制另一种细胞膜蛋白 Smoothened 的活性，后者抑制 Gli 型转录因子的蛋白水解裂解。全长 Gli 因子是转录激活因子，可以进入细胞核并启动靶基因的表达，但组成性移除 C 端区域会使其转变为阻遏子（repressor）。在没有 Hedgehog 的情况下，Patched 有活性，Smoothened 无活性，Gli 无活性；当有 Hedgehog 存在时，Patched 被抑制，Smoothened 有活性，Gli 被激活（图 4.18）。蛋白激酶 A 的激活也会抑制 Gli，进而拮抗 Hedgehog 信号转导。

Wnt 家族

Wnt 家族的创始成员是通过两条途径被发现的，其一源于小鼠的致癌基因，其二来自果蝇的 *wingless* 突变。Wnt 因子是含有共价连接脂肪酰基的单链多肽，脂肪酰基对其活性至关重要，这也导致 Wnt 因子几乎不溶于水。

Wnt 的受体被称为 Frizzled，这一名称源于果蝇的另一种突变。有几种类型的受体，分别对应不同的配体类型，而且它们不一定会发生交叉反应。Wnt1、Wnt3A 或 Wnt8 会激活 Frizzled，进而通过称为

Dishevelled 的多功能蛋白质抑制一种激酶——糖原合酶激酶 3 (glycogen synthase kinase 3, Gsk3)。当 Gsk3 处于活跃状态时，它会磷酸化 β-联蛋白，β-联蛋白是一种参与胚胎背-腹图式构建和基因调控的重要分子。当 Gsk3 被抑制时，β-联蛋白保持未磷酸化状态，在这种状态下，它可以与转录因子 Tcf1 结合，并将其转运到细胞核中 (图 4.18)。该信号通路在众多发育场景中都十分关键，如爪蛙早期的背-腹图式形成、果蝇的分节以及肾脏发育等过程。

其他 Wnt，包括 Wnt4、Wnt5 和 Wnt11，与不同的 Frizzled 亚类结合，激活另外两条信号转导通路。在**平面细胞极性 (planar cell polarity)** 通路中，Dishevelled 蛋白的一个结构域与小 GTP 酶和细胞骨架 (有关细胞骨架更多信息，可参考本章内容) 相互作用，引发细胞极化。在 Wnt-Ca 通路中，Frizzled 会激活磷脂酶 C。这会依次产生甘油二酯和肌醇 1,4,5-三磷酸，随后导致细胞质中钙离子浓度升高，这一过程和上文提到的 G 蛋白偶联受体类似 (图 4.18)。

Notch 系统

在 Delta-Notch 系统中，配体 (Delta、Jagged) 和受体 (Notch) 都是固有膜蛋白，因此，它们之间的相互作用只有在产生它们的细胞相互接触时才会发生，这和 ephrin-Eph 系统是一样的。同样，这些奇特的名称源于最初在果蝇翅膀结构中发现的突变表型。配体与 Notch 结合后，会导致 Notch 的细胞质部分被膜内蛋白酶 γ-分泌酶 (γ-secretase) 裂解，进而使转录因子 CSL-κ (CBF1、SuCH 和 Lag1 组，即果蝇 hairless 抑制因子) 释放到细胞质中。CSL-κ 迁移到细胞核并激活目标基因 (图 4.18)。γ-分泌酶正是产生那种会在大脑中积累、进而引发阿尔茨海默病的肽的蛋白酶。

Notch 可能携带 O-连接的四糖链，这种碳水化合物的存在会影响其特异性，增加对 Delta 的敏感性，同时降低对 Jagged (即果蝇中的 Serrate) 的敏感性。这一过程通常由糖基转移酶 Fringe 的活性来控制，Fringe 酶会向 O-连接的岩藻糖上添加一个 GlcNAc。

Delta-Notch 系统在许多发育过程中都很重要。它在侧向抑制过程中发挥着特殊作用，在这种情况下，一种类型的细胞会在第二种类型细胞的背景中单独分化。这种现象在神经发生及肠道上皮细胞的分化过程中都会出现。

细胞因子系统

有一组具有一定异质性的信号分子通过细胞因子系统发挥作用，这些信号分子包含一些经典细胞因子 (干扰素)、造血生长因子、生长激素以及白血病抑制因子 (leukemia inhibitory factor, LIF)。这些受体可以是同源二聚体，也可以是异源二聚体，它们与细胞内的酪氨酸激酶 JAK (Janus kinases，Janus 激酶) 相结合。当配体将受体分子聚集在一起时，JAK 会相互磷酸化并激活彼此以及受体，形成的活性复合物继而磷酸化 STAT 型转录因子。磷酸化使得 STAT 从受体上解离并发生二聚化，然后进入细胞核，上调靶基因 (图 4.18)。

炎症系统

促炎细胞因子包括白细胞介素 1 (interleukin 1, IL1) 和肿瘤坏死因子 (tumor necrosis factor, TNF) 家族，它们的受体与转录因子 NF-κB 的激活相关联，NF-κB 通常在细胞质中与另一种名为 IκB 的蛋白质形成无活性复合物。当配体与受体结合时，会激活一种细胞质激酶，使 IκB 磷酸化并从复合物中分离出来，从而能够让 NF-κB 进入细胞核并启动靶基因表达 (图 4.18)。IκB 也可以被蛋白激酶 C 磷酸化。IL1 和 TNF 在发育生物学中的作用并非特别突出，但该系统确实在果蝇的背-腹图式形成中发挥作用，果蝇中的 Dorsal 是 NF-κB 的同源物。

Hippo 通路

这条通路 (图 4.18) 得名于果蝇中的 *hippo* 基因，当该基因发生功能丧失突变时，会导致组织过度生长。在脊椎动物中，hippo 的同源物为 Mst。Mst 是一种激酶，它会激活另一组被称为 Lats 的激酶。这些激酶继而会磷酸化 Yap 和 Taz 转录因子，从而将它们滞留在细胞质中。当 Yap 和 Taz 去磷酸化时，会迁移到细胞核，与 TEAD 共激活子结合，并上调促进细胞分裂和减少细胞死亡的基因。该通路可以通过细胞接触来激活，这为接触抑制现象（当组织培养细胞相互连接时，生长速度就会减缓）提供了一种可能的作用机制。

轴突导向系统

主要负责轴突导向的可扩散因子包括 netrin 和 semaphorin。Semaphorin 的受体称为 neuropilin，它会与 plexin 形成复合物，并通过小 GTP 酶（见下文）和 Ras 对细胞骨架产生影响。Neuropilin 还会对血管内皮生长因子（vascular endothelial growth factor, VEGF）产生反应，进而影响血管的形成。Netrins 的受体称为 DCC（deleted in colon carcinoma）和 RCM（即秀丽隐杆线虫中的 UNC-5）。DCC 与细胞内酪氨酸激酶相互作用，而 RCM 通过 cAMP 和环磷酸鸟苷（cyclic guanosine monophosphate, cGMP）起作用。Slit 蛋白是 Roundabout（Robo）样受体的配体，主要表现出轴突排斥活性，需要硫酸乙酰肝素才能发挥作用，其细胞内效应通过小 GTP 酶对细胞骨架产生影响来实现。

基因调控网络

尽管发育遗传学常常聚焦于单个基因的功能，但实际上，任何生物系统都涉及众多基因在复杂网络中协同发挥作用。通常认为，发育生物学的任务是探寻和描绘发育过程背后的 **基因调控网络（genetic regulatory network，GRN）**。图 4.19 展示了一个用流行程序 Biotapestry 绘制的网络，它代表了图 2.2 和图 2.4 所示假想胚胎中区域特化的初始步骤。这涉及植物极决定子和背部决定子的作用，它们各自促使诱导因子的分泌。每个因子都会激活一组发育控制基因，而这些基因又会调节负责胚胎前五个主要区域细分（表皮、神经板、中轴中胚层、侧中胚层和内胚层）的功能特性基因。虽然这个模型与爪蛙胚胎有些相似之处，但它仅仅是一个尝试捕捉早期脊椎动物发育基本原理的模型。假设发育控制基因具有自调节能力，所以在诱导因子消失后，它们依然能够保持活跃状态，并与功能基因建立起正向和反向的联系。此处，该模型仅展示了一个时间点，但很容易进行拓展，以展示一系列时间点的变化情况。虽然这种呈现方式具有很高的价值，而且 Biotapestry 提供了一个适用于各种数据的标准化格式，但它并没有着重体现各部分之间的空间关系，尤其是在胚胎形态发生运动中构建胚胎形状时的空间关系。这些运动在第 6 章有概括性的描述。

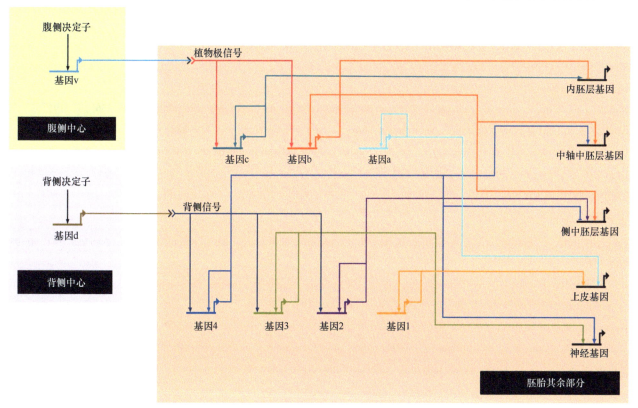

图 4.19　图 2.2 和图 2.4 假想胚胎模型，使用 Biotapestry 程序制作。

要点速记

- 命运图展示了胚胎的各个部分将会移动到哪里，以及最终会发育成什么结构。不过，它并不能表明在标记时胚胎各部分的定型状态。
- 发育定型可分为不稳定的（特化）和稳定的（决定）两种情况。特化意味着特定结构或细胞类型会在离体培养的发育过程中形成。决定则表明特定的结构或细胞类型，即便被移植到胚胎的其他区域，依然能够形成。
- 克隆分析是通过标记单个细胞来推断发育机制。如果一个细胞的后代跨越了两个结构之间的边界，那就说明该细胞在标记时还未决定发育成其中任何一种结构。
- 胞质决定子会使继承它的细胞定型于特定的发育途径。
- 诱导因子是一种细胞外信号物质，能够改变暴露于它的细胞的发育途径。许多诱导因子在其他情形下也被称为生长因子或激素。如果该因子仅仅是靶细胞持续发育所必需的，则称其为允许性的；如果细胞或组织在有和没有某因子的情况下遵循不同的发育途径，那么这个因子就被认为是指令性的；如果在不同浓度下能产生不止一种正向响应，那么该因子就被描述为形态发生素。
- 侧向抑制系统能从单一细胞片中产生两个混合的细胞群。这是通过放大细胞之间微小的初始差异，使已分化的细胞抑制周围细胞的分化来实现的。
- 要证明特定基因产物对特定过程负责，需要有适当的表达模式、适当的生物活性以及适当的基因消融后果等方面的证据。
- 发育中细胞的定型状态取决于细胞中存在且活跃的转录因子库，以及关键发育基因周围染色质的结构配置。发育过程中有几个非常重要的转录因子家族。
- 构成胚胎诱导因子的信号分子属于一小部分分泌蛋白家族，每个家族都与特定受体和细胞内信号转导通路相偶联。一些脂质也具有诱导因子的作用，尤其是视黄酸。

拓展阅读

综合

Meinhardt, H. （1982） *Models of Biological Pattern Formation*. New York: Academic Press.

Slack, J.M.W. （1991） *From Egg to Embryo. Regional Specification in Early Development*, 2nd edn. Cambridge: Cambridge University Press.

Morelli, L.G., Uriu, K., Ares, S. et al. （2012） Computational approaches to developmental patterning. *Science* **336**, 187−191.

Slack, J.M.W. （2014） Establishment of spatial pattern. *WIREs Developmental Biology* **3**, 379−388.

Lee, M.T., Bonneau, A.R. & Giraldez, A.J. （2014） Zygotic genome activation during the maternal-to-zygotic transition. *Annual Review of Cell and Developmental Biology* **30**, 581−613.

Schweisguth, F. & Corson, F. （2019） Self-organization in pattern formation. *Developmental Cell* **49**, 659−677.

命运图构建与克隆分析的例子

Garcia-Bellido, A., Lawrence, P.A. & Morata, G. （1979） Compartments in animal development. *Scientific American* **241**, 90−98, 102−111.

Hartenstein, V., Technau, G.M. & Campos-Ortega, J.A. （1985） Fate-mapping in wild-type Drosophila melanogaster 3. A fate map of the blastoderm. *Wilhelm Roux's Archives of Developmental Biology* **194**, 213−216.

Dale, L. & Slack, J.M.W. （1987） Fate map for the 32 cell stage of Xenopus laevis. *Development* **99**, 527−551.

Kimmel, C.B., Warga, R.M. & Schilling, T.F. （1990） Origin and organization of the zebrafish fate map. *Development* **108**, 581−594.

Hatada, Y. & Stern, C.D. （1994） A fate map of the epiblast of the early chick-embryo. *Development* **120**, 2879−2889.

Smith, J.L., Gesteland, K.M. & Schoenwolf, G.C. （1994） Prospective fate map of the mouse primitive streak at 7.5 days of gestation. *Developmental Dynamics* **201**, 279−289.

Buckingham, M.E. & Meilhac, S.M.（2011）Tracing cells for tracking cell lineage and clonal behavior. *Developmental Cell* **21**, 394–409.

胞质决定子

Nishida, H. & Sawada, K.（2001）macho-1 encodes a localized mRNAin ascidian eggs that specifies muscle fate during embryogenesis. *Nature* **409**, 724–729.

Goldstein, B. & Macara, I.G.（2007）The PAR proteins: fundamental players in animal cell polarization. *Developmental Cell* **13**, 609–622.

Strome, S. & Lehmann, R.（2007）Germ versus soma decisions: lessons from flies and worms. *Science* **316**, 392–393.

Griffin, E.E.（2015）Cytoplasmic localization and asymmetric division in the early embryo of Caenorhabditis elegans. *Wiley Interdisciplinary Reviews: Developmental Biology* **4**, 267–282.

胚胎诱导

Rogers, K.W. & Schier, A.F.（2011）Morphogen gradients: from generation to interpretation. *Annual Review of Cell and Developmental Biology* **27**, 377–407.

Christian, J.L.（2012）Morphogen gradients in development: from form to function. *Wiley Interdisciplinary Reviews: Developmental Biology* **1**, 3–15.

Akiyama, T. & Gibson, M.C.（2015）Morphogen transport: theoretical and experimental controversies. *Wiley Interdisciplinary Reviews: Developmental Biology* **4**, 99–112.

Sagner, A. & Briscoe, J.（2017）Morphogen interpretation: concentration, time, competence, and signaling dynamics. *Wiley Interdisciplinary Reviews: Developmental Biology* **6**, e271.

Kornberg, T.B.（2017）Distributing signaling proteins in space and time: the province of cytonemes. *Current Opinion in Genetics & Development* **45**, 22–27.

Zhang, C. & Scholpp, S.（2019）Cytonemes in development. *Current Opinion in Genetics & Development* **57**, 25–30.

阈值、随机性及表观遗传

Lewis, J., Slack, J.M.W. & Wolpert, L.（1977）Thresholds in development. *Journal of Theoretical Biology* **65**, 579–590.

Elowitz, M.B., Levine, A.J., Siggia, E.D. et al.（2002）Stochastic gene expression in a single cell. *Science* **297**, 1183–1186

Burrill, D.R. & Silver, P.A.（2010）Making cellular memories. *Cell* **140**, 13–18.

Shaya, O. & Sprinzak, D.（2011）From Notch signaling to fine-grained patterning: modeling meets experiments. *Current Opinion in Genetics & Development* **21**, 732–739.

Baedke, J. & Schöttler, T.（2017）Visual metaphors in the sciences: the case of epigenetic landscape images. *Journal for General Philosophy of Science* **48**, 173–194.

转录因子与 miRNA

Latchman, D.S.（2008）*Eukaryotic Transcription Factors*, 5th edn. New York: Academic Press.

McGinnis, W. & Krumlauf, R.（1992）Homeobox genes and axial patterning. *Cell* **68**, 283–302.

Aranda, A. & Pascual, A.（2001）Nuclear hormone receptors and gene expression. *Physiological Reviews* **81**, 1269–1304.

Hunter, C.S. & Rhodes, S.J.（2005）LIM-homeodomain genes in mammalian development and human disease. *Molecular Biology Reports* **32**, 67–77.

Naiche, L.A., Harrelson, Z., Kelly, R.G. et al.（2005）T-box genes in vertebrate development. *Annual Review of Genetics* **39**, 219–239.

Lefebvre, V., Dumitriu, B., Penzo-Mendez, A. et al.（2007）Control of cell fate and differentiation by Sry-related high-mobility-group box（Sox）transcription factors. *International Journal of Biochemistry & Cell Biology* **39**, 2195–2214.

Wang, Q.Y., Fang, W.H., Krupinski, J. et al.（2008）Pax genes in embryogenesis and oncogenesis. *Journal of Cellular and Molecular Medicine* **12**, 2281–2294.

Hannenhalli, S. & Kaestner, K.H.（2009）The evolution of Fox genes and their role in development and disease. *Nature Reviews*

Genetics **10**, 233−240.

Wegner, M. （2010） All purpose Sox: the many roles of Sox proteins in gene expression. The *International Journal of Biochemistry & Cell Biology* **42**, 381−390.

Razin, S.V., Borunova, V.V., Maksimenko, O.G. et al. （2012） Cys2His2 zinc finger protein family: classification, functions, and major members. *Biochemistry-Moscow* **77**, 217−226.

Iwafuchi-Doi, M. & Zaret, K.S. （2016） Cell fate control by pioneer transcription factors. *Development* **143**, 1833−1837.

Murre, C. （2019） Helix-loop-helix proteins and the advent of cellular diversity: 30 years of discovery. *Genes & Development* **33**, 6−25.

Kopp, F. & Mendell, J.T. （2018） Functional classification and experimental dissection of long noncoding RNAs. *Cell* **172**, 393−407.

Bartel, D.P. （2018） Metazoan MicroRNAs. *Cell* **173**, 20−51.

染色质

Wolffe, A. （1998） *Chromatin: Structure and Function*, 3rd edn. San Diego: Academic Press.

Grewal, S.I.S. & Moazed, D. （2003） Heterochromatin and epigenetic control of gene expression. *Science* **301**, 798−802.

Deaton, A.M. & Bird, A. （2011） CpG islands and the regulation of transcription. *Genes & Development* **25**, 1010−1022.

Smith, Z.D. & Meissner, A. （2013） DNA methylation: roles in mammalian development. *Nature Reviews Genetics* **14**, 204−220.

D'Urso, A. & Brickner, J.H. （2014） Mechanisms of epigenetic memory. *Trends in Genetics* **30**, 230−236.

信号通路

Hancock, J.T. （2017） *Cell Signalling*, 4th edn. Oxford: Oxford University Press.

Wu, M.Y. & Hill, C.S. （2009） TGF-[beta] superfamily signaling in embryonic development and homeostasis. *Developmental Cell* **16**, 329−343.

Wharton, K.A. & Serpe, M. （2013） Fine-tuned shuttles for bone morphogenetic proteins. *Current Opinion in Genetics & Development* **23**, 374−384.

Ornitz, D.M. & Itoh, N. （2015） The fibroblast growth factor signaling pathway. *Wiley Interdisciplinary Reviews − Developmental Biology* **4**, 215−266.

Niethamer, T.K. & Bush, J.O. （2019） Getting direction（s）: the Eph/ephrin signaling system in cell positioning. *Developmental Biology* **447**, 42−57.

Nusse, R. & Clevers, H. （2017） Wnt/beta-catenin signaling, disease, and emerging therapeutic modalities. *Cell* **169**, 985−999.

Petrov, K., Wierbowski, B.M. & Salic, A. （2017） Sending and receiving hedgehog signals. *Annual Review of Cell and Developmental Biology* **33**, 145−168.

Hill, C.S. （2018） Spatial and temporal control of NODAL signaling. *Current Opinion in Cell Biology* **51**, 50−57.

Henrique, D. & Schweisguth, F. （2019） Mechanisms of Notch signaling: a simple logic deployed in time and space. *Development* **146**, dev172148.

Ghyselinck, N.B. & Duester, G. （2019） Retinoic acid signaling pathways. *Development* **146**, dev167502.

第5章

发育研究途径：细胞和分子生物学技术

在第 3 章和第 4 章中，我们介绍了运用遗传学和实验胚胎学来开展发育研究的方法。接下来，我们将探讨一组源自细胞和分子生物学，且与发育研究紧密相关的技术。在第 15 章，还会讨论一些与器官发生研究尤为相关的其他技术。

显微镜

胚胎体积微小，因而研究胚胎不可避免地要借助显微镜。实验过程中通常会用到**解剖显微镜**（**dissecting microscope**）进行人工操作。这是一种双目显微镜，放大倍数为 10～50 倍，物镜与标本之间具有适宜的工作距离（图 5.1a）。解剖显微镜能够呈现三维图像，让观察者可以精准感知景深，这对显微手术、显微注射等操作大有裨益。与大多数复式显微镜不同，解剖显微镜不会使图像发生反转。如果标本不透明，如非洲爪蛙或鸡的胚胎，一般采用入射光照明，也就是光束从光源直接照射到标本上。对于活体标本而言，避免其在强光入射下过热至关重要，因此会使用光纤导光装置，提供低温但亮度足够的照明。如果标本是透明的，如斑马鱼、海胆或小鼠的胚胎，通常会使用透射光底座。

（a）   （b）

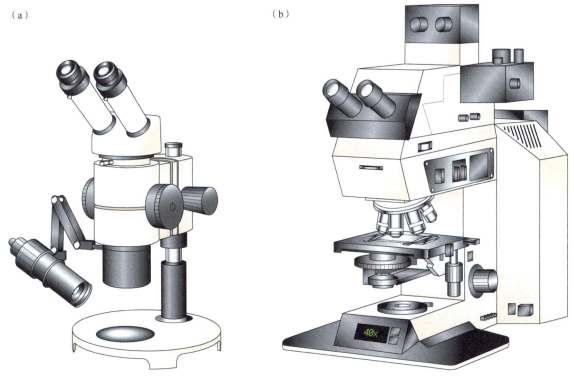

图 5.1　显微镜的基本类型。（a）解剖显微镜。（b）复式显微镜。

　　复式显微镜（**compound microscope**）（图 5.1b）用于观察组织学切片，或者那些体积足够小且部分透明的整体标本，如果蝇、秀丽隐杆线虫、斑马鱼的胚胎，以及植入前的小鼠胚胎。复式显微镜的放大倍数为 40～1000 倍，分辨率的上限受光的波动性制约，这使得它无法分辨间距小于约 0.2 μm 的两个点。想要达到最佳分辨率，就需要配备高数值孔径的物镜，数值孔径是衡量物镜能够收集光锥大小的指标。高数值孔径往往意味着高放大倍数和较短的工作距离，而且性能优良的镜头通常需要浸入油中才能正常发挥作用。在发育生物学研究中，我们往往需要较长的工作距离，并且更倾向于水浸而非油浸，所以在可获取的分辨率方面，不可避免地要进行权衡。

　　大多数复式显微镜会使图像反转，这是光学系统的自然成像结果，通常不会对其进行校正，因为校正需要额外添加镜头。在大多数情况下，图像反转并不会带来困扰。

光学技术

　　在复式显微镜中通常使用几种不同的光学技术。普通透射光用于检查染色切片（图 5.2a）或小透明标本。染色可以是传统的组织学染色，也可以是由于检测报告蛋白或特定抗原而产生的有色组织化学反应产物（在本章中进一步讨论）。

　　相差显微镜（**phase contrast microscope**）是一种将样本内折射率的微小差异转化为光强度上较大差异的技术（图 5.2b）。它是检查体外培养的活细胞或分离的配子的首选方法，并用于小型透明胚胎（如哺乳动物植入前阶段胚胎）。

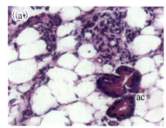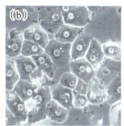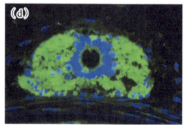

图 5.2　通过正文中提到的方法可视化的样本。(a) 再生胰腺切片，苏木精和伊红染色。两个再生的腺泡清晰可见 (ac)。(b) 培养的大鼠肝细胞的相差视图。(c) 肝细胞的免疫荧光；绿色是转录因子 HNF4，红色是酶 UGT。(d) 再生非洲爪蛙蝌蚪脊髓切片。蓝色为 DAPI，用于 DNA 的荧光染色；绿色是神经丝蛋白的免疫染色。来源：(a-d) Jonathan Slack。

　　微分干涉相差（**differential interference contrast**），也称为**诺马斯基**（**Nomarski**）光学，将折射率的微小差异转化为观察者感知的明显高度差异。它还可以在样本内的特定光学切面上提供清晰的分辨率，因此当人们将显微镜透过样本上下聚焦时，视野中会出现不同的光学截面。诺马斯基光学可以非常清晰地显示小型透明样本中的单个细胞，而正是这种技术使得线虫的整个细胞谱系得以阐明。该技术被用于植入前哺乳动物胚胎，以及线虫、斑马鱼和果蝇的胚胎研究中。

　　荧光（**fluorescence**）显微镜用途广泛，但其所有应用都依赖于样本内荧光物质或**荧光染料**（**fluorochrome**）的可视化（图 5.2c，d 和图 5.3），适用于荧光抗体染色、荧光原位杂交（fluorescent *in situ* hybridization, FISH），以及对引入样本中用于标记细胞亚群的荧光染料的观察。荧光显微镜的原理是：荧光染料吸收特定能量的光后，发射出较低能量的光，能量较低意味着波长较长，也就是颜色向光谱的红端偏移。一种特定的荧光染料会有一个激发光谱，它展示了荧光强度如何随着**激发**（**excitation**）波长的改变而变化；它还有一个**发射**（**emission**）光谱，显示发射的荧光强度在不同波长上的分布情况（图 5.3a）。激发光谱和发射光谱是荧光物质的特性。荧光显微镜配有一个将激发光束照射到样本上的附件。这个附件包含一个强光源，以前常用汞弧灯，如今则多采用发光二极管（light-emitting diode, LED）灯。滤光片会选择适合所用荧光染料的窄激发波长带，然后二向色镜将激发光束反射到样本上。二向色镜是一种能反射低于某一截止值波长的光，同时透射高于该截止值波长光的镜子。由于样本发出的光波长较长，所以会透过二向色镜，从而能被观察者看到（图 5.3b）。荧光显微镜通常配有几个不同的滤光片组，每个滤光片组对应不同的荧光染料。如果样本中包含两种或三种激发峰值间隔明显的荧光染料，那么使用合适的滤光片组，应该可以分别单独观察到每种荧光染料。由于需要观察整体标本中源自绿色荧光蛋白和其他类似荧光蛋白（详见下文）的各种应用所产生的荧光，荧光解剖显微镜也被广泛使用。

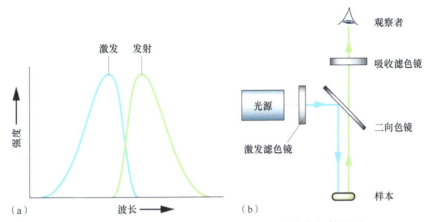

图 5.3 荧光显微镜。(a) 典型的荧光染料激发和发射光谱。(b) 荧光显微镜中的组件排列。

共聚焦、多光子和光片显微镜

传统的荧光显微镜一般只适用于切片或非常小的整体样本，因为焦平面上方和下方细胞发出的荧光会干扰图像，使其模糊不清。然而，对于较厚（100～200 μm）的样本，利用**共聚焦扫描显微镜**（**confocal scanning microscope**）就能轻松观察到其荧光（图 5.4a）。这是一种采用激光照明的设备，利用激光特定的单一波长进行激发。它不是照亮整个标本，而是一次只照亮一个点。一个特定光学切片中的所有点会被依次扫描，每个点的荧光由检测器记录下来，并用于重建该切片的图像。由于一次只观察一个点，所以光学切片的质量非常高。聚焦平面上方或下方点发出的光会发生散射，对信号的贡献极小。共聚焦显微镜生成的图像必然是以数字形式存储在计算机上的。

双光子或**多光子显微镜**（**multi-photon microscope**）能提供比共聚焦显微镜质量更好的荧光标本光学切片，甚至可以观察到生物组织内深达 1 mm 的区域。这里的激光能量低于激发荧光染料所需的能量。因此，只有当两个或多个光子同时撞击一个荧光染料分子时，才会发生激发，而这种情况只会出现在激发光束的焦点处，因为那里的光子密度极高（图 5.4b）。

最近，**光片显微镜**（**light sheet microscope**）被引入到发育生物学领域（图 5.4c）。在这种显微镜中，激光会产生一片穿过标本的薄光片，一个安装在 90° 方向的物镜用于对薄光片照亮的区域进行成像。通过对样本进行扫描，可以得到一组图像，进而生成一个三维图像。标本通常是垂直放置，而不是像我们常见的显微镜那样水平放置。光片可以非常薄（1～6 μm），所以能够照亮样本内的一个光学截面。由于一次曝光就能对整个光片进行成像，所以相比共聚焦显微镜，它所需的光强度要低得多，对活体标本的光毒性也小得多。

图像捕获

在 20 世纪 90 年代之前，显微图像都是通过摄影来记录的，但如今所有图像的采集都借助**电荷耦合器件**（**charge coupled device, CCD**）来完成。CCD 相机的检测芯片包含一个像素阵列，每个像素都能"积累"电子，在给定时间内，每个像素积累的电荷量与落在其上的光强度成正比。一次曝光后，检测器会依次读取每个像素上的电荷，并将其转换为数字图像。对于 8 位图像，每个像素的强度用 0～255 之间的一个数字来表示。在 24 位彩色图像中，红、绿、蓝三种颜色各用一个 8 位数字来表示。

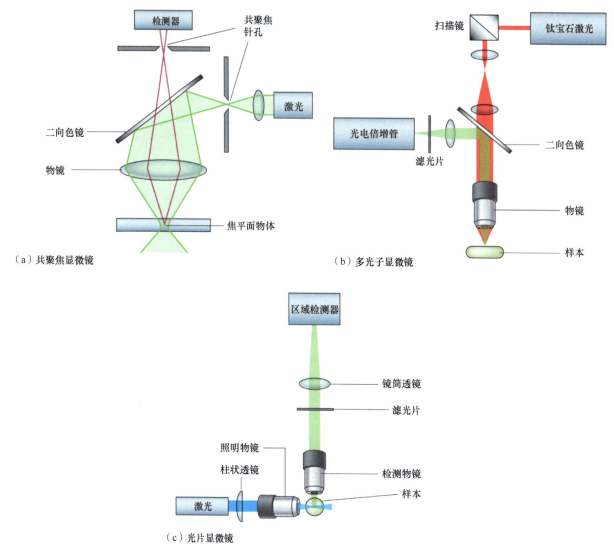

图 5.4　三种先进类型显微镜的部件排列示意图。(a) 共聚焦显微镜。(b) 多光子显微镜。(c) 光片显微镜。

　　图像一旦被记录下来，就会传输到计算机上，并显示在屏幕上，随后便可以进行各种计算操作。例如，可以调整对比度和亮度，也可以对图像进行平滑或锐化处理，还可以进行光密度测量；或者通过不同的单色通道获取多个荧光图像，然后将它们重新组合，以便在同一图像上同时显示多种颜色。数字图像采集的另一个优势是，可以通过多次曝光然后取平均值的方式来提高图像的信噪比。每次曝光时信号是相同的，所以不会因取平均而受到影响。背景干扰在每次曝光时有所不同，取平均后会变得更低且更均匀。鉴于图像增强存在多种可能性，现在科学期刊对实验中可以使用的图像处理程序制定了严格的指导原则。

　　延时（**time lapse**）成像对于研究细胞、器官培养物或胚胎的形态发生运动特别有帮助。延时图像按一定间隔拍摄，然后以较短的间隔回放。例如，如果每分钟记录一张图像，持续 4 h，然后以每秒 30 帧的速度重放，那么整个 4 h 的过程将在 8 s 内展示出来。常见的问题是样本在这个过程中会偏离视野。配备延时记录功能的现代显微镜会有可编程载物台控制装置，这样就能按照预设的时间间隔对一系列样本进行成像，并且显微镜会依次将每个样本移回到光路中。更高级的显微镜型号还能对位置或焦平面的微小偏差进行校正。拍摄哺乳动物或鸟类胚胎、器官培养物时，需要一个类似于组织培养箱的环境室，以便胚胎能保存在 37℃、5% CO_2（或者其他适宜的）的环境中。光片显微镜非常适合观察活体标本的形态发生运动，但由于存储图像对数据量要求很高，所以对计算能力的要求也相当高。

解剖学和组织学方法

随着样本制备和显微镜技术的不断进步，**整体样本**（wholemount）的应用愈发广泛。不过，**组织学切片**（histological section）在研究中仍占据重要地位，学生们也需要了解切片的制作方法，并熟悉如何对其进行观察。制备整体样本或切片标本的首要步骤是对样本进行固定。**固定**（fixation）是指将样本灭活，使其变得足够坚固，具备足够的机械强度，以承受渗透冲击或一定程度的操作处理。固定剂的作用方式多种多样。最常用的固定剂是**福尔马林**（formalin），它是化合物甲醛的浓缩溶液。福尔马林会与大分子的氨基或巯基发生反应，从而导致大分子发生一定程度的变性和交联。**多聚甲醛**（paraformaldehyde）是甲醛的固态聚合形式，一旦溶解于水中，就会解聚成甲醛，4% 的多聚甲醛所含甲醛浓度与 10% 福尔马林的浓度大致相当。戊二醛（glutaraldehyde）含有两个醛基，是一种极为有效的分子间交联剂。固定剂中其他常见的成分还包括酸和有机溶剂，它们起着变性剂和沉淀剂的作用。这些成分作为固定剂的效果相对较弱，但能够使样本更容易被其他试剂渗透。

整体样本

整体样本是指那些可以在显微镜下进行整体观察的小样本。它们可能是完整的胚胎，也可能是如毛囊或肠绒毛等具有复杂三维结构的组织制备物（图 5.5a）。成功运用整体样本进行研究的关键在于找到一种合适的方法使其变得透明，这一过程被称为**透明化**（clearing）。由于生物样本中的膜、脂滴，尤其是卵黄颗粒会散射光线，所以生物样本通常是不透明的。但是，当周围介质的**折射率**（refractive index，RI）与样本自身的折射率相匹配时，样本就会变得透明。传统的骨骼标本透明化方法是将样本浸泡在氢氧化钾溶液中，该溶液会溶解标本中的大部分蛋白质和脂质，然后将样本置于甘油（RI = 1.47）中，使其呈现透明状态（图 5.5b）。而更现代的方法则致力于保留标本更多的原有成分，通过将样本浸泡在有机溶剂或混合溶剂中，最容易实现有效的透明化。例如，水杨酸甲酯（RI = 1.54）可用于胎儿四肢的透明化处理，苯甲醇和苯甲酸酯的混合物（RI = 1.56）可用于富含卵黄的爪蛙胚胎的透明化。然而，使用有机溶剂前必须先对样本进行脱水处理，这往往会导致荧光蛋白的荧光消失。这些溶剂还可能溶解标本中的许多染色剂和组织化学底物，不过过氧化物酶二氨基联苯胺（diaminobenzidine，DAB）染色反应产生的褐色产物具有较强的抗溶解性。

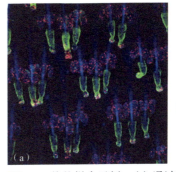

（a）　　　　　　　　　　（b）

图 5.5　整体样本示例。（a）通过共聚焦显微镜观察的小鼠毛囊。图中颜色是角蛋白 15（绿色，显示干细胞区域）、Ki67（红色，显示快速分裂细胞）的免疫染色和 DAPI（蓝色，所有细胞核的染色）。（b）传统的骨骼制备物，用阿新蓝对软骨染色，用茜素红对骨染色。该标本是在胚胎发育过程中发生复制的蝾螈肢体。来源：（a）Yaron Fuchs；（b）Jonathan Slack。

水性透明剂和封固剂不需要对样品进行脱水处理，并且与保留荧光蛋白的要求相兼容。它们通常以甘油或蔗糖为基础，尽管这些水性透明剂和封固剂通常无法使样本完全透明。近年来，人们开始使用 X 射线造影剂泛影酸和 Histodenz，它们都富含碘，能够使折射率达到 1.46，且不会导致黏度过大。此外，还可以采用基于 4 mol/L 尿素的方法来使蛋白质变性并提取出来，同时使样本膨胀，从而使样本的折射率降至与水性介质相同。目前，还没有一种透明剂能够既实现样本完全透明，又与保留蛋白质荧光的要求相兼容。不过，对于小型整体样本而言，现有的水性透明剂已经能够满足需求。

切片

为了制备切片，样本在固定后必须被包埋在固体支撑材料中，以便将其切成极薄的切片。最常用的包埋材料是石蜡。为了让石蜡渗透到样品中，需要先对样品进行**脱水（dehydrate）**处理，这是通过将样品依次浸泡在一系列浓度逐渐增加的乙醇浴中实现的。之所以需要这样一系列不同浓度的乙醇，是因为如果直接将样品从水中转移到纯乙醇中，溶剂产生的混合作用力会对组织造成损伤。水分被去除后，样品在与蜡混溶的溶剂（如二甲苯）中达到平衡，然后被放入约 60℃ 的熔化蜡中，直至蜡完全渗透样品的每个部分。蜡凝固后，得到的蜡块可以在室温下永久保存。为了制作切片，将蜡块安装在**切片机（microtome）**上，使

图 5.6　使用切片机制备连续石蜡切片。来源: Puntasit Choksawatdikorn/123RF。

蜡块反复经过非常锋利的刀片，每次将蜡块推进几微米，这样就会形成一组相连的截面，即蜡带（图 5.6）。这些切片被装载在显微镜载玻片上，用有机溶剂去除蜡，然后切片就可以进行染色，或用于免疫染色、原位杂交等处理。

在胚胎学研究中，切片的方向至关重要。由于通常需要分析整个样本中结构的排列情况，所以需要获得一套完整连接的切片，即序列切片。为此，石蜡是一种非常实用的包埋材料，因为切片在切割时会自然形成蜡带。然而，石蜡包埋也存在缺点，即需要使用有机溶剂对标本进行脱水处理，并且在包埋过程中需要将样品加热至 60℃，这可能会导致样本中的蛋白质或核酸受损，进而影响免疫染色或原位杂交的效果。

对于免疫染色或原位杂交这两项技术，使用冰冻切片是较为常见的做法。在这种情况下，样本甚至可能不需要固定，而是在含有高浓度蔗糖的介质中快速冷冻。将样本切成块状并安装在**恒冷箱（cryostat）**切片机上，恒冷箱切片机实际上是在一个冷却室中运行的切片机。恒冷箱切片的质量通常不如石蜡切片，并且由于它们不会形成切片带，所以收集连续切片非常困难。但如果只需要几个有代表性的切片，那么恒冷箱切片不失为一种有用的技术。

对于某些特殊用途，石蜡无法提供足够高质量的切片，因为很难将其切成比约 5 μm 更薄的切片。还有一些基于各种塑料的包埋材料，能够切割至 1 μm，甚至几分之一微米，用于**电子显微镜（electron microscope）**观察。但这些材料通常与免疫染色和原位杂交不兼容，并且不能提供连续切片。切片的透射电子显微镜观察在发育生物学研究中很少使用，因为它提供的放大倍数超过了识别组织或胚胎中细胞类型图式通常所需的放大倍数。不过，扫描电子显微镜通常能够提供生动的整体三维视图，经常用于可视化形态发生运动进程中的细胞排列情况。

显微注射

在胚胎研究中，出于多种原因，需要将物质引入胚胎的单个细胞中。在非洲爪蛙胚胎中，大多数涉及基因过表达的实验都是通过在体外合成 mRNA，然后将其注射到受精卵中进行的。转基因小鼠的制作也依赖于将 DNA 注射到受精卵原核的技术，然而，要培育转基因果蝇，必须将 DNA 注射到卵的后端，也就是生殖细胞即将形成的部位。显微注射方法还可用于将抑制剂（如特异性抗体或反义寡核苷酸）引入细胞中。对于各种细胞标记实验，显微注射同样必不可少，在这些实验中，需要通过一种被称为**谱系标签（lineage label）**的可见物质来识别特定的细胞谱系或移植物。

显微注射所需的设备取决于靶细胞的大小。然而，无论如何，它都必须安装在显微镜上，以便对注射过程进行可视化控制（图 5.7）。显微注射还需要某种形式的显微操作器来固定注射针，并将实验者的手动移动精确缩小至与目标细胞相匹配的尺度。注射针本身由玻璃管制成，通过拉针仪将玻璃管拉成细尖的注射针，拉针仪会将玻璃加热至接近熔点，然后施加适当的拉力将其拉长。待注射的物质被引入注射针中，可以通过毛细作用使其吸入尖端，或者用注射器将其注入玻璃针的后端，然后将注射针通过软管连接到注射控制器。控制器可以是压力装置，向针施加尖锐的压力脉冲，将少量物质从尖端推出；也可以是一种离子

电渗设备，通过对注射针施加电场，使适当带电的分子从尖端移出。无论采用哪种方式，针都需要先填充物质，连接到控制器，再连接到显微操作器。实验者通过显微镜观察，刺穿所需的细胞，然后操作控制器将物质从尖端脉冲式推出。如果注射的物质是荧光的，就像常用于谱系标记的情况那样，那么显微镜将配备荧光附件，以便即时观察注射的效果。非洲爪蛙胚胎可以在解剖显微镜下进行注射，但对于较小的生物体，则需要使用复式显微镜进行放大。一些复式显微镜显微注射的配置使用正置显微镜，而另一些则使用倒置显微镜，但无论哪种情况，通常都会对光学器件进行特殊布置，以使图像不会颠倒；此外，在机械结构上，固定操作仪的台子保持不动，而镜头是可移动的。这些都是显微注射的特殊设计，并非常规正置复式显微镜的标准配置。

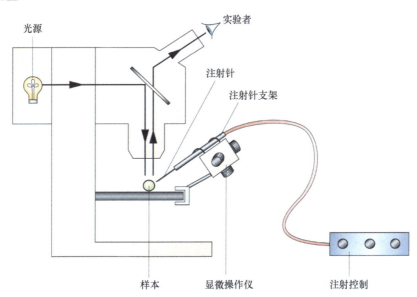

图 5.7　荧光显微镜下显微注射的配置。

用分子生物学方法研究基因表达

在研究发育过程时，了解所研究基因的正常表达模式至关重要。我们需要知道这些基因在哪些发育阶段处于活跃状态、在胚胎的哪些部位发挥作用，以及活跃程度如何。确定基因表达模式的方法主要分为两类：生化方法和原位方法。生化方法能够提供定量测量数据，可能涵盖整个转录物组或蛋白质组的信息，但无法提供解剖学信息；原位方法可以提供准确的解剖学信息，但通常只能针对少数基因产物进行分析，且量化能力有限。在这两种方法中，又分别有不同的技术来研究 mRNA 和蛋白质。在条件允许的情况下，最好同时运用这两种方法，因为基因的转录并不一定意味着它随后会被翻译成蛋白质，而且蛋白质在特定位置的存在并不一定表明它是在该位置合成的，因为它可能是从其他合成位点转运而来的。生化方法通常用于通过检查不同发育时期的胚胎来获取基因表达的阶段序列（图 5.8）。这里仅对生化方法进行简要介绍，因为它们在分子生物学教科书中有更详细的阐述。

如今，可以通过两种方法将先进的生化测量与空间定位相结合。一种是细胞的显微**激光捕获**（**laser capture**），这将在第 15 章详细描述。这种方法能够从样本的已知位置精确分离单个细胞或小细胞群，然后用于表达分析。另一种是从单细胞测序数据进行生物信息学重建，下文将其作为构建命运图的一种方法进行介绍。

信使 RNA 研究方法

逆转录聚合酶链反应（**reverse transcription polymerase chain reaction, RT-PCR**）是检测和测量 mRNA

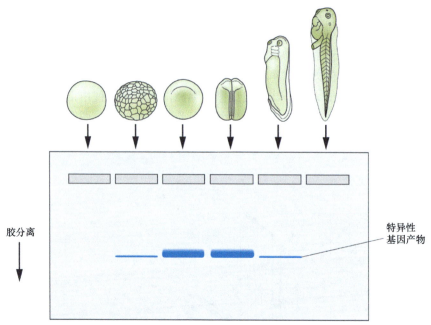

图 5.8　特定基因产物的"时期系列"。这可能是从不同时期的整体胚胎中提取并通过凝胶电泳分离的特定 mRNA 或蛋白质。

的标准方法。首先从样品中提取总 RNA，然后使用逆转录酶将其逆转录成互补 DNA（complementary DNA, cDNA）。接着添加两个寡核苷酸引物，这些引物所选择的序列在目标 cDNA 中相距一定距离，且位于相反的链上。引物之间的 DNA 序列通过合成、解链和杂交的重复循环进行扩增，这些过程在可编程的加热块中进行，加热块通过改变温度，使每个反应步骤依次发生。经过适当次数的循环后，将反应混合物在凝胶上进行电泳，并通过溴化乙锭染色观察 DNA 条带。如果反应成功进行，应该会出现一条条带，其大小与两个引物之间的 cDNA 区域相对应。如果没有条带出现，则说明样品中不存在特定的目标 cDNA。由于 RT-PCR 检测的是反应结束时产物累积浓度，此时反应指数期已结束并达到了平台期，所以该方法最多只是半定量的。通过**实时聚合酶链反应（real-time PCR）**，可以更准确地定量测量特定 mRNA 的水平。这种方法实时监测扩增产物的形成速率。实现这一目的的方法有多种，最常用的一种是添加染料 SYBR Green，该染料在与双链 DNA 结合时会发出明亮的荧光，但与单链 DNA 结合时则不会，因此，荧光的增强与扩增产物的积累同步。扩增以指数方式进行，双链产物超过临界值时的循环数会被记录下来（图 5.9）。由于扩增的早期指数增长期与起始浓度的关系比最终的平台期水平更为直接，这意味着目标 mRNA（相对于对照 mRNA）的起始浓度可以被准确测量。对照通常是普遍存在的 mRNA，如用于定性 RT-PCR 中的上样对照 mRNA。

在文献中，还能看到一些早期检测 mRNA 的方法。在 RT-PCR 出现之前，**核糖核酸酶保护（ribonuclease protection）**分析是检测特定 mRNA 最灵敏的方法，但如今已很少使用。**RNA 印迹法（Northern blotting）**是一种通过凝胶电泳分离后可视化特定 mRNA 的方法，但其灵敏度有限。不过，RNA 印迹法确实可以显示 mRNA 和剪接变体的大小。

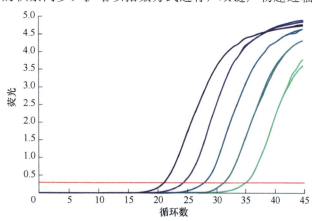

图 5.9　通过实时 PCR 测量相对 mRNA 丰度。每条曲线代表使用一对特异性引物对一个靶序列进行扩增。仪器测量 DNA 合成临界浓度（红线）时的循环数。

微阵列

微阵列（microarray）技术能够同时检测大量基因产物。它是利用从计算机行业衍生而来的机器制造的，因此有时也被称为芯片。微阵列主要有两种基本类型：cDNA 阵列和 Affymetrix 寡核苷酸阵列。cDNA 阵列由规则排列的、紧密间隔的点组成，每个点都含有不同的 cDNA，在载玻片上排列成矩形阵列；有时也会使用长的合成寡核苷酸来代替 cDNA。在 Affymetrix 系统中，大量短寡核苷酸被直接合成到载玻片上，这里，来自一个基因的序列由几个寡核苷酸代表。在这两种类型的微阵列中，都用于与核酸进行杂交。首先从胚胎或组织样本中提取 mRNA，并将其逆转录成 cDNA。cDNA 用荧光染料标记后，在合适的条件下与微阵列进行杂交。然后用芯片读取器扫描阵列，芯片读取器可以测量与每个点结合的染料发出的荧光。对于阵列上给定的 cDNA，荧光强度应代表探针中互补 cDNA 的量，进而代表组织样品中该特定 mRNA 的量。在发育生物学研究中，微阵列经常用于进行比较，如比较两个胚胎时期之间，或者比较用诱导因子处理和未处理的细胞之间的基因表达差异（图 5.10）。两个样本的 mRNA 制备物使用不同的荧光染料标记，通常是 Cy3（绿色）和 Cy5（红色），杂交后测量绿色与红色荧光的比值。表达不变的基因将发出黄色信号，因为两个探针都会结合；而表达上升或下降的基因将分别发出红色或绿色信号。微阵列分析依赖于非常复杂的软件，该软件可以将每个点的位置与 cDNA 的身份进行匹配。

深度测序方法

现代（"下一代"）测序设备具有强大的能力，能够快速且低成本地生成 DNA 序列，这一技术彻底革新了基因组学领域，也为基因表达分析带来了变革。RNA-Seq 技术能够测量 cDNA 样本中整个转录物组的组成。这是通过对大量 cDNA 进行测序来实现的（通常为 1000 万条读数）。通过与已知生物体的基因组进行比对，可以识别出每个遇到的外显子，然后计算出每个基因产物相对于其他基因产物的频率。只要原始的 RNA 制备和逆转录反应是无偏倚的，这将给出整个转录物组的定量概况。通过增加生物学重复样本的数量，可以获得更精确的结果。

如今，基因表达分析不再仅仅关注 mRNA 产物的相对丰度，对染色质层面情况的了解也愈发关键。深度测序现在可与 DNA 甲基化分析相结合，用于描绘全基因组范围内的 DNA 甲基化状态；或者与染色质免疫沉淀（chromatin immunoprecipitation, ChIP；详见"免疫化学方法"部分）联用，从而呈现与特定目标蛋白质相结合的 DNA 在全基因组的分布情况。

单细胞测序

对整个转录物组进行测序的技术灵敏度日益提升，如今已能够对单个细胞的转录物组开展测序。不过，针对这类微小样本，确实存在诸多潜在误差来源，诸如细胞损伤、样本回收不佳、逆转录偏差或 PCR 扩增等问题。然而，只要操作时足够谨慎，这些问题都能得到有效控制。倘若有足够数量的细胞被深度测序，那么就能够测定出相当准确的转录物组信息。单细胞测序实现了两项批量 mRNA 测序无法达成的创新成果。其一，相较于传统组织学方法或仅使用少量蛋白质、mRNA 标记物的方式，单细胞测序能够更为精准地界定**细胞状态**（cell state）和**细胞类型**（cell type）。为此，需要排除那些在某类细胞中表达通常会出现波动的基因，尤其是细胞周期机制相关的组分。其二，基于转录物组会随着发育进程平稳且连续变化这一假设，单细胞测序能够推断出不同细胞状态之间的发育序列。若能通过一些独立方法确定起始条件，那么一

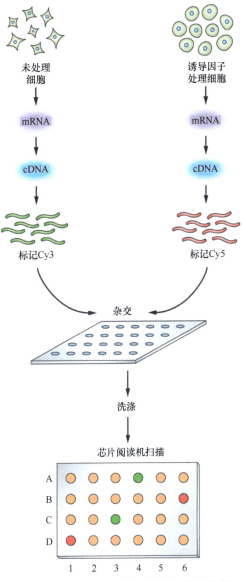

图 5.10　使用微阵列比较两个细胞群中的基因表达。结果显示，通过诱导因子处理，基因 *B6* 和 *D1* 上调，基因 *A4* 和 *C3* 下调。

组细胞状态便可按照"拟时间"（pseudotime）进行排列，进而形成一个发育序列。借助合适的软件，甚至能够重构发育分支点，即一个细胞的后代分化为两种不同状态的节点。

　　单细胞测序技术仍在快速发展，"Drop-Seq"方法便是当前技术的一个范例。该方法运用微流控装置，将含有单个细胞的液滴与裂解缓冲液液滴相结合，每个液滴中都含有一个微珠，这些微珠携带着大量 DNA 序列副本，能够捕获细胞中的 mRNA（图 5.11）。液滴流中细胞或微珠的数量相对较少，因而多数液滴为空。这确保了每个液滴中大概率只会聚集单个微珠和单个细胞，并且只有同时包含微珠和细胞的液滴所产生的产物才会被用于后续分析。微珠上的 DNA 会依据实验的不同而有所差异，在最简单的情形下，它包含四个部分：①用于 PCR 扩增的引物；②一个"条形码"，用于识别 mRNA 源自哪个特定细胞；③一个独特分子标识符（unique molecular identifier, UMI），这是一种简并序列，能够为每个捕获的 mRNA 分子添加独特标签；④用于与细胞 mRNA 的 poly(A) 尾杂交的 polyT。一旦微珠捕获细胞中的 mRNA，液滴便可进行稀释与汇集，随后批量开展逆转录、PCR 扩增以及测序所需的各项反应。尽管测序是批量完成的，但可以利用"条形码"通过计算机对结果按细胞进行分类。此外，通过对 UMI 计数，能够对来自该细胞的各个 mRNA 进行计数，从而避免了原本必然会出现的扩增偏差。单细胞测序中的读数数量往往少于批量测序。通常每个细胞约 20 000 个读数就能为识别细胞类型提供充足信息，当然，分析中涵盖的细胞数量越多越好。

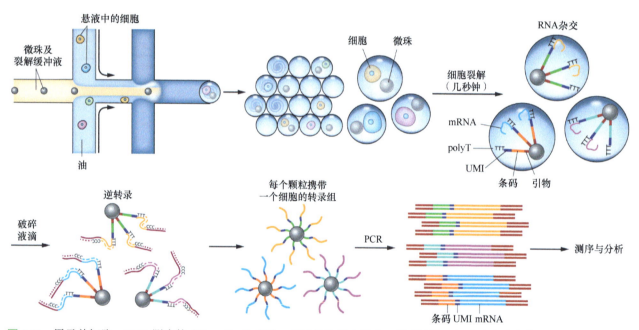

图 5.11　用于单细胞 mRNA 测序的"Drop-Seq"方法。在惰性油流中形成一系列液滴，部分液滴含有位于裂解缓冲液中的一个细胞和一个微珠。微珠携带以 poly T 结尾的 DNA 序列，通过杂交捕获 mRNA。微珠上的每个 DNA 序列还带有微珠特有的"条形码"，以及与微珠上其他分子不同的"独特分子标识符"（UMI）。mRNA 的逆转录扩增以及后续产物测序均批量进行。通过使用条形码和 UMI，可计算出每个细胞中每个 mRNA 分子的数量。

　　分析这些数据面临着巨大的生物信息学挑战。转录物组序列具有高度多维性，每种 mRNA 的表达情况在不同细胞类型间可能会独立于其他 mRNA 发生变化。这一特性很难直观呈现，因为纸张或屏幕最多只能展示二维或三维信息。从数学角度而言，这也增加了计算转录物组之间相关性的难度，而转录物组间的相关性对于界定细胞类型或确定细胞状态在发育序列中的关联至关重要。因此，为便于分析，通常会降低数据的维度。一种常用方法是**主成分分析**（principal component analysis, PCA），即把数据聚合成以相关方式变化的 mRNA 线性组合。通常情况下，少量主成分就能反映大部分总体变化。然而，由于视觉展示局限于二维或三维，应当注意，可视化呈现不可避免地会遗漏一些变化信息。此外，还有多种其他降维方法，其中一种颇受欢迎的非线性方法是"t 分布随机邻域嵌入"（t distributed stochastic neighborhood embedding, t-SNE）。这种方法虽计算耗时较长，但适合二维或三维可视化。不过，无论采用哪种降维方法，可视化呈现总会忽略一些变化。图 5.12 展示了一个利用二维 t-SNE 展示肠上皮细胞类型的示例。

除了界定细胞状态和发育路径，发育生物学家还对单细胞测序在推导**基因调控网络（genetic regulatory network, GRN；参见第 3 章）**方面的应用颇感兴趣。实现这一目标需要找到一组基因，这些基因的转录物在发育过程中或应对扰动时，其表达呈现直接或反向关联。结合感兴趣基因的顺式调控序列相关独立数据，单细胞测序有望比基于单个基因效应分析的方法能够更完整地定义 GRN。

蛋白质研究方法

由于胚胎或细胞内蛋白质的存在情况并非总是与 mRNA 一一对应，有时也需要直接对蛋白质进行检测。用于此类检测的一系列技术统称为**蛋白质组学（proteomics）**。与微阵列相似，这些技术通常在

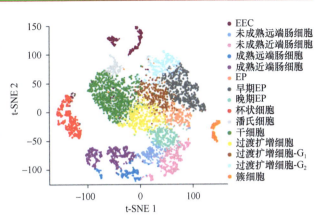

图 5.12　基于单细胞测序的小鼠肠上皮细胞类型分类示例。EEC，肠内分泌；EP，肠细胞祖细胞；G_1，细胞周期 G_1/S 期；G_2，细胞周期 G_2/M 期。数据通过 t-SNE 方法简化为二维。自 Haber, A. L. et al. (2017). Nature. 551, 333−339。

研究初期使用，旨在找出在特定发育事件中表达水平发生变化的蛋白质。总蛋白提取物通过二维凝胶电泳进行分离：第一维采用等电聚焦凝胶，依据等电点进行分离；第二维使用十二烷基硫酸钠（sodium dodecyl-sulfate, SDS）-聚丙烯酰胺平板凝胶，按照分子质量进行分离。这样会得到一种斑点图谱，每个斑点代表一种蛋白质。比较所研究的两个样本提取物，预计会在斑点图谱上观察到少量差异。之后，单个蛋白质可通过**质谱（mass spectrometry）**法进行鉴定。质谱仪的工作原理是使蛋白质电离并挥发，然后测定其在电场加速后抵达检测器所需的时间，以此实现高精度的分子质量测量。当样本来自基因组已完全测序的生物体时，仅通过测量蛋白质分子质量或许就能确定其身份，因为可以依据基因组中每种多肽已知的氨基酸组成进行计算；否则，可通过串联质谱法对单个蛋白质进行测序。具体操作是：先用胰蛋白酶将蛋白质消化成若干肽段，这些肽段在质谱分析的第一个循环中进行分离；随后将每个肽段通过离子轰击进一步分解，分解片段在质谱分析的第二个循环中再次分离。借助复杂的软件，可以依据特征断裂模式识别肽段的氨基酸序列。

免疫化学方法

检测样本中特定蛋白质的方法，通常依赖针对该蛋白质的特异性**抗体（antibody）**。抗体可以是**单克隆（monoclonal）**或**多克隆（polyclonal）**抗体，一般用纯蛋白质或蛋白质的一部分对动物进行免疫来制备。

蛋白质印迹法（Western blot）是一种半定量展示特定蛋白质含量的方法。先提取样本中的总蛋白质，并在聚丙烯酰胺凝胶上进行分离；然后将凝胶中的物质转移（"印迹"）到膜上；接着将膜与特异性抗体共同孵育，该抗体应只与特定靶蛋白条带结合，而不与凝胶上分离出的其他成分结合。之后，使用第二抗体（针对第一抗体的恒定区）来显示结合的抗体。第二抗体很可能是从市场上购买的，已经过某种形式的修饰，以便于检测，如将其与**辣根过氧化物酶（horseradish peroxidase, HRP）**相偶联，辣根过氧化物酶有非常灵敏的化学发光底物可供使用。化学发光底物会产生**磷光（phosphorescence）**反应产物，该产物会自发衰变并在衰变过程中发光。在底物混合物中孵育后，将印迹置于 X 射线胶片下曝光或放入磷光成像仪中，在抗体结合的位置记录反应产物的发光情况，该位置对应原始样本中目标蛋白的位置。条带的强度可用于进行大致的定量测量。

免疫沉淀（immunoprecipitation）并非真正意义上的沉淀过程，而是一种分离能被特定抗体识别的蛋白质的方法，常用于确定胚胎或组织样本中是否新合成了特定蛋白质。虽然蛋白质的稳态浓度可通过蛋白质印迹呈现，但新合成速率可能与稳态浓度存在较大差异。例如，胚胎可能从卵继承了母体储存的大量特定蛋白质，但可能已不再合成这种蛋白质。为此，将活体样本置于放射性氨基酸（通常是 ^{35}S-甲硫氨酸或 ^{35}S-半胱氨酸）中孵育，如此一来，标记期间合成的所有蛋白质都会具有放射性。接着提取总蛋白，并与特异性抗体共同孵育。抗体将与靶蛋白结合形成免疫复合物。通过将混合物与结合在琼脂糖珠上的蛋白 A 共同孵育，可分离出免疫复合物。蛋白 A 是一种细菌蛋白，能与免疫球蛋白 G（immunoglobulin G, IgG）型抗

体的恒定区紧密结合。它会捕获免疫复合物并将其固定在珠子上。随后洗涤珠子以去除杂质蛋白，再在高度变性的样品缓冲液中煮沸，释放结合的抗体和目标蛋白。目标蛋白在 SDS-聚丙烯酰胺凝胶上进行电泳，依据分子质量分离；凝胶干燥后，通过放射自显影或磷光成像仪观察目标蛋白的放射性条带。

染色质免疫沉淀（chromatin immunoprecipitation, ChIP）需要先将染色质剪切成长度为 500～200 个核苷酸的片段，然后使用针对目标蛋白的抗体进行免疫沉淀。目标蛋白可能是一种染色体蛋白，如带有特定化学修饰的组蛋白。之后对样品进行去蛋白处理，并通过 RT-PCR 分析 DNA，以确定有多少感兴趣的区域（如发育控制基因的启动子区域）被富集。该技术可与微阵列分析相结合，实现对数千个基因座的同时检测（ChIP-Chip）；也能与深度测序联用，用于检测整个基因组（ChIP-Seq）。尽管成本较高，但 ChIP-Seq 已成为全基因组染色质结构研究的标准方法。

原位方法研究基因表达

如前文所述，原位方法能够提供样本中特定 mRNA 或蛋白质存在位置的准确空间信息，但通常仅涉及一小部分基因产物，且定量信息有限。如果样本足够小且透明度足够高，最好进行整体原位检测，其优势在于能够实现快速、清晰的三维可视化；如果样本过大或不透明，则可在切片上采用原位方法。在胚胎学研究中，通常会对整个胚胎或整个感兴趣区域进行连续切片。

原位杂交

整体原位杂交（*in situ* hybridization）对于现代发育生物学的意义，超过其他任何单一技术。这是因为它极大地简化了对基因活动区域的观察，而这些信息在早期只能通过复杂的遗传实验间接推导得出。

原位杂交能够揭示样本中特定 mRNA 存在的区域。反义探针在体外合成，与待检测的 mRNA 互补。该探针与样本杂交后进行可视化处理（图 5.13a 和图 5.14）。探针中包含一个额外的化学基团，以便于检测，这个化学基团连接在合成探针时所使用的其中一种核苷三磷酸上。在探针合成过程中，该化学基团被整合到探针中，且不会影响探针的杂交能力。常用的检测基团包括：地高辛（digoxigenin, DIG，一种植物甾醇）或荧光素，二者均可被特定抗体识别；生物素，可通过亲和素或链霉亲和素的特异性结合来识别；辣根过氧化物酶，通过过氧化物酶的组织化学反应进行识别。原位杂交最初是在切片上使用放射性标记探针进行的，文献中可能还会见到使用暗场光学设备观察的放射性原位杂交的放射自显影照片。

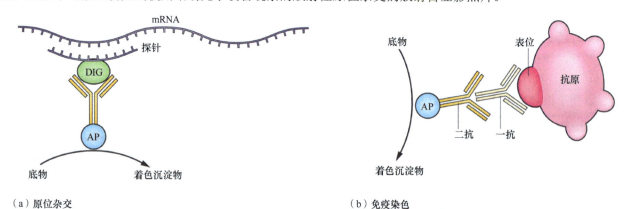

（a）原位杂交　　　　　　　　　　　　　　　　　　　　（b）免疫染色

图 5.13　(a) 用于检测特定 mRNA 的原位杂交。DIG，地高辛，是掺入探针中并被特定抗体识别的化学基团。AP，碱性磷酸酶，一种与抗体缀合并通过组织化学反应定位的酶。(b) 用于检测特定抗原的免疫染色。第一抗体识别目标表位，第二抗体识别第一抗体。磷酸酶组织化学被再次作为检测方法。

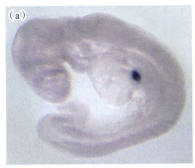  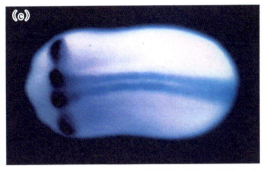

图 5.14　整体原位杂交示例。(a) 9.5 天小鼠胚胎早期肝芽中转录因子 *C/EBPα* 的 mRNA。(b) 同一基因的两个表达域：非洲爪蛙神经胚中诱导因子 *FGF3* 的 mRNA。(c) 非洲爪蛙闭合神经胚中以不同颜色显示的两个基因的表达。深蓝色显示转录因子 *HoxA4* 的 mRNA；青色显示转录因子 *cdx4* 的 mRNA。来源：Jonathan Slack。

　　进行整体原位杂交时，样本通常需用蛋白酶或去污剂进行短暂处理以透化，使大分子探针能够进入细胞。对于整体样本或切片，杂交反应通常持续过夜，样本经过充分洗涤后，加入酶联抗探针抗体，例如，针对 DIG，会使用与碱性磷酸酶缀合的抗 DIG 抗体。将样本置于合适的底物混合物中，可显示酶的位置，在反应部位会产生颜色很深的不溶性沉淀物。因此，颜色出现的位置即酶所在位置，表明了探针结合位点，进而揭示特定 mRNA 的存在位置。

　　有些底物具有荧光特性，会产生可在荧光显微镜下观察到的信号。荧光原位杂交通常以其缩写"FISH"表示。当使用多种探针，并通过不同荧光通道观察它们以研究表达域的分离或重叠区域时，FISH 非常便捷。为了同时可视化多个探针，必须在探针上使用不同的化学标签，这些标签可通过不同的抗体和底物混合物进行检测。使用传统荧光显微镜，很难分辨超过 3～4 个信号（与滤镜配置有关），但有一种光谱成像技术，通过在多个波长下测量并计算分离不同荧光染料的发射光谱，能够增加可分辨信号的数量。需要注意的是，尽管探针中常使用荧光素，但探针上荧光素基团的数量本身不足以产生荧光信号。在此情况下，荧光素的可视化仍需抗体结合，并通过酶−底物反应进行信号放大。

　　原位杂交技术的最新改进版本称为 **RNA Scope**。该技术能够显著提高信噪比，近乎达到解剖样本中单分子 mRNA 的检测极限。它适用于固定细胞、整体样本或福尔马林固定石蜡包埋的组织切片。此方法使用两个探针，与 mRNA 中相邻的两个目标序列互补。每个探针都带有间隔区和 14 个核苷酸的尾序列。检测依赖于三个后续杂交步骤的级联反应，该过程涉及较大程度的信号放大，通常在第一步反应中使用多个初级探针对以获得更强的信号。

通过单细胞测序绘制命运图

　　大量原位杂交结果数据库的出现，为将单细胞转录物组数据在胚胎上进行空间映射提供了必要的参考信息。例如，*tbxt*（*brachyury*）是一种已知在早期中胚层表达的转录因子基因，因此，具有高含量 *tbxt* mRNA 的细胞可以确切地归类为中胚层细胞。利用足够多的标记基因，能够为特定胚胎阶段构建完整的基因表达图谱（这是传统特化图谱的现代版本）。如果还收集了稍后时期的单细胞序列，那么在假设单细胞及其后代的基因表达谱平稳且逐渐变化的前提下（需排除如细胞周期基因这类振荡成分），可以计算两个时期的细胞谱系关系。这一过程可在多个时期重复进行，最好是使用在不同发育阶段通过原位杂交得到的额外校准标记基因。最终结果是一组投射到胚胎变化形态上的谱系轨迹，换言之，就是一张命运图。由于每个位置的细胞都有其基因表达谱，这实际上不只是一张命运图，它还是一张特化图谱（展示当前的发育定型）、一张信号产能图谱（显示特定诱导因子的产生）以及一张感应性图谱（体现对特定诱导因子的反应能力）。因此，原则上该图谱提供了我们可能期望获取的关于特定类型胚胎发育的大部分信息。幸运的是，通过单细胞测序生成的爪蛙、斑马鱼和小鼠胚胎的命运图，与早期通过手动标记细胞获得的命运图呈现出令人满意的相似性。

免疫染色

除原位杂交外，使用特异性抗体进行免疫染色是发育生物学中定位特定物质的另一项关键技术（图 5.13b 和图 5.15）。几乎可以通过将任何蛋白质或碳水化合物分子注射到体内，使其免疫系统产生免疫反应来制备针对该分子的抗体。特定抗体的靶向物质称为**抗原**（**antigen**），无论其化学性质如何。抗体识别的抗原分子特定部分被称为抗原**表位**（**epitope**）。**多克隆抗体**（**polyclonal antibody**）通常在兔子体内制备，有时也会在绵羊或山羊体内制备。经过多次免疫后，血清中应含有高浓度或高滴度的特异性抗体。尽管抗体对特定抗原具有特异性，但它通常由多个 B 淋巴细胞克隆的产物组成，每个克隆产生的抗体源自不同的抗体基因。除特异性抗体外，血清中还包含数千种识别无关抗原的其他抗体，以及数千种非抗体蛋白。这些成分可能导致背景或非特异性染色，因此在使用前，抗体通常需要从血清中进行部分纯化。抗体分子由可变区和恒定区组成，可变区负责识别抗原，恒定区则体现免疫球蛋白类别和动物物种的特征。常用的部分纯化方法是使用蛋白 A 柱子。如"免疫化学方法"部分所述，蛋白 A 与 IgG 型抗体分子的恒定区结合。因此，蛋白 A 柱子可分离出所有 IgG，包括特异性抗体，而不保留其他血清成分。如果有足够的抗原，更好的方法是制备携带抗原的亲和柱，从血清中仅筛选出特定抗体，去除所有其他抗体和蛋白质。

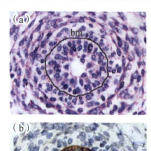
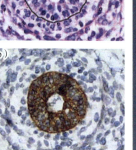
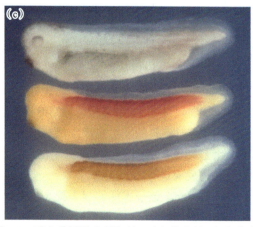
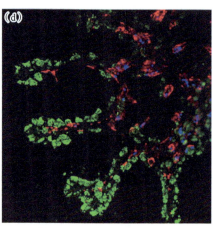

图 5.15　免疫染色示例。(a,b) 13.5 天小鼠胚胎食管切片。(a) 苏木精–伊红染色。(b) 使用 HRP/二氨基联苯胺反应对细胞角蛋白 8 进行免疫染色，以苏木精作为核染色剂。(c) 非洲爪蛙尾芽期胚胎中肌肉抗原的整体免疫染色。两者的抗体相同，但检测时分别采用碱性磷酸酶和固红（中），以及辣根过氧化物酶和二氨基联苯胺（下）。(d) 小鼠胚胎胰腺器官培养物的整体染色。使用了三种不同的荧光抗体，其中淀粉酶呈绿色、胰岛素呈红色、胰高血糖素呈蓝色。来源：Jonathan Slack。

单克隆抗体（**monoclonal antibody**）的制备通常是先对小鼠进行免疫，随后将小鼠的脾细胞与名为骨髓瘤的人类肿瘤细胞系进行融合。融合产生的这种杂交细胞被称为**杂交瘤**（**hybridoma**），它不仅能够产生抗体，还能在体外实现无限增殖。科研人员会对众多含有融合细胞克隆的多孔板进行筛选，从而找出所需的细胞克隆。一旦成功分离出目标细胞克隆，便可对其进行培养，然后收集培养基，以此作为特定单克隆抗体的来源。单克隆抗体技术的优势在于，制备过程无须事先获取纯抗原；实际上，完全未经表征的组织提取物也能用于免疫动物。之后，科研人员会对单个杂交瘤产生的抗体展开筛选，寻找具有研究价值的表达模式，并通过筛选含有相同抗体的表达文库，实现分子生物学层面的克隆。不过，制备单克隆抗体比制备多克隆抗体需要投入更多的工作与技术，而且单个单克隆抗体对其抗原的亲和力通常比不上多克隆抗体。

免疫染色和原位杂交一样，既可以在整体样本上进行，也能在切片上操作。对整体样本进行免疫染色的好处是，能呈现样本中抗原位置的单一三维视图，而切片免疫染色能提供更高的分辨率。不管是哪种方式，样本都要先与特异性抗体在适宜条件下孵育一段时间，然后清洗，再与第二抗体共同孵育。第二抗体是一种市售抗体，它针对第一抗体物种特异性的恒定区，会携带便于检测的基团，这些基团可以是荧光基团（如 Alexa 系列染料中的某一种），也可以是酶（如碱性磷酸酶或辣根过氧化物酶）。若是使用荧光二抗，就能够直接在荧光显微镜下检查样本；若是使用酶联二抗，需将样本在底物中孵育，使其形成有色沉淀物，之后便可装载样本，在透射光下进行观察。

酶联方法一般比荧光方法更灵敏，因为酶–底物反应能提供额外的信号扩增步骤。此外，一旦形成沉淀，就可以对样品进行脱水处理，然后使用非水封固剂。正如前文所述，非水介质通常比水介质更具优势，因为它们的折射率更高，能让样本更接近透明状态。对于荧光免疫染色而言，免疫复合物必须保持完整，这就导致样本不能脱水。同样，荧光抗体染色的标本并非永久性的，因为免疫复合物最终会发生解离。不过，荧光方法更为简便，因为步骤较少，而且它为观察多个抗原在重叠区域的表达情况提供了最佳手段，因为可以利用荧光显微镜，针对每种荧光染料，通过各自独立的通道分别进行检查。

报告基因

在发育生物学研究中，很多时候使用**报告基因**（**reporter gene**）极为便利。这些报告基因编码的产物易于检测，能够用来监测生物体中特定事件的某些特定方面（图 5.16）。举例来说，报告基因可用于指示转基因的存在或活性，也能标记特定的细胞类型以便于观察，还能指示特定细胞内信号转导通路的活性。报告基因在分析基因的调控区域方面应用广泛。我们可以把来自假定调控区的每个短序列连接到报告基因上，再将其作为转基因导入胚胎。要是某序列具有活性，它就会驱动报告基因表达，其活性区域便能够被可视化呈现。报告基因的表达情况，通常通过原位方法进行监测，这种方法空间分辨率良好，但无法定量；而在某些研究目的下，采用生化方法则更为合适，因为生化方法能够定量分析，但缺乏空间分辨率。

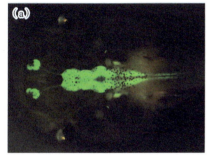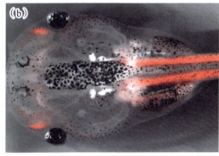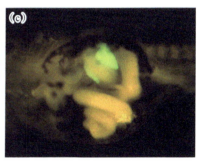

图 5.16　非洲爪蛙蝌蚪中的报告基因。(a) N-微管蛋白报告基因在中枢神经系统中驱动 GFP 表达。(b) 肌肉肌动蛋白启动子在肌节和下颌肌肉中驱动 tdTomato（一种红色荧光蛋白）表达。(c) 弹性蛋白酶启动子在胰腺中驱动 GFP 表达（两个绿芽所示）。来源：Jonathan Slack。

最常用的报告基因是大肠杆菌的 *lacZ* 基因，它编码 β-半乳糖苷酶。这个名称源于它是**乳糖操纵子**（**lac operon**）的"Z"基因，而乳糖操纵子是 20 世纪 50 年代经典基因调控研究的对象。β-半乳糖苷酶是一种大型四聚体酶，能够水解各种 β-半乳糖苷，β-半乳糖苷是由一个化学基团通过 β 键连接到半乳糖的 1-碳上所组成的物质。可以使用各种比色或荧光底物对 β-半乳糖苷酶的活性进行生化测量，但在发育生物学领域，该报告基因通常用于原位检测模式。为此，会使用 5-溴-4-氯-3-吲哚基-β-D-半乳糖苷（简称 X-Gal）作为底物，当 X-Gal 从半乳糖上水解下来时，分子的 X 部分会立即形成蓝绿色的不溶性沉淀（图 5.17a、b）。该反应灵敏度很高，能够检测到极低水平的表达。β-半乳糖苷酶是一种非常实用的报告因子，这不仅是因为其灵敏度高，还因为大多数动物组织中不存在与之发生交叉反应的酶，这就使得背景染色通常很低。此外，β-半乳糖苷酶在醛固定后依然能够发挥作用，所以可以与其他技术（如常规染色或免疫染色）联合使用。

需要注意的是，β-半乳糖苷酶相当稳定，因此其存在可能既表明 *lacZ* 基因当前的活性，也表明其过去的活性。在胚胎中有可能发现存在 β-半乳糖苷酶，却不存在编码它的 mRNA 的区域。这种现象被称为**接续性**（**perdurance**），在生长缓慢的胚胎中可能尤为明显。而对于生长迅速的胚胎类型，一旦基因关闭，蛋白质水平就会因稀释作用而迅速下降。

当 β-半乳糖苷酶的多肽与某些其他蛋白质序列融合时，它通常能作为**融合蛋白**（**fusion protein**）保持活性。这在一些应用中非常关键，如在小鼠敲除技术中使用的名为 **β-geo** 的构建体。β-geo 是 β-半乳糖苷酶与新霉素（neomycin）抗性基因产物的融合体，在一个分子中兼具两种生物活性。

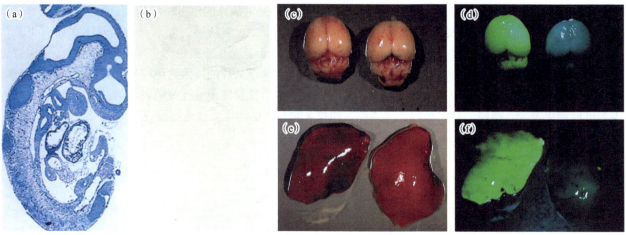

图 5.17　广泛表达标签的转基因小鼠。(a,b) 表达 β-半乳糖苷酶的 9.5 天胚胎切片，通过 X-Gal 反应可视化呈现。(b) 非转基因胚胎，完全没有背景染色。(c～f) 表达 GFP 的小鼠和对照小鼠的大脑和肝脏。(c,e) 明场入射照明，(d,f) 荧光可视化。来源：(a,b) Lobe et al. (1999) Dev. Biol. 208, 281-292; (c-f) Okabe et al. (1997) FEBS Letters. 407, 313-319。

　　另一组非常重要的报告基因以**绿色荧光蛋白**（**green fluorescent protein, GFP**）为基础（图 5.16a，c 和图 5.17c～f）。GFP 源自维多利亚多管发光水母，顾名思义，这种蛋白质会发出强烈的绿色荧光。和 β-半乳糖苷酶一样，当 GFP 与其他蛋白质融合时，通常也能保持活性。GFP 的编码序列经过了各种改造，以增强荧光强度或改变荧光颜色，所以现在已经有许多发出红色、黄色或蓝色荧光的衍生蛋白质。荧光蛋白的一大重要优势是在活体样本中很容易被观察到，这使得科研人员能够对标记细胞进行实时检测，也能在固定标本中进行检测。固定后，虽然通常会损失一部分荧光，但依然可以使用特定抗体检测到荧光蛋白分子。此外，还能利用荧光报告基因直接观察活体样本中的 mRNA。一种常用的方法借助来自噬菌体 MS2 的系统，该系统依赖于 MS2 RNA 茎环结构与 MS2 外壳蛋白之间的紧密结合。实验生物体含有两个转基因，其中一个是广泛表达的，编码外壳蛋白的可见版本，比如 MCP-GFP；另一个是报告基因，在其中插入了许多 MS2 茎环。由于与 MCP-GFP 结合，报告 RNA 可以在体内直接被观察到。

　　还有一种常用的报告基因是萤火虫**萤光素酶**（**luciferase**）。这是一种在三磷酸腺苷（ATP）存在的情况下催化底物荧光素分解的酶。该反应会产生光发射（即**发光**，**luminescence**），发射光谱在绿色处达到峰值，但会延伸到更长的波长，因此容易穿透组织。通常会使用光度计对发光进行生化测量，以测定来自细胞或组织外植体的信号。也可以使用配备了能检测单光子的、高度冷却 CCD 相机的成像设备进行原位检测。这些设备通常用于较大的样本，如整只小鼠，以定位萤光素酶标记的植入物，但小型样本也能使用。来自海肾的另一种萤光素酶使用一种底物腔肠素，并且发出蓝色光，通常用作萤火虫萤光素酶的标准化对照。

细胞标记方法

　　细胞标记方法的应用通常基于多种不同目的，可用于**命运图构建**（**fate mapping**），以此展示胚胎区域在发育过程中的正常命运走向；也用于标记单个细胞，以便进行**克隆分析**（**clonal analysis**）；还用于标记已导入其他物质（如 mRNA 或抗体）的细胞；还可标记整个胚胎，随后将其作为带标记的移植供体。在发育生物学中使用的标记通常是谱系标记，这意味着它们能够标记原始标记细胞的所有后代，而不会标记其他任何细胞，尽管在实际操作中有时难以完全实现这一理想状态。细胞标记之所以重要，是因为在所有类型的动物胚胎中，细胞都可能发生大量移动，仅靠观察是无法追踪单个细胞的。

细胞外标记

　　最古老的细胞外标记类型是活体染料，这些染料在 20 世纪初期被引入，用于绘制命运图。其中最常用的是尼罗蓝（Nile blue）和中性红（neutral red）。它们被称为活体染料，因为活细胞能够吸收适量的染料从而显色，却不会产生毒性作用。可以通过在培养基中添加染料来标记整个样本，或者通过局部放置一小块浸有染料的琼脂来标记胚胎的特定区域（图 5.18a）。它们有时仍会被使用，因为操作快速、简便且成本低廉。然而，它们并非真正意义上的谱系标签。很难将染料导入样本内部，而且在应用后，染料会扩散并褪色，所以只能大致指示原始标记的位置。

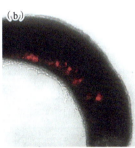
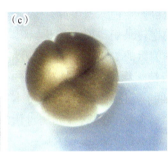
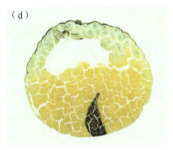

图 5.18　标记技术。(a) 活体染色。将尼罗蓝涂在非洲爪蛙胚胎的背侧。(b) 将 DiI 的连贯斑块施加于非洲爪蛙胚胎的早期内胚层。标记的细胞随后分散在肠上皮中，表明细胞发生了嵌入运动。(c) 四细胞期非洲爪蛙胚胎的显微注射。注射针在右边。(d) 注了辣根过氧化物酶的单个植物卵裂球，通过组织化学可视化。来源：Jonathan Slack。

近年来，羰花青染料 DiI 和 DiO 在小块细胞外标记的应用中备受青睐（图 5.18b）。它们是通过使用"显微注射"部分中提到的显微注射装置的细胞外版本来进行应用的。作为疏水性极强的物质，它们会溶解在被标记细胞的脂质膜中，并能够很好地保留在细胞后代中。它们的荧光很强，DiI 发出红色光，DiO 发出绿色光，因此可以借助荧光显微镜进行观察。尽管 DiI 和 DiO 本身会被有机溶剂从标本中去除，但也有一些化学衍生物能够在组织学处理过程中留存下来，并且可以在石蜡切片中进行检查。

细胞内标记

最常用的细胞内标记是**荧光右旋糖酐（fluorescent dextran）**。右旋糖酐是一种葡萄糖聚合物，易溶于水且具有代谢惰性。水溶性分子无法通过脂质质膜扩散进入或离开细胞，而且虽然小分子可以通过间隙连接从一个细胞移动到另一个细胞，但这些连接无法携带相对分子质量高于 1000 左右的分子。因此，相对分子质量约 10 000 的葡聚糖会保留在注射的细胞内。为了使右旋糖酐能够被观察到，会将它与荧光染料（如荧光素或罗丹明）缀合，并且为了使其能够被固定，还会将它与氨基酸赖氨酸缀合，赖氨酸带有易于与醛固定剂发生反应的游离氨基。该类常用的物质是 FDA（fluorescein dextran amine，荧光素右旋糖酐胺）和 RDA（rhodamine dextran amine，罗丹明右旋糖酐胺）。

另一种常用的细胞内标记是 HRP 酶，它在注射后也会保留在细胞内（图 5.18d）。过氧化物酶能够催化过氧化氢氧化各种底物，通常使用的底物是二氨基联苯胺，它会被转化为棕色不溶性物质，这种物质对石蜡组织学处理具有稳定性。棕色产物可以在福尔马林固定的整体样本中被观察到，但酶本身在石蜡组织学处理中不稳定，所以如果标本太大，无法进行整体染色，就需要切割恒冷箱切片。

遗传标记

本章所描述的这些标记物质，对于在发育过程中几乎不生长或生长缓慢的胚胎（如爪蛙和斑马鱼等自由生活物种的胚胎）最为适用，尽管它们也在哺乳动物或鸡胚发育的一定时期得到了成功应用。如果胚胎不生长，这些物质就不会被稀释，能够在数天内保持清晰可见。然而，随着胚胎生长，这些物质会被迅速稀释，继而不再可见。在这种情况下，最好的标记是那些整合到细胞基因组中的标记，这样它们就能在每个细胞周期中复制，并且不会被稀释。许多早期的小鼠和果蝇实验都采用了这种基因标记方法，不过它们都存在严重的缺陷。例如，小鼠葡萄糖磷酸异构酶同工酶系统依赖于不同小鼠品系中酶的不同电泳迁移率，但这种方法无法在原位进行可视化观察，只能通过对解剖的组织碎片进行生化分析，所以其空间分辨率非常低。

果蝇的黄色和多翅毛突变体曾被广泛应用，但它们仅在成蝇中表达，且只在角质层中表达，并不适合用于分析幼虫或成虫的内部组织。

如今，有了更优良的遗传标记可供使用，这些标记在所有发育阶段的所有组织中均有表达，并且可以通过原位方法进行可视化。例如，存在转基因小鼠品系，在所有组织中均表达 β-半乳糖苷酶或 GFP（图 5.17）。这些标记很容易检测，所以对于任何涉及标记和未标记来源细胞组合的实验，都可以对样本进行染色，从而找出哪些细胞源自哪一种原始组分。

还可以通过无复制能力的逆转录病毒引入遗传标记。逆转录病毒是携带逆转录酶的 RNA 病毒。感染细胞后，逆转录酶会生成病毒基因组的 DNA 副本，然后将其整合到细胞的染色体中，并在细胞的所有后代中保留下来。无复制能力的病毒缺乏组装病毒颗粒所需的基因，所以病毒基因组仅保留在染色体中，无法产生更多的病毒，也不会裂解细胞。无复制能力的病毒本身在被称为包装细胞系的特殊细胞系中进行繁殖扩增，这些细胞系含有缺失的病毒基因，能够补充病毒所缺失的功能。用于细胞标记的逆转录病毒通常含有由病毒长末端重复序列（long terminal repeat, LTR）驱动的 *lacZ* 基因，病毒长末端重复是一个强启动子序列。无复制能力的逆转录病毒主要用于**克隆分析**（详见第 4 章），因此感染过程是以低感染复数进行的，这样每个感染点就代表单个标记细胞的后代。

要点速记

- 解剖显微镜主要用于标本的处理与操作，或者对大型整体样本进行检查；复式显微镜则适用于切片或小型整体样本的观察。
- 整体样本制备流程涵盖固定处理，以及在高折射率介质中进行透明化处理。
- 切片制备步骤包括固定、脱水、石蜡包埋、使用切片机切片，以及在染色前从切片上脱蜡。
- 研究基因表达可通过检测 mRNA 或蛋白质来实现。针对特定 mRNA 的检测方法包含定性和实时 RT-PCR。微阵列技术与 RNA-Seq 测序技术能够同时测定多个基因的转录情况。针对特定蛋白质的检测方法有免疫沉淀和蛋白质印迹。总体而言，生化检测方法可给出较好的定量结果，但空间分辨率欠佳。
- 相比之下，解剖学方法具备良好的空间分辨率，然而定量信息较为有限，其中最为重要的是 RNA 原位杂交和蛋白质免疫染色技术。
- 通过将单细胞 RNA-Seq 技术与激光捕获技术，或者基于已知空间标记的计算重构方法相结合，能够获取良好的空间与定量信息。
- 报告基因（最常见的为 *lacZ* 基因或编码荧光蛋白的基因）常用于分析转基因中的启动子，也用于诸多其他研究目的。
- 用于构建命运图的细胞外标记，常见的有脂溶性羰花青染料；荧光右旋糖酐通常作为细胞内标记使用。
- 遗传标记不会因胚胎生长而被稀释，因此在哺乳动物或鸟类胚胎的实验中具有重要价值。

拓展阅读

教学级实用手册

Gibbs, M.A.（2003）*A Practical Guide to Developmental Biology*. Oxford: Oxford University Press.

Marí-Beffa, M. & Knight, J., eds.（2005）*Key Experiments in Practical Developmental Biology*. Cambridge: Cambridge University Press.

Tyler, M.S. & Kozlowski, R.N.（2010）. *DevBio Laboratory: Vade Mecum³*. Sunderland, MA: Sinauer Associates. http://labs.devbio.com.

研究级实用手册

Stern, C.D. & Holland, P.W.H., eds.（1993）*Essential Developmental Biology. A Practical Approach*. New York: Oxford University Press.

De Pablo, F., Ferrus, A. & Stern, C.D., eds.（1999）*Cellular and Molecular Procedures in Developmental Biology*（*Current Topics in*

Developmental Biology）, Vol. 36）. New York: John Wiley and Sons.

Tuan, R.S. & Lo, C.（2000）*Developmental Biology Protocols*, 3 vols. Totowa, NJ: Humana Press.

Sharpe, P.T. & Mason, I.（2008）*Molecular Embryology: Methods and Protocols*, 2nd edn. Totowa, NJ: Humana Press.

显微镜

Murphy, D.B. & Davidson, M.W.（2013）*Fundamentals of Light Microscopy and Electronic Imaging*, 2nd edn. Hoboken, NJ: Wiley-Blackwell.

Wollman, A.J.M., Nudd, R., Hedlund, E.G. et al.（2015）From Animaculum to single molecules: 300 years of the light microscope. *Open Biology* **5**, 150019.

Zimmermann, T., Rietdorf, J. & Pepperkok, R.（2003）Spectral imaging and its applications in live cell microscopy. *FEBS Letters* **546**, 87−92.

Supatto, W., Truong, T.V., Débarre, D. et al.（2011）Advances in multiphoton microscopy for imaging embryos. *Current Opinion in Genetics & Development* **21**, 538−548.

Weber, M., Mickoleit, M. & Huisken, J.（2014）Light sheet microscopy, in: Waters, J.C. & Wittman, T.（eds.）, *Methods in Cell Biology*. Oxford: Academic Press, pp. 193−215.

解剖学方法

Bruce-Gregorios, J.H.（2017）*Histopathologic Techniques*. Miami, FL: J.H. Bruce-Gregorios.

Buchwalow, I.B. & Böcker, W.（2010）Immunohistochemistry. *Basics and Methods*. Heidelberg: Springer-Verlag.

Nielsen, B.S., ed.（2020）*In Situ Hybridization Protocols*, 5th edn. New York: Humana Press.

Ueda, H. R., Ertürk, A., Chung, K. et al.（2020）Tissue clearing and its applications in neuroscience. *Nature Reviews Neuroscience* **21**, 61−79.

Wang, F., Flanagan, J., Su, N. et al.（2012）RNAscope: a novel in situ RNA analysis platform for formalin-fixed, paraffin-embedded tissues. *Journal of Molecular Diagnostics* **14**, 22−29.

Gaspar, I. & Ephrussi, A.（2015）Strength in numbers: quantitative single-molecule RNA detection assays. *Wiley Interdisciplinary Reviews*: *Developmental Biology* **4**, 135−150.

Carroll, D.J., ed.（2008）*Microinjection: Methods and Applications*. New York: Humana Press.

生化与分子生物学技术

Avison, M.V.（2007）*Measuring Gene Expression*. Abingdon, UK: Taylor and Francis Group.

Park, P.J.（2009）ChIP-seq: advantages and challenges of a maturing technology. *Nature Reviews Genetics* **10**, 669−680.

Chudakov, D.M., Matz, M.V., Lukyanov, S. et al.（2010）Fluorescent proteins and their applications in imaging living cells and tissues. *Physiological Reviews* **90**, 1103−1163.

Kolodziejczyk, A.A., Kim, J.K., Svensson, V. et al.（2015）The technology and biology of single-cell RNA sequencing. *Molecular Cell* **58**, 610−620.

Macosko, E.Z., Basu, A., Satija, R. et al.（2015）Highly parallel genome-wide expression profiling of individual cells using nanoliter droplets. *Cell* **161**, 1202−1214.

Goodwin, S., McPherson, J.D. & McCombie, W.R.（2016）Coming of age: ten years of next-generation sequencing technologies. *Nature Reviews Genetics* **17**, 333−351.

Tritschler, S., Büttner, M., Fischer, D.S. et al.（2019）Concepts and limitations for learning developmental trajectories from single cell genomics. *Development* **146**, dev170506.

物种特异操作手册

Behringer, R. & Gertsenstein, M.（2013）*Manipulating the Mouse Embryo. A Laboratory Manual*, 4th edn. Cold Spring Harbor, NY: Cold Spring Harbor Laboratory Press.

Ashburner, M., Golic, K. & Hawley, S.（2005）*Drosophila: A Laboratory Handbook*, 2nd edn. Cold Spring Harbor, NY: Cold Spring Harbor Laboratory Press.

Biron, D. & Haspel, G.（2017）*C. elegans. Methods and Applications*, 2nd edn. New York: Humana Press.

Bronner-Fraser, M., ed.（2008）*Avian Embryology*, 2nd edn. London: Elsevier.

Westerfield, M., Zon, L.I. & Detrich, H.W., eds.（2009）Essential Zebrafish Methods: *Cell and Developmental Biology*. Oxford: Academic Press.

Sive, H.L., Grainger, R.M. & Harland, R.M., eds.（2010）*Early Development of Xenopus laevis: A Laboratory Manual*. Cold Spring Harbor, NY: Cold Spring Harbor Laboratory Press.

第6章

从细胞到组织

正如第 2 章所阐述的，受精卵经过卵裂，产生排列成球状（**囊胚，blastula**）或扁平片状（**胚盘，blastoderm**）的细胞群。与此同时，区域特化的早期事件赋予这些细胞群的不同区域特定的发育定向，这通常是通过形态发生素梯度来调控不同组合的转录因子表达实现的。发育的下一个关键环节，是这些细胞如何通过一系列个体和集体的细胞运动，有序地形成**组织**（**tissue**），这一过程被称为**形态发生**（**morphogenesis**）。"形态发生"这一术语有时用于泛指一般的发育过程，但在这里，我们采用它的狭义定义，即细胞和组织的运动。形态发生本身就是一个极具研究价值的主题，因为它依赖于细胞的多种常规特性，如细胞的极化、黏附以及运动能力，而且相同的过程会在不同的发育情境中反复出现。不同生物体之间的形态发生事件常常存在一些差异，即便它们在其他方面极为相似。例如，爪蛙和斑马鱼原肠胚形成的细节在某些方面有所不同，尽管这两种模式生物的区域特化过程极为相像。不过，任何具体的形态发生实例，都包含少数几种基本过程的组合，而这些基本过程又依赖于细胞的一般特性。本章将深入探讨这些过程，以便将其融入对原肠胚形成以及其他形态发生运动具体实例的描述中，这些实例将在后续讨论早期发育和器官发生的章节中提及。

胚胎中的细胞

在胚胎中，主要可见两种组织形态：上皮和间充质（图 6.1）。**上皮**（**epithelium**）是一层排列在**基底膜**（**basement membrane**）上的细胞，每个细胞都通过特殊的连接结构与相邻细胞相连。这些细胞呈现出明显的顶端–基底**极性**（**polarity**），其中基底表面紧邻基底膜，而顶端表面位于相对的另一侧，通常朝向充满液体的管腔。顶端表面通常带有纤毛。基底膜由上皮自身分泌的基底层，以及下方结缔组织产生的一些额外**细胞外基质**（**extracellular matrix**）构成。连接复合物由三个部分组成：**紧密连接**（**tight junction**）、**黏着连接**（**adherens junction**）和**桥粒**（**desmosome**）。紧密连接带能够防止细胞之间的液体渗漏，同时分隔顶膜和侧基底膜的组成成分；黏着连接是连接细胞微丝网络的附着点；桥粒则是附着在细胞角蛋白丝束上的点状接触结构。通过黏着

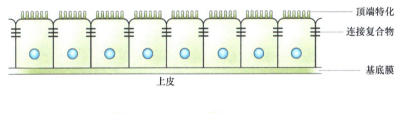

顶端特化
连接复合物
基底膜

上皮

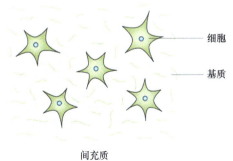

细胞
基质

间充质

图 6.1 上皮和间充质是构成早期胚胎大部分的两种组织类型。

连接和桥粒实现的细胞与细胞之间的接触，是由钙黏着蛋白形成的，钙黏着蛋白与相邻细胞上的相似分子结合（**同亲**结合，**homophilic** binding），并且其发挥作用需要钙离子的参与。细胞通过细胞-基质黏着连接和半桥粒锚定在基底膜上。这与细胞-细胞连接类似，只不过是利用整联蛋白将细胞附着到基底膜的细胞外基质上。尽管上皮细胞通常被认为起源于外胚层，但实际上它可能源自胚胎的三个胚层中的任何一个。**间充质**（**mesenchyme**）是一个描述性术语，指的是分散在松散细胞外基质中的星状细胞。在早期胚胎中，间充质填充了上皮结构之间的大部分空间，间充质可能来源于中胚层或神经嵴。

细胞骨架

细胞骨架对于调控细胞形状和细胞运动过程至关重要。细胞极性以及细胞器或特定物质（如信使 RNA）在细胞内的定位，都依赖于细胞骨架。细胞骨架主要由三种成分构成：**微管**（**microtubule**），由微管蛋白组成；**微丝**（**microfilament**），由肌动蛋白构成；**中间丝**（**intermediate filament**），其又分为四种类型，即上皮细胞中的细胞角蛋白（cytokeratin）、间充质细胞中的波形蛋白（vimentin）、神经元中的神经丝蛋白（neurofilament）和存在于胶质细胞中的胶质细胞原纤维酸性蛋白（glial fibrillary acidic protein, GFAP）。微管和微丝是真核细胞普遍存在的成分，而中间丝仅存在于动物细胞中。

微管

微管（图 6.2）是由微管蛋白组成的中空管状结构，直径约 24 nm。微管蛋白是一类球状蛋白的统称，在溶液中以 α 型和 β 型亚基组成的异二聚体形式存在，是细胞质中含量最为丰富的蛋白质之一。微管是具有极性的结构，一端为锚定的负端，另一端为自由的正端。在间充质细胞和成纤维细胞中，微管的负端附着在中心体上，正端呈辐射状向细胞外围延伸。在上皮细胞中，微管从顶端向基底延伸，微管的负端附着在顶端表面。微管本身不能收缩，而是通过聚合和解聚过程实现长度变化来发挥作用。微管蛋白二聚体可以在微管的正端添加或去除。微管的动态性很强，要么通过添加微管蛋白二聚体而生长，要么因失去二聚体而收缩，单个微管在几分钟内就能完成生长和收缩的过程。微管蛋白二聚体中含有与 β 亚基结合的三磷酸鸟苷（GTP），在不断生长的正端，GTP 可以稳定微管结构。但如果生长速度减缓，GTP 水解为二磷酸鸟苷（GDP）的速度就会赶上二聚体的添加速度。结合的 GTP 转化为 GDP 会使微管正端变得不稳定，随后开始解聚。药物秋水仙碱和秋水仙酰胺能够与二聚微管蛋白结合，阻止微管聚合，这会导致有丝分裂纺锤体解体。这些药物能使细胞停滞在有丝分裂期，常用于细胞动力学研究，以及产生染色体分散状态以构建核型。

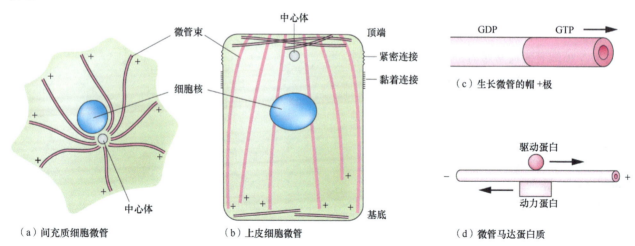

图 6.2 微管。(a) 在间充质细胞中，微管从中心体延伸到细胞外周。(b) 在上皮细胞中，它们从顶端延伸至基底。(c) 微管的正极带有结合 GTP 的帽。(d) 运动蛋白在微管中上下移动，并可能携带货物。

　　细胞的形状和极性是通过将加帽蛋白定位在细胞皮层的特定部位来调控的，这些加帽蛋白能够结合微管的自由正端并使其稳定。细胞内结构的定位在很大程度上也依赖于微管。存在一类特殊的**马达蛋白**（**motor protein**），它们能够沿着微管移动，这一过程由三磷酸腺苷（ATP）水解提供动力，从而将其他分子运输到细胞内的特定位置。驱动蛋白（kinesin）向微管的正端移动，而动力蛋白（dynein）向负端移动。在发育过程中，它们对于卵中物质的定位至关重要，如爪蛙中的 Dishevelled 蛋白或果蝇中的 *bicoid* mRNA 的定位。

微丝

　　微丝（**microfilament**）（图 6.3）直径约为 7 nm，由肌动蛋白聚合物构成，肌动蛋白是大多数动物细胞中含量最为丰富的蛋白质。在脊椎动物中，存在几种不同的基因产物，其中 α-肌动蛋白存在于肌肉中，β/γ-肌动蛋白存在于非肌肉细胞的细胞骨架中。对于所有类型的肌动蛋白，单体形式被称为 G-肌动蛋白，聚合丝状形式被称为 F-肌动蛋白。肌动蛋白丝有一个惰性的负（尖头）极和一个不断生长的正（有刺）极，新的单体会添加到正极。G-肌动蛋白含有 ATP，在添加到微丝中后不久就会水解为二磷酸腺苷（ADP）。与微管类似，快速生长的微丝具有稳定正极的 ATP 帽。微丝经常会出现"跑步机运动"现象，即单体不断地添加到正极，同时从负极去除，而微丝的总长度保持不变。有一组名为细胞松弛素（cytochalasin）的药物能够阻止微丝聚合，而另一组名为鬼笔环肽（phalloidin）的药物则可以稳定现有的微丝。

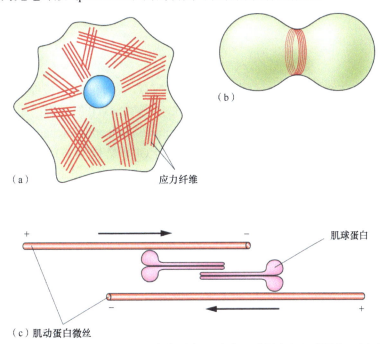

图 6.3　微丝。(a) 微丝束在细胞中经常可见，称为"应力纤维"，含有肌动蛋白和肌球蛋白。(b) 细胞分裂依赖于皮质带肌动球蛋白丝的收缩。(c) 肌球蛋白驱动的微丝束收缩。

　　微丝能够以多种不同的方式排列，具体取决于与其相关的辅助蛋白的性质（图 6.4）。收缩性组装体含有与肌球蛋白 II 相关联的微丝（图 6.3c）。它们存在于成纤维细胞中那些用于向前拉动自身、对其基质施加牵引力的应力纤维中，以及负责细胞分裂的收缩环中。它们还存在于构成跨细胞荷包绳（supracellular purse string）的收缩束中，这些收缩束负责闭合细胞片中的间隙，如果蝇胚胎背部闭合时的情况。具有分支结构的微丝束存在于被称为**片状伪足**（**lamellipodium**）的大型细胞突起中，而较细的线性束存在于被称为**丝状伪足**（**filopodium**）的细长尖突中。在细胞的皮质区域中，也能看到由短的、随机定向的细丝组成的凝胶样结构。

　　在收缩丝中，肌动蛋白与肌球蛋白 II 相关联，肌球蛋白 II 朝向微丝的正极移动，这一过程由 ATP 水解驱动。肌球蛋白 II 由两条重链、两条必需轻链和两条调节轻链组成（图 6.5）。重链尾部形成与肌动蛋白丝相关联的二聚体，而重链头部则将 ATP 水解与沿着肌动蛋白纤维的运动耦合起来。游离的肌球蛋白 II 以闭合的非活跃构象存在；闭合构象可通过调节轻链的磷酸化打开，从而与肌动蛋白结合。为了引起微丝束的收缩，肌球蛋白会组装成两端具有运动中心的短的双极丝。如果相邻的肌动蛋白丝以相反的方向排列，那么肌球蛋白的运动活动将拉动肌丝相互滑过，从而导致丝束收缩（图 6.3c）。

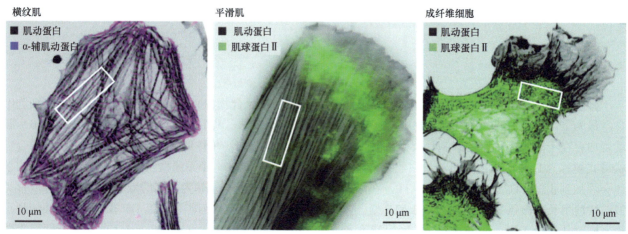

图 6.4　不同细胞类型中收缩蛋白的免疫染色。来源：Murrell et al.（2015）. Nat. Rev. Mol. Cell Biol. 16, 486−498。

小 GTP 结合蛋白

　　有三个广为人知的 GTP 结合蛋白（也称为小 GTP 酶）家族，它们能够响应细胞外信号，调节细胞形状和运动，分别是 Rho、Rac 和 Cdc42。它们存在活性形式，即结合 GTP 的状态；还存在非活性形式，即结合 GDP 的状态。活化过程由鸟嘌呤核苷酸交换因子（guanine nucleotide exchange factor, GEF）控制，GEF

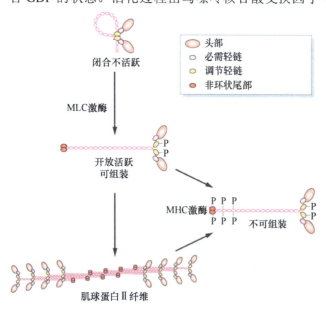

图 6.5　通过磷酸化激活肌球蛋白 II。MLC 激酶通常由小 GTP 结合蛋白 Rho 激活。

会将 GDP 交换为 GTP。失活则由 GTP 酶激活蛋白（GTPase-activating protein, GAP）控制，GAP 会刺激原本活性较低的内在 GTP 酶。这些 GTP 结合蛋白可响应多种酪氨酸激酶、G-偶联受体和细胞因子型受体而被激活。许多蛋白质可以与这些活化形式相互作用。Rho 通过激活肌球蛋白 II 来促进收缩纤维的组装。这是通过激活 Rho 关联激酶（Rho-associated kinase, ROCK）来实现的，ROCK 会磷酸化肌球蛋白 II 的调节轻链（图 6.5）。Rac 促进肌动蛋白聚合，进而激活片状伪足和褶边的形成。Cdc42 激活丝状伪足的形成。此外，所有三种 GTP 结合蛋白都会促进黏着斑的形成，黏着斑是含有整联蛋白的与细胞外基质的连接结构；它们还可以通过 c-Jun N 端激酶（JNK）和 p38 促有丝分裂原激活蛋白（mitogen-activated protein, MAP）激酶途径影响基因活性。

细胞外基质

　　除了排列成上皮或间充质的细胞之外，胚胎中还包含细胞外物质。这种**细胞外基质**（**extracellular**

matrix）非常重要，它既是形态发生运动的机械支撑基质，又是参与区域特化的固定信号分子的储存库。几乎所有细胞表面或细胞外基质中的蛋白质都是糖蛋白，含有翻译后、从细胞分泌之前在内质网或高尔基体中添加的寡糖基团。这些碳水化合物基团通常对蛋白质的生物活性影响较小，但可能会影响其物理性质和稳定性。下面将介绍胚胎细胞外基质的主要成分。

糖胺聚糖（glycosaminoglycan, GAG）是由氨基糖和糖醛酸的重复二糖组成的无支链多糖，通常含有一些硫酸基团。GAG 是蛋白聚糖的组成部分，蛋白聚糖的蛋白质核心在高尔基体中添加 GAG 链后才被分泌。一个蛋白聚糖分子可以携带不止一种类型的 GAG 链。GAG 带有较高的负电荷，只需少量 GAG 就能将大量的水固定成凝胶。重要的 GAG 包括硫酸乙酰肝素、硫酸软骨素和硫酸角质素，它们分别由不同的二糖成分组装而成。硫酸乙酰肝素与抗凝剂肝素密切相关，对于细胞信号转导尤为重要，因为它是向受体呈递各种生长因子（如成纤维细胞生长因子，FGF）所必需的。透明质酸与其他 GAG 不同，它以游离形式存在，而不是作为蛋白聚糖的组成部分。它由葡萄糖醛酸和 N-乙酰葡萄糖胺的重复二糖组成，并且未被硫酸化；通过细胞表面的酶合成，在早期胚胎中含量丰富。透明质酸特别重要，因为它能够固定大量的水，并且常常通过吸水产生膨胀力。

按重量计算，**胶原蛋白**（collagen）是大多数动物中含量最为丰富的蛋白质。这些多肽被称为 α 链，富含脯氨酸和甘氨酸。在分泌之前，三条 α 链相互缠绕，形成坚硬的三螺旋结构。在细胞外基质中，三螺旋聚集在一起形成在电子显微镜下可见的胶原纤维。胶原蛋白有多种类型，可能由相似或不同的三螺旋 α 链组成。Ⅰ 型胶原蛋白含量最为丰富，是大多数细胞外物质的主要成分。Ⅱ 型胶原蛋白存在于软骨和脊椎动物胚胎的脊索中。Ⅳ 型胶原蛋白是上皮组织下方基底层的主要成分。

纤连蛋白（fibronectin）由大的二硫键二聚体组成。这些多肽含有负责与细胞表面上的胶原、硫酸乙酰肝素和整联蛋白结合的区域。后者的细胞结合结构域的特征是存在精氨酸-甘氨酸-天冬氨酸（用单字母代码表示为 RGD）氨基酸序列。纤连蛋白存在许多不同的形式，这是由于选择性剪接而产生的。

层粘连蛋白（laminin）是一种大型的细胞外糖蛋白，尤其存在于基底层中。它由三条以十字形连接的二硫键多肽组成，携带与 Ⅳ 型胶原蛋白、硫酸乙酰肝素和另一种基质糖蛋白巢蛋白结合的结构域。

细胞运动

许多形态发生过程依赖于单个细胞的运动。这在细胞迁移的情况下表现得最为明显，如神经嵴细胞或生殖细胞的迁移，它们能够作为个体移动很长的距离。但对于诸如细胞片的差异性黏附或形状改变等过程，短距离的细胞移动同样重要。间充质细胞比上皮细胞更具运动性，但上皮内部也存在一定程度的细胞运动。

关于细胞运动机制，研究最多的是成纤维细胞在基质上的运动（图 6.6）。运动的细胞具有高度的极化性。在前端，它们延伸出片状伪足，这是一种富含微丝的扁平突起。在细胞后端是含有微丝和双极肌球蛋白细丝的收缩应力纤维。前缘通过含有整联蛋白的新生黏连结构附着在基质上，该黏连进一步发展为 3~10 μm 的黏着斑，黏着斑通过肌动蛋白相关蛋白复合物连接到微丝束。然后，细胞胞体通过主动收缩的过程被向前牵引，其中肌球蛋白分子向微丝的正极迁移，细胞后端的黏连则被解除。胚胎中的细胞被认为基本上也是以这种方式移动，尽管它们可能会伸展出多个细薄的丝状伪足来形成接触，而不是单个片状伪足。

细胞黏附于细胞外基质的成分上。几种细胞外基质蛋白，如纤连蛋白、玻连蛋白（vitronectin）和生腱蛋白（tenascin），含有与细胞膜中的整联蛋白结合的 RGD 序列。纤连蛋白通常作为细胞运动的基质，例如，纤连蛋白覆盖在爪蛙胚胎的囊胚腔上，并促进细胞的内向迁移。有时，细胞运动的方向取决于细胞本身牵引而引起的细胞外基质成分的排列。这种正反馈系统通常能够在原本不存在结构的地方产生结构，如从均匀的细胞片中出现细胞簇，这代表了另一种类型的**对称性破缺**（symmetry breaking）（在第 2 章中介绍）。

单个细胞的运动通常发生在信号中心释放的物质的浓度梯度中。浓度梯度会导致细胞两侧受体激活的轻微差异，这种差异可以被放大，从而在前面产生活性 Rac（和突起），而在后端产生活性 Rho（和收缩纤维）。这种梯度经常涉及趋化因子 CXCL12（也称为基质细胞衍生因子 1，stromal cell-derived factor 1，

SDF1）及其受体 CXCR4。已知在斑马鱼原肠胚中存在 CXCL12 梯度，导致背侧会聚性运动；非洲爪蛙的鳃上基板附近也存在 CXCL12 梯度，吸引神经嵴细胞；CXCL12 的梯度也沿着生殖细胞的迁移路径存在。细胞也可能沿着细胞外物质中黏附梯度向上移动，这个过程称为**趋触性（haptotaxis）**。

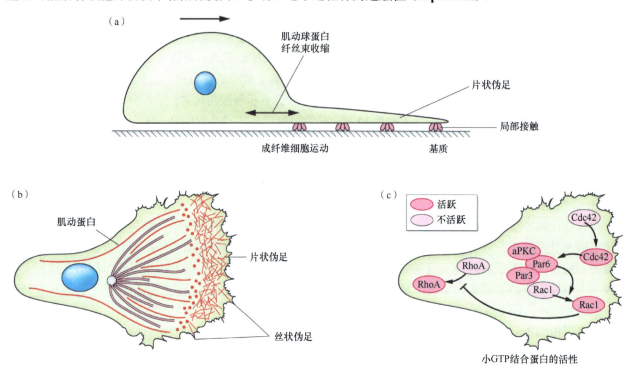

图 6.6　细胞运动。(a) 成纤维细胞中的细胞运动。细胞通过黏着斑锚定并通过收缩丝向前拉动。(b) 运动细胞中微丝的排列。(c) 小 GTP 结合蛋白在细胞不同部位的作用。

当运动细胞相互接触时，常常会出现迁移的**接触抑制（contact inhibition）**现象。此时，运动细胞原本起皱的细胞膜在与另一个细胞接触时会趋于静止，这种新的接触会致使 Rac 受到抑制而 Rho 被激活。此外，穿越细胞外基质的细胞，可能会通过分泌蛋白酶来降解细胞外基质，这些蛋白酶包括基质金属蛋白酶（matrix metalloproteinase, MMP）或解整联蛋白-金属蛋白酶（a disintegrin and metalloprotease, ADAM）。

上皮的组织架构

如前文所述，上皮细胞通过其侧面边缘的连接复合物相互连接（图 6.7）。其中，最顶端的连接是**紧密连接**，也称为闭塞连接（occludens junction），它由密封蛋白（claudin，分子质量为 20~27 kDa，属于四跨膜蛋

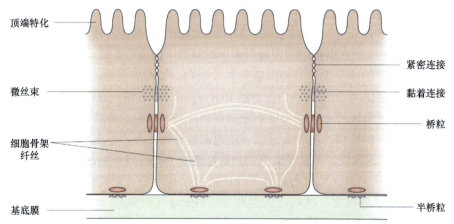

图 6.7　上皮细胞的组织架构。

白）和闭合蛋白（occludin，分子质量 65 kDa，同样是四跨膜蛋白）构成。这些都是膜内在蛋白，它们会与相邻细胞上的对应蛋白相结合，从而形成紧密的密封结构。它们借助包括 ZO 家族在内的多种蛋白质，与肌动蛋白细胞骨架相连。紧密连接能够将上皮的顶端和基底环境隔离开来，维持两者之间化学成分和电位的差异。无脊椎动物虽没有紧密连接，但可能具备功能类似的结构。例如，果蝇体内存在分隔连接（septate junction），其结构与紧密连接不同，却有着相似的功能。与紧密连接不同的是，这些连接位于黏着连接的基部。

　　黏着连接是细胞间黏附的主要部位，与肌动蛋白细胞骨架有着强烈的相互作用。其主要成分是钙依赖性细胞黏附蛋白——**钙黏着蛋白（cadherin）**家族。这是一个单次跨膜糖蛋白家族，在钙离子存在的条件下，能够与其他细胞上的类似分子紧密黏附。钙黏着蛋白是使胚胎细胞相互附着的关键因子，这就是为什么通常只需从培养基中去除钙，胚胎组织就会分解为单个细胞（图 **6.8**a）。钙黏着蛋白的细胞质尾部通过含有联蛋白（catenin）的蛋白质复合物，锚定在细胞骨架的肌动蛋白束上。其中，β-联蛋白是 Wnt 信号通路的组成部分，为细胞信号转导与细胞连接提供了潜在联系。钙黏着蛋白最初是依据其最早被发现的组织来命名的，因此 E-钙黏着蛋白主要存在于上皮细胞中，N-钙黏着蛋白则主要出现在神经组织里。其他类型的钙黏着蛋白则与桥粒相关，如骨和前脑中的 R-钙黏着蛋白、表皮基底层的 P-钙黏着蛋白，以及内皮细胞中的 VE-钙黏着蛋白。此外，还有参与外胚层与中胚层分离的原钙黏着蛋白（protocadherin），以及涉及平面细胞极性的非典型钙黏着蛋白（详见下文"平面极性和会聚性延伸"部分）。

　　细胞黏附也可能由非钙依赖性系统介导。神经细胞黏附分子（neural cell adhesion molecule, NCAM；图 **6.8**b）由通过选择性剪接形成的一大类不同蛋白质组成。它们在神经系统中最为常见，但在其他部位也有分布。它们是单次跨膜糖蛋白，胞外区域含有许多二硫键环，与抗体分子中的环类似，属于免疫球蛋白超家族的一部分。与钙黏着蛋白一样，神经细胞黏附分子能与其他细胞上的类似分子结合（同质结合），但不同之处在于，它们的结合过程无须钙离子参与。NCAM 的细胞外结构域可能携带大量的聚唾液酸，这可能会抑制细胞附着，因为两个细胞上负电荷的富集可能导致相互排斥。

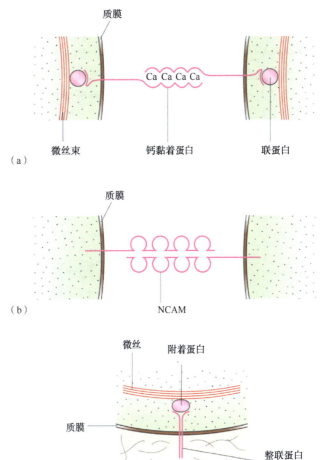

图 **6.8**　细胞黏附分子。(a) 钙黏着蛋白形成 Ca 依赖性键。(b) NCAM，如图所示，形成 Ca-非依赖性键。(c) 整联蛋白与细胞外基质相连。

　　桥粒又称黄斑黏附（macula adheren），是上皮细胞侧面的点状黏附结构。它们含有特殊的钙黏着蛋白，即桥粒黏蛋白（desmoglein）和桥粒斑蛋白（desmoplakin），这些蛋白质与邻近细胞形成同亲性且依赖钙离子的连接。细胞内结构域通过桥粒斑蛋白、斑珠蛋白（plakoglobin）和亲斑蛋白（plakophilin）与细胞角蛋白中间丝蛋白相连，形成名为外致密斑块的结构。桥粒有助于胚胎组织中依赖钙离子的黏附。在表皮等成熟组织中，它们可以形成更强的、不依赖钙的连接，这是一种尤为牢固的黏附形式。从名称便可看出，**半桥粒（hemidesmosome）**在透射电子显微镜下观察时形似半个桥粒。它们为下方的细胞外基质提供锚定，主要的黏附蛋白是整联蛋白而非钙黏着蛋白。在细胞内，半桥粒与桥粒一样，与细胞角蛋白中间丝束相连。

　　间隙连接（gap junction）是细胞连接的一种方式，其主要功能在于细胞通讯，而非细胞黏附。它们通常在细胞聚集的接触区域形成。间隙连接包含连接两个细胞细胞质的小孔。这些孔，或称连接子 (connexon)，由连接蛋白 (connexin) 组装而成。它们能够通过被动扩散，传递相对分子质量高达约 1000 的分子。这些孔使得代谢物无须穿过质膜，就能在细胞间扩散，同时还能快速平衡耦合细胞之间的膜电位。例如，连接蛋白 Cx43 在心肌的 Z 盘中含量丰富，能够将动作电位从一个细胞传递至另一个细胞。

　　上皮的基底侧是基底层。上皮细胞对基底层的黏附依赖于整联蛋白。整联蛋白是细胞表面糖蛋白，主要与细胞外基质成分相互作用（图 6.8c）。它们是由 α 和 β 亚基组成的异二聚体，结合时需要镁离子或钙离子。由于存在多种不同的 α 和 β 链类型，因此整联蛋白存在大量潜在的异二聚体形式。整联蛋白通过其细胞质结构域附着在微丝束上，与钙黏着蛋白类似，在外界与细胞骨架之间建立联系。有时，人们认为细胞在接触特定的细胞外基质成分后，整联蛋白还负责激活细胞内信号转导通路，并启动新的基因转录。部分整联蛋白也存在于半桥粒中。

　　除了上述的钙黏着蛋白、CAM 和整联蛋白，细胞黏附还依赖于 ephrin-Eph 系统。这些蛋白质可能与密封蛋白、钙黏着蛋白或整联蛋白相关联，具有双向信号转导活性，有助于细胞黏附。Ephrin-Eph 系统对于后脑分段形成菱脑节，以及脊神经通过体节的通路构建尤为重要。

　　上皮细胞的顶端–基底极性源于涉及 PAR 蛋白的对称性破缺过程（图 6.9）。PAR 系统最初是因其在决定秀丽隐杆线虫受精卵极性方面的作用而被发现的，后来人们发现它在许多其他情况下也能调控极性。该系统具有对称性破缺的特性，因为会产生多种相互排斥的蛋白质复合物，并且这些复合物会以自催化的方式阻止其他成分的加入。在上皮细胞中，有两种复合物定位于顶端，并与紧密连接的形成有关，它们分别是 PAR3 复合物（由 PAR3 + PAR6 + 非典型蛋白激酶 C [aPKC] 组成）和 Crumbs 复合物（由 Crumbs + PALS1 + PATJ 组成）。还有一个复合物在基底部位与 PAR1 蛋白共定位，即 Scribble 复合物（由 Scribble + Discs Large [DLG] + Lethal Giant Larvae [LGL] 组成）。Scribble 复合物和 PAR1 均与 PAR3 和 Crumbs 复合物相互排斥，且这种排斥具有自催化性。Scribble 复合物各成分的奇特名称，源于果蝇的一些突变，编码这些蛋白质的基因最初就是在这些果蝇突变体中被发现的。

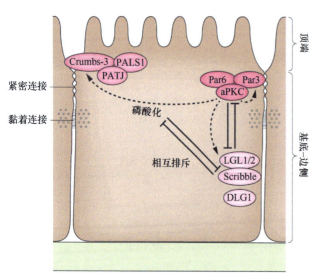

图 6.9　极性复合物在上皮细胞中的位置。

形态发生过程

　　细胞形状的改变和运动对于早期发育至关重要，因为胚胎需要从简单的细胞球或细胞片转变为多层且伸长的结构。实现这一转变的过程被称为**原肠胚形成（gastrulation）**。尽管原肠胚形成的具体细节在极为相似的物种间也可能存在显著差异，但其基本的细胞过程是共通的。在发育的后期阶段，这些相同的过程会在个体组织和器官的形态发生中反复出现。它们部分由微丝复合物收缩导致的细胞形状变化所驱动；部分受细胞黏附分子（钙黏着蛋白、CAM 和整联蛋白）基因表达改变的影响；部分则受细胞分裂速率局部变化的作用。而这些事件又反过来受到区域特化机制——诱导信号和调节基因的调控。

细胞黏附

　　最基础的形态发生类型，是一个细胞与另一个细胞的附着。细胞通过黏附分子实现附着，包括：在钙离子存在条件下将细胞黏合在一起的钙黏着蛋白；无须钙参与的细胞黏附分子（CAM）；将细胞附着到细胞外基质的整联蛋白。正如我们在"胚胎中的细胞"部分所了解到的，脊椎动物上皮细胞通过紧密连接、黏着连接和桥粒结合在一起，后两种连接类型以钙黏着蛋白作为主要黏附成分。间充质细胞也通过钙黏着蛋白黏附，但通常较为松散。早期胚胎细胞的黏附通常以钙黏着蛋白为主导，这一点从以下事实可以看出：大多数类型的早期胚胎，只需从培养基中去除钙，就能够完全分解为单个细胞。

细胞黏附具有一定可定性的特异性。基于钙黏着蛋白的黏附是同亲性的，因此携带 E-钙黏着蛋白的细胞彼此之间的黏附力更强，而携带 E-钙黏着蛋白与携带 N-钙黏着蛋白的细胞之间黏附力较弱。非钙依赖性的、基于免疫球蛋白超家族的黏附系统（如 NCAM），对神经元和神经胶质细胞的发育尤为重要，有助于促进相似细胞的黏附。这种黏附系统在定性上的特异性，为不同类型的细胞聚集在紧密相邻位置提供了解释机制，同时也防止了单个细胞游离到邻近区域。如果具有不同黏附系统的细胞混合在一起，它们会分选到不同区域，最终形成哑铃状结构，甚至完全分离（图 6.10a）。

除了定性方面的特异性，现在已知细胞的分选行为也可能仅仅由同一黏附系统的不同黏附强度所引发。如果细胞类型 A 比细胞类型 B 的黏附性更强，那么 B 最终会包围 A（图 6.10b）。该过程基于聚集体中细胞的小范围随机运动，无论细胞最初的配置如何（例如，两种类型细胞紧密混合，或者两种细胞团块相互挤压在一起），最终都会达到相同的构型。图 6.11 展示了一个实验实例。从定量角度来看，这可以用组织表面张力来描述：表面张力越高，细胞团块的可压缩性越低。不同细胞群的表面张力与其相互包围的能力之间存在良好的相关性，表面张力较高的组分将位于中心位置。同时，边界处肌动球蛋白线收缩产生的界面张力（interfacial tension）也会对组织的表面张力产生影响。

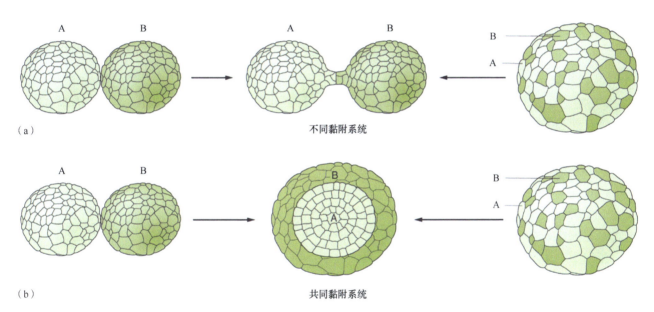

图 6.10　细胞黏附行为。（a）具有不同性质黏附分子的细胞通常会彼此分选开来。（b）黏附性存在数量差异的细胞通常彼此围绕，黏附性较强的细胞位于中心。中间图板代表一个切面。

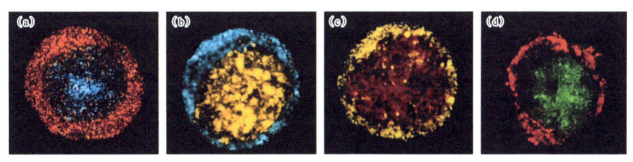

图 6.11　鸡胚组织根据其相对黏附性而相互包围的层级结构。这些组织被不同的荧光染料着色。橙色：神经视网膜；蓝色：肝脏；黄色：心室；红色：色素视网膜；绿色：肢芽间充质。来源：Foty and Steinberg（2013）. Wiley Interdiscip. Rev. Dev. Biol. 2, 631–645。

果蝇成虫盘中前-后区室边界的形成（参见第19章），依赖于两个区域中DE-钙黏着蛋白的差异表达，并由肌动球蛋白索的收缩来维持。另一个依赖黏附差异形成边界的例子是后脑菱脑节的形成，菱脑节各自具有特定的Eph或ephrin，以维持节段的完整性。

间充质细胞**凝聚**（**condensation**）形成聚集体（图6.12a），通常是结构形成的前奏，如在体节、四肢的骨骼成分，或者毛囊的真皮乳头形成过程中。凝聚部分是由于细胞间黏附力增强所致，但也可能是由于局部细胞分裂增加和局部基质分泌减少而引起的。由于细胞对细胞外基质施加牵引力，以及基质对细胞施加机械力的相互作用，细胞凝聚过程中可能会出现对称性破缺，进而通过细胞表面分子的信号转导功能，影响细胞的运动或黏附性。这种对称性破缺会自动将平滑的细胞薄片转变为一系列团块，其间距取决于系统的整体参数。

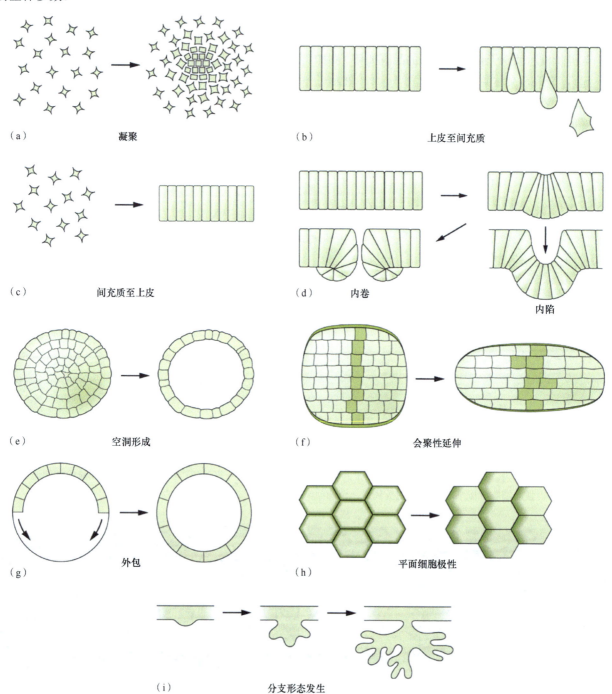

图 6.12　胚胎中发现的形态发生行为的一般类型。（a）细胞聚集体的形成。（b）上皮-间充质转换。（c）间充质-上皮转换。（d）内卷和内陷，由顶端缢缩预示。（e）空洞形成。（f）通过主动细胞嵌入进行会聚性延伸。（g）主动延展（外包）。（h）细胞薄片中的细胞获得极性。（i）分支器官的形成。

上皮和间充质之间的转换

　　胚胎中的形态发生通常涉及单个细胞与上皮的**分层**（**delamination**），以及较少见的间充质细胞组装成上皮。第一个过程被称为**上皮–间充质转换**（**epithelial-mesenchymal transition, EMT**）（图 6.12b）。例如，羊膜动物原肠胚原条中胚层细胞的迁出，或者从神经管形成神经嵴细胞的过程中，都能观察到 EMT。EMT 涉及钙黏着蛋白产量的减少，这是由转录因子 Snail 的上调所引发的。伴随 EMT 的还有 Crumbs 复合物成员合成受阻，以及细胞极性的丧失。细胞连接被破坏，微管阵列重新排列，从中心体向外辐射。EMT 备受关注，因为当恶性肿瘤产生能够侵袭周围组织或形成远处转移瘤的迁移细胞时，也会发生类似的分子事件。EMT 的反向过程，即**间充质–上皮转换**（**mesenchyme to epithelial transition, MET**）（图 6.12c），最典型的发生在肾脏形成期间，此时侧板中胚层组装成上皮小管。

顶端缢缩和内陷

　　内陷（**invagination**）和**内卷**（**involution**）（图 6.12d）是从简单上皮形成多层结构的过程。它们在原肠胚形成、神经胚形成，以及许多其他结构（如腺体、感觉器官和昆虫附属物）的形成过程中都有出现，通常由顶端肌动球蛋白复合物收缩导致的局部缢缩所引发。例如，顶端缢缩发生在爪蛙原肠胚形成瓶状细胞时、果蝇原肠胚形成之前沿预定中胚层区域，以及正在形成的神经管的腹侧和背外侧铰接点处。如"小 GTP 结合蛋白"部分所述，肌动球蛋白收缩依赖于 Rho 的激活，Rho 会激活 ROCK，进而使肌球蛋白轻链磷酸化。

　　在**内陷**中，缢缩致使细胞片鼓起，使得细胞的缢缩区域形成向内凸的突起。随后，可通过几种不同机制实现该突出物的内化。这些机制通常涉及内陷细胞与周围环境之间的差异黏附。例如，正在形成的神经板表达的 NCAM 和表皮表达的 E-钙黏着蛋白，有助于确保神经管闭合并完全内陷。在一种同样依赖细胞黏附的独特机制中，海胆胚胎形成过程中的原肠腔，会被从最初内陷的细胞抛出的丝状伪足拉入胚胎，穿过原肠胚到达远端。

　　如果细胞的初始进入并非由细胞薄片的机械弯曲引起，而是由细胞围绕缢缩表面边缘的迁移所致，那么这一过程被称为**内卷**。这将涉及内卷组织自由边缘的形成。同样，该过程取决于内卷细胞与其周围环境之间的细胞黏附差异。细胞运动可能源于个体迁移、会聚性延伸（见下文），或两者兼而有之。

　　内陷是形成空心细胞球或管的一种方式。另外，还可以通过**空洞形成**（**cavitation**），从实心细胞团中掏空一个充满液体的空间（图 6.12e）。这可能通过细胞重排（如在次级神经管形成中）或内部细胞凋亡（如小鼠卵柱的形成）来实现。无论空隙是如何产生的，它都被称为**腔**（**lumen**），与腔相邻的细胞则被称为位于腔面（luminal 或 lumenal）的细胞。

平面极性和会聚性延伸

　　细胞薄片能够通过活跃的细胞重排，发生相当显著的形状变化。这一过程通常呈现为**会聚性延伸**（**convergent extension**）的形式（图 6.12f），在此过程中，单个细胞相互交错嵌入，致使细胞片在嵌入方向上收缩，并在与嵌入方向成直角的方向上伸长。嵌入运动依赖于两个过程：其一，由富含肌动蛋白的突起引导的主动细胞运动，这些突起促使细胞相互插入；其二，肌动球蛋白收缩驱动细胞间连接的缢缩。该过程的整体极性由边界区域控制，沿着这一边界区域，收缩活动受到抑制。这些边界最终会成为伸长后的细胞片的长边缘。例如，爪蛙脊索伸长过程中，钙黏着蛋白从细胞表面脱离，以推动运动的进行。

　　在原肠胚形成过程中，还存在**外包**（**epiboly**）现象（图 6.12g），即一层细胞扩展，以包围并包裹另一群细胞。其机制可能多种多样。爪蛙和斑马鱼原肠胚形成时，都能观察到动物（上）半球的外包，动物半球细胞扩展，覆盖整个胚胎。不过，在爪蛙中，这一过程由细胞的径向嵌入驱动，形成面积更大、更薄的细胞片，因此与会聚性延伸有一些相似之处（详见第 8 章）。相比之下，在斑马鱼中，它是由无细胞卵黄合胞体层扩张驱动的，这是一个依赖微管的过程（详见第 9 章）。

在会聚性延伸过程中，除了所有上皮细胞都具有的顶端－基底极性之外，细胞还需要沿着相同的横向方向极化。这是另一个被称为**平面细胞极性（planar cell polarity, PCP）**的一般性过程的实例（图 **6.12**h、图 **6.13**），PCP 指的是上皮细胞在上皮平面方向上获得的第二种极性。PCP 需要远程信号来确定极化方向，同时也需要一些局部通信，以便细胞不对称性能够从一个细胞传递到下一个细胞。PCP 存在于果蝇的大多数表皮结构以及几种脊椎动物组织中，包括爪蟾正在形成的背轴、表皮和耳蜗。

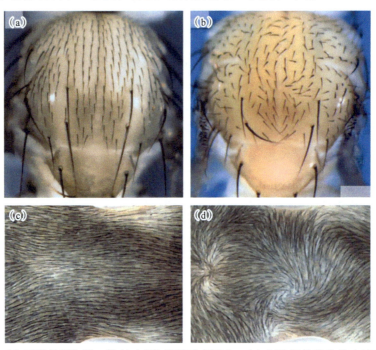

图 **6.13**　平面细胞极性。(a) 正常果蝇胸部，具有对齐的机械感应刚毛。(b) 细胞极性紊乱的 *fz* 突变体。(c) 正常小鼠颈部的对齐毛发。(d) *fz* 突变体中毛发涡纹。来源：Singh and Mlodzik (2012). Wiley Interdiscip. Rev. Dev. Biol. 1, 479–499。

负责 PCP 的核心基因产物的名称，源自那些促使它们被发现的果蝇突变体（图 **6.14**）。理解它们的最佳方式，是将它们看成形成了两个相互拮抗的复合物。复合物 A 包括非典型钙黏着蛋白 Flamingo/Starry night (Fmi/Stan)、Wnt 因子受体 Frizzled (fz)、Frizzled 的细胞内传感器 Disheveled (Dsh)，以及促进复合物形成的锚蛋白重复蛋白 Diego (Dgo)。复合物 B 还包括 Fmi、四次跨膜蛋白 Strabismus/Van Gogh (Stbm/Vang) 和异戊二烯化 LIM 结构域蛋白 Prickle-spiny Leg (Pk)。

相同类型的复合物，如 A-A，在同一细胞中会相互稳定，但会使相邻细胞上与之接触的同类型复合物不稳定。不同类型（A-B）的复合物在同一细胞中彼此不稳定，但能够稳定相邻细胞上的同等复合物。这些成分最初均匀分布在细胞内的亚顶端环中，但与所有对称性破缺过程一样，轻微的不对称会触发其重新分布，并且这一规律持续作用，直到复合物 A 占据细胞的一侧，而复合物 B 主导另一侧。最初的不对称，一部分是由组织边界的具体情况引发的，一部分是由远程信号导致的。爪蟾和斑马鱼需要非经典 Wnt 信号转导来实现 PCP 和会聚性延伸，而在果蝇翅盘中，Wingless/Dwnt4 的梯度使细胞定向，使得高 Wnt 端带有复合物 A，并成为远端。

管腔形成和分支形态发生

在胚胎发育过程中，会形成各种各样的管状结构，其大小范围从脊椎动物的神经管或肠道，到肾小管，再到果蝇的毛细血管或气管（呼吸管）。大的管由上皮通过内陷形成，由前文所述的局部顶端缢缩引发（图 **6.12**d）。像果蝇气管这样的小管，是通过出芽产生的，伴有类似的顶端缢缩和内陷过程，但在这种情况下没有细胞分裂。管在间充质中的形成，是通过小腔室的形成和融合实现的，如斑马鱼肠道或尾部神经管的形成（次级神经管形成）。为了形成毛细血管，细胞内腔与质膜融合，然后与相邻细胞的细胞内腔结合，形成细胞外腔。管的延长通过多种机制发生：细胞伸长（果蝇气管和唾液腺）、会聚性延伸（脊椎动物神经管）、细胞增殖（乳腺、米勒氏管）以及从管外招募细胞（果蝇马尔皮基小管）。尽管这些例子中提及的机制是主导机制，但多种机制可以同时运行。

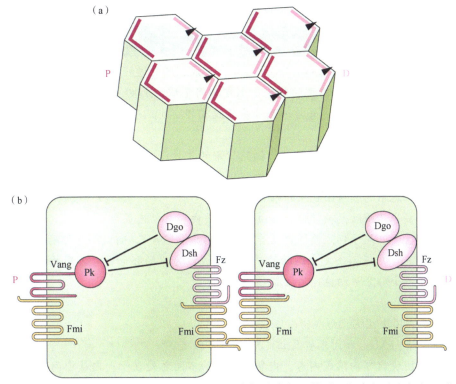

图 6.14　获取平面细胞极性的底层机制。两种蛋白质复合物在细胞内相互排斥，但在细胞之间相互黏附。P，近端；D，远端。

一种作为器官发生而非早期发育特征的形态发生行为是**分支形态发生**（**branching morphogenesis**）。在此过程中，一个上皮芽在生长进入间充质细胞团的同时，其生长点数量逐渐增加，产生分支结构（图 6.12i 和 6.15）。分支形态发生没有单一的机制。在果蝇气管系统的形成过程中，细胞不分裂，气管通过细胞重排实现分支。一个顶端细胞因响应其周围的 FGF 而形成。顶端细胞会产生 Delta 并刺激相邻细胞中的 Notch，抑制它们自身变成顶端细胞。气管茎部通过细胞嵌入而延长，直到新的顶端细胞产生，新顶端细胞的产生是由于这些细胞距离原来的顶端细胞太远，超出了 Delta 信号的作用范围。脊椎动物毛细血管的生长也存在类似过程。在这里，来自周围环境的血管内皮生长因子（vascular endothelial growth factor, VEGF）通过 VEGF 受体 2（VEGFR2）发挥作用，诱导顶端细胞形成。它们上调 Delta4 并刺激邻近细胞中的 Notch 信号转导，从而抑制 VEGFR2 并阻止它们形成顶端。

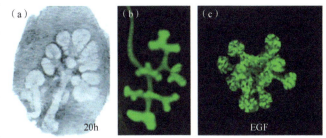

图 6.15　分支形态发生的例子。(a) 相差视图下的小鼠唾液腺。(b) 小鼠肺。(c) 小鼠乳腺。(b) 和 (c) 用 GFP 标记。来源：(a,c) Andrew and Ewald (2010). Dev. Biol. 341, 34–55. (b) ELSEVIER。

在其他系统中，局部细胞增殖的增加对于分支延长是必要的。在发育中的肺里，来自间充质的 FGF10 通过 FGF 受体 2B（FGFR2B）传递信号，并诱导管腔侧的顶端缢缩，从而导致芽的形成。延长是由细胞数量的增加驱动的，也依赖于 FGF 信号。在哺乳动物肾脏的输尿管芽中，来自间充质的胶质细胞源性神经营养因子（GDNF）促进分支，并伴随大量的细胞重排。在唾液腺中，分支似乎更多地是由裂隙形成而非芽形成驱动的。裂隙因响应表皮生长因子（EGF）信号转导而产生，并通过与细胞外基质形成黏着斑而稳定下来。随后，纤连蛋白在裂隙中沉积并与细胞表面整联蛋白结合。由此产生的细胞内信号诱导细胞增殖，从而进一步加深裂隙。

这些例子都展示出对分支至关重要的间充质和上皮的相互作用。但其中起关键作用的配体各不相同，而且在不同系统之间，配体刺激诱导分支形成的方式也可能存在差异。

要点速记

- 形态发生是指通过细胞和细胞片的运动与形状变化，形成胚胎的过程。
- 早期胚胎含有具有两种基本形态类型的细胞：上皮和间充质。上皮细胞排列成具有顶端–基底极性的片状，通过连接复合物彼此附着，并与细胞外基底膜相邻。间充质细胞呈星状，周围是松散的细胞外基质。
- 细胞的形状、极性和运动依赖于细胞骨架。细胞骨架的主要成分有由微管蛋白组成的微管、由肌动蛋白组成的微丝以及中间丝。中间丝包括上皮细胞中的细胞角蛋白、间充质中的波形蛋白、神经元中的神经丝蛋白和胶质细胞中的胶质细胞原纤维酸性蛋白。
- 细胞外基质的主要成分是糖胺聚糖、胶原蛋白、纤连蛋白和层粘连蛋白。
- 胚胎中的细胞黏附主要依赖于钙依赖性钙黏着蛋白和钙非依赖性 CAM（细胞黏附分子）。
- 所有动物胚胎都有一个广泛形态发生运动的早期阶段，称为原肠胚形成。不同物种之间的细节差异很大，但总体过程由一小部分多细胞行为组成：
  - ◆ 分选细胞群；
  - ◆ 细胞凝聚成团块，团块空洞化形成空心球；
  - ◆ 上皮至间充质转换（EMT）和间充质至上皮转换（MET）；
  - ◆ 细胞向细胞片或团块内部内陷或内卷。内卷与内陷的不同之处在于，内卷中向内移动的细胞群具有自由边缘；
  - ◆ 会聚性延伸：由与伸长方向成直角的细胞嵌入驱动的细胞片的主动伸长；
  - ◆ 外包：细胞在另一个细胞团上的延展；
  - ◆ 管状结构的形成和分支形态发生以形成树状结构。

拓展阅读

综合

Bard, J.B.L.（1992）*Morphogenesis: The Cellular and Molecular Processes of Developmental Anatomy.* Cambridge: Cambridge University Press.

Schöck, F. & Perrimon, N.（2002）Molecular mechanisms of epithelial morphogenesis. *Annual Reviews in Cell and Developmental Biology* **18**, 463–493.

Stern, C.D., ed.（2004）*Gastrulation: From Cells to Embryo.* Cold Spring Harbor, NY: Cold Spring Harbor Laboratory Press.

Dahmann, C., Oates, A.C. & Brand, M.（2011）Boundary formation and maintenance in tissue development. *Nature Reviews Genetics* **12**, 43–55.

Solnica-Krezel, L. & Sepich, D.S.（2012）Gastrulation: making and shaping germ layers. *Annual Review of Cell and Developmental Biology* **28**, 687–717.

Fagotto, F.（2020）Tissue segregation in the early vertebrate embryo. *Seminars in Cell & Developmental Biology* **107**, 130–146.

Ghose, P. & Shaham, S.（2020）Cell death in animal development. *Development* **147**, dev191882.

Goodwin, K. & Nelson, C.M.（2020）Branching morphogenesis. *Development* **147**, dev184499.

Perez-Vale, K. Z. & Peifer, M.（2020）Orchestrating morphogenesis: building the body plan by cell shape changes and movements. *Development* **147**, dev191049.

Sunchu, B. & Cabernard, C.（2020）Principles and mechanisms of asymmetric cell division. *Development* **147**, dev167650.

Walma, D. A. C. & Yamada, K. M. （2020） The extracellular matrix in development. *Development* **147**, dev175596.

细胞骨架与细胞外基质

Jaffe, A.B. & Hall, A. （2005） Rho GTPases: biochemistry and biology. *Annual Review of Cell and Developmental Biology* **21**, 247−269.

Kim, S. & Coulombe, P.A. （2007） Intermediate filament scaffolds fulfill mechanical, organizational, and signaling functions in the cytoplasm. *Genes and Development* **21**, 1581−1597.

Iden, S. & Collard, J.G. （2008） Crosstalk between small GTPases and polarity proteins in cell polarization. *Nature Reviews Molecular Cell Biology* **9**, 846−859.

Lecuit, T., Lenne, P.-F. & Munro, E. （2011） Force generation, transmission, and integration during cell and tissue morphogenesis. *Annual Review of Cell and Developmental Biology* **27**, 157−184.

Rodriguez-Boulan, E. & Macara, I.G. （2014） Organization and execution of the epithelial polarity programme. *Nature Reviews Molecular Cell Biology* **15**, 225−242.

Murrell, M., Oakes, P.W., Lenz, M. et al. （2015） Forcing cells into shape: the mechanics of actomyosin contractility. *Nature Reviews Molecular Cell Biology* **16**, 486−498.

Walma, D. A. C., Yamada, K. M., Lenz, M. et al. （2020） The extracellular matrix in development. *Development* **147**, dev175596.

细胞黏附

Halbleib, J.M. & Nelson, W.J. （2006） Cadherins in development: cell adhesion, sorting, and tissue morphogenesis. *Genes and Development* **20**, 3199−3214.

Hammerschmidt, M. & Wedlich, D. （2008） Regulated adhesion as a driving force of gastrulation movements. *Development***135**, 3625−3641.

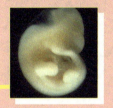

第二部分

主要模式生物

 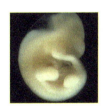  

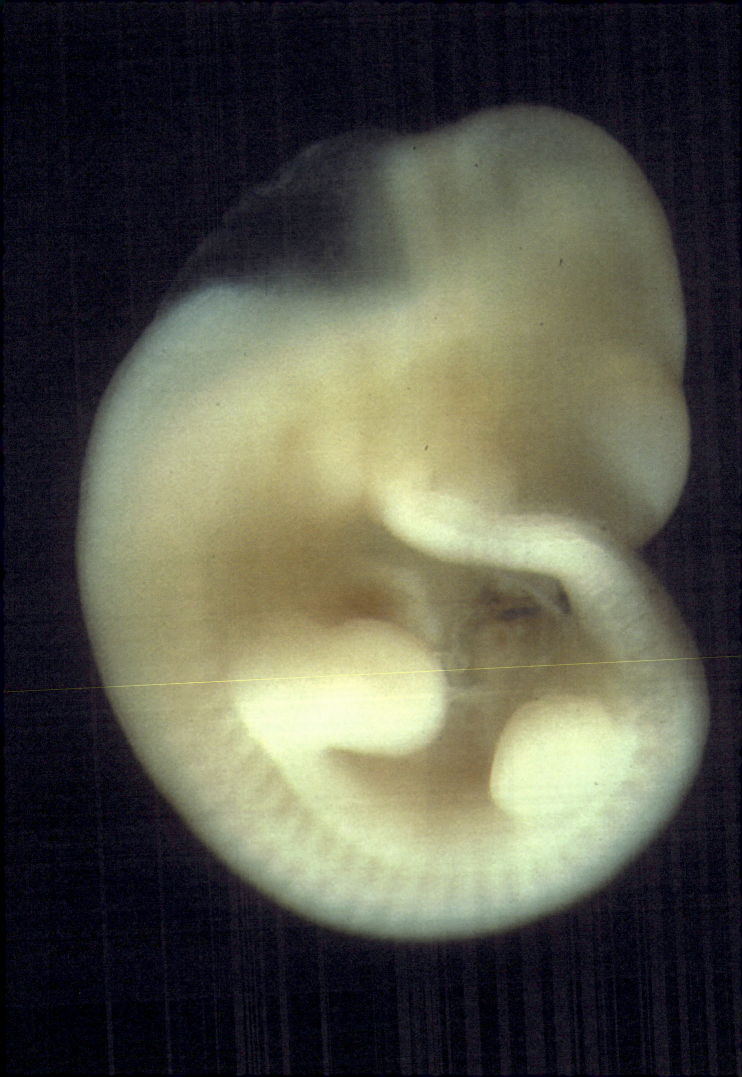

第7章

主要的模式生物

在超过 100 万种动物里，现代发育生物学仅聚焦于极少数动物，这些动物通常被称为**模式生物**（**model organism**）。研究模式生物的目的，并非单纯了解某一特定动物的发育过程，而是将其作为所有动物发育方式的范例。许多发育生物学研究得到医学研究资助机构的支持，即便这并非研究人员的直接目标，但其最终目的是探究人体发育机制。因此，研究往往倾向于关注在人体中也会发生的生理过程。本章将阐述研究活动集中于少数物种的原因，并列举这些物种在实验工作中的优点和缺点。教科书必须对所讨论的物种数量有所限定，所以本书仅详细介绍 6 种最重要的模式生物：小鼠、鸡、非洲爪蛙、斑马鱼、果蝇和秀丽隐杆线虫。尽管其他物种也被广泛研究，但全球多数活跃的研究人员仍以这六大模式生物开展研究工作。

六大生物

本书详细讨论的生物列于**表 7.1**，它们在动物系统发生树中的位置如**图 7.1** 所示。需要注意的是，这些生物并未全面涵盖动物界，其中仅有两种无脊椎动物和四种脊椎动物。不过，它们之间的进化距离足够大（超过 5.5 亿年），以至于这六种动物共有的任何发育特征都很可能是整个动物界所共有的。

表 7.1　本书中详细讨论的生物

物种	通用名称	门、亚门、纲
秀丽隐杆线虫（*Caenorhabditis elegans*）	线虫	线虫门（小杆线虫目）
黑腹果蝇（*Drosophila melanogaster*）	果蝇	节肢动物门、单肢亚门、昆虫纲
斑马鱼（*Brachydanio rerio*）	斑马鱼	脊索动物门、脊椎亚门、硬骨鱼纲
非洲爪蛙（*Xenopus laevis*）	非洲爪蛙	脊索动物门、脊椎亚门、两栖纲
家鸡（*Gallus gallus domesticus*）	鸡	脊索动物门、脊椎亚门、鸟纲
家鼠（*Mus musculus*）	小鼠	脊索动物门、脊椎亚门、哺乳纲

这六种物种全年皆可获取。若不具备这种随时可得性，它们本身就不会被选为模式生物。要知道，将一种生物体"驯化"，使其整个生命周期都能在实验室中度过，是极为困难的，而对"新"物种进行这种尝试，更是一项艰巨任务。尽管一些海洋无脊椎动物已用于发育研究（见下文），但六大模式生物中并无海洋生物。

就数量而言，从非洲爪蛙、斑马鱼、果蝇和线虫中获取数千个卵相对容易。鸡蛋通常并非在实验室从母鸡处获取，而是从商业孵化场购买。一个大型孵化器可容纳数百个鸡蛋。小鼠的繁殖能力不如其他物种，但一只交配过的雌性小鼠大约可产 12 个胚胎，所以获取适量胚胎并非难事。

成本是重要考量因素，现代研究压力要求每周甚至每天都能提供胚胎。线虫成本极低，可在涂有细菌的琼脂平板上生长，其遗传库还能冷冻保存。果蝇饲养成本可能较低，但可能需要控温、控湿的蝇室，还需大量技术人员维护各类遗传库。果蝇的冷冻保存尚非常规操作，因此库存维护必然是一项主要工作。斑马鱼需要昂贵的水族馆设施和大规模种群维护。建立实验室的资金成本颇高，运行成本大概与果蝇相当。非洲爪蛙也需要水族设施，不过所用设施类型不如斑马鱼的复杂。由于非洲爪蛙"缺乏遗传学研究优势"，通常只需维持较少种群库，所以养护成本相对较低。鸡的饲养成本很低，因为鸡蛋从鸡孵化场购买，实验室仅需一个孵化器。然而，若实验室需要进行遗传杂交，或获取极早期鸡胚，就需要建设鸡育种设施，而且由于鸡体型较大，成本会很高。小鼠看似小巧、成本低，实际上却是清单中成本最高的生物。哺乳动物繁殖的复杂性，以及实验室动物设施的空间与标准相关规章制度，意味着进行大规模小鼠实验所需的技术人员人力和空间成本都非常高。不过，小鼠精子和胚胎可冷冻保存，这降低了种群库维护的长期成本。

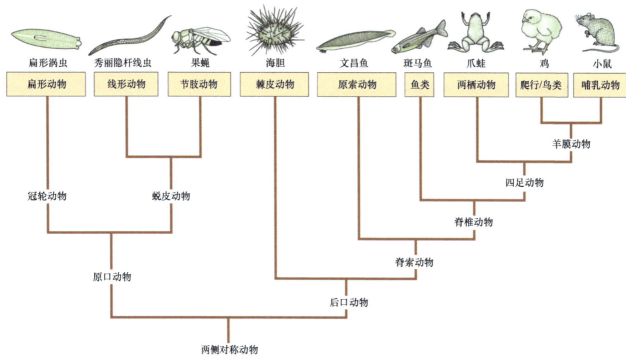

图7.1 系统发生树显示发育生物学中使用的六大模式生物的位置。

这六种模式物种之所以被选中，是因为它们在发育生物学研究中各自具备一些特殊的实验优势。诚然，有时个别科学家选择研究对象仅仅是因为他们喜欢观察这些生物并开展相关研究。但在选择特定用途的生物体时，也有一些更客观实用的考量因素，总结在**表7.2**中。

表7.2　六种模式生物的实验优缺点

	秀丽隐杆线虫	果蝇	斑马鱼	非洲爪蛙	鸡	小鼠
胚胎数量	高	高	高	高	低	低
成本	低	中	中	中	低	高
可获取性	好	好	好	好	好	差
显微操作	不便	不便	一般	便捷	便捷	不便
遗传学操作	好	好	好	差	差	好
基因组序列	有	有	有	有	有	有

脊椎动物模型在科学研究中的使用，日益受到政府或资助机构的监管。这是为了确保动物受到人道对待，并将动物使用数量维持在保证科学严谨性所需的最低限度。监管机构鼓励使用体外模型，然而，尽管近年来干细胞和类器官研究大幅增加，但对于胚胎发育这类复杂过程，这几乎难以实现。监管也提高了在实验室内饲养脊椎动物模型的成本，因为往往需要更复杂的设施。这确实使得大多不受监管的无脊椎动物模型更具吸引力。

可获取性与显微操作

"可获取性"是指获取各个发育阶段胚胎的难易程度。几乎所有胚胎都可通过解剖获得，但许多实验要求对胚胎进行处理后，使其存活至后续阶段，以便观察结果。从这个角度看，体外受精的自由生活生物最为合适，这意味着非洲爪蛙和斑马鱼具有优势。果蝇卵在受精后也很快产出。获取秀丽隐杆线虫胚胎需要在卵裂阶段将其从母体分离，不过它们能很好地独立存活。鸡胚在母鸡生殖道内进行卵裂，产下时已是包含约 60 000 个细胞的双层结构。在此阶段之后，鸡胚很容易获取，只需在蛋壳上开个洞即可。若用胶带重新密封洞口，并将其保存在加湿培养箱中，鸡胚就能很好地存活。从可获取性来看，小鼠最差：前 4 天，胚胎可从生殖道冲洗出来并在体外培养；此后，胚胎植入母体子宫，依赖胎盘获取营养。植入（着床）前胚胎很难在体外发育到植入后阶段，若早期植入后胚胎从母体子宫取出，只能在体外再培养约 2 天。然而，小鼠和鸡胚胎的单个器官原基通常可长期培养，并在体外良好分化，这意味着它们常被用于器官发生研究。

胚胎实验的另一要求是显微手术操作的便捷性。显微操作包括移除单个细胞或一小块组织、将外植体移植到第二个胚胎的其他位置，或向单个细胞注射物质。这些操作在非洲爪蛙中相对容易。由于两栖类卵体积大，显微手术可在解剖显微镜下徒手完成，显微注射仅需相对便宜、简单的设备。鸡在后期阶段也能实现许多显微操作。其他生物的情况则稍逊一筹：斑马鱼在早期阶段可进行细胞移除或注射；线虫和果蝇的卵小，且被坚韧外层包裹；小鼠胚胎在植入前阶段很小，植入后阶段难以培养。尽管在这些生物中开展过一些基于显微操作的实验，但难度较大。

此外，秀丽隐杆线虫和鱼类胚胎的独特优势在于，它们在活体状态下透明，因此在这些生物中跟踪细胞运动比其他生物更容易。同时，使用激光微束消融细胞也很便捷。

遗传学与基因组

所有正在讨论的生物都有基因，但并非都具备"遗传学"——从实验室中通过繁育进行实验的技术层面而言。这一点仍很重要，尽管对于遗传学研究不那么有利的模式生物，比如非洲爪蛙，通过其他方法也能进行复杂的功能获得和功能缺失实验。

果蝇遗传学研究极为深入，在果蝇被用作发育研究模型前，其遗传学实验已开展数十年。果蝇 2 周的短生命周期以及易于大量饲养的特点，都是其成为理想研究对象的决定性因素。此外，平衡染色体（见第 13 章）的存在，简化了纯合形式致命突变体的保存。线虫也非常适合遗传学研究，因其生命周期短，且易于维持大量种群。由于线虫是自体受精的雌雄同体物种，新突变会自动分离为纯合状态，无须进行杂交。小鼠遗传学研究也历经数十年，但精细程度仍低于果蝇，部分原因是处理致命突变难度大，以及饲养诱变筛选所需大量动物的成本过高。不过，如今已有精密的靶向诱变方法，使各种实验得以开展。斑马鱼作为实验室动物的历史较短，因此缺乏一些在长期使用模型中已有的复杂遗传技术。就数量和生命周期（4 个月）而言，斑马鱼不如无脊椎动物，但相对于脊椎动物来说表现尚好。由于生命周期长，非洲爪蛙从未被视为遗传学研究的理想模型，将其饲养至性成熟至少需要 9 个月。然而，其相关物种热带爪蛙（*Xenopus tropicalis*）繁殖周期较短，4 个月即可性成熟，已被部分实验室用作遗传学可操作的模式生物。

近年来的基因组测序工作，使所有模式生物都拥有了完整的基因组序列。这对发育生物学的重要意义在于，省去了克隆新基因的大部分工作。过去，要在所研究的生物体中获得已知基因的同源物，必须自行克隆，这可能耗费大量时间和精力。更糟糕的是，定位克隆一个仅知其突变是点突变的基因，可能需要数年时间。如今，有完整的基因库和图谱可用，任何感兴趣的特定基因都可从一些存储库中心获取。此外，完整的基因组序列能预先知晓一个基因家族的所有成员。这非常有用，因为基因家族成员间常存在相当大的功能冗余，只有了解所有成员，才能解释过表达和功能丧失实验的结果。

不幸的是，非洲爪蛙被发现是**异源四倍体（allotetraploid）**。它大约在 1700 万年前，由两个密切相关的二倍体物种杂交而来。其中一个基因组发生选择性突变和减少，但许多对发育重要的基因仍有 4 个拷贝。

这些基因对通常保留相似的表达模式和功能，有时被称为**拟等位基因**（pseudoallele），尽管它们的序列使其看似同一基因座的替代等位基因，但实际上并非等位基因。异源四倍体对实验者来说并不理想，意味着更多潜在的功能冗余。正因如此，非洲爪蛙的基因组序列完成时间晚于真正的二倍体热带爪蛙，目前两者均已可用。幸运的是，两个爪蛙物种间的序列差异足够小，针对一个物种的探针通常可与另一物种的同源基因杂交。

硬骨鱼，包括斑马鱼，也经历过一次额外的基因组复制，但发生在更久远的时期（约 4.2 亿年前），因此基因对已发生显著趋异。这些复制的基因对获得了相当不同的功能，而且许多基因也已丢失。所以，斑马鱼实际上是二倍体，尽管它确实倾向于拥有许多对发育重要基因的额外拷贝。

相关性和发育节奏

表 7.2 总结了六种模式生物的优缺点。快速浏览该表可知，它们各有优劣，没有一种模式生物在所有方面都堪称完美。总体而言，小鼠和鸡的评分低于其他动物，实际上，它们早期发育的一些基本过程直到最近才得以阐明，因为从技术角度来看，它们在实验研究方面略逊一筹。然而，它们跻身六大最受欢迎模式生物之列，还有另一个重要考量因素，即感知相关性。小鼠和鸡都是**羊膜动物**（amniote），且小鼠是哺乳动物。这意味着它们在外观上比其他模型更接近人类。多年来，这一因素确保了小鼠和鸡在医学研究资金分配中占据相当份额。在分子层面，其他生物实际上比以前认为的更类似于人类，但由于人类自身是哺乳动物，我们始终对哺乳动物的发育有着特殊兴趣。此外，发育生物学研究越深入，人们就越关注物种间的差异，例如，所有动物都有与前-后图式形成相关的 Hox 基因。但小鼠 Hox 基因的确切数量和表达域，比非哺乳动物脊椎动物更接近人类，当然比无脊椎动物模型更接近人类。

在当今竞争激烈的科研环境中，选择每次实验都耗时很长的系统进行研究并不现实。基于此，**图 7.2** 展示了六大模式动物的发育速度。该图表明，个体成熟的时间跨度差异巨大，从秀丽隐杆线虫的 3 天到非洲爪蛙的 9 个月不等。当然，只有发育快速的模型才用于遗传研究，与小鼠或斑马鱼相比，秀丽隐杆线虫和果蝇的世代时间极短，能够以适度的时间和人力成本完成实验，就此而言，这是明显优势。该图上半部分涵盖胚胎时期而非胚后时期，表明所有模型的实验都可在数天内完成。这是因为实验的"终点"（endpoint）通常并非发育结束时刻，而是所研究发育过程完成的阶段。例如，大多数非洲爪蛙实验涉及早期发育，在受精后 2～3 天内完成，而许多小鼠实验在妊娠中期进行评估。

其他生物

曾经有多种生物体用于发育研究，但最终未跻身六大模式生物。这些模型的特点之一是，其研究群体倾向于一个动物门**分类单元**（taxon）内的几个不同物种，而非单一物种。这可能是它们未成为主要模式生物的重要原因。在分子时代，当研究探针能够轻松互换，并且完整的基因组序列成为一种极有价值的资源，使得特定基因家族中的全套基因得以知晓，突变体也能快速鉴定时，研究进展会更快。对于一个分类单元中的多个物种，基因的初级序列及其基因组结构不可避免地存在差异，在全球未就单一物种达成共识的情况下，研究协调难度更大。例如，用于再生研究（第 24 章）的各种涡虫或各种有尾两栖动物，物种间差异过大，无法进行探针交叉杂交，这阻碍了研究进展。

其他模型中最重要的当属海胆，它是胚胎学研究的"元老"，在分子生物学时代之前曾占据更为突出的地位。19 世纪后期，它被用于证明胚胎调节（从一个卵裂球形成完整幼虫）的首批实验，并在 20 世纪 30 年代用于证明控制躯体模式的植物极到动物极梯度的存在。近年来，海胆还被广泛用于构建发育遗传网络模型。获取大量海胆卵子并在体外受精很容易。海胆胚胎通常透明，可在活体中观察形态发生过程；但海胆生命周期长，很难在实验室饲养至完成变态过程，也不适合实验遗传学研究。虽然在海胆上开展过显微手术实验，但因其胚胎很小（直径＜100 μm），这类工作非常费力。海胆的相关研究在 20 世纪 60～80 年代达到鼎盛，当时能获得以克计量的胚胎用于生物化学研究是很大的优势，这最终促成了周期蛋白（控制细胞周期的蛋白质）的发现（见第 2 章）。海胆在受精研究方面也很便利，但研究结果表明，海胆受精的分子机制与哺乳动物实际上大不相同。

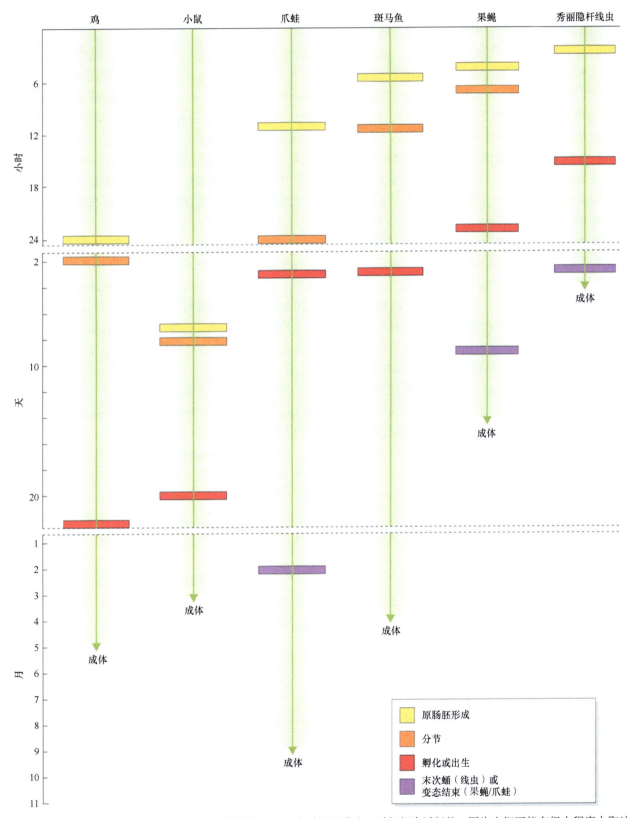

图 7.2　六种模式生物的发育里程碑比较。该图分布在三个时间尺度上，时间仅为近似值，因为它们可能在很大程度上取决于自由生活动物所处的温度。"原肠胚形成"是指胚层形成的开始。"分节"是指可见分节的开始。"成体"是指生殖成熟。所有时间都为受精后开始计算，包括鸡，这在通常的卵孵化天数基础上增加了大约 1 天。

海鞘是无脊椎**脊索动物**（**chordate**），有一定数量的研究者关注。它也有着辉煌历史，早在 20 世纪初就曾用于一些经典的细胞谱系研究。海鞘中的分离和移植实验证明了胞质决定子的存在，其中一些现已被鉴定出来。其他各种腹足动物，如笠螺属（*Patella*）和东泥织纹螺属（*Ilyanassa*）等，也用于研究细胞谱系和胞质决定子。但最终，在理解胞质决定子的分子性质和功能方面，对秀丽隐杆线虫的集中研究取得了大部分原本期望从这些海洋无脊椎动物中获得的成果（见第 14 章）。

涡虫（**planarian**）展示了动物界中一些最引人注目的再生行为。最近，其含有多能干细胞的发现，在再生研究和干细胞生物学之间建立了重要联系（见第 24 章）。尽管使用过许多物种，但现代研究倾向于只关注一个物种——地中海圆头涡虫（*Schmidtea mediterranea*）。几十年来，在再生研究中同样重要的还有**有尾类**（**urodeles**）两栖动物，它们的成体可再生肢体和尾巴。同样，人们的研究重点往往只集中在一个物种，即墨西哥钝口螈（*Ambystoma mexicanum*），尽管过去曾使用过许多其他物种。

某些较为简单的真核生物，包括细胞黏菌盘基网柄菌（*Dictyostelium*）、非细胞黏菌绒泡菌（*Physarum*）以及藻类团藻（*Volvox*），由于它们各自能清晰展现出特定的特征而被研究，这些特征分别是趋化性细胞聚集、同步核分裂以及形态发生运动。但它们与人类的进化距离很远，比无脊椎动物还要远得多，且不具备动物特有的基本发育机制。

此外，还有一些辅助性生物，它们在历史上输给了处于领先地位的模式生物，但因具有某些特殊的技术优势，仍在特定的细分研究领域中被使用。大鼠是生理学研究的卓越模式生物，在胚胎植入后的早期阶段进行全胚胎培养时，它比小鼠更具优势，并且也常被用于致畸性测试。在实验室里，鹌鹑比鸡更容易饲养和繁殖，所以在那些需要对母体进行处理的研究中，比如维生素 A 耗竭研究，就会用到鹌鹑。鹌鹑还常与鸡一起使用，通过鹌鹑特异性抗体来标记移植物。如本章所述，热带爪蛙拥有更简单的基因组，并且具备非洲爪蛙所没有的开展实验遗传学研究的可能性。青鳉是另一种已被驯化适应实验室环境的鱼类，在日本，有一段时间它在制作转基因生物方面比斑马鱼更具优势。

最后，有些生物被研究并非因其被视为人类模型，而是出于理解动物进化多样性的目的。这里的关键问题不是实验便利性，而是在系统发生树（phylogenetic tree）中的位置。例如，**文昌鱼**（**amphioxus**）是一种**头索动物**（**cephalochordate**），被认为在某种程度上类似于脊椎动物的共同祖先。它显示出的特征，如单个 Hox 基因簇，被视为脊椎动物谱系中的原始特征。**刺胞动物**（**cnidarian**），包括星状海葵属的海葵（*Nematostella*），具有类似地位，因为它们可能类似于所有动物的共同祖先（见第 23 章）。除果蝇外，还有许多昆虫被应用于发育研究，如蜻蜓（*Platycnemis*）、蟋蟀（*Acheta*）、甲虫（*Tenebrio*）和家蚕（*Bombyx*）。其中，部分昆虫呈现出与果蝇截然不同的发育模式，例如，它们的胚盘会随着后部结构的产生而延伸。如今，人们对这些昆虫的研究兴趣主要集中在进化比较方面，这是由于目前对果蝇发育的分子细节已了解得极为深入了。

所有这些生物都有其研究价值，但小鼠、鸡、非洲爪蛙、斑马鱼、果蝇和秀丽隐杆线虫这六大模式生物，依然在当代大多数实验研究中占据主导地位。使用标准模式生物极为便捷，正因如此，研究资助机构通常会要求申请者提供充分理由，才会考虑为研究其他生物模型提供资金支持。

拓展阅读

综合

Bard, J.B.L.（1994）*Embryos. A Colour Atlas of Development*. London: Wolfe Publishing.

模式生物时期序列

Hamburger, V. & Hamilton, H.L.（1951）A series of normal stages in the development of the chick embryo. *Journal of Morphology* **88**, 49–92. Reprinted in *Developmental Dynamics* **195**, 231–272（1992）.

Nieuwkoop, P.D. & Faber, J.（1967）*Normal Table of Xenopus laevis*. Amsterdam: N. Holland. Reprinted by Garland Publishing, London（1994）.

Eyal-Giladi, H. & Kochav, S.（1976）From cleavage to primitive streak formation: a complementary normal table and a new look at the first stages of the development of the chick. *Developmental Biology* **49**, 321–337.

Theiler, K. (1989) *The House Mouse. Development and Normal Stages from Fertilization to Four Weeks of Age*, 2nd edn. Berlin: Springer-Verlag.

Hausen, P. & Riebesell, M. (1991) *The Early Development of Xenopus laevis*. Berlin: Springer-Verlag.

Kaufman, M.H. (1992) *The Atlas of Mouse Development*. London: Academic Press.

Hartenstein, V. (1993) *Atlas of Drosophila Development*. Cold Spring Harbor, NY: Cold Spring Harbor Laboratory Press.

Kimmel, C.B., Ballard, W.W., Kimmel, S.R. et al. (1995) Stages of embryonic development of the zebrafish. *Developmental Dynamics* **203**, 253–310.

Bellairs, R. & Osmund, M. (1997) *The Atlas of Chick Development*. London: Academic Press.

Campos-Ortega, J.A. & Hartenstein, V. (1997) *The Embryonic Development of Drosophila melanogaster*, 2nd edn. Berlin: Springer-Verlag.

发育生物学中使用的一些其他生物

Briggs, E. & Wessel, G.M. (2006) In the beginning ... animal fertilization and sea urchin development. *Developmental Biology* **300**, 15–26.

Davidson, E.H. (2009) Network design principles from the sea urchin embryo. *Current Opinion in Genetics & Development* **19**, 535–540.

Ettensohn, C.A. & Sweet, H.C. (2000) Patterning the early sea urchin embryo. In: Schatten, G.P. (ed.), *Current Topics in Developmental Biology*, vol. 50. San Diego, CA: Academic Press, pp. 1–44.

McClay, D. R. (2016) Sea urchin morphogenesis. In: Wassarman, P.M. (ed.), *Essays on Developmental Biology*, part B, vol. 117. Amsterdam: Academic Press, pp. 15–29.

Nishida, H. (2005) Specification of embryonic axis and mosaic development in ascidians. *Developmental Dynamics* **233**, 1177–1193.

Kumano, G. & Nishida, H. (2007) Ascidian embryonic development: an emerging model system for the study of cell fate specification in chordates. *Developmental Dynamics* **236**, 1732–1747.

Lamy, C. & Lemaire, P. (2008) Ascidian embryos: from the birth of experimental embryology to the analysis of gene regulatory networks. *M S – Médecine/Sciences* **24**, 263–269.

Loomis, W.F. (2014) Cell signaling during development of Dictyostelium. *Developmental Biology* **391**, 1–16.

Shima, A. & Mitani, H. (2004) Medaka as a research organism: past, present and future. *Mechanisms of Development* **121**, 599–604.

Schroder, R., Beermann, A., Wittkopp, N. et al. (2008) From development to biodiversity – *Tribolium castaneum*, an insect model organism for short germband development. *Development Genes and Evolution* **218**, 119–126.

Escriva, H. (2018) My favorite animal, amphioxus: unparalleled for studying early vertebrate evolution. *Bioessays* **40**, 1800130.

Rentzsch, F. & Technau, U. (2016) Genomics and development of *Nematostella vectensis* and other anthozoans. *Current Opinion in Genetics & Development* **39**, 63–70.

Reddien, P.W. (2018) The cellular and molecular basis for planarian regeneration. *Cell* **175**, 327–345.

Reiss, C., Olsson, L. & Hossfeld, U. (2015) The history of the oldest self-sustaining laboratory animal: 150 years of axolotl research. *Journal of Experimental Zoology Part B – Molecular and Developmental Evolution* **324**, 393–404.

第8章

爪　蛙

　　尽管过去也曾利用其他两栖动物开展实验，但多年来，非洲爪蛙（*Xenopus laevis*）始终是全球通用的标准实验生物。这得益于它易于饲养、易于诱导产卵，而且其胚胎生命力顽强。获取非洲爪蛙胚胎的实验操作十分简便，只需向雌蛙注射绒毛膜促性腺激素，就能诱导其产卵。通过体外受精，可以获得大量胚胎，这些胚胎的受精时间精确可知，发育进程也高度同步。非洲爪蛙早期胚胎的直径约为 1.4 mm，这一尺寸足以支撑一些较为精细的显微手术操作。由于蛙卵含有大量卵黄颗粒和其他储备营养物质，小型多细胞外植体能够在极为简单的培养基中存活并分化数天，而这种外植体正是许多实验的基础材料。荧光细胞谱系标记技术使精准的命运图得以构建。通过在体外制备**合成（synthetic）mRNA（messenger RNA，信使核糖核酸）**，并将其注射到受精卵或早期较大的卵裂期卵裂球中，便能实现基因的过表达。通过注射编码显性负性蛋白的 mRNA，或者注射反义 Morpholino，则可以抑制基因的作用。这些技术广泛应用于早期发育研究，如今，我们对非洲爪蛙的早期发育过程已经有了较为深入的了解。近年来，**锌指核酸酶（zinc-finger nuclease）**、转录激活因子样效应物核酸酶（TALEN）和 **CRISPR/Cas9** 等基因编辑工具，也开始应用于非洲爪蛙的研究。多种**转基因作用（transgenesis）**技术的运用，使非洲爪蛙在器官发生、再生以及变态发育的分子遗传学研究中发挥重要作用。

　　虽然我们在此聚焦于非洲爪蛙作为发育生物学研究的模式生物，但不容忽视的是，它也是细胞生物学研究的重要工具。非洲爪蛙卵母细胞具备正常细胞的所有特性，同时其体积足够大，便于进行 mRNA 或其他物质的显微注射，也适合开展复杂的生理学研究。此外，轻柔裂解蛙卵可获得无细胞提取物，这些提取物能够重现众多细胞过程，如细胞周期调控、DNA 复制起始、细胞核组装以及纺锤体形成。我们对这些过程的诸多认知，都源于对爪蛙卵母细胞提取物的研究。

　　非洲爪蛙是**异源四倍体（allotetraploid）**物种，基因组中许多对发育至关重要的基因存在于两个不同基因座上。曾经，人们认为这会给遗传学研究和现代基因组技术的应用带来难题。出于这些原因，一些实验室引入了二倍体物种热带爪蛙（*Xenopus tropicalis*）作为遗传学研究的可操作模型，该物种仅需 4 个月就能生长成熟，而非洲爪蛙则需要 9 个月。幸运的是，这两个物种的发育过程极为相似，大多数实验结果似乎可以相互借鉴。然而，热带爪蛙的胚胎比非洲爪蛙的胚胎小得多，直径仅 0.8 mm。这就导致在热带爪蛙上进行显微手术比在非洲爪蛙上更为困难，而且也更难获取足够的材料用于现代基因组技术研究。在阐述这两个物种的研究结果时，我们统一使用属名爪蛙（*Xenopus*），尽管我们所描述的内容大多最初是在非洲爪蛙的研究中发现的。

　　非洲爪蛙基因和蛋白质的命名规范已经发布，要求基因和蛋白质名称均以小写形式书写，同时省略表示来源种属的前缀"X"或"x"。尽管这一规范尚未得到完全遵循，但本书将严格依照此规范。若旧文献中常用的基因名称已发生变更，在首次提及该基因时，会将旧名称以括号形式标注。

卵子发生、成熟与受精

爪蛙的卵巢包含大量**卵母细胞**（oocyte），周围被卵泡细胞和血管层环绕。**卵原细胞**（oogonium）持续存在至成年期，且在一生中都保持分裂状态，经过最后一次有丝分裂后，转变为初级卵母细胞。卵母细胞的生长需要数月时间，在此期间，卵母细胞积累大量营养储备，以支持胚胎在幼虫开始进食前的早期发育阶段（图 8.1）。卵母细胞的细胞核非常大，被称为**生发泡**（germinal vesicle）。其染色体呈现减数分裂前期 I 的四链**二价体**（bivalent）特征，但在卵母细胞生长过程中，它们始终保持转录活跃，并形成许多向外突出的染色质环。因其外观形似灯刷，故而称其为**灯刷染色体**（lampbrush chromosome）。

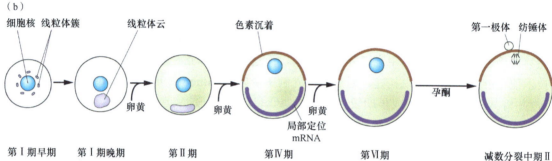

图 8.1　爪蛙的卵子发生。(a) I～VI期卵母细胞的照片（罗马数字表示分期）。(b) 每个时期发生的事件示意图。来源：(a) 经许可转自 Smith et al. (1991). Methods Cell Biol. 36, 45–60。

为了满足早期发育阶段蛋白质合成的需求，卵母细胞需要积累大量核糖体和转移 RNA。因此，编码核糖体 RNA 的基因簇在早期就扩增出约 1000 个额外的染色体外拷贝，这些拷贝均作为核糖体 RNA 合成的模板，活跃地发挥作用。在生长期，卵母细胞还会摄取大量**卵黄**（yolk）蛋白。主要的卵黄蛋白是一种糖脂蛋白，称为**卵黄原蛋白**（vitellogenin）。这些蛋白质并非由卵母细胞自身产生，而是由母体肝脏合成，再被卵母细胞从血液中吸收。早期尚未形成卵黄原蛋白的卵母细胞是透明的，但随着卵黄颗粒逐渐积累，它会变得不透明。当卵母细胞完全发育成熟后，RNA 合成停止，但蛋白质合成和降解仍在持续。这一特性对于实验研究至关重要，因为这意味着若特定的 mRNA 被耗尽，它将无法得到补充，其蛋白质产物也会在 1～2 天内消失。

在生长过程中，卵母细胞形成**动物-植物极性**（animal-vegetal polarity）。在卵黄原蛋白形成前期，一个特殊的富含线粒体的细胞质区域开始组装，称为线粒体云或 Balbiani 小体，它是**生殖质**（germ plasm）的前体，其位置决定了卵子未来的植物极。许多 mRNA，包括 T-box 基因 *vegt* 都与线粒体云相关联，并且在早期卵黄形成中定位于植物**皮层**（cortex）。大卵黄颗粒聚集在植物半球，生发泡则被推移到卵母细胞的另一侧，即**动物半球**（animal hemisphere）。在卵子形成中期，由于色素颗粒的积聚，动物半球颜色变深，而植物半球则保持浅色。大约在色素沉着差异出现的时期，第二组 mRNA（包括 *vg1*）开始定位于植物皮层。第二组 mRNA 的定位依赖于 *vegt* mRNA，因为若 *vegt* mRNA 经反义寡核苷酸处理后降解，其他 mRNA 就会失去定位。

完全长成的初级卵母细胞直径约为 1.2 mm。其成熟过程是在母体垂体腺分泌的促性腺激素作用下实现的，促性腺激素通过血液循环传播，促使卵巢卵泡细胞释放孕酮。孕酮与卵母细胞中的类固醇受体结合，激活原癌蛋白 mos 的翻译，mos 进而激活磷酸酶 cdc25，最终激活**促成熟因子**（maturation promoting factor，**MPF**，也称为 M 期促进因子，是启动 M 期所需的细胞周期蛋白依赖性激酶 cdk 和细胞周期蛋白的复合物；参见第 2 章）。生发泡崩解，第一次减数分裂发生，导致第一**极体**（**polar body**）形成。其结果通常被称为**未受精卵**（**unfertilized egg**），尽管严格来说，它是停滞在第二次减数分裂中期的次级卵母细胞。中期停滞是由于 mos 与 cdk2 的复合物（称为细胞分裂抑制因子）抑制了细胞周期蛋白的降解。卵被排入体腔，通过前末端的伞部（漏斗）进入输卵管，并沿输卵管下行，在输卵管中被胶膜包裹。

在自然交配中，雄性会紧紧抱住雌性，并在卵从泄殖腔排出时使其受精。而在实验室环境下，卵通常通过添加精子进行体外受精。受精后，次级卵母细胞/卵子转变为**受精卵**（**fertilized egg**）或**合子**（**zygote**）。精子进入引发细胞内钙浓度增加，导致细胞分裂抑制因子被破坏，进而使细胞周期蛋白降解，第二次减数分裂得以继续进行，释放出第二极体。钙还会引发卵表面附近**皮质颗粒**（**cortical granule**）的胞吐作用，其蛋白质和碳水化合物内容物会将卵黄膜从卵表面抬起，这使得受精卵在重力作用下自由旋转，将动物半球转到最上方。

正常发育

在整体躯体模式建立之前，发育过程可细分为**卵裂**（**cleavage**）、**原肠胚形成**（**gastrulation**）和**神经胚形成**（**neurulation**）时期。在非洲爪蛙中，在 24℃条件下，这些时期 24 h 内即可完成。Nieuwkoop 和 Faber 制定了一套数字时期系列，依据该系列，第 8 期为中期囊胚，第 10 期为早期原肠胚，第 13 期为早期神经胚，第 20 期为神经胚形成结束（图 8.2）。

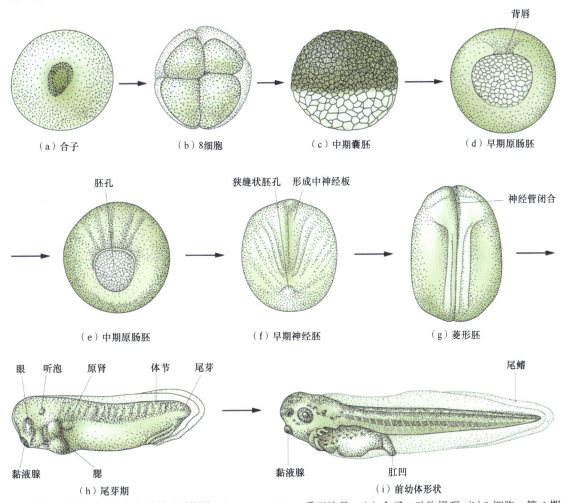

图 8.2 爪蛙发育时期。这里给出了所示时期的 Nieuwkoop-Faber 系列编号。（a）合子，动物极观；（b）8 细胞，第 4 期，动物极观；（c）中期囊胚，第 8 期，侧面观；（d）早期原肠胚，第 10 期，植物极观；（e）中期原肠胚，第 11 期，植物极观；（f）早期神经胚，第 14 期，背侧观；（g）神经胚后"菱形胚"，第 22 期，约 1 日龄，背侧观；（h）尾芽，第 30 期，约 2 日龄；（i）前幼体，第 40 期，约 3 日龄。

　　精子进入动物半球，启动一种称为**皮质旋转**（**cortical rotation**）的细胞质重排过程（图 8.3a）。这是受精卵皮质相对于内部的旋转，与植物半球中短暂出现的定向排列的微管阵列有关。皮质旋转导致与精子进入点相对的动物半球的色素沉着减少，该区域预定形成背侧。在内部，一个背侧**决定子**（**determinant**，参见"决定子"部分）从植物极移至背侧，确保背侧结构在精子进入点的对侧发育（图 8.3b）。在其他一些蛙类中，类似的细胞质重排和色素沉着变化会产生一种表面特征，称为**灰色新月**（**grey crescent**）。

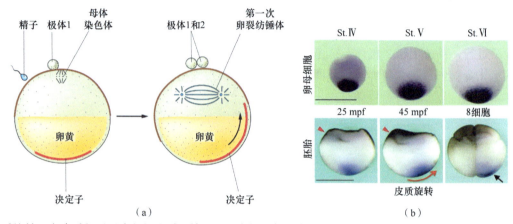

图 8.3　皮质旋转。卵皮质相对于内部细胞质沿精子进入点指示的方向上移动约 30°。（a）示意图显示与皮质旋转相关联的背侧决定子移动。（b）原位杂交显示 *huluwa* mRNA（编码一个 Wnt 激动剂）表达，显示其在卵母细胞中的植物极定位和皮质旋转期间的背侧移位。红色箭头：精子进入点。标尺：1 mm。来源：Yan et al. 2018. Science. 362, eaat1045。

卵裂

　　第一次卵裂是垂直方向的，将卵分成左右两半。第二次卵裂同样是垂直的，且与第一次成直角，将未来的背侧和腹侧分开。第三次卵裂是赤道方向的分裂，将动物部分和植物部分隔开。随后的卵裂在个体间存在一定差异，但通常能得到一些在 32 细胞期呈现 4 层、每层 8 个细胞的胚胎。与其他物种一样，早期卵裂产生的大细胞被称为**卵裂球**（**blastomere**）。随着卵裂的进行，在动物半球中心形成一个空腔，称为**囊胚腔**（**blastocoel**），此时的胚胎被称为**囊胚**（**blastula**）。囊胚的外表面由原始的卵母细胞质膜构成。外部细胞边缘周围完整的紧密连接网络将囊胚腔与外界密封隔离，使得几乎所有物质的渗透效率极低。这就是为什么需要通过显微注射将放射性化学物质和其他物质引入胚胎。相比之下，卵母细胞在成熟阶段之前对氨基酸和糖类等物质具有通透性。囊胚的内部细胞由钙黏着蛋白连接，并且很容易通过从培养基中去除钙离子而解离。桥粒直到神经胚阶段才出现，但所有早期卵裂阶段的细胞都通过**间隙连接**（**gap junction**）与其相邻细胞相连。

　　卵裂持续快速进行 12 次分裂，每次分裂在 22℃ 下大约需要 25 min。如此快的速度是因为细胞周期中没有 G_1 和 G_2 期。此时，发生了一个重要的转变，称为**囊胚中期转换**（**mid-blastula transition**，**MBT**），尽管它实际上发生在晚期囊胚时期。之后卵裂速度减缓，最初减慢到每个周期约 50 min，但在原肠胚形成开始时减慢到 240 min。此外，G_1 和 G_2 期出现，细胞分裂同步性丧失，细胞间黏附强度增加，因此囊胚看起来不再是凹凸不平的，而是一个光滑的球体。MBT 由启动 DNA 复制所需的一个因子（drf1）的耗尽起始。MBT 是合子基因组开始显著转录的时间节点，尽管在卵裂阶段可能检测到某些基因的低水平转录。

　　大量合子转录的开始，使得通过对特定转录因子进行原位杂交来观察早期的细胞命运定型区域成为可能（图 8.4）。这里仅能列举已研究的大量基因中的几

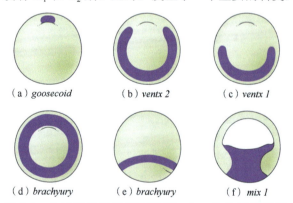

图 8.4　合子基因的早期表达域。（a～d）从植物极观；（e）侧面观；（f）切面侧面观。

个例子。整个中胚层可以通过 T-box 基因 *brachyury*（= *tbxt*）的表达来可视化，该基因是上调后期中胚层基因和控制原肠胚形成运动所必需的。背侧中胚层将形成**组织者**（**organizer**）区域（即 **Spemann 组织者，Spemann organizer**），其特征是表达多种转录因子基因，包括 *siamois*（*sia1*）、*goosecoid*（*gsc*）、*not* 和 *lhx1*（= *lim1*）。所有这些基因都是体轴分化所必需的；此外，*sia1* 参与组织者的初始形成，*gsc* 对原肠胚运动至关重要。腹侧中胚层以嵌套模式表达转录因子基因 *ventx1* 和 *ventx2*，它们以组合方式发挥作用，特化侧板（*ventx1* + *ventx2*）和体节（仅 *ventx2*）区域。内胚层可以通过几个转录因子基因（包括 *mix1* 和 *sox17*）的表达域来可视化；在后期，这些基因是上调特定内胚层衍生组织中的各种基因所必需的。

最近，单细胞 mRNA 测序技术（见第 5 章）已应用于早期非洲爪蛙胚胎研究。部分结果如**图 8.5** 所示。这项技术能够更精确地定义决定状态，尽管所识别的细胞状态与从实验胚胎学工作及早期对一组更有限的标记基因的研究中推导出来的细胞状态基本相同。对单细胞测序数据的分析，结合已知的采样时间点，还可以推断出细胞群的谱系。同样，对于非洲爪蛙的研究结果，基本上与之前从命运图研究中推导出来的一致。

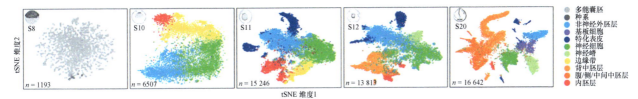

图 8.5 早期非洲爪蛙胚胎 mRNA 的单细胞测序。该图是所观察到的基因表达簇的二维呈现。已知标记转录本的存在使得这些转录本能够与决定状态及后来的细胞类型相关联。自 Briggs et al.（2018）. Science. 360, eaar5780。

原肠胚形成

　　原肠胚形成（**gastrulation**）是形态发生运动的一个阶段，在此阶段，围绕赤道的组织带，即**边缘带**（**marginal zone**），通过**胚孔**（**blastopore**）这一开口发生内化（**图 8.6**）。这一过程建立起动物躯体典型的三层结构，包括外部的**外胚层**（**ectoderm**）、中间的**中胚层**（**mesoderm**）和内部的**内胚层**（**endoderm**）。原肠胚形成的起始标志是背侧植物象限出现一个色素沉着的凹陷，这就是胚孔的**背唇**（**dorsal lip**）。胚孔围绕赤道延伸，很快形成一个完整的圆形。当它呈圆形时，被称为背唇的部分是整圆的背段，而被称为腹唇的部分则是整圆的腹侧部分。胚孔周围存在着细长的瓶状细胞（**bottle cell**）。瓶状细胞在外表面聚集色素，使得胚孔清晰可见，但目前尚不清楚它们在机械力学方面发挥着怎样的作用。组织在整个圆形胚孔周围内陷，但背侧的内陷更为广泛且持续进行，直到内陷组织的前沿远远超过动物极。而在胚孔的侧面和腹侧部分，内陷幅度较小。

　　原肠胚形成运动可细分为几个在一定程度上相互独立的组成部分。

　　1. 动物半球的主动扩展（**外包，epiboly**）：最终动物半球细胞会覆盖整个胚胎表面。

　　2. 边缘带的**内陷**（**invagination**）：这一过程从背侧开始，然后扩散到外侧和腹侧，直到胚孔呈圆形。内陷形成的空腔称为**原肠腔**（**archenteron**），随着原肠胚形成的推进，原肠腔不断扩大，而囊胚腔则逐渐缩小。原肠腔呈圆柱形，背侧比腹侧长得多。当卵黄栓在原肠胚形成末期内化时，它就成为

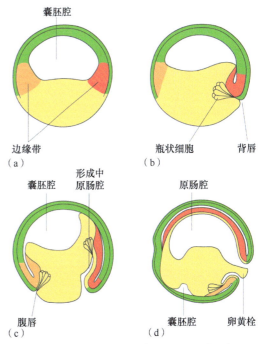

图 8.6 原肠胚形成。（a）囊胚；（b）早期原肠胚；（c）中期原肠胚；（d）晚期原肠胚。所有视图：正中切片。外胚层呈绿色，背侧中胚层呈红色，腹侧中胚层呈橙色，内胚层呈黄色。

原肠腔底板的一部分。在内陷过程中，内胚层的前缘实际上是沿着囊胚腔的内部向上攀爬，而且这个过程需要囊胚腔表面有一层纤连蛋白。

3. 预定中胚层从原肠胚形成开始就位于内部：随着内陷的进行，中胚层与内胚层分离，并在外胚层和内胚层之间**内卷（involution）**，形成一个独立的组织层。

4. 背轴中胚层在前–后方向伸长：这是通过所有三个胚层中细胞嵌入的活跃过程发生的，称为**会聚性延伸（convergent extension）**，这一过程有助于推动边缘带的内化和囊胚腔的闭合。

5. 腹–外侧中胚层向背中线的移动。

原肠胚形成的细胞机制至今仍未完全明晰。当前，大多数研究聚焦于会聚性延伸，然而需要牢记的是，这仅仅是实现协调的原肠胚形成过程所必需的多种细胞行为之一。会聚性延伸过程中，细胞会呈现极性，并在相邻细胞间主动移动，从而在组织层面上产生形状变化，即产生一个与细胞移动方向成直角的伸长以及在细胞移动方向上相应的变窄。会聚性延伸依赖于小三磷酸鸟苷（GTP）交换蛋白 Rho 和 Rac，因为引入这些蛋白质的显性负性版本会阻碍这一过程。这些蛋白由 Wnt 平面极性途径激活，其中 Wnt5a 可能是起主导作用的配体。轴旁原钙黏着蛋白（pcdh8）是一种钙黏着蛋白型黏附分子，在轴旁中胚层中表达，通过其胞质结构域参与激活 Rho 和 Rac。此外，有证据表明，Wnt-Ca^{2+} 通路在原肠胚形成过程中对细胞黏附起到调节作用，发生会聚性延伸的背侧细胞显示出细胞内钙离子浓度升高。

原肠胚形成结束时，之前的动物极帽外胚层会覆盖胚胎的整个外表面，而富含卵黄的植物半球组织则在胚胎内部转变为一团内胚层。原先的边缘带形成了一层圆柱形的中胚层，在背侧，中胚层从狭缝状的胚孔延伸至前端；在腹侧，延伸至距离胚孔很近的地方。在一段时间内，前–腹侧区的中胚层仍未发育完整。

在组织类型方面，三个胚层的发育命运如下：**外胚层**变成表皮、神经系统、晶状体和耳、黏液腺、腹侧头部软骨；**中胚层**变成头部中胚层、脊索、软骨、结缔组织、肌肉、肾脏、心脏、血管、血液、四肢和性腺；**内胚层**成为消化道、肺、肝脏、胰腺和膀胱的上皮内衬。

在边缘带内陷的过程中，原肠腔逐渐扩大，成为主要的腔体，而囊胚腔则相应变小。同时，胚胎发生旋转，使得背侧位于最上方。此时，胚胎形成了真正的**前–后（anteroposterior）**轴，中胚层前缘为**前端（anterior）**，残留的胚孔为**后端（posterior）**。

如果将胚胎置于与囊胚腔渗透压相似的盐溶液中，而非更常见的低渗溶液，原肠胚形成运动就会严重紊乱。此时，内中胚层不会向内凹陷，而是从外胚层向外翻转，形成一个哑铃状结构（**图 8.7**），这一现象被称为**原肠外凸（exogastrulation）**。哑铃状结构的一端由外胚层构成，另一端则由嵌入内胚层中的中胚层组成。值得注意的是，外凸原肠胚的外胚层和内中胚层在模式形成上都非常正常，尽管其中枢神经系统存在严重缺陷，且没有尾巴。

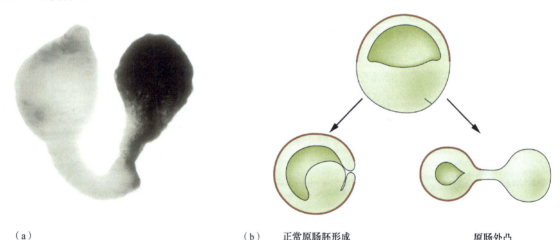

（a）　　　　　　　　　　　（b）　正常原肠胚形成　　　　　　　　原肠外凸

图 8.7　胚胎被置于等渗盐溶液中时发生的原肠外凸。(a) 非洲爪蛙外原肠胚，左侧为中内胚层，右侧为外胚层。(b) 外原肠胚形成中内胚层和中胚层的外翻。来源：(a) Jonathan Slack。

尽管其他两栖动物物种的原肠胚形成运动在表面上与爪蛙相似，但在一定程度上仍存在差异。

神经胚形成及以后时期

　　发育的下一阶段称为**神经胚**（**neurula**），在此阶段，背侧的外胚层发育成为中枢神经系统。**神经板**（**neural plate**）在原肠胚形成过程中以钥匙孔形区域的形式出现，覆盖胚胎背面的大部分区域，其边界由凸起的**神经褶**（**neural fold**）界定。在整个神经板中表达的基因包括编码转录因子 sox2（该因子也与哺乳动物的神经干细胞相关）和神经细胞黏附分子 ncam1 的基因。神经板中还表达区域性转录因子基因，如前部神经板中的 *otx2*、后脑中的 *egr2*（= *krox20*）和脊髓中的 *hoxb9*。神经褶表达转录因子 *snail2*（= *slug*）基因，这是神经嵴（neural crest）发育所必需的。神经褶迅速上升并相互靠拢，形成**神经管**（**neural tube**）。神经管闭合后，被神经褶外的外胚层覆盖，此时的外胚层称为**表皮**（**epidermis**）（图 8.8）。在神经胚形成期间及之后，身体显著伸长，这意味着整个躯干和尾部区域均源自神经胚的后四分之一部分。这一伸长过程由脊索和神经板/神经管中持续进行的会聚性延伸过程所驱动。神经管、脊索和体节共同构成**背轴**（**dorsal axis**）。

　　到了**尾芽**（**tailbud**）期，所有主要身体部位都已处于最终位置（图 8.9a、b）。**脊索**（**notochord**）从中胚层的背中线形成，两侧出现成排的分段**体节**（**somite**），随后是**前肾**（**pronephros**）（肾脏）和**侧板中胚层**（**lateral plate mesoderm**）。中胚层的腹-后部区域有一串血岛，为早期蝌蚪提供红细胞。另一群血细胞随后从背主动脉产生。后端的一个复杂区域，包括后部神经板和其下方的中胚层，变成**尾芽**（图 8.9c），在接下来的两天内，这里会产生尾部的脊索、神经管和体节。由于神经褶在胚孔处闭合，神经管腔和肠管之间建立了一个连接，称为**神经肠管**（**neurenteric canal**）。神经肠管大约持续一天，之后便会闭合。肠管上皮（包括咽、肺、胃、肝脏、胰腺和肠）均由内胚层发育而来，尽管其分化过程比外胚层和中胚层组织要晚得多。**后肠**（**proctodeum**）终止于肛门，由

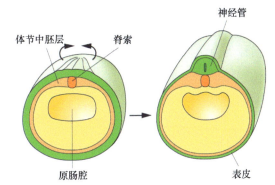

图 8.8　神经管闭合。躯体中部区域截面。

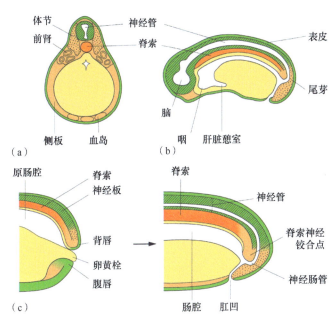

图 8.9　尾芽阶段。这是脊椎动物发育的系统发育型时期，其中躯体模式清晰，所有主要身体部位都处于最终位置。（a）躯干部位横截面；（b）正中切面；（c）通过关闭残留胚孔上的神经板来形成尾芽。

神经肠管和神经管闭合过程中形成的外部通道发育而成。口稍后从前端新形成的开孔处发育而来。

　　在头部，前部神经管形成三个囊泡，分别发育为**前脑**（**forebrain**）、**中脑**（**midbrain**）和**后脑**（**hindbrain**）。表皮形成各种柱状增厚结构，称为**基板**（**placode**）。其中包括鼻基板，鼻基板包含感觉细胞，连接端脑的嗅觉神经轴突就起源于这些感觉细胞；晶状体基板发育形成眼睛的晶状体；耳基板则发育形成耳朵。眼睛由前脑的生长突（视叶，**optic lobe**）发育而来，视叶内陷形成杯状，**色素上皮**（**pigment epithelium**）从其外层形成，**视网膜**（**retina**）则从其内层形成。晶状体从表面的表皮晶状体基板内陷，并被**视杯**（**optic cup**）包围。视神经从视网膜沿着视柄向下生长，并投射到中脑的**视顶盖**（**optic tecta**）（关于视觉投射的更多内容，请参见第 16 章）。

　　一些来自神经褶的细胞，在神经管形成后位于神经管的背侧，这些细胞后来发育成为**神经嵴**（**neural**

crest）。神经嵴细胞在整个胚胎中迁移，并分化形成多种组织类型。在头部，神经嵴细胞迁移到鳃弓，形成颌和鳃的腹侧软骨；在躯干，神经嵴细胞形成背根神经节、交感神经节和**黑素细胞**（**melanocyte**）。在躯干的迷走神经和骶部区域，神经嵴细胞还形成肠道的副交感神经节。神经嵴的相关内容将在第 16 章进一步讨论。

在前部，头部中胚层也移入鳃弓，形成下颌和鳃的肌肉。心脏由前-外侧中胚层的腹侧边缘发育形成，这些腹侧边缘向下移动，并在神经胚形成即将结束时于腹侧中线处融合。到第 35 期时，心脏开始跳动。一种称为黏液腺（cement gland）的结构从前端表皮发育而来，位于未来口腔的腹侧。这是头部一个突出的外部特征，能够分泌黏液，使胚胎可以附着在植物上，或者在实验室环境中附着在水箱壁上。一旦幼虫具备良好的游泳能力，黏液腺就会消失。

命运图

针对爪蛙胚胎，从受精卵到原肠胚形成结束的各个时期，已有许多**命运图**（**fate map**）发表。在 1983 年之前，所有研究都是通过中性红或尼罗蓝染料进行局部**活体染色**（**vital staining**）来完成的，即将一小块浸渍了染料的琼脂施用于胚胎表面。

如今，荧光**谱系标记**（**lineage label**）更受青睐，如荧光素-右旋糖酐-胺（fluorescein-dextran-amine，FDA）和 DiI。FDA 可以注射到细胞内，它会充满整个细胞，且不会扩散到邻近细胞中。亲脂性染料 DiI 与细胞膜结合，可用于标记表面细胞。由于早期胚胎的大小几乎不会增加，这类被动标记不会被稀释，能够在数天内保持清晰可见。谱系标记揭示了一定程度的局部细胞混合现象，这意味着命运图不太可能非常精确，因为在综合不同个体胚胎的结果时，细胞混合会导致将来形成的区域之间出现一些重叠。由于活体染料不太容易显示出这一特点，因此旧教科书中展示的命运图必然存在一种现实中并没有的虚假精确度。图 8.10a 和 b 展示了一个现代命运图，图 8.10c 展示了用谱系标记填充背侧卵裂球（C1）和腹侧卵裂球（C4）的结果。另外，第 4 章的图 4.3 展示了 C3 和 C4 注射的表面视图。

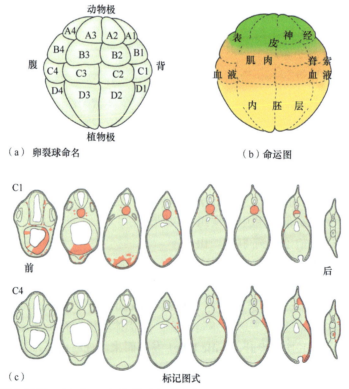

图 8.10 非洲爪蛙 32 细胞期命运图。(a) 在 32 细胞期时卵裂球命名法；(b) 投射到 32 细胞期的组织类型命运图，此图是通过将谱系标记注射到单个卵裂球中来确定的；(c) 重建卵裂球 C1 和 C4 的标记图式，标记细胞为红色。该图显示了沿着身体从前（左）到后（右）等间隔截取的横截面。

爪蛙命运图的重要特征如下：

1. 神经板起源于动物半球的背侧半部，表皮则起源于动物半球的腹侧半部；
2. 中胚层起源于囊胚赤道周围的一个较宽区域，其中大部分来自动物半球；
3. 内胚层起源于植物半球；
4. 体节肌肉起源于大部分边缘带圆周，其中大部分起源于囊胚的腹侧半部；
5. 身体前端的背侧和腹侧结构均来自囊胚的背侧。

非洲爪蛙早期胚胎命运图显示，传统上被称为"背部"的一侧主要投射到身体的头部末端，尽管它也沿着整个前-后轴填充背侧中线。相反，传统上被称为"腹部"的一侧主要投射到后来身体的后部。这使得一些人建议将这个轴重新命名为前-后轴，但这一建议并未被非洲爪蛙胚胎学家普遍接受。胚胎的组织在原肠胚形成过程中发生了巨大变化，蝌蚪的体轴无法简单地对应到前原肠胚阶段的胚胎上。基于此，我们将继续沿用早期胚胎轴的传统名称。

实验方法

正如第 4 章所讨论的，在探究任何基因产物在发育过程中的功能时，至少需要了解其表达模式、生物活性以及在体内特异性抑制的效果。表达模式通常通过使用互补 RNA 探针进行原位杂交来确定。由于可以方便地将材料注射到胚胎中，并且能够运用辅助技术（如外植体的显微外科分离），因此在非洲爪蛙中进行生物活性实验和抑制实验尤为便捷。

功能获得

为了增强生物活性，通常注射的材料是体外合成的 mRNA（图 8.11a、b）。RNA 合成是利用携带噬菌体 RNA 聚合酶启动子（如 Sp6、T3 或 T7）和 Poly(A) 添加位点的质粒进行的，以确保在体内添加 Poly(A) 来稳定 mRNA。mRNA 可以注入整个受精卵中，或者在卵裂过程中注射到特定的卵裂球中，这样可以控制其作用位置。注射的 mRNA 会由胚胎的蛋白质合成机制进行翻译，可能在整个早期发育过程中持续存在并保持活性，但最终会被降解。通常，通过从方向相反的启动子进行转录，同一个质粒可用于制备表达研究所需的反义原位杂交探针。

由于许多在发育过程中具有活性的分子在不同时间发挥不同作用，因此可能需要在特定阶段诱导引入的基因产物的活性。对于转录因子而言，一种有效的方法是将糖皮质激素受体的激素结合结构域添加到感兴趣的蛋白质中。这会导致该蛋白通过与细胞质热休克蛋白 90（hsp90）结合而被隔离在细胞质中，直到添加糖皮质激素（通常是地塞米松）。地塞米松作为一种脂溶性物质，能够穿透胚胎并与受体结合，使其从 hsp90 中释放出来，从而可以移动到细胞核。在细胞核中，蛋白分子的转录因子部分能够发挥其生物活性（图 8.11c）。

也可以通过**转基因**技术引入基因，这对于研究后期发育事件尤为重要，因为此时注射的 RNA 可能已经被降解。制备非洲爪蛙转基因的方法有多种，最常见的方法是将质粒 DNA 并入膨胀的精子头中，然后将其注射到未受精卵中，以产生转基因合子（图 8.11d）。也可以在转座酶或稀有切割限制性内切核酸酶存在的情况下将 DNA 注入受精卵中。通常会将绿色荧光蛋白的编码序列整合到转基因中，以便通过其绿色荧光来识别转基因胚胎。由于爪蛙的世代时间较长，限制了大规模繁育，因此大多数转基因动物直接作为始创者（founder）使用。这意味着每个个体转基因胚胎将具有不同的插入位点和拷贝数，与纯种转基因系相比，这可能会导致生物学行为存在一些差异。热带爪蛙的生命周期较短，这意味着大多数涉及繁殖的实验都是使用这个物种进行的。

特定 RNA **过表达**（overexpression）对整个胚胎发育的影响通常并不能提供太多有价值的信息，因为所观察到的缺陷可能是非特异性的。与另一种技术相结合的两种过表达方法已被证明特别有用。一种是动物极帽自诱导测试（图 8.12a）。如果给胚胎注射中胚层诱导因子或神经诱导因子，然后将囊胚的动物极区域

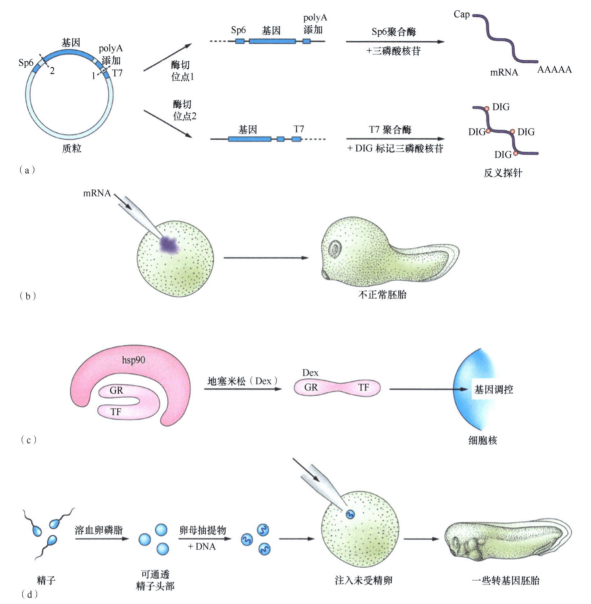

图 8.11 （a）在体外从质粒制备 mRNA 或杂交探针。（b）将合成的 mRNA 注射到受精卵中。（c）地塞米松激活糖皮质激素受体融合蛋白。（d）通过转基因引入基因。

（称为**动物极帽，animal cap**）外植出来，它将自主地进行诱导过程。这是因为动物极帽中的一些或全部细胞会产生并分泌该因子，并且所有细胞都有能力对其做出反应。未经处理的动物极帽会发育成表皮性球形结构。那些被诱导形成轴向组织的细胞会经历会聚性延伸过程，变得非常长；而那些被诱导形成腹侧类型组织的细胞则会膨胀形成半透明的囊泡。由于这些变化可以在解剖显微镜下观察到，因此这提供了一种非常简单便捷的测试方法。

对于细胞外因子的研究，可以直接将蛋白质添加到含有动物极帽的培养基中，观察形态变化（图 8.12b）。由于胚胎的外表面不可渗透，因此必须在外植体卷起并重新封闭之前进行此类处理。无论测试是依赖于 mRNA 注射还是蛋白质处理，测试结果的视觉评分都可以通过常规组织学、原位杂交或特定标记物的免疫染色，或者通过检测特定 mRNA 的生化方法来进一步补充（参见第 5 章）。

另一个重要方法是对新受精卵的植物半球进行紫外线（ultraviolet, UV）辐射。正如我们将看到的，这会产生缺乏所有轴向结构的胚胎。注射编码轴诱导系统任何组分的 mRNA，都可以使此类胚胎的部分或全部背轴得以恢复，而这可以通过目视检查轻松地进行评分（图 8.12c）。由于头部主要由囊胚的背侧部分形成，因此头部形成的完整程度可以作为注射后背侧拯救程度的半定量测量指标。

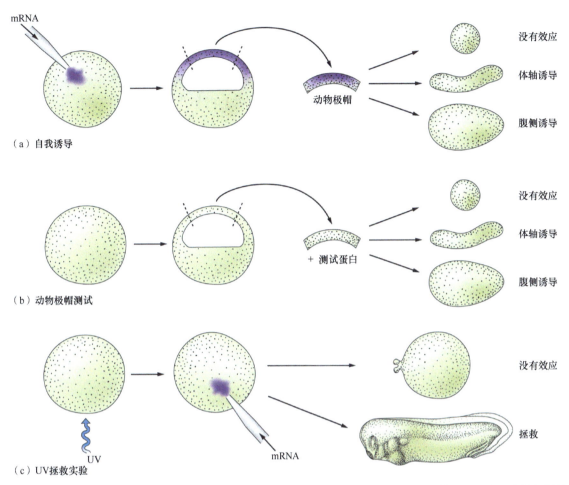

图 8.12　动物极帽和紫外线照射胚胎的使用。(a) 自诱导测试中，可能的诱导因子 mRNA 被注入胚胎，动物极帽被分离。(b) 假定蛋白质诱导因子的动物极帽测试。(c) 紫外线拯救测试。紫外线辐射抑制皮质旋转并将导致极端腹部化胚胎的形成。但注射诱发背轴形成的 mRNA 可以将胚胎拯救至正常。

功能丧失

　　传统上，有 5 种标准的抑制实验方案，均效果显著。首先，最常用的方法是将**反义 Morpholino** 注射到受精卵中（图 8.13a）。Morpholino 会与其在 mRNA 中的互补序列杂交，从而阻断翻译过程；或者与前体 mRNA 杂交，改变剪接方式。对于阻断翻译的 Morpholino，需要有针对目标蛋白的抗体，以此证明 Morpholino 确实发挥了作用，成功阻止了蛋白质的合成。改变剪接可能导致成熟 mRNA 中排除外显子或包含内含子，进而产生截短的、无功能的蛋白质。剪接缺陷可以通过逆转录聚合酶链反应（RT-PCR）和凝胶电泳来检测，表现为条带的移位。近来，人们对 Morpholino 的特异性有所担忧，但它仍被用于爪蛙胚胎研究。

　　其次，如果需要抑制母源作用基因，反义脱氧寡核苷酸也十分有效（图 8.13b）。将其注射到卵母细胞中，会与目标母源 mRNA 杂交。不过在这种情况下，生成的 RNA-DNA 杂交体将被核糖核酸酶 H（RNase H）降解。特定 mRNA 的降解情况可通过 RT-PCR 来确认。为了明确这些实验对后期发育的影响，需要将处理过的卵母细胞转化为胚胎。这是一项颇具难度的操作，可通过以下步骤完成：在体外使用孕酮使卵母细胞成熟，用活体染料对其染色，然后将它们重新植入正在排卵的雌蛙腹部，使其通过输卵管并被胶膜包裹。之后，这些卵母细胞会由雌蛙产出，可对其进行受精，并观察染色胚胎的发育过程（图 8.13c）。最近研究发现，体外成熟的卵母细胞可以通过向卵母细胞内注入精子来完成受精，从而无需再将其重新植入雌蛙腹部。

　　第三，可以设计感兴趣蛋白的**显性负性**（dominant-negative）版本，当这种版本过表达时，能够特异性地抑制正常蛋白。显性负性蛋白有多种类型，其中转录因子的**结构域交换**（**domain-swap**）版本应用广泛（**图 8.13**d）。在这类版本中，根据需求，转录因子的效应域会被强激活域（如 VP16 激活域）或强阻遏域（如 Engrailed 阻遏域或 EnR）取代。从这些构建体合成 mRNA，并将其注射到受精卵中。如果 VP16 融合后的效应与正常因子相似，那就表明该正常因子必定是一种激活剂。EnR 融合表型（其中转录因子的正常靶点受到抑制）能够提示正常因子需要发挥何种功能。相反，如果 EnR 版本呈现出正常表型，那么转录因子可能是阻遏物，而通过 VP16 融合获得的表型将表明哪些功能需要正常基因产物。

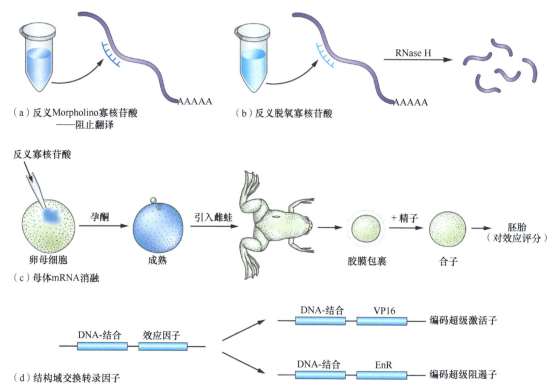

图 8.13 抑制特定基因活性的方法。(a) 反义 Morpholino 寡核苷酸。(b) 反义脱氧寡核苷酸。(c) 消融特定母体 mRNA 后将卵母细胞转化为胚胎。(d) 结构域交换转录因子。

第四，针对胚胎中众多的信号通路，都有相应的小分子抑制剂可供使用。常用的抑制剂包括环巴胺（cyclopamine，作用于 hedgehog 信号）、dorsomorphin（作用于 BMP 信号）、SB431542（作用于 Nodal 信号）和 SU5402（作用于 FGF 信号）。这些分子的优势在于可以随时添加，因此可用于观察发育后期阶段，包括器官发生过程。

最后，非洲爪蛙没有胚胎干细胞，所以不存在类似通过定向诱变进行小鼠基因敲除（参见第 11 章）的方法。然而，新的基因编辑技术，如**锌指核酸酶**、**TALEN** 和 **CRISPR/Cas9**（见第 3 章）已应用于非洲爪蛙研究。它们会在目标位点引发双链断裂，而 DNA 修复过程会产生小的插入或缺失，通常导致功能丧失性突变。到目前为止，产生的突变数量仍然很少，但随着这些技术的广泛应用，突变数量将会增加。

区域特化过程

过程总结

受精的非洲爪蛙卵同时含有**植物**（**vegetal**）和**背侧**（**dorsal**）决定子（**图 8.14**；另参见**图 8.3**b）。植物决定子的形成是因为 mRNA 在卵子发生过程中定位于植物极皮层，这促使了内胚层的形成。内胚层是**中胚层诱导**（**mesoderm-inducing**）信号的来源，这些信号诱导赤道周围的组织环发育为**中胚层**。背侧决定子会促使在将来会形成胚孔**背唇**的区域形成**组织者**。背侧决定子最初位于植物极，在皮质旋转期间转移到背侧。

组织者是后续背部化信号的来源，这些信号既能诱导神经板形成，又能将中胚层模式化为形成不同组织的区域。

决定子

这两种决定子存在的证据源于早期消融和分离实验的结果，这些实验表明，完整躯体模式的形成离不开植物区和背侧区。通过分离前两个卵裂球，或者将囊胚沿侧面均分为右半部分和左半部分，能够产生完整的孪生体。在这种情况下，每一半都含有部分植物物质和部分背部物质。然而，如果在早期卵裂时期或囊胚期将它们沿冠状面分开（将预期的背侧和腹侧两半分开），背侧半部会形成一个略微超背部化的完整胚胎，而腹侧半部则会形成具有极端腹侧特征的"腹侧块"（belly piece）。在额面分离时，背侧半部同时

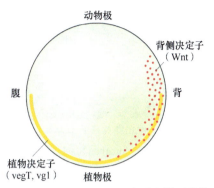

图 8.14　非洲爪蛙受精卵皮质旋转后植物（黄色）和背侧（红色）决定子。植物决定子包括 vegT 和 vg1 的 mRNA，背侧决定子包括 Wnt 信号通路的组分。

具备植物组织和背侧组织，而腹侧半部则没有。证明背侧决定子存在的直接证据可通过将卵母细胞植物极的细胞质移植到经 UV 处理而腹部化的胚胎中获得，此类移植使部分背轴得以挽救。如今已知植物决定子由编码转录因子 vegT 的 mRNA 构成，背侧决定子则由 Wnt 信号通路的成分组成，如"葫芦娃"（huluwa）（图 8.3b）。

非洲爪蛙合子中的另一个决定子是**生殖质**。在电子显微镜下可以观察到，这是一块没有被任何膜束缚的纤维状颗粒物质。其外观与其他动物类型的生殖质相似，有时被称为"nuage"（"云"）。它出现在第 Ⅱ 期卵母细胞的线粒体云（Balbiani 小体）中，最终位于成熟卵母细胞和早期胚胎的植物皮层区域。生殖质含有 nos1（= xcat2）mRNA，它是果蝇 nanos 基因（见第 13 章）的同源物。在大多数已研究的生物体中，生殖细胞发育都需要 nanos 同源物。虽然不能完全确定生殖质的存在是否真的特化了原始生殖细胞，但它肯定会被那些后期表达原始生殖细胞标记的细胞继承。

早期背–腹图式化

在受精后发生的皮质旋转过程中，背侧决定子从植物极移动到背侧（图 8.3）。皮质旋转大约在第一个细胞周期的中途开始，在第一次卵裂完成之前结束。在此期间，受精卵皮层相对深处的细胞质转动约 30° 的距离，植物极通常远离位于动物半球的精子进入点，向相反的一侧移动。结果是背侧结构在精子进入点相对的位置形成。旋转依赖于微管及其相关的马达蛋白，如驱动蛋白和动力蛋白（参见第 6 章）。微管起源于精子的星体周围，但迅速向植物半球延伸，通过驱动蛋白相关蛋白锚定在皮质上。最初，微管排列有些杂乱，但随着旋转开始，它们形成平行束，其正极朝向未来背侧的方向。它们在第一次分裂之前被解聚。

旋转事件本身可能并非负责将背侧决定子移动到受精卵的背侧。延时显微镜观察显示，囊泡细胞器和许多 GFP 融合蛋白沿着微管阵列从植物极被转运到背侧，它们移动的距离较大（>60°～90°），无法用皮质旋转（约 30°）来解释。这与可移植的背部化活性的分布相匹配。转运可能依赖于驱动蛋白相关的蛋白质，它们沿着微管向正极"行走"，并携带"货物"。GFP 融合蛋白实验显示，沿平行微管阵列转运的分子包括 Wnt 细胞内信号转导组分 dvl1（dishevelled）和 frat1（= Gsk3 结合蛋白）。

可以通过一些抑制微管聚合的处理方式来阻止皮质旋转，例如使用药物诺考达唑（nocodazole）、注射针对驱动蛋白相关蛋白的中和抗体、进行低温处理，以及在皮质旋转开始前对植物极半球进行紫外线照射。任何经此类处理后发育的胚胎都具有辐射对称性和极端腹部化特征，其中胚层主要由通常出现在腹侧中线的血岛组成，而其外胚层仅形成表皮（图 8.15 和图 8.16a,b）。这表明了皮质旋转对于背部结构发育的重要性。背侧在精子进入部位对侧形成的事实，可以通过微管阵列与精子星体的关系来解释。

背侧决定子本身由经典 Wnt 信号转导通路的组分组成，它们促使 β-联蛋白的稳定。注射 wnt 或 β-联蛋白或 huluwa mRNA，将挽救 UV 处理导致腹部化的胚胎中背轴的形成，并在正常胚胎中诱导第二背轴。有

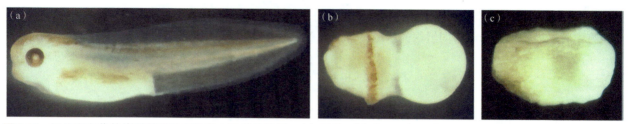

图 8.15　锂处理和紫外线照射胚胎在发育 3 天时的外观。（a）正常；（b）在 128 细胞期锂处理；（c）在第一次卵裂前进行紫外线照射。来源：Jonathan Slack。

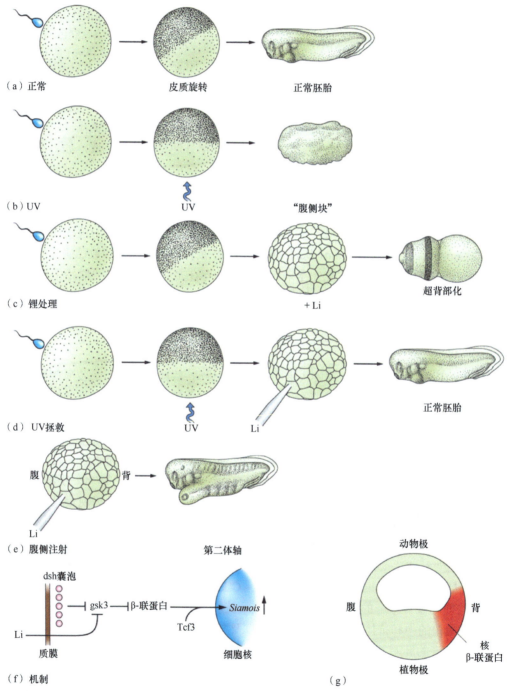

图 8.16　背-腹轴特化实验。（a）正常发育。（b）紫外线照射导致腹部化。（c）锂处理形成超背部化胚胎。（d）局部注射锂离子拯救 UV 胚胎。（e）正常胚胎中局部注射锂离子诱导第二体轴。（f）非洲爪蛙卵中的 Wnt 通路。Gsk3 通常会受到背侧决定子的阻遏，但在其他地方活跃。锂也可以抑制 gsk3。（g）晚期囊胚中核 β-联蛋白的位置。

关 β-联蛋白重要性的证据，已通过使用反义寡核苷酸介导的卵母细胞 β-联蛋白 mRNA 的消融而获得。当这种卵母细胞成熟并受精时，它们发育为腹部化的胚胎。将 β-联蛋白 Morpholino 注射到受精卵中，也会产生同样的缺陷。背侧决定子很可能包含 Wnt 通路的多个组件，而不仅仅是细胞外配体本身。尽管其他 Wnt 家族成员在过表达检测中更为活跃，但作为母源 mRNA 存在的成员是 wnt5a 和 wnt11。wnt11 mRNA 定位于植物半球，据报道在皮质旋转过程中向背侧移动。卵母细胞中 wnt11 的反义消融，导致随后成熟转化的胚胎腹部化（图 8.17），而这种腹部化可以通过共注射 β-联蛋白 mRNA 拯救至正常图式。这表明，在此情况下，wnt11 可能通过 β-联蛋白发挥作用，尽管它与 wnt5a 一样，通常被认为通过替代 Wnt 途径发生信号转导。使用经典 Wnt 通路的其他成分（包括 dvl1、gsk3 和受体 fzd7）时，也能获得类似的结果。在胚胎的腹-外侧区域，Wnt 通路的激活被抑制，这是通过母体编码的 Wnt 抑制子的存在来维持的，Wnt 抑制子包括 dkk1（dickkopf-1），它与 Wnt 共受体 lrp6 相互作用。

图 8.17 从卵母细胞中去除 wnt11 mRNA 并将卵母细胞转化为胚胎的效果。(a) 对照；(b) wnt11 消融；(c) wnt11 消融及 wnt11 mRNA 注射。来源：复制自 Tao et al. (2005). Cell. 120, 857−871，经 Elsevier 许可。

最近对斑马鱼的研究提出了一种替代的，或许是额外的机制（见第 9 章）。一种称为葫芦娃（huluwa）的母源 mRNA 定位于卵母细胞的植物极，并在早期卵裂阶段移动到背侧（图 8.3b）。Huluwa 编码一种膜蛋白，能够以不依赖配体的方式激活经典 Wnt 通路。在斑马鱼中，huluwa 的母体功能丧失突变体降低了核 β-联蛋白水平，并且无法形成组织者。突变胚胎发生腹部化，继而缺乏背-前部组织，包括脊索、索前板和神经管。相反，注射 huluwa mRNA 会使胚胎背部化，如果注射到单个腹侧卵裂球中，将诱导第二背轴。爪蛙 huluwa 也定位于卵母细胞的植物极，并在皮质旋转期间移动到背-植物侧（图 8.3b）。靶向 huluwa 的 Morpholino 将使注射的胚胎腹部化，而将 huluwa mRNA 注射到腹侧卵裂球中将诱导第二个背轴。因此，在非洲爪蛙卵裂期胚胎背侧，可能既有配体依赖性机制，也存在配体非依赖性机制，均可负责激活经典 Wnt 通路。

在正常发育中，通过免疫染色可以观察到，β-联蛋白早在 16～32 细胞期就进入胚胎背侧的细胞核。核染色可见于背-植物极区域，但也在一定程度上延伸到赤道上方，这对于神经板的初始形成很重要。

如果在早期胚胎中过表达 Wnt 通路的组分，并且注射位置因距离原始背侧足够近，不会产生第二个背轴，那么结果就是超背部化的胚胎，其头部增大，而躯干和尾部缩小。超背部化胚胎也可以简单地通过用锂盐处理卵裂期胚胎而产生。这些胚胎的结构与 UV 处理后的胚胎相反，在极端情况下类似于径向对称的头部（图 8.15 和图 8.16c）。它们的出现是因为大部分中胚层已转变成背部，分化为脊索和肌肉。通过局部注射锂，可以将 UV 处理导致腹部化的胚胎恢复到正常的图式（图 8.16d），而在正常胚胎的腹侧局部注射锂，将诱导第二背轴（图 8.16e），这是因为锂是 Gsk3 的抑制剂，模拟了 Wnt 信号转导的作用；此外，它还可能通过抑制肌醇磷酸途径发挥额外的作用。这些锂效应可以晚至早期囊胚发挥作用，即使正常过程在第一个细胞周期中已发生，因为在 MBT 之前几乎没有合子转录，所以 β-联蛋白的靶基因在这个阶段之前不会显著表达。β-联蛋白的直接靶标是 TCF/LEF 转录因子。母源 tcf3 阻遏背侧特异性基因表达，卵母细胞中 tcf3 mRNA 的反义消融会导致背部化的胚胎。核 β-联蛋白与 tcf3 结合，从而解除这种阻遏，因此背侧特异性基因，如 gsc、sia1 和 nodal3 (xnr3)，在晚期囊胚的背侧表达。

只有在 MBT 之前对非洲爪蛙胚胎进行处理时，才能观察到锂的背部化效应。之后，锂处理会使胚胎轻度腹部化，这反映了 MBT 后 Wnt 和 β-联蛋白信号转导功能的改变。合子 wnt8a 在早期原肠胚的腹侧和外侧中胚层中表达，与母源 Wnt 信号相反，它抑制背部发育（参见"背部化和神经诱导"部分）。

诱导互作

命运图显示，三个胚层起源于不同的动-植物水平：内胚层来自植物区；中胚层来自赤道区；外胚层则来自动物区。然而，对取自囊胚的小块进行的外植实验（图 8.18）表明，形成中胚层的区域向动物极延伸的距离比命运图所示的要短。命运图还表明，背轴结构（尤其是体节）起源于围绕大部分背侧到腹侧圆周的广阔区域。但外植体研究表明，只有一个有限的背-植物区域，大约为 60° 的圆周，会形成背轴结构。外植体的分化代表了分离时组织的特化状态。因此，命运图和外植体行为之间的不匹配表明，诱导相互作用对于实现最终命运是必要的，特别是在中胚层和背轴结构的形成方面。

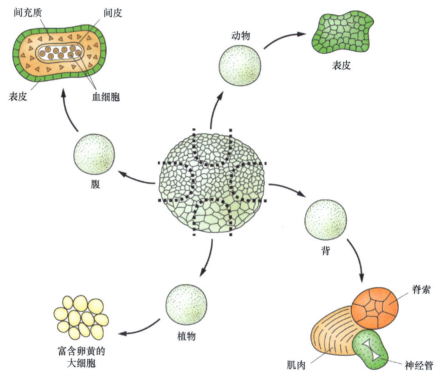

图 8.18 囊胚不同部位外植体的分化。

胚层形成

在囊胚中，形成特化图式（specification pattern）的主要原因是卵子发生过程中母体 mRNA 向植物半球定位。其中之一是一种称为 vegt 的 T-box 型转录因子的 mRNA，它似乎是**内胚层**的**决定子**。证据如下：首先，vegt mRNA 定位于预定内胚层；其次，如果将 vegt mRNA 注射到胚胎的其他部位，它将激活内胚层基因的表达；第三，在卵母细胞中使用反义寡核苷酸消融母源性 vegt mRNA，然后使其成熟和受精，将产生缺乏内胚层的胚胎。

内胚层由一组依赖于母源 vegt 活性的合子转录因子的表达来界定。在由 vegt mRNA 耗竭的卵子发育而来的胚胎中，这些基因不会表达。像 mix1 和 sox17a 等部分基因，其转录直接被 vegt 上调。从 MBT 开始，这些基因的表达上调，即使细胞已经解离，不存在细胞间信号转导，上调依然会发生。其他内胚层基因的表达，如同源异形域转录因子基因 mixer 和锌指转录因子基因 gata4，依赖于含有 vegt 的细胞发出的信号，一旦这些信号被阻断，它们就不会被诱导表达。随后，内胚层被区域化为不同的区段，进而形成肠道和呼吸系统的各类组织，这一过程涉及副同源框（parahox）基因簇转录因子基因的上调，其中包括未来前肠中的 pdx1 基因和未来肠中的 cdx 基因。

中胚层起源于囊胚的赤道区域，其显著特征是表达各种合子转录因子，包括 brachyury。来自 32 细胞期胚胎 C 层的中胚层（参见图 8.10），可能是由浓度低于形成内胚层所需浓度的内胚层决定子作用形成的，但至少源自 B 层卵裂球的那部分中胚层是通过**诱导**（**induction**）而形成的（图 8.19）。中期囊胚分离出的动物极帽外植体，会发育形成**表皮**，但如果与植物极外植体结合，就会在动物极帽中诱导产生大量的中胚层组织（图 8.19b）。在 32 细胞期，植物极 D1 卵裂球与动物极细胞组合时，会诱导产生背部中胚层，而 D2～D4 卵裂球则只会诱导产生腹部中胚层。这表明不同植物极细胞的诱导活性存在本质差异。

　　负责中胚层诱导的因子是转化生长因子 β（transforming growth factor β，TGFβ）超家族的成员，尤其是 nodal 相关因子，在非洲爪蛙中至少有 6 种（关于原型小鼠 nodal，见第 11 章）。这些诱导因子亚群激活细胞表面受体，使细胞质中的 smad2 和 smad3 蛋白发生磷酸化，激活后的 smad 随后便能进入细胞核，上调靶基因的转录。有关 nodal 因子重要性的证据非常充分。其一，包括 *nodal5* 和 *nodal6* 在内的几个 *nodal* 基因，受 vegt 调控，因此在植物半球表达。*nodal5* 和 *nodal6* 是最早被转录的合子基因之一，早在 128 细胞期就能检测到它们的转录产物。去除 *vegt* mRNA 的植物极外植体无法诱导中胚层，很可能是因为它们不转录 *nodal* 基因。其二，若将 nodal 因子应用于动物极帽外植体上，将会诱导中胚层形成：高浓度时，会诱导背侧中胚层；低浓度时，则诱导腹侧中胚层。背侧植物卵裂球中的 *nodal* 基因转录水平最高，这些卵裂球与动物极帽结合时，能够诱导背侧中胚层。这里是 vegt 和核 β-联蛋白的重叠区域，这两个因子都是高水平 *nodal* 转录所必需的。其三，特异性抑制剂 cerberus-short 对 nodal 因子的抑制（参见"前-后图式形成"部分的 cerberus），会阻止中胚层诱导。使用反义 Morpholino 注射进行的抑制实验表明，*nodal5* 和 *nodal6* 是中胚层诱导过程中最重要的 nodal 因子。

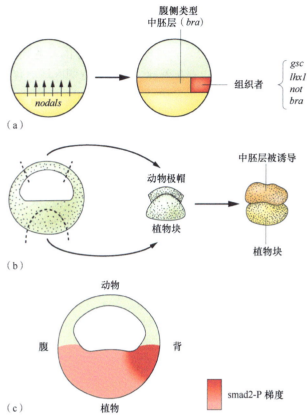

图 8.19　中胚层诱导。（a）正常发育情况；（b）动物极帽与植物外植体结合时的中胚层诱导；（c）晚期囊胚中磷酸化 smad2 的位置。

　　称为 vg1 的诱导因子也对中胚层诱导有贡献，其 mRNA 定位于卵母细胞的植物半球。使用反义寡核苷酸从卵母细胞中去除 *vg1* mRNA，然后将卵母细胞转化为胚胎，会减少中胚层的形成。然而，单独 vg1 蛋白本身似乎不具备中胚层诱导活性，这可能是因为它没有经历 TGFβ 家族特有的二聚化和蛋白水解切割，无法转化为成熟的活性形式。分泌型同型二聚体（vg1:vg1）可以生成，但这需要将活性 C 端结构域与 BMP 的 N 端结构域融合。将这种融合蛋白的 mRNA 注射到动物极帽中时，它表现出类似于 nodal 的中胚层诱导活性。最近对斑马鱼的研究（见第 9 章），为这些相互矛盾的结果提供了一种可能的解释。研究表明，斑马鱼 vg1（= gdf3）不会形成同型二聚体（vg1:vg1），但会与 nodal 家族成员形成具有生物活性的异二聚体（vg1:nodal）。如果非洲爪蛙 vg1 也是如此，那么这种母体蛋白可能通过与合子 nodal 形成异源二聚体（如 vg1:nodal5 和 vg1:nodal6）来促进中胚层诱导。

　　与中胚层诱导相关的信号转导，也可以在晚期囊胚中进行可视化。使用 smad2 和 smad3 磷酸化形式的特异性抗体，可以发现它们存在于晚期囊胚的植物区域和赤道区域。这表明在体内，信号影响赤道区，但没有到达动物极。这也说明，中胚层诱导主要发生在 *nodal* 基因上调之后。外胚层对中胚层诱导信号做出反应的感应性，在早期囊胚中上升，而在早期原肠胚中下降。感应性的一个方面是动物半球内存在活跃的 FGF 信号，因此 FGF 信号的拮抗剂会阻断中胚层的诱导。FGF 也在中胚层中表达，它们是 *brachyury* 基因持续表达和维持中胚层特化所必需的。

　　低浓度下起作用的 nodal 因子，会上调泛中胚层基因（如 *brachyury*）以及在腹侧特异性表达的基因

（如 *ventx1* 和 *ventx2*）。在背侧象限，高水平的 nodal 信号和 β-联蛋白共同作用，上调那些界定组织者区域的基因（如 *gsc*、*not* 和 *lhx1*）的转录。具有组织者诱导能力的内胚层区域有时被称为 **Nieuwkoop 中心**（**Nieuwkoop center**），以发现中胚层诱导的荷兰胚胎学家 Peter Nieuwkoop 的名字命名。动物半球内的**感应性**（**competence**）也存在差异，因此从背侧区域更容易获得背轴型诱导。这是因为背侧决定子引发的 β-联蛋白激活，在一定程度上延伸到了动物半球。

对中胚层诱导扩散范围的限制，部分取决于诱导因子本身的作用范围，也取决于那些 mRNA 定位于卵母细胞动物半球的抑制剂。其中之一是 trim33（以前称为外胚层蛋白，ectodermin），其 mRNA 编码一个 RING 家族泛素连接酶。这个酶会将 smad4 泛素化，从而降低其水平，而 smad4 是 nodal 和 BMP 信号通路中不可或缺的组成部分。

中胚层这一胚层的细胞特性，在原肠胚形成过程中以会聚性延伸运动的形式展现出来。这依赖于 Wnt-PCP 通路的活性，而该通路被细胞内蛋白 sprouty 抑制。会聚性延伸之所以发生在中胚层，是由于转录因子 brachyury 的作用，它抑制 *sprouty*（*spry1*）基因的表达，尤其是在背轴中胚层，因为存在细胞黏附分子 pcdh8，它能拮抗 spry1 的作用。

背部化和神经诱导

中胚层诱导导致在囊胚赤道周围形成一条中胚层带，其中包含一个较大的（约 300° 圆周）、具有极端腹侧特征的腹-外侧区域，以及背侧一个小的组织者区域。组织者区域通常被称为 **Spemann 组织者**，以最初发现其特性的德国伟大胚胎学家 Hans Spemann 的名字命名。它是后续发育阶段的关键中心，通过分泌抑制 BMP 或 Wnt 信号蛋白作用的因子来发挥作用。

在原肠胚形成过程中，腹侧外侧的中胚层根据与 Spemann 组织者的距离远近，被分隔为形成体节、肾、侧板和血岛的不同的区域（**图 8.20**a）。从腹-外侧中胚层获取的组织外植体，保留了极端的腹侧特征。但如果通过实验使其与组织者组织结合，它们将被部分背部化，形成大的肌块和前肾小管（**图 8.20**b）。

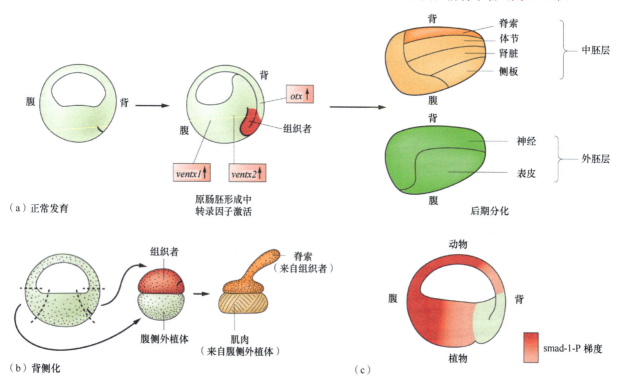

图 8.20　中胚层的背部化。(a) 正常发育情况；(b) 与组织者相结合的腹侧外植体中诱导的肌肉；(c) 磷酸化 smad1 在早期原肠胚中的位置。

此外，在原肠胚形成过程中，神经板在组织者的影响下，从外胚层诱导形成。当原肠胚外胚层与组织者接触时，会形成**神经上皮**（**neuroepithelium**），其特征是表达多种转录因子，包括 sox2 和细胞黏附分子 ncam1。有多种实验方法可以实现这一点。最直接的方法是将有感应性的外胚层与组织者组织相结合（图 8.21b）。另一种是 Einsteckung 操作，即把一小块组织者组织插入早期原肠胚的囊胚腔中，在原肠胚形成运动的作用下，挤压到腹侧外胚层上（图 8.22）。最后，在组织者移植中（参见"组织者移植"部分），在覆盖第二背侧中胚层轴的外胚层中形成了第二神经板。

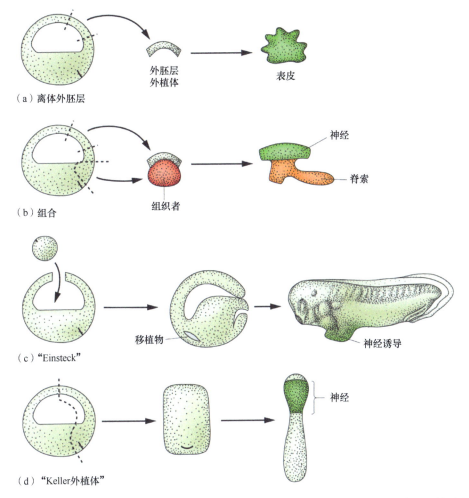

图 8.21　神经诱导。(a) 预定形成大脑的外胚层，在分离后转变为表皮；(b) 外胚层与组织者结合后被神经化；(c) 腹侧外胚层在 Einsteckung 操作中能够被神经化；(d) Keller 外植体。

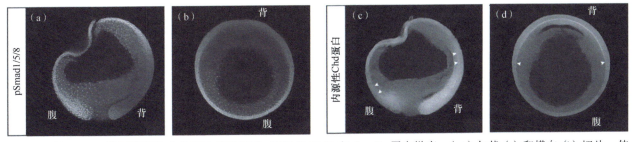

图 8.22　第 11～12 期原肠胚的光学切片显示沿背–腹轴的 BMP 和 chordin 蛋白梯度。(a,b) 矢状 (a) 和横向 (b) 切片，使用磷酸化 smad 抗体显示从腹侧到背侧的 BMP 活性梯度。(c,d) 矢状 (c) 和横向 (d) 切片，通过特定抗体显示从背侧到腹侧的 Chordin 蛋白梯度。Chordin 可在外胚层和内中胚层之间的间隙（也称为 Brachet 裂）中检测到。来源：Plouhinec et al. (2013). PNAS. 110, 20372–20379。

如果囊胚被放置在与胚胎等渗的盐溶液中，而非通常所用的非常稀的溶液，它们会发生**外凸原肠胚形成**（**exogastrulate**），致使内中胚层从动物半球中挤出，而不是向内凹陷（见图 8.7）。其结果是，中胚层与外胚层端对端相连，而非呈并排的两层胚层。另一种中胚层和外胚层相邻却不构成并排两层的情况是 **Keller 外植体**（**Keller explant**）。这是一种从背唇延伸至动物极的背侧组织外植体，能够展现会聚性延伸运动，但不具备原肠胚形成的其他特征（图 **8.21**d）。在这两种情形下，尽管中轴中胚层并非位于外胚层之下，但仍然存在一定的神经诱导，进而促使结构中形成正确的前-后图式。这表明信号不仅能够在组织平面内传播（切向诱导），还能从一层组织传播至另一层组织（**并置诱导，appositional induction**）。

在正常发育中，原肠胚的背-腹图式化由 BMP 家族成员介导。在晚期囊胚的所有区域都能观察到 *bmp4* 的转录，但在原肠胚中，其转录水平下调，先是在组织者中下调，随后在神经板中下调。注射 *bmp4* mRNA 能够维持其在背侧区域的表达，使胚胎腹部化，所有中胚层都转变为腹侧血岛，所有外胚层则形成表皮。腹部化的严重程度会随着 mRNA 浓度的增加而变化，这表明 bmp4 以梯度方式发挥作用，换言之，它作为**形态发生素**（**morphogen**）发挥功能。BMP 与 nodal 相关因子拥有相似的细胞内信号转导通路，但使用不同的细胞表面受体，并且在细胞质内使用 smad1 和 smad5，而非 smad2 和 smad3。使用对 smad1 和 smad5 的磷酸化形式具有特异性的抗体，可在中期到晚期原肠胚中观察到从腹侧（高）到背侧（低）的核磷酸化 smad 梯度（图 **8.22**a、b）。高水平的 BMP 活性诱导 *ventx1* 和 *ventx2* 的表达，而较低水平的 BMP 活性诱导 *ventx2* 的单独表达（见图 **8.4** 和图 **8.20**a）。两个 *ventx* 基因均转录的区域随后成为侧板，中-腹区域将形成腹侧血岛。BMP 上调 *tal1* 基因（= *SCL*）的表达，该基因编码一种 bHLH 型转录因子，该转录因子随后会激活造血分化（见第 17 章）。表达 *ventx2* 但不表达 *ventx1* 的区域后来成为体节，该区域很快显示出**生肌**（**myogenic**）因子基因（如 *myf5*）的上调。BMP 信号还会阻遏组织者特异性基因表达，所以它不在该区域表达至关重要。

BMP 必须在组织者中被抑制的证据，源自对抑制多种 BMP（*bmp2*、*bmp4* 和 *bmp7*）的反义 Morpholino 以及抑制所有 BMP 信号的显性负性 BMP 受体的研究。在这两种情况下，抑制 BMP 信号会使注射的胚胎背部化，而显性负性受体在腹侧卵裂球中表达时，还会诱导出第二个背轴，并且会使动物极帽外植体神经化。

除了前文描述的转录因子，组织者还表达几种能够直接结合 BMP 并阻止其激活受体的分泌蛋白。其中包括三种结构上不相关的蛋白质，分别是 chordin、noggin 和 follistatin。注射 *chordin* 或 *noggin* mRNA 的效果与显性负性 BMP 受体相似，在胚胎全身表达时可使胚胎背部化，在腹侧卵裂球中表达时能诱导第二个背轴形成。Follistatin 的作用似乎比 chordin 和 noggin 弱，并不总是能使注射的胚胎背部化。这三种蛋白质都会使动物极帽外植体神经化。只有 chordin 的反义 Morpholino 在注入受精卵时会扰乱发育，且仅影响神经板的前部。然而，注射这三种 mRNA 的 Morpholino 会增强 BMP 信号，使胚胎腹部化。所以，这些蛋白质似乎具有冗余作用，任意两个都能弥补第三个的缺失。免疫染色表明，chordin 从组织者扩散，并在中原肠胚期前后形成梯度，与腹侧相比，背侧的浓度约高 5 倍（图 **8.22**c、d）。人们认为这种梯度产生了从腹侧到背侧的 BMP 活性梯度，从而特化了背-腹命运。

chordin 的梯度受复杂的分泌蛋白网络调节，其中包括类 tolloid 1（tll1 = xlr）。tll1 是一种蛋白酶，可在两个位点切割 chordin，释放出的片段对 BMP 的亲和力远低于全长 chordin。因此，tll1 对 chordin 的切割会释放 BMP，使 BMP 能够自由激活其受体。*tll1* 通常在胚胎的腹侧由 BMP 本身上调，这有助于增强腹侧的 BMP 信号。向受精卵注射 *tll1* mRNA 会降低 chordin 的水平，使胚胎腹部化，而 *tll1* Morpholino 会增加 chordin 水平并使胚胎背部化。在这两种情况下，正常的 chordin 梯度都会受到严重干扰。用于特化爪蛙和果蝇（见第 13 章和第 23 章）背-腹命运的细胞外蛋白质网络具有显著的相似性，这表明从进化的角度来看，这个网络非常古老。事实上，在大多数已研究的多细胞动物中都发现了编码这些蛋白质的基因的同源物。

BMP 抑制对于体内神经诱导可能并不完全充分，因为 BMP 抑制剂无法使腹部外胚层神经化。爪蛙 32 细胞期的命运图显示 A4 卵裂球仅会对腹侧表皮有贡献（见图 **8.10**），注射编码 BMP 抑制剂的 mRNA 也不会改变这一命运，这表明还需要额外的信号。对鸡胚的研究表明，在神经诱导的早期阶段需要 FGF 信号（见第 10 章），但尚不清楚非洲爪蛙是否也是如此。FGF 可以使动物极帽外植体神经化，但这可能是由于 BMP 信号的细胞内抑制的结果，而非直接的神经化作用。丝裂原活化蛋白激酶 1（mitogen-activated protein kinase 1, mapk1, = ERK2）被 FGF 信号激活，这既能磷酸化又能抑制 smad1。Mapk1 的激活也可以解释为什么神经化可以通过动物极帽外植体的解聚引发：解聚会引发一般性的"愈伤"反应，包括 mapk1 的激活。

除了 BMP 信号的抑制，Wnt 信号通路的抑制也是正常背部化过程的一个参与元素。在 MBT 后，*wnt8a* 基因在中胚层的非组织者部分被激活，此时 Wnt 通路具有腹部化作用。尽管 Wnt 通路在受精卵皮质旋转后具有背部化功能，但在 MBT 之后，转录因子 tcf3 被 lef1 取代。这两个因子都与 β-联蛋白协同作用，但它们在与目标基因的关系上显示出不同的特异性范畴，tcf3 起背部化作用，而 lef1 起腹部化作用。这是可以证明的，因为这两个转录因子的显性负性构建体在胚胎中过表达时表现出相反的效果——显性负性 tcf3 使胚胎腹部化，而显性负性 lef1 使胚胎背部化。这种感应性的变化解释了一个此前令人费解的事实，即 MBT 后的锂处理具有腹部化效应，而不是背部化效应。组织者不仅分泌 BMP 信号的抑制剂，还分泌 Wnt 信号的抑制剂，包括 dkk1 和 frzb。dkk1 抑制 Wnt 共受体 lrp6，而 frzb 与 Wnt 受体的细胞外部分相似，直接结合并抑制 wnt8a。

比例调节

在早期发育区域特化中，长期备受关注的一个方面是许多类型的胚胎都表现出**比例调节（proportion regulation）**的能力。换句话说，如果从胚胎中去除一些物质，最终形成的图式不会出现间隙，而是由正常图式的缩小版本构成（另见第 4 章）。实际上，这些图案并非完美成比例，但确实趋向于正常。简单的形态发生素扩散梯度无法解释比例调节；事实上，实验证明，由于形态发生素在切割表面积聚，它表现出反调节行为（见图 2.16c）。能够显示调节行为的模型总是具有两个梯度，它们具有不同的扩散特性，并且涉及它们之间浓度的相互比较。

在非洲爪蛙中，一种比例调节的分子机制已经被揭示，其关键在于背侧区域中表达一种名为抗背部化形态发生蛋白（anti-dorsalizing morphogenetic protein, admp）的 BMP 型诱导因子。尽管该蛋白质在组织者中表达，但它与 BMP 相似，且具有腹部化特性。通过 mRNA 和 Morpholino 注射来调节其活性，会改变所形成结构的比例（图 8.23）；此外，它的转录受到 BMP 信号的阻遏，所以若通过实验减少腹侧组织的数量，从而降低 BMP 梯度，*admp* 表达的范围就会扩展（图 8.24）。Admp 被 BMP 抑制剂 chordin 结合，admp:chordin 复合物从组织者向腹侧扩散。Tolloid 裂解 chordin 并释放活性的 admp，从而上调新的腹侧区域的 *bmp* 表达。这就解释了为什么背-半（dorsal-half）胚胎虽然无法恢复完全正常的比例，但它们确实会发育出完整的背-腹图式。

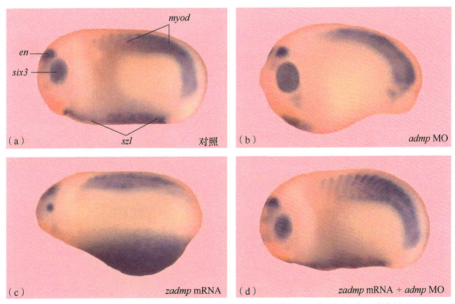

图 8.23 admp 的腹部化活性。（a）对照胚胎显示 4 个基因的正常表达域（*en1* 位于中脑-后脑边界，*six3* 位于眼睛，*myod1* 位于体节，*szl* 位于腹侧血岛）。（b）*admp* Morpholino 导致图式背部化，前-背部结构扩大，腹-后部结构减少。（c）来自斑马鱼的 *admp* mRNA 的过表达导致腹部化，并扩大 *szl* 表达。（d）由于斑马鱼 *admp* 不被 Morpholino 识别，它可以中和 Morpholino 的作用并恢复正常形态。来源：复制自 Reversade and De Robertis (2005). Cell. 123, 1147−1160, 经 Elsevier 许可。

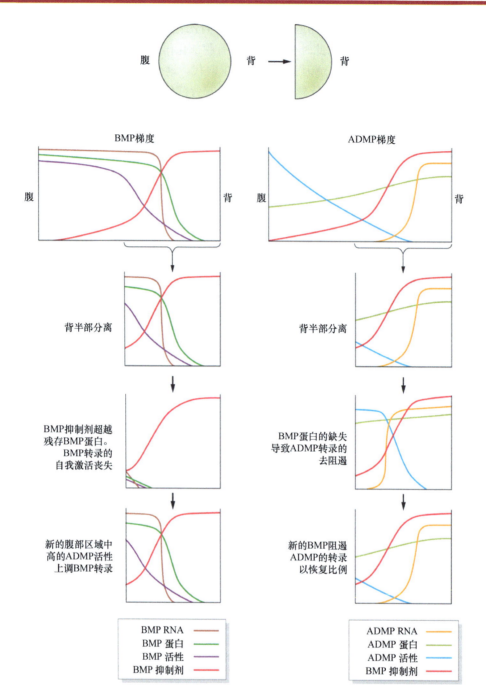

图 8.24 离体背–半胚胎的比例调节。BMP 活性域在背侧半部的分离体中减少，从而导致 *bmp* 表达丧失。这会使该区域的 *admp* 表达增加，而增加的 ADMP 活性在新的腹侧区域重新建立 *bmp* 表达。这是一个非常简单化的图表。事实上，还有其他组分在起作用，也有其他因素影响 BMP 抑制剂的转录。

如果除去这些分子成分，调节比例的能力就会丧失。因此，注射了能够阻止所有 *bmp2*、*bmp4*、*bmp7* 和 *admp* 翻译的 Morpholino 的胚胎会变得完全神经化，并且不显示比例调节（图 8.25）。

前–后图式化

在原肠胚形成过程中，不仅背到腹的区域图式被特化，前到后的图式也被特化。组织者和由组织者发育而成的中轴中胚层都表现出神经诱导活性。在这两种情况下，诱导都表现出区域特异性。前端组织者或前部中轴中胚层诱导脑结构，而后端组织者或后部中轴中胚层既诱导脑又诱导脊髓形成。由于完整的神经轴可以由后部诱导者诱导，因此长期以来人们认为，在中枢神经系统形成过程中，一个后部信号控制着

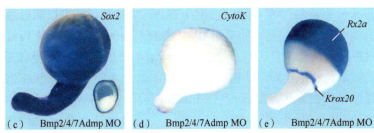

图 8.25 使用 Morpholino 从胚胎中去除所有三种 BMP 和 admp 的效果。(a,b) 对照胚胎中，显示编码神经上皮转录因子的 *sox2* 和编码表皮细胞角蛋白的 *krt12/cytok* 的表达。(c,d) 在缺少 4 个因子的情况下的完全神经化。(e) 前-后图式仍然保留，如前脑（*rax/rx2a*）和后脑（*egr2/krox20*）标记物的表达所示。来源：复制自 Reversade and De Robertis（2005）. Cell. 123, 1147−1160, 经 Elsevier 许可。

前-后图式。

在原肠胚形成之前，最初的前-后图式以组织者内的两个区域的形式存在，这两个区域的形成源于 β-联蛋白和 nodal 相关信号的不同比例，这两种信号分别由皮质旋转和中胚层诱导产生。前部区域后来将成为前部内胚层和脊索前中胚层。在原肠胚形成过程中，该区域沿着外胚层的囊胚腔表面爬行，黏附到纤连蛋白基质上，向动物极移动。其特征是表达某些转录因子基因，包括 *gsc*。前部区域将诱导外胚层前部型基因的表达，如 *otx2*（前/中脑）和 *ag1*（黏液腺），其前部诱导活性源于包括 cerberus（Wnts、BMP 和 nodals 的抑制剂）和 dkk1（Wnt 抑制剂）在内的分泌因子。这已在与 BMP 抑制剂共注射的实验中得到证实。如上所述，腹侧注射编码 BMP 抑制剂的 mRNA 将诱导第二背轴，但这将缺少大部分头部。然而，共同注射编码 BMP 抑制剂和 Wnt 抑制剂（例如 dkk1 和显性负性 wnt8a）的 mRNA，将诱导完整的第二轴，包括头部。此外，cerberus 之所以得名，就是因它在腹侧表达时会诱导出第二个头。

后部区域后期将变成脊索和体节，并且在原肠胚形成期间，它通过会聚性延伸显著拉长。该区域的特点是表达一组不同的转录因子基因，包括 *brachyury* 和 *not*。该区域将诱导外胚层表达诱导前部和后部类型的基因，如 *otx2* 和 *hoxb9*，其后部化活性则归因于 FGF 和 Wnt 的分泌。这些共同上调了一组由 *cdx* 基因编码的同源异形域转录因子，而这些转录因子反过来又上调旁系同源组 6～13 的后部 Hox 基因的表达（图 8.26）。这个 Hox 基因亚群特化了图式的躯干-尾部部分，这些基因通常在原肠胚形成过程中按顺序启动表达。

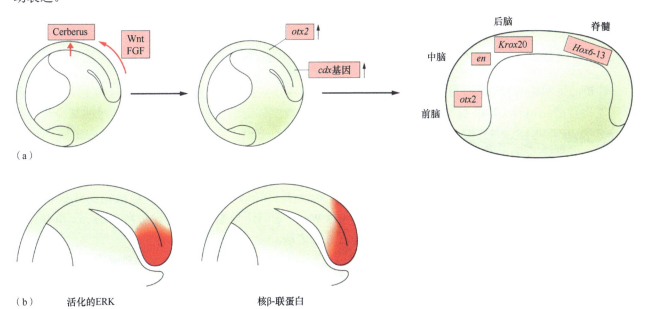

图 8.26 中枢神经系统的前-后图式形成。(a) 组织者前部的 cerberus 及组织者后部 FGF 和 Wnts 的作用。(b) 晚期原肠胚中磷酸化 mapk（FGF 靶标）和核 β-联蛋白（Wnt 靶标）的位置。

有充分证据表明，FGF 和 Wnt 信号转导是诱导躯干-尾部区域所必需的。原肠胚形成期间，一些 FGF

和 Wnt 在后部区域（即胚孔周围）表达，它们的活性可以通过激活形式的 mapk（FGF）或核 β-联蛋白（Wnt）的免疫染色来观察。如果用 BMP 抑制剂 noggin 处理动物极帽，则仅诱导前型神经基因；若添加 Wnt 或 FGF，则也会诱导后型神经基因。胚胎中显性负性 FGF 受体（抑制内源性 FGF 信号）或 Wnt 抑制剂 dkk1 的过表达将阻止后部结构的形成。FGF 效应主要在躯干–尾部区域被感受到，而 Wnt 的效应也影响到后脑，控制基因的表达，如 egr2（= krox20，编码在后脑中表达的锌指转录因子）和 en1（编码在中脑–后脑边界表达的同源异形域转录因子）。另一个通常被认为在前–后图式形成中发挥作用的成分是视黄酸（retinoic acid）。视黄酸的过表达或抑制确实对图式形成有影响，但在非洲爪蛙中，它们的影响要比 FGF 和 Wnt 小得多，且主要局限于后脑。

前部 Wnt 的抑制对于前肠的形成同样必要。内胚层最初通过同源异形域转录因子基因 hhex 和 pdx1 在前部表达及 cdx 基因在后部表达，被分为前部和后部区域，尽管这些区域在约 24 h 内是可变的。涉及在前部过表达 Wnt 的实验将抑制胃、肝脏和胰腺的形成，而在后部抑制 Wnt 将诱导这些组织类型的异位结构形成。

组织者移植

上述所有三个过程——背部化、神经诱导和前–后图式化，都在 Spemann 和 Mangold 于 1924 年首次进行的**组织者移植（organizer graft）**实验中得到了体现。这是胚胎学领域最为著名的实验，然而，直到近期人们对各个组成过程有了清晰的理解，其真正的重要意义才得以彰显。在这个移植实验中，取自背部胚孔背唇上方的一块组织被植入腹侧边缘带（图 8.27）。这导致双背部胚胎的形成，其中第二个胚胎的脊索来自移植物，而其余部分则来自宿主（图 8.28）。移植物上方的腹侧外胚层被诱导形成第二个神经管。随着原肠胚形成过程的进行，宿主轴和移植物轴逐渐发育出更后部的部分。顺利的情况下，最终的结果是一对对称的胚胎，它们腹对腹相连。

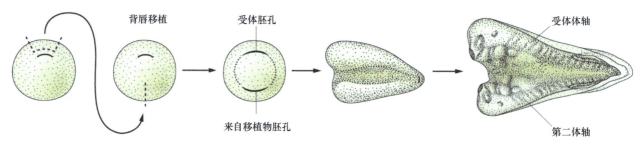

图 8.27　组织者移植。移植物形成第二体轴的脊索和头部中胚层，并从宿主诱导出其他部分。

移植的组织者的运动具有自主性且是预先编程好的，所以它会内陷，并通过会聚性延伸主动伸长。移植物发出背部化信号（BMP 和 Wnt 抑制剂），这些信号扩散至邻近的中胚层，而 BMP 信号的减少会抑制 ventx1 的上调。这会导致生肌基因（myf5 和 myod1）上调，在移植物的两侧形成一列体节对。相同的物质扩散到邻近的外胚层，上调泛神经基因，如 sox2 和 ncam1。原肠胚形成过程中，移植物会释放 FGF 和 Wnt，它们诱导躯干–尾部发育所需的 cdx 和 Hox 基因表达。

由组织者移植产生的第二体轴通常缺少头部，然而，如果移植物包含组织者的深部前部区域，那么将释放 cerberus 和 dickkopf，在上覆的外胚层中诱导出一个头部。最终的结果便是第二个胚胎的形成。因此，组织者移植很好地诠释了整个诱导相互作用序列的协同运作，这些相互作用在早期卵裂到原肠胚结束

图 8.28　组织者移植。该移植实验使用的是早期非洲爪蛙原肠胚。受体体轴位于顶部，第二体轴位于底部。来源：Jonathan Slack。

期间发挥作用，导致三个胚层的形成，而且每个胚层都具有特定状态的背–腹和前–后图式。

经典实验

诱导因子的发现

控制胚胎发育的诱导因子是在 20 世纪 80 年代借助非洲爪蛙发现的。这些因子在所有类型的脊椎动物胚胎中发挥着相似作用，如今也用于调控多能干细胞分化（见第 21 章）。

这些因子被发现的关键步骤在于，能够将纯化的蛋白质溶液施加于分离的动物极帽上，并在解剖显微镜下观察处理后外植体形状的变化。这种测试方法促使人们发现了 FGF 和激活素（与 TGFβ 相关，是 nodal 因子的近亲）的诱导特性。

另一项重要技术是将体外制备的信使 RNA 注射到受精卵或紫外线照射的受精卵中，这导致人们发现了 Wnt 通路在背轴形成中的作用。此外，该技术还引入表达克隆的操作方案，可将整个表达克隆文库分为亚组进行转录，并通过注射对混合 mRNA 进行分析。这促成了 noggin 的发现，并最终导致了对组织者行为模式的阐释。

第一批诱导因子

Slack, J.M.W., Darlington, B.G., Heath, J.K. & Godsave, S.F. (1987) Mesoderm induction in early *Xenopus* embryos by heparin-binding growth-factors. *Nature* **326**, 197–200.

Kimelman, D. & Kirschner, M. (1987) Synergistic induction of mesoderm by FGF and TGF-beta and the identification of a messenger-RNA coding for FGF in the early *Xenopus* embryo. *Cell* **51**, 869–877.

Smith, J.C., Price, B.M.J., VanNimmen, K. & Huylebroeck, D. (1990) Identification of a potent *Xenopus* mesoderm-inducing factor as a homolog of activin-A. *Nature* **345**, 729–731.

Wnt 引起的体轴复制

Smith, W.C. & Harland, R.M. (1991) Injected XWnt-8 RNA acts early in *Xenopus* embryos to promote formation of a vegetal dorsalizing center. *Cell* **67**, 753–765.

Sokol, S., Christian, J.L., Moon, R.T. & Melton, D.A. (1991) Injected WntRNA induces a complete body axis in *Xenopus* embryos. *Cell* **67**, 741–752.

BMP 抑制剂的发现

Smith, W.C. & Harland, R.M. (1992) Expression cloning of noggin, a new dorsalizing factor localized to the Spemann organizer in *Xenopus* embryos. *Cell* **70**, 829–840.

Sasai, Y., Lu, B., Steinbeisser, H., Geissert, D., Gont, L.K. & De Robertis, E.M. (1996) *Xenopus* chordin: a novel dorsalizing factor activated by organizer-specific homeobox genes. *Cell* **79**, 779–790.

新的研究方向

如今，我们对非洲爪蛙的发育过程已经有了较为深入的认识，但仍有探索新发现的契机。

非洲爪蛙依旧是研究形态发生运动的关键模型，不过目前人们对形态发生运动的认知还较为有限。爪蛙的优势在于能够构建简单的体外系统，如动物极帽或背侧边缘区，这些系统便于实时观察，而且可以通过向受精卵中注射 mRNA 或 Morpholino，或者用生物活性物质进行处理，轻松地对其进行调整。

TALEN 和 CRISPR/Cas9 等现代基因组编辑技术，为新突变发育重要基因带来了新的机遇。当这些技术与无与伦比的移植和组织外植体技术相结合时，将进一步提升非洲爪蛙作为研究器官发生、变态、再生以及人类遗传疾病的模式生物的重要地位。

非洲爪蛙和热带爪蛙基因组序列的可用性，与现代高通量技术（如 RNA-Seq 和 Chip-Seq）相结合，将为深入了解调控重要发育事件的基因调控网络创造机会。

非洲爪蛙在核移植研究中的应用也迎来了新的发展，约翰·格登（John Gurdon）正是凭借相关研究荣获了 2012 年诺贝尔生理学或医学奖。这些研究最终有望让我们对调控核重编程的因子有更深入的认识。

要点速记

- 尽管存在一些独有的细节，非洲爪蛙的描述性胚胎学在整体上仍是脊椎动物的典型代表。其卵裂迅速且同步，进而形成囊胚。原肠胚形成运动导致三个胚层的形成，同时背-腹轴和前-后轴的区域图式也得以形成。

- 通过将荧光右旋糖酐注射到单个细胞中，已构建出精确的命运图。

- 基因产物的过表达通常通过将 mRNA 注射到受精卵中来实现。抑制特定基因产物，通常是通过注射反义 Morpholino 或显性负性构建体的 mRNA 来进行。近来，像 CRISPR/Cas9 等基因组编辑技术也已得到应用。

- 胚胎的图式是根据卵子中的两个决定子来特化的。植物决定子包括 T-box 转录因子 vegt 的 mRNA，它在卵子发生过程中定位于植物皮层。背侧决定子包括 Wnt 通路组分，在精子诱导的皮质旋转过程中，这些组分被从植物侧转移到背部。

- vegt 蛋白上调编码内胚层特异性转录因子（如 sox17）的基因，以及编码 nodal 型诱导因子的基因的表达。nodal 因子被分泌出来，诱导赤道带细胞表达中胚层特异性转录因子（如 brachyury）。

- 在背部，Wnt 通路上调编码背部特异性转录因子的基因（如 *siamois*）的表达。含有中胚层和背部转录因子的区域成为组织者。

- 组织者在原肠胚形成过程中充当背部化信号中心。BMP 抑制剂基因（*noggin*、*chordin*）上调，它们被分泌，形成背-腹梯度，并产生从腹到背的 BMP 活性梯度。低 BMP 活性使得包括 sox2 在内的转录因子在动物（外胚层）区域表达，导致神经板的形成；包括 myf5 在内的转录因子在赤道（中胚层）区域表达，进而导致肌节的形成。

- 前-后图式化取决于原肠胚形成期间从胚孔区域发出的后部化信号。它由 FGF 和 Wnt 组成，并以嵌套方式引发 Hox 基因上调，使得每个基因在特定的前-后水平上调，并维持在该水平之后的区域表达。头部的形成依赖于组织者区域最前部分泌的 Wnt、BMP 和 nodal 的抑制剂。

拓展阅读

网站

http://www.xenbase.org

综合

Nieuwkoop, P.D. & Faber, J. (1967) *Normal Table of Xenopus laevis*. Amsterdam: North Holland. Reprinted Garland Publishing Inc. (1994).

Hausen, P. & Riebesell, M. (1991) *The Early Development of Xenopus laevis*. Berlin: Springer-Verlag.

Brown, D.D. (2004) A tribute to the *Xenopus laevis* oocyte and egg. *Journal of Biological Chemistry* **279**, 45,291–45,299.

Brown, D.D. & Cai, L. (2007) Amphibian metamorphosis. *Developmental Biology* **306**, 20–33.

Green, S.L. (2010) *The Laboratory Xenopus sp*. Boca Raton, FL: CRC Press.

Harland, R.M. & Grainger, R.M. (2011) *Xenopus* research: metamorphosed by genetics and genomics. *Trends in Genetics* **27**, 507–515.

Harland, R.M. & Gilchrist, M.J. (2017) The *Xenopus laevis* genome. *Developmental Biology* **426**, 139–142.

Zahn, N., Levin, M. & Adams, D.S. (2017) The Zahn drawings: new illustrations of *Xenopus* embryo and tadpole stages for studies of craniofacial development. *Development* **144**, 2708–2713.

Briggs, J.A., Weinreb, C., Wagner, D.E. et al. (2018) The dynamics of gene expression in vertebrate embryogenesis at single-cell resolution. *Science* **360**, eaar5780.

卵母细胞和母体因素

Tunquist, B.J. & Maller, J.L. (2003) Under arrest: cytostatic factor (CSF)-mediated metaphase arrest in vertebrate eggs. *Genes and Development* **17**, 683−710.

Heasman, J. (2006) Maternal determinants of embryonic cell fate. *Seminars in Cell and Developmental Biology* **17**, 93−98.

Collart, C., Allen, G.E., Bradshaw, C.R. et al. (2013) Titration of four replication factors is essential for the *Xenopus laevis* midblastula transition. *Science* **341**, 893−896.

Collart, C., Smith, J.C., Zegerman, P. et al. (2017) Chk1 inhibition of the replication Factor Drf1 Guarantees Cell-Cycle Elongation at the *Xenopus laevis* Mid-blastula Transition. *Developmental Cell* **42**, 82−96.

命运图

Keller, R.E. (1975) Vital dye mapping of the gastrula and neurula of *Xenopus laevis* Ⅰ. Prospective areas and morphogenetic movements of the superficial layer. *Developmental Biology* **42**, 222−241.

Keller, R.E. (1976) Vital dye mapping of the gastrula and neurula of *Xenopus laevis* Ⅱ. Prospective areas and morphogenetic movements of the deep layer. *Developmental Biology* **51**, 118−137.

Dale, L. & Slack, J.M.W. (1987) Fate map for the 32 cell stage of *Xenopus laevis*. *Development* **99**, 527−551.

Bauer, D.V., Huang, S. & Moody, S.A. (1994) The cleavage stage origin of Spemann's organiser: analysis of the movements of blastomere clones before and during gastrulation in *Xenopus*. *Development* **120**, 1179−1189.

原肠胚形成

Keller, R.E., Danilchik, M., Gimlich, R. & Shih, J. (1985) The function and mechanism of convergent extension during gastrulation of *Xenopus laevis*. *Journal of Embryology and Experimental Morphology* **89** (Suppl.), 185−209.

Keller, R., Shih, J. & Domingo, C. (1992) The patterning and functioning of protrusive activity during convergence and extension of the *Xenopus* organiser. *Development* **116** (Suppl.), 81−91.

Beetschen, J.C. (2001) Amphibian gastrulation: history and evolution of a 125 year old concept. *International Journal of Developmental Biology* **45**, 771−795.

Huang, Y. & Winklbauer, R. (2018) Cell migration in *Xenopus* gastrulae. *WIREs Developmental Biology* **7**, e325.

Shindo, A. (2018) Models of convergent extension during morphogenesis. *WIREs Developmental Biology* **7**, e293.

Winklbaur, R. (2020) Mesoderm and endoderm internalization in *Xenopus* gastrulae. *Current Topics in Developmental Biology* **136**, 243−270.

早期背腹极性

Gerhart, J., Danilchik, M., Doniach, T. & Roberts, S. (1989) Cortical rotation of the *Xenopus* egg: consequences for the anteroposterior pattern of embryonic dorsal development. *Development* **107** (Suppl.), 37−51.

Weaver, C. & Kimelman, D. (2004) Move it or lose it: axis specification in *Xenopus*. *Development* **131**, 3491−3499.

Tao, Q., Yakota, C., Puck, H. et al. (2005) Maternal Wnt11 activates the canonical Wnt signaling pathway required for axis formation in *Xenopus* embryos. Cell **120**, 857−871.

Houston, D.W. (2012) Cortical rotation and messenger RNA localization in *Xenopus* axis formation. *WIREs Developmental Biology* **1**, 371−388.

Yan, L., Ching, J., Zhu, X. et al. (2018) Maternal Huluwa dictates the embryonic body axis through β-catenin in vertebrates. *Science* **362**, eaat1045.

中胚层诱导和内胚层形成

Heasman, J. (2006) Patterning the early *Xenopus* embryo. *Development* **133**, 1205−1217.

Kimelman, D. (2006) Mesoderm induction: from caps to chips. *Nature Reviews Genetics* **7**, 360−372.

Keicker, C., Bates, T. & Bell, E. (2016) Molecular specification of the germ layers in vertebrate embryos. *Cellular and Molecular Life Sciences* **73**, 923−947.

Dale, L.（1999）Vertebrate development: multiple phases to endoderm formation. *Current Biology* **9**, R812−R815.

Woodland, H.R. & Zorn, A.M.（2008）The core endodermal gene network of vertebrates: combining developmental precision with evolutionary flexibility. *BioEssays* **30**, 757−765.

背腹信号和组织者

Niehrs, C.（2004）Regionally specific induction by the Spemann-Mangold organizer. *Nature Reviews Genetics* **5**, 425−434.

Reversade, B. & De Robertis, E.M.（2005）Regulation of ADMP and BMP2/4/7 at opposite embryonic poles generates a self-regulating morphogenetic field. *Cell* **123**, 1147−1160.

Simeonia, I. & Gurdon, J.B.（2007）Interpretation of BMP signaling in early *Xenopus* development. *Developmental Biology* **308**, 82−92.

Plouhinec, J.-L., Zakin, L., Moriyama, Y. & De Robertis, E.M.（2013）Chordin forms a self-organizing morphogen gradient in the extracellular space between ectoderm and mesoderm in the *Xenopus* embryo. *Proceedings of the National Academy of Sciences* **110**, 20372−20379.

De Robertis, E.M. & Moriyama, Y.（2016）The chordin morphogenetic pathway. *Current Topics in Developmental Biology* **116**, 231−245.

前−后图式

Doniach, T.（1992）Induction of anteroposterior neural pattern in *Xenopus* by planar signals. *Development* **116**（Suppl.）, 183−193.

Piccolo, S., Agius, E., Leyns, L. et al.（1999）The head inducer Cerberus is a multifunctional antagonist of Nodal, BMP and Wnt signals. *Nature* **397**, 707−710.

Kiecker, C. & Niehrs, C.（2001）A morphogen gradient of Wnt/betacatenin signalling regulates anteroposterior neural patterning in Xenopus. *Development* **128**, 4189−4201.

Niehrs, C.（2004）Regionally specific induction by the Spemann−Mangold organizer. *Nature Reviews Genetics* **5**, 425−434.

Carron, C. & Shi, D.-L.（2016）Specification of anteroposterior axis by combinatorial signaling during *Xenopus* development. *WIREs Developmental Biology* **5**, 150−168.

Metzis, V., Steinhauser, S., Pakanavicius, E. et al.（2018）Nervous system regionalization entails axial allocation before neural differentiation. *Cell* **175**, 1105−1118.

第 9 章

斑 马 鱼

斑马鱼作为发育生物学的模式生物，很大程度上是因为它是适合开展遗传实验的脊椎动物。成年斑马鱼体型小巧，能在循环水族箱中大量饲养。这些水族箱通常被分隔成众多小水槽，可容纳多个遗传品系。斑马鱼在 3～4 月龄时便可开始繁殖，并且每两周就能重新交配一次。

对斑马鱼的研究最初是通过诱变筛选进行的，这意味着如今许多对发育至关重要的基因都已有功能丧失突变体。表 9.1 列出了本章中提到的一些关键发育基因。这些基因大多在其他脊椎动物模式生物中存在同源物，但往往具有斑马鱼特有的名称，因为它们最初是通过突变被发现的，在基因身份确定之前就已命名。由于通常以隐性等位基因命名，这些基因名称以小写字母开头。在本书中，会在更为人熟悉的基因名称后，以括号形式给出斑马鱼基因的名称。

表 9.1　斑马鱼中一些发育基因

基因	其他脊椎动物同源物	发育功能	基因产物
acerebellar	*Fgf8*	后部化	IF
bonnie-and-clyde	*Mixer*	定义内胚层	T-box TF
bozozok		定义组织者	配对同源域 TF
bucky ball	*Velo1*	动 - 植物极性	内在无序蛋白质
casanova	*Sox32*	定义内胚层	Sox 型 TF
chordino（*dino*）	*Chordin*	抑制 BMP 蛋白	IF
cyclops	*Nodal*	中胚层诱导	IF
faust	*Gata5*	心脏、内胚层	锌指 TF
ichabod	*β-catenin*	背轴形成	辅-TF
mini fin	*Tolloid*	尾形态发生	蛋白酶
notail	*Brachyury/Tbxt*	定义后中胚层	T-box TF
one-eyed pinhead	*Cripto*	Nodal 功能所需	IF
radar	*Gdf6a*	激活 BMP 表达	IF
ogon	*sFRP/sizzled*	抑制 Tolloid	分泌蛋白
silberblick	*Wnt11*	会聚性延伸所需	IF
snailhouse	*Bmp7*	腹部化	IF
spadetail	*Tbx16*	定义躯干中胚层	T-box TF
spiel-ohne-grenzen	*Oct4*	内胚层所需	POU 型 TF
squint	*Nodal*	中胚层诱导	IF
swirl	*Bmp2b*	腹部化	IF
tokkaebi	*Syntabulin*	腹部化	马达蛋白接头

续表

基因	其他脊椎动物同源物	发育功能	基因产物
trilobite/strabismus	*Vangl1,2*	会聚性延伸所需	膜蛋白
vent (*vega2*)	*Vent1,2*	定义腹侧	同源域 TF
vox (*vega1*)	*Vent1,2*	定义腹侧	同源域 TF

注：根据遗传学习惯，这些基因依据其功能丧失表型命名。其野生型功能通常与名字所提示的相反；例如，*notail* 的野生型等位基因是产生尾巴所必需的，*acerebellar* 的野生型等位基因是产生小脑所需要的。BMP，骨形态发生蛋白；IF，诱导因子；TF，转录因子。

除了此处所描述的早期发育研究，斑马鱼在器官发生研究中也愈发重要，在后续章节还会再次提及。此外，它在发育生物学之外同样意义重大，特别是作为药物筛选的测试平台，因为在斑马鱼身上能够便捷地观察到干扰特定生化途径所产生的解剖学变化。

正常发育

卵子发生

斑马鱼的卵母细胞与爪蟾相似，但和哺乳动物不同，其在整个成年期都能从卵原细胞不断产生。初级卵母细胞处于减数分裂前期，染色体排列成二价对，每条染色体由上一个 DNA 复制周期产生的两条染色单体构成。卵母细胞的生长分为 5 个阶段（标记为 I～V），在此过程中，其直径从大约 7 μm 增大到 750 μm（图 9.1）。卵母细胞在转录上十分活跃，尤其是在早期阶段，能观察到**灯刷染色体（lampbrush chromosome）**。在第 II 期卵母细胞中，出现了 1000 多个核仁，这表明核糖体 RNA 合成十分活跃。在 I～II 期，**巴尔比亚尼体（Balbiani body）** 在细胞核附近形成，端粒会暂时聚集，形成一种名为染色体花束的结构。巴尔比亚尼体是母源信使 RNA（mRNA）、蛋白质和线粒体的集合体，最终将界定植物极。与非洲爪蟾一样，它与特化动物-植物轴和背-腹轴以及生殖细胞所需的母源 RNA 的定位有关。然而，*vegt* 和 *vg1* 同源物的 mRNA 并不定位于斑马鱼卵母细胞的植物极，因此斑马鱼动-植物轴特化的母源控制机制与非洲爪蟾不同。在 I～II 期，包围卵母细胞的卵泡细胞从柱状转变为扁平状，并分泌卵黄包膜，后者随后会形成卵膜。一个称为卵孔细胞（micropylar cell）的卵泡细胞与卵母细胞的动物极保持接触，从而在卵黄膜上留下一个小孔，即卵膜珠孔（卵孔，micropylar）。这后来便成为精子进入卵子使其受精的通道。在第 III 期，卵母细胞因卵黄颗粒的形成而变得不透明，这些卵黄颗粒由卵黄原蛋白组成，它们通过卵泡细胞介导的过程从血液循环中摄取。排卵是由促性腺激素升高引发的，促性腺激素会促使卵泡细胞产生类固醇 17α,20β-二羟基-4 孕烯-3 酮（17α,20β-DP）。这会刺激卵母细胞中的核激素受体，激活广泛的信号级联反应，进而引发一系列成熟事件（第 IV 期）。期间细胞核从卵母细胞中心迁移到动物极，随后核膜崩解，成熟促进因子（启动 M 期所需的 cdk 和细胞周期蛋白复合物；参见第 2 章）含量升高，减数分裂恢复，第一次减数分裂完成并排出第一极体。在第 IV 期，卵母细胞的直径为 700～750 μm，随着卵黄颗粒的变化而变得半透明；释放到卵巢腔中时，为第 V 期，称为卵子。卵子在交配时从卵巢腔中排出。

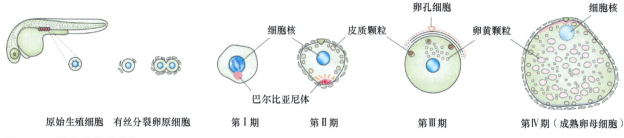

图 9.1　斑马鱼的卵子发生。

受精与卵裂

在实验室中，斑马鱼通常饲养于28.5℃的环境中，因此对其发育时间的描述与该温度相关。大多数斑马鱼胚胎是通过自然交配获得的，尽管也可以进行体外受精。为获取卵，雄性和雌性斑马鱼被放置在底板带有小孔的水箱中过夜，这样受精卵能通过小孔沉到箱底，而不会被父母吃掉。斑马鱼会在清晨交配，将卵子和精子排入水中进行体外受精。与哺乳动物的精子不同，斑马鱼的精子没有顶体。受精时，精子进入卵孔，与卵子表面的微绒毛结合，随后与卵子融合。受精后，细胞质中的钙含量增加，卵表面下方的皮质颗粒与质膜融合，释放其内容物，导致卵膜自受精卵表面脱离。在10 min内，第二次减数分裂完成，第二极体排出。受精后，会出现明显的细胞质流动过程，使得非卵黄细胞质向动物极移动，形成一个称为细胞质帽（cytoplasmic cap）的透明岛。原核融合大约发生在受精后17 min，第一次卵裂则在受精后约40 min。

发育历程如图9.2所示。斑马鱼的卵裂属于**不完全（meroblastic）**卵裂，因为它仅发生在动物极区域。第一次卵裂后，细胞分裂大约每15 min进行一次，前5次分裂通常是纵向的，最终产生单层32个卵裂球。在这个阶段，卵裂球通过细胞质桥与主要的无细胞卵黄团（"卵黄细胞"）保持连接。第6次卵裂通常是横向的，产生两层卵裂球，其中外层与卵黄细胞不再相连。卵裂以同步方式继续进行，直至第9次卵裂分裂后（在第10个细胞周期期间），发生**囊胚中期转换（mid-blastula transition，MBT）**。这与非洲爪蟾的情况类似，即卵裂分裂的同步性被打破，平均细胞周期持续时间延长，细胞运动性增强，合子基因组的转录显著增加（在MBT之前已有部分基因转录）。在MBT时期，与卵黄细胞存在细胞质连接的卵裂球（有时称为**Wilson细胞**）沉入卵黄细胞中，使其成为一个多核的合胞体，称为**卵黄合胞体层（yolk syncytial layer，YSL）**。YSL的核快速分裂3～4次后停止。虽然YSL在胚胎周边较厚，但它也在胚盘下方延伸，而卵黄细胞的其余部分被一层薄的无核细胞质包围。主要胚盘产生称为**包膜层（enveloping layer）**的鳞状上皮细胞外层，其后来将形成幼体表皮的周皮（periderm）或外层。大部分胚盘由称为**深层细胞（deep cell）**的细胞帽组成，有6～8个细胞厚，这些细胞的活动性非常高。这使得构建原肠胚形成前胚胎的命运图变得十分困难。

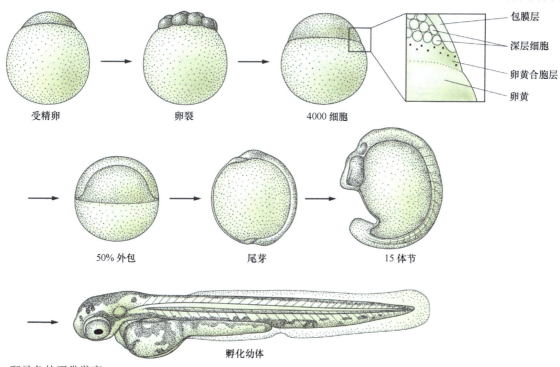

图9.2 斑马鱼的正常发育。

原肠胚形成

图9.3描绘了斑马鱼原肠胚形成过程中形态运动的总体过程。可以区分出几个不同的过程，包括**外包**

（epiboly）、**内移**（ingression）、**定向迁移**（directed migration）、**会聚**（convergence）和**延伸**（extension）。

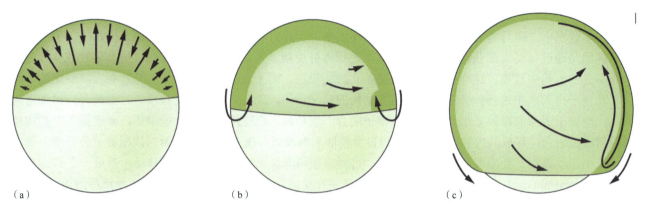

（a）　　　　　　　　　　　　　（b）　　　　　　　　　　　　　（c）

图 9.3　斑马鱼原肠胚形成过程中的细胞运动。（a）外包：细胞径向嵌插，有助于延展；（b）内卷和背侧会聚；（c）持续的外包、背侧会聚和内卷，伴会聚性延伸。

在 MBT 之后不久，YSL 和胚盘开始向植物极运动，这一过程被称为**外包**，它会将卵黄细胞包裹在一个延展的胚盘中。此时，斑马鱼的发育阶段依据外包的百分比来界定，具体取决于卵黄细胞被覆盖的程度。当卵黄细胞向上隆起进入胚盘形成一个圆顶时，外包开始。同时，深层细胞与更表层的细胞层进行放射状的嵌插。结果，随着其边缘向植物极移动，胚盘逐渐变薄。外包似乎是由卵黄细胞形成的细胞骨架元件驱动的。50% 外包时（大约在受精后 6 h），在包膜层的植物极侧正下方的 YSL 中开始形成一个环状的肌动球蛋白网络（**图 9.4**a）。该网络的收缩最终将关闭胚孔，把卵黄细胞封闭在胚盘内。如果使用紫外（UV）激光破坏肌动球蛋白网络，外包就会延迟。此外，沿着卵黄细胞的动物-植物轴会形成一个纵向的微管网络，该微管网络随着外包的推进而缩短（**图 9.4**b）。在用干扰微管组装的药物（如诺考达唑）处理的胚胎中，外包也会受到影响。

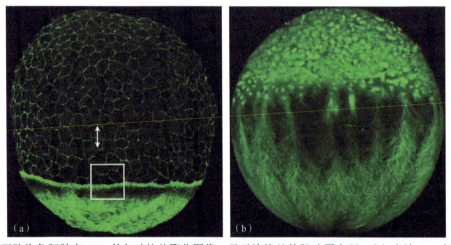

（a）　　　　　　　　　　　　　　　　　（b）

图 9.4　（a）鬼笔环肽染色胚胎在 75% 外包时的共聚焦图像，显示边缘处的肌动蛋白环。（b）表达 GFP 标记的微管相关蛋白的胚胎共聚焦图像，显示卵黄细胞中的微管阵列。来源：复制自 Bruce (2016). Dev. Dyn. 245, 244−258。

在斑马鱼中，"原肠胚形成"这一术语通常不适用于外包，而是专门用于描述胚盘边缘使胚盘内部化的细胞运动，其结果是形成**下胚层**（hypoblast）。边缘细胞是双能**中内胚层**（mesendoderm），但通常在原肠胚形成开始时被限定为中胚层或内胚层。原肠胚形成在 50% 外包时启动，此时胚盘边缘短暂暂停向植物极的定向迁移。只有深层细胞参与原肠胚形成，外层包膜层不参与。内化在整个胚盘边缘发生，但在背侧更为显著。结果，胚盘边缘变得比其他地方更厚，这种增厚被称为**胚环**（germ ring）。在背侧边缘，内化通过个体细胞的**内移**发生，但在侧-腹区域，细胞以同步的、更类似于非洲爪蛙中所见的**内卷**（involution）方式移动。在腹侧区域，中胚层细胞向植物极迁移，并稍后形成尾芽；而在侧方和背侧区域，它们向动物极迁移。第一批内部化的细胞往往具有内胚层命运，它们以非定向方式在卵黄细胞表面向动物极移动（称为随机游走，random walk），彼此远离。侧方的细胞也会向背部中线会聚，背侧中线增厚形成**胚盾（embryonic shield）**，这一结构可与非洲爪蛙的**背唇（dorsal lip）**或羊膜动物胚胎的**原结（node）**相比拟。随着内化的进行，胚盾通过中-外侧嵌插（**会聚和延伸，convergence and extension**）显著延长，成为前-后体轴的中线。与非洲爪蛙一样，Wnt-PCP 通路对于会聚和延伸的进行必不可少，该过程在 *wnt11*（*silberblick*）的功能丧失突变体中会受到抑制。侧方组织也会经历中间-侧向插入和径向嵌插，但其幅度低于背侧组织。综上，这些过程使得卵黄细胞的前-腹侧区域缺少中胚层（图 **9.5**）。

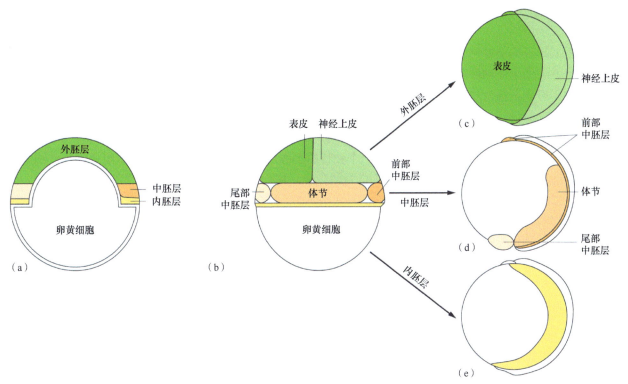

图 9.5 斑马鱼原肠胚形成过程中各胚层的形成：（a）中位切面和（b）50% 外包时的表面视图；（c～e）原肠胚形成末期的胚层。来源：自 Solnica-Krezel（2002）. *Pattern Formation in Zebrafish*, © 2002 Springer Nature。

一小群称为**先驱细胞（forerunner cell）**的细胞在背缘的胚盾之前迁移。它们是背侧 Wilson 细胞的后代，在原肠胚形成结束时，会形成一个短暂的上皮结构，称为**库普弗囊泡（Kupffer vesicle）**。这个球形结构位于尾芽的腹侧，毗邻卵黄细胞。它衬有运动纤毛，纤毛会产生一致的逆时针流体流，参与大脑、心脏和消化道等器官左右不对称的形成。该过程可能与鸡和小鼠的原节形成中所描述的过程类似（参见第 10 章和第 11 章）。库普弗囊泡最终会变成尾部脊索和肌肉。外包和中内胚层内化都在受精后大约 10 h（10 hpf）完成，此时卵黄细胞完全被胚盘覆盖，背轴已经形成。

神经形成及后续阶段

斑马鱼**神经板（neural plate）**在原肠胚形成末期出现，表现为胚盾外层的背侧外胚层增厚。然而，与其他脊椎动物模式生物不同，它似乎并非一个极化的上皮。在 10～11 hpf 左右，神经板的左右两侧开始向中线会聚，并在大约 13 hpf 时形成一个实心的团块，称为**神经龙骨（neural keel）**。会聚被认为是由 Wnt-PCP 通路介导的，因为抑制该通路的突变体（如 *trilobite/strabismus*）具有比正常情况下更宽更厚的神经管。在 15～17 hpf，神经龙骨改变形状，形成**神经杆（neural rod）**，其形态更圆。顶端-基底极性在神经杆内逐渐建立，其左右两侧细胞的顶端表面在中线相对。此时，在腹侧中线形成一个空腔，并向背侧扩散，最终形成一个中央腔，而此时的神经杆则被称为**神经管（neural tube）**（约 18 hpf）。因此，鱼类的神经形成与其他脊椎动物的神经形成有显著差异，在其他脊椎动物中，中央管腔是在神经板向背侧折叠，侧缘融合形成神经管时形成的（见第 8、10 和 11 章）。不过，最终形成的神经管依然高度相似。

　　神经发生从 10 hpf 开始，在后端神经板的两侧出现三个纵向的神经祖细胞条带，分别包含感觉神经元、中间神经元和运动神经元祖细胞。神经祖细胞可以通过整体原位杂交检测诸如 *neurogenin1* 之类的原神经基因来观察。这些细胞还表达 Notch 配体 Delta，它会激活邻近细胞中的 Notch 信号，阻止它们成为神经元。神经祖细胞在接下来的 10 h 内分化，并延长其轴突，连接到其他神经元和中枢神经系统外的组织，如源于体节的骨骼肌等。

　　中轴中胚层由胚盾的细胞形成，它们向动物极延伸，越过动物极，到达胚胎的前部。中轴中胚层前部形成脊索前板，其两侧是孵化腺和咽内胚层。更靠后的位置，脊索在原肠胚形成的后期开始在中线出现。脊索由大的空泡化细胞组成，由上皮鞘和厚细胞外基质包围。脊索为轴旁组织提供支撑，并且是神经管和体节图式形成的重要信号中心。轴旁中胚层由来自早期原肠胚侧缘的细胞形成，这些细胞向发育中的脊索会聚，并有助于驱动胚胎的前后延伸。前端轴旁中胚层的松散间充质在约 10.5 hpf 时聚集，形成第一对体节，位于脊索两侧。与所有脊椎动物一样，新体节对的出现，即**体节发生**（**somitogenesis**），以规律的时间间隔从前向后进行。前 5～6 个体节大约每 20 min 形成一次，后续的体节每 30 min 形成一次，直到在 24 hpf 时形成约 30 对体节。体节随后会分化成骨骼肌和中轴骨骼。

　　在原肠中期阶段，内胚层细胞已形成了一个独特的形态层，由大而扁平的双极细胞组成，这些细胞带有许多丝状伪足。在原肠胚形成过程中，它们向背侧会聚，并沿前-后轴扩展，仅在腹侧留下稀疏的一层。到 20 hpf 时，这些细胞已经形成一个实心的多细胞杆状结构，后续会发育成消化道以及相关器官（如肝脏、胰腺和泳鳔）的内胚层组成部分。在 42 hpf 时，这个细胞杆中的细胞重新排列，形成围绕着一个管腔的极化上皮。

　　胚胎的基本躯体模式结构在大约 14 hpf 的时候开始显现，中轴在 24 hpf 左右伸直，此时到达了脊椎动**物系统发育型阶段**（**phylotypic stage**）。胚胎从卵膜中孵化出来的时间在 48～72 hpf 阶段。泳鳔是调节硬骨鱼（有骨鱼最大的类群）浮力密度的关键结构，它会在发育第 4 天充气，进而清晰可见。受精后约 5 天，斑马鱼开始自主进食。

命运图

　　对于斑马鱼胚胎，已通过向单个卵裂球注射荧光右旋糖酐或进行细胞移植的方式构建了命运图。由于胚盘的深层细胞之间存在相当程度的混合，处于特定位置的细胞在不同个体胚胎中的移动方式各异，所以卵裂时期的命运图只是统计性的。结果显示，在对众多胚胎的汇总数据中，似乎每个卵裂球都对后期胚胎中的一个范围广泛的区域有贡献。原肠胚形成开始时，细胞的随机运动范围大幅减少，这使得制作分辨率接近非洲爪蛙早期原肠胚的命运图成为可能。图 **9.6** 展示的是原肠胚形成开始时的命运图，而对于后期阶段，它仅涉及深层细胞。就克隆分析而言，如果在胚胎外包的早期阶段进行标记，单个细胞可能会分化为不止一种组织类型，甚至不止一个胚层。但在内卷开始时，所有克隆都局限于单一组织类型，如神经上皮

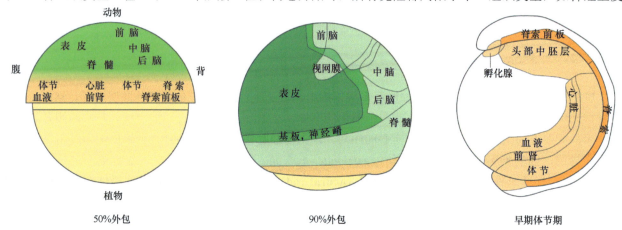

图 9.6　斑马鱼不同时期的命运图。来源：复制自 Schier and Talbot (2005). Ann. Rev. Genet. 39, 561–613，经 *Annual Reviews* 许可。

或体节。

　　与非洲爪蛙类似，会聚性延伸过程以及相应的背侧会聚意味着，起源于胚盘背中线的细胞主要投射到尾芽期胚胎的前部和背中线，而来自胚盘腹侧的细胞主要投向后部。

　　如今，也可以使用不同发育阶段的 mRNA 单细胞测序来确定细胞命运（见第 5 章），这项技术最近已应用于斑马鱼胚胎。部分结果如 图 9.7 所示。这种技术能够更精确地定义细胞决定的状态，尽管所识别的细胞状态与从实验胚胎学，以及对一组更有限的标记基因的研究中推断出来的结果基本一致；它还能推导不同细胞群的谱系，尽管在斑马鱼中，其结果同样与先前推导的结果基本相同，也与经典的命运图相符。数据表明，原始生殖细胞是最早建立的谱系之一，与包膜层的形成时间相同，而中轴中胚层（脊索和脊索前板）的建立早于非轴中胚层。在中轴中胚层的谱系中，细胞最初表达与脊索和脊索前板都相关的基因，但随着谱系分化，不同分支分别获得了各自特征性的基因表达模式。

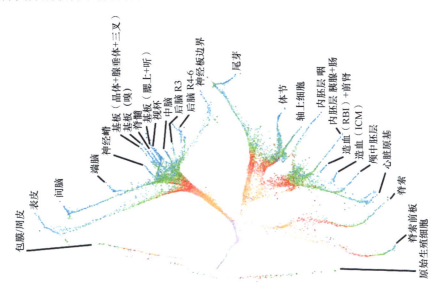

图 9.7　早期斑马鱼胚胎发生的发育特化树。按发育阶段着色，并标记了终末细胞群。RBI，前部血岛；ICM，中间细胞团。来源：自 Farrell et al. (2018). Science. 360, eaar3131. © 2018 American Association for the Advancement of Science.

遗传学

突变筛选

　　斑马鱼已是多项大规模诱变筛选的研究对象，旨在分离发育基因突变。最常见的方案是通过连续繁育三代鱼来鉴定隐性突变（有时是致命突变）（图 9.8）。使用化学**诱变剂**（**mutagen**）乙基亚硝基脲（ethyl nitrosourea, ENU）处理，可在少数创始雄性鱼中诱导突变。ENU 能在分裂细胞（包括精原细胞）中高频诱导点突变，大约每 500 个配子中就有一个特定基因发生一个突变。雄鱼会有两周的恢复期，在此期间，那些已完成精子发生的精子会被排出，而新的精子将由发生突变的精原细胞产生。

　　在一个传统的筛选中，经诱变的雄鱼与正常雌鱼交配，产生 F_1 代后代。每个 F_1 个体都可能携带一个突变，且每个 F_1 个体携带的突变都可能与其他 F_1 个体不同，因为产生突变精子的精原细胞有许多不同位点发生了突变。任何影响发育的显性突变都应立即在 F_1 个体表型上体现出来，但更常见的隐性突变不会在 F_1 个体中表现，因为 F_1 代动物都是杂合子。为获得下一代，每个 F_1 个体被单独放置于一个容器中，与野生型动物交配。这就产生了一组 F_2 家族，每个家族都来自一条创始鱼，它可能携带一个或多个隐性突变。如果 F_1 个体确实携带隐性突变，那么由此产生的 F_2 个体中有一半将是突变杂合子。在每个 F_2 家族中进行一系列配对交配，如果 F_2 中存在突变，那么 4 次交配中会有 1 次发生在杂合子之间，从而产生 F_3 代，其中有 25%是纯合突变体。对 F_3 代的胚胎阶段进行检查和评估，影响发育的纯合隐性突变应该会表现出明显的异常。

可以通过在解剖显微镜下直接检查胚胎来检测这些突变，或者，如果筛选更侧重于某个特定的结构或细胞群，也可以通过检查这些结构或细胞群来检测。

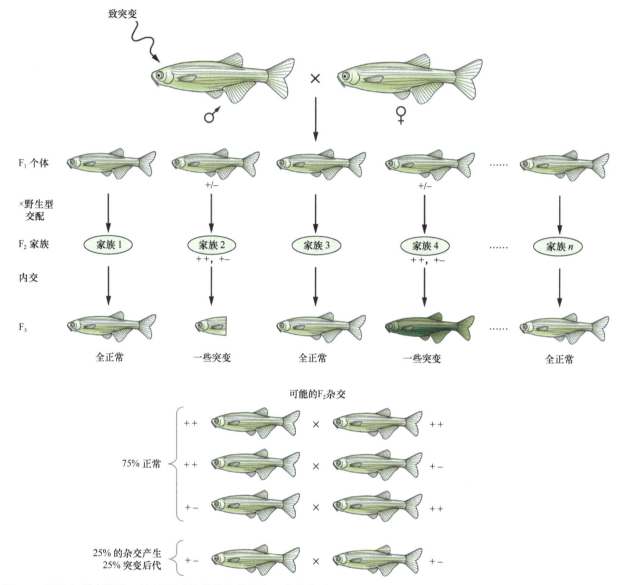

图 9.8 斑马鱼诱变筛选。这里展示的是最简单的合子隐性筛选类型。每个 F_1 个体与其他个体杂交，在 F_2 代产生一个家族。将成对的 F_2 动物个体进行交配，如果该家族包含突变，那么大约 1/4 的交配会发生在两个 +/− 个体之间，这样的交配将产生 25% 的纯合突变 (−/−) 后代，它们应该会显示出异常表型。

任何使早期发育必需基因失效的突变都很可能是致命的，会在正常基因功能发挥作用的时间点之后阻碍发育。因此，纯合突变的 F_3 胚胎可能在早期就死亡，需要在其退化前进行检查和评分。当在 F_3 代中发现感兴趣的表型时，可将 F_2 代亲本与野生型鱼进行杂交，以减少其他非发育突变的影响，并建立一个永久品系。该品系必须通过鉴定杂合子，并在需要突变胚胎时将它们配对来维持。也可以将突变系的精子或睾丸保存在液氮中，这样能减少维持大量繁殖群体品系所需的人力。**图 9.9** 展示了从斑马鱼筛选中获得的一些突变体。

20 世纪 90 年代进行的最初筛选，是通过在解剖显微镜下直接观察 F_3 个体的胚胎来完成的，目的是分离所有发育重要基因中的所有可能突变。但显然，只要筛选更具针对性，就能识别出更多突变，所以近年来的筛选更倾向于详细检查某个特定的器官系统。其中一些筛选使用免疫染色或原位杂交来突出感兴趣的结构，而在其他情况下，亲本系是转基因系，感兴趣的结构表达绿色荧光蛋白或其他荧光蛋白，可以在荧光解剖显微镜下轻松观察。

筛选的结果最初按表型进行分类，然后对具有相似表型的突变进行**互补分析**（**complementation analysis**），以确定它们是否是同一基因的不同等位基因。这通过将两个品系的杂合子相互交配来实现。如果两种突变确实发生在同一个基因中，那么 25% 的后代会表现出相应表型；如果它们发生在不同基因中，则没有后代会表现出该表型。然后，可通过常规遗传作图方法对突变进行定位，定位结果将作为基因**定位克隆**（**positional cloning**）的起点。这在过去是一个缓慢且艰巨的过程，但如今有了完整的基因组序列和大量可用于作图的分子多态性，这一过程已变得相对容易（见第 3 章**图 3.10**）。然而，许多斑马鱼突变体也可以在不进行定位克隆的情况下，基于其表型与在非洲爪蛙或其他模式生物中发现的功能丧失效应的相似性，对可能的候选基因进行测试来鉴定。

基因组复制

来自基因组测序结果的证据显示，与所有硬骨鱼一样，对于每一个哺乳动物基因，斑马鱼通常有两个相似基因。这些相关的基因拷贝在序列上差异较大，表明整个基因组的复制发生在相当久远的时期。据估算，复制大约发生在 4.2 亿年前所有现代硬骨鱼的共同祖先身上。其结果是，在小鼠中具有多个表达区域或发育功能的基因，在斑马鱼中可能由两个基因来代表。它们通常会共享小鼠单个基因的表达区域和功能，所以它们的组合表达和功能与小鼠基因类似。这一情况对实验者来说有利有弊。一方面，有更多基因需要筛选和分析；另一方面，无义突变体可能比小鼠无义突变体存活时间更长。这是因为功能冗余使其中一个基因的无义突变所表现出的表型可能较为温和，从而使突变体能够发育到更晚阶段，甚至可以长期存活。

其他筛选方法

单倍体筛选

除了**图 9.8** 所示的常规隐性筛选类型外，斑马鱼还能运用另外两种技术进行突变筛选，这两种技术在特定情形下具有优势。其中一种是生成**单倍体**（**haploid**）胚胎（**图 9.10**）。取出雌性 F_1 代鱼，轻轻挤压获取未受精卵。这些卵子在体外受精，精子则受到强烈紫外线照射而失去活力。这样的精子能够激活发育，但精子核不参与发育过程，所以胚胎是单倍体，仅由母原核发育而来。在单倍体胚胎中，隐性突变的影响会立即显现，因此无须培育 F_2 代家族就能识别出有研究价值的突变。然而，单倍体胚胎无法长期存活，它们会在几天后死亡，所以需要通过从母体开始的常规育种方式来维持突变。此外，即便没有突变，单倍体胚胎

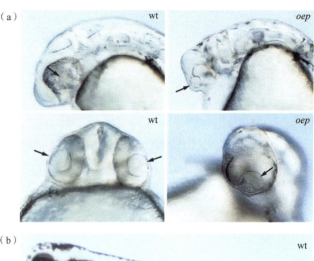
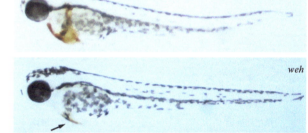

图 9.9 斑马鱼诱变筛选鉴定的突变体示例。(a) *One-eyed pinhead* (*oep*) 突变体，会导致独眼现象（箭头指示晶状体，注意单个中位眼）。上为侧视图，下为前视图。wt，野生型。(b) *weissherbst* (*weh*) 突变会减少血液生成。这种效果可以通过对 2 日龄胚胎中的血红蛋白进行 O-二茴香胺染色显示。wt，野生型。(c) *hagoramo* (*hag*) 突变是一种显性突变，它会破坏成年鱼的条纹图式，该突变由插入诱变产生。wt，野生型。来源：复制自 Patton and Zon (2001). Nat. Rev. Genet. 2, 956–966，经 Nature Publishing Group 许可。

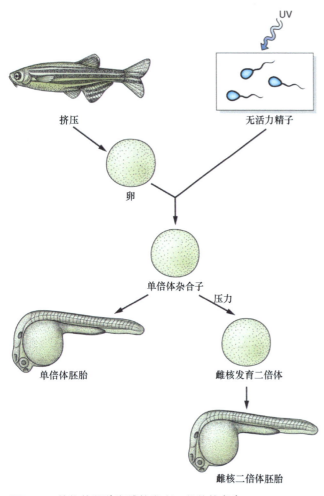

图 9.10　单倍体胚胎和雌核发育二倍体的产生。

本身也发育不正常，所以这种筛选方式仅适用于那些不会被典型单倍体综合征外在表现所掩盖的特征筛选。

单倍体综合征可以通过将卵转化为**雌核发育二倍体**（gynogenetic diploid）来避免。同样，将卵子从雌鱼体内挤出，用无活力的精子受精；然后对其施加压力脉冲，促使第二极体返回卵子，并与母原核融合。这种第二次减数分裂分离的逆转意味着卵原核是二倍体，但完全由母体遗传物质构成。不过，只有在没有减数分裂重组的情况下，基因座才会是纯合的。如果在二价体阶段已经发生重组，那么一个突变体拷贝可能会随着第一极体排出，雌核发育二倍体对于重组交换点远端的所有基因座可能都是杂合的。所以，这种技术对位于着丝粒附近、不太可能因重组而丢失的基因非常有用，但并不具有普遍适用性。

插入诱变

在基因组序列和成套高分辨率遗传标签用于定位克隆之前，如果突变是通过导致某些分子探针插入的程序诱导产生的，基因克隆就会容易很多。这促使了基于引入复制缺陷型**逆转录病毒**（retrovirus）的**插入诱变**（insertional mutagenesis）方法的出现。该方法包括制备莫洛尼白血病病毒，并将高滴度病毒注射到卵裂球中。莫洛尼白血病病毒带有一种新的外壳蛋白，使其能够感染非啮齿动物物种。当胚胎发育为成年动物时，大多数都带有种系插入突变，并会产生一些携带这些突变的后代。大多数突变是隐性的，为了使这些突变成为纯合子，亲代鱼的后代会以与 ENU 筛选的 F$_1$ 代相同的方式进行繁育。逆转录病毒插入也被用作创建许多**增强子捕获**（enhancer trap）品系的方法，在这些品系中，特定的细胞类型或结构会表达荧光蛋白。插入诱变和增强子捕获品系也已通过使用转座因子（如 *Tol2* 和 *Sleeping Beauty*）来实现。这些品系特别适合作为其他遗传筛选的起始材料，或用于对影响特定结构发育的有用小分子的化学筛选。

反向遗传学方法

反向遗传学是指对已知基因的功能研究，这些基因可能并非如本章所述在诱变筛选中被发现。在斑马鱼中，主导反向遗传学研究的技术包括 mRNA 注射、Morpholino 反义寡核苷酸、转基因，以及近期使用转录激活因子样效应物核酸酶（TALEN）和 CRISPR/Cas9 进行的靶向诱变（参见第 3 章）。

和非洲爪蛙一样，基因产物的**过表达**（overexpression）可以通过将合成的 mRNA 注射到胚胎中来实现。由于早期细胞质流向动物极，因此可以将 mRNA 注入新产出卵的卵黄团，mRNA 会随之进入胚胎卵裂球。尽管注入的 RNA 可能会分布于整个胚胎，但实际情况并非总是如此，所以通常会将其与 *Gfp* mRNA 一起使用，以便后续能够观察到其发挥作用的区域。注射的 mRNA 会立即被翻译，其蛋白质在 MBT 之前就积累到活性水平。由于 RNA 及其蛋白质产物可能会在 24 h 内被降解，所以该技术最适用于修改非常早期的发育阶段。

过表达也可以在**转基因**（transgenic）斑马鱼中实现，即把感兴趣基因的一个额外拷贝插入到基因组中。

转基因斑马鱼最初是通过将 DNA 注入受精卵制备的，但这种方法会产生镶嵌式表达，而且只有相当低比例的亲代鱼能够通过种系传递基因。最近采用了其他的方法，其中一种是在 DNA 两端添加稀切限制酶 I-SceI（巨核核酸酶）的切割位点，然后将酶和 DNA 一起注入受精卵。这种酶能够切割特定的 18 聚体序列，能够比单纯的 DNA 注射更有效地催化整合事件，并减少多联体的形成。另一种替代方法是利用转座子 Tol2 作为 DNA 载体，同时注射编码转座酶的 mRNA。这主要会产生具有高比例种系传递的单一插入。

对于条件性转基因，Gal4 系统（见第 3 章）备受青睐，并且已经制备了许多驱动品系。这些主要是增强子捕获品系，由内源性增强子在特定细胞类型或器官中驱动 Gal4VP16（Gal4 的一种超活性形式）的表达。热休克启动子 Hsp70 也能很好地发挥作用，常通过将鱼加热至 37℃ 持续 1 h 来诱导转基因活性。

对于特定基因产物的消除，RNAi 在斑马鱼中通常不太可靠。另外，Morpholino 已被广泛使用（见第 3 章）。和 mRNA 一样，Morpholino 需要被注射到受精卵或早期卵裂阶段的卵裂球中，但其效果可持续长达 48 h。然而，最近的研究表明，许多 Morpholino 产生的表型并不总是与相应突变体的表型一致，这可能是因为 Morpholino 的"脱靶"效应，影响了额外的 mRNA；但也可能是因为某一突变并非完全缺失突变，或者因为它不影响母体 mRNA，从而表现出比 Morpholino 更弱的表型。某一突变也可能受到补偿反应的影响，而这在 Morpholino 中尚未观察到。例如，与突变基因密切相关的基因可能会因响应突变而上调，对突变的基因产物进行补偿，从而使表型不如预期的严重。这就凸显了使用 Morpholino 时设置恰当对照的重要性。仅证明无关的 Morpholino 没有效果并不一定足够。理想情况下，应该证明蛋白质靶标的翻译受到了抑制，这通常通过蛋白质印迹法来进行，此外，可以通过过表达编码相同蛋白质但对 Morpholino 不敏感的 RNA 来拯救表型，而且针对同一 mRNA 的不同 Morpholino 也应该产生相同的表型。

现在，使用可定向的核酸酶进行基因组编辑可用于在感兴趣的基因中产生突变。已经使用锌指核酸酶（ZFN）、TALEN 和 CRISPR/Cas9 产生了突变。CRISPR/Cas9 现在似乎是首选方法。这些技术在目标基因中引入双链断裂和容易出错的 DNA 修复机制，进而产生删除或插入突变（见第 3 章）。这些试剂通常被注入受精卵单细胞，并能在种系中引入突变。由于其效率非常高，因此可以在一个步骤中产生纯合突变体，从而能够立即研究胚胎表型。大多数研究旨在产生功能丧失突变，所以重要的是要证明实际情况确实如此，以及确定该突变是完全缺失突变还是亚效等位突变。最近的研究还表明，突变可能会受到补偿机制的影响，如与其密切相关基因的上调，这使得确定目标基因的功能变得困难。

正如第 4 章所讨论的，要评估特定基因产物与特定发育功能的关联，需考察其表达模式、生物活性以及消融的效果。一旦一个斑马鱼基因被克隆，就可以通过原位杂交或免疫染色来确定其表达模式。通过在野生型胚胎中过表达 mRNA 可以获得一些关于基因生物活性的概念，并且可以通过在各种突变宿主中进行过表达来获取更具体的信息。因为基因研究的起点通常是无效突变体，所以消融的效果可能是已知的；如若不是，则可以使用 CRISPR/Cas9 产生突变，或在适当的对照下使用 Morpholino 来下调蛋白质表达。

胚胎学技术

虽然斑马鱼胚胎对于显微操作不如爪蟾胚胎那么理想，但仍然可以进行细胞标记和移植实验。通常使用带有固定载物台和移动光学镜筒的正置复式显微镜，这使得显微操作器能够被夹在不动的平台上以提供稳定性。可注射荧光右旋糖酐通常被用于细胞标记，方法是将其注射到卵裂期的卵裂球中。由于在早期卵裂期时，卵裂球与卵黄细胞的细胞质桥持续存在，所以通常首选分子量非常高的右旋糖酐，因为它们扩散得非常缓慢，在细胞质桥持续存在的情况下仍然能局限于所注射的卵裂球。与细胞膜结合的亲脂性染料 DiI 可用于标记表面细胞。胚胎学家也会利用几种转基因斑马鱼品系，这些品系在所有细胞中表达荧光蛋白，标记了细胞质、细胞核或质膜。移植一般是通过显微注射设备将供体细胞吸出，并将其注入宿主体内来进行。移植在早期外包阶段（直到 50% 外包）最为容易，其次是在体节发生期间。由于原肠胚形成过程中细胞运动的显著随机性，注射的细胞群通常会变得相当分散。

区域特化

母源决定子

生殖质

在电子显微镜下，生殖质呈现为一种无定形且电子密度高的聚集体，与第 I 期卵母细胞的巴尔比亚尼体相关联（图 9.1）。它包含在其他模式生物中与**原始生殖细胞（primordial germ cell, PGC）**形成相关的 mRNA，包括 *dazl*、*nanos* 和 *vasa*。巴尔比亚尼体在卵母细胞核附近形成，但随后定位于卵母细胞皮层即将成为植物极的部位，在这里，它解体并沉积 *dazl* mRNA；*vasa* mRNA 定位于整个皮层，而 *nanos* mRNA 则不再固定于某个位置。在第一次卵裂分裂期间，这些 mRNA 重新定位到卵裂膜上的两个点，然后又定位到第二次卵裂膜上的四个点，这一过程依赖于微管。在卵裂时期移除生殖质，会抑制随后生殖细胞的形成。此后，这四个 mRNA 斑块保持连贯，并被胚盘边缘内的四小群卵裂球继承。这些便是 PGC，通常可以检测 *vasa* mRNA 的表达来识别它们。与果蝇和秀丽隐杆线虫不同，PGC 保持转录活跃。由于第一次卵裂相对于后来的背-腹轴是随机的，PGC 群组与正在形成的躯体体轴并无对应关系，但在原肠胚形成过程中，它们会迁移并形成两个斑块，分别位于胚胎的两侧，在第 1 个体节的水平位置。随后，它们向后移动，在第 8 体节附近被纳入正在发育的生殖腺。在此期间，需要 RNA 结合蛋白 Dead end 1（dnd1）来维持 PGC 的命运。在种系 *dnd1* 功能丧失的突变体胚胎中，PGC 会分化成来自所有三个胚层的体细胞类型。

背侧决定子

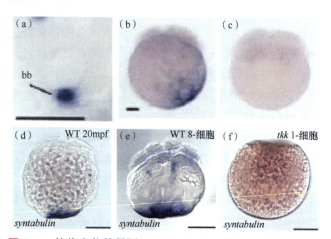

图 9.11 植物定位的母源 mRNA。*huluwa* 和 *syntabulin* mRNA 的整体原位杂交。顶行：*huluwa* mRNA 定位于野生型卵母细胞的巴尔比亚尼体（左）和四细胞胚胎的背-植物极区域（中），但在 *huluwa* 突变体胚胎中缺失（右）。底行：*syntabulin* mRNA 定位于野生型受精卵（左）和 8 细胞胚胎（中）的植物极，但在 *syntabulin* 突变体（*tokkaebi*）胚胎（右）中缺失。来源：复制自 Nojima et al.（2010）. Development. 137, 923–933。

斑马鱼卵母细胞的动物-植物轴特化，发生在巴尔比亚尼体移动至第 I 期卵母细胞皮质并解体之时，此时**母源决定子（maternal determinant）**在未来的植物极位置沉积。遗传筛选已确定基因 *bucky ball*（*buc*）和微管肌动蛋白交联因子 1（*microtubule actin cross-linking factor 1, macf1*）分别是巴尔比亚尼体形成和解体所必需的。这两个基因中任意一个发生突变，卵子都会呈对称状态，缺乏植物极和局部定位的生殖质。与非洲爪蛙不同，斑马鱼 *vegt* 同源物（*spadetail*）和 *vg1* 同源物（*gdf3*）的母体 mRNA 并不定位于卵母细胞植物极。不过，Wnt 家族的两个成员 *wnt6a* 和 *wnt8a* 的母体 mRNA 定位于植物极。最近的一项研究还发现，*huluwa* mRNA 定位于第 I 期卵母细胞的巴尔比亚尼体，随后定位于植物极（图 9.11）。该基因编码一种跨膜蛋白，能够模拟 Wnt 信号（在本节将进一步讨论）。

与非洲爪蛙的精子进入点打破卵子的辐射对称性并特化背-腹轴不同，在斑马鱼中，精子必须通过卵孔（micropyle）在动物极进入卵子，因此背-腹对称性破坏的直接原因仍不明确。卵黄去除实验表明，植物极含有一个背侧决定子，它在早期卵裂阶段迁移到背侧。斑马鱼胚胎中没有明显的皮质旋转，但用微管解聚药物诺考达唑处理确实能够抑制轴的形成，这表明微管在背侧中心的建立中发挥作用。*syntabulin* 的母源 mRNA 通过巴尔比亚尼体定位于植物极，是背侧决定子迁移所必需的（图 9.11）。*syntabulin* 的母体功能丧失突变体（*tokkaebi*）胚胎会出现腹部化。Syntabulin 是一种连接蛋白，它将背侧决定子与沿着微管迁移的驱动蛋白马达蛋白相连。一旦到达背侧，背侧决定子激活经典 Wnt 信号通路，并在大约 128 细胞期时使细胞核内 β-联蛋白水平升高。这可以通过免疫染色观察到。*Ichabod* 是斑马鱼两个 β-联蛋白基因之一，其功能丧失突变体胚胎会发生腹部化。

与非洲爪蛙一样，GSK3 的过表达可以抑制背轴的形成，而显性负性的 GSK3 可以诱导第二个体轴。通过其他激活或抑制 Wnt-β-联蛋白通路的产物也能获得类似的结果，其中包括锂，锂在 MBT 之前使用时具有背部化作用。这表明背部发育需要 Wnt-β-联蛋白通路的活性，并且有迹象表明 wnt6a 和（或）wnt8a mRNA 是决定子。然而，影响母体 wnt8a mRNA 的功能丧失突变并不会使胚胎腹部化。最近发现的 huluwa mRNA（图 9.11）编码一种跨膜蛋白，该蛋白质可独立于 Wnt 信号抑制 β-联蛋白破坏复合物。huluwa 的 mRNA 在四细胞阶段移动到背侧。huluwa 的母体功能丧失突变体会降低核 β-联蛋白水平，无法形成胚盾。这些胚胎是腹部化的，后期缺少脊索、脊索前板和神经管。相比之下，注射 huwula mRNA 可使胚胎背部化，而且注射到单个腹侧卵裂球时会诱导第二个背轴。

有证据表明，母体编码的背侧决定子与非洲爪蛙类似，β-联蛋白活性导致组织者在未来的背侧形成。各种局部定位的 Wnt 通路组分，包括 huluwa 在内，参与了这一过程。

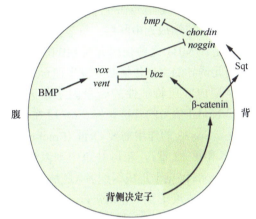

图 9.12　斑马鱼的诱导序列。来源：Kimelman and Schier（2002），© 2002 Springer Nature。

合子事件

建立斑马鱼躯体模式的诱导事件序列与非洲爪蛙中的非常相似，但存在一些差异（图 9.12）。首先是中胚层诱导，这涉及中胚层环的形成，在背侧形成一个组织者区（胚盾）。然后，组织者区域发出信号，导致外胚层的神经诱导和中胚层的背-腹图式形成。一些相关的基因表达域如图 9.13 所示。

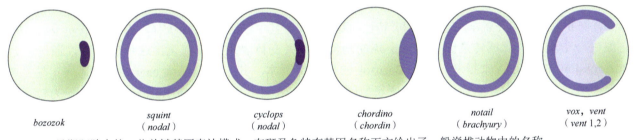

| bozozok | squint
（nodal） | cyclops
（nodal） | chordino
（chordin） | notail
（brachyury） | vox, vent
（vent 1,2） |

图 9.13　早期胚胎中的一些关键基因表达模式。在斑马鱼特有基因名称下方给出了一般脊椎动物中的名称。

中内胚层诱导

在斑马鱼中，我们通常称"中内胚层"（mesendoderm）诱导，尽管它与非洲爪蛙中的"中胚层诱导"极为相似。斑马鱼中相当于非洲爪蛙植物半球的**卵黄细胞（yolk cell）**发出中内胚层诱导信号。如果将卵黄细胞及其相关的卵黄合胞体层与动物极帽重组，在交界处会诱导中胚层和内胚层，这可以通过响应组织中 brachyury 等标志物的表达来体现。如果在 16 细胞期之前从胚胎中移除卵黄细胞，中胚层的形成就会被阻止。在早期将 RNAse 酶注射到卵黄细胞中也会抑制诱导，这表明至少需要一些母源 RNA 才能产生中内胚层诱导信号。

与非洲爪蛙不同，VegT（Tbx16）不以母源形式存在于斑马鱼胚胎中，而母源 Vg1（Dvr1/GDF3）在整个动物半球都有分布。vg1 的纯合子功能丧失突变体没有明显的表型，但当纯合子雌性与野生型雄性杂交时，产生的胚胎无法形成内胚层以及头部和躯干中胚层。这表明母源 Vg1 在中内胚层形成中确实发挥着重要作用。然而，Vg1 蛋白不会被加工成活性形式，它保留在内质网中而不会被分泌出来。此外，vg1 mRNA 的过表达对发育没有影响。最近的证据表明，这是因为 Vg1 必须与 Nodal 型信号形成异二聚体才能发挥功能。

斑马鱼中有三种 Nodal 型信号，但只有两个是中内胚层诱导所必需的，它们由 cyclops 和 squint 编码。单一功能丧失型突变体有眼部缺陷，而双重功能丧失型突变体则没有胚环，几乎不形成中内胚层。类

似的表型也出现在 *one-eyed-pinhead*（*oep*）和 *smad2* 的功能丧失突变体中。Oep 是 Cripto 的斑马鱼同源物，Cripto 是 Nodal 激活受体所需的 EGF-CFC 类细胞外因子（另见第 10 章），而 Smad2 是 Nodal 信号的细胞内传感器。在 Cerberus-short 过表达后，也会出现中内胚层的缺失。Cerberus-short 是非洲爪蛙 cerberus 蛋白拮抗 Nodal 的片段。相反，*nodal* mRNA 或组成性 Nodal 受体 mRNA 的过表达将在斑马鱼**动物极帽**（**animal cap**）中诱导中胚层。

cyclops 和 *squint* 都不是母源表达的。合子 *cyclops* 表达发生在中内胚层本身，而合子 *squint* 的表达则在 YSL 和后来的中内胚层中。因此，合子 Cyclops 和 Squint 的表达与母源 Vg1 的表达重叠，从而促使活性 Nodal-Vg1 异二聚体的形成。

中内胚层诱导信号在整个胚盘边缘传递，最接近卵黄的细胞层接收到的信号最强，成为内胚层，而较远些的细胞层则成为中胚层。总体信号的传播范围很短，在 1000～2000 个细胞时期时仅覆盖大约 4 个细胞层。若是在 MBT 之前使用并在 MBT 前去除时，阻断 Nodal 特异性受体作用的抑制剂不会阻止中内胚层诱导，因此诱导的主要传播必定发生在合子基因在 MBT 上调之后。

早期内胚层特征性的转录因子基因包括 *mixer*（*bonnie* 和 *clyde*）、*gata5*（*faust*）和 *sox32*（*casanova*），它们是 Nodal 信号的直接靶标。*sox32* 在内胚层形成中具有关键地位，它在过表达时会促使内胚层形成。有趣的是，Sox32 的作用需要 Oct4（Spiel-ohne-grenzen）的协同，Oct4 在哺乳动物中被视为多能性因子（参见第 11 章和第 22 章），在斑马鱼中则以母源和合子方式表达。在中胚层中，*brachyury* 在整个环周围表达，而 *goosecoid* 仅见于形成组织者（胚盾）的区域。Nodal 将上调这两个基因，较高 Nodal 浓度上调 *goosecoid*，较低 Nodal 浓度上调 *brachyury*，因此有人认为 Nodal 信号强度的背-腹侧差异控制着中胚层的区域图式。但在体内，组织者的形成在很大程度上也依赖于母源性启动的 β-联蛋白在背侧的激活。

组织者

背侧 β-联蛋白的升高导致定义组织者特性的基因上调。其中包括 *bozozok*（别名 *dharma* 或 *nieuwkoid*），它编码一个配对同源域转录因子。*bozozok* 的功能丧失突变体表现为腹部化，这种表型可以通过注射 Bozozok-EnR 的 mRNA 来拯救。这是 Bozozok 的域交换版本，其中包含果蝇 engrailed 阻遏域（有关域交换，请参见第 3 章）。它能够拯救突变表型的这一事实表明，通常情况下 Bozozok 必定是作为转录阻遏子发挥作用。Bozozok 通常抑制几种腹部化基因的表达，包括骨形态发生蛋白（BMP）信号（*swirl* 与 *snailhouse*）、合子 Wnt 信号（*wnt8a*）和转录因子（*vent* 和 *vox*）；它还上调 *chordin*（*chordino*），一个编码分泌型 BMP 抑制剂 Chordin 的组织者基因。由于 Bozozok 是一种转录阻遏子，它可能会间接上调 *chordin*。

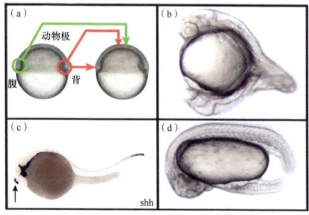

图 9.14 早期原肠胚组织者的组织性能。(a) 背侧（红色）和腹侧（绿色）边缘移植。(b) 背缘到腹缘的移植组织形成第二个头部和躯干。(c) 将背缘移植到动物极上会产生异位脊索，如 Sonic Hedgehog 标记所示（箭头）。(d) 将腹侧边缘移植到动物极则会组织形成第二个尾。来源：Fauney et al. (2009). Development. 136, 3811–3819。

斑马鱼中的组织者区域称为胚盾，尽管 *chordin* 的表达域比胚盾延伸得更远，覆盖约 90° 的圆周。将胚盾移植到腹侧位置可以诱导包含源自宿主的体节和神经管的第二体轴（**图 9.14**），就像非洲爪蛙中的 Spemann 组织者一样。去除胚盾并不会消除整个背轴，但是去除整个 *chordin* 表达域可导致整个背轴的消除。胚盾组织随后将形成孵化腺、头部中胚层、脊索、体节、背侧内胚层和腹侧神经管。

与其他脊椎动物一样，早期胚胎的背-腹图式形成取决于 BMP 的腹侧到背侧的形态发生素梯度，其最高水平特化大多数腹侧细胞类型（表皮和血液）。该梯度可以通过使用特异性抗体检测磷酸化形式的 Smad1 和 Smad5 来可视化，Smad1 和 Smad5 是 BMP 的细胞内信号转导因子。这些磷酸化形式的 Smad1 和 Smad5 在腹侧的水平最高，并且朝着组织者的方向逐渐降低（图 9.15）。两个 BMP 基因 *bmp2b*（*swirl*）和 *bmp7*（*snailhouse*）在原肠胚的腹侧部分表达，它们响应包括生长与分化因子 6a（growth & differentiation factor 6a, Gdf6a，由 *radar* 编码）在内的母源 BMP。*bmp2b* 或 *bmp7* 的功能丧失突变体表现为背部化，表明腹侧发育需要 BMP 信号。如本章所述，由于原肠胚形成运动的不对称性，斑马鱼的背部化导致头部增大以及脊索、体节和神经管扩大；而腹部化导致头部缩小以及后部结构和血岛扩大。所以，背部化的胚胎也是前部化的，而腹部化的胚胎也会发生后部化。

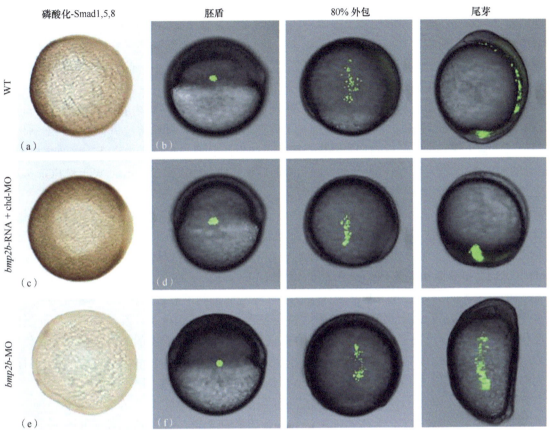

图 9.15 BMP 梯度对细胞运动的影响。外侧中胚层中的一小块细胞已被笼状光敏荧光素标记。通常情况下，标记细胞群将向背侧会聚，位于主体轴 (b) 的两翼。在 (d) 中，胚胎因 BMP 的过表达和 chordin 的抑制而严重腹部化，标记的细胞群迁移到尾部。在 (f) 中，胚胎背部化，标记的细胞维持在侧方，无法会聚。(a、c、e) 85% 外包的胚胎植物极视图显示抗磷酸化 Smad1、5、8 的免疫染色；背部在右边。(b,d,f) 在外侧中胚层中带有标记细胞群的活体胚胎。来源：复制自 Hardt et al. (2007). Current Biology 17, 475–487，经 Elsevier 许可。

腹侧状态由两个同源域转录因子 Vent 和 Vox 的表达所定义，它们是爪蛙 ventx1 和 ventx2 的同源物。这两种转录因子具有功能冗余性，但当这两个基因的功能缺失突变同时存在时，会产生背侧化的表型。Vent 和 Vox 的表达受到 Bozozok 蛋白的阻遏，它们本身则阻遏 *bozozok* 的表达，这确保了任何一个细胞要么采取组织者状态，要么采取腹-外侧状态，而不会处于某种中间状态。

与爪蛙一样，组织者表达编码 Chordin（*chordino*）、Noggin（*noggin1*）和 Follistatin（*flst2*）的基因。*chordin* 的功能丧失突变会导致腹部化，但如果使用 Morpholino 抑制所有这三个基因，腹部化会更明显，表明这些基因存在一定程度的冗余功能。这三种蛋白质都直接结合 BMP 并阻止它们激活受体。这些抑制剂的背-腹梯度被认为建立了 BMP 活性的腹-背梯度。与爪蛙一样，Chordin 活性受复杂的分泌蛋白网络调节，其中包括 Tolloid（Minifin）和各种其他因子。Tolloid 是一种金属蛋白酶，通过切割 Chordin 来增强 BMP 信号。BMP 同源物抗背部化形态发生蛋白（antidorsalizing morphogenetic protein, ADMP）在斑马鱼组织者中表达，表明存在与非洲爪蛙类似的调节比例的机制。

与爪蛙一样，*wnt8a* 在大约 70% 外包时于腹-外侧上调，并具有腹部化功能，尽管 Wnt 通路在早期具有背部化作用。它促进 *vent* 和 *vox* 的表达，同时阻遏 *bozozok* 的表达。*wnt8a* 的功能丧失突变导致组织者扩大，并随之出现背部化表型。

在外胚层，BMP 信号上调一种 p63 形式 ΔNp63 的表达，p63 是复层上皮发育的关键转录因子，这会启动表皮的分化。表皮在腹部化的胚胎中扩展，而在背部化的胚胎中，神经板得以扩大。

前−后图式化

从晚期囊胚到原肠胚阶段，胚胎会出现明显的前−后命运定型状态。在中胚层，前−后图式主要由脊索前板和脊索构成，它们向后延伸，贯穿后脑、躯干和尾部区域。脊索两侧环绕着体节，这些体节在躯干部分会发育成带有肋骨的椎骨，而在尾部则形成无肋骨的椎骨。在神经板中，前后模式包括前脑、中脑、后脑以及脊髓。其中，后脑又进一步细分为 8 个节段，被称为菱脑节。

胚盾中最早内卷的细胞表达 goosecoid 基因，构成了脊索前板；而后期内卷的细胞则表达 brachyury 基因，填充形成脊索。当 brachyury 基因发生功能丧失突变 (notail) 时，胚胎将缺失脊索和后部结构，同时前部体节的形状也会出现异常。胚盾的初始分化，可能源于母源启动的 β-联蛋白激活，以及来自卵黄细胞的 Nodal 信号的协同作用。一旦细胞内卷开始，胚胎的前后模式便会通过后部发出的 Wnt 和 FGF 因子的作用，逐渐稳定并进一步细化。

如前文所述，合子型 wnt8a 基因在原肠胚的腹外侧中胚层表达。它似乎兼具后部化和腹部化的双重功能。当该基因发生功能丧失突变时，会产生背−前化的胚胎，这类胚胎头部增大、尾部缩短；而 wnt8a 基因过表达时，胚胎则会呈现后部化特征，尾部变小。Wnt8a 信号受到前部表达的分泌型抑制剂调控，如 Dickkopf1 (Dkk1) 和卷曲相关蛋白 (frizzled related protein, sFRP)。Dkk1 通过与共受体 Lrp6 结合来抑制 Wnt 信号，而分泌型 sFRP 则直接与 Wnt 配体结合。这些 Wnt 抑制剂被认为建立了 Wnt 活性的后−前梯度，该梯度决定了不同的前后命运定型。在前脑附近移植表达 Wnt 的细胞，或者植入预装载 Wnt 蛋白的微珠，会以浓度依赖的方式诱导出更靠后的结构。前部结构（如脊索前板和前脑）的形成依赖于 Wnt 信号的抑制，因此在 wnt8a 突变体胚胎中，这些结构会有所扩展。由于 Wnt 分子在翻译后会通过添加脂质进行修饰，这限制了它们在细胞外空间的扩散能力，所以目前 Wnt 活性梯度的形成机制尚不明确。

有三个 FGF 基因，即 fgf3、fgf8 和 fgf24，在中胚层表达。起初，它们仅在背缘表达，随后在整个胚环周围都有表达。显性负性 FGF 受体的过表达会导致躯干和尾部缺失，这与编码 T 盒转录因子的基因 (brachyury 和 tbx16) 未能上调有关。FGF8 由 acerebellar 基因编码，其功能丧失的表型为小脑缺失，这是由于发育中的神经系统在中脑−后脑边界处缺乏 Fgf8（详见第 16 章）。然而，在 acerebellar 胚胎中注射 Morpholino 以消除 Fgf24 的活性时，会出现后部缺陷。因此，FGF8 和 FGF24 可能共同构成了大部分促使胚胎后部化的 FGF 活性。对荧光标记的 FGF 分布的研究表明，FGF 梯度是通过在细胞外空间的扩散形成的。综合各项证据，在斑马鱼胚胎中，后部结构的特化需要 FGF 和 Wnt 信号的共同作用。

尾部发育

在原肠胚形成结束时，胚胎后端的一个复杂区域变成**尾芽 (tailbud)**，尾芽负责产生尾部（以及躯干后部）的脊索、神经管和体节。将囊胚或原肠胚的腹侧移植到囊胚期宿主的动物极，能够诱导生成第二条尾巴（见**图 9.14**）。基于这一现象，腹侧被称为"尾部组织者"。这种诱导效果可以通过注射编码 Nodal 和 BMP 信号的 mRNA 组合来模拟。在此过程中，BMP 与 Nodal 的比例至关重要，诱导异位尾巴所需的 BMP 量大约是 Nodal 的 25 倍。在囊胚晚期和原肠胚期，BMP 和 Nodal 的表达通常在胚胎边缘区域广泛重叠（见**图 9.13**），且 BMP 在腹侧的表达水平最高。这表明腹侧 BMP 和 Nodal 信号的比例对尾部形成起到了诱导作用。

尾芽中包含一群多能神经中胚层祖细胞 (neuromesodermal progenitor, NMP)，它们能够分化形成尾部的神经外胚层和轴旁中胚层。具体分化方向取决于细胞对后部 Wnt 表达的暴露情况（见**图 9.16**）。NMP 处于中等强度的 Wnt 信号区域，同时表达 brachyury（中胚层标记）和 Sox2（神经外胚层标记）。随着尾芽向后生长，细胞会离开该区域。那些不再暴露于 Wnt 信号的细胞，会下调 brachyury 的表达，但继续表达 sox2，这些细胞将发育为后部脊髓。而持续暴露于 Wnt 信号的细胞则会形成轴旁中胚层。这是因为 Wnt 信号能够

维持 *brachyury* 的表达，并上调 *tbx16*，而 *tbx16* 会抑制 *sox2* 的表达。Brachyury 自身通过一个自催化环路维持后部 Wnt 的表达。这一过程产生的中胚层细胞会按照从前到后的顺序形成体节（详见第 17 章）。在斑马鱼中，*brachyury* 突变被称为 *notail*，因为突变体的后部结构会缺失。Tbx16 突变（*spadetail*）则会导致细胞以牺牲中胚层为代价，转而分化为神经组织。

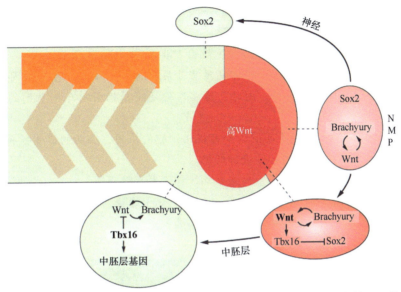

图 9.16　斑马鱼尾芽的中胚层和神经外胚层特化模型。神经中胚层祖细胞（NMP）处于中等 Wnt 信号（浅橙色）区域，中等强度 Wnt 信号维持 Brachyury 的表达。这些细胞也表达 Sox2。离开该区域且不再暴露于 Wnt 信号的细胞，会继续表达 Sox2 并分化为神经外胚层。而那些持续暴露于 Wnt 信号的细胞，将维持 Brachyury 并激活 Tbx16，后者阻遏 Sox2 表达。这些细胞将变成轴旁中胚层并形成体节。来源：根据 Kimelman（2016）. Essays Dev. Biol. Pt A. 116, 517−536 重新绘制。

斑马鱼的其他角色

本书是一本发育生物学教科书，当前章节主要聚焦于介绍主要模式生物的早期发育。然而，斑马鱼如今在生物医学研究中的应用范围，已远超出发育生物学领域。由于斑马鱼在发育过程中的分子遗传学特征与其他脊椎动物通常较为相似，因此斑马鱼突变体已被广泛用作疾病模型。部分斑马鱼突变与人类疾病突变具有同源性，而另一些突变所产生的生理后果类似于人类疾病中的相关表现。斑马鱼的心血管、消化和中枢神经系统与哺乳动物具有广泛的相似性，这为研究提供了极大的便利。

由于斑马鱼胚胎发育迅速且具有透明性，科研人员能够在斑马鱼模型上测试成百上千种化合物，并观察其在体内产生的影响。通常会使用表达荧光蛋白的透明胚胎来突显感兴趣的结构。这意味着斑马鱼可用于筛选化合物库，评估化合物对特定靶点的生物活性，还可用于开展候选药物的初步毒性研究。

通过组合调控各种色素细胞发育所需基因的突变体，科研人员已培育出完全透明的成年斑马鱼，借助这一模型，能够实时观察造血细胞移植（详见第 20 章）后，细胞在整个宿主体内的情况。这一实例表明，在遗传学上易于操作的小型脊椎动物，所能提供的研究机会绝非仅限于发育生物学领域。

经典实验

20 世纪 90 年代开展的原始诱变筛选，堪称发育突变体合子诱变筛选的典范，这得益于其采用的遗传学方法简洁明了。此后，这类筛选方法得到了进一步的完善与补充，涵盖了运用 Morpholino 方法对已知基因进行功能丧失研究，以及近期借助 TALEN 和 CRISPR/Cas9 等技术开展的靶向诱变研究。

Haffter, P., Granato, M., Brand, M. et al. (1996) The identification of genes with unique and essential functions in the development of the zebrafish, *Danio rerio. Development* **123**, 1−36.

Driever, W., Solnica Krezel, L., Schier, A.F. et al. (1996) A genetic screen for mutations affecting embryogenesis in zebrafish. *Development* **123**, 37–46.

Nasevicius, A. & Ekker, S.C. (2000) Effective targeted gene "knockdown" in zebrafish. *Nature Genetics* **26**, 216–220.

新的研究方向

斑马鱼将持续在以下四个领域发挥关键作用，做出重要贡献：

1. 用于研究发育的器官发生阶段。针对特定器官开展的诱变筛选，有望揭示那些此前未知却在特定器官形成过程中发挥关键作用的基因。同时，这些实验还将借助针对已知基因的反向遗传方法，如 CRISPR/Cas9 技术，作为有力辅助。

2. 对于形态发生运动的研究，以及其他需要可视化细胞的应用，胚胎的透明性将使实时高分辨率研究成为可能。单个细胞群可以用转基因标签进行标记。

3. 用于研究人类疾病，如心血管疾病、代谢疾病、神经发育障碍等。

4. 在整体动物模型的高通量应用中，包括筛选对特定分子途径具有活性的小分子化合物、对特定疾病模型有效的药物，以及开展药物或其他物质的毒性筛选。

要点速记

- 斑马鱼是一种非常适合遗传实验的脊椎动物。其胚胎发育速度快、世代周期短，可以在一个设施中饲养大量的鱼。

- 通过诱变筛选，已分离出许多发育突变体。突变相关基因已经通过定位克隆或测试候选基因等方法得以鉴定。

- 胚胎的透明特性，使得实时观察体内细胞的行为成为可能。

- 总体而言，斑马鱼的命运图以及早期发育的诱导步骤顺序与爪蛙相似。Wnt 信号通路对于早期背–腹轴的形成不可或缺，Nodal 因子是中胚层诱导所必需的，BMP 抑制剂是组织者发挥背部化作用所必需的。前–后图式形成则涉及 FGF 和 Wnts 信号。

- 斑马鱼在构建便捷的人类生理学或疾病实验模型方面具有重要作用，同时也可用于药物筛选和毒性测试。

拓展阅读

综合

Beis, D. & Stainier, D.Y.R. (2006) In vivo cell biology: following the zebrafish trend. *Trends in Cell Biology* **16**, 105–112.

Skromne, I. & Prince, V.E. (2008) Current perspective in zebrafish reverse genetics: Moving forward. *Developmental Dynamics* **237**, 861–882.

White, R.M., Sessa, A., Burke, C. et al. (2008) Transparent adult zebrafish as a tool for in vivo transplantation analysis. *Cell Stem Cell* **2**, 183–189.

Lieschke, G.J., Oates, A.C. & Kawakami, K., eds. (2009) *Zebrafish: Methods and Protocols*. Methods in Molecular Biology, vol. **546**. New York: Humana Press.

胚胎学

Kimmel, C.B., Warga, R.M. & Schilling, T.F. (1990) Origin and organization of the zebrafish fate map. *Development* **108**, 581–594.

Warga, R.M. & Kimmel, C.B. (1990) Cell movements during epiboly and gastrulation in zebrafish. *Development* **108**, 569–580.

Kimmel, C.B., Ballard, W.W., Kimmel, S.R. et al. (1995) Stages of embryonic development of the zebrafish. *Developmental Dynamics* **203**, 253–310.

Solnica-Krezel, L., ed. (2002) *Pattern Formation in Zebrafish*. Berlin: Springer-Verlag.

Solnica-Krezel, L. & Sepich, D.S. (2012) Gastrulation: making and shaping germ layers. *Annual Reviews Cell and Developmental Biology* **28**, 687–717.

Araya, C., Ward, L.C., Girdler, G.C. et al. (2016) Coordinating cell and tissue behavior during zebrafish neural tube morphogenesis. *Developmental Dynamics* **245**, 197–208.

Bruce, A.E.E. (2016) Zebrafish epiboly: spreading thin over the yolk. *Developmental Dynamics* **245**, 244–258.

Wagner, D.E., Weinreb, C., Collins, Z.M. et al. (2018) Single-cell mapping of gene expression landscapes and lineage in the zebrafish embryo. *Science* **360**, 981–987.

Farrell, J.A., Wang, Y., Riesenfeld, S. et al. (2018) Single-cell reconstruction of developmental trajectories during zebrafish embryogenesis. *Science* **360**, eaar3131.

遗传学

Patton, E.E. & Zon, L.I. (2001) The art and design of genetic screens: zebrafish. *Nature Reviews Genetics* **2**, 956–966.

Golling, G., Amsterdam, A., Sun, Z.X. et al. (2002) Insertional mutagenesis in zebrafish rapidly identifies genes essential for early vertebrate development. *Nature Genetics* **31**, 135–140.

Kawakami, K. (2005) Transposon tools and methods in zebrafish. *Developmental Dynamics* **234**, 244–254.

Asakawa, K. & Kawakami, K. (2008) Targeted gene expression by the Gal4-UAS system in zebrafish. *Development Growth and Differentiation* **50**, 391–399.

Halpern, M.E., Rhee, J., Goll, M.G. et al. (2008) Gal4/UAS transgenic tools and their application to zebrafish. *Zebrafish* **5**, 97–110.

Shoji, W. & Sato-Maeda, M. (2008) Application of heat shock promoter in transgenic zebrafish. *Development Growth and Differentiation* **50**, 401–406.

Lawson, N.D. & Wolfe, S.A. (2011) Forward and reverse genetic approaches for the analysis of vertebrate development in the zebrafish. *Developmental Cell* **21**, 48–64.

Kok, F.O., Shin, M., Ni, C.W. et al. (2015) Reverse genetic screens reveals poor correlation between morpholino-induced and mutant phenotypes in zebrafish. *Developmental Cell* **32**, 97–108.

Rossi, A., Kontarakis, Z., Gerri, C. et al. (2015) Genetic compensation induced by deleterious mutations but not gene knockdowns. *Nature* **524**, 230–233.

Hwang, W.Y., Fu, Y., Reynon, D. et al. (2013) Efficient genome editing in zebrafish using a CRISPR-Cas system. *Nature Biotechnology* **31**, 227–229.

Trinh, L.A. & Fraser, S.E. (2013) Enhancer and gene traps for molecular imaging and genetic analysis in zebrafish. *Development Growth and Differentiation* **55**, 434–445.

母源决定子

Abrams, E.W. & Mullins, M.C. (2009) Early zebrafish development: it's in the maternal genes. *Current Opinion in Genetics and Development* **19**, 396–403.

Fuentes, R., Tajer, B., Kobayashi, M., Pelliccia, J.L., Langdon, Y., Abrams, E.W. & Mullins, M.C. (2020) The maternal coordinate system: Molecular-genetics of embryonic axis formation and patterning in the zebrafish. *Current Topics in Developmental Biology* **140**, 341–389.

Nojima, H., Rothhamel, S., Shimizu, T. et al. (2010) Syntabulin, a motor protein linker, controls dorsal determination. *Development* **137**, 923–933.

Yan, L., Ching, J., Zhu, X. et al. (2018) Maternal Huluwa dictates the embryonic body axis through β-catenin in vertebrates. *Science* **362**, eaat1045.

诱导性互作

Dougan, S.T., Warga, R.M., Kane, D.A. et al. (2003) The role of the zebrafish nodal-related genes squint and cyclops in patterning of mesendoderm. *Development* **130**, 1837–1851.

Leung, T.C., Bischof, J., Soll, I. et al. (2003) Bozozok directly represses bmp2b transcription and mediates the earliest dorsoventral asymmetry of bmp2b expression in zebrafish. *Development* **130**, 3639–3649.

Schier, A.F. & Talbot, W.S. (2005) Molecular genetics of axis formation in zebrafish. Annual Review of Genetics **39**, 561–613.

Ota, S., Tonou-Fujimori, N. & Yamasu, K. (2009) The roles of the FGF signal in zebrafish embryos analyzed using constitutive activation and dominant-negative suppression of different FGF receptors. *Mechanisms of Development* **126**, 1–17.

Thisse, B. & Thisse C. (2015) Formation of the vertebrate embryo: moving beyond the Spemann organizer. *Seminars in Cell and Developmental Biology* **42**, 94–102.

Tuazon, F.B. & Mullins, M.C. (2015) Temporally coordinated signals progressively pattern the anteroposterior and dorsoventral body axes. *Seminars in Cell and Developmental Biology* **42**, 118–133.

Kimelman, D. (2016) Tales of tails (and trunks): forming the posterior body in vertebrate embryos. *Current topics in Developmental Biology* **116**, 517–536.

Bisgrove, B.W., Su, Y-C. & Yost, J. (2017) Maternal Gdf3 is an obligatory cofactor in Nodal signaling for embryonic axis formation in zebrafish. *eLife* **6**, e28534.

Montague, T. & Schier, A.F. (2017) Vg1-Nodal heterodimers are the endogenous inducers of mesendoderm. *eLife* **6**, e28183.

Almuedo-Castillo, M., Bläβle, A., Mörsdorf, D. et al. (2018) Scale-invariant patterning by size-dependent inhibition of Nodal signalling. *Nature Cell Biology* **20**, 1032–1042.

模拟人类疾病以进行药物筛选

Chakraborty, C., Hsu, C.H., Wen, Z.H. et al. (2009) Zebrafish: a complete animal model for in vivo drug discovery and development. *Current Drug Metabolism* **10**, 116–124.

Lieschke, G.J. & Currie, P.D. (2007) Animal models of human disease: zebrafish swim into view. *Nature Reviews Genetics* **8**, 353–367.

Gut, P., Reischauer, S., Stainer, D.Y.R. et al. (2017) Little fish, big data: zebrafish as a model for cardiovascular disease. *Physiological Reviews* **97**, 889–938.

Sakai, C., Ijaz, S. & Hoffman, E.J. (2018) Zebrafish models for neurodevelopmental disorders: past, present, and future. *Frontiers in Molecular Neuroscience* **11**, art. 294.

Tang, D., Geng, F., Yu, C. & Zhang, R. (2021) Recent application of zebrafish models in atherosclerosis research. *Frontiers in Cell and Developmental Biology* **9**, 643–697.

Wiley, D.S., Redfield, S.E. & Zon, L.I. (2017) Chemical screening in zebrafish for novel biological and therapeutic discovery. *Methods Cell Biology* **138**, 651–679.

第 10 章

鸡

从表面上看，鸡胚的可见发育过程，与鱼类和两栖动物差异显著，反而更趋近于哺乳动物的类型，即便早期胚胎中可见的形态发生运动看似大相径庭，但其背后的分子机制却极为相似。鉴于鸡在发育后期研究中应用广泛，本章将对脊椎动物器官发生进行概述。在本书第三部分，我们会以更详尽的方式回顾这一过程，并整合来自小鼠及其他脊椎动物物种的相关机制的证据。

受精的鸡蛋通常取自商业孵化场，这就使得实验中可能会用到不止一种品系。鸡蛋产出时的确切发育阶段不尽相同，不过在一个典型的受精鸡"卵"中，鸡的胚胎是一个位于卵黄顶部的扁平**胚盘**（**blastoderm**），含 20 000～60 000 个细胞。低温会使发育暂停，所以鸡蛋能在 14℃ 的环境下存放数天。当把鸡蛋置于 38℃ 的环境中孵化时，发育便会重新启动。与爪蛙和斑马鱼不同，鸡在胚胎期会借助蛋内的营养储备实现显著生长。

对于实验人员而言，鸡相较于小鼠具有显著优势，即产蛋后的各个阶段都能获取胚胎（**图 10.1**）。早期胚盘在体外培养时，能维持足够长的时间，以形成可识别的初级躯体模式；或者，也可以在蛋壳上开孔，对蛋内胚胎进行操作，之后用胶带封孔，再将整个鸡蛋继续孵化，直至胚胎发育到后期阶段。此外，小块组织能够移植到晚期胚胎的尿囊绒膜上，在那里组织会血管化，并在近乎隔离的状态下生长分化；一些器官原基也能够在体外培养。为区分移植物和宿主细胞，鸡胚与鹌鹑胚胎间的种间移植应用颇为广泛。尽管鹌鹑胚胎稍小且发育更快，但二者在解剖学上极为相似。传统上使用鹌鹑移植物，是因为所有鹌鹑细胞都有与核仁相关的**异染色质**（**heterochromatin**）凝聚体，通过使用福尔根（Feulgen）组织化学反应对 DNA 进行染色就可以观察到。如今，也可以使用物种特异性抗体来观察鹌鹑细胞。而且，胚胎学家还能利用几种在所有细胞中表达荧光蛋白的转基因鸡品系，对细胞质、细胞核或质膜进行标记。

鸡的生命周期较长，不太适合传统遗传学研究。然而，如今 CRISPR/Cas9 技术可用于对生殖细胞进行基因修饰。此外，在鸡胚胎中过表达基因的方法也有多种，包括使用逆转录病毒和电穿孔技术。**电穿孔**（**electroporation**）技术应用广泛，具体操作是将 DNA 注射到胚胎中感兴趣的区域，随后施加一系列低压电脉冲，这样能促使 DNA 进入细胞，且对细胞损伤较小。由于 DNA 带负电，会向阳极移

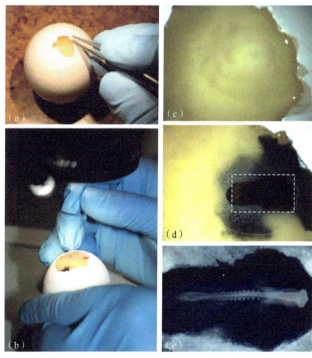

图 10.1 为显微手术准备鸡胚。(a) 给鸡蛋开窗；(b) 在胚盘下注入墨水以提高对比度；(c) 入射光下的胚盘；(d,e) 注射墨水后的胚盘。来源：Rashidi (2009). BioEssays. 31, 459-465.

动，进而在移动过程中进入细胞。该方法可用于功能获得实验，促使基因在通常不表达的部位或时间表达。功能丧失实验则可通过电穿孔导入显性负性构建体，以阻断目标蛋白质的作用；或者通过电穿孔导入反义Morpholino 寡核苷酸，阻止蛋白质的生成。在鸡胚胎实验中，电穿孔的优势在于能够在特定发育阶段，将功能丧失定向引入到目标细胞。为研究胚胎诱导，可用**诱导因子**（inducing factor）对胚胎进行局部处理，具体做法是将纯化的因子吸附到亲和层析珠上，再植入胚胎所需位置。这种珠子能结合大量因子，并在数天内缓慢释放，一定程度上模拟了从信号中心释放诱导因子的正常过程。许多此类实验也可以通过植入表达目标因子的哺乳动物细胞团来开展。

正常发育

鸡蛋是人们熟知的常见物体，由蛋壳、蛋白层（即"蛋清"）和蛋黄构成。但真正的卵仅由蛋黄组成，相当于成熟的**卵母细胞**（oocyte）。在受精的鸡蛋中，还含有一个不太起眼的细胞胚盘，被卵黄膜包裹。通常认为，鸟类和哺乳动物一样，卵子发生仅在胎儿期进行，幼体孵化时体内所含的全部卵母细胞，即为其一生的卵母细胞储备。在排卵前约 1～2 周，卵母细胞还相当小，但随后会出现急剧的生长突增，几天内重量可达约 55 克。排卵时，卵母细胞从卵巢释放进入**输卵管**（oviduct），若母鸡近期交配过，卵母细胞便会在此受精。卵子通过输卵管大约需要 24 h，在此过程中，卵子依次被蛋白层、蛋壳膜和蛋壳包裹，之后进入生殖道并产出。

鸡胚的卵裂属于**不完全卵裂**（meroblastic），仅涉及位于卵黄团边缘的合子中直径为 2～3 mm 的细胞质斑块（图 10.2）。早期卵裂在输卵管内发生，形成一个圆形胚盘，最初为一层细胞，随后变成几层细胞厚。不同胚胎的卵裂模式存在差异，细胞片层腹侧和侧面的卵裂球通过大型细胞质桥与卵黄相连，并会维持一段时间。卵子在输卵管下部（称为子宫）停留约 20 h，在子宫收缩的推动下缓慢旋转，同时其周围会形成钙质蛋壳。当胚盘含有数百个细胞时，其下方会出现一个称为胚下腔的空间（第 V 期；图 10.2）。细胞从胚盘下表面脱落至该腔中，可能会死亡，因此到子宫期结束时，胚盘中央区域变薄，形成一个有组织的上皮，厚度为一个或几个细胞。因其呈半透明外观，故而被称为**明区**（area pellucida）。胚盘外部更不透明的部分称为**暗区**（area opaca），明区与暗区之间的交界区域称为**边缘区**（marginal zone）。需注意的是，鸡胚中的"边缘区"与两栖动物胚胎的"边缘带"（亦为 marginal zone）并非同源结构。

随后，细胞的下层，即**下胚层**（hypoblast）开始发育，其来源一部分是整个明区内小群细胞的内移（初级下胚层），另一部分则是后缘区深部细胞的扩展（次级下胚层，或称为内胚层母细胞）。已知初级下胚层（后文简称下胚层）表达一些内胚层不表达的基因，包括 GOOSECOID（GSC）、HEX、CERBERUS（CER1）、OTX2 和 CRESCENT（FRZB2）。下胚层和内胚层仅参与胚外组织的形成。下胚层可能与小鼠卵柱的前脏壁内胚层（见第 10 章）同源，但无论是下胚层还是内胚层，都与斑马鱼胚胎的下胚层不同源，斑马鱼胚胎的下胚层是胚胎本身的一部分。此时，细胞的上层被称为**上胚层**（epiblast）。上胚层下方，位于后部边缘区与明区交界处的一个新月形细胞簇，被称为**科勒镰状区**（Koller's sickle）（XII 期；图 10.2）。

鸡蛋产出时，通常刚刚开始下胚层的形成。早期发育阶段由 Eyal-Giladi 和 Kochav 的分期序列进行描述，该系列使用罗马数字。图 10.3 展示了部分相关照片。在这个系列中，Ⅰ 期代表受精卵；Ⅹ 期代表单层胚盘时期，其下方有一些下胚层岛；ⅩⅢ 期代表双层胚盘时期。鸡蛋产出时大约处于 X～XI 期，此后的胚胎很容易获取，便于进行实验。此阶段之后的发育则由汉堡和汉密尔顿（Hamburger and Hamilton, HH）分期序列描述，该系列使用阿拉伯数字（HH1～HH46）来表示。

躯体模式形成的时期如图 10.4 和图 10.5 所示。在 HH2 期，明区后缘会出现一个称为原条的细胞凝聚结构，并向前延伸直至到达中心（第 2 期；图 10.4）。这标志着鸡胚原肠胚形成的开始。原条通过主动拉伸延伸至明区中心，这一点可通过它能推动置于前端的珠子得以证明。在上胚层形成之前，其细胞会经历广泛的环形（迂回）运动，这些运动倾向于将细胞带至后部中线，然后再向前移动，这一运动被称为"波兰舞"运动（图 10.6）。这些运动依赖于 WNT-PCP 通路，可通过表达 Dishevelled 的显性负性形式来抑制。

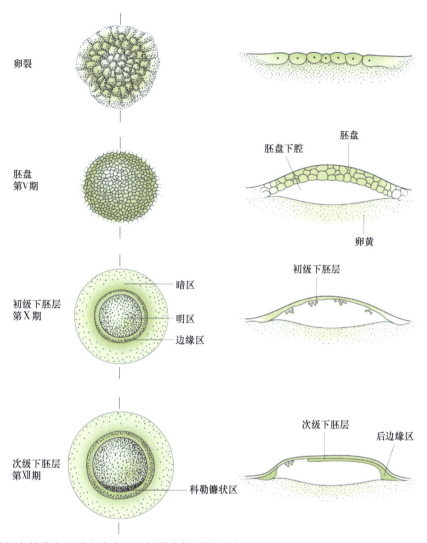

图 10.2　鸡蛋产下前胚盘的发育。垂直线表示右侧图中剖面的平面。

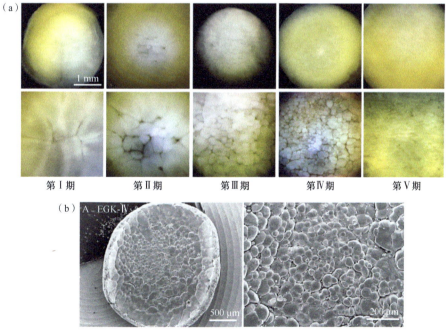

图 10.3　鸡发育的卵裂阶段。（a）Ⅰ～Ⅴ期的解剖显微镜视图。（b）第Ⅳ期扫描电子显微镜视图。来源：Nagai et al.（2015）.
Development. 142, 1279−1286。

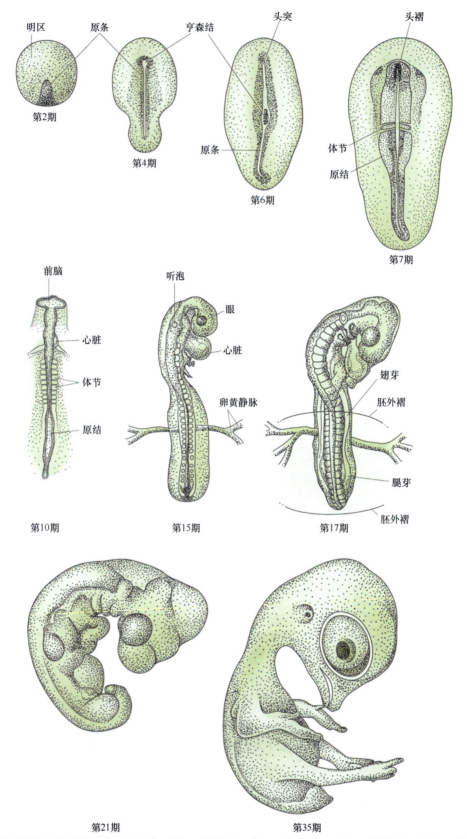

图 10.4　鸡的正常发育。孵育约 1 天后达到第 7 期，2 天后第 12 期，3 天后第 17 期，4 天后第 24 期，9 天后第 35 期。

　　尽管原条中有一些细胞停留，但它主要由处于移动穿越过程中的细胞构成。上胚层细胞从原条两侧迁移，进入并穿过原条，进而形成**中胚层**（**mesoderm**）和**定型内胚层**（**definitive endoderm**）（**图 10.5**a）。定型内胚层细胞侵入下层中线，将下胚层和内胚层细胞挤向外缘。明区逐渐从圆盘形变为梨形，同时在原条前端出现另一个细胞凝聚物，称为**亨森结**（**Hensen's node**）（第 4 期；图 10.4）。亨森结表达鱼类和两栖动物组织者区域特有的多种转录因子基因的同源基因，包括 *GSC*、*NOT* 和 *FOXA2*。穿过结的细胞向前迁移形成**头突**（**head process**），由头中胚层和位于头部内的脊索部分组成（第 6 期；图 10.4）。此时，亨森结开始向后退行，随着它的后退，在其尾部逐渐出现躯体模式的主要结构：居于中线的**脊索**（**notochord**）、位于两侧的**体节**（**somite**），以及上胚层中的**神经板**（**neural plate**）（图 10.5b）。**原始生殖细胞**（**primordial germ cell**）出现在明区的最前端边缘，位于胚胎本体之外。

　　孵育约 1 天时，胚胎前端可见胚盘向上隆起，这被称为**头褶**（**head fold**），并且在亨森结退化的轨迹上会出现一对体节和前部神经褶（第 7 期；图 10.4 和图 10.7）。从这个阶段开始，胚胎本体逐渐与周围的胚外组织分离。这一过程是通过围绕胚胎出现的、涉及所有三个胚层的褶皱来实现的，这些褶皱先是抬起头部，然后抬起尾部和躯干，使胚胎位于胚外组织表面之上（图 10.7）。

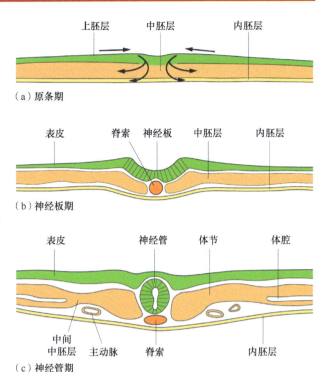

（a）原条期

（b）神经板期

（c）神经管期

图 10.5　鸡的正常发育。主轴结构形成过程中的横截面。（a）第 4 期，原结后方，箭头表示细胞内陷；（b）第 8 期躯体中部；（c）第 10 期躯体中部。

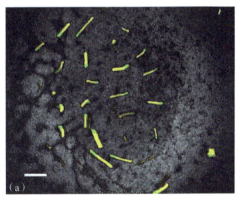

图 10.6　原条形成过程中上胚层细胞的"波兰舞曲"（Polonaise）运动。后部位于左侧。通过注射 DiI 标记了小群细胞，并采用延时摄影记录。彩色线条表示个体标记的 160 min 的运动情况，其中绿色部分表示最后 40 min。（a）在第 1 期进行标记；（b）在第 3 期进行标记。来源：Cui et al.（2005）. Dev. Biol. 284, 37–47。

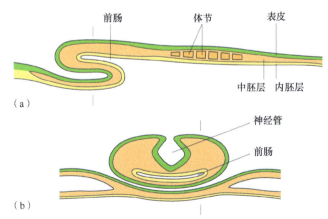

图 10.7　第 8 期的头褶。（a）矢状旁切面；线条表示（b）的切面平面。（b）横切面；线条表示（a）的切面平面。

　　第二天早些时候，血岛在胚盘的外层胚外部分出现，心脏原基则由前部中胚层左右两侧的原基融合而成（第 10 期；图 10.4）。心脏能够在这个前部中腹位置发育形成，是因为前部的体褶已将头部抬升至周围环境水平之上。此外，体褶的形成还使得前肠封闭成袋状，而预期肠道内胚层其余部分仍朝向卵黄的下层细胞层。

　　神经管（**neural tube**）首先在中脑上方闭合，随后逐渐向前后两个方向延展并完成闭合。体节按照从前到后的顺序持续从位于脊索和神经管两侧的中胚层体节板中依次产生。大约在孵育 36 h 后，胚胎会出现 10 个体节，此时神经管闭合，形成前脑、中脑和后脑泡（第 10 期）。**侧板中胚层**（**lateral plate mesoderm**）分化为附着于表皮的**体壁**（**somatic**）层和附着于内胚层的**脏壁**（**splanchnic**）层。这两层之间的空间便是**体腔**（**coelom**，图 10.5c）。中胚层进一步细分，呈现出一条位于前体节中胚层和侧板之间的纵向条带，这就是后来形成肾管的**间介中胚层**（**intermediate mesoderm**）。尽管亨森结的退化以及身体后部的形成还会持续一段时间，但这个阶段大致标志着早期发育和晚期发育的交界，因为此时整体的躯体模式已基本奠定，各个器官的形成也即将开启。

胚外膜

在鸡胚发育过程中，胚外膜的形成与排布对其生存起着至关重要的作用，它们在整个胚胎发育阶段充当着消化和呼吸器官。其排布情况如图 10.8 所示。其中一种膜——**羊膜**（**amnion**），是一类四足脊椎动物被称为羊膜动物的缘由，羊膜动物包括爬行动物、鸟类和哺乳动物。鱼类和两栖动物胚胎没有羊膜，被称为无羊膜动物（anamniote）。

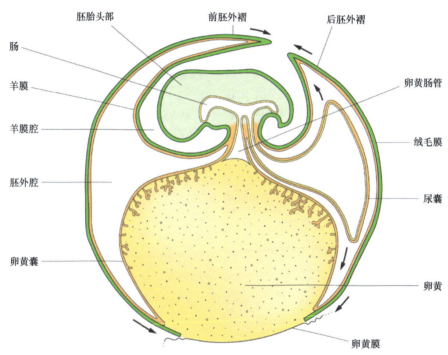

图 10.8　鸡胚胎外膜的形成。来源：Hildebrand（2005）. Analysis of Vertebrate Structure, 4th edn. Wiley。

从原肠胚形成阶段开始，外部暗区在卵黄表面扩展，形成由胚外外胚层和内胚层构成的膜。中胚层的扩散范围相对有限，并且在任何时候都与胚胎外血管区域重合（详见"心脏和循环"部分）。最初，体腔在胚胎区域和胚胎外区域是连续的。内层胚外层由脏壁中胚层、造血组织和内胚层组成，被称为**卵黄囊**（**yolk sac**）。它会逐渐包裹整个卵黄团，发挥消化器官的作用，卵黄的消化产物被吸收到血管中，进而输送至胚胎。外层胚外层由体壁中胚层和外胚层组成，称为**绒毛膜**（**chorion**）。第三天，绒毛膜的褶皱开始覆盖胚胎前端，相应的褶皱也从后端生长出来。图 10.4（第 17 期）用线条展示了这些褶皱。褶皱在中间融合，形成两层完整的膜覆盖胚胎，外层依旧称为**绒毛膜**，内层则被称为**羊膜**。

尿囊（**allantois**）由一层被脏壁中胚层覆盖的内胚层组成。它从后肠延伸至胚胎外体腔，并不断扩张，直至与绒毛膜的下表面融合。尿囊具有两个功能：一是作为排泄容器，尿酸在其中不断积累；二是作为胚胎的主要呼吸器官。尿囊与绒毛膜的融合形成了**尿囊绒膜**（**chorioallantoic membrane, CAM**），它位于蛋壳正下方，富含用于气体交换的血管。在过去，实验人员曾将其用作对从胚胎中取出来的离体器官原基进行卵内培养的场所。

命运图

　　早期胚盘细胞中，仅有一小部分会融入胚胎本体，其余的则发育成胚外组织。早期胚胎的**命运图**（**fate map**）已得到深入研究，近期采用了 **DiI** 和 **DiO** 进行小范围局部荧光标记，这些标记在后期能够清晰显现。这些研究表明，原条和原结起源于明区的最后部分（**图 10.9**）。

　　早期原肠胚阶段细胞的命运，在不同个体胚胎之间存在一定程度的差异，因为细胞的运动和混合可能较为广泛。有持续不断的细胞经过原结和原条运动，但原结中也存在一群常驻细胞，它们为整个身体提供子代细胞。穿越早期原结和原条的细胞通常会发育为前部组织，而那些在后期阶段通过的细胞，随着原结和原条的后退，会逐渐成为更靠后的组织。尽管存在细胞混合现象，但仍能够为该阶段绘制命运图。原结形成脊索前中胚层和脊索，以及每个体节的内侧细胞（**图 10.10**a）。轴旁中胚层、间介中胚层和侧板中胚层大部分由原条形成。胚外中胚层由后

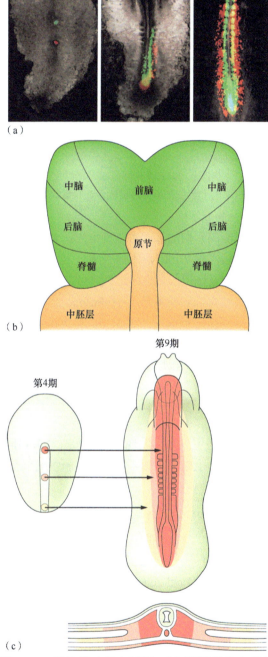

（a）

（b）

第4期　　第9期

（c）

图 10.10　原结期鸡胚命运图。(a) 不同原条水平的 DiI（红色）和 DiO（绿色）标记显示从原结到背中线结构，以及从更靠后的原条到外侧中胚层的投射。(b) 约第 4 期鸡胚中枢神经系统的未来区域。(c) 中胚层和内胚层起源自原条的不同水平。来源: Iimura et al. (2007). PNAS. 104, 2744–2749。

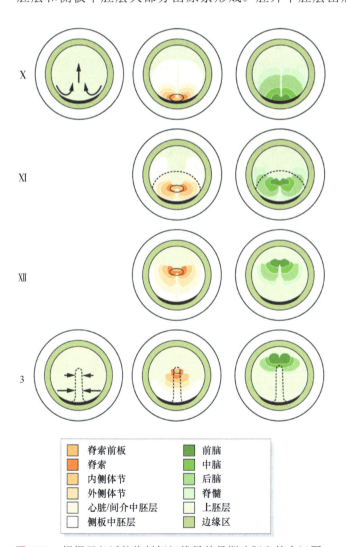

图例	
脊索前板	前脑
脊索	中脑
内侧体节	后脑
外侧体节	脊髓
心脏/间介中胚层	上胚层
侧板中胚层	边缘区

图 10.9　根据局部活体染料标记推导的早期鸡胚盘的命运图。图中，中胚层和神经结构分开显示。主要的细胞运动是在标记开始阶段的"波兰舞曲"运动，以及在观察结束阶段细胞通过原条的内移运动。

部原条形成,而所有内胚层均起源于前部原条(图 10.10c)。大部分未来的大脑在 HH4 期时位于原结之前(图 10.10b)。原结的每一侧都有小区域的上胚层,它们随着原结的退化而延长,并形成耳囊后面的整个中枢神经系统。

早期胚胎的区域特化

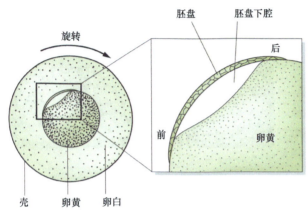

图 10.11 由于卵子在子宫内旋转,鸡胚盘获得前–后极性。

早在 1828 年,冯·贝尔(von Baer)就提出了一条规则,可用于预测大多数鸟类卵的前后轴。该规则指出,如果卵呈水平放置且尖端朝右,那么胚胎的尾部应朝向观察者。这条规则的提出,是因为卵在子宫内会经历连续的旋转,且旋转方向通常与卵的尖端和钝端对应的方向一致(图 10.11)。胚胎和卵黄并非沿着卵壳外表面旋转,但仍会向旋转方向倾斜。在子宫内发育的第 14～16 h 是一个关键时期,仅仅通过胚盘的简单倾斜就足以建立极性,从而在胚盘最上端形成后部及原条形成区域。

导致这种对称性破缺的分子或细胞机制目前仍不明确,可能涉及信号蛋白 BMP4 和 VG1 之间的相互作用。编码它们的基因在胚盘中广泛表达,但到了第 X 期,它们的表达已定位到相反的两极:*BMP4* mRNA 位于前极,*VG1* mRNA 位于后极。这是鸡胚出现前后极性的首个迹象。数学模型显示,涉及 BMP4 和 VG1 之间负相互作用的自组织过程,可能是造成前–后极性的原因。

鸡胚盘为胚胎**调节**(**regulation**)提供了绝佳示例(见第 4 章)。早期胚盘最多可被切割成 8 个部分,每个部分都能够形成原条和胚轴。在分离的前半部分中,原条总是从后边缘形成,但与相应的后半部分中原条形成相比,会延迟 8 h。在早期切除亨森结后,仍能产生完整的轴。原条会从缺损部位的后缘重新形成,且该过程需要中段原条的存在。一个原结一旦形成,它就会抑制其他原结在其附近形成。

早期的诱导互动

在鸡胚中,能够发现与爪蛙和斑马鱼相同的中胚层诱导、背部化和前后模式形成过程。而且,所涉及的基因总体上较为相似,尽管存在一些细节差异。

中胚层诱导

原条表达 T 盒转录因子 Brachyury,在两栖动物中,Brachyury 的表达是由中胚层诱导信号诱导产生的。因此,原条的形成可能对应着**中胚层诱导**(**mesoderm induction**)。通常情况下,原条产生于明区上胚层的最后部,由科勒镰状区诱导形成。如果将一片前部上胚层与一片包括科勒镰状区的后缘区(posterior marginal zone, PMZ)结合在一起,就可以诱导出一条新的具有极性的原条,其后端与 PMZ 相邻(图 10.12)。鹌鹑和鸡组织的组合实验表明,这是一种真正的诱导过程,新的原条由宿主组织形成。上胚层对来自 PMZ 的原条诱导信号的感应能力在第 XI 期消失,此时内胚层正开始形成。起作用的诱导因子是 VG1、WNT、Nodal 和 FGF 的组合(详见第 8 章)。在鸡中,VG1 在科勒镰状区中表达,随后在原条本身中表达(图 10.13)。VG1 的表达在前部上胚层节段的后缘被激活,上调 VG1 表达所需的时间,可能是前部节段中原条形成延迟的原因。WNT 因子在边缘区表达,特别是 *WNT8C* RNA 被发现呈从后(高)到前(低)的梯度表达。只有在边缘区表达时,VG1 才会诱导原条形成,而将 VG1 和 WNT1 组合以细胞团块形式吸附到亲和珠上,植入前部明区时,VG1 和 WNT1 将模拟 PMZ 的作用,诱导原条形成。植入 PMZ 外植体,或者应用 Vg1 和 WNT,最早产生的后果之一就是在相邻的明区中诱导 *NODAL* 的表达。*NODAL* 表达的诱导可能代表了一种中继机制，可扩大原条诱导信号的范围和强度。VG1 也可能与 Nodal 形成异二聚体来诱导中胚层，就如同在爪蟾和斑马鱼中那样。

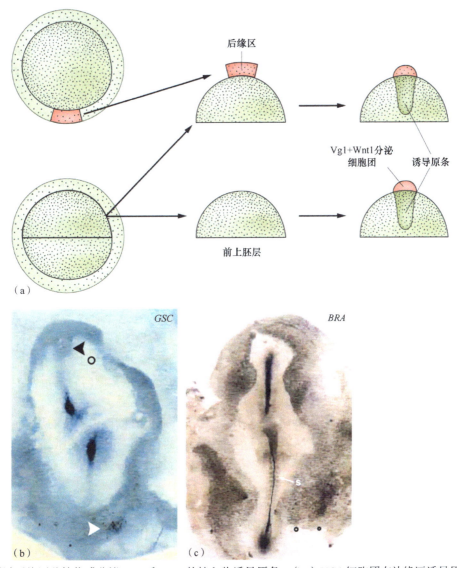

图 10.12　(a) 通过后缘区移植物或分泌 VG1 和 Wnt 的植入物诱导原条。(b,c) VG1 细胞团在边缘区诱导原条，该边缘区已表达 Wnt。在 (b) 中，移植部位用黑色箭头标记，原始后部带有碳颗粒（白色箭头），24 h 后，原条通过 *goosecoid*（*GSC*）原位杂交可视化。黑色箭头附近的圆圈是一个小气泡。(c) 在 48 h，通过 *brachyury*（*T*）原位杂交观察。来源：(b,c) Shah et al.（1997）. Development. 124, 5127−5138。

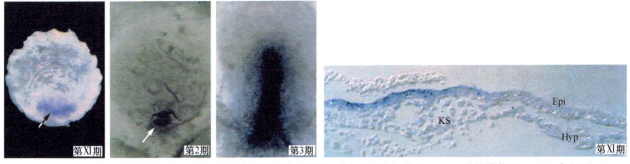

图 10.13　*VG1* 在鸡胚盘中的表达。表达开始于后缘区的上胚层，随后延伸入原条。KS，科勒镰状区；Epi，上胚层；Hyp，下胚层。来源：Shah et al.（1997）. Development. 124, 5127−5138。

正常发育过程离不开 WNT 和 Nodal，这一观点有充分的事实依据。例如，在第 XI 期之前，使用 WNT 抑制剂 FRZB8 或者 Nodal 抑制剂 Cerberus-short（CER-S），都会抑制原条的形成。和爪蛙的情况类似，成纤维细胞生长因子（FGF）也是中胚层诱导过程中不可或缺的因素。*FGF8* 通常在下胚层表达，浸泡过 FGF 的珠子能够诱导异位原条的产生。此外，使用 FGF 抑制剂 SU5402 会抑制原条的形成。

在正常发育中，普遍认为多原条的形成受到抑制信号的阻止。起初，这种抑制信号来源于下胚层，之后则来自先形成的原条。去除下胚层后，通常会促使上胚层产生多个原条。而且，只有在去除下胚层的情况下，应用 Nodal 才能够诱导原条的形成。在正常发育时，分泌 WNT 和 Nodal 抑制剂（Cerberus 和 Crescent）的初级下胚层，会被不分泌这些抑制剂的内胚层所取代，这就为 Nodal 在邻近 VG1 表达的区域诱导原条创造了条件。

关于先形成的原条会抑制更多原条出现的证据，源自 VG1 植入实验。分离出的前半部分上胚层，通常会在其后缘形成一个原条。如果将释放 VG1 的细胞团移植到胚胎一侧，它会在局部诱导原条的形成，同时抑制宿主原条的产生。当移植两团细胞时，它们都有可能诱导原条形成，除非两次移植的时间间隔超过 5 h。在间隔超过 5 h 的情况下，只有第一个细胞团能够诱导原条。这表明已形成的原条会发出信号，抑制其附近额外原条的生成。

组织者效应和前–后图式化

接下来的诱导相互作用，是在亨森结的影响下，在外胚层和中胚层中发生的区域化，这一过程在鱼类和两栖动物中被描述为背部化/神经诱导。由于鸡的胚盘是扁平的，在这个阶段，与爪蛙和斑马鱼背–腹轴同源的轴是从内侧延伸至外侧的。在早期鸡胚中，"背–腹轴"通常指的是从背侧表面穿过胚盘到胚盘下腔的轴。这与非洲爪蛙早期原肠胚的动物–植物轴同源，而非背–腹轴。所以，把鸡的组织者效应称为"背部化"并不恰当。在身体折叠和腹部闭合之后，脊索、体节和侧板的确从背侧向腹侧延伸，此时羊膜动物和无羊膜动物中的相关术语才变得一致。

从中胚层受到的影响来看，施加 BMP 能够抑制体节形成，而促进侧板中胚层的形成；使用 BMP 抑制剂 Noggin 则会诱导异位体节产生。这表明内–外侧中胚层的模式形成，可能像在爪蛙和斑马鱼中那样，依赖于 BMP 活性的梯度性抑制。不过，神经诱导的情况似乎更为复杂，证据显示，不仅是 BMP 抑制在起作用，FGF、WNT 和视黄酸也参与其中。

在原条形成之前，鸡胚的上胚层表达几个"前神经"（preneural）基因，包括 *ERNI*、*SOX3* 和 *OTX2*。这些基因随后在神经板中表达，但早期表达本身并不意味着神经上皮的特化，因为分离的上胚层外植体在没有来自原结的信号时，不会进一步发育为真正的神经上皮。相反，上胚层前原条外植体表达 *δ-Crystallin*，这是眼睛晶状体分化的标志。前原条上胚层的前神经状态，是由其下方的下胚层细胞诱导的，当把这些细胞移植到 HH4 期宿主的前–外侧暗区时，也会诱导 *ERNI*、*SOX3* 和 *OTX2* 的表达。

下一步就需要亨森结发挥作用。如果将亨森结移植到前–外侧暗区，且植入位置离明区不太远，它就会诱导出第二体轴。该第二轴中的大部分组织，包括神经管和体节，都是由宿主细胞形成的，但脊索来自移植物（图 10.14）。值得注意的是，尽管暗区上胚层通常具有胚外组织的发育命运，但作为对移植原结的响应，它可以被诱导形成一个完整的、具有区域模式的神经系统。在这个测试中，早期的原结可以诱导出完整的神经系统，但这种活性在 HH4 期后迅速下降，并在 HH8 期消失。HH4 期之后，上胚层对原结移植物的感应能力也很快就消失了。

亨森结的活性与爪蛙的组织者极为相似，所利用的信号可能也相似。当亨森结被夹在两个爪蛙原肠胚阶段的动物极小片之间时，后者会表达通常在神经板中表达的基因。人们很容易推测亨森结的活性是 BMP 的抑制导致的，因为 BMP 抑制剂 Chordin 在结中表达，并且几种 BMP 在胚盘的外周部分表达。通过免疫染色可以检测到预期神经板区域中磷酸化 Smad-1 的减少，这表明 BMP 信号减弱了（图 10.15）。

然而，BMP 抑制剂在鸡神经诱导中的作用存在一些争议，一般来说，将 BMP 抑制剂应用于上胚层外植体时，并不具有预期的神经化活性。BMP 抑制剂无法在具有感应性的暗区中诱导神经标志物的表达，但它们可以维持由原结移植物诱导的神经标志物的表达。例如，若原结移植 5 h 后被移除，代之以分泌 Chordin 的细胞团，那么由原结诱导的神经上皮标记 *SOX3* 的表达随后会被 Chordin 维持。所以，在鸡胚中，BMP 抑制似乎不足以诱导神经上皮，然而一旦神经命运被其他信号诱导，就需要 BMP 抑制来维持神经命运。

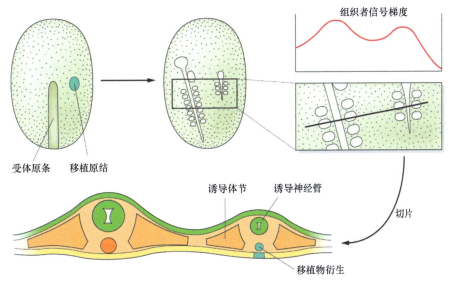

图 10.14　移植到明区的原结将诱导部分第二轴，其中脊索来自移植物，而神经管和体节来自宿主。

诱导神经命运的其他信号之一可能是 FGF8，它在前原条期胚胎的下胚层中表达，随后在原条本身中表达。如"中胚层诱导"部分所述，下胚层诱导前原条上胚层中的前神经基因表达，当将 FGF 蛋白珠植入暗区时，会诱导相同基因的表达。这表明 FGF8 可能是来自下胚层的神经诱导信号。放置在暗区的 FGF8 蛋白珠会在移植后 5 h 内诱导 *ERNI* 和 *SOX3* 等前神经基因的表达，而早期神经板标记物稍后会被诱导。这表明 FGF 信号足以诱导对神经诱导的最早反应。然而，FGF 珠子不会诱导定型神经板标记物（如 *SOX2*）的表达，也不会诱导形态上的神经板本身。所以，必定还需要额外的信号来诱导神经板，这些信号可能包括 BMP 抑制剂、WNT 和视黄酸。

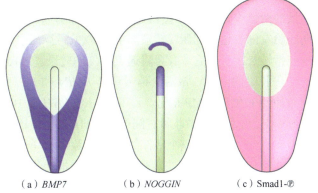

图 10.15　基因表达域：（a）BMP；（b）一个 BMP 抑制剂；（c）通过检测磷酸化 Smad1 来可视化 BMP 信号。

前-后图式中的躯干-尾部部分的形成可能是由 FGF 引起的，这与爪蟾和斑马鱼中的情况一样。FGF 在原条中表达，并可能使诱导的神经板后部化。FGF 通过诱导 *CDX* 基因的表达来实现这一点，而这些基因反过来又会激活后部 Hox 基因（*HOX6-HOX13*）的表达。

左-右不对称性

正如在第 2 章中提及的，脊椎动物并非完全呈两侧对称。在鸡的发育过程中，这种不对称性在早期阶段（HH4）就已显现，亨森结略微向左倾斜，其右唇则更为突出。紧接着，心管呈 S 形，整个胚胎发生弯曲，从上方观察时，胚胎头部位于右侧。当胃和肠发育时，它们的不对称性十分明显。两性的左侧性腺都有更多原始生殖细胞定殖，而在雌性个体中，只有左侧卵巢和米勒管（Müllerian duct）得以保留并发挥功能。这种不对称性还延伸至大脑的解剖结构和功能层面。

在鸡胚内，已经有几种参与这一过程的基因产物，因其不对称的表达模式而被鉴定出来。通过一系列实验，人们梳理出了左右不对称过程中事件发生的先后顺序。在这些实验里，研究人员利用可复制的病毒载体，或者将因子附着在亲和珠上，以局部施用的方式，观察其对其他因子表达的影响。左右不对称过程涵盖四个步骤：第一步是胚胎在结或中线结构处基本双侧对称性的打破；第二步是放大最初的不对称性，从而在中线两侧建立起不同的基因表达机制；第三步是将信息传递到外侧中胚层，这是与不对称器官形成关联最为紧密的组织层；第四步则是控制那些实际导致不对称形态的细胞黏附和运动事件。

在鸡的发育中，最初的对称性破缺事件至今仍未完全明晰。不过，在小鼠、爪蛙和斑马鱼中，有充分证据表明，这一过程依赖于初级纤毛内在的不对称结构。这些纤毛存在于小鼠的原结（见第 11 章）、斑马鱼的库普弗囊泡以及爪蛙的原肠腔顶部。在上述每种生物中，纤毛都会产生向左的流体流动，进而引发一系列级联事件，而阻止纤毛活动的突变或抑制剂会阻碍左右不对称性的发育。在鸡的发育进程中，目前尚无证据表明纤毛参与其中，最初始的事件似乎是原条左侧由 H⁺/K⁺-ATP 酶的不对称活性介导的膜电位去极化。这导致在 HH5 期，*SHH* 在原结左侧、激活素受体 Ⅱa（*ACTIVIN RECEPTOR Ⅱa*）在原结右侧出现不对称表达。

在众多不对称表达的基因中，*NODAL* 被视作关键角色，因为它在所有脊椎动物中都优先在左侧表达，并且将 Nodal 施用于右侧会使多个器官系统的不对称性变得随机化。然而，Nodal 上游和下游的组分在不同脊椎动物物种之间确实存在显著差异。在鸡中，*NODAL* 的表达大约在 HH6 期，出现在逐渐退缩的原结左侧的一个小区域内，随后在 HH7 期扩散至左侧侧板中胚层的一个更广泛区域。左侧的 *NODAL* 表达受 SHH 和 BMP2 的调控，其中 BMP2 会抑制 *NODAL*。BMP 在胚胎两侧均有表达，但 SHH 会上调胚胎左侧的 BMP 抑制剂 Caronte，从而抑制 BMP2 信号，使得 *NODAL* 能够在侧板中胚层中表达。如果将 SHH 应用于右侧，就会诱导那里的 *NODAL* 表达。Nodal 信号通常会上调 *NODAL* 表达，因此需要某种机制来抑制其无限制传播，这一任务由另一种名为 Lefty 的转化生长因子-β（TGFβ）样因子来完成，该因子在 *NODAL* 表达域的两侧表达。Lefty 蛋白是 Nodal 的抑制剂，能够降低其信号活性。这一基因级联的最终产物是在 HH8 期胚胎左侧表达的同源域转录因子 PITX2。这一过程由 Nodal 信号通过 Snail 的转录阻遏来控制，Snail 是一种锌指转录因子，它本身会阻遏 *PITX2* 的转录。PITX2 是最终调控不对称器官发生的转录因子。

在胚胎的右侧，激活素信号激活 *BMP4* 和 *FGF8* 的转录，进而抑制右侧的 *SHH* 表达。如果在 HH5 期抑制原结右侧的 BMP 信号，结果会导致 *SHH* 在 HH6/7 期双侧表达。激活素和 FGF8 上调 *SNAIL* 的表达，而 SNAIL 通常会阻遏胚胎右侧的 *NODAL* 表达。因此，激活素信号激活了一个通路，阻遏正常情况下左侧基因在右侧的表达。整个事件的序列如图 10.16 所示。

尽管这一机制的某些步骤并非其他脊椎动物所共有，但 Nodal 和 PITX2 始终在左侧表达，并且似乎分别代表了细胞分化的主要信号步骤和最终控制器。

鸡器官发生的描述

鸡胚胎发育的后期阶段已被研究了很长时间，因此，它与小鼠的相应阶段共同构成了我们理解脊椎动物器官发生一般知识的基础资源。由于后续章节将更详细地阐述几个器官系统的实验工作，所以本节仅对一些主要形态事件进行简要总结。

整体胚胎

到第 2 天时，心脏向右弯曲，**视泡（optic vesicle）**从前脑处长出（见**图 10.4**）。头部转向右侧，此时（HH14 期），前部胚胎外褶皱抬起并覆盖住头部。该褶皱逐渐向后移动，随后分化为**绒毛膜**和**羊膜**（见**图 10.8**）。头部在前脑和后脑区域之间急剧弯曲。前三个**咽囊（pharyngeal pouch）**出现，视泡内陷，眼睛的晶状体在邻近的表皮中显现。第 3 天，肢芽从侧板中胚层处长出（HH17 期），再过 1 天，它们的长和宽变得相等。后部胚胎外褶皱出现并向前移动，最终与前褶皱相遇。在肢芽出现后不久，这些褶皱融合在一起，将胚胎封闭在羊膜腔内（见**图 10.8**）。眼睛色素沉着大约从 3.5 天开始出现。

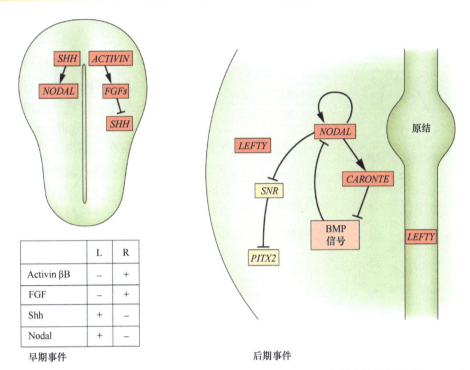

	L	R
Activin βB	−	+
FGF	−	+
Shh	+	−
Nodal	+	−

早期事件　　　　　　　　　　　　　　后期事件

图 10.16　鸡胚左右不对称的发育。早期事件导致左侧原结优先表达 Nodal。后来的事件最终导致 PITX2 在左侧表达。

　　到了第 3 天，最初的头部褶皱已经加深为一个前体褶，使得身体的前半部分高出周围（见**图 10.7** 和**图 10.8**）。这导致形成从**前肠门**（anterior intestinal portal）向前延伸的封闭的**前肠**（foregut）管，将前肠门连接至内胚层下的空间。在第 4 天，相应的后体褶抬起胚胎的后部，并导致**后肠**（hindgut）的形成。肠的残留腹侧开口逐渐变小，最终变窄为连接卵黄团和中肠的卵黄肠管（见**图 10.8**）。**尿囊**起源于后肠并迅速扩张到绒毛膜和羊膜之间的空间。

　　口在前肠的前端形成。面部由一组成对的突起融合而成：口上方是额鼻中线突和上颌外侧突，口下方是下颌外侧突。这些突起在中线处融合，构成了面部。大约在 5.5 天后，喙开始出现，其上部由上颌突形成，下部则来自下颌突。胚胎的外**表皮**（epidermis），由于其未分化的外观，在最初的几天内通常仍被称为外胚层，但这其实是个错误的称呼，因为在原条期之后，它就不再具备形成神经组织的能力了。在鸡中，羽毛胚基大约从第 6 天开始在表皮中出现。

　　从第 3 天到第 4 天，**尾芽**（tailbud）在胚胎的最后端形成。它由各种轴向组织类型并置构成：脊索、神经管、体节和后肠。在鸡中，尾芽仅负责产生最后的 4～5 个体节，而在其他脊椎动物中，它可能产生更多。鸡在孵育的第 20 天或第 21 天从蛋壳中孵化出来。

中枢神经系统

　　早期的大脑形态如**图 10.17** 所示。从第 2 天开始可见的三个初级脑泡分别是**前脑**（forebrain）、**中脑**（midbrain）和**后脑**（hindbrain）。前脑的前部是端脑，后来发育成大脑半球；后部是间脑，产生视泡；中脑后来形成成对的**视顶盖**（optic tectum），这是视神经的接受区。后脑的前部形成小脑，负责控制躯体的运动，后脑的其余部分形成延髓，是各种重要生命功能的控制中心。神经管的其余部分形成脊髓。12 对颅神经从大脑发出，支配着各种肌肉和感觉器官，而脊髓则产生成对的脊神经，位于椎骨之间。

　　神经管的背侧部分产生一群迁移细胞，称为**神经嵴**（neural crest）。在头部，神经嵴参与颅神经节和很大一部分颅骨骨骼的形成。在躯干中，神经嵴形成脊神经节、自主神经节、肾上腺髓质和色素细胞。有关神经系统和神经嵴发育的更多细节可在第 16 章中找到。

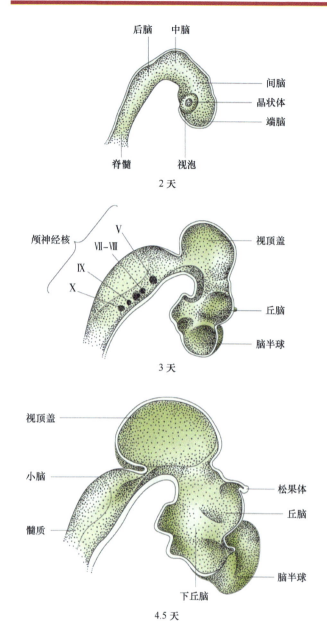

图 10.17 鸡胚脑在发育第 2～4.5 天的形状变化。

咽弓区

在后脑水平位置，身体呈现出明显的节段性排列（图 10.18）。这一结构由来自不同胚层的元素组成。在咽的内胚层中，形成了成对的侧**咽囊**。这些就是通常所说的"鳃裂"（gill slit 或 branchial cleft），所有脊椎动物胚胎在早期形态时都具备，尽管在鸡中它们只是短暂地裂开。后脑本身分为 8 个**菱脑节**（**rhombomere**）。菱脑节 1 发育成小脑。菱脑节 2～7 中的每一对都会产生神经嵴细胞，这些神经嵴细胞迁移后形成一个围绕咽部并分隔鳃裂的软骨**鳃弓**（**branchial arch**）。其中第一个鳃弓位于第一个裂缝的前方，称为下颌弓，随后它形成下颌骨和上颌骨突，构成面部的下半部分。第二个弓称为舌弓。每对菱脑节还会产生一对颅神经，进入其相关联的鳃弓。颅神经节部分由来自神经嵴的细胞组成，部分由相应的鳃上**基板**（**placode**）组成，这些基板在相邻的表皮中形成。每个咽弓都与一个血管主动脉弓相关联，将心脏的腹主动脉与成对的背主动脉连接起来（详见"心脏和循环"部分）。在内胚层中，甲状腺在腹侧中线由第二个咽囊的组织发育而成，成对的胸腺和甲状旁腺原基由第三个和第四个咽囊形成。这整个的节段排列是暂时的，裂口仅打开很短的时间，主动脉弓也并非同时发挥功能。

心脏和循环

心脏在后脑水平位置，起源于脏壁中胚层和肠道之间成对的内皮细胞凝聚。这些最初形成独立的管，然后在第 2 天早些时候，大约七体节阶段开始，它们在腹侧中线融合，形成一个单一的**心内膜**（endocardium）管。**心肌膜**（**myocardium**），即心脏的肌肉壁，起源于邻近的脏壁中胚层。随着融合过程的推进，心脏随着前体褶的进展向后移动。到 48 h 时，心脏变成一个螺旋形的管，从后到前分别由静脉窦、心房、心室和流出道组成。

在心脏形成的早期阶段，血岛和血管系统在暗区出现。这些血管生长到明区，并与胚胎内由中胚层产生的血管相连。心脏在第 2 天中期左右开始跳动，到第 3 天时，在胚胎和卵黄团之间建立起血液循环。血液从心脏流入短的腹主动脉，通过主动脉弓（最初为前三个咽弓各有一个）进入背主动脉（图 10.19）。背主动脉最初是成对的，但逐渐从前到后融合成一个主动脉。血液从这些动脉流向胚胎的各个部分，并通过位于躯干水平的成对卵黄动脉流出胚胎。然后，血液在胚胎外毛细血管床中被氧化，通过卵黄静脉返回，卵黄静脉从前后两个方向靠近胚胎，并与胚胎静脉系统一起在静脉窦汇合。由于体褶使胚胎与卵黄团之间的连接变少，卵黄动脉和静脉一起被推移进入脐带。之后，从第 6 天开始，**尿囊**成为主要的呼吸器官，因而大部分血流被引导通过尿囊（见图 10.8）。有关心脏、血液和血管系统的更多详细信息将在第 16 章中呈现。

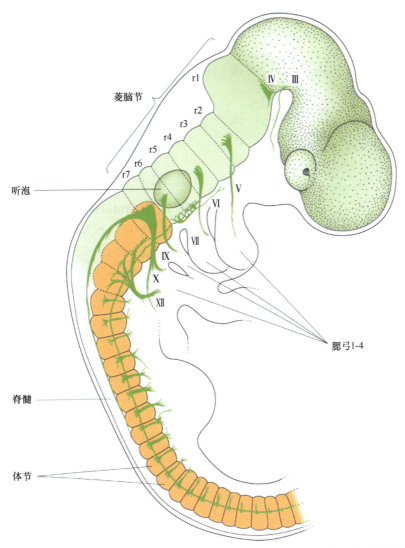

图 10.18　3 日龄鸡胚的咽弓区域。菱脑节标记为 r1～r7，相关的颅神经标记为 V～XII。每对菱脑节支配一个腮弓。听泡位于 r5-6 水平。来源：修改自 Lumsden (1991). Phil. Trans. Roy. Soc. 331, 281–286。

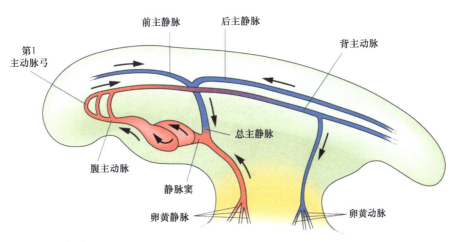

图 10.19　羊膜动物胚胎的基本循环。

躯干中胚层

图 10.20 展示的是约孵化 3 天时，通过前肢芽的横切面，该图呈现了中胚层结构的布局。体节源自脊

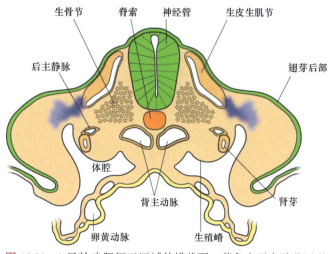

图 10.20 3 日龄鸡胚躯干区域的横截面。蓝色表示向肢芽迁移的成肌细胞。

索两侧的中胚层，这部分中胚层被称为**轴旁中胚层**（paraxial mesoderm）。从第 1 天发育结束起，体节便按从前至后的顺序依次出现。我们肉眼可见的分节现象，实则对应着每个体节从间充质形态转变为紧密排列细胞所构成的上皮球这一过程（图 10.21a，b）。体节持续发育形成，直至第 4 天，总数达到 45 个。随后，这些体节将分化形成三种类型的结构（图 10.21c）。

体节中紧邻脊索两侧的内部区域，被称为**生骨节**（sclerotome），日后会发育成椎骨和肋骨。椎骨的形成过程与体节发育并不同步，每个椎骨由一个体节的后部生骨节与下一个体节的前部生骨节共同发育而成，这一过程被称为"再分节"（resegmentation）。体节的外部区域为生皮生肌节，它为皮肤真皮以及身体分节的肌肉（即**生肌节**，myotome）提供细胞来源。在鸡的发育过程中，最前端的一对体节在形成后不久便会散开；紧接着的 4 个体节为枕体节，它们参与颅骨枕部的形成，而非椎骨的形成。

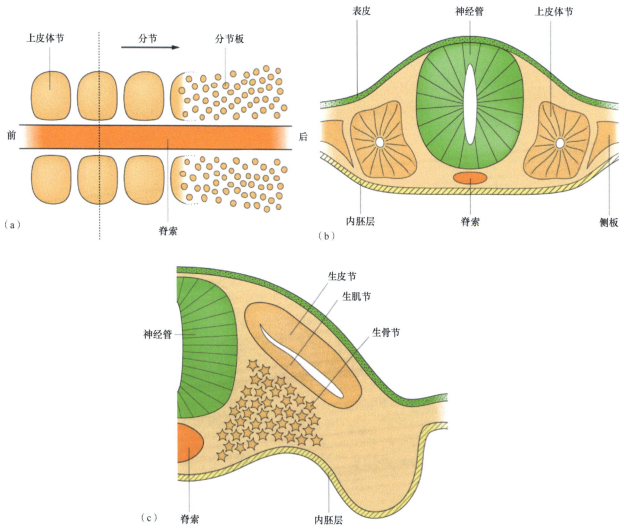

图 10.21 体节发生。(a) 体节从前往后依序形成。(b) 新近形成体节的横切面，显示上皮形成。(c) 后期从体节形成生皮节、生肌节和生骨节。

肾脏由间介中胚层发育而来（**图 10.22**）。起初，**前肾**（**pronephros**）在第 2～3 天，于第 7～15 个体节的水平位置开始发育。肾管从前肾区域向后生长，直至泄殖腔。在鱼类和两栖动物中，前肾具有实际功能，但在羊膜动物中，它很快便会退化。随后，**中肾**（**mesonephros**）从第 16～27 体节水平的间介中胚层以及相邻侧板处发育而来。在鸡胚胎中，中肾在第 3 天和第 4 天发育，由与肾管相连的肾小球和肾小管构成。在鸟类的胚胎期，中肾是发挥功能的肾脏。孵化后，中肾会被**后肾**（**metanephros**）所取代。在第 5～8 天，后肾从尾芽区域的中胚层发育形成。肾管的一个分支，即输尿管芽，向邻近的中胚层生长，并通过间充质向上皮转换的过程，促使后肾小管的形成。

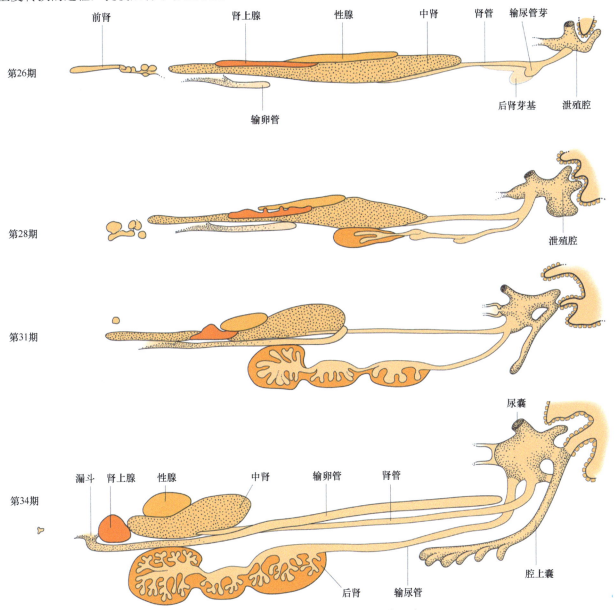

图 10.22 肾脏、性腺和肾上腺从间介中胚层的发育。来源：修改自 Witschi（1956）。

位于肾脏腹−内侧的条状中胚层，会发育形成肾上腺和**性腺**（**gonad**）。在第 4～8 天，肾上腺逐渐发育成一个致密的结构体，其外部的皮质由中胚层形成，内部的髓质则由神经嵴发育而来。性腺由间充质及其上方覆盖的体腔上皮共同发育产生，二者共同形成向体腔凸出的结构，称为**生殖嵴**（**genital ridge**）。**原始生殖细胞**（**primordial germ cell, PGC**）起源于胚胎前部的胚外位置（**图 10.23**），经过长途迁移后，进入生殖嵴。在两性个体中，迁移至左侧性腺的 PGC 数量多于右侧。在第 4 天时，雄性和雌性的性腺在外观上仍较为相似，但随后它们会分别分化为睾丸或卵巢。在雌性个体中，仅左侧性腺及其相关的输卵管会完全分化，而右侧性腺和输卵管则会退化。在雄性个体中，两侧性腺及其相关的生殖道都会保留下来。

四肢在第 3 天开始出现，由侧板中胚层和上方覆盖的表皮共同发育形成肢芽。肢芽逐渐伸长，并从第 4 天起，按照从近端到远端的顺序进行分化。在鸟类中，前肢芽发育为翅，后肢芽发育为腿。关于主要中胚层器官发育的更多详细信息，可在第 17 章中查阅。

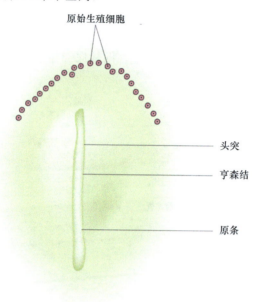

图 **10.23**　原始生殖细胞的胚胎外位置。

新的研究方向

　　早期鸡胚为研究胚胎调控提供了绝佳契机，而胚胎调控目前在很大程度上仍是未知领域。在大多数胚胎类型中，调控过程需要信号中心持续发挥作用，然而在鸡胚中，即便主要的信号中心——亨森结被完全移除，它也能够被替代。

　　由于鸡胚便于进行显微操作，晚期鸡胚将持续为器官发生研究提供实验材料。如今，研究项目常常将鸡胚显微手术实验与基因敲除小鼠品系的组织研究相结合。

要点速记

- 鸡是一种羊膜动物，其胚胎形态与哺乳动物基本相似。
- 鸡的早期发育呈现为扁平胚盘。原条在胚盘后缘诱导形成，并向前缘延伸。在原肠胚形成阶段，细胞穿过原条，进而发育为胚胎的主要身体部分。亨森结在原条的前端形成，随后向后退缩，其后方逐渐出现躯体模式。
- 鸡拥有一套胚胎外膜，用于支持胚胎，并向胚胎传输营养物质和氧气。这些外膜包括卵黄囊、绒毛膜、羊膜和尿囊。
- 原条的命运图表明，原条的前–后轴会发育为初级躯体模式的内–外侧轴。
- 鸡胚胎诱导相互作用的顺序与爪蟾和斑马鱼颇为相似。原条的诱导过程对应于中胚层的诱导，亨森结的行为与 Spemann 组织者类似。
- 胚胎左右不对称的形成，依赖于胚胎轴左侧 Nodal 的表达。
- 鸡在器官发生的研究中具有重要意义（详见后续章节）。

拓展阅读

综合

Hamburger, V. & Hamilton, H.L. (1951) A series of normal stages in the development of the chick embryo. Journal of Morphology **88**, 49–92. Reprinted in *Developmental Dynamics* **195**, 231–272 (1992).

Eyal-Giladi, H. & Kochav, S. (1976) From cleavage to primitive streak formation: a complementary normal table and a new look at the first stages of the development of the chick. *Developmental Biology* **49**, 321–337.

Bellairs, R. & Osmund, M. (1997) *The Atlas of Chick Development*. London: Academic Press.

Hassan Rashidi, V.S. (2009) The chick embryo: hatching a model for contemporary biomedical research. *BioEssays* **31**, 459–465.

The Chick Embryo Model System. (2018) *International Journal of Developmental Biology*, special issue 62, nos. 1/2/3,1–272.

命运图

Psychoyos, D. & Stern, C.D. (1996) Fates and migratory routes of primitive streak cells in the chick embryo. *Development* **122**, 1523–1534.

Fernández-Garre, P., Rodríguez-Gallardo, L., Gallego-Diaz, V. et al. (2002) Fate map of the chicken neural plate at stage 4. *Development* **129**, 2807–2822.

Lawson, A. & Schoenwolf, G.C. (2003) Epiblast and primitive streak origins of the endoderm in the gastrulating chick embryo. *Development* **130**, 3491–3501.

早期发育

Bachvarova, R.F., Skromne, I. & Stern, C.D. (1998) Induction of primitive streak and Hensen's node by the posterior marginal zone in the early chick embryo. *Development* **125**, 3521–3534.

Skromne, I. & Stern, C.D. (2001) Interactions between Wnt and VG1 signalling pathways initiate primitive streak formation in the chick embryo. *Development* **128**, 2915–2927.

Bertocchini, F. & Stern, C.D. (2002) The hypoblast of the chick embryo positions the primitive streak by antagonizing nodal signaling. *Developmental Cell* **3**, 735–744.

Faure, S., de Santa Barbera, P., Roberts, D.J. et al. (2002) Endogenous patterns of BMP signaling during early chick development. *Developmental Biology* **244**, 44–65.

Stern, C.D. (2004) *Gastrulation in the chick. In: Gastrulation: From Cells to Embryo*. Cold Spring Harbor, NY: Cold Spring Harbor Press.

Stern, C.D. (2005) Neural induction: old problem, new findings, yet more questions. *Development* **132**, 2007–2021.

Stavridis, M.P., Lunn, J.S., Collins, B.J. et al. (2007) A discrete period of FGF-induced Erk1/2 signalling is required for vertebrate neural specification. *Development* **134**, 2889–2894.

Arias, C.F., Herrero, M.A., Stern, C.D. et al.（2017）A molecular mechanism of symmetry breaking in the early chick embryo. *Scientific Reports* **7**, 15776.

Raffaelli, A., & Stern, C.D.（2020）Signaling events regulating embryonic polarity and formation of the primitive streak in the chick embryo. *Current Topics in Developmental Biology* **136**, 85–111.

左右不对称

Capdevila, J., Vogan, K.J., Tabin, C.J. et al.（2000）Mechanisms of left-right determination in vertebrates. *Cell* **101**, 9–21.

Mercola, M. & Levin, M.（2001）Left-right asymmetry determination in vertebrates. *Annual Reviews in Cell and Developmental Biology* **17**, 779–805.

Gros, J., Feistel, K., Viebahn, C. et al.（2009）Cell movements at Hensen's node establish left/right asymmetric gene expression in the chick. *Science* **324**, 941–944.

Grimes, D.T.（2019）Making and breaking symmetry in development, growth and disease. *Development* **146**, dev170985.

器官发生概论

Witschi, E.（1956）*Development of Vertebrates*. Philadelphia: W.B. Saunders.

Balinsky, B.I. & Fabian, B.C.（1981）*An Introduction to Embryology*, 5th edn. Philadelphia: Saunders.

Hildebrand, M. & Goslow, G.（1998）*Analysis of Vertebrate Structure*, 5th edn. New York: John Wiley & Sons.

Kardong, K.V.（2018）*Vertebrates: Comparative Anatomy, Function, Evolution*, 8th edn. New York: McGraw-Hill.

第 11 章

小　　鼠

与本书所探讨的其他模式生物不同，小鼠属于**胎生（viviparous）**动物，其胚胎在母鼠的子宫内发育。这就导致小鼠植入后的发育阶段难以获取，意味着在小鼠实验中，显微手术的使用频率低于爪蛙、斑马鱼或鸡。基于这个原因，小鼠发育生物学在更大程度上依赖于遗传操作。实验小鼠有诸多品系，它们在所有基因位点上都已通过近交成为纯合子，而且对于不同类型的实验，每个品系都各有优劣。每个品系都有一种特征性的毛色（如黑色、白化或**刺鼠色，agouti**），在涉及多种品系胚胎的实验中，这些毛色差异可作为快速判断遗传构成的视觉标识。在小鼠研究中，通常基因名称斜体、首字母大写，蛋白质名称则全部大写（与人类相关研究类似），例如，*Oct4* 和 *Fgf4* 用于表示基因名称，而 OCT4 和 FGF4 用于表示蛋白质名称。

小鼠在夜间进行交配，所以胚胎的发育时长通常以几天半来表示：例如，一个发育 7.5 天的胚胎，标记为 E7.5，可在小鼠交配后的第 8 天获取。交配后，雌性小鼠阴道内会形成坚固的白色沉积物，即"栓子"，借此可以确定交配的具体夜晚。虽然"E"标记是表示胚胎发育时期的常用方式，但也有由 Theiler 提出的数字表示的时期系列，其中第 1～5 期为植入前阶段；第 6～14 期是植入后早期，涵盖躯体模式形成和转向过程；第 15～27 期则包括器官发生和胎儿生长，直至出生，小鼠大约在受精后 20 天出生。

排卵发生在交配后的数小时，卵母细胞进入**输卵管（oviduct）**的上端，并在那里完成受精。在早期植入前阶段，胚胎先处于输卵管中，随后转移至母鼠的子宫。在此期间，可以收集这些胚胎，并在简单培养基中进行体外保存。对这些早期阶段的胚胎可以进行显微手术操作，包括进行转基因和基因敲除所需的显微注射。为了将经过修改的植入前胚胎培育成晚期胚胎或成年小鼠，还必须将其移植到已经**假孕（pseudopregnant）**的**代孕母亲（foster mother）**子宫中。代孕母鼠事先与输精管已切除、失去生育能力的雄鼠交配从而进入假孕状态，以便能够接纳移植的胚胎。只要移植的胚胎成功植入，就应该会继续正常发育并出生。

由于小鼠的胎生特性，植入后的哺乳动物胚胎能获得相当丰富的外部营养供应，在发育过程中会经历显著的生长。在这方面，小鼠与鸡相似，而与爪蛙和斑马鱼不同。和鸡一样，在后期阶段，可以将小鼠胚胎中的单个器官或组织原基移植到体外进行培养，并对其进行人工干预。由于能够使用来自转基因和基因敲除品系的组织，小鼠相关实验的研究范畴得到了极大拓展。

哺乳动物受精

从生物学角度来看，受精机制需要将雄性和雌性配子有效地结合在一起（图 11.1），同时要避免跨物种受精（**杂交，hybridization**）以及卵子被多个精子受精（**多精受精，polyspermy**）。受精在人类生殖领域也具有重要的现实意义。受精机制已在多种动物模型中展开研究，包括几种海洋无脊椎动物，如海胆。然而，受精的分子机制比许多其他发育过程的分子机制更加多样化，事实证明海胆和哺乳动物之间共同的特征相当少。因此，在这种情况下，无脊椎动物模型的价值在一定程度上有所降低，而小鼠已成为研究哺乳动物受精的最重要模式生物。幸运的是，小鼠受精的大部分特征在其他哺乳动物中也同样存在。

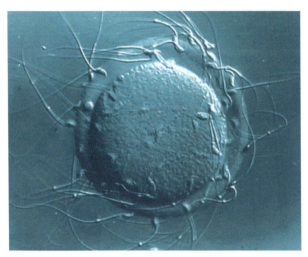

图 11.1 小鼠精子结合于未受精小鼠卵子的透明带。来源：复制自 Wasserman et al. (2001). Nat. Cell Biol. 3, E59–E64，经 Nature Publishing Group 许可。

精子是一种高度特化的细胞（**图 11.2**）。它包含一个单倍体细胞核以及高度浓缩的 DNA，其中鱼精蛋白构成了染色质中大部分的蛋白质成分。鱼精蛋白是一种碱性很强的蛋白质，与大多数其他细胞中存在的组蛋白相比，它能使 DNA 包装得更加紧密。在细胞核前端有一个巨大的、类似高尔基体的结构——**顶体**（**acrosome**），而在细胞核后端有一个**中心粒**（**centriole**）和一个富含线粒体的中段。尾巴是一根强化的鞭毛，具有常见的 9 + 2 微管排列结构。精子的游动是由附着在微管上的动力蛋白臂在三磷酸腺苷（ATP）依赖的过程中驱动的。

精子在释放后并不能立即受精。它们需要在雌性生殖道中停留一段时间，在此期间获得受精能力，这一过程被称为**获能**（**capacitation**）。这一过程主要发生在子宫和输卵管中，精子会对雌激素等物质的分泌产生反应。虽然体内的具体机制仍不十分清楚，但可以通过在含有白蛋白、钙和碳酸氢盐的简单合成培养基中孵育精子，在体外实现获能。获能的一个关键因素是胆固醇的流失，富含胆固醇的培养基会抑制这一过程。据推测，胆固醇的流失使细胞膜对 Ca^{2+} 和 HCO_3^- 具有渗透性，这可以直接激活腺苷酸环化酶，从而导致环磷酸腺苷（cAMP）的产生和蛋白激酶 A 的激活。这会引发一系列后果，包括蛋白质酪氨酸磷酸化、膜电位变化（从约 −30 mV 变为 −50 mV）、细胞内 Ca^{2+} 和 pH 升高以及运动能力增强。获能还涉及阻止精子与卵子相互作用的糖蛋白的丢失，以及一些顶体蛋白在细胞表面的暴露。

图 11.2 小鼠精子示意图。

精子被释放到阴道中，但它们必须通过子宫和输卵管迁移，在输卵管的上部区域与卵子相遇并使其受精。这在一定程度上依赖于雌性生殖道的肌肉运动，但也需要精子自身特有的因素。子宫和输卵管之间的子宫输卵管交界处似乎是一个屏障，能够选择性地排除形态异常的精子。**敲除**（**knock out**）几个在精子中表达而在雌性生殖道中不表达的基因，会产生外观正常但无法穿越子宫输卵管连接处的精子。这其中包括称为受精素（fertilin）的蛋白质复合物，体外研究认为受精素可以调节精子与卵子的结合。受精素是一种由 ADAM1 和 ADAM2 组成的蛋白质复合物，是将 ADAM3 定位到精子质膜所必需的。*Adam2* 或 *Adam3* 的纯合子突变会导致雄性不育，因为精子无法穿过子宫输卵管连接处。然而，将 *Adam3* 突变的精子直接注射到输卵管中，受精就可以发生，这表明受精素和 ADAM3 并非如先前认为的那样是精子与卵子结合所必需的，而是精子在雌性生殖道中迁移所必需的。

小鼠的"卵"（egg）和人类的"卵"一样，严格来说是停滞在第二次减数分裂中期的**卵母细胞**（**oocyte**）。它与称为**卵丘细胞**（**cumulus cell**）的卵巢卵泡细胞以复合体的形式从卵巢中释放出来。人类通常只释放一个卵母细胞，而小鼠通常会释放 6~12 个卵母细胞。卵母细胞本身被一层透明的、多孔的细胞外物质层包围，这层物质称为**透明带**（**zona pellucida, ZP**），由卵母细胞自身分泌。在透明带之外是一些卵丘细胞，它们嵌入富含透明质酸的细胞外基质中。卵母细胞-卵丘复合体被输卵管入口处的漏斗（infundibulum）拾取，这一过程取决于漏斗的纤毛与复合体细胞外基质的黏附。然后，复合体被"搅动"，以压缩基质，并使其通过狭窄的输卵管颈（交配孔，ostium）进入输卵管。

在输卵管中，精子与卵子相遇，精−卵相互作用的主要步骤如图 11.3 所示。精子携带一种与膜结合的透明质酸酶，这种酶有助于精子穿过卵母细胞−卵丘复合体的细胞外基质。此后，精子与 ZP 结合，这是控制物种特异性的关键环节。如果去除 ZP，跨物种受精就有可能发生，这也是使用仓鼠卵子对人类精子有效性进行常规检测的依据。ZP 包含 ZP1、ZP2 和 ZP3 三种糖蛋白，它们共享一个共同的 ZP 肽序列基序。在人类和其他一些哺乳动物中，还有第四种蛋白质——ZP4，但其编码基因在小鼠基因组中是一个假基因。ZP 蛋白由卵母细胞分泌，然后组装成长的相互连接的原纤维。从 Zp2 或 Zp3 突变纯合的雌性小鼠体内获取的卵子缺乏 ZP，无法受精（图 11.4）。Zp1 突变的卵子具有脆弱的 ZP，雌性小鼠的生育能力会降低。ZP2 和 ZP3 在受精过程中充当精子受体，ZP3 充当顶体完整精子的受体，而 ZP2 充当已发生顶体反应的精子的受体。如果将人类 ZP3 基因敲入（knock in）小鼠体内，以取代突变的小鼠 Zp3 基因，那么 ZP 的形成和生育能力就会恢复。有趣的是，这些小鼠的卵子并没有获得与人类精子受精的能力。这是由于物种特异性存在于与 ZP3 多肽相连的碳水化合物中，而这些碳水化合物仍然保持着小鼠的结构，因为它们是由小鼠的糖基转移酶组装而成的。

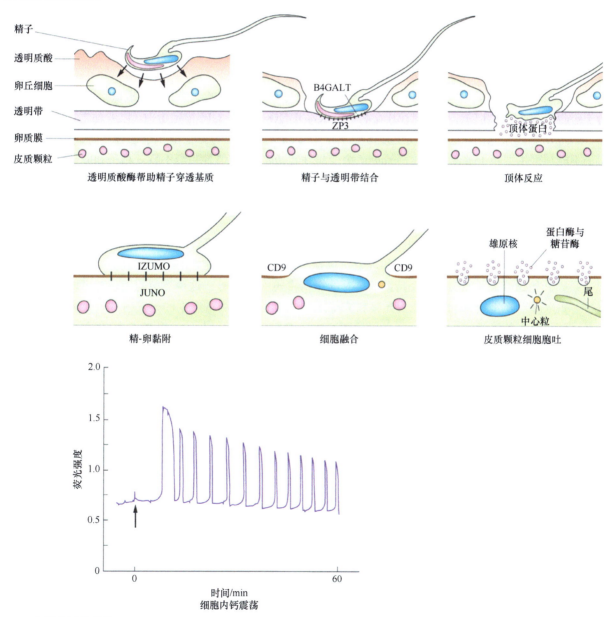

图 11.3　小鼠受精的事件。

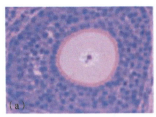  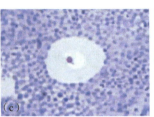 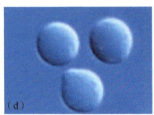

图 11.4　*Zp3* 的功能丧失突变体产生没有透明带的卵：(a，b) 正常；(c，d) *Zp3* 敲除。来源：复制自 Dean (2004). BioEssays. 26, 29-38，经 John Wiley & Sons, Ltd 许可。

识别 ZP 的精子蛋白质是一种细胞表面 β-1,4-半乳糖基转移酶（B4GALT），该蛋白质与 ZP 的结合会引发**顶体反应**（**acrosome reaction**）。相关证据是 B4GALT 会紧密结合 ZP3 寡糖，并且来自 *B4galt* 基因敲除小鼠的精子与 ZP 的结合能力降低，也不会引发顶体反应。B4GALT 是一种单次跨膜蛋白，在细胞质中具有一个 G 蛋白激活结构域。G 蛋白激活后，会发生膜电位的变化、电压门控 Ca^{2+} 通道的打开，以及细胞内 Ca^{2+} 和 pH 的升高。这导致顶体囊泡迅速胞吐，释放出精子穿透 ZP 所需的水解酶。然而，对小鼠体外受精过程中顶体成像的研究表明，顶体反应可以在精子与 ZP 相互作用之前发生，而且不需要水解酶。顶体释放的酶之一是一种称为顶体蛋白（acrosin）的丝氨酸蛋白酶，但顶体蛋白基因敲除的雄性小鼠仍然具有生育能力，尽管精子穿透 ZP 的过程略有延迟。这个过程可能存在一些冗余机制，顶体释放的其他酶可以弥补顶体蛋白的缺失。

一旦精子穿透 ZP，就会利用精子头部一侧的区域与卵子质膜结合。精子-卵子识别由称为 IZUMO1 的精子跨膜蛋白（以日本的一个婚姻神社命名）和称为 JUNO 的卵子 GPI 锚定蛋白（以罗马婚姻女神命名）介导。*Izumo1* 基因敲除的精子可以发生顶体反应并穿透 ZP，但无法与野生型卵子融合，而 *Juno* 基因敲除的卵子不能与野生型精子融合。因此，*Izumo1* 突变雄性和 *Juno* 突变雌性完全不育。精子和卵子的融合需要卵子上一种称为 CD9 的四跨膜蛋白（tetraspanin）。相关证据表明，缺乏 CD9 的雌性小鼠不具备融合能力，无法生育，而通过注射 CD9 信使 RNA（mRNA）可以恢复卵子的融合能力。在融合过程中，包括尾巴在内的整个精子都会进入卵子。

细胞融合导致细胞内 Ca^{2+} 浓度升高，这启动了受精后所有后续事件。这种钙浓度升高现象可能是受精过程中唯一在整个动物界都普遍存在的现象。包括小鼠在内的许多哺乳动物，在最初的钙峰之后，还会出现一系列其他钙峰，从而形成一个持续数小时的振荡模式（图 11.3）。这种类型的钙瞬变可以通过用钙敏感试剂（如水母发光蛋白 aequorin 或荧光染料 fura2）加载卵子，并测量产生的光发射或荧光来观察。Ca^{2+} 释放是由精子引入的磷脂酶 Cζ（PLCζ）刺激肌醇三磷酸（IP_3）产生而引起的。将 PLCζ 注射到卵子中后，它本身就能诱导 Ca^{2+} 振荡，而从精子提取物中免疫耗竭 PLCζ 将消除其诱导 Ca^{2+} 振荡的能力。最近，已经实现了 *Plcζ* 基因的 CRISPR/Cas9 敲除。来自 *Plcζ* 敲除雄性小鼠的精子在注入卵子时无法触发 Ca^{2+} 振荡，并且在体外受精过程中出现严重的多精受精现象。不过，仍有一些受精卵能够发育到胚泡阶段，尽管与用野生型精子受精的受精卵相比，发育明显延迟。值得注意的是，已有研究报道，在一些男性不育患者中存在人类 *PLCζ* 的突变，这些患者的精子在体外受精后不会诱导 Ca^{2+} 振荡或卵子激活。

无论是注射 Ca^{2+}，还是使用能够促使细胞内 Ca^{2+} 库释放 Ca^{2+} 的 Ca^{2+} 载体，都会引发与精子受精相同的卵活化事件。这样的卵属于**孤雌生殖**（**parthenogenesis**）（即不含父核），所以它们无法发育到后期阶段（参见"核移植和印记"部分）。

依赖于 Ca^{2+} 振荡的事件包括**皮质颗粒**（**cortical granule**）的胞吐作用、第二次减数分裂的完成、DNA 合成的恢复、母体 mRNA 募集到多核糖体以及一般代谢的激活。这些事件主要由钙/钙调蛋白依赖性蛋白激酶 Ⅱ 的 γ 亚型介导。不过，皮质颗粒胞吐作用可能是个例外，它是由肌球蛋白轻链激酶介导的。皮层颗粒位于质膜下方，其内容物包括糖苷酶和蛋白酶，这些酶可以修饰 ZP2 和 ZP3，使其不再与精子结合。在小鼠中，这个过程是防止多精受精的主要因素。阻止多精受精至关重要，因为多个精子的进入会导致多倍体胚胎，而多倍体胚胎是无法存活的。

第二次减数分裂的完成导致第二**极体**（**polar body**）排出，其中包含额外的染色体，此时母体基因组变为单倍体。在卵子中存在的多肽谷胱甘肽的帮助下，精子核本身会解聚，谷胱甘肽可还原鱼精蛋白的二硫键。鱼精蛋白被组蛋白取代，精子 DNA 开始活跃地去甲基化，但**印记**（**imprinted**）位点不受影响（参见"核移植和印记"部分）。当两个原核缓慢地向彼此移动时，它们经历 DNA 复制。在哺乳动物中，它们不会融合形成真正的受精卵核；相反，原核膜在相遇时崩解，染色体在有丝分裂纺锤体上排列整齐，为第一次分裂做好准备。两个原核都会形成一个核仁，这依赖于卵母细胞核仁中存在的组分，因为精子没有核仁。

除了细胞核，精子还会带入一些线粒体，但这些线粒体很快就会退化，不参与后续发育。只有母体提供的线粒体能够长期存活。在大多数哺乳动物（但不包括小鼠）中，精子会贡献一个**中心粒**（**centriole**），并成为精子**星体**（**aster**）的**微管组织中心**（**microtubule organizing center**），随后分裂形成第一个有丝分裂纺锤体。但在小鼠中，两个中心粒都来源于母体，这就是为什么在人工激活卵子后，一定程度上可以发生孤雌生殖。

小鼠的正常发育

植入前阶段

植入前的发育过程如**图 11.5** 所示。受精之后，最初的几次卵裂速度相当缓慢。与爪蛙和斑马鱼不同，小鼠合子基因组的表达较早，在 2 细胞期便已开始。第一次卵裂大约在 24 h 后发生；第二次和第三次卵裂并非完全同步，间隔时间约为 12 h。这种早期发育的缓慢节奏，或许是为了与子宫为植入做准备所需的时间相适应。在早期的 8 细胞阶段，单个细胞的形状还清晰可辨，但当整个胚胎在**致密化**（**compaction**）过程中逐渐呈现出更接近球形的形态时，这些单个细胞的形状便不再容易区分（**图 11.5**d）。致密化过程包括卵裂球变平，以最大化细胞间的接触面积，这一过程由钙依赖性黏附分子 E-钙黏蛋白介导。缺乏母体和合子 E-钙黏蛋白的胚胎无法完成致密化。卵裂球在径向方向发生极化（**图 11.6**），从外表面**微绒毛**（**microvilli**）的出现便能明显看出，不过这一过程还涉及细胞内部的诸多变化。**间隙连接**（**gap junction**）也在这个阶段形成，使得低分子质量物质能够在整个胚胎中扩散。

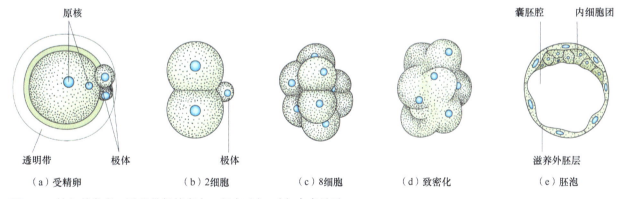

（a）受精卵　　　　（b）2 细胞　　　　（c）8 细胞　　　　（d）致密化　　　　（e）胚泡

图 11.5　植入前发育。透明带仍然存在，但在 (b)～(e) 中未显示。

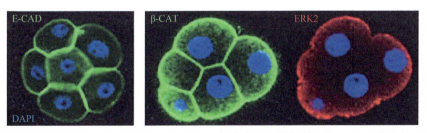

图 11.6　从 8 细胞期开始的细胞极化。E-钙黏蛋白（E-CAD）集中在细胞接触的部位，而 β-联蛋白（β-CAT）和 ERK 集中在每个细胞的外部。DAPI 是一种蓝色荧光 DNA 结合染料，标记细胞核。来源：复制自 Lu et al.（2008）. Nat. Genet. 40, 921-926，经 Nature Publishing Group 许可。

从致密化阶段到大约 32 细胞期，胚胎被称为**桑葚胚**（**morula**）。在此期间，桥粒和紧密连接相继出现，在胚胎内外之间形成了一道渗透性屏障，同时胚胎内部开始形成一个充满液体的**囊胚腔**（**blastocoel**）。这一阶段大约出现在受精后 3 天，也是胚胎从输卵管向子宫移动的时期。囊胚腔的形成促使胚胎发育为**胚泡**（**blastocyst**），胚泡由上皮形态的外细胞层**滋养外胚层**（**trophectoderm**）和附着在其内部的**内细胞团**（**inner cell mass, ICM**）构成（图 11.5e）。在 60 细胞期，大约 3/4 的细胞位于滋养外胚层，1/4 存在于 ICM 中。滋养外胚层表达转录因子 CDX2 和 TEAD4（这两者都是滋养外胚层分化所必需的）以及膜蛋白 FGFR2（一种 FGF 受体）。相反，ICM 表达一组与多能行为相关的转录因子（详见"胚胎干细胞"部分），包括转录因子 NANOG、OCT4（也称为 POU5F1）和 SOX2，以及信号因子 FGF4。

从 E3.5 到 E4.5，滋养外胚层和 ICM 均分化为两种组织类型（图 11.7a）。滋养外胚层被分为覆盖 ICM 的极性部分和构成其余部分的壁面部分。极性滋养外胚层持续增殖，而壁面滋养外胚层则转变为含有**多线染色体**（**polytene**）的巨细胞，在这些细胞中，DNA 不断复制但不进行有丝分裂，其 DNA 含量增加了 64～512 倍。ICM 分为两层：外层称为**原始内胚层**（**primitive endoderm**）或**下胚层**（**hypoblast**），内层称为**原始外胚层**（**primitive ectoderm**）或**上胚层**（**epiblast**）。

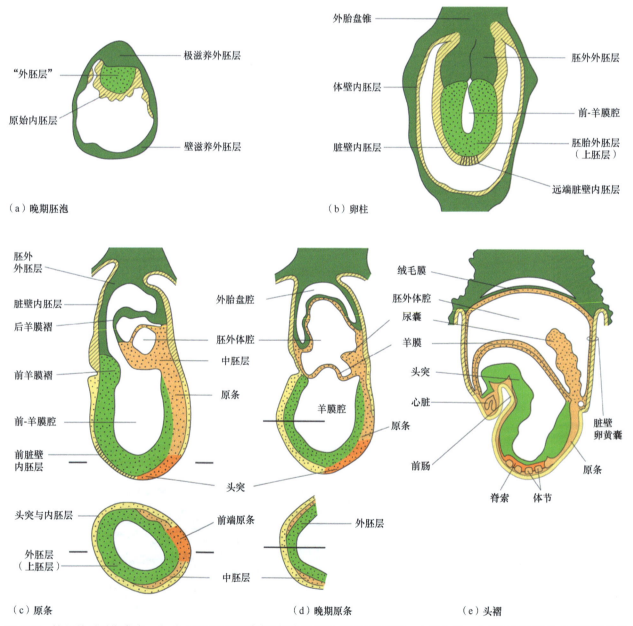

图 11.7　植入前后早期发育。(c,d) 显示矢状切面以及经线段指示水平的横切面。由于生长，头褶阶段胚胎比早期卵柱长约 8 倍。

植入后早期阶段

在子宫中，胚泡从透明带中孵化出来，并将自身植入子宫壁。植入只能在交配后的一段短暂时间内发生，大约在交配后 4.5 天，此时子宫具备接纳胚泡的能力。子宫通过名为子宫系膜（mesometrium）的膜附着在体壁上，该膜携带着子宫血管，子宫的子宫系膜侧是胎盘形成的位置。当胚泡植入时，它们具有特定的定向，使得 ICM 远离子宫系膜。

植入后早期的发育过程如图 11.7 所示。植入后，滋养外胚层被称为**滋养层（trophoblast）**，它刺激子宫黏膜结缔组织的增殖，形成**蜕膜（decidua）**。从这个阶段开始，胚胎开始从母体获取营养供应，并逐渐生长得更大、更重。和鸡胚一样，受精卵不仅发育形成胚胎，还会形成大量的胚外膜复合体，整个受精产物被称为**孕体（conceptus）**。

在 E4.5 和 E5.0 之间，胚胎伸长形成**卵柱（egg cylinder）**，并在原始外胚层形成中央腔体（图 11.7b）。此时的胚胎如同一个深杯，内部是原始外胚层，外部是原始内胚层；在矢状切面上呈 U 形，在横切面呈 O 形。最靠近极滋养外胚层的原始外胚层的近端部分形成**胚外外胚层（extraembryonic ectoderm）**，而远端部分形成胚胎的外胚层或**上胚层（epiblast）**。起源于原始内胚层的细胞向外迁移，覆盖壁滋养外胚层的整个内表面，并开始分泌细胞外基底膜，即 Reichert 氏膜，其成分包含层粘连蛋白、巢蛋白（entactin）和 IV 型胶原蛋白，这些细胞被称为**体壁内胚层（parietal endoderm）**。原始内胚层的其余部分仍保持上皮特性，在上胚层周围形成一层**脏壁内胚层（visceral endoderm）**。在 E5.5 时，脏壁内胚层远端顶端的细胞变为柱状，形成**远端脏壁内胚层（distal visceral endoderm, DVE）**。这些细胞会在 E5.75 之前迁移到胚胎的前侧，成为**前脏壁内胚层（anterior visceral endoderm, AVE）**。在胚胎的近端，极性滋养外胚层细胞形成胚外外胚层和外胎盘锥（ectoplacental cone）。胚外外胚层将发育形成绒毛膜，但其中也包含滋养层细胞群，这些细胞可产生外胎盘锥祖细胞。外胎盘锥形成胎盘的海绵体滋养层细胞、滋养层糖原细胞和次级滋养层巨细胞。与各种胚胎外组织相比，衍生整个胚胎的上胚层在这个阶段仍明显处于未分化状态。

胚胎未来前-后轴的首个迹象出现在 E5.75 期，此时 AVE 迁移到脏壁内胚层的未来前侧。AVE 在形态上可通过其细胞的柱状外观加以区分，不过利用原位杂交检测其表达的基因时，能更清晰地将其识别出来。这些基因包括编码分泌因子的基因，如 *Cer1*、*Dkk1* 和 *Lefty1*。大约在 E6.25 时，**原条（primitive streak）**出现在 AVE 对面的近端上胚层中，标志着未来胚轴的后端（图 11.7c）。这是一个细胞活跃运动的区域，与鸡胚中的情况类似，细胞通过原条向内迁移，形成**定型内胚层（definitive endoderm）**和**中胚层（mesoderm）**（图 11.8）。到这个阶段，卵柱已略微受到侧向压缩。原条不断伸长，直至到达卵柱的远端尖端，大约在 E7，**原结（node）**在原条远端（前端）出现。原结与鸡的亨森结同源，并且在移植到上胚层的不同位置时，展现出组织者活性。定型内胚层细胞由前部原条形成，它们取代了大部分外层脏壁内胚层细胞。长期以来，人们一直认为脏壁内胚层仅对胚外组织有贡献，但对标记的原始内胚层进行活体成像显示，它对胚胎本身的定型内胚层也有少量贡献。

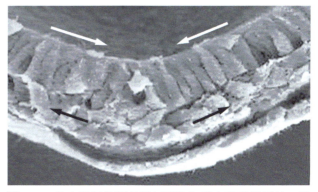

图 11.8 经小鼠胚胎原条横切面的扫描电子显微照片。箭头代表细胞运动的方向。来源：转自 Arnold and Robertson (2009). *Nat. Rev. Mol. Cell Biol.* 10, 91–103，经 Nature Publishing Group 许可。

到 E7.5 时，中轴中胚层在前部原条中形成并向前迁移，填充中线和原结。最靠前的中轴中胚层形成**脊索前板（prechordal plate）**，紧随其后的是后来位于后脑下方的**脊索（notochord）**部分，称为**头突（head process）**（图 11.9）。脊索前板和头突与原结同时出现，而脊索的更靠后部分则源自原结。中轴中胚层细胞最初进入中线脏壁内胚层，但随后从内胚层分离并聚集形成脊索。原结前的中线外胚层形成**神经板（neural plate）**。与鸡胚一样，原结随后向后移动，轴向身体结构在原结退行轨迹中按前后顺序依次出现，在此过程中，会聚性延伸运动参与了躯干脊索的形成。到了 E8.5，胚胎在长度上有所拉长，前端形成了一个巨大的头部褶皱，主要由前部神经管组成。**体节**（**somite**）从 E8 开始按前后顺序形成，大约每 1.5 h 形成一个体节。

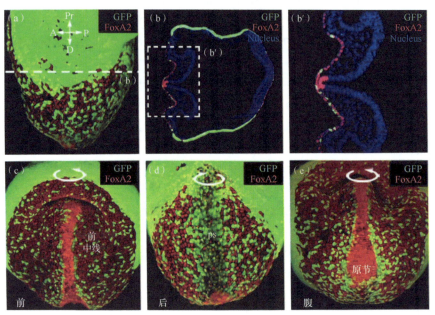

图 11.9 头褶期小鼠胚胎视图。FOXA2 在形成中的脊索和中线内胚层中表达，通过免疫染色显示为红色。胚胎为 *AFP-GFP* 转基因胚胎，因此绿色表示脏壁内胚层。ps：原条。来源：Balmer et al.（2016）. Dev. Dyn. 245, 547−557。

虽然乍看之下，小鼠胚胎与其他脊椎动物胚胎的形态差异显著，但原肠胚形成过程中的基因表达模式清晰地揭示了各个部分的同源性。例如，AVE 与鸡原肠胚的初级下胚层同源，并表达一组相似的基因，包括 *Cerl1*、*Gsc*、*Hex* 和 *Otx2*（第 10 章）。之后，*Otx2* 在前部神经板中表达，*Brachyury*（*tbxt* 或 *T*）和 *Mesp1* 在中胚层中表达，*Foxa2* 在定型内胚层中表达（图 11.10）。转录因子基因 *Brachyury* 在小鼠中通常被称为 *T*，事实上，正是最初的小鼠突变体使得这个转录因子家族被命名为了 "T 盒"（T box）转录因子。

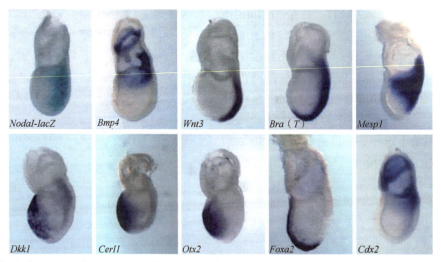

图 11.10 原条期各种诱导因子和转录因子基因的表达。胚胎的前部位于图像左侧，轴线则为绕卵柱下部的延伸线。来源：修订自 Arnold and Robertson（2009）. Nat. Rev. Mol. Cell Biol. 10, 91−103，经 Nature Publishing Group 许可。

羊膜褶大约在 7 天时，在后部原条和胚外外胚层的交界处形成（图 11.7c、d）。它由挤入前羊膜腔的外胚层和中胚层组成。羊膜褶最靠近胚胎的一侧成为**羊膜**（**amnion**），而最靠近外胎盘锥的一侧成为**绒毛膜**（**chorion**）。羊膜褶将前羊膜腔分为三个腔：胚胎上方的羊膜腔、分隔羊膜和绒毛膜的胚外体腔（exocoelom），以及内衬胚外外胚层的外胎盘腔。向胚外体腔生长的是**尿囊**（**allantois**）（图 11.7e），由来自原条后端的胚外中胚层组成。它不断生长直至与绒毛膜接触，随后形成胎盘的胎胎血管。与鸡（第 10 章）或人类（第 12 章）的尿囊不同，小鼠尿囊不包含内胚层。

胎盘本身由外胎盘锥区域发育形成，该区域朝向子宫的子宫系膜侧。滋养层巨细胞侵入蜕膜组织，这一侵入过程伴随着极滋养外胚层，以及来自绒毛膜和尿囊的中胚层和血管。从母体一侧观察，成熟的胎盘由以下几层组成：母体蜕膜组织；伴有母体血窦的巨型滋养层细胞；伴有胎儿血管的二倍体滋养层细胞；最后的衬有胚外内胚层的隐窝（图 11.11）。胎盘不仅是为胎儿提供营养的重要器官，还具有内分泌功能，能够产生维持妊娠的孕激素和雌激素，以及许多其他重要激素。

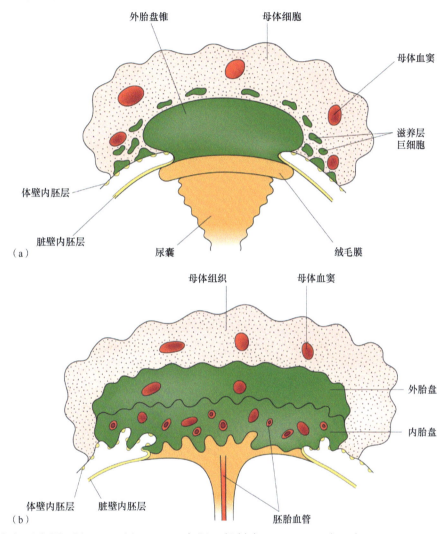

图 11.11　小鼠胎盘示意图：(a) E8.5；(b) E14.5。来源：复制自 Hogan et al.（1994）. Manipulating the Mouse Embryo. A laboratory manual. 2nd edn.，经 Cold Spring Harbor Laboratory Press 许可。

大约 8.5 天时，会发生一个极为特殊的过程，称为**转向**（**turning**），它使胚层在胚胎内调整到正确的方向。这一过程可形象地描述为胚胎围绕自身长轴的旋转。起初，胚胎是一个背侧凹陷的 U 形结构，旋转后转变为背侧凸起的倒 U 形（图 11.12）。这种方向的改变对胚外膜的排列产生了深远的影响。羊膜逐渐变大，最终包围了整个胚胎，而不仅仅是覆盖背侧表面。由脏壁内胚层和中胚层组成的胚外体腔的衬里膜也被拉伸，以覆盖整个胚胎，被称为脏壁卵黄囊。转向后，膜的最终排列为：羊膜在内侧，接着是脏壁卵黄囊，最外侧是体壁卵黄囊，其由衬有体壁内胚层的滋养外胚层形成。转向导致中肠快速闭合，中肠最初是暴露于腹侧的一大片内胚层，最终收缩成为一个包含卵黄肠管、卵黄血管和尿囊的小脐带管。转向是仅在啮齿类动物中出现的过程，它们的胚胎呈卵柱型。转向在人类胚胎中不会发生，因为人类胚胎的上胚层是扁平的（见第 12 章）。

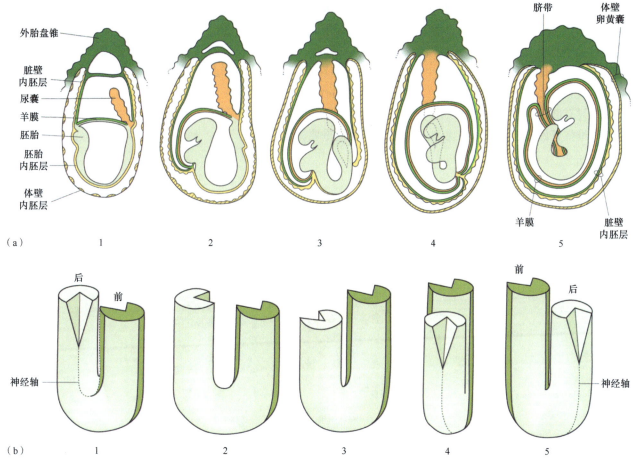

外胎盘锥

脏壁内胚层

尿囊

羊膜

胚胎

胚胎内胚层

体壁内胚层

脐带

体壁卵黄囊

羊膜

脏壁内胚层

（a）　　　1　　　　　2　　　　　3　　　　　4　　　　　5

后　　前

前　　后

神经轴

神经轴

（b）　　1　　　　　2　　　　　3　　　　　4　　　　　5

图 11.12　小鼠胚胎的转向。（a）从大约 E7.5 到 E9.5，胚胎绕其长轴旋转，导致肠道腹侧闭合；（b）转向过程示意图。来源：修改自 Kaufman（1990）. Postimplantation mammalian Embryos 第 4 章，经 Oxford University Press 许可。

器官发生阶段

大约在 E9.5 时，当胚轴形成、胚胎完成转向且肠道闭合，胚胎就来到了躯体模式形成之早期阶段与**器官发生**（organogenesis）之后期阶段的交界点。小鼠的器官发生在大多数方面与鸡极为相似，因此这里仅作简要概述，**图 11.13** 展示了胚胎的外部视图。关于小鼠器官发生的更多细节，可在第 15～18 章中找到。

神经管（neural tube）的闭合与转向同时发生。神经板的外侧缘向背侧折叠，直至在背侧中线相遇并融合，形成神经管。融合过程从前脑−中脑交界和后脑−颈部交界开始，向前后两个方向推进。在前脑的最前端还有一个额外的闭合位点，此处的闭合向后进行。先是前神经孔在 E9 闭合，接着后神经孔在 E10 至 E10.5 闭合。在 E9.5 时，前部神经管中形成一对**视泡**（optic vesicle），到 E11.5 时，它们分别并入一个晶状体。在 E8.5 到 E10.5 期间，**神经嵴**（neural crest）细胞从神经管的背侧中线出现。与鸡的情况相同，这些细胞会形成头部的骨骼结构、背根神经节、施万细胞、交感神经节、色素细胞、肾上腺髓质和肠神经节。**体节**持续形成，到 E14 时大约形成 65 个，其中许多体节位于尾部，且小鼠的尾巴比鸡的长得多。和其他脊椎动物一样，体节形成椎骨和肌节，并参与真皮的形成。成对的心脏原基在 E8.5 融合，E9 时开始心跳。左右心房在 E11.5 分开，左右心室在 E14 分开。与鸡类似，肠道起源于前肠和后肠袋，不过由于转向过程的推动，中肠的闭合速度更快。自 E9 开始形成 6 个**咽弓**（pharyngeal arch），但第 5 个咽弓是退化的。口在 E9 形成。

体节的侧面是**间介中胚层**（intermediate mesoderm），它将发育为肾脏和性腺。前肾管大约在 E9 起源于胚胎的颈部区域，并向后延伸，但不会形成功能性肾单位。大约在 E10 时，**生殖嵴**（genital ridge）在躯干中部到尾中部之间出现，中肾原基在这些生殖嵴的外侧部分形成。这些中肾原基同样会退化且无功能。

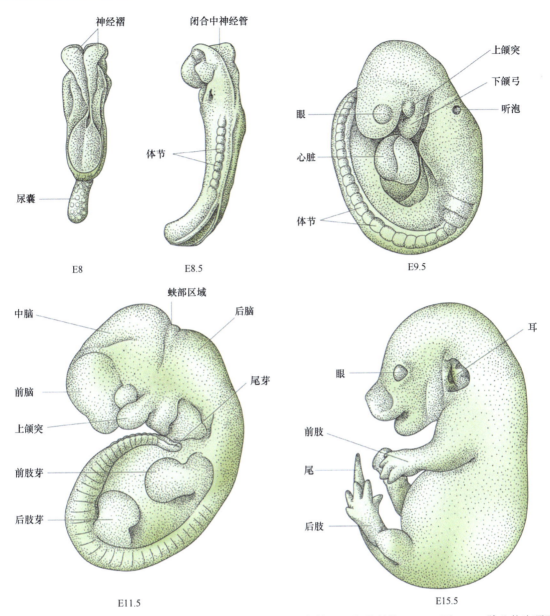

神经褶　　闭合中神经管

体节

尿囊

E8　　　　　E8.5

上颌突
下颌弓
听泡

眼
心脏
体节

E9.5

中脑　　　峡部区域　　后脑

前脑　　　　　　尾芽

上颌突

前肢芽

后肢芽

E11.5

耳

眼

前肢
尾
后肢

E15.5

图 11.13　小鼠胚胎的器官发生阶段。在这些阶段，胚胎会有显著的生长。E8 胚胎长约 1 mm，而 E15.5 胎儿从头顶到臀部长约 13 mm。

肾管延伸穿过中肾原基，进入后方的间介中胚层，然后与泄殖腔汇合。在 E11.5 时，后肾管产生**输尿管芽**（**ureteric bud**），它长入相邻的生肾中胚层，产生**后肾**（**metanephros**），此为功能性肾脏。泌尿生殖嵴的内侧部分形成**性腺**（**gonad**）。**原始生殖细胞**（**primordial germ cell, PGC**）起源于后侧羊膜褶的胚外中胚层。它们在 E10 进入后肠，并沿肠系膜向上迁移，于 E11 和 E13 之间到达性腺。间介中胚层的侧面是**侧板中胚层**（**lateral plate mesoderm, LPM**），它被体腔分为外部的**胚体壁**（**somatopleure**，表皮和体壁中胚层）和内部的**胚脏壁**（**splanchnopleure**，内胚层和脏壁中胚层）。肢芽在 E9.5 到 E10 时从胚体壁出现，前肢芽位于体节 8～12 水平，后肢芽位于体节 23～28 水平。与其他哺乳动物一样，小鼠的外部表皮被覆毛囊，这些毛囊从 E14 开始出现。

命运图

　　过去认为，具有高调节能力（见下文）的哺乳动物胚胎在受精卵阶段没有既定的命运图。然而，现在人们认识到受精卵确实具有极性，且这种极性在胚胎早期阶段一直得以保留（**图 11.14**a～d）。这是通过使用涂有荧光凝集素的微珠及其他标记对卵的部分表面进行标记，并结合仔细观察确定的。卵的初始动物极可通过第二极体的位置识别。第一次卵裂大致呈径向，分开的卵裂球分别倾向于成为胚泡胚极（embryonic pole，即带有内细胞团的一端）或胚泡对胚极（abembryonic pole，壁滋养外胚层端）。还有一些证据表明，第一次卵裂平面与精子进入的位置存在一定的巧合。

通过注射辣根过氧化物酶（horseradish peroxidase, HRP）或荧光右旋糖酐来标记单个卵裂球的研究显示，滋养外胚层起源于桑葚胚外部的极性细胞，而 ICM 起源于内部的非极性细胞。当胚泡膨胀时，这两个细胞群体之间不再发生细胞交换。在早期的植入后胚胎中，极滋养外胚层的单个标记细胞在壁滋养外胚层中产生了有丝分裂后的细胞克隆，表明极区域是一个活跃增殖区，为壁滋养外胚层提供细胞。

胚泡的轴与后期卵柱期的轴之间也存在可以预测的关系（图 11.14e，f）。如果在胚泡的动物极细胞注射 *GFP* mRNA 对其进行标记，会发现它们最终位于卵柱期胚胎的远端脏壁内胚层中。相反，如果标记植物极端的 ICM 细胞，它们最终会出现在卵柱期胚胎的近端。这种细胞的远-近分布起源于形成胚胎原条的形态发生运动的早期阶段。由此可见，合子的初始动物极很可能最终成为原条出现时卵柱胚胎的后侧，即形成原条的一侧。

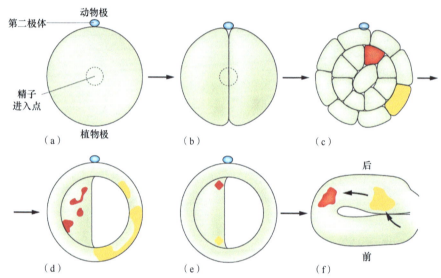

图 11.14 早期阶段的命运图。(a) 第二极体标志着受精卵的动物极。(b) 第一次卵裂是径向的。(c,d) 在致密化的胚泡中，对内部细胞标记的结果，显示它们进入内部细胞团，而外部细胞进入滋养外胚层。(e,f) 在内细胞团中，标记的动物细胞变为远端，标记的植物细胞变为卵柱的近端。

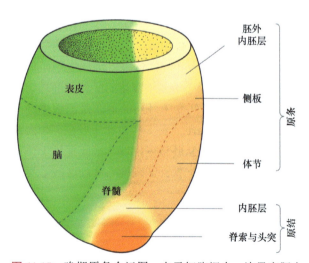

图 11.15 晚期原条命运图。由于细胞混合，边界实际上比图中展示的要模糊得多。

植入后阶段的命运图构建，是通过用 HRP 注射细胞或对细胞外使用 DiI 标记胚胎，然后在体外培养长达 48 h 来完成的（图 11.15）。这些研究表明，原条和羊膜及尿囊中胚层均起源于上胚层的后缘。原条向远端推进，胚外组织扩展到前羊膜腔，这主要由生长驱动，但也由上胚层杯周围细胞的一些横向运动驱动。原条的前部成为原结，形成脊索和遍布整个身体长度的体节部分。细胞也从中线外侧的位置进入体节和神经板。原条的中段主要填充身体后半部的侧板中胚层，而原条的后部主要填充羊膜、脏壁卵黄囊和尿囊的中胚层。小鼠的原条似乎以与鸡原条相似的方式发挥作用，来自表层的细胞向原条横向移动，然后穿过原条成为定型内胚层和中胚层。与鸡的情况一样，后部原条并不会成为中线的后部，而是填充身体的侧面部分。所有研究都显示，标记的和未标记的细胞之间存在相当程度的混合，这说明植入后小鼠的命运图是一种统计学构建，预定形成区域之间的边界并不精确。

Cre-Lox 标记技术（更完整的描述请参阅第 15 章）也已用于命运图构建。简而言之，该技术将 *Cre* 基因与在胚胎特定区域（如原条）中表达的基因的启动子连接起来。然后，Cre 酶会通过去除抑制序列来激活一个报告基因，如 *LacZ* 或 *Gfp*，报告基因将在所有后代细胞中持续表达。例如，这项技术表明，前部原条的 *Foxa2* 表达域后来填充定型内胚层和脊索，而早期原条的 *Mesp1* 域后来主要填充心脏。

小鼠胚胎的区域特化

胚外结构的形成

已知小鼠胚胎的早期卵裂球具有**全能**（**totipotent**）性，能够形成胎儿的所有组织，包括胚胎和胚胎外组织。这可以通过从 2 细胞或 4 细胞期的胚胎中分离出单个卵裂球来验证，此时每个单个卵裂球都能发育成完整的胚泡。这些胚泡的滋养外胚层比例往往比正常胚胎更高，但再植入后仍能形成完整的正常胚胎。从 8 细胞期开始，就无法从一个卵裂球获得完整的胚胎了，尽管在 32 细胞期，卵裂球在被引入四倍体宿主时仍能形成完整的胎儿。**四倍体**（**tetraploid**）胚胎是通过在 2 细胞期施加电流，促使细胞融合而制成的。四倍体胚胎仍能形成胚泡并植入子宫，但后来仅形成胚外组织，无法发育成胎儿。但是，如果添加二倍体卵裂球，且这些卵裂球被整合到 ICM 中，胎儿就会发育。在这种情况下，它们胜过其四倍体邻居，形成胎儿的所有组织，而四倍体细胞则形成滋养外胚层的衍生物。

在正常发育中，ICM 和滋养外胚层的形成取决于 8 细胞期发生的细胞极化（图 11.16）。8 细胞期的卵裂球的顶端表面有微绒毛，微绒毛中含有 EZRIN，这是一种参与上皮细胞微绒毛形成的蛋白质。PAR3、PAR6 和非典型蛋白激酶 C 的复合体也位于顶端表面。PAR 蛋白最初在秀丽隐杆线虫中被发现（见第 14 章），与许多其他系统中的不均等细胞分裂有关。通过施用双链 RNA（dsRNA）或适当的 PAR 蛋白的显性负性版本来破坏细胞极性，会增加细胞成为 ICM 的比例，减少细胞成为滋养外胚层的比例。

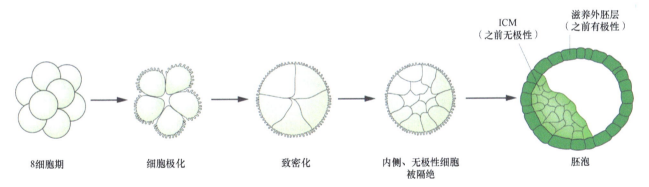

8 细胞期　　　　细胞极化　　　　致密化　　　　内侧、无极性细胞　　　　胚泡
　　　　　　　　　　　　　　　　　　　　　　被隔绝

ICM（之前无极性）　　滋养外胚层（之前有极性）

图 11.16　ICM 及滋养外胚层起源自 8 细胞期的细胞极化。

8 细胞期的极性究竟如何转化为两种不同的细胞类型，目前仍不完全清楚，但已知这涉及 HIPPO 信号通路的激活（见第 4 章和第 21 章）。该通路首先在果蝇中被发现，通过控制细胞增殖和凋亡来调节许多动物的器官大小。极化卵裂球可以进行不对称分裂，其中只有一个子细胞保留顶端表面并保持极化状态，而另一个则失去顶端表面。具有顶端表面的细胞使 HIPPO 通路失活，转录共激活因子 YAP 定位于细胞核。YAP 通过与 TEAD4 形成转录复合物来调节基因表达，TEAD4 激活靶基因（如 *Cdx2*）的转录。CDX2 和 TEAD4 都是滋养外胚层分化所必需的。在非极化的子细胞中，HIPPO 通路活跃，YAP 保留在细胞质中，这些细胞成为多能 ICM，表达 *Fgf4*、*Gata6* 和 *Nanog* 等基因（图 11.17）。FGF 信号参与该过程，ERK2 是一种参与 FGF 信号转导的丝裂原活化蛋白（mitogen-activated protein, MAP）激酶，在 8 细胞期集中在顶部（图 11.6）。FGF 信号通路的激活增加了 *Cdx2* 的表达以及产生的滋养外胚层细胞的比例，而 FGF 通路的抑制则产生相反的效果。尽管特化通常在 8 细胞期开始，但在一段时间内，仍可以通过将极性细胞置于细胞聚集体内部，迫使它们成为 ICM。也可以通过将非极性细胞置于细胞聚集体的外部，迫使它们变成滋养外胚层。但到了 64 细胞期，这两种细胞类型已经稳定下来，不再可以相互转换。

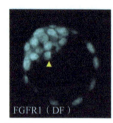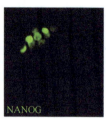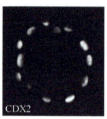

图 11.17　ICM 和滋养外胚层的分离。在 3.5 天的胚泡中，FGFR1 广泛表达，NANOG 在上胚层的多能部分表达，GATA4 在形成中的原始内胚层表达，CDX2 在滋养外胚层中表达。来源：Molotkov et al.（2017）. Dev. Cell. 41, 511-526。

植入后，ICM 分为外层的原始内胚层和内核的上胚层。单细胞 RNA-seq 表明，在早期胚泡中，所有 ICM 细胞最初都表达一组相似的多能性基因，但一天后它们分成两个截然不同的群体。一个群体表达已知的上胚层标记，如 *Nanog*、*Esrrb* 和 *Fgf4*，而第二个群体表达已知的原始内胚层标记，如 *Gata6*、*Pdgfra* 和 *Sox17*。该决定是一个基于基因表达的随机差异的侧向抑制过程，这导致 *Fgf4* 的双峰表达模式。高 FGF4 促进产生 FGF4 的细胞的上胚层发育，而 FGF4 向邻近细胞的信号转导则促进原始内胚层发育。原始内胚层细胞最初与上胚层细胞以"盐和胡椒"的方式混合，但它们随后被分拣出来，移动到 ICM 和囊胚腔之间的界面。一些原始内胚层细胞可能保留在 ICM 中，这些细胞要么改变命运成为上胚层，要么发生凋亡。

滋养外胚层被分为与 ICM 相邻的极滋养外胚层和围绕胚泡其余部分的壁滋养外胚层。极滋养外胚层响应来自 ICM 的信号（包括 FGF4）进行细胞分裂。增殖导致一些细胞失去与 ICM 的紧密联系，在没有 FGF4 的情况下，这些细胞将停止细胞分裂并分化为初级滋养层巨细胞。原始内胚层分为与上胚层接触的脏壁内胚层，以及与壁滋养外胚层接触的体壁内胚层。体壁内胚层是上皮-间充质转换的结果，并在滋养外胚层的内表面分泌 Reichert 氏膜。体壁内胚层的形成由纤连蛋白和甲状旁腺激素相关肽（parathyroid hormone-related peptide, PTHrP）刺激，而受层粘连蛋白的抑制。

胚胎躯体模式

随着各种胚外结构的形成，整个实际胚胎都来自卵柱的上胚层。上胚层经历了一个非常快速的生长期，从卵柱到原条晚期，其细胞数从约 660 个增加到约 15 000 个。基因表达模式表明，在此期间，上胚层内的不同细胞类型逐步发生特化。例如，在中期原条阶段，前-后上胚层、近-远端上胚层之间的基因活性存在明显差异。然而，这些差异并不会将细胞定型于任何特定的决定状态。直到晚期原条阶段，上胚层内的组织移植物仍会根据其周围环境进行发育。此外，在这些阶段，也有可能通过细胞毒性药物处理来诱导孪生，这些药物会杀死大量细胞并导致从幸存者小巢的再生。这些数据表明，在晚期原条阶段之前，区域特化尚未进入不可逆状态。

正如第 8 章和第 9 章所述，NODAL 在爪蛙和斑马鱼胚胎的诱导序列中起着关键作用。Nodal 最初是通过小鼠的逆转录病毒诱变发现的，并因其在原结中表达而得名。其纯合子无义突变胚胎无法形成任何胚胎图式，许多在原条和原结形成过程中活跃发挥重要作用的发育基因都不再表达。敲除编码 NODAL 信号传感器的基因后，胚胎的前-后极性消失，形成的中胚层完全属于胚外中胚层。*Nodal* 最初在整个上胚层都有表达，在此阶段，它诱导卵柱远端中柱状 DVE 的形成。转录因子基因 *Hex* 以及分泌因子基因 *Cerl*、*Dkk1* 和 *Lefty1* 均由 DVE 表达，包括 *Brachyury* 在内的一些基因则在上胚层的近端表达（图 11.18）。DVE 所表达的一组分泌因子，都是诱导因子的拮抗剂：CERL 是 BMP、NODAL 和 WNT 信号的拮抗剂；DKK1 是 WNT 拮抗剂；LEFTY1 是 NODAL 拮抗剂。

DVE 的形成受到来自胚外外胚层的抑制信号限制，被限定在远端尖端。若将胚外外胚层进行物理去除，会导致远端基因表达域扩散至整个脏壁内胚层的其余部分，这表明来自近端区域的信号起到限制其范围的作用。卵柱的生长使得远端细胞突破了这些阻遏信号的限制，从而促成了 DVE 的形成。阻遏信号包括 WNT 和 BMP 家族的成员。*Wnt3* 在近端上胚层表达，但后来在原条中变得活跃。*Bmp2*、*Bmp4* 和 *Bmp8b* 在靠近上胚层的远端胚外外胚层中表达。敲除这些基因会导致胚胎早期致死，其中 *Wnt3* 敲除的胚胎没有原条或中胚层。单个 *Bmp* 敲除的胚胎，其胚胎中胚层和原始生殖细胞存在缺陷。

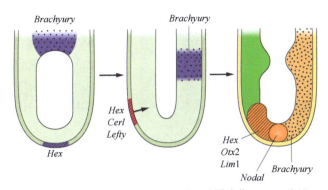

图 11.18　卵柱到原条期上胚层的前-后图式化。AVE 分泌一些因子，限制原条使其形成于后侧。

　　在这个阶段，卵柱呈辐射对称状态，但 DVE 此时会沿着卵柱未来的前侧迁移，最终抵达上胚层和胚外外胚层之间的交界处。如上所述，合子原始动物极的位置与早期胚胎的后侧之间存在统计上的关联性，所以 DVE 迁移的方向可能是由受精卵产生的小的不对称引发的。表达 *Hex* 的区域现在被称为 AVE，它持续分泌 NODAL 拮抗剂 CERL 和 LEFTY1，将 *Nodal* 的表达限制在相对的上胚层后方。在这里，NODAL 诱导原条的形成以及中胚层基因，如 *Brachyury* 和 *Eomesodermin* 的表达（图 11.10）。*Cerl* 或 *Lefty1* 缺失会导致多个原条形成。这种效应可以通过去除 *Nodal* 基因的一个拷贝来避免，这表明了 NODAL 抑制剂在正常发育中具有阻止异位原条形成的作用。

　　当细胞经由原条向内迁移时，会经历上皮-间充质转换（epithelial-mesenchymal transition, EMT），E7 期的单细胞 RNA-Seq 分析显示，EMT 调节基因在后部上胚层中富集。其中包括原条中 E-钙黏蛋白的缺失，而这依赖于 T-box 转录因子 Eomesodermin 对其基因的阻遏。当 *Eomesodermin* 在上胚层中被特异性敲除时，原条细胞便无法进行分层。*Eomesodermin* 对于前部中胚层（包括生心中胚层）和定型内胚层的形成是必不可少的。尽管后部标志，如 *Brachyury*、*Wnt3* 和 *Fgf8* 仍在持续表达，但却没有中胚层形成。

　　转录因子 SOX2 从 ICM 时期开始就在全部上胚层细胞中表达，OTX2 最初在整个上胚层都有表达，随着原条形成，它的表达在后半部分受到抑制。后部上胚层、前部原条以及原结本身先后都表达与组织者相关的基因，如 *Foxa2*、*Lim1* 和 *Gsc*。但这并非一个稳定的细胞群体，因为在整个原肠胚形成过程中，始终都有细胞穿过这些区域。原结的作用类似于爪蛙中的组织者，因为如果将其移植到上胚层的其他部位，它能够诱导包含宿主衍生神经管和体节的第二个体轴。小鼠原结在鸡胚盘中也会诱发第二体轴，其活性在中原条期达到最强。Chordin（*Chrd*）和 Noggin（*Nog*）均在前部原条和原结上胚层表达，这些蛋白质自身能够从上胚层诱导前部神经组织。此外，*Chrd* 和 *Nog* 的双重敲除会阻碍前脑的形成，并导致脊索和生肌节出现缺陷，这表明它们在神经诱导和中胚层背部化中发挥着正常的作用。*Chrd* 和 *Nog* 敲除并不会阻止躯干和尾部神经系统的形成，这表明可能还有其他的 BMP 抑制剂，与 FGF 和 Wnt 家族的后部化因子共同发挥作用。

　　与爪蛙类似，FGF-CDX-HOX 通路被认为控制着后部区域的图式化。*Fgf4* 和 *Fgf8* 基因在原条中表达，它们所激活的 ERK 可以通过免疫染色检测出来。*Fgf8*、*Fgfr1* 或 *Cdx* 基因的敲除会表现出与 Hox 活性降低相关的后部缺陷。由于 *Cdx2* 也是滋养外胚层发育所必需的，所以对无义突变表型的研究需要借助四倍体补偿。如"胚外结构的形成"部分所述，如果把二倍体细胞引入四倍体胚泡，它们将发育形成真正胚胎的所有部分。要是使用 *Cdx2* 无义突变细胞，那么它们将由四倍体胎盘提供支持，并产生具有后部缺陷的胚胎。在 *Cdx2* 启动子的作用下过表达躯干 Hox 基因，能够挽救具有躯干缺陷的 *Cdx* 突变体的后部图式，这证实了 *Cdx* 基因在体内具有上调 Hox 基因的作用。

　　通过免疫染色，可以在尾芽阶段的所有三个胚层中观察到 FGF8 蛋白呈现从后到前的梯度分布。这是由于 *Fgf8* 在尾芽中转录，随后在细胞离开尾芽后，其 mRNA 逐渐降解（图 11.19）（有关体节发生的内容，另见第 17 章）。这种特定的机制依赖于胚胎的活跃生长，并不适用于早期几乎没有生长的低等脊椎动物。然而，FGF 活性梯度的最终结果却是相似的。一些 *Wnt* 基因在小鼠后部躯体形成中也至关重要。尤其是 *Wnt3A*，它在后部表达，敲除 *Wnt3A* 的小鼠会缺失一些后部结构。此外，视黄酸很可能也参与其中，因为视黄醛脱氢酶（负责产生内源性视黄酸的酶）基因的功能缺失突变体同样会导致后部缺陷。

　　现有的信息表明，小鼠实现区域性特化的机制与爪蛙、斑马鱼和鸡的机制具有相似性，尽管并非完全

图 11.19 E9.5 小鼠胚胎后部 *Fgf8* mRNA 梯度表达。星号：最后形成的体节。来源：转载自 Dubrulle 和 Pourquie (2004) Nature 427,419–422,经自然出版集团许可。

一致。初始的区域化仅分为头部和躯干区域两部分，头部的图式取决于最初在 AVE 中上调的一组基因，这些基因通过释放诱导信号，在上胚层中诱导相应的前部区域。躯干的图式取决于与原条顶端及后来原结相关的信号中心，该信号中心负责神经诱导和中胚层的背部化。在所有已研究的脊椎动物物种中，NODAL 类型因子在中胚层形成中起着关键作用，BMP 抑制剂在一定程度上是神经诱导所必需的，而 FGF 和 WNT 系统则是后部结构的形成所不可或缺的。

生殖细胞形成

与大多数动物物种有所不同，小鼠的原始生殖细胞 (PGC) 并非由卵中的胞质决定子产生。相反，它们是在 E5.5 左右，在原条后方的胚外中胚层中通过诱导形成的。PGC 是由 BMP4 诱导产生的，BMP4 在紧邻上胚层的胚外外胚层中表达。因为将 BMP4 施用于具有感应性的上胚层时，能够诱导 PGC 的形成，而 *Bmp4* 基因敲除小鼠则无法形成 PGC。来自近端脏壁内胚层后部以及后部近端上胚层的 WNT3a 同样不可或缺，因为 *Wnt3a* 基因敲除小鼠也无法形成 PGC。*Wnt3a* 敲除的胚胎还缺乏有功能的 BMP 信号，表明 WNT3a 控制着上胚层细胞对 BMP 信号的感应能力。在这个阶段，调控 PGC 发育的关键转录因子是 Prdm1 (=Blimp1)、Prdm14 和 Tfap2c (=AP2γ)，在 E6.25 之后的早期 PGC 中能够检测到它们。敲除编码这些转录因子的基因，都会对 PGC 的特化与维持造成阻碍。这些转录因子会阻遏体细胞发育所需的基因，同时再次上调多能性基因，如 *Oct4* 和 *Sox2*。

大约在 E7～E7.5 时，使用碱性磷酸酶组织化学染色，能够在后部中胚层中观察到 30～40 个 PGC。此时，它们必须迁移到间介中胚层的生殖嵴（参见"器官发生阶段"部分），性腺的体细胞在那里形成（参见第 17 章）。它们大约在 E8 开始迁移，穿过后肠，直至抵达生殖嵴，随后穿过背侧肠系膜，进入正在发育的性腺。PGC 穿过后肠的迁移过程，依赖于后肠细胞表达的分泌型配体 SCF（stem cell factor，干细胞因子），以及 PGC 表达的受体 KIT。KIT 信号还能促进 PGC 存活，防止细胞凋亡，以确保有足够数量的 PGC 到达发育中的性腺。不过，KIT 并不控制迁移方向，迁移方向依赖于细胞因子 SDF1 (= CXCL12) 及其受体 CXCR4。SDF1 由生殖嵴分泌，而 CXCR4 由 PGC 表达。一旦到达生殖嵴，PGC 就会进入一段快速有丝分裂期，到 E12.5 时大约会生成 3000 个 PGC。此时，具有双潜能的性腺开始发育成睾丸（雄性）或卵巢（雌性）。

左–右不对称性

和其他脊椎动物一样，小鼠的解剖结构体现出其器官的结构和位置存在一些左–右不对称性。例如，肠道呈逆时针盘绕，肝脏位于其左边，胰腺位于右边。心脏偏离中线偏向左侧，主动脉也向左弯曲。在心脏发育的早期阶段，转录因子 dHAND 主要在右侧表达，而转录因子 eHAND 主要在左侧表达。这些不对称性可追溯到具有 2～6 个体节的胚胎中不对称的 NODAL 活性。

Nodal 最初与 *Gdf1* 和 *Cerl2* 一起在原结外围细胞中呈双侧表达。*Nodal* 表达会被 NODAL 信号上调。GDF1 是爪蛙 VG1 的哺乳动物同源物，它与 NODAL 形成异二聚体，进而增强 NODAL 的活性；而 CERL2 是 NODAL 的拮抗剂。*Cerl2* 在原结的右侧表达更为强烈，所以 NODAL 信号在左侧更强。这可以通过对磷酸化 SMAD2 进行染色来证实，SMAD2 是 NODAL 信号的细胞内靶标。不对称的 NODAL 信号导致在 E8 时，左侧侧板中胚层中 *Nodal* 和 *Lefty2* 呈现强烈但短暂的表达（图 11.20）。LEFTY2 是 NODAL 的另一种拮抗剂，一旦它在胚胎左侧建立起来，最终会终止侧板中胚层中的 NODAL 信号转导。*Pitx2* 是侧板中胚层中

由 NODAL 激活的主要转录因子基因，其表达持续时间比 *Nodal* 或 *Lefty2* 长得多。敲除 *Pitx2* 会扰乱了一些（但并非全部）器官（如肺）的不对称发育，例如，在 *Pitx2* 突变体胚胎中，心脏的环化即是正常的。

这种不对称性（也称为 *situs*）的最初原因，被认为是由原结中存在的纤毛的作用所引发。每个原结细胞都带有一根纤毛，在不对称基因即将开始表达之前的时期，这些纤毛处于活跃运动状态，驱动液体从右向左流动。向体外培养的胚胎添加荧光染料，便可以直观地观察到这种流动。流体流动与后来的基因表达存在因果关系，通过实验逆转其流向即可证明这一点，因为这会导致 *Nodal* 在右侧而非左侧表达。确切的机制仍存在争议，但很可能是流体流动刺激了左侧的感觉纤毛，引发细胞内钙含量增加，进而影响基因表达。无论具体机制如何，其影响之一是 *Cerl2* 转录本在原结左侧被降解，使得它在右侧的表达更高。

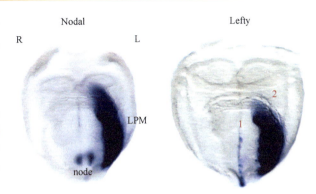

图 **11.20** *Nodal* 和 *Lefty1/2* 在 E8 期时的不对称表达。*Nodal* 在原结两侧均有表达，但在 LPM 中呈不对称表达。*Lefty1* 主要在中线表达，*Lefty2* 主要在 LPM 表达。LPM，侧板中胚层。来源：自 Shiratori and Hamada (2014). Seminars Cell Dev. Biol. 32, 80–84.

纤毛本质上就是不对称的结构，它在微管的标准 9+2 排列的基础上构建而成，并包含用于产生运动的马达蛋白。在小鼠中，存在许多突变体，它们会扰乱身体正常的左–右不对称性，其中很大一部分会导致纤毛出现缺陷。突变表型可分为三种不同的类别（图 **11.21**）。首先是导致不对称性随机化的突变体。这意味着一半的胚胎具有正常的**正位**（*situs solitus*），另一半则具有**反位**（*situs inversus*）。这样的结果表明双侧对称性的破缺仍然会发生，但通常用于确保正常正位的偏向性已被消除。在此类突变体中，*Nodal* 和 *Lefty2* 的表达可能出现在任一侧，但不会同时出现在两侧，这表明突变基因位于这些因子的上游。这些突变发生在编码**马达蛋白**（**motor protein**）如驱动蛋白成分 KIF3A 和 KIF3B 的基因中以及编码动力蛋白 LRD 的 *Iv* 基因中。这些马达蛋白要么是组装纤毛所需要的（如驱动蛋白），要么是纤毛运动所不可或缺的（如动力蛋白）。

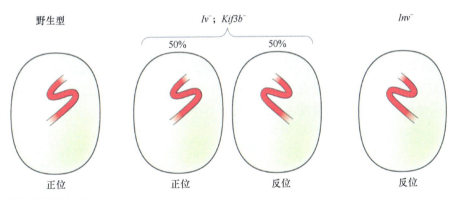

图 **11.21** 小鼠中的非对称性突变。

第二类突变体使胚胎处于双侧对称状态，称为**异构现象**（**isomerism**）（不要与分子的化学异构现象混淆）。以 *TG737* 突变体为例，在这个例子里，名为 POLARIS 的基因产物也参与了纤毛的组装。该突变体为功能丧失型突变，没有纤毛，并呈现对称的 *Nodal* 表达。

第三类突变体具有反转的不对称性（反位）。例如，*Inv* 突变体由转基因插入产生，但与 *Iv* 和 *Kif3b⁻* 一样，在遗传上是隐性的。其纯合子均表现为反位。在 *Inv⁻* 胚胎中，*Nodal* 和 *Lefty2* 在右侧表达。*Inv* 基因产物 INVERSIN 是一种影响纤毛搏动方向的细胞质蛋白。在突变体中，流体流动减少，且向右而非向左流动，从而导致 *Nodal* 在右侧表达，而非左侧。

人类遗传病 Kartagener 综合征（原发性纤毛运动障碍）涉及不对称性的随机化。从遗传学角度来看，它具有一定的异质性，但许多病例涉及影响纤毛微管内动力蛋白臂和（或）外动力蛋白臂的突变，而这些是纤毛运动所必需的。这些突变的主要后果是引发肺部疾病，因为患者支气管上皮细胞的纤毛无法运动，无法清除肺部积聚的黏液。患者还会遭受男性不育的困扰，因为他们的精子不能活动，并且可能患有听力障碍。

Hox 基因

在小鼠中，四个 **Hox 基因**（**Hox gene**）簇总共包含 39 个基因。大多数旁系同源群有 2～3 个成员。和其他脊椎动物一样，Hox 基因在系统发育型阶段表达量最高；它们往往在中枢神经系统（CNS）和中胚层中具有明显的前部表达边界，并且在后部逐渐减弱（图 11.22）。同一旁系同源组的成员具有相似的前边界。通过敲除 Hox 基因，或者制备由外来启动子驱动 Hox 基因的转基因来使其异位表达，已经对 Hox 基因的功能展开了广泛研究。

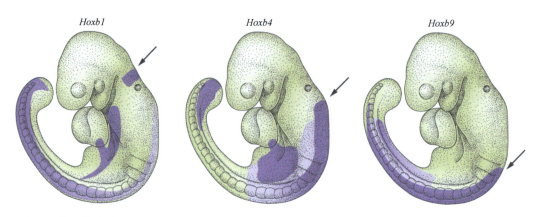

Hoxb1　　　　　*Hoxb4*　　　　　*Hoxb9*

图 11.22　三个 Hox 基因的表达，显示不同的前边界。

一般来说，基因敲除会导致前向转化。这种影响通常在所讨论基因的前表达边界处最为显著，因为正是在这个位置，该特定基因使得整个 Hox 组合与更靠前位置的组合有所不同。通常情况下，只敲除一个 Hox 基因的效果并不明显，但当整个旁系同源基因组被敲除时，效果就会变得十分显著。例如，敲除第 10 组旁系 Hox 基因会导致所有腰椎转化为胸椎特征，而敲除旁系组 11 则会导致所有骶椎转化为腰椎。出现大量冗余的原因是旁系同源组的成员通常彼此非常相似，且在相似的区域表达。

Hox 基因的异位表达通常会导致后向转化。例如，正常情况下 *Hoxa7* 的前边界位于胸部区域，如果它在头部表达，颅骨的基底枕骨就会转变为原寰椎型椎骨。用视黄酸处理母鼠也能引发 Hox 基因的上调，由于几个 Hox 基因同时异位表达，这会引发多个后向转化事件。

转基因小鼠

长期以来，培育具有工程化遗传构成的小鼠一直是一个重要的产业，其应用范围除了发育生物学，还涵盖生物医学的众多分支。有时，"转基因"这一术语被用于涵盖所有形式的基因改造；但在此处，我们更狭义地用它来表示将新基因引入种系。早些年，标准方法是将 DNA 直接注入受精卵的一个原核中，但随后的敲入方法（在"敲除和敲入"部分有描述）变得更为常用，因为这意味着修改后的基因所处的环境完全正常。如今，可以使用 CRISPR/Cas9（见第 3 章）进行各种靶向修饰，该方法还能在基因位于基因组中的正常位置对基因进行修改。

简单的原核注射方法（图 11.23）能够产生一定数量的转基因，且种系很可能是转基因的。通常，整合发生在基因组的随机位置，并且包含许多头尾相连串联排列的转基因拷贝。如果将用于注射的基因从质粒 DNA 中分离纯化出来，就能获得更好的基因表达水平，因为原核序列通常会抑制转基因的表达。使用包含内含子的基因组 DNA 也很重要，因为其比互补 DNA（cDNA，即从 mRNA 复制而来、没有内含子的 DNA）能提供更高的表达水平。通常会选择线性 DNA 而非环状 DNA 用于注射。通过对每个新生小鼠尾尖的 DNA 样本进行基因组 **DNA 印迹法**（Southern blot）或**聚合酶链反应**（polymerase chain reaction, PCR），来筛选转基因实验产生的新生小鼠是否整合了转基因。转基因在后续繁殖中通常表现为一个简单的显性基因。可能需要将其培育成纯合子，以确保该品系的所有胚胎都含有该基因。

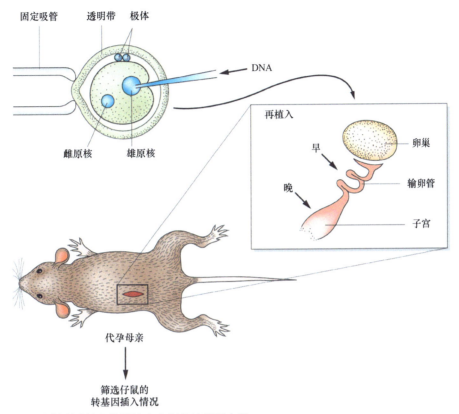

图 11.23　通过将 DNA 注射到受精卵的原核中来制备转基因小鼠。

尽管原核注射的转基因染色体位置不一定正常，但只要包含足够的侧翼 DNA 序列，它们就能在正确的时间和区域表达。细菌人工染色体（bacterial artificial chromosome, BAC）能够容纳比质粒大得多的插入片段，使用 BAC 而非质粒来克隆插入片段，正是希望包含尽可能多的侧翼 DNA。目前已经开展了大量工作，对基因的侧翼序列进行修饰，以鉴定负责控制基因表达的特定调节序列。对于此类研究，使用瞬时转基因技术活性就已足够。这意味着注射完成后，胚胎被重新植入，此后直接回收并分析，无须进行任何繁育来建立永久的动物品系。此类研究通常不监测正常基因产物，而是使用报告基因，因为报告基因的产物更容易检测。过去，*LacZ* 和 *Luciferase*（萤光素酶基因）是常用的报告基因，但如今更常见的是使用荧光报告基因，如 *Gfp*（见第 15 章）。

通过构建合适的分子构建体，可以使一个基因的编码区域在另一个基因的启动子控制下表达，这使得特定基因的异位表达成为可能，从而对发育过程进行修改。有时需要基因广泛表达，这可以通过使用细胞骨架的（β）肌动蛋白（*Actb*）或组蛋白 H4（*Hist4*）等管家基因的启动子来实现。

胚胎干细胞

对小鼠胚泡进行组织培养，能够产生具有发育**多能性**（pluripotency）的细胞系。胚泡从透明带孵化后，会黏附在基质上，在合适的培养基中，ICM 细胞会增殖。由此产生的细胞被称为**胚胎干细胞**（embryonic stem cell, ES 细胞），它们保留了与 ICM 相似但不完全相同的基因表达谱（图 11.24）。它们可以培养多代，并冷冻保存以备后续使用。多年来，标准的培养方法是将 ES 细胞培养在经过辐射处理的成纤维细胞**饲养层**（feeder layer）上，或者培养在含有白血病抑制因子（LIF）的培养基中，以此抑制分化。最近发现，在 FGF

和 WNT 信号通路组分抑制剂（2i 培养基）存在的情况下，ES 细胞的多能性能够得以维持。这一过程无需使用血清，尽管 LIF 不再是必需成分，但通常仍会添加在培养基中。过去，ES 细胞只能从少数几种小鼠品系中获取，但使用 2i+LIF 培养基后，可以从多种小鼠品系以及大鼠中获得 ES 细胞。当去除饲养细胞、LIF 或抑制剂时，ES 细胞会分化成**类胚体**（**embryoid body**），其中发生的分化过程在时间上正常，但在空间上与胚胎中的情况非常不同。小鼠 ES 细胞通常被描述为**多能**（**pluripotent**）而非**全能**（**totipotent**），原因是它们在分化时通常不会形成任何滋养外胚层。

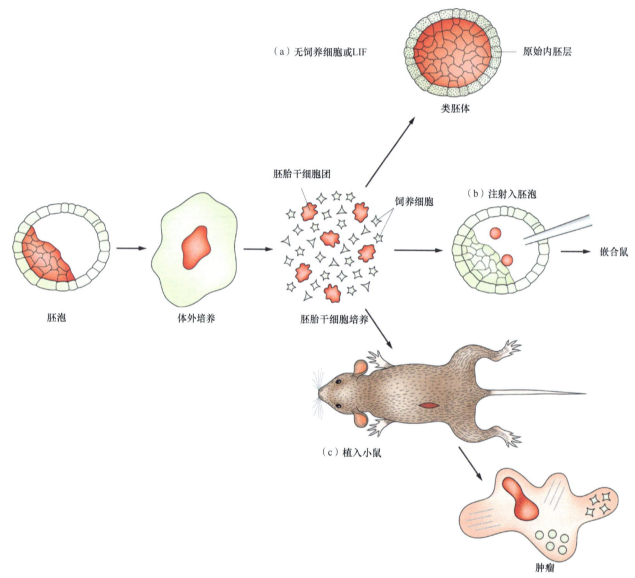

图 11.24 胚胎干细胞。（a）去除饲养细胞将导致体外分化为"类胚体"。（b）注射到胚泡中可以产生嵌合小鼠。（c）植入肾囊下可产生畸胎瘤。

ES 细胞被视为**干细胞**（**stem cell**），因为它们具备无限自我更新的特征以及产生分化后代的能力（见第 20 章和第 22 章）。用于制备它们的 ICM 细胞本身并非干细胞，因为在胚胎中，它们在诱导信号的影响下会迅速发育成其他细胞类型。这就是 ES 细胞有时被称为"体外人工制品"的原因，尽管它们非常有用。ES 细胞的干细胞特性依赖于一组相互上调的转录因子，包括 OCT4、NANOG 和 SOX2，它们被称为**多能性因子**（**pluripotency factor**）。除了相互上调，它们还会阻遏负责胚层形成和区域特化等其他早期事件的发育控制基因的表达。发育控制基因通过"二价标记"维持在感应状态，"二价标记"是指基因上有一对相互拮抗的修饰组蛋白，它们可以上调或阻遏与其相关联基因的活性。例如，在许多基因上都已发现同时存在 H3K27 和 H3K4 组蛋白甲基化的二价结构域。然而，二价染色质域并非 ES 细胞所独有。

2006 年，研究发现，将四种基因导入正常体细胞，能够创建出与 ES 细胞极为相似的细胞系。这四种基因是 *Oct4*、*Sox2*、*Klf4* 和 *cMyc*，根据其发现者的名字被称为"山中因子"，由此产生的细胞被称为**诱导多能干细胞**（**induced pluripotent stem cell，iPS 细胞**）。近年来，iPS 细胞在干细胞生物学领域占据着举足轻重的地位，有关 iPS 细胞的详细内容，将在第 22 章中展开阐述。

当把胚胎干细胞植入免疫相容的成年小鼠体内时，会生成被称为**畸胎瘤**（**teratoma**）的肿瘤。这种肿瘤内部包含多种分化组织类型，它们以杂乱无章的方式排列在一起。当胚胎干细胞被注入小鼠胚胎胚泡中时，它们能够整合到 ICM 中，并高频引发**嵌合**（**chimerism**）现象。在许多情形下，这种嵌合现象还会延伸至生殖细胞，如此一来，就能够从培养的细胞中培育出完整的小鼠（图 11.24b）。少数 ES 系在注入四倍体胚泡后，甚至能够自行发育成完整胚胎（四倍体宿主细胞虽能形成胚外膜，但不能形成胎儿）。ES 细胞的存在揭示了一个有趣的事实，即有可能将生长过程与发育定型分离开来，因为已有细胞系即便传代多达 250 次，仍未丧失重新填充胚胎的能力。

人类胚胎干细胞是再生医学领域（见第 22 章）的一个重要主题。不过，就目前而言，小鼠 ES 细胞的实际重要性主要在于，它为将基因重新引入小鼠胚胎提供了精细且复杂的途径。诚然，把 DNA 直接注入合子也能引入基因，但在培养的 ES 细胞中，研究人员可以筛选罕见事件，尤其是外源 DNA 与基因组互补位点发生的**同源重组**（**homologous recombination**）事件。这一技术已被用于以无活性变体替换基因，从而**敲除**个别基因，或者**敲入**一个基因以替换另一个基因。如今，通过将 CRISPR/Cas9 系统与合适的引导 RNA（guide RNA）导入受精卵，就能相对容易地实现基因敲除。在合子中引入大片段的 DNA 替换序列时，效果往往不尽如人意；然而，在 ES 细胞中，由于可以对期望的事件进行筛选，因此 CRISPR 技术可用于提高 ES 细胞操作的效率和成功率。

敲除和敲入

在发育生物学中，敲除单个基因的主要目的是期望通过观察无义表型来揭示基因的功能。通常，出于某些原因，人们认为所研究基因的产物是重要的，比如它的生化活性、其表达模式，或者在其他生物体（例如果蝇）中该基因的同源基因所具有的发育功能。此外，基因敲除技术还可用于培育携带特定基因变异的小鼠突变体，这些基因变异会导致人类遗传疾病。借此，可以创建人类疾病的**动物模型**（**animal model**），进而获取更多关于疾病病理学的信息，还能对治疗策略进行测试。例如，研究人员制作了囊性纤维化跨膜传导调节蛋白（CFTR 蛋白）的小鼠突变体，它可作为研究人类囊性纤维化的模型；又如，缺乏载脂蛋白 B 基因的小鼠，会在 2~3 个月内患上动脉粥样硬化。在医学研究中，基因敲除技术还有另一个应用，即通过去除肿瘤抑制基因（如 *p53* 基因），培育出对癌症易感的小鼠。

尽管当下基因敲除技术非常复杂，但基本方法通常采用正负选择程序来筛选同源整合而非随机整合。一个靶向构建体会被组装，该构建体含有拟替换基因区域的基因组 DNA，该基因的一个关键功能区域会被抗生素抗性基因（一般是新霉素抗性基因，*neo*）所取代，其侧翼还连接着编码胸苷激酶（thymidine kinase，*TK*）的病毒基因拷贝。该构建体被转染到 ES 细胞中，如果它通过同源重组实现整合，那么只有 *neo* 会被整合（图 11.25a）；倘若它在错误位置随机整合，*neo* 和 *TK* 都有可能被并入基因组（图 11.25b）。随后，使用两种药物对细胞进行筛选。**新霉素**（**neomycin**）会杀死那些没有整合靶向载体的细胞，因为宿主 ES 细胞对新霉素敏感（如果用到饲养细胞，那么它们是具有抗性的）；**更昔洛韦**（**ganciclovir**）会杀死那些整合了含有 *TK* 基因构建体的细胞，这是因为胸苷激酶会把药物转化为细胞毒性产物。最终的结果是，存活下来的细胞大概率是发生了同源重组的细胞，在这些细胞中，目标基因确实被无活性版本完全替换。这些细胞会被当作单个克隆进行培养，并通过 DNA 印迹法或 PCR 进行筛选，以确保靶向构建体准确无误地整合到了预期位置（图 11.26）。接着，将筛选出的细胞注射到宿主胚泡中，再把胚胎重新植入代孕母鼠体内。选择宿主胚胎的品系时，会特意让其毛色与 ES 细胞的亲本品系有所不同。这样一来，嵌合状态便能通过斑驳的毛色体现出来，并通过对尾尖 DNA 的分析加以证实。嵌合体小鼠的种系中可能含有供体细胞，也可能没有任何供体细胞，因此需将它们进行交配，并对其后代也进行尾尖 DNA 分析。如果 F$_1$ 代确实含有靶向构建体，就可以将它们一起交配，以产生纯合子，进而确定无义突变的表型。

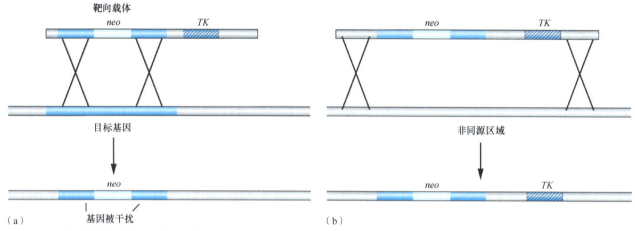

图 11.25　基因打靶：（a）同源位点重组会破坏宿主基因，引入 neo 但不引入 TK；（b）在非同源位点的重组会引入 neo 和 TK。

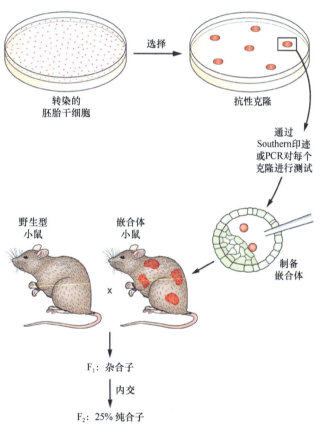

图 11.26　通过在 ES 细胞内的同源重组进行基因敲除的程序。

完全相同的技术也可用于执行**敲入**操作。在敲入过程中，不是用无活性版本替换内源基因，而是用另一个基因（可能是基因本身的修改版本）进行替换，或者用报告基因进行补充。相较于传统的转基因技术，敲入技术优势明显，因为插入位点及其周边环境是确定的，不会出现因随机插入而产生的不可预测的后果。如今，敲入操作更多地借助 CRISPR/Cas9 方法来完成，既可以在 ES 细胞中进行，也能直接在合子中实施。

在使用基因敲除小鼠开展研究时，也遇到了一些问题。首先，可能不会出现明显的异常表型，或者异常极其微弱，几乎难以察觉。这通常是基因**冗余**（redundancy）导致的，即基因组中存在具有重叠功能的其他基因，这种现象在脊椎动物中极为常见，因为脊椎动物拥有大量的多基因家族（见第 3 章）。为了明确一组存在显著冗余的基因的功能，就必须将它们全部敲除，然后通过将各个敲除品系进行交配，培育出多基因无义突变体。目前，已经开展了大量此类工作，例如，已经成功构建出多个 Hox 基因旁系同源基因组以及各种视黄酸受体的纯合子。

其次，基因敲除的效果可能会因遗传背景或引入突变的小鼠品系不同而产生极大差异。虽然这可能会使增加功能分析的难度，但从另一个角度看，这也不失为一个有用的特性，因为它有助于识别对正在研究的过程至关重要的其他相互作用基因。

最后，表型可能非常严重，以至于胚胎在早期阶段就死亡，这排除了对同一基因在后期的功能进行任何检测的可能性。针对这个问题，有多种解决办法。一是采用条件敲除策略，如 Cre/lox 系统（参见第 3 章和第 15 章）；另一个是制造**嵌合体**（chimera），使基因仅在孕体的一部分中被敲除。

嵌合基因敲除

嵌合体方法常应用于这样一种情形：某个基因在早期对胚胎外组织至关重要，而到了后期则是胚胎自身发育所必需。在这种情况下，胚胎早期死亡往往是因为缺乏胚胎外组织提供的营养支持。如前文所述，当 ES 细胞被注入**四倍体（tetraploid）**胚泡时，ES 细胞主要发育形成胚胎，而四倍体细胞主要形成胚外组织。四倍体胚胎是通过在 2 细胞期的卵裂球之间进行电融合制备而成的，它们自身无法长期存活。为了探究基因在胚胎植入后的功能，可以将纯合子无义突变的 ES 细胞，或者纯合子无义突变胚泡的内细胞团（ICM）细胞，注射到四倍体胚泡中，随后将其植入代孕母体内。四倍体衍生的胚外结构会支持胚胎发育，直至基因对胚胎自身发育起关键作用的阶段。从这个阶段开始，就会出现可识别的缺陷，而这些缺陷有望揭示基因的一些正常功能。以 *Fgfr2* 基因为例，当它被敲除时，会因极滋养外胚层增殖失败导致植入前死亡。但是，由野生型四倍体胚泡和 *Fgfr2*⁻ 细胞构成的嵌合胚胎将能发育到大约 E10.5，到这个阶段时，胚胎明显缺乏肺和四肢，这表明通过该受体的 FGF 信号转导对于这两个器官的形成是必不可少的。

基因和增强子捕获

基因敲除技术十分强大，然而它只能应用于已鉴定的基因。对于未知基因，则需要通过诱变的方式来进行鉴定。这可以借助化学诱变（如第 3 章和第 9 章所述），并辅以后续的基因定位克隆来实现。此外，使用合适的 DNA 载体进行**插入诱变（insertional mutagenesis）**也颇具成效，因为这种方式能够轻松识别被修改的基因位点。与之相关的构建体被称为**基因捕获载体（gene trap）**，它包含一个剪接受体位点、一个报告基因以及一个选择标记（**图 11.27**）。通常情况下，报告基因和选择标记被整合在一个名为 *β-geo* 的基因中，该基因是大肠杆菌 *lacZ* 和新霉素抗性基因的融合体，兼具两者的活性。将这个构建体转染到 ES 细胞中，如果它整合到某个基因之外，由于自身没有启动子，就会处于不活跃状态。若构建体整合到一个基因中，且其剪接受体能够使其整合到编码序列里，那么它将作为最后一个外显子发挥作用。由于内源基因被插入破坏，很可能突变为无活性或活性降低的状态。β-geo 会作为截短内源性蛋白质的 C 端融合体得以表达，倘若剪接符合阅读框（整码），细胞就可以通过新霉素抗性进行筛选，并且应该会表达 β-半乳糖苷酶。

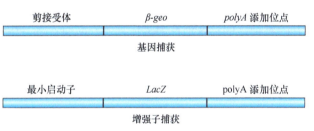

图 11.27　基因捕获与增强子捕获。

基因捕获载体被转染到 ES 细胞后，会通过与基因敲除相同的程序导入小鼠体内。通常可以通过对嵌合体本身进行 X-Gal 染色，来检测基因的正常表达模式。虽然只有供体细胞会携带该构建体，但对于这一检测目的来说或许已经足够。如果表达模式看起来很有研究价值，则可以繁育嵌合体，建立基因捕获的 F₁ 代杂合子，再让这些杂合子相互交配，建立具有 25% 纯合子的 F₂ 代。到了这个阶段，捕获载体是否会产生有趣的隐性表型便会一目了然。若出现了有研究价值的表型，就可以从基因捕获品系制作基因组 DNA 文库，并通过探寻基因捕获载体序列来克隆该基因。5′ 连接序列应该位于捕获基因的内含子内，基于此，应该能够快速克隆出基因的其余部分。

一种重要的基因捕获小鼠品系称 **Rosa26**。在 Rosa26 中，被捕获的基因编码了一个未翻译的 RNA。但它具有在所有发育阶段和所有组织中都能普遍且稳定表达的特性。出于这个原因，通常会通过同源重组技术，在 Rosa26 位点中嵌入所需的基因，来制作用于转基因的组成性普遍表达的小鼠品系。

增强子捕获载体（enhancer trap）是一种缺少剪接受体、携带自身最小启动子的基因捕获载体，其启动子提供了一个基本的 RNA 聚合酶 Ⅱ 结合位点，但不足以启动可检测水平的转录（**图 11.27**）。如果它进入基因组，且处于内源启动子或增强子的有效作用范围内，那么内源启动子或增强子将补充最小启动子的功能，从而实现 *lacZ* 的显著转录。增强子捕获载体通常不会导致基因突变，因为它们可以在任何处于内源增强子有效范围内的位置被激活。由于它们可能与任何内源基因都有一定距离，所以不太适用于基因克隆的目的。它们的主要用途是提供小鼠品系，在这些品系中，特定组织或细胞类型会因 β-半乳糖苷酶的表达而得以凸显，因此非常便于观察。

如前文所述，现在借助 CRISPR/Cas9（见第 3 章）等技术，能够更轻松地进行靶向删除或插入操作，而且这些技术很可能最终会完全取代上述传统方法。不过，许多由旧技术培育出的小鼠品系仍将继续被研究，既用于研究小鼠的发育过程，也作为人类疾病的模型。

核移植和印记

将早期卵裂球的细胞核移植到去核卵子后，这些细胞核能够支持胚胎发育，但这种能力会随着细胞核的发育时期的推进而迅速下降，这可能与小鼠中合子转录发生得较早有关。正常发育的一个基本条件是受精卵含有一个父源原核和一个母源原核。**孤雌生殖**（**parthenogenesis**）二倍体胚胎可以通过激活卵子并抑制第二极体形成来制备，但由于胚外组织形成不足，胚胎发育情况不佳。**孤雄**（**androgenesis**）二倍体则可以通过去除雌原核并注入第二个雄原核来制作，其胚外组织丰富，但胚胎会停滞在早期发育阶段。这表明来自父母双方染色体上的同源基因状态存在差异，使得父本拷贝更容易在滋养层中被激活，而母本拷贝更容易在胚胎中被激活。

造成这种差异的原因是在几条染色体上存在**印记**（**imprinted**）基因。这些是仅从母本或父本染色体表达的基因。据估计，这类基因大约有 100 个，主要与生长控制相关。然而，大脑中具有亲本特异性表达的基因数量可能是这个数字的 10 倍。就生长控制功能而言，传统的解释是这种现象是进化的结果，因为自然选择总是倾向于那些能使后代数量最大化的特征。对于雄性来说，要实现最大后代数量，需要与多个雌性交配，并且让胚胎比其他雄性的后代更快达到最大生长率。对于雌性来说，最大后代数量则是通过为每个胚胎分配相同的资源，并在分娩后存活下来，以便进入下一个生殖周期来实现的。因此，在雄性和雌性所偏好的特征之间存在潜在的进化冲突。简而言之，雄性"想要"胚胎快速生长，而雌性"想要"胚胎生长均匀且可控。胰岛素样生长因子 2（IGF2）系统就是支持这一原则的一个例子。IGF2 是一种促进产前胚胎生长的生长因子，其基因仅在父系染色体上活跃。有一种 IGF2 抑制因子，被误称为"IGF2 受体"，其基因仅在母体染色体上有活性。在这种情况下，遗传杂合性的影响取决于突变所在的染色体（母源或父源）。如果非活性等位基因存在于不表达的染色体上，就不会产生任何影响；而如果它存在于表达该基因的染色体上，其效应将与纯合功能丧失突变体相同。相反，有可能发生突变，导致正常不表达的染色体上的印记丢失，这可能会使正常基因剂量加倍，从而产生相应的效应。例如，在人类中，Beckwith-Widemann 综合征是一种涉及胚胎过度生长和易患癌症的疾病。它涉及电压门控 K$^+$ 通道基因的破坏，但大部分病例还显示 IGF2 印记缺失。另一个例子是在肾母细胞瘤（Wilm's tumor，一种儿童肾癌）的大多数病例中，IGF2 的印记也发生缺失。

尽管还有许多其他印记基因，但 *Igf2* 系统本身在阻止孤雌生殖发育方面似乎尤为关键。如果将一个卵母细胞重建为包含两个单倍体雌性细胞核，并且其中一个经过修饰，能够像父核一样表达 *Igf2*，那么孤雌生殖胚胎就可以发育至足月。

印记在配子发生过程中于种系中得以确立。这个过程可以通过将核移植到卵子中，然后分析印记基因座上的母本和父本等位基因是否都表达从而追踪观察（**图 11.28**）。用原始生殖细胞的细胞核制成的完整胚胎克隆显示，E11.5 时原始印记被擦除，这可能与这些细胞中全基因组 DNA 的去甲基化有关。这些印记在雌性配子发生的晚期、卵母细胞的生长阶段重新建立，而在雄性配子发生中建立得更早。目前尚不清楚它们最初是如何建立的，尽管它们的维持通常与基因的 DNA 甲基化状态相关（见第 4 章）。已发现几种通过实验引入的转基因会产生印记，并在精子和卵子中发生差异性甲基化。在胚胎发育的早期阶段，基因组会发生另一次普遍的去甲基化，但这并不影响印记，因此印记必定是以某种方式得到了保护。

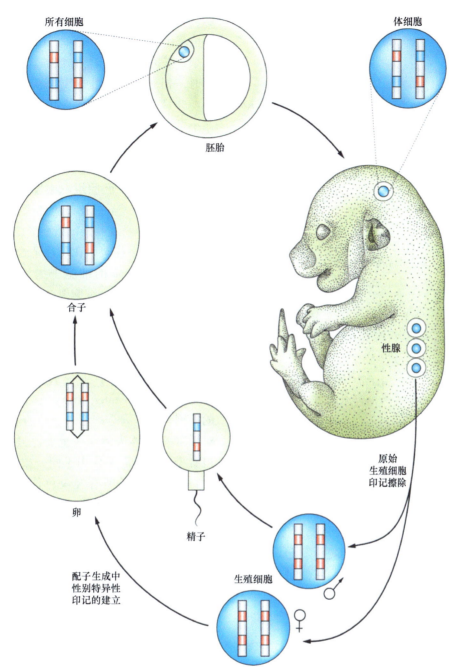

图 11.28 印记的"生命周期"。图中显示了两个基因座，红色表示表达的基因，蓝色表示印记的非活性基因。印记在原始生殖细胞中被擦除，并在配子发生过程中被重置。

X 失活

在所有雌性哺乳动物体内，**X 染色体**（**X-chromosome**）的一个副本会转变为异染色质并失去活性，在细胞核内可见其呈现为"巴氏小体"（Barr body）。这种失活是一种剂量补偿机制，用于对雌性和雄性中不同数量的 X 染色体进行调整。因此，对于大多数 X- 连锁基因，在两性中都仅有一个等位基因会表达。不过，有少数 X 连锁基因在 X 与 Y 染色体上均存在，所以在两性中都有两个拷贝。这些基因不受 X 失活的影响。

在小鼠中，X 染色体失活在卵柱阶段随机发生，因此可能是母源 X 染色体失活，也可能是父源 X 染色体失活。对于染色体上任何杂合位点而言，一个 X 染色体拷贝的失活会产生**镶嵌体**（**mosaic**），因为一些细

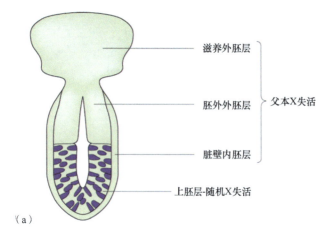

（a）

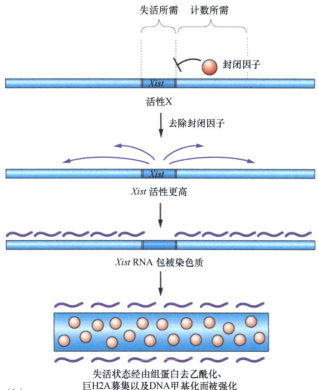

（b）

图 11.29 雌性中第二条 X 染色体的失活。(a) 在父本 X 染色体上携带 lacZ 的 H253 杂合子胚胎中 lacZ 的表达。(b) X 失活事件。

胞会表达一个等位基因，而其他细胞会表达另一个等位基因。这确保了所有雌性哺乳动物的所有 X 连锁杂合基因座都是自然镶嵌的。在 X 染色体失活的同时，相对于基因组的其他部分，其 DNA 复制较晚，并且失活染色体上的组蛋白会发生低乙酰化。在小鼠中，X 染色体失活在胚外组织中比在上胚层本身中发生的时间更早，并且在这些组织中，父源 X 染色体被特异性失活（图 11.29a）。这被称为印记性 X 失活，与在胚胎组织中发现的随机 X 染色体失活存在一些差异。X 染色体失活现象在 H253 小鼠品系中很容易观察到，该小鼠在 X 染色体上携带大量细菌 LacZ 拷贝。在雌性杂合子中，携带 LacZ 的染色体在 50% 的细胞中失活，所以当标本用 X-Gal 染色时，单个细胞要么是蓝色，要么是白色。这使得某些类型的**克隆分析**（clonal analysis）成为可能，因为任何由单个细胞形成的结构，其颜色必定是全蓝或全白的，而不可能是混合色的。

X 失活依赖于染色体中存在 X 失活中心（X-inactivation center, Xic）。它包含一个名为 Xist 的基因，该基因会产生一个长的非编码 RNA。Xist 对于 X 染色体失活至关重要，只作用于它所在的自身染色体，而不作用于同一核内的其他染色体。它在早期胚胎的所有 X 染色体中都保持低水平活性。在失活的染色体中，Xist 活性增加，其 RNA 会覆盖整个染色体。如果 Xist 基因座被删除，染色体就不会失活；相反，Xist 的转基因会导致插入它的常染色体失活。在 ES 细胞中用可诱导的 Xist 转基因进行的实验表明，它在被诱导时会导致其自身染色体失活，并且需要其持续存在 48 h 才能维持失活状态。此后，它不再是必需的，因为失活状态会由其他机制变得稳定，这些机制包括特殊组蛋白 macroH2A 的募集和组蛋白低乙酰化（图 11.29b）。Xist 的启动子在配子发生过程中被差异性甲基化，在精子中去甲基化，在卵母细胞中则被甲基化。这种模式在胚外组织中得以维持，与父系 X 染色体的优先失活相关。在上胚层中，印记被擦除，取而代之的是启动子的随机甲基化。有一种称为 Tsix 的反义基因与 Xist 基因重叠，但位于另一条 DNA 链上。Tsix 在母源 X 染色体中具有活性，有助于使母源 X 染色体抵抗早期失活。但此活性在人类中并不保守。

X 染色体失活必定涉及一种计数机制，该机制能够感知 X 染色体数量与常染色体数量之间的比率。这方面的证据是，拥有多条 X 染色体的个体，除了其中一条外，其他染色体都会失活。雄性也是如此，例如 XXY 个体具有单一的巴氏小体。与这些数据相契合的一个模型涉及常染色体产生的阻断因子，其产生量有限，因此只能阻断一条 X 染色体上的 Xist 的表达（图 11.29b）。

畸胎癌

大多数有关 ES 细胞的特性及其潜在用途的设想，都可追溯至早期对**畸胎癌（teratocarcinoma）**的研究。畸胎癌是一种恶性且可移植的肿瘤，由多种组织构成，还包含未分化细胞。这些未分化细胞能够在组织培养中生长，被视作肿瘤的干细胞，通常被称为胚胎癌（embryonal carcinoma，EC）细胞。畸胎癌可分为三种类型：自发性睾丸癌、自发性卵巢癌和胚胎衍生癌。自发性睾丸畸胎癌出现在 129 品系雄性胎鼠的睾丸中，一般认为其起源于原始生殖细胞，著名的 F9 细胞系就属于这种类型。自发性卵巢畸胎癌则发生于约 3 个月大的雌性 LT 小鼠体内，其来源于完成第一次减数分裂的卵母细胞，经历了大致正常的胚胎发育，直至卵柱阶段。胚胎衍生的畸胎癌可通过将早期小鼠胚胎移植到免疫相容宿主的宫外部位（通常是肾脏或睾丸）来诱发，此时胚胎会变得紊乱，并产生各种成体组织类型以及增殖的 EC 细胞。

不同的畸胎癌细胞系特性差异显著：有些需要饲养细胞才能生长，有些则无须饲养细胞。一些细胞系会在腹膜腔中以分散细胞的形式生长（形成腹水瘤），而另一些则不会。有些细胞系能够在体内或体外分化，有些则不具备这种能力。大多数细胞系具有异常核型，不过也有少数核型正常或接近正常。这些差异大多可能是在肿瘤形成和培养过程中对变异体进行选择所致，不过在一定程度上也反映了亲代细胞类型的异质性。通过将某些类型的畸胎癌细胞注射到胚泡中能够产生嵌合体小鼠，但这种方法不如使用 ES 细胞有效。然而，它确实具有一定的理论意义，因为这表明在适宜的生物环境下，至少有一种肿瘤能够恢复正常的生理行为。

经典实验

小鼠对发育生物学的主要贡献是通过转基因和基因敲除实现的。

如今，这些技术几乎是所有早期发育或器官发生研究的基础。它们还被用于创建许多人类疾病的小鼠模型，这些模型既用于研究疾病的分子机制，也用于测试潜在的治疗方法。

首例转基因

Gordon, J.W., Scangos, G.A., Plotkin, D.J., Barbosa, J.A. & Ruddle, F.H. (1981) Genetic-transformation of mouse embryos by micro-injection of purified DNA. *Proceeding of the National Academy of Sciences USA* **77**, 7380-7384.

胚胎干细胞的发现

Evans, M.J. & Kaufman, M.H. (1981) Establishment in culture of pluripotential cells from mouse embryos. *Nature* **292**, 154-156.

Martin, G.R. (1981) Isolation of a pluripotent cell line from early mouse embryos cultured in a medium conditioned by teratocarcinoma cells. *Proceeding of the National Academy of Sciences USA* **78**, 7634-7638.

基本基因敲除方法的发明

Thomas, K.R. & Capecchi, M.R. (1987) Site directed mutagenesis by gene targeting in mouse embryo-derived stem cells. *Cell* **51**, 503-512.

Mansour, S.L., Thomas, K.R. & Capecchi, M.R. (1988) Disruption of the protooncogene int-2 in mouse embryo-derived stem cells: a general strategy for targeting mutations to non-selectable genes. *Nature* **336**, 348-352.

新的研究方向

随着基于 CRISPR/Cas9 的更高效方法的出现，小鼠将持续被用于构建转基因和基因敲除品系，以此解决广泛的生物学问题，而绝非仅局限于发育机制的研究。举例来说，这些问题涵盖细胞生物学、免疫学、神经生物学领域，以及疾病机制的探究。小鼠将继续为人类疾病构建模型，尽管特定突变在小鼠和人类身上产生的结果并非总是一致。

标记和修饰特定组织的方法日益精进，这将不断推动器官发生机制以及组织特异性干细胞特性的研究。

现在已具有从大鼠培育 ES 细胞的能力，可以创造转基因大鼠，它们的体型比小鼠更适合生理和药理学研究。

要点速记

- 受精包括几个不同的步骤。首先，精子识别透明带；其次，顶体反应引发水解酶释放，在透明带上消化出一条穿越透明带的通道；第三，精子和卵母细胞质膜融合，将 PLCζ 引入卵母细胞质；第四，细胞内钙浓度升高，引起皮质颗粒释放，卵母细胞完成第二次减数分裂并恢复 DNA 合成，为第一次卵裂分裂作准备。
- 在发育的前 4 天，小鼠胚胎处于植入前阶段，在输卵管或子宫内自由发育至胚泡期。植入前胚胎可以在体外进行培养和操作，随后的植入后发育在子宫内进行，通过胎盘获取营养。
- 小鼠发育的整体过程与鸡相似，但胚外膜的排列有所不同，且具有与卵柱排列相关的独特特征，这些特征在啮齿动物中存在，其他哺乳动物并不具备。胚胎躯体模式是通过来自胚外外胚层和前脏壁内胚层的诱导信号，在卵柱上胚层中建立的。NODAL 对中胚层的形成至关重要，原结区域与爪蛙的组织者具有相似特性。FGF 和 WNT 信号是后部身体部位形成所必需的。
- 身体结构左右差异的对称性破缺取决于原结纤毛的内在不对称性。
- ES 细胞是从胚泡的内细胞团中培养而来的细胞，它们能够在体外无限期自我更新，可分化为类胚体，若植入免疫缺陷的宿主中会形成畸胎瘤，若重新引入胚泡则可参与形成所有体内组织类型。
- 转基因小鼠是含有额外基因的小鼠，可通过将 DNA 注射到受精卵的原核中，或利用 ES 细胞或 CRISPR/Cas9 的"敲入"来实现。注射后的卵子被植入"代孕母亲"的生殖道内，发育至足月，之后培育成转基因小鼠品系。转基因表达的特异性可以通过与其连接的启动子来调控。
- 基因敲除小鼠是基因失活的小鼠。敲除和敲入是通过将含有修饰基因的靶向构建体与 ES 细胞进行同源重组来实现的。这些细胞被注射到小鼠胚泡中以产生嵌合胚胎，再将其重新植入代孕母亲体内并培育至足月。能够通过配子传递突变的后代被用于培育转基因小鼠品系。
- 一些基因仅从母本或父本染色体表达（印记）。
- 在雌性的早期胚胎中，X 染色体的一个拷贝被失活。

拓展阅读

网页

小鼠基因信息学数据库（杰克逊实验室）包含基因列表、表达模式、表型等大量数据：http://www.informatics.jax.org

爱丁堡小鼠胚胎解剖学和基因表达数据库：http://www.emouseatlas.org/emap/home.html

综合

Theiler, K. (1989) *The House Mouse: Development and Normal Stages from Fertilization to Four Weeks of Age*, 2nd edn. Berlin: Springer-Verlag.

Kaufman, M.H. (1992) *The Atlas of Mouse Development*. London: Academic Press.

Alexandre, H. (2001) A history of mammalian embryological research. *International Journal of Developmental Biology* **45**, 457–467.

Norris, F.C., Wong, M.D., Greene, N.D.E. et al. (2013) A coming of age: advanced imaging technologies for characterising the developing mouse. *Trends in Genetics* **29**, 700–711.

Behringer, R., Gertsenstein, M, Vintersten, K. & Nagy, M. (2014) *Manipulating the Mouse Embryo. A Laboratory Manual*, 4th edn. Cold Spring Harbor, NY: Cold Spring Harbor Laboratory Press.

Bedzhov, I., Leung, C.Y., Bialecka, M. & Zernicka-Goetz, M. (2014) *In vitro* culture of mouse blastocysts beyond the implantation stages. *Nature Protocols* **9**, 2732–2739.

Clark, J.F., Dinsmore, C.J., Soriano, P. (2020) A most formidable arsenal: genetic technologies for building a better mouse. *Genes & Development* **34**, 1256-1286.

受精

Wasserman, P.M., Jovine, L. & Litscher, E.S. (2001) A profile of fertilization in mammals. *Nature Cell Biology* **3**, E59-E64.

Talbot, P., Shur, B.D. & Myles, D.G. (2003) Cell adhesion and fertilization: steps in oocyte transport, sperm-zona pellucida interactions, and sperm-egg fusion. *Biology of Reproduction* **68**, 1-9.

Jones, K.T. (2005) Mammalian egg activation: from Ca^{2+} spiking to cell cycle progression. *Reproduction* **130**, 813-823.

Wasserman, P.M. & Litscher, E.S. (2013) Biogenesis of the mouse egg's extracellular coat, the zona pellucida. In: Wasserman, P.M. (ed.), *Gametogenesis, Current Topics in Developmental Biology* vol. 102. New York: Elsevier, pp. 243-266.

Okabe, M. (2015) Mechanisms of fertilization elucidated by gene-manipulated animals. *Asian Journal of Andrology* **17**, 646-652.

Hachem, A., Godwin, J., Ruas, M. et al. (2017) PLC zeta is the physiological trigger of the Ca^{2+} oscillations that induce embryogenesis in mammals but conception can occur in its absence. *Development* **144**, 2914-2924.

Fujihara, Y., Miyata, H. & Ikawa, M. (2018) Factors controlling sperm migration through the oviduct revealed by gene-modified mouse models. *Experimental Animals* **67**, 91-104.

Bhakta, H.H., Refai, F.H. & Avella, M.A. (2019) The molecular mechanisms mediating mammalian fertilization. *Development* **146**, dev176966.

Bianchi, E, Wright, G.J. (2020) Find and fuse: Unsolved mysteries in sperm-egg recognition. *PLoS Biology* **18**, e3000953.

形态与命运图

Smith, J.L., Gesteland, K.M. & Schoenwolf, G.C. (1994) Prospective fate map of the mouse primitive streak at 7.5 days of gestation. *Developmental Dynamics* **201**, 279-289.

Rossant, J. (1995) Development of extraembryonic lineages. *Seminars in Developmental Biology* **6**, 237-246.

Lawson, K.A. (1999) Fate mapping the mouse embryo. *International Journal of Developmental Biology* **43**, 773-775.

Gardner, R.L. (2001) Specification of embryonic axes begins before cleavage in normal mouse development. *Development* **128**, 839-847.

Piotrowska, K. & Zernicka-Goetz, M. (2001) Role for sperm in spatial patterning of the early mouse embryo. *Nature* **409**, 517-521.

Petiet, A.E., Kaufman, M.H., Goddeeris, M.M. et al. (2008) High-resolution magnetic resonance histology of the embryonic and neonatal mouse: a 4D atlas and morphologic database. *Proceedings of the National Academy of Sciences* **105**, 12331-12336.

McDole, K., Guignard, L., Amat, F. et al. (2018) In toto imaging and reconstruction of post-implantation mouse development at the single-cell level. *Cell* **175**, 859-876, e33.

ES 细胞与基因打靶

Nagy, A., Gocza, E., Diaz, E.M. et al. (1990) Embryonic stem cells alone are able to support fetal development in the mouse. *Development* **110**, 815-821. (Describes tetraploid complementation.)

Gossen, M. & Bujard, H. (2002) Studying gene function in eukaryotes by conditional gene inactivation. *Annual Reviews of Genetics* **36**, 153-173.

Tam, P.P.L. & Rossant, J. (2003) Mouse embryonic chimeras: tools for studying mammalian development. *Development* **130**, 6155-6163.

Capecchi, M.R. (2005) Gene targeting in mice: functional analysis of the mammalian genome for the twenty-first century. *Nature Review Genetics* **6**, 507-512.

Evans, M. (2011) Discovering pluripotency: 30 years of mouse embryonic stem cells. *Nature Reviews Molecular Cell Biology* **12**, 680-686.

Nichols, J. & Smith, A. (2011) The origin and identity of embryonic stem cells. *Development* **138**, 3-8.

Horii, T. & Hatada, I. (2016) Production of genome-edited pluripotent stem cells and mice by CRISPR/Cas. *Endocrine Journal* **63**, 213-219.

早期发育机理

Liu, P.T., Wakamiya, M., Shea, M.J. et al. (1999) Requirement for Wnt3 in vertebrate axis formation. *Nature Genetics* **22**, 361–365.

Brennan, J., Lu, C.C., Norris, D.P. et al. (2001) Nodal signalling in the epiblast patterns the early mouse embryo. *Nature* **411**, 965–969.

Lohnes, D. (2003) The Cdx1 homeodomain protein: an integrator of posterior signaling in the mouse. *Bioessays* **25**, 971–980.

Sutherland, A. (2003) Mechanisms of implantation in the mouse: differentiation and functional importance of trophoblast giant cell behaviour. *Developmental Biology* **258**, 241–251.

Johnson, M.H. (2009) From mouse egg to mouse embryo: polarities, axes, and tissues. *Annual Review of Cell and Developmental Biology* **25**, 483–512.

Rossant, J. & Tam, P.P.L. (2009) Blastocyst lineage formation, early embryonic asymmetries and axis patterning in the mouse. *Development* **136**, 701–713.

Takaoka, K. & Hamada, H. (2012) Cell fate decisions and axis determination in the early mouse embryo. Development **139**, 3–14.

Boulet, A.M. & Capecchi, M.R. (2012) Signaling by FGF4 and FGF8 is required for axial elongation of the mouse embryo. *Developmental Biology* **371**, 235–245.

Kojima, Y., Tam, O.H. & Tam, P.P.L. (2014) Timing of developmental events in the early mouse embryo. *Seminars in Cell and Developmental Biology* **34**, 65–75.

Frankenberg, S.R., de Barros, F.R.O., Rossant, J. & Renfree, M.B. (2016) The mammalian blastocyst. *Wiley Interdisciplinary Reviews: Developmental Biology* **5**, 210–232.

Zhang, H.T. & Hiiragi, T. (2018) Symmetry breaking in the mammalian embryo. In: Lehmann, R. (ed.), *Annual Review of Cell and Developmental Biology*, vol. 34. Palo Alto, CA: Annual Reviews, pp. 405–426.

White, M.D., Zenker, J., Bissiere, S. & Plachta, N. (2018) Instructions for assembling the early mammalian embryo. *Developmental Cell* **45**, 667–679.

Pijuan-Sala, B., Griffiths, J.A., Guibentif, C. et al. (2019) A single-cell molecular map of mouse gastrulation and early organogenesis. *Nature* **566**, 490–495.

Peng, G., Suo, S., Cui, G. et al. (2019) Molecular architecture of lineage allocation and tissue organization in early mouse embryo. *Nature* **572**, 528–532.

Zhu, M. & Zernicka-Goetz, M. (2020) Principles of self organisation of the mammalian embryo. *Cell* **183**, 1467–1478.

左右不对称性

Mercola, M. & Levin, M. (2001) Left-right asymmetry determination in vertebrates. *Annual Reviews of Cell and Developmental Biology* **17**, 779–805.

Hamada, H., Meno, C., Watanabe, D. & Saijoh, Y. (2002) Establishment of vertebrate left-right asymmetry. *Nature Reviews Genetics* **3**, 103–113.

McGrath, J. & Brueckner, M. (2003) Cilia are at the heart of vertebrate left-right asymmetry. *Current Opinion in Genetics and Development* **13**, 385–392.

Levin, M. & Palmer, A.R. (2007) Left-right patterning from the inside out: widespread evidence for intracellular control. *BioEssays* **29**, 271–287.

Shiratori, H. & Hamada, H. (2014) TGFβ signaling in establishing left–right asymmetry. *Seminars in Cell & Developmental Biology* **32**, 80–84.

Little, R.B. & Noris, D.P. (2021) Right, left and cilia: How asymmetry is established. *Seminars in Cell and Developmental Biology* **110**, 11–18.

Hox 基因

Hunt, P. & Krumlauf, R. (1992) Hox codes and positional specification in vertebrate embryonic axes. *Annual Review of Cell and Developmental Biology* **8**, 227–256.

van den Akker, E., Fromental-Ramain, C., de Graaff, W. & et al. （2001） Axial skeletal patterning in mice lacking all paralogous group 8 Hox genes. *Development* **128**, 1911−1921.

Wellik, D.M. & Capecchi, M.R. （2003） Hox10 and Hox11 genes are required to globally pattern the mammalian skeleton. *Science* **301**, 363−367.

Deschamps, J. & van Nes, J. （2005） Developmental regulation of the Hox genes during axial morphogenesis in the mouse. *Development* **132**, 2931−2942.

印记与 X 失活

Moore, T. & Haig, D. （1991） Genomic imprinting in mammalian development: a parental tug of war. *Trends in Genetics* **7**, 45−49.

Augui, S., Nora, E.P. & Heard, E. （2011） Regulation of X-chromosome inactivation by the X-inactivation centre. *Nature Reviews Genetics* **12**, 429−442.

Lee, J.T. & Bartolomei, M.S. （2013） X-Inactivation, imprinting, and long noncoding RNAs in health and disease. *Cell* **152**, 1308−1323.

Payer, B. （2016） Developmental regulation of X-chromosome inactivation. *Seminars in Cell & Developmental Biology* **56**, 88−99.

Disteche, C.M. （2016） Dosage compensation of the sex chromosomes and autosomes. *Seminars in Cell & Developmental Biology* **56**, 9−18.

Tucci, V., Isles, A.R., Kelsey, G. et al. （2019） Genomic imprinting and physiological processes in mammals. *Cell* **176**, 952−965.

第 12 章

人类早期发育

将人类纳入专门探讨模式生物早期发育的章节，乍看之下似乎不太恰当。毕竟，模式生物应是易于进行实验操作的物种，其发育过程与人类存在共性，从而能为我们揭示有关人类的奥秘。倘若我们能够直接研究人类发育，那又为何要大费周章地研究模式生物呢？实际上，直接研究人类发育困难重重：早期胚胎相对难以获取，而且诸多伦理问题限制了被允许开展或被认为可行的研究类型。目前，我们对人类发育的认知，很大程度上依旧是从模式生物，尤其是小鼠的研究中推断而来。但是，尽管人类与小鼠的发育在整体上有相似之处，两者间存在众多差异的事实已越来越被认识，这些差异在各种实际应用中或许至关重要。本章将着重阐述这些差异，并提供关于体外受精和基因筛查等明显属于人类特有的发育问题的相关信息。

需牢记，人类"胚胎"实际上是一个**孕体**（conceptus），和其他哺乳动物的孕体一样，它既能发育成胚胎本身，也能形成**胎盘**（placenta）。这一点在探讨伦理问题时尤为关键。严格来讲，在讨论植入前阶段时，应始终使用"孕体"一词；然而，由于"胚胎"一词已被广泛使用，因此在本文中也用它来指代孕体。

本节所提及的发育时间是从受精开始计算的。需注意，这比产科常用的胎龄大约晚 2 周，产科的胎龄是从末次月经开始计算怀孕的。人类婴儿出生前的孕期总时长约为 40 周，而从受精到出生的时间约为 38 周。目前，关于人类发育的可用信息大多是描述性的，且在很大程度上依赖于 20 世纪上半叶华盛顿卡内基科学研究所收集的人类胚胎资料。这催生了一套标准的分期系统，例如，卡内基 1～3 分期涵盖了植入前阶段，4～10 分期则涵盖了植入后直至一般躯体模式形成（受精后约 22 天）的阶段。

人类生殖

配子形成

通过对与人类极为相似的食蟹猴早期胚胎的观察发现，**原始生殖细胞**（primordial germ cell, PGC）并非像啮齿动物那样源自后部的上胚层，而是来自**羊膜**（amnion）。这无疑与灵长类动物独特的羊膜形成模式有关，其与啮齿动物截然不同（详见下文）。PGC 最早出现在近端卵黄囊，大约在受精后的第 4 周，可通过碱性磷酸酶染色检测到。随后，它们经历了与小鼠类似的迁移过程，首先进入后肠内胚层，接着沿后肠移动，之后进入背侧肠系膜，最终抵达形成性腺的外侧中胚层区域。这一迁移过程大约发生在发育的第 4～6 周。DNA 去甲基化在第 5 周开始，当 PGC 在大约第 8 周进入性腺时达到最小值。生殖细胞通过有丝分裂进行分裂，一直持续到约发育的第 10 周，之后雄性生殖细胞进入有丝分裂静止状态，雌性生殖细胞则进入减数分裂前期。在女性体内，大约会形成 700 万个初级卵母细胞，但随后会发生大量细胞死亡，以至于在出生时，初级卵母细胞数量减少至约 100 万，到青春期时更是减少到约 40 000 个。在男性体内，未来的**精原细胞**（spermatogonia）在胚胎中增殖结束后，会进入一个漫长的有丝分裂休眠期，直到青春期才开始精子发生。

初级卵母细胞可以在减数分裂前期休眠相当长的时间（最长可达 50 年）。它们存在于被体细胞滤泡细胞包围的卵泡中，并嵌入卵母细胞的基质里。从青春期开始，每月大约会经历一个生殖（月经）周期，该周期由垂体腺（垂体）调控。关于这方面的详细内容可在生理学教科书中找到，简单来说，垂体前叶分泌卵泡刺激素（follicle-stimulating hormone, FSH），可促使多达 20 个卵泡生长，但其中通常只有一个卵泡能够排卵。在周期的第 13～14 天，垂体分泌的 FSH 和黄体生成素（luteinizing hormone, LH）激增，引发排卵。这一过程涉及第一次减数分裂的启动、次级卵母细胞和极体的产生，以及卵母细胞与滤泡（**卵丘，cumulus**）细胞团一同从卵巢中释放出来。在人类中，输卵管被称为 Fallopian 管，其开口称为**漏斗（infundibulum）**。如果有精子存在，受精可能发生在输卵管的更上段，即**壶腹（ampulla）**部分，随后完成第二次减数分裂，形成第二极体。在整个生殖生命周期中，大约有 400 个卵母细胞会实际被释放并具备受精能力。那些生长但未成熟的卵泡则会被吸收。在月经周期的前半段，当卵泡正在生长时，来自卵泡周围卵泡膜细胞的雌激素会刺激子宫内膜生长。排卵后，在残留卵泡（称为**黄体，corpus luteum**）分泌的黄体酮的支持下，这一过程继续推进，子宫内膜变得更加腺体化且血管丰富，为孕体的植入做好准备。如果未发生受精，卵母细胞会退化，黄体也会退化，孕激素水平下降，导致子宫内膜脱落。在其他灵长类动物中也存在与人类相似的月经周期，但在其他哺乳动物目（如啮齿动物）中则不存在月经周期。

如果确实发生了受精，那么孕体的**合体滋养层（syncytiotrophoblast）**（详见"人类植入后发育"部分）会分泌人绒毛膜促性腺激素（human chorionic gonadotrophin, hCG），其作用与 LH 相似，能够维持黄体及其黄体酮分泌约 3 个月。这反过来又能维持妊娠，直至胎盘完全发挥自主功能。妊娠试验正是基于对尿液中 hCG 的免疫化学检测，尿液中的 hCG 从受精后 12～14 天开始即可被检测到。

口服避孕药含有一种雌激素和一种黄体酮类似物，这是孕酮的合成类似物，有时仅含有一种黄体酮类似物。这些激素会抑制垂体产生促性腺激素，从而阻止卵泡生长和排卵。黄体酮类似物还具有使宫颈黏液变稠的作用，这往往会抑制精子在生殖道中向上移动。

受精

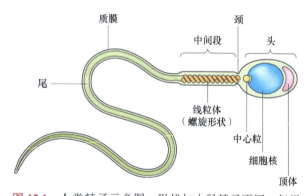

图 12.1 人类精子示意图。形状与小鼠精子不同，但组分相同。

人类受精过程已在体外受精（IVF）这一用于生育治疗的庞大产业相关研究中得到深入探究。尽管存在一些细节差异，但该过程的主要事件与小鼠中的情况类似。人类精子的形态与小鼠的略有不同（**图 12.1**），但基本结构组成相同。在阴道内沉积后，精子会通过子宫颈和子宫向上游动，抵达输卵管的壶腹部。这种运动一方面是由于周围液体的大量流动，另一方面也是由于精子的化学吸引过程（趋化性），尤其是当精子接近卵母细胞时。在此过程中，精子会发生**获能（capacitation）**，即具备激活能力。这涉及多种变化，包括细胞膜中部分胆固醇的流失，以及随之而来的膜流动性增加。获能可以通过在含有白蛋白作为胆固醇受体的简单培养基中于体外实现，尽管目前尚不清楚在体内起作用的确切因子是什么。当精子靠近卵母细胞时，负责精子趋化性的一个重要因素是与卵母细胞关联的卵丘细胞分泌的孕酮。孕酮与位于精子尾部近端的称为 CatSper 的细胞表面 Ca^{2+} 通道结合。该通道允许 Ca^{2+} 进入精子细胞质并刺激其运动。此外，至少还存在一种由卵母细胞自身分泌的其他趋化因子。当精子找到卵母细胞时，它会与透明带中的糖蛋白复合物结合。这会触发**顶体反应（acrosome reaction）**，使精子头部的顶体破裂，释放蛋白酶顶体蛋白和其他有助于精子穿过透明带并到达卵母细胞质膜的酶。与小鼠一样，精子与质膜的结合需要精子上的 Izumo 和卵母细胞上的 Juno 之间的相互作用。这两者都是细胞表面蛋白，Izumo 是顶体内膜的一个组成部分，直到顶体反应时才会暴露出来。其他成分，包括四次跨膜蛋白（CD9），也是实际融合所必需的。融合时，精子将磷脂酶 Cζ（zeta）引入卵母细胞的细胞质。这会引发 Ca^{2+} 振荡，其周期比小鼠中的稍长。卵母细胞内钙含量的增加会导致皮质颗粒的释放、卵母细胞第二次减数分裂的完成以及原核的形成。与小鼠一样，原核在受精卵第一次分裂开始之前不会融合。

　　体外受精过程如下：为了收集卵母细胞，女性需通过使用促性腺激素释放激素激动剂治疗来抑制其月经周期。然后，在接下来的几天内，她会服用卵泡刺激激素，以同时诱导多个卵母细胞的生长和成熟。排卵则通过人绒毛膜促性腺激素来模拟（以履行通常由促黄体激素完成的工作）。卵母细胞通过使用经阴道超声引导的针从卵巢表面手动收集。将卵母细胞从卵丘细胞中分离出来，并与男性的精子混合。如果精子计数较低，可以通过将单个精子注入卵母细胞（卵胞质内单精子注射，intracytoplasmic sperm injection, ICSI）来实现受精。随后，将胚胎培养几天，直至桑葚胚或胚泡阶段。挑选外观最佳的胚胎用于植入，并使用穿过阴道和子宫颈的导管将其引入女性的子宫。通过给予孕酮或类似作用的激素，可以增加植入的成功率。通常每个周期只植入一个胚胎，以避免多胎妊娠的风险。如果要进行植入前筛查或诊断，则可以在等待结果的同时将胚胎冷冻。超出植入所需的额外胚胎通常也会被冷冻。它们可以在以后的周期中植入，或捐赠给不孕妇女，或用于研究，或者最终被丢弃。

　　精子的冷冻和解冻技术已经成熟应用几十年了。而胚胎，尤其是未受精的卵母细胞，保存难度较大，但现在已能够通过一种称为玻璃固化（vitrification）的冷冻程序进行常规冷冻。该程序涉及在冷冻保护剂存在的情况下于液氮中进行极快速冷却。精子、卵母细胞和胚胎可以在液氮中无限期储存，并在需要时成功复苏。

植入前发育

　　根据卡内基分期系列，在植入前阶段，第 1 期是受精卵母细胞，第 2 期是卵裂阶段，第 3 期是胚泡。人类植入前胚胎中的发育事件与小鼠中的大体相似，尽管时间尺度上稍慢一些（图 12.2）。胚胎在第 1～4 天经历卵裂，发育成桑葚胚，在此期间它通过输卵管进入子宫。胚泡大约在第 4 天形成，具有一个内细胞团（inner cell mass, ICM）和滋养外胚层（trophectoderm, TE）（在人类孕体中通常称为**滋养层，trophoblast**），这与小鼠的情况类似。胚胎基因组激活发生在 4～8 细胞期，同时伴随着母体信使 RNA（mRNA）的降解。这比小鼠稍晚，小鼠在 1～2 细胞期就激活了合子基因组。人类中关键发育转录因子的特征性表达区域也比小

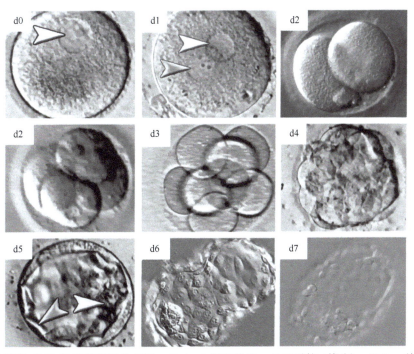

图 12.2　人类植入前发育；"d" 表示受精后的天数。d0-1：1 细胞阶段，显示原核（箭头）；d2-3：前 3 个卵裂分裂。d4：致密化；d5：显示出滋养层（灰色箭头）和内细胞团（白色箭头）的胚泡；d6：正从透明带孵化的胚泡；d7：孵化的胚泡。来源：Niakan et al.（2012）. Development. 139, 829−841.

鼠出现得稍晚。OCT4 在 8 细胞期表达，并一直持续存在，直到第 6 天从胚泡的滋养层和原始内胚层（在人类胚胎学中通常称为**下胚层，hypoblast**）中不再表达。大约在早一天的时候，NANOG 被限制在 ICM 中。CDX2 从第 5 天开始表达，并局限于滋养层。GATA6 和 SOX17 在 ICM 的一些细胞中表达，并最终在第 6 天胚泡与囊胚腔相邻的一层下胚层中表达，而 ICM 的其余部分则形成上胚层。胚泡细胞 mRNA 的单细胞测序证实存在不同的滋养层、上胚层和下胚层细胞类型。胚泡在第 6～7 天从透明带孵化出来，然后准备进行植入。通过检查单个细胞 mRNA 中 X 连锁基因的两个亲本等位基因的存在，对雌性胚胎中的 X 失活进行了研究。人类女性的 X 剂量补偿似乎在植入前阶段逐渐发生，到第 7 天胚泡时已基本建立；然而，一个 X 染色体的永久失活则发生在植入后的某个时间。

大多数人类同卵双胞胎可能在植入前阶段就已形成。具有独立胎盘的双胞胎曾经被认为是由前两个卵裂球的分离产生的。但这一事件从未在 IVF 胚胎中出现过，如今看来，大多数双胞胎更有可能是通过 ICM 或整个胚泡的分裂产生的。也有一些双胞胎可能在植入后出现，这可以从植入单个 IVF 胚胎后发生的同卵双胞胎现象得到证实，而且这种情况比自然怀孕双胞胎更为常见。

"筛选"（selection）这一在生殖细胞发育和功能中极为显著的特征，在受精后的阶段仍会持续存在。对在排卵后不久切除的子宫标本中正常和有缺陷的人类孕体进行检查后发现，超过 50% 的孕体从未植入，或者在植入后不久就流失了。这种损失大多是由染色体异常导致的，而染色体异常在人类胚胎中极为常见。其中许多异常出现在卵母细胞减数分裂时，这可以通过对第一和第二极体进行荧光原位杂交（FISH）或其他染色体分析方法检测到。作为减数分裂的产物，第一极体核和第二极体核分别包含与减数分裂 1 和 2 后保留在卵母细胞中的染色体组互补的染色体组。在胚胎中，**非整倍体（aneuploidy，即染色体数目异常）**的发生频率达到 50% 甚至更高，在来自年龄较大的女性的卵母细胞中尤其如此。虽然大多数非整倍体是在卵母细胞减数分裂过程中产生的，但也有一些来源于精子，这表明在精子减数分裂过程中存在不分离现象。此外，在早期胚胎的有丝分裂过程中也有可能出现染色体异常，这会产生镶嵌胚胎，其中一些细胞是正常的，而另一些细胞则存在异常。镶嵌现象的发生频率也非常高，可能达到 30%，并且不受母亲年龄的影响。非整倍体胚胎通常无法植入，或者在植入后不久就会发生自发性堕胎（称为流产），有时甚至在怀孕后期也会流产。只有极少数非整倍体胚胎能够存活至出生，其中最常见的是 21-三体综合征（唐氏综合征）和 18-三体综合征（爱德华兹综合征）。如果非整倍体是镶嵌体，胚胎可能会植入，甚至可能正常发育。这取决于细胞筛选过程，该过程会逐渐去除非整倍体细胞，或者至少将它们限制在胎盘中，因为在胎盘中它们对胚胎本身造成的危害可能更小。

植入前筛查和诊断

由于对小鼠及其他物种植入前阶段开展了大量研究工作，推测人类胚胎也具有高度的调节能力，这意味着移除一个或几个卵裂球不会对胚胎造成损害。事实证明的确如此，这也使得一种被称为植入前筛查或植入前诊断的过程得以实现。在这个过程中，可以取出一个或几个细胞进行分析，而不会影响胚胎的进一步发育（图 12.3）。尽管对桑葚胚或内细胞团（ICM）进行取样是可行的，但如今，通常更倾向于从胚泡阶段的滋养层细胞中取样，因为这样完全不会干扰胚胎。

植入前诊断有两个预期目标：其一，筛查单基因疾病，通常是当一对夫妇已经育有一个患病孩子，且希望避免再次生育出有同样问题的孩子时（图 12.4）；其二，筛查正常的染色体组型，这能够提高体外受精的成功率，尤其是对于年长女性而言。近年来，人们使用了多种方法，包括荧光原位杂交（FISH），以及用于染色体和染色体区域分析的微阵列技术，但现在更倾向于采用 DNA 测序的方法。一次产生超过 30 万个读数的测序操作，将包含足够的序列信息，能够以 ±10% 的准确度测量每个染色体区域的丰度。这意味着，三体（即额外的染色体）和单体（即缺失染色体）能够分别通过检测相关序列比率呈现的 3∶2 或 1∶2 的变化来识别。此外，染色体组的镶嵌现象也能被检测出来，检测范围可达 20%～80%。这种方法不仅能够检测相当小的染色体区域，还能检测整个染色体，但无法检测两条染色体区域因位置交换而形成的相互易位。

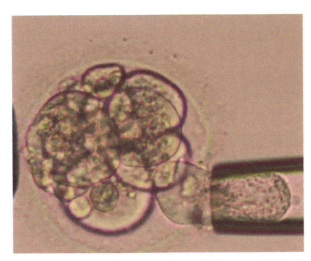

图 12.3　从人类胚胎中取出单个卵裂球进行 DNA 分析。来源：Milachich（2014）. Biomed. Res. Int. 306505。

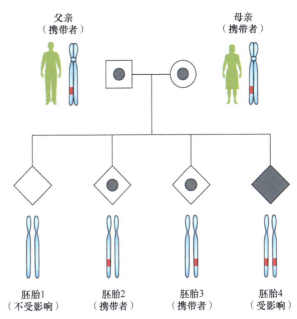

图 12.4　对父母双方均为携带者的单个基因座进行 DNA 检测的可能结果。

　　植入前诊断的组织样本取自滋养层，随后胚胎会被冷冻保存，直到获得检测结果，从而决定植入哪些胚胎。由于样本细胞中的 DNA 含量极少，需要通过聚合酶链反应进行扩增，这显然需要格外谨慎，以避免受到母体 DNA 或其他来源 DNA 的污染，从而产生误导性的结果。植入前诊断的一个应用实例是囊性纤维化，这是一种由 *CFTR* 基因功能丧失突变引发的隐性疾病，该基因编码的氯离子载体在肺和肠道中发挥着重要作用。如果父母双方均为携带者（即各自携带一个正常等位基因和一个突变等位基因），那么他们的孩子有 25% 的概率会遗传到两个突变等位基因，进而患病。通常，当父母生了一个患病的孩子时，他们的携带者身份才会显现出来。通过植入前诊断可以避免再生育患病的孩子。具体做法是，先进行体外受精，然后对每个胚胎进行取样，并检测是否存在突变。携带正常等位基因（纯合或杂合）的胚胎将被挑选出来用于植入。除了对孕体进行活组织检查外，还可以从培养基或母体血液中回收 DNA。当然，后一种方法适用于任何怀孕阶段，且无须进行体外受精。

　　正如前文所述，运用植入前筛查技术进行染色体分析，揭示了一个令人惊讶的事实，即桑葚胚期胚胎中，非整倍体（即缺失或额外获得至少一条染色体）的比例非常高。然而，我们也知道，其中一些孕体是镶嵌的，由正常细胞和非整倍体细胞混合组成；并且，至少在某些情况下，它们能够自行恢复正常，这很可能是通过正常细胞相对于非整倍体细胞的选择性生长来实现的。

　　目前，植入前诊断在中国的发展最为成熟，通常会对多种疾病进行筛查。开展此类诊断的诊所必须获得相关许可，并且禁止进行性别选择（即仅选择男性胚胎进行植入），也不能筛查除公认遗传疾病以外的其他特征。

人类胚胎干细胞

　　人类胚胎干细胞（ES 细胞）最早于 1998 年成功制备，采用的方法与制备小鼠 ES 细胞的方法类似（图 12.5）。对人类植入前胚胎进行培养，多能细胞便从其内部的内细胞团（ICM）中生长出来。这些细胞在饲养细胞层上以紧密堆积的集落形式生长。和小鼠 ES 细胞一样，它们表达核心多能性基因（如 OCT4、NANOG 和 SOX2）以及碱性磷酸酶。从多能性的角度来看，它们能够以类似胚胎发育的方式，通过形成类胚体进行分化。当被注射到免疫缺陷小鼠体内时，它们可以形成畸胎瘤，这种肿瘤包含了三个胚层的所有衍生物。此外，人类诱导多能干细胞（iPS 细胞）也可以通过与小鼠相同的方法制备，即通过将一些精心挑选的转录因子基因（如 *Oct4*、*Sox2*、*Klf4* 和 *cMyc*）插入体细胞来获得 iPS 细胞（详见第 22 章）。

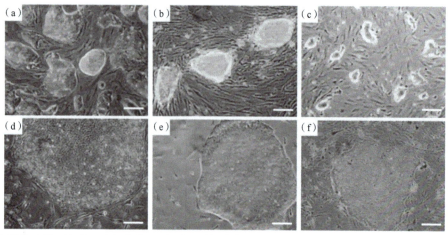

图 12.5 小鼠和人类的多能干细胞。(a) 小鼠 ES 细胞。(b) 小鼠 iPS 细胞。(c) 人类 iPS 细胞被诱导进入原始状态。请注意 (a~c) 具有圆顶形形态。(d) 人类 ES 细胞。(e) 人类 iPS 细胞。(f) 小鼠上胚层干细胞。这三个 (d~f) 都具有平坦的形态。标尺：50 μm。来源：Robinton and Daley (2012). *Nature.* 481, 295−305。

尽管人类 ES 细胞与小鼠 ES 细胞存在相似之处，但人们很快发现，它们之间也存在一些差异。人类 ES 细胞以更为扁平且折光性较弱的集落形式生长。它们的生长需要激活素和成纤维细胞生长因子 (FGF)，而不需要白血病抑制因子 (LIF)，并且无法进行克隆传代（即单个细胞通常无法重新形成新的集落）。它们不表达 SSEA-1，不过，它们确实拥有一组在人类胚胎癌细胞中发现的抗原，包括糖脂携带的细胞表面碳水化合物 SSEA-3 和 SSEA-4，以及糖蛋白 podocalyxin 上携带的细胞表面碳水化合物 TRA 1-60 和 TRA 1-81。在雌性细胞系中，有一条 X 染色体处于失活状态，而在小鼠中，雌性 ES 细胞系的两条 X 染色体通常都保持活性。目前尚不清楚，将人类 ES 细胞注入人类胚泡后，是否能够形成镶嵌性胚胎，因为这样的实验被认为是不道德的。然而，对与人类非常相似的灵长动物 ES 细胞进行的类似实验表明，镶嵌现象不太可能发生。上述所有特点同样适用于人类 iPS 细胞，它们通常与人类 ES 细胞相似。实际上，人类 ES 细胞的这一系列特征与源自植入后上胚层的所谓"始发"(primed) 状态的小鼠 ES 细胞非常吻合，而与源自植入前上胚层或内细胞团 (ICM) 的"原始"(naïve) 状态的小鼠 ES 细胞不同（见第 11 章）。因此，现在人们认为，人类 ES 细胞相当于小鼠的上胚层干细胞 (EpiSC，即始发态 ES 细胞)。目前，已经有多种方法可以将人类 ES 细胞转化为类似于小鼠原始状态的细胞，这些方法包括基因的过表达，以及用各种因子和抑制剂进行处理。然而，是否存在真实、稳定的人类原始 ES 细胞状态，目前仍不确定。

人类 ES 细胞和 iPS 细胞以难以培养而著称，这主要是因为它们的克隆效率极低。在很长一段时间里，最有效的传代培养方法是人工将细胞集落分割成更小的团块，然后重新铺板进行扩增。不过，如今不断有更好的培养基可供使用。例如，有报道称，使用不含动物产品且成分明确的培养基，在层粘连蛋白 521 和 E-钙黏蛋白的表面进行培养，可以从单个卵裂球中培育出人类 ES 细胞，并且随后能够进行克隆传代培养。

SCNT 来源的人 ES 细胞

另一种获取多能细胞系的方法是通过体细胞核移植 (somatic cell nuclear transfer, SCNT)，将细胞核移植到去核的次级卵母细胞中，这一过程在第 22 章中有更为详细的介绍。移植后，体细胞核会在卵母细胞的环境中被重新编程，恢复多能性，并能够支持胚泡的发育。在这个阶段，ICM 可以像自然受精的胚胎一样，作为细胞培养的来源。由于从事这类研究的团队数量有限，且人类卵母细胞获取困难，直到 2012 年，人类 SCNT 才得以实现。对人类 SCNT 来源的 ES 细胞、胚胎来源的 ES 细胞以及 iPS 细胞进行比较后发现，SCNT 衍生的 ES 细胞在整体基因表达模式上，更接近于胚胎来源的 ES 细胞，而非 iPS 细胞。然而，考虑到制备此类细胞系在操作上的难度以及伦理方面的问题，未来任何针对患者的细胞移植疗法，似乎更有可能基于 iPS 细胞衍生的移植物。不过，SCNT 可用于线粒体替代疗法（详见"人类基因改造"部分）。

人类植入后发育

卡内基第 4～10 期涵盖了从胚胎植入到神经管闭合的阶段，时间跨度大约是从受精后的第 7 天到第 22 天。在受精后约 8～10 天，人类胚泡以胚胎一侧朝内的方式植入，而小鼠胚泡植入时其胚胎侧是朝外的。滋养层细胞分为内部的**细胞滋养层（cytotrophoblast）**和外层的**合体滋养层（syncytiotrophoblast）**两部分。细胞滋养层类似于小鼠的极滋养外胚层，但会完全包围胚胎；而合体滋养层则由无细胞的多核**合胞体（syncytium）**组成。与小鼠不同的是，在人类胚胎中，不存在极滋养外胚层的局部增殖来产生胚外外胚层和外胎盘锥体。合体滋养层开始分泌人绒毛膜促性腺激素 β（HCGβ），通过检测尿液中的这种激素，成为人类妊娠测试的基础。在植入过程中，合体滋养层借助分泌的金属蛋白酶，侵入蜕膜子宫内膜。和小鼠不一样的是，孕体完全埋入子宫内膜中。随着这一过程的推进，子宫内膜内会发生蜕膜转化，包括从结缔组织中形成大量的透明细胞。合体滋养细胞会出现缺口，并与母体血管相连，进而形成充满母体血液的血窦。

在卡内基第 5 期，ICM 会产生一层可见的下胚层，由 GATA6 和 SOX17 的表达所预示，这在"植入前发育"部分已有提及（图 12.6a）。下胚层类似于小鼠的原始内胚层，它在 ICM 的囊胚腔表面形成，并在滋养细胞的内表面周围蔓延。与上胚层表面并排且保持在其上方的部分会成为脏壁内胚层，而覆盖在滋养层上的部分则会变成体壁内胚层。ICM 的其余部分会变成一个细胞平板，也就是上胚层。随后，在体壁内胚层和滋养层之间会出现大量间充质，被称为胚外中胚层（图 12.6b）。关于胚外中胚层的起源一直存在争议，有的观点认为它来自滋养层，有的认为来自上胚层，还有的认为来自原始内胚层。对食蟹猴胚胎进行的 RNA-Seq 研究表明，下胚层起源的说法可能是正确的。与此同时，上胚层本身会发育出一个空腔，形成一个与下胚层相对的扁平上皮胚盘，这将发育成胚胎本身，以及与滋养层相对的薄羊膜。上胚层的这种扁平结构与啮齿动物的卵柱体截然不同，但与许多其他类型的哺乳动物相似。在卡内基第 6 期，被称为绒毛膜绒毛的突起会长入正在发育的胎盘的母体组织中（图 12.6c）。它们由细胞滋养层组成，并包含由胚外中胚层

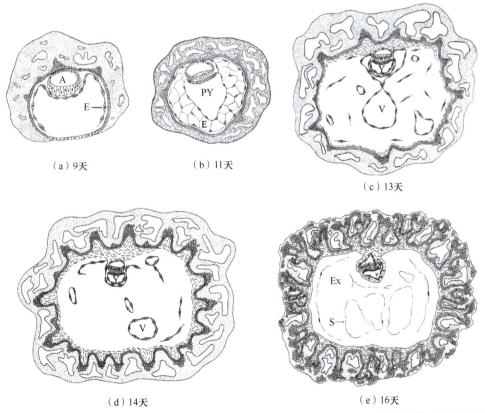

（a）9 天　　　　（b）11 天

（c）13 天

（d）14 天　　　　　　（e）16 天

图 12.6　人类孕体植入后的早期发育。与小鼠不同，人类上胚层是扁平的。这些图画涵盖了羊膜、胚外中胚层、次级卵黄囊和绒毛膜绒毛形成的时期。整个孕体的直径在受精后第 9 天约为 0.6 mm，第 12 天为 0.8 mm，第 16 天为 2.6 mm。来源：复制自 Luckett（1978）. American Journal of Anatomy. 152, 59–97, 经 John Wiley & Sons 许可。

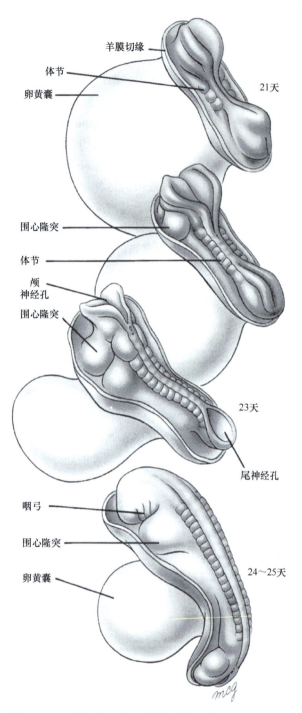

羊膜切缘
体节
卵黄囊
21天

围心隆突
体节
颅
神经孔
围心隆突
23天
尾神经孔

咽弓
围心隆突
卵黄囊
24～25天

图 12.7 人类胚胎总体躯体模式实现的阶段。这里显示了神经管闭合。闭合过程从中间开始，向头端和尾端延续。来源：Larsen（2001）. Human Embryology 3rd edn.，经 Elsevier 许可。

形成的血管。这些绒毛会进入母体血窦，实现母体和胚胎血液循环之间的代谢交换。绒毛膜绒毛会在孕体周围形成，最终孕体将完全被蜕膜囊包围，不过胎盘的发育在最初植入接触的一侧最为显著。

在卡内基第 7～10 期，人类胚胎的总体躯体模式通过与其他**羊膜动物**（**amniote**）胚胎极为相似的过程逐渐形成（图 12.7）。大约在第 15 天后，可以观察到原条和头突，不久之后原结也会显现。神经板大约在第 18 天出现，第一对体节大约在第 20 天出现，而第一次心跳和神经管闭合大约在第 22 天发生。血管生成在很早的时候（第 5 期）就在胚外中胚层中开始了，而原始红细胞的生成则稍晚一些（第 7 期）。这些时期的人类胚胎形态展示了典型脊椎动物躯体模式的形成。

目前，人类胚胎能够在体外培养至超过植入阶段，最长可以培养到受精后 13 天，之后便需要根据"14 天规则"停止培养（参见"受精卵和早期孕体的地位"部分）。在这些培养物中，主要细胞群的分子标志会显现出来，同时羊膜和初级卵黄囊也会形成。利用人类 ES 细胞进行的胚胎样结构培养时间则更长。这些细胞以小直径（250 μm）的细胞单层形式，培养在基质胶（Matrigel）表面。当用适当的诱导因子处理时，这些培养物会形成同心圆模式的细胞类型。例如，用骨形态发生蛋白 4（bone morphogenetic protein 4，BMP4）处理后，表达 SOX2 的细胞会排列在中心，表达 TBXT（BRACHYURY）的细胞围绕在它们周围，表达 SOX17 的细胞位于最外层，这些标志表明形成了外胚层、中胚层和内胚层的同心圆型区域（图 12.8）。用 Wnt3A 和激活素处理此类培养物会产生表达 GOOSECOID 的细胞，这些细胞与其他脊椎动物胚胎中的组织者相似。将这种组织移植到早期鸡胚中，会诱导出小的第二体轴，这表明它已经具备了组织者活性（图 12.9）。

这里给出的描述截止到卡内基第 10 期，因为这与本书这一部分所介绍的模式生物体的一般躯体模式阶段相当。关于人体器官发生的一些阐述，将在第 3 部分介绍器官发生的章节中呈现。通常，受精后 2～8 周的人类胚胎被称为胚胎，而在此之后直到出生的阶段则被称为胎儿（fetus）。

胚外膜

人类胚外膜的排列方式与小鼠略有差异，尽管它们被赋予了相同的名称（图 12.11）。在小鼠中，绒毛膜来源于极滋养外胚层的小区域，内衬胚外中胚层，位于卵柱的近端。而在人类中，绒毛膜这个名称指的是整个滋养层及其下方的胚外"中胚层"，后者是早期出现的组织，可能起源于下胚层。因此，绒毛膜腔源自原始囊胚腔。在小鼠中，羊膜起源于原条尾侧方的胚外中胚层，内衬有来自上胚层的上皮。在人类中，羊

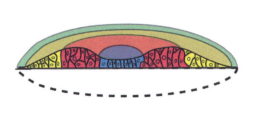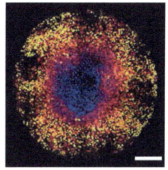

图 12.8　用 BMP4 处理的人 ES 细胞培养物中外胚层（蓝色）、中胚层（红色）和内胚层（黄色）同心圆区域的形成。左图还显示了外围的滋养外胚层（绿色）。标尺：200 μm。来源：Deglincerti et al.（2016）. Essay Dev. Biol. Pt A. 116, 99–113。

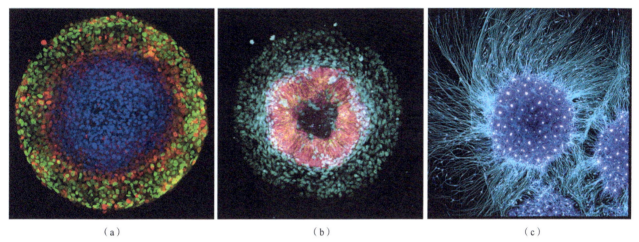

（a）　　　　　　　　　　　　　　　　（b）　　　　　　　　　　　　　　　　（c）

图 12.9　由 ES 细胞形成的人胚胎样结构。（a）具有三个胚层和胚外组织的自组织人原肠胚类器官。（b）包含大脑、神经嵴、感觉基板和表皮的自组织人神经类器官结构。（c）人神经花环原始脑细胞，从人 ES 细胞分化而来。（a）由 Szilvia Galgoczi、Fred Etoc 和 Ali Brivanlou 友情提供。（b）由 Tomami Hiramaki 和 Ali Brivanlou 友情提供。（c）由 Gist Croft、Lauren Pietilla、Stephanie Tse、Szilvia Galgoczi、Maria Fenner 和 Ali Brivanlou 友情提供。

膜由卡内基第 5 期的上胚层空化形成。在后期发育中，羊膜腔相对于绒毛膜腔会扩张，羊膜与绒毛膜会发生融合。人类同卵双胞胎偶尔（约占同卵双胞胎的 1%）会共用一个羊膜，这类双胞胎据推测是由于植入后的上胚层发生碎裂（fragmentation）而产生的，这表明上胚层在这个阶段仍具有相当强的调节能力。但由于存在脐带缠绕的风险，它们会给产科带来特殊的问题。在小鼠中，尿囊是上胚层尾部胚外中胚层向外生长形成的中胚层结构，它会被纳入脐带，并为胎盘提供血管。在人类中，尿囊是后肠的内胚层凸生物。它也会伸入脐带，但它是一个有些退化的结构，其血管由周围的胚外中胚层形成。"卵黄囊"这一术语在小鼠中用于指代两个结构：体壁卵黄囊，由衬有体壁内胚层的滋养外胚层组成；脏壁卵黄囊，由衬有胚外中胚层的脏壁内胚层组成。在人类中，卵黄囊是由下胚层形成的腔体，紧邻绒毛膜腔的胚外中胚层（图 12.10a）。随后，它会分裂并重组为与胚胎相连的次级卵黄囊。一旦脐带形成，次级卵黄囊就会变成一个伸长的结构，通过脐带伸入残余的绒毛膜腔（图 12.10b）。

　　成熟的胎盘如图 12.11a 所示。众多的绒毛膜绒毛与母体的血液直接接触。每个绒毛内都有胎儿血管，能够从母体血液中获取营养，并与母体血液进行气体交换。图 12.11b 展示了胎盘基底板的绒毛膜绒毛侵入母体组织的情况。

植入后诊断：绒毛膜绒毛取样和羊膜腔穿刺术

　　对胎儿及其膜的染色体组或遗传状态进行诊断测试是较为常见的。最古老的检测程序是羊膜腔穿刺术

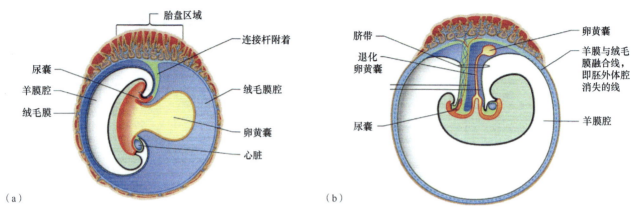

图 12.10 人类孕体胚外膜的形成。(a) 受精后约 3 周。(b) 受精后约 4 周。来源：Susan Standring Gray's Anatomy（2015），经 Elsevier 许可。

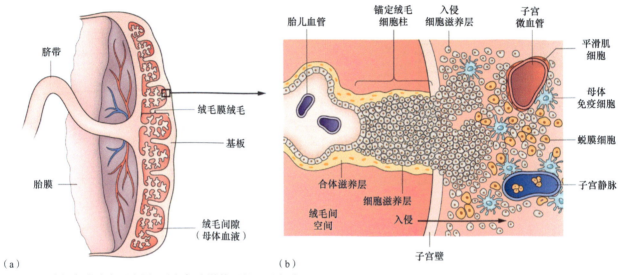

图 12.11 (a) 人类胎盘示意图。(b) 细胞滋养层侵入子宫壁。

(amniocentesis)，通常在怀孕 16 周时进行。医生会用一根针（一般在超声引导下）穿过腹部插入羊膜腔，然后抽取一些含有胎儿细胞的液体。过去，必须对细胞进行培养并进行核型分析，以确定染色体组。而现在，越来越多地使用染色体微阵列或 DNA 测序技术。测序数据能够用于检查遗传缺陷，例如，筛查一系列常见的遗传缺陷，或任何根据家族病史特别怀疑的缺陷，同时也可以检查正常的染色体组。如果检测结果不佳，通常会成为选择性流产的依据。需要记住的是，在进行全基因组测序后，除了有限范围内的常见突变外，很难确定所发现的大多数基因变异是否会产生有害后果。羊膜腔穿刺术大约有 1% 的流产风险。它也可以提前进行（9～14 周），不过这会涉及更高的风险，并且需要小心地从羊膜腔而不是绒毛膜腔取样，因为在这个阶段绒毛膜腔仍然存在，且其中含有的胎儿细胞很少。另一种方法是绒毛膜绒毛取样，通常在怀孕 10 周或以上时进行。在这种情况下，医生会使用穿过腹部，或经由阴道或子宫颈的针，从胎盘中采集绒毛膜绒毛样本；当然，超声引导是必不可少的。这种方法能够比传统羊膜腔穿刺术更早地得出结果，不过目前尚不清楚它是否比早期羊膜腔穿刺术更安全。除了这两种检测方法外，还有一种选择是从母体血液中采集并分析胎儿的 DNA。这种方法对胎儿完全没有风险。尽管它需要强大的生物信息学支持，但由于其操作简便且无风险，未来很可能会成为产前诊断的首选方法。

人类发育的伦理

　　人类发育科学与一系列伦理问题紧密相连，这些伦理问题已经引发并将继续引发深刻的社会分歧。近期一些技术的发展意味着，伦理问题在未来会变得更加复杂和棘手。

受精卵和早期孕体的地位

人类胚胎究竟在何时成为"人"呢？许多人认为这一时刻发生在受精时，因为受精是一个明确的事件，也是决定个体遗传构成的关键事件。然而，在受精阶段，胚胎仅由一个细胞构成，并且在植入前发育期间，在形态上与人类毫无相似之处。还有很多人认为，在这个阶段，胚胎的地位更类似于人体组织培养细胞。培养出来的人体细胞在基因上属于人类，当然也是有生命的，但并不被认为具有人格或人权。例如，最初的永生化人类细胞系——HeLa 细胞，自 20 世纪 50 年代以来就在全球范围内被培养和使用，如今现存的HeLa 细胞组织总量已远远超过了最初的组织供体亨丽埃塔·拉克斯（Henrietta Lacks）。人体组织培养细胞确实存在伦理问题，但这些问题主要涉及组织捐赠的知情同意、细胞的所有权，以及使用细胞可能产生的知识产权等方面，而不涉及细胞本身的人格问题。

在这种背景下，需要注意的是，如前所述，受精产生的是孕体而非胚胎。在人类中，和其他哺乳动物一样，孕体会发育成胚胎和大部分胎盘。从我们对小鼠发育的了解来看，在早期发育阶段，所有细胞都会为胎盘贡献一些后代细胞。即使在 ICM 形成之后也是如此，因为 ICM 会产生原始内胚层（人类中的下胚层），而原始内胚层也是胎盘的一部分。尽管人类胎盘有时可能会涉及所有权问题，但就像组织培养细胞一样，它不被认为具有人格或人权。

在下胚层和胚外中胚层形成后的某个阶段，必然会出现一群细胞，它们注定会将所有后代细胞都贡献给胚胎。然而，即便如此，同卵双胞胎的出现可能性表明，这些细胞并不一定只会形成一个胚胎。众所周知，在许多类型的动物胚胎中，早期卵裂球的分离可以产生双胞胎。但对于当前讨论的情况而言，更重要的是那些在稍晚时间点形成的双胞胎类型。一小部分人类双胞胎会共享一个羊膜，由于羊膜来自上胚层，因此通常认为这意味着它们必然来自单个上胚层（图 12.12）。这一观点也是受精后 14 天规则的基础，在英国和其他一些司法管辖区，允许在这一时间段内对人类胚胎进行实验。人们认为，在大约受精后 14 天，当原条出现时，从细胞群体组织成具有明确区域划分和极性的体轴这一角度来看，此时已经形成了一个明确可界定的人类胚胎，它不会再自发地分裂成两个胚胎。当然，有人会争论说，这代表的是"脊椎动物身份"（vertebrate identity）的阶段，而非"人类人格"（human personhood）的阶段，因此应该允许进行更长时间的实验。然而，必须承认的是，这些立法不仅基于生物学事实，也代表了那些希望减少监管的人与那些认为受精卵神圣不可侵犯的人之间的政治妥协。

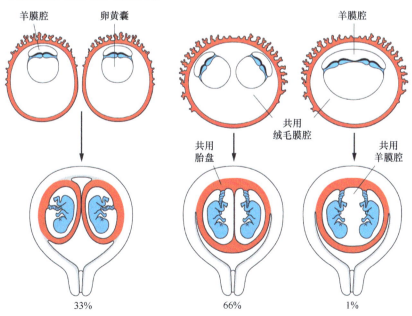

图 12.12　同卵双胞胎胎盘中膜的不同排列。

那些反对对人类胚胎（从受精卵开始）进行任何实验的人，通常也认为人类 ES 细胞的制备和使用是不道德的。这是因为人类 ES 细胞来源于人类胚胎 ICM 的体外培养，因此涉及胚胎的"破坏"。相比之下，这部分人中没有人反对生成或使用 iPS 细胞，因为它们源自成体细胞。对于人体细胞进行的 SCNT 技术（也被称为克隆），同样存在争议。虽然人类同卵双胞胎本质上也是克隆，但人们普遍认为，超越这一自然过程，任何进一步克隆整个人类的尝试都是不可取的。SCNT 的主要目的并非克隆完整的人类个体，而是建立具有与细胞核供体相同遗传组成（除了线粒体 DNA）的多能干细胞。由于 SCNT 操作难度较大，而现在通过 iPS 细胞可以更轻松地实现其基本目标，因此这个问题的关注度已有所降低。但在争议最激烈的时候，围绕 SCNT 的立法争论达成了一项妥协，即"生殖性克隆"（reproductive cloning，即克隆人类个体）在任何地方都被禁止，而"治疗性克隆"（therapeutic cloning，即在 SCNT 之后建立干细胞系）在某些司法管辖区是被允许的，而在另一些司法管辖区则不被允许。实际上，生殖性克隆几乎肯定也可以通过分离胚胎的前两个卵裂球，然后将它们重新植入子宫来实现，但是由于法律禁止此类程序，或者出于潜在风险的考虑，又或者是缺乏充分的理由，目前还没有进行过这样的尝试。

人类类胚体、类器官和移植物的地位

在奉行"14 天规则"的国家，这一规则得到了严格执行。截至目前，尚未出现迫切需要延长该规则期限的情况，主要原因在于体外培养人类植入后胚胎始终困难重重，而且极少有研究人员考虑使用发育更后期阶段的胚胎。然而，随着培养植入后胚胎技术的不断进步，是否延长这一期限势必会成为一个备受争议的问题。支持延长的观点认为，在原条阶段之前，胚胎的发育进程较为有限。倘若我们想要深入探究人类器官的发生过程，并研究特定出生缺陷的发病机制，那么理应允许将胚胎培养至更晚的阶段。反对者则坚称，人格必然会在胚胎发育的某个阶段逐步形成，一旦这一阶段来临，胚胎或胎儿就必须被赋予人权，其中包括免受实验侵害的权利。有人担忧，若延长当前的限制期限，就如同踏上了一条"滑坡"，极有可能导致限制不断放宽，直至突破胚胎具有人格的关键阶段。

体外培养技术的改进还引发了另一个棘手难题。如今，我们已能够利用多能干细胞制造出胚胎样结构，也就是类胚体（如图 12.8、图 12.9a 所示）。尽管这项技术尚处于起步阶段，但假以时日，利用人类 ES 细胞或 iPS 细胞组装出真正的人类胚胎并非不可能。禁止对由受精产生的胚胎进行研究，却允许对由干细胞聚集形成的胚胎进行研究，这似乎有些不合理，因为这些胚胎可能具有完全相同的结构和发育潜力。到目前为止，反对早期胚胎和干细胞研究的人士认为 iPS 细胞相对安全，是较为合适的替代物。但倘若真的能够从 iPS 细胞中培育出真正的胚胎，他们的看法或许会发生改变。虽说目前还无法实现，但在未来的某个时刻，从干细胞中培育出胚泡也并非毫无可能。胚泡能够植入代孕母亲体内，并发育至足月。如此一来，一旦这成为现实，人类生殖性克隆便又多了一条可行途径。具体实现步骤如下：首先，从个体的皮肤或血液样本中培育出 iPS 细胞；接着，在体外将多能细胞与源自 iPS 细胞的滋养层组装成胚泡；随后，把这些胚泡植入育龄女性的子宫内，该女性可能是原始组织捐献者，也可能是代孕母亲；最后，静待胚胎自然发育，最终诞生的婴儿将与 iPS 细胞组织供体拥有完全相同的基因（包括线粒体 DNA）。尽管目前人类生殖性克隆被普遍视为不可接受的行为，且在全球各地均被明令禁止，但倘若这种技术既安全又成功率高，还被作为不育夫妇的生育治疗手段引入，那么公众很可能会施加压力，要求解禁。

辅助生殖领域还有另一条潜在途径，即从多能干细胞培育出雄性和雌性配子，再通过精子与卵母细胞的传统受精方式产生胚胎。这并非克隆技术，因为精子和卵子来自不同染色体性别的细胞系。但这意味着，只要能获取活细胞，任何年龄段的人，甚至是刚刚离世的个体，理论上都能够实现生育。

即便尚未尝试利用干细胞培育完整胚胎，关于人类类器官（organoid）的研究已然成果丰硕，尤其是脑类器官的研究（详见第 22 章）。这些由干细胞培育而成的结构，其组织结构与正常组织极为相似，主要用于在体外模拟中枢神经系统的后期发育阶段。出于各种研究目的，人类神经组织或大脑类器官有时也会被移植到动物宿主体内。人类意识的本质至今仍是未解之谜，但许多神经科学家认为，当神经元之间的连接足够丰富时，意识便会作为整个神经系统的一种"新质"（emergent property）应运而生。倘若这个系统由人类细胞构成，并且实际组织形式与人类大脑无异，那么当达到一定规模时，意识的产生以及随之而来的痛苦感受就可能成为潜在风险。显然，这是我们必须竭力避免的情况。

人类基因改造

CRISPR/Cas9 靶向基因改造技术的问世，让人们看到了纠正人类遗传病的希望。设想这样一个应用场景：一对夫妇育有一个患有可确诊单基因遗传病的婴儿，由于某些特殊原因，无法采用前文所述的植入前筛选和选择程序。为了矫正基因缺陷，需先在体外使卵母细胞受精，然后将携带矫正基因的 DNA 与 CRISPR/Cas9 酶以及导向 RNA 一同注入受精卵（见第 3 章）。在植入前，有必要对卵裂球或滋养层细胞进行取样，并对存在问题的基因座进行测序，以此确认基因矫正过程是否顺利进行，未出现意外状况。由于该程序改变了种系，如果矫正成功，不仅能够治愈由这个特定受精卵发育而成的婴儿，还能确保其未来所有后代都不再携带该遗传缺陷。截至本文撰写之时，此类程序在全球任何地区都尚未得到许可。然而，公众咨询的结果却出乎意料地积极，预计在不久的将来，只要能确保程序的安全性，某些国家很可能会批准实施。当然，对于涉及多个基因座的复杂遗传缺陷，是无法通过这种方式进行纠正的，而且这类干预措施对于降低人类群体中相关致病等位基因的出现频率也作用不大。现在有待观察的是，是否能够制定出相关立法，在允许对简单致病基因进行校正的同时，又能防止出现更令人反感的优生学式的基因操作，比如试图通过基因手段来增加身高或提高智力等行为。

线粒体是存在于人体所有细胞内的能量生成结构。与细胞核外的其他细胞器不同，线粒体拥有自身的 DNA，其中包含 37 个基因，负责编码构成能量生成机制的部分蛋白质。线粒体完全遗传自母亲，因为受精卵中的线粒体全部来源于卵母细胞，而非精子。通常情况下，同一个体的线粒体 DNA 序列是相同的，不过个体之间以及群体之间也存在一定的序列差异。这些差异被用于通过母系血统追溯祖先，也有助于探究远古时期的人口迁移情况。

一些人会罹患由线粒体 DNA 突变引发的线粒体疾病，这种突变会侵袭他们体内的大部分线粒体。此类疾病病情严重，呈进行性发展，使人身体衰弱，且目前尚无治愈方法。任何携带这种突变的女性，都极有可能将其遗传给所有子女。一旦发现某位女性携带线粒体疾病突变，如何避免其遗传给后代就成了亟待解决的问题。她可以选择放弃生育，转而尝试收养孩子；也可以通过体外受精，使用伴侣的精子和其他女性捐赠的卵母细胞来实现妊娠；或者接受以下两种新型手术之一进行治疗：

1. 原核移植（pronuclear transfer, PNT）：从患者的受精卵中取出雄性和雌性原核，然后将其转移到已去除原核、线粒体正常的供体受精卵中。

2. 中期纺锤体转移（metaphase spindle transfer, MST）：把患者卵母细胞的女性染色体组转移到染色体已被移除、具有正常线粒体的供体卵母细胞中，随后再进行体外受精。线粒体替代疗法已经成功孕育出一些健康婴儿，但在许多国家，这项技术仍被禁止。目前，要判断这些治疗程序是否会产生任何意想不到的长期后果，还为时过早。

要点速记

- 与其他灵长类动物一样，人类女性拥有月经周期。促卵泡激素（FSH）促进卵母细胞的生长，促黄体生成素（LH）激增则会引发排卵。子宫内膜增厚，为接纳胚胎做好准备。若未发生受精，卵母细胞便会退化，子宫内膜也会随之脱落。如果确实发生受精，孕体的合体滋养层会分泌人绒毛膜促性腺激素（hCG），以维持妊娠。
- 受精涉及精子获能、向卵母细胞趋化移动、与透明带结合、顶体反应释放穿透透明带的酶、精子和卵母细胞质膜的融合以及诱导钙振荡等环节。细胞内钙离子浓度升高会促使皮质颗粒释放、减数分裂完成以及原核膜形成。
- 体外受精（IVF）需借助激素刺激卵母细胞生长和排卵，获取次级卵母细胞后进行体外受精，经过一段时间的培养，挑选外观最佳的胚胎重新植入子宫。多余胚胎会被冷冻保存，以便在以后的周期中植入。

- 针对 IVF 胚胎的植入前遗传筛查，可以通过采集孕体中滋养外胚层细胞，并对基因组 DNA 进行测序来完成。这有助于检测特定遗传缺陷，以及检查整个染色体组。
- 人类 ES 细胞可以通过培养人类孕体的 ICM 来制备。它们类似于小鼠 ES 细胞，具备多能性，能够形成畸胎瘤。不过，二者也存在诸多差异。
- 植入前人类胚胎发育包括卵裂、胚泡形成和滋养细胞分化等过程。
- 植入后的早期发育与小鼠存在显著差异。大部分滋养细胞会变成合胞体，并侵入子宫组织。上胚层呈扁平状，胚外中胚层和羊膜腔形成较早。由细胞滋养层和胚胎血管组成的绒毛膜会长入母体组织。
- 人体胚胎的躯体模式形成阶段与其他脊椎动物类似。原条大约在受精后 15 天出现，神经板约在第 18 天出现，第一对体节约在第 20 天出现，第一次心跳和神经管闭合大约发生在第 22 天。
- 人类胚外膜与小鼠有所不同。羊膜很早就由上胚层空化形成，随后与绒毛膜融合。绒毛膜由滋养层和胚外中胚层组成。尿囊是来自后肠的凸生结构。卵黄囊由下胚层和胚外中胚层发育而来，后来被重塑形成一个细长的次级卵黄囊。
- 植入后基因筛查可以通过羊膜腔穿刺术、绒毛膜绒毛取样进行，如今越来越多地借助母体血液中存在的胎儿 DNA 取样来完成。
- 在伦理问题上，人们的观点存在很大分歧，尤其是在是否应该允许对人类胚胎进行研究，以及是否应该从人类胚胎中培养胚胎干细胞（ES 细胞）这些方面。不同的国家有不同的规定，但许多国家允许在受精后的头 14 天内对人类胚胎进行研究。

拓展阅读

教科书

一系列针对医学生的教科书涵盖了人类发育。它们倾向于关注器官发生和发育缺陷的描述性胚胎学。其中比较受欢迎的几个是：

Moore, K.L., Persaud, T.V.N. & Torchia, M.G.（2016）*The Developing Human: Clinically Oriented Embryology*, 10th ed. Philadelphia: Elsevier.

Schoenwolf, G.C., Bleyl, S.B., Brauer, P. et al.（2015）*Larsen's Human Embryology*, 5th ed. Philadelphia: Churchill Livingstone.

Sadler, T.W.（2015）*Langman's Medical Embryology*, 13th ed. Philadelphia: Wolters Kluwer Health.

Shahbazi, M. N., 2020. Mechanisms of human embryo development: from cell fate to tissue shape and back. *Development* **147**, dev190629.

生殖细胞、受精、植入前发育

Tang, W.W.C., Kobayashi, T., Irie, N. et al.（2016）Specification and epigenetic programming of the human germ line. *Nature Reviews Genetics* **17**, 585-600.

Sasaki, K., Nakamura, T., Okamoto, I. et al.（2016）The germ cell fate of cynomolgus monkeys is specified in the nascent amnion. *Developmental Cell* **39**, 169-185.

Trounson, A. & Bongso, A.（1996）Fertilization and development in humans. *Current Topics in Developmental Biology* **32**, 59-101.

Gearhart, J. & Coutifaris, C.（2011）*In vitro* fertilization, the Nobel prize, and human embryonic stem cells. *Cell Stem Cell* **8**, 12-15.

Johnson, M.（2019）Human *in vitro* fertilisation and developmental biology: a mutually influential history. *Development* **146**, dev183145.

Niakan, K.K., Han, J., Pedersen, R.A. et al.（2012）Human pre-implantation embryo development. *Development* **139**（5）, 829-841.

Rossant, J. & Tam, P.P.L.（2017）New insights into early human development: lessons for stem cell derivation and differentiation. *Cell Stem Cell* **20**（1）, 18-28.

Vanneste, E., Voet, T., Le Caignec, C. et al.（2009）Chromosome instability is common in human cleavage-stage embryos. *Nature Medicine* **15**（5）, 577-583.

Milachich, T.（2014）New advances of preimplantation and prenatal genetic screening and noninvasive testing as a potential predictor of health status of babies. *BioMed Research International*, Art. ID 306505.

Lu, L.N., Lv, B., Huang, K. et al.（2016）Recent advances in preimplantation genetic diagnosis and screening. *Journal of Assisted Reproduction and Genetics* **33**（9），1129−1134.

人类多能干细胞

Thomson, J.A., Itskovitz-Eldor, J., Shapiro, S.S. et al.（1998）Embryonic stem cell lines derived from human blastocysts. *Science* **282**（5391），1145−1147.

Ginis, I., Luo, Y., Miura, T. et al.（2004）Differences between human and mouse embryonic stem cells. *Developmental Biology* **269**（2），360−380.

Tachibana, M., Amato, P., Sparman, M. et al.（2013）Human embryonic stem cells derived by somatic cell nuclear transfer. *Cell* **153**, 1228−1238.

Baker, C.L. & Pera, M.F.（2018）Capturing totipotent stem cells. *Cell Stem Cell* **22**（1），25−34.

Shao, Y. & Fu, J., 2020. Synthetic human embryology: towards a quantitative future. *Current Opinion in Genetics & Development* **63**, 30−35.

人类植入后发育

Hertig, A.T., Rock, J. & Adams, E.C.（1956）A description of 34 human ova within the first 17 days of development. *American Journal of Anatomy* **98**（3），435−493.

O'Rahilly, R. & Müller, F.（1987）*Developmental stages in human embryos*. Publication 63. Baltimore: Carnegie Institution of Washington.

Maltepe, E. & Fisher, S.J.（2015）Placenta: the forgotten organ. *Annual Review of Cell and Developmental Biology* **31**（1），523−552.

de Bakker, B.S., de Jong, K.H., Hagoort, J. et al.（2016）An interactive three-dimensional digital atlas and quantitative database of human development. *Science* **354**, aag0053.

Belle, M., Godefroy, D., Domenici, C. et al.（2017）Tridimensional visualization and analysis of early human development. *Cell* **169**, 161−173.

Martyn, I., Siggia, E.D. & Brivanlou, A.H.（2019）Mapping cell migrations and fates in a gastruloid model to the human primitive streak. *Development* **146**, dev179564.

Patrat, C., Ouimette, J.-F. & Rougeulle, C.（2020）X chromosome inactivation in human development. *Development* **147**, dev183095.

人类基因操纵

Araki, M. & Ishii, T.（2014）International regulatory landscape and integration of corrective genome editing into in vitro fertilization. *Reproductive Biology and Endocrinology* **12**, 1−12.

Liang, P., Ding, C., Sun, H. et al.（2017）Correction of β-thalassemia mutant by base editor in human embryos. *Protein & Cell* **8**, 811−822.

Ma, H., Marti-Gutierrez, N., Park, S.-W. et al.（2017）Correction of a pathogenic gene mutation in human embryos. *Nature* **548**（7668），413−419.

Hikabe, O., Hamazaki, N., Nagamatsu, G. et al.（2016）Reconstitution *in vitro* of the entire cycle of the mouse female germ line. *Nature* **539**（7628）299−303.

Ortega, N.M., Winblad, N., Plaza Reyes, A. et al.（2018）Functional genetics of early human development. *Current Opinion in Genetics & Development* **52**, 1−6.

第 13 章

果　　蝇

第一种在分子层面上被详细了解其发育过程的生物是黑腹果蝇（*Drosophila melanogaster*）。果蝇非常适合遗传学实验，因为它体型小巧，而且从卵发育到成虫的生命周期短，在25℃环境下仅需10天。已经开发了许多非常复杂的技术，用于构建品系库以及开展诱变筛选。从历史上看，对果蝇的研究始于对具有有趣表型突变体的鉴定。通过遗传作图，可将突变定位到染色体上，并映射到幼虫巨大的（多线）染色体上，从而确定其物理位置。至于这些基因在正常细胞生理活动中发挥的作用，通常是通过研究体细胞突变体克隆的特性来确定的，而体细胞突变则是利用 X 射线诱导产生的（参见"发育重要基因的鉴定"部分）。随后进行的诱变筛选能够鉴定出大量发育所需的基因。这些基因被克隆后，其表达模式可通过原位杂交展开研究。在某个基因缺失或异位表达的胚胎中，通过检查另一基因的表达情况，便可以推断出这些对发育至关重要的基因之间的相互作用。最后，借助在体外研究转录因子与 DNA 调控区域之间的相互作用，可获得更多分子生物学的细节信息。

近些年来，果蝇遗传技术工具包已被应用于发育和细胞生物学领域更为广泛的问题研究中，尤其是形态发生素梯度的行为、细胞命运特化、干细胞以及生长控制等方面。由于果蝇基因大多是作为突变被发现的，因此它们是以首次出现的突变表型来命名的。例如，下文将要详细描述的第一个突变被命名为白色（*white*），因为携带该突变的成体果蝇眼睛呈白色，尽管该基因的正常功能是使眼睛呈现红色。突变体的名称就被用作相应基因的名称。在果蝇中，如果首次发现的等位基因产生隐性表型，那么基因名称会以斜体书写，且首字母小写；如果首次发现的等位基因呈现显性表型，基因名称同样以斜体书写，但首字母大写。表 13.1 罗列了本章提及的基因。

表 13.1　果蝇早期发育中的关键基因

基因	蛋白质性质	脊椎动物同源物
背-腹系统		
fs(1)K10	DNA 结合	
gurken	诱导因子，EFG 受体的配体	TGFα
Egfr（= *torpedo*）	细胞表面受体	EFG 受体
spätzle	诱导因子，Toll 配体	
easter	细胞外蛋白酶	
pipe	HSPG 磺基转移酶	
snake	丝氨酸蛋白酶	
serpin 27A	Easter 抑制剂	
tolloid	蛋白酶	BMP1/Tolloid
Toll	细胞表面受体	Toll
cactus	信号转导	IκB

续表

基因	蛋白质性质	脊椎动物同源物
dorsal	信号转导	NFκB
twist	转录因子	Twist
snail	转录因子	Snail
zerknüllt	转录因子	Hox 3
rhomboid	跨膜蛋白酶	Rhomboid proteases/iRhom
decapentaplegic	诱导因子	BMP
screw	诱导因子	BMP
short gastrulation	Dpp 抑制剂	Chordin
tinman	转录因子	Nkx2.5
母体前−后系统		
Delta	诱导因子，Notch 配体	Delta
Notch	细胞表面受体	Notch
unpaired（= *outstretched*）	诱导因子	IL-3/6
gurken	诱导因子，EGF 受体配体	TGFα
bazooka	细胞质蛋白	Par3
bicoid	转录因子	
caudal	转录因子	Cdx
oskar	细胞质蛋白	
nanos	RNA 结合蛋白	Nanos
pumilio	RNA 结合蛋白	Pumilio
vasa	RNA 螺旋酶	Vasa
torso	细胞表面受体	
torsolike	分泌型蛋白	
trunk	诱导因子，Torso 配体	
裂隙基因		
orthodenticle	转录因子	Otx
hunchback	转录因子	
Krüppel	转录因子	
knirps	转录因子	
giant	转录因子	
tailless	转录因子	Tlx
huckebein	转录因子	
成对规则基因		
Hairy	转录因子	Hes, Her
Runt	转录因子	Runx
even-skipped	转录因子	Evx
odd-skipped	转录因子	
fushi tarazu	转录因子	
Paired	转录因子	Pax
odd-paired	转录因子	
sloppy-paired	转录因子	

基因	蛋白质性质	脊椎动物同源物
体节极性基因		
hedgehog	诱导因子，Patched 的配体	Hh
wingless	诱导因子，Frizzled 的配体	Wnt
engrailed	转录因子	En
frizzled	细胞表面受体	Frizzled
zeste-white 3	信号转导	Glycogen synthase kinase 3
armadillo	信号转导	β-catenin
pangolin	转录因子	Lef, Tcf
patched	细胞表面受体	Patched
smoothened	信号转导	Smoothened
cubitus interruptus	转录因子	Gli
Hox 基因		
Labial	转录因子	Hox 1
Deformed	转录因子	Hox 4
Sex combs reduced	转录因子	Hox 5
Antennapedia	转录因子	Hox 6
Ultrabithorax	转录因子	Hox 7
abdominal A	转录因子	Hox 8
Abdominal B	转录因子	Hox 9-13

BMP，骨形态发生蛋白；EGF，表皮生长因子；HSPG，硫酸乙酰肝素蛋白多糖；IL，白细胞介素；TGF，转化生长因子。

需注意，许多基因在发育后期具备额外功能（例如，Delta-Notch 系统在神经发生过程中至关重要）。脊椎动物的同源物通常是由基因复制事件产生的基因家族。部分脊椎动物基因以果蝇基因来命名，这是因为这些基因最早是在果蝇中被发现的。

昆虫

所有成体和幼体昆虫都由从前到后依次排列的体节构成，这些体节分为头部、胸部和腹部这三个主要身体区域。原型躯体模式在胚胎阶段最为清晰明显，这一阶段被称为**延伸胚带**（**extended germ band**）。**延伸胚带**是所有昆虫物种表现出最大形态相似性的**系统发育型**（**phylotypic**）阶段（见第 23 章）。头部可能由多达 6 个体节组成：3 个头前节和 3 个颚节（gnathal），颚节带有附属物，这些附属物后来演变为口器。身体的中部是胸段，始终由三部分组成：**前胸**（**prothorax, T1**）、**中胸**（**mesothorax, T2**）和**后胸**（**metathorax, T3**）。这三个部分在腹侧都会发育出一对足，中胸和后胸在背侧也可能产生附肢（如翅膀）。腹节的数量因昆虫物种不同而有所差异，但通常为 8～11 个。

果蝇和其他双翅目（Diptera）昆虫（双翅蝇）一样，遵循一般昆虫的身体结构图式，只是它的头部没有头前节（procephalic），即使在胚胎中也是如此。三个颚节只是短暂出现。果蝇具有通常的三个胸节（T1～T3），但只有 T2 长有翅膀，T3 节则具有称为**平衡棒**（**halter**）的小型平衡结构。果蝇有 8 个腹节（A1～A8）。虽然传统体节在幼虫和成虫的身体结构中都清晰可见，但在早期发育过程中，最重要的重复单位是**副体节**（**parasegment**）。这些副体节与后来形成的体节具有相同的周期，但不同相（参见"成对规则系统"部分）。

在昆虫体内，主神经索位于腹侧，心脏位于背侧。昆虫没有像脊椎动物那样专门的血管系统，心脏负责将血淋巴在体腔内循环。氧气通过气管扩散到组织中，气管是表皮向体内生长形成的细长且有分枝的结构。

果蝇是一种**全变态类**（**holometabola**）昆虫，其卵孵化成幼虫，幼虫的结构与成虫差异很大。幼虫生长过程中会经历两次蜕皮，然后进入被称为**蛹**（**pupa**）的静止阶段，在蛹期，身体被重塑为成虫形态。成虫身体的大部分结构由**成虫盘**（**imaginal disc**）和腹部**成组织细胞**（**abdominal histoblast**）发育而来，它们在幼虫体内以未分化的芽体形式存在。第 19 章将详细描述成虫盘的发育。还有一些昆虫目属于**半变态类**（**hemimetabola**）昆虫，这类昆虫的卵孵化出的幼虫类似于成虫的缩小版。幼虫通过一系列由蜕皮间隔开的若虫阶段，逐渐发育为最终的成虫形态。

正常发育

卵子发生

　　卵子发生（**oogenesis**）过程中所发生的一系列事件，对于果蝇胚胎的区域特化而言至关重要，因为在卵产出时，相当一部分图式已被特化。在卵子发生起始阶段，一个生殖细胞会进行 4 次分裂，产生 16 个细胞。其中，有一个细胞会成为**卵母细胞**（**oocyte**），而另外 15 个细胞则全部成为**抚育细胞**（**nurse cell**）。有趣的是，对于秀丽隐杆线虫的细胞质不对称性起着关键作用的 *par1* 基因（见第 14 章），对果蝇卵母细胞的形成同样意义重大。倘若没有 *par1*，所有 16 个细胞都会成为抚育细胞。整个卵母细胞和抚育细胞簇被**卵泡细胞**（**follicle cell**）所包围，形成**卵室**（**egg chamber**）（图 13.1）。卵泡细胞来源于性腺的体细胞，而非生殖细胞系。随着卵室的扩大，卵泡细胞分为三个群体：位于抚育细胞之上的细胞呈鳞状；位于卵母细胞之上的细胞呈柱状；卵母细胞两端的一群特殊卵泡细胞，称为**边缘细胞**（**border cell**），它们对于确定前-后图式方面发挥重要作用。抚育细胞会变成**多倍体**（**polyploid**），并向正在生长的卵母细胞输送大量的 RNA 和蛋白质。在后期阶段，卵母细胞在背-腹轴和前-后轴上都呈现出明显的极化现象，并且在后端形成颗粒状的**极质**（**pole plasm**）。卵泡细胞分泌**卵黄膜**（**vitelline membrane**）和被称为**卵壳**（**chorion**）的坚韧外层。卵黄的主要产生部位并非卵母细胞或抚育细胞，而是一种名为脂肪体的器官，它承担着类似哺乳动物脂肪细胞和肝脏的功能。卵黄蛋白通过循环系统（血淋巴，haemolymph）被输送到卵巢之中。

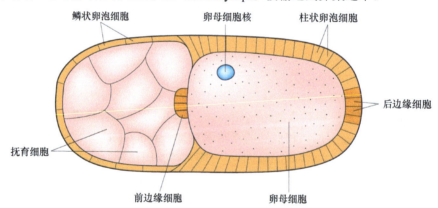

图 13.1　果蝇的卵室。

胚胎发生

　　受精发生在子宫内，精子经由卵壳上称为**卵孔**（**micropyle**）的小孔，进入卵母细胞前端。与大多数其他昆虫相比，果蝇的发育速度非常快。在常规实验室温度（25℃）条件下，幼虫不到 24 h 便能孵化。早期胚胎阶段如图 13.2 所示。和其他模式生物一样，初始阶段被称为"卵裂"，但实际上这是一个快速同步的核分裂时期，其间并没有细胞分裂。这有时被称为**表面卵裂**（**superficial cleavage**）（见第 2 章），在这个早期阶段，整个胚胎形成一个**合胞体**（**syncytium**），其中所有细胞核都处于共同的细胞质之中。在前 8 次细胞周期结束后，一些细胞核进入后端极质，在那里它们迅速融入**极细胞**（**pole cell**）（图 13.3），极细胞会发育为果蝇胚胎的**原始生殖细胞**（**primordial germ cell**）。经过 9 次细胞周期后，大部分剩余细胞核迁移至外围，形成合胞体**胚盘**（blastoderm）；那些留在内部的细胞核随后被纳入消黄细胞（vitellophage），最终进入肠腔。再经过 4 个细胞周期，在 3 h 内，细胞膜从质膜向内生长，将细胞核分隔开来，从而形成**细胞胚盘**（cellular blastoderm）（图 13.2d）。此阶段大约有 5000 个表面细胞、1000 个卵黄核和 16～32 个极细胞。在这一阶段，细胞周期速率急剧减慢，极细胞在原肠胚形成前仅再分裂一次。在昆虫胚胎学中，早期阶段沿前-后轴的位置通常以距后极的卵长度百分比（% egg length, %EL）来表示。例如，标注为 100%EL～50%EL 的区域是胚胎的前半部分，标注为 10%EL～0%EL 的区域则是胚胎的后 1/10。

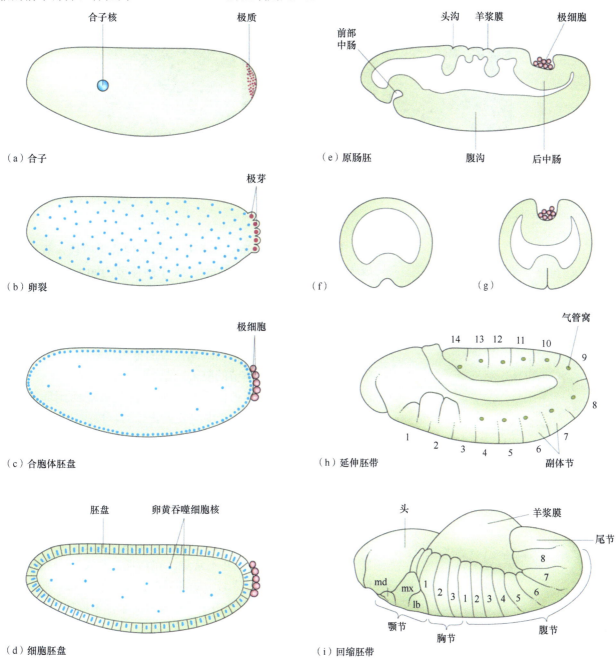

图 13.2　果蝇的早期发育。(f) 和 (g) 分别是原肠胚的中部和后部横切面。在 (i) 中：md，下颌骨；mx，上颌骨；lb，下唇。

胚盘的柱状上皮相当厚，其大部分注定会成为胚胎的一部分，只有背侧的一条细带会变成胚胎外的**羊浆膜**（amnioserosa）。原肠胚形成大约在 3 h 开始，沿着胚胎大部分长度形成**腹沟**（ventral furrow）（图 13.2e～g，图 13.4）。这包括沿着腹侧中线的中胚层内陷，之后不久，**前部**（anterior）和**后部中肠**（posterior midgut）各自末端处的内陷也相继发生。头沟在 65%EL 处的侧面出现。在原肠胚形成的同时，位于腹侧的胚带（构成胚胎的主干部分）开始伸长，推动带有极细胞的后端向卵的背侧卷曲，并朝向头部。

此时胚带呈 U 形，其前端和后端都位于卵的前部。大约在 4 h，第一个神经母细胞在神经原性外胚层中出现。神经原性外胚层现位于中-腹侧，在原肠胚形成过程中覆盖了腹沟。

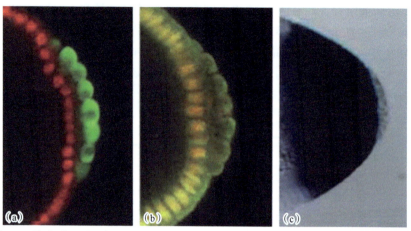

图 13.3 极细胞。(a)RNA 聚合酶 Ⅱ（红色）和 Vasa 蛋白（绿色）的免疫染色，可区分体细胞和极细胞。(b)RNA 聚合酶 Ⅱ（红色）和组蛋白 H3K4Me（绿色）的免疫染色（体细胞核两者都有，呈黄色）。(c) *tailless* mRNA 的原位杂交（深蓝色），由体细胞而非极细胞表达。来源：自 Strome and Lehmann（2007）. Science. 316, 392-393，经 American Association for the Advancement of Science 许可。

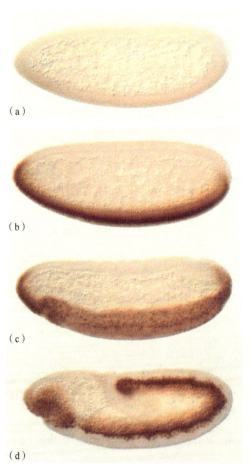

图 13.4 通过 Twist 蛋白（棕色）的表达可视化果蝇原肠胚形成：(a) 合胞体胚盘；(b) 细胞胚盘；(c) 原肠胚形成的开始；(d) 延伸胚带。来源：转载自 Leptin（2004）. in "Gastrulation. From Cells to Embryo" ed. Stern, C.D.，经 Cold Spring Harbor Laboratory Press 许可。

分节（segmentation）最初出现在延伸胚带阶段，表现为形成表皮凹槽，这些凹槽界定出 14 个**副体节（parasegment）**。这些是胚胎的节段性划分，与后续的体节并非完全对应。虽然它们的形态特征存在时间短暂，仅在大约受精后 5～7 h 内出现，但副体节意义重大，因为它们是构建躯体模式的基本单元（见下文）。幼虫最终的体节是通过副体节的重组形成的（一个副体节的后 2/3 与下一个副体节的前 1/3 结合）。

大约在 7.5 h，胚带回缩至腹侧，使其后端回到卵的后极（图 13.2i）。与此同时，表皮沟会重新排列，按照定型体节而非副体节进行分割。内陷的前中肠和后中肠在胚胎中部融合，腹神经索分离。表皮的**背侧闭合（dorsal closure）**发生在第 10～11 h，使羊浆膜向内部移动，随后在那里被消解。这一过程包括表皮左右两侧协同向背侧移动，其边缘在背中线处融合，形成连续的上皮组织。大约在同一时期，头部"内卷"入内部，因此在幼虫的外表面上几乎难以看到。这种情况在其他双翅目动物中也会发生，但在一般昆虫中并不常见。在后期，马氏管（Malpighian tubule，排泄器官）在后部中肠和后肠的交界处形成；肌肉、脂肪体和体细胞性腺细胞均由中胚层发育而来，中枢神经系统由腹神经索的神经节形成。

幼虫阶段

果蝇幼虫没有腿，头部隐藏在体内，有 3 个胸节和 8 个腹节。每个部分都可以通过观察表皮角质层的特殊特征来加以区分。在背侧，从 T2～A8 的区域覆盖着细毛，而各节腹侧都有**小齿（denticle）**带（图 13.5）。每个小齿带主要占据一个体节的前部，但它也跨过该节边界，稍微延伸到下一个节的后部。它们在发育后期形成，可用于评估晚期胚胎致死突变中影响分节的表型。胸段和腹段可以通过小齿带的形状和大小来区分。A8 节有后部气孔，是气管系统的开口，而最末端的后部是未分节的，被称为**尾节**（**telson**）。幼虫头部的结构十分复杂，但其最突出的组成部分是消化道的口道部分分泌的硬质头咽骨架。

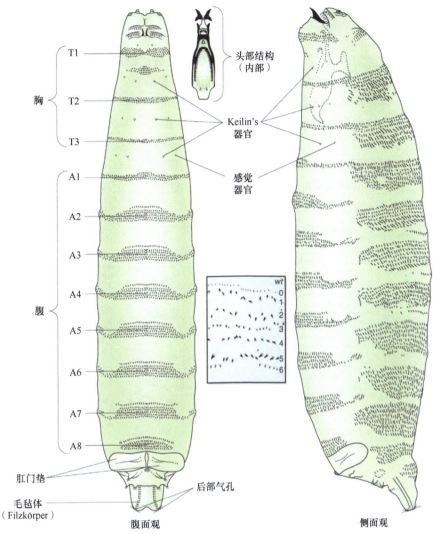

图 13.5　果蝇幼虫的腹面和侧面视图。（插图）三龄幼虫的小齿带；第 0～1 行属于后室，第 2～6 行属于相邻的前室。来源：Repiso et al.（2010），经 Company of Biologists Ltd 许可。

　　幼虫组织的生长并非借助细胞分裂，而是通过细胞体积的增大来实现的。这些细胞会经历重复的**核内复制**（**endoreplication**），其 DNA 在没有细胞核分裂或细胞分裂的情况下进行复制。细胞由此达到了较高水平的多倍体状态，同时伴随着细胞体积的显著增加。在某些组织中，如唾液腺，DNA 链精确排列，形成了巨大的**多线染色体**（**polytene chromosome**）。当进行适当染色后，多线染色体会呈现出规律的暗带和亮带，其中一些区域会扩展形成"泡芙"（膨胀区域），这些"泡芙"是活跃的 mRNA 合成位点。事实证明，唾液腺多线染色体这种可重复出现的条带模式在果蝇遗传学研究的初期非常有用，通过这种模式，能够将那些改变条带模式的突变定位到特定的染色体位置上。后续研究表明，蜕皮激素能够改变"泡芙"的分布模式，这表明这种激素可以改变基因表达。在蛹化期间，多倍体幼虫组织会被分节，并被二倍体成体细胞所替代。

　　成体二倍体细胞在一龄幼虫体内以小细胞巢的形式存在。对于头部和胸部的表皮以及生殖器而言，它们表现为幼虫表皮的内陷结构，这些表皮内陷结构被称为**成虫盘**（**imaginal disc**）（见第 19 章）。在胚胎发育过程中，成虫盘会有轻微的扩张，但大部分生长过程发生在幼虫阶段。在蛹化期间，随着蜕皮激素水平的升高，成虫盘会向外翻出，并分化形成成虫身体的表皮结构。腹部体节由**腹部成组织细胞**（**abdominal histoblast**）发育而来，这些细胞不会内陷，而是作为幼虫表皮的一部分保留下来。它们仅在蛹期生长，随着自身的扩展，它们会逐渐取代幼虫的表皮。内部组织也是由融入幼虫组织中的二倍体细胞群形成的，这些幼虫组织在蛹化期间会被它们所取代。

命运图

通过局部紫外线照射产生小的缺陷，以及注入用**辣根过氧化物酶**（**horseradish peroxidase**）标记的细胞，已经构建出了细胞囊胚期的命运图谱（**图 13.6**）。命运图谱的主要特征如下：幼虫所有体节都有其对应的预定区域，不存在不确定区域，这表明后期不会出现细胞混合，也不会由小的芽体生长发育而来。可识别的颚节、胸节和腹节的预期发育区域按照从前到后的顺序排列，占据了卵长度 75%～15% 的范围。预定的头颅结构区域占据了卵前部 25%EL 的位置。预定的前中肠结构也位于前部区域，而后部中肠、马氏管、肛凹和生殖细胞的预定区域则位于后部，这与描述性胚胎学的预期相符。未来的中胚层占据腹侧中线，位于前中肠和后中肠之间。近期利用单细胞 RNA-Seq（RNA 测序；参见第 5 章）技术开展的研究，得到了与这些早期研究结果基本一致的"分子命运图谱"。

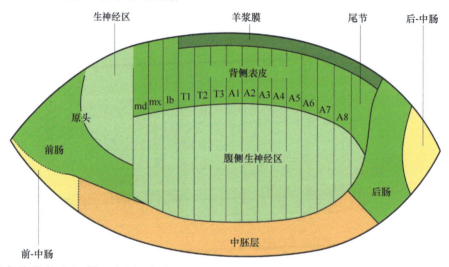

图 13.6　细胞胚盘阶段的命运图。来源：根据 Hartenstein（1993）Atlas of Drosophila Development. Cold Spring Harbor Laboratory Press 修改。

极质

极质在卵子发生过程中形成，位于卵子的后极。它含有一些与其他模式生物**原始生殖细胞**（**primordial germ cell**）形成相关的 mRNA（包括 *dazl*、*nanos* 和 *vasa*）。极质在卵子后部的定位依赖于 *oskar* 基因，该基因也是后部体节正常发育所必需的（参见"后部系统"部分）。通过将极质移植到处于卵裂期的受体胚胎前端，获得了极质能够使细胞核编程成为生殖细胞的直接证据。异位的极细胞源自那些被移植的极质所包围的细胞核。如果随后将这些异位的极细胞再移植回第二个受体的后部，它们能够整合到性腺中并形成有功能的生殖细胞。在使 *oskar* mRNA 在前部定位的实验中，也获得了异位的极细胞。极质的许多成分被鉴定为母体效应基因的转录产物，这些基因发生突变会导致后代不育（即无孙辈的表型）。

果蝇发育遗传学

对果蝇发育过程的理解在很大程度上得益于现有的一系列复杂遗传研究方法。与脊椎动物相比，果蝇已测序的基因组规模较小，大约包含 1.43 亿个碱基对和 13 931 个蛋白质编码基因。在这些基因中，超过

50% 的基因在脊椎动物中存在同源物。果蝇的世代周期短（在 25℃ 环境下仅需 10 天）且体型小巧，这使得那些涉及复杂繁殖方案和需要大量实验个体的研究能够在短短几周内完成。果蝇的遗传图谱非常详尽，幼虫唾液腺中巨型多线染色体的细胞学图谱也是如此。

转基因

一种被称为 **P 因子**（**P-element**）的转座因子在转基因系的创建过程中发挥了关键作用。它是在野生型雄性果蝇与实验室雌性果蝇杂交后被发现的，那次杂交导致了突变率升高，并且杂交后代出现了各种缺陷（**杂种不育，hybrid dysgenesis**）。这些突变是由 P 因子的插入和不精确切除造成的，后者会导致基因缺失。由于 P 因子易于引入插入突变，它已被专门用于插入诱变实验。具体操作是将携带 P 因子的品系与携带转座酶基因的另一品系进行杂交。在后代中，转座酶能够促使 P 因子在基因组中移动，因此配子中会包含一系列新的插入位点，每个插入位点都可以通过 P 因子的存在来识别。

对于转基因操作，感兴趣的基因被克隆到含有标记基因的 P 因子载体中。标记基因通常是白色基因 *white* 的野生型等位基因，该基因是果蝇眼睛中合成正常红色素所必需的。将重组 P 因子与编码转座酶的质粒或 mRNA 一起注射到 *white* 基因型早期胚胎的后极。由此产生的果蝇很可能是镶嵌型的，其中 P 因子已整合到一些生殖细胞中。将这些果蝇与 *white* 果蝇进行杂交，从下一代中将有望培育出一些具有均一转基因的后代，这些后代可以通过它们拥有红色眼睛这一特征来识别。从这些后代中可以培育出稳定的品系。P 因子转基因技术已广泛应用于多种目的：引入增强子捕获载体（另见第 3 章和第 11 章）、创建携带报告基因构建体的果蝇品系、拯救内源基因突变，以及以异位表达的方式研究基因功能等。然而，P 因子转基因技术也确实存在一些局限性。插入片段的最大长度通常为 20～25 kb，并且 P 因子倾向于整合到基因的 5′ 端附近，这可能会导致插入诱变（除非插入诱变是实验的主要目的，否则这是一个不利因素）。

另一种转基因方法采用噬菌体 ΦC31 整合酶，它能够催化注射的质粒中的特殊 *attB* 位点与宿主基因组中的 *attP* 位点之间发生重组。尽管 *attP* 位点需要预先通过 P 因子引入到基因组中，但这意味着可以选择合适的整合位置，避免位置效应的影响，并且能够引入更大的 DNA 序列，从而能够利用基因组的序列，使转基因的表达水平达到正常状态。目前，能够对基因组序列进行精确编辑的最新技术包括基于 CRISPR/Cas 系统的方法，具体内容如第 3 章所述。

发育重要基因的鉴定

果蝇基因组大约包含 14 000 个基因，其中约 5000 个基因发生突变后会致死。通过诱变筛选，可以整理出相当完整的基因集合，这些基因在发生突变时会引起胚胎发育图式的改变。有多种类型的方案可以实现这一目的，其中一个简单的例子如图 **13.7** 所示。尽管其基本原理与第 9 章中介绍的斑马鱼筛选方法相同，但在果蝇研究中，可使用一些特殊技巧排除不需要的重组类别，从而大大减少实验工作量。图 **13.7** 所示的筛选方法用于检测常染色体隐性突变，与大多数筛选方法一样，它依赖于使用特殊的**平衡染色体（balancer chromosome）**。平衡染色体具有三个重要特性：抑制基因重组；携带一些可见的标记基因；在纯合条件下具有致死性。携带可见标记（*a−*，与平衡染色体标记不同）的雄性果蝇被诱变，然后与携带平衡染色体的雌性果蝇进行交配。每个子代个体都代表一个经过诱变的配子，因此 F_1 代中的单个雄性果蝇被分离出来并再次进行杂交。为了创建 F_2 代，使用在平衡染色体另一侧的染色体上携带显性温度敏感致死突变的雌性果蝇，这样可以排除那些不携带突变染色体的后代。在 F_2 代中，每管果蝇代表一个原始的诱变配子。将可存活的 F_2 代果蝇相互交配，产生 F_3 代。由于 F_2 代中的突变染色体和平衡染色体处于杂合状态，因此 F_3 代中有 25% 的个体将是突变染色体的纯合子。如果这些纯合突变体能够存活，它们将表现出诱变雄性果蝇所携带的隐性标记表型（*a/a*）。如果该标记不可见，可检查死亡的胚胎或幼虫，观察它们是否存在任何明显的发育模式异常。当突变体具有致命性时，可以通过从具有一条突变染色体和一条平衡染色体的杂合子个体进行繁殖来维持种群数量。这些杂合子个体进行交配时会产生纯育（breed true）的效果，因为交配产生的两种可能的纯合染色体组合都是致死的。最初的诱变处理会在所有染色体上诱导产生突变，但那些不在平衡染色体上的突变在异型杂交（outcross）过程中大部分会丢失，因此这种方法可以实现一次对一条染色体进行筛选。一旦获得突变，就可以通过**互补测试（complementation test）**将突变分选为该同一基因的不同等位基因群组，并进行基因遗传学定位。

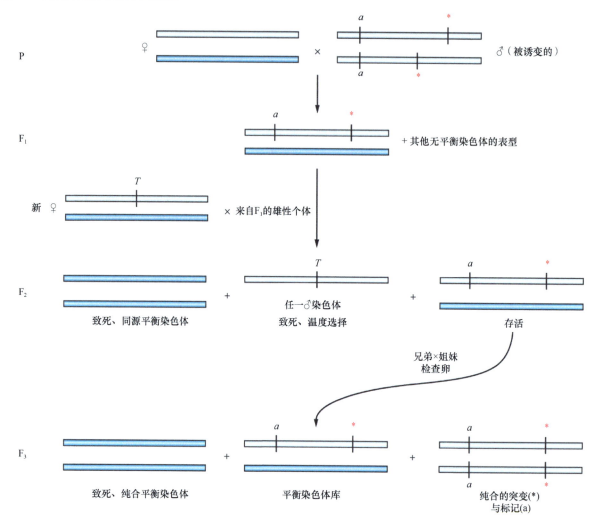

图 13.7　影响早期发育的合子常染色体隐性突变体的诱变筛选。蓝色染色体是一个平衡染色体，它能够抑制重组，携带可见的显性标记基因，并且在纯合状态下是致死的。a，一个不同的可见标记基因，为隐性遗传；T，一个显性温度敏感致死突变；* 代表新的突变。交配过程如图所示，然后检查 F_3 代的卵是否存在异常。

　　在果蝇中，许多图式信息是在卵子发生过程中奠定的，卵子发生过程中所需的基因突变表现为**母体效应（maternal effect）**。这指的是胚胎的表型并不与其自身的基因型相对应，而是与母体的基因型相对应（另见第 3 章）。严格来说，在讨论母体效应突变时，应该说"来自突变母体的卵子"，而不是"突变卵子"，但这一规范在实际中很少被严格遵循。母体效应基因通常在筛选过程中被鉴定为导致雌性不育的突变，其筛选原理与合子致死突变的筛选类似。然而，一些重要的母体效应突变也会导致合子致死。也就是说，这些基因不仅在卵母细胞发育过程中是必需的，在胚胎发育阶段同样不可或缺。在这种情况下，纯合子个体无法发育成能够进行生育测试的果蝇，因此母体效应基因的筛选通常并不完整。不过，可以通过制作镶嵌胚胎来测试单个合子致死基因是否具有母体效应，在镶嵌胚胎中，生殖系细胞是突变的，而体细胞组织则是野生型的（详见下文）。

突变类型

大多数突变呈现出功能减弱或丧失的情况，意味着产生的基因产物数量减少，或者基因产物的功能效率降低。这类突变通常具有隐性特征。这些等位基因被称为**亚效等位基因**（hypomorph），其产生的表型则被称为**亚效等位**（hypomorphic）表型。在果蝇遗传学研究中，通常会针对每个基因座产生多个等位基因，目的是获取至少一个完全丧失功能的等位基因，也就是所谓的**无效**（null）等位基因，它会产生**无效等位**（amorphic）表型。一般而言，亚效等位基因可以按照严重程度逐渐递增的顺序进行排列，以无效等位表型作为最极端的形式。这样的**等位基因系列**（allelic series）往往能够为研究基因功能提供有价值的信息，尤其是当较弱的等位基因会产生可识别的表型，而较强的等位基因反而没有明显表型的时候。

一些等位基因可能是**温度敏感**（temperature sensitive）的，这通常是因为突变影响了蛋白质产物的热稳定性。一般来说，这些蛋白质在低温环境（**允许**温度，permissive temperature）下能够保持活性，而在高温环境（**非允许**温度，nonpermissive temperature）下则会失去活性。温度敏感突变体非常有用，因为通过改变温度，它们能够帮助确定基因产物在哪个发育阶段是必需的。具体操作是这样的：如果在基因发挥作用之前将温度转变为非允许温度，那么在大多数情况下，都会观察到突变表型；反之，如果在基因发挥作用之后转移到非允许温度，那么大多数情况将显示为正常表型。

当基因座存在**单倍剂量不足**（haploinsufficient）的情况时，显性突变有时会导致基因功能丧失。这意味着，当基因产物的水平降低到野生型水平的 50% 时，就足以引发突变表型。在这种情形下，纯合子的表型会比杂合子的表型更为严重。更为常见的显性突变是**功能获得**（gain of function）突变，也被称为**新效等位基因**（neomorphic，新形态）突变，这类突变会导致活性基因产物在正常情况下不表达的位置或时间出现。此外，它们还可能是**显性负性**（dominant negative，或**反效等位**，antimorphic）突变，即基因产物的突变版本会干扰野生型版本的正常功能。

果蝇发育基因的命名通常源于突变表型的外观特征。这就导致这些名称所表达的含义可能与该基因的正常功能相悖。例如，*dorsal*（背侧）基因之所以被这样命名，是因为该基因的无效突变体胚胎会出现背部化的现象，但实际上，这是由于该基因的正常功能是特化腹部。还有一些基因是以那些能够使果蝇存活的等位基因的成体表型来命名的，这些等位基因是在大规模筛选胚胎致死突变之前被发现的。例如，*Antennapedia*（触角足）基因之所以获此命名，是因为其功能获得等位基因会使果蝇的触角转变为腿部。然而，*Antennapedia* 基因通常并不在触角中表达，而是在胸节中表达。其无效表型会将副体节 4 和 5 转化为副体节 3，并且纯合无效突变是胚胎阶段致死的。

克隆基因

历史上，大多数果蝇发育基因都是通过 **P 因子诱变**（P-element mutagenesis）的方法进行克隆的。当 P 因子整合到基因内部或基因附近时，有可能使基因发生突变并失去活性，可以通过类似于**图 13.7** 所示的方法来筛选特定的突变。由 P 因子插入引起的突变可以作为克隆基因的起点。具体操作是：使用 P 因子探针筛选该突变株的基因组文库，然后将所得到的克隆与多线染色体进行原位杂交测试，以找出它们所代表的特定 P 因子。接着，将最接近突变遗传定位位置的基因作为**染色体步移**（chromosomal walk）的起点，进而获得整个目标基因。要证明克隆得到的候选基因确实是所需要的基因，需要满足以下三个标准：

1. 几种已知的突变体在候选基因中存在可识别的序列变化。
2. 候选基因在无效突变体中不表达（不过，有时无效突变体也可能产生无活性的蛋白质产物）。
3. 无效突变体的表型可以通过导入候选基因的转基因技术得到恢复。

一旦基因被克隆和测序，就可以运用原位杂交技术来确定它在不同发育阶段的表达模式（参见第 5 章）。此外，还可以针对蛋白质产物（通常是细菌中表达的融合蛋白）制备抗体，并利用抗体来确定蛋白质的表达模式。

基因功能研究是通过探究一个基因的突变对其他基因表达的影响来实现的。如果在正常情况下，需要

基因 *A* 来上调基因 *B* 的表达，那么去除 *A* 将导致 *B* 的表达缺失，而 *A* 的过表达将导致 *B* 相应的异位表达。相反，如果 *A* 通常阻遏 *B*，则去除 *A* 将导致 *B* 的异位表达，*A* 的过表达将导致 *B* 在其正常表达域中受到阻遏。然而，这样的结果并不能说明这种影响是直接的，也就是说，不能确定基因 A 的蛋白质产物是否确实与基因 B 相互作用来调节基因 B 的表达。这种影响也可能是间接的，即基因 A 启动了其他能够调节基因 B 的因素。如果基因 A 编码诱导因子或受体，那么这种影响必然是间接的。如果基因 A 编码转录因子，则可以通过以下三种方法来确定这种影响的直接性。

1. 使用**条带移位（band shift）**分析，可以证明基因 *A* 产物与基因 *B* 调控区之间存在相互作用。该测试使用凝胶电泳技术，根据 DNA 片段大小对其进行分离。如果某个片段来自基因 *B* 的调控区域，并且与蛋白 A 结合，那么形成的复合物的迁移速度会比单独的 DNA 片段慢。这将在凝胶中表现为 DNA 片段位置的变化。

2. 将基因 *A* 和含有基因 *B* 启动子的质粒一起转染到果蝇组织培养细胞中，观察在没有其他发育机制干扰的情况下，基因 *B* 是否会被激活表达。

3. 可以使用基因 *A* 的蛋白质对其 DNA 结合位点进行免疫沉淀，然后对沉淀的 DNA 进行测序。如果基因 A 直接调控基因 *B*，那么在基因 *B* 的调控区域中就会找到蛋白 A 的结合位点。随后，可以使用 CRISPR/Cas 技术对这些结合位点进行突变，以证明它们对于调控基因 *B* 的表达是必不可少的。

当检查基因 *A* 对基因 *B* 的影响时，通常关注的不是基因 *B* 的内源性基因产物，而是由基因 *B* 的调控区域与报告基因融合而成的构建体。过去常用的报告基因是 *lacZ*，但最近常用荧光报告基因，如 *gfp*（见第 5 章）。之所以这样做，可能是因为内源性产物难以检测，而报告基因能够提高检测的灵敏度。例如，大多数果蝇蛋白质都没有相应的抗体可供检测。此外，在许多构建体中，报告蛋白相当稳定，因此在检测时，它的浓度实际上能够"整合"截至检测时基因的累积活性。最常见的情况是，人们会将基因 *B* 的调控区域分割成多个部分，以找出是哪些 DNA 序列决定了表达模式的各个组成部分。报告基因构建体可能只包含来自基因 *B* 原始调控区域的单个增强子。

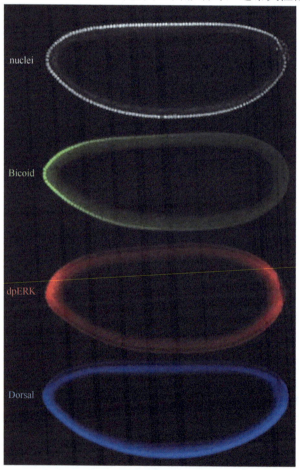

图 13.8 母体系统三个组成部分的免疫染色。细胞胚盘的细胞核显示在顶部。Bicoid 蛋白（绿色）的梯度主要分布在核内，从前到后。磷酸化 ERK（红色）在两个末端均可见，这是由 Torso 激活所引起的。Dorsal 蛋白（蓝色）的梯度从腹部延伸到背部，同样主要在核内。来源：转载自 Shvartsman et al. (2008). Curr. Opin. Genet. Dev. 18, 342–347, 经 Elsevier 许可。

发育程序

如果将果蝇早期发育的总体程序看成是一组子程序，那么就更容易理解其中的细节。其中一个子程序在**背–腹轴（dorsoventral axis）**上运行，负责从背部到腹部依次形成羊浆膜、表皮、神经原性外胚层和中胚层。在母体卵室中发生的一系列事件的作用下，母体 *dorsal* 基因的蛋白质产物以从腹部（高浓度）到背部（低浓度）的梯度形式，分布在胚盘的细胞核中（**图 13.8**）。它调控着一组合子基因，包括 *twist*、*rhomboid* 和 *zerknüllt* 等，这些基因控制着从腹部到背部各种组织带的形成。另一组相对独立的子程序在**前–后轴（anteroposterior axis）**上运行，这个子程序更为复杂。特化的第一阶段发生在卵室中，建立了三个母体系统：①前部系统，涉及从定位于卵前部的 *bicoid* mRNA 产生 Bicoid 蛋白梯度；② 后部系统，其中极质是不可或缺的一部分，在后部沉积了一种名为 *nanos* 的基因的 mRNA ；③**末端系统**（**terminal system**），涉及在两个末端由 *torso* 编码的受体的激活，这会导致 ERK 信号通路的激活（**图 13.8**）。

　　这三个母体系统的产物根据它们的相对浓度，将胚胎划分为几个前−后区域。前−后轴的区域划分如 **图 13.9** 所示，图中展示了一些关键基因的表达模式。在细胞化之前，一个细胞核可以通过产生转录因子，直接影响附近细胞核的基因活性，而不需要借助受体或信号转导机制。由于不同活性区域之间存在重叠，并且同一物质在不同浓度下可能产生不同的作用效果，因此母体系统能够上调合子基因活性的空间模式比母体系统自身的模式更为复杂。在这个阶段被上调的基因属于**裂隙**（**gap**）类（如 *Krüppel*）及**成对规则**（**pair-rule**）类（如 *even-skipped*）。裂隙基因在一个或几个区域中表达，而成对规则基因则以具有两个体节宽度的周期性条带模式表达。它们之所以呈现出周期性，是因为母体基因和裂隙基因的多种不同组合都可以上调相同的成对规则基因。成对规则基因的重叠周期性模式会导致**体节极性**（**segment polarity**）基因的重复模式被上调，如 *engrailed* 基因，它们具有单体节周期性，并促使体轴细分为副体节。与此同时，母体、裂隙和成对规则基因产物的组合会上调 **Hox** 基因，例如，*Ultrabithorax*（*Ubx*）控制着每个副体节的特性，进而决定了其后续的分化途径。

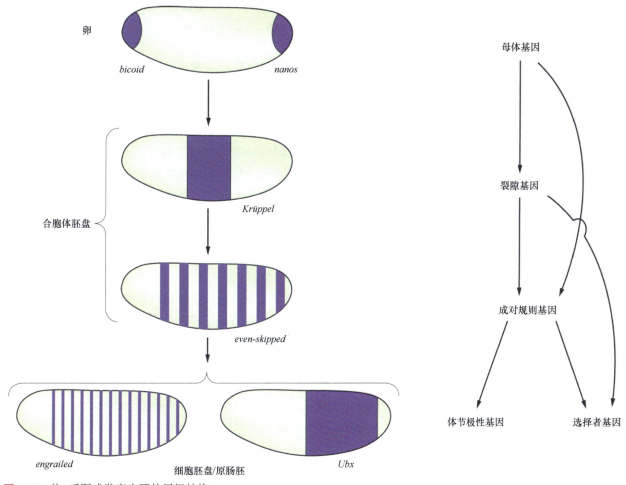

图 13.9　前−后图式发育步骤的层级结构。

背−腹图式

　　沿背−腹轴的图式相对较为简单。在细胞胚盘阶段，它由 4 个条带组成，从背侧到腹侧，这些条带依次发育为羊浆膜、背部表皮、腹部神经生发区和中胚层（**图 13.10**）。这 4 个条带形区域的分布是由 *dorsal* 基

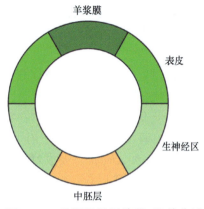

羊浆膜

表皮

生神经区

中胚层

图 13.10 早期果蝇胚胎背–腹特化过程中形成的区域。

因产物（一种转录因子）形成的腹部–背部核梯度所控制的。为了避免混淆背部/背侧位置（dorsal position）和 dorsal 基因产物的概念，本书将该基因产物称为"Dorsal 蛋白"。Dorsal 蛋白梯度的最高点取决于来自腹部卵泡细胞的信号（通过 Spätzle 蛋白传递），并且该信号仅在腹部区域激活，因为在背部区域，它受到了先前来自卵母细胞的抑制信号（Gurken 蛋白）的阻遏。不同浓度的 Dorsal 蛋白会调节不同的合子基因，使得从背部到腹部的每个细胞带都表达不同的转录因子组合。

背–腹图式化的母体控制

有一组母体效应突变会破坏背–腹图式化。对于其中的大多数突变而言，功能丧失的表型表现为幼虫外表皮折叠成管状，管上具有背部表皮特有的细毛，但缺少通常源自胚盘外侧或腹部区域的结构。这一背部化类突变的典型突变被称为 dorsal，这一类突变还包括名为 easter、gastrulation defective、nudel、pelle、pipe、snake、spätzle、Toll、tube 和 Windbeutel 的突变。此外，还有三个基因——gurken、Egfr（= torpedo）和 cactus，其功能丧失表型是腹部化，小齿带会延伸到胚胎周围。其中，Toll 基因既有功能丧失的背部化等位基因，也有功能获得的腹部化等位基因。

有几种类型的遗传和胚胎学实验对于理解这些基因的作用机制至关重要。首先，dorsal 组基因中的许多基因都具有不同功能程度的背部化等位基因。这些等位基因可以排列成等位基因系列，在这个系列中，从腹部开始，结构逐渐丧失，直到在无效等位突变胚胎中，仅剩下对称的背部表皮管。这表明这些基因的正常功能是促进腹部的发育。

接下来，可以通过进行**上位性**（epistasis）实验，按照时间顺序排列这些基因。这需要制作双突变体，其中一种突变具有背部化效应，而另一种突变具有腹部化效应。无论哪一种突变占主导，都可以认为它在发育程序的后期发挥作用。例如，将 Toll 的显性腹部化等位基因与其他 dorsal 组基因的背部化纯合突变体相结合。如果这些基因在 Toll 的上游起作用（例如 easter 和 snake），那么胚胎会呈现腹部化表型；如果它们位于 Toll 的下游（例如 dorsal），则胚胎会呈现背部化表型。此外，通过使用温度敏感突变体，并于不同时间在允许温度和非允许温度之间转换，也可以大致了解基因的作用时间。

了解特定基因是在**生殖系**（germ line，即卵母细胞本身和抚育细胞）还是在**体细胞**（soma，即卵巢滤泡细胞）中发挥作用也很关键。为了回答这个问题，可以通过将突变的极细胞移植到正常胚胎中构建胚胎。当这些胚胎发育成熟后，如果生殖系需要该基因，那么雌性会产生有缺陷的后代；如果体细胞需要该基因，则雌性会产生正常的后代。此类研究表明，某些基因（如 gurken、Toll 和 dorsal）在生殖系中是必需的，而另一些基因（如 Egfr 和 Pipe）则在体细胞中是必需的。如今，这类实验通常不再通过移植的方式进行，而是使用 **FLP 系统**（**FLP system**）来完成（详见第 19 章）。

最后，甚至在基因被克隆和基因产物被鉴定之前，就可以通过进行细胞质**移植**（**transplantation**）来了解它们的功能。大多数 dorsal 组突变体可以通过在极细胞阶段之前注射少量来自野生型胚胎的细胞质，使其恢复到正常外观，即"挽救"突变体。

这些不同类型的实验得出了以下结论，其中除非另有说明，术语"突变"将表示功能丧失。最初的事件发生在卵子发生中期，卵母细胞核的位置从后部向前部移动。它被重新定位到未来胚胎的背部（图 13.11a）。第一个已知在背–腹图式化中起作用的基因是 fs(1)K10，其突变具有背部化效应。该基因的功能是将 gurken 的 mRNA 封存在卵母细胞核附近。gurken 的蛋白质产物是一种卵母细胞所需的生长因子，与脊椎动物转化生长因子 α（transforming growth factor α, TGFα）相关。Gurken 作用于 Egfr 的蛋白质产物，Egfr 是卵泡细胞所需要的表皮生长因子（epidermal growth factor, EGF）-TGFα 型受体。由于 fs(1)K10 的作用，Gurken 仅在背部分泌，而 EGF 受体（EGFR）在卵母细胞周围各侧的卵泡细胞表面均有表达。当受到 Gurken 刺激时，EGFR 会激活 ERK 信号通路，该通路会抑制 dorsal 组基因 pipe 在背部卵泡细胞中的表达。

gurken 或 *Egfr* 的突变体具有相似的腹部化表型，因为如果这些基因失活，那么所有卵泡细胞中都会表达 *pipe*。

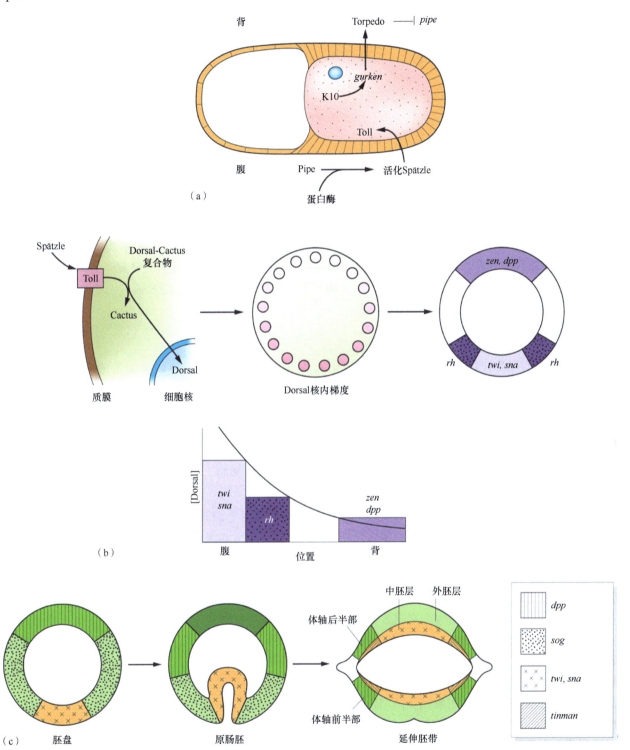

图 13.11　背-腹系统的运行机制。(a) 在背部，Gurken 信号导致 *pipe* 的阻遏。在腹侧，*pipe* 是活跃的，可以激活 Spätzle（实际上由卵母细胞产生）。(b) Spätzle 激活 Toll，导致 Dorsal 蛋白向细胞核易位，而 Dorsal 蛋白调控合子基因。(c) 随后通过 Dpp 梯度对区域进行细化。*tinman* 被维持在外侧中胚层。缩写：*twi, twist*; *sna, snail*; *rh, rhomboid*; *zen, zerknüllt*; *dpp, decapentaplegic*; *sog, short gastrulation*。

　　pipe 属于一组基因，其功能是产生位于卵母细胞腹部的活性细胞外配体（图 13.11a）。Pipe 是一种负责向细胞外糖胺聚糖添加硫酸基团的酶，在细胞内定位于高尔基体。在正常发育过程中，*pipe* 仅在腹部卵泡

细胞中表达，因为其在背部的表达受到 Gurken-EGFR 系统的抑制。在背部表达 *pipe* 会导致腹部化表型。糖胺聚糖的局部硫酸化会将一组蛋白质隔离在卵母细胞的腹部，其中包括由 *snake* 基因和 *easter* 基因产生的蛋白酶。这些蛋白酶依次发挥作用，激活实际的腹部信号，即 *spätzle* 基因的蛋白质产物。Spätzle 在卵母细胞中具有活性，它以无活性前体的形式合成，需要经过 Easter 的蛋白水解切割才能被激活。Easter 本身也是以无活性前体的形式合成的，必须经过 Snake 的加工处理才能变得有活性，而 Snake 的活性受到上游 *dorsal* 基因（包括 *pipe*）的调控。Spätzle 与脊椎动物神经生长因子有一定的同源性，其功能是激活由 Toll 基因编码的受体，该受体广泛存在于卵母细胞和早期胚胎的质膜中。*Toll* 有两种类型的突变体：隐性背部化突变体，其受体功能丧失；显性腹部化突变体，其受体即使在没有配体的情况下也能持续发出信号。

　　受精后，腹侧 Toll 开始被激活，接下来的一系列事件发生在胚胎卵裂阶段（图 13.11b）。Toll 激活细胞内信号通路，其中包括 *cactus* 和 *dorsal* 基因所编码的蛋白质产物。Cactus 蛋白与脊椎动物蛋白 IκB 相似，而 Dorsal 蛋白与脊椎动物转录因子 NFκB 同源（该通路参见第 4 章）。Cactus 蛋白的功能是将 Dorsal 蛋白隔离在细胞质中。Cactus 和 Dorsal 蛋白最初均匀分布在受精卵的细胞质中，但在合胞体胚盘阶段，Dorsal 蛋白会选择性地进入腹部的细胞核。这产生了核 Dorsal 蛋白的腹侧–背侧梯度。Dorsal 蛋白的核定位取决于其与激活状态的 Toll 蛋白的接近程度，Toll 蛋白激活后会促使 Cactus 蛋白与 Dorsal 蛋白解离。这会使得 Dorsal 蛋白得以释放并进入细胞核，进而对其靶基因表达进行调控。*cactus* 基因的突变体是腹部化的，这是因为 Dorsal 蛋白可以进入整个胚胎的细胞核，从而使整个胚胎呈现出腹部化的特征。

背–腹图式的合子控制

　　Dorsal 蛋白形成的浓度梯度，通过上调或阻遏由合子基因编码的各种转录因子的表达来发挥作用（图 13.11c）。举例来说，在腹部中线处，Dorsal 蛋白的细胞核内浓度达到最高值，在此处它能够激活 *snail* 和 *twist* 基因的转录过程。这些基因编码对**中胚层（mesoderm）**发育很重要的转录因子。而其他一些基因则在 Dorsal 蛋白浓度较低的情况下被激活，所以它们在胚胎的侧面和腹部区域均有表达。其中部分基因还会受到 Snail 蛋白的抑制，进而使得这些基因在未来的神经外胚层区域呈现出侧条带样的表达模式。例如，*rhomboid* 基因被 Dorsal 蛋白上调表达，同时又受到 Snail 蛋白的抑制，因此它在神经生发区域中以条带的形式表达。

　　Dorsal 蛋白浓度梯度的重要性，已通过利用突变来操纵其水平的实验得以证实。例如，Serpin-27A 是一种 Easter 蛋白酶的分泌型抑制剂，如果这种抑制剂的量减少，Spätzle 信号转导就会增强（详见上文）。这会致使 *serpin-27A* 突变体胚胎的侧面和背部区域中，细胞核内的 Dorsal 蛋白含量增加（图 13.12）。其结果是，在亚效等位突变体中，*snail* 基因的表达区域向背部扩展，并且 *rhomboid* 基因在胚胎的背部一半区域也会表达。而在无效突变体中，*snail* 基因会在胚胎的整个圆周上表达，*rhomboid* 基因则会被完全抑制。通常在胚胎背部一半区域表达的基因，在无效突变体中同样也会被完全抑制。

　　背侧外胚层（dorsal ectoderm）是由 *zerknüllt* 基因编码的转录因子所界定的，该基因通常在胚胎圆周的背部 40% 区域表达。它会受到 Dorsal 蛋白的抑制，所以在背部化突变体中，该基因会在胚胎的整个圆周上表达。另一个受到 Dorsal 蛋白抑制且通常在背部 40% 区域表达的基因是 *decapentaplegic*（*dpp*）。它编码的信号分子与脊椎动物的骨形态发生蛋白（BMP）同源，负责形成胚胎背部半周的图式。DPP 并非单独发挥作用，而是与另一种名为 Screw 的 BMP 同源物协同作用，后者在胚胎中广泛表达。*dpp* 基因的亚效突变体可以排列成一个等位基因系列，随着等位基因的变化，其表型的严重程度也逐渐增加。当背部外胚层缩小时，神经原性外胚层会向背部扩张。高剂量注射 *dpp* mRNA 可以诱导羊浆膜的形成，低剂量注射则会诱导背部毛发的产生。尽管这暗示了 DPP 可能存在类似梯度的作用模式，但实际上 DPP 蛋白本身的产生并不存在浓度梯度。这种梯度效应的产生，是由于 *short gastrulation*（*sog*）基因编码的 BMP 抑制剂的作用，该基因通常在一个侧带区域中表达，与 *rhomboid* 基因的表达区域类似。这种表达模式的形成，是因为 *sog* 基因会被低浓度的 Dorsal 蛋白激活，同时又会被 Snail 蛋白抑制。*sog* 突变体中，背部外胚层会以牺牲腹部神经原性外胚层为代价而扩大。令人惊讶的是，羊浆膜也会缺失，尽管它是胚胎中最靠背部的组织。SOG 蛋白能够结合 DPP 和 Screw 蛋白，并将它们向背部方向运输，在背部区域，它们会通过一种名为 Tolloid 的蛋白酶的作用而被释放出来。这就产生了 BMP 活性的背－腹浓度梯度，从而决定了胚胎背部一半区域细胞的命运。最高浓度的 BMP 活性会特化羊浆膜的形成，而且这只能通过 SOG 蛋白传输 BMP 信号来实现，这也就解释了为什么 *sog* 突变体中羊浆膜会缺失。SOG 蛋白是脊椎动物蛋白 Chordin 的同源物，同时也是 BMP4 的抑制剂。脊椎动物中也存在 Tolloid 的同源物，它能够裂解 Chordin 蛋白，从而释放 BMP 信号（详见第 8 章）。

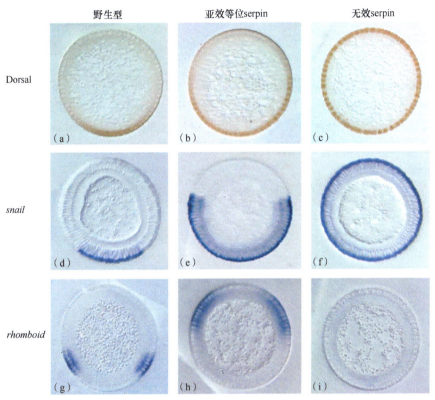

图 13.12　由于编码蛋白酶抑制剂的基因（*serpin*）功能丧失而对正常背－腹系统的破坏。(a,d,g) Dorsal 蛋白的正常梯度和两个合子基因（*snail* 和 *rhomboid*）的上调。(b,e,h) *serpin* 功能部分丧失，产生更强的 Dorsal 梯度并将响应阈值推向更背侧的水平。(c,f,i) *serpin* 功能完全丧失，导致图式的完全腹部化。来源：自 Ligoxygakis et al. (2003). Current Biology. 13, 2097-2102，经 Elsevier 许可。

中胚层的图式形成也依赖于 DPP，其表达随后会在背部区域分解成一对宽阔的纵向条带。名为"tinman"的基因编码的转录因子是心脏形成所必需的，该基因的突变体会导致心脏缺失。*tinman* 基因会响应 Twist 蛋白，最初在整个中胚层中都有表达，但随后其表达会被关闭，只有在与表达 *dpp* 基因的表皮相邻的侧方区域除外。这个侧方区域会发育形成心脏，而腹部部分则会形成体壁肌肉。Tinman 蛋白是脊椎动物转录因子 Nkx2.5 的同源物，Nkx2.5 同样也是心脏发育所不可或缺的。

因此，完整的背－腹图式源自控制腹侧半部的 Dorsal 蛋白的母体梯度和控制背侧半部的 DPP 合子梯度。有趣的是，果蝇背侧 DPP－腹侧 SOG 模式与第 8 章中描述的脊椎动物腹侧 BMP4－背侧 Chordin 蛋白模式同源，这提供了证据，表明其中一个群体在进化过程中必然是"上下颠倒"了（见第 23 章）。DPP 和 BMP4 具有相似的生物活性，而 Chordin 和 SOG 也是如此。因此，完整的背－腹图式是由控制胚胎腹部一半区域的 Dorsal 蛋白的母体浓度梯度，以及控制胚胎背部一半区域的 DPP 合子浓度梯度共同形成的。有趣的是，果蝇中背部的 DPP－腹部的 SOG 模式，与第 8 章中描述的脊椎动物腹部的 BMP4－背部的 Chordin 蛋白模式是同源的，这为证明在进化过程中的一个群体必然经历了"上下颠倒"的变化提供了证据（详见第 23 章）。DPP 和 BMP4 具有相似的生物活性，Chordin 和 SOG 蛋白也是如此。

背－腹系统为几个关键的发育过程提供了例证。Gurken 和 Spätzle 蛋白都是**诱导因子（inducing factor）**，它们能够促使其作用的感应性组织产生区域图式化。Toll 激活的局部区域是卵中**胞质决定子（cytoplasmic determinant）**的一个典型例子，在这种情况下，胞质决定子并非由局部的 mRNA 组成。Dorsal 蛋白的细胞核内浓度梯度虽然是在细胞内部形成的，但它很好地说明了，通过浓度**梯度（gradient）**的建立，可以将简单的模式转化为更为复杂的模式。各种背-腹组织类型的出现，是因为每种组织类型都是由 Dorsal 蛋白浓度梯度直接或间接上调的转录因子基因的不同组合所编码的。

前-后系统

卵室中的事件

沿前-后轴的细胞命运特化由三个母系系统控制，这些系统在很大程度上（尽管并非完全）独立于控制背-腹图式的系统。基本机制总结于**图 13.13**。在前部系统中，*bicoid* 的 mRNA 沉积在卵子的前端，Bicoid 蛋白形成的浓度梯度会上调各种基因的表达，进而产生区域的细分（**图 13.13a**）。在后部系统中，*nanos* 的 mRNA 沉积在卵子的后端，其蛋白质产物对未来腹部区域的基因活动进行调节（**图 13.13b**）。

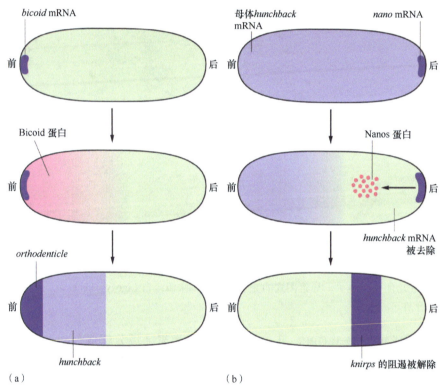

图 13.13　母体前-后系统。（a）前部系统；（b）后部系统。

与背-腹系统类似，胚胎的基本区域化发生在母体正在发育的卵母细胞中，并且依赖于卵母细胞和卵泡细胞之间的相互作用。从一开始，卵室两端就有一小群末端卵泡细胞被特化出来，这些细胞随后将成为**前后边缘细胞（border cell）**。前部边缘细胞之后会迁移到卵母细胞的前端，并在那里形成卵孔。在卵子发生的早期阶段，卵泡细胞仍在进行分裂，此时卵母细胞的大小与抚育细胞相近。在此阶段，生殖细胞会发出 Delta 信号，刺激卵泡细胞上的 Notch，进而促使 DNA 从有丝分裂状态过渡到核内复制状态，同时增大卵泡细胞的体积。这一信号还赋予卵泡细胞响应 Unpaired 配体的能力。Unpaired 配体由末端卵泡细胞分泌，并导致卵泡细胞细分为不同的亚群。随后，卵母细胞开始产生 Gurken 蛋白。在这个阶段，卵母细胞体积较小，只有后部卵泡细胞会暴露于 Gurken 蛋白。这些后部卵泡细胞最初具有默认的前部特征，但它们会响应 Gurken 信号，进而获得后部特征（**图 13.14a**）。

后部卵泡细胞此时会发出另一个信号，促使卵母细胞本身发生极化（**图 13.14b**）。这一信号的产生依赖于卵泡细胞内 Hippo 途径（参见第 21 章）的激活（**图 13.15**）。卵母细胞响应这一信号，会形成从前到后的微管梯度，并且这些微管会发生极化，呈现出负端在前、正端在后的状态（图 13.14c）。这种对称性破缺的过程同样依赖于 Par 系统。与线虫合子的情况类似（见第 14 章），Par1 蛋白会移动到后部，Par3-Par6-aPKC 会移动到前部，此过程与微管的重排密切相关。通过观察可以发现，与绿色荧光蛋白（GFP）融合的 Par1 蛋白和 Par3 蛋白就是以这种方式移动的，并且过表达实验表明它们彼此之间存在排斥作用。证明这些事件发生的另一个重要证据是，Par 系统、Hippo 通路、Gurken 蛋白或 Delta-Notch 信号通路组分的功能丧失突变，都会阻碍卵室前-后极性的形成。在果蝇中，*par3* 基因被称为 *bazooka*。

微管的排列方向意味着，向正极或向负极移动的**马达蛋白**（motor protein）能够分别将 *oskar* mRNA 定位到后部，将 *bicoid* mRNA 定位到前部（图 13.14d）。这一过程可以在转基因果蝇中得到证实，这些果蝇编码了驱动蛋白与 β-半乳糖苷酶的融合蛋白。在这些果蝇的卵室中，可以通过对 β-半乳糖苷酶进行染色来定位融合蛋白，结果发现该融合蛋白与 *oskar* mRNA 一同位于卵母细胞的后端。驱动蛋白通常会迁移到微管的正端，该实验表明微管阵列可以作为细胞内定位的极化基质。

随着卵母细胞逐渐变大，细胞核会沿着微管阵列向前部移动。由于微管沿着卵母细胞的外围排列，所以细胞核必须沿着外围的轨道移动，而无法沿着中心轴直线行进。这种移动过程打破了卵母细胞原来的辐射对称性，使得细胞核靠近卵母细胞的一侧。此时，*Gurken* mRNA 会停留在细胞核附近，导致 Gurken 蛋白仅从细胞核所在的那一侧分泌。相邻的卵泡细胞会发生背部化，这是因为 Gurken 信号会刺激 Egfr，进而阻遏 *pipe* 基因的表达，如"背-腹模式的母体控制"部分所描述的那样。因此，一些参与卵泡细胞背-腹图式形成的相同基因，在卵子发生的早期阶段也负责了卵母细胞和边缘细胞的前-后图式化过程。同一信号能够沿两个解剖学上正交的轴参与极化过程，主要有三个原因：其一，该信号在不同的时间发挥作用；其二，响应信号的卵泡细胞群体具有不同的响应性；其三，卵母细胞生长过程的介入，改变了信号的有效作用位置。

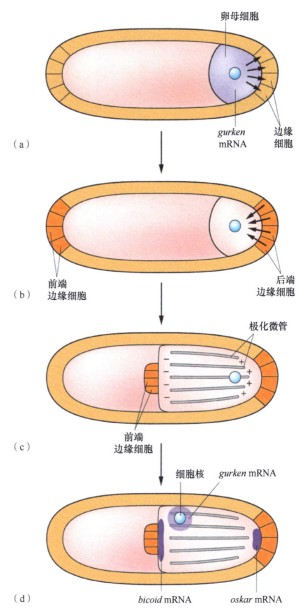

图 13.14　前-后极性的起源。(a) Gurken 后部化边缘细胞。(b) 从卵泡细胞到卵母细胞的反向信号。(c) 定向微管阵列的形成。(d) 细胞核的运动，以及 *oskar* 和 *bicoid* mRNA 通过沿定向微管运输实现的定位。

前部系统

前部系统依赖于 *bicoid* mRNA 在卵母细胞前端的沉积。*bicoid* 是一个母体效应基因，编码同源域转录因子，其功能丧失突变会导致果蝇头部和胸部缺失。*bicoid* 在卵母细胞和抚育细胞中均有转录，而来自抚育细胞的 mRNA 则被转运到卵母细胞中。*bicoid* mRNA 的运输需要其 mRNA 3′ 非翻译区（UTR）中的特定序列，这些序列使其能够与沿微管迁移的马达蛋白相互作用。随着卵母细胞的成熟，*bicoid* mRNA 迁移到卵母细胞的前侧。通过抗体染色和观察 Bicoid-GFP 融合蛋白对 Bicoid 蛋白进行的研究表明，Bicoid 蛋白是在

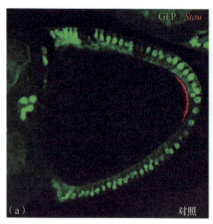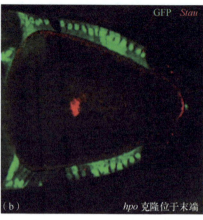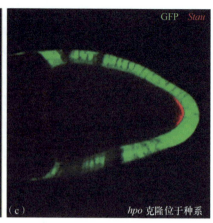

图 13.15 卵泡细胞信号对活跃 Hippo 通路的依赖性。这里，*hippo*（hpo）的功能丧失克隆是通过 FRT 方法诱导的（参见第 17 章）。这些克隆可通过 GFP 的丢失识别。(a) 正常情况：后部组 mRNA *staufen*（stau，红色）正确定位在后部。(b) 如果功能丧失克隆位于卵泡细胞中，则 *staufen* 的定位就会紊乱。(c) 如果功能丧失克隆位于种系细胞中，则 *staufen* 的定位是正常的。来源：转载自 Polesello and Tapon（2007）. Current Biology. 17, 1864-1870，经 Elsevier 许可。

胚胎发育 1~3 h 的合胞体阶段合成的。在受精后的 90 min 内，从前到后就已经形成了指数浓度梯度，这一梯度延展至约 80% EL 的位置。最初，人们认为这种梯度是通过源-汇（source-sink）的形式来维持的：局部存在 RNA 的区域作为源头，而胚胎其他部位发生 RNA 降解的区域作为汇。然而，对体内 Bicoid-GFP 在光漂白后的扩散行为进行研究后发现，梯度的维持机制远比这复杂。

Bicoid 蛋白浓度梯度的功能之一是调节合子基因的表达，并且有证据表明它会影响沿前-后轴整个长度的合子转录过程。基因组中存在多达 1000 个 Bicoid 蛋白结合位点，但目前尚不清楚其中有多少位点能够调控邻近基因的转录。已经证实，Bicoid 蛋白可以直接调控一些裂隙基因的转录，包括 *orthodenticle* 和 *hunchback* 基因。裂隙基因在前-后轴的广泛位置表达，这些基因发生突变会导致分节图式中出现较大的间隙。这些基因中的每一个都具有与 Bicoid 蛋白结合的调节元件，但它们的结合亲和力各不相同，因此它们会在不同的前-后位置水平上被上调表达。与具有低亲和力结合位点的基因相比，具有高亲和力结合位点的基因能够在更低的 Bicoid 蛋白浓度下被激活。裂隙基因之间的相互作用进一步细化了它们的表达边界，所以并非所有这些信息都必须由 Bicoid 蛋白浓度梯度来提供。

Bicoid 蛋白类似梯度的作用表现可以通过改变雌性个体中活性 *bicoid* 基因的数量来加以验证，这会改变卵子中 Bicoid 蛋白的水平。这会使一些特征，如头沟或成对规则基因表达的条带，按照梯度模型所预测的方向发生位移（详见第 4 章）。此外，缺乏 *bicoid* 基因的卵子可以通过注射 *bicoid* mRNA 来恢复到接近正常的表型。注射的位置决定了所诱导出的前端的位置。例如，将 *bicoid* mRNA 注射到缺乏 *bicoid* 基因的卵子的中部位置，会在注射部位产生一个头部，两侧是呈镜像对称排列的两个胸部。

后部系统

后部系统依赖于作为生殖质（如本章所讨论）一部分的 mRNA 在卵母细胞后端的沉积。刺破卵子的后极并挤出少量细胞质，会导致幼虫出现缺陷，但并非如预期的那样导致尾节出现缺陷。相反，这些胚胎的腹部会出现缺陷，而腹部的预期区域在 50% EL~20% EL 的位置。这表明后极存在的某些物质是腹部发育所必需的。在母体效应基因中，还有一些突变会导致腹部缩小，其中包括 *nanos*、*oskar* 和 *pumilio* 基因。通过将取自野生型胚胎极质区域的细胞质注射到突变体的腹部区域，可以使这些基因的突变体胚胎恢复正常，这证实了"腹部形成物质"定位于正常胚胎的后极。这种物质最终被鉴定为 *nanos* 基因的产物，它是一种 RNA 结合蛋白。

nanos 的 mRNA 在抚育细胞中合成后，会被运输到卵母细胞。在卵母细胞中，它通过一个依赖于 *oskar* 的过程，定位到卵母细胞的后极。Nanos 蛋白存在于未来胚胎的腹部区域，它能够与均匀分布的母体 *hunchback* mRNA 相结合，并抑制该 mRNA 的翻译过程。Nanos 蛋白与 *hunchback* mRNA 的结合，依赖于

pumilio 基因的产物。*hunchback* mRNA 的翻译在早期卵裂阶段开始启动，而 Nanos 蛋白对其的抑制作用，使得母体 Hunchback 蛋白形成了从前到后的浓度梯度。Hunchback 是一种转录因子，它能够抑制裂隙基因 *knirps* 在胚胎前半部分的表达。倘若 Nanos 蛋白缺失，那么 Hunchback 蛋白将会遍布整个胚胎，而 *knirps* 基因则在胚胎的任何部位都无法表达。值得留意的是，*hunchback* 和 *nanos* 的双母体突变体是能够存活的，这表明母体 Nanos 蛋白的主要功能在于抑制母体 *hunchback* mRNA 的翻译。在胚胎发育后期，Nanos 蛋白对于生殖细胞的发育来说再次成为必需物质，此时它由合子基因组产生。

Caudal 是另一种母源性的转录因子，它会形成一个从后向前的浓度梯度。母体 *caudal* mRNA 均匀地分布于整个胚胎之中，但其翻译过程仅局限于胚胎的后半部分。这是因为 Bicoid 蛋白的第二个功能就是抑制胚胎前半部分 *caudal* mRNA 的翻译。由此，Bicoid 蛋白和 Caudal 蛋白沿着前–后轴形成了互补的浓度梯度。许多处于活跃状态的合子基因，尤其是那些在胚胎后半部分表达的基因，既具有结合 Bicoid 的调节元件，又具有结合 Caudal 的调节元件。缺乏 *caudal* 基因的胚胎会出现严重的后部缺陷。Caudal 蛋白与脊椎动物的 *Cdx* 基因家族同源，*Cdx* 基因同样是脊椎动物后部发育所不可或缺的（详见第 8 章）。

末端系统

第三个母体系统与前末端区和后末端区的形成有关（图 **13.16**）。它涉及来自卵泡细胞的信号，这些信号激活两个末端的受体，从而启动合子基因的表达。

当末端系统发生功能丧失突变时，所产生的胚胎在两端都会出现缺陷，不过中间部分的图式依然正常。在这个通路中，关键基因是 *torso*，它也存在功能获得等位基因，当出现功能获得突变时，会导致胸部和腹部的分节受到显著抑制。Torso 蛋白是一种属于酪氨酸激酶类的细胞表面受体，它能够刺激 ERK 信号转导通路。功能获得表型源于受体的组成性活性形式。虽然受体在卵母细胞中的表达是均匀的，但在正常的发育过程中，受体仅在卵子的末端被激活。Torso 的配体由名为 *trunk* 的基因编码，该配体由卵母细胞分泌到位于卵母细胞膜和卵黄膜之间的卵黄周液中。Trunk 蛋白以非活性的形式被分泌出来，然后在卵子的末端被 *torsolike* 基因的产物（一种新的分泌型蛋白，由前边缘细胞和后边缘细胞表达）激活。

Torso 的激活通过 ERK 信号途径导致胚胎末端两个合子裂隙基因 *tailless* 和 *huckebein* 的表达上调。这两个基因都编码转录因子，促进头部和尾部发育。尽管末端系统涉及的分子与背–腹系统不同，但其机制却非常相似。而且，激活的受体蛋白可以被视为一种**胞质决定子**（**cytoplasmic determinant**）。

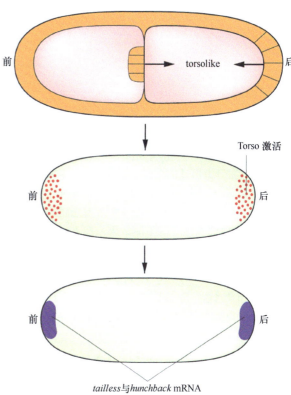

图 **13.16**　末端系统。

裂隙基因

母亲传递下来的形态发生素和决定子系统，通过发育层级（developmental hierarchy）的逐步演变，逐渐发展出了越来越复杂的基因活动模式。合子基因的第一个层级由**裂隙基因**（**gap gene**）组成。之所以将它们命名为裂隙基因，是因为发生突变的胚胎，其图式中会出现多达 8 个连续体节的裂隙。所有的裂隙基因都编码转录因子，由于早期胚胎是合胞体，这些转录因子能够从一个细胞核扩散到另一个细胞核，直接发挥

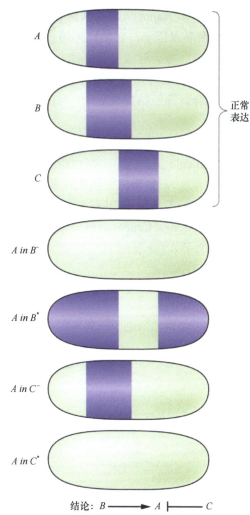

图 13.17 如何得出基因之间的调控关系。上面三张绘图显示了三个基因的正常表达。底部四个图显示基因 A 在 B 或 C 的突变 (−) 或普遍过表达 (*) 胚胎中的表达。这里的结果表明 B 上调 A，而 C 抑制 A。

作用，而无需细胞间的信号转导。该基因群组中的一些重要基因包括 *orthodenticle*、*hunchback*、*Krüppel*、*knirps* 和 *giant* 基因。裂隙基因之间的调控关系，主要通过两种类型的实验来推断：首先，研究感兴趣的基因在另一个基因缺失情况下的表达模式，如果表达域扩大，就表明缺失的基因通常具有阻遏功能，而表达域缩小，则表明缺失的基因在正常发育过程中起到正向调控的作用；其次，检查感兴趣的基因在另一个基因均匀过表达后的表达模式。这两种实验所预测的结果类型如图 13.17 所示。

orthodenticle 编码的蛋白质是一种同源域转录因子，在胚胎头部区域表达，对高水平的 Bicoid 和 Torso 信号做出响应。*orthodenticle* 突变体的头部出现缺陷。*orthodenticle* 的重要脊椎动物同源物是 *Otx2*，它是脊椎动物前脑和中脑形成所必需的。

hunchback 无效等位基因纯合胚胎有一个大的前部裂隙，导致下唇和胸节缺失。该基因编码锌指转录因子。在卵子发生过程中，*hunchback* 转录产生的 mRNA 均匀地分布在卵子中，但正如我们所见，其稳定性和翻译在后半部分会受到 Nanos 蛋白的抑制。这就在卵裂过程中产生了 Hunchback 蛋白从前到后的梯度。合子转录在合胞体胚盘阶段开始于胚胎的前半部分，但在细胞胚盘中，后部的条带中也有合子基因转录。胚胎前部（而非后部）的合子结构域会直接被 Bicoid 蛋白上调，其所需 Bicoid 蛋白浓度低于上调 *orthodenticle* 所需的浓度。而胚胎后部的合子结构域则被 Torso 蛋白上调。

Krüppel 是一个完全合子基因，编码锌指转录因子。*Krüppel* 无效突变体的身体中央部分会出现大量缺失，包括胸节和腹节 1～5。其表达在合胞体胚盘开始，呈现出中心带状的模式。*Krüppel* 的表达被 Bicoid 和 Hunchback 上调，并被 Knirps 和 Giant 阻遏，这确保了 *Krüppel* 在约 60%EL～50%EL 的区域以一条宽带的形式表达。

knirps 的无效突变体与母体后部基因组突变的情况相似，其腹节 1～7 被一个身份不确定的大的腹部体节取代。该基因编码的转录因子属于核激素受体家族。其表达模式在合胞体胚盘阶段表现为 45%EL～30%EL 的条带。*knirps* 基因活性是组成性的，在正常发育中，其主带表达的位置受到 Hunchback 和 Tailless 的阻遏性调节。

Giant 编码的蛋白质是亮氨酸拉链转录因子，其突变体在前胸和腹部 A5～A7 处出现缺陷。*Giant* 的表达开始于合胞体胚盘阶段，其表达区域包括一个位于 80%EL～60%EL 处的前区，以及一个位于约 33%EL～0%EL 处的后区。到了细胞胚盘阶段，后部的表达带会逐渐消退，而前部表达带则分解为三个条带。*giant* 的表达被 Bicoid 和 Caudal 上调，但受到 Hunchback 的阻遏。

如"末端系统"部分所述，*tailless* 和 *huckebein* 是 Torso 上调的合子基因。每个突变体都会出现末端缺陷，这些缺陷综合起来，就形成了母体末端基因突变体产生的表型。

图 13.18 总结了前面提到的主要调控关系，图 13.19 则展示了相应的表达模式。图 13.20 呈现了一个实验，显示在没有 Bicoid 和存在均匀 Bicoid 的情况下，某些裂隙基因表达域所发生的变化。

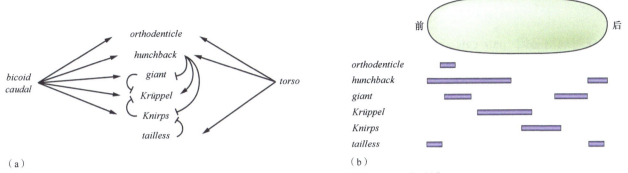

图 13.18　裂隙基因。(a) 一些调控关系；(b) 合胞体胚盘中 6 个裂隙基因的简化表达域。

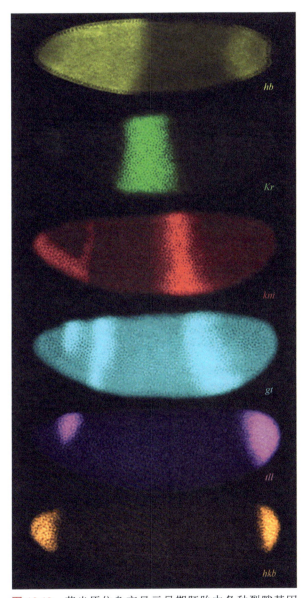

图 13.19　荧光原位杂交显示早期胚胎中各种裂隙基因的表达域。来源：Shvartsman and Baker (2012). WIRES-Dev. Biol. 1, 715–730. 这些是细胞胚盘阶段，因为 *gt* 和 *kni* 的表达与图 13.18 略有不同。

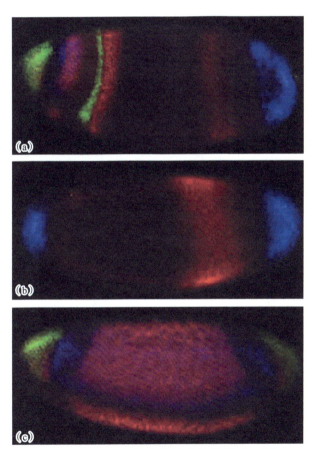

图 13.20　Bicoid 对三个裂隙基因表达的影响。(a) *cap-n-collar*（绿色）、*giant*（红色）和 *tailless*（蓝色）的正常表达模式。(b) 去除 *bicoid* 会导致 *cap-n-collar* 表达域的丢失以及 *giant* 域从后部的移动。(c) 在 *bicoid⁻* 背景中，*bicoid* 的普遍表达导致镜像对称图式，其中末端系统提供了大部分图式化信息。来源：复制自 Löhr et al. (2009). PNAS. 106, 21695–21700，经 National Academy of Sciences 许可。

成对规则系统

成对规则基因（**pair-rule gene**）在发育层级中处于裂隙基因和体节极性基因之间的层次。它们与裂隙基因一起，在控制 Hox 基因的表达方面发挥着作用，并且能够将 Hox 基因的表达域与体节的重复模式相对齐。成对规则基因的上调表达，代表着胚胎中首次形成了重复的模式。

所有的成对规则基因都编码转录因子，它们的表达模式由 7 个条带组成，每个条带的宽度相当于合胞体胚盘的两个体节（**图 13.21**）。它们的突变表型通常表现为以两个体节为重复单位的周期性缺失，不过也存在更为复杂和严重的表型。例如，*even-skipped* 的名字就源于这样一个事实——在最初的突变体中，偶数编号的体节出现了减小或缺失的情况。但现在已知该等位基因是亚效等位基因，在无效突变体中，所有的体节都会缺失。

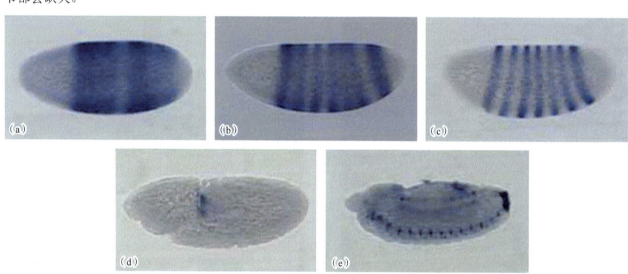

图 13.21 *even-skipped*（*eve*）的表达（原位杂交）。（a～c）合胞体胚盘中成对规则模式的发育。（d）大多数 *eve* 表达在延伸胚带阶段丢失。（e）*eve* 表达随后重现于腹侧神经节。来源：Peterson et al.（2009）. PLoS One. 4. e4688，经 Public Library of Science 许可。

成对规则基因可以分为初级成对规则基因和次级成对规则基因，其中初级基因的表达早于次级基因。初级成对规则基因有 *hairy*、*even-skipped*、*runt*、*fushi tarazu* 和 *odd-paired*，而次级成对规则基因有 *paired* 和 *sloppy-paired*。初级基因的表达主要受母体基因和裂隙基因的共同调控，而次级基因的表达主要受初级基因的调控。

初级成对规则基因具有复杂的调控区域，包含多个增强子，一般的规律是"一个增强子对应一个条带"。每个增强子都包含重叠的激活子和阻遏子结合位点，这样一来，如果激活子的作用占主导，增强子就会开启；如果阻遏子的作用占主导，增强子就会关闭。为了形成条带，基因必须在某个前–后轴水平上开启表达，并在稍有不同的前–后轴水平上关闭表达。例如，我们可以来看一下 *even-skipped* 基因（**图 13.21** 和 **图 13.22**）。*even-skipped* 编码一种同源域蛋白，该蛋白质充当转录阻遏子，并且该基因具有一个包含 12 个增强子的大型调控区域。其中，条带 2 增强子在 Bicoid 蛋白和 Hunchback 蛋白存在的情况下是正调节因子，同时受到 Giant 蛋白和 Krüppel 蛋白的阻遏，因此在正常发育过程中，条带 2 在 *giant* 和 *krüppel* 的表达域之间形成一条细条带。两个增强子组合起来控制成对的条带。4+6 和 3+7 增强子在普遍存在的组分存在的情况下都处于活跃状态，并且受到 Hunchback 蛋白和 Knirps 蛋白的抑制。Hunchback 蛋白和 Knirps 蛋白也相互抑制，确保 *knirps* 的表达域位于两个合子 *hunchback* 表达域之间（**图 13.18** 和 **图 13.19**）。这两个 *even-skipped* 基因的增强子对阻遏作用表现出不同程度的敏感性，因此每个增强子控制两个表达域，并且它们相互嵌套，使得条带 3 和 7 在条带 4 和 6 的外侧形成。除了条带增强子之外，*even-skipped* 还有一个自催化元件，一旦形成，它就会稳定 7 条带的图案，并且在后期还有其他活跃的元件驱动该基因在中胚层或神经元亚群中的表达。

成对规则转录因子上调体节极性基因的 14 个条带的方式确实非常复杂。但从原则上来说，重点在于创建 14 个窄带，在这些窄带中，激活子的作用要比抑制子占主导。例如，奇数副体节的 *engrailed* 条带会被 *paired* 基因上调表达，*even-skipped* 通过抑制 *sloppy-paired* 的表达，促使这种情况发生，从而形成一个区域，在这个区域中，*paired* 的作用比 *sloppy-paired* 占优势。偶数副体节的 *engrailed* 条带在与 *even-skipped* 有部分轻微重叠的区域，会被 *fushi tarazu* 上调（图 13.23）。这是因为在这里 *even-skipped* 阻遏了 *odd-paired* 的表达，使得 *fushi tarazu* 占优势。奇数和偶数 *engrailed* 条带受不同机制调控的这一事实，解释了当一对规则基因的表达发生改变时，"成对规则"表型的起源。需要注意的是，基因名称 *even-skipped* 和 *odd-skipped* 与可见体节的缺陷相关。但由于最初形成的副体节与最终的体节并不对应，所以 *even-skipped* 突变体会产生奇数副体节的缺陷，而 *odd-skipped* 突变体会产生偶数副体节的缺陷！

体节极性系统

体节极性基因的功能是在早期胚胎中创建**副体节**（parasegment）的边界（图 13.24）。一旦这些基因被上调表达，它们就会通过每个边界两侧的细胞之间正反馈环来维持其重复的模式，这个正反馈环由转录因子基因 *engrailed* 和 *cubitus interruptus* 的活性所决定。一方面，表达 *engrailed* 的细胞会释放一种名为 Hedgehog 的诱导因子，它能够维持邻近细胞中 *cubitus interruptus* 基因的活性；另一方面，表达 *cubitus interruptus* 的细胞会释放一种名为 Wingless 的诱导因子，该因子能够维持邻近细胞中 *engrailed* 基因的活性（图 13.25）。这些诱导因子在脊椎动物的发育过程中非常常见：Hedgehog 因子与包括 Sonic hedgehog 在内的一组重要因子同源，而 Wingless 因子与 Wnt 大家族的因子同源。

在胚盘细胞化之后，一个细胞核再也无法仅仅通过产生转录因子并让其扩散到周围环境中来影响另一个细胞核了。在多细胞胚胎里，细胞间的通讯必定涉及诱导因子的分泌以及细胞表面受体的激活。尽管所有的裂隙基因和成对规则基因都编码转录因子，但在细胞化之后才开始发挥作用的体节极性基因，有的可能编码转录因子，有的则可能编码信号转导机制的组成部分。大多数体节极性基因都具有

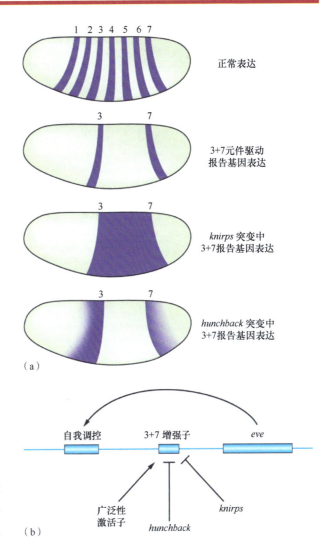

（a）

（b）

图 13.22　*even-skipped* 的调节。(a) 正常表达模式：由 3+7 增强子驱动的报告基因，突变对报告基因表达模式的影响；(b) 两个控制 *even-skipped* 表达的增强子。

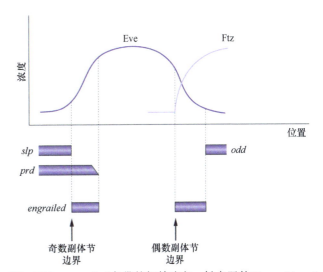

图 13.23　*engrailed* 条带的初始建立。低水平的 Even-skipped（Eve）会阻遏 *sloppy-paired*（*slp*）和 *odd-paired*（*odd*），从而使 *engrailed* 能够被 Paired（Prd）和 Fushi tarazu（Ftz）上调。

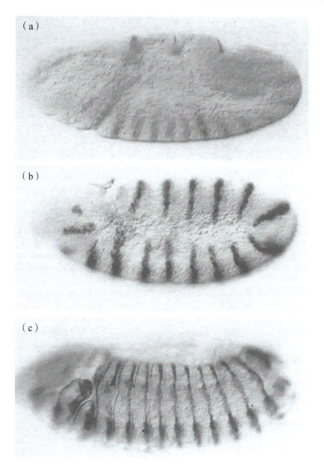

图 13.24 Engrailed 蛋白的表达（免疫染色）。这些条带在原肠胚形成时刚刚开始出现，并在延伸胚带中完全发育。(a) 原肠胚；(b) 延伸胚带；(c) 胚带回缩。来源：转自 Hama et al. (1990). Genes Dev. 4, 1079–1093, 经 Cold Spring Harbor Laboratory Press 许可。

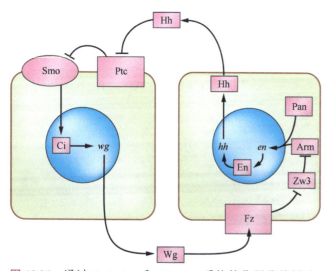

图 13.25 通过 Hedgehog 和 Wingless 系统的作用维持图式。En, engrailed; Hh, hedgehog; Ptc patched; Smo, smoothened; Ci, cubitus interruptus; Wg, wingless; Fz, frizzled; Zw3, zeste white-3; Arm, armadillo; Pan, pangolin。

突变表型，在这种表型中，齿带的分节模式被一片连续的草坪样齿带模式所取代。一些基因的名称突出了这种多刺的外观特点，如 hedgehog（刺猬）、armadillo（犰狳）和 pangolin（穿山甲）。

编码同源结构域转录因子 Engrailed 的基因在细胞胚盘阶段被激活，到了延伸胚带阶段，会形成 14 条带的图案（图 13.24）。每一条带都界定了副体节的前 1/4 区域。正如"成对规则系统"部分所描述的那样（图 13.23），engrailed 的表达最初是由成对规则基因上调的。Engrailed 蛋白会抑制 cubitus interruptus 的转录，该基因编码 Gli 型锌指转录因子，所以其表达呈现出在 engrailed 条带之间形成 14 个条带的模式。这种模式的维持依赖于它们之间的相互作用，这可以通过去除其中一个基因的活性来验证。虽然这种模式最初能够正确建立，但随后会迅速衰减。

维持这一模式的关键基因是 Hedeghog 和 Wingless 信号系统的组分。Wingless 蛋白由表达 cubitus interruptus 的细胞分泌，并作用于邻近细胞所表达的 Frizzled 受体。被激活的 Frizzled 受体会抑制由 zeste-white-3（= gsk3）基因编码的激酶，进而抑制由 armadillo（= β-catenin）基因编码的蛋白质。由于 Frizzled 受体抑制了一个抑制因子，这就意味着 Wingless 信号会激活 Armadillo 蛋白，并使其与 pangolin（= Lef/Tcf）的蛋白质产物一同进入细胞核，从而上调靶基因。其中一个靶基因就是 engrailed，它的表达由 Wingless 信号维持。该信号通路的关键组成部分与脊椎动物中 Wnt 信号通路的关键组成部分是同源的，并且同样的调控逻辑也在脊椎动物中发挥作用。Engrailed 蛋白会调节 Hedgehog 蛋白的表达，Hedgehog 蛋白由表达 engrailed 的细胞分泌。Hedgehog 蛋白会与邻近细胞上由 patched 基因编码的受体结合。Patched 蛋白是 Smoothened 蛋白的组成性活性阻遏物，Smoothened 是另一种细胞表面蛋白，能够激活 Cubitus Interruptus 蛋白。Hedgehog 蛋白会抑制 Patched 蛋白，从而解除对 Smoothened 蛋白的抑制，进而使 Cubitus Interruptus 蛋白进入细胞核并上调 wingless 的表达。需要再次强调的是，该信号通路的关键组成部分在脊椎动物中都有同源物。这个系统如图 13.25 所示。

这个系统具有一个重要的极性特征，因为 Hedgehog 和 Wingless 信号会在副体节边界的另一侧激活它们的靶基因。这种极性源于其他成对规则基因的作用，这些基因将表达 *wingless* 的能力限制在了每个副体节的后半部分。

　　所有的体节极性基因都具有对发育至关重要的脊椎动物同源物，这一点在前面的章节中已经提到过（见**表 13.1**）。尽管这些同源基因存在，并且它们的生化途径通常也相似，但这并不意味着它们在发育功能上必然相同。*engrailed-cubitus interruptus* 循环是昆虫和其他节肢动物分节的驱动力，但很可能并不参与脊椎动物的分节过程。同样，Wnt 信号通路是爪蟾背-腹极性决定的重要特征，但在果蝇中却没有类似的功能。

Hox 基因

　　同源框（**homeobox**）和 **Hox 基因**（**Hox gene**）最初是在果蝇中被发现的，不过我们在前面的章节中已经接触过它们了。和其他动物一样，果蝇含有 Hox 基因簇，以及许多其他参与发育过程但不属于 Hox 基因簇的同源框基因。Hox 基因簇位于单条染色体上，但可以分为两个基因小组：Antennapedia 复合体和 Bithorax 复合体。这种划分在进化史上可能是比较近期才出现的，因为其他一些昆虫只保留了一个基因簇。

　　Antennapedia 复合体对应于脊椎动物的旁系同源群 1-6，包含 *labial*、*proboscipedia*、*Deformed*、*Sex combs reduced* 和 *Antennapedia*（*Antp*）基因。Bithorax 复合体对应于脊椎动物的旁系同源群 7-10，包含 *Ultrabithorax*、*abdominal-A* 和 *Abdominal-B* 基因。基因 *bicoid* 和 *zerknüllt* 也存在于 Antennapedia 复合体中，但在果蝇中它们并不具备 Hox 基因的功能。然而，在其他昆虫中，它们确实有类似于 Hox 基因的同源基因。除了 *Deformed* 在细胞胚盘阶段就达到了相当高的蛋白质浓度之外，Hox 基因的开启表达时间略晚于裂隙基因和成对规则基因，并且它们的蛋白质产物通常在延伸胚带阶段才积累到有效水平（**图 13.26**）。和其他动物一样，Hox 基因沿着前-后轴的表达顺序与其在染色体上的排列顺序是一致的。

　　延伸胚带阶段副体节中 Hox 基因的大致表达区域如**图 13.27** 所示（*proboscipedia* 基因仅在幼虫中表达）。它们的作用是赋予不同的体节以独特的特征。一般来说，如果表达区域因为突变或过表达实验而发生改变，那么体节的特征也会以可预测的方式发生变化。功能丧失突变通常会导致前部化，而功能获得突变通常会导致后部化。例如，*Ultrabithorax* 的功能丧失突变会将第三胸节转变为第二胸节，从而使成年果蝇多了一对翅膀（**图 13.28**）。再如，

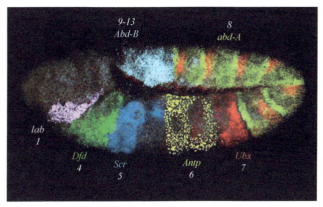

图 13.26　Hox 基因的表达，以七色原位杂交和共聚焦显微镜进行可视化。来源：转载自 Lemons and McGinnis (2006). Science. 313, 1918-1922，　经 American Association for the Advancement of Science 许可。

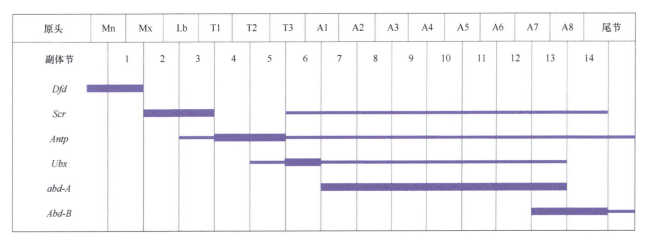

图 13.27　延伸胚带阶段 Hox 基因的表达示意图。*Dfd = deformed, Scr = Sec combs reduced, Antp = Antennapedia, Ubx = Ultrabithorax, abd-A = abdominal-A, Abd-B = abdominal-B.*

图 13.28 四翅果蝇，由 *Ultrabithorax* 的功能丧失突变产生。来源：Shvartsman and Baker (2012). WIREs-Dev. Biol. 1, 715–730。

Antennapedia 的功能获得性突变会将触角转变为第二胸足。然而，它们的作用并非仅仅取决于所在区域中基因产物的组合，因为体节内的单个结构也可以由这些基因之一的表达峰值来特化。例如，在副体节 5 中，*Antennapedia* 的表达区域不包括气管窝（tracheal pit），而气管窝是该副体节中唯一表达 *Ultrabithorax* 的细胞。

Ultrabithorax 是脊椎动物中 Hox7 旁系同源组的同源物，可以通过研究 *Ultrabithorax* 基因来阐释这个系统的特性。*Ultrabithorax* 的表达在细胞化前后开始，在副体节 6 中达到初始峰值，随后在副体节 5~13 中的表达量减少；它也在中胚层中表达。后来，在这些体节的腹侧神经节和幼虫的后胸（T3）成虫盘中，它的表达更为突出。*Ultrabithorax* 的无效突变体显示出副体节 5 和 6 向副体节 4 的转化。

Ultrabithorax 的表达最初是由 Hunchback 蛋白控制的，Hunchback 蛋白起到阻遏物的作用。Fushi tarazu 蛋白会上调 *Ultrabithorax* 的表达，这使得 *Ultrabithorax* 的表达模式具有了短暂的成对规则特征。这种成对规则调控对于使体节极性基因和同源异形基因的副体节定位对齐非常重要。一旦建立起表达模式，*Ubx* 基因表达的后边界将通过 abdominal-A 蛋白的阻遏作用得以维持。Ultrabithorax 蛋白本身会阻遏 *Antennapedia* 的表达，从而维持后者的后边界。至少在脏壁中胚层中，这种维持还依赖于由信号蛋白 Wingless 和 Decapentaplegic 参与的正反馈回路。从长远来看，更持久的调控可以通过调节染色质结构，以及划分基因组内活性和非活性区域来实现。*Polycomb* 和 *extra sex combs* 基因编码关键调控复合物的组成部分，这些复合物普遍存在，并且通常具有阻遏作用。这些染色质调节因子的功能丧失突变体会导致 Hox 基因出现异位表达活性。例如，*extra sex combs* 的突变会解除对 T2–T3 中 *Sex combs reduced* 的阻遏，导致第二条和第三条腿上形成雄性性梳。雄性性梳通常只在第一对腿上出现，而这种突变表型正是 *extra sex combs*（额外性梳）这一基因名称的由来。

前–后躯体图式

这里所描述的一系列漫长而复杂的相互作用，最终使得在延伸胚带阶段形成了完全特化的躯体模式。这种特化包含两个基本组成部分。其一，是由副体节构成的重复模式，其边界由相邻的细胞带所界定，在这些细胞带的前部和后部，*engrailed* 和 *cubitus interruptus* 系统处于活跃表达状态。其二，是非重复的 Hox 基因表达区域序列。尽管 Hox 基因的表达区域相互重叠，但从前到后仍有一个清晰的顺序，在这个顺序中，某个单一基因的表达会占据主导地位。这种模式的每个元素都是由母体系统产物的浓度、裂隙基因和成对规则基因的组合在局部启动形成的。成对规则基因发挥着尤为重要的作用，因为它们必须控制体节极性基因和 Hox 基因之间的对位，这样每个体节才能获得正确的身份特征。到了延伸胚带阶段，控制系统的产物已经衰减或正在衰减，所以模式的维持需要通过其他方式来确保，例如：正反馈回路（如 *Ultrabithorax* 基因相关的回路）；相邻状态的相互强化（如 *engrailed* 和 *cubitus interruptus* 基因之间的关系）；相邻状态之间的抑制（如 Ultrabithorax 蛋白对 Antennapedia 蛋白的抑制）；染色质构型的长期变化。

目前，我们对果蝇在总体躯体模式形成之前的区域性特化已经有了较为深入的理解。然而，发育基因的最终作用是上调合适的基因组合，以实现相关细胞的分化功能。但对于这一过程是如何完成的，我们目前还只是部分了解，这主要是因为果蝇的细胞生物学、组织学和一般生物化学知识，不像脊椎动物的相关知识那样被人们充分掌握。

经典实验

从突变体到基因功能的突破

当身体的一个部分变成另一个部分时，就被认为发生了**同源异形转化**（**Homeosis**），这最早由 William Bateson 在其著作《变异研究材料》（*Materials for the Study of Variation*, 1894）中予以描述。果蝇中的最早的同源（异形）突变体在 1915～1920 年间被记载（*bithorax* 和 *bithoraxoid*），但当时鲜少有研究人员对它们感兴趣。Ed Lewis 是少数对同源突变感兴趣的研究者之一，他发表了一篇关于双胸复合体（bithorax complex）及其在发育中作用的经典研究（1978 年），并提出了躯体模式形成的模型。Christiane Nüsslein-Volhard 和 Eric Wieschaus 在 1980 年发表的诱变筛选揭示了一整套发育相关基因，为 20 世纪 80 年代众多果蝇实验室的研究提供了素材。这三位研究人员于 1995 年共同荣获诺贝尔生理学或医学奖。

随后，分子生物学技术的引入使得克隆导致发育突变体的基因并研究其表达模式成为现实。研究表明，同源基因确实在特定空间区域表达，并且具有周期性表型的基因（如成对规则基因）也呈现出周期性的表达模式。

Lewis, E.B. (1978) A gene complex controlling segmentation in *Drosophila*. *Nature* **276**, 565−570.

Nüsslein-Volhard, C. & Wieschaus, E. (1980) Mutations affecting segment number and polarity in *Drosophila*. *Nature* **287**, 795−801.

Akam, M.E. (1983) The location of *Ultrabithorax* transcripts in *Drosophila* tissue sections. *EMBO Journal* **2**, 2075−2084.

Hafen, E., Kuroiwa, A. & Gehring, W.J. (1984) Spatial distribution of transcripts from the segmentation gene *fushi-tarazu* during *Drosophila* embryonic development. *Cell* **37**, 833−841.

经典实验

第一个真实梯度

发育生物学家多年来一直在猜测可能存在能够控制基因表达模式的形态发生素梯度。这是 Wolpert 那篇理论论文中的一个要素，该论文重新提出了实验胚胎学中的问题并用现代语言重述了它们。但实际上，第一个通过实验检测到的梯度是早期果蝇胚胎中 Bicoid 蛋白的梯度。这实际上是一个细胞内梯度，因为 Bicoid 是转录因子，但它可以形成梯度，因为早期胚胎是合胞体。此外，它确实遵循预测的行为，在不同浓度下激活不同基因的表达。在这一发现之后，人们终于开始相信形态发生素梯度的存在了。

Wolpert, L. (1969) Positional information and the spatial pattern of cellular differentiation. *Journal of Theoretical Biology* **25**, 1−47.

Driever, W. & Nüsslein-Volhard, C. (1988) A gradient of bicoid protein in *Drosophila* embryos. *Cell* **54**, 83−93.

经典实验

同源框的发现

同源框最初是作为一段 DNA 序列被发现的，这段序列存在于 Bithorax 复合体和 Antennapedia 复合体中的所有基因里。它负责编码这些基因所对应的转录因子的 DNA 结合结构域。很快，人们又发现同源框同样存在于其他动物的 DNA 中，其中就包括脊椎动物。当时，人们满怀兴奋地认为，它或许能够标记所有的同源基因，又或者可以标记所有与分节相关的基因，进而成为真正意义上的发育遗传学领域的"罗塞塔石碑"（Rosetta stone）。然而，实际情况并非如此简单。后来证实，含有同源结构域 DNA 结合区域的转录因子并不只存在于动物体内，而且它们也不具备单一的生物学功能。不过，在整个动物界中，这类转录因子中的很大一部分确实与发育的某些方面存在关联，并且与 *Antennapedia* 和 *Bithorax* 基因同源的 Hox 基因簇，正是与前−后图式化过程相关的同源基因。

McGinnis, W., Levine, M.S., Hafen, E. et al. (1984) A conserved DNA sequence in homeotic genes of the *Drosophila* Antennapedia and Bithorax complexes. *Nature* **308**, 428−433.

Scott, M.P. & Weiner, A.J. (1984) Structural relationships among genes that control development – sequence homology between the *Antennapedia*, *Ultrabithorax* and *fushi tarazu* loci of *Drosophila*. *Proceedings of the National Academy of Sciences USA* **81**, 4115–4119.

McGinnis, W., Garber, R.L., Wirz, J. et al. (1984) A homologous protein-coding sequence in *Drosophila* homeotic genes and its conservation in other metazoans. *Cell* **37**, 403–408.

Carrasco, A.E., McGinnis, W., Gehring, W.J. et al. (1984) Cloning of an *X. laevis* gene expressed during early embryogenesis coding for a peptide region homologous to *Drosophila* homeotic genes. *Cell* **37**, 409–414.

新的研究方向

　　由于果蝇的发育过程已被人们充分了解，所以在未来，它的主要作用或许会体现在其他领域，如细胞生物学、干细胞生物学以及衰老研究等方面。那些能够用于敲除特定区域基因或者标记特定细胞类型的遗传学工具非常强大。借助这些日益先进的工具，人们得以对细胞极性、细胞运动以及细胞内物质运输等现象展开研究，而这种研究方式与一直以来利用哺乳动物组织培养细胞进行研究的方法相互补充。此外，果蝇的成虫盘（详见第 19 章）依然为生长调控和再生领域的研究提供了令人兴奋的契机。在果蝇身上所发现的基因调控网络，同样也被应用于研究其他昆虫的发育过程，以此来确定这些网络在多大程度上是保守的，以及它们是如何经过修饰从而产生不同形态的。这些研究想必会助力我们更加深入、细致地了解昆虫的进化历程。

要点速记

- 对影响果蝇早期发育的基因进行诱变筛选，发现了大多数控制发育的基因类别，这些基因不仅存在于果蝇中，也存在于其他动物中。
- 果蝇和其他一些昆虫的胚胎最初发育为合胞体。这意味着在最初的 3 h 内，转录因子能够从一个细胞核扩散到另一个细胞核，从而控制基因的表达。
- 背–腹和前–后图式在很大程度上是独立特化的。背–腹图式是通过卵母细胞和卵泡细胞之间的一系列相互作用建立起来的，从卵母细胞核的偏心位置开始，最终在合胞体胚盘核中形成 Dorsal 蛋白的浓度梯度。
- 控制前–后图式的胞质决定子在受精前就在卵母细胞中确定下来了。它们分别是：位于前部的 *bicoid* mRNA；位于后部的 *nanos* 和 *oskar* mRNA；在末端被激活的 Torso 蛋白。
- 发育是逐步进行的，每个区域的细胞由裂隙基因和成对规则基因编码的转录因子组合的表达来定义。它们调节分节基因的表达，确定了胚胎的 14 个重复单元；并且调控着 Hox 基因，这些基因定义了每个副体节的前–后特征。
- 分节过程是由表达 *engrailed* 并分泌 Hedgehog 的细胞条带，与表达 *cubitus interruptus* 并分泌 Wingless 的细胞条带之间的交叉激活来控制的。
- 前–后图式由 Hox 基因编码的转录因子控制，这些 Hox 基因以嵌套模式上调，因此所有基因在后端都有表达，并且每个基因都有特定的前部表达极限。功能丧失突变体通常会导致前部化，而功能获得突变体通常会导致后部化。

拓展阅读

也请参阅第 2 章的参考文献。

网页

The Interactive Fly: http://www.sdbonline.org/fly/aimain/1aahome.htm

The www.virtual library *Drosophila*: http://ceolas.org/fly/

Volker Hartenstein's Atlas: https://www.sdbonline.org/sites/fly/atlas/00atlas.htm

综合

Lawrence, P.A.（1992）*The Making of a Fly*. Oxford: Blackwell Science.

Bate, M. & Martinez Arias, A., eds.（1993）*The Development of Drosophila melanogaster*, vols. 1 and 2. Cold Spring Harbor, NY: Cold Spring Harbor Laboratory Press.（Reprinted 2009.）

Campos-Ortega, J.A. & Hartenstein, V.（1997）*The Embryonic Development of Drosophila melanogaster*. Berlin: Springer-Verlag.

Karaiskos, N., Wahle, P., Alles, J. et al.（2017）The *Drosophila* embryo at single-cell transcriptome resolution. *Science* **358**, 194–199.

Clark, E., Peel, A.D. & Akam, M.（2019）Arthropod segmentation. *Development* **146**, dev170480. doi:10.1242/dev.170480.

Stathopoulus, A. & Newcombe, S.（2020）Setting up for gastrulation: D. melanogaster. Current Topics in Developmental Biology **136**, 3–32.

遗传学

Nüsslein-Volhard, C. & Wieschaus, E.（1980）Mutations affecting segment number and polarity in *Drosophila*. Nature **287**, 795–801.

St Johnston, D.（2002）The art and design of genetic screens: *Drosophila melanogaster*. Nature Reviews Genetics **3**, 176–188.

Carrol, D.（2014）Genome engineering with targetable nucleases. Annual Review of Biochemistry **83**, 409–439.

Wieschaus, E. & Nüsslein-Volhard, C.（2016）The Heidelberg screen for pattern mutants of *Drosophila*: a personal account. Annual Review of Cell and Developmental Biology **32**, 1–46.

Venken, K.J.T., Sarrion-Perdigones, A., Vandeventer, P.J. et al.（2016）Genome engineering: *Drosophila melanogaster* and beyond. WIREs Developmental Biology **5**, 233–267.

背–腹图式化与原肠胚形成

Morisato, D. & Anderson, K.V.（1995）Signalling pathways that establish the dorso-ventral pattern of the *Drosophila* embryo. Annual Review of Genetics **29**, 371–399.

Leptin, M.（1995）*Drosophila* gastrulation: from pattern formation to morphogenesis. *Annual Review of Cell and Developmental Biology* **11**, 189–212.

Stathopoulos, A. & Levine, M.（2002）Dorsal gradient networks in the *Drosophila* embryo. *Developmental Biology* **246**, 57–67.

Moussian, B. & Roth, S.（2005）Dorsoventral axis formation in the *Drosophila* embryo – shaping and transducing a morphogen gradient. *Current Biology* **15**, R887–R899.

Stein, D.S. & Stevens, L.M.（2014）Maternal control of the *Drosophila* dorsal-ventral body axis. *WIREs Developmental Biology* **3**, 301–330.

Upadhyay, A., Moss-Taylor, L., Kim, M.-J. et al.（2017）TGF-ß family signaling in *Drosophila*. *Cold Spring Harbor Perspectives in Biology* **9**, a022152. doi:10.1101/cshperspect.a022152.

Gilmour, D., Rembold, M. & Leptin, M.（2017）From morphogen to morphogenesis and back. *Nature* **541**, 311–320.

母体前–后系统

St Johnston, D. & Nüsslein-Volhard, C.（1992）The origin of pattern and polarity in the *Drosophila* embryo. *Cell* **68**, 201–219.

López-Schier, H.（2003）The polarisation of the anteroposterior axis in *Drosophila*. *Bioessays* **25**, 781–791.

Montell, D.J.（2003）Border-cell migration: the race is on. *Nature Reviews Molecular Cell Biology* **4**, 13–24.

Poulton, J.S. & Deng, W.-M.（2007）Cell–cell communication and axis specification in the *Drosophila* oocyte. *Developmental Biology* **311**, 1–10.

Shvartsman, S.Y., Coppey, M. & Berezhkovskii, A.M.（2008）Dynamics of maternal morphogen gradients in *Drosophila*. *Current Opinion in Genetics and Development* **18**, 342–347.

Grimm, O., Coppey, M. & Wieschaus, E.（2010）Modelling the Bicoid gradient. *Development* **137**, 2253–2264.

Ma, J., He, F., Xie, G. et al. (2016) Maternal AP determinants in the *Drosophila* oocyte and embryo. *WIREs Developmental Biology* **5**, 562–581.

Wieschaus, E. (2016) Positional information and cell fate determination in the early *Drosophila* embryo. *Current Topics in Developmental Biology* **117**, 567–579.

Lasko, P. (2020) Patterning the *Drosophila* embryo: A paradigm forRNAbased developmental genetic regulation. *WIREsRNA* **11**, e1610, doi: 10.1002/wrna.1610.

合子前–后系统

Pankratz, M.J. & Jäckle, H. (1990) Making stripes in the *Drosophila* embryo. *Trends in Genetics* **6**, 287–292.

Forbes, A.J., Nakano, Y., Taylor, A.M. et al. (1993) Genetic analysis of hedgehog signalling in the *Drosophila* embryo. *Development* (Suppl.), 115–124.

Rivera-Pomar, R. & Jäckle, H. (1996) From gradients to stripes in *Drosophila* embryogenesis: filling in the gaps. *Trends in Genetics* **12**, 478–483.

González-Gaitán, M. (2003) Endocytic trafficking during *Drosophila* development. *Mechanisms of Development* **120**, 1265–1282.

Dmitri, P. (2009) Stripe formation in the early fly embryo: principles, models, and networks. *BioEssays* **31**, 1172–1180.

Schroeder, M.D., Greer, C. & Gaul, U. (2011) How to make stripes: deciphering the transition from non-periodic to periodic patterns in *Drosophila* segmentation. *Development* **138**, 3067–3078.

模型

Reeves, G.T., Murator, C.B., Schüpbach, T. et al. (2006) Quantitative models of developmental pattern formation. *Developmental Cell* **11**, 289–300.

Umulis, D.M., Shimmi, O., O'Connor, M.B. et al. (2010) Organism-scale modeling of early *Drosophila* patterning via bone morphogenetic proteins. *Developmental Cell* **18**, 260–274.

Clark, E. (2017) Dynamic patterning by the *Drosophila* pair-rule network reconciles long-germ and shortgerm segmentation. *PLOS Biology* **15**, e2002439. doi:10.1371/journal.pbio.2002439.

Hox 基因

Mann, R.S. & Morata, G. (2000) The developmental and molecular biology of genes that subdivide the body of *Drosophila*. *Annual Review of Cell and Developmental Biology* **16**, 243–271.

Maeda, R.K. & Karch, F. (2006) The ABC of the BX-C: the bithorax complex explained. *Development* **133**, 1413–1422.

Hueber, S.D. & Lohmann, I. (2008) Shaping segments: Hox gene function in the genomic age. *BioEssays* **30**, 965–979.

Mallo, M., Wellik, D.M. & Deschamps, J. (2010) Hox genes and regional patterning of the vertebrate body plan. *Developmental Biology* **344**, 7–15.

Kassis, J.A., Kennison, J.A. & Tamkun, J.W. (2017) Polycomb and Trithorax group genes in *Drosophila*. *Genetics* **206**, 1699–1725.

第 14 章

秀丽隐杆线虫

秀丽隐杆线虫（*Caenorhabditis elegans*）是一种小型、自由生活的土壤线虫，自 20 世纪 60 年代以来一直被用于发育生物学研究。在发育生物学家群体中，它常被称为"蠕虫"（worm）。从某种意义上说，秀丽隐杆线虫是地球上研究得最为透彻的动物，因为其胚胎、幼虫及成体中每个细胞的位置和谱系都是已知的。此外，它的基因组是所有动物中第一个被完全测序的。秀丽隐杆线虫的基因组包含 20 222 个蛋白质编码基因，其中约 2000 个基因发生突变会导致个体死亡，还包含 24 765 个非编码基因。它也是唯一一种完整"连接组"（connectome）被描绘出来的动物。连接组是神经系统神经连接的综合性接线图，目前雌雄两性的连接组都已被详细描述。

线虫通常被保存在培养皿中，以细菌为食。对线虫进行遗传筛查十分便捷，因为可以一次性检查大量线虫样本，而且线虫的世代周期仅为 3 天。线虫是自体受精的**雌雄同体**（**hermaphrodite**），这意味着隐性突变在两代内就会自动分离为纯合子，而无需特意进行任何杂交（图 14.1）。它们可以在液氮中冷冻保存，解冻后依然能保持活力，这使得遗传资源得以长期保存。遗传分析的简便性意味着可以获得大量突变体。从历史上看，对生物学问题的研究往往始于发现影响特定生物学过程的突变体。正如我们在其他模式生物研究中所见，如今可以运用 CRISPR/Cas9 技术诱导线虫产生突变（详见第 3 章）。此外，目前通过 RNA 干

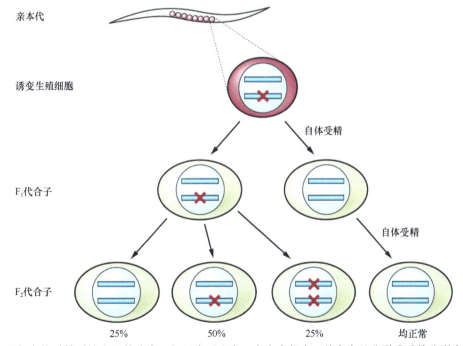

亲本代

诱变生殖细胞

自体受精

F_1 代合子

自体受精

F_2 代合子

25%　　　　50%　　　　25%　　　　均正常

图 14.1　诱变和两代自体受精后纯合子的分离。红叉表示突变。在亲本代中，单个有丝分裂或减数分裂生殖细胞发生了突变，该特定突变仅见于几个配子中。这些配子的自体受精在 F_1 代中产生了一些杂合突变线虫。这些个体的自体受精产生 25% 的纯合突变体，它们是 F_2 代的一部分。

扰（RNA interference）抑制基因功能也变得轻而易举（详见第 3 章）。与内源信使 RNA 互补的双链 RNA（dsRNA）可以通过喂食的方式导入线虫体内。一种常用方法是让大肠杆菌从质粒中表达所需的 dsRNA，然后将这些细菌作为线虫的食物：线虫会摄取足够量的完整 dsRNA，使其发挥生物学效应。

在线虫中制作**转基因**（transgenics）也很容易，只需将所需的 DNA 注射到性腺中，它就能作为额外的染色体元件整合到生殖细胞中。不过，这种转基因并不稳定，因为该元件可能在减数分裂或有丝分裂过程中丢失。然而，这种瞬时转基因通常足以满足实验需求。将转基因整合到基因组中可以通过对 Mos1 转座酶或 CRISPR/Cas9 产生的双链断裂进行同源导向修复来实现。

遗传镶嵌体（genetic mosaic）可以通过小的游离染色体片段的自发丢失而形成，这些片段是正常染色体区域的重复。如果主染色体携带突变等位基因，而游离染色体片段携带野生型等位基因，那么当该片段从细胞中丢失时，这个细胞及其所有后代都会变为突变型，而动物的其余部分仍保持野生型。近期的研究利用了额外染色体阵列，其中野生型等位基因与一种名为黏粒（cosmid）的质粒上的标记基因（如 *GFP*）相连。在有丝分裂期间，黏粒可能无法正确分离，在这种情况下，子细胞之一将缺乏野生型等位基因和镶嵌标记。遗传镶嵌体对于确定基因在胚胎的哪些细胞中发挥作用非常有帮助。

线虫的胚胎和幼虫是透明的，因此观察者可以使用 Nomarski 光学技术（详见第 5 章）在活体标本中追踪单个细胞。这意味着可以追踪胚胎和幼虫中每个细胞基本固定不变的行为，并且雌雄同体和雄性线虫的完整细胞谱系都已被详细描述。可以使用激光去除单个细胞，进而观察其对发育产生的影响。然而，线虫也存在一些不利于研究的特征，如卵的尺寸过小、卵壳坚硬。这两个特征都增加了显微手术实验的难度。

在秀丽隐杆线虫中，依惯例将蛋白质名称大写，并在基因和蛋白质名称中使用连字符。例如，*glp-1* 基因编码 GLP-1 蛋白。像往常一样，影响早期发育的许多突变属于母体效应，在这种情况下，决定胚胎表型的是母亲的基因型，而非受精卵本身的基因型。在秀丽隐杆线虫中，母体缺乏的基因通常在胚胎中也会缺乏。这是因为雌雄同体自体受精的常规繁殖模式意味着一个基因型为 –/– 的亲本将产生 –/– 合子，所以母体和胚胎都缺乏该基因。但仍需牢记，控制早期发育的基因产物是在卵子发生过程中沉积到卵子中的。

成体解剖结构

成体线虫虫体非常细长（"蠕虫状"，worm shaped；图 14.2）。它的外层是**下皮层**（hypodermis），仅有一个细胞的厚度，大部分是合胞体结构，并分泌厚厚的角质层。下皮层下方有 4 条纵向的单核肌肉细胞带。肠道从头部延伸至尾部，包括肌肉发达的咽、肠和肛门。线虫有一个环绕咽部的神经环、一条腹神经索和尾神经节。线虫的主要体腔被称为**假体腔**（pseudocoelom），而非真体腔，因为它并未完全被中胚层包围。**性腺**（gonad）通向中腹部，开口为阴门。在雌雄同体中，性腺有两条臂，它们都向后弯曲。在性腺内，最靠近阴门的细胞会成熟为精子，而较远的细胞会先分裂一段时间，然后成为**卵母细胞**（oocyte）。卵母细胞成熟为卵子，在排出时与精子相遇并受精，随后作为处于卵裂期的胚胎被产出。

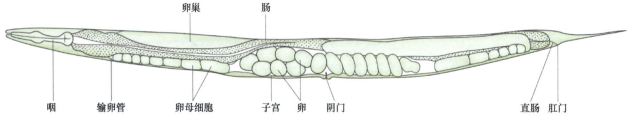

图 14.2 秀丽隐杆线虫成体解剖结构。来源：Sulston and Horvitz（1977）. Dev. Biol. 56, 110–156，经 Elsevier 许可。

尽管大多数线虫是雌雄同体，但偶尔也会出现雄性线虫，其性腺只有一只臂，并在泄殖腔后部开口。雌雄同体线虫具有 XX 染色体组，而雄性线虫具有 XO 染色体组。雄性线虫的产生是由于在减数分裂过程中，X 染色体因不分离（nondisjunction）而丢失。如果雄性线虫与雌雄同体线虫交配，雄性精子会优先使卵子受精，从而实现异型杂交（outcross）。即便在成虫阶段，线虫的细胞数量也相当少。在胚胎和幼虫发育过程中，秀丽隐杆线虫展现出几乎完全固定不变的细胞谱系，这意味着每个胚胎在每次细胞分裂时，都呈现出完全相同的顺序和方向。线虫的胚胎刚产出时大约有 30 个细胞，大约 14 小时后孵化，此时有 550 个细胞。孵化后，幼虫通过进食不断生长，经历 4 次蜕皮后进入成虫阶段，此时具有 959 个体细胞和约 2000 个生殖细胞。如果营养供应不足或种群密度过高，第二阶段幼虫可能会进入休眠的三期 **dauer larva**（**持久型幼虫**）阶段。第四次蜕皮后，成虫会通过体细胞体积的增大而非细胞分裂继续生长。

秀丽隐杆线虫确实拥有 6 个 Hox 基因，不过由于其间存在一些其他基因，它们并未形成真正意义上的簇。一般来说，这些基因遵循染色体位置和前部表达极限的共线性规则，尽管第二个基因 *ceh-13* 具有最靠前的表达极限（而非第一个 Hox 基因），且与其他动物中的前部 Hox 基因同源。这些基因分别是 *lin-39*、*ceh-13*、[gap]、*mab-5*、*egl-5*、[gap]、*php-3* 和 *nob-1*，其中 [gap] 表示存在其他基因。最后三个 Hox 基因属于 *Abdominal B* 类或后部类。只有 *ceh-13*、*php-3* 和 *nob-1* 在功能丧失突变中具有胚胎表型。

胚胎发育

秀丽隐杆线虫的受精有些不同寻常。精子呈变形虫状，既没有鞭毛，也没有顶体。卵母细胞在第一次减数分裂之前受精，其成熟的启动和生发泡的破裂依赖于附近精子释放的主要精子蛋白（major sperm protein）。精子可以从卵母细胞的任意位置进入，精子进入点决定了合子未来的**后端**（**posterior**）。这一情况的早期迹象是出现了一个光滑的后部皮质区域，而卵皮质的其余部分则变得褶皱。两次减数分裂完成后，会发生细胞质重排，内部细胞质向后移动，而皮质细胞质向前移动。与此同时会出现"假卵裂"（pseudo-cleavage），即分裂沟形成但不会进展为完全卵裂。由于这种极化现象，早期卵裂是不对称的（图 **14.3**），第一次卵裂产生前部的 AB 细胞和后部的 P_1 细胞。随后 AB 分裂形成 ABa 和 ABp，而 P_1 细胞则重复不对称卵裂方式进行分裂，保留 P 样子代（依次称为 P_2、P_3、P_4），同时分裂出 EMS、C 和 D 卵裂球。最后的 P 细胞（P_4）是**生殖细胞**（**germ cell**）前体，它在胚胎生命中仅再分裂一次，成为 Z2 和 Z3，它们将产生幼虫和成虫的所有生殖细胞。母体成分足以指导胚胎发育至 26 个细胞阶段，这是因为如果将胚胎置于 α-鹅膏蕈碱（α-amanitin，RNA 聚合酶 II 的抑制剂）中培养，26 细胞期是最早出现形态缺陷的阶段。由于合子转录在 4 细胞期就已启动，所以在 26 细胞期之前，这些胚胎中就可观察到一些转录变化。种系中 RNA 聚合酶 II 基因的合子转录在更长时间内处于被阻遏状态，直到大约 100 个细胞时期才解除。

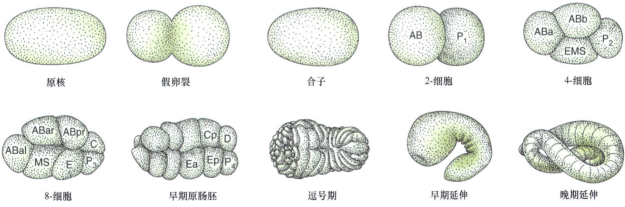

图 **14.3**　秀丽隐杆线虫胚胎发育。

卵中含有富含 RNA 的 **P 颗粒**（**P-granule**），它们最初随机分散在细胞质中，但随后在细胞质重排期间会集中到后部。在每次连续分裂过程中，这些颗粒会被限制在将成为新的 P 细胞的区域。在最初的创始细胞中，AB、MS 和 C 都能产生多种细胞类型，而其他细胞则只能产生单一细胞类型：P_4 成为种系，E 发育为肠道，D 发育为肌肉。秀丽隐杆线虫的**原肠胚形成**（**gastrulation**）过程相当不典型，且持续时间较长，一般认为从 26-细胞期开始，此时两个 E 后代在自主内陷过程中进入胚胎内部。随后是源自 C 和 D 的成肌细胞，以及源自 Aba 和 MS 的咽细胞。类似于胚孔的腹侧裂（ventral cleft）在大约 300 细胞期闭合（图 **14.4**）。

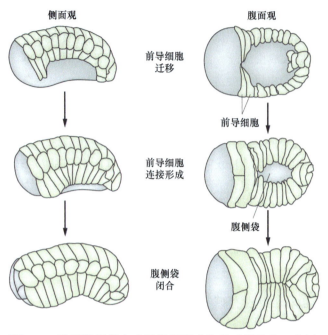

侧面观　　　　　　　　腹面观

前导细胞
迁移

前导细胞
连接形成

前导细胞

腹侧袋

腹侧袋
闭合

图 14.4 秀丽隐杆线虫"原肠胚形成"的后期阶段。来源：修改自 Simske and Hardin（2001）. BioEssays. 23, 12–23，经 John Wiley & Sons, Ltd 许可。

由于线虫细胞数量相对较少，且细胞分裂方式固定不变，所有个体都经历完全相同的细胞分裂顺序，因此可以通过直接观察来确定胚胎、幼虫和成虫的完整的**细胞谱系（cell lineage）**。谱系的第一部分如**图 14.5** 所示。尽管该谱系在精确度方面达到了很高的标准，但它仍缺乏完整的命运图，因为它仅展示了细胞的"家谱"，而未显示它们在不同发育时期的空间关系。最初人们认为线虫的发育具有完全**镶嵌体（mosaic）**的特点，因为在几乎所有情况下，当一个细胞被激光微束照射去除后，其所有后代都会缺失，且不会对邻近细胞的发育产生影响。然而，如今人们已发现了许多诱导相互作用的存在，所以在这个方面，秀丽隐杆线虫与其他模式物种并没有太大的差异。

线虫中细胞谱系的精确性使得界定胚胎的哪些部分属于不同胚层的作用不如在其他动物类型中那么重要。尽管如此，以下是"官方"的胚层界定：

1. **外胚层（ectoderm）**：AB、Caa、Cpa；

2. **中胚层（mesoderm）**：MS、Cap、Cpp、D；

3. **内胚层（endoderm）**：E。

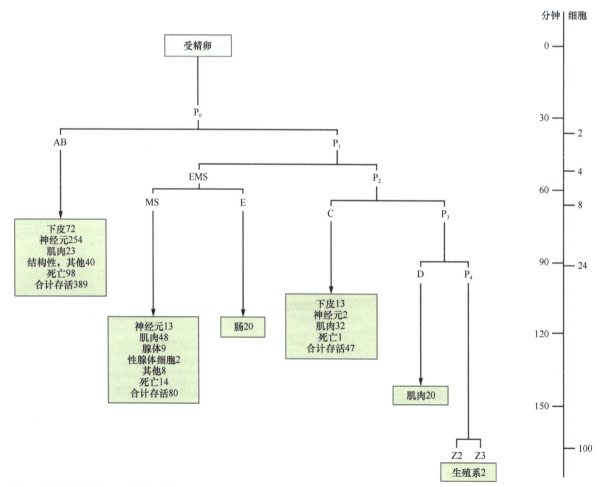

图 14.5 秀丽隐杆线虫早期细胞谱系。

尽管有这些划分，但 AB 细胞也会产生一些咽部肌肉，而咽部肌肉通常被视为中胚层类型；MS 则会产生一些咽部神经元，它们通常被认为是外胚层类型。

与其他模式生物一样，mRNA 单细胞测序技术（见第 5 章）最近也被应用于秀丽隐杆线虫的发育研究，一些研究结果如图 14.6 所示。这项技术对于像秀丽隐杆线虫这样所有个体都共享相同细胞谱系的生物体尤其有效。当与可用于识别活性染色质和转录因子结合位点的 Chip-Seq 等技术相结合时，有望为特化胚胎中产生的所有不同细胞类型提供详细的基因调控网络。目前，从祖细胞到分化细胞，大多数细胞类型的细胞谱系转录物组都已被描述。这些结果表明，相同细胞类型的前体细胞可能具有非常不同的转录物组，这取决于它们的谱系，但随着它们的分化，转录物组会趋同。有趣的是，在经过一次细胞分裂后将产生两种不同细胞类型的前体细胞，常常会表达这两种细胞类型的特征性基因。然后，这些基因会被其中一个子细胞选择性地保留，这种现象被称为多谱系预启动（multilineage priming）。

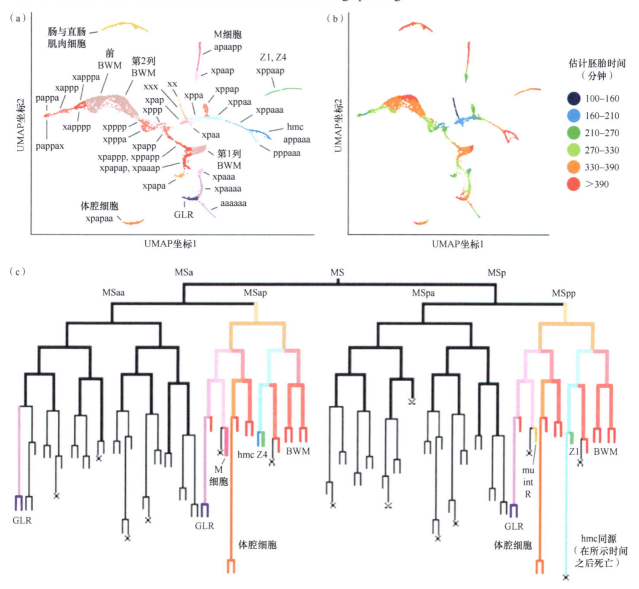

图 14.6　秀丽隐杆线虫胚胎 mRNA 的单细胞测序。该图以二维形式展示了所观察到的非咽中胚层基因表达簇，这些表达簇是通过检测已知标记转录本的存在而确定的。(a) 文本标签表示 MS 谱系（即"xppa"= MSxppa），粗体文本标签标识细胞类型。(b) 每个细胞的估计胚胎发育时间。(c) MS 谱系图。彩色子谱系与图 (a) 中细胞组的颜色相匹配。请注意特定细胞类型是如何聚集在一起的，无论其谱系如何。

胚胎的区域特化

不对称卵裂

细胞极化以及随后的不对称分裂对于高等动物的干细胞行为而言通常至关重要，而其中的一些基本机制正是通过对秀丽隐杆线虫的研究而发现的。

不对称细胞分裂需要两个关键过程，即细胞质极性的建立和有丝分裂装置的正确定向（图 14.7）。这里的关键参与者是一系列称为 **PAR 蛋白**（**PAR protein**）的蛋白质。它们的基因是通过筛选那些会扰乱早期卵裂（"分配缺陷"，**par**titioning defective）的母体效应致死突变来鉴定的（图 14.8）。现在已知，*par* 基因在哺乳动物和果蝇中都存在同源基因，这些同源基因同样参与了细胞极性的获得和不对称细胞分裂的控制。

最初的筛选是通过对本身无法产卵（没有阴门）的线虫进行诱变来完成的。这种线虫仍然能够繁殖，因为自体受精产生的幼虫可以通过啃咬雌雄同体的身体而破体而出。为了开展这样的筛选工作，每个培养皿中仅放入一只 F_1 幼虫。如果这只幼虫在一条染色体上携带突变，那么其后代（F_2）中将有 25% 是该突变的纯合子。倘若该突变是合子致死的，那么受到影响的胚胎将根本无法发育。然而，如果该突变是母体效应致死的，那么纯合子突变体 F_2 代将能够发育成线虫，但随后它们体内将会充满无法发育存活的 F_3 胚胎，这

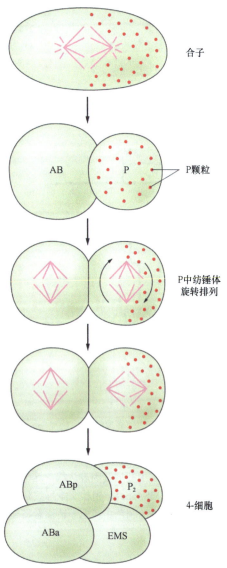

图 14.7 不对称分裂涉及 P 颗粒分离至 P 细胞，以及 P_1 纺锤体的旋转排列。

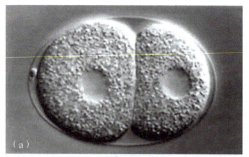

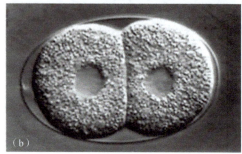

图 14.8 *par-3* 缺陷母体产生的胚胎。（a）野生型胚胎显示出正常的 AB 和 P_1 细胞。（b）*par-3* 突变胚胎中，前两个卵裂球大小相等。来源：转载自 Goldstein and Macara (2007). Dev. Cell. 13, 609−622，经 Elsevier 许可。

些胚胎不会破体而出（**图 14.9**）。在这些筛选以及后续研究中所发现的 PAR 蛋白相关信息列于**表 14.1**。

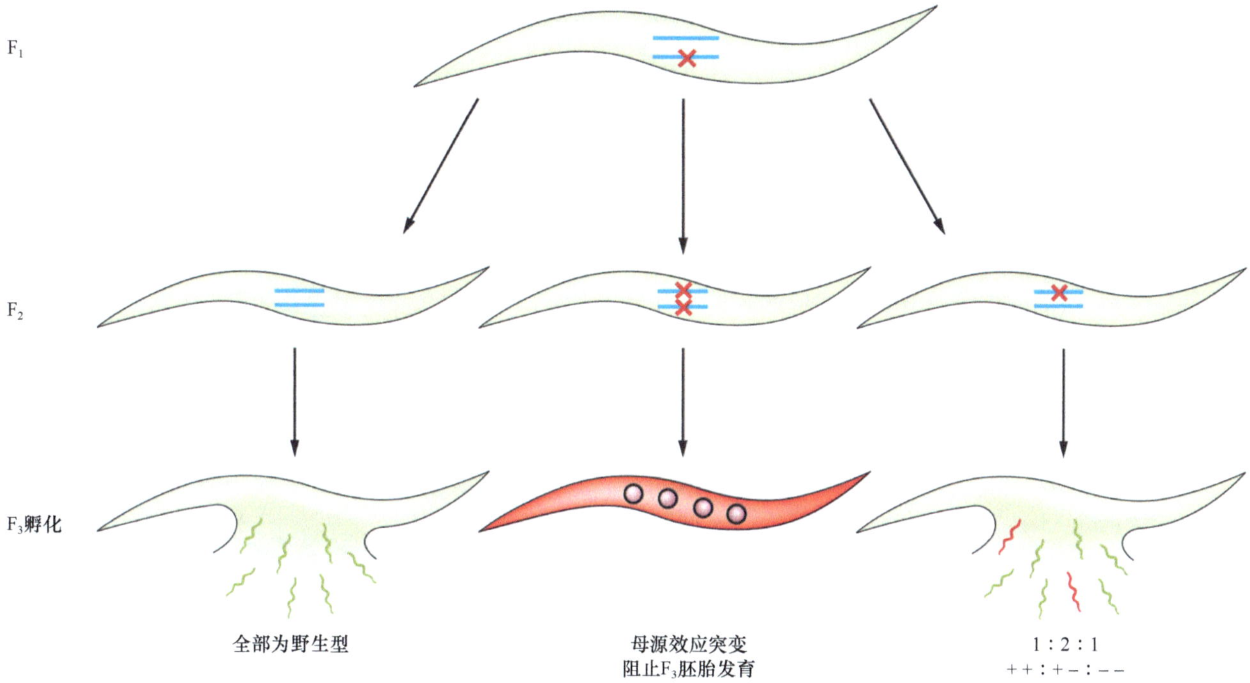

图 14.9　用于分离 *par* 突变体的母本筛选。雌雄同体由于没有阴门，无法产卵，因此幼虫啃咬而出，进而导致亲代死亡。但那些因母体效应突变而携带停滞胚胎的 F₂ 线虫将继续存活。来源：修改自 Lang and Munro（2017）. The PAR proteins: from molecular circuits to dynamic self-stabilizing cell polarity. Dev. 144, 3405–3416。

表 14.1　PAR 蛋白及其在极化合子中的定位

名称	性质	定位
PAR-1	激酶	后部皮质
PAR-2	RING 蛋白	后部皮质
PAR-3	支架蛋白	前部皮质
PAR-4	激酶	均一分布
PAR-5	14-3-3 蛋白	均一分布
PAR-6	衔接蛋白	前部皮质
PKC-3	激酶	前部皮质
CDC-42	小 GTP 酶	前部皮质
CHIN-1	推定 Rho GAP	后部皮质
LGL-1	肿瘤抑制	后部皮质

　　PAR 蛋白可分为两组，分别聚集在合子的前半部分或后半部分。前部蛋白包括 PAR-3、PAR-6、PKC-3 和 CDC-42，后部蛋白包括 PAR-1、PAR-2、CHIN-1 和 LGL-1。此外，还有名为 PAR-4 和 PAR-5 的蛋白质，但它们并非呈不对称分布。在未受精的卵母细胞中，前部蛋白质均匀地分布在皮质区域，而后部蛋白质则均匀地分布在细胞质深处。受精后，精子带入的中心体促使细胞开始极化，皮质细胞质从中心体流向前极。用紫外激光消融中心体，但不消融精子原核，会阻止受精卵的极化。皮质细胞质的流动使得前部蛋白质集中到合子的前半部（**图 14.10**），CDC-42 和 PAR-3 与皮质结合，然后招募 PAR-6 和 PKC-3。后部的 PAR 蛋白被 PKC-3 排除在前半部分之外，PKC-3 会磷酸化 PAR-1、PAR-2 和 LGL-1。这种磷酸化作用防止了后部蛋白质被募集到前部皮质，从而将它们限制在后部皮质区域。CHIN-1 独立于其他后部 PAR 蛋白，在后皮质中积累，并抑制 CDC-42 活性。后部的 PAR 蛋白能够阻止前部 PAR 蛋白组装成有活性的复合体，并将它们限制在前部皮质。这其中包括 PAR-1 对 PAR-3 的磷酸化，从而破坏了 PAR-3 复合体的稳定性。因此，互

补的 PAR 结构域通过相互抑制作用得以建立，而这正是细胞极化的关键要素。它的作用是将精子进入所带来的微小变化放大为影响合子整体结构的重大变化。一旦极化过程开始，就再也不能通过消融精子中心体来改变了。

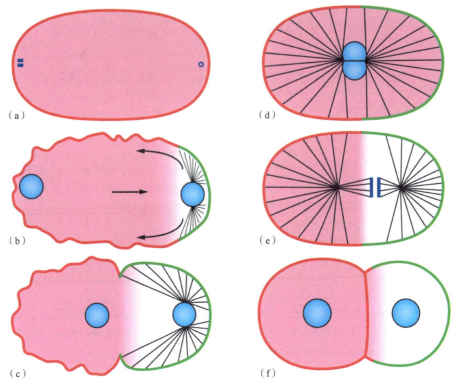

图 14.10　导致线虫合子第一次不对等分裂的事件序列，前端朝左。(a) 卵母细胞（左）和精子（右）的染色质为蓝色，PAR-3 为红色，MEX-5 为粉色。(b) 皮质在后部变得平滑，PAR-2（绿色）在那里积聚，原核形成，细胞质流动开始，MEX-5 在后部减少。(c) PAR-2 区域扩大，卵母细胞原核向后移动，出现假卵裂。(d) 原核融合，皮质皱褶消失。(e) 第一次有丝分裂。(f) 2 细胞期，AB 比 P_1 大，PAR3 复合体延伸至 P_1。来源：复制自 Nance (2005). BioEssays. 27, 126–135, 经 John Wiley & Sons, Ltd 许可。

大多数 PAR 蛋白在后生动物中具有高度保守性，并且在细胞极化中发挥着相似的功能。这其中包括前部 PAR 蛋白和后部 PAR 蛋白之间的相互拮抗作用。不过，PAR-2 是个例外，它仅在线虫中存在。涉及 PAR 的细胞极化的例子有很多，如小鼠 8 细胞期卵裂球的极化（见第 11 章）以及果蝇的神经发生过程（见第 16 章）。

有丝分裂定向

一般来说，早期卵裂球会沿着与上一次卵裂方向成直角的方向进行分裂。AB 细胞遵循这一规则，因为它与第一次卵裂呈正交方向进行分裂，但 P_1 细胞却并非如此，它与第一次卵裂平行地分裂。P_1 细胞之所以会这样分裂，是因为存在"旋转排列"（rotational alignment）现象，这指的是中心体和细胞核发生 90° 的旋转，而这一旋转是由细胞皮层上微管附着物的定位所驱动的。PAR 蛋白通过调节旋转排列来协助控制有丝分裂的方向。缺乏 PAR-2 的胚胎在 AB 和 P 细胞中均不会出现旋转排列，而缺乏 PAR-3 的胚胎则会在 AB 细胞和 P 细胞中都表现出旋转排列。双突变体 par-2⁻ par-3⁻ 产生的胚胎在两个细胞中都呈现出旋转排列，这与 par-3⁻ 类似。这意味着，除了 par 基因之外，必然存在其他因素导致了旋转排列现象的发生，并且 PAR-3 复合体通常会在 AB 卵裂球中抑制该因素的作用，而当 PAR-3 复合体缺失时，该因素则能够在 P_1 卵裂球中发挥作用。

一旦发生第一次不对称卵裂，两个子代细胞质的组成就会变得截然不同。AB 细胞中含有过量的 PAR-3 复合体，而 P_1 细胞中则含有过量的 PAR-1 和 PAR-2。这些蛋白质属于胞质决定子，因为它们在表达上的差异是后续区域特化事件的起因。

决定子

除了 PAR 蛋白之外，还鉴定了其他几种由母体编码、负责区域特化的蛋白质（参见图 14.11 和表 14.2）。它们的作用模式是通过母体效应突变表型，以及其他基因（包括 *par* 基因）发生突变时对其定位的影响来推断得出的。可以通过对这些蛋白质进行免疫染色，或者利用荧光显微镜观察转基因 GFP 融合蛋白在细胞内的位置，来对其定位情况展开研究。

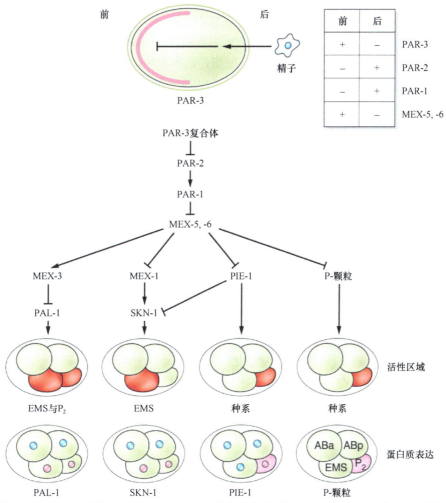

图 14.11　线虫中的胞质决定子。受精后，PAR-1 和 PAR-2 蛋白定位于后部，而 PAR-3 复合体定位于前部。SKN-1、PIE-1 和 PAL-1 蛋白的定位如四细胞期所示。请注意，SKN-1 蛋白在 P_2 存在，但由于 PIE-1 的存在而没有活性。

表 14.2　在线虫中活跃的决定子

蛋白质	生化性质	功能缺失表型
SKN-1	bZIP 转录因子	过多下皮
PIE-1	锌指转录因子	过多咽部和肠；无种系
MEX-1	细胞质锌指蛋白	肌肉过多
MEX-3	RNA/蛋白结合蛋白	肌肉过多
MEX-5 与 MEX-6	细胞质锌指蛋白	肌肉过多
PAL-1	同源结构域转录因子	后部缺陷

MEX-5 和 MEX-6 蛋白均匀分布在新受精的合子中，但很快就会分离并集中到前部细胞质，进而形成前-后梯度（图 14.10）。它们被定位在后部的 PAR-1 磷酸化，同时又被均匀分布的 PP2A 磷酸酶去磷酸化。

由于磷酸化加快了它们扩散的速度，因此它们更倾向于在前部细胞质中积聚，在那里它们优先被去磷酸化。位于前部的 MEX-5/6 可能通过磷酸化作用，增强了 MEX-1、POS-1 和 PIE-1 等蛋白质的流动性，继而这些蛋白质便优先留存于合子的后半部分。因此，局部的磷酸化作用与不同的扩散速率相结合，是产生 AB 和 P₁ 卵裂球的前-后差异的原因。

这方面的证据是，在母体 PAR-1 缺失的情况下，MEX-1、MEX-5/6 和 PIE-1 以及 P 颗粒都是均匀分布的；而在没有 MEX-5/6 的情况下，PAR-1 的分布是正常的，但 MEX-1、PIE-1 和 P 颗粒却会均匀分布。这表明 PAR-1 通常会对 MEX-5/6 的定位起到调节作用，而 MEX-5/6 又会依次控制其他组分的分布。

MEX-5/6 还将 MEX-3 募集到 AB 细胞中，并且在缺少 PAR-1 的情况下，MEX-3 会出现在整个胚胎中。通常情况下，MEX-3 通过结合 *pal-1* mRNA 的 3′UTR 来抑制 *pal-1* mRNA 的翻译，从而将 PAL-1 的活性限制在后部。PAL-1 是果蝇 caudal 蛋白和脊椎动物 Cdx 蛋白的同源物，和它们一样，它也是后部发育所不可或缺的。*pal-1* mRNA 存在于整个早期胚胎中，但由于 MEX-3 的作用，它仅在 EMS 和 P₂ 细胞中被翻译。在缺乏 PAR-1 的情况下，MEX-3 均匀分布，PAL-1 无法表达，进而导致后部发育出现缺陷。缺乏 MEX-3 的胚胎全面表达 PAL-1 蛋白，并且在形态上发生后部化，其 AB 细胞的后代类似于卵裂球 C 的正常后代。

在合子的后半部分，P₁ 分裂产生 EMS 和 P₂。EMS 将依次分裂产生 MS 和 E 细胞，其中 E 细胞产生形成幼虫肠道的 20 个细胞（图 14.5），MS 则主要产生中胚层。决定 EMS 命运的关键因素之一是转录因子 SKN-1。没有 SKN-1 的胚胎缺乏咽和肠，因为 E 和 MS 卵裂球的发育类似于 C 卵裂球，而 C 卵裂球是 P₂ 后代，形成肌肉和下皮层（这会产生过多的 "skin" 组织——SKN 之名即由此而来）。SKN-1 的母体 mRNA 并不发生局部定位，但该蛋白质仅在 P₁ 核中积累，随后在其后代 EMS 和 P₂ 核中积聚。SKN-1 在 12 细胞期时已不能检测到。SKN-1 在后部核中的定位依赖于 MEX-1，因为缺乏 MEX-1 的胚胎，在两个 AB 子细胞以及 P₂ 和 EMS 的细胞核中都含有 SKN-1。结果是 AB 后代像 MS 后代一样发育，从而产生过多的肌肉。同时，缺乏 MEX-1 和 SKN-1 的胚胎，会出现与单独缺乏 SKN-1 时相似的表型，即 AB 正常，但 EMS 会像 C 那样发育。这些结果证实正常的 AB 细胞发育行为依赖于 SKN-1 蛋白的缺失状态。

虽然 SKN-1 在 EMS 和 P₂ 的细胞核中都存在，但它仅在 EMS 中具有活性。这是因为在 P₂ 中，SKN-1 调控的转录受到 PIE-1 的阻遏，PIE-1 阻遏种系中所有 RNA 聚合酶 II 介导的转录。缺乏 PIE-1 的胚胎出现咽和肠过多的情况，这是因为此时 SKN-1 在 EMS 和 P₂ 中都很活跃，并且 P₂ 细胞像 EMS 一样发育。SKN-1 直接调控 E 中的内胚层基因（如 *end-1* 与 *end-3*）和 MS 中的中胚层基因（如 *tbx-35*）的转录，之所以会产生这种差异，是因为存在来自 P₂ 的诱导信号，而该信号仅作用于相邻的 E 卵裂球（参见本章 "肠发育" 部分）。

这些结果表明早期卵裂球的特征是如何由其继承的决定子的特定组合所特化的。决定子的空间分布由 PAR 系统控制，其中 PAR-1 是主要的效应因子，它作用于细胞质蛋白 MEX-5/6，使其定位于前部（图 14.11）。这是通过增加被 PAR-1 磷酸化的 MEX 蛋白的细胞内扩散速率来实现的。MEX-5/6 的前部定位，确保了对合子后部发育命运至关重要的蛋白质，如 PIE-1、PAL-1 和 SKN-1，定位于合子的后部。

到目前为止，本章所讨论的组分都来源于母体。然而，在每个细胞谱系中，都会发生特定的合子基因激活（图 14.12）。这既依赖于母体胞质决定子的正确布局，也依赖于相邻卵裂球之间发生的诱导信号。而决定子的定位，以及信号系统组件的定位，归根结底都取决于 PAR 系统的运作。

咽的诱导

在成体线虫中，咽是一根神经肌肉管，负责将食物从口腔输送至肠道。它由 20 个肌细胞、20 个神经元、9 个上皮细胞、9 个边缘细胞和 4 个腺细胞组成，这些细胞排列成三个部分，分别称为体部、峡部和后球部。前端体部收缩，将悬浮在水中的细菌吸入咽部，然后将细菌向后推送，同时把水排出。峡部通过蠕动（peristalsis）继续将细菌向后输送至后球部，细菌在后球部被精细研磨后才进入肠道。

咽由 49 个 ABa 卵裂球的后代和 31 个 MS 卵裂球的后代组成。成虫阶段存在一些细胞融合现象，导致细胞数量有所减少。ABa 后代主要形成前咽，MS 后代主要形成后咽。Aba 对咽形成的贡献需要两个连续

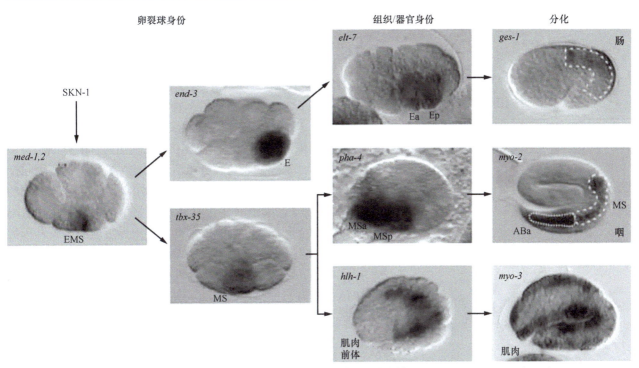

卵裂球身份　　　　　　　　　　　　　　　　　　组织/器官身份　　　　　　　分化

图14.12　原位杂交显示了上述决定子定位导致的合子基因激活。来源：复制自 Maduro and Rothman (2002). Dev. Biol. 246, 68–85，经 Elsevier 许可。

的诱导事件，其中第一个是来自 P₂ 细胞的负向阻遏信号。第二个诱导信号是正向的，来自 MS 细胞的后代（图 14.13）。两种信号均通过 Notch 通路发挥作用，但利用不同的 Notch 配体。

　　来自 P₂ 的阻遏信号通常会阻止 ABp（ABa 的姐妹卵裂球）形成咽。如果人为将 ABa 和 ABp 的位置互换，那么形成前咽的将是 ABp 而不是 ABa，这表明细胞的位置比其谱系更为关键。然而，如果阻止 P₂ 与 ABp 接触，则 ABp 会像 ABa 一样形成咽，这表明正常情况下必然存在从 P₂ 到 ABp 的信号，以抑制咽的形成。这种阻遏信号由母体效应基因 apx-1（anterior pharynx excess）编码。缺乏 APX-1 的胚胎，前咽不仅从 Aba 形成，还会从两个 AB 卵裂球形成。APX-1 是一种 Delta 样配体，而 Notch 型受体则由另一个名为 glp-1 的母体效应基因编码，该基因的名称源于其对**种系增殖（germ-line proliferation, glp）**的影响。缺乏 GLP-1 的胚胎，Abp 的发育在大多数方面也会变为类似 Aba，但与 apx-1⁻ 不同，glp-1⁻ 突变体实际上不会从两个等效的 ABa 样卵裂球形成咽。这是因为，事实上咽的形成并不是 ABa 的默认行为，而是依赖于随后的正向诱导相互作用。分离的 AB 细胞不产生任何咽，这一事实也证实了这一点。此外，在 8～12 细胞期之间，激光消融 MS 细胞，可防止 ABa 形成咽部，这表明在该时间段内，MS 细胞的存在必不可少。在 12 细胞期，MS 卵裂球与两个 Aba 的孙辈细胞（ABalp 和 ABara）接触，并发出负责诱导咽部形成的第二个信号（图 14.13）。此外，在 apx-1⁻ 胚胎中，产生咽部的 ABp 细胞的后代是 ABpra、ABprp 和 ABplp，所有这些细胞也在 12 细胞期与 MS 接触。值得注意的是，第二个信号的受体似乎也是 GLP-1，因为正如我们所见，突变体胚胎不形成咽，尽管在其他方面，两个 AB 谱系的表现相同。直至 8 细胞期，glp-1 mRNA 在胚胎中呈均匀分布，但该蛋白质仅在 AB 后代中出现。这是因为差异翻译受到 mRNA 中 3′-UTR 中序列的调控，其在后部的翻译受到一系列最终由 PAR-1 控制的因子的阻遏。MS 表达的 GLP-1 配体与 APX-1 不同。

　　因此，GLP-1 有双重作用：首先，作为受体介导咽部形成的抑制，这依赖于 P₂ 对 ABp 的作用；然后，作为受体介导咽部形成的正向诱导，这通过 MS 对 ABa 的作用实现。这两个独立的需求，在 glp-1 温度敏感突变体的表型中清晰地显现出来，这些突变体在不同的时间段被置于非允许温度下。如果仅在 4 细胞期左右给予非允许温度，其表型就如同 apx-1⁻ 的母体效应表型，ABp 以及 Aba 都会形成咽。如果非允许温度一直维持到 12 细胞期，那么表型就像母体效应 glp-1 无效突变体，ABp 和 ABa 细胞分裂相同，但随后并不形成咽部。

　　最终，整个咽部的形成取决于合子表达的基因 pha-4，该基因编码翼状螺旋转录因子，与在脊椎动物肠

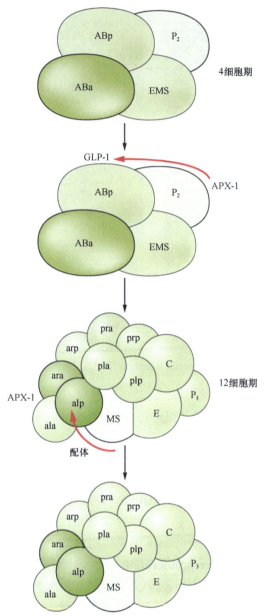

图 14.13 导致咽部形成的两种诱导相互作用。

道发育中起重要作用的 *FoxA* 基因同源。*pha-4* 被 T-box 转录因子激活，该转录因子在咽部由 ABa 和 MS 衍生的部分中，均作为合子基因被上调。在 ABa 衍生部分中，T-box 基因是 *tbx-37* 和 *tbx-38*，在 MS 中则是 *tbx-35*。在 MS 中，*tbx-35* 被合子基因 *med-1* 和 *med-2* 的产物上调，这些基因编码 GATA 型转录因子，并且它们本身被 SKN-1 激活（图 14.12）。

PHA-4 负责通过"咽增强子"控制咽器官所有细胞类型组分中咽部基因的表达。被激活的细胞类型特异性基因包括编码控制腺体分化的 bHLH 因子 *hlh-6*，以及控制肌肉分化的 *tbx-2*。*pha-4* 的功能丧失突变体缺乏整个咽部，包括由 ABa 形成的部分和由 MS 形成的部分。使用温度敏感等位基因的实验表明，在整个发育过程中，早期和晚期分化事件都需要 *pha-4*。*pha-4* 表达水平在发育过程中逐渐升高。这意味着对 PHA-4 具有高亲和力的启动子会在早期开启，而亲和力较低的启动子会在 PHA-4 蛋白浓度积累到足够水平时稍后开启。除了在咽部发挥作用外，PHA-4 还在性腺发育中发挥功能，并影响成虫的寿命。

肠发育

肠位于咽的后方，借由咽肠瓣与后球分隔开来（图 14.14），在后端通过直肠瓣膜与直肠相连。正常情况下，肠仅由 20 个细胞组成，这些细胞围绕中央管腔排列成 9 个环。最前面的环（int1）由 4 个细胞组成，而其余 8 个环（int2~int9）则各由两个细胞组成。肠管被基底膜所包围，管腔表面布满微绒毛。线虫的肠还履行脊椎动物肝脏的部分功能，如在雌雄同体的线虫中参与卵黄蛋白的合成。与脊椎动物和昆虫不同，线虫缺乏替换肠道细胞的能力，因此这 20 个细胞必须在其整个生命周期中持续发挥作用。

所有 20 个肠细胞均源自 E 卵裂球，其特化依赖于来自 P₂ 卵裂球的诱导信号。P₂ 发出类似 Wnt 的信号，导致 EMS 的后端子细胞发育为 E，而在没有该信号的情况下，前端子细胞变成 MS。这可以通过去除 P₂ 细胞来证明，去除 P₂ 细胞会导致 EMS 的前端子细胞和后端子细胞都类似于 MS。一系列编码 Wnt 样信号通路的 *mom*（more mesoderm）突变体，其产生的影响与 P₂ 缺失类似。镶嵌分析表明，P₂ 细胞需要 Wnt 信号（*mom-2*），而 EMS 细胞需要相应的 Wnt 受体（*mom-5*）。这些基因的功能丧失、母体效应突变会将 E 转化为第二个 MS。这种相反的表型是由于 *pop-1* 功能丧失所致，*pop-1* 编码 HMG 结构域转录因子，类似于脊椎动物中的 Tcf 和 Lef 因子。*pop-1* 功能丧失将 MS 转化为第二个 E，这表明 E 的形成取决于 Wnt 样信号对 POP-1 活性的抑制。在脊椎动物中，Wnt/β-联蛋白通路通常会激活 TCF/LEF。因此，线虫的 Wnt 样通路与脊椎动物的 Wnt 样通路有所不同，在不同场合下被称为"Wnt/MAPK 通路"或"非经典 Wnt 通路"。然而，这些术语存在一定的误导，因为它们暗示了与脊椎动物中相似命名通路的紧密相似性，而实际情况并非如此。

线虫 Wnt 样通路的运作机制如下：MOM-2 通过 MOM-5 发出信号，激活与 POP-1 结合的 β-联蛋白同源物（WRM-1）。WRM-1 招募丝氨酸/苏氨酸激酶 LIT-1（loss of intestine），LIT-1 磷酸化 POP-1 并帮助其从细胞核中转运出来。POP-1 通常阻遏 *end-1* 和 *end-3* 的表达，这两个基因编码肠发育所需的 GATA 因子。在 POP-1 维持高表达的 MS 核中，这些基因被阻遏。β-联蛋白的另一个远源同源物 SYS-1（symmetrical sister）

在预定 E 细胞中表达升高，它会与剩余的核内 POP-1 结合，并阻止 WRM-1 与之结合。当 SYS-1 过量时，POP-1 转变为相同靶基因的激活剂。因此，在 E 谱系中，*end-1* 和 *end-3* 被上调（图 14.12），进而引发一系列控制肠分化的更多基因的激活。正如"决定子"部分所述，转录因子 SKN-1 也是 E 卵裂球中 *end-1* 和 *end-3* 转录所必需的。

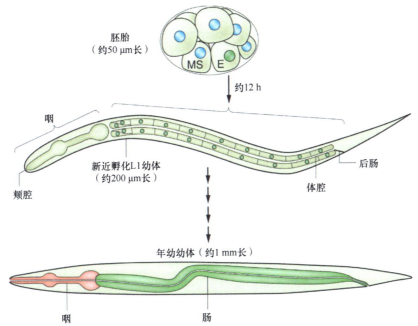

图 14.14 线虫肠的起源和基本结构。来源：据 Dimov and Maduro（2019）. Cell Tissue Res. 377, 383–396 重新绘制。

影响两个子代中 POP-1 和 SYS-1 比例的 Wnt 样信号转导机制，在秀丽隐杆线虫发育中多次发挥作用，包括对控制生殖细胞增殖的远顶细胞形成的调控。

胚胎后发育的分析

发育时序的控制

发育时序（developmental timing）是一个关键过程，在大多数生物体中人们对其了解甚少，但秀丽隐杆线虫通过其**异时突变（heterochronic mutation）**，为研究这一问题提供了一个窗口。这些突变可能会使正常发育序列中的事件提前或推迟，并且通常不仅影响一种结构，还会影响多个谱系（图 14.15）。孵化后，秀丽隐杆线虫会经历 4 个幼虫阶段，分别称为 L1、L2、L3 和 L4，每个阶段都通过下皮分泌的细胞外角质层的**蜕皮（molt）**过程与下一个阶段相区分。在每个幼虫阶段，通常都会发生一系列精确的事件。例如，肠细胞通常在 L1 阶段进行分裂，但在此之后不再分裂。在 L2 阶段，一部分侧皮下的缝合细胞会进行分裂，而在 L4 阶段，它们会退出细胞周期并融合形成角质侧嵴（翼状结构）。

第一个被发现的异时突变体是一种称为 *lin-4* 的功能丧失突变体，它会导致 L1 阶段细胞分裂模式在额外的蜕皮期中重复出现（图 14.15）。另一种功能丧失突变 *lin-14* 会导致跳过 L1 阶段的分裂，并在 L1 期间发生 L2 型分裂。两个基因同时缺失会表现出类似 *lin-14* 的表型，而 *lin-14* 功能获得突变则具有类似 *lin-4* 的效应。这表明 *lin-4* 通常抑制 *lin-14* 的作用，并且 L2 阶段细胞分裂的发生需要 *lin-14*。LIN-14 是一种转录因子，其翻译成蛋白质的过程受到 *lin-4* 产物的抑制，*lin-4* 是一种 microRNA（miRNA），它与 *lin-14* 的 3′ 非翻译区的互补序列结合。*lin-14* 的功能获得等位基因已经从 mRNA 中失去了这些互补序列，因此对 *lin-4* 的抑制性作用具有抗性。

LIN-14 通常仅在 L1 阶段出现，并引发 L1 阶段的分裂事件（图 14.16a）。从 L1 阶段晚期开始，LIN-14 受到 *lin-4* miRNA 的阻遏，*lin-4* miRNA 在 L1 阶段的中期开始积累，并在此后维持。从 L2 阶段开始，LIN-

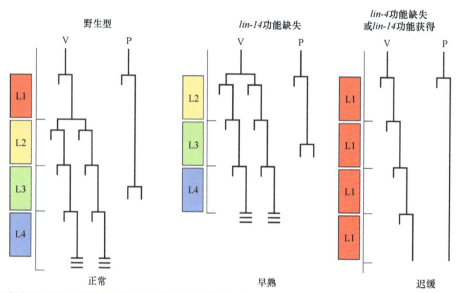

图 14.15 异时突变表型示例。这里显示了两种幼虫细胞谱系，称为 V 和 P，它们在正常发育中经历截然不同的分裂程序。在突变体中，它们受到协同影响。早熟突变体导致发育阶段跳过，而迟缓突变体导致 L1 事件重复出现。来源：复制自 Moss（2007）. Curr. Biol. 17, R425–R434，经 Elsevier 许可。

14 的翻译就受到抑制，这种抑制一直持续到幼虫发育的剩余阶段。但在 *lin-4* 功能丧失突变体中，LIN-14 的翻译得以保留。*lin-14* 并非 *lin-4* miRNA 的唯一靶标，*lin-4* miRNA 也阻遏 *lin-28* 的翻译。当去除 *lin-4* 时，*lin-14* 和 *lin-28* 均变为组成性表达。Lin-28 是一种小 RNA 结合蛋白，它能刺激 *lin-14* 的翻译，而后者也刺激 *lin-28* 的翻译（**图 14.16**b）。因为它们以这种方式相互依赖，去除其中任何一个都会产生表型变化，并抑制 *lin-4* 缺失所带来的影响。不过，*lin-28* 功能的丧失会导致幼虫跳过 L2 阶段的分裂，而不是跳过 L1 阶段的分裂。

　　L2 阶段的分裂由一种称为 HBL-1 的转录因子控制，它是果蝇 Hunchback 的同源物（见第 13 章）。*hbl-1* 受 LIN-28 的正向调控，但被 *miR-48*、*miR-84* 和 *miR-241* 这三种密切相关的 miRNA 阻遏。这些 miRNA 在 L2 期间积累，并在 L2 阶段结束时阻遏 *hbl-1* 表达（**图 14.16**a），从而实现向 L3 阶段的过渡。如果这三种 miRNA 都被去除，则由于 HBL-1 的持续存在，L2 阶段的分裂会重复发生。当其中仅一个在 L2 阶段之前过表达时，由于 HBL-1 被过早去除，L2 阶段的分裂会被跳过。

　　LIN-28 也会与 *let-7* miRNA 的前体结合，并阻止其成熟，因此只有在 *lin-28* 被 *lin-4* 阻遏之后，成熟的 *let-7* 才会积累。对于 LIN-28 而言，这种情况直到 L2 阶段才会发生，*let-7* 随之在 L3 阶段增加（**图 14.16**a）。使 *let-7* 失活的功能丧失突变会导致最后幼虫阶段的事件重复。*let-7* 的主要靶标是 *lin-41*，它编码一种抑制 *lin-29* 翻译的细胞质蛋白。*lin-29* 编码锌指转录因子，能触发成体状态下具有特征性的细胞周期退出和细胞融合。*lin-41* 功能丧失会导致 L3（而非 L4）末期过早的发生成体转变。LIN-41 从 L1 的开头即开始表达，但其翻译在 L4 期间被 let-7 阻遏。

　　那么，这一系列的抑制性相互作用是如何构建成一个发育时间控制器的呢？目前我们对此并不十分清楚目前尚不清楚，但 *lin-42* 基因的特性提供了一些线索。*lin-42* mRNA 及其蛋白质以周期性的方式表达，在蜕皮间期表达水平较高，在蜕皮期表达水平较低（**图 14.16**a）。LIN-42 蛋白位于细胞核内，它与果蝇周期蛋白（Period）同源，Period 在昼夜节律的控制中发挥着核心作用。*lin-42* 功能丧失会导致早熟行为。有人提出，*lin-42* 的表达提供了一种门控机制，在该机制内会发生 miRNA 的表达和作用的循环。

　　miRNA 是否具有某些特性，使它们特别适合作为发育时序的调节因子呢？这也不得而知。许多参与线虫发育时序的基因在脊椎动物中有同源基因。*let-7* miRNA 在脊椎动物发育过程中表达，且与肿瘤的进展相关，但其在发育时序方面的作用尚不明确。*lin-28A* 作为用于制造**诱导多能干细胞（induced pluripotent stem cell**，iPS 细胞；参见第 22 章）的基因之一而广为人知。在脊椎动物中，它是 *lin-4* 同源物的靶标，就像在秀丽隐杆线虫中一样。全基因组关联研究显示出 miRNA 与发育时序之间可能存在联系，此类研究表明，与

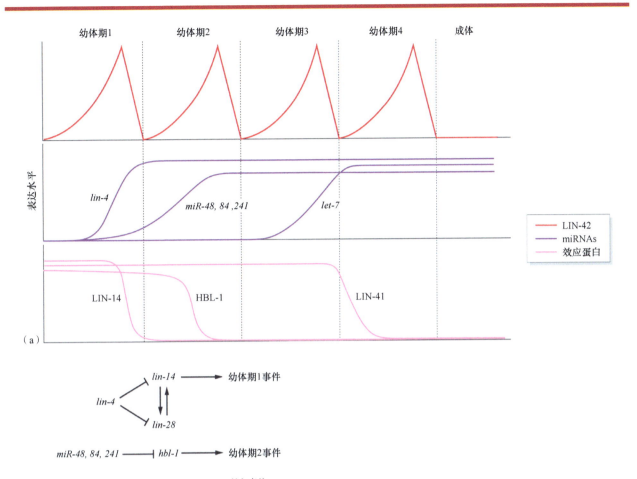

图 14.16 （a）*per* 同源物 lin-42、microRNA 及翻译受它们抑制的蛋白质的相对表达行为图。（b）一些控制幼虫阶段发育时序的调控关系。

lin-28A 密切相关的基因 *lin-28B* 中存在的突变，与人类青春期的提前开始相关。在果蝇中，*let-7* 的缺失会导致一些幼体特征持续到成体阶段，这为 miRNA 与发育时序机制之间的联系提供了另一个可能的证据。

阴门

阴门是围绕性腺中腹开口形成的表皮结构，用于产卵和交配（图 14.17）。它在 L3 期间由编号为 P3.p 至 P8.p 的**阴门前体细胞**（vulval precursor cell, VPC）特化而来，每个细胞都有可能形成三种不同的结构之一。这三种结构被称为初级、次级和三级"命运"，其中只有前两种对阴门有贡献。采纳第三级命运的 VPC 将参与下皮形成。

通常情况下，阴门由 P5.p、P6.p 和 P7.p 形成，它们是胚胎产生的外胚层细胞 P5、P6 和 P7 的三个后端子细胞。只有 P6.p 会选择初级命运，而 P5.p 和 P7.p 会选择次级命运。它们共同产生 22 个细胞，这些细胞在 L4 期间经历各种运动和融合，继而形成阴门本身。此外，P3.p、P4.p 和 P8.p 具备形成阴门的潜能，但在正常发育中，它们各自仅分裂一次，形成两个细胞，随后进入合胞体下皮。

雌雄同体的线虫即便没有阴门也能够繁殖，因为幼虫可以通过啃咬母体的方式破体而出。基于此，可以筛查出那些存在阴门缺陷、妨碍产卵的线虫。不过，存活下来的突变体通常是亚效等位的，而相同基因的相应无效等位突变往往是致命的。主要的突变体类型包括 **vulvaless（无阴门）**和 **multivulva（多阴门）**，其中多阴门突变体能够从同一组 VPC 中形成超数的阴门。

这六个 VPC 被视为一个**等价组**（equivalence group），因为它们都具备形成阴门的潜力，并且在各类实验条件下可以相互替代。这一点通过改变它们相对于位于内部并邻近 P6.p 的性腺**锚细胞**（anchor cell）的位置，便可清晰地展现出来（图 14.17）。一旦锚细胞被激光微束辐射消融，那么所有的 VPC 都会遵循第三命运，不会产生阴门。如果通过激光微束消融去除其中一个 VPC，那么在某些情形下，它的某个邻居将会取而代之，进而产生正常的阴门。倘若锚细胞相对于 VPC 发生移动，就如同在各种 *displaced gonad* 突变体中那样，那么最靠近锚细胞的三个 VPC 将会发育形成阴门。

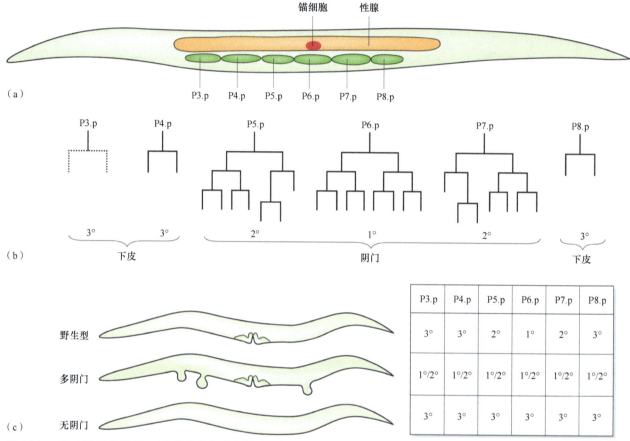

图 14.17　线虫阴门的发育。(a) 等价组细胞与性腺和锚细胞的关系。(b) 每个细胞的正常谱系。(c) 突变表型。对每个表型下每个细胞的命运都进行了标注。

有几种 *vulvaless* 突变体呈现出与锚细胞消融相似的表型。其中一些突变体涉及编码表皮生长因子（EGF）信号通路的组分。锚细胞上的配体是 *lin-3* 编码的 EGF 同源物，而 VPC 上的受体是 *let-23* 编码的 EGF 受体同源物。LIN-3 会形成一个浓度梯度，最靠近锚细胞的 VPC（通常是 P6.p）将获得最高浓度的信号。它通过采用初级命运来对这一信号做出响应。LET-23 激活由 *let-60* 编码的脊椎动物 Ras 蛋白的同源物。*let-60* 的突变存在功能丧失和功能获得两种相反的等位基因型。功能丧失突变体会产生无阴门表型，而功能获得（组成性活性）突变体会产生多阴门表型。双突变体组合表型同样是可以预测的。例如，将 *let-23* 的功能丧失突变与功能获得性 *let-60* 组合，会产生多阴门表型，这是因为对于 Ras 的需求位于受体的下游。

P6.p 中的 LET-60 活性会激活 Delta-Serrate 型配体的转录，该配体作用于 Notch 型受体 LIN-12。这一过程提供了侧向抑制，即 P6.p 抑制 P5.p 和 P7.p 中的初级命运，并激活这两个细胞中的次级命运（图 14.18）。LIN-12 在秀丽隐杆线虫的发育过程中被多次运用，但一些突变会表现出预期的阴门发育缺陷。当 EGF 和 Notch 信号转导均缺失时，VPC 会采取第三种命运。

尽管理论上 EGF 信号的梯度应该足以产生三种细胞命运，但显然还需要辅助信号。这种辅助信号由 P6.p 发出，并激活 P5.p 和 P7.p 中的 Notch 通路。此外，还有证据表明，Wnt 信号转导也是必不可少的，VPC 在缺乏 Wnt 活性的情况下会采取第三级命运。在正常发育中，这些信号的组合共同用于控制阴门的形成。

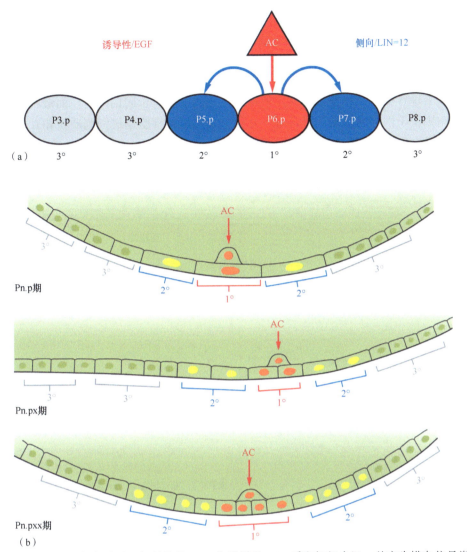

图 14.18 VPC 命运特化。(a) 锚细胞（AC）释放的 EGF 信号诱导 P6.p 采取初级命运，并产生横向信号激活 P5.p 和 P7.p 中的 LIN-12。这两个细胞随后采取次级命运。(b) L3 期的 VPC 及其后代。红色初级命运报告基因是 EGF 信号转导的直接靶标，而黄色次级命运报告基因是 LIN-12 信号转导的直接靶标。顶部图，VPC 中的表达；中间图，VPC 子代中的表达；底部图，VPC 孙辈细胞的表达。来源：据 Underwood et al.（2017）. Genetics 207, 1473–1488 重新绘制，© 2017 Genetics Society of America.

种系

胚胎后发育的一个关键方面是**种系**（**germ line**）的成熟。种系源自早期胚胎的 P₄ 细胞，P₄ 细胞继承了 P 颗粒以及相关的决定子。与 P 颗粒相关的一种蛋白质是 PIE-1，它会导致种系发育早期阶段基因转录的普遍阻遏。PIE-1 通过阻遏体细胞发育所需基因的转录，有效地维持了种系的特性。

在新孵化的幼虫中，种系仅由 Z2 和 Z3 两个细胞构成，它们是 P₄ 细胞的后代，将产生幼虫和成虫的所有生殖细胞。它们的两侧是体细胞 Z4 和 Z5，Z4 和 Z5 将在 L2 晚期形成体细胞性腺原基。PIE-1 的水平在 P₄ 分裂形成 Z2 和 Z3 后不久就会下降，这为种系发育所需基因的表达奠定了基础。Z2 和 Z3 表达 *cgh-1* 基因，该基因编码与果蝇中的 vasa 同源的 RNA 解旋酶。此后，*cgh-1* 基因在种系中保持活跃状态，并且 CGH-1 蛋白是卵中发现的 P 颗粒的成分之一，在早期发育中会分离到种系谱系。用针对 *cgh-1* 的 RNAi 处理线虫，会导致卵母细胞死亡，并形成无功能的精子，这表明 *cgh-1* 在生殖细胞发育的后期阶段具有关键功能。

　　在幼虫和成虫中，生殖细胞位于性腺内（图 14.19a、b）。到 L2 阶段，大约有 60 个生殖细胞，而在成年雌雄同体的线虫中大约有 2000 个生殖细胞，这一数量是体细胞数量的两倍。最初，整个种系都处于有丝分裂状态，但随着发育的进行，会出现一个减数分裂区。减数分裂区首先产生精子，之后才转而产生卵母细胞。有趣的是，在生殖细胞发育过程中，大多数的基因调控是通过翻译控制而非转录控制来实现的。围绕成体性腺的空间上进行的一系列发育事件，使得最成熟的细胞位于阴门附近，而最不成熟的、仍处于有丝分裂阶段的细胞则位于性腺的盲端。尽管进行有丝分裂的生殖细胞通过细胞质桥相互连接，但它们的细胞分裂并不同步，因此它们并不形成真正的合胞体。

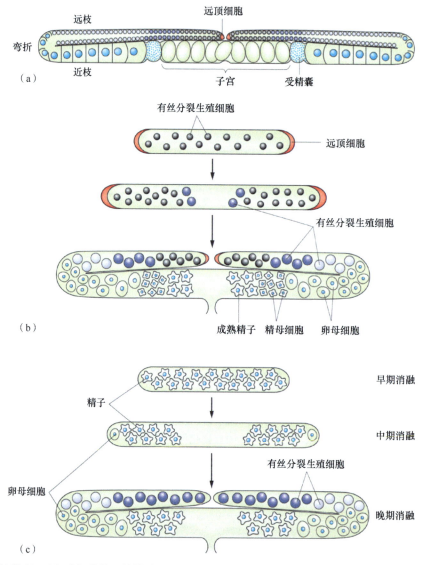

图 14.19　线虫性腺的发育。(a) 成年雌雄同体性腺。(b) 正常发育。(c) 在不同阶段去除远顶细胞的效果。

　　性腺每个分支的尖端都包含一个重要的体细胞，称为**远顶细胞（distal tip cell）**，其功能是使邻近的生殖细胞核维持有丝分裂状态（图 14.19）。远顶细胞有细胞质突出，可延伸到有丝分裂区，大约能跨越 20 个细胞直径的范围（图 14.20）。远顶细胞源自 Z1 和 Z4，而 Z1 和 Z4 是 MS 卵裂球的后代，它们同样由先前负责 E-MS 命运决定的 Wnt 样机制特化。Z1 和 Z4 的两个远端子细胞中，SYS-1 对 POP-1 的比例较高，进而发育为远顶细胞，而近端子代细胞则具有较低的抑制性 POP-1，这些细胞发育为围绕种系的上皮细胞，以及诱导阴门形成的锚细胞。

　　在幼虫生长阶段，随着性腺不断发育，处于有丝分裂状态的生殖细胞区会逐渐伸长。这使得细胞逐渐脱离远顶细胞的影响范围，随后便停止有丝分裂，进入减数分裂阶段。在任何时期，若通过激光照射去除远顶细胞，都会使剩余的、处于有丝分裂状态的细胞核全部进入减数分裂。此后，性腺的细胞组成则会与当时所达到的成熟阶段相适配，因此，若在早期去除远顶细胞，性腺将只产生精子；而在晚期去除，则会形成近乎正常的卵母细胞和精子布局（图 14.19c）。远顶细胞通过表达 LAG-2 发挥作用，LAG-2 是 Notch 配体 Delta 的同源物，而生殖细胞则表达 Notch 型受体 GLP-1（该受体也是咽诱导过程中所需的）。*lag-2* 或 *glp-1* 的合子功能丧失突变所产生的效果，与去除远顶细胞的效果相同。

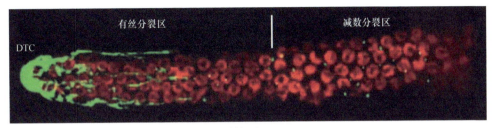

图 14.20　使用 GFP 报告基因可视的远顶细胞。DTC，远顶细胞。

GLP-1 信号抑制一对称为 GLD-1 和 GLD-2 的蛋白质的活性，这两个蛋白质分别是 RNA 结合蛋白和聚腺苷酸聚合酶。这两种蛋白质都存在于种系中，并且是种系进展到减数分裂所必需的。GLP-1 信号还上调 *daz-1*，*daz-1* 编码卵母细胞成熟所需的另一种 RNA 结合蛋白。该基因与人类基因 *DAZ*（deleted in azoospermia）同源，尽管在人类中 *DAZ* 是精子发生而不是卵子发生所必需的。因此，尽管线虫种系的发育与其他模式生物存在很大差异，但控制这一过程的许多关键分子组分仍然是保守的。

程序性细胞死亡

在雌雄同体线虫的正常发育过程中，所产生的 1090 个体细胞中有 131 个会死亡，这些细胞死亡大多发生在发育的第 250～450 min 的"死亡潮"期间（图 14.21）。这些死亡的细胞主要是小细胞，总共仅占线虫生物量的 1%。大多数细胞死亡是自主发生的，在细胞产生后不久就会出现。尽管存在一些差异，但细胞死亡中事件发生的顺序总体上与哺乳动物的细胞凋亡相似，都会经历细胞核浓缩、细胞收缩成膜结合体，最后被邻近细胞吞噬的过程。

细胞死亡缺陷（*ced*, cell-death-defective）突变影响生物体中的大多数细胞死亡事件，而细胞死亡特化（*ces*, cell-death-specification）突变则影响特定细胞的死亡决定。大多数 *ced* 突变都会干扰死亡细胞的吞噬过程，但其中有 4 种是实际死亡程序本身的组成部

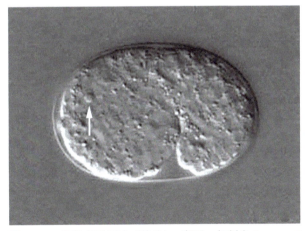

图 14.21　胚胎细胞死亡（箭头）。来源：复制自 Lettre and Hengartner (2006). Nat. Rev. Mol. Cell Biol. 7, 97–108，经 Nature Publishing Group 许可。

分。在 *ced-3*、*ced-4* 和 *egl-1* 的功能丧失突变体中，大多数原本注定会死亡的细胞现在却存活了下来。*ced-9* 基因同时具有功能丧失和功能获得等位基因。在功能丧失突变体中，会出现细胞过度死亡的情况；而在功能获得突变体中，大多数通常要死亡的细胞都存活了下来。过表达野生型 *ced-9* 也会导致细胞存活率过高。*ced-9⁻;ced-3⁻* 或 *ced-9⁻;ced-4⁻* 类型的双突变体中，靶细胞能够存活，因此这提示，*ced-9* 的正常功能必定是抑制 *ced-3/4*。这些基因位于 *ced-9* 的下游，是执行细胞死亡程序所必需的（图 14.22）。事实上，*ced-4* 或 *ced-3* 的过表达会导致细胞过度死亡。然而，虽然 *ced-4* 过表达导致过度死亡的能力取决于 *ced-3*，但 *ced-3* 过表达导致细胞过度死亡的能力在很大程度上独立于 *ced-4*。因此，*ced-4* 以依赖于 *ced-3* 的方式导致细胞死亡，由此可知 *ced-3* 在 *ced-4* 的下游发挥作用。*ced-9⁻;egl-1⁻* 类型的双突变表现出细胞过度死亡的现象，所以可以推断，*egl-1* 的正常功能必定是抑制 *ced-9*（图 14.20）。遗传镶嵌体和过表达实验表明，*egl-1*、*ced-3* 和 *ced-4* 野生型基因必须存在于靶细胞本身中，靶细胞才会死亡。许多 *ces* 突变体会影响注定死亡的特定细

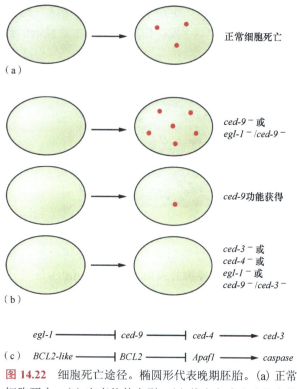

（a）正常细胞死亡

ced-9⁻ 或
egl-1⁻/*ced-9*⁻

*ced-9*功能获得

ced-3⁻ 或
ced-4⁻ 或
egl-1⁻ 或
ced-9⁻/*ced-3*⁻

（b）

（c）

egl-1 ——┤ *ced-9* ——┤ *ced-4* ——→ *ced-3*

BCL2-like ——┤ *BCL2* ——┤ *Apaf1* ——→ *caspase*

图 14.22　细胞死亡途径。椭圆形代表晚期胚胎。(a) 正常细胞死亡。(b) 突变体的表型。(c) 线虫和哺乳动物中的途径。

胞中 *egl-1* 的表达。

CED-9 是哺乳动物蛋白 BCL2 的同源物。BCL2 最初是作为一种**癌基因（oncogene）**产物被发现的，它是一种定位于线粒体等细胞器的胞质蛋白，并充当细胞凋亡的抑制剂。CED-9 和 BCL2 可以相互替代，因此转入哺乳动物 BCL2 基因的转基因线虫会出现细胞死亡受抑制的现象，并且 *ced-9*⁻ 突变体可以通过表达 BCL2 得到拯救。EGL-1 是庞大的 BCL2 样蛋白家族（属于"仅含 BH3 结构域的蛋白"）中的促凋亡成员，它与 CED-9 发生物理性相互作用，从而抑制其抗凋亡功能。CED-3 是白细胞介素 1β 转换酶（interleukin 1β-converting enzyme, ICE）的同源物，ICE 是一种半胱氨酸蛋白酶，裂解 Asp-X 序列。它是胱天蛋白酶（caspase）家族的原型成员，现已知这个家族含有许多成员。胱天蛋白酶是实际引发细胞死亡的酶，其作用靶点包括聚 ADP-核糖聚合酶（参与 DNA 修复）、核纤层蛋白（核膜蛋白）以及 Xkr 跨膜蛋白家族的成员（参与将磷脂酰丝氨酸暴露在细胞表面）。如果将 CED-3 引入哺乳动物细胞，其本身就会引起细胞凋亡。CED-4 是一种蛋白质，其哺乳动物同源物称为 Apaf1，Apaf1 能形成"凋亡小体"。这是一个分子平台，有助于激活半胱天冬酶，如哺乳动物的半胱天冬酶原 9 或秀丽隐杆线虫的 proCED-3。在秀丽隐杆线虫中，CED-9 抑制 CED-4 组装到凋亡小体中，而 EGL-1 与 CED-9 的结合会消除这种抑制作用。

细胞死亡过程的最后阶段是凋亡细胞被邻近细胞吞噬。秀丽隐杆线虫没有专门的吞噬细胞，吞噬作用由非特化细胞完成。但与哺乳动物的吞噬作用一样，其关键步骤是识别要吞噬的细胞表面的特定磷脂——磷脂酰丝氨酸。许多 *ced* 基因突变体在吞噬功能方面存在缺陷，这些基因的同源物对哺乳动物吞噬细胞的特性也很重要。例如，*ced-1* 编码的蛋白质是哺乳动物 SREC（scavenger receptor from endothelial cell，内皮细胞清道夫受体）的同源物；*ced-7* 编码一种 ABC（ATP-binding cassette，ATP 结合盒）转运蛋白，该蛋白质是负责转运小分子和离子穿过细胞膜的一大类蛋白质之一。

如同在不对称细胞分裂的研究方面一样，在程序性细胞死亡机制的发现这一领域，秀丽隐杆线虫遗传学对细胞生物学也做出了重要贡献。

经典实验

细胞不均等分裂的机制

细胞不均等分裂机制的突破依赖于对导致合子正常极化消失的母体效应基因突变的分离鉴定。现已知 *par* 基因的同源物参与许多其他动物的不对称细胞分裂。

Kemphues, K.J., Priess, J.R., Morton, D.G. et al. (1988) Identification of genes required for cytoplasmic localization in early *C. elegans* embryos. *Cell* 52, 311–320.

Guo, S. & Kemphues, K.J. (1995) *Par-1*, a gene required for establishing polarity in *C. elegans* embryos, encodes a putative Ser/Thr kinase that is asymmetrically distributed. *Cell* 81, 611–620.

经典实验

细胞谱系和细胞死亡

前两篇参考文献是描述秀丽隐杆线虫完整细胞谱系的论文，源自使用干涉显微镜进行的艰苦观察。第三篇文献是详细的解剖学研究。在这项工作的过程中，描述了许多程序性细胞死亡。第4～6篇参考文献中描述的细胞死亡（ced）突变体分析表明，该过程的生物化学在高等动物中是常见的，从而可对该通路加以阐明。Sydney Brenner、Robert Horvitz 和 John Sulston 因这些工作于2002年荣获诺贝尔生理学或医学奖。

Sulston, J.E. & Horvitz, H.R. (1977) Postembryonic cell lineages of the nematode *Caenorhabditis elegans*. *Developmental Biology* **56**, 110−156.

Sulston, J.E., Schierenberg, E., White, J.G. et al. (1983) The embryonic-cell lineage of the nematode *Caenorhabditis-elegans*. *Developmental Biology* **100**, 64−119.

White, J.G., Southgate, E., Thomson, J.N. et al. (1986) The structure of the nervous-system of the nematode *Caenorhabditis-elegans*. *Philosophical Transactions of the Royal Society of London Series B – Biological Sciences* **314**, 1−340.

Ellis, M.E. & Horvitz, H.R. (1986) Genetic control of programmed cell death in the nematode *C. elegans*. *Cell* **44**, 817−829.

Yuan, J.Y., Shaham, S., Ledoux, S. et al. (1993) The *C-elegans* cell-death gene *ced-3* encodes a protein similar to mammalian interleukin-1-beta-converting enzyme. *Cell* **75**, 641−652.

Hengartner, M.O. & Horvitz, H.R. (1994) *C. elegans* cell-survival gene *ced-9* encodes a functional homolog of the mammalian protooncogene *bcl-2*. *Cell* **76**, 665−676.

新的研究方向

近年来，秀丽隐杆线虫已被广泛应用于衰老机制（见第21章）以及病理机制等其他主题的研究。对基本发育机制的理解是此类工作的重要基础。

要点速记

- 秀丽隐杆线虫非常有利于遗传实验。它是自体受精的雌雄同体生物，世代时间短。
- 胚胎和成体中所有细胞的精确细胞谱系已被描述。这成为各种实验工作的重要基础资源。
- 胚胎的早期区域图式是通过PAR蛋白的作用形成的。受精后，PAR蛋白沿前–后轴分离，并控制其他胞质决定子在早期卵裂球之间的分布。
- 秀丽隐杆线虫发育的各个步骤都依赖于诱导相互作用，且所利用的分子通路与其他动物相同。例如，AB细胞形成咽依赖于来自P2和MS细胞发出的Delta样信号；E谱系的形成依赖于来自MS细胞的Wnt样信号。
- 胚胎后发育同样涉及诱导相互作用。EGF-Ras通路在阴门发育中起重要作用，Notch通路则对维持种系的有丝分裂状态至关重要。
- 异时突变以协调的方式影响多个细胞谱系，并可能导致发育事件相对于正常时间进程的提前或推迟。
- 秀丽隐杆线虫在阐明细胞极化和细胞凋亡性细胞死亡机制方面对细胞生物学做出了重要贡献。

拓展阅读

网页

http://www.wormbook.org

http://www.wormbase.org

综合

Riddle, D.L., ed.（1997）*C. elegans* II. Cold Spring Harbor, NY: Cold Spring Harbor Laboratory Press.

Simske, J.S. & Hardin, J.（2001）Getting into shape: epidermal morphogenesis in *Caenorhabditis elegans* embryos. *BioEssays* **23**, 12–23.

Singson, A.（2001）Every sperm is sacred: fertilization in *Caenorhabditis elegans*. *Developmental Biology* **230**, 101–109.

Joshi, P.M. & Rothman, J.H.（2005）Nematode gastrulation: having a BLASTocoel! *Current Biology* **15**, R495–R498.

Cook, S.J., Jarrell, T.A., Brittin, C.A. et al.（2019）Whole-animal connectomes of both *Caenorhabditis elegans* sexes. *Nature* **571**, 63–71.

Packer, J.S., Zhu, Q., Huynh, C. et al.（2019）A lineage-resolved molecular atlas of *C. elegans* embryogenesis at single-cell resolution. *Science* **365**, eaax1971.

Goldstein, B. & Nance, J.（2020）*Caenorhabditis elegans* Gastrulation: A Model for Understanding How Cells Polarize, Change Shape, and Journey Toward the Center of an Embryo. *Genetics* **214**, 265–277.

遗传学

Kuwabara, P.E. & Kimble, J.（1992）Molecular genetics of sex determination in *C. elegans*. *Trends in Genetics* **8**, 164–168.

Salser, S.J. & Kenyon, C.（1994）Patterning in *C. elegans*: homeotic cluster genes, cell fates and cell migrations. *Trends in Genetics* **10**, 159–164.

Hunter, C.P.（1999）A touch of elegance with RNAi. *Current Biology* **9**, R440–R442.

Yochem, J. & Herman, R.K.（2003）Investigating *C. elegans* genetics through mosaic analysis. *Development* **130**, 4761–4768.

Antoshechkin, I. & Sternberg, P.W.（2007）The versatile worm: genetic and genomic resources for *Caenorhabditis elegans* research. *Nature Reviews Genetics* **8**, 518–532.

Frokjaer-Jensen, C., Wayne Davis, M., Hopkins, C.E. et al.（2008）Single-copy insertion of transgenes in *Caenorhabditis elegans*. *Nature Genetics* **40**, 1375–1383.

Au, V., Li-Leger, E., Raymant, G. et al.（2019）CRISPR/Cas9 methodology for the generation of knockout deletions in *Caenorhabditis elegans*. G3 **9**, 135–144.

Philip, N.S., Escobedo, F., Bahr, L.L. et al.（2019）*Mos1* element-mediated CRISPR integration of transgenes in *Caenorhabditis elegans*. G3 **9**, 2629–2635.

不对称分裂与决定子

Rose, L.S. & Kemphues, K.J.（1998）Early patterning of the *C. elegans* embryo. *Annual Review of Genetics* **32**, 521–545.

Schneider, S.Q. & Bowerman, B.（2003）Cell polarity and the cytoskeleton in the *Caenorhabditis elegans* zygote. *Annual Review of Genetics* **37**, 221–249.

Nance, J.（2005）PAR proteins and the establishment of cell polarity during *C. elegans* development. *BioEssays* **27**, 126–135.

Goldstein, B. & Macara, I.G.（2007）The PAR proteins: fundamental players in animal cell polarization. *Developmental Cell* **13**, 609–622.

McGhee, J.D.（2013）The *Caenorhabditis elegans* intestine. *Wiley Interdisciplinary Reviews Developmental Biology* **2**, 347–367.

Wu, Y., Zhang, H. & Griffin, E.E.（2015）Coupling between cytoplasmic concentration gradients through local control of protein mobility in the *Caenorhabditis elegans* zygote. *Molecular Biology Cell* **26**, 2963–2970.

Lang, C.F. & Munro, E.（2017）The PAR proteins: from molecular circuits to dynamic self-stabilizing cell polarity. *Development* **144**, 3405–3416.

Han, B., Antkowiak, K.R., Fan, X. et al.（2018）Polo-like kinases couples cytoplasmic protein gradients in the *C. elegans* zygote. *Current Biology* **28**, 60–69.

Wu, Y., Han, B., Li, Y. et al.（2018）Rapid diffusion-state switching underlies stable cytoplasmic gradients in the *Caenorhabditis elegans* zygote. *Proceedings National Academy Science* **115**, E8440–E8449.

Kapoor, S. & Kotak, S.（2020）Centrosome Aurora A gradient ensures single polarity axis in *C. elegans* embryos. *Biochemical Society Transactions* **48**, 1243–1253.

诱导、种系、阴门及细胞死亡

Priess, J.R. & Thomson, J.N.（1987）Cellular interactions in early *C. elegans* embryos. *Cell* **48**, 241−250.

Horvitz, H.R. & Sternberg, P.W.（1991）Multiple intercellular signalling systems control the development of the *C. elegans* vulva. *Nature* **351**, 535−541.

Sundaram, M. & Han, M.（1996）Control and integration of cell signalling pathways during *C. elegans* vulval development. *Bioessays* **18**, 473−480.

Kornfeld, K.（1997）Vulval development in *C. elegans*. *Trends in Genetics* **13**, 55−61.

Metzstein, M.K., Stanfield, G.M. & Horvitz, H.R.（1998）Genetics of programmed cell death in *C. elegans*: past present and future. *Trends in Genetics* **14**, 410−417.

Seydoux, G. & Strome, S.（1999）Launching the germ line in *Caenorhabditis elegans*: regulation of gene expression in early germ cells. *Development* **126**, 3275−3283.

Gaudet, J. & Mango, S.E.（2002）Regulation of organogenesis by the *Caenorhabditis elegans*, FoxA protein PHA-41. *Science* **295**, 821−825.

Lettre, G. & Hengartner, M.O.（2006）Developmental apoptosis in *C. elegans*: a complex CED nario. *Nature Reviews Molecular Cell Biology* **7**, 97−108.

Maduro, M.F.（2006）Endomesoderm specification in *Caenorhabditis elegans* and other nematodes. *BioEssays* **28**, 1010−1022.

Kimble, J. & Crittenden, S.L.（2007）Controls of germline stem cells, entry into meiosis, and the sperm/oocyte decision in *Caenorhabditis elegans*. *Annual Review of Cell and Developmental Biology* **23**, 405−433.

Mango, S.E.（2009）The molecular basis of organ formation: insights from the *C. elegans* foregut. *Annual Review of Cell and Developmental Biology* **25**, 597−628.

Pilon, M.（2014）Developmental genetics of the *Caenorhabditis elegans* pharynx. *Wiley Interdisciplinary Reviews Developmental Biology* **3**, 263−280.

发育时序

Jeon, M., Gardner, H.F., Miller, E.A. et al.（1999）Similarity of the *C. elegans* developmental timing protein LIN-42 to circadian rhythm proteins. *Science* **286**, 1141−1146.

Rougvie, A.E.（2005）Intrinsic and extrinsic regulators of developmental timing: from miRNAs to nutritional cues. *Development* **132**, 3787−3798.

Moss, E.G.（2007）Heterochronic genes and the nature of developmental time. *Current Biology* **17**, R425−R434.

Resnick, T.D., McCulloch, K.A. & Rougvie, A.E.（2010）miRNAs give worms the time of their lives: small RNAs and temporal control in *Caenorhabditis elegans*. *Developmental Dynamics* **239**, 1477−1489.

Ambros, V.（2011）MicroRNAs and developmental timing. *Current Opinion in Genetics and Development* **21**, 511−517.

Rougvie, A.E. & Moss, E.G.（2013）Developmental transitions in *C. elegans* larval stages. *Current Topics Developmental Biology* **105**, 153−180.

Herrera, R.A., Kiontke, K. & Fitch, D.H.（2016）Makorin ortholog LEP-2 regulates stability to promote the juvenile-to-adult transition in *Caenorhabditis elegans*. *Development* **143**, 799−809.

第三部分

器官发生

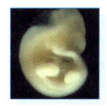

第 15 章

研究器官发生和出生后发育的技术

第 5 章介绍的大多数技术既适用于早期发育研究，也可用于晚期发育研究。不过，有一些技术尤其适用于晚期发育阶段的研究，特别是小鼠转基因技术的各种衍生方法，如 Cre 系统。本章将对这些技术展开介绍。此外，本章还将回顾适用于哺乳动物（包括人类）的克隆分析方法、组织和器官培养方法，以及用于细胞群体分析和分选的流式细胞术。这些方法不仅在器官发生研究中发挥着重要作用，在分析与组织构建（tissue organization）、干细胞和再生相关的出生后发育事件时也极为关键，相关内容将在本章的"细胞分析与分离"部分进行探讨。

大多数器官发生的研究工作是借助小鼠或鸡来完成的，不过爪蛙和斑马鱼有时也能为研究做出有价值的贡献。在本书的这一部分内容里，小鼠的发育时期以胚胎妊娠天数（如 E12.5）表示，而鸡的发育时期则采用汉堡-汉密尔顿（Hamburger-Hamilton, H&H）时期系列表示。

遗传学

在器官发生研究中，传统的过表达转基因小鼠品系和基因敲除小鼠品系应用广泛。然而，它们存在一定的局限性，所以小鼠遗传学领域引入了一些极为复杂的方法，以便能够开展更广泛的实验。其中一些方法涉及使用来自其他生物体（如细菌、噬菌体或酵母）的遗传组分。这些组分很少能直接投入使用，需要经过改造，才能在哺乳动物细胞中正常发挥作用。例如，哺乳动物和细菌在同义密码子的使用上存在差异，因为相关的转移 RNA 存在比例各不相同。因此，通常需要对基因的编码序列进行修改，在维持编码相同氨基酸的前提下，将个别密码子替换为哺乳动物中更常用的密码子。

Cre 系统

Cre 是一种源自 P1 噬菌体的重组酶，它能够切除位于被称为 loxP 位点的结合序列之间的 DNA 片段。在这里，我们将探讨 Cre 系统的两种用途：一是敲除特定细胞类型中的基因，二是构建特定基因表达域的命运图。如本章后面所述，Cre 系统也可用于克隆分析。

组织特异性敲除

组织特异性敲除在器官发生研究中尤为重要，因为功能丧失突变体的表型，主要由基因在发育过程中的首次功能的缺失所主导。通常，如果关键基因缺失，胚胎往往会在发育早期即死亡，从而无法分析该基因缺失对后期功能的影响。

为了仅在某一组织中敲除某个基因，从而避免早期致死问题，需要创建两个小鼠品系。在第一个品系中，目标基因编码区重要部分的两侧被插入了 loxP 位点（该基因即被描述为 **floxed**）。第二个品系是转基因品系，其中 Cre 重组酶由组织特异性启动子驱动。构建转基因所用构建体的命名遵循 *Pdx1-Cre* 形式，这表

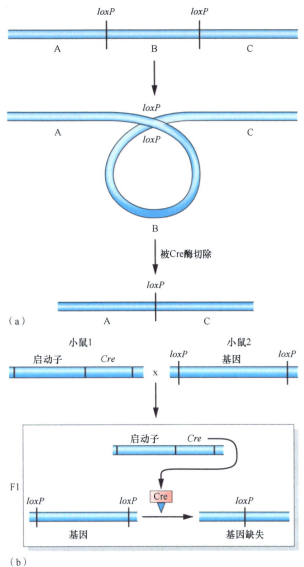

（a）

（b）

图 15.1 Cre-lox 系统。（a）Cre 重组酶将切除两个 loxP 位点之间的 DNA。（b）二元小鼠体系。当小鼠 1 和小鼠 2 交配时，Cre 重组酶根据与其偶联的启动子的特异性进行表达，并驱动 loxP 位点之间的基因切除。

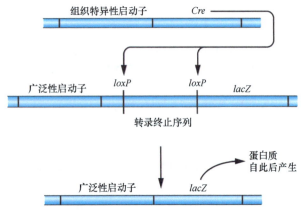

图 15.2 使用 Cre-lox 系统进行命运图构建。在驱动 Cre 的启动子上调后，一个细胞群将被永久标记。

示 *Cre* 编码区是由 *Pdx1* 启动子驱动的。当两种品系的小鼠进行交配时，目标基因应该会在后代中被切除，但仅限于在产生 Cre 的组织中（**图 15.1**）。在实际操作中，Cre 无法实现 100% 有效的切除，因此最好的情况是让携带 floxed 靶基因的亲本为杂合子，且该基因的第二个拷贝处于非活性状态。这意味着每个细胞只需要切除一个基因拷贝，并且其蛋白质产物一开始就只有正常水平的一半。

基于 Cre 的命运图构建

　　Cre-lox 系统还可用于转基因的组织特异性激活。这可用于在另一个基因的表达域中表达一个功能基因，相较于基因的广泛过表达，这种方式更具复杂性。最重要的是，当被调控的基因是产生易于检测但无活性产物的报告基因时，该系统可用于谱系示踪和命运图构建。为此，Cre 的功能是切除通常会阻止标记基因表达的抑制性 DNA 序列。例如，可以将两侧连接 loxP 位点的转录终止序列插入到组成性启动子和编码区之间。为方便起见，这种操作可写作"stoplox"，如 *stoplox-lacZ* 或 *stoplox-GFP*。当抑制序列被 Cre 去除后，报告基因就会表达。由于该系统会靶向切除一段 DNA，所以这种变化在细胞分裂时是可遗传的，并会在每个被修改过的细胞的所有后代中持续存在。此类实验动物的命名遵循 *Pdx1-Cre x stoplox-lacZ* 的形式，其中第一个组分指的是驱动 Cre 酶表达的组织特异性启动子，第二个则与所使用的报告基因相关。

　　这种可遗传的特性使得 Cre-lox 系统的这一应用在命运图构建上得到广泛应用。事实上，除了可以通过单细胞转录物组测序进行推断外，它是用于卵柱期后小鼠发育命运图构建的唯一方法。如果想要了解在特定发育阶段激活了特定启动子的特定细胞群通常会发育形成什么，那么可以构建小鼠，其中所讨论的启动子驱动 Cre 的表达，而 Cre 上调报告基因（**图 15.2**）。一个使用该策略的例子是证明胰腺的所有细胞类型都源自表达转录因子 Pdx1 的内胚层（参见第 18 章）。显然，启动子的保真度是此类实验的绝对关键，需要仔细加以确认。如果驱动 Cre 的启动子存在任何异位表达，那么所获得的结果就会产生误导。

　　已有多种报告品系被用于这种类型的命运图构建。最受欢迎的是名为 R26R 的小鼠。其转基因由大肠杆菌 β-半乳糖苷酶与新霉素抗性融合而成，也被称为 *β-geo*。它的前端有一个两侧带有 loxP 位点的转录终止信号，并且整体被敲入 *Rosa26* 基因座。*Rosa26* 是一个编码非翻译 RNA 的基因，其在所有发育阶段的所有组织中均有表达。它最初是作为一种普遍表达的基因捕获基因被发现的（见第 11 章）。除非有 Cre 重组酶存在，否则 R26R 品系不会表达 lacZ 基因，并且在任何表达过 Cre 重组酶的细胞中，即使只是短暂表达，它也会永远表达 lacZ 基因。已经设计了其他报告品系，其中一个标记物在 Cre 作用之前表达，而另一个在 Cre 作用之后表达。近年来特别流行的是 mT/mG，在这个品系中，红色荧光蛋白 tdTomato 在 Cre 作用之前表达，绿色荧光蛋白（GFP）在 Cre 作用之后表达。这两种蛋白质都具有膜结合结构域，能够很好地实现细胞可视化。

诱导型 Cre

通过将 Cre 酶与雌激素受体（ER）的配体结合域融合，可以使 Cre 系统具备可诱导性。与第 8 章中讨论的糖皮质激素受体一样，核激素受体如 ER 通常通过与热休克蛋白结合而被隔离在细胞质中。当它们的特异性配体与受体结合后，会取代热休克蛋白，允许受体（或者在本例中的 ER 融合蛋白）迁移到细胞核。CreER 的表达仍然由组织特异性启动子驱动，但其激活时间通过向母体注射合适的受体配体来控制。所用的 ER 序列已被改造为对内源性雌激素不敏感，因此实验中使用的配体不是雌激素本身，而是合成的拮抗剂他莫昔芬（tamoxifen）或其活性代谢产物 4-羟基他莫昔芬（4-hydroxytamoxifen）。注射他莫昔芬后，具有生物活性的 4-羟基他莫昔芬在数小时后于肝脏内产生，并在 24 h 后基本从血液循环中清除。因此，该系统的时间区分度约为 1 天。

任何可以使用 Cre 进行的实验，也都能使用 CreER/他莫昔芬来进行，其中他莫昔芬给药控制着 Cre 活性的时机。这对于命运图构建具有特殊价值，因为它使研究者能够根据胚胎发育特定日期中特定启动子的表达，来追踪细胞群的后代。

Tet 系统

CreER 系统体现出一种诱导性，其中瞬时诱导的效果是永久性的。还存在其他诱导型转基因系统，这些系统不会给 DNA 带来可遗传的变化，仅在受到刺激时才具有活性。

为此，优选的系统使用来自大肠杆菌的四环素（tetracycline）操纵子（operon）元件。降解四环素的酶由操纵子的基因编码。在没有四环素的情况下，操纵子被抑制；但在四环素存在时，操纵子被激活。该系统之所以起作用，是因为四环素与 Tet 阻遏蛋白（Tet repressor protein, TetR）结合，从而使其与 DNA 中的 tet 操纵子（tetO）序列解离，使得转录得以进行。

针对小鼠实验，该系统已通过各种方式进行了改造，以提高其特异性（图 15.3）。使用的响应元件（TRE）包括多个拷贝的大肠杆菌 tetO 以及一个最小启动子。原始的 TetR 已被转变成为一个激活子（TetA），其正常的抑制结构域被 VP16 激活结构域取代，VP16 激活域是来自单纯疱疹病毒的强转录激活序列。在转基因情况下，TRE 与靶基因结合，TetA 在基因组中其他位置的组织特异性启动子处表达。使用的诱导剂不是四环素本身，而是一种称为多西环素（doxycycline）的稳定类似物。在这种称为 Tet-off 的变体中，基因在多西环素存在时处于失活状态，但当药物被撤除时，TetA 将与 TRE 结合并激活转录。多西环素被持续添加到怀孕雌性小鼠的饮用水中，这会导致 TetA 被隔离，目标基因保持关闭状态。当想要激活靶基因时，撤去多西环素即可。多西环素会在几个小时内从母体和胎儿循环中被清除，然后 TetA 就能够结合 TRE，靶基因则被激活。

TetA 已被通过巧妙的诱变转变为称为 rtTA 的"反向激活剂"。该分子需要多西环素才能与 TRE 结合，并在结合时激活基因表达。当多西环素被撤除时，rtTA 将与 TRE 脱离，基因关闭，这个版本称为 Tet-on。至于 Tet-on 或 Tet-off 哪一个更适用，则取决于具体的实验设计。这两个系统也广泛应用于基于组织培养的体系，例如，在胚胎干细胞中通常用于调节病毒基因递送载体的基因表达。

后期基因导入

在小鼠中，大多数过表达实验是利用传统的注射转基因或第 11 章中描述的敲入程序来完成的。然而，尽管现有的诱导系统已经十分精密复杂，但有时，能在需要的时间和位置导入基因的方法或许更为可取。

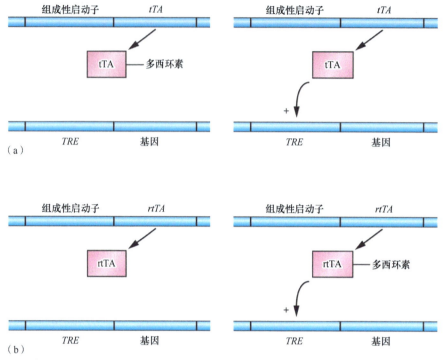

图 15.3 Tet 系统。(a) 在 Tet-off 中，tTA 在没有多西环素的情况下上调靶基因。(b) 在 Tet-on 中，rtTA 在多西环素存在的情况下上调靶基因。

后期基因导入可以通过**电穿孔**（**electroporation**）来实现。电穿孔主要应用于鸡胚，即将 DNA 注射到脊髓腔等空腔中，然后在组织注射区域施加方波电脉冲。DNA 带负电，因此会被驱动进入细胞，并流向电穿孔器的阳极。在小鼠的器官发生阶段，胚胎位于母亲的子宫内。不过，如今手术方法已经相当成熟，可以打开子宫，暴露胚胎或胎儿，通过电穿孔将基因导入到所需位置，然后关闭子宫，可以让母亲继续怀孕并生下幼崽。与转基因不同，电穿孔是一种瞬时技术，仅适用于短期基因过表达。DNA 很少整合到宿主细胞的基因组中；相反，它会随着细胞分裂而逐渐被稀释，并且也会通过代谢而被降解。

用于基因递送的病毒载体

现在已大量使用源自动物病毒的各类载体，将基因导入培养的细胞或完整生物体中。这些载体分为多个类别，而在研究中最常用的类型是**逆转录病毒**（**retrovirus**）、与其相关的慢病毒（lentivirus）以及腺病毒（adenovirus）。

逆转录病毒是 RNA 病毒，感染细胞后，其单链 RNA 基因组被逆转录为双链 DNA，该双链 DNA 能够整合到宿主基因组中。在逆转录病毒载体里，目标基因通常自带启动子，取代全部三个病毒编码区。对于病毒载体，通常使用"转导"（transduction）这一术语来代替"感染"（infection）。转导之后，它们能够实现整合，随后转基因在其自身启动子的控制下进行表达。慢病毒同样是逆转录病毒，与人类免疫缺陷病毒（HIV）相关，但它们还具有转导和整合到非分裂细胞中的能力。

在大多数过表达实验里，使用的是复制缺陷型载体（**图 15.4**）。这类载体缺乏复制所需的大部分或全部基因，因此无法产生新的病毒颗粒。为了制备载体，将携带载体序列的质粒与编码缺失成分的质粒一起转染至包被细胞系中。由于此时所有必需成分都已具备，包被细胞就会分泌出含有缺陷基因组的病毒颗粒，这些病毒颗粒随后能够转导宿主细胞，实现整合并表达，但不会产生新的病毒颗粒。通常会用具有更广泛宿主范围的病毒外壳蛋白，如水疱性口炎病毒（VSV-G）的外壳蛋白，替换正常的病毒外壳蛋白，这被称为"假型"。转导后，并非所有细胞都必然整合病毒 DNA，但大多数细胞都会表达它。在组织培养中，可以利用载体的抗生素抗性基因进行整合筛选。在针对整个胚胎或动物的实验中，许多细胞中的表达可能是短暂的，一旦未整合的病毒基因组被降解，表达就会停止。感染整个胚胎或动物后，在**种系**（germ line）中获得整合的概率极低，所以使用逆转录病毒载体通常不会形成转基因品系。复制缺陷型逆转录病毒也用于**克隆分析**（clonal analysis）。为此目的，研究者常常特意以极低的感染复数进行转导，以便在未标记细胞的背景下仅产生少数被标记的细胞。

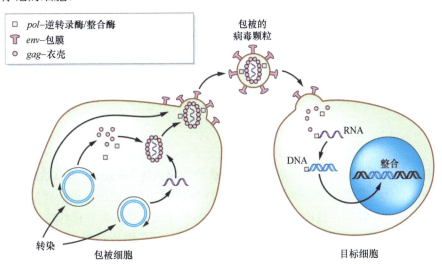

图 15.4　复制缺陷型慢病毒载体。该载体是在包被细胞系中由转染质粒表达的成分产生的。它可以转导靶细胞，并产生 DNA 以整合到基因组中，但不能制造新的病毒颗粒。

另一种在研究中常用的载体是基于腺病毒的。这是一种双链 DNA 病毒，不会整合到宿主基因组中。它能为许多细胞类型提供高效率的转导，但表达是短暂的，只有在病毒 DNA 存在时才会持续。所有使用的病毒载体都可能包含条件调节元件，如 Gal4、Tet 系统或 Cre，因此通常可以通过复杂的方式调控它们的基因表达。

在鸡胚发育的研究中，具有复制能力的逆转录病毒（如复制型禽肉瘤病毒，**RCAS**）也有一定的应用。在这种情况下，受感染的细胞会制造并输出病毒颗粒，这些病毒颗粒会感染邻近的细胞，因此几天之后，感染和转基因表达就会扩散至整个胚胎。由于这通常会导致胚胎死亡，因此需要合理安排实验时间，确保在感兴趣的发育时期，只有感兴趣的区域被感染。还有一些鸡的品种，对所用的逆转录病毒具有抗性。因此，可以将对感染敏感的胚胎中的一块组织（如肢芽），移植到对感染具有抗性的胚胎中，然后再进行感染。在这种情况下，过表达就仅限于感染敏感区域。

细胞消融

有多种以发育特异性方式杀死细胞的方法，其中一种常用的方法涉及使用白喉毒素（diphtheria toxin，DT），这是一种来自病原体白喉棒状杆菌的外毒素。该分子有两个亚基：A 亚基 DT-A，可杀死细胞；B 亚基 DT-B，能够与通常存在于人类细胞上、被称为白喉毒素受体（diphtheria toxin receptor，DTR）的细胞表面分子相互作用，从而将 A 亚基导入细胞。A 亚基是一种酶，可以使蛋白质合成所必需的延伸因子 2 失活。它毒性极强，单个分子就足以杀死一个细胞。

DT-A 可以单独使用，由合适的组织特异性启动子或诱导系统控制。但由于其毒性极大，哪怕极其轻微的泄漏，也可能导致小鼠死亡。更为复杂的方法是在组织特异性启动子、Cre-lox 系统或 Tet 系统的控制下表达 DTR。小鼠细胞对 DT 不敏感，但如果表达了 DTR，就会变得敏感。此后，向小鼠注射完整的毒素（A 亚基和 B 亚基），只有那些表达 DTR 的细胞才会结合 B 亚基，并允许 A 亚基进入。

克隆分析

第 4 章介绍了与早期发育相关的克隆分析。在早期阶段，要解决的问题通常是确定发育决定发生的时间，这涉及检测单个克隆在决定后是否无法跨越两个结构。对于器官发生和出生后发育的研究而言，其意义在于鉴定祖细胞，并了解组织的扩增范式。如果整个结构是由单个细胞分裂而来，那么在标记该细胞后，整个结构都会被标记。然而，如果该结构起源于多个细胞，那么在标记单个祖细胞后，这个结构的细胞组成将始终是混合的。

这里将描述已应用于小鼠的克隆分析方法。克隆分析在果蝇研究中也非常重要，用于研究幼虫阶段成虫盘的发育。不过，用于成虫盘的技术较为特殊，将在第 19 章进行介绍。

镶嵌与嵌合

在哺乳动物中，由遗传上不同的细胞组成的动物被称为**镶嵌体**（**mosaic**）或**嵌合体**（**chimera**）。通常来说，如果动物是由单个合子发育产生，例如，所有雌性哺乳动物因 X 染色体失活而呈现的镶嵌状态，则使用术语"镶嵌"（mosaic）；如果它是由来自不同来源的细胞通过某些实验性操作或自然发生的混合而产生的，则使用"嵌合"（chimera）。遗传镶嵌（genetic mosaic）不应与镶嵌性发育（mosaic development）相混淆，后者是第 4 章中提到的完全不同的概念。

有两种实验方法可以制备小鼠嵌合体（图 15.5）。**聚合嵌合体**（**aggregation chimera**）是通过去除 4～8 细胞期胚胎的透明带，然后轻轻将它们按压在一起，使细胞相互黏附而制成的。融合的胚胎被重新植入假孕受体的子宫中。这样的胚胎能正常发育，并且由包含两种组分的细胞类型混合物构成。**注射嵌合体**（**injection chimera**）是通过将细胞注射到扩张的胚泡的囊胚腔中制备的，此时胚泡的透明带保持完整。同样，它们被植入代孕母体内，以便进一步发育。如果使用的两种小鼠品系具有不同的毛色，则通常可以通过检查毛色图案来检测嵌合现象。尽管色素细胞本身源自神经嵴，但毛囊中色素的表达也取决于表皮的局部遗传组成。因此，嵌合体的皮毛图案通常呈现为斑点状，或者至少混合了两种来源品系的毛色。

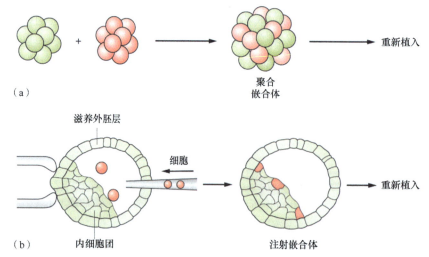

图 15.5 制备嵌合体：(a) 通过聚合；(b) 通过将细胞注射到胚泡中。

注射嵌合体在实际应用中具有巨大意义，因为它们是制备**敲除**（**knock out**）小鼠的关键步骤（见图 11.25 和图 11.26）。但这两种类型的嵌合体以及 X 失活镶嵌体也可用于鼠胎或出生后小鼠结构的克隆分析。如第 20 章所述，这种类型的分析已应用于毛囊和肠隐窝等结构。通过注射来自几种表达不同颜色荧光蛋白的胚胎干细胞系，可以制成多色的注射嵌合体，它们含有多个标记细胞群。图 17.33 显示了一个与发育造血相关的例子。

标记克隆的诱导

在小鼠或鸡胚中标记克隆的一种方法是用低剂量的、表达 *β-galactosidase* 或 *GFP* 的无复制能力的逆转录病毒进行感染。在理想情况下，由于剂量足够低，受感染的细胞能够很好地彼此分离，每个阳性细胞群可被视为单个克隆。这种方法已在中枢神经系统研究中得到了大量应用。但在实际操作中，区分克隆并非易事，因此通常使用包含大量变异序列的病毒文库，并通过聚合酶链反应（PCR）对从每个标记块中取出的组织进行分型，以此确定它属于相同或不同的克隆。

还有一些无须获取胚胎的克隆诱导方法。在 *CreER* 小鼠与 *stoplox-reporter* 小鼠杂交过程中，可以施用低剂量的他莫昔芬，这样只有个别细胞会发生重组事件（继而被标记）。标记的时间会在施用他莫昔芬之后的当天，并且可以通过调整他莫昔芬的剂量来调节克隆出现的频率。

一种更简单但不太可控的方法是使用名为 *laacZ* 的转基因。这是一个基因内包含终止密码子重复的 *lacZ* 版本。大约在一百万次细胞分裂中会有一次发生基因内的重组，去除终止密码子，从而自发修复缺陷。这会产生一个表达正常 *lacZ* 的克隆，可以通过 X-Gal 染色使其可视化。因此，在由组织特异性启动子驱动的 *laacZ* 转基因小鼠中，该组织中应该始终存在较低频率的标记克隆。

有时，能够同时可视化多个细胞谱系是很有用的。正如在"镶嵌和嵌合"部分提到的，这可以通过将不止一种带有不同标记的胚胎干细胞系注射到未标记的宿主胚胎中制成嵌合体来实现。还有使用多种颜色进行标记的转基因技术。"Brainbow"方法最初是为研究神经系统而引入的，但也可用于任何器官发生或出生后发育问题的研究（图 15.6）。在图 15.6 所示的版本中，有 4 个荧光蛋白基因。在每一对荧光蛋白基因中，其中一个荧光蛋白基因及其侧翼 *loxP* 位点是倒置的（图 15.6）。当 Cre 表达时，串联的 *loxP* 位点之间的区域可能会被切除，而相对的 *loxP* 位点之间的区域可能会发生倒置。这会导致切除和倒位事件的各种组合，最终细胞仅表达 4 个基因中的 1 个。该版本的 Brainbow 已被整合到名为 Confetti 的小鼠品系的 R26R 基因座中。

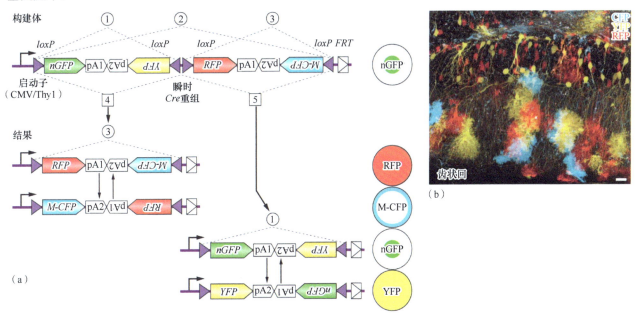

图 15.6　用于生成不同颜色的多个克隆的"Brainbow"技术。（a）Brainbow 2.1 构建体。在 Cre 存在的情况下，存在三种可能的倒位事件和两种可能的切除事件，从而产生四种可能的结果，每种结果表达不同的荧光蛋白。（b）该齿状回切片样本中存在许多标记克隆。标尺：20 μm。来源：（a）自 Livet et al.（2007），© 2007 Springer Nature；（b）转自 Livet et al.（2007）. Nature 450, 56–62，经 Nature Publishing Group 许可。

人类克隆分析

到目前为止，本章描述的所有方法都是用于小鼠的，或者在少数情况下，应用于其他模式生物。出于伦理原因，这些方法不能用于人类。然而，可以利用某些天然存在的遗传标签对人类进行克隆分析。也许最有用的是线粒体 DNA 中一个编码细胞色素 c 氧化酶 (cytochrome c oxidase, CCO) 的基因。由于各种原因，线粒体 DNA 会发生较高频率的体细胞突变，也包括 CCO 的功能丧失突变。然而，每个线粒体中都有多个 DNA 拷贝，并且每个细胞又有许多线粒体。因此，对于一个 DNA 分子的突变，无论是通过遗传漂变 (genetic drift) 还是通过选择来扩散到整个细胞，都需要一定的时间。实际上，完全失去 CCO 酶的细胞只见于 40 岁以上的个体。

由于这个过程需要很长时间，在人体组织中可能观察到的唯一突变克隆是那些源自干细胞的突变克隆。这是因为，根据定义，干细胞是永久性的，而其他分裂细胞群则是短暂的（见第 20 章）。一个标记干细胞的克隆将包括干细胞本身及其所有后代。图 15.7 展示了肝脏上皮细胞中一个 CCO 阴性克隆的图片。此类克隆似乎起源于门管三联体 (portal triad, PT) 区域。

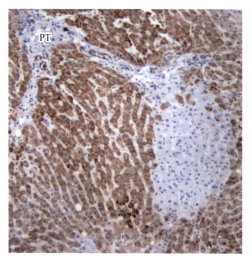

图 15.7　人肝脏中的 CCO 阴性克隆。突变体克隆为蓝色，周围为棕色。来源：Walther and Alison (2016). WIREs Dev. Biol. 5, 103–117。

组织和器官培养

组织培养

组织培养 (tissue culture) 在发育生物学中曾扮演边缘角色，但鉴于胚胎干细胞 (embryonic stem cell) 和诱导多能干细胞 (induced pluripotent stem cell) 的重要性，现在必须将其视为一项核心技术（第 11 章和第 22 章）。组织培养是指在离体条件下，在营养培养基中培养细胞。通常，细胞以单层形式在塑料表面生长，不过现在越来越多地使用更复杂的三维基质。原代 (primary) 细胞培养物是直接源自生物体内组织的细胞培养物。通常情况下，原代细胞系在衰老之前仅生长一定的细胞代数。对于啮齿动物细胞而言，这似乎主要是由于细胞周期蛋白依赖性激酶抑制因子 (cyclin-dependent-kinase inhibitor, CKI) 的积累；而对于人类细胞来说，则是因为缺乏端粒酶 (telomerase)，最终导致染色体末端被降解（参见第 21 章）。由于生长最快的变体会自动被选择，组织培养细胞很容易出现染色体异常和其他突变，因此在将其行为与体内细胞特性联系起来时，必须时刻牢记这一点。永久的或已建立的细胞系能够无限制地增殖，因为它们积累了突变，使它们能够逃避正常的衰老过程。总体而言，哺乳动物的组织培养技术发展得较为完善，尤其是啮齿动物和人类细胞的培养，但非哺乳动物的组织培养技术发展则相对滞后。

哺乳动物细胞培养基 (medium) 的总渗透压一般约为 350 mOsm。其 pH 需要严格控制，正常情况下通常为 7.4。pH 值的控制通常通过碳酸氢盐-CO_2 缓冲液来实现（常见组合是 2.2 g/L 碳酸氢盐和 5% CO_2）。这些缓冲液比其他缓冲液效果更好，可能是因为碳酸氢盐本身也是一种营养素。培养基必须包含多种成分：盐、氨基酸、糖，以及所培养的特定细胞所需的低水平特定激素和生长因子。一般通过添加一些动物血清（通常是 10% 胎牛血清）来满足细胞对激素和生长因子的需求。这是长期以来通行的做法，但存在一些弊端。血清永远无法完全表征，而且不同批次的血清之间往往存在差异，这对实验结果可能至关重要。为此，无血清培养基的使用变得越来越广泛。这些培养基需要包含纯净形式的、必要的激素和生长因子，而无血清培养基的使用再次强调了一个明显的事实，即不同种类的细胞需要在培养基中添加不同的成分。

假设细胞被培养在近乎最佳的培养基中，它们能够以恒定的倍增时间呈指数增长。为了让细胞保持最大生长速率，需要定期为它们更新培养基，并在它们接近汇合（confluence，即覆盖所有可用表面）时，以较低的密度进行传代培养和重新铺板。传代培养通常通过胰蛋白酶处理来进行，胰蛋白酶降解一些细胞外和细胞表面蛋白质，使细胞从塑料表面脱落，并在悬浮液中变成球状。胰蛋白酶被稀释之后，细胞就可以以较低的密度转移到新的培养瓶皿中。细胞需要 1～2 h 才能重新合成其正常的表面分子组，然后黏附到新的基质上并继续生长。

尽管指数生长在组织培养中经常可见，且是组织培养所要达到的目标，但细胞在体内极少呈现指数生长。在体内，大多数细胞是静止的，很少进行任何分裂，因此体内细胞更类似于静态汇合的组织培养物，而非生长中的细胞。

器官培养

与组织培养形成对比的是**器官培养**（**organ culture**）。在器官培养中，来自胚胎一小块组织或器官原基的外植体，以整体形式在营养培养基中维持培养（图 15.8c，d）。器官培养物通常能维持其三维结构，并且在培养期间不会大量生长，不过它们仍具有活性，并且可能发生分化并经历形态发生运动。一些器官培养是在简单的塑料表面上进行的，一些则是在细胞外基质材料上开展，如涂有胶原蛋白或纤连蛋白的塑料表面。在一些情况下，外植体被包被在细胞外基质中，如胶原凝胶或**基质胶**（**Matrigel**）中。基质胶是商业化的细胞外基质提取物，源自一种永久细胞系。目前有各种用于器官培养的膜设计，能使外植体保持在气液界面，这往往是有好处的。还有其他类型的膜，允许在其两侧培养不同的组织成分，这对于分析它们之间的相互诱导作用特别有用。

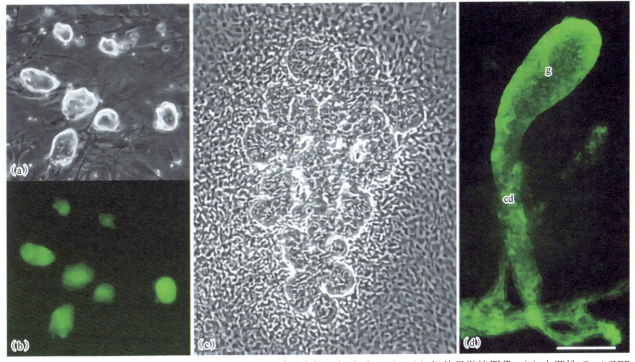

图 15.8　组织和器官培养。(a,b) 组织培养中的小鼠诱导多能干细胞（iPSC）：(a) 相差显微镜图像；(b) 内源性 *Oct4-GFP* 报告基因的荧光可视化。(c) 小鼠胚胎胰腺的器官培养，相差显微镜图像。(d) 小鼠胚胎胆囊的器官培养物，用荧光凝集素（DBA）染成绿色。g，胆囊；cd，胆囊管；标尺：200 μm。来源：Jonathan Slack。

一种相关的培养类型是**类器官**（**organoid**）。这些是在干细胞体外培养过程中产生的、具有类似组织或器官微观结构的结构。第 20 章（肠类器官）和第 22 章（来自多能干细胞的类器官）给出了一些例子。

在鸡胚中，和小鼠类似，也可以在体外进行器官培养。此外，还可以将小块组织移植到晚期胚胎的**尿囊绒膜**（**chorioallantoic membrane，CAM**）上，在那里这些组织会变得血管化，并且能在有效的隔离环境中生长和分化。

细胞分析和分离

流式细胞仪

　　干细胞研究尤其依赖于从复杂的混合细胞群体（如在哺乳动物骨髓中发现的细胞）中识别、分类和分选细胞的能力。相关技术被称为**流式细胞术（flow cytometry）**。只要细胞可以被转化为单细胞悬浮液（如通过胰蛋白酶处理），流式细胞术就可以应用于任何组织来源的细胞。较小且不太复杂的流式细胞仪可以分析细胞混合物的组成，而较大且更复杂的仪器还可以将不同类型的活细胞分选到不同的试管中。如果一台机器既能分选细胞又能分析细胞，则被称为**荧光激活细胞分选仪（fluorescence-activated cell sorter）**或 FACS 仪。

　　细胞可以根据大小、"颗粒度"或其特定的荧光信号进行分析，这取决于与荧光抗体的结合或内源报告基因的表达。如果要对活细胞进行分选，那么只能使用针对细胞表面分子的抗体。如果目的只是分析，则可以固定细胞，并使用识别细胞内部抗原的抗体。要进行分析操作时，将细胞悬浮于合适的介质溶液中，放置在储存器内；然后，细胞通过喷嘴进入鞘液（sheath fluid）流中，鞘液流控制流动特性。鞘液流被激光束照射，当每个细胞通过时，其光散射和荧光信号会被探测器测量记录。前向光散射提供细胞大小的粗略测量，侧向光散射则提供颗粒度的粗略测量。

　　对于荧光激活细胞分选，仪器将振动喷嘴，导致含有细胞的鞘液流分裂成一系列微小的液滴。通过计算细胞密度，可使极少的液滴中含有超过一个细胞。实验者可以对机器进行编程，设定荧光和大小的标准，机器将根据检测器的测量结果，通过液滴充电电极给每个液滴赋予正电荷或负电荷。然后，液滴穿过带正电和带负电的金属板，那些带有电荷的液滴会发生适当的偏转，从而可以被收集起来。这意味着可以从混合的起始群体中分离出纯净的活细胞亚群（图 15.9）。机器可能配备多个激光器和探测器，从而实现多通道检测和非常复杂的分离程序。

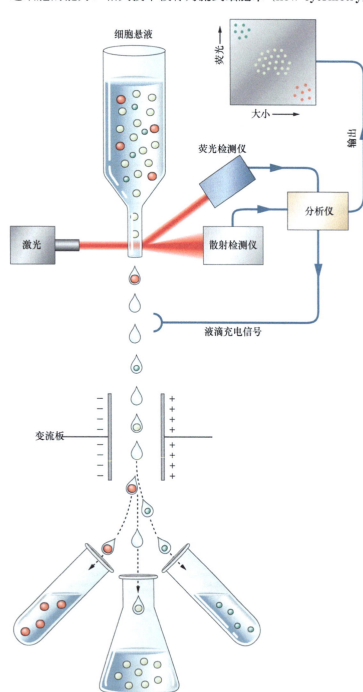

图 15.9 荧光激活细胞分选仪。输出结果显示细胞群体中包含少数组分，即小的高荧光细胞（绿色）和大的低荧光细胞（红色）。通过对机器进行适当设置，可将它们分选到不同的管中。

激光捕获显微切割

过去，无法对组织切片进行分子生物学分析，要么对通常包含许多不同细胞类型的大块组织进行基因表达分析，要么对其进行切片、染色和解剖学检查。只有在可以通过 FACS 分离细胞的情况下，才能同时进行这两种类型的分析。

现在，可以从显微镜切片中分离出单个细胞或一小群细胞，并使用适用于少量样本的任何技术对其进行分析，包括基因测序或特定基因的表达测量，这被称为**激光捕获显微切割**（**laser capture microdissection**）（图 15.10）。这需要一台特殊的显微镜，配备有紫外脉冲激光微束，能够围绕指定区域进行切割。这个区域可能只是单个细胞，或者是一些感兴趣的微观结构，如干细胞域或肿瘤中的小斑块。该设备的软件使操作者能够引导切割激光束。然后，通过使用散焦激光脉冲将组织碎片"弹射"到样本管中，或使其选择性地黏附到载玻片上，从而实现组织碎片的分离。与所有涉及微小样本和通过 PCR 对样本进行显著扩增的技术一样，该技术在操作时需要非常小心，以避免污染，并进行足够的阳性和阴性对照实验。

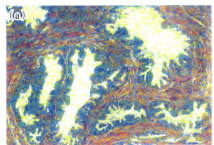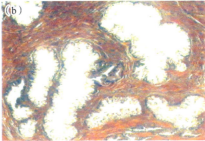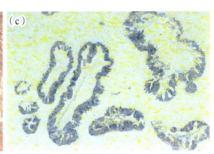

图 15.10　激光捕获显微切割。（a）人类前列腺组织切片。（b）上皮组织的切除。（c）转移到薄膜上的上皮组织。来源：Simone, N. L., Bonner, R. F., Gillespie, J. W., Emmert-Buck, M. R., Liotta, L. A., 1998. Laser-capture microdissection: opening the microscopic frontier to molecular analysis. Trends in Genetics. 14, 272–276。

要点速记

- Cre-lox 系统可用于两种截然不同的类型的操作：①基因的组织特异性敲除；②特定启动子处于活跃状态的区域的命运图构建。使用诱导型 Cre 酶可以让实验者调节其作用的时间。
- Tet-on 和 Tet-off 系统使得转基因的表达能够通过施用四环素类似物来控制。
- 除了转基因技术之外，基因还可以通过子宫内电穿孔的方式导入晚期小鼠胚胎中。
- 利用白喉毒素可以实现靶向细胞消融。
- 小鼠的克隆分析可以通过多种方式进行：①分析由早期胚胎制成的镶嵌体或嵌合体；②施用携带标记基因的低感染复数的复制缺陷型逆转录病毒；③诱导低水平的 Cre 标记；④ *laacZ* 基因的自发回复突变。
- 组织培养涉及在体外培养细胞，这些细胞通常是生长在塑料表面上的单层细胞。器官培养涉及维持一个有活力的组织原基，使其能够在体外成熟。
- 能够形成悬浮细胞群的细胞可以通过流式细胞术进行分析。不同的细胞亚群可以通过荧光激活细胞分选术来进行分离。
- 单个细胞或小的细胞群可以通过激光捕获从显微镜切片中分离出来并进行分析。

拓展阅读

遗传学

Buch, T., Heppner, F.L., Tertilt, C. et al.（2005）A Cre-inducible diphtheria toxin receptor mediates cell lineage ablation after toxin administration. *Nature Methods* **2**, 419–426.

Sun, Y., Chen, X. & Xiao, D.（2007）Tetracycline-inducible expression systems: new strategies and practices in the transgenic mouse modeling. *Acta Biochimica et Biophysica Sinica* **39**, 235−246.

Joyner, A.L. & Zervas, M. (2006) Genetic inducible fate mapping in mouse: establishing genetic lineages and defining genetic neuroanatomy in the nervous system. *Developmental Dynamics* **235**, 2376−2385.

Dymecki, S.M. & Kim, J.C. (2007) Molecular neuroanatomy's "three Gs": a primer. *Neuron* **54**, 17−34.

Livet, J., Weissman, T.A., Kang, H. et al. (2007) Transgenic strategies for combinatorial expression of fluorescent proteins in the nervous system. *Nature* **450**, 56−62.

Buckingham, M.E. & Meilhac, S.M. (2011) Tracing cells for tracking cell lineage and clonal behavior. *Developmental Cell* **21**, 394−409.

Kretzschmar, K. & Watt, F.M. (2012) Lineage tracing. *Cell* **148**, 33−45.

Richier, B. & Salecker, I. (2015) Versatile genetic paintbrushes: Brainbow technologies. *Wiley Interdisciplinary Reviews: Developmental Biology* **4**, 161−180.

Walther, V. & Alison, M.R. (2016) Cell lineage tracing in human epithelial tissues using mitochondrial DNA mutations as clonal markers. *Wiley Interdisciplinary Reviews: Developmental Biology* **5**, 103−117.

Song, A.J. & Palmiter, R.D. (2018) Detecting and avoiding problems when using the Cre−lox system. *Trends in Genetics* **34**, 333−340.

Nectow, A. R., Nestler, E. J., 2020. Viral tools for neuroscience. *Nature Reviews Neuroscience* **21**, 669−681.

细胞

Fukuda, K., Sakamoto, N., Narita, T. et al. (2000) Application of efficient and specific gene transfer systems and organ culture techniques for the elucidation of mechanisms of epithelial−mesenchymal interaction in the developing gut. *Development, Growth and Differentiatio*n **42**, 207−211.

Primrose, S.M. & Twyman, R.M. (2006) *Gene transfer to animal cells, in Principles of Gene Manipulation and Genomics*, 7th edn, chap. 12. Malden, MA: Wiley-Blackwell.

Espina, V., Wulfkuhle, J.D., Calvert, V.S. et al. (2006) Laser-capture microdissection. *Nature Protocols* **1**, 586−603.

Cockrell, A.S. & Kafri, T. (2007) Gene delivery by lentivirus vectors. *Molecular Biotechnology* **36**, 184−204.

Shamir, E.R. & Ewald, A.J. (2014) Three-dimensional organotypic culture: experimental models of mammalian biology and disease. *Nature Reviews Molecular Cell Biology* **15**, 647−664.

Freshney, R.I. and Capes-Davis, A. (2021) *Freshney's Culture of Animal Cells: A Manual of Basic Technique and Specialized Applications*, 8th edn. Hoboken, NJ: John Wiley & Sons.

Goetz, C., Hammerbeck, C. & Bonnevier, J. (2018) *Flow Cytometry Basics for the Non-Expert*. Cham, Switzerland: Springer Nature.

第 16 章

神经系统的发育

总体结构和细胞类型

脊椎动物的神经系统通常可划分为**中枢神经系统**（**central nervous system, CNS**）和**周围神经系统**（**peripheral nervous system, PNS**）。CNS 由大脑和脊髓组成，源自早期胚胎的**神经板**（**neural plate**）。PNS 包括脑神经、脊神经、自主神经以及与之相关的**神经节**（**ganglion**），由**神经嵴**（**neural crest**）、表皮**基板**（**placode**）以及从 CNS 的细胞体生长出的轴突形成。CNS 的神经细胞，即神经元，通常生有许多细小的突起（称为树突），以及一条较长的突起（称为轴突）。轴突通常被包裹在一层名为髓鞘的脂质鞘中。轴突与众多其他神经元的树突相连接。一个神经元的树突所形成的复杂分支图式，被称为神经元的**树突树**（**dendritic tree**，或 **arbor**）。神经元的活动包括在细胞体内产生动作电位，动作电位沿轴突传导并被众多其他神经元的树突所接收。在 CNS，"灰质"主要指的是细胞体，这些细胞体通常呈分层排列；而"白质"主要指的是神经轴突，其白色来源于包裹轴突的髓鞘中较高的脂质含量。CNS 中的神经元胞体的凝聚区域通常被称为核团（nuclei），注意不要将其与细胞核相混淆。

神经元之间，或神经元与非神经元靶细胞之间的连接被称为突触（synapse）。它们的工作原理是，突触前末梢释放神经递质，这会导致突触后末梢的离子通道打开，从而在接收细胞中引发动作电位。神经元有时也会通过间隙连接相互通信，间隙连接能够双向传输电脉冲。脊椎动物神经系统的整体复杂性是巨大的：人脑包含大约 10^{11} 个神经元，而每个神经元与多达 10^3 个其他神经元形成突触。神经系统的功能在很大程度上取决于神经元的布局和连接方式，这是在胚胎发育过程中实现的。最终产物的巨大复杂性是通过许多相当简单的过程，依顺序和并行性运作构建起来的。本章会对这些过程进行阐述。

神经元有很多种类型（图 16.1）。它们可以根据轴突和树突树的形态分类，也可以依据所使用的神经递质（如乙酰胆碱、去甲肾上腺素、谷氨酸或多巴胺）来分类，还可以根据神经元的靶标的性质来分类。运动神经元以肌肉为目标。感觉神经元将信号从感觉器官传递至中枢神经系统的神经元。中间神经元与其他神经元相互发送和接收信号。除了神经元，神经系统还有大约 10 倍于神经元的**胶质细胞**（**glial cell**）（图 16.1）。**星形胶质细胞**（**astrocyte**）是 CNS 中数量最多的细胞类型，执行许多结构和代谢功能，包括维持血脑屏障、摄取神经递质以及产生细胞外基质。1 型（纤维性）星形胶质细胞在白质中数量更多，2 型（原浆性）星形胶质细胞在灰质中更为常见。**少突胶质细胞**（**oligodendrocyte**）是 CNS 中缠绕轴突形成髓鞘的细胞，**施万细胞**（**Schwann cell**）则是在 PNS 中缠绕轴突形成髓鞘的细胞。髓鞘既保护轴突，又提升轴突传递动作电位的性能。NG2 细胞（= 多突胶质细胞，polydendrocyte）是一类充当少突胶质细胞前体细胞的胶质细胞。**小胶质细胞**（**microglia**）不是从神经板形成的，而是来自胚胎巨噬细胞的原始群体的吞噬细胞。最后，**室管膜**（**ependyma**）是脑室和脊髓管的单层立方上皮内衬。室管膜细胞带有纤毛，参与脑脊液（cerebrospinal fluid, CSF）的生成和循环。

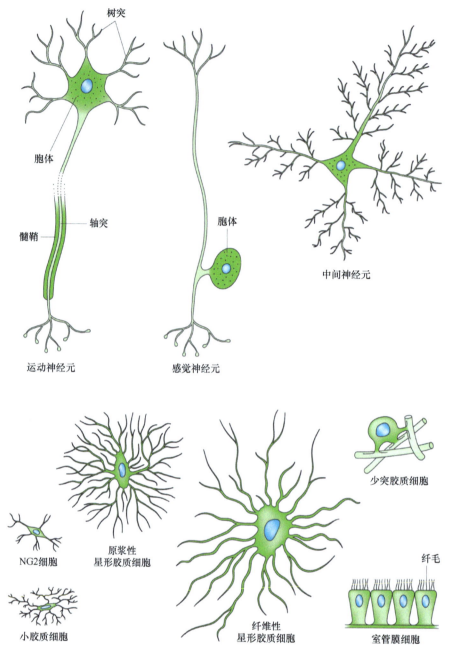

图 16.1 中枢神经系统中发现的一些细胞类型。

脑

脑的主要部分（图 16.2）在早期发育过程中由神经管形成。前脑的前端发育为**端脑**（**telencephalon**），形成成对的大脑半球，尤其在低等脊椎动物中，端脑是嗅觉器官的感受区域。嗅觉感觉细胞本身来自鼻板，鼻板由与端脑相邻的表皮增厚形成。在具有明显复杂联想和控制行为的哺乳动物中，大脑半球非常大，哺乳动物的多层大脑皮层通常被称为**新皮质**（**neocortex**）。前脑的后部发育为**间脑**（**diencephalon**），间脑产生视泡。视泡向外长出并内陷形成**视杯**（**optic cup**）（图 16.3）。眼睛的晶状体起源于与视杯接触的表皮，此处形成增厚的晶状体基板，然后晶状体基板向上弯曲并内陷，融入眼睛之中。每个视杯的内层成为感觉视网膜，外层成为色素视网膜，从大脑到视杯的管道随后传导视神经。视网膜在分化时会形成一个多层结构，包含感觉光感受器和各种其他神经元。这些神经元通过视神经柄将轴突传回到大脑。在非哺乳动物中，视神经纤维并不终止于间脑，而是终止于**中脑**（**midbrain**）。中脑的背侧区域扩大，形成成对的视叶，称为**视**

顶盖（**optic tectum**），它们是接收视觉信息的主要中心。在哺乳动物中，视神经连接到外侧视丘膝状核（丘脑的一部分，从间脑形成）和中脑顶部的上丘。中脑也形成听叶。

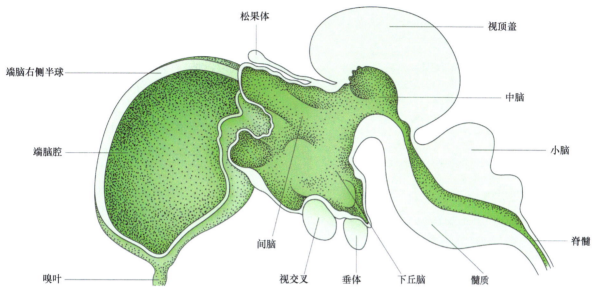

图 16.2　第 8 天鸡胚胎大脑的结构。中脑和后脑在正中平面切开，而右侧端脑和小脑膨胀为旁矢状切面。来源：Lillie（1919）. The Development of the Chick. Henry Holt & Co。

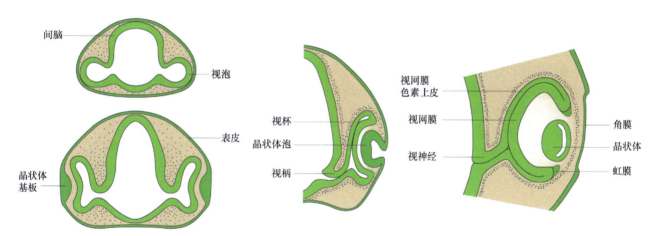

图 16.3　眼睛的发育。视泡从间脑长出，而晶状体从表皮长出。视杯的内层变成视网膜，而外层变成色素上皮。来源：Hildebrand（1995）. Analysis of Vertebrate Structure. 4th edn. John Wiley。

　　除了视杯之外，间脑还形成丘脑、位于背侧的松果体（又称脑上体），以及位于腹侧的垂体（脑下垂体）。丘脑占据了间脑侧壁的大部分区域，是运动和感觉信号在到达大脑皮层途中的重要整合中心。松果体被认为与昼夜节律有关，它后来会成为褪黑激素的来源。垂体是一个重要内分泌器官，分泌多种激素，它有着双重起源。垂体的前部起源于最初位于神经褶前缘的基板，该基板经口腔内陷，在背侧咽部形成拉特克囊（Rathke's pouch）。垂体后部起源于下丘脑，即间脑的底部，并且垂体与下丘脑保持永久连接。

　　后脑的前背侧部分包含小脑，小脑在运动控制方面起着关键作用；后脑更靠后的部分是**延髓**（**medulla oblongata**），延髓内包含一系列的脑神经核。在胚胎发育早期，后脑会短暂地分节，形成 8 个**菱脑节**（**rhombomere**），其中第一个菱脑节最终发育成小脑。与菱脑节 5 和 6 相对应的位置是**耳基板**（**otic placode**），它会内陷并进一步发育形成内耳。内耳由作为听觉器官的耳蜗，以及与运动感知和平衡控制相关的半规管组成。

　　大脑的脑室和脊髓的中央管是神经管原始管腔的延续。鱼类和两栖动物拥有 10 对**脑神经**（**cranial nerve**），而羊膜动物有 12 对脑神经：第 Ⅰ 对是嗅神经；第 Ⅱ 对是视神经；第 Ⅲ、Ⅳ 和 Ⅵ 对脑神经控制眼部肌肉；第Ⅴ对是三叉神经；第Ⅶ对是面神经；第Ⅷ对是听神经；第Ⅸ对是舌咽神经；第Ⅹ对是迷走神经；第Ⅺ对是副神经；第Ⅻ对是舌下神经。

脊髓

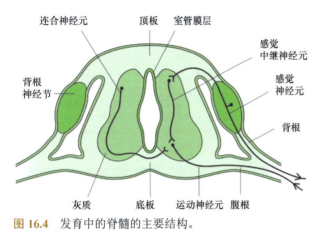

图16.4 发育中的脊髓的主要结构。

脊髓的结构包括内部的室管膜层、含有大部分细胞体的中央灰质区域，以及外层的白质区域，白质主要包含有髓鞘的轴突（图16.4）。在灰质中，运动神经元位于腹侧，而接收感觉输入的中间神经元以及连接脊髓两侧的**连合神经元**（commissural neuron）则位于背侧。

神经（nerve）是一束轴突，周围包裹着施万细胞，并且被结缔组织鞘所包覆。每一个躯干节段都发出一对**脊神经**（spinal nerve），它由腹根和背根这两类神经组合而成。腹根由脊髓运动神经元发出的运动轴突组成，这些轴突的作用是支配肌肉。背根由感觉轴突组成，它们将外周感觉器官与脊髓背侧的中间神经元连接起来。感觉神经元位于**背根神经节**（dorsal root ganglia），背根神经节是由神经嵴发育而来的（图16.4）。在前肢芽和后肢芽的水平位置，脊神经相互连接形成网络，分别称为**臂丛**（brachial plexus）神经和**腰骶丛**（腰荐丛，lumbosacral plexus）神经，支配四肢的神经就从这些神经丛中发出。

自主神经系统（autonomic system）拥有众多小神经节，并且与中枢神经系统相连，它同样也是由神经嵴发育形成的。自主神经系统分为不同的交感神经系统和副交感神经系统，同时还在肠壁内形成了广泛的肠神经元系统。自主神经系统的功能涉及对众多身体机能和腺体活动的非自主控制。

区域特化

神经板的前-后图式化

神经系统的发育包含一个初始过程，在此过程中，借助与其他器官发生过程中相似的机制，神经板发生区域化，被分化为不同的区域。随后，神经系统的独特特征通过特定的细胞分裂得以显现，这些细胞分裂导致神经发生和胶质发生，在各种细胞外和细胞表面因子的引导下形成特定的神经连接，并建立突触以形成功能性的神经元回路。

神经板的初始诱导和区域化已经在第8章爪蛙和第10章鸡的相关部分进行了介绍。神经诱导在本质上是组织者释放的物质（诸如Chordin）对骨形态发生蛋白（bone morphogenetic protein, BMP）的抑制作用。这会诱导形成**神经上皮**（neuroepithelium）（图16.5），但神经上皮的特征既取决于其现有的前-后特化状态，也依赖于后部化信号的持续作用。前部神经上皮表达如OTX等转录因子，并形成前脑结构。后部神经上皮的诱导则需要成纤维细胞生长因子（fibroblast growth factor, FGF）和WNT的作用，它

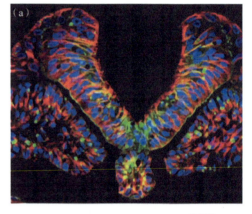

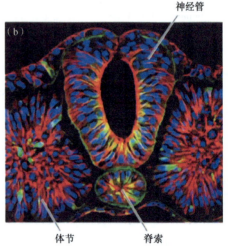

图16.5 鸡胚中的神经上皮和神经管闭合。来源：Darnell and Gilbert（2017）. WIREs Dev. Biol. 6, 215.

们诱导 CDX 转录因子的表达，进而上调躯干和尾部的 HOX 基因表达。在后脑区域，视黄酸似乎具有重要的后部化功能。尽管在不同的模式生物之间存在一些细节上的差异，但所有脊椎动物的总体情况都是相似的。

前脑

早期的诱导因子使得 CNS 最初仅被划分为少数几个大的前后区域，随后，一系列局部相互作用使这些区域进一步细化。前脑图式化过程与其他胚胎相互作用的方式相同：诱导因子会在不同区域中激活不同组合的转录因子，而这些转录因子会控制后续的分化模式（图 16.6）。过去认为，大脑皮层的图式形成依赖于来自丘脑的神经支配。但是，在一些失去这种神经支配的基因敲除小鼠中，大脑皮层中最初的转录因子区域模式仍然是正常的。现在认为，丘脑的输入信号是对最初自主建立的图式进行细化。前脑区域化所需的一种诱导信号是来自前部神经嵴的 FGF。这首先是在斑马鱼中发现的，前神经嵴是神经板最前部的一个区域，当它被移除时会导致间脑的扩张。将前神经嵴向后方移植时，可诱发异位端脑形成。小鼠中存在类似的 FGF8、FGF17 和 FGF18 信号来源。在前端过表达 FGF 会将形成的结构的边界向后移动。例如，发育中的啮齿动物大脑皮层的第Ⅳ层包含一个称为感觉桶状区的区域。添加 FGF 会导致该区域向后移动，而抑制 FGF 则导致该区域向前移动（图 16.6d）。这些行为与该区域在响应 FGF 浓度梯度后的正常定位相符合。

在发育中的大脑皮层的后缘、皮质下摆区内，表达了许多 WNT 和 BMP。Wnt3A 或 Lef1 敲除的小鼠，其端脑后部会出现缺陷，如缺少海马体，表明该区域需要 WNT 信号。因响应 FGF、WNT 和 BMP 信号而在前脑中表达的转录因子基因（如 Emx2、Pax6、Couptf1 和 Sp8），在诱导因子功能丧失和功能获得突变中，会表现出可预测的表达变化。功能丧失使后来形成的结构更靠近已被减弱的诱导因子源头，而功能获得则会使结构进一步远离诱导信号源。

峡部组织者

一个重要的前-后信号中心是峡部组织者。中脑和后脑囊泡之间的狭窄部位被称为**峡部**（isthmus，见图 16.7）。在神经板处于开放的阶段，Otx2 和 Lim1 等转录因子基因在预期前脑和中脑表达。在它们的后边界，即未来峡部的前方，有一条细胞带开始产生诱导因子 FGF8 和 WNT1。这个组织区域控制着两侧神经组织的区域特化。往前，它诱导**中脑**的形成，并促使转录因子 Engrailed 1 和 2（En1 和

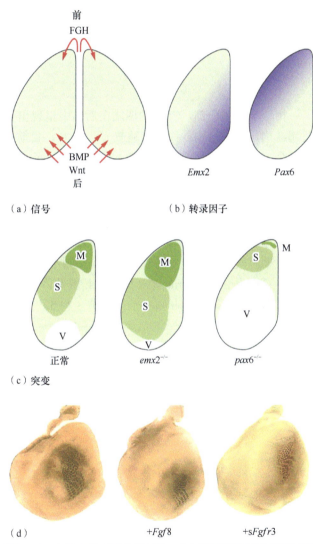

图 16.6　小鼠大脑皮层的区域化。(a) 诱导因子的来源区域是皮层前缘和皮质下摆。(b) 许多转录因子表现出早期区域特异性表达。(c) 功能丧失突变的表型显示，这些转录因子控制着随后的发育。M，运动区；S，感觉区；V，视觉区。(d) 将 Fgf8 或 FGF 抑制剂 (sFGFR3) 电穿孔至 E11.5 胚胎后，感觉桶区的位置发生迁移。感觉桶区以细胞色素氧化酶的组织化学染色显示。为简单起见，图示代表 11.5 天的小鼠胚胎，但信号通常在更早期阶段发挥作用。来源：(d) 复制自 O'Leary et al. (2007). Neuron. 56, 252–269, 经 Elsevier 许可。

En2）形成表达梯度；往后，它则诱导菱脑节 1，即后来的小脑的形成。这些效应可以通过移植鸡胚的峡部区域来显示，抑制的峡部区域能够从预期的间脑中诱导出中脑，从后脑的前部诱导出小脑。浸泡在微珠上的纯化 FGF8 蛋白也同样具备这些活性。此外，FGF8 还会诱导 *Engrailed* 基因、*Wnt1* 基因及其自身基因的表达，这表明峡部组织者在其初始建立之后能够自我维持。

敲除 *Wnt1* 和 *En1* 的小鼠，不仅缺少表达这些基因的峡部区域，还缺少大部分中脑和小脑，这证实 *Wnt1* 和 *En1* 对于峡部组织者的信号功能而言是至关重要的。*Fgf8* 敲除小鼠是早期致死的，因为其后部身体出现了较严重的缺陷。不过，存在一个 *Fgf8* 的亚效等位基因，它有足够的残余功能使得小鼠在早期发育阶段存活下来，带有该突变的小鼠表现中脑-小脑缺陷。类似的表型也出现在斑马鱼 *acerebellar* 突变体中，这种突变体存在 *Fgf8* 的功能缺失突变，但其存活时间比相应的小鼠突变体更长。

峡部组织者发挥活性的一个结果是，PAX 家族转录因子基因在不同区域以不同的组合方式进行表达。*Pax6* 基因在前脑和后脑区域表达，而 *Pax2* 和 *Pax5* 则在中脑和菱脑节 1 区域表达。*Pax2* 和 *Pax5* 的双敲除小鼠缺少中脑和小脑，表明这些基因是相应结构正常发育所不可或缺的。

后脑的分节

相较于脑的前部，CNS 的图式在后脑中呈现出更明显的分节特征。在神经管闭合之后，可见一系列的凸起结构，这些结构被称为**菱脑节**（图 16.7）。目前认为，后脑有 8 个菱脑节，不过早期的示意图常常只展示 7 个。第一个菱脑节发育形成小脑。随后的每一对菱脑节都包含重复出现的运动核，并且为一对**脑神经**提供神经纤维。因此，三叉神经（Ⅴ）源自菱脑节 2-3，面（Ⅶ）神经来自菱脑节 4-5，舌咽神经（Ⅸ）来自菱脑节 6-7。菱脑节也为**鳃弓**（**branchial arch**）提供**神经嵴**（**neural crest**）细胞，每隔一个菱脑节对应一个鳃弓。因此，菱脑节 2 为第一个鳃弓提供细胞，菱脑节 4 为第二个鳃弓提供细胞，菱脑节 6 为第三个鳃弓提供细胞。从**克隆分析**（**clonal analysis**）中也可以明显看出菱脑节的分节特征。如标记单个细胞，其后代在早期阶段可以跨越菱脑节，但在晚期则不能。克隆限制的出现是由于单个菱脑节内的细胞发生了聚集。这至少部分是由于 ephrin 蛋白及其 Eph 型受体在菱脑节中的交替表达。Ephrin B 型配体在菱脑节 2、4 和 6 中表达，而互补的 Eph 则见于菱脑节 3 和 5。携带 Eph 和 ephrin 蛋白的细胞群之间的排斥性相互作用产

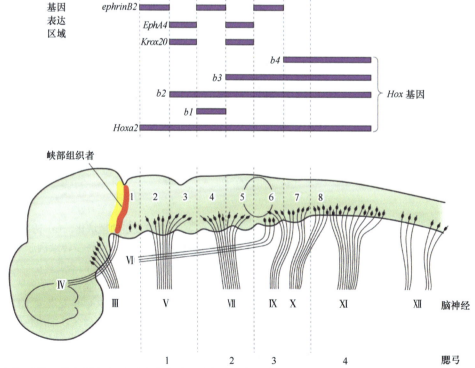

图 16.7 发育中的后脑。峡部组织者显示为在中脑-后脑边界的红色（FGF8）和黄色（WNT1）表达区域。后脑由 8 个菱脑节组成，它们产生特定的脑神经和咽弓间充质的部分区域。图中显示了一些菱脑节特异性的基因表达域。

生了菱脑节的边界，而显性负性 Eph 过表达时，边界就无法形成。在开放神经板时期，菱脑节的身份尚不稳定，因此，预期后脑的细分区域位置可以互换，而不影响后脑最终的图式。然而，一旦菱脑节的边界开始出现，它们的特性就不能再通过移植来重新特化了。边界细胞的实际形成依赖于 Notch 系统。在斑马鱼中已经证实，过表达组成性 Notch 的细胞会被驱赶到边界区域，而那些过表达拮抗 Notch 信号的显性负性 Su(H) 细胞则会被排除在边界区域之外。

Hox 基因不在前脑和中脑中表达，但对于更靠后部分的前-后图式化很重要。最靠前类型的 Hox 基因，其前端边界位于后脑，并且不同 Hox 基因活性的组合使得每个菱脑节都有一个独特的代码（图 16.7）。例如，*Hoxa2* 的表达前端界限位于未来的菱脑节 1-2 交界处，其在菱脑节 4 中出现的神经嵴细胞中表达，但不在菱脑节 2 的神经嵴细胞中表达。在 *Hoxa2* 敲除小鼠中，第二腮弓的形态向第一腮弓发生同源转变。相反，在鸡和爪蛙中进行的过表达实验中，第一鳃弓的形态向第二鳃弓转变。

Hox 基因被其他转录因子上调，而这些转录因子又被 FGF、Wnt 和视黄酸的早期梯度上调。这种中间转录因子的一个例子是 Krox 20 (=Egr2)，它是一种在菱脑节 3 和 5 中表达的锌指蛋白。菱脑节 3 和 5 这一对菱脑节表达 Eph 型受体，并且不发出神经嵴细胞流。如果小鼠中的 *Krox20* 被敲除，则菱脑节 3 和 5 就无法形成，菱脑节 2、4 和 6 会全部融合在一起，没有边界将它们分隔开。

操控视黄酸的水平对后脑显示出特别强烈的影响。视黄酸由膳食维生素 A 生成，合成它的酶（视黄醛脱氢酶，retinaldehyde dehydrogenase，RALDH2）存在于躯干区域的体节和侧板。分解它的酶（CYP26，一种细胞色素 P450）存在于前脑和中脑。由于源头位于后部，而汇 (sink) 位于前部，因此视黄酸在后脑区域形成一个浓度梯度，由后往前递减。通过切断母鹌鹑维生素 A 的供应，可以使鹌鹑胚胎几乎完全缺乏视黄酸。这样的胚胎的后脑变小，完全缺失菱脑节 5～8，但如果在早期体节阶段之前给胚胎补充维生素 A，那么缺失的部分的确能够发育。这种鹌鹑胚胎的前部脊髓中也有腹侧神经元类型的缺失。敲除 *Raldh2* 的小鼠胚胎在妊娠中期死亡，同样缺失菱脑节 5～8。在爪蛙中通过过表达显性负性视黄酸受体，也会出现类似的效果。通过给怀孕母鼠喂食，可以进行小鼠胚胎的过量视黄酸处理。在 E7.5 处理时，会导致 *Hoxb1* 除了在菱脑节 4 中正常表达以外，还在菱脑节 2 中表达。这改变了从菱脑节 2 迁移出来的神经嵴细胞的特征，并因此将第一腮弓转变为第二腮弓的拷贝。这是一个在分子层面得以理解的**致畸 (teratogenic)** 效应的典型例子。过去，视黄酸对人类存在切实的致畸风险，因为它曾被口服用于治疗痤疮。在这种风险被了解之前，它导致了许多流产和一些显示出脑损伤的出生缺陷。

脊髓的细分

在脊髓内，前-后图式并不像在大脑中那么明显。然而，在不同前-后水平上的确存在 Hox 基因的表达边界，而且某些群体的运动神经元也存在前-后方向上的排列。例如，支配四肢的外侧运动神经元柱仅存在于四肢对应的水平：它们在前肢水平对应于 *Hoxc6* 的表达，在后肢水平对应于 *Hoxc10* 和 *Hoxd10* 的表达。自主运动神经元柱（在鸡中称为 Terni 柱）位于前-后肢之间，对应于 *Hoxc9* 的表达（图 16.8）。将 *Fgf8* 电穿孔导入鸡神经管的这一区域，会导致 *Hoxc6*-*Hoxc9* 边界向前移动，同时伴随外侧运动柱的相应收缩。

神经管的背-腹图式化

脊髓沿其长度方向具有相同的基本背-腹排列，事实上，许多特征也延伸到后脑和中脑。在脊髓的中-腹侧有一个**底板 (floor plate)**，由紧邻脊索的柱状胶质细胞组成。底板侧翼是包含运动神经元的区域。运动神经元存在许多聚集形式，内侧柱支配轴向和体壁肌肉，外侧柱则支配四肢肌肉。每一个神经柱中的运动神经元都表达特定组合的 LIM 型转录因子，这与它们后来所投射到的肌肉群有关。如果通过实验改变神经元表达的 *Lim* 基因组合，那么运动神经元的连接模式也会发生相应的改变。位于脊髓背侧部分的是背侧感觉中继中间神经元和**连合神经元**，它们向脊髓的对侧投射。脊髓的背中线是**顶板 (roof plate)**，它是类似于底板的胶质结构。

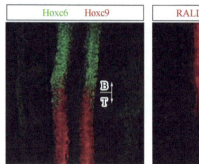
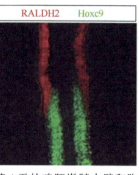
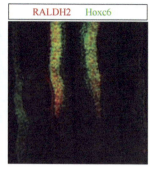

图 16.8 Hoxc6 和 Hoxc9 的免疫染色显示发育第 4 天的鸡胚脊髓中臂和胸（B/T）区域之间的边界。RALDH2 是视黄醛脱氢酶（一种负责产生视黄酸的酶），也在臂区域表达。来源：复制自 Dasen et al.（2003）. Nature. 425，926-933，经 Nature Publishing Group 许可。

　　这种背-腹图式由诱导信号调控。诱导信号最初来自神经板附近的组织，之后则来自底板和顶板（**图 16.9**）。**脊索**（notochord）分泌 Sonic hedgehog（SHH），它诱导底板形成，并且在较低浓度下诱导形成运动神经元区域。这可以通过重组实验来证明，在重组实验中，脊索被移植到鸡神经管不同的背-腹水平附近。结果是，一个额外的底板将紧邻移植物形成，而运动神经元则在稍远一点的位置形成。这正是第 2 章和第 4 章中概述的形态发生素梯度的行为，即不同浓度的形态发生素诱导含有不同祖细胞类型的区域。有三方面的证据，证明诱导信号是 SHH：第一，*Shh* 在脊索中表达；第二，当以不同浓度将 SHH 蛋白施加于神经管上时，SHH 将诱导底板或运动神经元形成；第三，在 *Shh* 敲除小鼠中，底板和运动神经元缺失。在 SHH 与 GFP 的融合蛋白转基因小鼠中，可以观察到 SHH 的浓度梯度（**图 16.10**）。观察结果显示，SHH 蛋白在响应 SHH 的神经上皮细胞的顶端（脑室）表面聚集，呈点状分布，这表明跨细胞间的囊泡运输可能是 SHH 扩散的一种机制（另见第 19 章的讨论）。

　　底板本身也分泌 SHH，而且一旦形成，它就会增强脊索的诱导作用。SHH 上调各种转录因子基因的表达，包括 *Foxa2*、*Nkx2.2* 和 *Nkx6.1*，产生嵌套式表达模式，阻遏其他基因如 *Pax6* 和 *Pax7* 的表达。随后，由于这些转录因子对之间的相互阻遏，背-腹分界就会变得更加清晰。例如，PAX6 和 NKX2.2 阻遏彼此基因的表达，从而导致 p3-pMN 边界的形成，如**图 16.10**c 所示。这些基因中任何一个基因的缺失，都会导致另一个基因表达域的扩展。除了嵌套模式外，一些背-腹区域还表达特定的转录因子。例如，参与运动神经元和少突胶质细胞后期分化的 OLIG2 被 SHH 上调，但随后被 NKX2.2 阻遏，最终确定了 pMN 区域（**图 16.9** 和**图 16.10**）。在相邻区域表达的转录因子基因之间的相互阻遏，是对 SHH 梯度产生敏锐阈值响应机制的一个重要组成部分。

　　神经管的背侧中线源自神经板的外侧缘，即神经板与表皮接触之处。表皮产生 BMP4 和 BMP7，这些蛋白质在施予神经板时，可以提高 *Pax6* 和 *Pax7* 的表达水平。在神经管闭合后，顶板会表达 *Bmp4* 和 *Bmp7*，以及另一个转化生长因子 β（TGFβ）超家族成员 Dorsalin 的基因。这些因子都具有诱导产生背侧细胞类型的活性，比如感觉中继神经元。如果顶板的形成过程受到阻碍，例如在敲除了 *Lim1a* 基因的小鼠中，那么这些背侧神经元类型就无法形成。脊髓的整体背-腹图式是由底板分泌的 SHH 浓度梯度，以及顶板分泌的 BMP 和 Dorsalin 浓度梯度的共同作用所决定的。

神经管缺陷

　　神经管在其全部或部分长度上无法闭合的情况，是较为常见的人类先天性缺陷之一。在美国，神经管缺陷（neural tube defect, NTD）的发生率为每 1000 名新生儿中有 0.5～1 例，而在世界上较为贫困的地区，这一数字可能会高得多。

　　NTD 通常是开放性的，因为 CNS 的正常骨性覆盖物没有发育形成。这是神经管未能闭合所导致的继发性后果。整个 CNS 长度范围的 NTD 被称为颅脊柱裂（craniorachisischisis），是一种致命的畸形。大脑的 NTD 称为露脑畸形（exencephaly，即脑组织位于颅骨外），由于暴露的神经组织发生退化，这通常会在出生

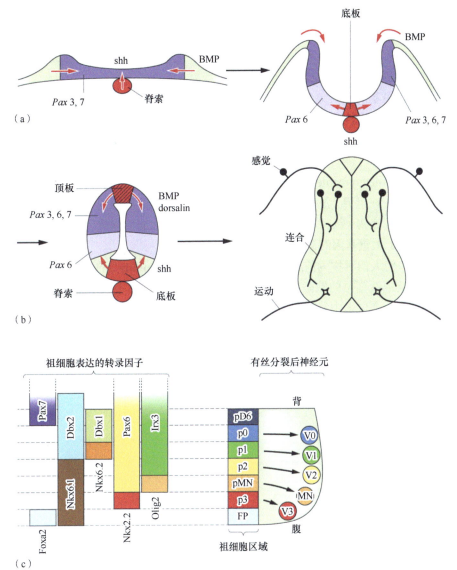

图 16.9　神经管的背-腹图式化。（a）来自脊索的 Sonic hedgehog 诱导其自身基因在底板中的表达。来自表皮的 BMP 诱导顶板形成。（b）来自两个中心的信号诱导基因的嵌套表达，随后形成神经元分化图式。（c）脊髓中初始基因表达域和相应祖细胞域的示意图。FP，底板；MN，运动神经元；p-域，祖细胞域；V0～V3，中间神经元域。来源：（c）复制自 Dessaud et al.（2008）. Development. 135, 2489−2503，经 Company of Biologists Ltd 许可。

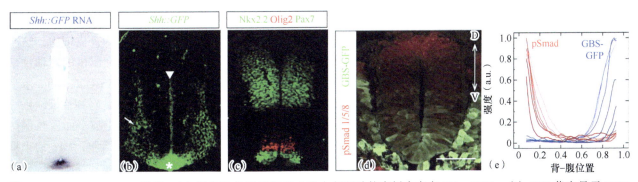

图 16.10　Sonic hedgehog 梯度。（a）原位杂交显示在 10.5 天小鼠胚胎的底板中存在 Shh mRNA。（b）GFP 荧光显示 SHH-GFP 融合蛋白向上转运至室管膜区（箭头）以及侧方区域（箭头）。（c）三个早期基因表达域，通过转录因子的免疫染色显现（表达域从下到上标记）。（d）对顶板和底板梯度的响应。绿色指示 SHH 信号，通过报告基因表达显示；红色为通过磷酸化 SMAD 免疫染色指示的 BMP 信号。（e）梯度反应在 30 h 内的演变。双梯度图式非常明显。来源：（a～c）复制自 Dessaud et al.（2008）. Development. 135, 2489−2503，经 Company of Biologists Ltd 许可。（d,e）复制自 Zagorski et al.（2017）. Science. 356, 1379−1383，图 1。

时发展为无脑畸形（anencephaly），这也是致命的。脊髓的 NTD 称为脊柱裂（spina bifida）。脊柱裂有多种细分类型，但最严重的类型是脊髓从背中线突出，这种情况被称为脊髓脊膜膨出（myelomeningocele）。这通常不会致命，在一定程度上可以通过手术得到治疗，但它常会引发严重的问题，包括脑积水（hydrocephalus，脑脊液压力过大）、下肢瘫痪以及学习障碍。

已在小鼠中鉴定出许多基因，其突变会导致神经管缺陷。其中包括导致细胞分裂、纤毛结构和细胞运动，尤其是平面细胞极性和会聚性延伸的缺陷的基因。人类相关研究表明，NTD 不太可能是由单一遗传因素导致的，而是多种遗传和环境因素共同作用的结果。增加 NTD 的环境因素包括母亲患有糖尿病或肥胖，以及暴露于丙戊酸盐（valproate，一种用于治疗癫痫的组蛋白去乙酰化酶抑制剂）或叶酸拮抗剂如氨基蝶呤（aminopterin）和甲氨蝶呤（methotrexate，用作抗癌剂）。现已明确证实，在饮食中补充叶酸可以将 NTD 的发病率降低多达 70%，如今在世界上较为发达的国家，补充叶酸已成为常规做法。叶酸是合成嘌呤和胸苷所必需的物质，并且是许多底物（包括 DNA 和组蛋白）发生甲基化的甲基来源。这一切都表明，神经管闭合这一复杂过程特别依赖于大量基因的正确和协同调控。

对这一机制的阐明，使人们对称为**前脑无裂畸形**（holoprosencephaly）的人类先天性缺陷有了更深入的理解。前脑无裂畸形涉及中线部位的缺陷，其严重程度不一而足，从仅存在一颗中线门牙的较轻情况，到非常严重的情况，即出现一个位于中线的眼睛，且在眼睛上方有一个长鼻（proboscis）样结构。这种缺陷是由于 SHH 部分功能丧失引起的，这要么是因为 *SHH* 基因本身的突变，要么是因为胆固醇代谢出现缺陷，导致胆固醇不能添加到 SHH，从而不能产生 SHH 分子的活性形式。尽管前脑无裂畸形也可能由其他基因突变引起，但那些可归因于 SHH 功能丧失的畸形在四肢和椎骨方面也会也表现出缺陷，这与 SHH 在这些结构的图式化中的作用是一致的（见第 17 章）。

神经发生和胶质发生

果蝇

神经发生（neurogenesis）指的是新神经元的产生，其中一些原理是从对果蝇的研究中得出的。在果蝇中，腹神经索源自一个神经发生区，该区域最初位于中胚层的外侧，在原肠运动过程中，当中胚层内陷后，它会移动到中–腹侧位置。神经发生区包含一个节段性重复的**前神经细胞簇**（proneural cluster）图式，此前神经细胞簇由 achaete-scute（AS-C）复合物产生的 bHLH 转录因子的表达所界定。这些细胞簇的位置取决于第 13 章中描述的前–后和背–腹图式系统的运行结果。每个细胞簇只产生一个**成神经细胞**（neuroblast）和许多表皮细胞，而未来成神经细胞的选择由 Notch **侧向抑制**（lateral inhibition）系统所控制。AS-C 因子激活 Delta 的产生，这会刺激相邻细胞上的 Notch。Notch 信号抑制 AS-C 的表达，从而减少相邻细胞中 Delta 的产生（**图 16.11**）。这种正反馈系统放大了最初的微小差异，最终使得只有一个细胞具有高水平的 AS-C，成为成神经细胞，其周围环绕着几个具有低水平 AS-C 的细胞，这些细胞会发育为表皮细胞。这一机制解释了为什么 Notch 功能丧失会导致成神经细胞的过度产生。这是一个在第 4 章中介绍过的**对称性破缺**（symmetry-breaking）系统的例子。开始的均一状态实际并不稳定，因为细胞之间的 AS-C 或 Delta 水平存在轻微的波动，而这种波动会自动被在前面所述的互作中固有的反馈机制放大（进而导致对称性破缺）。

一旦形成，成神经细胞就会与邻近的细胞分离，并沉入内部，仅通过一个顶端柄与上皮平面暂时保持连接。这种顶端特化结构包含在第 14 章中所描述的 PAR 复合物（即 PAR3-PAR6-aPKC 复合物；*par6* 的果蝇同源物为 *bazooka*）中。PAR 复合物磷酸化细胞内运输系统的组分，从而将其他蛋白质排斥到基底区。被排斥的蛋白质包括 Numb（一种酪氨酸磷酸酶）、Prospero（一种同源异形域转录因子）以及 Brat（一种 RNA 结合蛋白）。随后的分裂是不对称的，在顶端一侧产生一个较大的成神经细胞，它继承了顶端柄，而在基底一侧则产生一个较小的神经节母细胞，该细胞富含 Numb、Prospero 和 Brat。这些成分控制神经节母细胞的特性，神经节母细胞随后会分裂一次，产生一对神经元或胶质细胞。这一机制的证据主要来自功能丧失突变体的行为。例如，缺少 PAR 复合物组分的胚胎中，Numb 和 Prospero 不会显示定位性分布，并且它们的成神经细胞会进行对称性分裂。*prospero* 和 *brat* 的功能丧失导致神经节母细胞的缺陷。

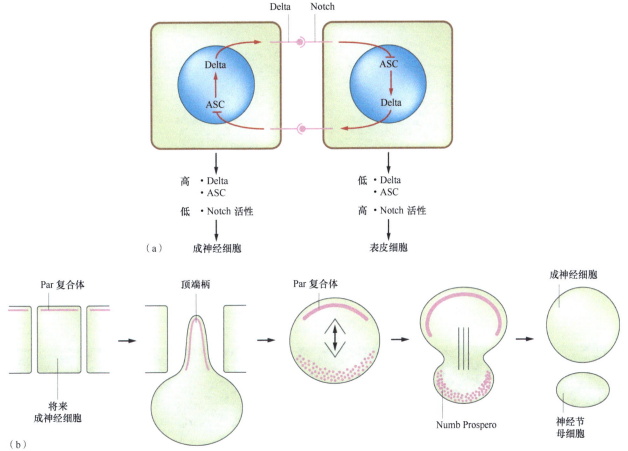

图 16.11　果蝇中的神经发生。（a）Delta-Notch 侧向抑制系统放大前神经细胞簇中细胞之间最初的微小差异，确保最终只有一个细胞具有高 ASC，并成为成神经细胞。（b）成神经细胞进行不对称分裂，产生另一个成神经细胞和神经节母细胞。

在脊椎动物的神经发生中也可以观察到相同的主题：侧向抑制是初级神经元形成的基础，而在后期的神经发生中，会出现不对称分裂，而且常常涉及与果蝇中所使用的同源分子组分。

脊椎动物初级神经发生

就上皮结构的传统术语而言，神经上皮的**顶端**（**apical**）侧是面向神经管管腔的一侧，而**基底**（**basal**）侧是朝向外部的那一侧（这意味着在示意图中，顶端通常位于底部，而基底位于顶部——这与其他上皮的惯例相反）。在神经解剖学中，顶端侧被称为**室管膜**（**ventricular**）侧，因为它毗邻脑室（ventricle），而外部表面被称为**软膜**（**pial**）侧，该名字起源于包裹结缔组织层的名字"软脑膜"（pia mater，拉丁语，意为"温柔的母亲"）。

在鱼类和两栖动物中，第一批神经元直接来自开放神经板的神经上皮。在这个阶段，神经上皮只有一个细胞层厚，但由于细胞核的位置参差不齐，所以看起来像是分层的。有多个驱动神经元分化的神经原性转录因子，其中包括 Neurogenin 和 NeuroD，它们都是 bHLH 型因子，与果蝇中的 AS-C 属于同一生物化学家族。*Neurogenin* 在产生第一批初级神经元的神经板区域表达，并导致 *NeuroD* 上调，后者在初级神经元中高度表达。在爪蛙中，两者中任一因子的过表达都会增加从神经上皮形成的神经元的比例。初级神经元间的分布间距是由与果蝇非常相似的侧向抑制机制所决定的（图 16.12a）。在表达 *Neurogenin* 的这块组织中，所有细胞都有能力成为神经元。但是，这种趋势被 Notch 信号抑制了，而细胞上的 Notch 被相邻细胞上的 Delta 所刺激。在爪蛙神经板中，过表达 Delta 或组成性 Notch，会减少初级神经元的形成；相反，过表达显性负性 Delta 会产生更高密度的初级神经元。侧向抑制过程会导致形成沿着 6 条纵向神经原性带分散分布的单个神经元。尽管最初认为，对称性破缺事件是由细胞之间分子尺度上的统计性波动导致的，但现在已知这个生物化学系统也能够产生持续的振荡。由于相邻细胞之间不存在同步性，自发振荡能够产生足够的异质性，从而启动这一过程。

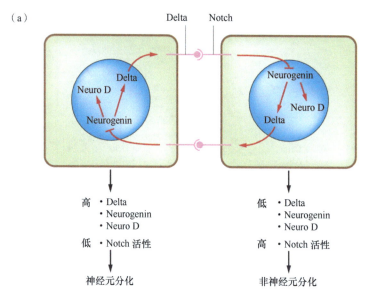

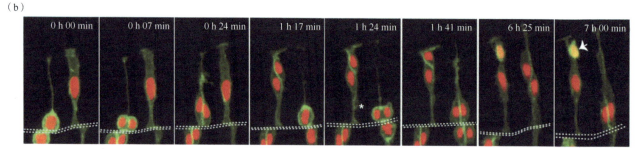

图 16.12　（a）由 Delta-Notch 系统介导的侧向抑制作用确保神经发生区中只有部分细胞成为神经元。（b）斑马鱼脑室祖细胞的神经发生。此处显示了来自延时序列的一些镜头。左侧细胞进行不对称分裂，位置更靠近基底（上方）的子细胞成为神经元，如转基因标记 HuC-GFP（白色箭头）的表达所示。右边的细胞对称地分裂成两个祖细胞。来源：（b）Alexandre et al. (2010). Nat. Neurosci. 13, 673–679。

后期神经发生

在小鼠中，神经板上几乎没有神经发生，神经发生大多数发生在妊娠的后半期，此时神经上皮的厚度超过一个细胞。神经发生的主要时期在脊髓中是 E9～E12，在前脑和中脑中是 E11～E16，而在后脑和视网膜中是 E12 至出生后。与爪蛙中类似，激活 Notch 信号通路的实验操作往往会抑制神经发生，并延长未分化细胞的增殖期。

在 E9～E10 期使用逆转录病毒进行标记实验表明，细胞克隆通常全部由神经元组成或全部由胶质细胞组成，但也有相当一小部分克隆是混合的。这表明至少一些早期祖细胞是多潜能的（multipotent）。人们通常认为那些产生单一类型克隆的细胞是因为它们已经定型，但事实并非总是如此。如第 4 章所述，相同的结果可能是源于相似的微环境效应，导致来自单个多潜能祖细胞的所有后代细胞发生相同的分化。

在早期阶段，所有细胞都处于有丝分裂状态，并且存在细胞核的迁移现象，细胞核在 S 期时接近外表面，而在有丝分裂期靠近管腔表面。这一现象被称为**分裂间期迁移**（interkinetic migration）。随着神经发生的进行，大部分神经上皮真正变为分层状，一部分细胞转化为**放射状胶质细胞**（radial glia），继续跨越从脑室到软膜的整个距离。这些细胞因其表达各种胶质标记物而得名，如 GLAST（Glu-Asp transporter，谷氨酸–天冬氨酸转运蛋白）和 GFAP（glial fibrillary acidic protein，胶质细胞原纤维酸性蛋白），但实际上它们既是神经元又是胶质细胞的祖细胞。

放射状胶质细胞保留了来自单层神经上皮的顶端 PAR 复合物，以及顶端富集的膜蛋白 Prominin-1（=CD133）、中间丝蛋白 Nestin（神经上皮干细胞蛋白）和脑脂质结合蛋白（brain lipid-binding protein，Blbp）。在将 *Blbp-Cre* 转基因小鼠与 R26R 型报告基因小鼠杂交后，一些神经元、基底神经元祖细胞、星形胶质细胞、少突胶质细胞前体细胞和室管膜都可以被标记，这表明放射状胶质细胞作为祖细胞的重要性。有些分裂是不对称的，同时产生一个神经元和另一个祖细胞。图 **16.12b** 展示了斑马鱼胚胎大脑中的不对称和对称分裂，不过需要注意的是，在斑马鱼中，继承顶端区域的细胞发生分化，而在小鼠中，顶端区域细胞仍然是祖细胞。子代神经元倾向于沿着亲代放射状胶质细胞爬行而到达它们的最终位置。对此现象的观察解释了为什么人们一度认为放射状胶质细胞的作用仅仅是为来自其他地方的神经元进行放射状迁移提供了引导线索。细胞迁移导致原本单层的神经上皮形成三层结构：**室管膜层**（**ventricular zone**）是神经发生区域；**边缘区**（**marginal zone**）没有细胞核，位于软膜表面下方；两者之间是一个由新形成的神经元组成的**套层**（**mantle zone**）。

与果蝇不同，在脊椎动物神经发生中，PAR 复合体似乎是将 Numb 吸引至同一细胞内区域，而不是将其排斥到相反一侧。分裂后，增殖细胞保留 Numb 蛋白，而有丝分裂后的神经元则缺乏 Numb。在小鼠体内，Numb 蛋白（以及与之类似的 Numblike 蛋白）似乎通过维持那些对细胞结构起调控作用的细胞间接触，使放射状胶质细胞持续处于增殖状态。在小鼠的背侧前脑中局部敲除这两个基因会导致神经发生延迟，从而产生许多缺陷。

在成体神经发生相当显著的鱼类和两栖动物中，放射状胶质细胞在成年期持续存在。在小鼠中，放射状胶质细胞在发育后期转变为产生胶质细胞的状态（见下文），并且许多在出生后停止了分裂。一些放射状胶质细胞转化为**神经干细胞**（**neural stem cell**，参见"神经干细胞"部分）。这是通过在出生后将腺病毒编码的 Cre 递送到纹状体来标记报告小鼠证明的，在此类实验中只有大脑皮层的放射状胶质细胞才能摄取腺病毒。在出生后不久以这种方式标记的大多数放射状胶质细胞变成星形胶质细胞，但有一些会变成室管膜下（室下，subventricular）神经干细胞，这些细胞会产生包含神经元、星形胶质细胞和少突胶质细胞的克隆。

神经元的诞生时间与层次结构

神经元一旦形成，它就会停止分裂。这意味着在发育过程中给予的一次性 BrdU 或 ^{3}H TdR 脉冲标记（见第 20 章），能够揭示每一类神经元的形成时间。如果在脉冲标记后的某个时间对组织进行检查，所有持续分裂的细胞都会因后续几轮 DNA 复制的稀释作用而失去标记，那些在嵌入标记后不久就停止分裂的细胞则仍会保留标记。在神经元分化之前的最后一个 S 期的时间被称为神经元的**诞生时间**（**birthday**）。

如前所述，CNS 的分层结构是通过"由内而外"的细胞运动过程形成的。从室管膜层向内迁移的细胞形成了套层，后来被称为灰质，其中包含神经元和胶质细胞。当神经元产生它们的轴突时，会在软脑膜表面下形成一个细胞贫乏的边缘区。轴突被髓鞘化，边缘区就变成了白质。"诞生时间"早的神经元往往迁移距离较短，而"诞生时间"晚的神经元则迁移得更远。

脊髓中保留了最初由室管膜层、套层和边缘区组成的三层结构，但在大脑的某些部位，结构变得更加复杂。在哺乳动物的大脑皮层中，第一批形成的神经元在软膜侧形成一个前板（preplate）。它由称为 Cajal-Retzius 神经元的外层细胞和称为亚板（subplate）神经元的内层组成。随后，来自套层的新生神经元侵入边缘区，进而建立**新皮质**的另外 6 层结构（从软膜到室管膜依次编号为 Ⅰ~Ⅵ）（图 **16.13**）。其中每一个层都包含不同类型的神经元。小鼠胚胎的大多数皮层神经元是在 E12.5~E17.5 期间产生的，并且每一批新产生的神经元都会穿过亚板，创建新的新皮质层。这些层是由内而外形成的，以至于最早诞生的神经元填充第 Ⅵ 层，而后来诞生的神经元则会穿过已有的层继续迁移，填充到更高的层次中。一些对雪貂胚胎进行的经典实验表明，早期迁移的神经元在被移植到较后期的大脑时，能够填充到较上的层，但后期迁移的神经元则不能被重新特化，填充到较下的层中。

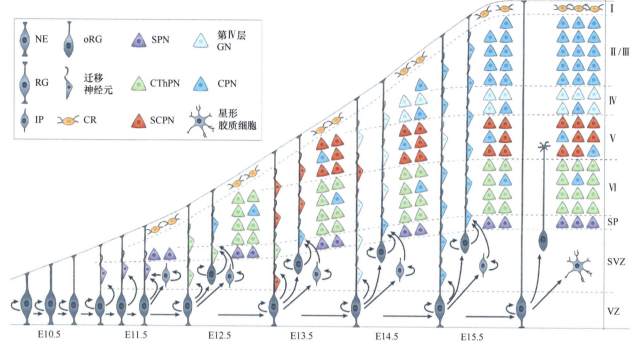

图 16.13 通过"由内而外"的细胞迁移形成小鼠胚胎新皮质。第 I 层由从侧面移入的 Cajal-Retzius 细胞组成。然后室管膜层的放射状胶质细胞产生成群的神经元，这些神经元向软膜表面迁移，并越过先前已迁移到位的神经元，从而形成每一层结构。放射状胶质细胞还产生中间祖细胞和外层放射状胶质细胞，它们也参与神经发生。当皮质层完全形成时，放射状胶质细胞转而产生胶质细胞。RG，放射状胶质细胞；oRG，外层放射状胶质细胞；IP，中间祖细胞；CR，Cajal-Retzius 细胞；不同颜色的三角形代表不同类型的皮层神经元。

引导神经元由内向外迁移的系统，其中一部分是由 Cajal-Retzius 神经元产生的一种称为 Reelin 的糖蛋白提供的。在缺少 Reelin 的 *Reeler* 突变体中，这些层次结构以相反的顺序形成。

在小脑中，一些处于有丝分裂状态的细胞会迁移到外层，形成一个外部生发层，随后进行"由外而内"的神经发生过程。此外，套层被细分为几个层，其中一层为浦肯野神经元，这些细胞较大且仅存在于小脑中，可以与多达 10 万个其他神经元建立联系。

在眼睛中，视杯的外部区域变成**色素上皮**（**pigment epithelium**），内层则会变成视网膜。视网膜由 6 层细胞组成，原室管膜表面有光感受器，原软脑膜表面有穿行至视神经的神经纤维。

神经干细胞

在鱼类和两栖动物中，CNS 的许多区域在整个生命过程中都存在细胞更新的现象，这种现象在哺乳动物脑的某些区域中也会发生。在小鼠中，**神经干细胞**存在于靠近侧脑室的室下区（subventricular zone）和海马的颗粒下区（subgranular zone），海马是颞叶内部的一个结构，与学习和记忆有关（图 16.14）。来自侧脑室的新神经元向前端迁移，成为嗅球中的中间神经元。来自海马的新神经元向内迁移，成为颗粒区的神经元。在人类中，室下区含有很少的干细胞，但在前脑底部的纹状体区域有很多神经干细胞。

现在认为，神经干细胞的组织方式与其他具有更新能力组织的干细胞相似（见第 20 章）。干细胞存在于特定的干细胞龛中，并产生**过渡性扩增细胞**（**transit-amplifying cell**），这些过渡性扩增细胞是具有有限分裂潜能的祖细胞，它们会进一步产生成神经细胞。神经干细胞被鉴定为 B1 型细胞（图 16.15）。这些细胞表达胶质细胞原纤维酸性蛋白质（GFAP，以前被认为是成熟星形胶质细胞的特征）、Nestin、SOX2（在胚胎神经上皮中很重要）、整合素、Prominin-1（CD133）以及某些碳水化合物表位（如 SSEA1）。虽然位于室下区，但神经干细胞确实在室管膜细胞中间伸出突起，以与室管膜表面接触。**干细胞龛**（**stem cell niche**）被认为是通过与血管接壤而形成的，血管的基底层可以汇集生长因子。因为神经干细胞既与血管系统接触，又与脑脊液接触，因此它们有可能对来自这两个来源的环境信号做出反应。

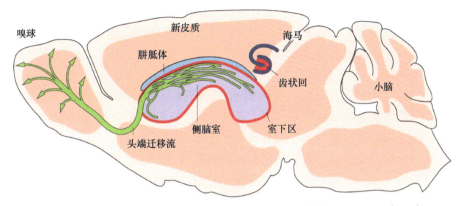

图 16.14 神经干细胞（红色区域）在成年小鼠大脑中的位置。来源：复制自 Zhao et al.（2008）. Cell. 132, 645–660，经 Elsevier 许可。

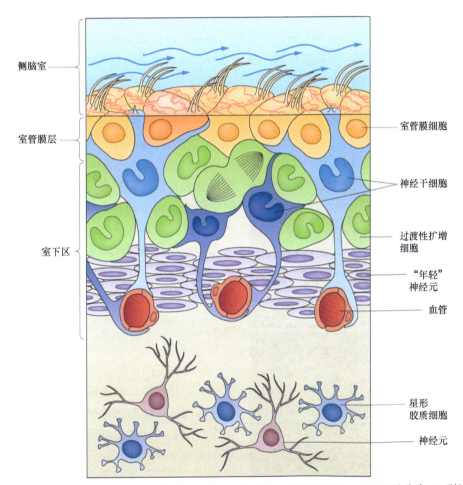

图 16.15 哺乳动物侧脑室室下区神经干细胞龛模型。神经干细胞接触血管和脑脊液。它们也被称为 B1 型细胞。

　　神经干细胞是星形胶质细胞样 B1 型细胞，这一结论有多个证据来源。首先，这些细胞是唯一显示长期滞留 **BrdU**（溴脱氧尿苷）的细胞，这表明它们的分裂速度缓慢（参见第 20 章）。其次，它们能够在抗有丝分裂药物 ara-C 的处理下存活下来，而 ara-C 会杀死快速分裂的过渡性扩增细胞。由于神经发生在 ara-C 处理停止后得以恢复，因此神经发生必定起源于这些存活下来的细胞。再次，如果用 GFP 对星形胶质细胞样细胞进行特异性标记，则可以看到它们的后代包括正在分裂的过渡性扩增细胞，以及向嗅球迁移的神经元。这种特异性标记是通过病毒感染转基因小鼠来实现的，这些转基因小鼠在胶质细胞特异性（GFAP）启动子的控制下表达禽白血病病毒的受体。这种病毒通常不能感染小鼠，但在这种转基因品系中，它会特异性感染并标记 GFAP 阳性细胞，这些细胞既包括正常的星形胶质细胞，也包括 B1 型细胞。最后，**神经球**（**neurosphere**，参见"神经球"部分）可以从这个区域（GFAP 阳性）培养出来，但如果所有 GFAP 阳性细胞都被杀死，神经球就无法生长。可以通过对取自携带 *Gfap-TK* 转基因的小鼠的细胞使用药物更昔洛韦，来实现 GFAP 阳性细胞的清除（关于 TK 选择，参见第 11 章）。血管在维持干细胞龛中起作用的证据是，在共培养或在**穿滤膜**（**transfilter**）培养的情况下，内皮细胞可以在体外维持神经干细胞的自我更新。

已通过两种方法对单个神经干细胞的潜能进行了研究。一种方法是通过转导表达 **β-半乳糖苷酶**（**β-galactosidase**）或 GFP 的复制缺陷逆转录病毒，来进行体内**克隆分析**（**clonal analysis**）。如果感染复数较低，那么被感染的细胞会很好地分散开来，并且每个阳性细胞群都可以被视为一个单独的克隆。这种方法证实了后代细胞主要进行径向迁移，并表明大多数克隆要么由神经元组成，要么由胶质细胞组成，这说明一个过渡性扩增细胞被转导了。然而，也有少数克隆同时包含神经元和胶质细胞，这表明被标记的细胞是**多潜能**（**multipotent**）的。另一种方法是对单个细胞进行体外培养。在对大鼠胚胎大脑皮层侧脑室区的细胞进行培养时，大多数克隆会形成少量的神经元，少数克隆会形成少量的胶质细胞，还有约 7% 的克隆形成包含神经元、星形胶质细胞和少突胶质细胞的大克隆。在这两种类型的实验中，大的混合性克隆被认为是由干细胞产生的，而小的单一类型克隆则被认为是由过渡性扩增细胞产生的。

就干细胞的区域性特化而言，研究表明，不同亚类的嗅觉神经元来自室下区不同区域的干细胞。如果将神经发生区域移植到新生小鼠一个新的位置，那么嗅神经元的亚类特异性会得以保留，这表明室下区的区域性特征依赖于神经上皮中的初始区域化。

神经发生的一个引人深思的方面是，无论是在胚胎期还是在出生后，逆转录转座子（retrotransposon）在发育的神经元中的移动频率都比在其他细胞类型中高得多。正常基因组中包含大量类似逆转录病毒的元件，其中，少数是活跃的逆转录转座子。它们通常通过 DNA 甲基化而保持无活性状态，但偶尔可能会被转录成 RNA，然后使用以其自身序列编码的逆转录酶，生成可插入基因组其他位置的 DNA 分子。这些基因插入事件可能会导致体细胞突变，或者可能通过影响邻近基因的活性来调节细胞分化。虽然这一观点尚未得到证实，但可以设想，这个过程可能是导致那些既非遗传又无法通过经验改变的个性和智力方面的原因。换句话说，就是那些存在于同一窝近交系动物中或同卵双胞胎之间的个体差异。

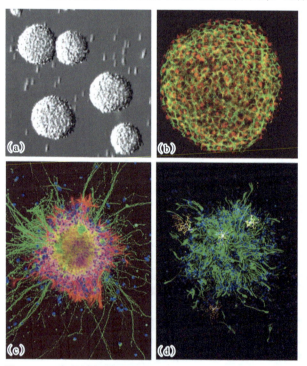

图 16.16　小鼠神经球。(a) 第三代神经球的相差。(b) N-钙黏蛋白（绿色）和神经上皮干细胞蛋白（nestin，红色）的免疫染色。(c,d) 在黏附表面的分化。(c) 神经元（β-微管蛋白，绿色）和星形胶质细胞（GFAP，红色）。(d) 少突胶质细胞（黄色染料）和星形胶质细胞（GFAP，绿色）。来源：经许可复制自 Mammolenti et al. (2004). Stem Cells 22, 1101–10。

神经球

尽管真正的神经干细胞仅存在于哺乳动物 CNS 的几个特定区域中，但在组织培养中，有可能从比这些特定区域更广泛的大脑区域中，培养出具有干细胞样特性的细胞。这些干细胞样细胞以**神经球**的形式生长（图 16.16）。神经球是一些细胞团，直径可达 0.3 mm，它们在含有表皮生长因子（epidermal growth factor，EGF）和 FGF 的培养基中悬浮生长。神经球可以从胎儿 CNS 的任何一个部位开始建立，而且经常也可以从成人 CNS 的某些部位建立，甚至可以从许多不进行持续更新的区域开始培养。现有研究已经表明，从室管膜细胞被 Cre 标记的小鼠脊髓中可以产生被 Cre 标记的神经球，提示它们起源于室管膜。

人们认为，每个神经球都包含一些能够自我更新的神经干细胞，以及一定数量的、具有有限分裂潜能的过渡性扩增细胞。当神经球被接种在层粘连蛋白底物上，并有血清存在时，它们会分化为神经元、星形胶质细胞和少突胶质细胞。如果神经球解离成单个细胞，这些细胞中有少数（百分之几）能够形成新的神经球，新的神经球具有与原始神经球相似的特性。通过反复进行解离与培养的循环，可以使神经球具有相当大的扩增能力。

神经球这一现象是细胞在组织培养中的行为可能与体内不同的一个例子。神经球已经引起了极大的关注，因为它们很容易在体外扩增，人们希望有朝一日它们能够被用于**细胞治疗（cell therapy）**，治疗那些非常难以治愈的、涉及广泛神经元死亡的人类神经退行性疾病。

胶质细胞发生

在发育中，胶质细胞也起源于放射状胶质细胞。细胞标记研究表明，克隆往往由星形胶质细胞或少突胶质细胞组成，而不会同时包含这两种细胞。胶质细胞形成大多发生在神经发生之后。这种转变依赖于心肌营养因子（cardiotrophin），一种与白细胞介素6相关的细胞因子，它由新形成的神经元分泌。在实验中应用心肌营养因子会增加胶质细胞的产生，而敲除其受体则会导致胶质细胞的缺乏。在神经发生阶段，转录因子NGN1、NGN2和MASH1阻遏胶质相关基因；而在胶质细胞发生阶段，转录因子NF1（nuclear factor 1，核因子1）阻遏神经发生相关基因。在小鼠出生几天后，放射状胶质细胞消失，大部分分化为排列在室管膜的室管膜细胞，还有一些分化为星形胶质细胞、少突胶质细胞前体细胞以及少数神经干细胞。

在脊髓中，星形胶质细胞起源于p1、p2和p3区域，而少突胶质细胞起源于背侧区域和pMN（运动神经元）区域（图16.9c）。起源于更靠背部的星形胶质细胞会产生糖蛋白Reelin（这种糖蛋白已经在皮层板的形成中提到过），而起源于更靠腹部的星形胶质细胞则会产生Slit（本章后续会进一步介绍）。这些引导因子有助于控制细胞随后的迁移和定位。

与其他的脊髓区域一样，pMN区域的特征是由多种转录因子共同决定的，这些转录因子的表达与来自底板的SHH浓度梯度以及来自顶板的BMP浓度梯度相关。起初，转录因子NGN2、OLIG1和OLIG2在pMN区域表达，pMN区域在神经发生阶段产生运动神经元。在妊娠后期，NGN2表达下调，NKX2.2表达域向背部扩展并包含pMN区域，该区域继而产生少突胶质细胞前体细胞。

少突胶质细胞前体细胞具有双极形态。体内逆转录病毒标记显示，它们的正常发育命运是形成少突胶质细胞。但在培养条件下，在接触睫状神经营养因子（ciliary neurotrophic factor, CNTF）时，它们也可以形成2型星形胶质细胞。NG2胶质细胞（又称多突胶质细胞，polydendrocyte）是持续表达OLIG1和OLIG2的长期的少突胶质细胞祖细胞。利用NG2分子的蛋白质部分（硫酸软骨素蛋白聚糖4，CSPG4）的启动子进行Cre标记实验表明，在白质中，NG2细胞能够自我更新并产生少突胶质细胞；而在灰质中，它们还能够产生2型星形胶质细胞。无论它们的起源如何，胶质细胞在到达最终位置之前，通常会迁移相当长的距离。

神经嵴

神经嵴是所有脊椎动物中源自神经褶的一群细胞（图16.17）。在神经管闭合时，它们位于神经管的背侧部分，但很快就会从神经管迁移到周围组织中去。它们形成各种不同的细胞类型，其中最重要的是以下几种：

1. 感觉和自主神经系统的神经元和胶质细胞
2. 肾上腺髓质和甲状腺的降钙素细胞
3. 色素细胞（除了色素视网膜中的色素细胞）
4. 面部和颈部的骨骼组织
5. 心脏流出道的一部分

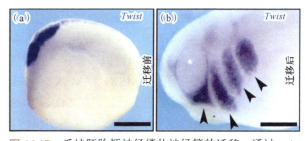

图16.17 爪蛙胚胎颅神经嵴从神经管的迁移，通过*twist* mRNA的原位杂交显示。(a) 迁移前；(b) 迁移后；星号表示视泡。标尺：300 μm。来源：复制自 Crane and Trainor (2006). Ann. Rev. Cell Dev. Biol. 22, 267-286, 经 Annual Reviews 许可。

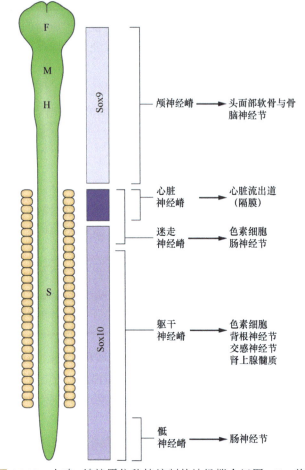

图 16.18　由鸡-鹌鹑原位移植编制的神经嵴命运图。F，前脑；M，中脑；H，后脑；S，脊髓。

神经嵴的正常发育命运已通过两种主要技术得以确定。一种是将鹌鹑的一段神经管移植到鸡胚中，然后在后期对鹌鹑细胞进行定位。第二种方法是通过局部注射染料对神经嵴进行体内标记。可以使用细胞外注射 DiI 来标记一群细胞，或者可以使用细胞内注射**荧光右旋糖酐（fluorescent dextran）**来标记单个细胞。进行标记后，让胚胎继续发育一段时间，然后对标记细胞的位置和细胞类型加以识别。

这类实验表明，就正常的发育命运而言，神经嵴分为不同的前后区域（**图 16.18**）。头部神经嵴可产生种类繁多的组织。最初，它是头部大部分间充质的来源。除了一般结缔组织外，头部神经嵴后来还成为软骨、骨骼、脑神经节、血管的**周细胞（pericyte）**和平滑肌，以及牙齿的成牙本质细胞（odontoblast，形成牙本质的细胞）。躯干神经嵴有两条截然不同的迁移路径（**图 16.19**）。躯干神经嵴沿背外侧路径穿过表皮和体节之间，并产生**黑素细胞（melanocyte）**；沿腹侧路径则穿过生骨节，形成背根神经节、交感神经节和肾上腺髓质，并且还对心脏的流出道（心脏神经嵴，cardiac crest）作出贡献，这种迁移仅通过每个生骨节的前半部发生。最后，有两个神经嵴区域，即迷走神经嵴和骶神经嵴，为消化道中的肠神经节网络提供细胞。

神经嵴的形成和迁移

如果对早期神经板边界区域内的单个细胞进行标记，就会发现它们的克隆后代可以包括表皮细胞、神经细胞或神经嵴细胞，或三者的任意组合。但到神经管闭合时，单个标记的克隆仅对以下三者之一有贡献：神经上皮、神经嵴或表皮。这表明神经嵴应当是在此期间被特化的。当去除神经褶，并将神经上皮直接与表皮相连时，在连接处两侧的细胞都能诱导产生神经嵴，这表明表皮和神经上皮之间的相互作用会促使神经嵴的形成。在爪蛙中，这种相互作用的感应性在原肠胚晚期消失，但在鸡胚中，此感应性消失的要更早一些（在 HH 4+ 期）。来自表皮的 BMP4 是互作信号中的重要成分，形成神经嵴的 BMP 信号水平介于神经诱导所需的低水平和表皮分化所需的高水平之间，但单独 BMP 本身很可能不足以诱导神经嵴的形成。在爪蛙和鸡胚中进行的实验表明，FGF、Wnt 信号、Notch 信号和视黄酸也都可能是必需的。

决定神经嵴形成的分子通路似乎具有一些线性序列的特性，但也存在反馈效应。对 BMP 信号的初始响应，是同源域转录阻遏因子 MSX1 和 MSX2 的表达。接下来，是两个锌指转录阻遏因子 Snail1 和 Snail2 （= Slug）以及其他转录因子的表达，包括 SOX9 和 SOX10。该条通路起作用的证据来自过表达、抑制和**上位性（epistasis）**实验。这里描述的是爪蛙的实验结果，但来自小鼠基因敲除和鸡逆转录病毒感染实验的证据也大致相符。在爪蛙中发现，MSX 因子的过表达会诱导 Snail1 的表达，而 Snail1 的过表达会诱导 Sox10 的表达，SOX10 的过表达会诱导 Snail2 的表达。所有这些因子都可以驱动神经嵴的形成，而且注射其中任何一个因子的相应反义 Morpholino 或显性负性**结构域交换（domain swap）**构建体，都会抑制神经嵴的形成。因此，基于这些过表达数据的序列是 Msx→Snail1→Sox10→Snail2。然而，也有很多与简单线性通路不一致的结果，很可能这些转录因子之间存在着相当多的并行功能和反馈功能。

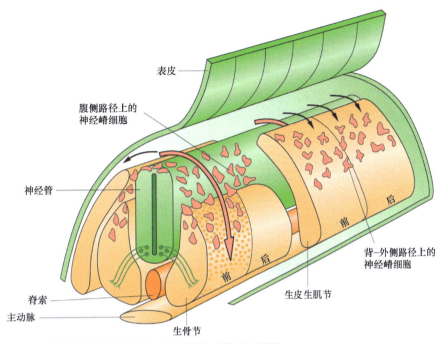

图 16.19　躯干神经嵴迁移的背外侧（黑色箭头）和腹侧（红色箭头）通路。

　　如果在早期诱导表达糖皮质激素诱导型的显性负性 Snail2（Slug），将阻止神经嵴的形成；而如果在神经嵴形成稍后期诱导表达，则它将阻止细胞迁移。这表明 Snail2 的功能在较长的时间内对控制神经嵴细胞的特性是必需的。SOX10 最初在整个神经嵴中表达，但很快在颅神经嵴中被 SOX9 取代。已知 SOX9 对于软骨从中胚层分化很重要，小鼠中的组织特异性敲除亦显示了 SOX9 对于神经嵴中软骨形成的重要性。在 *Wnt1-Cre × floxed Sox9* 构成的胚胎中，Cre 重组酶在神经嵴中表达，但不在中胚层中表达。由此产生的神经嵴 Sox9 的消除抑制了颅部骨骼的形成，而不影响躯干骨骼的形成。Snail1 会抑制黏附分子 E-钙黏蛋白以及紧密连接成分的产生，从而帮助细胞迁移之前的上皮-间充质转换过程。

　　神经嵴细胞的迁移依赖于各种各样的细胞外基质成分，包括基质金属蛋白酶和 ADAM 在内的蛋白酶的产生使细胞能够穿过细胞外基质。纤连蛋白或层粘连蛋白等细胞外基质成分也发挥了积极的作用，这可以从以下事实看出：针对这些蛋白质的中和抗体可以阻止神经嵴细胞的迁移。在体内，腹侧路径的躯干神经嵴的迁移受到后部生肌节的特异性抑制，从而使通过前部生肌节的路线成为首选的迁移路径。原因是，神经嵴细胞表达 EphB3，而后部生肌节表达 ephrin B1 和 B2。它们构成了一种排斥性组合，以至于当神经嵴细胞的突起接触到含有 ephrin B 的表面时，由于 Rho-GTPase 系统介导的肌动蛋白解聚作用，细胞突起会发生崩解而回缩（参见第 6 章）。向鸡胚胎中添加 ephrin 抑制剂可使神经嵴细胞既可以通过后部生肌节又可以通过前部生肌节迁移。如前所述，在后脑的菱脑节 3 和 5 中，颅神经嵴的向外迁移也受到 Eph 系统的抑制。

神经嵴的定型与分化

　　通过交换神经管的节段，然后检查从移植物中出现的神经嵴细胞的命运，已经对神经嵴的整体前-后轴的定型进行了研究。至少在鸟类和哺乳动物中，此类实验表明，颅神经嵴和躯干神经嵴之间的区别很早就出现了，因为只有颅神经嵴才能产生骨骼组织。即使将躯干神经嵴移植到头部的神经管中，它也不会产生软骨，而颅神经嵴在移植到躯干后，除了形成躯干的各种神经元类型外，还会对身体的骨骼结构有贡献。一般来说，神经嵴的任何区域如果被移植到沿体轴的合适位置，都会形成副交感神经节、交感神经节或感觉神经节。例如，迷走神经嵴通常会产生胆碱能（副交感）神经元，而胸神经嵴会产生肾上腺素能（交感和肾上腺髓质）神经元。但如果交换这些区域，形成的细胞类型会与移植物的新位置相适应。

在体内对单个神经嵴细胞进行标记（通过显微注射荧光右旋糖酐，或通过带有可见标记的逆转录病毒感染，或通过低感染复数下的 CreER 介导的重组）表明，神经褶中的神经嵴细胞可以是**多潜能**的，因为许多标记的克隆会参与形成多种细胞类型，如感觉神经元、黑素细胞、肾上腺髓质和胶质细胞（图 16.20）。这表明神经嵴中至少有一些细胞是多潜能的。那些较晚离开神经管的细胞更有可能只形成单一的终末细胞类型，如沿背外侧路径迁移并变成黑素细胞的细胞。然而，在正常发育过程中仅形成一种细胞类型，并不能证明注射的细胞没有能力形成其他细胞类型（参见第 4 章的"克隆分析"部分）。为了证明这一点，还需要证明克隆后代在足够早的阶段就已经暴露于广泛的不同环境中。通过单细胞测序对小鼠中迁移的神经嵴细胞进行分析表明，在迁移过程中会发生一系列发育决定。首先是在感觉祖细胞和其他细胞类型之间做出选择，然后是在自主神经祖细胞和间充质细胞之间做出选择。感觉和自主神经前体都会产生神经元和胶质细胞。在颅神经嵴中，大多数细胞从分层（delamination）开始就遵循间充质途径发育，最终形成软骨。

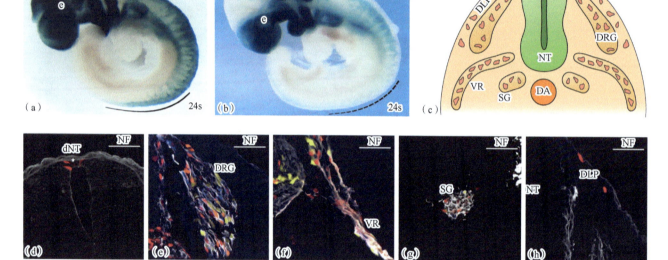

图 16.20 使用 CreER/Confetti 系统标记神经嵴细胞。(a,b) 两个神经嵴特异性启动子，其活性通过与 R26R 小鼠杂交和 β-半乳糖苷酶染色显示。(a) *Wnt1*，从神经嵴形成开始就在其中有活性；(b) *Sox10*，自早期迁移开始时有活性。(c) 迁移路径，NT，神经管；DA，背主动脉；DLP，背外侧路径；DRG，背根神经节；VR，腹根；SG，交感神经节。(d) 背方神经管的细胞。(e) 背根神经节中的细胞。(f) 腹根中的细胞（施万细胞）。(g) 交感神经节中的细胞。(h) 背-侧板中的细胞。来源：(a,b) Jacques-Fricke, B., et al., 2012. Plos One. 7, e47794. (c-h) Baggiolini, A., et al., 2015. Cell Stem Cell. 16, 314–322.

细胞的分化至少在某些情况下确实依赖于它们迁移所经过的环境（图 16.21）。例如，背根神经节的形成依赖于暴露于神经管来源的脑源性神经营养因子（brain-derived neurotrophic factor, BDNF）。如果在神经管和神经嵴细胞之间插入一个屏障，那么它们就无法形成背根神经节；但是，如果为其提供 BDNF 蛋白，它们就会形成背根神经节。缺乏 *Bdnf* 基因的小鼠不会形成背根神经节。背根神经节实际的节段性排列并不仅仅是神经嵴细胞被后部生肌节排斥的被动结果，因为在去除排斥影响的突变体中，神经节仍然能形成。然而，节段性神经节形成确实依赖于 semaphorin 引导系统（参见"引导分子"部分），因为去除 neuropilin 1 和 2 的基因将阻止分节。

形成自主神经元、胶质细胞还是平滑肌，也取决于环境信号。培养的躯干神经嵴细胞在暴露于神经调节蛋白（neuregulin）时会优先形成**施万细胞（Schwann cell）**，在暴露于 TGFβ 时会形成平滑肌，在暴露于 BMP2 或 BMP4 时会形成自主神经元（图 16.21）。这些影响主要是**指令性（instructive）**的，尽管这些因子也可能有助于它们自身细胞类型的差异性存活。这些因子在细胞迁移所经过的胚胎的相应区域中表达：神经调节蛋白在神经鞘中表达，TGFβ 在心脏的主要流出血管中表达，BMP2 和 BMP4在背主动脉和肠道中表达。小鼠基因敲除实验得到了预期的效果，例如，敲除神经调节蛋白基因 (*Nrg*) 会减少施万细胞的数量，而敲除 *Tgfβ* 基因会干扰心脏发育。自主神经元表达转录因子基因 *Mash1*，该基因编码一种 bHLH 转录因子，它是果蝇 Achaete-Scute 的同源物，敲除 *Mash1* 基因的小鼠则缺乏大部分自主神经元。色素细胞和肠神经节的定型依赖于信号因子内皮素 3（endothelin 3）。缺乏这种因子或其受体的小鼠，将缺乏这两种细胞类型。对内皮素 3 活性的需求是在妊娠 9.5～12.5 天的时间段，这已通过制作诱导型受体的转基因小鼠并在不同时间诱导其活性得到了证明。

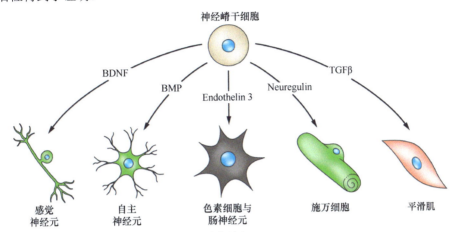

图 16.21　暴露于不同诱导因子的躯干神经嵴细胞的优先分化途径。

　　除了上述这些表明神经嵴细胞的分化受环境信号调控的数据之外，还有各类实验显示，即使将神经嵴细胞置于多种多样的环境条件下，它们也只会分化为单一的细胞类型。这意味着，随着时间的推移，神经嵴细胞在朝着特定命运发育的过程中，也存在着一种自主的定型因素。

神经元连接的发育

　　一个正常运作的神经系统，其本质在于它的连接模式。特别是在 CNS 中，细胞和轴突紧密地聚集在一起，使得神经回路不容易被观察到。但是可以通过各种神经元示踪方法使它们变得可见，这些方法依赖于神经元中独特的转运系统。神经元在细胞体中进行大部分蛋白质合成，然后，物质通过慢速轴突运输沿着轴突和树突转运；或者，对于神经递质囊泡，通过快速轴突运输进行转运。在成熟神经元中，这种物质流动与从轴突末端到细胞体的逆向运输相平衡。由于这些运输系统的存在，通过注射示踪物质，就有可能在 CNS 的复杂结构中识别轴突的路径。其中一些示踪物质与用于绘制早期胚胎命运图的物质相同（见第 5 章）。**辣根过氧化物酶**（horseradish peroxidase，**HRP**）长期以来一直被用作逆行示踪剂，它会被轴突摄取并运输回细胞体。例如，如果将 HRP 注射到一块单一的肌肉中，那么它将被输送回支配该肌肉的脊髓运动神经元，并且可以使用组织化学染色或其他合适的检测方法使其可视化。荧光霍乱毒素 b 亚基也被用于相同的目的。修饰的右旋糖酐（如生物素化右旋糖酐）作为顺行示踪剂很有用，它们可以从细胞体向周围移动。羰花青染料 **diI** 和 **diO** 具有特殊用途，因为它们可以沿着轴突向任何一个方向扩散，而不依赖于任何代谢活动，因此可以用于固定的组织标本。示踪方法的另一个拓展是使用修饰的病毒，它们可以跨越突触，从而标记整个神经元通路。基于狂犬病病毒的构建体已被广泛用于逆行示踪，而基于单纯疱疹病毒 129 株的构建体则用于顺行示踪。神经元示踪方法的进一步改进得益于 Brainbow 标记序列组件的使用（参见第 15 章和图 16.20），它能使相邻的神经元被标记上不同的颜色，还得益于现代组织透明化方法的应用（参见第 5 章），这些方法能使大块组织变得透明，从而使标记的连接在显微镜下清晰可见。

生长锥

　　神经元的轴突向外生长并支配它们的靶细胞。脊髓腹侧的运动神经元支配肌肉，背根神经节中的感觉神经元则支配各种外周感受器和感觉器官，同时也支配脊髓中的中间神经元。最终形成的连接模式极其复杂精妙，那么这些神经元又是如何知道该往哪里生长的呢？实际上，存在一整套不同层次的机制来控制连接的特异性。这些机制中的每一种特异性可能都相对较低，但它们共同作用却能产生非常精确的最终结果。

每个正在发育的轴突末端都有一个**生长锥（growth cone）**（图 16.22）。这是一个相对较大的结构，有点类似于正在迁移的成纤维细胞。它不断地伸出和缩回**丝状伪足（filopodia）**，并且在基质上积极地爬行。生长锥的细胞骨架处于一种动态稳定状态。它的**片状伪足（lamellipodia）**和丝状伪足围绕着微丝构建，这些微丝在正端（外侧）不断地伸长。与此同时，纤丝又被肌球蛋白型**马达蛋白（motor protein）**拉回到中央的去极化区域。维持轴突结构的微管束就在这个区域终止。能够促使生长锥前进的刺激会增加肌动蛋白的聚合速度，降低肌球蛋白马达的活性，并增加微管的伸长速度。随着生长锥的前进，新的物质会沉积下来，使轴突得以伸长。细胞体和轴突近端并不移动，但它们对于这个过程是必不可少的，因为大部分轴突伸长所需的新物质的合成是在那里进行的。

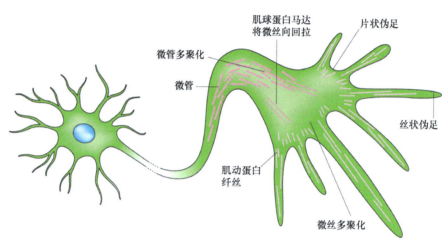

图 16.22　发育中轴突尖端的生长锥。

由于生长锥的体积较大，它的不同部分有可能暴露于不同的信号之下，而单侧的刺激会导致其生长方向发生改变。微丝的局部解聚导致生长锥转向远离刺激的方向，而局部的稳定则会使它转向刺激的方向。信号受体与细胞骨架之间的偶联依赖于小 GTP 交换蛋白：RhoA 在其激活状态下会导致生长锥塌陷，而激活的 Rac 和 Cdc42 则会促进生长锥的伸长。

目前已知，在促进轴突延伸方面最有效的细胞外因子是神经营养因子（neurotrophin）。这些神经营养因子包括神经生长因子（nerve growth factor, NGF）、BDNF、神经营养因子 3（neurotrophin 3, NT3）以及神经营养因子 4/5（NT4/5）。它们的受体被称为 TRK 蛋白，这是一类受体酪氨酸激酶。NGF 与 TRKA 结合，BDNF 与 TRKB 结合，而 NT3 和 NT4/5 主要与 TRKC 结合，这为该系统提供了一定的特异性。神经营养因子还都能与一种亲和力较低的受体结合，这种受体被称为 p75。p75 具有持续激活 RhoA 的功能，而在神经营养因子存在的情况下，这种激活会被阻止，从而使得生长锥能够伸长。此外，细胞外基质蛋白，如纤连蛋白和层粘连蛋白，通常为轴突的伸长提供一个适宜的环境。神经营养因子作用于细胞体时可以维持细胞的存活，但要促进轴突伸长，它们必须作用于生长锥。人们认为，含有激活受体的内吞小泡会通过逆向运输被传递到细胞体，从而引起基因表达的变化。

导向分子

生长锥的导向受到一些因子的促进，同时也受到另一些因子的拮抗。一般可以识别出四种类型的作用：接触吸引、接触排斥、长程吸引和长程排斥。以前，每一种作用都与特定类别的导向分子相关联，但现在人们认识到，同一个分子可能根据具体情况表现出吸引或排斥的作用。导向分子的鉴定主要是通过体外测试方法来实现的（图 16.23）。对于具有接触活性的因子，只需将其包被在培养皿上，观察它们是否能支持从神经管外植体中长出轴突（图 16.23a）。然而，一种更具区分性的测试方法是提供不同基质之间的选择

（图 16.23b），因为在体内，生长锥会不断地在不同的环境之间做出选择。例如，通过这种检测方法，从视顶盖中分离出了具有排斥生长锥活性的 ephrin 蛋白。对于长程因子，必须证明它们是可扩散的，并且生长锥能够感知浓度梯度。这可以通过在胶原凝胶中设置两个外植体来实现（图 16.23c）。如果轴突直接从一个外植体生长到另一个外植体，这表明靶向外植体一定分泌了一种长程化学吸引因子。要确凿地证明存在化学吸引作用，还需要移动信号源，并观察轴突生长方向是否发生改变。

接触吸引因子包括细胞外基质成分（如层粘连蛋白和纤连蛋白），以及其他神经元上的黏附分子（如 N-CAM、NgCAM 和 N-cadherin）。接触排斥因子是 ephrin 蛋白，它们与 Eph 家族的受体，以及一些细胞外基质成分如生腱蛋白（tenascin）结合。长程导向分子包括 netrin 蛋白（与层粘连蛋白相关的可扩散细胞外因子）、semaphorin 蛋白和 Slit 蛋白。一般来说，netrin 蛋白对轴突生长具有吸引作用，而 semaphorin 蛋白和 Slit 蛋白则排斥轴突生长，但这确实取决于个体细胞群的感受态。Netrin 蛋白的受体称为 DCC (deleted in colon carcinoma)，semaphorin 蛋白的受体称为 neuropilin 和 plexin，Slit 蛋白的受体被称为 Robo（由果蝇 *roundabout* 基因的同源物编码）。虽然有些 semaphorin 蛋白是分泌型的，作为长程因子发挥作用，但也有一些是跨膜分子，通过细胞接触在短距离内发挥作用。

除了这些专门的神经导向分子外，一些在许多其他发育过程中为人熟悉的诱导因子，如 FGF、BMP、HH 和 WNT 信号分子，也会对生长锥的生长产生影响。同样，神经元的感应性在轴突生长过程中可能会发生改变，以至于生长锥在某一时刻会被某个因子吸引，而在接下来的时刻又会被同一个因子排斥。

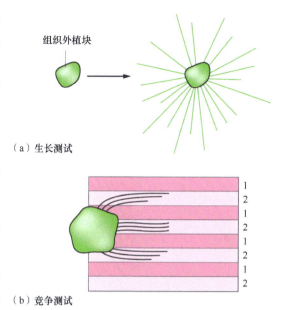

（a）生长测试

（b）竞争测试

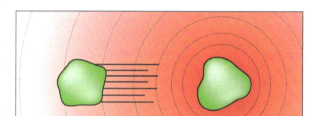

（c）化学吸引测试

图 16.23 吸引和排斥的测试方法。(a) 简单的测试方法，将组织外植体接种在包被有因子的表面上，或者用因子处理组织外植体，观察纤维的生长情况。(b) 竞争测试法。将两种底物 1 和 2 包被在交替的细条带上，这样从外植体中长出的轴突就可以在它们之间做出选择。(c) 化学吸引测试法。来自一个外植体的纤维向第二个外植体生长，第二个外植体正在分泌一种化学吸引剂。

神经通路

在昆虫尤其是果蝇和蝗虫中，已经对神经元连接进行了一些细致的研究。在这里，必须谨记昆虫和脊椎动物神经发育之间的一个重要区别。在脊椎动物中，大多数神经元起源于 CNS，并将轴突向外发送到外周器官；而在昆虫中，许多神经元起源于外周器官，并将轴突发送到 CNS。对昆虫通路发育的研究表明，完整的通路可被分成约 100 μm 的短节段。在这个长度范围内，生长锥会沿着通路生长，到达一个选择点时（这个选择点可能是一个预先存在的神经元，或者是基质特性发生改变之处），它们会停下来，并向各个方向伸出突起，以探索周围环境，并找到下一个最有利的通路，继续下一节段的生长。这些最初的连接是由"先驱神经元"（pioneer neuron）在胚胎尚非常小的时候建立的，因此一条通路的总长度也较短。后来形成的通路主要沿着现存的轴突束（axonal tract）生长，这些轴突束通常称为**神经束（fascicles）**。这些神经束为后续的轴突生长提供了一条"高速公路"。轴突是否维持捆绑成束，取决于局部吸引和排斥作用的平衡。如果轴突之间的相互吸引力大于它们与基质之间的吸引力，那么神经束就会持续存在；如果它们对底物的吸引

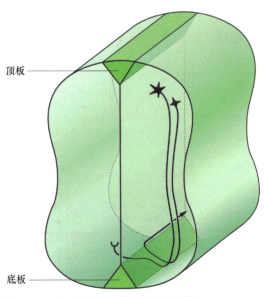

顶板

底板

图 16.24 来自连合神经元的轴突通路。

力大于彼此之间的吸引力，那么神经束就会解体。例如，在脊椎动物中，轴突表面的 N-CAM 上添加多聚唾液酸会导致神经束解体。这会引入较高的表面负电荷，从而使轴突相互排斥。

在脊椎动物 CNS 中，脊髓背侧存在一群**连合神经元**。它们的轴突向下生长到腹侧中线，然后大多数轴突会交叉到另一侧，要么立即与靶神经元建立联系，要么转弯并沿着中线纵向生长，最终在另一个前后水平上形成突触（**图 16.24**）。轴突向腹侧生长的方向取决于**底板**分泌的 netrin 蛋白和SHH。相关证据包括：底板外植体在体外会吸引连合轴突的生长，转染了 *Netrin1* 基因的细胞也会有同样的效果。此外，敲除小鼠的 *Netrin1* 基因或其受体 *DCC* 基因，会导致连合轴突生长模式紊乱。现在人们认为，netrin 蛋白不仅在通路上存在，而且从底板形成了一个浓度梯度。关于 SHH 的作用，这个系统说明了同一个因子可以先作为形态发生素，特化脊髓内不同的背-腹区域，然后再作为神经元导向分子发挥作用。

当轴突到达中线时，那些发生交叉的轴突是因为它们表达了一种能够与底板细胞上类似分子结合的NgCAM。添加针对 NgCAM 的中和抗体，会导致大多数轴突纵向生长而不发生交叉。此外，在底板区域存在一种主动的排斥机制，即由中线胶质细胞分泌的 Slit 蛋白。一旦生长锥进入中线区域，Slit 的受体 Robo会发生剪接变异，转变为具有排斥作用的形式。因此，Slit 会导致生长锥从底板排斥开来，并且它还会使DCC 的导向功能（但不是促进生长的功能）失活。这就确保了一旦轴突离开底板，netrin 信号会继续促进轴突伸长，但不会将轴突吸引回中线。

肢的神经支配

在四肢区域，脊神经融合形成**臂丛**或**腰骶丛**，然后再次分支形成几条主要的神经，为四肢提供神经支配。支配四肢的脊神经首先穿过围绕神经管的背-前部生肌节。与神经嵴细胞的情况一样，腹侧和后部生肌节携带一种排斥因子，会阻止脊神经生长。神经丛区域的间充质为神经生长形成了一个适宜的环境，但神经必须穿过正在形成的骨盆带中的两个孔。如果制造出更多的孔，那么神经就会穿过这些孔生长。如果将一段神经管旋转或轻微移位，神经仍然会找到它们正确的目的地。但是，如果移位幅度较大，那么来自通常不支配四肢区域的神经就可能生长到肢体中，并形成大致正常的模式。这些实验表明，最基本的控制层面一定是存在一些组织中的通路，任何轴突都可以沿着这些通路生长。这些通路可能仅仅是一些空间，或者是富含合适基质（如层粘连蛋白）的区域，或者是没有排斥因子的区域。

在小鼠中，第一批运动轴突大约在 E9.5 时离开脊髓。外侧运动柱中支配肢体区域的位置由臂部区域的 *Hox 6-8* 和腰骶区域的 *Hox 10-11* 的活性所特化。在这两个区域之间，*Hoxc9* 抑制了促进肢发育的 Hox 基因的表达。*Hoxc9* 还阻抑 *Foxp1*，而 *Foxp1* 是产生视黄酸所必需的，视黄酸会将外侧运动柱分为外侧和内侧区域。外侧区域支配肢体背侧的肌肉，而内侧区域支配肢体腹侧的肌肉（**图 16.25**）。在外侧区，运动神经元表达 LHX1，LHX1 上调 EphA4 的表达。EphA4 存在于生长锥上，会被来自腹侧肌肉的 ephrin A 所排斥，因此轴突会与背侧肌肉建立连接。相反的，在腹侧区域，运动神经元表达 ISL1，它上调 EphB1 的表达，EphB1 会被来自背侧肌肉的 ephrin B 所排斥，从而导致神经元与腹侧肌肉块建立连接。这个模型得到了各种证据的支持。例如，敲除 EphA4 会导致内侧神经元连接到腹侧肌肉，而敲除 *Eph B1/2/3* 会导致腹侧神经元连接到背侧肌肉。然而，实际情况更为复杂，例如，肢芽近端的旋转并不能阻止正确连接的建立，这表明导向因子在生长锥实际到达胚胎肌肉块之前就已经存在了。

在出生后 CNS 的生长过程中，会有大量的神经元通过凋亡死亡，通常达到 50% 甚至更多。尽管中枢神经系统和外周神经系统都会发生大量的神经元丢失，但在外周神经系统中，对其机制的理解更为深入。就背根神经节的感觉神经元而言，在促进其存活方面起关键作用的是其靶器官中存在的各种神经营养因子（图 16.26）。

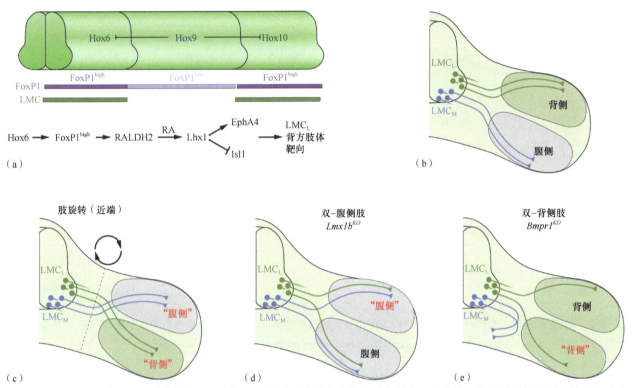

图 16.25　与四肢肌肉的运动连接的发育。（a）Hox 基因对脊髓中肢体神经支配水平的特化。外侧运动柱的运动神经元分为表达 *Lhx1* 的细胞（支配四肢背部肌肉）和表达 *Isl1* 的神经元（支配四肢腹部肌肉）。（b）正常的胚胎肢体背侧和腹侧肌肉块的运动连接。（c）～（e）肢体旋转、双－腹或双－背肢芽情形下连接的调整。

有几种生长因子可以作为生存因子起作用。它们包括 NGF 家族的神经营养因子（NGF、BDNF、NT3 和 NT4/5）、一些 FGF、肝细胞生长因子，以及一些其他因子，包括胶质细胞源性神经营养因子（glial-derived neurotrophic factor，GDNF）和 CNTF。神经元的存活取决于从靶器官中吸收足够的相关神经营养因子（图 16.27）。如果去除靶器官，那么大多数原本会与该靶器官建立连接的神经元就会死亡。例如，最初所有的背根神经节大小相同。但是，那些不支配四肢的背根神经节中会有更多的细胞死亡，因此它们会变小。如果去除一个肢芽，那么支配它的神经节将会有更多的细胞死亡，并会缩小。如果移植一个额外的肢芽，那么支配它的神经节中会有更多的细胞存活，并且它们会保持较大的体积（图 16.27）。

NGF 和其他神经营养因子在培养的感觉神经元和交感神经元上有两种不同的作用。它们既会促进轴突的生长，也会支持细胞体的存活。如果设置一个实验，使只有生长锥和轴突的远端部分暴露于神

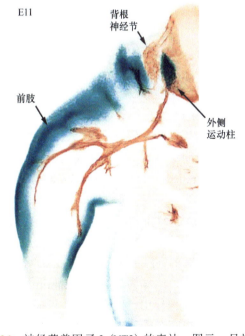

图 16.26　神经营养因子 3（NT3）的表达。图示一只报告小鼠，其 *NT3* 的一个等位基因被大肠杆菌 *lacZ* 取代。E11 胚胎胸部区域的横截面图显示 NT3 表达区域（蓝绿色）和脊神经（棕色）。来源：复制自 Fariñas et al.（1996）. Neuron. 17, 1065-1078，经 Elsevier 许可。

经营养因子，细胞体仍然能够存活，这表明神经营养因子可以在生长锥处被吸收，并且其作用可以通过逆向运输传递到细胞体。在侧翼组织中注射 NGF 可以模拟在背根神经节附近移植额外肢芽对背根神经节的保护作用。

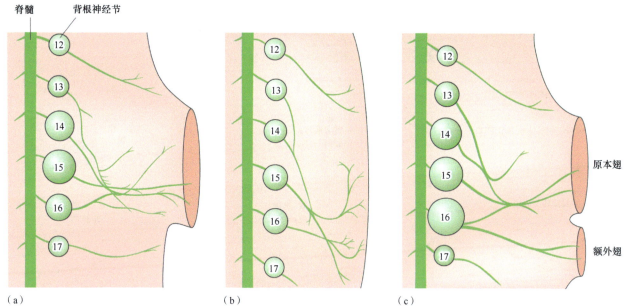

图 16.27　神经营养因子对背根神经节的影响。(a) 鸡胚中的正常臂丛神经；(b) 去除翅芽后神经节变小；(c) 移植额外翅芽后神经节变大。来源：Alberts et al.（1989）. The Molecular Biology of the Cell 2nd edn. Garland.

　　敲除编码神经营养因子或其受体基因的小鼠，会显示出背根神经节中感觉神经元和交感神经元的过度丢失。例如，敲除优先结合 NGF 的 TRKA，会导致背根神经节和三叉神经节显著缩小。敲除优先结合 BDNF 的 TRKB，会导致结状神经节、前庭神经节、耳蜗神经节、三叉神经节和背根神经节缩小。

突触形成与轴突竞争

　　合适的神经元通路的形成，以及生长锥与其靶标的接触，本身并不足以确保突触的顺利形成。突触形成过程极为复杂，其间，导向分子、细胞黏附分子，以及 WNT 等多种生长因子都可能参与其中。在某些情况下，已经证明突触形成需要特定的转录因子。例如，蟑螂有称为尾须（cerci）的后部感觉器官，在一龄若虫期，尾须上的毛发仅与一对感觉神经元相连。外侧感觉神经元对向前的刺激（如气流）做出反应，内侧感觉神经元对向后的刺激做出反应。这些感觉神经元与不同的中间神经元相连，但它们的轴突分支有相当大的重叠，这表明突触特异性不仅仅是由于靠近正确的中间神经元。内侧感觉神经元及其周围环境通常表达转录因子 Engrailed，在缺失 *engrailed* 的情况下，内侧神经元会与两个中间神经元都形成突触，表明这种转录因子决定了这个系统中突触形成的特异性。

　　一些突触特异性的例子是由细胞外信号导致的，这些信号也被称为导向因子。果蝇的 RP3 运动神经元与许多体壁肌肉接触，但仅与 6 号和 7 号肌肉形成突触。这两块肌肉表达 netrin，在这种情况下，netrin 的缺失会阻止有效的突触形成，但它不会影响 RP3 轴突所走的路径。

　　人们曾认为，诸如钙黏蛋白和 ephrin 蛋白等细胞黏附分子对于启动突触形成过程是必不可少的。尽管它们确实常常发挥作用，但突触形成可能在轴突与其靶标接触之前很久就已开始了。在轴突到达之前，乙酰胆碱受体可以在脊椎动物发育中的肌肉纤维上聚集形成"热点"，而神经递质囊泡等突触前特化结构也可以在接触之前就出现在轴突上。肌肉上的特化突触称为**神经肌肉接头**（**neuromuscular junction**）。

　　一旦最初的突触连接形成，并且中枢神经元因细胞死亡而减少后，就会发生连接的重新调整。对于肌肉的神经支配而言，这意味着最初多个神经元投射到一个多核肌纤维的情况会被重新组织，使得每个肌纤维仅由一个神经元支配，但突触数量会增多。与最初相当粗糙且弥散的连接模式不同，这个后期阶段发生在出生之后，并且依赖于电活动。它遵循这样一条规则：如果每个神经肌肉接头自身最近处于活跃状态，那么肌肉的兴奋会使其得到加强；如果其最近没有处于活跃状态，那么肌肉的兴奋会使其减弱。因此，来自一个运动神经元的冲动会对其自身所有的神经肌肉接头起到相互加强的作用，同时会削弱来自其他神经元的所有神经肌肉接头。这一过程会自动进行，直到每条肌纤维都消除了除一个神经元之外其他所有神经元的神经肌肉接头。类似的原则也在 CNS 中起作用，CNS 中最初的连接分支非常广泛，之后会根据活动情况变得更加收窄和明确。

视觉系统中的神经元连接

　　视觉系统代表了神经元特异性最复杂的例子之一，对该机制的阐明是发育神经科学中非常精彩的一章。如前所述，视网膜由视杯的内表面形成。由于脊椎动物眼睛的光学结构类似于相机，视网膜上的每个点都会接收到来自视野中特定点的光。视网膜神经元将轴突发向视神经管，视神经管后来成为视神经（第二对脑神经）。当这些神经纤维在**视顶盖**（**optic tectum**）上形成突触时，它们会向后生长进入中脑。在哺乳动物中，视神经投射到外侧膝状体核和上丘。视网膜上的每一个点都会将神经纤维投射到视顶盖上的特定点，这样视顶盖的表面与视网膜之间就形成了一一对应的、具有**空间拓扑**（**topographic**）关系的联系，因此也与外部视野形成了这种对应关系。这种投射关系可以通过照亮视野中的一个点，然后记录视顶盖上相应点的电活动来呈现。在鱼类、两栖动物和鸟类中，视神经纤维在**视交叉**（optic chiasma）处完全交叉，即右侧视网膜投射到左侧视顶盖，反之亦然；而在哺乳动物中，两个视网膜都会向大脑的两侧投射。这种投射的特点是，视网膜前部投射到视顶盖后部，视网膜背部投射到视顶盖腹部（**图 16.28**）。需要注意的是，在神经科学文献中，视网膜的前后轴被称为鼻侧–颞侧轴（nasal–temporal axis），但此处用前–后轴，以与发育生物学的其他部分一致。

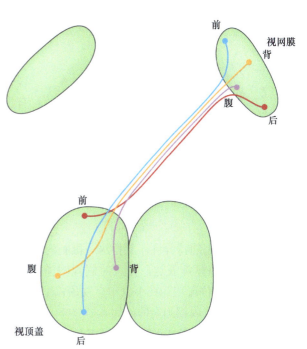

图 16.28　鱼或两栖动物的正常视网膜–视顶盖投射。前端（鼻侧）视网膜投射到后端（尾侧）视顶盖；背侧视网膜投射到腹侧（外侧）视顶盖。

　　很明显，这种连接的特异性需要在视网膜和视顶盖中都存在某种细胞标记系统，还需要有某种方法来匹配这两组标记。这一原理就是 Roger Sperry 提出的"化学亲和假说"。眼睛中的图式在胚胎发育的早期阶段就建立起来了。如果在非洲爪蟾胚胎的尾芽期之前旋转其眼原基，那么向视顶盖的投射突起仍会正常生长。如果在更晚的时候旋转眼原基，投射仍然会形成，但会变成倒置状态。在鱼类和两栖动物中，视神经如果被切断是会再生的，并且也有可能研究再生后的投射图谱的空间拓扑结构。在正常的再生过程中，连接会重新建立起正确的投射。如果在切断神经的同时切除一半的眼睛，那么另一半眼睛会以正常的方向投射到整个视顶盖。同样地，如果在切断神经时切除一半的视顶盖，那么整个眼睛会以正常的方向投射到剩下的一半视顶盖上。大量诸如此类的实验表明，标记系统是定量的，但存在一个优先的连接层级。这些实验还表明，这种投射一定是动态的，并且在不断地自我重新排列。这是因为视网膜呈放射状生长，从边缘的增殖区添加新的细胞。相比之下，视顶盖在其后–内侧表面生长，在一端添加细胞。这些不同的生长方式意味着连接必须不断地自我调整，以维持整体的空间拓扑投射。

　　对视觉连接是如何建立的理解依赖于对多种脊椎动物物种的研究。在鱼类和蛙中，由于它们的神经可以再生，因此使用诸如 ³H-脯氨酸或辣根过氧化物酶（HRP）等物质的顺行转运，以及通过电生理图谱绘制等方法，进行了大量关于追踪连接的研究工作。最近，由于在整体标本中具有更好的可视化效果，DiI 更常用于追踪神经通路。在鸡胚中，逆转录病毒过表达已被用于功能获得实验；而在小鼠中，基因敲除则是功能丧失实验的基础。不同模型之间存在一些细微差异，但原理是相同的。

　　首先，视网膜纤维必须到达视顶盖。最初，它们被 Slit 蛋白从视网膜排斥进入视神经，并在出口处被 Netrin 蛋白和视束中的 SEMA5A 蛋白推动继续前进。哺乳动物中，转录因子 ZIC1 在视交叉处的表达维持同侧路径，而 ISL1 对 ZIC1 的抑制会导致采用对侧路径。不同哺乳动物之间的这种比例差异很大，人类的同侧投射比例为 45%，而小鼠仅为 3%。

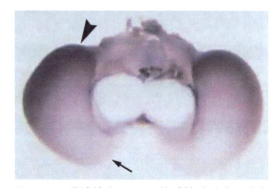

图 16.29　通过结合 Eph A3 的碱性磷酸酶缀合物在 13 天鸡胚的视顶盖上可视化的 ephrin A 的梯度。顶盖的前端用长箭表示，后端用箭头表示。来源：复制自 Cheng et al. (1995). Cell. 82, 371–381，经 Elsevier 许可。

　　现在已知，拓扑投射的基础是由视网膜和视顶盖上的细胞表面分子梯度编码的（图 16.29）。来自视网膜一小块区域的分散细胞会以与体内正常神经元投射相同的特异性附着在视顶盖外植体上（即视网膜前部附着到视顶盖后部，视网膜背部附着到视顶盖腹部）。使用条纹检测法（见图 16.23b）可以发现，视顶盖后部的提取物会抑制视网膜后部轴突的生长。视顶盖前部没有排斥活性，并且视网膜前部对视顶盖因子没有反应。这些因子被纯化后，发现它们是 ephrin A 家族的黏附分子成员，其表达呈现从后到前逐渐降低的梯度。视网膜细胞上也存在相应的 Eph A 型受体梯度，同样是后部表达高、前部表达低。因此，该系统的分子基础是由 Eph-ephrin 系统产生的短程排斥作用，这使得视网膜后部的纤维优先附着到视顶盖前部。尽管视网膜前部的纤维也可以附着到视顶盖前部，但纤维之间的竞争会将它们排挤到视顶盖后部，从而

产生了所观察到的特异性。支持这一机制的证据来自功能获得和功能丧失实验。例如，在鸡中，如果 ephrin A2 在视顶盖中异常表达，并且对侧视网膜的斑块用 DiI 标记，就可以看到视网膜后部的纤维现在会避开 ephrin A2 的异位斑块。在小鼠中，视顶盖上表达的主要 ephrin 蛋白是 ephrin 2 和 ephrin 5，敲除相应的两个基因会对图谱造成相当大的破坏。

　　ephrin 蛋白的表达受转录因子 Engrailed 控制，Engrailed 本身在视顶盖上形成从后到前的梯度，最初是由峡部组织者作用于中脑而建立的（见上文）。如果使用逆转录病毒在鸡胚胎中异常表达 *Engrailed*，那么顶盖上异位表达 Engrailed 的区域会显示 ephrin 蛋白表达增加，而视网膜后部纤维被从该区域排除了。

　　在背-腹轴上，也运行着一个类似的系统，但是基于吸引作用而不是排斥作用。EphB 分子在视网膜上的表达从腹部到背部呈现从高到低的梯度，而视顶盖上的 ephrin B 表达则是从背部到腹部呈现从高到低的梯度（在神经科学文献中通常称为从内侧到外侧）。由于这个系统是吸引性的，这意味着视网膜腹部的轴突会延伸到视顶盖背部。

　　最初的视网膜-视顶盖投射可以在没有任何神经元活动的情况下形成，这可以通过用河鲀毒素处理胚胎来证明，河鲀毒素会阻断电压门控钠通道，从而抑制神经元活动。然而，最初的投射是相当粗糙的，之后会通过一些确实需要神经元活动的过程来使其得到细化。

　　从最初的神经诱导到最终的生理功能，现在人们对视觉系统的发育已经有了相当深入的了解。在某些阶段，视觉系统的发育展示了神经发育和神经元特异性的所有原理。最初形成视网膜和视顶盖的神经上皮区域是由诱导因子的梯度决定的，这些诱导因子上调特定组合的转录因子。视神经的路径依赖于具有各种趋化性和基于基质的刺激的解剖空间，以引导视网膜纤维。决定视顶盖上拓扑图谱的 ephrin 梯度依赖于 Engrailed 的梯度，而 Engrailed 的梯度又依赖于峡部组织者发出的 FGF8（图 16.30）。图谱的早期构建阶段不需要神经元活动或视觉经验，而后期的细化则确实需要视觉经验的输入。视觉系统很好地说明了这样一个总体原则：神经发育涉及许多过程和相互作用，其中每一个过程本身都相当简单。当这些过程相互结合并按顺序发生时，它们可以共同构建出一个极其复杂和精细的结构。

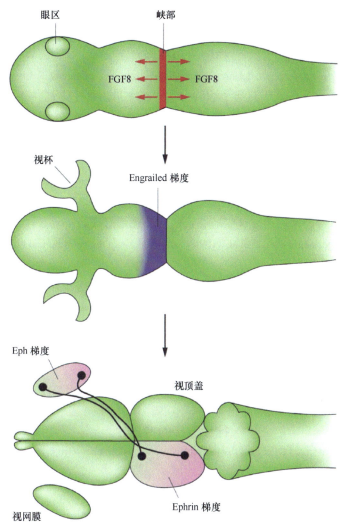

图 16.30　视网膜-视顶盖特异性建立的阶段。轴突投射模式由 ephrin-Eph 相互作用所控制，视顶盖 ephrin 梯度的初始极性取决于更早期因响应来自峡部组织者的信号而建立的 Engrailed 梯度。

经典实验

CNS 的图式化

"真正的"神经诱导物最终被确定为由抑制 BMP 信号的因子组成。第一篇论文是这项工作的巅峰之作，已在第 8 章中进行了描述。

Wilson, P.A. & Hemmati Brivanlou, A. (1995) Induction of epidermis and inhibition of neural fate by BMP-4. *Nature* **376**, 331–333.

接下来的两篇论文根据发育单位的特征，即特定转录因子组合的表达情况，描述了后脑的情况。这有助于将传统的神经解剖学描述与现代发育生物学的原理统一起来。

Lumsden, A. & Keynes, R. (1989) Segmental patterns of neuronal development in the chick hindbrain. *Nature* **337**, 424–428.

Wilkinson, D.G., Bhatt, S., Cook, M. et al. (1989) Segmental expression of Hox-2 homeobox-containing genes in the developing mouse hindbrain. Nature 341, 405–409.

最后一篇论文描述了底板的信号活性，它控制着神经管中的背-腹图式。

Yamada, T., Placzek, M., Tanaka, H. et al. (1991) Control of cell pattern in the developing nervous-system – polarizing activity of the floor plate and notochord. *Cell* **64**, 635–647.

经典实验

神经嵴和神经发生

Le Douarin, N.M. (1986) Cell line segregation during peripheral nervous system ontogeny. *Science* **231**, 1515–1522.

这实际上是一篇综述，但很好地总结了20世纪70年代用法语发表的一系列论文。它确立了由鹌鹑对鸡的移植而得到的神经嵴各区域的命运和发育潜力。

Heitzler, P. & Simpson, P. (1991) The choice of cell fate in the epidermis of *Drosophila*. *Cell* **64**, 1083–1092.

对控制果蝇（以及后来证明的脊椎动物）神经发生的侧向抑制的系统性分析。

Lee, J.E., Hollenberg, S.M., Snider, L. et al. (1995) Conversion of *Xenopus* ectoderm into neurons by NeuroD, a basic helix-loop-helix protein. *Science* **268**, 836–844.

单个前神经转录因子的过度表达可以驱动脊椎动物神经元形成的证据。

Eriksson, P.S., Perfilieva, E., Bjork-Eriksson, T. et al. (1998) Neurogenesis in the adult human hippocampus. *Nature Medicine* **4**, 1313–1317.

尽管多年来一直有证据表明成年哺乳动物中存在神经发生，但这篇论文最终说服了人们。

Noctor, S.C., Flint, A.C., Weissman, T.A. et al. (2001) Neurons derived from radial glial cells establish radial units in neocortex. *Nature* **409**, 714–720.

建立了放射状胶质细胞作为发育中神经发生的主要来源。

经典实验

神经连接的特异性

Kennedy, T.E., Serafini, T., Delatorre, J.R. et al. (1994) Netrins are diffusible chemotropic factors for commissural axons in the embryonic spinal-cord. *Cell* **78**, 425–435.

这篇论文标志着首次发现了一种控制生长区生长方向的导向分子。

Drescher, U., Kremoser, C., Handwerker, C. et al. (1995) In-vitro guidance of retinal ganglion-cell axons by RAGS, a 25 kda tectal protein related to ligands for Eph receptor tyrosine kinases. *Cell* **82**, 359–370.

纯化了一种控制视网膜特异性的分子，此因子后来被称为 ephrin 5。

Cheng, H.J., Nakamoto, M., Bergemann, A.D. et al. (1995) Complementary gradients in expression and binding of ELF-1 and MEK4 in development of the topographic retinotectal projection map. *Cell* **82**, 371–381.

视网膜–顶盖系统中 ephrin 和 Eph 梯度的观察。

新的研究方向

在这个领域，发育生物学的议题通常与神经科学的议题相交叉，因此存在无数有趣的问题，很难选出几个优先问题。但就专注于具体的发育问题而言，一些最令人兴奋的领域是与创伤性损伤或神经退行性疾病的恢复相关的研究。

有没有可能在成年后重新激活中枢神经系统的细胞，使它们恢复成神经干细胞的行为？

要使移植的神经干细胞能够修复中枢神经系统的受损部分，需要满足哪些条件？

外周轴突在横断后会再生，但中枢轴突不会。有没有什么方法可以中和中枢神经系统中的抑制性物质？

要点速记

- 最初的神经诱导依赖于组织者分泌的因子对 BMP 活性的抑制，有时还依赖于额外的诱导因子。随后的区域特化取决于 FGF 和 WNT 从后到前的梯度，该梯度在不同的前–后水平上调特定的 Hox 基因。背–腹图式形成依赖于来自底板的 SHH 梯度和来自顶板的 BMP 梯度。

- 局部区域的特化依赖于来自前神经缘、皮质下摆和峡部组织者等中心的信号，这些信号包括 FGF、WNT 和 BMP。后脑的菱脑节的节段性特性取决于来自后部中胚层的视黄酸梯度。

- 果蝇和脊椎动物的初级神经发生都依赖于侧向抑制这一对称性破缺过程，在这一过程中，初始神经元通过激活 Notch 信号通路抑制其邻近细胞的神经元分化。哺乳动物的大多数神经发生源于在胚胎发育后期活跃的放射状胶质细胞。哺乳动物 CNS 包含两个神经干细胞区域，它们在整个成年期都持续存在。神经干细胞可以分化形成神经元和胶质细胞，并且可以在培养中形成神经球。

- 神经嵴的迁移细胞产生了多种组织。头部神经嵴产生骨骼组织，而躯干神经嵴则不产生。神经嵴细胞在神经管中具有多潜能性，并在它们的迁移过程中逐渐定型。

- 轴突的生长依赖于生长锥的伸长。生长锥的伸长是响应神经营养因子和其他细胞外因子而发生的。生长的方向取决于环境中允许其生长的成分，也取决于特定的排斥因子和吸引因子。一系列简单的决定可以产生复杂的神经元连接模式。一些连接系统，如从视网膜到大脑的连接系统，通过匹配轴突和目标脑区上的黏附梯度来维持拓扑映射关系。

- 最初的神经连接相当粗糙。它们通过不同的神经元差异性存活而得到细化，这依赖于靶组织提供的神经营养因子，也通过突触形成的特异性以及轴突对同一靶细胞支配权的竞争来实现。在后期阶段，这可能还包括感觉经验的影响。

拓展阅读

综合

Brown, M., Keynes, R. & Lumsden, A. (2001) *The Developing Brain.* New York: Oxford University Press.

Sanes, D.H., Reh, T.A. & Harris, W.A. (2005) *Development of the Nervous System*, 2nd edn. New York: Academic Press.

Hochman, S. (2007) Spinal cord. *Current Biology* **17**, R950−R955.

Bellen, H.J., Tong, C. & Tsuda, H. (2010) 100 years of Drosophila research and its impact on vertebrate neuroscience: a history lesson for the future. *Nature Reviews Neuroscience* **11**, 514−522.

Darnell, D. & Gilbert, S.F. (2017) Neuroembryology. *Wiley Interdisciplinary Reviews: Developmental Biology* **6**, e215.

Saleeba, C., Dempsey, B., Le, S. et al. (2019) A student's guide to neural circuit tracing. *Frontiers in Neuroscience* **13**, Art. 897.

Guedes-Dias, P. & Holzbaur, E.L.F. (2019) Axonal transport: driving synaptic function. *Science* **366**, eaaw9997.

神经胚形成和早期 CNS 图式化

Lumsden, A. & Krumlauf, R. (1996) Patterning the vertebrate neuraxis. *Science* **274**, 1109−1115.

Marshall, H., Morrison, A., Studer, M. et al. (1996) Retinoids and Hox genes. *FASEB Journal* **10**, 969−978.

Blumberg, B. (1997) An essential role for retinoid signalling in anteroposterior neural specification and in neuronal differentiation. *Seminars in Cell and Developmental Biology* **8**, 417−428.

Simeone, A. (2000) Positioning the isthmic organizer. Where otx2 and Gbx2 meet. *Trends in Genetics* **16**, 237−240.

Jessell, T.M. (2000) Neuronal specification in the spinal cord: inductive signals and transcriptional codes. *Nature Reviews Genetics* **1**, 20−29.

Dasen, J.S., Liu, J.-P. & Jessell, T.M. (2003) Motor neuron columnar fate imposed by sequential phases of Hox-c activity. *Nature* **425**, 926−933.

Strähle, U., Lam, C.S., Ertzere, R. et al. (2004) Vertebrate floor plate specification: variations on common themes. *Trends in Genetics* **20**, 155−162.

Lumsden, A. (2004) Segmentation and compartition in the early avian hindbrain. *Mechanisms of Development* **121**, 1081-1088.

Kiecker, C. & Lumsden, A. (2005) Compartments and their boundaries in vertebrate brain development. *Nature Reviews Neuroscience* **6**, 553-564.

Stern, C.D. (2006) Neural induction: 10 years on since the 'default model'. *Current Opinion in Cell Biology* **18**, 692-697.

O'Leary, D.D.M., Chou, S.-J. & Sahara, S. (2007) Area patterning of the mammalian cortex. *Neuron* **56**, 252-269.

Dessaud, E., McMahon, A.P. & Briscoe, J. (2008) Pattern formation in the vertebrate neural tube: a sonic hedgehog morphogen-regulated transcriptional network. *Development* **135**, 2489-2503.

Roessler, E. & Muenke, M. (2010) The molecular genetics of holoprosencephaly. *American Journal of Medical Genetics Part C: Seminars in Medical Genetics* **154C**, 52-61.

Wallingford, J.B., Niswander, L.A., Shaw, G.M. et al. (2013) The continuing challenge of understanding, preventing, and treating neural tube defects. *Science* **339**, 1222002.

Wilde, J.J., Petersen, J.R. & Niswander, L. (2014) Genetic, epigenetic, and environmental contributions to neural tube closure. *Annual Review of Genetics* **48**, 583-611.

Gouti, M., Metzis, V. & Briscoe, J. (2015) The route to spinal cord cell types: a tale of signals and switches. *Trends in Genetics* **31**, 282-289.

Parker, H.J. & Krumlauf, R. (2017) Segmental arithmetic: summing up the Hox gene regulatory network for hindbrain development in chordates. *Wiley Interdisciplinary Reviews: Developmental Biology* **6**, e286.

神经发生和胶质生成

Gross, C.G. (2000) Neurogenesis in the adult brain: death of a dogma. *Nature Reviews Neuroscience* **1**, 67-73.

Cayouette, M. & Raff, M. (2002) Asymmetric segregation of Numb: a mechanism for neural specification from Drosophila to mammals. *Nature Neuroscience* **5**, 1265-1269.

Henrique, D. & Schweisguth, F. (2003) Cell polarity: the ups and downs of the Par6/aPKC complex. *Current Opinion in Genetics and Development* **13**, 341-350.

Malatesta, P., Appolloni, I. & Calzolari, F. (2007) Radial glia and neural stem cells. *Cell and Tissue Research* **331**, 165-178.

Cooper, J.A. (2008) A mechanism for inside-out lamination in the neocortex. *Trends in Neurosciences* **31**, 113-119.

Suh, H., Deng, W. & Gage, F.H. (2009) Signaling in adult neurogenesis. *Annual Review of Cell and Developmental Biology* **25**, 253-275.

Rowitch, D.H. & Kriegstein, A.R. (2010) Developmental genetics of vertebrate glial-cell specification. *Nature* **468**, 214-222.

Paridaen, J. & Huttner, W.B. (2014) Neurogenesis during development of the vertebrate central nervous system. *EMBO Reports* **15**, 351-364.

Pierfelice, T., Alberi, L. & Gaiano, N. (2011) Notch in the vertebrate nervous system: an old dog with new tricks. *Neuron* **69**, 840-855.

Taverna, E., Götz, M. & Huttner, W.B. (2014) The cell biology of neurogenesis: toward an understanding of the development and evolution of the neocortex. *Annual Review of Cell and Developmental Biology* **30**, 465-502.

Ernst, A. & Frisén, J. (2015) Adult neurogenesis in humans – common and unique traits in mammals. *PLoS Biology* **13**. doi:10.1371/journal.pbio.1002045.

Miyata, T., Okamoto, M., Shinoda, T. et al. (2015) Interkinetic nuclear migration generates and opposes ventricular-zone crowding: insight into tissue mechanics. *Frontiers in Cellular Neuroscience* **8**, 1-11.

Holguera, I. & Desplan, C. (2018) Neuronal specification in space and time. *Science* **362**, 176-180.

Obernier, K. & Alvarez-Buylla, A. (2019) Neural stem cells: origin, heterogeneity and regulation in the adult mammalian brain. *Development* **146**, dev156059.

神经嵴

LaBonne, C. & Bronner-Fraser, M. (1999) Molecular mechanisms of neural crest formation. *Annual Reviews of Cell and*

Developmental Biology **15**, 81−112.

Krull, C.E.（2001）Segmental organization of neural crest migration. *Mechanisms of Development* **105**, 37−45.

Rocha, M., Beiriger, A., Kushkowski, E. E., Miyashita, T., Singh, N., Venkataraman, V., Prince, V. E., 2020. From head to tail: regionalization of the neural crest. *Development*. **147**, dev193888.

Le Douarin, N.M.（2004）The avian embryo as a model to study the development of the neural crest: a long and still ongoing story. *Mechanisms of Development* **121**, 1089−1102.

Sauka-Spengler, T. & Bronner-Fraser, M.（2008）A gene regulatory network orchestrates neural crest formation. *Nature Reviews Molecular Cell Biology* **9**, 557−568.

Kelsh, R.N., Harris, M.L., Colanesi, S. et al.（2009）Stripes and belly-spots − a review of pigment cell morphogenesis in vertebrates. *Seminars in Cell & Developmental Biology* **20**, 90−104.

Bronner, M.E. & Le Douarin, N.M.（2012）Development and evolution of the neural crest: an overview. *Developmental Biology* **366**, 2−9.

Milet, C. & Monsoro-Burq, A.H.（2012）Neural crest induction at the neural plate border in vertebrates. *Developmental Biology* **366**, 22−33.

Pavan, W.J. & Raible, D.W.（2012）Specification of neural crest into sensory neuron and melanocyte lineages. *Developmental Biology* **366**, 55−63.

Soldatov, R., Kaucka, M., Kastriti, M.E. et al.（2019）Spatiotemporal structure of cell fate decisions in murine neural crest. *Science* **364**, eaas9536.

Tang, W., Bronner, M. E., 2020. Neural crest lineage analysis: from past to future trajectory. *Development* **147**, dev193193.

神经元生长和连接

Colman, H. & Lichtman, J.W.（1993）Interactions between nerve and muscle: synapse elimination at the developing neuromuscular junction. *Developmental Biology* **156**, 1−10.

Tessier-Lavigne, M. & Goodman, C.S.（1996）The molecular biology of axon guidance. *Science* **274**, 1123−1133.

Bibel, M. & Barde, Y.A.（2000）Neurotrophins: key regulators of cell fate and cell shape in the vertebrate nervous system. *Genes and Development* **14**, 2919−2937.

Wilkinson, D.G.（2001）Multiple roles of Eph receptors and ephrins in neural development. *Nature Reviews Neuroscience* **2**, 155−164.

第 17 章

中胚层器官的发育

在脊椎动物中，中胚层在早期被分成 4 个区域。在**羊膜动物**（amniote，即哺乳动物、鸟类和爬行动物）中，是从内侧到外侧划分；而在**无羊膜动物**（anamniote，两栖动物和鱼类）中，则是从背侧到腹侧划分。**轴向中胚层**（axial mesoderm）包括脊索和脊索前中胚层，占据身体中线位置，紧接着是轴旁中胚层、间介中胚层和侧板中胚层。**轴旁中胚层**（paraxial mesoderm）发育为体节，体节进一步形成中轴骨骼、骨骼肌以及结缔组织。**间介中胚层**（intermediate mesoderm）会形成肾脏、生殖道和性腺，但不包括产生卵子和精子的生殖细胞。**侧板中胚层**（lateral plate mesoderm）被体腔细分为外部的体壁层和内部的脏壁中胚层。**体壁**（somatic）中胚层将形成四肢的骨骼和结缔组织，而**脏壁**（splanchnic）中胚层将形成消化道的结缔组织和平滑肌层。中胚层仅形成头部的部分骨骼结构，如枕骨和顶骨。颅骨和面部骨骼则由**颅神经嵴**（cranial neural crest）形成。

无脊椎动物的中胚层并不像脊椎动物的中胚层那样表现出相同的区域细分，尽管也会形成一些类似的组织类型，包括肌肉、性腺组织、结缔组织和血细胞。在本章中，我们将探讨脊椎动物中胚层的发育。当某一部分内容仅涉及一个物种时，将遵循该物种特定的基因和蛋白质命名规范，而在其他情况下则采用通用的命名规范。

体节发生

体节的正常发育

与后脑的菱脑节一样，体节的模式是脊椎动物身体模式呈分节排列的最显著标志。体节按照从前到后的顺序，由脊索两侧的轴旁中胚层发育而来（**图 17.1**）。轴旁中胚层最前端的部分，也就是形成头部中胚层组织的区域，不会产生体节。轴旁中胚层可通过叉头转录因子 Foxc1 和 Foxc2 的表达，与间介中胚层相区分，这两种因子在前体节中胚层（presomitic mesoderm, PSM）和体节中高度表达。在小鼠中敲除这两个基因，会导致体节缺失；在鸡胚中通过逆转录病毒感染使这两个基因过表达，则会增加体节列的宽度。由于体节的形成是渐进且清晰可见的，所以已形成的体节数量常被用作准确判断脊椎动物胚胎发育阶段的指标。在整个发育过程中形成的体节总数是物种特有的属性，不同动物类群间差异很大，斑马鱼有 33 对体节，非洲爪蛙有 47 对，鸡有 50 对，小鼠有 65 对，一些蛇类则有几百对。人类胚胎最初形成 40～44 对体节，但随着最靠后的体节退化，这一数量随后会减少到 37～38 对。

尽管所有脊椎动物都会形成体节，但大多数实验研究使用鸡胚和小鼠胚胎，同时也有一些额外信息来自非洲爪蛙和斑马鱼。在鸡胚中，体节最初表现为松散的细胞团，随后凝聚成上皮体节（epithelial somite），上皮体节包围着内部含有间充质的腔隙。随着上皮体节的形成，纤连蛋白和 N-钙黏蛋白的表达增加，正是这些因子表达的变化驱动了上皮体节形成过程中的细胞黏附的改变。上皮体节是一种过渡性结构，因为它很快会在内侧发生上皮–间充质转换，形成**生骨节**（sclerotome），生骨节是一群间充质细胞，它们会围绕脊索和神经管迁移，随后形成椎骨和肋骨（图 17.2）。与颅骨外的其他骨骼一样，椎骨最初由软骨形成，之后在一个称为软骨内成骨（endochondral ossification）的过程中被骨组织替代。每块椎骨由两个体节的生骨节形成，一个体节的后半部分与相邻体节的前半部分结合，因此椎骨最终与原始体节的重复模式相差半个节段。这一过程被称为"再分节"，有点类似于果蝇中副体节与最终体节之间的关系（见第 13 章）。

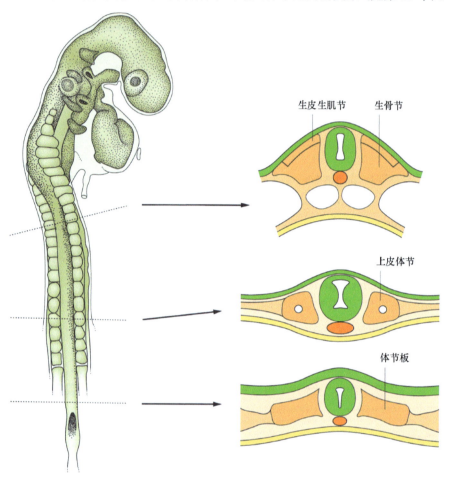

图 17.1　鸡胚中的体节发生。该过程从前部开始，然后从纵列后端切割出新的分节，此过程会持续相当长的时间。体节形态最初是上皮性的，然后变为外部致密的生皮生肌节和内部疏松的生骨节。

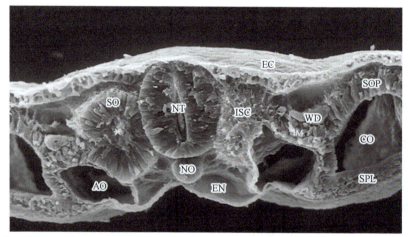

图 17.2　扫描电子显微照片显示鸡胚的上皮体节。SO，体节；AO，主动脉；NT，神经管；NO，脊索；EN，内胚层；ISC，体节间裂；EC，表面表皮；WD，沃尔夫管；SOP，胚体壁；CO，体腔；SPL，胚脏壁。星号：上皮体节腔。来源：Stockdal et al. (2000). Dev. Dyn. 219, 304–321。

上皮体节的外侧部分形成称为**生皮生肌节**（dermomyotome）的上皮板。这又进一步细分为形成身体背半部真皮的**生皮节**（dermatome）和形成骨骼肌的**生肌节**（myotome）。每个生肌节分裂成内侧的上胚节（epimere）和外侧的下胚节（hypomere），它们都由产生肌肉的细胞组成。上胚节将形成背部的轴上（epaxial）肌肉，而下胚节将形成轴下（hypaxial）肌肉，包括腹侧体壁、四肢的肌肉和膈肌。

分节机制

体节的分节重复模式源于一种分子振荡器（或称为"时钟"）与空间梯度的协同作用。分节时钟的一个周期会促使一对体节的形成，而空间梯度决定了体节是从前到后依次形成的。时钟的周期因物种而异，

斑马鱼中约为 30 min，非洲爪蛙中约为 45 min，鸡胚中约为 90 min，小鼠中约为 120 min，据估计人类中为 4～5 h，与这些物种中新体节形成的频率是相符的。分子时钟可以通过 Notch 信号通路相关组件的周期性表达来体现，这些组件包括靶基因 *Hes1*、*Hes7* 和 *Lunatic fringe*（*Lfng*）。*Hes* 基因编码碱性螺旋–环–螺旋（bHLH）转录因子，它们是果蝇 *hairy* 基因的同源物，而果蝇 *hairy* 基因是一个成对规则基因，也参与分节过程。在所有已经研究过分子时钟的脊椎动物物种中，至少有一个 *Hes* 基因在 PSM 中呈现振荡性表达。*Lfng* 与果蝇的 *fringe* 基因同源，果蝇的 *fringe* 基因参与成虫盘区室边界的形成（见第 19 章），并且编码一种糖基转移酶，该酶可修饰细胞表面受体 Notch。敲除小鼠中的这些基因，都会导致体节发育受损和椎骨缺陷（图 17.3）。

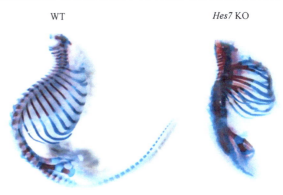

WT　　　　　　　　Hes7 KO

图 17.3　小鼠 *Hes7* 基因敲除。大部分分节都失败了，特别是在身体的尾部。WT，野生型。来源：Kageyama et al.（2012）. WIREs Dev. Biol. 1, 629–641.

HES 基因表达的周期性最初是在鸡胚中发现的，因为 *HES1* 的静态原位杂交模式在不同样本之间差异很大。人们很快就意识到其表达会随时间变化。如果将胚胎纵向切开，并且将胚胎的两半分别在不同时间固定，如间隔 30 min 和 60 min，那么通过比较左右两侧的原位杂交情况，就可以观察到时相的变化。振荡器的运作过程如图 17.4 所示。*HES* 基因的信使核糖核酸（mRNA）会在 PSM 的后部较宽区域出现。随着表达区域向前移动，它会变窄形成一条条带，然后在 PSM 的前部停止移动，而这个前部区域将形成下一对体节。请注意，是表达区域向前移动，而不是细胞向前移动。在与最后形成的体节相邻的区域，振荡会减慢，因此相对于 PSM 的其他部分会出现滞后。由于这个区域中分子时钟的减慢是渐进的，而不是瞬间的，所以新形成的体节的前部区域中 *HES* mRNA 的水平会低于后部区域。接下来，下一次振荡会在 PSM 的后部开

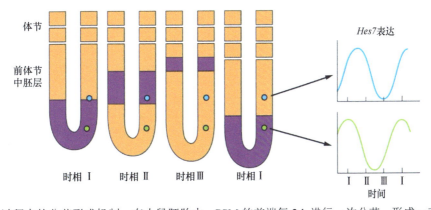

图 17.4　体节发生过程中的分节形成机制。在小鼠胚胎中，PSM 的前端每 2 h 进行一次分节，形成一对左右对称的体节。在每个周期中，*Hes7* 基因的表达在 PSM 的后端起始，并且似乎会向前推进，这是因为它遵循右侧所示的振荡时间进程。FGF8 从前到后的梯度维持着振荡，并且随着其总体水平下降，振荡会停止。当这种情况发生时，每一组 *Hes7* 基因表达水平高的细胞会增加其细胞黏附性，进而形成一个体节。

始。振荡是同步的，这表明细胞之间存在通讯，以维持相邻细胞处于相同的周期相位。该系统中其他基因的表达也会以与 *HES* 基因相似的周期振荡。

现在可以利用转基因小鼠实时观察振荡现象，在这些转基因小鼠中，相关的启动子之一驱动着一种经过改造的、半衰期极短的荧光蛋白的表达。例如，图 17.5 展示了 LuVeLu 品系的小鼠，在这种小鼠中，不稳定版本的荧光蛋白 Venus 是由 *Lfng* 启动子驱动表达的。

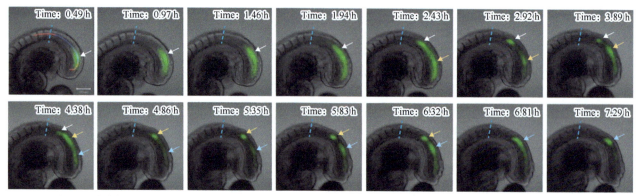

图 17.5　小鼠胚胎中体节振荡器的实时观察。此为转基因小鼠，其荧光蛋白基因 *Venus* 由 *Lunatic Fringe* 启动子驱动表达。虚线表示胚胎中的一个固定点，彩色箭头表示表达的连续振荡情况。来源：Aulehla et al. (2007). Nat. Cell Biol. 10, 186.

振荡器机制依赖于 HES 转录因子对转录的自我调节，HES 转录因子会阻遏它们自身基因的转录（图 17.6a）。HES 蛋白非常不稳定，在小鼠中其半衰期约为 20 min，所以在没有新合成的情况下，它们会迅速降解。当 HES 蛋白水平较低时，转录就会发生，因此蛋白质会逐渐积累，直到转录再次被阻遏。由于该蛋白质不稳定，其水平随后会下降，从而使得转录再次增加。支持这种负反馈型机制的主要证据是，通过突变（在小鼠中）或 Morpholino 处理（在斑马鱼中）抑制 Hes 蛋白的合成，会使振荡器停止运作。振荡需要在 HES 因子的上调与其自我抑制之间有一个延迟，而这个延迟源于 *Hes7* RNA 的剪接和核输出。在斑马鱼中，振荡可能仅仅源于 Hes 蛋白的可利用性和活性，Delta-Notch 系统则维持相邻细胞之间的同步性。在羊膜动物中，振荡周期更长，并且 Delta-Notch 系统是振荡器的一个组成部分。在这个更复杂的周期中，

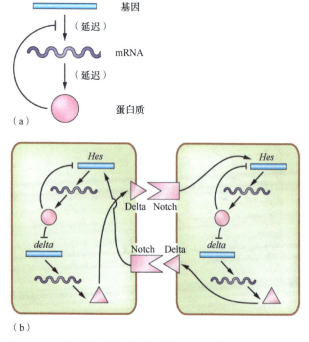

（a）

（b）

图 17.6　（a）振荡器的简单反馈和延迟模型。（b）Delta-Notch 系统在细胞之间的耦合。这是在羊膜动物胚胎中发现的更复杂的振荡机制。

Hes 蛋白会阻遏 *Delta* 的转录，这会降低相邻细胞中的 Notch 信号转导。由于 Notch 信号转导会增加 *Hes* 的转录，所以相邻细胞中的 *Hes* 转录会下降，随后 Hes 蛋白水平也会降低。这会导致原始细胞中更多的 *Delta* 转录和更多的 Notch 信号转导，因此 *Hes* 转录又会上升（图 17.6b）。敲除小鼠中的 *Delta* 基因会抑制振荡，而斑马鱼中的 *Delta* 的缺失则允许振荡继续，但会消除相邻细胞之间的同步性。这表明在小鼠中，Delta-Notch 系统是振荡器本身的一部分，而在斑马鱼中，它仅维持 PSM 细胞群体处于相同的相位。

为了在空间中产生一系列节段，振荡器的运作需与梯度相互作用。这一系统中的浓度梯度层面是由 FGF 家族和 WNT 家族成员形成的从后到前的浓度梯度，主要涉及 FGF4、FGF8 和 WNT3A。例如，*Fgf8* 在原条中转录，但在这些细胞进入 PSM 后就不再转录。随着 mRNA 逐渐衰减，会建立起一个从后到前的 mRNA 梯度，该梯度被转化为 FGF8 蛋白的梯度。随着原条退缩，这个梯度会向后移动，因此随着时间的推移，在越来越靠后的位置处经历相同浓度的 FGF。在

斑马鱼、鸡和小鼠中，可以通过原位杂交观察到 *Fgf8* mRNA 的梯度，并通过免疫染色检测到相应的 FGF8 蛋白梯度和磷酸化 ERK 的梯度（图 17.7）。ERK 是一种酪氨酸激酶，会在 FGF 信号转导的作用下发生磷酸化。添加 SU5402（一种 FGF 信号的化学抑制剂）会破坏分节过程。这会产生较大的体节，因为在每个周期中，比正常区域更大的区域都会经历低于阈值水平的 FGF 信号，从而被纳入体节。相反，利用缓释珠给予 FGF 蛋白，或通过电穿孔表达 *Fgf* 基因，则会产生比正常体节更小的体节。

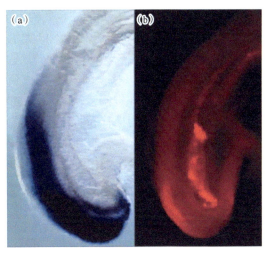

图 17.7　小鼠胚胎中 FGF8 从后到前的梯度。(a) 原位杂交显示 mRNA。(b) FGF8 蛋白的免疫染色。来源：Dubrulle and Pourquie（2004）. Nature. 427, 419–422。

分子时钟和空间梯度协同作用生成体节，因为两者都参与调控控制体节分割的基因，如编码 bHLH 转录因子 Mesp2 的基因。在小鼠中，*Mesp2* 的表达被 Notch 信号和 T-box 转录因子 Tbx6 激活，也被 FGF 信号阻遏。Notch 在前部 PSM 中活跃，而 Tbx6 在整个 PSM 中均有表达。当 FGF 水平降至临界阈值以下时，Notch 和 Tbx6 会上调 *Mesp2* 的表达，在 PSM 的前部形成一条表达条带。该条带界定了下一个要形成的体节，*Mesp2* 的表达确定了其前边界，而磷酸化 ERK 则确定了体节的后边界。*Tbx6* 的表达在此条带中受到阻遏，因此其表达向后退缩一个体节的距离，继而它界定下一个体节的前边界。Mesp2 阻遏 *Snail* 基因的表达，*Snail* 编码一种锌指转录因子，抑制细胞黏附分子，如整合素和钙黏蛋白。结果是这些细胞黏附分子被上调，并且发生间充质–上皮转换，从而导致一个上皮体节的形成。

现在 *Mesp2* 的表达会局限于新形成的体节的前半部分，这是由于分节时钟的作用以及 *Ripply2* 在新形成体节后半部表达的缘故。Ripply2 阻遏每个体节后半部的 *Mesp2* 表达。Mesp2 表达的条带会激活 *Lfng* 的转录，从而抑制体节前部中 Notch 的活性。Notch 信号的差异则形成了每个体节的前–后边界。这对于上述生骨节的再分节以及第 16 章中描述的周围神经系统的分节都很重要。由于生骨节后部的 ephrin 表达水平较高，神经嵴细胞和脊神经都会避开生骨节的后部，因此它们会优先穿过每个节段生骨节的前部生长。体节后部较高的 ephrin 水平是由 Notch 活性驱动的。

在描述体节发生时，经常会提到"波前"（wavefront）这个几乎让所有人都感到困惑的术语。所谓波前，其实就是间充质–上皮转换的移动边界，它反映了 FGF 浓度梯度的阈值（threshold）浓度，随着该浓度梯度的衰减，波前的位置会向后移动。

由于所有脊椎动物在体节发生过程中都有类似的分子时钟和空间梯度过程，所以推测人类也享有相同的机制。有趣的是，某些类型的先天性脊柱侧凸（scoliosis，脊柱弯曲，有时伴有其他分节异常）是由已知在分节过程中起关键作用的基因突变所导致的，这些基因包括 *DELTA-LIKE 3*、*HES7*、*LUNATIC FRINGE*、*MESP2* 和 *RIPPLY2*。

体节的细分

上皮体节细分为生骨节、生皮节和生肌节，这一过程依赖于与周围组织的相互作用（图 17.8）。这可以通过以下事实来证明：即使新形成的上皮体节已通过显微手术旋转或倒置，体节的细分仍会相对于身体的轴线正常进行。通过以下方式可以确定每一种特定的诱导作用：当前体节组织被分离时，这种诱导作用不会发生；而当信号组织与前体节组织一起培养时，这种诱导作用会在接触部位发生。**生骨节**由脊索和神经管腹侧部分诱导形成，轴上**生肌节**由脊索和背侧神经管诱导形成，而**生皮节**则由神经管诱导形成。负责这些相互作用的信号已通过第 4 章中描述的常规验证标准推导得出，即表达、活性和抑制情况。

负责生骨节诱导的主要信号是 Sonic hedgehog（Shh），它能诱导上皮体节的任何部分形成生骨节。敲除 *Shh* 的小鼠缺乏生骨节的大部分衍生物，表明它确实是体内生骨节形成所必需的。Shh 在脊索和神经管底板中表达，并且如第 16 章所述，它也是神经管腹侧半部分图式化所必需的。生骨节诱导的早期事件涉及基因 *Nkx3.2*、*Pax1* 和 *Pax9* 的上调，以及 Id 类生肌抑制子的基因的上调（参见"成肌转录因子"部分）。Nkx3.2 是一种由软骨细胞前体表达的同源域转录因子，是椎骨正常发育所必需的，敲除该基因的小鼠椎骨存在严重缺陷。Pax1 和 Pax9 是配对框家族的成员，它们是生骨节细胞增殖所需的转录因子，*Pax1* 和 *Pax9* 双突变小鼠同时具有椎骨和椎间盘缺陷。人类的脊椎缺陷亦与这些基因的突变有关。生骨节细胞经历上皮−间充质转换，并在分化为椎骨和肋骨之前沿脊索和神经管周围迁移。正如"体节的正常发育"部分所述，每个椎骨都是由一个体节的后部生骨节与下一个体节的前部生骨节结合形成的，这一过程称为"再分节"。在发育中的椎骨中，脊索会消失，但会保留在椎间盘中，在那里它形成中央髓核（nucleus pulposus）。髓核周围是一圈由生骨节细胞形成的纤维组织，即纤维环（annulus fibrosus）。生骨节的背侧部分形成肌腱和韧带，这部分被称为"生腱节"（syndetome）。它是由来自生肌节的 FGF8 诱导形成的，并表达 bHLH 转录因子 Scleraxis。在小鼠中，*Scleraxis* 功能丧失突变会破坏肌腱的发育。

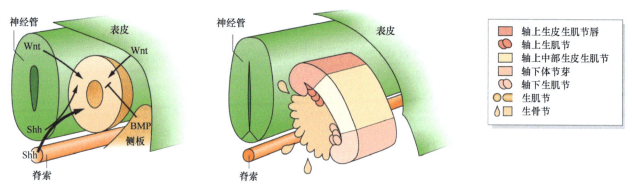

图 17.8 周围组织的信号诱导体节细分。轴上生肌节由来自背侧神经管的 Wnt 信号诱导形成；生骨节由来自脊索和腹侧神经管的 Shh 信号诱导形成；轴下生肌节由来自表皮的 Wnt 信号诱导形成。

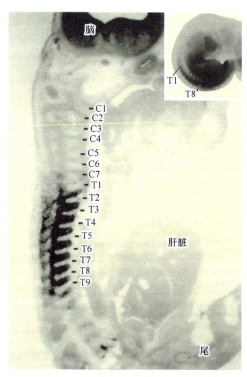

图 17.9 小鼠胚胎中未来胸椎处 *Hoxc6* 的表达体现了沿前−后轴的区域图式。C1～C7，颈椎；T1～T9，胸椎。来源：Robertis, Cell (2008). 132, 185–195。

在羊膜动物中，椎骨总体形态相似，但也存在一些特征性差异，使解剖学家能够区分颈椎、胸椎、腰椎、骶椎和尾椎。椎骨的区域性特征是在 PSM 中获得的，并且在移植到胚胎中的新位置时保持稳定。例如，在鸡胚中，将胸段 PSM 移植到更年幼胚胎的颈段 PSM 中时，会在颈部产生带有肋骨的胸椎。区域性属性由沿前−后轴在特定水平表达的 Hox 基因组合所控制（图 17.9）。小鼠和鸡中，每个中轴骨骼区域中的椎骨的数量不同，但各区域的 Hox 编码是相同的（图 17.10）。例如，*Hoxc6* 表达的前边界标志着从颈椎到胸椎的过渡（在小鼠中是第 8 块椎骨，在鸡中是第 15 块椎骨），*Hoxd10* 表达的前边界标志着从腰椎到骶椎的过渡（在小鼠中是第 27 块椎骨，但在鸡中是第 26 块椎骨），*Hoxd12* 表达的前边界则标志着从骶骨到尾椎的过渡（在小鼠中是第 31 块椎骨，在鸡中是第 35 块椎骨）。如在第 11 章中所描述的，Hox 基因的转基因过表达和敲除会导致椎骨特征发生可预测的变化。例如，已培养出敲除所有 4 个 *Hox9* 基因（*Hoxa9*、*Hoxb9*、*Hoxc9* 和 *Hoxd9*）的小鼠胚胎，这导致前四块腰椎转变为带有肋骨的胸椎。相反，在胸部区域异常表达 *Hox9* 基因，则会将胸椎转变为无肋骨的腰椎。

生肌节的形成更为复杂。在体节分成生皮生肌节和生骨节之前，一些先导肌肉细胞从背−内侧区域产生。随后，生皮生肌节分为内侧、中央和外侧区域，内侧区域形成轴上生肌节，外侧区域形成轴下生肌节。生肌节细胞从生皮生肌节分层脱离形成**成肌**

细胞（**myoblast**），这些成肌细胞围绕生皮生肌节板的边缘迁移，加入到下方正在生长的生肌节中。一旦这些细胞进入生肌节，它们就会停止有丝分裂，并沿前-后方向定向排列。尽管轴上和轴下区域的信号环境有所不同，但它们都会产生相似的成肌细胞。这是器官发生中的众多例子之一，即相同的细胞类型由不同的原基通过最初略有不同但最终汇聚到调控相同基因的分子通路而产生；在这种情形下，调节的基因就是 bHLH 类成肌转录因子，在"成肌转录因子"部分有所描述。

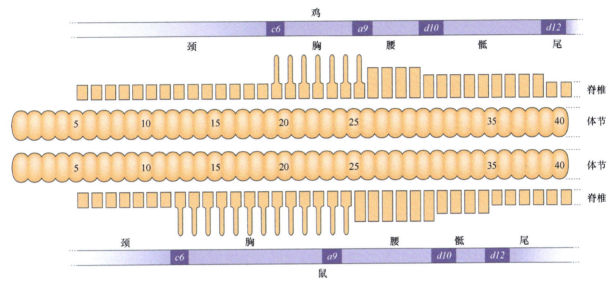

图 17.10　鸡（上方）和小鼠（下方）由体节形成椎骨。每个椎骨由两个相邻半体节组成，椎骨的区域特征与 Hox 基因的表达域相关联。*c6*、*a9*、*d10* 和 *d12* 表示这些 Hox 基因在这两个物种中的前边界。

　　在轴上区域，肌发生需要来自脊索和（或）神经管底板的信号，以及来自背侧神经管的信号。如本节前面所述，Shh 在脊索和底板中表达，而 Wnt 信号（如 Wnt1、Wnt3a 和 Wnt4）在背侧神经管中表达。单独来说，Shh 和 Wnt 都不会从未特化的体节中诱导出生肌节，但当两者组合在一起时则会诱导生肌节形成。*Pax3* 编码配对框转录因子，最初在整个上皮体节中表达，然后其表达范围局限于生皮生肌节中的肌前体细胞。当肌前体细胞从生皮生肌节分层脱离时，*Pax3* 基因被下调，而 *Myf5* 等成肌调节因子的表达则被上调。肌发生受到 BMP 的抑制，*Bmp4* 在背侧神经管和侧板中胚层中表达。轴上生肌节的空间范围似乎是由背侧神经管 Wnt 信号和侧板中胚层的 BMP 信号之间的平衡决定的。Wnt 信号的功能之一是诱导体节内侧的 *Noggin* 的表达。Noggin 是一种分泌蛋白，可直接结合并抑制 BMP4，从而防止 BMP4 介导的对轴上生肌节中肌发生的抑制。

　　轴下生肌节的诱导通过不同的途径进行，因为其原基距离神经管更远，超出脊索和神经管信号的作用范围。来自背部表皮的 Wnt7A，加上表皮产生的适量的、允许性（permissive）水平的 BMP，被认为构成了主要的诱导信号。轴下生肌节表达 LIM 类转录因子 Lbx1 和酪氨酸激酶受体 Met，后者是后期成肌细胞迁移至肢芽所必需的。*Lbx1* 在迁移的肌肉祖细胞中表达，*Lbx1* 突变小鼠的肌肉祖细胞迁移过程受损，导致四肢肌肉缺失或发育不良。Met 是肝细胞生长因子（hepatocyte growth factor, HGF）的受体，这两种蛋白质对于肌肉祖细胞的分层脱离都是必需的。如果其中任何一个蛋白质的基因发生突变而失去活性，那么分层过程就会受损，四肢肌肉就无法形成。*Pax3* 也在迁移的肌肉祖细胞中表达，它直接激活 *Met* 的表达。在小鼠中，*Pax3* 突变会导致肌肉祖细胞丧失和四肢肌肉缺失。

　　生皮节（dermatome）的形成源于对背侧神经管所发出的神经营养因子 3（neurotrophin-3）信号的响应。针对该因子的中和抗体将阻止上皮-间充质转换，而上皮-间充质转换参与真皮的形成。生皮节产生背部的真皮，但侧面和腹侧区域的真皮（包括四肢的真皮）来自侧板中胚层。在头部，真皮来自神经嵴。头部真皮的特性部分取决于 bHLH 蛋白 Dermo1（也称为 Twist2），该蛋白质可阻遏成肌转录因子的表达。

肌发生

脊椎动物的肌肉分为骨骼肌、平滑肌和心肌。所有骨骼肌要么源自体节的生肌节（这些生肌节形成中轴肌肉、体壁肌肉和四肢肌肉），要么源自未分节的头部中胚层的相应区域（这些区域形成眼部和下颌的肌肉）。平滑肌既由侧板中胚层形成，也由体节的轴下部分形成，而心肌则来自早期心脏的心肌膜，源自前部的脏壁中胚层。

骨骼肌是我们熟悉的随意肌，在脊椎动物的体重中占很大比例。它由多核**肌纤维**（**myofiber**）组成，这些肌纤维包含由收缩蛋白 α-肌动蛋白和肌球蛋白 II 组成的肌原纤维。仅这两种蛋白质就占骨骼肌中所有蛋白质的约 90%。收缩装置以规则的方式排列在一个称为肌小节（sarcomere）的基本单元内，每根肌纤维中肌小节会重复多次。当肌动蛋白和肌球蛋白细丝相互滑动时，就会发生肌肉收缩，这一过程由肌球蛋白的一部分驱动，该部分充当分子马达。肌小节还含有肌连蛋白（titin），它是脊椎动物基因组编码的最长的蛋白质，在人类中含有多达 33 000 个氨基酸（存在不同的异构体）。它的分子贯穿肌小节的全长，并且除其他功能外，还能防止肌节在收缩过程中过度拉伸。

骨骼肌的分化首先涉及细胞成为**成肌细胞**（**myoblast**），然后是一段增殖和（或）迁移的时期，接着是分裂停止，最后成肌细胞融合形成多核肌纤维（图 17.11）。在正常发育过程中，成肌细胞从生皮生肌节迁移到下方的生肌节后，增殖就会停止。一旦处于有丝分裂后状态，它们严格来说应该被称为"肌细胞"，但"成肌细胞"这个名称仍被继续使用。

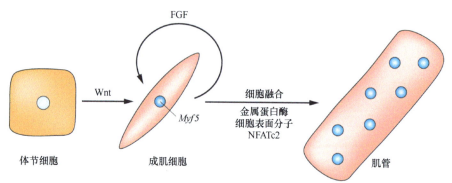

图 17.11 控制肌发生的因素。起初，Wnt 信号和 FGF 的作用诱导成肌细胞的形成，这些成肌细胞表达 Myf5 等成肌转录因子。随后，单个成肌细胞融合形成多核骨骼肌纤维。

成肌细胞融合

几个成肌细胞融合形成一根肌纤维的事实最初是在体内通过使用**嵌合**（**chimeric**）小鼠证明的。如果嵌合体是由表达异柠檬酸脱氢酶不同电泳变体的小鼠品系的胚胎制成的，则会发现肌肉不仅包含两种单独的异柠檬酸脱氢酶形式，而且还包含中间形式。这是因为该酶是二聚体。单个细胞只能产生 AA 或 BB 同型二聚体，具体取决于它们源自哪个胚胎，但融合细胞也可以产生 AB 异型二聚体，因为两种形式在同一细胞质中都存在。

成肌细胞融合的机制已通过果蝇遗传学，以及对哺乳动物肌发生的体外模型的研究得以探究。在果蝇胚胎中，会产生 30 条多核肌纤维，每条纤维都注定会成为幼虫不同的肌肉。每一条肌纤维都由一个起始细胞引发，该起始细胞与几个具有融合能力的成肌细胞融合形成多核**肌管**（**myotube**）。识别和黏附是由属于免疫球蛋白超家族的细胞黏附分子介导的，包括 Kin-of-irreC（Kirre）和 sticks and stones（sns）。Kirre 在起始细胞的细胞表面表达，并与在具有融合能力的成肌细胞表面表达的 sns 结合。任何一个成分的功能缺失都会阻止融合。起始细胞与具有融合能力的成肌细胞的黏附对于融合来说是必要的，但并不充分，不过融合发生的机制仍未被完全理解。在斑马鱼中已鉴定出 Kirre 和 sns 的同源物（分别为 Kirre-like 和 nephrin），它们在成肌细胞上表达。注射 Kirre-like 的 Morpholino 会阻止成肌细胞融合，这表明果蝇和斑马鱼之间在肌细胞融合机制上可能存在共性。

哺乳动物的肌肉融合大多是用小鼠 C2C12 细胞进行研究的，而 C2C12 细胞是一种易于在组织培养中研究的成肌细胞系。当为 C2C12 细胞提供 FGF 时，它们会持续生长，FGF 维持着转录阻遏因子 Msx1 的表达。Msx1 是一种同源框蛋白，会抑制肌发生。一旦 FGF 被去除，并且成肌转录因子被激活，有丝分裂就会停止。融合从黏附开始，然后肌动蛋白细胞骨架重塑，产生突起，使细胞膜更接近。两种称为 Myomaker（Mymk）和 Myomerger（也被称为 Minion、Myomixer）的肌肉特异性膜蛋白介导融合，但其机制目前未知。在小鼠中，敲除这两个基因中的任何一个都会阻止成肌细胞融合，并且在体外共表达这两个基因足以驱动成纤维细胞融合。斑马鱼的成肌细胞融合也需要 Mymk，而人类 MYMK 基因的突变会导致 Carey-Fineman-Ziter 综合征。这是一种罕见疾病，患者表现出肌病。

成肌转录因子

骨骼肌分化的核心是**成肌**（**myogenic**）蛋白家族。这些都是 bHLH 类转录因子，分别称为 MyoD、Myf5、Myogenin 和 MRF4（muscle regulatory factor 4，肌肉调节因子 4，也称为 Myf6）。它们之所以被鉴定出来，是因为当这些基因被转染到各种类型的组织培养成纤维细胞中时，能够使这些细胞变为成肌细胞。被转染的细胞会开始表达肌肉蛋白基因，并融合形成多核肌管。已证明 MyoD 可以直接上调一些肌肉蛋白基因的表达，包括肌酸磷酸激酶和乙酰胆碱受体；还可能激活 *Mymk* 和 *Myomerger* 的转录。MyoD 激活自身的转录，因此一旦开启，它就会持续表达（参见第 4 章**双稳态开关**）。bHLH 因子以二聚体的形式发挥作用，通常与另一种普遍存在的 bHLH 蛋白（称为 E 蛋白）形成异二聚体。还存在抑制性螺旋–环–螺旋（HLH）蛋白，它们含有二聚化区域，但没有转录激活结构域，通过将 bHLH 蛋白隔离在无活性的二聚体中来发挥作用。例如，Id 蛋白在生骨节作为对 Shh 的反应而上调，它是一种 HLH 型抑制子，会与成肌 bHLH 蛋白形成无效二聚体，从而确保体节的这一部分不会形成肌肉。

在轴上生肌节的正常发育过程中，*Myf5* 最初上调，随后 *MyoD* 很快也上调。敲除这两个基因中的任何一个对肌肉发育的影响都很小，因为如果去除其中一个基因，另一个基因会上调并取代其功能。然而，同时敲除这两个基因会导致小鼠严重受影响，既缺乏成肌细胞，也没有骨骼肌。这种双敲除还会导致 *Mrf4* 失去活性，*Mrf4* 在基因组中与 *Myf5* 位置相近。*Myogenin* 通常在 *Myf5* 和 *MyoD* 之后在整个生肌节中表达。当敲除该基因时，骨骼肌形成会出现严重缺陷，这表明 *MyoD* 和 *Myf5* 的作用在很大程度上必须通过 *Myogenin* 来实现。一般认为 *Myf5* 和 *MyoD* 参与确定骨骼肌的特化，而 *Mrf4* 和 *Myogenin* 则参与分化过程。

一旦分化完成，哺乳动物的肌纤维可能会在动物的整个生命周期中存活。尽管肌纤维本身已停止有丝分裂，但与之相关的还有一些持续存在的祖细胞，称为**肌卫星细胞**（**muscle satellite cell**）。这些是位于单个肌纤维基底膜下的小单核细胞。它们起源于皮肌节的中央部分，其特征是持续表达转录因子 Pax7。肌卫星细胞负责在动物生长过程中增加肌纤维的数量，也负责成年动物受损后的修复，这在第 20 章中会进一步描述。发育过程中肌肉大小的增长由一个反馈系统控制，该系统涉及一种称为肌生成抑制蛋白（myostatin）的循环抑制剂，这在第 21 章中会有描述。

肾脏

肾脏作为脊椎动物身体的排泄器官为人们所熟知。因用于移植的人类肾脏短缺，肾脏是通过**组织工程**（**tissue engineering**）或其他某种应用发育生物学形式进行替代的主要目标之一。肾脏的胚胎发育是一大类器官发育的代表，因为它涉及**上皮**（**epithelium**）和**间充质**（**mesenchyme**）组织之间的相互诱导作用。在人类中，肾脏和泌尿道的先天性异常很常见，每 500 名婴儿中就有 1 名受影响，并且通常是由参与其发育的基因突变引起的。例如，发育不全（hypoplasia）可能是由 GDNF-RET 信号通路的缺陷导致的（见"肾脏发育中的组织相互作用"部分），包括 *RET*、*PAX2*、*EYA1*、*SIX2* 和 *SALL1* 等基因的突变。肾脏完全缺失可能是由 *RET*、*FGFR1* 或 *WNT4* 基因突变导致的。*WT1* 基因突变会导致几种肾脏畸形，并且是肾母细胞瘤

（Wilm's tumor，一种儿童肾脏癌症）的常见病因。

　　成熟的肾脏具有重复的小尺度结构，由许多肾单位（nephron）组成。一个肾单位包括一个肾小体（renal corpuscle），以及与之相连的肾小管和集合管。肾小体的作用是将血液中的液体滤过到肾小管中，当液体流经肾小管时被处理成尿液。离子会被添加或去除，同时伴随着相应的水分移动。最终，液体进入集合管系统，然后进入输尿管；在哺乳动物、鱼类和两栖动物中，还会进入膀胱。肾小体本身由一团盘曲的毛细血管（肾小球，glomerulus）组成，被肾上皮细胞（足细胞，podocyte）包裹，位于肾小囊（鲍曼囊，Bowman's capsule）内（图17.12）。其发育过程很容易通过**器官培养（organ culture）**进行研究，正因为如此，才有可能在哺乳动物上开展大部分的实验工作。一个取出的肾原基在培养中会生长并分化数天，这使得可以进行各种类型的实验操作，而在子宫内的哺乳动物胚胎上进行这些操作则要困难得多。具体来说，组织可以被分离和重组，成分可以添加到培养基中或从培养基中去除，生长因子可以通过缓释微珠局部施加，并且可以通过添加特定的反义寡核苷酸或利用RNA干扰（RNAi）技术来抑制单个基因的表达。小鼠的遗传标记实验和条件性基因敲除实验为了解体内肾脏发育的机制提供了大量信息。

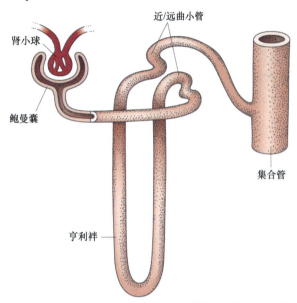

图17.12　成熟哺乳动物肾单位的结构。液体从血液中滤过进入鲍曼囊中，盐和水被肾小管重吸收，最后的尿液被收集并输送到膀胱。

肾脏的正常发育

　　位于形成体节的轴旁中胚层侧面的是**间介中胚层**，它会产生肾脏和性腺。羊膜动物有三个肾脏，从前到后分别是**前肾（pronephros）**、**中肾（mesonephros）**和**后肾（metanephros）**。前肾是退化无功能的，中肾可能在胚胎生命中短暂发挥作用，而后肾是最终形成的功能性肾脏。无羊膜动物没有后肾，前肾可能在幼体阶段发挥作用，中肾则形成最终的肾脏。

　　肾脏由两个部分发育而来，这两个部分均起源于间介中胚层，此外还会从相邻的轴旁中胚层招募一些细胞。**肾管（nephric duct，**也称为沃尔夫管，**Wolffian duct）**起源于前部的间介中胚层，在鸡胚中位于第10体节的水平位置，并向后生长与泄殖腔相连。它的特征是表达*Pax2*和*Pax8*基因，在小鼠中，这两个基因的双敲除会阻止肾管的形成。用DiI对肾管进行标记，或者局部导入*lacZ*基因，结果表明肾管是通过自身的生长而延长的，而不是通过招募周围的细胞。肾管最初是实心的，需要邻近的表皮存在才能形成管状结构，这种需求可以用BMP缓释微珠来替代。周围的一部分间介中胚层已经定型会发育成肾脏，这部分被称为**生肾（nephrogenic）**中胚层。当肾管向后生长时，肾小管从生肾中胚层分化出来并与之相连。特别是中肾，呈现出分段排列的结构，肾单位按前-后顺序排列。

　　形成成体肾脏的后肾与肾脏的其他部分不同，它的集合系统不是由主要的肾管形成的，而是由一个称为**输尿管芽（ureteric bud）**的外突结构形成的。输尿管芽起源于肾管的后部，它生长进入生肾间充质并开始广泛分支。在小鼠中，大约会有10代分支。输尿管芽的伸长依赖于定向的有丝分裂，**平面极性（planar polarity）**基因（如*Fat4*和*Wnt9b*）的缺失会导致囊肿的形成。在后期的分化过程中，集合管主要由"主细胞"（principal cell）组成，主细胞负责水的重吸收；还有一些"闰细胞"（intercalated cell），它们通过分泌H^+或HCO_3^-来调节pH。Notch通路成分的缺失，如由*Mindbomb1*（*Mib1*）编码的E3泛素连接酶的缺失，会导致闰细胞的增加，而主细胞数量减少。这表明不同的细胞类型是通过基于Notch的侧向抑制系统产生的，类似于负责初级神经发生的系统（见第16章）。

　　大部分生肾间充质分化为**肾单位（nephron）**，肾单位与输尿管芽的分支相连，形成一个紧凑的、不分段的器官，这是**间充质−上皮转换**（mesenchymal-to-epithelial transition）的一个例子。不形成肾单位的间充质部分则会发育成为肾**间质**（stroma）。在肾单位形成过程中，间充质首先聚集并在输尿管芽尖周围形成致密的帽状结构，然后转变为卵圆形肾小囊。这些肾小囊会变成逗号状结构，然后变成 S 形，之后与芽尖融合并伸长形成肾小管（图 17.13）。致密的帽状区域表达同源框基因 *Six2*，对小鼠中表达 *Six2* 的细胞进行遗传标记表明，该区域形成整个肾单位。最初，间充质分泌含有纤连蛋白以及胶原蛋白 I 和 III 的典型基质。随着转换的发生，这些产物被层粘连蛋白和 IV 型胶原蛋白取代，它们是上皮基底膜的典型成分。与此同时，细胞表面的 N-CAM 被 E-钙黏蛋白取代。*Six2* 的缺失会导致肾小囊过早形成和分化。在小鼠中，肾单位的形成一直持续到出生后不久，之后 Six2 阳性细胞就会消失。Six2 阳性细胞曾被称为干细胞，因为它们在妊娠后半期大约会分裂 4 次，同时保留形成肾囊泡的能力。然而，这种行为并不符合组织特异性干细胞的一般定义，因为组织特异性干细胞应该具有更长的寿命（参见第 20 章），因而 Six2 阳性细胞更适合被视为**祖细胞**（progenitor cell）。在斑马鱼等无羊膜动物中，肾脏确实会在一生中持续产生新的肾单位。

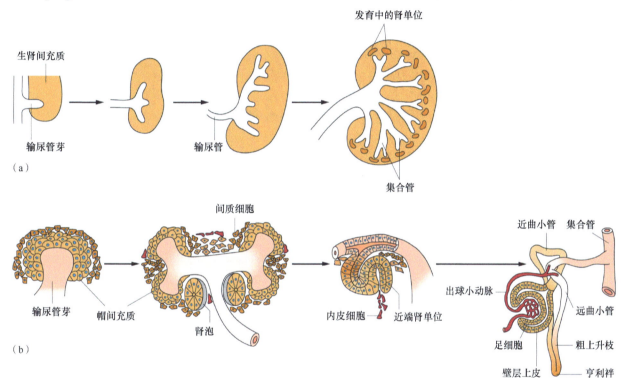

图 17.13 后肾的正常发育。（a）输尿管芽生长并分支进入后肾间充质，并诱导肾单位的形成。（b）发育中的肾单位的精细结构。

肾脏发育中的组织相互作用

如果肾管的尖端被破坏，它的进一步生长就会受到抑制。中肾小管会在中肾管存在的水平位置正常发育，但在更靠后的位置则不会发育。这表明中肾管对于肾单位的形成是必需的。对于后肾来说也是如此。可以在体外培养后肾间充质，但如果没有输尿管芽，就不会形成肾小管，这表明输尿管芽会发出形成肾小管所必需的诱导信号。这是一种**允许性**（permissive）诱导的例子，因为间充质除了形成肾小管之外不会形成其他结构。实际上，这种诱导是一个相互的过程，因为间充质对输尿管芽也有影响。如果没有间充质的存在，输尿管芽就不会从中肾管分支出来，也不会继续生长和分支。所以至少有两种诱导因子在起作用：一种来自间充质，促使输尿管芽生长和分支；另一种来自输尿管芽，促使间充质分化成肾小管。

来自间充质的信号是胶质细胞源性神经营养因子（GDNF），其受体 RET 和 GFRα1 在输尿管芽中表达（图 17.14）。RET 是一种通过 ERK 和 PI3K 信号通路发挥作用的酪氨酸激酶，而辅助受体 GFRα1 是一种与糖基磷脂酰肌醇（GPI）相连的细胞表面蛋白。敲除 *Gdnf*、*Ret* 或 *Gfrα1* 基因的小鼠不能形成肾脏。如果将

GDNF 缓释珠置于来自这些胚胎的生肾间充质培养物上，则在缺乏 GDNF 的 *Gdnf* 敲除的培养物中，肾管的分支会恢复，但在 *Ret* 敲除（缺乏响应 GDNF 能力）培养物中，肾管的分支不会恢复。相反，具有组成性受体信号转导活性的 Ret 功能获得突变体，会表现出输尿管芽的无节制生长。因此，正如第 4 章中概述的用于表征胚胎诱导系统的标准那样，这一系统通过了关于适当表达、活性和抑制的所有三项测试。输尿管芽的形成也受到负调控信号的调节，确保肾管仅形成单个输尿管芽。该负调控信号是 BMP4，它由肾管周围的中胚层分泌，并抑制肾管内的 Ret 信号转导。增加 BMP4 活性会抑制输尿管芽的形成，而降低 BMP4 活性则会导致额外的输尿管芽形成。输尿管间充质会分泌一种名为 Gremlin 的 BMP4 抑制剂，以确保输尿管芽继续发育。在小鼠中，*Gremlin* 功能丧失突变无法形成输尿管芽，这大概是由于 BMP 信号增强所致。因此，输尿管芽和后肾芽基之间的相互作用确保了每个生肾管仅形成一个输尿管芽。

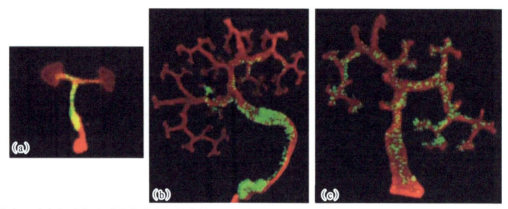

图 17.14 嵌合胚胎中肾脏集合系统的发育，其中缺乏 *Ret* 基因的胚胎干细胞被注射到正常胚泡中。*Ret⁻* 细胞也带有 GFP 标记。(a) E11.5 期的输尿管管芽；*Ret⁻* 细胞无法填充尖端。(b) 体外培养 3 天后的分支模式。*Ret⁻* 细胞被排除在末端分支之外。(c) 使用 *Ret⁺* 供体细胞的对照组。标尺：250 μm。来源：(a) 转载自 Costantini and Shakya (2006). BioEssays. 28, 117–127。(b, c) Shakya et al. (2005). Dev Cell. 8, 65–74，经 Elsevier 许可。

　　输尿管芽释放并作用于间充质以刺激肾小囊形成的信号很可能是 WNT9B。该信号蛋白在输尿管芽中表达，并会在器官培养系统中诱导间充质凝聚。在敲除 *Wnt9B* 的小鼠中，间充质-上皮转换无法发生，肾单位也无法发育。诱导的早期结果是聚集间充质中 *Wnt4* 的上调。Wnt4 可以在器官培养中诱导肾单位形成，*Wnt4* 基因敲除小鼠缺乏肾小囊和肾单位的分化。在这种情况下，Wnt4 似乎是通过 Wnt-Ca²⁺ 通路发挥作用的，用钙离子载体处理也会引发肾小管形成。

　　间充质能够被诱导的感应性取决于锌指转录因子 WT1 的表达。敲除 *Wt1* 的小鼠的后肾发育完全失败。WT1 在肾脏发育后期也具有重要功能。在诱导后，WT1 在间充质中的表达水平升高，并且它对关闭 *Pax2* 的表达是必需的，*Pax2* 在间充质凝聚阶段 (condensation stage) 表达上调，但要实现肾单位分化，就必须降低其表达水平。肾母细胞瘤（Wilm's tumor）本身是一种人类小儿肿瘤，在这种肿瘤中，肾脏祖细胞持续增殖，一些（但不是全部）病例是由 *WT1* 基因的体细胞缺失引起的。这种病理现象可能反映了 *WT1* 晚期功能（抑制 *Pax2* 基因表达）的缺失，而不是其早期功能（赋予间充质被诱导的响应性）的缺失。

　　基质细胞对于输尿管芽的形成也是必需的。它们最初在聚集的间充质周围形成一个松散的细胞群体，随后位于帽状间充质和分支的输尿管芽之间。基质细胞表达 *Foxd1*，该基因的突变会导致 *Ret* 基因在输尿管上皮中的表达范围扩大。敲除 *Foxd1* 基因的小鼠肾脏较小，且存在输尿管芽分支和肾单位结构的缺陷。视黄酸受体 Rarα 和 Rarß2 也由基质细胞表达，当这两种受体缺失时，会导致输尿管芽中 *Ret* 表达的丧失以及肾脏发育不全。由于这些基因仅在发育的肾脏基质细胞中表达，这表明需要来自这些细胞的信号来维持输尿管芽中 *Ret* 的表达。

　　在缺乏诱导信号的情况下，间充质中会发生大量的细胞死亡。FGF2 由输尿管芽产生，它既能维持间充质细胞的存活，又能诱导间充质细胞聚集 (aggregation)。但它并不能支持进一步的发育。BMP7 也在输尿管芽中表达，它能维持分离的间充质细胞的存活并诱导小管的形成。敲除 *Bmp7* 的小鼠肾脏发育严重异常，其中包含许多阻滞在逗号形或 S 形发育阶段的肾单位，这表明在最初诱导肾小管形成后不久，就需要

BMP7 的参与。Wnt4 在正在发育的肾小管中表达，它也能在体外诱导肾小管的形成，敲除 *Wnt4* 基因的小鼠的肾小管发育在间充质凝聚阶段就会被阻断。

生殖细胞和性腺的发育

性腺（**gonad**）既是配子的储存库，也是重要的内分泌器官。它们具有双重胚胎起源。性腺的体细胞组织起源于生殖嵴，生殖嵴由中肾附近的**间介中胚层**形成。产生配子的生殖细胞则源自**原始生殖细胞**（**primordial germ cell, PGC**）；在大多数类型的胚胎中，这些原始生殖细胞在发育早期的一个较远的部位形成，然后迁移到生殖嵴。成熟的生殖细胞和性腺都具有不同的形态，具体取决于个体是雄性还是雌性。

生殖细胞的发育

在不同的动物中，生殖细胞特化的机制并不相同，可能涉及局部决定子或胚胎诱导。如第 13 章所述，在果蝇卵母细胞的后极会形成一种颗粒状的**种质**（**germ plasm**），其中含有**原始生殖细胞**的决定子。将这种种质移植到前极会导致在移植处形成异位 PGC，当这些异位 PGC 被移植到后极时，它们会移动到性腺并形成功能性配子。种质如何特化 PGC 仍存在争议，但它似乎阻遏转录和翻译。种质包含 *oskar* 的 mRNA，而 Oskar 蛋白会招募其他种质成分，包括 Germ cell less（一种核膜蛋白）、Vasa（一种 RNA 解旋酶）和 Nanos（一种 RNA 结合蛋白）。将 *oskar* mRNA 放置在前极，会导致异位 PGC 形成，这显示了 Oskar 的重要性。*oskar* 突变体的胚胎没有极细胞，成体则不育。

在蛙和鱼的胚胎中也观察到了种质，在这些胚胎中，种质也特化了 PGC 的发育。值得注意的是，这种种质包含果蝇 *vasa* 和 *nanos* 的同源物的 mRNA，因此从昆虫到脊椎动物，生成 PGC 的部分机制是保守的。人们还认为，在鸡胚中，生殖细胞决定子负责 PGC 的特化。但并非所有的脊椎动物都使用种质来特化 PGC。在墨西哥钝口螈（*Ambystoma mexicanum*）中，PGC 是在囊胚晚期由来自腹侧−植物极的信号在赤道边缘带诱导产生的，与腹侧中胚层诱导同时发生（见第 8 章）。诱导也是小鼠（以及很可能其他哺乳动物）中原始生殖细胞特化的机制。

在小鼠胚胎中，PGC 起源于**卵柱**（**egg cylinder**）的**近端**（**proximal**）部分。这一点已经通过使用**辣根过氧化物酶**（**HRP**）注射进行命运图构建得以证实（参见第 11 章，图 17.15）。已知 PGC 在 E5.5 期时被胚外外胚层的作用诱导，因为在没有胚外外胚层组织的情况下，PGC 不会发育，并且在重组实验中，胚外外胚层能够诱导近端和远端上胚层产生 PGC。诱导 PGC 所需的信号是 BMP 和 WNT 家族的成员。*Bmp2*、*Bmp4* 和 *Bmp8b* 在胚外外胚层中表达，而 *Wnt3a* 在后部的脏壁内胚层和上胚层中表达。敲除这些基因会破坏 PGC 的形成。Wnt3a 被认为能控制后部上胚层对来自胚外外胚层的 BMP 信号的响应能力。诱导的最初产物是后部上胚层周围的一个组织区域的形成，该区域表达基因 *fragilis*（也称为 *Ifitm*），该基因编码一种跨膜蛋白。该区域会形成 PGC 和尿囊。在 E6.5 时，该区域内的一些细胞上调转录因子基因 *Blimp1*（也称为 *Prdm1*）、*Prdm14* 和 *Tfap2c* 的表达。所有这些基因的敲除都会损害 PGC 的特化和维持。PGC 特异性基因产物会阻遏各种早期发育基因，如 *Tbxt*（*brachyury*）和 *Snai1*，并允许一组多能性相关基因持续表达，包括 *Oct4*、*Nanog* 和 *Sox2*，这些基因是原始外胚层和 PGC 的特征性基因。此外，在小鼠中，果蝇 *vasa* 和 *nanos* 的同源物对 PGC 的形成也是必需的。到 E7.5 时，在近端上胚层中大约会形成 40 个 PGC，其中部分是通过诱导产生的，部分是由已形成的 PGC 的有丝分裂产生的。由于这些 PGC 表达高水平的碱性磷酸酶，因此很容易被识别出来。在 E8 期左右，所有的转录会暂时停止，但不像在果蝇或秀丽隐杆线虫中那样持续很长时间。

小鼠一直被用作所有哺乳动物 PGC 特化的范例，但在哺乳动物胚胎的上胚层阶段，其结构存在一些重要差异。在小鼠中，上胚层形成一个杯状圆柱体，使得近端上胚层能够与胚外外胚层和后部脏壁内胚层接触。但大多数其他哺乳动物，包括人类，都具有扁平的盘状上胚层，在这种结构中，上胚层既不与胚外外胚层接触，也不与后部脏壁内胚层接触。食蟹猴的胚胎与人类胚胎非常相似（见第 12 章），在食蟹猴中，

PGC 似乎起源于羊膜，因此其机制必定有所不同，尽管 BMP 和 WNT3A 在羊膜中表达，从而可能仍然参与了 PGC 的特化。

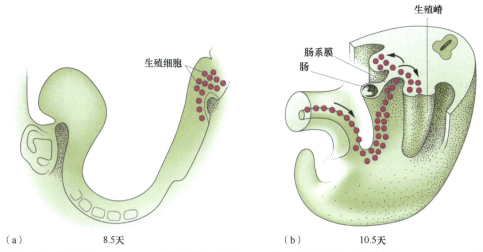

图 17.15 生殖细胞的起源与迁移。(a) E8.5 小鼠胚胎，显示 PGC 位于小鼠胚胎后端的位置。(b) E10.5 小鼠胚胎，显示 PGC 通过肠和背肠系膜迁移到生殖嵴。来源：根据 Hogan et al.（1994）Manipulating the Mouse Embryo. A laboratory manual. Second edition. Cold Spring Harbor Laboratory Press 重绘。

从尿囊基部开始，小鼠的 PGC 在 E9～E10 时进入后肠，并通过肠系膜向前迁移，在 E11.5 时到达形成性腺的生殖嵴中。PGC 的迁移受基质细胞衍生因子 1（stromal cell derived factor 1, SDF1，也称为 CXCL12）的控制，这是一种在侧板中胚层的生殖嵴中表达的**趋化因子**（**chemokine**）（见下文）。它作用于 PGC 表达的一种 G 蛋白偶联受体 CXCR4，促使 PGC 向生殖嵴迁移。在敲除 *Cxcr4* 的小鼠中，PGC 无法在生殖嵴定植。后肠分泌干细胞因子（stem cell factor, SCF，或称为 Steel 因子），它与 PGC 表达的一种受体酪氨酸激酶 KIT 结合。SCF 能够促进 PGC 的运动能力，并激活 Nanos3 和 DDN1（dead end protein homolog 1）等生存因子的表达。这些生存因子可确保有足够数量的 PGC 到达生殖嵴。

生殖细胞的亲代 DNA 印记（见第 11 章）在其到达性腺后不久就会被擦除，随后通过 DNA 从头甲基化建立新的性别特异性印记。这个过程可以通过对这些细胞进行核移植克隆（参见第 22 章），并观察由此产生的胚胎中基因表达的等位基因特异性进行监测。在印记被擦除之前，所表达的等位基因与动物的性别相符，而在印记被擦除之后，两个等位基因都会表达。

性腺的正常发育

雄性和雌性的**性腺**（**gonad**）互不相同，因此性腺的发育与性别决定密切相关。与发育的大多数其他方面不同，性别决定的机制在不同动物类群之间并不保守，因此接下来的阐述仅适用于哺乳动物。在小鼠中，即使存在一些影响生殖细胞迁移的突变体，性腺仍能正常发育，因此我们知道性腺的发育并不一定需要生殖细胞本身的存在。

性腺由紧邻肾脏的间介中胚层发育而来。间介中胚层的外侧部分形成中肾，内侧部分形成性腺。在两性二态性出现之前的早期阶段，性腺发育需要几种基因产物，其中包括 WT1（肾脏发育所需的锌指转录因子）和 SF1（steroidogenic factor 1，类固醇生成因子 1，为核激素受体家族成员）。敲除这两个基因中的任何一个都会阻止性腺的发育。在小鼠胚胎发育至 E9.5 时，**生殖嵴**（**genital ridge**）出现在躯干两侧，略微向体腔突出。生殖嵴表达 Lim 同源域转录因子 Lhx9，敲除该因子的小鼠无法形成任何性腺。在生殖嵴出现后不久，衬在体腔表面的上皮会形成原始性索，这些原始性索会向下方的间充质生长。

与生殖嵴相邻的间介中胚层现在形成两条在性器官形成中起重要作用的管道：**肾管（沃尔夫管）**和**米勒管**（**Müllerian duct**，也称为副中肾管）（图 17.16）。一旦后肾开始发育，沃尔夫管就不再具有排泄功能，但在雄性中，它最终会发育成附睾、输精管和精囊，而在雌性中则会退化。米勒管在沃尔夫管旁边出现，最终会发育成雌性的输卵管、子宫和阴道，而在雄性中则会退化。直到这个阶段（E12.5），两性在可见的分化上没有差异。

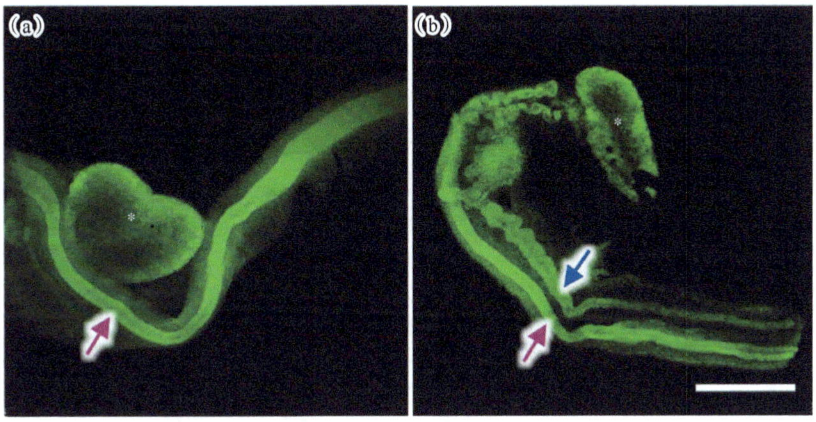

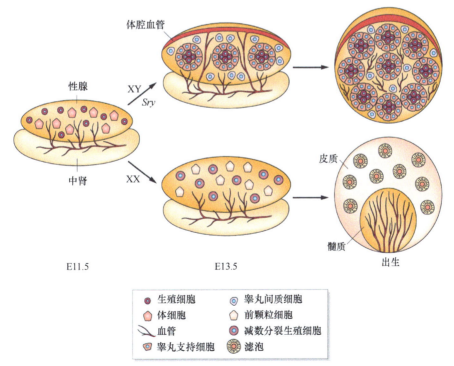

图 17.16　米勒管。（a）通过对 E18.5 雌性小鼠胚胎进行整体免疫染色检测 PAX2，观察到的正常米勒管。（b）沃尔夫（肾）管在缺乏转录因子 COUP-TFII 的相似雌性胚胎中持续存在。洋红色箭头，米勒管；蓝色箭头，沃尔夫管；* 卵巢。标尺：0.5 mm。来源：Zhao et al.（2017）. Science. 357, 717−720。

　　性腺的性别二态性如图 17.17 和图 17.18 所示。在雄性中，原始性索称为**睾丸索**（**testis cord**），它们生长到生殖嵴，形成由**睾丸支持细胞**（**Sertoli cell，塞托利细胞**）组成的复杂的生精小管系统，生殖细胞会整合到其中。睾丸支持细胞表达 *Sry*，随后表达 *Sox9*，这两个基因是性别决定程序的关键要素（参见"性别决定"部分）。在它们的影响下，负责分泌睾酮的细胞，称为**睾丸间质细胞**（**Leydig cell**），从生精小管之间的间充质分化而来。生精小管与沃尔夫管相连，沃尔夫管在睾酮的作用下得以保留，发育中的性腺缩短并被包裹形成睾丸。与此同时，米勒管在睾丸支持细胞分泌的抗米勒管激素（anti-Mullerian hormone, AMH）的作用下退化。AMH 是转化生长因子 β（TGFβ）家族的成员，作用于 AMH 受体（AMHR）。敲除 *Amh* 基因的雄性小鼠会保留其米勒管，并且在人类中，*AMH* 或 *AMHR2* 基因突变的个体也会出现类似的表型。从 E13.5 到出生后的第一周，雄性生殖细胞处于有丝分裂静止状态。直到年轻雄性的精子发生建立后，减数分

图 17.17　由生殖嵴形成性腺。在小鼠发育至 E11.5 时，两性的性腺在形态上仍然相同。在雄性中，生殖细胞与睾丸支持细胞一起融入生精小管。在雌性中，处于减数分裂前期的卵母细胞融入卵泡。

裂才会发生。减数分裂受到睾丸支持细胞的持续抑制，睾丸支持细胞会合成一种酶 Cyp26b1，该酶可降解视黄醇类物质。视黄酸是一种促进减数分裂的信号，它来源于卵巢中的生殖细胞，睾丸中缺乏视黄酸可能是减数分裂受到抑制的原因。睾丸的生精小管在出生前一直是实心的，出生后开始空心化，来源于生殖细胞的**精原细胞（spermatogonia）**出现。成熟雄性的精子发生过程涉及从干细胞群体中持续产生精子，这将在第 20 章中进一步讨论。

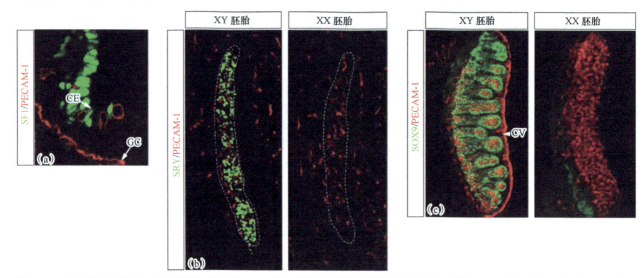

图 17.18　性别决定期间的小鼠性腺。(a) 在 E10.5 期，雄性和雌性的性腺是相同的。用抗 SF1 抗体对体腔衬里细胞进行免疫染色，显示为绿色。生殖细胞和血管内皮细胞被染成红色。(b) 在 E11.5 期，Sry（绿色）存在于雄性性腺细胞中，但不存在于雌性性腺细胞中，尽管此时两者形态外观仍然相同。(c) 在 E12.5 期，Sox9（绿色）存在于雄性但不存在于雌性性腺中，并且睾丸索正在形成。CE，体腔上皮；GC，生殖细胞；CV，体腔血管。来源：Polanco and Koopman（2006）. Dev. Biol. 302, 13–24。

　　在雌性中，原始性索形成由卵泡细胞（也称为颗粒细胞，granulosa cell）组成的皮质索，这些细胞停留在卵巢表面附近，并与生殖细胞结合形成原始卵泡。性别决定系统发挥作用后，SRY 的缺失导致卵泡细胞中 Wnt4 和 Foxl2 的上调。这些基因既阻遏 Sox9 的表达，又间接导致从间充质形成**膜（thecal）**细胞，膜细胞负责产生雌激素。在此之后，性腺被包裹形成卵巢。两条米勒管在后端融合，形成阴道、子宫颈和子宫，子宫在小鼠中呈 Y 形。在前端，米勒管形成输卵管，输卵管的收集漏斗与卵巢紧密相邻。与此同时，在缺乏睾酮的情况下，沃尔夫管退化。

　　在卵巢内，源自生殖细胞的**卵原细胞（oogonium）**在 E13.5 左右完成最后一次有丝分裂后，成为初级**卵母细胞（oocyte）**，一般认为在此时期之后不会再形成新的卵母细胞。减数分裂的开始受到来自中肾中胚层的视黄酸的刺激，但卵母细胞在减数分裂前期的早期就会停滞。随后，每个初级卵母细胞被颗粒细胞包裹形成原始卵泡。一旦达到性成熟，在每个生殖周期中会有几个卵泡被激活，然后颗粒细胞增殖，卵泡及其卵母细胞会增大。在小鼠中，一次排卵可能会排出 8～12 个卵母细胞。每个破裂的卵泡都会变成**黄体（corpus luteum）**，黄体分泌孕酮，帮助子宫为植入做好准备。

性别决定

　　性腺最终形成卵巢还是睾丸，归根结底取决于染色体组成。在哺乳动物中，雄性的染色体组成为 XY 型，雌性的染色体组成为 XX 型。然而，这种情况存在不对称性，因为 Y 染色体比 X 染色体小得多，并且还包含一些 X 染色体上没有的基因。其中一个基因是 Sry（sex-determining region of Y，Y 染色体性别决定区基因），在哺乳动物中，它是控制性发育途径的关键开关，编码一种 HMG（high-mobility group，高迁移率组）类转录因子，是 Sox 转录因子家族的原型。支持其作用的证据如下：如果从 Y 染色体上删除 Sry 基因，那么 XY 型小鼠将发育为雌性，甚至能产生有活力的卵母细胞；如果将 *Sry* 作为转基因引入，那么 XX 型小鼠将发育为雄性，尽管它不会产生精子。在人类自然发生的染色体异常中也发现了类似（尽管不完全相同）的效应。XXY 型个体为男性（克兰费尔特综合征，Klinefelter syndrome），而 XO 个体为女性（特纳综合征，Turner syndrome），因此可以得出，拥有 Y 染色体必然导致个体获得雄性特征。偶尔会发现表型为雄性的 XX 型个体，经检测发现其一条 X 染色体上有 *SRY* 基因，这是由于减数分裂时发生了异常重组。相反，偶尔也会发现表型为女性的 XY 型个体，其 *SRY* 基因发生了突变。

在雄性中，*Sry* 基因在性别二态性出现前不久在性腺中短暂表达（图 17.18）。它唯一的功能可能是激活 HMG 盒家族的另一个成员 *Sox9* 的表达。与 *Sry* 不同，*Sox9* 的表达在整个胚胎发生过程中持续存在，并且在所有脊椎动物中都与雄性发育相关。它上调一组基因的表达，这些基因的产物是雄性生理功能所必需的，包括 *Fgf9* 和 *Amh*（参见"性腺的正常发育"部分），同时它阻遏一组与雌性发育相关的基因的表达，包括 *Wnt4* 和 *Dax1*。另一个重要的雄性功能相关基因是 *Sf1*（*Splicing factor 1*，剪接因子 1），该基因在性腺发育早期表达，并参与上调 *Sry*。在睾丸分化过程中，在 SOX9 维持下，*Sf1* 持续表达。SF1（一种锌指蛋白）参与睾丸支持细胞中 *Amh* 的上调，以及睾丸间质细胞中睾酮合成通路相关基因的上调。血液循环中的睾酮是雄性其他特征发育的关键。睾酮被代谢为有活性的二氢睾酮，促使雄性外生殖器的分化，并且还导致了各种第二性征的形成，如人类男性的胡须和低沉的嗓音。二氢睾酮由 5α-还原酶合成，在人类中，5α-还原酶 2 基因（*SRD5A2*）突变的个体出生时生殖器性别特征不明显，而在青春期睾酮激增时，外生殖器才发育为雄性特征。

雌性发育途径的早期步骤之一是 *Wnt4* 基因的上调，该基因也是肾脏发育所必需的（参见"肾脏"部分）。*Wnt4* 通常在早期生殖嵴中表达，然后在雄性中受到阻遏，而在雌性中持续表达。如果由于某种原因 *Sry* 基因表达上调延迟，那么 WNT4 信号的水平就足以抑制 *Sox9* 表达，从而使雌性发育途径占主导。敲除 *Wnt4* 基因的小鼠卵巢中卵母细胞很少，并且有细胞分泌雄性类固醇，同时也缺乏米勒管。

尽管生殖细胞与性腺属于不同的细胞谱系，但它们的发育途径确实依赖于性腺所遵循的发育方向。在 XY 型动物中，任何在迁移过程中未能找到性腺的生殖细胞，都会在其异位位置存活一段时间，并发育为卵母细胞，而不是精原细胞。在由 XX 型和 XY 型细胞组成的嵌合小鼠中可以看到相反的情况。只要这些嵌合小鼠的 XY 型细胞比例超过约 35%，它们就会发育为雄性，因为 XY 型支持细胞中的 *Sry* 基因会被激活，从而启动雄性发育程序，导致 AMH 和睾酮的释放。无论细胞的染色体组成如何，这些激素都会对细胞产生相同的影响，因此这种嵌合小鼠会发育出雄性的形态，但睾丸和生殖细胞的染色体组成是 XY 型和 XX 型混合的。进入睾丸的 XX 型生殖细胞会变成精原细胞，但无法一路发育至成熟的精子。

肢发育

脊椎动物的肢对于发育生物学家而言具有特殊的研究意义，这是因为肢的外观显见性使得影响人类肢的先天性缺陷尤为明显且令人痛苦。因此，肢发育是器官发生研究的经典课题之一。尽管在脊椎动物物种之间存在一些细节上的差异，但肢发育的机制在很大程度上是保守的。两栖动物、爬行动物、鸟类和哺乳动物被称为**四足动物**（**tetrapod**），因为它们都有四肢：一对前肢，可能是腿、臂或翅膀；一对后肢。少数没有四肢的四足动物，如蛇，是在进化过程中次生地失去了四肢。

大部分显微外科实验研究是在鸡胚上进行的，近年来，这些研究与使用小鼠开展的大量遗传学实验相结合。在鸡胚中，可以通过在蛋壳上开一个窗口，在蛋内对肢芽进行操作。然后可以将蛋壳密封，再把蛋放回孵化器中使鸡胚继续发育。可以使用具有复制能力的逆转录病毒或通过电穿孔的方式使基因异位表达，也可以通过缓释微珠或转染过的细胞团来给予某些物质。

肢的正常发育

在胚胎的一般躯体模式形成阶段之后，肢芽在身体侧面出现，它由一团未分化的松散间充质组成，外被表皮（图 17.19）。间充质来自侧板中胚层的外侧体壁层，它与上方的表皮共同被称为**胚体壁**（**somatopleure**）。在肢芽的远端边缘，表皮增厚，形成**顶端外胚层嵴**（**apical ectodermal ridge，AER**），这是控制肢芽向外生长的关键结构（参见"近-远端生长和图式化"部分）。肢芽间充质形成肢的所有骨骼结构和结缔组织，包括软骨、肌腱、韧带、真皮以及肌肉周围的鞘。然而，肢肌肉的**肌纤维**（**myofiber**）则来源于体节（参见"成肌转录因子"部分）。这一点通过在肢芽开始生长之前的阶段，将鹌鹑的体节移植到鸡胚中得以证明。当肢发育完成后，研究发现所有肌纤维的细胞核都是鹌鹑型的，而肢中的其他所有细胞类型都是鸡型的（图 17.20）。

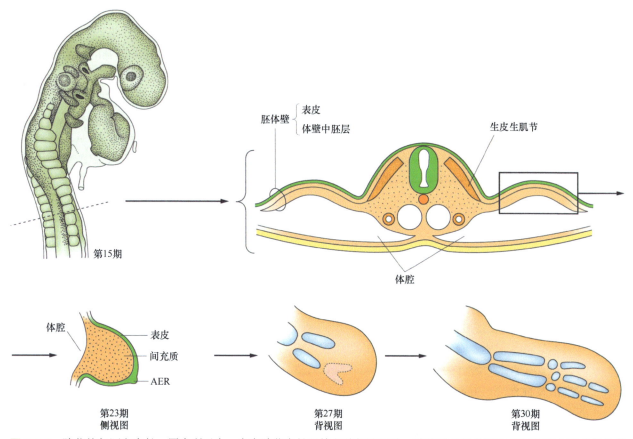

图 17.19 肢芽的起源和生长。图中所示为一个在肢芽生长开始之前的鸡胚胎，肢芽起始于前肢和后肢特定水平的胚体壁。肢芽向外生长涉及按近端到远端的顺序的肢结构的形成。

在肢芽向外生长的过程中，肢芽会伸长并变扁平，各种肌肉和软骨成分会按照从近端到远端的顺序分化，也就是从身体中心向外进行分化。通过使用 **DiI** 和 **DiO** 进行小块组织标记，已经构建出了肢芽的命运图。这些命运图显示，在肢芽向外生长的过程中，细胞的近-远轴顺序得以保持，但远端部分的伸长程度要比近端部分大得多。

分化的前肢骨骼包括上臂的**肱骨**（**humerus**）、前臂的**桡骨**（**radius**）和**尺骨**（**ulna**）、腕部的**腕骨**（**carpal**）、指的**掌骨**（**metacarpal**）和**指骨**（**phalange**）（图 17.21）。

在后肢中，骨骼包括上肢（大腿）的**股骨**（**femur**）、下肢（小腿）的**胫骨**（**tibia**）和**腓骨**（**fibula**）、踝关节的**跗骨**（**tarsal**）以及趾的**跖骨**（**metatarsal**）和**趾骨**（**phalange**）。从解剖学描述的角度来看，近-远（proximal-distal）轴从肱骨/股骨延伸到指/趾骨。在描述近-远轴图式化时，有时使用"肢柱"（stylopod）、"肢杆"（zeugopod）和"肢梢"（autopod）这些术语，分别指上肢、下肢以及手或足。**前-后**（**anteroposterior**）轴从第 1 指（趾）延伸到编号最大的指（趾）。这与人类手部从拇指到小指的轴是一致的，并且当手臂伸展、手掌朝向腹侧时，它与整个身体的前-后轴相对应。尽管化石记录表明，早期的四足动物有多达 8 个指（趾），但现代四足动物通常有 5 个或更少的指（趾）。例如，小鼠的四个肢都有 5 个趾，而鸡的翅膀只有 3 个指，鸡的腿有 4 个趾。最后，**背-腹**（**dorsal-ventral**）轴从肢的上表面延伸到下表面（从

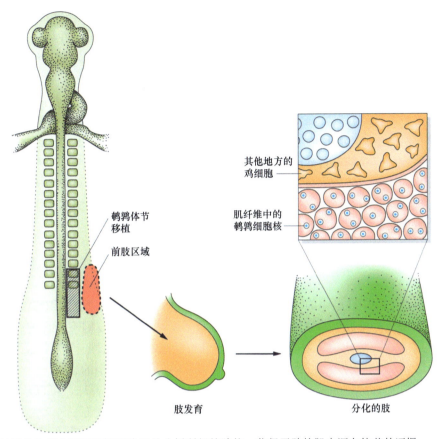

图 17.20　通过将鹌鹑的体节中胚层移植到鸡胚并分析所得的肢体，获得了肢的肌肉源自体节的证据。

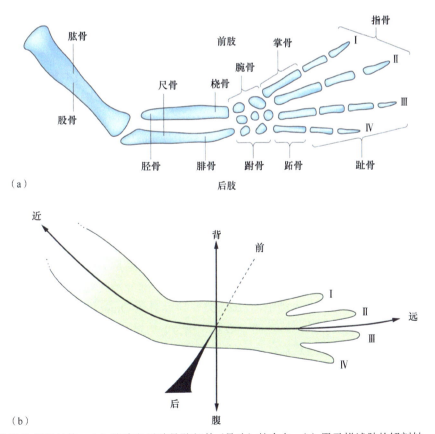

图 17.21　四足动物肢的解剖结构。（a）前肢和后肢骨骼部件（骨头）的命名；（b）用于描述肢的解剖轴。

手背到手掌）。实验结果通常通过整体染色来观察软骨成分的模式，以此进行评分。这对于了解近–远轴和前–后轴的图式很有帮助，但无法显示背–腹轴的图式，因为所有的骨骼成分都在同一平面上。不过，沿着背–腹轴存在各种其他不同的特征，可用于分析异常图式，特别是肌肉模式以及表皮特化结构的类型，如羽毛、鳞片、爪和指甲。

　　一个分化后的肢除了骨骼和肌肉之外，还包含许多其他细胞类型。所有的皮肤特化结构，如鳞片和爪，都是由表皮形成的。在肢芽生长时，血管从已经存在于中胚层的毛细血管网络中发育而来。神经从脊髓生长出来，在肢芽伸长但仍未分化时到达。相关的脊神经会汇合形成**臂丛**（**brachial plexus**）神经以支配前肢，以及形成**腰骶丛**（**腰荐丛，lumbosacral plexus**）神经以支配后肢。与身体其他部位一样，色素细胞来源于神经嵴。骨骼最初分化为软骨，随后会被骨所替代。与肢发育的初始阶段不同，软骨成分的骨化过程并不是从近端到远端进行的，但它确实遵循一个预先确定的顺序，通常在较大的骨骼部件中开始得更早，而在较小的骨骼部件中开始得更晚。

肢的决定

　　肢的原基最初被特化为中胚层中的一个区域。这可以通过将各种预期成肢组织移植到肢芽之间的侧翼来证明。在侧翼，预期肢芽中胚层将引发肢芽的形成，而预期的肢的表皮则不能促使肢芽的形成。然而，在此之前的某个阶段，即使是预期的肢中胚层也无法产生肢，除非有来自同一前–后水平的体节组织相伴。这表明，侧板中胚层要获得肢的发育定型，早期来自体节的诱导是必不可少的。

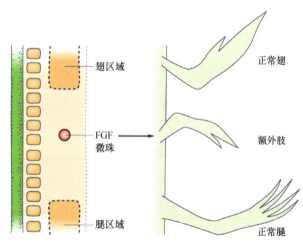

图 17.22　通过 FGF 缓释珠从侧翼诱导肢芽。与正常肢相比，诱导肢具有倒置的前–后极性。

　　通过植入 FGF 缓释珠，可以从正常肢芽之间的侧翼区域诱导出一个新肢（**图 17.22**）。对这种缓释珠植入的响应是，前肢从侧翼的前部产生，后肢从侧翼后部产生。*Fgf10* 在早期的前体节板中表达，随后在预期的肢中胚层本身中表达。此外，我们知道 FGF10 对于肢发育是必需的，因为敲除 *Fgf10* 的小鼠不会形成肢芽。因此，FGF10 满足了表达、活性和抑制三方面的标准，可被认为是在体壁中胚层中初始诱导肢形成区域的关键因子。*Fgf10* 基因的表达受 Wnt 信号的上调；前肢芽区域表达 *Wnt2b*，后肢芽区域表达 *Wnt8b*。这两种因子均能够诱导 *Fgf10* 的表达和肢的向外生长。此外，Wnt 信号抑制子 Axin 可以抑制肢发育，敲除 WNT 信号转导通路的两种转录因子组分 *Lef1* 或 *Tcf1* 的小鼠不会形成肢芽。

　　前肢和后肢可由 T-box 基因的表达来区分，*Tbx5* 在早期前肢表达，*Tbx4* 在早期后肢表达。这些基因直接或间接地受到在躯体不同水平上起作用的 Hox 基因组合的调控。例如，*Tbx5* 的表达被旁系同源组 4 和 5 的 Hox 基因激活，并被旁系同源组 8、9 和 10 的 Hox 基因阻遏，结果是 *Tbx5* 在正确的前–后位置表达，前肢芽也在正确的前–后位置出现。*Tbx4* 的过表达可以使鸡的翅芽部分地转化为腿芽，这表明 T-box 基因确实参与决定前肢和后肢之间的差异。在人类中，*TBX5* 突变导致 Holt-Oram 综合征，这是一种常染色体显性遗传疾病，会破坏前肢骨骼（以及心脏；请参阅"心脏"部分）的发育。相比之下，*TBX4* 突变会导致小髌骨综合征，这是一种常染色体显性遗传疾病，会影响膝盖骨的发育。*TBX4* 基因复制则会导致先天性马蹄内翻足。

　　生肌细胞从体节迁移发生在肢芽开始向外生长的数小时之前，并且任何水平的体节，只要被移植到肢水平，都可以贡献细胞到肢中，而不仅仅是那些通常为肢提供细胞的体节。迁移趋化信号的一个主要成分是 HGF（参见"体节的细分"部分），它在肢芽前（**pre-limb-bud**）间充质中表达。其受体 Met 在生肌节中表达。当小鼠中的 *Hgf* 或 *Met* 被敲除时，成肌细胞就不会迁移到肢中，并且肢在没有肌肉的情况下发育。

近−远端生长和图式化

肢芽发育中最早可见的事件是在表皮中形成**顶端外胚层嵴**（**AER**）。AER 是由中胚层诱导形成的，这可以通过在侧翼表皮下移植额外的肢芽前中胚层来证明。但其形成也需要两个表皮区域之间的相互作用：一个是覆盖体节和间介中胚层的内侧区域，另一个是覆盖体壁侧板中胚层的外侧区域。使用小块 DiI 标记对预期肢表皮进行命运图构建显示，内侧表皮会成为肢芽的背部表皮，而外侧表皮成为肢芽的腹部表皮，并且外侧表皮也会形成 AER 本身（图 17.23）。AER 的形成需要 BMP 信号，在转基因小鼠中，通过在表皮特异性启动子的控制下表达一种显性负性 BMP 受体，可以阻止 AER 的形成。外侧表皮表达同源框转录因子基因 *Engrailed-1*（*En1*），该基因可能具有抑制 AER 形成的功能。敲除 *En1* 的小鼠的 AER 会延伸至腹部一侧。

AER 在肢芽向外生长的过程中持续存在，如果在任何阶段通过手术将其切除，肢芽的向外生长就会停止，并且会形成远端截短的肢（图 17.24）。早期去除 AER 只会使最近端的结构（如肱骨）得以发育；而后期去除 AER 则允许更远端的结构形成，如桡骨/尺骨和腕骨。这代表了在肢芽向外生长过程中，有连续的、从近端到远端水平的图式决定序列。AER 本身需要来自间充质的因子来维持其存活，因为如果将它移植到非肢芽部位，它会很快退化。因此，AER 和间充质之间的关系是相互的，彼此都需要对方提供的诱导因子来发挥各自的功能。在肢芽的顶端，距离 AER 达 250 μm 的区域内，其间充质在向外生长过程中保持未分化状态。这个区域表达几种特定的转录因子基因，包括 *Msx1*、*Ap2* 和 *Lhx2*。过表达显性负性 Lhx2 蛋白会

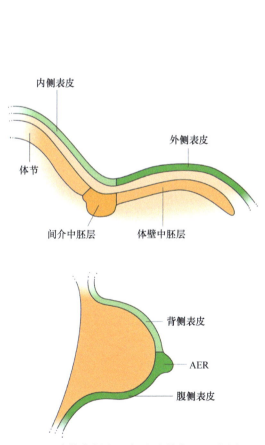

图 17.23　肢芽背侧和腹部表皮的起源。上图显示肢芽前阶段；下图显示的是第 23 期鸡胚的肢芽。来自背部表皮的 Wnt7A 是肢间充质背−腹图式化的信号。

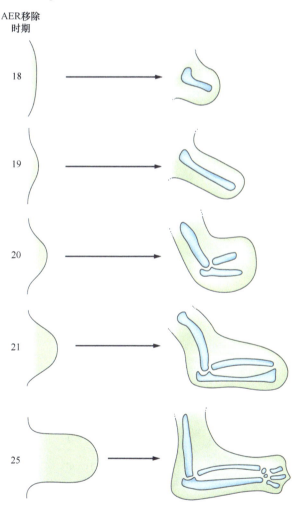

图 17.24　在不同阶段（如图的左侧所示）去除 AER 的影响。如图右侧所示，当肢发育完成后，其截短的近−远端水平与 AER 去除时间相关。

抑制肢的向外生长，这表明至少该基因对于肢结构的持续形成是必需的。有趣的是，*Lhx2* 是 *apterous* 基因的同源物，而 *apterous* 基因是果蝇翅向外生长所必需的（见第 19 章）。

AER 表达多种作为促有丝分裂原起作用的因子，以维持正在发育的肢的向外生长，特别是 FGF 家族的成员（*Fgf4*、*Fgf8*、*Fgf9* 和 *Fgf17*）。如前所述，将 FGF 微珠植入肢芽之间的侧翼，会诱导产生新肢。在去除 AER 后，FGF 微珠也可以支持远端部分的持续向外生长和发育。在小鼠中，对 AER 特异性敲除 *FGF* 基因的研究表明，仅 FGF8 就足以促进肢的向外生长，但其他 FGF 因子可以补偿 FGF8 的缺失。虽然敲除 *Fgf8* 的小鼠仅具有轻微的肢缺陷，但同时敲除 *Fgf4* 和 *Fgf8* 的小鼠则会出现远端截短的肢，而同时敲除 *Fgf4*、*Fgf8* 和 *Fgf9* 基因的小鼠则具有严重截短的肢，并且常常所有的骨骼部件均缺失。因此，FGF 家族因子集体满足了表达、活性和抑制这三个标准，可被认为是 AER 释放的活性因子。FGF 因子是否也参与肢的图式化仍存在争议，但有一种模型认为 FGF 作为形态发生素，沿近端–远端轴特化不同的结构。在翅中，最高浓度的 FGF 特化指骨的形成，最低浓度 FGF 特化桡骨和尺骨的形成。相比之下，肱骨则不是由 FGF 诱导的，而是被来自侧翼中胚层的视黄酸诱导的。

间充质对 AER 的维持作用是由一种名为 **Gremlin** 的分泌型 BMP 抑制剂实现的。几种 BMP 在肢芽间充质和 AER 中都有表达，如果局部抑制 BMP 活性，AER 就会扩张，这表明 BMP 在肢向外生长过程中对 AER 有抑制作用。然而，BMP 信号也会激活 *Gremlin* 的转录，从而建立一个负反馈回路，使 BMP 信号维持在较低水平。*Gremlin* 表达也受到 Shh 的维持，而 Shh 是由来自 AER 的 FGF 信号激活的（参见"前–后图式化"部分）。在肢发育的后期，BMP 对指（趾）之间发生的细胞死亡也是必需的。如果在转基因小鼠中，通过使用表皮特异性启动子来驱动 *Noggin*（编码 BMP 抑制剂）的表达以阻止这种细胞死亡，那么就会导致出现蹼状足。

近–远端结构的分化可以通过不同水平上一些基因的表达来预示。最近端的区域，即肢柱，以同源框基因 *Meis1* 和 *Meis2* 的表达为标志，它们的表达是由来自身体主轴的视黄酸诱导的。这些基因的过表达会导致更远端部分的近端化，这表明它们在特化近端特征方面起重要作用。中间部分，即肢杆，表达 *Shox*（矮小身材同源框基因，short stature homeobox gene），携带该基因突变的人类，其手臂（桡骨和尺骨）和腿（胫骨和腓骨）的长骨都会缩短。在早期肢芽中，*Hoxa10*、*Hoxa11* 和 *Hoxa13* 基因也存在嵌套表达，这三个基因都在未来的肢梢原基中表达（图 17.25a）。这通常被认为控制着近–远端分化，但这些基因的表达模式在发育过程中会发生显著变化，而且 Hox 基因在肢图式化中的确切作用仍然不确定。敲除单个 Hox 基因对肢表型的影响有限，但敲除整个旁系同源组会导致明显的、特定节段的缺失，不过不会发生同源异形的效应（图 17.26）。在人类中，*HOXA13* 突变会导致手–足–生殖器综合征，伴有拇指和大拇趾的过度增生。因此，Hox 基因对于肢发育肯定是必需的，但它们的主要作用可能与生长控制有关，而不与区域特化有关。就信号而言，来自 AER 的 FGF 梯度和来自身体主轴的视黄酸梯度的组合，可能足以特化不同的基因上调区域。

上肢（upper limb）中最初的软骨凝聚包括未来的肱骨、尺骨和桡骨，但在不同软骨部件之间形成的关节在早期阶段就被预先特化了。通过显微手术从凝聚中切除预期肘关节部分，会阻止后期肘关节的形成，因此关节并不一定在两个软骨凝聚相互靠近的地方形成。预期关节区域表达

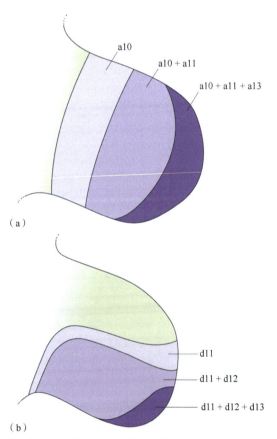

图 17.25　肢芽中 Hox 基因的嵌套表达。(a) *Hoxa* 基因；(b) *Hoxd* 基因。尽管这些表达模式分别暗示了它们在近–远端和前–后端图式化中的作用，但这些表达模式是动态的，并且在不同时期有所不同。

多种生长和分化因子（growth and differentiation factor, GDF）基因，包括属于 BMP 家族成员的 *Gdf5*、*Gdf6* 和 *Gdf7*，以及 *Wnt9a*（以前称为 *Wnt14*）。*Gdf5* 和 *Gdf6* 功能缺失会导致关节缺陷，而 *Wnt9a* 的异位表达会导致额外关节的形成。*Wnt9a* 通过在短距离内上调其自身表达，但在长距离时则抑制其自身表达来发挥作用，因此会形成一种周期性的表达模式，预示着关节的排列方式。在人类中，*GDF5* 突变会导致四肢骨骼（包括关节）出现缺陷。

前–后图式化

前–后（从拇指到小指）图式由位于肢芽后缘的**极性活性区（zone of polarizing activity，ZPA）**控制。ZPA 的行为恰似可扩散形态发生素的源头，这种形态发生素在 ZPA 中保持恒定浓度，但可以扩散到周围组织中，并在那里被分解或清除。已知这种机制可以建立从后到前的指数浓度梯度（参见第 2 章）。如果将第二个 ZPA 移植到鸡翅芽的前缘，它会从前部组织诱导形成第二组翅结构，与原始结构呈**镜像对称（mirror-symmetrical）**排列（双–后部重复，double posterior duplication；图 17.27 和图 17.28）。鸡翅只有 3 个指，其

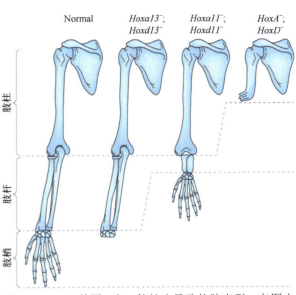

图 17.26　Hox 基因 a 和 d 簇缺失导致的肢表型。在图中最右侧所示的情况下，整个 *Hoxa* 和 *Hoxd* 簇都已被敲除。

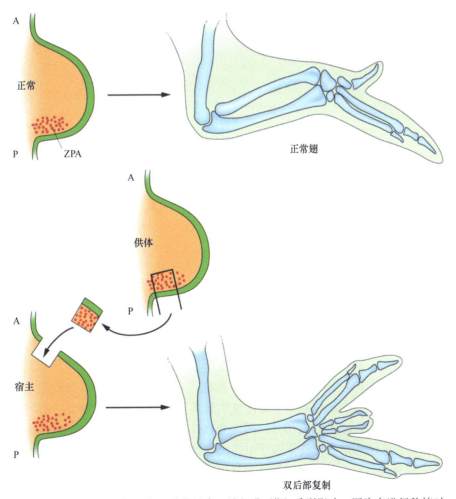

图 17.27　ZPA 移植导致双–后部肢重复的形成。通常只有远端部分（指）受到影响，因为在进行移植时，更近端的部分已经被决定。

编号有些令人困惑，分别为 2、3 和 4，因此重复的肢最多为 6 个指，其排列模式为 4-3-2-2-3-4。也有可能形成更少数量的指，如三指模式 4-3-4。重复肢中包含的指的数量会随着两个 ZPA 之间的距离的增加而增多。这是因为如果它们相距较远，则中间最低浓度就会较低，从而会触发形成更前端结构所需要的阈值。

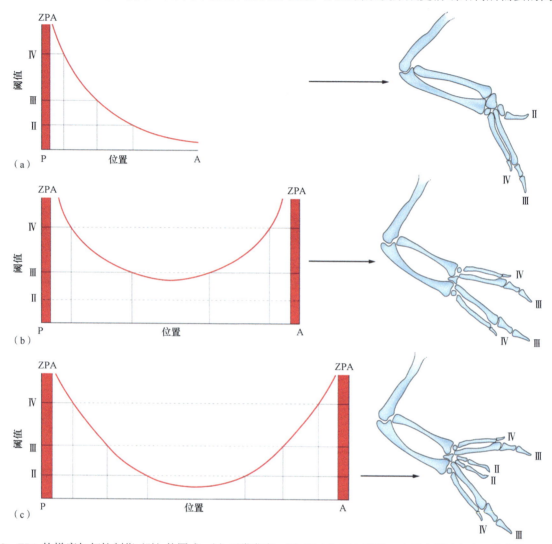

图 17.28　ZPA 的梯度如何控制指（趾）的图式：(a) 正常发育；(b) 和 (c) ZPA 移植。由于在图 (c) 中，移植的 ZPA 与宿主的 ZPA 之间的距离比图 (b) 中的更大，所以 U 形浓度梯度的最小值更低，并且与图 (b) 相比，图 (c) 中重复形成的结构元素更多。

不同脊椎动物物种的 ZPA 信号是相同的，因此将蜥蜴或小鼠的 ZPA 移植到鸡肢芽的前侧，也会引起重复肢的形成。重复肢的所有部分都具有鸡类型的形态特征，而不是供体物种的形态特征，因为它们是由宿主（鸡）而不是供体组织生成的。通过 FGF 微珠在侧翼诱导形成的肢，其前-后极性与正常肢相反（图 17.22）。这是因为诱导形成的肢芽的 ZPA 是由形成正常前肢 ZPA 的相同区域发育而来的，因此它位于 FGF 诱导形成的肢芽的前侧，而不是后侧。

植入含有视黄酸的缓释微珠，其效果与移植 ZPA 相同，会诱导一组额外后部指的形成。视黄酸和视黄酸受体在肢芽中存在，而且通过在母体饮食中去除维生素 A 而造成类视黄醇缺乏的鹌鹑胚胎，会表现出肢芽异常。然而，视黄酸并不是内源性 ZPA 信号，因为含有视黄酸**报告基因**（reporter）（由视黄酸反应元件与 *lacZ* 基因连接组成）的转基因小鼠，在肢芽本身中并没有显示出视黄酸的梯度，或实际上在肢芽中根本没有任何视黄酸活性。视黄酸信号活性的确在邻近的身体躯干中存在，目前认为其在体内的作用是诱导 *Meis* 基因的表达，从而界定肢芽的最近端部分。

ZPA 的形态发生素实际上是 *Sonic Hedgehog*（*Shh*）基因的产物。根据移植实验，*Shh* 在已知具有 ZPA

活性的区域中表达。使用基于组织培养的生物测定法测量肢组织外植体中活性 Shh 的含量，结果显示肢后侧 Shh 的浓度大约是前侧的 5 倍。Shh 缓释微珠，或产生 Shh 的细胞团移植物，都能像 ZPA 一样诱导肢的重复。在鸡中，Shh 的行为似乎与简单的指数梯度模型预测的一致。但小鼠的机制更为复杂，因为随着 Shh 剂量的逐渐降低，趾丢失的顺序与预期的从后到前的顺序不同。此外，在小鼠中，完全缺失 Shh 会消除趾之间的前-后差异，但仍会形成重复的软骨模式。值得一提的是，就 Shh 缺失与软骨模式的形成而言，几十年来人们还一直知道，肢间充质的体外培养物会自发地形成重复的软骨凝聚模式。

这样的结果表明，除了 Shh 梯度之外，指（趾）的图式化还有其他因素。有证据表明存在一种所谓的"图灵机制"（Turing mechanism）。这与第 4 章中描述的侧向抑制机制类似，因为它也是从均匀的初始状态通过对称性破缺产生的。但与侧向抑制系统不同的是，图灵机制产生的是条纹而不是斑点，因为新生区域会产生可扩散的因子，这些因子会抑制其自身的产生，而同时促进相邻区域的形成。图 17.29 展示了一种小鼠指（趾）形成的可能图灵模型。在这个模型中，Sox9 是软骨形成的关键基因。BMP 在 Sox9 区域之间的区域产生，但它会促进 Sox9 的表达。Wnt 信号在 Sox9 域之间的区域普遍存在，它会阻遏 Sox9 的表达。该模型解释了 Sox9 域（后来形成软骨凝聚）的正常出现，也解释了抑制 BMP 或 Wnt 信号的效应。抑制 BMP 会导致所有指（趾）的缺失，而抑制 Wnt 则会导致形成一个巨大的软骨凝聚。因此，很可能图灵机制确实生成了指（趾）的重复模式，而 Shh 梯度则决定了整体的前-后图式以及各个指（趾）之间的差异。

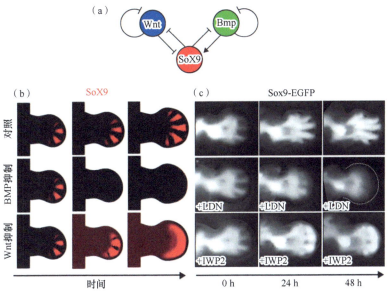

图 17.29　小鼠胚胎肢芽中指（趾）形成的图灵模型。(a) 该模型中，BMP 激活 Sox9 的表达，Wnt 抑制其表达，同时存在大量反馈调节，使其成为一个对称性破缺的过程。(b) Sox9 表达区域形成的计算机模拟，这些区域对应软骨凝聚。(c) 通过报告基因 Sox9-EGFP 在肢芽器官培养物中观察到的实际 Sox9 表达域。(b) 和 (c) 的第二行和第三行分别展示抑制 BMP 和 Wnt 信号的效果。抑制作用对软骨图式的影响符合预测。来源：Raspopovic et al. (2014). Science. 345, 566-570。

Shh 还能维持 AER 的持续存在及其 Fgf 的表达，这种活性以前被称为"AER 维持因子"。Shh 表达可以被视黄酸上调，但 ZPA 对 Shh 表达的维持需要 ZPA 与 AER 或 FGF 缓释微珠持续接触。这表明 Shh 和 FGF 的基因构成了一个正反馈环。AER 产生的 FGF 维持 ZPA 的活性，而 ZPA 产生的 Shh 维持 AER 的活性。FGF 直接调节 Shh 的表达，而 Shh 则通过 Gremlin 的活性间接维持 FGF 的表达（参见"近-远端生长和图式化"部分）。敲除 Shh 基因的小鼠的肢发生异常，存在严重的远端缺陷且缺乏前-后极性。正如预期的那样，通过将敲除 Shh 的小鼠的肢芽移植到正常肢芽的前侧进行评估，发现其肢芽中不存在 ZPA 活性。Shh 基因敲除表型是由于前-后图式化的丧失以及对 AER 的支持作用的缺失共同造成的。在人类中，消除肢芽中 SHH 表达的突变会导致一种罕见的先天性异常，称为无手足畸形（acheiropodia），受影响的个体肢的远端部件缺失。

Shh 表达的最初上调可以由视黄酸引发，但在正常发育中建立 Shh 表达的机制似乎是转录因子 dHAND 和 Gli3 之间的相互阻遏。dHAND 是一种 bHLH 因子，最初在整个肢芽间充质中表达，而 Gli3 是 Hedgehog

信号转导通路中的一种锌指蛋白。在正常发育过程中，这两种因子达成平衡，dHAND 在未来肢芽的后部表达，并上调 *Shh* 的表达，而 Gli3 则在其他部位表达。二者相互阻遏的证据是，如果在小鼠中敲除其中任何一个因子，另一个因子就会在更广泛的区域表达。

Gli3 是 Shh 信号通路中的三个 Gli 型转录因子之一（参见第 4 章）。在经典模型中，Shh 信号使 Gli 因子稳定而不被降解，并使其能够进入细胞核并调控靶基因。但实际上，只有 Gli2 是这样发挥作用的。Gli1 活性较低，而 Gli3 主要起阻遏作用，拮抗靶基因的表达。这解释了为什么敲除 *Gli3* 的小鼠会出现**多指（趾）畸形（polydactyly）**。这部分是因为 *dHAND* 以及 *Shh* 表达域变得比正常情况更大，还有部分原因是 Shh 信号比正常情况更有效，并从肢芽更多的部分中诱导形成指（趾）。GLI3 的缺失或减少也是人类多指（趾）畸形（如在 Greig 综合征中所见）的原因之一。

Hoxd9、*Hoxd10*、*Hoxd11*、*Hoxd12* 和 *Hoxd13* 基因的表达呈现出从肢芽后部到肢芽前部的嵌套区域模式（图 17.25b）。通过 ZPA 移植或施加 Shh，可以异位激活这些基因的嵌套模式表达。人们曾普遍认为这些基因编码肢不同部位的决定状态。然而，小鼠基因敲除实验的结果与这一观点并不一致，因为 *Hoxd* 基因簇亚群的缺失往往会导致肢远端缺失，而非同源异形转化。在人类中也是如此，*HOXD10* 或 *HOXD13* 的突变会导致肢远端异常。*Hox* 基因的表达模式在不同发育阶段动态变化，图 17.25 中的嵌套模式仅在所示时期出现。就像 *Hoxa* 基因的情况一样，目前尚不清楚在肢发育的哪个阶段真正需要 *Hoxd* 基因，以及它们是否真正编码前−后轴的决定状态。

背−腹图式化

背−腹图式主要体现在肌肉的排列，或羽毛原基、爪子等表皮特化结构的分布上。在早期通过翻转表皮，可以使肢内部组织的背−腹图式发生翻转。具体操作是将肢芽从胚胎取下，用胰蛋白酶处理使表皮与间充质分离，将表皮翻转后重新组合间充质和表皮，再用小铂针将重组的肢芽重新附着到胚胎上的正确位置。

表皮最初的极性源于这样一个事实，即背部表皮最初位于体节之上，而腹部表皮覆盖在侧板上（见图 17.23）。*En1* 通常在腹部表皮表达，但不在背部表皮中表达。敲除 *En1* 基因的小鼠，其脚爪的腹侧会部分背侧化，这表明 *En1* 编码腹侧状态。正如我们所见，敲除 *En1* 基因的小鼠的 AER 还会向腹侧延伸，这表明 En1 的活性限制了 AER 的范围。如果用屏障将预期的腹部表皮与下方的中胚层隔开，则 *En1* 就不会被激活，最终形成的肢具有双−背侧特征。这表明来自外侧中胚层的诱导因子最终决定了肢芽的背−腹极性。该信号可能是 BMP4，它由外侧中胚层产生，也在一定程度上参与体节的区域化（参见"体节发生"部分）。

En1 的功能之一是抑制 *Wnt7a* 的表达，*Wnt7a* 通常在背部表皮中表达，但在腹部表皮中不表达。Wnt7a 有助于维持 ZPA 中 *Shh* 的表达，从而间接维持 AER，但它在背−腹特化中也起着关键作用。过表达 *Wnt7a* 会产生双−背肢，而敲除 *Wnt7a* 的小鼠则具有双−腹爪子。因此，有很好的证据表明 Wnt7a 是来自表皮的、赋予下面的肢芽间充质背侧特征的信号。Wnt7a 会激活背侧间充质中的 LIM 同源框基因 *Lmx1* 的表达。这对细胞黏附产生影响，因为 Lmx1 表达区域是脊椎动物中已知的唯一一个与可见解剖学边界不相对应的区室边界的例子。区室边界是正常发育过程中细胞克隆不会跨越的线（参见第 4 章和第 19 章）。利用基于使用低剂量他莫昔芬激活极小比例的细胞中的 Cre 重组酶的克隆标记技术，可以观察到这个特殊的边界。CreER 由一个广泛表达的启动子驱动，当 Cre 酶激活时，它会在 *R26R* 报告基因位点处引发重组，产生少量分散良好的克隆（参见第 15 章）。使用这种方法可以发现，尽管在肢芽生长过程中细胞会大量分散，但背侧克隆不会跨越 Lmx1 区域，腹侧克隆也不会进入该区域（图 17.30）。在人类中，*LMX1B* 基因突变会导致指甲−髌骨综合征，表现为指甲和膝盖骨发育不良。

肢与大多数其他器官不同，它在三个维度上都是不对称的，这也是因为它是由实心的组织块形成的，而不是通过细胞片层的形态发生运动形成的。有充分的证据表明，肢三个轴上的图式分别由不同的过程控制。近−远端图式化的机制尚不完全明确，但依赖于来自 AER 的 FGF 的持续供应和来自近端身体区域的视黄酸信号。前−后图式化由 ZPA 的 Shh 梯度控制，背−腹图式化则由背部表皮的 Wnt7a 控制。这三个轴的发育相互关联，因为 AER 需要 Shh 和 Wnt7a 来维持其自身的持续存活和功能（图 17.31），这意味着这三个过程协同发挥作用，以形成一个完整的器官。

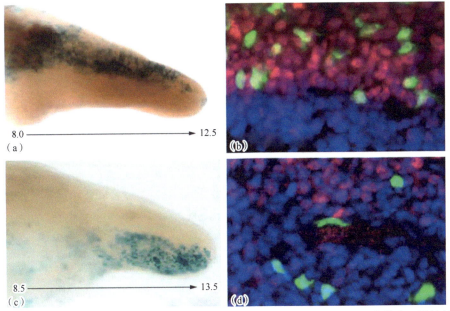

8.0 ——————→ 12.5
(a)

(b)

8.5 ——————→ 13.5
(c)

(d)

图 17.30　小鼠肢芽中背侧和腹侧间充质之间的区室边界的鉴定。在 *Pol2–CreER x R26R* 小鼠中，通过低剂量的 4-羟基他莫昔芬在早期（E8.0 或 E8.5）诱导克隆形成。在 (a) 和 (c) 部分中，在 E12.5 时通过 XGal 染色对克隆进行整体可视化。在 (b) 和 (d) 较高倍率下的切片中，通过 GFP 荧光可视化克隆。表达转录因子 LMX1B 的细胞经免疫染色呈红色；细胞核被染成蓝色。来源：Arques et al.（2007）. Development. 134, 3713–3722.

血液和血管

血液

　　血液的形成过程称为**血细胞发生/造血**（hematopoiesis）。这里我们主要讨论发育过程中的造血，成年造血作用将在第 20 章讨论。胚胎造血最早在卵黄囊中被检测到，但造血随后转移到主要动脉（背主动脉、卵黄动脉和脐动脉）的**内皮**（endothelium），接着是肝脏，最后是骨髓（图 17.32）。卵黄囊代表"原始/初级"（primitive）造血部位，主要产生原始红细胞，而后续的阶段则代表"终/定向"（definitive）造血，产生血液和免疫系统的所有细胞类型。在小鼠胚胎中，E7.5 时原始造血开始显现，表现为在卵黄囊胚外中胚层中出现的细胞簇。这些细胞的早期标志是 *Vegfr2* 基因的表达，该基因编码血管生成因子 VEGF（vascular endothelial growth factor，血管内皮生长因子）的受体。这些细胞被内皮细胞包围，形成血岛。如果通过将三种不同标记的胚胎干细胞注射到胚泡中，再进行重新植入，制备出"四色"小鼠，就可以发现大多数血岛是多克隆的。血液祖细胞和周围的内皮细胞通常带有不同的标记（图 17.33），这表明它们起源于不同的细胞。在这个阶段，造血主要产生原始红细胞，这些红细胞体积较大，最初有细胞核，不过在 E12.5 和 E16.5 之间细胞核会消失。它们

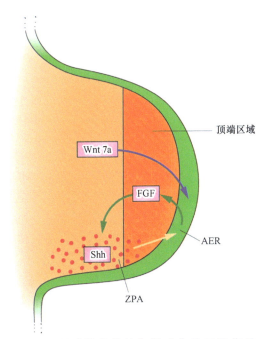

顶端区域

Wnt 7a

FGF

AER

Shh

ZPA

图 17.31　驱动肢体伸长和图式化的三种信号系统。

含有一种胚胎型血红蛋白，其氧亲和力比后期的胎儿型或成人型血红蛋白更高，这可能是为了增强胎盘的气体交换。原始血岛还会产生一些巨核细胞和一些原始巨噬细胞，脑中的**小胶质细胞（microglia）**就来源于这些原始巨噬细胞。

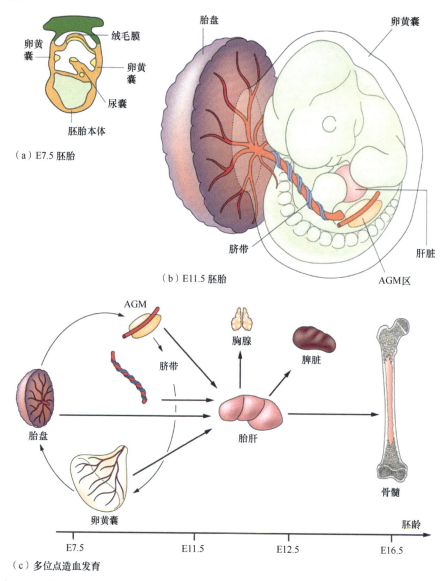

（a）E7.5 胚胎

（b）E11.5 胚胎

（c）多位点造血发育

图 17.32 发育造血。(a) 原始造血发生在卵黄囊中。(b) 定向造血起始于背主动脉和其他中央动脉（AGM）。(c) 定向造血祖细胞迁移至胎儿肝脏，随后迁移至骨髓和淋巴器官。

许多信号调控血液发育，其中包括 Activin/Nodal、BMP 和 WNT 信号。它们上调一组核心转录因子基因，如编码 SCL/TAL1（bHLH 型）、LMO2（LIM 型）以及 FLI1（ETS 型）的基因。这些转录因子是原始造血和定向造血所必需的，在小鼠中敲除这些基因会导致血液形成缺陷。例如，敲除 *Scl/Tal1* 基因的小鼠会在 E9.5 时死亡，原因是卵黄囊中的造血功能有缺陷。在斑马鱼和非洲爪蛙中，印制这些转录因子同样会导致血液形成出现缺陷，而在这些胚胎中异位表达这些转录因子则会导致从中胚层的大部分区域异位形成血液。

小鼠胚胎的血液循环大约在 E8.5 开始，这与心脏跳动的开始时间一致。大约 E10.5 到 E12.5 期间，在背主动脉和其他动脉中能够检测到定向造血，其中细胞从动脉内皮分层脱离，形成**造血干细胞（hematopoietic stem cell, HSC）**。在中央动脉的作用被明确之前，该区域曾被称为**主动脉-性腺-中肾（aorta-gonad-mesonephros, AGM）**区，AGM 区最初是在对鸡-鹌鹑嵌合体和非洲爪蛙的研究中发现的。例如，在爪蛙中，通过将荧光染料注射到 32 细胞期的背侧（C1 和 D1）和腹侧（D4）卵裂球中来标记原始腹侧血岛（参见第 8 章），背侧注射标记前-腹侧血岛（原始髓细胞），而腹侧注射则标记后-腹侧血岛（原始红细胞生成细胞）。向侧方卵裂球（C3）注射染料，则能够标记 AGM 区和最终的造血组织。这种明显的谱系分隔现象表明，至少在爪蟾中，原始血细胞和定型血细胞之间不存在谱系关联。

　　尽管该区域有时仍被称为 AGM，但实际上负责血液生成的是主中央动脉。在 E10.5 小鼠中，可以观察到血细胞从背主动脉腹侧区域的内皮细胞分层脱离（图 17.34）。向循环系统中注射 DiI-Ac-LDL（乙酰化低密度脂蛋白，优先被内皮细胞摄取），能够对内皮细胞进行标记。在鸟类和小鼠胚胎实验中均采用了这种方法，并且在这两种情况下，最初都在表达内皮标志如 *Vegfr2*（也称为 *Flk1* 和 *Kdr*）的内皮细胞中发现了标记。随后，在既表达内皮标志又表达造血标志的细胞团中也检测到了标记，再之后在循环血液的细胞中也能检测到。此外，一种名为 VE-钙黏蛋白的黏附分子在内皮细胞上表达，在 *VE-Cadherin–Cre x R26R* 转基因小鼠成年后期的大部分骨髓细胞中都能检测到标记。有一项检测定向造血干细胞（definitive HSC）是否存在的方法，即向受到致死剂量辐射的小鼠体内注射细胞，观察这些细胞能否重新填充宿主的血液（见第 20 章）。卵

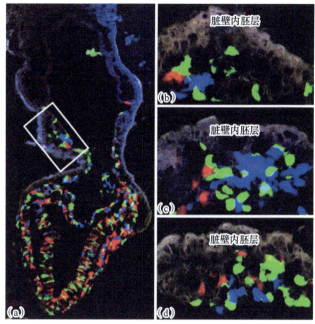

图 17.33　小鼠胚胎卵黄囊中血岛的克隆分析。该胚胎是通过将标记有红色、绿色和蓝色蛋白质的胚胎干细胞注射到未标记的胚泡中而制成的。(a) 神经胚期孕体。三色标记清晰可见，白框勾勒出一个血岛的轮廓。(b~d) 该血岛的三个切片，表明其多克隆组成。来源：Ueno and Weissman (2010). Int. J. Dev. Biol. 54, 1019–1031.

黄囊细胞无法做到这一点，但从 E10.5 到 E11 及之后，背主动脉区域的细胞可以重新填充宿主血液。在 *VE-Cadherin–Cre x R26R* 小鼠中，进行血液重新填充的细胞就在被标记的细胞群之中，这表明它们起源于内皮起源。定向血液细胞的起源一直存在争议，但目前已有确凿证据表明其起源于中央动脉的内皮。具有产生内皮或血细胞潜能的细胞被称为**成血液血管细胞**（**hemangioblast**），而已经形成的内皮若能产生血液祖细胞，则被称为**生血内皮**（**hemogenic endothelium**）。

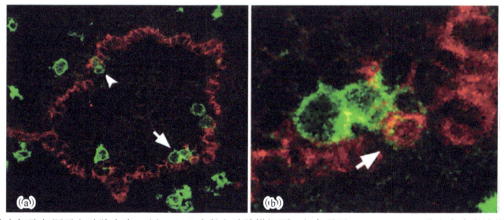

图 17.34　造血细胞起源于主动脉内皮。(a) E11.5 小鼠主动脉横切面。红色显示 PECAM-1，一种由内皮表达的抗原。绿色显示 CD45，一种由血细胞表达的抗原。(b) 更高倍率，箭头所示的细胞同时表达这两种抗原。来源：Taoudi and Medvinsky. (2007). PNAS.104, 9399–9403.

　　转录因子 GATA2 和 RUNX1 是定向造血所必需的，但对原始造血并非必需。敲除 *Gata2* 和 *Runx1* 的小鼠分别会在 E10.5 和 E12.5 时死亡。在这些胚胎中，原始造血功能通常是正常的，但它们的肝脏中不存在定向 HSC。*Runx1* 在所有定向造血细胞群中均有表达，通过在不同时间向 *Runx1–CreER x R26R* 小鼠注射 4-羟基他莫昔芬进行标记的实验表明，定向 HSC 在 E9.5～E10.5 时期形成。这刚好在背主动脉中可见的造血

细胞簇出现之前，也早于能够从该区域获取具有造血重建能力细胞的时间点。多种信号参与调控 *Gata2* 和 *Runx1* 的转录，其中包括 BMP4 和 NOTCH 信号。

Cre 标记实验还证实，在背主动脉、胎儿肝脏和骨髓中发现的定向造血细胞群实际上是相同的细胞，它们在不同的发育阶段从一个部位迁移到另一个部位。关于来自原始血岛的细胞是否参与形成定向造血群体，一直存在相当大的争议。然而，"血液"部分中描述的爪蛙卵裂球标记实验表明，原始造血细胞群体和定向造血细胞群体是在胚胎的不同区域形成的，它们并没有重叠。在小鼠中，一些卵黄囊细胞可以追溯到后期的造血细胞群，但这些细胞可能是在血液循环建立后迁移到卵黄囊的定向造血细胞。

血管

胚胎中血管的从头形成称为**血管发生**（vasculogenesis），而从已有的血管通过出芽（budding）和分支（sprouting）形成新血管称为**血管生成**（angiogenesis）。现有血管也可能分裂形成新血管，这称为血管内套叠（intussusception）。血管发生开始于卵黄囊的胚外中胚层，但随后则在侧板中胚层的脏壁层内进行。轴旁中胚层也会为背主动脉以及与侧板中胚层体壁层相关的血管系统贡献部分细胞。内皮前体细胞（endothelial precursor cell, EPC）在内胚层发出的信号（可能是 BMP 和 Wnt）诱导下产生，并形成扁平的内皮细胞，这些细胞相互连接形成小囊泡。这些小囊泡融合形成血管，构成了胚胎的初始循环系统。这个血管网络通过持续的血管发生，以及血管新生和血管内套叠不断扩展。内皮细胞在整个生命过程中都可以分裂，并且通常在组织重塑过程中存在低水平的生长。在伤口愈合或肿瘤生长过程中，通过细胞分裂和细胞迁移形成新毛细血管的过程可能非常活跃。

关于血管发育生物学的最重要的发现之一是，动脉和静脉的内皮细胞本质上是不同的（**图 17.35**）。当背主动脉和主静脉的主要血管原基出现时，动脉细胞会产生跨膜蛋白 ephrin-B2（EFNB2），而静脉细胞则产生其受体 EphB4。EFNB2 与 EphB4 的结合能够刺激这两种细胞类型产生相应反应。胚胎后期的毛细血管床是由从动脉侧和静脉侧生长来的毛细血管融合形成的，这些分子之间的互补性使得两者能够融合在一起。在缺乏 *Efnb2* 或 *EphB4* 的小鼠中，无法将脉管系统重塑为动脉和静脉。动脉和静脉之间的最初差异被认为取决于来自脊索的 Shh，Shh 信号会上调正在形成的背主动脉区域中血管内皮生长因子（VEGF）基因的表达，进而上调 Notch 通路的相关组分。Notch 及其配体在发育中的动脉中表达，但不在静脉中表达。转录因子 COUP-TFII（也称为 NR2F2）会抑制 Notch 信号转导，敲除该基因的小鼠会出现动脉替代静脉的现象。在斑马鱼中，*mindbomb* 突变体中的 Notch 信号减弱，出现静脉替代动脉的情况。

多种生长因子在促进血管发生和血管生成中发挥着积极作用，尤其是 VEGF、FGF 和血管生成素。VEGF 可促进广泛的分支，这是血管系统的特征。这种分泌信号蛋白刺激一组酪氨酸激酶受体（VEGFR），这些受体与包括 ERK、p38、PI3K 和 PLCγ 在内多个信号通路相连。VEGF 诱导顶端细胞的形成，这些细胞具有高度极化的形态，带有许多丝状伪足，并且每个顶端细胞都能启动一个新的分支。顶端细胞通过激活 Notch 侧向抑制系统（侧向抑制另见第 4 章），抑制相邻内皮柄细胞（stalk cell）形成更多顶端细胞。顶端细胞暴露于 VEGF 会诱导 Notch 配体 Delta4 的表达，从而刺激相邻内皮细胞上的 Notch 信号转导。高水平的 Notch 信号刺激柄细胞的发育，而低水平的 Notch 信号则是顶端细胞形成所需的。因此，VEGF 诱导的 Delta4 表达抑制了额外顶端细胞的形成。

几个世纪以来，解剖学家们一直知道，主要的神经束往往与主要的血管相互伴行。现在人们了解到，它们是通过共同的信号系统相互联系在一起的。这是因为 VEGF 不仅与 VEGFR 结合，还与一种名为 neuropilin（NRP）的共受体结合，NRP 是 semaphorin（Sema3A 和 Sema3F）的受体，而 semaphorin 是神经系统中的轴突导向所必需的。NRP1 在动脉中表达，NRP2 在静脉中表达，同时敲除这两种蛋白质，不仅会导致轴突生长缺陷，还会使血管无法形成。对于神经和血管的生长，VEGF 作为正信号，而 Sema3A 作为负信号，这确保了它们倾向于伴行。此外，神经经常分泌 VEGF，因此可以直接吸引血管生长。

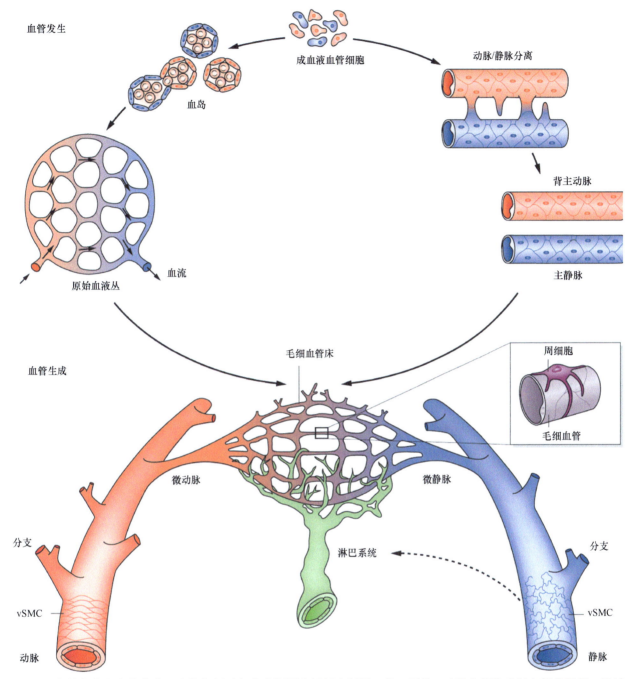

图 17.35　血管发生和血管生成。血管起源于胚外中胚层和侧板中胚层。从一开始，动脉和静脉毛细血管就不同，通过 Eph-ephrin 系统显示出分子互补性。

心脏

　　心脏在人类胚胎学中至关重要，因为高达 1% 的活产婴儿患有心脏发育先天性缺陷。因此，心脏发育已成为一个非常活跃的研究领域。不同脊椎动物类群的心脏起源方式相似，尽管最终的形态相当不同。鱼类的心脏由一个单一肌性管组成，分为静脉窦、心房、心室和流出道。它驱动血液进行单循环，从鳃流经身体器官，再流回心脏。所有脊椎动物胚胎的心脏都存在这些相同的基本区域，不过在哺乳动物中，静脉窦缩小为窦房结。两栖动物有肺，具有独立的肺循环和体循环。两栖动物的心房是分开的，但只有一个心室，这个心室似乎能在某种程度上使两种血流保持相对分离。鸟类和哺乳动物具有完整的双循环系统，右心房接收来自身体各器官的血液，右心室将血液泵至肺部，而左心房接收从肺部返回的血液，左心室将血液输送到身体各器官。

由于双循环只有在肺部发挥功能后才能起作用，因此发育系统已经进化到能够在出生或孵化时进行快速转变。在人类中，胎儿呼吸交换的主要器官是胎盘，胎盘的血液通过脐静脉和下腔静脉回流到右心房。然后，血液穿过**卵圆孔**（**foramen ovale**），即房间隔中的缺口，到达左心室，进而进入体循环。右心室的输出血液也通过肺动脉和主动脉之间的连接，即**动脉导管**（**ductus arteriosus**），并分流到体循环中。出生时，卵圆孔和动脉导管都会闭合，阻止血液从右心房流向左心房，并使右心室的输出血液流经肺部。

心管形成和区域化

鸡和小鼠心脏发育的最早阶段是相似的（图 17.36～图 17.38）。通过 DiI 标记进行的命运图分析表明，生心中胚层起源于原结外侧的上胚层。从这里来的细胞穿过原条的前部 1/3，形成两侧的区域，然后向前移动，在胚胎体轴的两侧形成两条细长的条带。更靠后的部分则形成心外膜和冠状动脉。随着头折形成，未来将发育为心脏的中胚层在其腹前缘周围形成一个新月形结构，称为**心脏新月**（**cardiac crescent**）。多种转录因子基因在此区域表达，包括 *Nkx2.5*（同源域）、*Gata4-6*（锌指）、*Mef2c*（MADS 盒）和 *Tbx5*（T 盒）。在此阶段进行区域的显微手术交换或移除外植体，会导致后期心脏发育缺陷，因此这一阶段被认为是心脏发育的决定时期。虽然目前尚未发现真正调控心脏形成的主控基因，但 *Nkx2.5* 的同源基因 *tinman* 在果蝇中发挥着这样的作用，并且 *Nkx2.5* 在脊椎动物心脏发育中也非常重要。图 17.37 展示了鸡胚中 *Nkx2.5* 的表达模式。小鼠胚胎中的 Cre-lox 标记实验表明，心管的所有层都是由 *Nkx2.5* 阳性细胞形成的。在爪蛙中，研究显示过表达 *Nkx2.5* 会使心脏增大，而 *Nkx2.5* 的显性负性版本则会完全抑制心脏发育。敲除 *Nkx2.5* 的小鼠虽然有心脏，但心脏发育在心脏环化（looping）阶段停滞，且流入道和流出道存在缺陷。

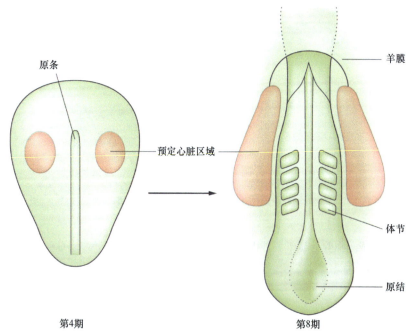

图 17.36 用 DiI 标记绘制的鸡胚胎心脏形成区域命运图。

心脏中胚层由相邻内胚层的信号诱导产生，这些信号包括来自向后移动形成前肠的前肠门（anterior intestinal portal, AIP）的信号。AIP 表达的几种基因也在原结和 ZPA 中表达，因此 AIP 被认为是发育中心脏图式形成的组织中心。移除前部内胚层会导致心脏发育失败，而当该内胚层与心脏正常命运图区域之外的后部中胚层结合时，能够诱导心脏分化。内胚层来源信号的一个重要成分是 BMP2，它在前部内胚层中表达。BMP 至少能在某些异位位置诱导心脏形成，并且应用 BMP 抑制剂 Noggin 会阻止心脏发育。在小鼠中，敲除 *Bmp2* 基因后无法形成心脏。BMP 仅在没有 Wnt 信号的情况下才会诱导心脏形成，而 Wnt 抑制剂

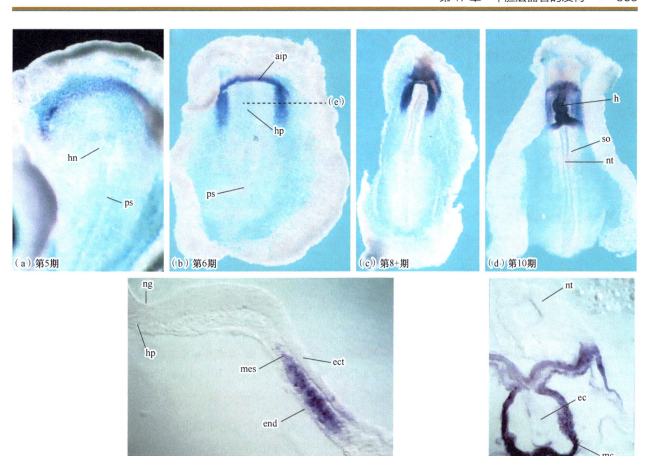

图 17.37　原位杂交显示鸡胚中 *Nkx2.5* 的表达：(a~d) 整体；(e) 第 6 期的横切面，如 (b) 所示；(f) 第 10 期心脏横切面。hn，亨森结；ps，原条；aip，前肠门；hp，头突；h，心脏；so，体节；nt，神经管；ng，神经沟；ec，心内膜；mc，心肌膜；ect，外胚层；mes，中胚层；end，内胚层。来源：Schultheiss et al. (1995). Development. 121. 4203-4214。

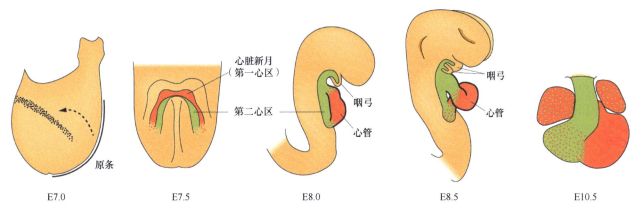

图 17.38　在小鼠胚胎中，来自两侧区域的细胞通过原条 (ps) 迁移，形成心脏新月。两侧在腹中线融合形成心管（红色）。随后细胞从第二心域添加到其中（绿色；参见"心管形成和区域化"部分）。来源：改编自 Rosenthal, N., Harvey, R. P. (Eds.), 2010. Heart Development and Regeneration. Academic Press, London。

（如 Cerberus、DKK1 和 Crescent）可以诱导 *Nkx2.5* 表达。在 Wnt 信号存在的情况下，BMP 会诱导血液和血管系统形成，而非心脏形成。内胚层衍生信号的另一个成分是 FGF8，它也在前部内胚层中表达，只要同时存在 BMP 信号，FGF8 就能诱导中胚层形成心脏。

　　随着头部从胚盘表面抬起，前肠开始形成，左右心脏原基在头部下方朝中线移动（图 17.39）。这种迁移依赖于前部内胚层分泌的纤连蛋白。正常情况下，这两个原基融合形成一个单管结构，这个结构有四层：内部的**心内膜**（**endocardium**）；一层称为心胶质（cardiac jelly）的细胞外基质；形成真正的心肌的**心肌膜**

（**myocardium**）；最终变成薄薄的外围结缔组织鞘膜的**心包膜**（**pericardium**）。在迁移阶段，生心性细胞开始分离成心内膜和心肌膜群。如果迁移过程失败，就会导致**心脏双裂**（**cardia bifida**）这种情况的出现，即会形成两个并排独立的心脏。

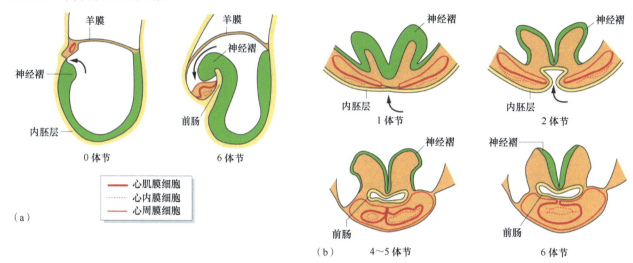

图 17.39　（a）小鼠前部体褶的形成（箭头）使心脏原基处于腹前方位置。（b）早期小鼠心脏的横切面，显示外侧中胚层原基的融合。箭头指示前肠袋的形成。重绘自 Rosenthal, N., Harvey, R. P. （Eds.），2010. Heart Development and Regeneration. Academic Press, London。

在两个心脏原基融合后不久，心管开始进行缓慢地搏动。这种现象在鸡胚的第 11 期、小鼠的 E8.5，以及人类胚胎受精后约 22 天开始出现。这种收缩是分化中的心肌的固有特性，也将在组织或器官培养中独立发生。在体内，心跳随后会由窦房结中的起搏器控制。心管在融合的同时，开始向右弯曲，从而变得不对称。这种现象在所有脊椎动物中都存在，并且依赖于第 10 章中描述的左右不对称系统，该系统的主要共同点是 Nodal 在左侧的表达。最初的不对称会导致各种影响心脏发育的转录因子出现不对称表达。

早期形成的心管并不是完整的心脏，它主要发育形成心房和左心室。随着区域化和环化的进行，更多的组织不断被募集到心管前端，进而形成了大部分右心室和流出道。这些组织来源于所谓的前心区、第二心区或次心区。这些区域的定义略有不同，但它们代表原肠胚形成之前最初位于第一心区内侧的组织，然后是在最初表达 Nkx2.5 的区域之前的组织。它们大体相当于表达 LIM 同源域转录因子基因 Islet1 的区域。尽管 Nkx2.5 被认为与初级（第一）心区相关，而 Islet1 被认为与次级（第二）心区相关，但通过 Cre-lox 标记研究发现，整个心脏原基在某种程度上都表达 Islet1 和 Nkx2.5，而且所有三个主要心脏细胞类型，即心肌细胞、平滑肌细胞和内皮细胞，都是由表达这些基因的祖细胞形成的。

尽管大部分心脏起源于前部中胚层，但**神经嵴**（**neural crest**）细胞也有重要贡献。神经嵴细胞主要进入发育中的流出道，其迁移受到来自周围咽内胚层和第二心区的信号的控制，部分依赖于 T 盒转录因子 TBX1。神经嵴来源的细胞负责形成分隔肺循环和主动脉循环的隔膜，这也是室间隔的一部分（参见"心脏隔膜的发育"部分）。

已发现许多转录因子基因在心脏发育中至关重要。Nkx2.5 和 Islet1 已经在前文提及。其他关键转录因子基因包括：Mef2c，敲除该基因会导致胚胎有严重的心脏缺陷，造成早期死亡；Coup-tfII，是心房形成所必需的；dHand，对右心室的形成至关重要；eHand，在正在形成的左心室中表达，由于为胎盘所需，其敲除是早期致死的；Tbx5，其表达通常从后到前形成梯度，其敲除小鼠仅具有残余的心房。

心脏隔膜的发育

在人类胚胎心脏发育中，一个研究得极为透彻的方面，是简单的早期心管如何转变为具有左右分离循环的四腔心脏（**图 17.40**）。这涉及环化、不对称生长、血管插入部位的移动，以及最重要的是形成内部的隔膜来分隔管腔。最近，小鼠遗传学研究和鸡胚器官培养实验进一步丰富了这方面的认识。

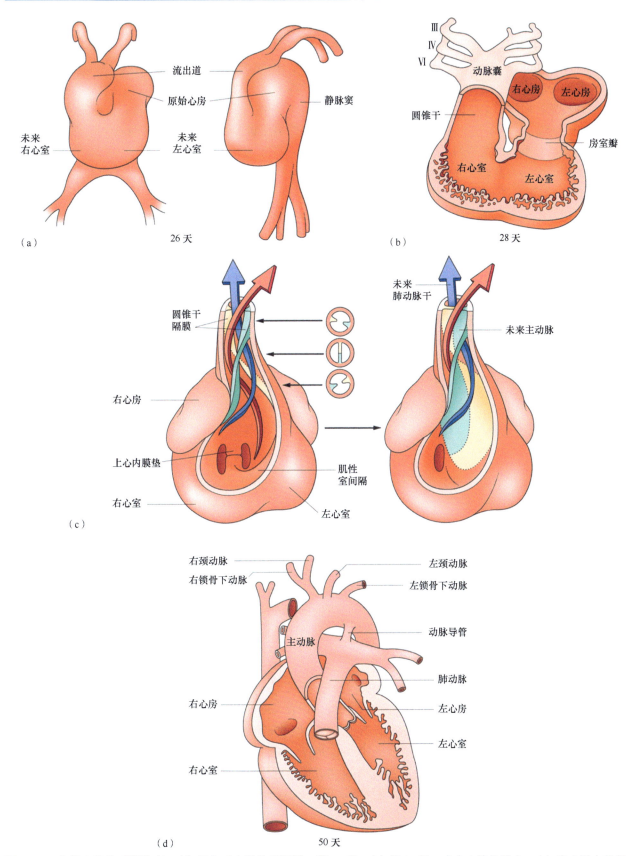

图 17.40　人类心脏的后期发育。(a) 环化后心脏外部视图，第 26 天。(b) 第 28 天，未来心腔的排布。(c) 流出道中纵行隔膜的形成。(d) 50 天人类胚胎的心脏。四个心腔和主要血管均已形成。来源：(a) and (c) 自 Larsen, W. J., 1993. Human Embryology, Churchill Livingstone Inc., New York。(b) and (d) 自 Srivastava, D., 2006. Cell. 126, 1037-1048。

首先，心管的环化将心房带到前方，将心室带到后方（图 17.40a）。随后，主静脉的插入位置发生改变，使其进入心房的右侧，同时一条新的肺静脉从心房的左侧萌芽长出。此时，在房室交界处会出现四个**心内膜垫**（endocardial cushion）。心内膜垫由心内膜通过上皮-间充质转换产生，在此过程中，细胞侵入富含透明质酸的心胶膜。上皮-间充质转换是由来自心肌的 TGFβ 信号诱导的。这方面的证据是，添加 TGFβ 会引发这种转换，而添加 TGFβ 抑制剂则会阻止这种转换。心内膜垫朝着彼此生长，超过心管的中心并融合，从而将心房与心室分隔开。心房和心室通过右侧和左侧的**房室管**（atrioventricular canal）保持连接，房室瓣将在房室管中形成：左侧为二尖瓣（bicuspid 或 mitral），右侧为三尖瓣（tricuspid）。在心房内部，两个房间隔向下生长至与心室的交界处，将左心房和右心房分隔开。这些房间隔上有开口，这些开口会形成卵圆孔（foramen ovale），卵圆孔是一种在出生前允许血液从右心房流向左心房的瓣膜。

最初，原始心房仅与未来的左心室相连，而未来的右心室则与整个流出道相连。在房室管形成期间，会发生重塑，使现在的右心房和左心房与相应的右、左心室对齐（图 17.40b）。与此同时，流出道与未来的心室呈对称性排列。此时，一个肌性**室间隔**（ventricular septum）从下方的心室壁向心内膜垫生长，将左右心室分开。这一过程是由 TBX 转录因子控制的，在鸡胚相应时期进行的一些实验证明了这一点。正常情况下，*Tbx5* 在左心室表达，*Tbx20* 在右心室表达。如果将 *Tbx5* 通过电穿孔导入右侧区域，它将抑制 *Tbx20* 的表达，并且在交界处形成室间隔。与此同时，流出道中会出现纵行的**圆锥干隆起**（truncoconal swelling），这些隆起相向生长，最终将肺动脉与主动脉分隔开（图 17.40c）。

所有这些内向生长的结构部分，包括房间隔、室间隔和流出道的隔膜，最终会合，使心脏完全分隔为两个循环系统。鸡胚中的这个过程与哺乳动物基本相似，只是鸡只有一个房间隔，且房间隔上有许多小孔，而非一个大的开口。

出生后心脏

在小鼠中，心脏的心肌细胞在出生时大部分已停止分裂。在出生后第 1 周，会进行另一轮 DNA 合成，随后进行核分裂，但细胞不分裂，这使得大部分心肌细胞变为双核。刚出生后，无论是因外伤还是冠状动脉结扎导致的小鼠心脏损伤，都可以通过心肌细胞的分裂实现再生。但在出生 1 周或更长时间后，心脏损伤会导致永久性瘢痕形成，而非心肌再生。在人类心脏中也是如此，尽管有证据表明存在极低水平的细胞更新（见第 20 章）。

在鱼类和两栖动物中，成年个体的心尖经手术切除后可以完全再生。对斑马鱼的研究表明，心外膜释放的视黄酸是再生的信号，新的心肌由靠近心外膜的一群心肌细胞补充。

先天性心脏缺陷

先天性心脏缺陷是新生儿中最常见的先天性畸形之一，发病率为每 1000 例出生婴儿中有 8～10 例。此外，约 30% 的产前死亡是由心脏缺陷导致的。室间隔缺损（ventricular septal defect, VSD）是最常见的先天性心脏缺陷，几乎占所有心脏缺陷的 25%。其他主要心脏缺陷包括动脉导管未闭（patent ductus arteriosus）、肺动脉狭窄（pulmonary stenosis）、法洛四联症（tetralogy of Fallot，即室间隔缺损 + 肺动脉狭窄 + 主动脉向右侧心室移位 + 右心室扩张；其中右心室扩张是由其他问题引发的继发症状）、主动脉缩窄（coarctation of aorta）、主动脉狭窄（aortic stenosis）和房室间隔缺损（atrioventricular septal defect）。房间隔缺损的特征是卵圆孔持续开放，使得血液能够从左心房流向右心房。

随着对心脏发育的了解不断加深，现在至少可以用编码各种心脏转录因子的基因突变来解释部分先天性人类心脏缺陷。需要注意的是，敲除这些基因的小鼠大多在胚胎阶段死亡，而杂合子小鼠却通常看起来是正常的。相比之下，在人类遗传学中，许多先天性心脏问题与这些相同的基因的杂合子有关，这些突变是显性的，并且是单倍剂量不足的。换句话说，一个能够存活但存在缺陷的心脏可能是由于正常基因剂量减半而产生的。因此，尽管小鼠突变体对于理解心脏发育至关重要，但它们并不一定能非常准确地模拟人类的情况。

　　以下是一些例子：人类 NKX2.5 基因的突变与多种不同的心脏缺陷相关，包括心管环化缺陷、传导系统缺陷、房间隔缺陷、三尖瓣缺陷和法洛四联症。如"肢的决定"部分所述，TBX5 突变会导致 Holt-Oram 综合征，该综合征值得注意，因为它涉及心脏和上肢的缺陷（TBX5 在上肢发育中也起着重要作用）。编码转录因子 AP2 的基因突变与主动脉和肺动脉之间的动脉导管未闭有关。Notch 系统参与分隔和重塑形成主要血管的过程，可以从 Alagille 综合征中明显地看出，该综合征涉及 Notch 配体 JAGGED1 基因的一个拷贝的缺失，并且与法洛四联症、肺动脉狭窄和胆道闭锁相关。

　　DiGeorge 综合征是一种由 22 号染色体缺失引起的复杂病症，该染色体缺失区域包括 45 个或更多基因。其中一个基因是 TBX1，它是神经嵴细胞正确迁移到心脏流出道所间接需要的，这种神经嵴细胞的缺乏被认为是该综合征有心脏方面症状的原因。

经典实验

体节发生和肌发生

　　Cooke 和 Zeeman 在他们的第一篇论文中首次提出了基于时钟机制的体节发生模型，但在当时该模型基本上被忽视了。直到许多年后，体节振荡器才被发现（第二篇论文）。

　　与此同时，转录因子中首个"主控因子"MyoD 的发现推动了人们对体节细胞分化的理解，MyoD 能够对其他细胞类型进行重编程，使其转变为肌肉细胞（第三篇论文）。

Cooke, J. & Zeeman, E.C. (1976) A clock and wave front model for control of the number of repeated structures during animal morphogenesis. *Journal of Theoretical Biology* **58**, 455–476.

Palmeirim, I., Henrique, D., Ish-Horowicz, D. et al. (1997) Avian hairy gene expression identifies a molecular clock linked to vertebrate segmentation and somitogenesis. *Cell* **91**, 639–648.

Davis, R.L., Weintraub, H. & Lassar, A.B. (1987) Expression of a single transfected cDNA converts fibroblasts to myoblasts. *Cell* **51**, 987–1000.

经典实验

哺乳动物的性别决定

　　自从性染色体被发现以来，人们就知道拥有 Y 染色体是雄性的必要条件，因为 XO 染色体组成的人类个体为女性，而具有一条 Y 染色体和多条 X 染色体的个体则为男性。但也有极少数表面上是 XX 染色体组成的个体实际上是男性。这是因为他们发生了性别决定基因从 Y 染色体易位到 X 染色体的情况。相反，也有极少数表面上是 XY 染色体组成的个体实际上是女性，这是因为他们的 Y 染色体上缺失了性别决定基因。通过对这些特殊案例的 DNA 应用定位克隆技术，人们发现了 Sry 基因。对小鼠的研究表明，该基因在正确的位置表达，并且人类的 Sry 基因能够使基因层面为雌性的小鼠雄性化。

Gubbay, J., Collignon, J., Koopman, P. et al. (1990) A gene-mapping to the sex-determining region of the mouse Y-chromosome is a member of a novel family of embryonically expressed genes. *Nature* **346**, 245–250.

Koopman, P., Munsterberg, A., Capel, B. et al. (1990) Expression of a candidate sex-determining gene during mouse testis differentiation. *Nature* **348**, 450–452.

Sinclair, A.H., Berta, P., Palmer, M.S. et al. (1990) A gene from the human sex-determining region encodes a protein with homology to a conserved DNA-binding motif. *Nature* **346**, 240–244.

Koopman, P., Gubbay, J., Vivian, N. et al. (1991) Male development of chromosomally female mice transgenic for sry. *Nature* **351**, 117–121.

经典实验

肢的极性活性区

ZPA 是发育生物学经典的诱导信号中心之一。前–后重新特化是首次由 J.W. Saunders 在对鸡胚肢芽进行顶端旋转实验中描述的。但将这种效应解释为梯度形态发生素的是 Tickle 等人在以下论文中的第一篇中提出的。在第二篇论文中，她们提出视黄酸可能是一种形态发生素候选物质。但在第三篇论文中，真正的形态发生素被证明是 Sonic hedgehog。

Tickle, C., Summerbell, D. & Wolpert, L. (1975) Positional signalling and specification of digits in chick limb morphogenesis. *Nature* **254**, 199–202.

Tickle, C., Alberts, B., Wolpert, L. et al. (1982) Local application of retinoic acid to the limb bond mimics the action of the polarizing region. *Nature* **296**, 564–566.

Riddle, R.D., Johnson, R.L., Laufer, E. et al. (1993) Sonic-hedgehog mediates the polarizing activity of the ZPA. *Cell* **75**, 1401–1416.

新的研究方向

许多器官发生的研究都是出于实际的医学目的。在心脏发育方面，分离心脏祖细胞显然是一个重要的研究方向，这些细胞有可能被扩增，并用于对受损心脏的细胞治疗。肾脏的研究也是如此，目前肾脏移植器官严重短缺，如果能够再生受损的肾脏器官，那将具有非常重要的价值。

了解动脉和静脉之间的分子差异对于组织工程来说应该非常重要。如果没有血管供应，就不可能创造出真正的人工器官，而在毛细血管床形成过程中起作用的分子识别原理对于实现这一点至关重要。

对生殖细胞发育有更深入的理解，最终应该能够成功地保存和使来自儿童或年轻人的未成熟生殖细胞成熟。如果这些个体要接受癌症治疗，这一点就尤为重要，因为保存下来的细胞可以在治疗后重新移植回去，以恢复生育能力。

要点速记

- 脊椎动物的体节按照从前到后的顺序出现，由 FGF 从后到前的梯度控制。每个体节中的细胞数量由一个基于 Hes/Her 家族 bHLH 转录因子转录的、反馈抑制的振荡器控制。
- 体节会响应周围组织的诱导信号，分化成不同区域，进而形成肌肉、椎骨和真皮。
- 肌肉分化由 MyoD 群组的 bHLH 转录因子驱动。单个成肌细胞融合形成多核肌纤维。尽管肌纤维处于有丝分裂后状态，但与其相关联的卫星细胞可以分裂并促进肌肉生长。
- 高等脊椎动物中的功能性肾脏是后肾。后肾是由肾管的输尿管芽和后肾间充质之间的相互作用形成的。间充质通过 GDNF 信号促使输尿管芽分支，而输尿管芽则通过包括 Wnt9b 和 LIF 在内的信号诱导间充质形成肾小管。
- 哺乳动物的生殖细胞是由胚外外胚层的 BMP 从卵柱上胚层诱导产生的；然后它们迁移到尿囊基部，绕过后肠，并沿着肠系膜向上迁移到生殖嵴。
- 性腺从生殖嵴发育而来。在雄性中，SRY 蛋白上调 *Sox9*，后者控制着雄性发育所需的一系列基因，包括抑制米勒管和激活睾丸间质细胞产生睾酮所需的基因。雌性没有 *Sry* 基因，因此不会出现雄性发育途径。相反，米勒管会保留下来并发育成为雌性生殖道。
- 肢芽起源于侧翼的体壁中胚层，其位置受 Hox 基因表达域控制。肢芽形成需要 Wnt 信号、FGF 信号和 T-box 转录因子（Tbx5 或 Tbx4）的表达。

- 肢芽在三个维度上都是不对称的，需要三种信号来控制其图式的形成。一种信号与顶端外胚层嵴（AER）的 FGF 相关；一种是来自极性活性区（ZPA）的 Shh；一种是来自背部表皮的 Wnt7a。Shh 和 Wnt7a 都有助于维持顶嵴中的 FGF 表达，从而建立起一种相互反馈系统。
- 原始造血导致胚胎红细胞的形成，在哺乳动物中发生于卵黄囊，在低等脊椎动物中则发生于同源的腹侧中胚层中。定向造血会导致成体血液和免疫系统的形成，它从背主动脉和其他中央动脉的内皮开始。随后，造血祖细胞迁移到胎儿肝脏，最终迁移到骨髓。
- 血管最初形成于侧板中胚层（血管发生），后期则通过已有血管的生长形成（血管生成）。血管内皮生长因子（VEGF）是血管生成的关键信号。动脉和静脉在各种受体和黏附分子的表达方面存在差异，这种互补性对于毛细血管床的发育至关重要。
- 心脏最初表现为双侧的中胚层原基，它们在中线融合形成一个简单的管道。神经嵴细胞对流出道的形成有一定贡献。高等脊椎动物的四腔心脏是由这个简单的心管通过形成各种隔膜，同时重塑心管的比例以及主要血管插入部位而形成的。许多人类心脏缺陷都归因于与心脏发育相关基因的特定突变。

拓展阅读

体节发生

Burke, A.C., Nelson, C.E., Morgan, B.A. et al. (1995) Hox genes and the evolution of vertebrate axial morphology. *Development* **121**, 333–346.

Christ, B., Huang, R. & Wilting, J. (2000) The development of the avian vertebral column. *Anatomy and Embryology* **202**, 179–194.

Brent, A.E. & Tabin, C.J. (2002) Developmental regulation of somite derivatives: muscle, cartilage and tendon. *Current Opinion in Genetics and Development* **12**, 548–557.

Giudicelli, F. & Lewis, J. (2004) The vertebrate segmentation clock. *Current Opinion in Genetics and Development* **14**, 407–414.

Christ, B., Huang, R. & Scaal, M. (2007) Amniote somite derivatives. *Developmental Dynamics* **236**, 2382–2396.

Hubaud, A. & Pourquie, O. (2014) Signalling dynamics in vertebrate segmentation. *Nature Reviews Molecular Cell Biology* **15**, 709–721.

Stern, C.D. & Piatkowska, A.M. (2015) Multiple roles of timing in somite formation. *Seminars in Cell & Developmental Biology* **42**, 134–139.

肌发生

Rudnicki, M.A. & Jaenisch, R. (1995) The MyoD family of transcription factors and skeletal myogenesis. *Bioessays* **17**, 203–209.

Buckingham, M. & Relaix, F. (2007) The role of Pax genes in the development of tissues and organs: Pax3 and Pax7 regulate muscle progenitor cell functions. *Annual Review of Cell and Developmental Biology* **23**, 645–673.

Bryson-Richardson, R.J. & Currie, P.D. (2008) The genetics of vertebrate myogenesis. *Nature Reviews Genetics* **9**, 632–646.

Demonbreun, A.R., Biersmith, B.H. & McNally, E.M. (2015) Membrane fusion in muscle development and repair. *Seminars in Cell & Developmental Biology* **45**, 48–56.

Fan, C.-M., Li, L., Rozo, M.E. et al. (2012) Making skeletal muscle from progenitor and stem cells: development versus regeneration. *WIREs Developmental Biology* **1**, 315–327.

Zammit, P.S. (2017) Function of the myogenic regulatory factors Myf5, MyoD, Myogenin and MRF4 in skeletal muscle, satellite cells and regenerative myogenesis. *Seminars in Cell & Developmental Biology* **72**, 19–32.

Sampath, S.C., Sampath, S.C. & Millay, D.P. (2018) Myoblast fusion confusion: the resolution begins. *Skeletal Muscle* **8**, 3.

Lehka, L., Rędowicz, M. J., 2020. Mechanisms regulating myoblast fusion: A multilevel interplay. *Seminars in Cell & Developmental Biology* **104**, 81–92.

肾脏

Shah, M.M., Sampogna, R.V., Sakurai, H. et al. (2004) Branching morphogenesis and kidney disease. *Development* **131**, 1449–1462.

Dressler, G.R. (2006) The cellular basis of kidney development. *Annual Review of Cell and Developmental Biology* **22**, 509–529.

Costantini, F. & Kopan, R. (2010) Patterning a complex organ: branching morphogenesis and nephron segmentation in kidney development. *Developmental Cell* **18**, 698–712.

Little, M.H. (2015) Improving our resolution of kidney morphogenesis across time and space. *Current Opinion in Genetics & Development* **32**, 135–143.

Davidson, A.J., Lewis, P., Przepiorski, A. et al. (2019) Turning mesoderm into kidney. *Seminars in Cell & Developmental Biology* **91**, 86–93.

生殖细胞、性腺及性别决定

Matova, N. & Cooley, L. (2001) Comparative aspects of animal oogenesis. *Developmental Biology* **231**, 291–320.

McLaren, A. (2003) Primordial germ cells in the mouse. *Developmental Biology* **262**, 1–15.

Durcova-Hills, G. & Capel, B. (2008) Development of germ cells in the mouse. *Current Topics in Developmental Biology* **83**, 185–212.

DeFalco, T. & Capel, B. (2009) Gonad morphogenesis in vertebrates: divergent means to a convergent end. *Annual Review of Cell and Developmental Biology* **25**, 457–482.

Sekido, R. & Lovell-Badge, R. (2009) Sex determination and SRY: down to a wink and a nudge? *Trends in Genetics* **25**, 19–29.

Kashimada, K. & Koopman, P. (2010) Sry: the master switch in mammalian sex determination. *Development* **137**, 3921–3930.

Saitou, M. & Yamaji, M. (2012) Primordial germ cells in mice. *Cold Spring Harbor Perspectives in Biology* **4**, a008375.

Magnúsdóttir, E. & Surani, M.A. (2014) How to make a primordial germ cell. *Development* **141**, 245–252.

Lin, Y.-T. & Capel, B. (2015) Cell fate commitment during mammalian sex determination. *Current Opinion in Genetics & Development* **32**, 144–152.

Capel, B. (2017) Vertebrate sex determination: evolutionary plasticity of a fundamental switch. *Nature Reviews Genetics* **18**, 675–689.

Kobayashi, T. & Surani, M.A. (2018) On the origin of the human germline. *Development* **145**, dev150433.

Stévant, I. & Nef, S. (2019) Genetic control of gonadal sex determination and development. *Trends in Genetics* **35**, 346–358.

肢发育

Capdevila, J. & Izpisúa-Belmonte, J.C. (2001) Patterning mechanisms controlling vertebrate limb development. *Annual Reviews of Cell and Developmental Biology* **17**, 87–132.

Christ, B. & Brand-Saberi, B. (2002) Limb muscle development. *International Journal of Developmental Biology* **46**, 905–914.

Arques, C.G., Doohan, R., Sharpe, J. et al. (2007) Cell tracing reveals a dorsoventral lineage restriction plane in the mouse limb bud mesenchyme. *Development* **134**, 3713–3722.

Sato, K., Koizumi, Y., Takahashi, M. et al. (2007) Specification of cell fate along the proximal-distal axis in the developing chick limb bud. *Development* **134**, 1397–1406.

Towers, M. & Tickle, C. (2009) Growing models of vertebrate limb development. *Development* **136**, 179–190.

Tickle, C. & Barker, H. (2013) The Sonic hedgehog gradient in the developing limb. *WIREs Developmental Biology* **2**, 275–290.

Raspopovic, J., Marcon, L., Russo, L. et al. (2014) Digit patterning is controlled by a Bmp-Sox9-Wnt Turing network modulated by morphogen gradients. *Science* **345**, 566–570.

Nishimoto, S. & Logan, M.P.O. (2016) Subdivision of the lateral plate mesoderm and specification of the forelimb and hindlimb forming domains. *Seminars in Cell & Developmental Biology* **49**, 102–108.

Petit, F., Sears, K.E. & Ahituv, N. (2017) Limb development: a paradigm of gene regulation. *Nature Reviews Genetics* **18**, 245–258.

McQueen, C., Towers, M., 2020. Establishing the pattern of the vertebrate limb. *Development* **147**, dev177956.

血液和血管

Adams, R.H. (2003) Molecular control of arterial-venous blood vessel identity. *Journal of Anatomy* **202**, 105–112.

Ciau-Uitz, A., Liu, F. & Patient, R. (2010) Genetic control of hematopoietic development in Xenopus and zebrafish. *International*

Journal of Developmental Biology **54**, 1139–1149.

Palis, J., Malik, J., McGrath, K.E. et al.（2010）Primitive erythropoiesis in the mammalian embryo. *International Journal of Developmental Biology* **54**, 1011–1018.

Medvinsky, A., Rybtsov, S. & Taoudi, S.（2011）Embryonic origin of the adult hematopoietic system: advances and questions. *Development* **138**, 1017–1031.

Adamo, L. & García-Cardeña, G.（2012）The vascular origin of hematopoietic cells. *Developmental Biology* **362**, 1–10.

Marcelo, K.L., Goldie, L.C. & Hirschi, K.K.（2013）Regulation of endothelial cell differentiation and specification. *Circulation Research* **112**, 1272–1287.

Charpentier, M.S. & Conlon, F.L.（2014）Cellular and molecular mechanisms underlying blood vessel lumen formation. *Bioessays* **36**, 251–259.

Gomez Perdiguero, E., Klapproth, K., Schulz, C. et al.（2015）Tissue-resident macrophages originate from yolk-sac-derived erythro-myeloid progenitors. *Nature* **518**, 547–551.

Dzierzak, E. & Bigas, A.（2018）Blood development: hematopoietic stem cell dependence and independence. *Cell Stem Cell* **22**, 639–651.

心脏

Rosenthal, N. & Harvey, R.P., eds.（2010）*Heart Development and Regeneration*, 2 vols. London: Academic Press.

Harvey, R.P.（2002）Patterning the vertebrate heart. *Nature Reviews Genetics* **3**, 544–556.

Brand, T.（2003）Heart development: molecular insights into cardiac specification and early morphogenesis. *Developmental Biology* **258**, 1–19.

Buckingham, M., Meilhac, S. & Zaffran, S.（2005）Building the mammalian heart from two sources of myocardial cells. *Nature Reviews Genetics* **6**, 826–837.

Srivastava, D.（2006）Making or breaking the heart: from lineage determination to morphogenesis. *Cell* **126**, 1037–1048.

Olson, E.N.（2006）Gene regulatory networks in the evolution and development of the heart. *Science* **313**, 1922–1927.

Abu-Issa, R. & Kirby, M.L.（2007）Heart field: from mesoderm to heart tube. *Annual Review of Cell and Developmental Biology* **23**, 45–68.

Dyer, L.A. & Kirby, M.L.（2009）The role of secondary heart field in cardiac development. *Developmental Biology* **336**, 137–144.

Anderson, C., Khan, M.A.F., Wong, F. et al.（2016）A strategy to discover new organizers identifies a putative heart organizer. *Nature Communications* **7**, 12656.

Rubin, N., Harrison, M.R., Krainock, M. et al.（2016）Recent advancements in understanding endogenous heart regeneration – insights from adult zebrafish and neonatal mice. *Seminars in Cell & Developmental Biology* **58**, 34–40.

Prummel, K. D., Nieuwenhuize, S., Mosimann, C., 2020. The lateral plate mesoderm. *Development* **147**, dev175059.

第 18 章

内胚层器官的发育

内胚层是原肠胚形成过程中形成的三个胚层中最内部的胚层。它形成肠道的上皮衬里及肠道衍生物，包括肝脏、胰腺和呼吸系统。这些器官的外层，由平滑肌、结缔组织和血管组成，是由**脏壁中胚层**（**splanchnic mesoderm**）形成的。脏壁中胚层是**体腔**（**coelomic**）形成后的侧板中胚层的内侧部分。正如体壁中胚层和表皮的组合被称为**胚体壁**（**somatopleure**）一样，脏壁中胚层和内胚层的组合称为**胚脏壁**（**splanchnopleure**）。

正常发育

羊膜动物肠管的形成

在鸡的胚盘中，上胚层位于一层被称为**下胚层**（**hypoblast**）的胚外内胚层之上（见第 10 章）。**定型内胚层**（**definitive endoderm**）是在原肠胚形成过程中，由穿过原条的上胚层细胞形成的，这些细胞将下胚层细胞推移到胚盘的外围。随着胚盘的生长，它向腹侧折叠，这首先在前部随着头褶的形成而显现（**图 18.1**）。头褶将心脏带入胸腔，形成一个前部内胚层管道，这个管道随后成为**前肠**（**foregut**）。这个管道在**前肠门**（**anterior intestinal portal**）处与中肠相连，此时中肠仍然是一片扁平的细胞层。稍后，在后部发生了类似的过程，并形成**后肠**（**hindgut**），中肠和后肠之间的交界处则是**后肠门**（**posterior intestinal portal**）。在第三天开始时，前肠的腹侧与其相邻的表皮融合而形成口，后部则形成**泄殖腔**（**cloaca**）。泄殖腔是消化道、泌尿道和生殖道的一个共用开口，鸟类和爬行动物保留了这种结构，但在胎盘哺乳动物中，泄殖腔被分为两个

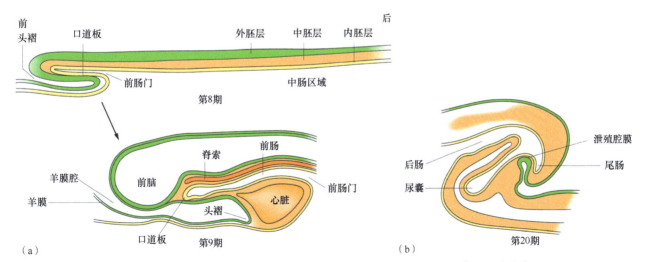

图 18.1　鸡胚前肠和后肠的形成。（a）头褶和前肠的形成。（b）后肠的形成（后期）。来源：改编自 Bellairs and Osmond（1998）. The Atlas of Chick Development. Academic Press, London & San Diego.

或三个开口。

生长与形态发生运动增加了胚胎四肢的大小，使得开放的内胚层剩余区域迅速缩小。到第 4 天时，这个区域缩小成一条连接中肠和卵黄团的**卵黄肠管**（**vitellointestinal duct**）。随着肠道的闭合，左右脏壁中胚层融合形成背侧和腹侧的肠系膜（图 18.2a、b）。背侧肠系膜保留下来，并将成熟的肠道固定在后腹壁上，而腹侧肠系膜除了在心脏、肝脏和泄殖腔附近外都消失了。随着这一过程的继续，表皮和中胚层在肠道周围闭合，形成腹侧体壁（图 18.2c）。最终，除了脐管外，腹体壁完全形成，脐管是连接胚胎外组织的通道，包裹着卵黄肠管、卵黄血管和**尿囊**（**allantois**）。尿囊是后肠向腹侧的突起（图 18.1b），从第二天起，它从胚胎中生长出来，并进入羊膜腔。在这里，它与绒毛膜融合形成**尿囊绒膜**（**chorioallantoic membrane**，见图 10.7）。这是一种富含血管的膜，在打开晚期胚胎的蛋壳时即刻可见，并且在孵化前它是一个重要的呼吸器官。尿囊的柄和血管并入脐管。经过大约 4 天的孵育，鸡的肠道已经完全形成管状，并开始了不对称性的盘绕，这一过程由第 10 章中描述的左右不对称系统所控制。此时，肠道在各种器官原基的形状和大小方面也开始呈现出一些区域模式（图 18.3）。关于尿囊，需要注意的是，与鸡或人类不同，小鼠的尿囊仅由中胚层组成。

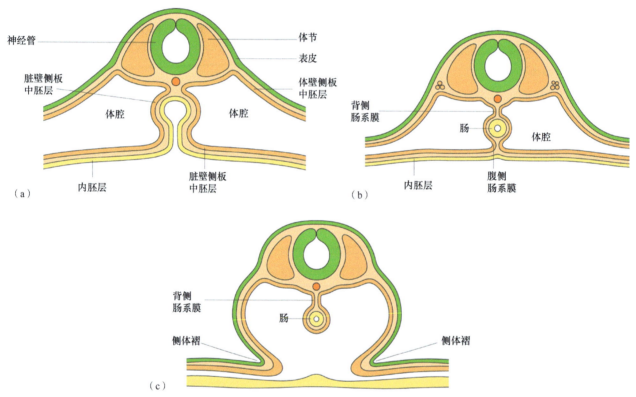

图 18.2　鸡胚中肠道的围合和身体腹侧的闭合。（a~c）孵育 3 天时中肠和后肠水平之间的横截面。来源：改编自 Bellairs, R., Osmond, M., 1998. The Atlas of Chick Development. Academic Press, London & San Diego。

其他羊膜动物肠道生成的过程，以及肠道的整体结构，与鸡非常相似。在小鼠中，定型内胚层最初是卵柱外侧的一条腹侧组织带，与脏壁内胚层交界。在第 11 章中描述的"转向"过程的帮助下，定型内胚层以类似于鸡的方式形成前肠和后肠囊。小鼠胚胎的尿囊也对胎盘形成有贡献，不过，如上所述，它仅由中胚层组成。

肠管的组织

在咽部区域形成**咽囊**（**pharyngeal pouch**），它们与由表面外胚层（第 16 章）形成的鳃弓（也称为咽弓）对应排列。咽囊与一排分节排列的内胚层外突相关，在某些物种中，可能还另有一个或两个退化的咽囊

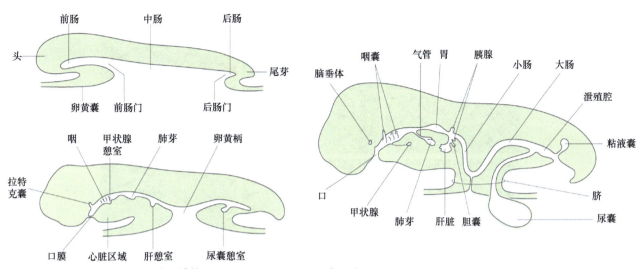

图 18.3　羊膜动物胚胎中肠道区域的形成。来源：Hildebrand（1995）. *Analysis of Vertebrate Structure*, 4th edn., © 1995 John Wiley & Sons。

（图 18.4）。第一对咽囊的芽形成中耳和咽鼓管的腔，而第一对和第二对咽囊之间的腹侧中线形成甲状腺。第三对和第四对咽囊形成胸腺和甲状旁腺，第五对形成末鳃体。在哺乳动物中，第二对咽囊形成扁桃体。喉气管沟在腹中线形成，与第四对咽囊相对，随后内陷形成气管。气管产生成对的初级支气管芽，这些芽会反复分支，产生肺部的呼吸道树。咽的底部大部分变成了舌，舌主要由来自头部中胚层的肌肉组成。

肠管的区域分化如图 18.5 所示。按前–后顺序，首先是咽区，然后是食管，食管最初衬有柱状上皮，后来内衬复层鳞状上皮。接下来是胃，胃的上皮变成腺上皮，并特化分泌盐酸和胃蛋白酶。胃的出口处是幽门括约肌，通向小肠，小肠上皮在胚胎期呈柱状，但在发育成熟时会分化为第 20 章中所描述的隐窝和绒毛结构（图 18.6）。在成熟的动物中，食管和胃以及胃和肠之间的连接处，是身体中极少数上皮细胞类型有明显不连续性的部位之一，这种不连续性是由同一片细胞层原位产生的。

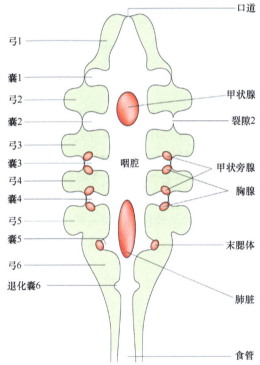

图 18.4　鸡胚咽部内胚层**凸生物**的位置。

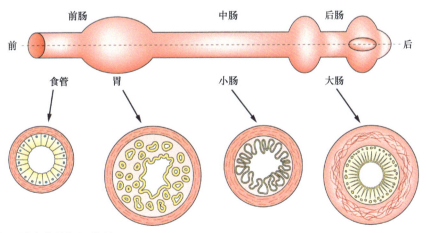

图 18.5　鸡胚肠管各区域产生的组织类型。

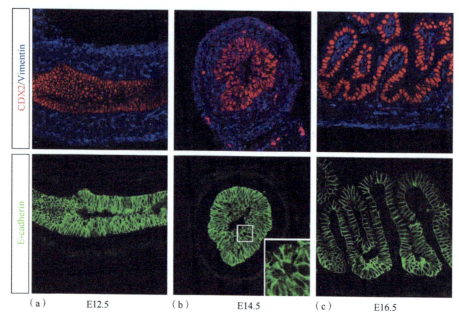

图 18.6　小鼠肠道的发育。红色是转录因子 CDX2 的免疫染色，该转录因子编码肠道特征；蓝色是 Vimentin，代表间充质；绿色为 E-cadherin，是上皮细胞特有的细胞黏附分子。(a) 最初，肠道是一个由间充质包围的简单柱状上皮管。(b) 多层上皮。(c) 上皮开始分化形成隐窝和绒毛的图式。来源：Spence et al. (2011). Dev. Dyn. 240, 501–520，经 John Wiley & Sons Ltd 许可。

小肠的第一段称为十二指肠，它形成一个环，肝脏和胰腺附着在这个环上。肝脏是内胚层上皮的腹侧凸生物，在前肠的这一部分形成后不久，它就会扩展到相邻的腹侧肠系膜中。哺乳动物中，中胚层的这个区域被称为**横隔（septum transversum）**。胰腺由一个大的背侧胰芽和一个小的腹侧胰芽（鸡中为一对腹侧胰芽）发育而来，在后期发育过程中，这些芽相互靠近并融合形成一个单一的器官。腹侧胰腺与肝脏紧密相连，腹侧胰管与肝管融合形成胆总管。小肠更靠后的部分称为空肠和回肠。小肠和大肠（或结肠）之间的连接处的标志物是被称为盲肠的突起，盲肠是内衬肠上皮的盲端囊性结构。成熟的大肠上皮与小肠类似，但隐窝中没有绒毛，也没有潘氏细胞（见第 20 章）。在后端，大肠变成直肠，在哺乳动物中，直肠通过肛门括约肌与外界相连。

在成熟的肠道中，前肠、中肠和后肠这些术语仍然被使用，但它们不再与前肠门和后肠门所包围的肠道节段相关，因为在肠管形成过程中，前、后肠门的边界是变化的。按照惯例，后期的**前肠（foregut）**被认为一直延伸至胰腺和肝脏，而**中肠（midgut）**则延伸至小肠和大肠的交界处。

这些描述适用于大多数羊膜脊椎动物，但实验工作主要是在鸡和小鼠上进行的，而它们并不完全相同。以下是一个清单，用以记录它们之间的差异：

1. 小鼠在第二个咽囊中有扁桃体；鸡没有。
2. 小鼠将末腮体并入甲状腺，成为 C（降钙素）细胞；鸡中末腮体与甲状腺分开。
3. 小鼠肺部有肺泡；鸡的肺有相互吻合的通道，通向远端的大气囊。
4. 鸡的食管有一个特化的嗉囊；小鼠没有嗉囊。
5. 鸡的胃分为腺体性**前胃（proventriculus）**和肌性的**砂囊（gizzard，肌胃）**；小鼠没有砂囊。
6. 小鼠胚胎的肝脏是一个主要的造血器官，鸡的肝脏不是。
7. 鸡有成对的腹侧胰芽；小鼠有一个。
8. 小鼠在小肠和大肠之间有一个较大的盲肠；鸡有两个小的盲肠。
9. 鸡在泄殖腔附近有一个产生 B 淋巴细胞的法氏囊；小鼠没有。
10. 鸡有泄殖腔；小鼠有独立的泌尿、生殖和消化道。

内胚层的命运图

在鸡中，已通过多种方法对内胚层进行命运图构建，包括**原位移植**（**orthotopic grafting**）鹌鹑组织和小剂量细胞外 **DiI** 注射，然后对整个胚胎进行体外培养，直至肠管闭合。在小鼠和爪蛙中也开展了类似的研究。正如预期的那样，内胚层在前–后关系上存在广泛的保守性，因此前部内胚层形成前肠，中间部分成为中肠，后部内胚层成为后肠（图 **18.7**a）。由于早期的内胚层是一片开放的细胞层，它的中线成为肠管的背侧中线，因此像背侧胰芽这样的结构就出现在命运图的中线上。像肝脏这样的腹侧中线结构，起源于定型内

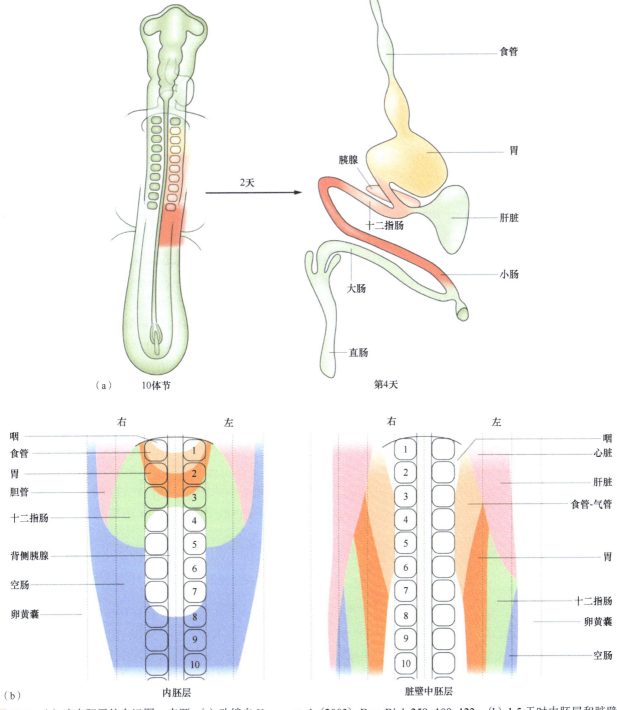

图 18.7 （a）鸡内胚层的命运图。来源：（a）改编自 Kumar et al.（2003）. Dev. Biol. 259, 109–122。（b）1.5 天时内胚层和脏壁中胚层的命运不匹配。来源：改编自 Matsushita（1996）. Roux's Arch. Dev. Biol. 205, 225–231。

胚层的边缘，随着前肠门和后肠门相互靠近，这些边缘会汇合在一起。这就是为什么腹侧的结构常常有成对的器官芽的原因。

命运图的一个非常重要的方面是内胚层中的预期区域与**脏壁中胚层**（**splanchnic mesoderm**）中的预期区域之间的关系（**图 18.7**b）。中胚层中的预期区域与内胚层中的预期区域有很大不同，它们倾向于纵向排列。这表明在肠道闭合和腹侧体壁关闭的过程中，这两个胚层之间存在相当大的相对运动。肠道发育的一个重要主题是中胚层和内胚层之间的诱导性相互作用，而命运图清楚地表明，随着肠管形成过程的进行，内胚层的某一特定区域会与中胚层的不同区域发生接触。这意味着内胚层的特化状态可能会随着它与不同的间充质接触而发生改变。

内胚层发育的实验分析

内胚层的决定

内胚层的初始形成主要是在爪蛙和斑马鱼中进行研究的。在爪蛙中，内胚层从植物半球形成，大致对应于 32 细胞期最靠近植物极的 8 个卵裂球（见第 8 章）。内胚层的形成是因为存在转录因子 VegT 的母源 mRNA，其在卵子发生过程中定位于植物半球。VegT 进一步激活各种转录因子基因的表达，包括 *Sox17α*、*Sox17β*、*Mix1*、*Mixer* 和 *GATA1~4*。其中一些基因直接由 VegT 上调，但其他基因则需要诱导信号。具体而言，*Mixer* 和 *GATA4* 的表达需要 Nodal 信号，而 *Nodal* 基因也在植物半球被 VegT 上调。在斑马鱼中，内胚层在胚盘边缘以双潜能性中内胚层的形式形成，中内胚层通常在原肠运动开始时才被限定为形成中胚层或形成内胚层（见第 8 章）。斑马鱼中 VegT 的同源基因由 *spadetail* 基因编码，该基因在内胚层形成中没有作用。然而，合子 Nodal 信号是必不可少的，因为在 Nodal 基因 *cyclops* 和 *squint* 的双突变体胚胎中，内胚层根本不会形成。一个名为 *casanova* 的 Sox 家族基因和一个名为 *spiel-ohne-grenzen* 的 Oct4 的 POU 结构域同源基因均由 Nodal 控制。同样，Nodal 信号缺陷的小鼠胚胎不会形成定型内胚层（见第 11 章）。Nodal 最初在小鼠胚胎的整个上胚层中表达，然后其表达变得局限于原条。Nodal 活性的扩散受到限制，因为 Nodal 的靶标之一是 *Lefty*，*Lefty* 编码一种比 Nodal 更具扩散性的抑制剂。因此，Nodal 活性在靠近其源头的区域占主导地位，但在更远的地方则受到抑制。对胚胎干细胞的研究揭示短暂性地存在一些既表达中胚层标志又表达内胚层标志的细胞，这被称为**中内胚层**（**mesendoderm**）。它的短暂性是由于几种转录因子之间的强烈相互抑制，例如，中胚层特征性因子 Brachyury（即 tbxt）会阻遏内胚层的特征性因子 *Mixer* 的表达，反之亦然。

各种内胚层转录因子表现出相当程度的相互依赖性。如果在爪蛙动物极帽中过表达这些转录因子，它们中的大多数会上调其他转录因子的表达，而导入显性负性（含有 engrailed 阻遏结构域）构建体，通常会抑制内胚层的发育。在斑马鱼和小鼠的早期内胚层中也表达一组类似的转录因子，它们的突变会表现出不同严重程度的内胚层缺陷，例如，敲除 *Mixl1* 基因的小鼠缺少定型内胚层，敲除 *Foxa2* 基因的小鼠缺少前肠，敲除 *Sox17* 基因的小鼠缺少中肠和后肠。

区域特化

在"内胚层的决定"部分提到的转录因子将内胚层特化为一个胚层，而不是任何特定类型的上皮或器官。还有许多其他转录因子在内胚层内以特定水平表达（**图 18.8**）。其中一些转录因子由于其突变表型而被认为对区域特化至关重要。*Pax9*（成对结构域）在所有咽囊中均表达，相关的敲除小鼠没有胸腺、甲状旁腺或末鳃体。*Nkx2.1*（同源结构域）在甲状腺芽和气管食管隔膜中表达。敲除 *Nkx2.1* 基因的小鼠没有甲状腺或肺。*Sox2* 在前肠的一部分中表达，是食管形成所必需的，而 *Hex*（同源结构域）也在前肠区域表达，但对于肝脏的形成是必需的。*Pdx1*（同源结构域）在远端胃和近端肠的一个区域表达，包括未来的胰芽，敲除 *Pdx1* 的小鼠没有胰腺（见下文）。*Foxa1* 和 *Foxa2*（叉头结构域）在整个内胚层上皮中表达，而 *Foxa3*

的表达在前部有一个边界，位于未来肝芽的水平。敲除 *Foxa2* 会导致前肠和中肠的缺失。*HNF4α*（核激素受体）在未来的食管–胃连接处的后方表达。*Cdx2*（同源结构域）在肠道的后部表达，对应于大部分肠道。在小鼠中，胃–肠交界以 *Sox2* 的远端表达和 *Cdx2* 的近端表达之间的边界为标志。敲除 *Cdx2* 会导致小鼠早期死亡，因为滋养外胚层也需要 *Cdx2*，但是通过使用小鼠 *Foxa3-Cre x floxed Cdx2* 进行肠道特异性敲除，会激活后部肠道中的 *Sox2* 表达，产生的小鼠的肠具有食管样的上皮。使用可诱导的绒毛蛋白基因 *Villin* 启动子在后肠中异位表达 Sox2，也将产生前肠组织，在这种情况下，肠中会出现胃样上皮。这些结果引人注目，因为它们是脊椎动物中罕见的明确**同源异形**（**homeotic**）转化的例子，即从后肠上皮到前肠上皮的转化，而这仅取决于单个基因的活性。

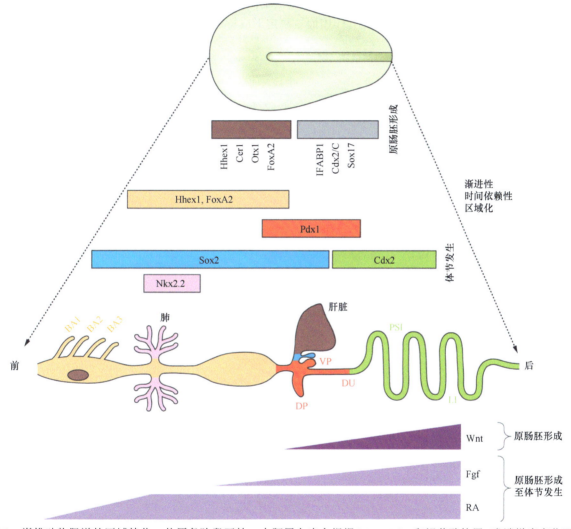

图 18.8 脊椎动物肠道的区域特化。从原条阶段开始，内胚层上皮会根据 Wnt、FGF 和视黄酸的尾–喙端梯度变化而进行细分。图中显示了各种转录因子的大致表达域（IFABP 不是转录因子，而是一种脂肪酸结合蛋白）。BA，鳃弓；DP，背侧胰腺；DU，十二指肠；LI，大肠；PSI，后小肠；VP，腹侧胰腺。来源：Kraus and Grapin-Botton (2012). Curr. Opin. Genet. Dev. 22, 347-353, © 2012 Elsevier.

一些内胚层转录因子基因在后期阶段会再次表达，并在相关器官的终末分化过程中发挥作用。例如，*Pdx1* 不仅控制整个胰腺的形成，而且后来它会在 β 细胞中特异性表达，并有助于控制 *insulin* 的表达。*Nkx2.1* 不仅控制整个甲状腺的形成，而且后来控制甲状腺特异性基因 *thyroglobulin* 和 *thyroperoxidase* 的表达。

一些转录因子的区域特异性表达见于脏壁中胚层，而不见于内胚层上皮。有些转录因子直接影响中胚层的分化。例如，整个 *HoxD* 基因簇（*d1* 和 *d3* 除外）的缺失会导致回盲部括约肌的缺失，回盲部括约肌是一种由中胚层形成的肌性结构。其他一些转录因子可能在控制来自中胚层的区域性诱导信号方面起重要作用，而这些信号控制内胚层的区域图式（见下文）。例如，*Hoxd13* 在中肠间充质中的异常表达会导致中肠上皮发育成大肠而不是小肠。

上皮–间充质相互作用

到了原始肠管阶段，脏壁中胚层被称为**间充质**（**mesenchyme**），因为它已经变成了一层松散排列的未分化细胞，包围着上皮性肠管。经典的重组实验将发育中肠道的不同部位的间充质和上皮进行重组，结果显示间充质赋予内胚层区域特异性（**图 18.9**）。然而，实际情况比这更复杂，部分原因是间充质和上皮之间存在持续的相对位移，如上述命运图实验所示，部分原因是内胚层也会向间充质传递大量信号。因此，每个肠道区域都会因为一系列复杂的局部和交互作用而被决定形成特定的组织类型。

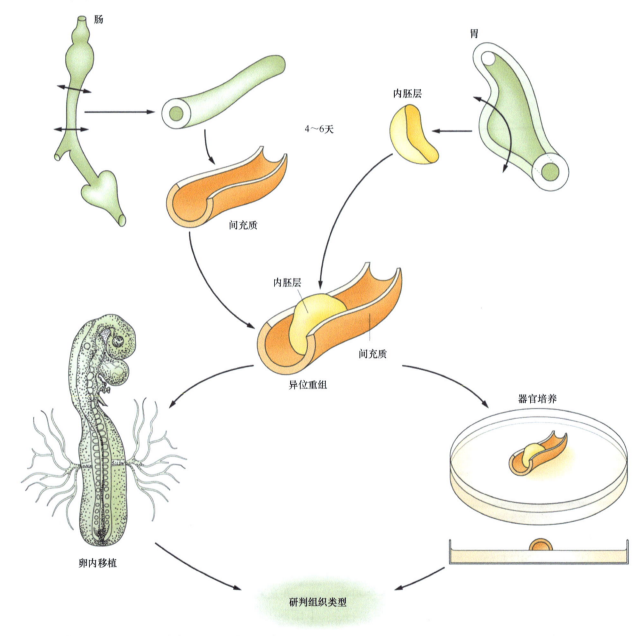

图 18.9 鸡胚肠道内胚层和间充质之间重组实验方案。

最初的相互作用是长距离的，并且由那些负责形成全身图式相同的后部化信号所介导，这些信号主要是成纤维细胞生长因子（FGF）和 Wnt。这些信号诱导并维持 *Cdx* 基因的表达，进而在未来的中肠和后肠中诱导并维持后段 Hox 基因的表达。对鸡胚肠道的重组实验显示出"后部优势"，这指的是前部内胚层可以通过与后部中胚层接触而被后部化，但后部内胚层不能被前部中胚层重新编程（图 18.10）。特别是，表达 *Cdx1* 的未来肠道区域，在孵育的 1.5 天之前似乎就已经定型了其发育方向，而预期发育成食管和胃的区域在孵育后约 4.5 天之内仍有能力形成肠上皮。这种类型的行为是对以双稳态方式激活基因的梯度信号的预期反应（见第 4 章）。由于这些因子的多重功能，以及不同基因产物的冗余性，敲除表型通常不能提供太多有用的信息，但它们确实常常表现出预期的后部缺陷。视黄酸以前被认为是一种后部化因子，但它主要在前肠区域发挥影响。敲除编码视黄酸生成酶 *Raldh2* 基因的小鼠缺少肺、胃和背侧胰腺，肝脏也有缺陷。

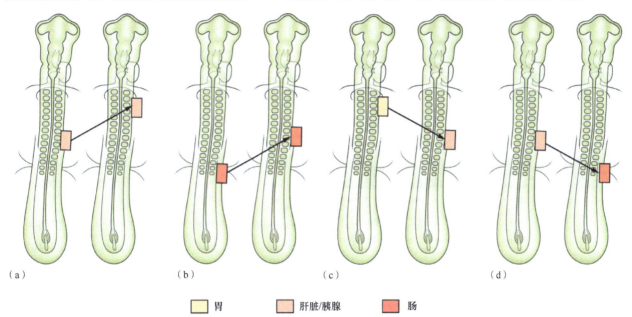

| 胃 | 肝脏/胰腺 | 肠 |

（a）　　　　　　（b）　　　　　　（c）　　　　　　（d）

图 18.10　卵内移植实验显示后部优势。(a) 预期肝脏/胰腺的前部移植。(b) 预期肠的前部移植。(c) 预期胃的后部移植。(d) 预期肝脏/胰腺的后部移植。颜色表示的结构同图 18.7a。

　　与哺乳动物的胃不同，鸡的胃分为两个截然不同的部分。前部的**前胃**具有类似于哺乳动物胃的腺上皮内衬，而后部的**砂囊（肌胃）**具有鳞状上皮内衬和厚实的肌肉壁，用于搅拌和磨碎食物。如果将这两个区域的上皮与来自对方的间充质一起培养，则在孵育约 9 天之前，它们的上皮仍然可以相互转化。前胃的间充质表达多种 BMP，而食管和肌胃的间充质则不表达，并且有很好的证据表明 BMP 作为诱导信号的重要性。用 BMP 处理食管或肌胃上皮会使它们分化出前胃样腺体，而这种效果会被 Noggin 抑制。转录因子 Nkx3.2（即 Bapx1，同源结构域）通常在肌胃间充质中表达，并阻止来自内胚层的 Shh 激活间充质中 BMP 的合成。将这个因子引入前胃间充质会使相邻的上皮发育成肌胃而不是前胃。在肌胃的远端，BMP 信号导致一圈间充质表达 Nkx2.5（控制心脏发育的同一个转录因子），这控制了幽门括约肌的形成。

　　在小鼠的胃中，最近端（即前部）的区域含有类似于食管的复层鳞状上皮，而紧邻的近端区域，即胃底，含有腺上皮，其中富含产生酶的主细胞和产生胃酸的壁细胞。胃的最远端（即后部）区域，即胃窦，含有腺上皮，其中富含分泌黏液的细胞和内分泌细胞。在人类中，胃中不存在近端的复层鳞状上皮。胃底和胃窦之间的边界以 *Pdx1* 的表达为标志，但敲除这个基因会影响胰腺（见下文），而不会影响胃。*Nkx3.2* 在小鼠胃远端的间充质中表达，敲除该基因的小鼠胃窦会缩小。间充质信号可能涉及对 Wnt 信号的抑制，因为经典的 Wnt 信号定位于小鼠胃的近端区域，而 Nkx3.2 会阻遏鸡内胚层中 *Wnt5a* 的表达。敲除 Wnt 效应因子 β-联蛋白会使胃底的上皮转变为胃窦的上皮。当人类多能干细胞分化成胃类器官时，Wnt 信号也会促进其向胃底命运的分化，而在没有 Wnt 的情况下，胃类器官会形成胃窦命运。这支持了一种模型，即高水平的 Wnt 信号特化胃的近端区域，而低水平的 Wnt 信号特化胃的远端区域。

　　间充质-上皮信号转导的另一个例子是肝脏的形成及其与腹侧胰腺的区别。肝脏起源于前肠的腹侧憩室，该憩室增殖进入腹侧间充质，在哺乳动物胚胎中，这种间充质被称为**横隔**（图 18.11）。但是，除非前肠的腹侧憩室接收到来自相邻生心中胚层的信号，否则肝脏憩室不会形成。有充分的证据表明，这个信号

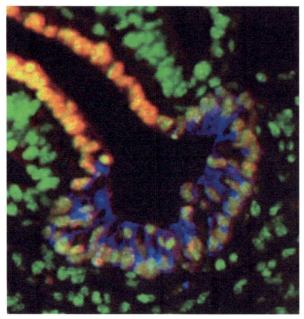

图 18.11 小鼠胚胎中的早期肝芽。肝母细胞呈蓝色，由报告基因（*Hex-lacZ*）标记；肠内胚层呈橙色，为 Foxa2 的免疫染色；细胞核为绿色。来源：Bort et al. (2006). Dev. Biol. 290, 44–56。

由 FGF 组成，因为生心中胚层产生 FGF，FGF 抑制剂会阻断这个信号，并且 FGF 会模拟对离体肝脏内胚层的作用（图 18.12）。尽管 FGF 也作为后部化因子参与内胚层的早期区域化，但后部化发生在原条阶段。这比肝脏形成中涉及的局部相互作用要早得多，所以有可能再次使用相同的信号来实现不同的目的。此外，诱导肝脏形成的信号包括来自横隔的 BMP，以及由血管发出的成分。这方面的证据是，在重组实验中，如果间充质来自缺乏 *Bmp4* 基因的胚胎，或由于 *Vegfr2*（= *Flk1*）基因敲除而缺乏血管的胚胎，则不会有良好发育的正常肝内胚层。BMP 信号也会抑制胰腺的发育。一旦肝芽形成，其后期生长就需要 Wnt 活性，例如，事实表明，在鸡的肝脏中逆转录病毒过表达 β-联蛋白会促进肝脏生长，而过表达 Wnt 抑制剂会抑制肝脏生长。早期的上皮细胞称为**肝母细胞**（**hepatoblast**），它们能够形成成熟肝脏的主要细胞类型——**肝细胞**（**hepatocyte**），以及胆管的上皮细胞——**胆管细胞**（**cholangiocyte**）。在成体中，肝细胞执行肝脏的代谢功能，以及储存糖原、分泌白蛋白和胆汁。但在胎儿期，

肝脏是造血的主要场所。在小鼠体内，从 E10.5 到 E12.5，来自主动脉的造血干细胞会侵入肝脏，血细胞最终将占胎儿肝脏细胞量的 60% 左右。

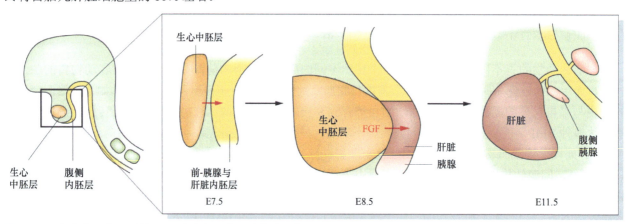

图 18.12 来自生心中胚层的 FGF 对小鼠胚胎肝脏的诱导作用。

除了导致区域特异性的诱导信号外，通常发现间充质还提供内胚层外植体生长、形态发生和成熟所需的**允许性**（**permissive**）信号。这种信号的一个重要组成部分是 FGF10，已知它是肺芽和肠道盲肠向外生长所必需的。例如，敲除 *Fgf10* 和 *Fgfr2b* 基因的小鼠既没有肺和盲肠，也没有肢芽（见第 17 章）。发育中的肺的**分支形态发生**（**branching morphogenesis**）涉及一种侧向抑制型系统，新的顶端会产生 FGF10，并抑制其附近其他顶端的形成。

随着肠管的成熟，间充质层分化为几层组织，分别称为固有层（lamina propria）、黏膜肌层（muscularis mucosa）、黏膜下层（submucosa）和平滑肌层。这种径向图式是由整个内胚层上皮发出的 Hedgehog 信号（SHH 和 IHH）控制的。小鼠的遗传研究已经证明了这一点，当内胚层缺失 SHH 和 IHH 时，小鼠就会缺乏平滑肌。相反，Hedgehog 信号的增加会导致平滑肌增多。平滑肌的发育也受到 BMP 信号的调节，BMP 信号水平升高会抑制平滑肌的形成。在内胚层的 Hedgehog 信号作用下，*Bmp4* 在亚上皮间充质中表达。Hedgehog 信号和 BMP 信号还调节**肠神经系统**（**enteric nervous system**）的发育，肠神经系统在平滑肌环层

的任一侧形成，并支配平滑肌的内外两层。对鸡的谱系示踪研究表明，肠神经系统是由迷走神经嵴形成的，迷走神经嵴从肠道前部进入，然后迁移到更后部的区域（见第 16 章）。

成熟过程还涉及在胃上皮中形成腺体，以及在肠上皮中形成隐窝和绒毛（图 18.6）。肠道的每个部分在上皮中都有一组特定的分化细胞类型，这些细胞由一群干细胞不断更新。这个过程在第 20 章中有详细描述。在小肠中，绒毛的形成受到来自内胚层的 Shh 信号和来自间充质的 BMP4 信号的控制。随着绒毛的形成，*Shh* 的表达逐渐定位到绒毛顶端，在那里它激活间充质中 *Bmp4* 基因的表达。BMP4 抑制绒毛中的细胞增殖，将细胞增殖局限在绒毛底部的干细胞中。

胰腺

近年来，由于两种重大疾病——糖尿病和胰腺癌的显著影响，胰腺的发育吸引了大量的研究关注。成熟的胰腺（图 18.13）是一个具有几个截然不同生理功能的器官。胰腺的一个功能是由**外分泌**（**exocrine**）细胞合成消化酶，外分泌细胞构成了胰腺的大部分质量。它们聚集成**腺泡**（**acinus**），并将其产物分泌到一个通向十二指肠的导管系统中。导管本身会向十二指肠分泌碳酸氢盐，以中和来自胃的酸性食糜。另一个功能是由**内分泌**（**endocrine**）细胞合成激素，并将其释放到血液中。这些内分泌细胞大多聚集在胰岛（**朗格汉斯岛，islets of Langerhans**）中，尽管有些可能是孤立的或成小簇分布。胰岛细胞中大多数（约75%）是 **β 细胞**，它们分泌胰岛素。此外，还有数量较少的分泌胰高血糖素的 α 细胞、分泌生长抑素的δ 细胞、分泌胰多肽的 PP 细胞以及分泌胃生长激素释放素（ghrelin，食欲刺激素）的 ε 细胞。在胚胎中，内分泌细胞的比例约为 10%，但在成体胰腺中这一比例下降到 1%～2%。

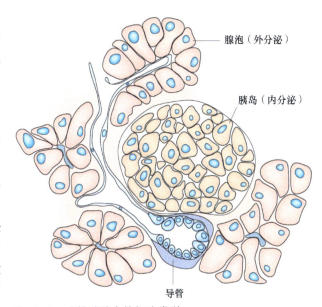

腺泡（外分泌）

胰岛（内分泌）

导管

图 18.13 成熟胰腺中的细胞类型。

胰腺的所有上皮细胞类型都起源于内胚层（见下文），而血管和相当少量的胰腺结缔组织则来自间充质。胰腺间充质也参与形成脾脏。在所有脊椎动物中，胰腺的发育都非常相似（图 18.14 和图 18.15）。胰腺起源于十二指肠，最初表现为一个较大的背侧胰芽和一个较小的腹侧胰芽（在鸡中为成对的腹侧胰芽）。这些芽不断扩展，随着肠道的旋转，腹侧芽向背侧芽移动，直到二者融合在一起。每个最初的胰芽都有一条导管，在人类中，腹侧胰芽的导管成为主导管，而背侧胰芽的导管成为副导管。在斑马鱼中，背侧胰芽主要形成内分泌细胞，而腹侧胰芽主要形成外分泌细胞，随后会有更多内分泌细胞产生。

大多数胰腺相关实验研究是在小鼠上完成的，有一些在鸡中进行，还有一小部分是在爪蛙和斑马鱼中进行的。在小鼠中，在 E9～E9.5 期间，清晰可辨的背侧和腹侧胰芽已经出现，腹侧胰芽比背侧胰芽晚 1 天形成。在大约 E12 之前，胰芽主要由多潜能祖细胞组成，这些细胞能够分化形成所有三种组织类型（腺泡、导管和内分泌组织）。此外，还有少量的双潜能（导管和内分泌）细胞和单潜能（内分泌）细胞。在早期的胰芽中就能观察到含有内分泌激素的细胞，而且这些细胞往往能产生不止一种激素，这一点与成熟的细胞不同。但现在已知，这些细胞并非成熟内分泌细胞的前体细胞（参见"胰腺细胞谱系"部分）。在 E14.5～E18.5 期间，胰芽生长迅速，内分泌细胞数量在此期间迅速增加，而胰腺大部分其他组织则分化为外分泌细胞。外分泌腺泡在出生前一段时间形成，胰岛则在出生前后形成。

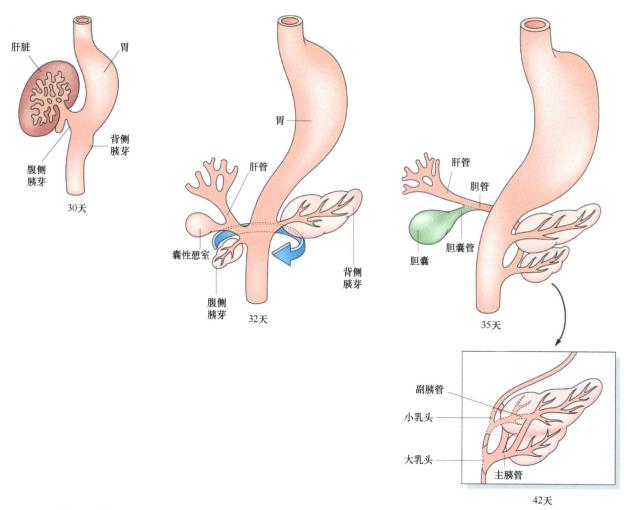

图 18.14 人类胚胎中胰芽的发育。来源: Larsen (1993). Human Embryology. Churchill Livingstone., © 1993 Elsevier。

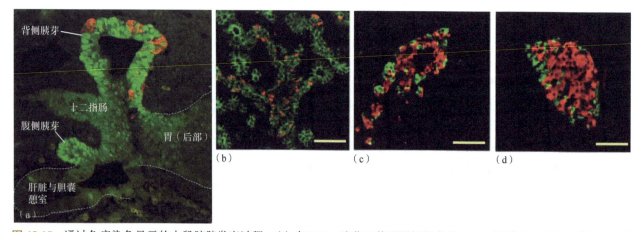

图 18.15 通过免疫染色显示的小鼠胰腺发育过程。(a) 在 E10,胰芽及其周围组织表达 Pdx1 (绿色)。原始内分泌细胞表达胰高血糖素 (红色)。(b) 在 E15.5,定型内分泌前体细胞表达 Ngn3 (红色)。胰腺上皮通过 E-钙黏蛋白 (绿色) 显示。(c) 在 E17.5,胰岛开始形成:胰岛素 (红色) 和胰高血糖素 (绿色)。(d) 在成熟胰岛中,β 细胞占大多数并位于中心位置:胰岛素 (红色) 和胰高血糖素 (绿色)。标尺:50 μm。来源:(a) Jensen (2004). Developmental Dynamics 229: 176–200, 经 John Wiley & Sons Ltd 许可,(b–d) Murtaugh (2007). Development 134, 427–438, 经 company of Biologists Ltd 许可。

胰芽的诱导

　　尽管背侧胰芽和腹侧胰芽都会产生相同种类的胰腺细胞类型，但它们本身的形成方式不同。背侧胰芽出现在脊索与肠顶接触的区域，在这个区域，*Shh* 的表达受到抑制，而其在整个内胚层的其余部分都是活跃的（图 18.16）。脊索的这种作用可以通过给予激活素或 FGF 来模拟，因此它们可能就是起诱导作用的因子。在这个时期，*activinβb* 和 *fgf2* 均在鸡的脊索中表达。在小鼠中，敲除激活素受体的小鼠，其肠顶会继续表达 *Shh*，这与后部前肠的缺陷有关。这些缺陷包括胰腺变小、内分泌细胞减少。将 Shh 抑制剂**环巴胺**（**cyclopamine**）施用于内胚层，会促使表达 PDX1 的区域形成异位胰芽。这些研究表明，来自脊索的信号通过抑制 *Shh* 的表达，使得后部前肠中的背侧胰芽得以发育。然而，无论是与脊索的接触，还是应用环巴胺，都不能从更靠后的内胚层中诱导出异位胰腺，因此脊索的作用被认为是**允许性**（**permissive**）的，而非**指令性**（**instructive**）的。

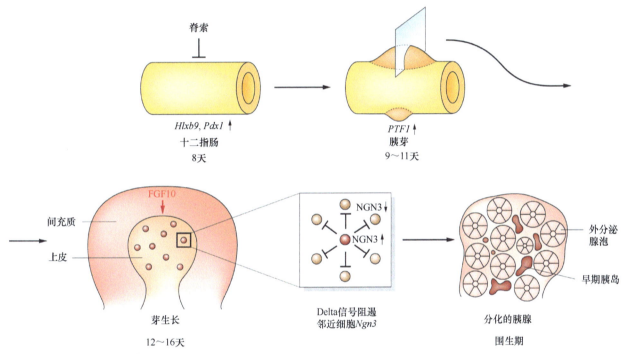

图 18.16　胰腺发育的总体机制。

　　腹侧胰腺由肝脏憩室后方的内胚层形成，由于它不与脊索接触，所以一定是由另一种机制诱导形成的。如前所述，肝脏是由来自生心中胚层的 FGF 信号诱导形成的，FGF 信号维持内胚层中 *Shh* 的表达。预期形成腹侧胰腺的区域离生心中胚层太远，无法接收到这个信号，因此其 *Shh* 表达被关闭，从而容许了腹侧胰芽的形成。在小鼠中，敲除 *Hex* 基因（编码一种同源域转录因子）后，腹侧胰腺缺失。这不是因为 *Hex* 因子直接决定胰腺的形成，而是因为它对于正常情况下延伸腹侧前肠的细胞生长和移动是必需的，而腹侧前肠的延伸使得形成腹侧胰腺的内胚层区域不会暴露于 FGF 信号之下。这里的要点是，背侧胰芽是由 FGF 诱导形成的，而腹侧胰芽的发育则是由于缺失 FGF，尽管这两个胰芽形成的共同因素都是内胚层中 *Shh* 表达的抑制。

　　实验表明，胰芽形成的早期阶段也需要视黄酸（retinoic acid, RA）。在斑马鱼和爪蛙中，抑制剂 BMS453 会阻止胰芽的形成，外源性 RA 会促进内分泌细胞的发育而非外分泌细胞的发育。参与 RA 合成的酶，如 Raldh2，是在靠近后部前肠的中胚层中合成的，这很可能是胰腺发育所需 RA 的来源。小鼠 *Raldh2* 的同源基因 *Aldh1a2* 也在中胚层中表达，并且敲除该基因的小鼠中背侧胰芽无法形成。*Aldh1a2* 敲除后中胚层也会减少，这至少在一定程度上可能是造成背侧胰芽缺陷的原因。这些研究与在小鼠中观察到的其他前肠器官发育对 RA 的需要是一致的。

胰芽一旦形成，它们的持续生长以及外分泌细胞的分化就依赖于胰芽与胰腺间充质的紧密相邻。这是一种允许性效应，来自肠道其他部位的间充质也可以成功替代胰腺间充质发挥作用。LIM 结构域转录因子 ISLET-1 在胰腺间充质中表达，敲除 *Islet-1* 小鼠背侧胰腺无法生长。但是，如果将敲除 *Islet-1* 的小鼠的内胚层与正常小鼠的间充质一起培养，胰芽就会正常生长。与其他器官发生的例子一样，FGF10 是允许性信号的重要组成部分。*Fgf10* 基因在背侧和腹侧胰腺间充质中都有表达，并且 FGF10 会刺激分离的胰腺内胚层细胞增殖。在小鼠中，敲除 *Fgf10* 基因或其受体基因 *Fgfr2b* 会导致胰腺生长减缓。*Fgfr2b* 在胰腺内胚层中表达。尽管间充质因子起允许性作用，但它们也会影响从内胚层分化而来的细胞类型的比例。在器官培养实验中，用 TGFβ 处理往往会产生更多的内分泌细胞，而用卵泡抑素（follistatin，一种激活素抑制剂）处理则往往会抑制内分泌细胞分化。

内分泌细胞的发育也受到来自血管的信号的促进。两个胰芽有一个共同点，即都靠近一条主要血管：背芽靠近背主动脉，腹芽靠近卵黄静脉。将胰芽与血管组合在一起可以增加内分泌细胞的比例，而去除血管则会降低内分泌细胞的比例。然而，在斑马鱼中，所有血管的去除，如在 *cloche*（*Vegfr2*）突变体中的情况，似乎并不影响胰腺内分泌细胞的发育。

胰腺转录因子

近年来，大量的转录因子基因被确定在胰腺发育中具有重要作用。这里讨论一些最重要的转录因子。

Pdx1（LIM-同源域）在十二指肠周围的一个环形区域表达，包括预期形成胰芽的区域。它对于胰腺的形成至关重要，因为敲除 *Pdx1* 基因的小鼠会形成基本的胰芽，但这些芽不会生长或分化。Pdx1 在早期胰芽的所有细胞中均有表达，然后其表达下调至较低的水平，但在 β 细胞持续高表达，在 β 细胞中它作为转录因子调控胰岛素基因的表达。使用多西环素调控的基因代替正常的 *Pdx1* 基因，在出生后敲除 *Pdx1*，会导致 β 细胞中胰岛素的缺失。尽管 *Pdx1* 明显有作为胰腺"主控基因"的地位，但当它在肠道其他部位异常表达时，并不会促使这些部位形成胰腺。然而，一种激活的**结构域交换（domain swap）**版本 *Pdx1-VP16*，能够将爪蛙发育中的肝脏重新编程为胰腺。

Hb9（同源域，由 *Hlxb9* 编码）的表达区域比 Pdx1 更广泛，且表达时间稍早，其表达受 RA 的促进。敲除 *Hlxb9* 基因的小鼠没有背侧胰芽，腹侧胰芽基本正常，但 β 细胞不能正常成熟，因为 Hb9 在已分化的 β 细胞中也是必需的。

Ptf1 是一种由三个亚基组成的转录因子，在 Pdx1 表达域内的一群细胞中表达。Ptf1 与 Pdx1 的共表达被认为界定了胰腺内胚层。*Ptf1* 在胰腺内胚层中的表达是来自其邻近血管信号作用的结果。*Ptf1* 也在胰芽中表达，随后在定型为腺泡细胞的祖细胞中表达。当编码 p48（=Ptf1a）亚基的基因被敲除时，腹侧芽不能形成，而背侧芽虽然能够形成，但发育不良，且缺乏外分泌组织。在爪蛙胚胎中，同时过表达 p48 和 Pdx1 可以从比正常区域更靠后的内胚层诱导出异位胰腺。

Sox9（SRY 结构域）在早期胰腺内胚层中表达，在那里它是多能祖细胞增殖、存活和维持祖细胞状态所必需的。*Sox9* 表达由来自间充质的 FGF10 维持，反过来，Sox9 又维持对 FGF10 作出响应所需的 FGF 受体的表达。在小鼠或斑马鱼中，*Sox9* 功能缺失会导致胰腺细胞转化为肝细胞，这表明它对维持胰腺细胞的命运是必需的。

Pax4 和 Pax6（配对框）对于内分泌细胞发育都是必需的。敲除 *Pax4* 基因的小鼠缺乏 β 细胞和 δ 细胞，而敲除 *Pax6* 基因的小鼠则缺乏 α 细胞。同源域因子 Nkx6.1 和 Nkx2.2 也是 β 细胞发育所必需的，但它们是在更后期阶段才发挥作用。MafB（Leu 拉链）是 α 细胞发育所必需的，而 MafA 是 β 细胞成熟所必需的。Arx（同源域）是 α 细胞形成所必需的，敲除 *Arx* 基因的小鼠则有过多的 β 细胞和 δ 细胞。

Gata4 和 Gata6（锌指结构域）都是通过抑制预期胰腺内胚层中的 *Shh* 表达来维持胰腺发育所必需的。在人类中，任一基因的突变都与胰腺缺陷有关，但在小鼠中，必须同时敲除这两个基因才会出现胰腺缺陷。使用 Pdx1-Cre 驱动的双敲除小鼠，其胰腺内胚层中 *Shh* 的表达上调，同时伴随着腹侧胰腺向肠转化，以及背侧胰腺向胃转化。

正如侧向抑制机制控制神经发生中的细胞分化一样，侧向抑制在胰腺中也起着同样的作用。早期的内分泌细胞产生 Delta 蛋白，并通过激活 Notch 信号通路抑制邻近细胞的内分泌分化。促进内分泌发育的关键转录因子是 Neurogenin 3（bHLH 家族）。在小鼠胚胎中，Neurogenin 3 在胰芽中一些尚未产生激素的分散细胞中表达，这些细胞的数量在 E13.5～E15.5 期间最大。敲除 Ngn3 基因的小鼠缺失所有内分泌细胞。在转基因小鼠中，使用 Pdx1 启动子过表达 Ngn3，会驱动很大比例的胰腺细胞变成内分泌细胞，其中主要是 α 细胞。敲除 Notch 信号通路的组成部分，包括 Delta like 1、RBPJκ 和 Hes1，都具有与 Ngn3 过表达相似的作用，会增加内分泌细胞的比例。

Neurogenin 3 的功能是控制内分泌祖细胞的形成，但决定成为哪种类型的内分泌细胞（α、β、δ、PP、ε）则取决于其他因素以及一些尚未完全理解的相互作用。其中一个例子是 Arx 和 Pax4 之间的相互关系。如上所述，敲除 Arx 基因的小鼠缺乏 α 细胞，而敲除 Pax4 基因的小鼠缺乏 β 和 δ 细胞。如果使用 Pdx1-Cre、Pax6-Cre 或 Insulin-Cre 驱动 Arx 在 β 细胞中的过表达，那么 β 细胞的形成会大大减少。如果以同样的方式过表达 Pax4，那么 α 细胞的形成就会减少。有趣的是，这些实验甚至在出生后的胰岛中也能起作用，并且可以使已经分化的 α 或 β 细胞发生**转分化**（transdifferentiation）。

胰腺细胞谱系

胰腺内分泌细胞在形态、行为和基因表达模式上都与神经元非常相似。它们曾一度被认为起源于神经嵴，但从鹌鹑到鸡的神经嵴移植实验表明情况并非如此。它们的确是由内胚层形成的，这可以通过在体外培养分离的内胚层外植体来证明，这种培养会导致少量内分泌细胞形成；或者通过将标记的内胚层与间充质重组，以便在器官培养中获得良好的发育，然后证明所有产生的胰腺细胞类型都源自内胚层。逆转录病毒标记实验也表明，单个内胚层细胞可以产生外分泌和内分泌两种子代细胞。

为了更精确地了解细胞谱系，已进行了许多基于 Cre-lox 系统的谱系示踪实验。当用 Pdx1 或 p48 启动子驱动 Cre，并与 R26R 报告基因组合时，所有胰腺细胞类型都会被标记。使用他莫昔芬激活的 CreER 系统可以在特定的发育阶段进行标记。在 Pdx1-CreER x R26R 小鼠中，如果从发育的第 8.5 天开始给予他莫昔芬，外分泌细胞和内分泌细胞都会被标记。但只有在第 9.5～11.5 天这个时间段内，导管细胞才会被标记，这表明在这个阶段导管细胞的形成存在某种特殊方式。使用 Sox9 启动子驱动 CreER 的实验表明，在胚胎阶段，增殖的 Sox9 阳性细胞既能产生外分泌子代细胞，也能产生内分泌子代细胞。但在成体阶段，它们只产生导管细胞。当使用 Neurogenin 3 启动子来驱动 Cre 时，所有内分泌细胞都会被标记，尽管 Ngn3 本身的表达只是短暂的。

由于在早期胰芽中存在同时产生两种或三种激素的多激素细胞，因此人们曾认为这些细胞可能是所有后期内分泌细胞的前体细胞。但在 insulin-Cre x R26R 小鼠中，后期形成的 α 细胞没有被标记，这表明它们在过去没有表达过 insulin。同样，当使用 glucagon 启动子驱动 Cre 时，β 细胞未被标记，这表明它们在过去没有表达过 glucagon。然而，如果用 pancreatic polypeptide 启动子驱动 Cre，β 细胞就会被标记，因此表达这种激素的细胞确实可能是其他内分泌细胞类型的前体细胞。

通过 Cre 标记实验深入研究的另一个问题是，β 细胞在出生后是否可以由未分化的干细胞或祖细胞形成。当使用 insulin 启动子驱动 CreER，并在出生后诱导其活性时，会发现几乎所有的 β 细胞都可以被标记。这种标记会被无限期地保留，这表明在给予他莫昔芬时，不会从导管或胰岛中原本不产生胰岛素的其他细胞补充新的 β 细胞。其他使用导管细胞启动子进行的标记实验有时会显示少量 β 细胞由导管产生，但这仅发生在大量组织再生的情况下，如在胰腺部分手术切除或胰管结扎术后。所以看起来，大多数 β 细胞通常来自已有的 β 细胞，在出生后的胰腺中从其他细胞类型补充 β 细胞是一种不常见的事件。

近年来，人们在胰腺发育研究上投入了大量精力，这使得胰腺发育成为目前对器官发生理解最为深入的例子之一。图 **18.16** 总结了结合胚胎学实验和小鼠遗传学研究推导出的总体发育过程，图 **18.17** 展示了基于 Cre-lox 命运图构建实验得出的公认的胰腺细胞谱系。

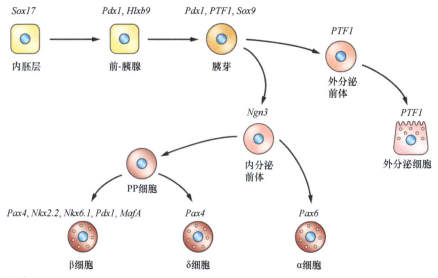

图 18.17 胰腺细胞谱系。

经典实验

胰腺的主基因

Pdx1（当时称为 *IPF1*）最初是作为控制胰岛素表达的转录因子被发现的，但当其基因被敲除后，发现它是整个胰腺发育所必需的（第一篇论文）。在内胚层细胞中，一部分细胞是如何转变为内分泌细胞的，这在发现一种类似于控制神经发生的侧向抑制系统之前一直是个谜。第二篇论文展示 *Neurogenin3* 对于内分泌细胞形成的重要性，以及 Notch 信号如何抑制表达 *Neurogenin3* 的细胞周围细胞的内分泌分化。

Jonsson, J., Carlsson, L., Edlund, T. et al. (1994) Insulin-promoter factor-1 is required for pancreas development in mice. *Nature* **371**, 606–609.

Apelqvist, A., Li, H., Sommer, L. et al. (1999) Notch signalling controls pancreatic cell differentiation. *Nature* **400**, 877–881.

新的研究方向

胰腺发育研究的主要方向是寻找一种创建和培养人类 β 细胞的方法。这是因为糖尿病是一个巨大的全球性健康问题，在糖尿病中，β 细胞被破坏或活性不足。尽管胰岛素治疗非常有效，但许多糖尿病患者仍然会因疾病而遭受严重且危及生命的并发症。胰岛细胞移植已成为治疗某些类型糖尿病的成功方法，但直到最近，人类胰岛的唯一来源一直是尸体器官供体，而这些器官的供应一直是严重不足的。现在已经有了新的方法，可以从人类胚胎干细胞和诱导多能干细胞中产生功能性β细胞。当将这些细胞移植到免疫缺陷小鼠体内时，它们会通过可预测的方式分泌胰岛素，从而应对不断变化的葡萄糖水平。尽管仍然存在一些问题需要解决，但这些方法带来了希望，即基于干细胞的治疗可能很快就会成为现实。

类似的情况也适用于肝脏，因为用于移植的人类肝脏的供应严重不足。尽管肝脏在受损后会再生，但目前尚无法培养人类肝细胞，因为它们在体外会迅速失去分化特性。

要点速记

• 羊膜动物的内胚层开始于外胚层和中胚层下方的一个扁平细胞层。肠管是由胚盘折叠形成头褶和尾褶而产生的，头褶和尾褶分别包含前肠和后肠的囊状结构。随后，前肠门和后肠门相向移动，直到它们汇合。肠管和腹侧体壁通过体壁的侧向折叠而闭合，这些侧向折叠在胚胎的腹侧汇合。

• 所有脊椎动物的肠道基本图式都是相同的，包括咽、食管、胃、肝脏、胰腺、小肠和大肠。每个部位都由源自内胚层的特定上皮细胞内衬。

- 在命运图中，肠道各部分的内胚层和间充质来自胚胎的不同位置。它们在肠道闭合过程中一起移动。
- Nodal 信号对于激活早期内胚层转录因子的表达是必需的。
- 区域特化依赖于诱导信号。最初的图式形成是对全身性从后到前的 FGF 和 Wnt 信号梯度的响应。随后的区域特化是对内胚层和中胚层之间相互的局部信号事件的响应。
- 胰腺由将消化酶分泌到肠道的外分泌细胞，以及将包括胰岛素在内的激素分泌到血液中的内分泌细胞组成。这两种细胞类型都起源于内胚层。
- 胰腺起源于十二指肠的背侧胰芽和腹侧胰芽。内胚层中 Shh 表达的抑制是胰芽形成所必需的，而 FGF 是胰芽持续生长所必需的。
- Pdx1 和 PTF1 对于所有胰腺细胞类型的发育都是必不可少的。Neurogenin 3 对内分泌细胞的发育至关重要。各种其他转录因子的比例控制着形成哪种类型的内分泌细胞。

拓展阅读

内胚层概论

Grapin-Botton, A. & Melton, D.A. (2000) Endoderm development from patterning to organogenesis. *Trends in Genetics* **16**, 124–130.

Roberts, D.J. (2002) Molecular mechanisms of development of the gastrointestinal tract. *Developmental Dynamics* **219**, 109–120.

Shivasani, R.A. (2002) Molecular regulation of vertebrate early endoderm development. *Developmental Biology* **249**, 191–203.

Yasugi, S. & Mizuno, T. (2008) Molecular analysis of endoderm regionalization. *Development, Growth and Differentiation* **50**, S79–S96.

Burn, S.F. & Hill, R.E. (2009) Left-right asymmetry in gut development: what happens next? *BioEssays* **31**, 1026–1037.

Zorn, A.M. & Wells, J.M. (2009) Vertebrate endoderm development and organ formation. *Annual Review of Cell and Developmental Biology* **25**, 221–251.

Spence, J.R., Lauf, R. & Shroyer, N.F. (2011) Vertebrate intestinal endoderm development. *Developmental Dynamics* **240**, 501–520.

Huycke, T.R. & Tabin, C.J. (2018) Chick midgut morphogenesis. *International Journal of Developmental Biology* **62**, 109–119.

肝脏、胃和肺脏

Warburton, D., Schwartz, M., Tefft, D. et al. (2000) The molecular basis of lung morphogenesis. *Mechanisms of Development* **92**, 55–81.

Cardoso, W.V. (2006) Regulation of early lung morphogenesis: questions, facts and controversies. *Development* **133**, 1611–1624.

Rawlins, E. & Hogan, B.L.M. (2006) Epithelial stem cells of the lung: privileged few or opportunities for many. *Development* **133**, 2455–2465.

Si-Tayeb, K., Lemaigre, F.P. & Duncan, S.A. (2010) Organogenesis and development of the liver. *Developmental Cell* **18**, 175–189.

Zaret, K.S. (2016) From endoderm to liver bud: paradigms of cell type specification and tissue morphogenesis. *Current Topics in Developmental Biology* **117**, 647–669.

McCracken, K.W., Aihara, E., Martin, B. et al. (2017) Wnt/β-catenin promotes gastric fundus specification in mice and humans. *Nature* **541**, 182–187.

McCracken, K.W. & Wells, J.M. (2017) Mechanisms of embryonic stomach development. *Seminars in Cell & Developmental Biology* **66**, 36–42.

胰腺

Slack, J.M.W. (1995) Developmental biology of the pancreas. *Development* **121**, 1569–1580.

Herrera, P.L. (2002) Defining the cell lineages of the islets of Langerhans using transgenic mice. *International Journal of Developmental Biology* **46**, 97–103.

Gu, G., Brown, J.R. & Melton, D.A. (2003) Direct lineage tracing reveals the ontogeny of pancreatic cell fates during mouse embryogenesis. *Mechanisms of Development* **120**, 35-43.

Lammert, E., Cleaver, O. & Melton D.A. (2003) Role of endothelial cells in early pancreas and liver development. *Mechanisms of Development* **120**, 59-64.

Murtaugh, L.C. (2007) Pancreas and beta-cell development: from the actual to the possible. *Development* **134**, 427-438.

Gittes, G.K. (2009) Developmental biology of the pancreas: a comprehensive review. *Developmental Biology* **326**, 4-35.

Wandzioch, E. & Zaret, K.S. (2009) Dynamic signaling network for the specification of embryonic pancreas and liver progenitors. *Science* **324**, 1707-1710.

Pagliuca, F.W., Millman, J.R., Gürtler, M. et al. (2014) Generation of functional human pancreatic β cells in vitro. *Cell* **159**, 428-439.

Russ, H.A., Parent, A.V., Ringler, J.J. et al. (2015) Controlled induction of human pancreatic progenitors produces functional beta-like cells in vitro. *EMBO Journal* **34**, 1759-1772.

Xuan, S. & Sussel, L. (2016) GATA4 and GATA6 regulate pancreatic endoderm identity through inhibition of hedgehog signaling. *Development* **143**, 780-786.

Bastidas-Ponce, A., Scheibner, K., Lickert, H. et al. (2017) Cellular and molecular mechanisms coordinating pancreas development. *Development* **144**, 2873-2888.

Larsen, H.L., Martin-Coll, L., Nielsen, A.V. et al. (2017) Stochastic priming and spatial cues orchestrate heterogenous clonal contribution to mouse pancreas organogenesis. *Nature Communications* **8**, Art. 605.

Petersen, M.B.K., Goncalves, C.A.C., Kim, Y.H. et al. (2018) Recapitulating and deciphering human pancreas development from human pluripotent stem cells in a dish. *Current Topics Developmental Biology* **129**, 143-190.

Seymour, P.A. & Serup, P. (2019) Mesodermal induction of pancreatic fate commitment. *Seminars in Cell & Developmental Biology* **92**, 77-88.

Yu, X-X. & Xu, C-R. (2020) Understanding generation and regeneration of pancreatic β-cells from as single-cell perspective. *Development* **147**, dev179051. doi:https://doi.org/10.1242/ dev. 179051.

第 19 章

果蝇成虫盘

变态

　　果蝇属于昆虫纲双翅目昆虫家族中的一员，会经历完全**变态**（metamorphosis）（图 19.1），其幼虫形态与成虫形态截然不同。孵化后，幼虫要经历三个**龄期**（instar），每个龄期之间通过**蜕皮**（molt）来区分。前两个龄期各持续约 1 天，第三个龄期持续约 2 天。在此期间，幼虫贪婪地进食，体型显著增大，但身体形态没有太大变化。幼虫细胞的生长是通过细胞体积增大而非有丝分裂实现的，其 DNA 会多次复制，从而产生大型的多倍体细胞。在第三龄期末期，幼虫变成**蛹**（pupa），在化蛹过程中，幼虫身体的大部分组织会被吸收，取而代之的是由二倍体细胞发育而来的成虫结构。成虫头部、胸部和生殖器的角质层（表皮）源自称为**成虫盘**（imaginal disc）的二倍体组织，其名称源自成虫的最后阶段，称为**成虫**（imago）。腹部角质层和

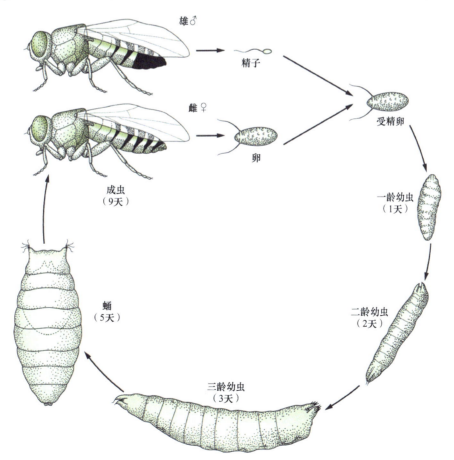

图 19.1　果蝇的生命周期。

许多内部组织则来自整合到幼虫组织中的二倍体细胞巢，如腹部的**成组织细胞**（**histoblast**）。各部分的来源见**表 19.1**，胚胎中成虫盘原基的位置如**图 19.2** 所示。

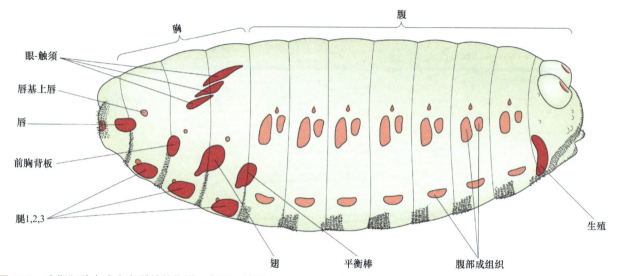

图 19.2 晚期胚胎中成虫盘原基的位置。来源：转载自 Hartenstein（1993）. *Atlas of Drosophila Development*，经 Cold Spring Harbor Laboratory Press 许可。

成虫盘是表皮的内陷结构，形成由两层紧密贴合的上皮层（盘本体和围足膜）组成的扁平囊。大多数细胞位于盘本体的单层柱状上皮中，该上皮通常具有很深的褶皱。这层柱状上皮的顶端表面面向成虫盘的内腔和围足膜的鳞状上皮。与每个成虫盘相关的是一些中胚层来源的成肌细胞，这些细胞后来分化为肌肉细胞，以及少量的气管细胞。在幼虫阶段，成虫盘会大量生长，例如，翅成虫盘一开始约有 40 个细胞，到分化时会扩增至约 50 000 个细胞。调节生长的机制涉及几种不同的信号通路，包括：Decapentaplegic 信号通路，它也作为一种形态发生素，调控成虫盘前-后轴的图式化（参见"前后图式"部分）；Hippo 途径，它通过促进细胞增殖和抑制细胞凋亡来控制生长。这些不同的系统协同作用，确保每个成虫盘在各种实验条件下都能发育出大小合适的器官（有关成虫盘生长的进一步讨论，请参阅第 21 章）。

昆虫的蜕皮是由类固醇激素蜕皮激素（ecdysone）的激增控制的，其活性形式是 20-羟基蜕皮激素。大脑中的神经分泌细胞会释放一种称为促前胸腺激素的肽激素，它会刺激**前胸腺**（**prothoracic gland**）分泌蜕皮激素。一对附着在大脑上的称为咽侧体（corpora allata）的腺体，会分泌萜类化合物保幼激素（juvenile hormone）。保幼激素水平在幼虫第一和第二龄期较高，但在第三龄期会下降。当保幼激素水平较高时，蜕皮激素会诱导幼虫蜕皮，但当保幼激素水平较低时，蜕皮激素会启动化蛹发育和变态。蜕皮激素受体是一种典型的核激素受体，其作用靶标之一是其自身基因，因此在受到刺激后，做出反应的组织会对该激素更加敏感。如果成虫盘受损，需要进行再生性生长（参见"再生和转决定"部分），变态就会延迟。受损的成虫盘会释放胰岛素样肽 Dilp8，它会作用于大脑，阻止促胸腺激素的释放，从而阻止蜕皮激素的释放（另见第 21 章）。

在蛹中，成虫盘外翻，形成相应的附肢（**图 19.3**），并分化形成角质层，角质层具有特有的附肢特异性的毛发和刚毛模式。在外翻过程中，成虫盘的伸长是由细胞形态的变化而非细胞分裂驱动的。与脊椎动物的

表 19.1　成虫身体各部位自成虫盘和腹部成组织细胞的起源

成虫盘或成组织细胞	身体部位
唇基上唇盘	一些口器
眼睛-触须盘	眼睛、触须、头部其余部分
唇盘	喙
前胸背板盘	前胸背板
前胸腿盘	第一条腿和前胸腹板
中胸腿盘	第二条腿和中胸腹板
后胸腿盘	第三条腿和后胸腹板
翅盘	翅和中胸背板
平衡棒盘	平衡棒和后胸背板
腹部背侧成组织细胞	Tergites（腹部背侧角质层）
腹部腹侧成组织细胞	Sternites（腹部腹侧角质层）
生殖盘 *	生殖器

* 生殖盘只有一个，但其他成虫盘在左右两侧成对出现。

情况不同，成虫盘会产生自己的感觉神经元，这些神经元的轴突会向内生长，与中枢神经系统连接。

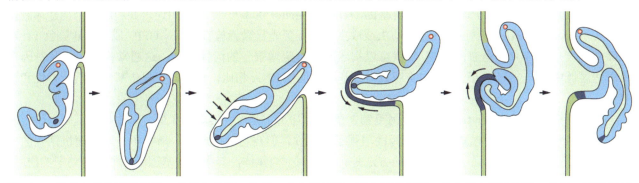

图 19.3　腿成虫盘外翻示意图。右侧为外部。最初，成虫盘扩张，产生更多褶皱，并从腔内向外突出。然后，围足区域（黑色）收缩，将其余部分推出。来源：重绘自 Fristom（1988）. Tissue and Cell. 20, 645−690。

通过将成虫盘片段植入成年雌性果蝇的腹部，可以使成虫盘的生长延长，超过幼虫期的正常时长。每个小片段都会不断地进行有丝分裂，如果将其反复分割并移植，它们就会无限生长，而不发生分化。使用这种方法，成虫盘片段可以在不分化的情况下持续生长达 12 年。相反，将成虫盘或成虫盘片段植入即将变态的幼虫体内（图 19.4），或在进行体外培养时加入蜕皮激素，都可以促使成虫盘或成虫盘片段发生分化。

幼虫发育的遗传研究

许多影响成虫盘发育的基因在胚胎发育中也起着重要作用。因此，无效突变体通常在胚胎期死亡，永远不会表现出成虫盘特异性表型。能够存活到成年的突变体通常是**亚效等位**（**hypomorphic**）突变，而不是**无效**（**null**）突变。它们通常是**温度敏感**（**temperature sensitive**）的，这意味着当生物体处于非允许温度时，其产生的蛋白质产物会失活。这使得人们都能够确定该基因在幼虫期或变态过程中起作用的时间。将几组突变体幼虫在不同时间暴露于非允许温度脉冲。温度脉冲将使基因产物失活，如果该基因在这个时候发挥作用，那么突变体表型就会显现出来。

果蝇中的过表达实验通常是通过导入由热休克启动子驱动的转基因来实现的。热休克蛋白存在于所有细胞中，其功能是协助其他蛋白质的正确折叠。在高温环境下，热休克蛋白的表达会大幅增加，这是由其启动子的特性决定的。当热休克启动子与另一个基因相连时，通过升高温度就可以使这个基因表达。当然，这项技术不应与温度敏感型突变体的应用相混淆。

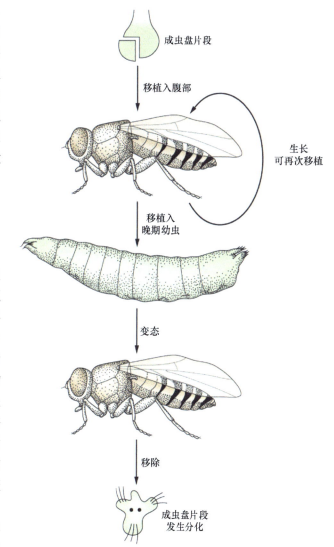

成虫盘片段

移植入腹部

生长可再次移植

移植入晚期幼虫

变态

移除

成虫盘片段发生分化

图 19.4　成虫盘可以被分割并注射到成年雌性果蝇的腹部，在那里它们会生长。此过程可以重复多次，而成虫盘不会发生分化。将成虫盘注射到即将变态发育为成虫的三龄末期幼虫体内，会诱导成虫盘分化。注射的成虫盘不会整合到成虫的角质层，而是存在于其腹部。从腹部可以分离出成虫盘，然后使用显微镜对其分化的结构进行鉴定。

发育相关基因通常有多个**增强子**（**enhancer**），每个增强子在不同的表达区域发挥作用（参见第 13 章）。可以只选取其中一个增强子，将它与**报告基因**（**reporter gene**）如 *Gfp* 或 *lacZ* 相连，并利用这个构建体制作果蝇转基因品系。然后，通过对胚胎、幼虫或成虫盘进行荧光显微镜检查（针对 GFP）或 X-Gal 染色（针对 *lacZ* 基因表达的 β-半乳糖苷酶产物），就可以揭示这个特定增强子的活性区域，这通常代表了正常基因多个表达区域中的一个。与通过原位杂交观察内源基因的信使 RNA 相比，使用此类报告基因更具特异性和敏感性。

增强子捕获（**enhancer trap**）品系（另见第 3 章和第 10 章）是一种转基因果蝇，其中报告基因以特定的空间模式表达，这种空间模式反映了内源性增强子的活性，但在这种情况下，增强子是通过随机插入的方式被鉴定出来的。构建增强子捕获品系的方法是，注射一个构建体，其中报告基因受一个弱启动子的控制。这个启动子太弱，无法驱动基因表达，除非构建体恰好整合到基因组中靠近增强子序列的位置，在这种情

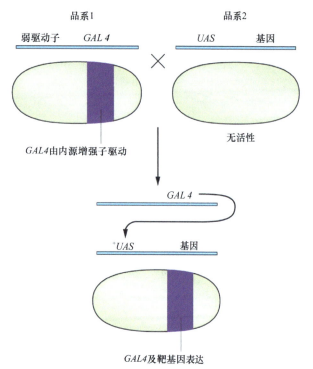

图 19.5 用于转基因异位过表达的 GAL4 方法。当两个转基因品系杂交时，后代将表现出目标基因的组织特异性表达。

况下，报告基因就会按照该增强子的特征模式进行表达。通过这种方法，已经创建了许多品系，它们具有特定的 *lacZ* 基因表达模式，其中许多模式与已知基因的表达模式相似，但也有许多是新的模式。这些品系在实验中很有用，因为只需使用 X-Gal 染色，就可以突出特定的细胞群体，便于观察。

增强子捕获方法的一种变体可用于驱动任何感兴趣基因的**异位**（**ectopic**）表达。这基于来自酵母的 GAL4 调节系统。GAL4 是一种锌指类转录激活因子，其与上游激活序列（upstream activating sequence, UAS）结合，可以驱动克隆到 *UAS* 下游的任何基因序列的表达。首先，制备增强子捕获品系，其中导入的基因不是 *lacZ*，而是 *Gal4*。然后，制备另一种转基因果蝇品系，其中感兴趣的基因与 *UAS* 相连。当这两个果蝇品系的个体杂交时，GAL4 会在其增强子的控制下表达，并且会通过 *UAS* 上调目标基因的表达。目标基因表达的空间模式将取决于用于驱动 *Gal4* 的增强子（**图 19.5**）。与"FLP-out"技术（本章将对其进一步讨论）一起，这是在成虫盘中实现区域特异性基因过表达的常用方法。

有丝分裂重组

虽然同源染色体之间的重组通常发生在减数分裂过程中，但也可以通过一些方法迫使其在有丝分裂过程中发生。当在一个杂合突变（+/−）细胞中诱导重组时，可以产生一对细胞，其中一个是 +/+，另一个是 −/−（**图 19.6**）。它们生长形成两个相邻的克隆，称为**孪生斑**（**twin spot**）。+/+ 克隆通常不可见，但生成突变体（−/−）克隆的能力至少有以下四个用途：

1. 对成虫盘的决定进行**克隆分析**（**clonal analysis**）。没有克隆限制意味着没有决定。

2. 检查突变的**自主性**（**autonomy**）。如果突变不仅影响克隆本身，还影响周围环境，那么它就被认为是非自主的。这意味着它直接或间接地影响了某些细胞间的信号转导机制。

3. 研究在胚胎发育过程中致死的突变的后期表型。通常情况下，一个使整个胚胎发育停滞的突变，在细胞水平可能并不是致死的。因此，在其他方面正常的幼虫或成虫中的突变克隆很可能是能够存活的。这样的克隆可能会表现出形态学上的缺陷，这表明该突变基因在后期具有某种功能，而这种功能在其他情况下是无法观察到的。

4. 个别基因的局部过表达。这是对"幼虫发育的遗传研究"部分描述的 GAL4 方法的补充。GAL4 根据用于驱动它的启动子产生一种特定的过表达模式，而有丝分裂重组可以产生一组随机的过表达克隆。这两种方法在成虫盘发育的研究中都被广泛使用。

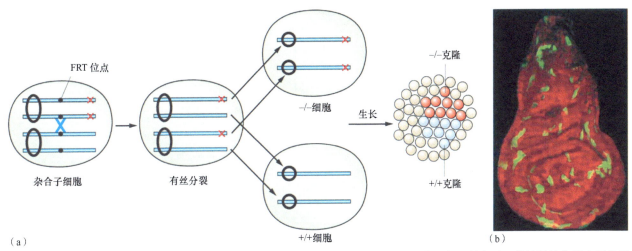

图 19.6　(a) 有丝分裂重组产生一个由 −/− 和 +/+ 克隆组成的孪生斑。突变的位置由红色叉号表示，着丝粒的位置由黑色圆圈表示。重组发生在 FRT 位点，由 FLP 重组酶催化。(b) 包含多个标记克隆的一个翅成虫盘。在这里使用的 MARCM 方法中，克隆本身（而不是背景）是绿色的。来源：Lee & Luo（1999）. Neuron. 22, 451−461。

如果诱导有丝分裂重组的目的是在正常发育中观察克隆，那么所使用的突变不应该干扰发育，而只是改变细胞的外观。最初用于此目的的突变是角质层标记，如 *yellow* 和 *multiple wing hairs*，但这些突变具有局限性，它们只能在成虫中观察到，而在胚胎或幼虫阶段无法观察到。最近，已经引入一些编码 GFP 和其他荧光蛋白的转基因标记，这些转基因标记具有更广泛的用途（图 19.6b）。

在早期的实验中，有丝分裂重组是通过 X 射线照射诱导的，这会导致染色体断裂。由于其效率较低，现已被 **FLP 系统**（**FLP system**）所取代。FLP 系统的基本组成部分是 FLP 重组酶（一种来自酵母的酶）和目标 DNA 中的 FRT 位点。FLP 重组酶识别两个 FRT 位点，并催化它们之间发生重组事件。将携带 FRT 位点的果蝇与携带由热休克启动子驱动的 FLP 重组酶的果蝇品系杂交。通过短暂的温度脉冲引发重组过程，导致重组酶的瞬时转录，从而仅在少数几个细胞中引发重组。如果存在一个标记转基因（如 *Gfp* 或 *lacZ*），且其位置比 FRT 位点更远离**着丝粒**（**centromere**），那么这个标记转基因在重组细胞中会丢失，从而产生可以通过该标记的缺失来识别的克隆，而且这些克隆在其他方面发育正常。

通过这种方式，可以产生可识别的克隆，但更常见的应用是创建不仅可见且其中特定的功能基因被敲除或异位表达的克隆。如果目的是在克隆中敲除该基因，那么 FRT 位点需要位于功能突变的着丝粒一侧，这样重组就会产生一个 −/− 克隆，如图 19.6a 所示。上述方法存在一个问题，即标记转基因通常会在突变克隆中丢失，因此在普遍染色的背景下可能很难观察到这些克隆。解决这个问题的一种方法是使用 MARCM（mosaic analysis with repressible cell marker，可阻遏细胞标记的镶嵌分析）程序。在这种方法中，标记基因的表达会被与 FRT 位点和突变基因位于同一条染色体臂上的一个位点持续阻遏。当诱导重组时，阻遏因子会分离到一个克隆中，而标记基因和突变位点会分离到另一个克隆中。这意味着标记基因的表达不再受到阻遏，并且在均匀或未标记的背景下很容易观察到（图 19.6b）。通常使用的阻遏因子是 GAL80，一种可以抑制 GAL4 的酵母蛋白。标记基因本身是由一个广泛表达的启动子驱动的 GAL4，它驱动一个 UAS 报告基因的表达。

用于异位表达的转基因包含一个组成性启动子（用于驱动相关基因的表达），以及一个转录或翻译终止序列（该序列会导致基因产物被截短且失去功能）。这个终止序列两侧有两个 FRT 位点。当诱导重组时，重组酶可以通过这两个相邻 FRT 位点之间的重组来剪切掉终止序列，从而产生表达全长基因的克隆（图 19.7）。这种方法的变体被称为"FLP-out"。并不一定总是需要一个单独的标记基因来识别克隆，因为如果所研究的基因是一个转基因，可以在其编码区中加入一个识别序列。例如，"Myc 标签"是来自 Myc

癌蛋白的一段短肽，可以通过用特异性抗体进行免疫染色来识别，从而使突变克隆能够被观察到。

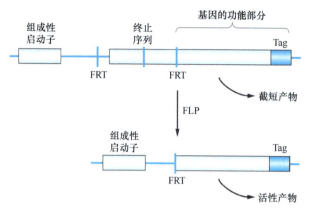

图 19.7 通过 FLP-out 方法在克隆中上调转基因的表达。

成虫盘的发育

成虫盘的起源

胸成虫盘出现的第一个迹象大约在胚胎发育 5 h，此时胚带处于最大限度的伸展状态。用普通显微镜无法观察到它们，但在由基因 *Distal-less* 的早期增强子驱动的 *lacZ* 表达的转基因胚胎中，这些成虫盘是可以被观察到的。*Distal-less* 编码一种同源结构域转录因子，并且在所有腹侧附器中都有表达。成虫盘的早期发育和 *Distal-less* 增强子的激活，依赖于 *wingless* 基因的作用，*wingless* 编码与脊椎动物 Wnt 因子同源的分泌型信号蛋白。正如第 13 章所讨论的，*wingless* 是胚胎分节所必需的，该基因的无效突变体是致死的。然而，也存在一些能够存活的温度敏感性 *wingless* 突变，对这些突变体的研究显示，翅发育存在几个敏感期。其中第一个敏感期就在发育 5 h 之前，此时需要 *wingless* 来激活 *Distal-less* 增强子。*wingless* 最初在每个副体节的后缘以背-腹条纹的形式表达。在背侧区域，*Distal-less* 的表达受到 Decapentaplegic 作用的抑制。Decapentaplegic 是一种与脊椎动物骨形态发生蛋白（bone morphogenetic protein, BMP）同源的分泌型信号蛋白；在腹侧区域，*Distal-less* 的表达则受到表皮生长因子受体（epidermal growth factor receptor, EGFR）信号的抑制。这两种因子的抑制作用将 *Distal-less* 的表达限制在胚胎两侧的侧面区域。在早期，*decapentaplegic* 基因在胚胎背部 40% 的区域表达（见第 13 章），但后来，其表达模式分化为几条纵向条带。其中一条条带与 *Distal-less* 表达区域的背侧部分重叠，在这个区域，Decapentaplegic 蛋白上调 *Dorsocross* 基因的转录（图 19.8）。*Dorsocross* 基因编码 T 盒转录因子，这些转录因子会阻遏 *wingless* 的表达。此时，Decapentaplegic 蛋白在中胸和后胸中上调早期 *snail* 增强子，但在前胸，由于同源异形基因 *Sex combs reduced* 对转录的抑制作用，*snail* 增强子不会被上调。在这个阶段，只有少数细胞表达 *snail*，中胸大约有 20 个细胞，后胸中大约有 14 个细胞，这些细胞刚好位于表达 *Distal-less* 的腹侧细胞的背侧。在胚带回缩期间，这些背侧原基细胞将与腹侧原基细胞分离，分别形成中胸翅成虫盘和后胸平衡棒盘，腹侧细胞则形成腿成虫盘（图 19.9）。

到胚胎发育 10 h 时，背侧原基也开始表达 *vestigial*，该基因编码一种对于翅和平衡棒发育所需的转录辅助因子。腹侧原基表达 *Sp1* 和 *buttonhead*，它们编码锌指转录因子。大约在这个阶段，所有成虫盘和腹部成组织细胞开始表达 *escargot* 基因，该基因编码一种锌指转录因子。至少在成组织细胞中，它的功能是防止 DNA 的**核内再复制**（**endoreduplication**），从而使细胞维持在能够进行有丝分裂的二倍体状态。

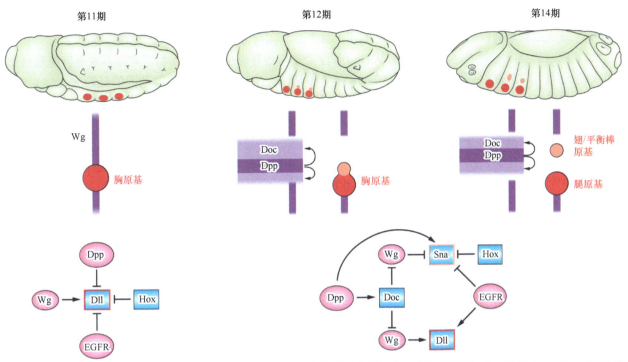

图 19.8　Wingless（Wg）和 Decapentaplegic（Dpp）对胸成虫盘的诱导作用。在延伸胚带阶段，Wg 诱导 *Distal-less*（*Dll*）表达，从而产生胸原基（TP），胸原基为背侧成虫盘原基（DP）和腹侧成虫盘原基（VP）提供细胞。Dpp 和 EGFR 的信号分别抑制背侧和腹侧区域的 *Dll* 表达，而 *Hox* 基因则抑制前胸和腹部区域的 *Dll* 表达。胚带回缩后，新表达的 Dpp 蛋白的外侧条纹上调 *Dorsocross*（*Doc*）基因的表达，Doc 在局部阻遏 *Wg* 表达，分别产生背侧和腹侧原基。Dpp 还诱导背侧原基中 *snail*（*sna*）的表达，而 Wg 和 EGFR 则维持腹侧原基中的 *Dll* 表达。在头部内陷阶段，背侧和腹侧原基分离，形成不同的背侧（翅和平衡棒）和腹侧（腿）区域。

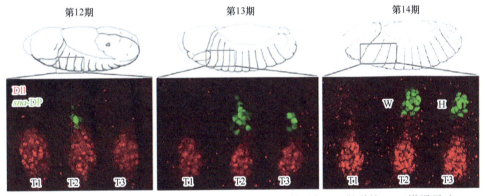

图 19.9　中胸段和后胸段（T2 和 T3）背侧原基形成的胚胎时间进程。使用与 *gfp* 偶联的 *snail* 增强子（*sna*-DP，绿色）检测背侧原基。这个增强子负责 *snail* 在背侧原基（DP）中的表达。腹侧原基的 Distal-less（Dll，红色）通过免疫染色进行检测。来源：Requena et al.（2017）. Current Biology. 27, 3826–3836. © 2017 Elsevier。

区室和选择者基因

　　成虫盘形成后，可以通过**克隆分析**（**clonal analysis**）来追踪其逐步细分的过程。如果在胚盘阶段诱导有丝分裂重组，单个克隆不会跨越体节边界，也不会跨越贯穿每个胸部成虫盘的一条无形的前后边界。这条克隆限制线被称为前后**区室**（**compartment**）边界，它源自早期胚胎的**副体节**（**parasegment**）边界，由 *cubitus interruptus* 和 *engrailed* 系统所界定（**图 19.10**a，参见第 13 章）。这条边界在细胞分裂过程中被遗传下来，并在每个胸成虫盘中得以维持。尽管胸节中的胚盘阶段的克隆被限制在一个区室中，但它们仍然可以在翅成虫盘和腿成虫盘之间穿越，而在幼虫期诱导产生的克隆则被限制在翅成虫盘或腿成虫盘中。这是因为每个胸成虫盘原基最初都源自一个单细胞团，这个细胞团会分裂成两部分（见上文）。

如果标记的克隆非常大，以至于在其大部分长度上都与边界邻接，那么前后区室边界就更容易观察到。这可以通过使用 Minute 突变体来实现，Minute 突变体是一类编码核糖体蛋白的基因的显性突变体。由于蛋白质合成缺陷，携带一个拷贝的 Minute 突变体的果蝇在幼虫期生长缓慢，但它们可以存活并能发育为成虫。通过在 Minute +/−背景下诱导产生 +/+ 克隆，可以使野生型克隆相对于周围组织具有生长优势，结果是单个克隆可以填充最终成虫盘的大部分区域（图 19.11）。值得注意的是，克隆的这种差异性生长并不会干扰器官的最终大小或比例。在翅成虫盘（但不在腿成虫盘）中，还存在一个背腹区室边界，这个边界在幼虫的第二龄期建立（图 19.10b）。换句话说，在第一龄期诱导产生的克隆会跨越翅成虫盘的背侧和腹侧部分，而在第二龄期后期诱导产生的克隆则会被局限于背侧或腹侧。

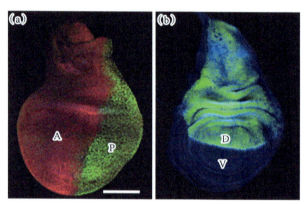

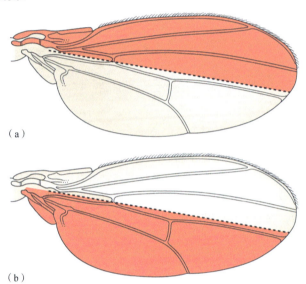

图 19.10　第三龄期翅成虫盘的前后区室和背腹区室。(a) 后室中 Engrailed（绿色）和前室中 Cubitus Interruptus（红色）的免疫染色。标尺：100 μm。(b) GFP 报告基因在背侧区室中显示 apterous 的表达。标尺：50 μm。来源：(a) 转载自 Smith-Bolton et al. (2009)，经 Elsevier 许可；(b) Desplan, C., et al., (2015). PLOS Genetics. 11, e1005376。

图 19.11　使用 Minute 技术显示前室和后室。在 Minute 背景上诱导产生一个正常克隆，该克隆会填满整个区室。(a) 前室，(b) 后室。来源：Lawrence (1992). The making of a Fly. Blackwell, Oxford., © 1992 John Wiley & Sons。

每个区室的细分都依赖于一个特定**选择者基因**（**selector gene**）的表达。后室由 engrailed 基因的表达所界定，该基因编码一种同源域转录因子。Engrailed 活性界定了每个胚胎副体节中的前侧细胞条带，但由于成虫盘在副体节边界处形成，所以这部分后来就成为了成虫盘的后部区域。engrailed 的无效突变体是胚胎致死的，但也存在一些能够存活的亚效等位突变体，并且会使翅的后部区域部分转化为前部区域。通过有丝分裂重组实验诱导的克隆可能会随机出现在前室或后室中。如果在前室中诱导缺乏 engrailed 功能的克隆，这些克隆会仍然局限在前室，并产生正常的解剖结构。如果在后部产生这样的克隆，它们会产生解剖学缺陷，并且受影响的细胞可能会跨越到前室（图 19.12）。这些实验表明，engrailed 功能界定了后室的特征，而默认情况下，缺乏 engrailed 的表达则界定了前室。细胞运动的实际障碍是区室之间细胞黏附性的差异，这是由整合素和一些依赖 engrailed 而表达的组分造成的。尽管所涉及的细胞黏附分子的具体细节仍不确定，但前部和后部细胞确实会按照第 6 章中描述的方式相互分离（图 6.11）。

翅成虫盘的背侧区室由 apterous 的表达所定义，apterous 是一种编码 Lim 类转录因子的基因（图 19.10b）。apterous 的表达在幼虫第二龄期开始，与背腹克隆限制的时间一致，并且仅在背侧室中表达，腹侧室不表达，apterous 由 vein 基因编码的一种神经调节蛋白样信号激活。神经调节蛋白（neuregulin）通过 EGFR 发挥作用，Egfr 基因功能缺失会阻止 apterous 的激活。我们可以看到，在成虫盘发育过程中，Egfr 被多次用于执行不同的功能。如果在翅成虫盘中诱导产生缺乏 apterous 功能的克隆，这些克隆在腹侧会正常发育，但在背侧克隆的边界周围会形成异位的翅缘。缺乏 *apterous* 的细胞位于克隆内部，并产生腹侧刚毛，而克隆周围表达 *apterous* 的细胞则形成背侧刚毛。因此，异位的背腹边界与正常的背腹边界一样，都出现在 *apterous* 活性的边界处。

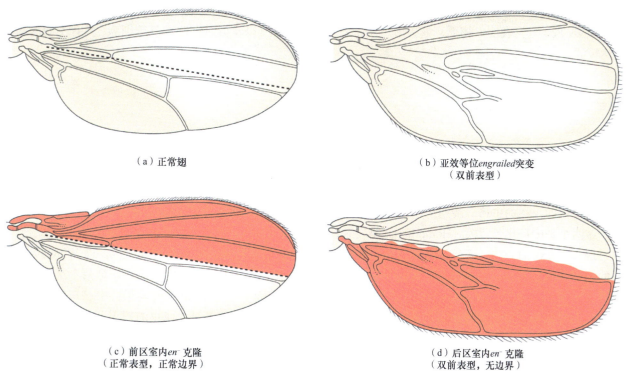

（a）正常翅

（b）亚效等位 *engrailed* 突变
（双前表型）

（c）前区室内 *en⁻* 克隆
（正常表型，正常边界）

（d）后区室内 *en⁻* 克隆
（双前表型，无边界）

图 19.12　基因 *engrailed* 的功能。(a,b) *engrailed* 一个能够存活但表现为亚效等位基因的突变体，会产生一个结构趋于双前部的翅膀。(c,d) 缺乏 *engrailed* 的克隆遵守前侧的区室边界，但不遵守后侧的区室边界。来源：Lawrence (1992). The making of a Fly. Blackwell, Oxford., © 1992 John Wiley & Sons。

　　尽管到幼虫第三龄期时，成虫盘在外观上仍未分化，但它们已经呈现出复杂的基因表达模式（图 19.13）。对成虫盘和成虫盘片段进行体外培养的效果并不理想，不过使用一种特殊的黏性培养基，可以使它们存活足够长的时间，以便观察外翻的过程。当将成虫盘片段注射到成年雌性果蝇的腹部时，它们可以长期存活（图 19.4）；通过连续移植，它们可以存活许多年，远远超过其正常寿命。将成虫盘片段植入第三龄期末期的幼虫体内，它们会与宿主组织一起分化，并形成在正常发育过程中该部分成虫盘所形成的所有结构。这已被用于构建**命运图**（**fate map**），以显示成虫身体的各个部分分别来自每个成虫盘的哪个部分。

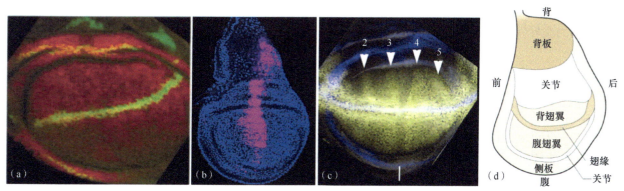

图 19.13　翅成虫盘中 Wingless、Dpp 和 Vestigial 的表达。(a) Wingless，绿色，用 *lacZ* 报告基因进行可视化观察。红色显示 Nubbin 蛋白。(b) Dpp，紫丁香色，用 *GAL4* 报告基因进行可视化观察。蓝色是 DAPI。(c) Vestigial，黄色，免疫荧光，蓝色为 Wingless。箭头突出了 Vestigial 表达的峰。(d) 特化图显示从每个部分发育出的结构。来源：(a) 自 Neumann and Cohen (1998). Science. 281, 409−413。(b) Matsuda and Affolter (2017). eLife. 6, e22319。(c) Baena-Lopez and Garcia-Bellido (2006). PNAS 103, 13734−13739。

严格来说，这些图谱应该被称为**特化**（**specification**）图，因为它们实际上采用了分离培养的方法（见第 4 章）。成年果蝇的表皮有非常丰富的各种特化结构，如熟练的观察者能够识别的毛和刚毛。因此，命运图谱可以具有相当高的分辨率。在翅成虫盘中，近端部分形成胸部背板（胸部的背侧角质层），远端部分形成侧板（翅膀和腿部之间角质层），中间部分形成翅翼和翅关节（图 19.13d）。对产卵 96 h 后的翅成虫盘进行单细胞 RNA-Seq 分析表明，翅翼、翅关节、胸部背板和围足膜（以及成肌细胞和气管细胞）具有不同的基因表达模式。

翅成虫盘的区域图式化

现已对正常发育中的一些成虫盘的图式化机制有了很好地理解，但这里仅描述翅成虫盘的情况。尽管所有成虫盘的图式化原理相似，但也存在一些差异。成熟的翅成虫盘不仅形成翅翼，还形成背板、侧板和翅关节（图 19.13d）。在幼虫发育过程中，这些结构域是通过 EGFR 和 Wingless 信号通路的相互抑制作用而逐渐被特化的。在幼虫第二龄期早期，表皮生长因子（EGF）配体 Vein 激活 homothorax 和 teashirt 基因的表达，这两个基因特化了背板。Homothorax 是转录辅助因子，Teashirt 是锌指转录因子。Vein-EGFR 信号转导也阻遏 wingless 的表达。随着翅成虫盘的生长，Vein-EGFR 信号转导被限制在近端区域，而 Wingless 在未来的翅翼区域变得活跃。在这里，Wingless 诱导了 nubbin 基因和 vestigial 基因的表达，这两个基因特化了翅翼。Nubbin 是 POU 结构域转录因子，Vestigial 是转录辅助因子。vestigial 突变是果蝇中已知的最早突变之一，会导致第三龄期翅成虫盘的翅翼区域发生广泛的细胞死亡。结果是，成虫的翅翼几乎完全缺失。在破坏翅成虫盘中 wingless 表达的突变体中也观察到翅翼的缺失，但在这种情况下，翅翼被近端结构的重复所取代。位于背板和翅翼之间的翅关节，是由 Wingless、Homothorax 和 Teashirt 的联合作用所特化的。

背腹图式

如在"区室和选择者基因"部分所述，Vein-EGFR 信号转导激活背翅成虫盘中 apterous 的表达（图 19.10b）。已知 apterous 是翅翼发育所必需的，因为 apterous 突变体中翅翼缺失。Apterous 的一个关键功能是上调 Notch 信号通路组分的表达，包括 Notch、Delta、Serrate 和 fringe。Notch 是配体 Delta 和 Serrate 的受体，而 Fringe 是一种糖基转移酶，可修饰高尔基体中的 Notch。通过这种方式，Fringe 改变了 Notch 对 Delta 和 Serrate 的结合特异性。fringe 的激活是对 Apterous 的一个关键响应，因为一个由 apterous 启动子驱动 fringe 表达的转基因能够挽救 apterous 突变体中翅翼的形成。当这些基因异位表达或从克隆中缺失时，它们的作用大致相似。异位表达往往会产生异位的翅缘斑块，而基因缺失往往会导致翅缘缺陷，甚至翅翼完全缺失（见图 3.1）。成虫的翅缘在发育上具有重要意义，因为它源自幼虫翅成虫盘的背侧和腹侧区室之间的交界处。Notch、Delta 和 Serrate 之所以得名，是因为它们的基因发生突变时，翅缘的发育受到了干扰。

Serrate 位于翅成虫盘的背侧室，而 Delta 则遍布整个翅成虫盘（图 19.14）。然而，Notch 主要沿背腹边界处被激活，而不在成虫盘的其余部分受到激活。这一现象是由该系统的两个特性所导致的。首先，由于 Notch 信号激活编码 Notch 通路组分（特别是 Delta、Serrate 和 Notch 本身）的基因表达，因此存在正反馈。其次是 fringe 的作用，它仅在背侧区室中表达。Fringe 通过添加糖基残基来对 Notch 进行修饰，使其对 Delta 更加敏感，而对 Serrate 敏感性降低。由于 Fringe 的作用，背侧的 Notch 对 Delta 更敏感，因此在整个背侧区室，Notch 都会适度激活，导致 Delta 和 Serrate 的产生量略有增加。但是，由于 Fringe 的存在，Serrate 对背侧区室没有影响。它对腹侧区室中缺乏 Fringe 的第一列细胞影响最大。结果是，这一列细胞会产生更多的 Serrate 和 Delta。然后，这就会形成一种自催化效应，因为 Serrate 和 Delta 的局部增加会导致编码 Notch 信号通路组分的基因表达增加。其效果是，Notch 信号通路组分的基因表达和信号活性仅在背腹边界处被上调。这一点通过使用 GAL4 系统错义表达 Delta 和 Serrate 得到了证实。研究表明，Delta 可以驱动背侧区室中 Serrate 的转录增加，而 Serrate 可以驱动腹侧区室中 Delta 的转录增加。

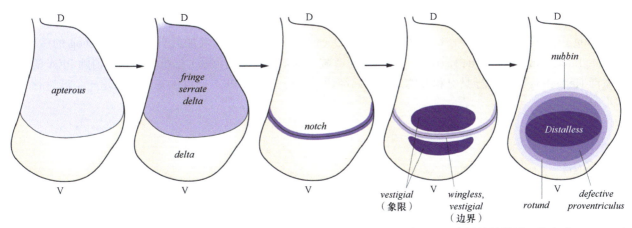

图 19.14　翅成虫盘的背腹图式化。背侧区室中的 *apterous* 上调 *fringe*。Notch 在 *fringe* 边界处被激活，并启动 *wingless* 和 *vestigial* 表达。Decapentaplegic 也通过 quadrant 增强子启动 *vestigial*。最后，一组同心排列的转录因子开始表达，它们控制着翅近远图式的分化。

　　Vestigial 是翅细胞增殖所需的转录辅助因子，通常在整个未来翅翼区域中都有转录。它具有"主控基因"的地位，当其在其他成虫盘中表达，可以迫使这些盘形成翅翼。*Vestigial* 基因有两个增强子，每个增强子都对翅成虫盘中活跃的信号系统之一做出响应。其中一个增强子称为边界增强子，由 Notch 信号转导激活，通常在背腹边界处表达时。第二个增强子是象限（quadrant）增强子，由 Decapentaplegic 信号激活，这会在未来翅翼区域的其余部分上调 *vestigial* 的表达。Decapentaplegic 在前后区室边界处表达，这在"前后图式"部分中有讨论。

　　区室间相互作用的最终结果是，*wingless* 在未来翅缘处被激活，而 *vestigial* 在整个未来翅翼区域被激活（图 19.14）。翅的近远轴图式由一组嵌套的转录因子基因表达域体现，这些基因表达域从远（中心）到近（周边）呈同心排列：*Distal-less*（同源域）、*defective proventriculus*（同源域）、*rotund*（锌指）和 *nubbin*（POU 域）。这些基因至少部分是由 Wingless 信号和 Notch 信号的组合上调的，并最终形成了由翅关节、翅近端和翅翼组成的可见结构的近远轴图式。

前后图式

　　在翅成虫盘中，存在一个独立的信号系统，负责建立前后轴上的区域图式。它依赖于 Decapentaplegic 信号梯度，该梯度在前后区室边界处达到峰值。基本的模型可以总结如下：转录因子 Engrailed 在后区室中表达，在那里它上调 *hedgehog* 基因的转录。*hedgehog* 编码一种细胞外信号分子，作用于邻近前后区室边界的前部细胞，促使这些细胞上调 *decapentaplegic* 基因的转录。Decapentaplegic 蛋白形成一个梯度，在前后区室边界处浓度较高，在成虫盘边缘浓度较低。这个梯度通过在不同浓度阈值下激活不同的转录因子，实现了前室和后室的图式化。因此，*spalt* 在翅翼中最靠近前后边界的区域表达，随后是表达 *optomotor-blind* 的区域，以及在翅缘处表达 *brinker* 的区域。

　　该模型的证据来自各种实验，主要包括在克隆中敲除基因的活性，或者进行基因的异位表达（通过 FLP-out 克隆技术或 GAL4 方法）。前后区室边界在早期胚胎发生过程中形成，因为 *engrailed* 在每个副体节中以前侧条纹的形式表达。如"区室和选择者基因"部分所述，成虫盘在副体节边界周围形成，因此 *engrailed* 的活性界定了每个成虫盘的后区室。*engrailed* 在后区室的异位表达会产生正常的克隆，但在前区室的异位表达会产生异常的克隆，这些异常克隆会在周围组织中产生图式重复（图 19.15a）。由于 engrailed 是一种转录因子，这些克隆的非自主性表明，表达 *engrailed* 的细胞必定会发出某种信号。如果通过有丝分裂重组去除 *engrailed*，前区室的克隆是正常的，但后区室的克隆会表现出过度增殖和图式重复（图 19.15a）。

　　与胚胎发生中一样，表达 *engrailed* 的细胞发出的信号是 Hedgehog，这是一种能够短程扩散的信号分子。后部区室的细胞不能对 Hedgehog 做出反应，但前部区室的细胞可以。因此，Hedgehog 信号的作用是刺激前后区室边界的一排细胞。如第 13 章所述，其效果是上调 Gli 型转录因子 Cubitus Interruptus 的表达。Cubitus Interruptus 的靶基因包括 *decapentaplegic* 和 *patched*，*patched* 编码 Hedgehog 受体。因此，对 Hedgehog 信号的响应是，接收信号的细胞分泌 Decapentaplegic，并且增加其自身对 Hedgehog 的敏感性。Cubitus Interruptus 活性受蛋白激酶 A（PKA，环磷酸腺苷依赖性蛋白激酶）拮抗。因此，消除 PKA 的功能与激活 Hedgehog 信号转导具有相似的效果。已经通过使用去除了 PKA 活性的克隆，对这一主题进行了许多实验。

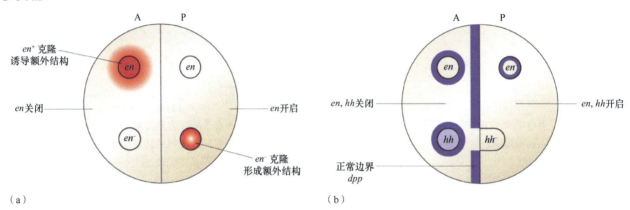

图 19.15 （a）*engrailed*（en）表达改变后的克隆的行为。前室中，过表达 *engrailed* 的克隆会在其周围环境中诱导图式重复；后室中，缺乏 *engrailed* 活性的克隆本身会形成异位结构。（b）*engrailed* 或 *hedgehog*（hh）表达发生改变的克隆对 *decapentaplegic*（dpp）增强子活性的影响。缺乏 *engrailed* 的后部克隆上调 *decapentaplegic* 增强子，但仅限于它们与周围后部组织邻接的地方。表达 *engrailed* 的前部克隆上调周围环境中的 *decapentaplegic* 增强子。缺乏 *hedgehog* 的后部克隆阻止 *decapentaplegic* 在正常边界处的表达。表达 *hedgehog* 的前部克隆在内部和周围上调 *decapentaplegic* 的表达。

这一过程的证据来自对异位表达 *hedgehog* 的克隆和缺乏 *hedgehog* 活性的克隆的研究（图 19.15b）。如果产生 Hedgehog 的克隆位于后部区室，则其表现正常。如果它们位于前部区室，它们会在克隆周围的组织中引起图式重复，就像表达 *engrailed* 的克隆一样。如果在携带与 *decapentaplegic* 启动子相连的 *lacZ* 报告基因的宿主中诱导表达 *hedgehog* 的克隆，则可以看到前部区室中的克隆会上调 *decapentaplegic* 启动子的活性，而后部区室中的克隆不会。相比之下，前部区室中表达 *engrailed* 的克隆本身并不表达 *decapentaplegic*，但确实会引起周围细胞中 *decapentaplegic* 的激活。缺乏 *hedgehog* 功能的克隆只有在与前后边界相邻时才会表现出特定表型。在这种情况下，相邻的前部细胞中的 *decapentaplegic* 不会被激活，并且在最终形成的结构图式中会出现局部缺陷。

Decapentaplegic 蛋白前后边界处形成一个梯度，这个梯度决定了前部区室和后部区室的图式。Decapentaplegic 是图式化的主要效应因子，有关证据来自对 *decapentaplegic* 本身异位表达的研究。在前部区室中，这与 *hedgehog* 的作用类似，而在后部区室中，它会诱导图式重复和过度生长。

再生和转决定

可以从三龄幼虫中分离出成虫盘，并将其切成碎片，然后注射到成年雌性果蝇的腹部（图 19.4）。在为期 5 天的时间里，这些片段会生长并**再生**（regenerate），要么替换缺失的部分，要么**复制**（duplicate）已经存在的部分。传统上，会先分离出再生的片段，然后将其注射到三龄期末期的幼虫体内，随着幼虫的变态，这些片段会发生分化。然后，分离出分化的片段，并使用光学显微镜鉴定再生的结构。如今，可以使用原位杂交检测适当的标记物，或者通过报告基因的表达直接观察再生的结果。

也可以通过在原位造成局部损伤来研究成虫盘的再生，例如，通过使用 GAL4-GAL80^{TS} 靶向系统，在特定区域中上调一种细胞致死产物。这是一个温度敏感系统，因此可以精确控制基因缺失的时机。与显微手术方法相比，该技术的优点是可以研究更多的成虫盘，并且更容易进行筛选以鉴定所涉及的基因。也可以通过幼虫的角质层对成虫盘进行原位切割。在这两种情况下，成虫盘都保持在其正常的幼虫环境中，不会经受移植过程带来的额外压力。虽然有报道称存在一些差异，但无论使用何种方法，再生过程似乎都是相似的。

　　当成虫盘被切割时，最初会愈合，使得柱状上皮与围足膜相连接，但随后会发生重新调整，使得柱状上皮的切割边缘相互融合；它还沿着切割边缘形成一个约 15 个细胞宽的**再生芽基**（regeneration blastema，有关芽基的更多信息，请参阅第 24 章）。有丝分裂局限于芽基中，芽基形成再生所需的所有细胞。切割会导致 c-Jun N 端激酶（JNK）的局部激活，JNK 是一种在许多组织中响应应激和组织损伤而被激活的激酶，也见于脊椎动物的肢体再生和皮肤伤口愈合过程。JNK 反过来会激活伤口边缘受损细胞中的凋亡途径，并促使再生芽基中的细胞进行有丝分裂，这可能是通过激活 Hippo 信号通路来实现的，Hippo 信号通路与许多组织的生长相关。芽基也会表达 wingless，这种信号蛋白会诱导 Myc 和 Cyclin E 的表达，它们会促进芽基中的有丝分裂。

　　再生过程中细胞命运是如何恢复的，目前仍未完全了解，但通常认为这一过程重复了正常的发育过程。已在腿成虫盘中对再生进行了深入的研究，而腿成虫盘的发育与翅略有不同（图 19.16）。在腿成虫盘中，后部区室仍存在 *engrailed* 和 *hedgehog* 的表达，但不存在背腹边界。Hedgehog 诱导 *wingless*（在腹前区域）和 *dpp*（在背前区域）的表达。Wingless 和 Hedgehog 信号转导联合效应最大的中心点成为腿的远顶端，并上调 *vein* 的表达，*vein* 编码一种神经调节蛋白样因子，可以激活 EGFR。由此产生的从远端到近端的 EGFR 激活梯度控制着跗节（腿部最远端部分）的图式，可能还包括更靠近近端部分的图式。

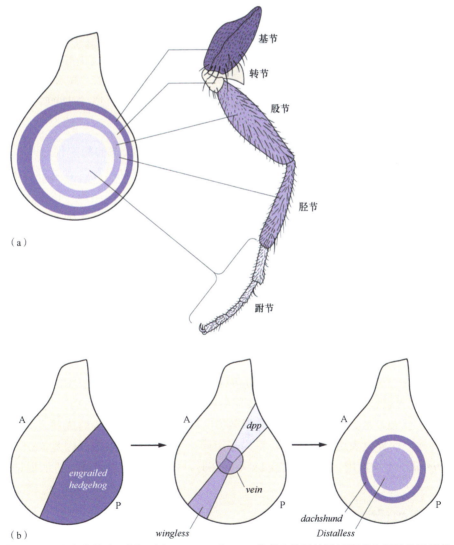

图 19.16　腿成虫盘。（a）腿成虫盘的命运图。（b）Wingless 和 Dpp 的联合作用按近远顺序上调转录因子的表达。

当腿成虫盘被切割时，芽基和过度的细胞分裂会持续存在，直到 Wingless 和 Decapentaplegic 梯度恢复到正常的陡峭程度。当一个梯度在成虫盘的新区域中重新建立时，就会出现复制现象，因为结构是根据局部浓度形成的，而现在相同的浓度出现在两个地方而不是一个地方。然而，只有在 *hedgehog*、*wingless* 和 *decapentaplegic* 表达域邻接的地方，远端部分才会再生。例如，只有当表达 *wingless* 的克隆与表达 *decapentaplegic* 的区域相邻时，诱导这些克隆才会产生远端部分。在前胸腿成虫盘中，围足膜本身会表达 *hedgehog*，而在第二和第三胸节的腿成虫盘中则不会。这意味着在围足膜与柱状上皮连接的初始愈合阶段之后，*hedgehog* 可能会诱导额外的 *wingless* 或 *decapentaplegic* 区域，这为从相对较小的片段进行再生提供了一种机制（图 19.17a）。

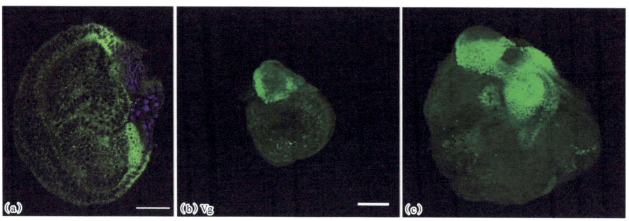

图 19.17　第一（前胸）腿成虫盘的再生。蛋白质通过免疫染色可视化。(a) 体内培养 2 天后，前部片段再出生后部细胞。Engrailed（后室）为洋红色，Cubitus Interruptus（前室）为绿色。标尺：25 μm。(b,c) 在"脆点"处的转决定现象，通过翅标记 Vestigial 的表达进行可视化：(b) 培养 4 天（标尺：100 μm）；(c) 培养 7 天。来源：Schubiger et al.（2010）. Dev. Biol. 347, 315-324，经 Elsevier 许可。

最早在成体宿主中培养成虫盘片段的实验旨在测试已决定细胞状态的稳定性。从成年雌性体内分离出再生的成虫盘，将其切碎，重新注入新的成体宿主体内，此实验重复进行，有时可持续多年。每次将成虫盘切碎时，都会将一个片段注射到第三龄期幼虫体内，以观察分化出的结构。在大多数情况下，片段保持了其最初的决定状态，例如，翅成虫盘会产生翅的结构，而腿成虫盘将产生腿的结构。这表明决定状态是非常稳定的。然而，有时会观察到成虫盘的类型会转变为不同的类型，如从腿成虫盘变成翅成虫盘，这被称为**转决定**（**transdetermination**）（图 19.17b，c）。现在已知，如果通过"脆点"（weak point）切割成虫盘，则可以可靠地产生转决定现象。就腿成虫盘而言，脆点位于 *decapentaplegic* 表达区域的中心，这是一个对 *wingless* 自催化上调敏感的区域。整个成虫盘都存在低水平的 *wingless* 表达，在这个脆点区域中，创伤会增加细胞的敏感性，使得 *wingless* 的表达自我激活并集聚到一个高位水平。由于现在 Wingless 和 Decapentaplegic 一起高水平表达，其结果是上调了 *vestigial* 的表达，并使腿成虫盘的一部分发生同源异形转化，具有了翅的特征。

现已证实，即使在完整的腿成虫盘中，*wingless* 的异位表达也能在相同的位置引发转决定现象。*vestigial* 的异位表达也已被证明会导致腿成虫盘或平衡棒成虫盘发育出翅的结构。这就解释了第 13 章中所描述的 *Ultrabithorax*（*Ubx*）突变所产生的同源异形效应。*Ubx* 是 Hox 基因簇的成员之一，其功能缺失突变会使平衡棒转变为翅，而异位表达则会使翅转变为平衡棒。出现这种现象的原因是，Ubx 抑制 Wingless 和 Notch 通路对 *vestigial* 的上调作用，因此，当 Ubx 不存在时，*vestigial* 得以表达，进而促进翅的发育。

形态发生素梯度和极性

果蝇成虫盘为**形态发生素**（**morphogen**）在细胞外的**梯度**（**gradient**）存在提供了一些最有力的证据。特别是，通过抗体染色或观察转基因果蝇中 GFP 融合蛋白，已经直接观察到了 Decapentaplegic 和 Wingless

的梯度。对翅成虫盘的研究表明，使用热休克调控的转基因可以启动 Decapentaplegic-GFP 融合蛋白的梯度形成。这个梯度大约在 7 h 内逐渐建立，并且在大约 25 个细胞直径的范围内呈指数形式分布，正如局部源头−分散汇模型所预测的那样（图 19.18a）。在这个范围内，MAD（mothers against decapentaplegic，脊椎动物 SMAD 的同源物）会发生磷酸化，表明该配体具有生物活性。然而，在这个梯度中，大部分 Decapentaplegic 蛋白是以缓慢扩散的细胞内形式存在的，目前尚不清楚剩余的细胞外形式是否足以决定成虫盘的图式。其移动可能涉及与 Decapentaplegic 的受体 Thickveins 的相互作用，因为如果由转基因构建体编码的 Decapentaplegic 无法结合 Thickveins，就不会形成梯度。如果诱导产生一个缺乏 Thickveins 的克隆，那么 Decapentaplegic-GFP 不会扩散穿越该克隆，而是会在克隆的信号源一侧积聚（图 19.18b）。

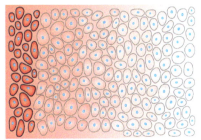
（a）正常梯度

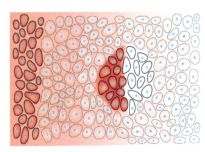
（b）Dpp 受体功能缺失克隆

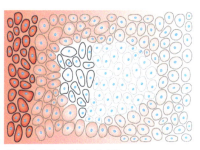
（c）发动蛋白功能缺失克隆

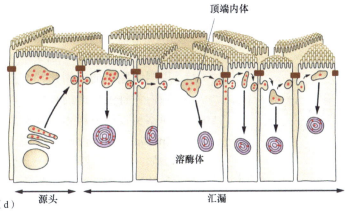

图 19.18　翅成虫盘中的 Decapentaplegic 梯度：(a) 正常；(b) 缺乏 Decapentaplegic 受体的克隆的效应；(c) 缺乏发动蛋白的克隆的影响；(d) 平面胞吞转运模型。来源：González-Gaitán（2003）. Mech. Dev. 120, 1265-1282, © 2003 Elsevier。

　　除了简单扩散之外，另一种替代模型涉及**胞吞转运**（**transcytosis**），在这种模型中，浓度梯度是通过受体结合、内化和再释放的主动过程来建立并维持的。配体−受体复合物的内化需要发动蛋白（dynamin，一种马达蛋白）和小 GTP 酶 Rab5 的活性。梯度同样无法跨越缺乏发动蛋白的克隆（图 19.18c）。此外，*Rab5* 的突变体会改变浓度梯度的作用范围：功能缺失会缩小梯度的作用范围，而功能获得则会扩大梯度的作用范围。该模型预测，小囊泡会携带受体-Decapentaplegic 复合物穿过细胞，然后在细胞的另一侧释放 Decapentaplegic 蛋白（图 19.18d）。然而，即使野生型细胞被缺乏 Thickveins 的细胞包围，它们仍然能够对 Decapentaplegic 蛋白做出反应，这表明胞吞转运不能解释 Decapentaplegic 蛋白的所有移动情况。

　　另一种模型涉及 Decapentaplegic 沿着称为**细胞突触桥**（**cytoneme**）的细丝状伪足移动。在翅成虫盘中，细胞突触桥从细胞的顶端表面延伸至前后区室边界，在那里它们与产生 Decapentaplegic 的细胞相接触。这些细胞突触桥充满了 Thickveins；因此，Decapentaplegic 不必长距离扩散即可与响应细胞接触。然而，目前尚不清楚这是如何建立 Decapentaplegic 梯度的。在翅成虫盘的基底表面也观察到了细胞突触桥，它们延伸穿过前后区室边界。实时成像显示，它们将 Hedgehog 运送到区室边界的前侧，从而启动细胞信号转导。因此，细胞突触桥可能涉及胞吞转运模型的某些方面。

　　Wingless 的梯度也呈指数形式，但要陡峭得多，其有效范围大约为 11 个细胞。其运输机制与 Decapentaplegic 蛋白不同，因为去除发动蛋白对其没有影响。已经观察到 Wingless 在内体（endosomes）中

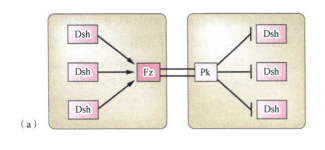

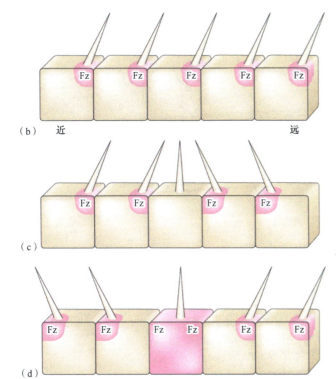

图 19.19　平面细胞极性系统。(a) 涉及 Frizzled 和 Prickle-Spiney leg 的复合物的形成导致细胞极化的传播。(b) 翅毛的正常方向。(c) 缺乏 Frizzled 的细胞周围毛发的方向。(d) 过度产生 Frizzled 的细胞周围毛发的方向。

的运输，以及含有 Wingless 的细胞突触桥。这些对成虫盘系统中两种形态发生素的细致研究表明，不同的形态发生素可能通过截然不同的过程进行运输。

还有一个方面涉及任何身体部位的图式，即单个细胞的**极性**（**polarity**），这在果蝇的附肢（如翅）中表现得很明显（图 19.19）。每个翅细胞都有一根肌动蛋白前毛（prehair），其方向指向远端。这种细胞极性利用了 Wingless 信号通路的许多组件，这些组件以对称性破缺的方式发挥作用。Wingless 受体 Frizzled 会招募 Dishevelled。这既可以稳定 Frizzled 的积累，也可以吸引相邻细胞上的 Prickle-Spiney leg（一种 LIM 结构域蛋白），从而将 Dishevelled 排斥到其所在细胞的另一侧。Dishevelled 在第二个细胞的另一侧积累，促使在该位置与 Frizzled 结合形成另一个复合物，并吸引下一个相邻细胞同一侧的 Prickle。最终结果是，从一种均匀的状态开始，极性可以自发地产生并在细胞之间传播。这种机制的主要证据来自对 *frizzled* 突变体的研究。如果诱导产生缺乏 *frizzled* 的克隆，那么周围正常细胞上的毛往往会指向该克隆。另外，如果产生过表达 *frizzled* 的克隆，周围细胞上的毛则往往会指向远离克隆的方向。细胞内各种蛋白质的积累可以通过使用共聚焦显微镜观察免疫染色样本而观察到。类似的**平面细胞极性**（**planar cell polarity**）系统也在其他动物中起作用，例如，在爪蛙原肠胚形成过程中对细胞取向的控制，尽管在脊椎动物中，整体极性是由 Wnt 家族的成员（如 Wnt5 和 Wnt11）控制的。

在果蝇中，存在一个完全独立的细胞极性系统，该系统基于两种非典型钙黏蛋白 Fat 和 Dachsous，以及位于高尔基体中的一种激酶 Fourjointed，该激酶可以通过磷酸化激活 Fat。Dachsous 和 Fourjointed 浓度都呈梯度分布，这是对早期形态发生素梯度的响应。Fat 可以结合相邻细胞上携带的 Dachsous。如果大量 Fat 或 Dachsous 通过这种结合被隔离在细胞的一侧，那么它们就会在另一侧耗尽，从而使细胞极性得以传播。这个系统还与控制生长的 Hippo 信号通路相关联（参见第 21 章），并被认为可以提供有关图式不连续性的信息，而图式不连续性会导致局部细胞过度分裂。

经典实验

发育区室的发现

发育区室的概念是发育生物学的一个基本概念，绝不仅仅局限于果蝇。区室是通过对成虫盘的克隆分析发现的，并被定义为由少数细胞的后代产生的身体结构单位。相邻区室之间的细胞通常不会发生混合。通过对 *engrailed* 突变体特性的研究，发育区室也被确定为同源异形基因的活性域。

第一篇论文描述了标记克隆的行为，第二篇论文介绍了 Minute 技术，该技术可以产生更大、信息更丰富的克隆。第三篇论文实际上是一篇综述，但它很不寻常，因为作者们坚信西班牙学派的工作是如此重要，以至于它们必须得到更广泛的宣传，带有一种使命感。

Garcia-Bellido, A., Ripoll, P. & Morata, G. (1973) Developmental compartmentalisation of the wing disk of *Drosophila*. *Nature New Biology* **245**, 251–253.

Morata, G. & Ripoll, P. (1975) Minutes: mutants of *Drosophila* autonomously affecting cell sdivision rate. *Developmental Biology* **42**, 211–221.

Crick, F.H.C. & Lawrence, P.A. (1975) Compartments and polyclones in insect development. *Science* **189**, 340–347.

新的研究方向

与早期果蝇胚胎一样，由于有强大的遗传学方法可用，果蝇的成虫盘在各种细胞生物学研究主题方面具有潜在的应用价值。伤口愈合与再生，以及细胞间信号转导、细胞内运输、平面细胞极性、生长控制和肿瘤发生等方面，仍然是研究的热点。

要点速记

- 果蝇幼虫经历两次蜕皮，然后形成蛹。在蛹期，幼虫身体的大部分会被一些成虫盘原基的分化所取代。头部、胸部和生殖器的角质层由成虫盘形成，这些成虫盘在胚胎期出现，在幼虫期间生长，但在变态之前，外观上保持未分化状态。
- 有丝分裂重组已被广泛用于分析成虫盘的发育。它可用于克隆分析，或者在随机克隆中敲除或过表达感兴趣的特定基因。
- GAL4方法用于在特定区域中过表达感兴趣的基因。
- 胸成虫盘被一条无形的前后边界细分，这条边界可以通过克隆分析检测到，并且对应于胚胎的副体节边界。每个成虫盘的后部区室由 *engrailed* 基因的活性界定。
- 翅成虫盘在二龄幼虫期进一步细分为背侧和腹侧区室。背侧区室由 *apterous* 基因的活性界定。
- 翅成虫盘的前后图式是由 Engrailed 上调 *hedgehog* 和 Hedgehog 在前后边界处上调 *decapentaplegic* 产生的。这会产生从边界到两个边缘的 Decapentaplegic 蛋白梯度。
- 翅成虫盘的背腹图式由背腹边界处 *Notch* 表达上调和 Notch 信号控制，这会上调 *wingless*。Decapentaplegic、Notch 和 Wingless 信号的协同作用产生了整个成虫盘的细胞分化模式。
- 成虫盘受损后可以再生。切割面愈合在一起，并且在附近形成细胞增殖区域。如果连接处建立一个新的远顶端，则再生缺失部分。如果连接处将形态发生素梯度延伸到新的区域，则导致结构复制。
- 转决定是成虫盘类型的转换，是再生的结果。一些转分化事件可能是由 *wingless* 或 *vestigial* 基因的过表达引起的。
- 对成虫盘中 Decapentaplegic 梯度的研究表明，它依赖于受体介导的内吞作用进行运输，而 Wingless 梯度运输机制则不同。

拓展阅读

综合

Lawrence, P.A. (1992) *The Making of a Fly*. Oxford: Blackwell Science.

Cohen, S.M. (1993) Imaginal disc development, in: Bate, M. & Martinez-Arias, A. (eds.), *The Development of Drosophila melanogaster*. Cold Spring Harbor, NY: Cold Spring Harbor Laboratory Press, pp. 747–841. (Reprinted 2009.)

Brook, W.J., Diaz-Benjumea, F.J. & Cohen, S.M. (1996) Organizing spatial pattern in limb development. *Annual Reviews of Cell and Developmental Biology* **12**, 161–180.

Restrepo, S., Zartman, J.J. & Basler, K. (2014) Coordination of patterning and growth review by the morphogen DPP. *Current Biology* **24**, R245–R255.

Harihan, I. (2015) Organ size control: lessons from *Drosophila*. *Developmental Cell* **34**, 255–265.

Beira, J.V. & Paro, R. (2016) The legacy of *Drosophila* imaginal discs. *Chromosoma* **125**, 573–592.

Ruiz-Losada, M., Blom-Dahl, D., Cordoba, S. et al. (2018) Specification and patterning *Drosophila* appendages. *Journal of Developmental Biology* **6**, 17.

方法

Brand, A.H. & Perrimon, N. (1993) Targeted gene expression as a means of altering cell fates and generating dominant phenotypes. *Development* **118**, 401–415.

Harrison, D.A. & Perrimon, N. (1993) Simple and efficient generation of marked clones in *Drosophila*. *Current Biology* **3**, 424–433.

Lee, T. & Luo, L. (1999) Mosaic analysis with a repressible cell marker for studies of gene function in neuronal morphogenesis. *Neuron* **22**, 451–461.

Blair, S.S. (2003) Genetic mosaic techniques for studying *Drosophila* development. *Development* **130**, 5065–5072.

Worley, M.I., Setiawan, L. & Hariharan, K. (2013) TIE-DYE: a combinatorial marking system to visualize and genetically manipulate clones during development in *Drosophila melanogaster*. *Development* **140**, 3275–3284.

Weasner, B.M., Zhu, J. & Kumar, J.P. (2017) FLPing genes on and off in *Drosophila*. *Methods in Molecular Biology* **1642**, 195–209.

Fox, D.T., Cohen, E. & Smith-Bolton, R. (2020) Model systems for regeneration: *Drosophila*. *Development* **147**, dev173781.

成虫盘再生与转决定

Bryant, P.J. (1978) Pattern formation in imaginal discs, in: Ashburner, M. & Wright, T.R.F. (eds.), *Biology of Drosophila*, Vol. 2c. New York: Academic Press, pp. 229–335.

Campbell, G. & Tomlinson, A. (1995) Initiation of proximodistal axis in insect legs. *Development* **121**, 619–628.

Gibson, M.C. & Schubiger, G. (2001) *Drosophila* peripodial cells, more than meets the eye? *Bioessays* **23**, 691–697.

Maves, L. & Schubiger, G. (2003) Transdetermination in *Drosophila* imaginal discs: a model for understanding pluripotency and selector gene maintenance. *Current Opinion in Genetics and Development* **13**, 472–479.

Bergantiños, C., Vilana, X., Corominas, M. et al. (2010) Imaginal discs: renaissance of a model for regenerative biology. *BioEssays* **32**, 207–217.

Smith-Bolton, R. (2016) *Drosophila* imaginal discs as a model of epithelial wound repair and regeneration. *Advances in Wound Care* **5**, 251–261.

Martin, R. & Morata, G. (2018) Regenerative response of different regions of *Drosophila* imaginal discs. *International Journal of Developmental Biology* **62**, 507–512.

区室

Lawrence, P.A. & Struhl, G. (1996) Morphogens, compartments and pattern: lessons from *Drosophila*? *Cell* **85**, 951–961.

Serrano, N. & O'Farrell, P.H. (1997) Limb morphogenesis: connection between patterning and growth. *Current Biology* **7**, R186–R195.

Blair, S.S. (2003) Lineage compartments in *Drosophila*. *Current Biology* **13**, R548–R551.

Wang, J., Dahmann, C., 2020. Establishing compartment boundaries in *Drosophila* wing imaginal discs: an interplay between selector genes, signaling pathways and cell mechanics. *Seminars in Cell & Developmental Biology* **107**, 161–169.

翅

Zecca, M., Basler, K. & Struhl, G. (1995) Sequential organizing activities of engrailed, hedgehog and decapentaplegic in the *Drosophila* wing. *Development* **121**, 2265–2278.

Cohen, S.M. (1996) Controlling growth of the wing: Vestigial integrates signals from the compartment boundaries. *Bioessays* **18**, 855–858.

Eaton, S. (2003) Cell biology of planar polarity in the *Drosophila* wing. *Mechanisms of Development* **120**, 1257–1264.

González-Gaitán, M. (2003) Endocytic trafficking during *Drosophila* development. *Mechanisms of Development* **120**, 1265–1282.

Kicheva, A., Pantazis, P., Bollenbach, T. et al. (2007) Kinetics of morphogen gradient formation. *Science* **315**, 521–525.

Gradilla, A.C., Gonzalez, E., Seijo, I. et al. (2014) Exosomes as hedgehog carriers in cytoneme-mediated transport and secretion. *Nature Communications* **5**, 5649.

Gonzalez-Mendez, L., Seijo-Barandiaran, I. & Guerrero, I. (2017) Cytoneme-mediated cell-cell contacts for Hedgehog reception. *eLIFE* **6**, e24045.

Raquena, D., Alvarez, J.A., Gabilondo, H. et al. (2017) Origins and specification of the *Drosophila* wing. *Current Biology* **27**, 3826–3836.

Deng, M., Wang, Y., Zhang, L. et al. (2019) Single cell transcriptomic landscapes of pattern formation, proliferation and growth in *Drosophila* wing imaginal discs. *Development* **146**, dev179754.

Chaudhary, V., Hingole, S., Freil, J. et al. (2019) Robust Wnt signaling is maintained by a Wg protein gradient and Fz2 receptor activity in the developing *Drosophila* wing. *Development* **146**, dev174789.

González-Méndez, L., Gradilla, A-C. & Guerrero, I. (2019) The cytoneme connection: direct long-distance signal transfer during development. *Development* **146**, dev174607.

第四部分

生长、进化与再生

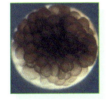

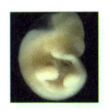

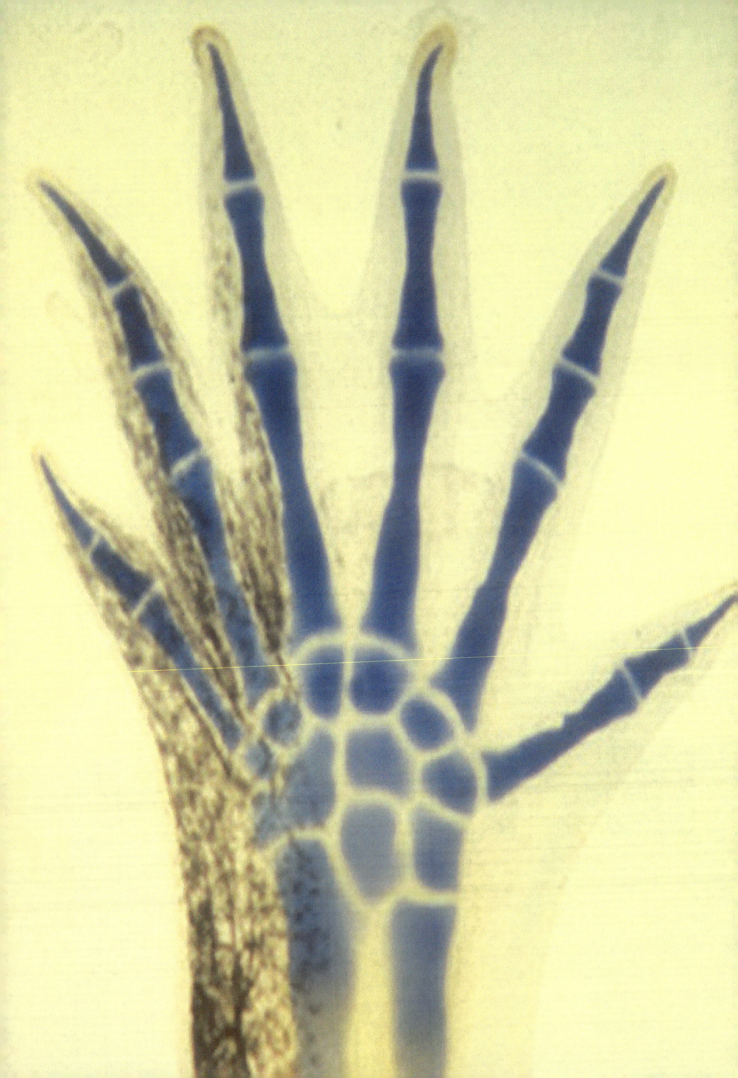

第 20 章

组织结构和干细胞

　　器官发生过程会产生各种器官原基，这些原基通常由多个细胞层组成，并包含致力于形成特定组织类型的定型细胞群。对于某些组织类型而言，其发育在胚胎后期或出生后早期即终止了，如心脏的心肌组织；而对于其他组织类型，发育会贯穿一生，干细胞群体持续产生新的分化细胞，如血液中的各种细胞类型。本章将探讨哺乳动物体内发现的主要组织类型，并特别关注它们的细胞更新机制。

　　器官（**organ**）、**组织**（**organ**）和**细胞类型**（**cell type**）这三个概念常常容易被混淆。例如，当提到"肌肉"时，应该明确所指的是整个解剖学意义上的肌肉，还是仅仅指肌肉内的多核肌纤维。实际上，除了肌纤维之外，一块真正的肌肉还包含许多其他组织和细胞类型，包括结缔组织、血管、神经和巨噬细胞。

　　器官是从大体解剖学角度为人熟知的身体的特定部分。胃、肾脏和肺都是器官。皮肤同样也是一个器官，尽管它的边界特征没那么明显。器官具有可识别的生理功能，并且总是由几种组织类型组成，而这些组织类型通常又包含多种细胞类型。在组织学文献中，对于"组织"并没有一个明确的定义，但从实用角度来看，组织可以被视为源自单一类型干细胞的一组细胞类型（如果所讨论的组织没有干细胞，则是源自胚胎祖细胞）。根据这个定义，小肠上皮是一种组织，它由多种细胞类型组成，但它们都来自同一个干细胞群体。小肠作为一个器官，还包括结缔组织层、血管、淋巴管、神经以及一些淋巴组织。在肝脏中，肝细胞和胆管系统构成一种组织，它们在胚胎发育后期源自同一种祖细胞——成肝细胞。肝脏作为一个器官，还包含丰富的血管系统以及众多不同谱系的细胞，如库普弗（Kupffer）细胞和肝星状（stellate）细胞。

　　组织学教科书通常将组织分为五大类，即上皮组织、结缔组织、神经组织、肌肉组织和血液组织，其中一些在本书的第三部分已经介绍过。每种组织类型都由一种或多种细胞类型组成。当通过光学显微镜观察哺乳动物组织时，大约可以看到 200 种分化细胞类型。但实际上细胞类型远不止这些，目前一个名为人类细胞图谱（Human Cell Atlas）联盟的组织正在开展一项重大项目，通过单细胞 RNA 测序、染色质图谱分析和蛋白质组学技术对所有细胞进行枚举与分类。

组织类型

上皮

　　上皮（**epithelium**）是一层细胞，排列在**基底膜**（**basement membrane**）上，每个细胞都通过特殊的细胞连接与相邻细胞相连。身体中的许多器官都以上皮作为其主要组成部分。这在构成消化道的器官（食管、胃、小肠和大肠）中是显然的，各器官的管腔表面均排列有相应的上皮；而对于许多实质性器官，如肝脏、肾脏和唾液腺等，上皮也是其主要的组成部分。总体而言，在 200 余种已命名的细胞类型中，大约 60% 是上皮的组成成分。这些细胞呈现出明显的顶端−基底端**极性**（**polarity**），基底面是靠近基底膜的那一面，而顶端面则在相反的一侧，通常朝向充满液体的管腔。基底膜由上皮自身分泌的基膜，以及下方结缔组织的一些额外胶原蛋白组成，包含层粘连蛋白（laminin）、Ⅳ 型胶原蛋白、巢蛋白（entactin）和硫酸乙酰肝素蛋

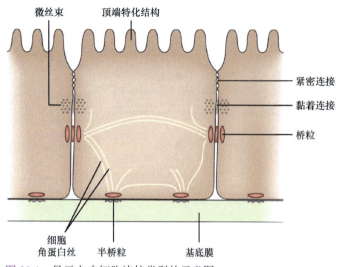

图 20.1　显示上皮细胞连接类型的示意图。

白聚糖。连接复合物由三个部分组成：**紧密连接**（**tight junction**）、**黏着连接**（**adherens junction**）和**桥粒**（**desmosome**）（图 20.1）。紧密连接带可防止液体在细胞之间渗漏，并且还能隔离顶端膜和基底外侧膜的成分；黏着连接是连接细胞微丝网络的附着点；而桥粒是连接细胞角蛋白丝束的点状接触部位。通过黏着连接和桥粒实现的细胞间接触是由钙黏着蛋白完成的，其具有依赖钙的同嗜性结合特性。此外，由称为间隙连接蛋白（connexin）的蛋白质形成的间隙连接（gap junction）含有小孔，能够使小分子在相邻细胞之间进行转移。细胞通过细胞−基质黏着连接和半桥粒（hemidesmosome）锚定在基底膜上。这些连接与细胞间连接类似，但利用整合素将细胞附着在基质成分上。顶端面通常有纤毛，如果上皮组织具有吸收功能，还可能有**微绒毛**（**microvilli**）。

　　上皮可能很简单，即只有一层细胞；也可以是复层的，有多层细胞；还可以是假复层的，这意味着在组织学切片上它们看起来像是复层的，但实际上所有细胞都与顶端面和基底面接触。它们可以是**鳞状的**（**squamous**）（细胞扁平）、立方状的，也可以是柱状的。许多上皮是腺上皮，会向周围分泌物质。腺体可以是简单的或分支的，也可以呈管状或**腺泡状**（**acinar**，即由细胞团组成）（图 20.2）。腺体的导管代表了其在发育过程中从起源的细胞层内陷的原始位置。外分泌腺将分泌物排入导管，而内分泌腺在发育过程中失去了导管，直接将分泌物排入血液。肌上皮细胞常常环绕在腺泡周围，它们的收缩有助于将分泌物沿着导管排出。"**黏膜**"（**mucosa**）这一术语通常用于指代湿润的内部上皮组织，以及紧邻其下的结缔组织层。

　　"上皮"这个术语只是一种描述性的称呼，并不暗示其胚胎起源。上皮可能源自三个胚胎胚层中的任何一个，并且自各胚层内的众多不同位置发育而来。本章将描述表皮（外胚层来源）和肠上皮（内胚层来源）的组织结构与细胞更新情况。源自中胚层的上皮有时被称为"内皮"（endothelia）或"间皮"（mesothelia）。

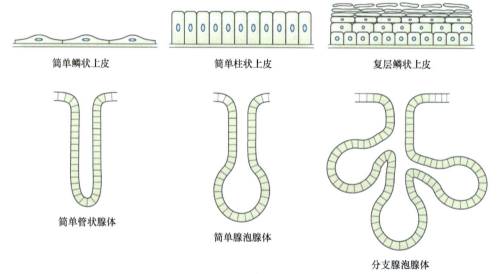

图 20.2　上皮的类型。

结缔组织

　　结缔组织（**connective tissue**）这一术语通常是指以**成纤维细胞**（**fibroblast**）为主的组织，如皮肤真皮层和包裹大多数器官的纤维囊。在某些组织学或生物学教科书中，该术语可能被广义地用于涵盖骨骼组织、肌肉甚至血液细胞。

大部分结缔组织源自胚胎中胚层，尽管部分（尤其是头部结缔组织）由神经嵴形成。成熟结缔组织由嵌入细胞外基质的成纤维细胞构成（图 20.3a）。成纤维细胞是专门分泌基质成分的细胞，包括透明质酸、蛋白聚糖、纤连蛋白、Ⅰ 型胶原、Ⅲ 型胶原（网硬蛋白，reticulin）和弹性蛋白（elastin）。结缔组织中还可见组织细胞（histiocyte，驻留组织的巨噬细胞）和肥大细胞（mast cell，分泌组胺的细胞，与血液中的嗜碱性粒细胞类似，但驻留在组织中），两者均最终起源于**骨髓造血干细胞**（**hematopoietic stem cell, HSC**）。

骨骼组织由软骨和骨组成，起源于胚胎中胚层和神经嵴。大部分骨骼最初以软骨形式形成，随后通过软骨内成骨（endochondral ossification）逐渐被骨替代。软骨形成的骨骼部分称为软骨**模型**（**model**）。部分骨骼结构（尤其颅骨）直接从中胚层分化为骨（膜内成骨，intramembranous ossification），称为**膜成骨**（**membrane bone**）。骨骼组织的生长将在第 21 章进一步讨论。

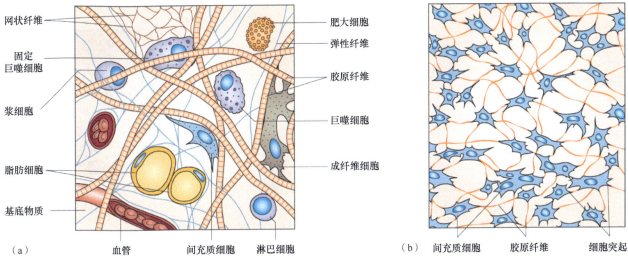

图 20.3 （a）典型的成熟结缔组织。（b）胚胎中发现的松散间充质。来源：http://www.mhhe.com/biosci/ap/histology_mh/loosctfs.html。

脂肪组织（**adipose tissue**）也属于结缔组织，起源于胚胎中胚层。**间充质干细胞**（**mesenchymal stem cell，MSC**）可从脂肪组织和其他结缔组织中分离并在体外扩增。这类细胞与成纤维细胞不同，在特定培养条件下可分化为成纤维细胞、骨骼组织、脂肪细胞或平滑肌。它们在幼年动物中更丰富，提示胚胎晚期存在某种祖细胞。目前尚不清楚其在体内是否真正发挥干细胞功能。

一个容易引起混乱的术语是"间充质"（mesenchyme）。它既非结缔组织也非中胚层的同义词，而是描述散在于疏松**细胞外基质**（**extracellular matrix**）中的星状细胞（图 20.3b；另见第 6 章）。间充质源自中胚层或神经嵴，填充胚胎大部分空间并形成成纤维细胞、脂肪组织、平滑肌和骨骼组织，但这些组织分化后不应再称为"间充质"。另一相关术语"间质"（stroma）是指器官或肿瘤的非上皮部分，主要由结缔组织构成，用于描述成体而非胚胎组织。

肌肉

肌肉组织分为三种主要类型：骨骼肌、平滑肌和心肌（图 20.4）。第 17 章已讨论了骨骼肌从生肌节的发育过程。骨骼肌由多核**肌纤维**（**myofiber**）组成，内部收缩蛋白（肌动蛋白和肌球蛋白）以肌小节的重复模式排列（图 20.4a）。肌纤维束被肌束膜纤维鞘包裹形成肌束，整个肌肉则被另一个称为肌外膜（epimysium）的鞘包围。肌纤维处于有丝分裂后状态，但其体积可以通过锻炼而增大。基底膜下方还有一些小细胞，称为**肌卫星细胞**（**muscle satellite cell**）（图 20.4b）。它们起源于生肌节，表达转录因子 PAX7，在动物生长过程中增殖但不分化。在成年肌肉中，肌卫星细胞保持静止状态，除非发生某种形式的损伤。它们可以被激活，上调生肌转录因子，从肌纤维中释放出来，并成为成肌细胞。然后，它们可以相互融合以生成新的纤维，或与现有的纤维融合以增加它们的大小。肌卫星细胞对于再生至关重要，相关证据来自使用 *Pax7-CreER* 驱动白喉毒素表达的小鼠消融实验。他莫昔芬处理后，会产生白喉毒素并杀死肌卫星细胞，导致小鼠无法修复肌肉损伤。当肌卫星细胞增殖时，它们还会产生额外的、未分化的肌卫星细胞，因此它们被认为是一种干细胞。

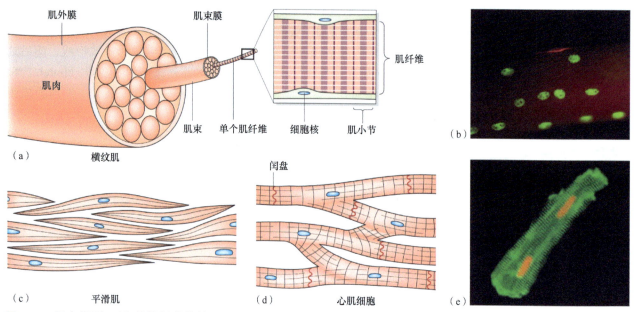

图 20.4　肌肉类型。(a) 骨骼肌的结构；(b) 具有绿色细胞核的骨骼肌肌纤维，显示一个具有红色细胞核的卫星细胞；(c) 平滑肌；(d) 心肌；(e) 来自大鼠的双核心肌细胞。绿色条纹是结蛋白（desmin），橙色细胞核用碘化丙啶（Novus Biologicals, LLC）染色。来源：© 2020 Novus Biologicals ™ a Bio-Techne® Company. novusbio.com。

平滑肌（内脏肌）以单个纺锤形单核细胞束的形式存在。这些细胞含有与骨骼肌类似的收缩装置，但并不像骨骼肌那样排列成可见的肌小节。平滑肌源自胚胎的侧板中胚层，主要分布在需要固有节律性收缩的部位，如肠道周围、血管和腺体导管处。平滑肌通常处于有丝分裂静止状态，但在组织损伤后可被刺激生长。

心肌由**心肌细胞**（**cardiomyocyte**）组成，仅存在于心脏中。如第 17 章所述，它起源于胚胎侧板中胚层的腹侧前缘。与骨骼肌一样，它具有可见的肌原纤维，但又像平滑肌一样，由单个细胞组成，这些细胞可能是单核或双核的。细胞通过闰盘（intercalated disc）首尾相连，闰盘中含有结构连接（黏着连接和桥粒），以及丰富的间隙连接，这些间隙连接使得电信号能够在心肌中快速传播。心肌细胞（像骨骼肌纤维一样）几乎完全是有丝分裂后（postmitotic）的。然而，在出生后，心肌细胞会通过增大体积而显示出相当明显的生长，这伴随着核分裂形成双核细胞，同时还会发生多倍体化，即一个细胞核内染色体数目的倍增。

神经组织

神经组织的发育已在第 16 章中进行了描述，包括由**神经管**（**neural tube**）形成的细胞类型及部分由**神经嵴**（**neural crest**）形成的细胞类型。神经管由特化上皮即**神经上皮**（**neuroepithelium**）构成，产生中枢神经元和胶质细胞（少突胶质细胞和星形胶质细胞）；神经嵴产生周围神经系统的自主神经元，以及**施万细胞**（**Schwann cell**）和色素细胞。

血液与血管

血液和血管的胚胎发育情况已在第 17 章中探讨过。成年血液中含有多种细胞类型，除红细胞外，还有**粒细胞**（**granulocyte**）、**单核细胞**（**monocyte**）、血小板（platelet）和**淋巴细胞**（**lymphocyte**）。对于凝血至关重要的血小板是由称为**巨核细胞**（megakaryocyte）的大型细胞产生的。非淋巴细胞被统称为**髓系细胞**（myeloid cell），意味着它们与骨髓相关。髓系细胞和淋巴细胞，以及其他细胞（如组织细胞、破骨细胞和皮肤中的朗格汉斯细胞），均起源于骨髓中的造血干细胞。造血系统在一生中都处于持续的细胞生成和更新状态，这在"造血系统"部分有更详细的描述。

　　循环系统由将血液从心脏输送到组织的动脉、为组织供血的毛细血管，以及将血液送回心脏的静脉组成（图 20.5）。宏观可见的血管有三层结构。内层由单层**内皮细胞**（endothelial cell）组成，这些内皮细胞下方可能有一些纤细的结缔组织。中间层由平滑肌组成，在动脉中平滑肌可能很厚，而在静脉中则较薄，外层由纤维结缔组织组成。毛细血管由单层内皮细胞组成，外表面有一层基底膜。毛细血管中不含平滑肌，但可能有一些相关的收缩性细胞，称为**周细胞**（pericyte）。周细胞有时被认为是可在组织培养中生长的间充质干细胞（mesenchymal stem cell, MSC）的起源细胞。通常情况下，毛细血管壁是连续的，但有时，如在肝脏的血窦中，它会有间隙。内皮细胞在一生中都可以进行分裂，并且通常有较低水平的、与组织重塑相关的生长。通过内皮细胞分裂和细胞迁移形成新的毛细血管的过程被称为**血管生成**（angiogenesis）。许多生长因子在促进血管生成方面发挥着积极作用，特别是血管内皮细胞生长因子（vascular endothelial growth factor, VEGF）和成纤维细胞生长因子（fibroblast growth factor, FGF）。

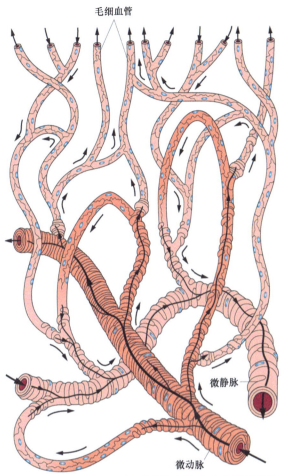

毛细血管

微静脉

微动脉

图 20.5　微循环单元，展示了终末微动脉和微静脉通过毛细血管相连的情况。来源：Warwick and Williams (Eds)（1973）. Gray's Anatomy 35th edn,　经 Elsevier 许可。

组织更新

　　除了少数例外情况，如牙齿的釉质和眼睛的晶状体，动物身体的大部分部位都处于持续更新的状态，其组成分子不断地合成和降解。然而，这并不一定意味着组织的细胞会被替换。事实证明，细胞替换存在多种类型和程度，对其开展的研究构成了出生后发育生物学的重要部分。一些细胞类型在出生后，或者一旦动物生长完成，很大程度上就进入**有丝分裂后**（postmitotic）状态。另一些细胞通常不会经历细胞更新，但在受到损伤后具有一定的再生能力，还有一些细胞则会进行持续的、终生的更新。那些确实经历持续更新的细胞是由一群**组织特异性干细胞**（tissue-specific stem cell）维持的，本章的大部分内容将讨论这些干细胞的特性。干细胞被定义为能够自我更新并能够产生分化后代的细胞。此外，通常认为这些细胞是长寿的，正常情况下与动物自身的寿命一样长，并且它们的特性通过来自邻近细胞的信号在特定的干细胞龛（微环境，niche）中得以维持。

　　关于组织特异性干细胞，存在两种常见的误解。首先，人们常常认为它们可以转变为任何细胞类型。这是不正确的。就像胚胎发育最早期阶段之后的任何细胞一样，体内的干细胞会定型于形成适合其所在组织的特定的分化细胞亚群，尽管通过实验干预（包括体外培养），这种定型可能会在一定程度上发生改变。其次，人们常认为每个组织都有其自身的干细胞。这也是不正确的。经历持续更新的组织存在干细胞，但那些很少或根本不经历更新的组织则没有干细胞。同样重要的是，并非每个进行分裂的细胞都是干细胞。体内大多数进行分裂的细胞实际上是定型的**祖细胞**（progenitor cell），或**过渡性扩增细胞**（transit-amplifying cell），而不是干细胞。为了避免此类误解，对干细胞的研究应基于对体内正常细胞更替情况的深入理解，并做到严谨细致。

细胞更替的测量

尽管在最佳培养基中的组织培养细胞可能会呈指数生长，但对于体内的细胞来说，这种情况很少见，体内细胞的指数生长仅局限于胎儿生命期间的某些组织。一旦动物达到最终大小，细胞分裂就需要与细胞清除相平衡。在细胞更新显著的组织中，这种平衡与将组织分隔成不同的增殖区和分化区相关。

细胞群体的增殖可以通过计算可见有丝分裂的比例以获得**有丝分裂指数**（mitotic index）来估计。然而，M 期通常是细胞周期中的一个较短的时期，除非细胞群体快速生长，否则有丝分裂指数会很低且难以测量。较灵敏的方法是识别处于 **S 期**（**S phase**）的细胞，因为 S 期在细胞周期中占比较长，因此能够观察到更多的处于细胞周期中的细胞。更灵敏的是那些能够识别整个细胞周期分裂细胞的方法。其中一种方法是对能被 Ki67 抗体识别的核蛋白进行免疫染色，该蛋白质参与核糖体 RNA 的转录。这种核蛋白在细胞周期的整个过程中都存在于细胞核中，所以组织中阳性细胞的百分比表示处于细胞周期中的细胞比例。另一种方法是检测磷酸组蛋白 H3，它在 M 期会发生磷酸化，并且可以通过特定的抗体检测到。过去，增殖细胞核抗原（proliferating cell nuclear antigen, PCNA）被大量使用，它是 DNA 聚合酶的一个辅助因子，在 S 期 DNA 复制时存在于细胞核中。然而，它的表达范围比这要更广泛，现在不再被认为是一个可靠的、处于细胞周期中的细胞的标志物。

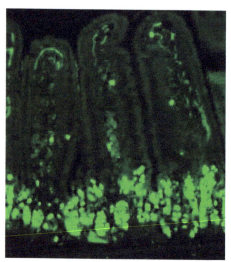

图 20.6　肠道的 BrdU 染色。短时间的 BrdU 脉冲标记所有处于 S 期的细胞。在肠上皮中，分裂细胞仅存在于隐窝中。在绒毛内的结缔组织中也可以看到一两个被标记的细胞。来源：图片由 Abcam 友情提供。图片版权 ©2020 Abcam。

或者，细胞、组织或整个动物可以通过给予一种 DNA 前体来进行标记，通常是**溴脱氧尿苷**（**bromodeoxyuridine，BrdU**），这是一种胸腺嘧啶类似物，会掺入到 DNA 中，并且可以通过用特异性抗体进行免疫染色来检测（图 20.6）。这将揭示在给予标志物的时间段内哪些细胞处于 S 期。短时间给予 BrdU 会标记当前处于 S 期的细胞。如果长时间定期给予 BrdU，那么最终所有处于细胞周期中的细胞都会被标记，这能提供与 Ki67 染色类似的信息。还可以在一个时间点给予短时间（脉冲）标记，然后在稍后的时间点来确定脉冲期间被标记细胞的位置和分化类别。如果给予短时间标记后有一段延迟时间，那么标记的模式将取决于细胞在此期间的行为。如果它们在被标记后不久就停止分裂，那么它们的 DNA 此后仍将保持标记状态。发育过程中的最后一个 S 期，通常紧接着终末分化，被称为细胞的"诞生时间"（**birthday**）。人们针对发育过程中细胞的"诞生时间"已经开展了许多研究，尤其是对神经系统中神经元的研究。如果在进行短时标记后细胞继续分裂，那么在随后的几轮 DNA 复制过程中，由于正常脱氧胸苷的掺入，细胞核 DNA 中的 BrdU 含量将会被稀释。经过 5 或 6 次细胞分裂后，BrdU 的含量将被稀释 32～64 倍，通过免疫染色便无法再检测到它。在体内的复杂组织中，某些正在分裂的细胞保留了标记，而另一些细胞中没有标记，这通常表明了这些细胞各自不同的分裂速率，标记在分裂较慢的细胞中得以保留。

在 BrdU 出现之前，许多类似的研究是使用 ³H-胸苷（³H-thymidine）进行的，³H-胸苷也会在 S 期掺入到 DNA，随后可以通过**放射自显影**（**autoradiography**）进行定位（参见第 5 章）。最近，**乙炔基脱氧尿苷**（**ethynyl deoxyuridine, EdU**）被引入，它具有与 BrdU 相似的特性，但可用简单的组织化学检测方法来检测，而不需要免疫染色。此外，当需要应用不止一种 DNA 标志物时，氯脱氧尿苷和碘脱氧尿苷可能会很有用，因为识别它们的抗体与识别 BrdU 的抗体不同。

出生后生命期的许多发育生物学研究都涉及**更新组织**（**renewal tissue**）的行为，这在"细胞和组织的增殖行为"部分有描述。更新必然既涉及细胞的诞生，也涉及细胞的死亡。细胞可能会在组织损伤后因坏死而死亡，但在正常的细胞更替过程中，它们通过程序性细胞死亡而死亡，该过程通常被称为**细胞凋亡**（**apoptosis**）。凋亡细胞死亡的指数可以通过几种方法来测量。最常用的方法是对一种与细胞凋亡相关的蛋白质如**胱天蛋白酶**（**caspase**）进行免疫染色，以及通过一种称为 TUNEL（TdT-介导的 dUTP 缺口末端标记，TdT-mediated dUTP nick end labeling）的方法检测 DNA 断裂。在这个方法里，末端脱氧核苷酸转移酶被用于将一种修饰的核苷酸（通常是生物素标记的核苷酸）添加到正在死亡的细胞的片段化 DNA 上，然后，再使用能与生物素结合的荧光标记或酶联链霉亲和素来检测这种修饰后的 DNA。

尽管大多数对细胞更新的测量关注的是处于细胞周期中的细胞比例，或者处于凋亡中的细胞比例，但真正需要的是对细胞生成速率和细胞清除速率的测量。为了获得细胞生成速率，除了 S 期标记指数外，还需要知道细胞周期的持续时间以及细胞周期中 S 期所占的比例。例如，如果细胞平均 24 h 分裂一次，并且 S 期持续 6 h，那么用 BrdU 进行短脉冲标记将能够观察到约 6/24（即 1/4）的处于细胞周期的细胞。因此，在这种情况下，每天的细胞生成速率约为细胞标记指数的 4 倍。即使对于一个简单的组织，这也只是一个非常粗略的近似值，因为在真实的动物体内，分裂细胞的细胞周期时间分布很广，并且还存在昼夜节律或其他生理因素对细胞分裂的影响。

不幸的是，细胞清除速率很少被计算，并且常常被低估。因为可观察到的细胞凋亡持续时间相当短（1~4 h），因此每 24 h 的细胞死亡通量是细胞凋亡标记指数的很多倍。例如，如果细胞凋亡指数为 1%，并且濒死细胞仅在 2 h 内可被观察到，那么实际上细胞死亡通量大约为 $1 \times (24/2)$，即每天 12%。

可以通过多种方法来测量体内的细胞周期时间。一种方法是用两种可区分的 DNA 前体（如 BrdU 和 EdU）标记细胞。这种方法中，需要假设细胞群体是完全不同步的，这样处于特定细胞周期状态的细胞比例就与这些状态的持续时间成正比。例如，假设在 $T = 0$ 时给生物体注射 BrdU，然后在 $T = 1.5$ h 时注射 EdU，然后在 $T = 2$ h 时处死生物体，并对感兴趣的组织进行切片，然后对 BrdU 和 EdU 进行染色。1.5 h 到 2 h 这 30 min 的时间足以使 EdU 以可检测的水平掺入当前处于 S 期的所有细胞中。设 EdU 标记的细胞比例为 S，这些细胞也都会被 BrdU 标记，因为在过去 30 min 内 BrdU 仍然存在。但是有些细胞将只被 BrdU 标记。这些细胞是在注射 EdU 之前 1.5 h 内退出 S 期的细胞。设仅被 BrdU 标记而未被 EdU 标记的细胞比例为 L，因为细胞的比例代表了在细胞周期各个阶段所花费时间的比例，所以我们知道：

$$\frac{1.5}{T_s} = \frac{L}{S}$$

其中，T_s 是 S 期的持续时间。所以：

$$T_s = 1.5S / L$$

例如，如果 L 为 0.05，S 为 0.167，那么：

$$T_s = (1.5 \times 0.167) / 0.05 = 5 \text{ h}$$

为了计算 T_c，即整个细胞周期的持续时间，我们需要另一条信息，即正在增殖的细胞占整个细胞群体的比例。这可以通过延长 BrdU 标记直到达到饱和来确定，或者通过对 Ki67 抗原进行染色来确定。假设这个比例是 P，根据同样的逻辑，我们知道：

$$\frac{T_s}{T_c} = \frac{S}{P}$$

所以：

$$T_c = T_s P / S$$

例如，如果 P 为 0.5，那么：

$$T_c = (5 \times 0.5) / 0.167 = 15 \text{ h}$$

还有几种其他的方法可以估计体内细胞周期的持续时间以及细胞产生和损失的速率。然而，所有这些方法都存在困难，并且需要注意控制人为因素和混杂变量。

细胞和组织的增殖行为

根据使用 DNA 标记物所观察到的增殖行为，可以对体内的各种细胞类型进行分类。需要注意的是，组织内的特定细胞类型可能是有丝分裂后的，但仍然能够由该组织中的干细胞或祖细胞进行替换。这种分类仅适用于哺乳动物，因为其他脊椎动物群体可能表现出相当不同的细胞更新模式。

- 有丝分裂后细胞。这些细胞在胚胎发育后停止分裂。在某些情况下，当它们死亡时不会被替换，但如果它们被替换，将来自干细胞或祖细胞，而不是通过分化细胞的分裂。神经元和骨骼肌纤维是完全有丝分裂后的，心肌细胞也几乎如此。在啮齿类动物中，嗅球和海马中的神经元干细胞可以有限地产生新的神经元，但在中枢神经系统的其他部位没有神经元的更新。在骨骼肌中，肌肉损伤后，肌卫星细胞会形成一些新的肌纤维。在心脏中，心肌细胞的更新水平非常低，并且大多数心肌细胞根本不分裂。

- 静息组织。这些组织由分化细胞组成，这些细胞在动物生长过程中通过细胞分裂而生长，当达到成年体型大小时就停止分裂。在成体中，这些组织大多处于静息状态，尽管可能存在非常缓慢的、持续的细胞更新。此外，如果受到创伤刺激，这些分化的细胞仍然能够或多或少地进行分裂。这一类组织包括一些结缔组织、平滑肌和肝脏的细胞。

- 更新组织。在这种情况下，组织处于持续快速的细胞更新状态。存在一个永久性的、活跃的增殖区，其中含有干细胞，这个增殖区会产生一群分化细胞，这些分化细胞本身的寿命是有限的，并且不断地死亡和被重新填充。研究得最透彻的例子是造血系统、皮肤的表皮、肠道上皮，以及睾丸中的精原细胞。

测量缓慢的细胞更替

除了更新组织的增殖区之外，成年哺乳动物体内的细胞分裂相当罕见。即使是 BrdU 和 EdU 标记也不够灵敏，无法检测到非常缓慢的细胞更替，并且对于像心脏的心肌细胞等细胞是否会进行更替也存在许多争议。但有一种方法能够测量缓慢的细胞更替，非常适合在人类中使用。它基于这样一个事实，即在 20 世纪 50 年代至 60 年代初期，进行了多次核武器大气试验，这导致大量放射性同位素释放到大气中。在 1963 年《部分禁止核试验条约》签署后，所有的核试验均在地下进行，放射性同位素的释放也停止了。用于细胞更替分析的同位素是碳-14 (^{14}C)。它在考古学中的应用广为人知，利用它的放射性衰变进行年代测定。然而，使用 ^{14}C 进行细胞更替研究并不涉及放射性衰变，而是基于化学和物理过程导致的大气中 CO_2 的快速流失。植物从大气中吸收 CO_2 进行光合作用，人们食用这些植物或以这些植物为食的动物，因此在特定年份摄入的碳的同位素组成与同时期大气的同位素组成非常相似。通过树木年轮的同位素分析可以精确地知道每年的 $^{14}C/^{12}C$ 比值。由于核试验，这个比值在 1955 年到 1963 年期间迅速上升，随后由于 ^{14}C 从空气中逐渐减少，又以较慢的指数速率下降（图 20.7）。在此期间，^{14}C 的放射性衰变可以忽略不计，并且不会影响结果，因为其放射性半衰期是 5730 年。

有了这条校准曲线，就可以对来自身体的任何碳样本进行分析，看它的同位素比值是对应于死亡时间（这表明在生命过程中更替率高），还是对应于出生时间（这表明根本没有更替），或者介于两者之间。这种方法已经应用于人类死后的尸检样本。对来自眼睛晶状体中心的晶状体蛋白的分析表明，它们具有出生年份的同位素组成。这意味着晶状体的蛋白质是在胚胎期沉积的，此后一直存在，甚至没有任何生物化学更新，更不用说细胞更替了。同样，牙齿釉质中的碳可以追溯到生命早期釉质形成的时间。为了研究与生物化学更新不同的细胞更替，有必要分析细胞核 DNA 中的碳，因为其他细胞成分可能在没有细胞更替的情况下经历代谢更新。细胞核的 DNA 是独特的，因为一旦形成，在假设没有进一步的 DNA 复制并且修复合成水平可以忽略不计的情况下，它是稳定的。所以，出生后不分裂的细胞的细胞核 DNA 应该具有与出生年份相对应的同位素组成。相反，在更新组织中发现的活跃分裂的细胞群体，应该具有死亡年份的同位素组成。因为所有组织都包含不同细胞类型的混合物，所以有必要纯化感兴趣的特定细胞类型的细胞或细胞核，然后提取 DNA，接着测量同位素比值。通过用特定抗体染色，然后进行荧光激活细胞分选（fluorescence-activated cell sorting, FACS）来分离细胞或细胞核。随后提取 DNA、进行深度纯化，再通过热解产生 CO_2，最后使用加速器质谱仪测量同位素比值。这并非普通的质谱仪，而是一种功能强大且复杂的仪器，目前仅在少数几个研究中心配备。

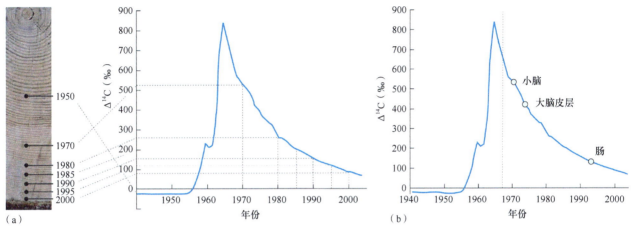

图 20.7　^{14}C 稀释法。(a) 在核试验时代，大气中 ^{14}C 含量的升降情况。每年的数值可以从树木年轮样本确定。(b) 出生于 1967 年、去世于 2003 年的个体的三种组织中的 ^{14}C DNA 丰度。这些结果是包含多种细胞类型的整个组织的平均值。来源：Spalding, et al. (2005). Cell. 122, 133-143., © 2005 Elsevier。

正如更新组织所预期的那样，该方法的应用已证实，有核血细胞和肠上皮细胞的 ^{14}C 含量与死亡时的含量一致。脂肪组织的细胞被归类为静息组织，其更替速率约为每年 10%。大脑皮层不是由神经干细胞供给细胞的区域，根本没有可检测到的神经元更新。所有的大脑皮层神经元都是在胎儿时期形成的，在此之后不再有新的神经元添加，或者至少新增的数量不足以改变同位素比值。在心脏方面，研究结果表明可能存在少量的细胞更替，其速率大约为每年 0.5%。这是一个非常低的水平，意味着在 80 年的寿命期间，心脏的心肌细胞只会部分被替换。总体而言，^{14}C 方法极大地加深了我们对人体组织和不同细胞类型中细胞更替的理解，并且是对使用 BrdU 或 Ki67 进行的短期研究的有益补充。

干细胞

组织特异性干细胞被定义为这样一种细胞：其后代既包括更多的干细胞，也包括注定要分化的细胞；这些细胞在生物体的整个生命周期中持续分裂，并且维持在特定的组织干细胞龛中（图 **20.8**a）。它们与**胚胎干细胞**（embryonic stem cell, ESC；参见第 11 章和第 23 章）共享"干细胞"这个名称，但二者在某些方面有所不同。组织特异性干细胞是由它们在完整生物体中的作用来定义的，而 ESC 的干细胞特性则是由其在组织培养中的长期更新能力来定义的。组织特异性干细胞定型于形成特定组织的细胞类型（= 单能或**多潜能，multipotent**），而 ESC 能够形成所有的细胞类型（= **多能，pluripotent**）。在 ESC 和组织特异性干细胞中，负责干细胞行为的基因以及干细胞状态的其他标志物通常是不同的。

根据定义，干细胞能够进行无限次分裂。然而，它们绝不是组织中唯一进行分裂的细胞，因为它们的直接后代是**过渡性扩增细胞**，这种细胞仅能分裂几次，但其分裂可以被调节以满足机体对新分化细胞的需求。过渡性扩增细胞是一类**祖细胞**，祖细胞还包括在早期胚胎中发现的所有细胞。区别在于，干细胞能够无限期地自我更新，而祖细胞具有有限的分裂寿命，并且会在适当的时候发育成终末分化的细胞类型，而这正是早期胚胎细胞的行为特征。在更新组织中，过渡性扩增细胞通常是进行分裂的细胞中的大多数。而干细胞只占少数，并且分裂速度往往较慢，因此有时可以通过在给予 BrdU 脉冲标记后检测标志物的保留情况来识别它们。

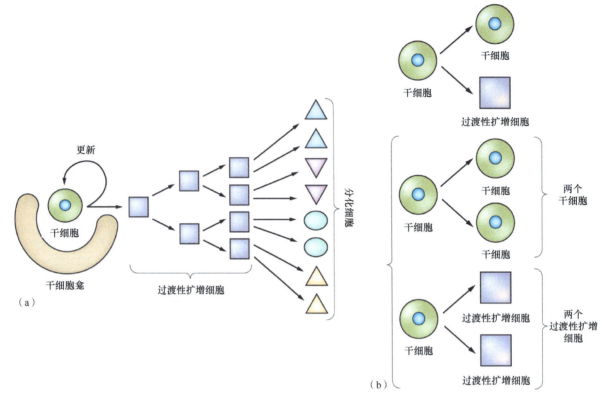

图 20.8　（a）更新组织中的细胞谱系，显示微环境、干细胞、过渡性扩增细胞和分化细胞。（b）干细胞可以通过重复的不对称分裂来维持自身，或者通过在不同的分裂中以相同频率产生干细胞和过渡性扩增细胞来维持自身。

尽管干细胞必须重新填充干细胞区，同时为过渡性扩增区和分化区提供细胞，但这并不一定意味着每个干细胞的分裂都必须是不对称分裂。平均而言，干细胞的后代中 50% 是干细胞，50% 是注定要分化的细胞即可（图 20.8b）。干细胞通常被认为对辐射敏感，全身辐射确实会选择性地损伤更新组织，从而导致骨髓衰竭、肠道崩溃、不育和皮肤损伤。从进化的角度来看，一个可能的原理是，由自然产生的毒素和辐射引起的适度的细胞死亡，比携带突变而存活要更好，因为干细胞中的突变很可能引发癌症并杀死生物体。

组织特异性干细胞定型于形成一种特定组织类型的细胞。肠道干细胞只能形成肠道类型的细胞，表皮干细胞只能形成表皮细胞。这与胚胎发育是分层级的这一观点相符，即早期囊胚或上胚层的细胞能够形成任何细胞类型，然后由于一系列诱导信号以及细胞对这些信号的反应，它们的分化潜能逐渐受到限制。例如，在发育过程中，肠干细胞的前体会先定型为内胚层，然后为肠道细胞，而造血干细胞的胚胎前体细胞会先定型为中胚层，然后再定型为造血组织。大多数组织特异性干细胞确实能产生不止一种细胞类型。在我们所讨论的例子中，只有睾丸中的精原细胞产生单一的细胞类型（单能），而造血干细胞在血液和免疫系统中产生多种细胞类型，肠干细胞产生肠上皮的所有细胞类型，甚至表皮干细胞除了产生表皮中占主导地位的角质形成细胞外，还会产生少数梅克尔细胞（Merkel cell，感觉细胞）。

细胞在组织培养中的行为可能与在体内的行为有显著差异。因此，能够从特定组织中培养出干细胞样细胞并不意味着该组织在正常情况下含有干细胞。例如，神经干细胞仅存在于大脑的少数几个特定区域，但包含干细胞样细胞的神经球却可以从许多其他区域培养出来。在体外能够形成大型克隆的能力通常被视为干细胞的一个特性，但同样，组织培养环境中细胞特性的潜在变化意味着这并不是一个绝对可靠的判断标准。

许多组织具有组织学亚结构，它们由许多小的重复模块或单元组成，如腺体腺泡或肠隐窝。这些单元不仅是组织的功能单位，通常也是组织细胞增殖和更替发生的单位，它们被称为"结构–增殖单元"（structural-proliferative unit）。存在干细胞的部位包含一种特定的微环境，称为**干细胞龛（stem cell niche）**，适合干细胞的持续存活和生长。

对组织特异性干细胞最佳的鉴定方法是标记单个细胞，并在后期识别其后代。根据克隆分析的原理，干细胞及其所有后代应该无限期地保留标记。最常用的方法是转基因 *CreER x R26R* 系统，如第 15 章所述。仅在特定组织的干细胞中具有活性的启动子被用于驱动 *CreER* 的表达，因此只有干细胞含有 CreER 蛋白。在选定的时间给予他莫昔芬（或 4-羟基他莫昔芬）脉冲，会激活 Cre，并且重组将确保这些细胞随后表达标记基因（通常编码 β-半乳糖苷酶或荧光蛋白）。在后续的时间点，可以通过标记基因的表达来观察克隆的扩增情况。最终会达到一种稳定状态，从干细胞开始，经过过渡性扩增区和分化区，形成一条被标记的细胞带。在人类中不可能进行转基因操作，但通过检查缺乏细胞色素 c 氧化酶（CCO）的克隆可以获得类似的结果（见图 20.13）。这是一种由线粒体 DNA 上的基因编码的线粒体酶。线粒体基因经常发生突变，因为与核 DNA 相比，线粒体的 DNA 修复机制相对较差。然而，每个线粒体中有许多基因组副本，每个细胞又有许多线粒体，因此遗传漂变需要数年时间才能产生一个完全缺乏这种酶的细胞。一旦这种情况发生，它就可以作为细胞谱系的标记，因此可以使用针对 CCO 的组织化学方法来绘制人类组织中结构-增殖单元的结构图谱。

干细胞龛

干细胞龛的概念是，干细胞需要持续接触来自周围细胞的信号，以维持其干细胞行为。这一概念首先在果蝇（黑腹果蝇）上得到了证实。在果蝇的卵巢中存在生殖系干细胞（图 20.9）。这些干细胞与称为帽细胞（cap cell）的体细胞接触，帽细胞会分泌一种骨形态发生蛋白（BMP）样分子，称为 Decapentaplegic（Dpp）。Dpp 维持干细胞处于有丝分裂状态。但是当它们分裂时，一些后代细胞会脱离与帽细胞的接触，并因此暴露于较少的 Dpp 中。Dpp 水平的下降解除了对卵母细胞成熟过程的抑制，并使它们能够分化为成包囊细胞（cystoblast）。成包囊细胞会经历一个固定的分化程序，分裂 4 次，产生由 1 个卵母细胞和 15 个支持性抚育细胞（nurse cell）组成的有丝分裂后复合物。这种情况很好地说明了干细胞龛的行为。只要干细胞与干细胞龛接触，它们就会继续分裂，而当它们不再与干细胞龛接触时，就会分化。如果通过实验移除一个干细胞，它的位置可能会被一个原本要分化的成包囊细胞占据，但由于这个成包囊细胞重新占据了干细胞龛，它将会继续作为一个进行分裂的干细胞存在。

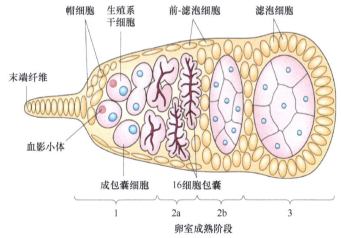

图 20.9　果蝇卵巢中的干细胞龛。雌性生殖细胞干细胞需要与帽细胞持续接触才能维持干细胞状态。一旦它们失去与帽细胞的接触，它们就会分化成由 1 个卵母细胞和 15 个抚育细胞组成的包囊。

哺乳动物体内，所有的组织特异性干细胞类型可能都存在于特定干细胞龛中，这些龛控制着它们的行为。例如，肠道干细胞紧邻潘氏细胞和基质细胞，它们提供 WNT 信号；精原干细胞紧邻睾丸支持细胞（Sertoli cell），支持细胞为它们提供胶质细胞源性神经营养因子（GDNF）。在这两种情况下，这些信号分子都是维持干细胞处于有丝分裂状态所必需的，一旦从干细胞龛中移除这些信号，干细胞分裂就会停止，除非从其他来源提供这些因子。在骨髓中，关于干细胞龛的确切性质存在相当大的争议，但造血干细胞常常被发现位于血管附近（见下文）。

肠上皮

哺乳动物的消化道由从口腔延伸到肛门的肌性管腔组成。它内衬多种不同的上皮——咽上皮、食管上皮、胃上皮、小肠上皮和结肠上皮，这些上皮之间由细胞类型的突然不连续性分隔开来。这些上皮组织起源于早期胚胎的**内胚层**，而肠道的其他细胞层则起源于**脏壁中胚层**（splanchnic mesoderm）。上皮组织，连同其下方称为固有层的结缔组织以及一层称为黏膜肌层的薄肌肉层，通常被称为**黏膜**。在黏膜之外还有更厚的结缔组织层和平滑肌层。神经支配由迷走神经和一个复杂的、源自神经嵴的肠神经系统提供。

对细胞更新程序理解最好的是小肠。小肠包含十二指肠、空肠和回肠区域，尽管它们之间的细胞类型差异不大。在显微镜下，小肠上皮排列在伸入肠腔的手指状绒毛上，绒毛之间有沉入表面以下的 Lieberkühn 隐窝（**图 20.10** 和 **图 20.11**）。细胞增殖仅发生在隐窝中，分化的细胞不断地从隐窝中移出，沿着绒毛向上移动，然后经历凋亡并脱落进入肠腔。主要的细胞类型是**肠上皮细胞**（enterocyte）（吸收细胞）和**杯状细胞**（goblet cell）。肠上皮细胞的特征是在其顶端表面有刷状缘，刷状缘由许多紧密排列的微绒毛组成。杯状细胞含有一个充满黏蛋白的大囊泡。此外，隐窝底部还有**潘氏细胞**（Paneth cell），它们分泌包括溶菌酶和隐窝素在内的抗菌物质，还有几种**肠内分泌细胞**（enteroendocrine cell）类型，每种细胞分泌一种特定的肽激素。还有一些次要的细胞类型，称为杯状细胞、M 细胞和簇状细胞。由于结肠癌的重要性，也对结肠进行了一些实验研究。结肠的结构与小肠相似，但没有绒毛，也没有明显的潘氏细胞，不过有一些隐窝基底细胞，它们与潘氏细胞共享 CD24 表面标志物。

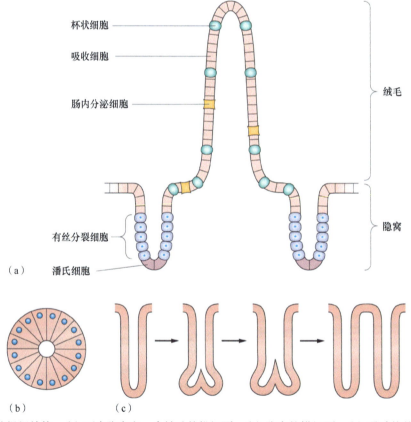

图 20.10　小肠上皮的组织结构。（a）两个隐窝和一个绒毛的纵切面。（b）隐窝的横切面。（c）通过从基部出芽来倍增隐窝。

对肠道组织结构的实验研究在很大程度上依赖于某些类型的转基因小鼠。*Villin* 启动子可用于驱动基因仅在肠上皮中表达，因此在转基因实验中用于上皮特异性的过表达。*Cyp1a* 启动子（*Cyp1a* 编码一种细胞色素 P450 酶）是可诱导的，并且可以用 β-萘黄酮处理动物，经由芳香烃受体使其上调，因此可以用于在特定时间诱导上皮中转基因的活性。这些启动子也可以用来驱动 *Cre* 或 *CreER*，进而实现对经过适当基因打靶修饰的选定基因的表达或敲除。这些启动子还可以用于驱动 *Cre* 或 *CreER*，引起两端带有 flox 位点（floxed）的选定基因的表达或消融。

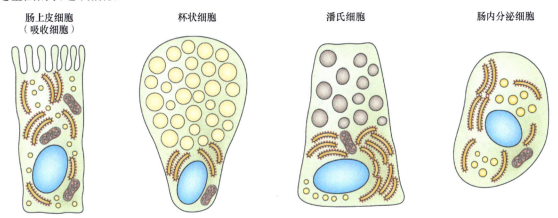

肠上皮细胞（吸收细胞）　　　　杯状细胞　　　　潘氏细胞　　　　肠内分泌细胞

图 20.11　小肠上皮细胞类型。

在小鼠中，绒毛大约从 E15 开始形成，而隐窝本身则在出生后不久开始建立。这是通过涉及 BMP 和 Hedgehog 的侧向抑制过程发生的。最初，Sonic 和 Indian Hedgehog 在整个上皮中表达，并且它们是形成肠道间充质外层所需的营养信号。然后，Hedgehog 的表达集中在某些部位（未来的隐窝）。在这个阶段，转基因抑制 Hedgehog 信号会抑制隐窝的形成。绒毛的生长受到 BMP2 和 BMP4 的促进，它们在间充质中产生并作用于上皮。BMP 的表达受到 Hedgehogs 的刺激，但由于 BMP 的扩散范围更大，因此其影响在更广的范围被感知。Hedgehog 占优势的区域成为隐窝，而周围 BMP 占优势的区域则成为绒毛。绒毛和隐窝的实际形态发生是通过内胚层上皮的折叠实现的，内胚层上皮最初是一种简单的柱状上皮。这依赖于绒毛中 ephrin B1 以及隐窝中 EphB2 和 EphB3 的表达。这些蛋白质的产生分别受到 β-联蛋白的抑制和上调。如果去除 *EphB2* 和 *EphB3*，肠道发育时增殖细胞和分化细胞会全部混合在一起，而不是像正常情况那样分隔开。在动物出生后的生长过程中，新的隐窝和绒毛会继续形成。隐窝通过从基部出芽的方式进行分裂（图 20.10）。隐窝分裂的信号尚不清楚，但可能需要干细胞数量的增加。

隐窝中的细胞分裂速度很快。干细胞位于隐窝基底部附近，其上方有几层过渡性扩增细胞。一个小鼠隐窝大约包含 250 个细胞，其中大约 160 个细胞在分裂，细胞周期时间约为 13 h。后代细胞向上移动并从隐窝中移出，组织的排列方式使得每个隐窝为不止一个绒毛提供细胞，并且每个绒毛从多个隐窝获取细胞。WNT-β-联蛋白信号对于维持隐窝中的细胞分裂至关重要。WNT 因子和受体在隐窝上皮以及下方固有层的一些细胞中表达。降低 WNT-β-联蛋白活性的基因敲除实验，尤其是转录因子基因 *Tcf4* 的敲除，会导致过渡性扩增细胞和干细胞的所有分裂停止。*Myc* 基因是 WNT 信号通路的一个重要靶点，也是细胞持续增殖所必需的。如果使用肠道特异性的 Cre 切除方法敲除 *Myc* 基因，受影响的隐窝中的生长就会停止，尽管这些隐窝会在隐窝裂变过程中迅速地被正常的、未切除 *Myc* 的隐窝所覆盖。

APC 是 *adenomatous polyposis coli* 基因的产物，是 GSK3 磷酸化 β-联蛋白所需的一种细胞质蛋白。在 *APC* 功能丧失突变体中，β-联蛋白不会失活，因此处于组成性激活状态。这导致无法关闭 EphB2 和 EphB3 的产生，并导致**息肉**（**polyp**）的形成，息肉是凸入肠腔的、已分化但组织结构异常的肠道组织。腺瘤性结肠息肉病患者有许多这样的息肉，并且息肉发展成癌症的风险很高（见第 21 章）。这种疾病是遗传性的，由 *APC* 基因的一个拷贝缺失所致。由于偶尔的体细胞突变，当个体细胞中的另一个正常拷贝也缺失时，那个细胞将具有组成性活性 β-联蛋白并发展成息肉。

肠干细胞

肠干细胞可以通过细胞表面标志物 LGR5 来识别，它是 WNT 因子的一种 G 蛋白偶联共受体。每个肠隐窝中有 12~14 个细胞表达 LGR5，这些细胞位于隐窝基部，处于潘氏细胞之间。如果用他莫昔芬处理 *Lgr5-CreER x R26R* 小鼠来标记这些细胞，最初被标记的是干细胞本身，随后可以看到干细胞的后代呈带状分布，从干细胞所在的隐窝底部延伸出来，一直到绒毛上，并且在几天后，这些细胞会到达绒毛尖端，在那里细胞死亡并脱落（图 20.12）。四种细胞类型（吸收细胞、杯状细胞、肠内分泌细胞和潘氏细胞）都存在于被标记的单克隆细胞条带中，这些条带是在低剂量他莫昔芬处理后出现的。这种处理只会在罕见的单个分离细胞中引发重组，从而提供了证据，说明单个干细胞可以产生肠上皮的所有细胞类型。

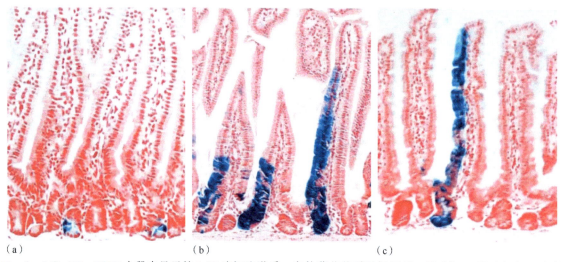

图 20.12　*Lgr5-CreER x R26R* 小鼠中显示的 LGR5$^+$ 细胞谱系。在他莫昔芬诱导标记后 1 天（a）、5 天（b）和 6 天（c）处死小鼠，并用 X-Gal 对肠进行染色。最初的标记出现在 Lgr5$^+$ 细胞本身；随后，沿着隐窝和绒毛的后代细胞条带被标记。来源：Barker et al. (2007). Nature. 449, 1003-1007, 经 Nature Publishing Group 许可。

　　肠干细胞龛部分由潘氏细胞组成，部分由隐窝基底周围固有层的细胞组成。其中，潘氏细胞位于干细胞之间，实际上是干细胞的后代。这两种支持干细胞龛的细胞类型都会分泌干细胞和过渡性扩增细胞分裂所必需的 WNT 配体。潘氏细胞产生 WNT3 和 WNT9，而固有层中的细胞产生 WNT2b 和 WNT 激动剂 R-spondin。从使用 Cre-lox 系统进行的抑制实验中可以明显看出，这两种细胞群对于干细胞的维持和增殖都是必需的。潘氏细胞的消融可以通过使用 *Cyp1-Cre* 靶向 *Sox9* 基因来实现，Sox9 是潘氏细胞分化和发挥功能所必需的。通过使用特定启动子（*Foxl1* 或 *Gli1*）驱动 WNT 分泌抑制剂的表达，可以实现对固有层细胞中 WNT 合成的抑制。这两种类型的实验都会导致上皮细胞增殖的减少。

　　尽管人们一直将注意力集中在 LGR5 作为干细胞标志物上，但还有其他一些标志物在 Cre 标记程序中表现出类似的行为，其中包括编码染色质调节因子 BMI1、跨膜蛋白 LRIG1 和转录因子 HOPX 的基因，它们都表现出与 LGR5 略有不同的表达模式。关于它们是否标记了额外干细胞群体一直存在争议，这些干细胞群体可能在 LGR5 群体受到辐射损伤时变得活跃。然而，所有这些标志物也都与 LGR5 有显著的共表达，因此可能 Cre 标记模式只是反映了这一事实。

　　控制干细胞实际特性的转录因子是 ASCL1，它是一种 bHLH 型的因子，其作用靶点包括 *Lgr5* 基因。ASCL1 的表达是由 WNT 信号诱导的，并且它的基因也具有自动激活的特性，因此一旦被开启，就会保持激活状态（换句话说，它像一个双稳态开关一样起作用；请参见第 2 章）。条件性敲除 *Ascl1* 会破坏干细胞，不过在体内，由于细胞更替的速率非常高，肠道会迅速被少数幸存的野生型隐窝重新填充。*Ascl1* 的过表达会增加干细胞的数量，导致上皮增生和隐窝分裂。

　　在稳定状态下，每个隐窝的干细胞数量是相当恒定的。但在组织损伤和再生的情况下，一些过渡性扩增细胞似乎可以被提升为干细胞状态。这一结论是根据辐射实验的结果推断出来的。一定剂量的 X 射线或 γ 射线会杀死上皮中的一部分细胞。在这种处理后，能够在组织中生长和重新填充组织的细胞被称为**克隆源性（clonogenic）**细胞。一般认为，只有当一个隐窝中至少包含一个在辐射中存活下来的克隆源性细胞时，这个隐窝才能再生。对不同辐射剂量下隐窝存活率的测量表明，每个隐窝中大约有 80 个克隆源性细胞。这远远大于通过 Lgr5 表达观察到的每个隐窝的干细胞数量，这两个估值之间的差异表明，一些过渡性扩增细胞一定能够转变为干细胞，这一过程可能与这些细胞迁移进入干细胞龛有关。

　　在人类肠道中，目前缺乏针对 LGR5 的优质抗体，因此无法确定 LGR5 在人类中是否也能作为干细胞标志物。然而，通过对 WNT 信号靶点 Ephrin 2 进行分选而分离出的来自隐窝基底的细胞，会产生表达高水平 LGR5 的类器官（见下一段关于类器官培养的内容）。如果将类器官形成能力视为肠干细胞的一种特性，那么人类肠道的情况可能与小鼠的情况类似。一项利用体细胞突变导致线粒体中 CCO 丢失来进行的克隆标记研究表明，人类中干细胞衍生的克隆在外观上与小鼠 LGR5 阳性细胞的后代相似（图 20.13a）。最小的单个克隆大约占隐窝周长的 15%，这表明每个隐窝中大约有 6 个干细胞，与小鼠的情况相同。对突变斑块进行激光切割，然后对线粒体 DNA 进行测序，可以确定斑块中的所有隐窝是否都来自单个突变细胞，而通常情况确实如此（图 20.13b）。

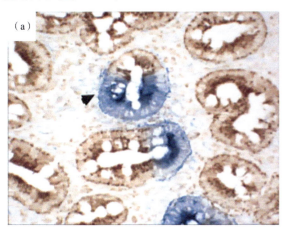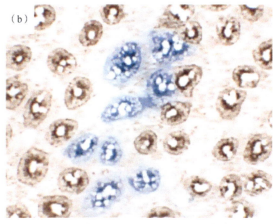

图 20.13　人类结肠隐窝显示编码细胞色素 c 氧化酶（CCO）的基因功能丧失突变。所示为隐窝横切面，蓝色表示突变细胞。(a) 隐窝有分区，表明每个隐窝存在不止一个干细胞。(b) 起源于单个细胞的一片隐窝，通过隐窝分裂产生。来源：Walther and Alison (2016). WIREs Dev. Biol. 103–117.

众所周知，组织特异性干细胞很难在体外培养，但对于肠道干细胞来说，已经能够以**类器官**（**organoid**）培养的形式实现体外培养。多种因子（包括 WNT 激动剂 R-spondin、noggin、表皮生长因子和 Notch 配体）存在的条件下，在富含层粘连蛋白的**基质胶**（**Matrigel**）中培养的单个 LGR5 阳性细胞将生长成类似于小肠的类器官，其中绒毛向内延伸，外部有类似隐窝的区域（图 20.14）。在类器官培养物中加入潘氏细胞，能够使类器官在没有外源 WNT 的情况下生长，不过培养基中仍需要 R-spondin。从小鼠结肠中分离的 LGR5 阳性细胞在基质胶中也会产生类器官。

首次有可能对动物组织的克隆结构进行检查是在研究小鼠**聚合嵌合体**（**aggregation chimera**）和 **X 失活镶嵌体**（**X-inactivation mosaic**）的时候。聚合嵌合体是通过将两个不同遗传品系的桑葚胚聚合在一起形成单个胚胎而制成的（图 15.5a）。由此产生的小鼠由来自两种品系的细胞混合组成。X 失活镶嵌体是 X 染色体上的带有标记基因的雌性杂合子。在这两种情况下，整个身体都由两种细胞群体组成，可以使用合适的抗体或组织化学方法来区分这两种细胞群体。一个引人注目的发现是，在这些动物中，肠上皮隐窝几乎总是具有单一的基因型，这表明它们是单个细胞的克隆后代。从这些数据可以得出一个明显的结论，即每个隐窝只包含一个干细胞。但这与细胞动力学研究的结果不一致，细胞动力学研究表明每个隐窝中有 6～8 个干细胞，更不符合最近对隐窝基部 LGR5 阳性细胞的计数结果（12～14 个细胞）。如何协调这些不同的发现呢？答案在于干细胞的分裂模式。如果对单个干细胞进行标记，就可以直接观察到有多少干细胞进行了均等或不均等分裂。例如，可以使用 *Lgr5-CreER x R26R-Confetti* 系统对干细胞进行标记（图 20.15）。在这个系统中，每个被标记的细胞在 Cre 诱导的重组后仅表达几种不同颜色的荧光蛋白中的一种。在大约 10% 的被标记细胞分裂中，两个被标记的细胞中只有一个继续表达 Lgr5，这意味着原始细胞分裂为一个干细胞和一个过渡性扩增细胞。在大约 45% 的情况下，两个后代细胞都是 LGR5 阳性的，这表明分裂产生了两个干细胞；而在另外 45% 的情况下，两个后代细胞都不是 LGR5 阳性的，这表明分裂产生了两个过渡性扩增细胞。这种随机的分裂模式保证了，如果一个隐窝一直被标记，那么被标记细胞的比例必然会逐渐增加，直到只剩下一个干细胞的后代，尽管隐窝中干细胞的总数仍然保持不变。图 20.15 展示了这样一个 Confetti 标记实验。在给予他莫昔芬处理 1 周后，所有的隐窝都呈现出分区状态，并且一些隐窝中包含不同颜色的克隆。4周后，许多隐窝的颜色变得一致，这表明它们完全由一个被标记细胞的后代填充。30周后，大多数隐窝的颜色都变得一致。在新生小鼠中也存在类似的情况，通过聚合嵌合体或 X 失活镶嵌体进行研究发现，在隐窝形成后不久，它们都是多克隆的，但大约 2 周后，大多数隐窝都变成了单克隆的。在新生小鼠中，肠道生长迅速，因此隐窝经常会一分为二。由于可用的干细胞会随机分配到两个隐窝中，这也促进了克隆减少的过程。隐窝裂殖的机制仍然没有被完全理解，但它是正常生长和损伤后再生的一个重要过程。

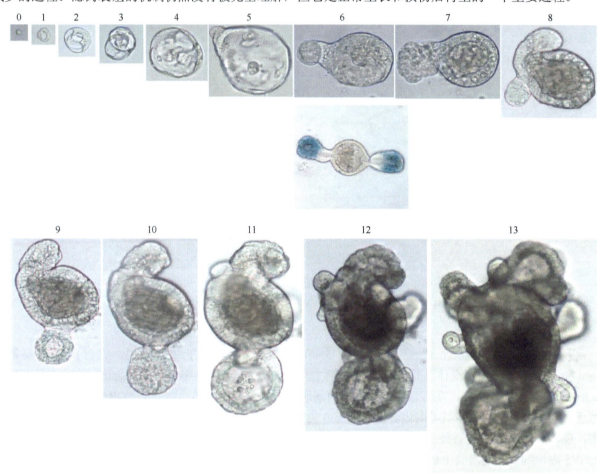

图 20.14　在基质胶中生长的肠类器官。这个类器官集落由单个 LGR5⁺ 干细胞建立，其生长情况被每天记录（显示了发育天数）。（插图）来自 WNT 报告基因小鼠的早期类器官；WNT 信号区域由 X-Gal 染色揭示。与在体内的情况一样，可在类似隐窝的区域看到 WNT 信号。来源：Sato et al.（2009）. Nature. 459, 262-265，经 Nature Publishing Group 许可。

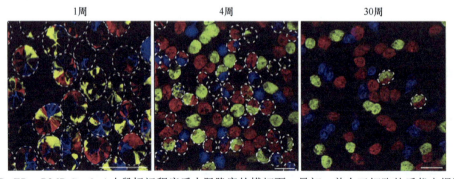

图 20.15　*Lgr5-CreER x R26R* Confetti 小鼠标记程序后小肠隐窝的横切面。最初，单个干细胞的后代占据隐窝的一个区域；随后，情况逐渐演变为每个隐窝都由来自单个被标记克隆的细胞填充。来源：Snippert et al.（2010）. Cell. 143, 134-144。

　　细胞动力学计算表明，在稳定状态下，每个隐窝中有 6～8 个干细胞。如上所述，这比每个隐窝中潜在的能再生的细胞数量（多达 80 个）要少得多，也比 LGR5 阳性细胞的数量（12～14 个）要少。因此，在任何一个时间点，干细胞群体必然是 LGR5 阳性细胞群体的一个亚群，而究竟哪些细胞表现为干细胞，将取决于它们的局部环境和相互作用。

在肠道中，与更新组织的通常情况一样，干细胞负责产生多种分化细胞。现在看来，细胞多样化是通过 Delta-Notch **侧向抑制**（**lateral inhibition**）机制实现的（另见第 4、16 和 18 章）。在普通的吸收性肠上皮细胞和分泌型肠上皮细胞之一（如杯状细胞、肠内分泌细胞或潘氏细胞）的决定层面上，存在一个"总开关"，它由名为 MATH1 的 bHLH 型转录因子控制，MATH1 也会促进 Delta 的转录（图 20.16）。所有细胞都表达 Notch，并且最初具有相似水平的 MATH1。偶然具有稍高水平 MATH1 的细胞会产生更多的 Delta，并向周围细胞发出更多信号。周围细胞中的 Notch 受到刺激，导致 *Math1* 表达受到抑制，从而降低 Delta 水平。该过程将持续进行，直到出现一些高 MATH1- 高 Delta 细胞被大量低 MATH1- 低 Delta 细胞包围的情况。低 MATH1 的细胞成为吸收性细胞，而高 MATH1 的细胞成为分泌型细胞。这一过程的主要证据是，*Math1* 基因敲除的小鼠肠上皮总体结构正常，含有正常的吸收性细胞，但完全缺乏所有类型的分泌型细胞。另一个转录因子基因 *Hes1* 的敲除则显示出相反的表型，肠上皮中有更多表达 *Math1* 的细胞，分泌型细胞的比例也升高。HES1 位于 Notch 信号通路上，因此它的缺失会减少 Notch 信号对 *Math1* 表达的抑制。

表皮

皮肤由**真皮**（**dermis**）和其上覆**表皮**（**epidermis**）组成（图 20.17）。真皮为结缔组织，表皮是**鳞状**（**squamous**）复层上皮组织。表皮中的主要细胞类型是**角质形成细胞**（**keratinocyte**），细胞分裂仅限于基底层。在小鼠中，表皮大约每 9 天从基底层更新一次，在人类中大约每月更新一次（尽管身体不同部位之间存在差异）。表皮和其他鳞状上皮（如食道或阴道的鳞状上皮）的整个基底层都依赖于一种名为 Tp63 的转录因子的活性。该基因在整个基底层都有表达，当细胞向上迁移时，该基因被关闭。缺乏 Tp63 的敲除小鼠无法形成任何鳞状上皮，并在出生后不久死亡（图 20.18）。

真皮是一种致密的纤维弹性结缔组织，来源于胚胎的生皮节、侧板中胚层和神经嵴。在更深的层次，它主要由脂肪组织组成。真皮和表皮之间的交界以基底膜为标志，在人类中，基底膜上有表皮嵴和相应的真皮乳头形成的褶皱（请注意，毛球的特化真皮核心也称为真皮乳头）。真皮包含常见的神经和血管、称为帕

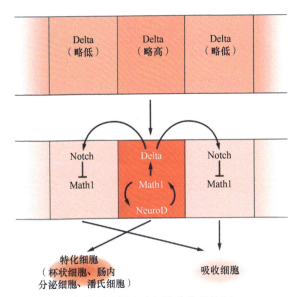

图 20.16　侧向抑制对肠上皮细胞分化的控制。

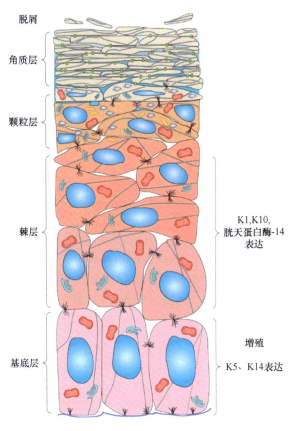

图 20.17　表皮的组织结构。所有角质形成细胞都诞生于基底层，并在向表面移动时逐渐分化。

奇尼小体（Pacinian corpuscle）的压力感受器，以及表皮衍生的毛囊、皮脂腺和汗腺。

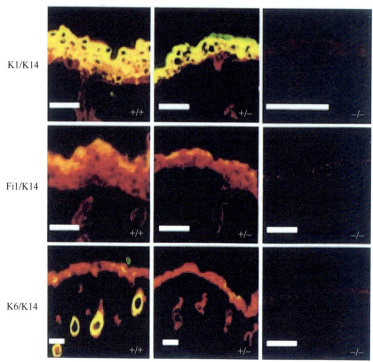

图 20.18 Tp63 对表皮发育的重要性。对新生小鼠的皮肤进行角蛋白 14（红色）以及角蛋白 1、6 或聚丝蛋白（绿色）的免疫染色。+/+是野生型，+/−是杂合型，−/−是 Tp63 缺失的纯合型。来源：Mills et al.（1999）. Nature. 398, 708−713。

表皮基底层增殖所需的因子包括表皮自身产生的因子如转化生长因子（TGFα），以及其下层真皮分泌的因子如 FGF7。角质形成细胞培养物可以在成纤维细胞饲养层上体外生长，并形成与天然皮肤类似的分层排列。

一旦细胞离开基底层，它们就会停止分裂并进入进一步分化的程序。表皮各连续层的名称反映了成熟的进程：生发层（stratum germinativum，基底层）、棘层（stratum spinosum，"刺突"层——明显可见的刺突是丰富的桥粒）、颗粒层（stratum granulosum，含有由聚丝蛋白原组成的颗粒）和角质层（stratum corneum，细胞失去细胞核，变成由转谷氨酰胺酶交联的角蛋白扁平囊）。角蛋白是所有上皮细胞中发现的形成细胞角蛋白**中间丝**（intermediate filament）家族的纤维蛋白大家族的统称。有许多由不同的基因编码的各种角蛋白，都以缩写 Krt 表示（在早期文献中也用 K 表示），并且随着细胞从基底层向上移动，它们表达的角蛋白也会发生变化。例如，当细胞离开基底层并进入棘层时，它们会下调 Krt5 和 Krt14 的表达，并上调 Krt1 和 Krt10 的表达。在颗粒层和角化的层中，细胞还含有一种称为内披蛋白（involucrin）的不溶性蛋白质组成的坚韧内部鞘。

当表皮在早期胚胎中形成时，它是单层细胞，有一个暂时的外层鳞状层，称为周皮（periderm），后来会脱落。在小鼠发育到 E14 左右，细胞分裂模式从对称转变为不对称，这种转变产生了成熟表皮的分层模式。与其他细胞极性的情况一样，细胞在顶端有 PAR3-PAR6-aPKC 复合物。它与其他成分如 LGN（富含亮氨酸-甘氨酸-天冬氨酸重复序列的蛋白质）和 NuMA（核有丝分裂装置蛋白）相互作用，它们结合微管并将有丝分裂纺锤体的方向从水平重新定向为垂直。在胚胎表皮中，大约一半的细胞分裂是垂直的。如果将携带针对 LGN 或 NuMA 的小发夹 RNA（shRNA）的慢病毒在 E9.5 时注入羊水，则可以感染整个表皮，结果是垂直分裂大大减少，从而导致良好分层的失败，以及有效渗透特性的发育受阻。在出生后也会发现一些垂直分裂，尽管到了这个阶段，大多数分裂都是在基底层平面内。

许多关于表皮和毛囊的实验都涉及使用角蛋白 14（Krt14）的启动子来驱动转基因在基底层中特异性表达。它也可以以 Krt14-Cre 的形式用于敲除基因，再结合靶基因的条件性敲除版本（即带有 loxP 位点的靶基因）来实现这一目的。

标记研究表明，大约 60% 的基底层细胞处于有丝分裂状态，但由于没有完善的干细胞分子标记，因此尚不清楚分裂细胞的哪一部分实际上是干细胞。一些人认为，表皮中的干细胞和过渡性扩增细胞之间没有区别，因此所有分裂细胞实际上都是干细胞。然而，当将这些细胞置于组织培养中时，它们存在相当大的异质性。一些细胞形成能够自我维持的大集落，可以传代很多次，而另一些细胞则形成由少数细胞组成的小集落，很快就停止生长。根据这个标准，大约 10% 的基底层细胞被认为是干细胞。有类似比例的细胞（推测是相同的干细胞）能够形成大集落，在严重辐射损伤后可以重新填充表皮。根据这个标准定义的干细胞的一个特征是它们比过渡性扩增细胞具有更高水平的 β-1 整合素。这是一种参与识别胶原蛋白、层粘连蛋白和纤连蛋白的细胞黏附分子。在人类包皮中，高整合素细胞簇存在于真皮乳头的尖端，表明这可能是表皮干细胞的龛位。然而，小鼠中 *β-1 integrin* 基因的敲除并不会导致表皮干细胞的丧失。

可以使用 Cre 标记技术观察干细胞。图 20.19 显示了给予他莫昔芬脉冲的 *Axin-CreER x R26R-GFP* 小鼠的结果。*Axin* 是 WNT 信号转导的靶点，在基底层表达。最初有一些基底层细胞被标记，从长期看，有少数克隆持续存在，并显示出从基底层到表面的后代轨迹。对这些结果的数学分析表明，在建立稳定状态后，随着时间的推移，克隆数量逐渐减少，而持续存在的克隆大小逐渐增加。这表明有一个随机过程在运行，所有分裂细胞都有一定的概率产生两个分裂后代、两个分化后代或各一个。当基底层干细胞全部产生分化后代时，标记的克隆将会消失；当干细胞产生更多分裂细胞时，克隆将扩大。克隆大小的分布及其随时间的演变确实与这个随机模型非常吻合（图 20.20）。

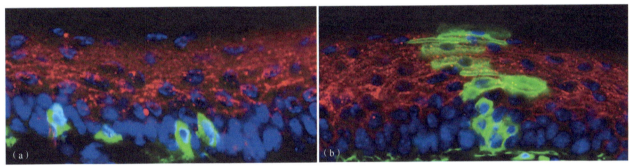

图 20.19 小鼠皮肤中表皮干细胞的谱系示踪。小鼠表达 *Axin2-CreER* 和 *R26R* 型报告基因，在 Cre 介导的重组后表达 GFP（绿色）。蓝色是细胞核的 DAPI 染色，红色是 Dickkopf3（一种存在于表层的 Wnt 抑制剂）的免疫染色。在出生后第 21 天给予他莫昔芬，图像显示 1 天后（a）和 2 个月后（b）的情况。（a）在第 1 天，几个基底层细胞被标记。（b）2 个月时，标记细胞的克隆从基底层延伸到表面。标尺：10 μm。来源：Lim et al.（2013）. 342, 1226–1230。

毛囊

毛囊的结构如图 20.21a所示。毛干由死亡的角质形成细胞组成，这些角质形成细胞在基部的表皮 **基质**（**matrix**）区域中产生。该区域紧邻**真皮乳头**（**dermal papilla**），而真皮乳头是成纤维细胞突出芽，其中还含有**黑素细胞**（**melanocyte**），黑素细胞将色素颗粒转移到毛发的角质形成细胞中。围绕整个毛囊的是一层与表面表皮连续的细胞，称为外根鞘。在靠近表皮表面的交界处，有一个皮脂腺。每个毛囊都由一个感觉神经元支配，并有一块小肌肉，即立毛肌（arrector pili，有时拼写为 erector pili），它可以使毛干竖起。毛囊基部的整个区域，包括真皮乳头、增殖性表皮区和外层，被称为毛球（hair bulb）。

毛发并非持续生长，而是周期性生长（图 20.21b）。活跃的生长阶段称为**生长期**（**anagen**），在小鼠中持续约 3 周，但在人类中持续 3～6 年。毛囊退化时相称为**退行期**（**catagen**），静息的一段时间称为**休止期**（**telogen**）。在小鼠中，毛发周期是同步的，每一波新时相从头部开始。毛发周期与真皮中 BMP2 和 BMP4 的周期性表达相关，在生长期后期-休止期早期表达量高，而在休止期后期-生长期初期表达量较低，这表明它们对毛发生长有抑制作用。在人类中，不同的毛囊不同步，它们的行为相互独立。与人类不同，小鼠有四种不同类型的被毛（护毛、锥毛、触须毛和曲折毛），它们在发育上有细微差异。

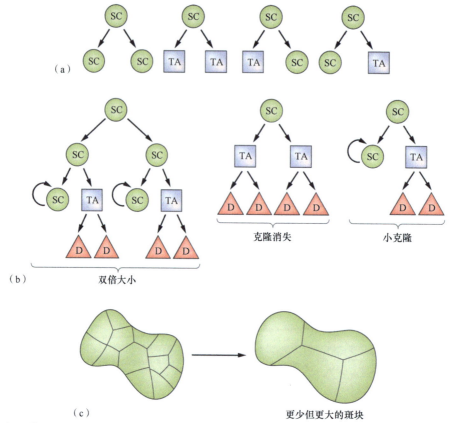

图 20.20 随机干细胞模型。(a) 干细胞分裂的四种类型。(b) 标记克隆的消失，以及标记克隆大小的加倍。(c) 标记克隆随着时间的推移变得越来越少但越来越大。

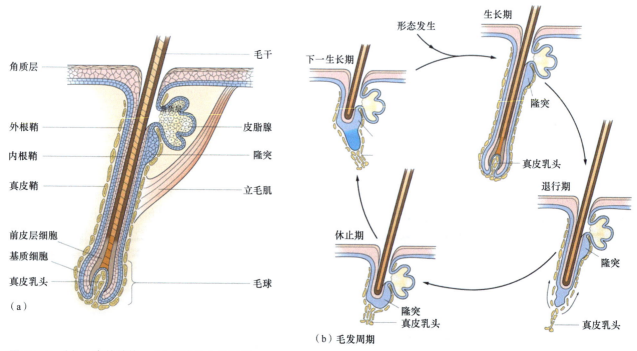

图 20.21 (a) 毛囊的结构。(b) 毛发的生长周期。

毛囊发育

毛囊的生命开始于表皮基板，在小鼠中从 E14.5 开始形成，然后在基板下方出现真皮凝聚。接着基板向下生长成钉状结构，并包裹凝聚物，凝聚物成为毛囊的**真皮乳头**（图 20.22）。支撑这一过程的是表面外胚层和下层间充质之间的一系列相互作用，间充质将成为皮肤的真皮层。第一个信号来自间充质，是由侧向抑制过程建立的 WNT 激活和 BMP 抑制的自组织模式（关于对称性破缺请参阅第 2 章，关于侧向抑制请参阅第 4 章），在表面表皮中建立了定型于成为表皮基板（epidermal placode）的细胞簇。在人类中，第一个表皮毛发基板在 7 周时出现。基板发出 sonic hedgehog（SHH），促使间充质中细胞凝聚的形成，这些凝聚物成为后来毛囊的真皮乳头。乳头发出 FGF7 和其他因子，刺激基板上的细胞向下生长，包围乳头并形成毛球（hair bulb）。关于这一复杂过程的证据有多个来源。关键成分的小鼠基因敲除显示毛囊发育在相应阶段停滞。此外，在第一阶段，WNT 抑制剂 Dickkopf 的过表达可以改变毛囊的间距，为基板形成的侧向抑制机制提供了证据。在最后阶段，条件合适的情况下，将真皮乳头移植到表皮中可以促使新毛囊形成。

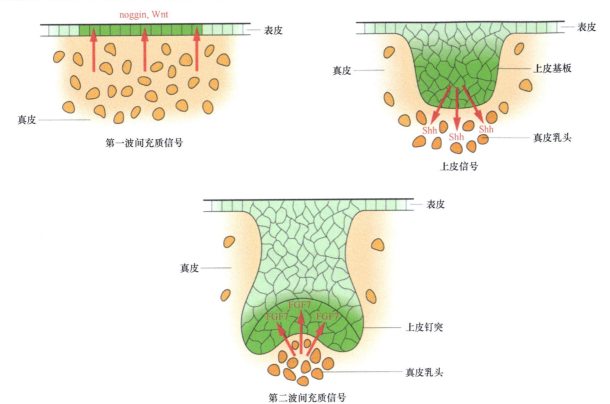

图 20.22　毛囊的形成。表皮和真皮之间至少存在三个信号转导阶段。第一，有一个涉及 Wnt 和 noggin（一种 BMP 抑制剂）的自组织过程来建立表皮基板。第二，基板诱导真皮乳头的形成。第三，乳头诱导毛球的形成和生长。

　　尽管毛球含有支持毛发纤维生长的细胞，但毛囊的真正干细胞位于更高的位置，即一个称为**隆突**（**bulge**）的区域。它们在妊娠后期（小鼠 E17.5）作为一群 SOX9 阳性细胞出现。毛囊与皮脂腺（sebaceous gland）密切相关，皮脂腺有自己的干细胞，并向生长的毛发分泌润滑剂。汗腺在 E17.5 左右出现，依赖于来自间充质的 BMP 和 FGF 信号以及 SHH 活性的抑制。

　　通过过表达 WNT 通路组分，尤其是稳定的 β-联蛋白，不仅可以在胚胎期，而且可以在成年期诱导额外的毛囊。其效果是剂量依赖性的，高剂量促进新毛囊形成，中等剂量促使新皮脂腺形成，低剂量抑制毛囊形成。新的毛囊通常作为现有毛囊的额外生长物被诱导产生，但也可以在毛囊间表皮中从头形成。新的毛囊也可以在伤口处出现（在小鼠中），由毛囊间表皮形成，并且由于新毛囊中缺乏黑素细胞而没有色素。这个过程也依赖于 WNT，因为 WNT 通路组分的上调会增加新毛囊的数量，而其下调会减少其数量。对毛囊起始过程的理解，使得我们有可能设想通过过表达 WNT 信号通路的组成成分来"治愈"人类的秃顶。这样做的主要潜在问题在于，WNT 信号通路在癌症中常常会被上调，所以任何刺激该信号通路以促使新毛囊形成的方法都需要避免引发肿瘤的形成。

隆突

毛囊球部的分裂表皮细胞不是干细胞，因为它们仅在毛囊处于生长期时才活跃。如前所述，真正的干细胞群位于外根鞘中途的侧向隆突中。这是毛囊在毛发周期中永久存活的最远端部分。它包含分裂缓慢（标记驻留）的细胞，这些细胞会在每个新的毛发生长初期阶段开始时迁移以重新填充毛球（图 20.23）。在啮

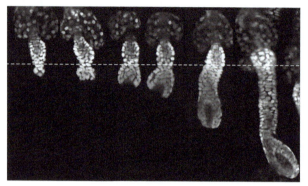

图 20.23 毛发周期中毛囊的生长。这些是通过多光子显微镜在表达 Krt14-H2BGFP 报告基因的小鼠体内观察到的毛囊，该报告基因标记了隆突细胞的细胞核。隆突区域位于虚线上方。随着生长开始，隆突的细胞向下移动以包围真皮乳头。它们形成一个新的毛球，毛球产生毛干的所有层以及外根鞘和内根鞘。来源：Rompolas and Greco (2014). Seminars Cell Dev. Biol. 25, 34–42，经 Elsevier 许可。

齿动物的大型触须毛囊中，隆突足够大，以至于可以手动解剖出来。如果将来自 lacZ 阳性（**Rosa26**）小鼠的隆突区域移植到未标记的触须毛囊中，然后在**裸鼠（nude mouse）**的肾被膜下培养，则可以看到表达 β-半乳糖苷酶的细胞重新填充整个毛囊。隆突细胞将细胞外蛋白肾连蛋白（nephronectin）分泌到其基底膜中，这有助于诱导立毛肌的分化和锚定。在人类中没有可见的突起，但干细胞同样存在于外根鞘最低处的永久性部分。

已有多种标记被证实与毛囊隆突的干细胞相关。其中之一是 Keratin 15 (Krt15) 的启动子。该启动子在胚胎期和出生后早期的整个表皮基底层中活跃，随后局限于毛球部（图 20.24）。通过驱动 thymidine kinase (KT) "自杀"基因（可将药物更昔洛韦代谢为毒性产物），可以消融隆突。事实上，Krt15-TK 小鼠会因更昔洛韦对肠道的毒性而死亡，但通过将皮肤移植到免疫缺陷宿主小鼠，可对皮肤单独进行研究。在此情况下，更昔洛韦会在数天内导致毛囊缺失，但不影响毛囊间表皮，这表明两类干细胞群体存在差异。另一个可能与干细胞功能更密切相关的标记是转录因子 SOX9。这是一个可在胚胎中观察到组织特异性干细胞真实起源的有趣例子（图 20.25）。SOX9 阳性细胞最初与表皮基板相关，随着毛囊的发育，它们进入隆突。Sox9-Cre × R26R 报告基因小鼠显示，SOX9 阳性细胞的后代占据整个毛囊。在 Krt14-Cre × Sox9 (floxed) 小鼠中，表皮内的 Sox9 被敲除。这些小鼠确实能形成毛囊，但毛囊无法长期维持，也不会经历毛发周期的任何后续阶段，同时缺乏皮脂腺。

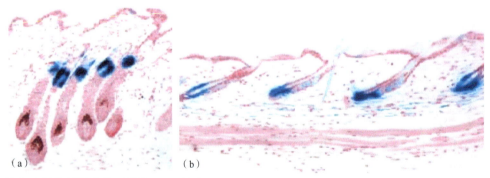

图 20.24 Krt15-lacZ 报告基因小鼠。通过 X-Gal 染色显示隆突中启动子的活性。(a) 毛发处于生长期，隆突区域位于毛囊的中途。(b) 毛发处于休止期，隆突位于毛囊的顶端。来源：自 Liu et al. (2003). J. Invest. Dermatol. 121, 963–968。

有趣的是，肠干细胞特征性标志物 LGR5 分子也在毛囊中表达，但标记实验表明这些细胞是过渡性扩增细胞而不是干细胞。一种相关分子 LGR6 在隆突上方表达，它的表达在表皮基板阶段开始，但在成体期中的标记实验表明它对皮脂腺和表面表皮有贡献，而不对毛囊的活跃部分有贡献。

尽管表面表皮和毛囊有自己的干细胞，并且在稳定状态下不会相互填充，但在受伤后情况并非如此。在"毛囊发育"部分已指出，一些新的毛囊确实在小鼠伤口处的毛囊间表皮中形成，并且它们也可以通过 Wnt 刺激诱导产生。标记隆突的各种方法（显微解剖和移植 Rosa26 组织，或 Krt15-Cre 或 Sox9-Cre 标记）

都表明，在受伤后，一些隆突衍生的细胞确实参与表面表皮形成。这是一个例子，说明干细胞在再生情况下的行为可能与正常稳态下的行为不同。

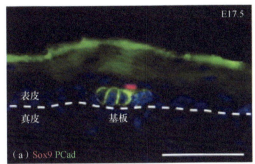

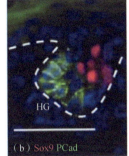

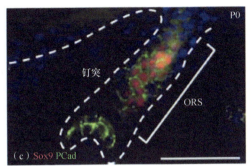

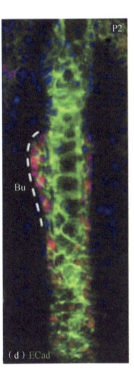

图 20.25　毛囊发育过程中 SOX9 的表达（红色免疫染色）。（a～d）从表皮基板阶段到具有隆突的年轻毛囊的发育。绿色，P-或 E-钙黏蛋白免疫染色；蓝色，DAPI 对 DNA 的染色。（e）*Sox9-Cre x R26R* 小鼠：通过 X-Gal 染色可视化的整个毛囊，源自曾经表达 *Sox9* 的细胞。HG，毛胚基；ORS，外根鞘；Bu，隆突；SG，皮脂腺；Mx，基质；P，出生后天数。来源：Nowak et al.（2008）. Cell Stem Cell. 3, 33-43，经 Elsevier 许可。

造血系统

在成年哺乳动物中，**造血**（**hematopoietic**）系统位于骨骼中较大的骨内的骨髓中。在胚胎中，它存在于其他各种部位。如第 17 章所述，最初它在卵黄囊中，处于胚胎外，然后在背主动脉和其他中央血管（所谓的 "AGM"，即主动脉-性腺-中肾区域）中，然后在肝脏、脾脏和淋巴结中，最后进入骨髓。至少从背主动脉阶段开始，相同的细胞群从一个部位迁移到下一个部位。

在出生后的哺乳动物中，造血系统在整个生命过程中处于持续的细胞产生和更新状态。存在一种**造血干细胞**（**hematopoietic stem cell, HSC**），它既能自我更新，也能分化为多种细胞类型。这些细胞类型包括血液和免疫系统的所有细胞，以及组织细胞、破骨细胞和皮肤的朗格汉斯细胞。

血液的细胞成分如下：

- **红细胞**（**erythrocyte**）：即红血球
- **粒细胞**：包括中性粒细胞（吞噬细胞）、嗜酸性粒细胞和嗜碱性粒细胞（类似于肥大细胞）
- **单核细胞**：类似于巨噬细胞和组织细胞

- **巨核细胞**：可裂解形成血小板的巨大细胞
- **淋巴细胞**：T 细胞、B 细胞和自然杀伤（NK）细胞

前四种细胞类型统称为**髓系细胞**。

对造血系统的研究主要以**移植（transplantation）**试验为主导。这包括对小鼠进行致死性辐射，然后将造血细胞注入其血液中。辐射会破坏体内驻留的 HSC，并为移植的细胞创造许多空的干细胞龛，供其占据。含有造血干细胞的移植物将在宿主干细胞龛中定植，并在几周内重建小鼠完整的血液和免疫系统。"真正的"或"长期的" HSC 被认为是那些能够实现永久性重建，并且还可以被连续移植到更多受辐射的小鼠体内，并再次成功实现永久性重建的 HSC。如果移植物确实重建了所有血液和免疫细胞类型，但只是暂时的，或者不能进行连续移植，那么起作用的细胞就被认为是"短期的" HSC，或多潜能祖细胞。为了研究干细胞的最终寿命，已经进行了多次连续移植实验。未经分离的骨髓连续移植大约可以进行 5 次，超过 5 次就会失败，至少部分原因是**端粒（telomere）**的侵蚀。因此，HSC 群体并不是完全永生的，但它进行自我更新的总时长比单个小鼠的寿命要长得多。已有研究显示，如果单个 HSC 与过量的其他非活性细胞一起移植，它能够重建受辐射小鼠的整个血液和免疫系统。通过对分选的单个 HSC 进行肉眼观察，并使用遗传标记将其与伴随的非活性细胞以及宿主细胞区分开来，为这一现象提供了有力的证据。在移植前用无活性细胞稀释 HSC 制剂的极限稀释研究表明，在小鼠中 HSC 约占骨髓细胞的 $1/10^5$。

已通过使用 FACS，根据骨髓细胞的表面抗原来分离骨髓细胞亚群，从而对造血系统进行了剖析。然后通过两种主要方法确定所得细胞的特性。一种是移植到受致死性辐射的小鼠体内。除了 HSC 和多能祖细胞之外，还有一些细胞类型只会产生血液或免疫细胞的亚群，这些细胞类型被认为是定型祖细胞，如髓系细胞的共同祖细胞或淋巴细胞的共同祖细胞。表征骨髓细胞亚群的另一种方法是在补充了造血生长因子的软琼脂或甲基纤维素中进行体外培养（图 20.26）。形成的集落类型表明了祖细胞的性质。在单能祖细胞的情况下，每个集落将由单一细胞类型组成；而在多能祖细胞或 HSC 本身的情况下，则会形成混合型集落。除了细胞分离和表征之外，有关造血系统的信息还来自对血液形成所需特定基因的小鼠基因敲除实验，其中一些基因敲除会导致小鼠缺乏特定的细胞亚系。

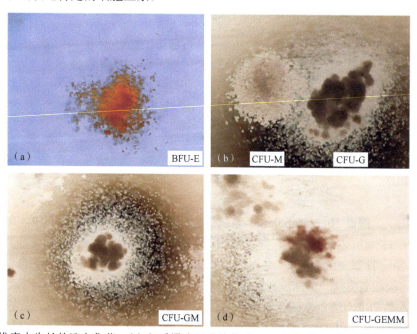

图 20.26　在甲基纤维素中生长的造血集落。（a）红系爆式形成单位（BFU-E）集落。（b）巨噬细胞集落形成单位（CFU-M；左）。粒细胞集落形成单位（CFU-G；右）产生嗜酸性粒细胞、嗜碱性粒细胞或中性粒细胞。（c）粒-巨噬细胞集落形成单位（CFU-GM）产生含有巨噬细胞和粒细胞混合物的集落。（d）粒-红系-巨噬细胞-巨核细胞集落形成单位（CFU-GEMM）是多谱系祖细胞，可产生红系、粒细胞、巨噬细胞和巨核细胞谱系。来源：©R&D Systems, Inc.。

综合这三个来源的信息，就产生了教科书（包括本书前几版）中常见的图表。这些图表通常显示一种

长寿的 HSC 产生有限潜能的祖细胞，并最终产生各种类型的血细胞和淋巴细胞（图 20.27a）；然而，最近的研究对这一模型提出了质疑。FACS 分离和移植相结合的方法，往往会增加可区分的多潜能细胞类型的数量，同时也提供了一些证据，表明 HSC 样细胞可能倾向于仅产生单一谱系。收集的数据越多，图表就变得越复杂，它们甚至开始包含产生相同细胞类型的多种途径（图 20.27b），因此图表变成了网状，而不是简单的层级结构。最近，对骨髓进行了一些单细胞 RNA 测序研究，并利用第 5 章中描述的技术来生成与移植实验完全无关的细胞谱系。这些研究往往显示出传统模型的"模糊"图像，但可区分的细胞类型较少（图 20.27c）。由于对稳态造血的研究（发生在没有移植或再生的情况下，见"稳态造血"部分），传统模型出现了更多难题。事实是，造血细胞谱系仍然没有得到很好的理解。

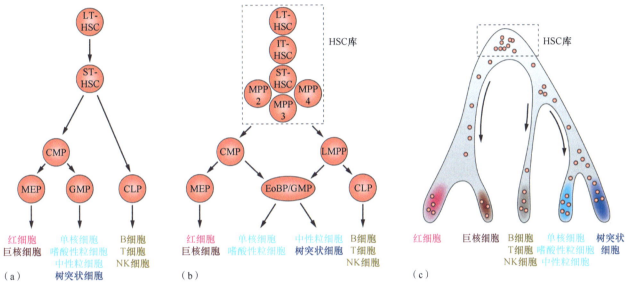

图 20.27　造血细胞谱系模型。（a）标准的层级模型，其中多能干细胞（HSC）产生定型祖细胞，这些定型祖细胞产生特定的细胞类型。（b）一个纳入更多数据的更现代的模型示例。该模型显示了多个多能祖细胞，以及产生相同细胞类型的替代路径。（c）基于单细胞 RNA 测序的模型。该模型强调细胞类型是重叠的细胞聚类，而不是离散的实体。

HSC 的身份

HSC 本身可以通过 FACS 分离。最初被分离的小鼠 HSC 细胞是具有 Lin⁻、Thy-1ˡᵒ 和 Sca-1⁺ 特征的细胞。Lin⁻ 表示不存在各种分化血细胞的标志物。Thy-1（= CD90）和 Sca-1 都是细胞表面 GPI 连接的糖蛋白，Thy-1 在 T 淋巴细胞上高表达。如今，小鼠 HSC 可以通过多种其他标准进行分离，一种常用的组合是 Lin⁻、Sca-1⁺、c-Kit⁺、CD150⁺ 和 CD48⁻。c-Kit（= CD117）是 Steel 生长因子（= 干细胞因子 [Stem cell factor, SCF]）的受体，CD150（= SLAMF1）是一种也存在于成熟 T 细胞上的细胞表面糖蛋白，而 CD48（= BLAST1 或 SLAMF2）存在于成熟 B 淋巴细胞上。由于细胞膜上存在转运蛋白分子，HSC 也可以在能够快速排出染料 Hoechst 33342 的细胞"侧群"（side population）中富集。它们之所以被称为"侧群"，是因为在标准 FACS 图谱中，它们位于左侧（低染料强度）。

人类相应的 HSC 存在于 CD34⁺ 细胞群中。CD34 是一种在内皮细胞上也存在的细胞表面唾液黏蛋白。并非所有 CD34⁺ 细胞都是 HSC，人类 HSC 可以进一步纯化，表现为 CD38⁻、CD45RA⁻ 和 Thy-1⁻。这三种成分都存在于成熟淋巴细胞上。CD49f（= 整合素 α6）也已被证明可标记人类 HSC。值得注意的是，尽管小鼠和人类 HSC 的生物学特性相似，但用于识别它们的细胞表面标志物是不同的。例如，CD34 在小鼠的长期 HSC 上不存在。这种差异的原因在于，这些标志物虽然对于通过 FACS 进行 HSC 分离很有用，但它们对于细胞表现出的实际干细胞行为很可能不是必需的，因此它们在物种之间的表达很容易发生变化。

对人类 HSC 的体外实验使用类似于小鼠的软琼脂–甲基纤维素培养技术。体内实验中则使用受致死性辐射的免疫缺陷小鼠作为人类造血细胞移植的宿主。例如，NOG 小鼠品系存在多种遗传缺陷，具有高度免疫缺陷，缺乏 B 细胞、T 细胞和 NK 淋巴细胞，是人类移植物的合适宿主。一旦这些小鼠被人类 HSC 重构，它们就具有持久的人类造血系统。

稳态造血

造血的标准模型（如图 20.27a 中的简化形式所示）一直存在一些问题，尤其是在免疫系统方面。例如，如果给新生小鼠进行皮肤移植，则小鼠此后对来自同一供体品系的移植物都会产生耐受性。同样，如果对动物进行免疫，那么针对免疫原产生抗体的 B 细胞和记忆 T 细胞可能会终生存在。由于这些参与免疫反应的功能细胞需要经历抗体基因或 T 细胞受体基因的特定 DNA 重排，因此它们似乎不太可能由 HSC 持续更新。更有可能的是，经历过这些特定 DNA 重排的细胞可以终生存在。这些例子表明，存在永久性的定型 B 细胞和 T 细胞群体。它们最初可能来自 HSC，然而一旦它们成为记忆细胞，就可以终生存在，而且可能还会自我更新。

已通过"条形码标记"（bar coding）对稳态下的造血系统进行了研究，条形码标记指的是引入一组大量可区分的 DNA 序列。如果在 HSC 和通过 FACS 分离的特定分化类型中检测到相同的序列，则可以推测带有条形码的 HSC 就是携带相同条形码的分化细胞的祖先。条形码可以通过各种不同的方式引入，例如，用携带可变序列元件的慢病毒进行感染。条形码标记研究的结果会有些变化，但它们确实倾向于表明，大多数稳态更新来自定型祖细胞，而不是 HSC 本身。

在造血系统中，使用 *Tie2* 启动子驱动 *CreER* 进行 CreER 标记实验。Tie2 编码一种存在于 HSC 和内皮细胞上的血管生成素受体。一剂他莫昔芬会导致一部分 HSC 发生不可逆的标记，可以通过在之后的不同时间使用 FACS 分离不同的细胞群体并确定它们所含标记的百分比，来追踪其后代的形成。结果表明，标记进入系统的速度相当缓慢。在 4 周后，一些"短期 HSC"和多潜能祖细胞被标记。16 周后，所有类型的血细胞都被标记。对数据进行建模的结果表明，"短期 HSC"尤其显示出非常长的驻留时间，并且在小鼠的一生中都不会达到平衡状态。因此，移植后寿命较短的细胞，在不受干扰的情况下可以存活很久，并且在行为上表现得像真正的干细胞。

总之，有充分的证据表明小鼠和人类体内都存在 HSC。但正常的细胞谱系仍然没有完全明确。目前尚不清楚 HSC 在多大程度上具有真正的多潜能性，或者它们中的大部分是否严重偏向于产生特定的细胞类型。目前并不确切地知道细胞谱系是一个分层级的树状结构，还是一个更为复杂交错的网状结构，在这个网状结构中，特定的细胞类型可能通过多种途径产生。同样不清楚的是，移植实验中被认为是有限寿命祖细胞的细胞，有多少在稳态下实际上起到了干细胞的作用。

HSC 干细胞龛

造血干细胞龛的重要性从以下事实中可以明显看出：除非在放疗或化疗后造血干细胞龛已腾空，否则 HSC 不会在骨髓中定植。关于干细胞龛的性质存在很多争议，特别是关于成骨细胞和毛细血管作为支持细胞的相对重要性。干细胞龛很可能涉及骨髓的许多成分，并且可能存在不同的亚龛，对应于不同的 HSC 亚群，如静息细胞、快速分裂细胞或可动员进入循环的细胞。对 HSC 的另一个可能影响是骨髓的交感神经支配，这被认为会在昼夜节律周期中影响造血过程。

骨髓存在于中轴骨和长骨的腔隙中（图 20.28）。骨的骨内膜表面覆盖着扁平的骨衬细胞（bone-lining cell），以及成骨细胞（osteoblast，源自侧板中胚层的骨形成细胞）和破骨细胞（osteoclast，源自造血系统本身的多核骨吸收细胞）。这种衬里存在于骨髓腔的内表面，也围绕着骨小梁团块。主要的动脉和静脉位于腔的中心，并通过微动脉和微静脉连接，微动脉和微静脉通过静脉窦的吻合丛相连。

如果将骨髓移植到身体的其他组织中，造血作用只会在形成骨小体的地方继续进行，这表明骨髓环境对这一过程的重要性。对来自骨髓不同部位的细胞进行的移植研究表明，骨内膜区域比中央区域更富含可移植的 HSC。使用对 CD150（= SLAM1）具有特异性的抗体进行免疫染色，同时结合 CD41（整合素 α2b）

和 CD48（SLAMF2）染色呈阴性的结果，提示 HSC 通常位于血管附近。如果通过 FACS 对小鼠的造血干细胞进行纯化，就可以对其进行标记，然后移植到经过辐照处理的宿主动物体内，这些宿主动物的干细胞龛可供 HSC 占据。这种方法表明，HSC 往往最终会定位于邻近骨小梁成骨细胞的骨内膜区域，但这些位置通常也邻近血管（图 20.29）。

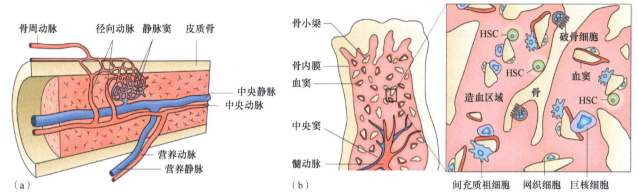

图 20.28　骨髓的结构和假定的造血干细胞龛。（a）长骨中骨髓的整体结构，显示血管供应。（b）骨髓的亚结构。HSC 被认为位于血管和骨小梁成骨细胞附近。

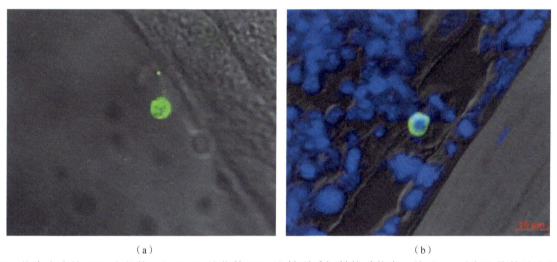

图 20.29　将来自表达 GFP 小鼠的、经 FACS 纯化的 HSC 注射到受辐射的受体中，并于 4 h 后在股骨骨髓进行成像。（a）定位于骨内膜表面附近。（b）定位于血管（图中可见为空隙）和骨附近。蓝色是用于标记 DNA 的 DAPI 染色。来源：Xie et al.（2009）. Nature. 457, 97-101。

对各种小鼠基因敲除品系的分析表明，某些生长因子和细胞因子可能是干细胞龛的重要组成部分。这些包括 SCF、CXCL12（= SDF1）、甲状旁腺激素、Notch 配体和各种细胞黏附分子。使用转基因小鼠对干细胞龛进行了进一步区分，在这些转基因小鼠中，特定细胞类型（如成骨细胞或骨髓基质细胞亚群）中具有活性的启动子被用于敲除或上调各种因子。使用 Cre 驱动的白喉毒素受体进行的细胞消融研究表明，表达神经上皮干细胞蛋白（nestin）或瘦素（leptin）启动子的骨髓基质亚群是维持 HSC 所必需的。

HSC 很难在不分化的情况下通过培养扩增，但其数量（以小鼠重建实验来衡量）可以通过各种操作方法来增加。早期的方法依赖于使用来自骨髓的基质，这是一种由成纤维细胞、血管和脂肪细胞组成的复杂混合物。最近，研究人员发现了一些促进细胞分裂的物质，其中最值得一提的是一种名为干细胞再生素 1（stemregenin 1, SR1）的化合物，它可以抑制芳香烃受体。芳香烃受体是一种通常存在于细胞质中的 bHLH 转录因子。SR1 已被用于在将人类 HSC 移植到患者体内之前对其进行扩增。此外，通过使用稳定（组成性活性）的 β-联蛋白对细胞进行逆转录病毒转导，也可以实现 HSC 的扩增。这与 WNT 信号对于 HSC 自我更新是必需的观点一致，就像在皮肤和肠干细胞中的情况一样。

造血生长因子

已通过应用体外集落形成测试分离了多种集落刺激因子（colony stimulating factor, CSF），或称为造血生长因子。其中最早的是粒-巨噬细胞 CSF（GM-CSF）、粒细胞 CSF（G-CSF）、巨噬细胞 CSF（M-CSF）和促红细胞生成素（erythropoietin）。最近，白细胞介素 3 和 6 以及 SCF（= Steel 因子）也被用为造血生长因子。这些因子协同作用，刺激各种过渡性扩增谱系的细胞分裂，它们对于控制体内的细胞生成可能非常重要。对各种细胞类型生成的大多数反馈控制是通过在定型祖细胞水平上改变生长速率来实现的。因为这样的细胞大量存在，并且可以对不断变化的需求做出快速响应。相比之下，通过调节 HSC 本身来改变生成速率则需要数周时间。几种人类版本的造血生长因子已通过重组 DNA 方法制备出了治疗性剂量，目前在临床实践中非常有用，特别是用于治疗各种类型的贫血，以及使人们在癌症治疗后能够重建他们的骨髓。促进中性粒细胞生成的 G-CSF（非格司亭）也具有动员 HSC 进入血流中的作用，这一特性被广泛用于获取用于人类造血移植的 HSC。

间充质干细胞和"转分化"

除了 HSC 之外，骨髓还含有另一种类型的干细胞。这些细胞被称为间充质干细胞（mesenchymal stem cell）或骨髓基质细胞（marrow stromal cell），两者都巧合地简写为 **MSC**。它们会黏附于塑料表面，并且可以进行长期培养。在培养过程中，骨髓中的其他细胞类型会被筛选出来并消失。在体外，当在适当的培养基中培养时，MSC 能够分化为脂肪细胞、软骨细胞或骨细胞。MSC 在体内的正常功能可能是作为产生成骨细胞的干细胞，并为骨骼的逐渐更新提供细胞。

在 2000 年左右的一些研究表明，将骨髓细胞移植到受辐射的宿主中时，它们能够在多种其他组织类型中定植。其中一些实验使用的是未经分离的骨髓，一些使用的是富集或纯化的 HSC 或 MSC。被定植的组织几乎包括所有类型，包括众多的上皮组织、肌肉和神经元。这些工作引起了相当大的争议，因为它提出了一种与传统模型截然不同的发育模式。传统观点认为细胞群体在胚胎发育过程中会经历一系列的决定，每一次决定都会限制其分化能力；而这个模型认为，整个身体是由来自骨髓的高度多能性细胞不断更新的。这种现象被称为"转分化"（transdifferentiation），不过这是一个不太恰当的用法，因为这个术语以前被用于指那些不同分化细胞类型之间罕见但已被充分证实的直接转化情况。现在看来，一些结果是由于细胞在各种组织中的滞留，但实际上并未发生分化，而另一些结果则是由于细胞融合，使得供体细胞的遗传标记整合到了宿主细胞中。骨髓来源的细胞可能确实会有一些向各种其他组织类型的真正重编程，但这肯定只以非常低的频率发生。由于宿主几乎总是接受了辐射，因此存在相当程度的组织损伤，并且身体各处都处于广泛的组织再生状态，所以人们认为这种情况为偶发的重编程事件提供了有利条件。然而，重编程根本不太可能大规模发生，骨髓也不太可能是能够再生身体其他部分细胞的储存库。

精原细胞

精子发生过程已在第 2 章从配子发生的角度进行过描述。有丝分裂的**精原细胞**（**spermatogonia**）产生精母细胞，每个精母细胞经过减数分裂形成 4 个精细胞，随后精细胞成熟为精子。但精子发生还有另一个层面的意义，因为雄性哺乳动物的生殖细胞在其一生中会持续不断地由一群干细胞产生。在这方面，雄性哺乳动物与雌性哺乳动物有着本质的区别，雌性哺乳动物的所有卵母细胞在胚胎期就完成了最后一次有丝分裂，然后会在很长一段时间内保持不分裂状态。

睾丸的发育在第 17 章已有描述。睾丸起源于间介中胚层，原始生殖细胞迁移进入其中，并发育出一套生精小管系统。生精小管中除了种系起源的生殖细胞外，还含有体壁来源的细胞。这些细胞包括支持精子发生的睾丸支持细胞（Sertoli 细胞）和类肌细胞（myoid 细胞），以及产生睾酮的睾丸间质细胞（Leydig

细胞）。小鼠出生后不久，精子发生过程就开始建立了。在新生小鼠中，生殖细胞被称为生殖母细胞（gonocyte），是原始生殖细胞的直接后代。这些生殖母细胞在出生后第一周变成精原细胞。与其他干细胞系统一样，精子发生是结构化的：有丝分裂的精原细胞位于生精小管的基底层；减数分裂的精母细胞随着成熟过程向管腔移动，与睾丸支持细胞紧密接触；减数分裂后的精细胞占据顶端或管腔的位置（图 20.30a）。在小鼠中，从精原细胞到成熟精子的整个过程大约需要 35 天，所以雄性小鼠一般在出生后 6 周左右就具备生育能力。此外，还存在一个时长为 8.6 天的"生精周期"（seminiferous cycle），它表示特定生精小管位置出现相同细胞类型群体的时间间隔。然而，生精周期的时长并不是精子发生所需的时间。生精小管内大约有 4 层正在成熟的细胞，因此精子发生的真实时间约为生精周期的 4 倍，即 35 天。

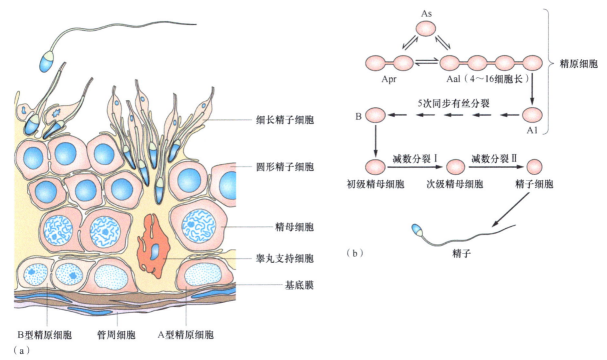

图 20.30　精子发生。(a) 精原细胞位于睾丸生精小管的基底层，与睾丸支持细胞（Sertoli 细胞）接触。它们产生进行减数分裂的精母细胞，精母细胞沿着支持细胞向上迁移。伸长的精子细胞位于小管管腔附近，即将完成向成熟精子的分化。(b) 精子发生示意图，显示了不同类型精原细胞之间可能的关系。来源：De Rooij and Mizrak (2008). Development. 135, 2207-2213, © 2008 Company of Biologists.

　　形态学研究表明，基底层中有几种类型的精原细胞：单个的精原细胞，以及由 2～16 个通过细胞质桥连接的细胞组成的细胞团。一般认为，称为 Asingle (As) 的单个细胞是干细胞，或者包含干细胞，而细胞团（称为 Apaired [Apr] 或 Aaligned [Aal]）是过渡性扩增后代。然而，一些标记实验表明，干细胞可能存在于 Apr 和 Aal 细胞群体中，并且通过延时拍摄观察到了细胞团分解为单个细胞的过程。因此，真正的干细胞可能是 As + Apr + Aal 总合群体的一个亚群。一旦由 16 个细胞组成的细胞团解体，它们就会经历一系列不可逆的进一步的分裂，形成 A1、A2、A3、A4、中间体和 B 型精原细胞。然后这些细胞进入减数分裂途径，成为精细胞（图 20.30b）。

　　干细胞龛涉及睾丸支持细胞，可能还包括间质细胞、类肌细胞和巨噬细胞。睾丸支持细胞产生 GDNF、FGF2、CXCL12（= SDF1）和 Wnt5A，所有这些因子可能都参与了干细胞的维持。特别是，小鼠 Gdnf 或其受体 Ret 基因的敲除会破坏精子发生过程并导致不育，而 GDNF 的过表达则会使精子产量增加。

　　一种有用的干细胞测试方法是将它们移植到宿主小鼠的生精小管中。这可以在同一近交品系的小鼠之间进行，它们在这种情况下具有免疫相容性；也可以跨品系甚至跨物种进行移植，在这种情况下就需要使用免疫缺陷的宿主。宿主还需要用白消安（busulfan）进行绝育处理，白消安是一种曾用于癌症治疗的烷基磺酸盐药物，它会破坏精原细胞，空出干细胞龛供移植细胞占据。供体细胞通常会用 GFP 或 lacZ 等遗传标记物进行标记。在几周的时间里，每个干细胞都可以在宿主生精小管中建立一个集落，产生处于精子发生

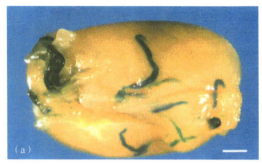

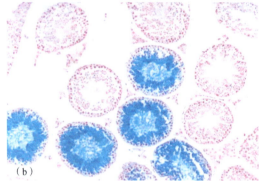

图20.31 精原干细胞移植。(a) 宿主睾丸，注射了来自 *lacZ* 报告基因标记小鼠的干细胞。X-Gal 染色显示供体来源细胞定植的生精小管斑块。(b) 类似睾丸的切片。在定植区域中，生精小管的所有种系细胞都来自移植物，但体细胞不是来自移植物的。来源：Brinster and Avarbock（1994）. PNAS 91, 11303–11307, 经 National Academy of Sciences 许可。

各个阶段的细胞群体（图 20.31）。宿主小鼠可以进行交配，并且会产生携带移植细胞中引入的遗传标记的后代，表明这些细胞确实能够发育成有活力的精子。然而，对于种间移植而言，情况并非如此。在这种情况下，细胞开始分化，但它们不会形成有活力的精子。将细胞移植到新生小鼠的睾丸中效果更好，可能是因为在这个阶段，睾丸支持细胞之间的紧密连接尚未发育完全，移植的细胞更容易找到从生精小管管腔向下迁移到基底层的通路。与所有此类测试一样，移植过程涉及组织损伤和再生，因此移植物中含有的形成集落细胞的比例很可能与未受干扰的稳态情况下干细胞的比例不同。

移植实验使得对精原干细胞的长期体外培养研究得以开展。最初，精原干细胞培养是通过使用饲养细胞以及含有 GDNF、FGF2 和 LIF 的培养基实现的，但现在已经设计出了无饲养细胞的培养基。培养的干细胞以有折光性但松散的集落形式生长，类似于新生小鼠的生殖母细胞，并表达 α6 和 β1 整合素。它们与胚胎干细胞有一些共同的特性，如表达 OCT4、SOX2 和碱性磷酸酶，但它们不表达其他一些典型的 ES 蛋白，如 NANOG，并且在移植到成年宿主中时不会形成畸胎瘤。

尽管进行了大量研究，但体内干细胞的确切数量和身份仍然未知。多种基因产物已被提议作为干细胞标志物，包括 ID4（一种 bHLH 转录因子的抑制剂）、BMI1（Polycomb 染色质调控复合物的一个组成部分）、PAX7、NGN3（两者均为转录因子）和 GFRα1（一种与 GDNF 结合的 GPI 连接的细胞表面受体）。已使用所有相关启动子进行了 CreER 标记研究，并且所有研究都产生了一些能够长期持续存在的标记克隆，并且这些克隆填充了包含精子发育所有阶段的生精小管节段（图 20.32）。然而，*Ngn3* 和 *Gfrα1* 肯定在正在分化的细胞上表达，并且许多标记克

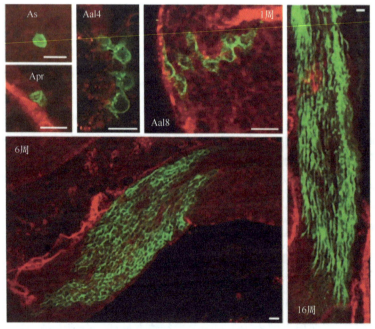

图20.32 使用 *Pax7-CreER x mTmG* 小鼠标记精原干细胞。mTmG 标记物在重组时从红色变为绿色。图中标示了他莫昔芬给药后的时间。1 周后，As、Apr 和 Aal 细胞均被标记。6 周后，出现了包含精子成熟各个阶段的大片区域，它们长期持续存在。来源：Aloisio et al.（2014）. J. Clin. Invest. 124, 3929–3944。

隆在短期内就消失了。相比之下，敲除 *Id4*、*Bmi1* 和 *Pax7* 基因的小鼠对精子发生的影响较小，这使得这些因子不太可能是干细胞功能所必需的，尽管它们可能在干细胞中表达。从标记研究中也无法确定干细胞是否全部存在于 As 细胞群体中，或者是否在 Apr 和 Aal 细胞群体中也存在一些干细胞。

人类和其他灵长类动物的精子发生与这里描述的小鼠情况有所不同。存在两类精原细胞，即"暗型"精原细胞和"亮型"精原细胞。这些精原细胞发育成熟为 B 型细胞，然后直接进入减数分裂成熟阶段。对人类睾丸细胞的单细胞 RNA 测序表明，假定的干细胞簇确实表达 *ID4* 和 *GFRα1*，就像在小鼠中一样。

经典实验

组织中的细胞更替

第一篇论文是对小肠上皮细胞有丝分裂的研究，得出的结论是细胞必定在隐窝中持续产生，并从绒毛中脱落。

第二篇论文利用了对已死亡的 ³H-胸苷标记细胞的放射性碎片的吸收作为邻近细胞的细胞标记物。通过研究这些放射性碎片的后续分布，推测出一种单一类型的干细胞产生了小肠上皮的所有 4 种细胞类型。

第三篇论文提供了一种全新的方法，用以估计长时间段内的细胞更替速率。

Leblond, C.P & Stevens, C.E. (1948) The constant renewal of the intestinal epithelium in the albino rat. *Anatomical Record* **100**, 357–377.

Cheng, H. & Leblond, C.P. (1974) Origin, differentiation and renewal of the four main epithelial cell types in the mouse small intestine. V. Unitarian theory of the origin of the four epithelial cell types. *American Journal of Anatomy* **141**, 537–562.

Spalding, K.L., Bhardwaj, R.D., Buchholz, B.A. et al. (2005) Retrospective birth dating of cells in humans. *Cell* **122**, 133–143.

经典实验

造血干细胞（HSC）及其细胞谱系

20 世纪 40 年代，人们已知受辐射的小鼠可以通过骨髓移植获救，但当时认为骨髓中存在的某种物质或激素起了作用。Ford 等人的论文通过鉴定染色体标记物表明，骨髓移植物的拯救活性实际上是由于造血细胞的定植。

第二篇论文描述了造血细胞在受辐射动物的脾脏中形成单克隆集落的能力。这提供了一种量化特定类型祖细胞数量的方法，并证明了能够形成混合细胞类型克隆的多潜能细胞的存在。

第三篇论文建立了一种体外集落形成检测方法，该方法有助于鉴定更多的多潜能细胞类型，并被用于纯化造血生长因子。

最后，Spangrude 等人的论文描述了通过荧光激活细胞分选（FACS）从小鼠骨髓中分离出纯的 HSC 的方法。

Ford, C.E., Hamerton, J.L., Barnes, D.W.H. et al. (1956) Cytological identification of radiation chimaeras. *Nature* **177**, 452–454.

Till, J.E. & McCulloch, E.A. (1961) A direct measurement of the radiation sensitivity of normal mouse bone marrow cells. *Radiation Research* **14**, 213–222.

Bradley, T.R. & Metcalf, D. (1966) The growth of mouse bone marrow cells in vitro. *Australian Journal of Experimental Biology and Medical Science* **44**, 287–300.

Spangrude, G.J., Heimfeld, S. & Weissman, I.L. (1988) Purification and characterization of mouse hematopoietic stem-cells. *Science* **241**, 58–62.

新的研究方向

准确确定组织特异性干细胞在发育过程中是如何从本身并非干细胞的祖细胞中产生的，这一点至关重要。

　　干细胞龛的性质需要进一步阐明，并且需要更好地理解来自干细胞龛的维持干细胞自我更新行为的信号。

　　我们还需要了解，Notch 侧向抑制系统是否控制着所有组织中多种细胞类型的分化，或者是否存在其他分子系统也能实现相同的目标。

　　同一细胞在其正常的组织环境中、在组织再生过程中以及在置于组织培养中时，都可能会表现出不同的行为。需要更好地理解这些差异产生的原因。

要点速记

- 身体的器官大多由不止一层组织层组成。每个组织层包含多种细胞类型。
- 组织内的细胞类型可分为有丝分裂后细胞、静息但能够生长的细胞以及持续更新的细胞。在更新组织中，细胞产生和细胞死亡保持平衡。
- 细胞更替速率可以通过对在细胞周期特定阶段存在的蛋白质进行免疫染色来评估，也可以用 BrdU 等 DNA 前体进行标记来评估；而在人类中，还可以通过测量自出生年份以来 DNA 中的 ^{14}C 的损失量来评估。
- 组织特异性干细胞是既能自我更新又能产生注定要分化的后代的细胞。它们在动物的一生中持续存在，并且存在于由周围细胞信号所定义的干细胞龛中。
- 小肠上皮的增殖区位于隐窝的下部。干细胞位于隐窝底部毗邻潘氏细胞的位置。干细胞产生几种类型的分化细胞，这些细胞迁移到绒毛上，并最终脱落到肠腔中。
- 表皮是复层鳞状上皮。它仅在基底层具有增殖细胞，依次向上的各层代表了有丝分裂后细胞不同的成熟程度。干细胞位于基底层。
- 毛囊的外根鞘隆突部位含有干细胞。隆突可以在毛发周期的每个活跃阶段重建毛球。
- 骨髓中含有造血干细胞（HSC），它们持续更新血液和免疫系统的细胞。HSC 以及由它们衍生的各种定型祖细胞，可以通过使用特定的细胞表面标志物的荧光激活细胞分选术进行分离。
- 精原干细胞在一生中都会产生精子。它们位于生精小管中，与睾丸支持细胞相邻，并由支持细胞维持其功能。

拓展阅读

组织学与组织结构

Le Gros Clark, W.E.（1971）*The Tissues of the Body*. Oxford: Clarendon Press.

Young, B., O'Dowd, G. & Woodford, P.（2014）*Wheater's Functional Histology: A Text and Colour Atlas*, 6th edn. Philadelphia: Elsevier and Churchill Livingstone.

Eroschenko, V.P.（2013）*diFiore's Atlas of Histology with Functional Correlations*, 12th edn. Baltimore: Wolters Kluwer, Lippincott, Williams and Wilkins.

Mescher, A.L.（2018）*Junqueira's Basic Histology: Text and Atlas*, 15th edn. Columbus, OH: Lange, McGraw Hill Education.

Ross, M.H. & Pawlina, W.（2016）*Histology: A Text and Atlas with Correlated Cell and Molecular Biology*, 7th edn. Baltimore: Wolters Kluwer Health.

Regev, A., Teichmann, S.A., Lander, E.S. et al.（2017）The human cell atlas. *eLife* **6**, e27041.

细胞更替与干细胞

Wagers, A.J. & Weissman, I.L.（2004）Plasticity of adult stem cells. *Cell* **116**, 639−648.

Spalding, K.L., Bhardwaj, R.D., Buchholz, B.A. et al.（2005）Retrospective birth dating of cells in humans. *Cell* **122**, 133−143.

Jones, D.L. & Wagers, A.J.（2008）No place like home: anatomy and function of the stem cell niche. *Nature Reviews Molecular Cell Biology* **9**, 11−21.

Fellous, T.G., McDonald, S.A.C., Burkert, J. et al. (2009) A methodological approach to tracing cell lineage in human epithelial tissues. *Stem Cells* **27**, 1410–1420.

Barker, N., Bartfeld, S. & Clevers, H. (2010) Tissue-resident adult stem cell populations of rapidly self-renewing organs. *Cell Stem Cell* **7**, 656–670.

Simons, B.D. & Clevers, H. (2011) Strategies for homeostatic stem cell self-renewal in adult tissues. *Cell* **145**, 851–862.

Losick, V.P., Morris, L.X., Fox, D.T. et al. (2011) Drosophila stem cell niches: a decade of discovery suggests a unified view of stem cell regulation. *Developmental Cell* **21**, 159–171.

Bergmann, O., Zdunek, S., Felker, A. et al. (2015) Dynamics of cell generation and turnover in the human heart. *Cell* **161**, 1566–1575.

Goodlad, R.A. (2017) Quantification of epithelial cell proliferation, cell dynamics, and cell kinetics in vivo. *WIREs Developmental Biology* **6**, e274.

Slack, J.M.W. (2018) What is a stem cell? *WIREs Developmental Biology* **7**, e323.

Iismaa, S.E., Kaidonis, X., Nicks, A.M. et al. (2018) Comparative regenerative mechanisms across different mammalian tissues. *NPJ Regenerative Medicine* **3**, 6.

Post, Y. & Clevers, H. (2019) Defining adult stem cell function at its simplest: the ability to replace lost cells through mitosis. *Cell Stem Cell* **25**, 174–183.

肠上皮

Barker, N., van Es, J.H., Kuipers, J. et al. (2007) Identification of stem cells in small intestine and colon by marker gene Lgr5. *Nature* **449**, 1003–1007.

van der Flier, L.G. & Clevers, H. (2009) Stem cells, self-renewal, and differentiation in the intestinal epithelium. *Annual Review of Physiology* **71**, 241–260.

Snippert, H.J., van der Flier, L.G., Sato, T. et al. (2010) Intestinal crypt homeostasis results from neutral competition between symmetrically dividing Lgr5 stem cells. *Cell* **143**, 134–144.

Barker, N. (2014) Adult intestinal stem cells: critical drivers of epithelial homeostasis and regeneration. *Nature Reviews Molecular Cell Biology* **15**, 19–33.

Baker, A.-M., Cereser, B., Melton, S. et al. (2014) Quantification of crypt and stem cell evolution in the normal and neoplastic human colon. *Cell Reports* **8**, 940–947.

Schuijers, J., Junker, J.P., Mokry, M. et al. (2015) Ascl2 acts as an R-spondin/WNT-responsive switch to control stemness in intestinal crypts. *Cell Stem Cell* **16**, 158–170.

Beumer, J., Clevers, H. (2021) Cell fate specification and differentiation in the adult mammalian intestine. *Nature Reviews Molecular Cell Biology* **22**, 39–53.

表皮

Koster, M.I. & Roop, D.R. (2007) Mechanisms regulating epithelial stratification. *Annual Review of Cell and Developmental Biology* **23**, 93–113.

Clayton, E., Doupé, D.P., Klein, A.M. et al. (2007) A single type of progenitor cell maintains normal epidermis. *Nature* **446**, 185–189.

Blanpain, C. & Fuchs, E. (2009) Epidermal homeostasis: a balancing act of stem cells in the skin. *Nature Reviews Molecular Cell Biology* **10**, 207–217.

Solanas, G. & Benitah, S.A. (2013) Regenerating the skin: a task for the heterogeneous stem cell pool and surrounding niche. *Nature Reviews Molecular Cell Biology* **14**, 737–748.

Lim, X., Tan, S.H., Koh, W.L.C. et al. (2013) Interfollicular epidermal stem cells self-renew via autocrine Wnt signaling. *Science* **342**, 1226–1230.

Donati, G. & Watt, F.M. (2015) Stem cell heterogeneity and plasticity in epithelia. *Cell Stem Cell* **16**, 465–476.

毛囊

Alonso, L. & Fuchs, E. (2006) The hair cycle. *Journal of Cell Science* **119**, 391–393.

Driskell, R.R., Clavel, C., Rendl, M. et al. (2011) Hair follicle dermal papilla cells at a glance. *Journal of Cell Science* **124**, 1179–1182.

Sennett, R. & Rendl, M. (2012) Mesenchymal-epithelial interactions during hair follicle morphogenesis and cycling. *Seminars in Cell & Developmental Biology* **23**, 917–927.

Deschene, E.R., Myung, P., Rompolas, P. et al. (2014) β-Catenin activation regulates tissue growth non-cell autonomously in the hair stem cell niche. *Science* **343**, 1353–1356.

造血

Kondo, M., Wagers, A.J., Manz, M.G. et al. (2003) Biology of hematopoietic stem cells and progenitors: implications for clinical application. *Annual Review of Immunology* **21**, 759–806.

Kiel, M.J., Yilmaz, Ö.H., Iwashita, T. et al. (2005) SLAM Family receptors distinguish hematopoietic stem and progenitor cells and reveal endothelial niches for stem cells. *Cell* **121**, 1109–1121.

Challen, G.A. & Little, M.H. (2006) A side order of stem cells: the SP phenotype. *Stem Cells* **24**, 3–12.

Purton, L.E. & Scadden, D.T. (2007) Limiting factors in murine hematopoietic stem cell assays. *Cell Stem Cell* **1**, 263–270.

Wilson, A., Laurenti, E. & Trumpp, A. (2009) Balancing dormant and self-renewing hematopoietic stem cells. *Current Opinion in Genetics and Development* **19**, 461–468.

Hoggatt, J., Kfoury, Y. & Scadden, D.T. (2016) Hematopoietic stem cell niche in health and disease. *Annual Review of Pathology: Mechanisms of Disease* **11**, 555–581.

Laurenti, E. & Göttgens, B. (2018) From hematopoietic stem cells to complex differentiation landscapes. *Nature* **553**, 418.

Pucella, J. N., Upadhaya, S., Reizis, B. (2020). The Source and Dynamics of Adult Hematopoiesis: Insights from Lineage Tracing. *Annual Review of Cell and Developmental Biology* **36**, 529–550.

Gao, X., Xu, C., Asada, N. et al. (2018) The hematopoietic stem cell niche: from embryo to adult. *Development* **145**, dev139691.

间充质干细胞

Nombela-Arrieta, C., Ritz, J. & Silberstein, L.E. (2011) The elusive nature and function of mesenchymal stem cells. *Nature Reviews Molecular Cell Biology* **12**, 126–131.

Bianco, P. (2014) "Mesenchymal" stem cells. *Annual Review of Cell and Developmental Biology* **30**, 677–704.

Guimarães-Camboa, N., Cattaneo, P., Sun, Y. et al. (2017) Pericytes of multiple organs do not behave as mesenchymal stem cells in vivo. *Cell Stem Cell* **20**, 345–359.

精原细胞

Brinster, R.L. (2007) Male germline stem cells: from mice to men. *Science* **316**, 404–405.

Oatley, J.M. & Brinster, R.L. (2008) Regulation of spermatogonial stem cell self-renewal in mammals. *Annual Review of Cell and Developmental Biology* **24**, 263–286.

Kanatsu-Shinohara, M. & Shinohara, T. (2013) Spermatogonial stem cell self-renewal and development. *Annual Review of Cell and Developmental Biology* **29**, 163–187.

Boitani, C., Di Persio, S., Esposito, V. et al. (2016) Spermatogonial cells: mouse, monkey and man comparison. *Seminars in Cell & Developmental Biology* **59**, 79–88.

de Rooij, D.G. (2017) The nature and dynamics of spermatogonial stem cells. *Development* **144**, 3022–3030.

第 21 章

生长、老化与癌症

生长：大小和比例的控制

尽管生长现象在表面上为所有人所熟知，但它却是发育过程中了解相对较少的方面之一。当动物的总体躯体模式初步形成时，整个胚胎仅大约有 1 mm 长，每个器官都只是一个小小的原基。对于像人类这样的大型动物，从这个阶段到成年的完全发育阶段，其体积大约会增大 10^9 倍。这种巨大的变化主要是由细胞分裂驱动的，但也源自细胞外基质的分泌和细胞体积的增大。现在已对控制细胞分裂的细胞内事件有了相当多的了解，也对来自环境中的生长因子作用于细胞的生化作用模式有较好的理解，但生长的总体控制机制在某种程度上仍然颇为神秘。

其中一个问题涉及最终大小，或者动物为何在某一特定的时刻停止生长。所有动物确实都会生长到一个有限的大小，尽管许多鱼类要花费极长的时间才能达到该物种的最终大小，以至于在一条鱼的生命周期内可能都无法实现，所以鱼类的生长看起来似乎是没有确定性的。动物的生长与组织培养细胞的生长有很大不同。在营养充足的情况下，培养中的细胞通常呈指数生长，但指数生长在动物体内很少见。对于大多数生长曲线来说，开始时生长速率很快，随着达到最终大小，生长速率逐渐趋近于零。人们已经提出了各种方程来对总体生长进行数学描述，其中之一是 Gompertz 方程：

$$y = y_{max}e^{-be^{-kt}}$$

其中，y 代表质量，y_{max} 是最终质量；b 是初始生长速率常数；k 是一个代表初始生长速率下降至零的常数。一些大鼠和大鼠心脏的生长曲线如图 21.1 所示。用 Gompertz 方程对这些数据可以进行良好的拟合。然而，

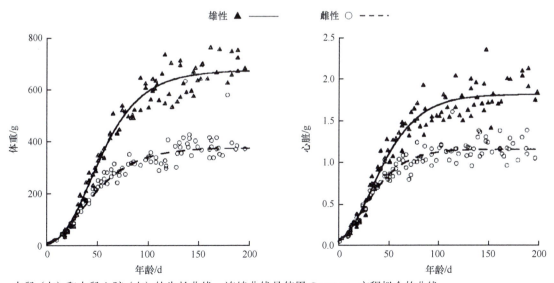

图 21.1 大鼠（左）和大鼠心脏（右）的生长曲线。连续曲线是使用 Gompertz 方程拟合的曲线。

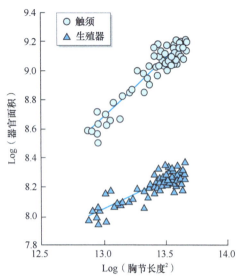

图 21.2　两个身体部位之间异速生长关系的示例。在成年果蝇个体中，触须的大小与全身大小成比例，而体型较大的果蝇的生殖器大小在比例上则较小。数据符合异速生长方程 $y = ax^b$。来源：Alexander et al.（2007），© 2007 John Wiley & Sons。

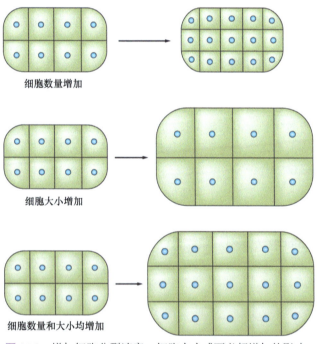

图 21.3　增加细胞分裂速率、细胞大小或两者都增加的影响。

由于有大量的过程都以某种方式对个体大小的增加有所贡献，所以无论是这个方程还是其他表示整体生长的方程都并非完全令人满意。

生长控制的另一个主要问题是身体各部分之间生长的协调性。在体积增大 10^9 倍的过程中，身体各部分之间生长速率的微小差异都会导致相对比例的巨大变化。这表明必然存在一些机制，能够感知生物体的整体大小，并相应地调节各个部分的生长。实际上，在生长过程中，相对比例通常确实会在一定程度上发生变化。例如，随着儿童的成长，头部相对于身体的比例会变小。生物体两个部分的生长之间的关系，或者一个部分与整体之间的关系，通常可以用方程 $y = ax^b$ 或 $\log y = \log a + b \log x$ 来表示，其中，y 是一个部分的大小，x 是另一个部分的大小，a 和 b 是常数。这被称为**异速生长**（**allometry**）。然而，这个方程并没有真正的理论基础，而且常常不被遵循，因此该方程只是呈现数据的一种便利工具，而不应被视为对生长过程的解释。图 21.2 显示了一个异速生长关系的例子，在这个例子中，果蝇的触须大小与整体大小成正比，而随着身体大小的增加，生殖器的比例相对变小。

尽管整体生长包括细胞外基质的贡献和细胞大小的影响，但生长几乎总是涉及细胞数量的增加。通常，细胞在达到一定的临界大小后才会进行分裂，所以平均细胞大小得以保持，这样细胞群体的体积就与细胞数量成比例。在那些细胞大小不保持恒定的情况下，例如，在胚胎卵裂过程中，仅细胞分裂本身并不会导致生长，因为相同体积的组织会被分割成越来越小的细胞（图 21.3）。在哺乳动物出生后的生命过程中，细胞大小可能会在不进行细胞分裂的情况下增加，特别是当染色体数目或**倍性**（**ploidy**）增加时，或者当细胞变成双核时。这种情况常常发生在哺乳动物中有丝分裂后或分裂缓慢的细胞类型中，如肝细胞和心肌细胞。果蝇幼虫的分化细胞也常常很大，这是因为存在 DNA 的**多线性**（**polyteny**）。

控制生长的生化通路

有两条信号通路对于生长控制尤其重要，即胰岛素-TOR（target of rapamycin，雷帕霉素靶蛋白）系统和 Hippo 信号通路，尽管它们也有其他的发育功能。此外，第 4 章中介绍的许多诱导因子，如 WNT 和成纤维细胞生长因子（FGF），在出生后生物体中起到促有丝分裂原的作用。有时，特定的生化通路会控制生长的某个特定方面。例如，胰岛素样生长因子 1（insulin-like growth factor 1, IGF1）会刺激施万细胞体积增大，而神经调节蛋白 1 则会刺激细胞的分裂。一般来说，胰岛素-IGF 系统似乎控制着整体大小，而 Hippo 信号通路则根据来自邻近细胞的、基于局部接触的信号来控制生长。尽管有这些例子，但信号通路之间也存在大量的交互作用（cross talk），而且大多数信号通路会同时影响生长的多个方面。

胰岛素通路

胰岛素-IGF 信号系统以及相关的细胞内 TOR 系统（图 21.4）在所有动物中基本相似，尽管其平行组件的数量可能会有所不同，例如，秀丽隐杆线虫中胰岛素样基因不少于 37 个，而哺乳动物只有 3 或 4 个。TOR 之所以得名，是因为它是药物雷帕霉素的作用位点，而雷帕霉素被用作免疫抑制剂，为接受器官移植的人类患者提供支持。要理解该系统的运作，最好考虑胰岛素或 IGF 与其受体结合后的一系列事件。受体是由两个 α 亚基和两个 β 亚基组成的异源四聚体。β 亚基是具有细胞内酪氨酸激酶结构域的跨膜蛋白。当与配体结合而被激活时，它们会相互磷酸化，并通过衔接蛋白激活其下游靶标。有两条关键的信号转导通路会被激活。我们熟悉的 ERK 通路通过衔接蛋白 Shc、Grb2 和 SOS 与受体偶联。这些蛋白质会导致 GTP 交换蛋白 Ras 的激活；激活的 Ras 通过将激酶 Raf 招募到细胞膜而激活 Raf，Raf 会磷酸化 MEK，MEK 再磷酸化 ERK。激活的 ERK 进入细胞核，并与其他转录因子协同激活靶基因（见图 4.18，第 4 章）。除了胰岛素类因子外，ERK 通路还会被许多其他生长因子激活，如表皮生长因子（epidermal growth factor, EGF）、FGF 和血小板衍生生长因子（platelet-derived growth factor, PDGF），并且会对大量的过程产生影响，通常包括刺激细胞分裂。

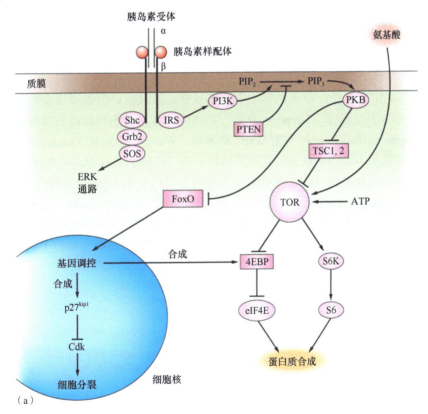

	受体	PI3K	PKB	TSC	TOR	FoxO	蛋白质合成
＋配体	活化	活化	活化	失活	活化	失活	上调
－配体	失活	失活	失活	活化	失活	活化	下调

(b)

图 21.4　胰岛素-TOR 通路。(a) 促进生长的组分以椭圆形表示，抑制生长的组分以矩形表示。(b) 存在或不存在胰岛素样配体时各组分的状态。

胰岛素样受体激活的另一条主要通路是 PI3 激酶（PI3 kinase, PI3K）通路。这条通路与代谢的关系更为密切，特别是对蛋白质合成速率的控制，而蛋白质合成速率是细胞大小的主要决定因素。PI3K 通过一个称为胰岛素受体底物（insulin receptor substrate, IRS）的衔接蛋白被激活。激活后，它会将膜脂质磷脂酰肌醇-4,5-二磷酸（PIP_2）磷酸化为磷脂酰肌醇-3,4,5-三磷酸（PIP_3）。然后，PIP3 会激活一种名为蛋白激酶 B（PKB 或 AKT）的丝氨酸–苏氨酸激酶。PIP3 不会无限积累，因为它会被一种名为 PTEN 的磷酸酶去磷酸化。PI3K 通路会引发一些众所周知的代谢反应，特别是葡萄糖摄取增加、脂肪酸摄取增加以及糖原合成增加。就生长调节而言，激活的 PKB 会磷酸化并失活 Tuberous sclerosis 基因 1 和 2 编码的两种蛋白质复合物，而该复合物通常会使 TOR 失活。由于两次抑制等于一次激活，这意味着胰岛素信号会激活 TOR。TOR 在哺乳动物中通常被称为 mTOR（mammalian target of rapamycin，哺乳动物雷帕霉素靶蛋白），是一种细胞内丝氨酸–苏氨酸激酶，它会磷酸化另一种激酶 S6 激酶，S6 激酶进而磷酸化并激活核糖体蛋白 S6。这使得核糖体能够翻译一类编码核糖体蛋白的 mRNA，从而增加细胞的整体蛋白质合成能力。TOR 还通过另一条通路刺激蛋白质合成，即抑制蛋白质 4EBP，而 4EBP 是蛋白质合成起始因子 eF1a 的抑制剂。该通路还通过转录因子 FoxO（叉头类）对基因表达产生影响，FoxO 会被 PKB 失活。在没有胰岛素信号转导的情况下，FoxO 被去磷酸化，进入细胞核，并激活某些减少蛋白质合成的组分（包括 4EBP）以及其他减少细胞分裂组件（包括 Cdk 抑制剂 $p27^{kip1}$）的转录。这些不同的作用总结在图 21.4b 的表格中。

胰岛素-TOR 系统确保生长的程度将由适当的促生长信号、可用的营养物质以及能量供应的整体组合情况而决定。将所有这些因素整合在一起的关键点是 TOR，因为它不仅会被胰岛素信号激活，还会被三磷酸腺苷（ATP）和氨基酸激活。因此，该系统整合了对生长因子、能量供应和营养可用性的感知。

Hippo 通路

Hippo 通路是在果蝇中发现的，但在动物界中普遍存在，并且在许多人类癌症中会被上调。果蝇和哺乳动物的 Hippo 通路如图 21.5 所示。Hippo 本身是一种激酶，其基因的功能丧失突变会导致过度生长，如图 21.6a、b 所示。Hippo 会激活另一种名为 Warts 的激酶，Warts 会磷酸化 Yorkie，Yorkie 是一种核蛋白，在磷酸化后会被留在细胞质中。当未被磷酸化时，Yorkie 会迁移到细胞核中，作为转录因子 Scalloped 的辅助因子，并上调各种与生长相关的基因，包括编码细胞周期蛋白 E 和 Myc 的基因。yorkie 的过表达会导致过度生长，这与 hippo 功能丧失的情况类似（图 21.6c）。这种效应是由细胞分裂增加和细胞凋亡受到抑制共同导致的。该信号通路主要由细胞表面蛋白来调控，这些蛋白传递来自相邻细胞的信号。尤其是 Fat 蛋白，它是一种非典型钙黏蛋白，参与平面极性的控制（见第 19 章）。当 Fat 与邻近细胞上的另一种非典型钙黏蛋

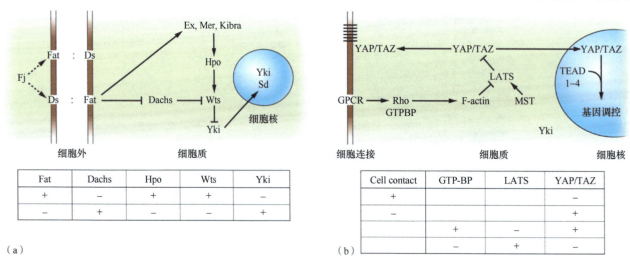

Fat	Dachs	Hpo	Wts	Yki
+	−	+	+	−
−	+	−	−	+

（a）

Cell contact	GTP-BP	LATS	YAP/TAZ
+			−
−			+
	+	−	+
	−	+	−

（b）

图 21.5 Hippo 信号通路。(a) 果蝇中的情况。Fj 和 Ds 对 Fat 的影响并不取决于其绝对水平，而是取决于它们在相邻细胞之间的差异。由于这条通路中存在抑制步骤，当 Fat 被激活时，Yorkie 会处于失活状态。(b) 哺乳动物中的情况。从细胞表面到该信号通路的确切联系仍不确定。

白 Dachsous 结合时，会被磷酸化，然后会隔离一种肌球蛋白样蛋白 Dachs，并阻止它抑制 Warts。Warts 的活性意味着 Yorkie 会被保留在细胞质中。Fat 还可以通过由 Expanded、Merlin 和 Kibra 组成的复合物激活 Hippo，这些衔接蛋白存在于上皮细胞亚顶端部位。无论是哪种情况，活化的 Fat 都会减少 Yorkie 的激活，因此对生长是拮抗的。Fat 还受到 Fourjointed 的调控，而 Fourjointed 是一种在高尔基体中发现的激酶，它会在 Fat 的细胞外结构域上进行磷酸化。Dachsous 和 Fourjointed 对 Fat 的影响并不取决于它们的绝对水平，而是取决于它们在相邻细胞中含量的差异，差异越大，对 Hippo 激酶信号通路的抑制就越强，通过 Yorkie 对生长的刺激也就越强。这一特点在再生的背景下具有很大的潜在意义，因为手术造成的图式不连续性通常会导致局部生长的刺激（见第 24 章）。

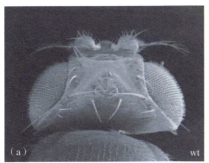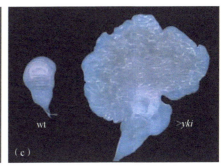

图 21.6　(a,b) 果蝇头部中失去 Hippo (hpo) 会导致不成比例的过度生长。(c) 翅盘中 Yorkie (*yki*) 的过表达也会导致显著的过度生长。wt，野生型。来源：Pan (2007). Genes Dev. 21, 886–897, 经 Elsevier 许可。

哺乳动物的 Hippo 信号通路在核心组成部分上是相同的（图 21.5b）(Hippo 的同源物称为 MST1 和 MST2；Warts 的同源物称为 LATS1 和 LATS2；Yorkie 的同源物称为 YAP 和 TAZ)。哺乳动物中确实存在与果蝇 Fat、Dachsous 和 Fourjointed 的同源物，但目前它们与 Hippo 信号通路的类似联系尚未明确建立。然而，在细胞表面和 YAP 之间存在一种以 α-联蛋白（α-catenin）形式存在的联系，α-联蛋白通常将钙黏蛋白与细胞骨架连接起来。α-联蛋白还可以通过一种名为 14-3-3 的蛋白质结合磷酸化的 YAP，并阻止其去磷酸化。还有证据表明，机械应力以及刺激 G 蛋白偶联受体的因子会激活该信号通路，从而抑制 YAP-TAZ。这些因素都会导致小三磷酸鸟苷（GTP）结合蛋白的激活、肌动蛋白的聚合以及 LATS 的抑制，进而导致 YAP-TAZ 的激活，以及更多的生长。

昆虫的生长控制

最终大小的控制

对最终大小的控制机制在昆虫中是研究得最为清楚的。人们对烟草天蛾（*Manduca sexta*）进行了大量研究，果蝇中的机制似乎也与之类似。果蝇的成虫盘常被用于研究生长调控，因为使用 GAL4 或 FLP-out 方法（参见第 19 章）可以很方便地上调或下调基因表达。烟草天蛾和果蝇都是**完全变态（holometabolous）**昆虫，会经历完全的变态过程。成虫几乎完全是有丝分裂后的，因此其最终大小取决于幼虫和蛹阶段成虫盘的生长量。在幼虫生长过程中存在一个临界大小，当达到该大小时，即使此后处于饥饿状态，昆虫也能进行变态发育。这表明变态的激素控制与生长控制之间存在密切关系。在幼虫期，来自**咽侧体（corpus allatum）**的保幼激素（juvenile hormone, JH，一种倍半萜类化合物，在脊椎动物中没有等效物）会促进生长并抑制变态发育。**前胸腺（prothoracic gland）**分泌的蜕皮激素脉冲在 JH 存在的情况下会导致幼虫蜕皮，但在没有 JH 时会引发蛹化。蜕皮激素是一种类固醇，在周围组织中会被代谢为有活性的 20-羟基蜕皮激素。

昆虫对整体身体大小的感知特别依赖于产生蜕皮激素的前胸腺。蜕皮激素会抑制咽侧体产生保幼激素，并最终启动变态发育。在果蝇中，前胸腺和咽侧体都是位于幼虫脑部的环腺的结构的一部分。如果通过过表达 PI3 激酶或 Ras，对前胸腺进行基因操作使其异常增大，那么幼虫的临界大小就会降低，变态会提前发生，并且成虫体型较小。相反，如果通过过表达 PTEN 使前胸腺异常变小，那么变态会延迟发生，且成虫体型较大（图 21.7）。这表明前胸腺在决定整体大小方面起着核心作用。

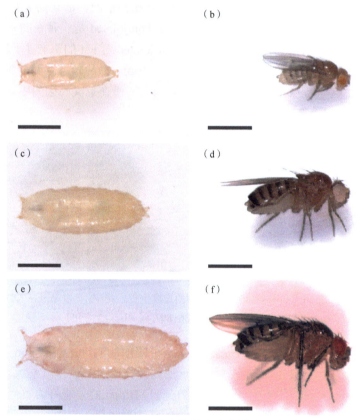

图 21.7　仅控制前胸腺 Ras 或 PI3-激酶水平对果蝇蛹和成虫整体大小的影响。（a,b）Ras 超活跃等位基因的过表达。（c,d）正常 Ras 的过表达（无影响）。（e,f）PI3 激酶显性负性等位基因的过表达。标尺：1 mm。来源：Caldwell et al.（2005）. Curr. Biol. 15, 1785-1795。

大脑中少数细胞释放的胰岛素样肽也会促进整个身体的生长。在果蝇的成虫盘中，胰岛素-TOR 系统中任何一个正向作用组分（胰岛素受体、PI3K、PKB 和 TOR）的功能丧失或减弱，都会减少细胞的大小和数量，从而减小它们所组成结构的大小。相反，抑制性组分（PTEN、TSC1、TSC2 及 FoxO）功能的丧失或减弱会增加细胞的大小和数量，并增大所形成结构的大小。

成虫盘的相对比例

在生长控制的研究中，一个主要问题是确定器官的生长是自主的（仅取决于胚胎原基中细胞的生长程序），还是协调的（涉及与身体其他部分和/或整个身体大小的持续性沟通）。人们一度认为成虫盘的生长是自主的，因为它们在移植到成年果蝇的腹部后，会生长到最终大小。然而，现在已知它们的生长存在相互协调，例如，若翅盘的生长减少，那么其他盘的生长也会减少，并且幼虫第三龄期的时间就会延长，直到幼虫达到正常的临界大小。可以使用 GAL4 系统（参见第 19 章）来进行操作，以便仅在翅盘中抑制蛋白质合成所需的核糖体蛋白的功能。这种协调机制涉及成虫盘产生一种胰岛素样蛋白 Dilp8（图 21.8）。如果生长减缓或某个成虫盘受损，Dilp8 的产生就会增加，它通过幼虫大脑中两对神经元上存在的特异性受体 Lgr3 发挥作用。当这些神经元被激活时，它们会抑制胰岛素生成神经元分泌促进生长的胰岛素样蛋白 Dilp2、Dilp3 和 Dilp5，抑制促前胸腺激素（PTTH）的产生，继而减少蜕皮激素的分泌；它们还在一定程度上减少 JH 的产生。最终结果是整个幼虫的生长速率降低，直到受影响的成虫盘赶上来。

通过直接干预细胞周期控制，可以绕过胰岛素系统。例如，过表达转录因子 E2F 可以导致局部细胞分裂速率增加，E2F 会激活细胞周期 S 期所需的一些基因的表达。相反，过表达视网膜母细胞瘤

（retinoblastoma, RB）蛋白可以减缓细胞分裂速率，抑制内源性的 E2F。但这两种操作都对翅盘的整体大小没有太大的影响，因为细胞大小增加的速率并没有改变。换句话说，较快的细胞周期会产生一个包含更多、更小的细胞的克隆，而较慢的细胞周期会产生一个包含更少、更大的细胞的克隆。为了改变生长速率，还必须改变细胞大小增加的速率，就像对胰岛素信号做出反应时那样。

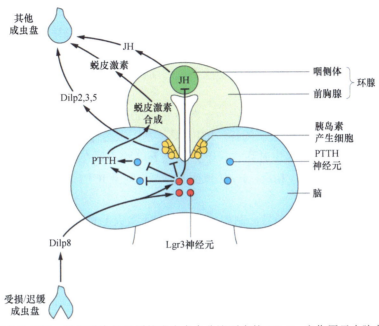

图 21.8　果蝇成虫盘生长的协调性。受损或生长迟缓的成虫盘会分泌更多的 Dilp8。它作用于大脑中的特定神经元，这些神经元抑制各种促生长激素的分泌。

　　即使成虫盘或成虫盘内某个区室的大小保持不变，某些遗传操作也可能导致严重的细胞选择。有一类称为 *Minutes* 的突变体，含有核糖体蛋白的显性抑制性突变，导致生长速率较低（尽管其成年体型正常）。如果在 *Minute*/+ 背景中诱导产生一个正常的 +/+ 克隆，那么正常细胞的生长速率会超过 *Minutes* 细胞，并填满大部分区室（如翅盘的前或后区室）。这种情况发生时，成虫盘的比例或整体大小并没有改变。正是这些实验首次发现了区室的存在（见第 19 章）。后来发现，细胞之间的竞争取决于它们所含的各种细胞周期相关蛋白质的水平。例如，无论 Myc 表达的绝对水平如何，含有更多 Myc 蛋白的细胞群体的生长速率总是会超过 Myc 蛋白含量较低的细胞群体。对此类效应的研究表明，成虫盘内存在着活跃的细胞竞争过程，因此与生长较快的"获胜者"克隆相比，生长较慢的"失败者"克隆更倾向于发生细胞凋亡。这个过程需要一种称为 Flower 的细胞膜蛋白，其某些异形体（isoform）在"失败者"细胞中会上调表达并导致细胞凋亡。这些细胞竞争效应一般不会影响最终的大小或比例。

哺乳动物的生长控制

　　成年哺乳动物与成年昆虫有很大的不同。哺乳动物由各种组织组成，其中一些组织表现出持续的细胞更替，而另一些组织大多处于静息状态，但可以表现出再生性生长。一些细胞类型，如神经元和骨骼肌纤维，是有丝分裂后的，但几乎没有整个组织是完全由有丝分裂后细胞组成的。在哺乳动物中，没有类似于节肢动物那样用于调节蜕皮和变态的保幼激素–蜕皮激素系统。然而，就最终大小的控制而言，一个关键的相似之处是胰岛素通路的核心作用。

哺乳动物的最终大小

　　在哺乳动物中，主要负责生长控制的并非胰岛素本身，而是两种胰岛素样生长因子，即 IGF1 和 IGF2。

它们都通过一种称为"IGF1 受体"（IGF1 receptor）的受体发挥作用，该受体类似于"胰岛素通路"部分描述的一般胰岛素受体。IGF2 在支持胎儿期的生长方面更为重要，这在很大程度上是通过其对胎盘的作用实现的，而 IGF1 虽然在胎儿期也有活性，但其对于支持出生后的生长方面更为重要。出生后，IGF1 主要在肝脏中产生，不过许多其他组织也会有一定贡献。其合成受垂体前叶的促生长激素细胞分泌的生长激素（GH/somatotrophin）的控制，生长激素通过 JAK-STAT 信号通路刺激 IGF1 的产生。缺乏足够生长激素的动物或人类生长和成熟缓慢，并且最终体型较小。同样，缺乏 GH 受体也会导致一种人类侏儒症（拉龙综合征，Laron syndrome）。相反，患有分泌过多生长激素的垂体瘤的个体在儿童期和青春期会生长得更快，并且最终体型会比正常情况更大（巨人症）。垂体功能不足的动物或人，在生长期给予生长激素或 IGF1，可以使其生长速率恢复到接近正常水平。

敲除 *Igf1* 或 *Igf2* 基因的小鼠出生时大小约为正常小鼠的 60%，而同时敲除这两个基因的小鼠大小仅为正常小鼠的 30%，并且会在出生时死亡。同样，IGF1 受体基因或三个 PKB 基因中的两个基因被敲除的小鼠，其大小约为正常的 50%，并在出生时死亡。单独敲除 *Igf2* 的小鼠在出生后能生长正常，这就是为什么人们认为其功能主要在胎儿期发挥。相反，IGF1 或生长激素（刺激 IGF1 的合成）的转基因过表达可以将小鼠的大小增加至原来的两倍左右。

这些组分中存在一些正常的遗传差异，例如，大型犬和小型犬品种的血清中 IGF1 水平存在相当大的差异。这是由于 IGF1 基因座本身的遗传变异造成的，并且这种变异造成了犬类品种之间巨大的体型差异，最大型犬种和最小型犬种之间的体重差异约达 80 倍。尽管 IGF1 在犬和人类中具有相同的功能，但 *IGF1* 基因的突变似乎对人类正常身高变化的影响很小。然而，确实有极少数缺乏 *IGF1* 的人类突变体，其出生前和出生后的生长严重受限，同时还伴有小头畸形。

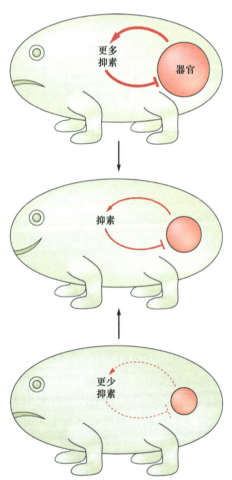

图 21.9　假设的抑素系统的运作。抑素的浓度取决于器官大小与整体身体大小的比例，并对器官的生长提供负反馈。

哺乳动物器官的相对比例

和昆虫的情况一样，关于相对比例存在一个多少有些独立的问题。即使生物体的整体大小是正常的，如何保证在发育过程中不同的身体部位彼此按比例地扩大呢？或者，在成比例生长中存在正常且可预测的异速生长偏差时，是如何控制的？一方面，有一定数量的证据表明，器官的生长是完全自主的，根本不存在全身性的调控。这些数据包括在不同两栖动物物种的胚胎之间，或者在鸡和鹌鹑胚胎之间进行的肢或眼睛原基的移植实验。在所有此类情况下，移植的器官会生长到供体物种所特有的程度，而不是宿主物种所特有的程度。在近交系小鼠品系之间的移植或人类移植中也是如此，例如，移植到成年受体体内的幼年心脏或肾脏会生长到其正常的最终大小。另一方面，自主生长确实带来了一个理论上的问题，因为它似乎很有可能出现误差。考虑到典型的哺乳动物从系统型发育阶段的胚胎到成年个体，体积会增大 10^9 倍，生长速率上的一个非常微小的误差就会导致显著的比例失调。由于这个原因，研究人员一直在思考并研究可能存在的全身性调控机制，而且某些这样的机制肯定是存在的。

一种关于全身比例调控的流行模型涉及每个身体部位对自身的反馈抑制。例如，如果每个身体部位都产生一种抑制物质，这种物质会被稀释到生物体的总血容量中，那么其浓度将可以衡量该身体部位相对于整体大小的比例。如果该身体部位长得太大，抑制物质会使其生长减缓；如果该身体部位长得太小，则抑制物水平会偏低，那么它的生长就会加速（图 21.9）。这种假设性的负反馈信号称为抑素（chalon）。显而易见的研究方法是将器官从幼年动物移植到成年动物体内，或者相反。虽然这听起来很简单，但实际上很困难，因为免疫系统会产生复杂的影响，并且很难为移植器官和宿主器官建立相同的血管供应。一般来说，抑素模型可能是不正确的，因为上述动物之间的移植物往往表现出自主生长的趋势，既不会适应宿主的大小，也不影响宿主内相应部位的相对生长。但的确也有一些抑素样系统的例子，如在肌肉和肝脏大小的控制中。

在脊椎动物中，关于抑素作用特征阐述得最为清楚的例子是由转化生长因子 β（TGFβ）超家族成员肌生成抑制蛋白（Myostatin = 生长和分化因子 8，growth and differentiation factor 8，GDF8）对肌肉生长的调控。Myostatin 由发育中的肌肉细胞分泌，会减少成肌细胞的细胞分裂并抑制肌纤维的增大。敲除 *Myostatin* 基因的小鼠的肌肉质量会增加 2～3 倍，这是因为存在更多且更大的肌纤维。一些家养牛品种，如比利时蓝牛，已被证明携带 *Myostatin* 功能降低的等位基因，这表明传统的动物育种在这方面已经预见到了合理的基因改造（图 21.10）。在胚胎中，*Myostatin* 在生皮生肌节的中央部分、轴上和轴下成肌细胞生成区域之间表达，随后在肢芽中由成肌细胞和一些其他间充质组织表达。*Myostatin* 在发育中的肌肉附近组织中的早期表达表明，它可能在确定成肌区域的边界以及后期的负反馈调节中都发挥着作用。

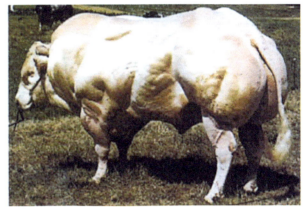

图 21.10　一头比利时蓝牛。这个品种天然缺乏肌生成抑制蛋白，其肌肉量显著增加。

另一个有充分文献记载的抑素样分子是嗅觉系统中的 GDF11（growth and differentiation factor 11，生长和分化因子 11）。它在嗅觉神经元中表达，并通过上调 Cdk 抑制剂 $p27^{kip1}$ 的产生来抑制进一步的神经发生。敲除 *Gdf11* 基因的小鼠嗅觉上皮中的祖细胞和神经元数量会增加。有趣的是，Myostatin 和 GDF11 都属于 TGFβ 样因子的同一个亚群，并且都受到促卵泡激素抑释素（follistatin）的抑制。这表明可能存在全局性控制，能够调节许多组织特异性负反馈机制的行为。

除了垂体性侏儒症和巨人症之外，GH-IGF 信号通路的组分也在人类某些类型的非比例生长中起作用。成年后出现的垂体肿瘤不会导致巨人症，因为长骨的生长区（见下文）已经关闭。但它们确实会导致颌骨、手和脚不成比例地增大，这被称为肢端肥大症（acromegaly）。在人类癌症中，磷酸酶 *PTEN* 基因通常会突变为失活状态。它是一种**肿瘤抑制基因**（**tumor suppressor gene**，参见"癌症的分子生物学"部分），所以在生殖细胞系中缺失一个拷贝的该基因会导致患癌风险很高，因为在出生后的生命过程中，细胞可能很容易通过体细胞突变失去另一个拷贝。*PTEN* 功能完全丧失会导致"Proteus 综合征"。这种情况极为罕见，但可因为胚胎发育过程中非常早期的体细胞突变而发生，这会形成一种镶嵌体，其中身体的一部分完全缺乏该基因。其结果是骨骼和结缔组织出现大量、杂乱的过度生长，著名的"象人"Joseph Merrick 可能就患有这种疾病。一个类似的过度生长综合征是由 *PI3CA*（编码 PI3K 的主要亚基）的体细胞功能获得性突变引起的。该突变会产生一系列广泛的表型，在生长阶段使用 PI3K 抑制剂进行治疗可能会有所改善。结节性硬化（tuberous sclerosis, TSC）蛋白（见图 21.4）也是由肿瘤抑制基因编码的，其名称来源于一种显性遗传性疾病，在这种疾病中，该基因一个拷贝的丢失会使人易患大量良性肿瘤，这同样是因为正常基因拷贝的偶发体细胞突变引起的。

肝脏再生

肝脏是一个确实表现出协调性生长的哺乳动物器官。如果利用 Tet 诱导白喉毒素的表达，从胚胎肝脏中去除一部分细胞，那么剩余的细胞会更快地分裂，在 4 天内恢复肝脏的正常大小。胚胎胰腺则不会有这样的表现，在胚胎胰腺中去除一些细胞会导致胰腺永久性变小。

在哺乳动物器官中，肝脏还有一个不同寻常之处，那就是它在成年后仍能够再生。我们在这里讨论肝脏再生，而不是在关于"再生"那一章（第 24 章），是因为它确实体现了生长调控的一种现象。就像在肝脏再生实验中常见的那样，如果切除一个肝叶，那么其他肝叶会增大，以恢复原来的器官体积，但它们不会再生出缺失的肝叶，也无法恢复原来肝脏的形状。

肝脏的组织学结构由肝细胞板的重复排列模式构成，这些肝细胞板从门静脉周围（periportal）的位置延伸至肝静脉周围（perivenous）的位置。在门静脉周围，小胆管与肝动脉分支和肝门静脉分支（门管三联体，portal triad）伴行，而肝静脉周围区则毗邻一条肝静脉分支（图 21.11）。围绕着一条中央静脉的区域被称为肝小叶（lobule）。在切除部分肝组织后，剩余肝脏中的所有肝细胞会在 24 h 内开始增殖。肝脏中的其他细胞类型（胆管上皮细胞、库普弗细胞和内皮细胞）增殖的时间会稍晚一些，最终所有类型的肝细胞数量都会以协调一致的方式增加。长期以来，人们已知存在一些循环因子调控着肝脏的大小。因为在通过手术使血液循环相连的一对动物（**联体共生，parabiosis**）中，切除其中一只动物的部分肝脏，会促使另一只动物完好的肝脏进一步生长。这些循环因子可能是一种复杂的混合物，但很可能包括从受损肝脏释放到血液中的胆汁酸。一般来说，这些候选因子被认为是激活因子而非抑制因子，所以它们并不完全符合抑素模型，但它们确实构成了根据整个动物的身体状况来调节肝脏大小的循环因子。这种调节反馈系统在肝脏移植的情况下同样起作用。当把一个小的肝脏移植到体型较大的宿主中时，移植物会迅速生长，直至达到被切除肝脏的大小。

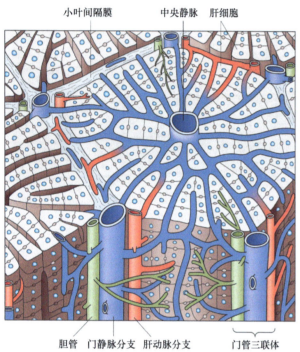

图 21.11　肝脏的组织学结构，显示肝细胞、胆管和血液供应的排列。

小叶间隔膜　中央静脉　肝细胞

胆管　门静脉分支　肝动脉分支　门管三联体

尽管肝脏的总体大小在再生后没有变化，但再生肝脏的小叶似乎比原始肝脏的小叶更大；换句话说，从门管三联体到中央静脉的平均距离增加了。不过，随着在成年期正常的缓慢细胞更替过程中组织的重塑，这种差异可能会消失。

肝脏的总体大小可以通过 Hippo 信号通路进行控制。图 21.12 展示了一个实验，利用 Tet-off 系统在肝脏中表达 Yap1 的功能获得性突变。在转基因诱导的 35 天里，肝脏的大小增加了 4 倍，但当转基因表达被关闭后，肝脏大小逐渐恢复到正常。这种影响是由于细胞分裂频率和细胞死亡频率的变化造成的。这种可塑性水平在其他脊椎动物器官中是看不到的，这表明肝脏具有以一种非常特定的方式调整细胞数量的特别能力。这种能力可能是在脊椎动物进化过程中出现的，因为肝脏是肠道吸收的营养物质的主要去处，所以任何来自环境的毒素都会首先攻击肝脏，并且很可能会造成一些细胞损伤。

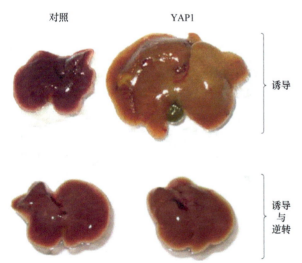

对照　　　　　YAP1

诱导

诱导与逆转

图 21.12　YAP1 过表达 5 周引起小鼠肝脏增大。在停止诱导 5 周后，肝脏又恢复到正常大小。来源：Camargo et al.（2007）. Curr. Biol. 17, 2054-2060.

身材生长

人类的身高，或者脊椎动物的整体大小，在很大程度上取决于四肢长骨的长度。这些长骨，像大多数胚胎骨骼一样，最初以软骨**模型**的形式形成，在后期的发育过程中，会通过一种称为软骨内（endochondral）成骨的过程被骨组织所替代（图 21.13）。软骨由**软骨细胞**（chondrocyte）组成，这些软骨细胞包埋在透明的细胞外基质的空隙（软骨陷窝）中，细胞外基质内没有血管、神经或淋巴管。该基质的特点是存在 Ⅱ 型胶原蛋白和聚集蛋白聚糖（aggrecan，一种软骨型蛋白聚糖）。无论软骨来源于中胚层还是神经嵴，SOX9 都是软骨发育中的关键转录因子，它能激活特定软骨型胶原蛋白的转录。人类的一种遗传性疾病——躯干发育异常（campomelic dysplasia, CD），软骨缺陷会导致各种骨骼畸形，这是一种显性单倍剂量不足的病症，由 *SOX9* 基因的一个拷贝缺失引起。软骨的外周，即**软骨膜**（perichondrium），由成纤维细胞样细胞构成，这些细胞分裂产生**成软骨细胞**（chondroblast）。成软骨细胞再分裂几次，然后分化为包埋在基质中的软骨细胞。

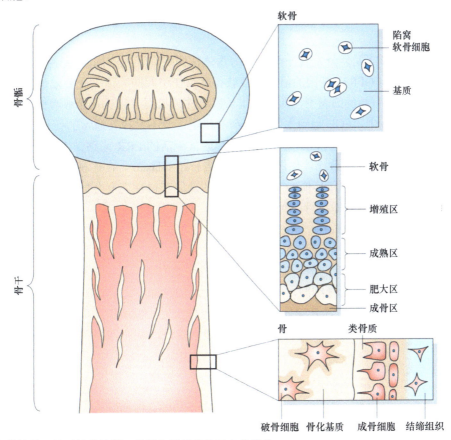

图 21.13　发育中的长骨，显示软骨骨骺、骨骺生长板和骨干中的骨化。

颅骨的额骨起源于神经嵴，顶骨和枕骨起源于头部中胚层。无论采用哪种成骨方式，都需要骨形态发生蛋白（BMP）的参与，这些蛋白质通常在分化中的骨和骨折愈合处表达。由于 BMP 也是各种早期发育事件所必需的，因此敲除 *Bmp* 基因的小鼠可能无法发育到足以形成骨骼的程度。然而，*Bmp7* 的敲除小鼠能够存活，并且确实存在骨骼缺陷，自然发生的 *Bmp5* 和 *GDF5*（growth and differentiation factor 5，生长和分化因子 5，也是 BMP 家族的一个成员）无效突变体也存在骨骼缺陷。细胞谱系标记实验表明，成骨细胞既来源于软骨膜（使用 *Osterix-CreER* 进行标记），在一定程度上也来源于软骨生长区（使用 *PTHrP-CreER* 进行标记）。

长骨的轴称为**骨干**（diaphysis），两端的膨大部位称为**骨骺**（epiphysis）。初级骨化从骨干中部周围的骨领开始，在那里，软骨膜转变为含有**成骨细胞**（osteoblast）的**骨膜**（periosteum）。驱动成骨的关键转录因子称为 CFBA1（同源域，也称为 RUNX2）。敲除 *CBFA1* 基因的小鼠具有完全由软骨构成的骨骼，完全没有骨组织。在人类的颅骨锁骨发育不良综合征中，存在该基因的杂合子，并且存在膜内成骨缺陷。在骨化过程中，成骨细胞伴随着血管一同侵入软骨，并分泌一种主要由 I 型胶原蛋白组成的基质（类骨质，osteoid）。随着类骨质的增厚，一些细胞会被困在其中；这些细胞现在被称为**骨细胞**（**osteocyte**），它们分泌磷酸钙，磷酸钙以羟基磷灰石的形式沉淀在基质中。与软骨细胞不同，骨细胞之间通过细小的细胞突起保持彼此接触，这些细胞突起穿梭于被称为骨小管的通道。骨骼在表面继续生长，并被**破骨细胞**（**osteoclast**）从内部侵蚀；破骨细胞是骨髓中由造血系统形成的巨大多核细胞，在骨基质中为血管、神经和淋巴管开辟通道。在骨骺中会出现额外的骨化中心，但在长骨的末端，在每个骨骺剩余的软骨与骨干骨质之间的生长区，生长仍会持续一段时间。

该生长区域被称为骨骺**生长板**（**growth plate**）。在生长板内，最远端部分由活跃分裂的软骨细胞组成；而更靠近中心部位，细胞分裂停止，软骨细胞变得**肥大**（**hypertrophic**），基质发生钙化。肥大的软骨细胞最终被骨细胞取代，基质也转变为骨组织。当达到成年身材时，骨化的骨骺与骨干融合，骨骺生长板消失。一个个体的最终身高既取决于生长板的活性，也取决于生长板保持活跃的时长。由于骨骺生长板关闭的时间节点的原因，在儿童时期给予过量的生长激素会增加身高，但在骨骺融合之后再给予过量生长激素则会导致肢端肥大症。

人类侏儒症最常见的形式是软骨发育不全，它与垂体侏儒症有很大不同，会导致比例失调，长骨异常短小。这是由 FGF 受体 3（FGFR3）基因的显性功能获得性突变引起的，该突变会减少生长板的增殖。有趣的是，敲除 *Fgfr3* 的小鼠具有相反的表型，即由于生长板活性延长而导致长骨异常增长。这些结果可以这样解释：在生长板的软骨细胞中，FGF 起到生长抑制剂的作用，而不发挥其通常的促进生长的作用。这种抑制活性是通过 STAT 信号转导通路发挥的，而不是 FGF 通常激活的 ERK 通路。人类中更强的 FGFR3 功能获得性突变会导致更严重且致命的致死性侏儒（thanatophoric dysplasia），在这种病症中，除了头骨外，大部分骨骼的生长被提前终止。该基因和其他 FGF 受体基因的功能获得性突变会导致膜内骨形成缺陷，尤其会导致颅缝早闭（craniosynostosis），即头骨的骨骼过早融合。

在生长板内，软骨细胞的增殖由一个反馈回路维持，该反馈回路涉及信号分子 Hedgehog 蛋白家族的一个成员 Indian hedgehog（IHH），以及甲状旁腺激素相关蛋白（PTHrP，一种与甲状旁腺激素相似的蛋白）（图 21.14）。IHH 由已经完成分裂并定型于肥大分化的软骨细胞产生，作用于软骨膜，上调 *PTHrP* 的表达。然后，PTHrP 作用于正在分裂的软骨细胞，维持细胞分裂，从而抑制它们向肥大区域进展。敲除这两个因子中任何一个的基因，或者敲除 *PTHrP* 受体的基因，都会导致生长板增殖减少、过早骨化，进而导致另一种类型的短肢侏儒症。IHH 的过表达会延长软骨细胞分裂的阶段，从而抑制肥大软骨的形成。令人困惑的

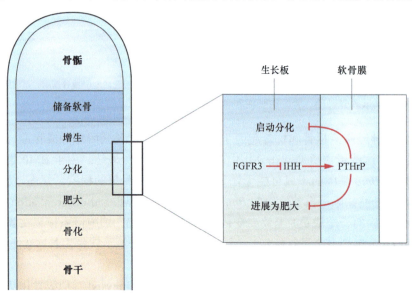

图 21.14　控制软骨细胞肥大分化的反馈回路。来自定型肥大前期的软骨的 IHH 通过 PTHrP 抑制分化。

是，这也会导致一种侏儒症，因为肥大分化本身通常在某种程度上会驱动四肢的伸长。然而，这种表型实际上与 *PTHrP* 敲除小鼠的表型相反，因为肥大软骨的形成被延迟而不是提前了。IHH 的过表达并不能挽救 *Pthrp* 敲除小鼠的表型，但 *Pthrp receptor* 的组成性突变可以起到这一作用，这证实了 PTHrP 在 IHH 的下游起作用。因此，从本质上讲，这是另一种类似抑素的系统，在这个系统中，一个细胞群体（肥大软骨）的大小可以抑制其前体细胞的活性。

老化

所有细胞都不可避免地会发生体细胞突变，并且随着时间的推移，它们的功能会逐渐退化。单细胞生物体的培养物可能会永远存活，但培养物中的单个细胞谱系会因突变损伤而不断消失。一些看似能够永久存活的多细胞生物，如群体动物或植物，是因为它们没有固定的身体形态，所以持续的细胞筛选不会阻止从未受损的细胞中产生新的生长点。但具有固定结构的动物，尤其是如果不是所有细胞都在持续更新的话，不可避免地会经历衰老（senescence）和死亡。

老化（aging）是否真的是一个发育过程，长期以来一直存在争论。一些人认为衰老和死亡是由预先编程的事件引起的，这些事件受发育控制。另一些人则认为，这些事件是由于渐进性的突变和其他损伤造成的，这些损伤具有内在的随机性，不可能是发育程序的一部分。事实上，这两种观点在一定程度上都被证明是正确的。老化在某种程度上属于发育过程，因为它对可以被操纵的基因有反应，而且值得注意的是，控制老化的一个重要系统与调节生长的系统是相同的，即胰岛素信号通路。然而，由这条信号通路调控的基因主要编码一些组分，这些组分能够最大限度地减少氧化应激和其他类型的大分子损伤后果的组分，这表明导致生物体最终毁灭的病理状况在很大程度上确实取决于随机的、非发育性的损伤。

发育生物学的贡献在于了解衰老和死亡的分子机制，解释动物之间正常寿命的巨大差异（图 **21.15**），并发现能够延长生命，尤其在保持良好健康的情况下延长寿命的干预措施。

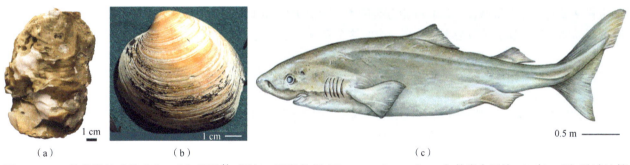

图 21.15　一些非常长寿的动物。（a）根据 ^{14}C 测年，深海牡蛎（*Neopycnodonte zibrowii*）的寿命可达 545 年。（b）通过计算生长轮，北极蛤（*Arctica islandica*）的寿命可达 507 年。（c）根据 ^{14}C 测年，格陵兰睡鲨（*Somniosus microcephalus*）可生活长达 392 年。来源：Wisshak et al.（2009）. Deep Sea Res. Part I. 56, 374–407;（b）G.-U. Tolkiehn / Wikimedia Commons / Public domain;（c）https://www.thoughtco.com/greenland-shark-facts-4178224。

细胞自主过程

对原代培养的哺乳动物细胞的研究表明，在经过一定次数的传代后，它们的生长往往会减缓，最终停止生长。在人类细胞中，这被称为**海弗利克极限（Hayflick limit）**。对于这种现象有多种解释。除了导致 DNA 损伤的随机过程之外，至少还有两个决定性的、渐进性的过程在起作用。其中之一是 *INK4a-ARF* 基因座编码的蛋白质的逐渐积累，另一个是端粒的逐渐缩短，这两者都将在本章中讨论。在培养中能够无限生长的永生化细胞系都经历了所谓的"转化"（transformation），这种转化涉及类似于癌症所经历的突变改变，使它们能够避免这两种类型的变化。

生长极限是否适用于完整动物体内的细胞，以及是否会导致生物体的老化，目前仍然存在争议。在人类和小鼠中，现在似乎确实有一小部分（1%～5%）衰老细胞会在一些分裂组织中积累，这包括 T 淋巴细胞、胰腺 β 细胞、脂肪细胞、肾上皮细胞和角质形成细胞。虽然这个比例不太可能损害相关组织的功能，但衰老细胞确实会分泌促炎性细胞因子，如白细胞介素和趋化因子，这些因子可能会对其周围组织造成损害。研究表明，无论是通过基因操作还是药物治疗去除衰老细胞，都可以显著延长小鼠的寿命。就干细胞群体而言，人们通常认为在老年时，由于海弗利克极限的作用，干细胞会逐渐耗竭。当然，一些干细胞群体，如造血干细胞或肌卫星细胞，确实会随着年龄的增长而改变其特性。然而，它们是否会耗竭到足以导致生物体死亡的程度则更值得怀疑，因为有充分的证据表明，干细胞可以在超过一个生命周期的时间内继续增殖并发挥功能。这可以从一只小鼠到另一只小鼠的造血干细胞、表皮和精原细胞的成功移植中得到证明，在某些情况下，还可以进行多次连续移植。

INK4a-ARF 基因座

INK4a-ARF 基因座编码两种蛋白质——p16^{INK4a} 和 ARF，它们是从该基因的不同阅读框中转录而来的。P16^{INK4a} 是细胞周期蛋白依赖性激酶 CDK4 和 CDK6 的抑制剂，其表达上调会导致细胞周期停滞。ARF 抑制一种泛素连接酶，该酶修饰蛋白质 TP53，使其易于蛋白酶解。因此，ARF 会增加 TP53 的活性，TP53 具有一系列功能，通常与细胞周期停滞或在应激或 DNA 损伤时启动细胞凋亡有关。TP53 是导致癌症发生的一种非常重要的蛋白质（参见"癌症"部分），*TP53* 在癌症中通常发生功能丧失或显性负性突变。在原代培养的哺乳动物细胞中，p16^{INK4a} 和 ARF 的水平会逐渐升高，这无疑是导致细胞生长速率减缓的因素之一。研究还发现，与年轻动物的细胞相比，在老年动物细胞中也发现这两种蛋白质的水平升高。这种情况在所有组织中都会发生，无论这些组织的细胞更新速率是否快，因此这似乎与时间的流逝有关，而不是与细胞分裂次数有关。该基因座正常情况下的被抑制状态是 BMI1 蛋白的一种功能，BMI1 蛋白是染色质阻遏蛋白 Polycomb 组的成员之一。BMI1 对于造血干细胞和其他干细胞的功能是必需的，其表达上调可以使已达到海弗利克极限的培养细胞群体恢复细胞分裂能力。缺乏 *INK4a-ARF* 基因座的小鼠在年轻时相对正常，但随着它们成熟，患癌症的风险会大幅升高，表明这个系统存在的进化原因可能与预防癌症有关。

端粒缩短

人们通常认为，细胞可以在多次分裂周期中"计数"。唯一已知的接近这种能力的机制是**端粒**（**telomere**）的缩短。端粒是染色体末端的区域，正常情况下，它会随着每个 DNA 复制周期而稍微变短。最终端粒的缺失会严重到使其表现得像双链 DNA 断裂，从而激活 TP53，导致细胞凋亡。端粒由数千个六碱基对序列（TTAGGG）的重复序列组成，与一种名为 Shelterin 的多蛋白复合物结合。在正常细胞分裂中，每个周期都会丢失 50～100 个碱基对。然而，端粒末端可以由一种称为**端粒酶**（**telomerase**）的酶-RNA 复合物进行修复，端粒酶通常存在于生殖细胞和干细胞中，并且常常在癌细胞和永生化（即"转化"）的组织培养细胞系中上调表达。端粒酶包括一段编码端粒序列的 RNA（Terc）和一个用于合成 DNA 的逆转录酶（TERT）。

端粒缩短是否会导致整个动物的老化呢？年老的小鼠和人类确实有较短的端粒。组织特异性干细胞具有一定的端粒酶活性，但不足以完全维持端粒长度，所以在整个生命周期中，端粒会有一定程度的缩短。敲除端粒酶的 RNA 组分会导致小鼠寿命缩短，而且有趣的是，每一代小鼠的寿命都会更短，这表明即使是生殖细胞也不能像往常一样维持其端粒长度。这也降低了造血干细胞（HSC）支持在个体间进行序列移植的能力。正常的 HSC 能够支持大约 4 次在受辐射宿主小鼠中进行的序列移植，但 *Terc*$^-$ 小鼠只能进行大约 2 次。这表明干细胞的耗竭至少部分是由端粒缩短造成的。在小鼠中过表达端粒酶会引发癌症，因此通常会缩短寿命。但是，如果通过插入额外拷贝的 *Ink4a-Arf* 和 *Tp53* 基因来改造小鼠，使其具有抗癌能力，那么幸存的动物确实比对照组活得更久。

表观遗传变化

最近的研究表明，随着年龄的增长，会逐渐积累一些组蛋白修饰和 DNA 甲基化。最著名的是"Horvath 时钟"，它由人类 DNA 中的一组 353 个 CpG 位点组成，随着年龄的增长，这些位点会逐渐变得更加甲基化。这是一种统计关联，因此对于一个或少数几个位点来说可能不成立，但对所有位点进行计数时，甲基化程度确实与实际年龄密切相关。

当从人类或小鼠细胞制备诱导多能干细胞 (iPSC) 时，其形成效率会随着细胞供体年龄的增长而下降，不过即使细胞供体年龄很大，也依然能够诱导生成 iPSC，而且由此所得到的 iPSC 可以具有完全的多能性。与年龄相关的表观遗传标记最初通常会被 iPSC 保留，但它们在持续培养过程中往往会减少。就 p16 和 ARF 的水平，或者端粒长度而言，结果在一定程度上存在差异，但与细胞供体相比，iPSC 中往往会出现 p16 和 ARF 水平下降以及端粒长度增加的情况。因此，总的来说，就分子特征而言，iPSC 往往比它们所来源的生物体年轻得多。通过体细胞核移植技术制备的克隆动物往往具有正常的端粒长度，早期胚胎中的端粒酶会重新激活。

胰岛素通路与老化

胰岛素通路在老化中的作用最初是在秀丽隐杆线虫中发现的。如果在第一龄幼虫阶段条件不佳（营养有限或过度拥挤等），那么它可以形成 **dauer/持久型幼虫（dauer larva）**，而不是进入第三龄幼虫阶段。dauer 幼虫处于不进食、不透水、可散播的阶段。它可以存活数月，在条件改善后，仍然可以发育为成虫。当筛选突变体以找出导致这种发育转变的原因时，发现胰岛素通路组分的功能丧失突变可以导致 dauer 幼虫的形成。此外，这些基因中的亚效等位基因不会自发形成 dauer 幼虫，但其寿命确实比正常的 2～3 周更长。秀丽隐杆线虫中编码胰岛素受体的基因称为 *daf2*，编码 PI3K 的基因称为 *age1/daf23*，*FoxO* 的同源物称为 *daf16*。研究发现，除非有 *FoxO* 存在，否则胰岛素通路不会发挥其作用，这表明，与主要在蛋白质合成水平上发挥作用的生长控制不同，老化通路主要通过转录控制起作用。FoxO 促进多种减少氧化应激的产物的基因转录，如过氧化氢酶和超氧化物歧化酶。秀丽隐杆线虫中许多其他延长寿命的亚效等位突变都位于线粒体的组成部分中，这表明有氧代谢及其伴随产生的自由基会造成最终能够导致死亡的损伤。因此，FoxO 至少在一定程度上是通过促使产生减轻氧化应激的产物来延长寿命的。由于胰岛素通路会抑制 *FoxO* 的表达，由此可以推断，通常情况下刺激胰岛素信号的条件，即丰富的食物，往往会缩短寿命。用针对胰岛素受体的 RNA 干扰 (RNAi) 处理线虫，可以确定保护作用是何时发挥的，结果发现，为了获得最大限度的寿命延长，需要在最后一次蜕皮后尽快下调胰岛素受体的表达（图 21.16）。

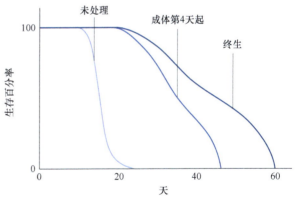

图 21.16　下调胰岛素通路对秀丽隐杆线虫寿命的影响。如果在最后一次蜕皮前开始用针对胰岛素受体 RNAi 进行处理，将显著延长寿命，但此效果在成虫期减弱。

通过对其他动物的研究，已经证实了秀丽隐杆线虫实验结果的普遍意义。果蝇成虫的寿命为 3～4 个月，而编码胰岛素受体底物 (IRS) 的 *chico* 基因功能丧失的杂合子，寿命可延长约 40%；小鼠的寿命为 2～3 年，但 Snell 侏儒小鼠和 Ames 侏儒小鼠的寿命比普通小鼠延长 40%。Snell 侏儒小鼠缺乏转录因子 PIT1（POU 结构域），而 Ames 侏儒小鼠则缺乏转录因子 PROP1（配对同源结构域）。这两种品系的小鼠都无法形成垂体前叶的三种细胞类型：促生长激素细胞、促泌乳素细胞和促甲状腺激素细胞。如上所述，由于促生长激素细胞缺乏，生长激素减少，进而使得 IGF1 的产生减少，胰岛素通路信号转导也随之减弱。Laron 侏儒小鼠是敲除了 GH 受体的小鼠，其寿命甚至更长，比普通小鼠长约 55%。

热量限制

多年来，人们也早已知道"热量限制"（caloric restriction）可以显著延长动物的寿命。热量限制是指所提供的食物量约为自由进食时食物摄入量的 2/3。处于热量限制下的动物个体成熟得更慢，且寿命更长。这一效应最初是在大鼠身上发现的，但现在已知它在灵长类动物中也存在（图 21.17）。包括果蝇和秀丽隐杆线虫在内的无脊椎动物也表现出了这种效应。即使酿酒酵母（根本不是动物）也表现出类似的现象。当在较低浓度的葡萄糖中培养时，一个母细胞能够产生的子细胞数量会增加。实验动物的自由采食（*ad libitum*）往往导致过度摄食，因此热量限制效应也可以解释为过度摄食而缩短寿命。

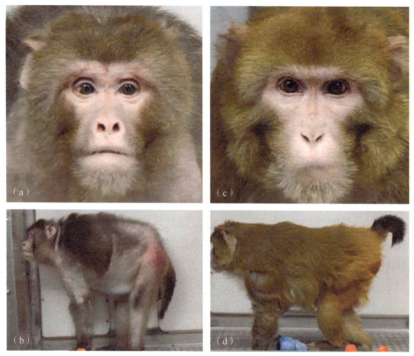

图 21.17　热量限制对恒河猴的影响。限制饮食持续了 20 年。(a,b) 为 27 岁的对照组恒河猴；(c,d) 为年龄相当且接受热量限制饮食的恒河猴。只有当对照组被允许自由进食时，热量限制的效果才会显现出来。来源：Colman et al. (2009). Science. 325, 201–204, 经 American Association for the Advancement of Science 许可。

至少在某种程度上，热量限制是另一种减少胰岛素信号转导的方式。果蝇 *chico* 杂合子所实现的寿命延长程度，与热量限制所能达到的寿命延长程度大致相同，而且热量限制并没有进一步延长 *chico* 杂合子的寿命。然而，可能也存在一些平行或协同效应，因为对于垂体侏儒小鼠，以及胰岛素系统中的一些秀丽隐杆线虫突变体，施加热量限制可以使它们的寿命进一步延长。热量限制具有多方面的影响，并且通常会减少所有与老化相关的事件和过程，包括糖尿病、癌症、心血管疾病和脑萎缩。降低癌症风险尤为重要，因为敲除 *Ink4a-AR* 基因或过表达端粒酶，这两种都曾被视为抗衰老的措施，却有着相反的效果，都会增加患癌风险。

酵母实验表明，寿命延长取决于 *sir2* 基因，该基因编码一种依赖烟酰胺腺嘌呤二核苷酸（nicotinamide adenine dinucleotide, NAD）的组蛋白脱乙酰酶。组蛋白脱乙酰酶通常与基因活性的抑制相关，而对 NAD（在中间代谢中至关重要）的依赖表明，这是一种将细胞的代谢状态与基因活性的全局控制联系起来的方式。虽然从发育生物学的角度来看，酵母与动物似乎相差甚远，但值得注意的是，在一些研究中，秀丽隐杆线虫和果蝇中 *sir2* 同源基因的过表达延长了它们的寿命。在哺乳动物中，有 7 个 *sir2* 的同源基因，它们都编码脱乙酰酶。过表达 *Sirt6* 可延长雄性小鼠的寿命，但不会延长雌性小鼠的寿命，同时会使循环中的 Igf1 减少。一种名为白藜芦醇（resveratrol）的化合物可激活 Sirt1 的活性，并且已被证明可以抵消高脂饮食对小鼠的长期不良影响；但它一般不会延长哺乳动物的寿命。

雷帕霉素（在免疫抑制方面也称为西罗莫司，Sirolimus）可抑制无脊椎动物中的 TOR 和哺乳动物中的 mTOR，据报道，它可以延长秀丽隐杆线虫、果蝇和小鼠的寿命。但雷帕霉素对小鼠的影响因具有抗肿瘤作用而变得复杂，因为大多数实验室小鼠通常死于肿瘤。目前正在进行一些临床试验，以研究它是否能延长人类的寿命。在这方面，人们发现，*FOXO* 基因中自然存在的、具有功能获得活性的等位基因与人类的长寿有关。正如"胰岛素通路与老化"部分所提到的，FOXO 的活性通常会促进减少氧化应激的蛋白质的转录，并且会受到胰岛素信号的抑制。

癌症

人类对癌症极为关注，因为我们中大约 40% 的人最终会患上某种形式的癌症，而其中大约一半的人会死于癌症。因此，癌症生物学是一个庞大的学科，本节仅涉及与发育生物学相关的一些方面。

癌症从根本上来说是身体自身组织生长到不适当的程度，或者在不适当的位置生长。"**瘤/新生物**"（**neoplasm**）一词的意思是"新的生长"，而肿瘤（tumor）一词最初的意思是"肿胀"，这两个术语或多或少是同义的，因为肿瘤是任何类型的新生物性的生长。大多数癌症并不是一步出现的，而是由前驱病变逐渐发展而来，前驱病变本身就是生长和分化方面较轻微的紊乱。癌症的发展与胚胎结构的发育之间的主要区别在于，前者并非由确定性的发育过程导致，而是由一系列涉及体细胞突变和细胞选择的事件所引发。

肿瘤可能是良性的，也可能是恶性的（图 21.18）。良性肿瘤分化良好，局限于起源部位，并且通常被纤维囊膜包裹。恶性肿瘤会使细胞侵入周围组织，并通过血液或淋巴系统在身体的远处部位形成继发性肿瘤，即**转移**（**metastasis**）。恶性肿瘤分化程度通常也较低，且生长速度更快，其向身体其他部位的扩散使得通过手术治疗恶性肿瘤变得尤为困难。**癌症**（**cancer**）一词往往专指恶性肿瘤，尽管局部肿瘤有时也会导致死亡，也可能被称为癌症。

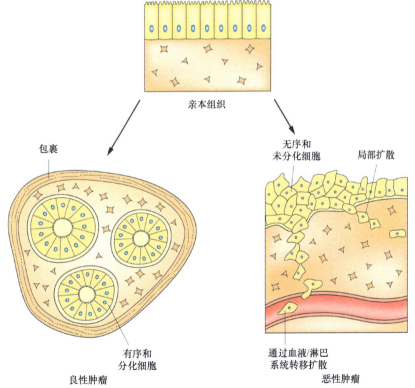

图 21.18　肿瘤：良性和恶性。良性肿瘤往往有包膜包裹且分化良好，而恶性肿瘤往往会侵犯周围组织，并在身体的其他部位形成转移瘤。

肿瘤和癌前病变的分类

即使是恶性肿瘤，通常也会保留大量其亲本细胞的分化组织学特征，肿瘤的组织学分类即是基于这一事实。这意味着体内的癌症种类至少应该与身体中的细胞类型一样多。实际上，在分子水平上，癌症的种类要多得多，因为每种细胞类型都可以通过多种方式失去其正常的生长控制能力。

上皮组织的癌症被称为**癌**（**carcinoma**）。如果在组织学上是腺体组织的癌，则称为腺癌（adenocarcinoma）；如果在组织学上呈鳞状，则称为鳞状细胞癌（squamous cell carcinoma）。一种组织类型可能会产生两种癌，例如，食管上皮的肿瘤可能是腺癌或鳞状细胞癌。一些众所周知的常见癌症，如乳腺癌、结直肠癌或肺癌，都是相应上皮组织的癌。结缔组织（广义上）的肿瘤被称为**肉瘤**（**sarcoma**）。因此，骨肉瘤（osteosarcoma）是骨的恶性肿瘤，脂肪肉瘤（liposarcoma）是脂肪组织的恶性肿瘤。相应的良性肿瘤带有后缀"-oma"，例如，腺瘤（adenoma）是腺上皮的良性新生物，乳头状瘤（papilloma）是鳞状上皮的良性新生物，骨瘤（osteoma）是骨的良性新生物，脂肪瘤（lipoma）是脂肪组织的良性新生物。如果一个肿瘤的分化程度极低，以致无法识别其来源组织，则将其描述为间变性（anaplastic）肿瘤。

尽管肿瘤通常以一种组织类型（通常是上皮组织）来命名，但其通常还包含由结缔组织、血管和免疫细胞组成的**间质**。上皮组织和间质之间的相互作用对于肿瘤的进展很重要，因为间质中的成纤维细胞可以分泌促进生长、血管生成、炎症和侵袭行为的因子。血管化对于肿瘤的生长尤为重要，因为没有足够的营养供应，肿瘤就无法生长。肿瘤生长也需要氧气，尽管许多肿瘤在很大程度上处于缺氧状态，以无氧代谢为主。

白血病（leukemia）是造血组织的癌症，会导致一种或多种血细胞的过度产生。急性髓系白血病被认为起源于造血干细胞，其他类型的白血病则起源于获得了无限增殖能力的某一种过渡性扩增细胞类型。白血病的类型取决于其亲本细胞的性质，例如，粒细胞白血病是**粒细胞**祖细胞的疾病，淋巴细胞白血病是**淋巴细胞**祖细胞的疾病。淋巴瘤（lymphoma）与白血病的不同之处在于，前者是增殖的淋巴细胞形成的实体瘤，尽管这些肿瘤中也可能伴有循环的恶性细胞。

此外，还有各种其他类型的癌症。其中包括一些最常见于儿童的肿瘤。例如，神经母细胞瘤是一种未成熟神经母细胞的肿瘤，而肾母细胞瘤是肾脏中祖细胞的过度增生。发育生物学家特别感兴趣的肿瘤是**畸胎瘤**（**teratoma**）或**畸胎癌**（**teratocarcinoma**），它起源于生殖细胞，与胚胎干细胞（ESC）非常相似。与ESC一样，畸胎癌可以形成多种分化组织，并且除了干细胞本身之外，还可能包含杂乱的混合结构。

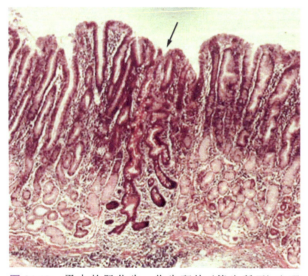

图 21.19　胃中的肠化生。化生斑块（箭头所示）出现在一名患有萎缩性胃炎这种炎症性疾病患者的胃中。来源：Owen（2003）. Mod. Pathol. 16, 325-341，经 Nature Publishing Group 许可。

可能进展为癌症的前驱病变被称为**增生**（**hyperplasia**）、**化生/组织转化**（**metaplasia**）和**异型增生**（**dysplasia**）。增生涉及细胞过度产生，但细胞分化和更替相对正常。一些增生代表正常的生理事件，如青春期或怀孕期间乳腺上皮的生长；其他增生则是病理性的，例如，甲状腺肿是由于缺碘或其他甲状腺激素不足而导致的甲状腺增生。化生是指一种组织类型转变为另一种组织类型。这种情况相当常见，通常与创伤或感染引发的组织再生有关，并且代表着干细胞或祖细胞从一种组织类型到另一种组织类型的发育定型的转变。许多腺上皮可以发展为鳞状化生，这意味着它们会形成以复层鳞状上皮形式组织的组织斑块。例如，吸烟者的支气管鳞状上皮化生很常见；肠化生斑块可能出现在胃中，通常与溃疡有关（图 21.19）。化生也可能发生在结缔组织中。软骨或骨的斑块常常在异位形成，如在手术瘢痕或受伤的肌肉中。人们认为这些骨或软骨斑块来自于被诱导进入骨骼发育途径的成纤维细胞。异型增生表示一种组织病变，其特征通常是细胞大小、形状、色素沉着和分裂频率的变化。一个例子是通过宫颈涂片细胞学检查发现的子宫颈异型增生，现在通常称为宫颈上皮内瘤变（cervical intraepithelial neoplasia, CIN）。

　　为说明由一种特定组织产生的癌前病变和癌性病变，图 21.20a 显示了一名家族性腺瘤性结肠息肉病患者体内的几个腺瘤。这些腺瘤具有相当正常的组织结构，但它们的生长异常，足以产生过多的隐窝并形成赘生物。图 21.20b 和图 21.20c 显示了分化良好的结肠癌。这些癌保留了肠道特有的隐窝结构特征，但与腺瘤不同的是，这些细胞是异常的，它们没有以正常的速率被清除，并且肿瘤已开始侵入下方的结缔组织。图 21.20d 显示了另一种结肠癌，但这种结肠癌几乎失去了所有可见的分化特征，如果不是因为其位置，它几乎不可能被识别为肠上皮。

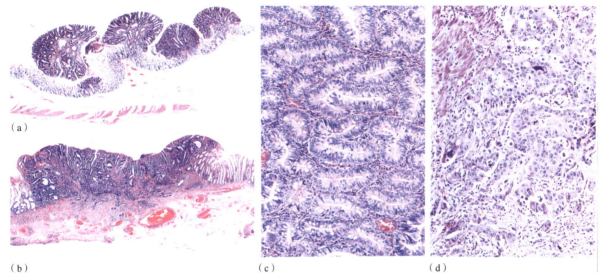

图 21.20　结肠腺瘤和癌。（a）一名腺瘤性结肠息肉病患者体内有多发性腺瘤。（b）癌：留意肿瘤已侵入下方的结缔组织。（c）高分化结肠癌的高倍视野。（d）低分化结肠癌。来源：WHO（1976），经 WHO Press 许可。

　　导致所有上述异常的主要原因是影响生长和分化行为的体细胞突变的积累。流行病学研究表明，许多人类癌症的特定年龄发病率可以基于这样一个假设来建模，即同一细胞中必须发生 4～6 个特定的体细胞突变。正如我们将在"癌症的分子生物学"部分看到的，现在已知所有肿瘤中的体细胞突变数量非常庞大，因此这个数字更多地与需要被扰乱的细胞生物学系统的数量相关，而不是与实际的突变数量相关。尽管大多数人类癌症是由于贯穿一生所获得的随机体细胞突变引起的，但当相同靶基因已经存在种系突变时，就会存在各种类型癌症的易感性。例如，如果正常情况下形成肿瘤需要 6 个特定的突变，那么已经存在 1 个生殖系突变的个体则只需要再积累 5 个突变，这就代表了一种遗传易感性，增加了其一生中患癌的风险。

癌症的分子生物学

　　经过大量的深入研究，癌症的分子生物学现在已经得到了相当深入的理解，并鉴定出了许多在肿瘤发展过程中典型性出现的关键变化。近年来，现代测序技术使得对肿瘤的整个基因组进行测序成为可能，同时也能够进行完整的 RNA-Seq 和 ChIP-Seq 描绘分析。现在许多研究涉及对肿瘤单细胞的 RNA-Seq，这可以准确估计肿瘤内细胞变异的异质性。除了在其他方面的应用之外，对肿瘤的测序已经证实了肿瘤确实起源于单个细胞的观点。这是因为肿瘤的所有细胞都共享一定比例的体细胞突变，而这些突变代表了单个起源细胞中已经存在的突变。如果一个肿瘤是由整个细胞群产生的，并且它们所有的后代细胞仍然存在，那么从存在的体细胞突变的多样性中就可以明显看出来这一点。事实证明，人类癌症通常包含大量的体细胞突变，数量级为 $10^4 \sim 10^5$ 个，其中可能有 $10^2 \sim 10^3$ 个位于蛋白质编码区域。其中一些突变在肿瘤起源细胞中就已经存在，而其他突变则是后来积累的。大多数突变是由随机过程引起的，例如，由于互变异构移位引起的 DNA 碱基错配，或者由背景辐射引起的 DNA 损伤，或者由代谢产物引起的氧化损伤。接触化学致癌物会加速癌症的发生，这些化学致癌物大多具有致突变性，例如，在被香烟烟雾或真菌污染的食物中发现的致癌物。太阳的紫外线也具有致突变性，是人类皮肤癌的一个重要病因。少数癌症是由病毒引起的，要么是因为病毒将癌基因（oncogene）（见下文）引入细胞，要么是因为病毒激活了内源性癌基因，或者仅仅是因为病毒增加了组织损伤和随后的再生，从而增加了突变建立的机会。需要记住的是，肿瘤的大体样本可能既包括间质组织，也包括恶性上皮组织本身。尽管间质也会包含体细胞突变，但因为它不是源自单个细胞，所以这些突变在批量测序中是不可见的，因为它被样本中所有细胞平均化了，从而很可能与个体的生殖细胞序列相匹配。

在任何肿瘤中，所有存在的突变中实际上只有极少数对于癌症表型是必需的。这些被称为**驱动突变**（**driver mutation**）。如果驱动突变导致某个特定克隆相对于其周围细胞扩增，那么它将不可避免地携带许多**乘客突变**（**passenger mutation**），这些乘客突变存在于起源细胞中，但对肿瘤生长没有贡献。驱动突变的鉴定，一部分是通过观察其在许多肿瘤中平行出现的情况来进行的，一部分是通过依据对正常基因功能的了解来预测其生物学效应来实现的。

分子生物学研究已经揭示了一些肿瘤特有的关键缺陷类型。第一种类型是不受生长因子存在影响的细胞分裂。造成这种情况的突变是那些产生**癌基因**的突变。这些基因在被引入组织培养细胞时，可以引起类似于癌症行为的变化，如过度增殖和失去接触抑制。癌基因产物通常是控制生长和发育其他方面信号系统的元素：或者是生长因子本身，或者是生长因子受体，或者是信号转导通路的组成部分，或者是由这些通路激活的转录因子。功能获得性突变可能会产生蛋白质的组成性活性形式，例如，人类肿瘤中常常包含 GTP 交换蛋白 RAS 的组成性（即功能获得性）突变，RAS 是 ERK 通路的一个组成部分，通常由受体酪氨酸激酶（如 EGFR 和 FGFR）激活。致癌突变也可能通过导致原本正常的基因产物不适当表达而起作用。例如，许多肿瘤会分泌生长因子，而这些生长因子可能是正常情况下由邻近组织提供的，以创建一个干细胞龛。当肿瘤本身产生这些因子，或者在没有这些因子存在的情况下激活相关通路时，其生长将不再受邻近组织的控制，并将变成自主性的。另一个非常重要的癌基因是 *MYC*，它编码一种转录因子，通过招募组蛋白乙酰转移酶来上调许多基因的表达。其众多功能之一是刺激细胞分裂，并且在人类癌症中常常发现它是功能获得性突变。

第二种缺陷类型是对生长抑制剂的非敏感性。这里涉及的基因被称为**肿瘤抑制基因**，通常编码生长抑制剂。当这些基因因突变而失活时，正常的抑制作用就会被解除，这可能会促进癌症的发展。一个例子是 *RB*（*retinoblastoma*）基因的产物。它是一种细胞周期抑制剂，通常由 TGFβ 家族的因子上调表达。如果视网膜细胞中 *RB* 基因的两个拷贝都丢失，那么这个细胞就会发展成视网膜母细胞瘤。在正常情况下，这是一个极其罕见的事件，因为它需要同一细胞中该基因的两个拷贝独立发生功能丧失突变。然而，存在一种遗传性视网膜母细胞瘤，受影响的个体极易患上这种疾病，并且经常在双眼中形成多个病灶。这是因为它们是杂合子，已经通过生殖系遗传了一个有缺陷的基因拷贝。在这些个体中，任何一个视网膜细胞只要发生一次体细胞突变使剩余的正常拷贝失活，疾病就会发作，而且由于存在数以万计的视网膜细胞，很有可能会有一些细胞发生这种突变。视网膜母细胞瘤比较特殊，因为单个基因的功能丧失就足以引发肿瘤的形成，但它非常清楚地说明了肿瘤抑制基因的本质。还有许多其他的肿瘤抑制基因，其中包括上文生长控制部分提到的 *p16INK4a-ARF* 基因座。

第三种缺陷类型是能够逃避**细胞凋亡**。这通常取决于编码 TP53 蛋白的基因功能丧失，TP53 蛋白能够检测到 DNA 损伤和其他通常会导致细胞死亡的应激状况。TP53 具有多种功能，但本质上它促进 DNA 修复，使细胞周期停滞以便于 DNA 修复，或者在损伤严重时启动细胞凋亡。如果 TP53 介导的调控作用被消除，那么许多已经产生各种缺陷的细胞就不会死亡，反而会存活并增殖。TP53 中的突变通常是显性负性突变，所以仅仅一个显性突变就足以大幅减少细胞死亡。

第四种缺陷类型是具有无限增殖的能力。这是由于端粒酶的上调表达，逃避了染色体缩短的后果，这一点在"老化"部分有描述。正常细胞中的端粒酶活性非常低，而端粒缩短是通常导致细胞衰老的因素之一。但在很大比例的人类癌症中，端粒酶的表达会上调。

对于肿瘤生长而言，另一个至关重要的要素是促进**血管生成**的能力。除非肿瘤能够吸引周围毛细血管向内生长，否则它无法获取营养，也就无法生长。许多肿瘤会分泌血管生成因子如血管内皮生长因子（VEGF）或 FGF，从而能够吸引丰富的血液供应。

最后，还包括肿瘤侵袭和转移所需的变化。这些变化包括各种细胞黏附分子（如 E-钙黏蛋白）的下调，以及分泌能够降解周围细胞外基质、使细胞更自由移动的蛋白酶。

所有这些变化都是由体细胞突变引起的。而那些本身会增加进一步突变频率的突变，可能会加速变化的进程。这些突变可能包括 DNA 修复缺陷或降低染色体完整性。

癌干细胞

病理学家长期以来一直认为，某些癌症具有干细胞样的组织结构，肿瘤的大部分细胞由一小部分干细胞供应补充。最近，这一概念在实验生物学家中受到了广泛关注。癌干细胞通常被定义为这样一部分细胞，当把它们移植到免疫缺陷小鼠体内时，能够重建整个肿瘤。例如，人类急性髓细胞性白血病（acute myelogenous leukemia, AML）的 CD34$^+$CD38$^-$ 细胞亚群，在移植到免疫缺陷小鼠体内后会重建肿瘤，而其他细胞组分则不会。CD34 是在正常 HSC 上发现的一种唾液黏蛋白，CD38 是在分化的淋巴细胞表面上发现的一种糖蛋白。由于癌干细胞的这些（以及其他）特征与正常 HSC 的特征相匹配，因此 HSC 被认为是 AML 的起源细胞。同样，人类乳腺癌中的 CD44$^+$CD24^{lo} 细胞在移植后能够再生肿瘤。然而，在这种情况下，其抗原组合与在正常乳腺干细胞群体中发现的抗原组合并不对应。并非所有癌干细胞标志物都被证明是可靠的。例如，CD133 是一种五次跨膜细胞表面糖蛋白，也被称为 Prominin1，它是体内神经干细胞的一种标志物，曾被提议作为胶质瘤的干细胞标志物，但后续的研究结果并不一致。

在某些癌症中确实存在干细胞，并且已经能够使用 CreER 谱系标记技术在小鼠中识别干细胞。例如，在用诱变剂和佛波酯（激活蛋白激酶 C）处理诱导的小鼠乳头状瘤中，*K14-CreER* 标记的细胞表现出干细胞的行为（图 21.21）。然而，大多数癌干细胞不是通过谱系标记技术识别的，而是通过移植实验来确定的。这方面存在很多争议，因为移植方法主要是在小鼠环境中测试细胞的存活能力。如果使用免疫功能缺陷严重的小鼠作为宿主，那么一些在免疫功能缺陷程度较轻的小鼠中不会生长的细胞组分可能就会生长。此外，正如前面提到的，一些用于分离癌干细胞的标志物并不完全可靠。最后，一直很明显的是，有一部分肿瘤并不符合干细胞模型，因为在这些肿瘤中，所有细胞在移植后都有能力再生出肿瘤。

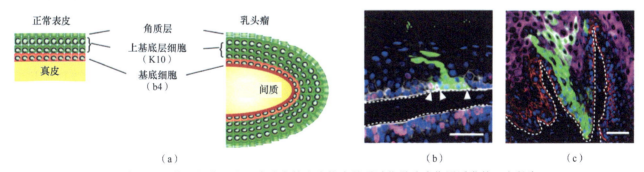

图 21.21　小鼠乳头状瘤干细胞的可视化。小鼠皮肤中的乳头状瘤是通过化学致癌作用诱发的。小鼠为 *K14-CreER x Rosa-YFP*，表皮细胞低密度（克隆性）谱系标记是通过低剂量他莫昔芬诱导的。(a) 乳头状瘤的组织结构与正常表皮具有相似性。(b) 标记 6 天后乳头状瘤中的 YFP（绿色）；(c) 标记 14 天后的 YFP（绿色）。(b,c) 对 β4 整合素（红色）进行免疫染色以标记基底层，对角蛋白 10（淡紫色）进行免疫染色以标记上层细胞。标尺：50 μm。来源：Driessens et al. (2012). Nature. 488, 527–530.

尽管某些癌症确实含有干细胞，但这些干细胞不一定来源于组织特异性干细胞。癌症不可避免地经历了许多体细胞突变，完全有可能起源于过渡性扩增细胞或其他能够进行细胞分裂的细胞。然而，癌症极少起源于完全不再进行有丝分裂的细胞类型，如成熟的神经元或骨骼肌纤维。

癌症进展

　　肿瘤通常会经历一个进展过程，从癌前病变开始，然后发展为局部肿瘤，接着是侵袭性肿瘤，最后发展为能够产生转移瘤的肿瘤，转移瘤通过血液或淋巴扩散，并在身体的其他部位定植生长。肿瘤的进展过程更像是生物进化，而不是正常的发育过程。这是因为它源于细胞的持续遗传变化，以及对生长最快的细胞变体的选择。图 21.22 展示了一个实验小鼠肿瘤的进展过程：由小鼠乳腺肿瘤病毒诱导的乳腺癌。该病毒是一种 DNA 病毒，它会整合到各种致癌位点，如 *Wnt1* 或 *Fgf3* 基因。最初，肿瘤保持着良好的组织学结构，但随着进展，这种结构会崩溃，同时间质会失去脂肪组织，并获得更多的成纤维细胞和免疫细胞。这伴随着脉管系统的大量增殖。

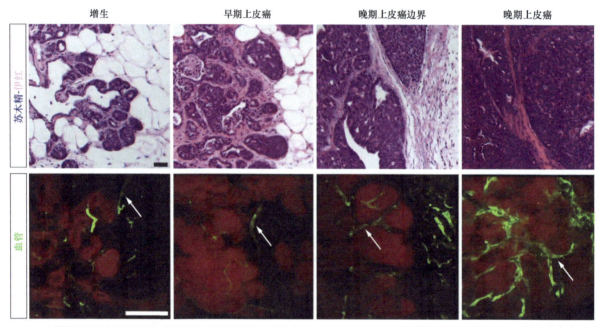

图 21.22　上图展示了小鼠乳腺肿瘤的进展以及间质的伴随变化。下图展示了脉管系统的发育（箭头），脉管系统由静脉注射荧光结合凝集素标记。标尺：100 μm。来源：Egeblad et al. (2010). Dev. Cell. 18, 884−901.

　　最终，恶性肿瘤会进展到侵犯周围其他组织的程度，然后派出细胞在局部淋巴结中形成继发性肿瘤，即转移瘤，最终扩散到全身各处。这涉及相当多的过程，其中包括一些发育生物学家熟悉的过程。侵袭的早期阶段往往具有神经嵴或生骨节发育过程中所见的上皮-间充质转换的特征。如在发育中一样，这个过程是由 Snail、Snai2（= Slug）和 Twist 等转录因子驱动的。这些转录因子会抑制 E-钙黏蛋白的产生，而 E-钙黏蛋白负责钙依赖性黏附，对于维持上皮结构非常重要。与此同时，波形蛋白（vimentin，一种间充质细胞特有的中间丝蛋白）会相应增加。转移性肿瘤通常会表达趋化因子 SDF1 的受体 CXCR4，而 SDF1 在肺和骨髓中含量丰富，肺和骨髓是转移瘤常见的定植部位。同样，SDF1-CXCR4 系统在发育过程中负责引导细胞迁移，例如，引导生殖细胞迁移到性腺，以及引导 HSC 迁移到骨髓。

　　除了对周围组织产生局部破坏性作用外，肿瘤还常常分泌具有全身性影响的因子。其中包括肿瘤坏死因子 α（TNFα）和白细胞介素 6（IL6），它们是恶病质（cachexia）的病因之一。恶病质是由肿瘤引起的脂肪和骨骼肌的病理性丧失，是人类晚期癌症的一个常见特征。

　　现代 DNA 测序技术极大地提高了对肿瘤进展的理解。特别是单细胞测序可以直接解决肿瘤内的异质性问题，并提供比通过批量测序推断出的信息更准确的信息。根据单细胞序列数据，可以为肿瘤中存在的亚克隆绘制出"系统发生树"（phylogenetic tree）。这样的系统发生树可以追溯到肿瘤还是均质状态时的时间。这被称为"最近共同祖先"（last common ancestor），与起源细胞相比，它本身也经历了相当程度的选择，不过，正如前面提到的，它会携带起源细胞中已经存在的乘客突变。这类研究表明，亚克隆的模式以及导致它们被选择的驱动突变，在相同组织学类型的不同个体肿瘤之间通常是不同的。

　　所有这些遗传复杂性和异质性给癌症治疗带来了相当大的挑战。因此也就很容易理解，一种破坏大部分肿瘤的治疗方法有助于选择出相对耐药的亚克隆，而这些亚克隆很可能会以肿瘤复发的形式重新生长。

癌症治疗

　　治愈性癌症治疗的目标是100%去除癌细胞，或者至少100%清除那些能够导致肿瘤复发生长的细胞，无论它们是癌干细胞还是特别具有侵袭性的亚克隆。长期以来，手术一直是切除肿瘤的主要方法。只要手术不破坏重要的身体结构，并且肿瘤尚未发生转移，手术治疗就可能成功。仍被包裹在包膜内的良性肿瘤，通常仅通过手术就可以治愈。但大多数恶性肿瘤患者在肿瘤已经发生局部扩散或转移后才进行手术，因此通常还需要额外的治疗。

　　除了手术之外，癌症治疗的主要手段是放射治疗和使用细胞毒性药物的化学治疗。这些治疗方法大多对分裂细胞有效，由于正常情况下体内也有许多正在分裂的细胞，所以这些治疗往往会产生严重的副作用。当可以靶向整个肿瘤且对身体其他部位的暴露达到最小化时，放射治疗是最有效的，如头部和颈部的肿瘤。化学治疗对某些造血系统肿瘤和儿童肿瘤最为有效。这两种类型的治疗方法对许多肿瘤类型都有一定程度的有效性，并且应用非常广泛。由于它们以分裂细胞为目标，因此对附带损伤最敏感的是身体中的正常更新组织，骨髓衰竭、脱发、肠道损伤和不育都是癌症治疗的常见并发症。

　　对癌症分子生物学的大量研究已经导致了一些新药的开发，这些新药试图靶向癌症发展所必需的各种过程。其中包括激酶抑制剂，它可以降低ERK通路等信号通路的活性，以及抗血管生成剂，同时能够抑制VEGF信号转导。这些药物的临床影响仍处于早期阶段，但这确实表明，现在已经可以为一组疾病引入合理的治疗方法，而这些疾病的生物学机制在几十年前还是完全神秘的。由于许多构成癌症基础的分子过程同样也是发育过程，因此在癌症治疗取得进展这方面，发育生物学也应占据一席之地，功不可没。

　　一般来说，免疫系统对抗癌症的作用较弱，因为癌症是由人体自身的细胞组成的。但是，体细胞突变越多，产生新的免疫识别靶点的机会就越大。近年来，促进免疫系统攻击肿瘤的药物取得了很大成功，特别是对于像黑色素瘤（色素细胞肿瘤）这样具有大量突变的肿瘤。另一种不同类型的免疫治疗在治疗白血病和淋巴瘤方面也很重要，即同种异体骨髓移植，其中包含对癌细胞发动免疫攻击的T淋巴细胞。

　　认识到每一种癌症都有其独特的特征，促使人们运用现代测序技术对个体患者的癌症进行深入的特征分析。这在一定程度上可以确定哪些特定的分子通路存在缺陷，并提出具体的个性化治疗方案。

经典实验

癌症的分子基础

　　有许多发现构建了我们对癌症分子生物学的认知，而以下这些论文聚焦于两个与发育相关的关键基因。在20世纪80年代初，人们发现来自人类肿瘤的DNA能够导致组织培养细胞发生致癌转化。当分离出相关基因时，发现负责的基因与致癌逆转录病毒中已发现的神秘"癌基因"相似。下面三篇论文表明，单个碱基的变化就足以将癌基因与正常同源基因区分开来。后来发现该癌基因编码关键ERK信号通路中的RAS蛋白。

Tabin, C.J., Bradley, S.M., Bargmann, C.I. et al. (1982) Mechanism of activation of a human oncogene. *Nature* **300**, 143–149.

Reddy, E.P., Reynolds, R.K., Santos, E. et al. (1982) A point mutation is responsible for the acquisition of transforming properties by the T24 human bladder-carcinoma oncogene. *Nature* **300**, 149–152.

Taparowsky, E., Suard, Y., Fasano, O. et al. (1982) Activation of the T24 bladder-carcinoma transforming gene is linked to a single amino-acid change. *Nature* **300**, 762–765.

　　另外两篇论文涉及一个肿瘤抑制基因，这个基因通常是抑制生长所必需的，因此其功能丧失的突变体具有致癌性。这个基因是*APC*基因，在人类遗传性疾病腺瘤性息肉症中存在缺陷。患有这种疾病的个体有一个正常的基因拷贝，每当某个细胞因体细胞突变而失去这个正常拷贝时，就会引发腺瘤。这两篇论文在小鼠中鉴定了该基因，并表明正常拷贝的缺失是癌症发展的早期步骤。现在已知 APC 是 WNT 通路的一个组成部分，是靶向 β-联蛋白进行降解所需的。

Su, L.K., Kinzler, K.W., Vogelstein, B. et al. (1992) Multiple intestinal neoplasia caused by a mutation in the murine homolog of the *APC* gene. *Science* **256**, 668–670.

Powell, S.M., Zilz, N., Beazerbarclay, Y. et al. (1992) *APC* mutations occur early during colorectal tumorigenesis. *Nature* **359**, 235–237.

经典实验

老 化

以下是三个经典实验，揭示了老化机制的各个方面。第一个是对大鼠进行热量限制的原始研究。第二个是关于端粒酶的第一份报告，所涉及的四膜虫（*Tetrahymena*）是一种用于各种细胞生物学研究的纤毛虫原生动物。第三篇论文首次报道了线虫 *daf2* 和 *daf16* 突变。后来发现这两个基因分别编码胰岛素受体和 FOXO 的同源物。

McCay, C.M., Crowell, M.F. & Maynard, L.A. (1935) The effect of retarded growth upon the length of life span and upon the ultimate body size. *Journal of Nutrition* **10**, 63–79.

Greider, C.W. & Blackburn, E.H. (1985) Identification of a specific telomere terminal transferase-activity in *Tetrahymena* extracts. *Cell* **43**, 405–413.

Kenyon, C., Chang, J., Gensch, E. et al. (1993) A *C. elegans* mutant that lives twice as long as wild type. *Nature* **366**, 461–464.

新的研究方向

本章涵盖了现代生物学研究的广泛领域，并涉及发育生物学之外的许多重要内容。但一些与发育生物学特别相关的问题如下：

1. 不存在已知的全身因子的情况下，机体的细胞如何知道它们所在器官的其他部分或身体的其他部分生长得有多快？

2. 是什么控制着不同类型动物之间巨大的寿命差异？

3. 癌前病变（增生、异型增生和化生）的特性在多大程度上可以通过少数几个发育控制基因的活性变化来解释呢？

要点速记

- 生长的控制既需要对最终大小的控制，又需要对身体不同部位相对比例的控制。
- 全身性生长在很大程度上由胰岛素-IGF 信号通路控制。该系统中的功能丧失突变会减少生长，而功能获得性的操作会增加生长。
- TOR（雷帕霉素靶蛋白）将胰岛素信号转导与营养物质和能量的可用性整合在一起。
- Hippo 通路对生长施加负控制，并且可以将生长速率与来自邻近细胞的信息整合起来。
- 在哺乳动物的出生后生命过程中，垂体分泌的生长激素控制 IGF1 的合成，该系统中任何一个组分的缺失都可能导致侏儒症。
- 有一些证据表明存在类似抑素的反馈系统来控制某些特定组织的生长，尤其是肌肉和肝脏。
- 脊椎动物身高的增长主要取决于长骨的伸长。这依赖于末端软骨生长板的活性。它们的生长受到 FGF 的负调控，其分化则受到 Indian hedgehog 的调控。

- 体外培养细胞的衰老取决于端粒的损耗，以及 p16^{INK4a} 和 ARF 的积累。这些过程在整体的动物体内也会发生。
- 胰岛素通路通过对编码减少氧化应激的蛋白质的基因进行负调控来影响生物体的寿命，这在一定程度上解释了热量限制延长寿命的特性。
- 癌症保留了其亲本组织的许多特性，但随着疾病的进展，这些特性会发生改变。
- 癌症的发生通常需要源于单个细胞的克隆发生多个突变。关键步骤包括癌基因的功能获得性突变、肿瘤抑制基因的缺失、逃避细胞凋亡、端粒酶上调、促进血管生成，以及导致转移扩散的变化。
- 部分（但并非所有）癌症确实含有干细胞。

拓展阅读

生长

Lee, S.J. & McPherron, A.C. (1999) Myostatin and the control of skeletal muscle mass. *Current Opinion in Genetics and Development* **9**, 604−607.

West, G.B., Brown, J.H. & Enquist, B.J. (2001) A general model for ontogenetic growth. *Nature* **413**, 628−631.

Lupu, F., Terwilliger, J.D., Lee, K. et al. (2001) Roles of growth hormone and insulin-like growth factor 1 in mouse postnatal growth. *Developmental Biology* **229**, 141−162.

Mirth, C.K. & Riddiford, L.M. (2007) Size assessment and growth control: how adult size is determined in insects. *BioEssays* **29**, 344−355.

Shingleton, A.W., Frankino, W.A., Flatt, T. et al. (2007) Size and shape: the developmental regulation of static allometry in insects. *BioEssays* **29**, 536−548.

Parker, N.F. & Shingleton, A.W. (2011) The coordination of growth among *Drosophila* organs in response to localized growth-perturbation. *Developmental Biology* **357**, 318−325.

Vincent, J.P., Fletcher, A.G. & Baena-Lopez, L.A. (2013) Mechanisms and mechanics of cell competition in epithelia. *Nature Reviews Molecular Cell Biology* **14**, 581−591.

Ginzberg, M.B., Kafri, R. & Kirschner, M. (2015) On being the right (cell) size. *Science* **348**, 771−779.

Yu, F.X., Zhao, B. & Guan, K.L. (2015) Hippo pathway in organ size control, tissue homeostasis, and cancer. *Cell* **163**, 811−828.

Vallejo, D.M., Juarez-Carreño, S., Bolivar, J. et al. (2015) A brain circuit that synchronizes growth and maturation revealed through Dilp8 binding to Lgr3. *Science* **350**, aac6767.

Nijhout, H.F. & Callier, V. (2015) Developmental mechanisms of body size and wing-body scaling in insects. *Annual Review of Entomology* **60**, 141−156.

Gokhale, R.H. & Shingleton, A.W. (2015) Size control: the developmental physiology of body and organ size regulation. *WIREs Developmental Biology* **4**, 335−356.

Rishal, I. & Fainzilber, M. (2019) Cell size sensing − a one-dimensional solution for a three-dimensional problem? *BMC Biology* **17**, 36.

Merrell, A.J. & Stanger, B.Z. (2019) A feedback loop controlling organ size. *Developmental Cell* **48**, 425−426.

Zheng, Y. & Pan, D. (2019) The Hippo signaling pathway in development and disease. *Developmental Cell* **50**, 264−282.

Bowling, S., Lawlor, K. & Rodríguez, T.A. (2019) Cell competition: the winners and losers of fitness selection. *Development* **146**, dev167486.

Bangru, S. & Kalsotra, A. (2020) Cellular and molecular basis of liver regeneration. *Seminars in Cell & Developmental Biology* **100**, 74−87.

Liu, G.Y. & Sabatini, D.M. (2020) mTOR at the nexus of nutrition, growth, ageing and disease. *Nature Reviews Molecular Cell Biology* **21**, 183−203.

Boulan, L., Léopold, P. (2021). What determines organ size during development and regeneration? *Development* **148**, dev196063.

骨骼发育

Kronenberg, H.M. (2003) Developmental regulation of the growth plate. *Nature* **423**, 332–336.

Zelzer, E. & Olsen, B.R. (2003) The genetic basis for skeletal diseases. *Nature* **423**, 343–348.

Karsenty, G., Kronenberg, H.M. & Settembre, C. (2009) Genetic control of bone formation. *Annual Review of Cell and Developmental Biology* **25**, 629–648.

Long, F. (2012) Building strong bones: molecular regulation of the osteoblast lineage. *Nature Reviews Molecular Cell Biology* **13**, 27–38.

Samsa, W.E., Zhou, X. & Zhou, G. (2017) Signaling pathways regulating cartilage growth plate formation and activity. *Seminars in Cell & Developmental Biology* **62**, 3–15.

Liu, C.-F., Samsa, W.E., Zhou, G. et al. (2017) Transcriptional control of chondrocyte specification and differentiation. *Seminars in Cell & Developmental Biology* **62**, 34–49.

Newton, P.T., Li, L., Zhou, B. et al. (2019) A radical switch in clonality reveals a stem cell niche in the epiphyseal growth plate. *Nature* **567**, 234–238.

Salhotra, A., Shah, H. N., Levi, B., Longaker, M. T., 2020. Mechanisms of bone development and repair. *Nature Reviews Molecular Cell Biology.* **21**, 696–711.

老化

Kenyon, C. (2001) A conserved regulatory system for aging. *Cell* **105**, 165–168.

Carter, C.S., Ramsey, M.M. & Sonntag, W.E. (2002) A critical analysis of the role of growth hormone and IGF-1 in aging and lifespan. *Trends in Genetics* **18**, 295–301.

Helfand, S.L. & Rogina, B. (2003) Genetics of aging in the fruit fly Drosophila melanogaster. *Annual Reviews of Genetics* **37**, 329–348.

Kim, W.Y. & Sharpless, N.E. (2006) The regulation of INK4/ARF in cancer and aging. *Cell* **127**, 265–275.

Kenyon, C.J. (2010) The genetics of ageing. *Nature* **464**, 504–512.

Giblin, W., Skinner, M.E. & Lombard, D.B. (2014) Sirtuins: guardians of mammalian healthspan. *Trends in Genetics* **30**, 271–286.

Miller, R.A., Harrison, D.E., Astle, C.M. et al. (2014) Rapamycin-mediated lifespan increase in mice is dose and sex dependent and metabolically distinct from dietary restriction. *Aging Cell* **13**, 468–477.

Kubben, N. & Misteli, T. (2017) Shared molecular and cellular mechanisms of premature ageing and ageing-associated diseases. *Nature Reviews Molecular Cell Biology* **18**, 595–609.

He, S.H. & Sharpless, N.E. (2017) Senescence in health and disease. *Cell* **169**, 1000–1011.

Flachsbart, F., Dose, J., Gentschew, L. et al. (2017) Identification and characterization of two functional variants in the human longevity gene FOXO3. *Nature Communications* **8**, 2063.

Flatt, T. & Partridge, L. (2018) Horizons in the evolution of aging. *BMC Biology* **16**, 93.

Horvath, S. & Raj, K. (2018) DNA methylation-based biomarkers and the epigenetic clock theory of ageing. *Nature Reviews Genetics* **19**, 371–384.

Shay, J.W. & Wright, W.E. (2019) Telomeres and telomerase: three decades of progress. *Nature Reviews Genetics* **20**, 299–309.

Zhang, W., Qu, J., Liu, G. H. et al. (2020) The ageing epigenome and its rejuvenation. *Nature Reviews Molecular Cell Biology* **21**, 137–150.

Chakravarti, D., LaBella, K. A., DePinho, R. A., 2021. Telomeres: history, health, and hallmarks of aging. *Cell* **184**, 306–322.

癌症

Nowell, P.C. (1976) Clonal evolution of tumor-cell populations. *Science* **194**, 23–28.

Vogelstein, B. & Kinzler, K.W. (1993) The multistep nature of cancer. *Trends in Genetics* **9**, 138–142.

Kinzler, K.W. & Vogelstein, B. (1996) Lessons from hereditary colorectal cancer. *Cell* **87**, 159–170.

Garcia, S.B., Novelli, M. & Wright, N.A. (2000) The clonal origin and clonal evolution of epithelial tumours. *International Journal of Experimental Pathology* **81**, 89–116.

Hanahan, D. & Weinberg, R.A.（2000）The hallmarks of cancer. *Cell* **100**, 57–70.

Gupta, G.P. & Massague, J.（2006）Cancer metastasis: building a framework. *Cell* **127**, 679–695.

Slack, J.M.W.（2007）Metaplasia and transdifferentiation: from pure biology to the clinic. *Nature Reviews Molecular Cell Biology* **8**, 369–378.

Hanahan, D. & Weinberg, R.A.（2011）Hallmarks of cancer: the next generation. *Cell* **144**, 646–674.

Rubin, H.（2011）Fields and field cancerization: the preneoplastic origins of cancer. *BioEssays* **33**, 224–231.

Clevers, H.（2011）The cancer stem cell: premises, promises and challenges. *Nature Medicine* **17**, 313–319.

Greaves, M. & Maley, C.C.（2012）Clonal evolution in cancer. *Nature* **481**, 306–313.

Kreso, A. & Dick, J.E.（2014）Evolution of the cancer stem cell model. *Cell Stem Cell* **14**, 275–291.

Martincorena, I. & Campbell, P.J.（2015）Somatic mutation in cancer and normal cells. *Science* **349**, 1483–1489.

McGranahan, N. & Swanton, C.（2017）Clonal heterogeneity and tumor evolution: past, present, and the future. *Cell* **168**, 613–628.

Hafner, A., Bulyk, M.L., Jambhekar, A. et al.（2019）The multiple mechanisms that regulate p53 activity and cell fate. *Nature Reviews Molecular Cell Biology* **20**, 199–210.

第 22 章

多能干细胞及其应用

除了体外受精，迄今为止，发育生物学对人类福祉的最大贡献是制备用于移植治疗的分化细胞。**胚胎干细胞**（**embryonic stem cell, ESC**）是由发育生物学家发现的，对发育**多能性**（**pluripotency**）现象的研究则催生了**诱导多能干细胞**（**induced pluripotent stem cell, iPSC**）的制备方法。将多能细胞定向分化为有用细胞类型的策略，也是基于我们对正常胚胎发育的理解。一个典型的细胞分化方案包括用 4～6 种诱导因子按顺序处理细胞，这些诱导因子通常是在胚胎内引发相应发育决定序列所需的因子。其中一些因子（如成纤维细胞生长因子家族）及其相关的信号转导通路，是由生物化学家发现的，而它们在发育中的作用则是由发育生物学家确定的。其他的因子如 Hedgehog 系统，最初就是由发育生物学家发现的。现在，所有这些诱导因子以及许多它们的激动剂和拮抗剂都已商业化，且这些激动剂或拮抗剂通常比诱导因子本身更稳定或者更易于使用。

移植治疗意味着制造新的细胞来替代已经死亡的细胞，并将处于功能状态的新细胞引入身体的相应部位，例如，将心肌细胞移植到衰竭心脏的心肌中，或将神经元移植到受中风影响的脑部区域。移植治疗是被称为**再生医学**（**regenerative medicine**）的一系列更广泛的技术的一部分。再生医学包括致力于修复和替换细胞、组织和器官的所有治疗方法。除了细胞移植治疗，再生医学还包括基因治疗和组织工程。**基因治疗**（**gene therapy**）是将正常基因拷贝引入患者适当细胞以替换缺失或有缺陷基因的技术。**组织工程**（**tissue engineering**）是在支架上培养细胞的三维组合体的技术，有时涉及多种细胞类型的协同组合。

本章将描述三种类型的多能细胞：从胚胎中获取的 ESC、从体细胞制备的 iPSC，以及将**体细胞核移植**（**SCNT**）至卵母细胞后制备的 ESC。本章将概述一些用于定向分化的方法，并介绍目前处于临床试验阶段的、基于干细胞的治疗方法的范围。

人类胚胎干细胞

人类 ESC 已在第 12 章关于早期发育的内容中有所描述。与小鼠 ESC 一样，人类 ESC 是从植入前胚泡的内细胞团中培养出来的，以由小细胞组成的折光性集落形式生长（图 22.1）。尽管现在已经有了无饲养细胞的培养基可供使用，但在 ESC 的培养过程中仍然经常使用**饲养**（**feeder**）细胞。对于注定要移植到人体内的细胞来说，无饲养层细胞培养尤为重要，因为在培养基中使用任何动物细胞或动物制品，都存在引入可能伤害患者的病毒的风险。

人类 ESC 在许多方面与小鼠 ESC 相似，但正如第 12 章所描述的，它们也存在一些差异，现在认为人

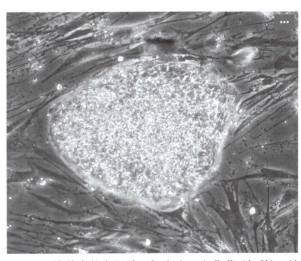

图 22.1 培养中的人胚胎干细胞（ESC）集落（相差）。该集落包含几百个小细胞，周围环绕着大而细长的成纤维细胞饲养层。来源：Jonathan Slack。

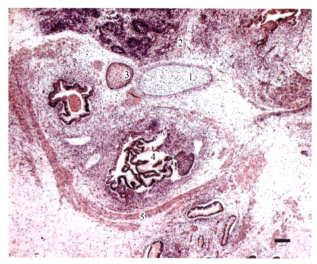

图 22.2 人类胚胎干细胞移植到免疫缺陷小鼠的睾丸囊中后形成的典型畸胎瘤显微图像，显示存在软骨 (1)、原始神经细胞 (2)、复层鳞状上皮 (3)、腺上皮 (4)、肌肉 (5) 和其他细胞类型。苏木精-伊红染色。标尺：800 μm。来源：Pera and Trounson (2004). Development. 131, 5515–5525.

类 ESC 相当于从胚胎上胚层培养的"始发态"小鼠 ESC。无论小鼠或人类 ESC 的真实体内对应物是哪种细胞类型，它都不是一种干细胞。胚胎中的所有早期细胞群体存活时间都很短，并且很快就会发育成其他定型于形成特定身体部位或组织类型的细胞类型。正因为如此，ESC 常被描述为一种"体外人工产物"。然而，这一事实并不影响它们对于我们将要探讨的各种应用所具有的重大意义。

畸胎瘤试验（图 22.2）对于测试新的人类 ESC 系以确认其多能性尤为重要，因为出于这一目的将它们植入人类胚胎是不符合伦理道德的。畸胎瘤试验是通过将细胞皮下或肌内注射到免疫缺陷小鼠体内来进行的。如果由这些细胞形成的畸胎瘤能够产生典型的源自胚胎所有三个**胚层（外胚层、中胚层和内胚层）**的组织，那么这些细胞就被判定为具有多能性。用于畸胎瘤试验的小鼠宿主需要是一种严重免疫功能低下的品系，如 NOD-SCID (nonobese diabetic, severe combined immunodeficiency，非肥胖糖尿病重症联合免疫缺陷) 小鼠；否则，人类组织的移植物会被宿主的免疫系统排斥。正如"多能干细胞的定向分化"部分所描述的，这种免疫缺陷小鼠被广泛用于测试由多能细胞制成的分化细胞的移植物。由于它们存在免疫缺陷，非常容易受到感染，因此需要精心饲养和维护。

"多能"这一术语现在已经成为描述 ESC 形成广泛细胞类型能力的标准用语。ESC 过去曾被描述为"全能的"(totipotent)，但这种用法已不再使用，因为小鼠 ESC 在体外或嵌合体中分化时通常不会形成任何滋养外胚层。具有讽刺意味的是，人类 ESC 在体外的确能形成滋养层细胞，尽管事实上它们似乎代表着比小鼠 ESC 更成熟的发育状态。但"全能"一词目前也不用于描述人 ESC，而仅用于受精卵和早期卵裂球，因为它们能够形成一个完整的生物体。

用于获取人类 ESC 的胚胎来自体外受精 (IVF)/辅助生殖诊所。通常情况下，准妈妈会接受激素治疗，这会使她的几个**卵母细胞 (oocyte)** 同时成熟，而不是像正常情况下每月只有一个卵母细胞成熟。因此，一个周期中可能会收获多达 10～20 个卵母细胞，这些卵母细胞与精子受精后发育几天，成为植入前胚胎。由于多胎妊娠存在风险，现在常规的操作是每次只植入一个胚胎，因此剩余的胚胎会被冷冻保存以备将来使用。如果第一次植入不成功，则可以解冻并重新植入另一个胚胎，而无需进行另一轮的激素刺激和卵母细胞采集。但通常情况下，并非所有冷冻的胚胎都会被使用。父母可能成功怀孕，不再需要更多胚胎；或者他们可能出于其他原因决定不再进行后续的植入操作。因此，所有的辅助生殖诊所都有大量储存在液氮中的胚胎。在某个阶段，这些多余的胚胎必须被处理掉。一种选择是直接丢弃它们；另一种选择是将它们捐赠用于研究目的，包括建立新的 ESC 系，许多父母都乐于这样做。美国国立卫生研究院以及其他国家/地区的类似机构制定了一套用于这类组织捐赠的伦理准则，其中包括胚胎不应专门为研究目的而创造、捐赠不应有报酬，以及父母了解这些细胞的用途等内容。

尽管已有这些谨慎的监管措施，但一些人仍然认为将人类植入前胚胎用于任何类型的研究都是不符合伦理的。这个问题引发了激烈的争论，并导致了各个国家出台限制性立法。目前，在一些国家，如英国、瑞典、澳大利亚和新加坡，人类 ESC 可以在获得许可的情况下培育和使用，而在其他一些国家则禁止某些类型的操作，最明显的是禁止建立新的人类 ESC 系。就美国而言，没有联邦法律禁止任何研究活动，但禁止使用联邦研究资金用于任何涉及人类胚胎的研究。

诱导多能干细胞

从胚泡中获取细胞并不是获得多能细胞的唯一途径。通过引入一组从多能性基因网络中选择的基因，可以将普通体细胞重编程为多能状态，由此产生的细胞被称为**诱导多能干细胞**（图 22.3 和图 22.4）。iPSC 最初在小鼠中制成，由四个基因组成，即 *Oct4*、*Klf4*、*Sox2* 和 *cMyc*（OKSM），以其发现者的名字被称为"山中因子"（Yamanaka factor）。OCT4 和 SOX2 是 ESC 核心多能性转录因子网络的一部分。KLF4 是一种与多能性相关的辅助转录因子。cMYC 是一种具有多种作用的转录因子，但在 iPSC 诱导过程中，它的作用是提高细胞分裂速率，这有助于重编程过程，可能只是通过增加 DNA 内调控位点的可及性来实现。研究已经发现，可以成功使用各种其他基因组合，但几乎总是包括 *Oct4* 基因。最初是通过逆转录病毒进行基因传递，逆转录病毒会整合到靶细胞的基因组中；但后续研究表明，整合并非必要条件，并且可以使用多种非整合性的递送系统来实现重编程。至少对于小鼠细胞来说，仅使用小分子组合也有可能实现诱导多能干细胞的形成。已经采用的各种组合中，通常包括几种可改变 DNA 甲基化、组蛋白甲基化以及组蛋白乙酰化状态的表观遗传修饰剂。

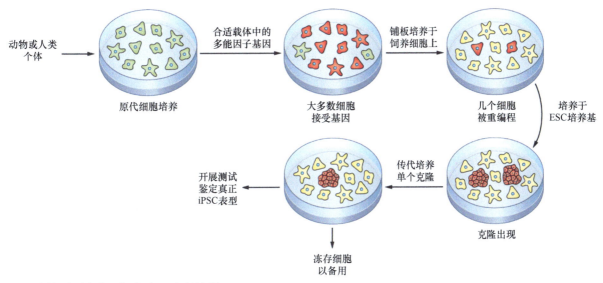

图 22.3 制备诱导多能干细胞（iPSC）的流程。

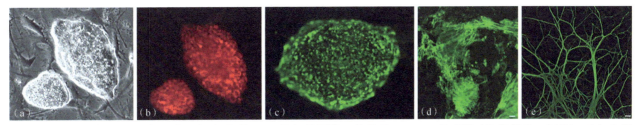

图 22.4 诱导多能干细胞（iPSC）。(a,b) 小鼠 iPSC 的相差图像，并显示 NANOG 的表达（免疫荧光，红色）。(c) 人类 iPSC 集落。TRA1-81 免疫染色（绿色）。(d,e) 小鼠 iPSC 分化为心肌细胞 (d)，通过心肌肌钙蛋白免疫染色（绿色）显示；分化为神经元 (e)，通过神经丝蛋白的免疫染色（绿色）显示。来源：由明尼苏达大学干细胞研究所 Lucas Greder (c) 和 James Dutton（a、b、d 和 e）提供。

在靶细胞中只有少数细胞会被重编程，它们通过在 ESC 培养基中生长而被筛选出来。在培养基中，它们会以折光性集落的形式出现，从而被分离并进一步扩增。小鼠实验中的靶细胞通常是源自胚胎的成纤维细胞（murine embryonic fibroblast，MEF），即小鼠胚胎成纤维细胞。这些细胞来源特征不明确，并且可能具有异质性。早期人们怀疑那些被重编程的细胞原本就是某种类型的干细胞，不过后续研究表明并非如此。

对 iPSC 形成机制的研究大多是使用小鼠细胞进行的，并且在很大程度上依赖于诱导型基因构建体的使用，尤其是多西环素诱导系统（参见第 3 章和第 15 章）。在这种系统里，感兴趣的基因被置于基于大肠杆菌 Tet 操纵子的四环素（Tet）响应元件（tetracycline response element, TRE）的控制之下。细胞同时被转入由组成性启动子控制的、表达 Tet 激活子（Tet activator, TA，实验中通常使用称为 rtTA 的变体，参见图 15.3）的基因。在药物多西环素存在时，TRE 会与 TA 结合，使复合物能够激活 TRE 下游的转录。最初，该系统被用于调控慢病毒载体中 *OKSM* 基因的表达，慢病毒载体可以整合到靶细胞的 DNA 中。如果给细胞添加多西环素来诱导 iPSC 的转化，然后撤去药物，iPSC 仍然会持续存在并继续生长，这表明，对于维持多能状态来说，转基因的持续表达并不是必需的。一旦 iPSC 建立起来，它们就会从自身的内源性基因中表达多能性基因网络，包括 *Oct4*、*Sox2* 和 *Nanog*，并且以稳定、自我维持的方式进行表达。实际上，外源性 *OSKM* 基因的持续表达会抑制 iPSC 的分化，因此为达到分化的目的，有必要关闭它们的表达。

进一步的研究表明，iPSC 可能来自目标群体中的任何细胞，其形成并不是对稀有成体干细胞筛选的结果；此外，似乎很多细胞类型都可以产生 iPSC。甚至可以从经历了 DNA 重排的分化细胞，如 B 淋巴细胞中制备 iPSC。在这种情形下，所获得的干细胞都携带着与起始细胞相同的免疫球蛋白基因的 DNA 重排。

小鼠 iPSC 的特性与小鼠 ESC 非常相似（图 22.4），在白血病抑制因子 2i（LIF/2i）培养基或其他小鼠 ESC 培养基中以折光性集落生长。这些细胞具有大的细胞核，核仁明显，细胞质很少。小鼠 iPSC 表现出多能性基因调控网络的自我维持性表达，并且对内源多能性基因的检查表明，抑制性的 DNA 甲基化已经从它们的启动子区域移除。小鼠 iPSC 还表达其他一些特征性标志物，如细胞表面糖类物质 SSEA1 和碱性磷酸酶。在雌性细胞中，失活的 X 染色体被重新激活。当撤除 LIF 时，小鼠 iPSC 会形成具有典型分化模式的类胚体（embryoid body）。将它们注射到免疫相容的成年动物体内，也会形成畸胎瘤，并且这些畸胎瘤会产生源自胚胎三个胚层的衍生物。

小鼠 ESC 的一个关键特性是在注入早期小鼠胚胎中时能够形成**嵌合体**（**chimera**）。如果一些供体细胞变成生殖细胞（根据动物性别，是精子或卵），那么由此产生的小鼠能够繁殖并产生具有供体 ESC 基因型的后代。要求更高的是四倍体拯救试验。在这个试验里，宿主胚胎最初的两个细胞经电脉冲诱导融合为一个细胞而变成了**四倍体**（**tetraploid**，即正常染色体数加倍）。由于尚不完全明确的原因，四倍体细胞不会参与胎儿的形成，尽管它们仍然可以形成胎盘结构。将高质量的 ESC 注射到四倍体宿主胚胎中时，它们可以形成整个胎儿，而宿主细胞几乎没有贡献。iPSC 已经实现了种系嵌合和四倍体互补，表明可以从这样的纯细胞群体中产生一个完整的动物。

尽管小鼠 iPSC 与小鼠 ESC 有很多的相似之处，但也并不完全相同。使用 RNA 测序对全基因组表达谱进行仔细研究表明，两者的基因表达模式相似，但并不完全相同。此外，iPSC 通常还存在残留的表观遗传特征，包括 DNA 甲基化和组蛋白修饰，这些特征与亲本细胞相似，并且没有被完全消除。这意味着 iPSC 有时会更容易分化成其起源细胞类型，而不是分化成其他类型的细胞。这类研究表明，并不存在单一的稳定多能状态，而是存在一系列相似的稳定多能状态，它们在接近正常 ESC 状态的程度上有所不同。这些差异会影响细胞的分化行为，所以在开始使用一个 iPSC 系之前，对其进行全面的表征是很重要的。

iPSC 可以从多种哺乳动物物种中制备，其中最重要的是人类。除了来自皮肤活检的成纤维细胞外，从血液中分离出来并通过适当因子处理刺激其分裂的淋巴细胞也可以作为起始材料。这具有实际意义，因为从个体身上获取血液样本非常容易。和小鼠一样，人类 iPSC 也已经从淋巴细胞中制备出来，这些淋巴细胞中的抗体或 T 细胞受体基因已经发生了基因重排，这表明通过引入合适的转录因子，即使是高度分化的细胞也可以被重编程。人类 iPSC 与人类 ESC 非常相似，因此，正如"人类胚胎干细胞"部分所指出的，人类 iPSC 更像是小鼠的"始发态"ESC，而不是小鼠"原始态"ESC 或 iPSC。有报道称，通过一些处理可以将正常的人类 iPSC 转化为类似于"原始态"的细胞。

检测人类 iPSC 多能性的标准方法是在体外形成类胚体，以及将细胞注射到免疫缺陷小鼠体内进行畸胎瘤试验。在这两种检测中，高质量的 iPSC 应该能够生成源自胚胎三个胚层（外胚层、中胚层和内胚层）的特征性组织。

最初制造 iPSC 的方法使用了复制缺陷型逆转录病毒或与其相关的慢病毒作为载体来传递基因（载体参见第 15 章，图 15.4）。这些类型的病毒有一个 RNA 基因组，在感染后会被逆转录为 DNA 拷贝。DNA 继而整合到宿主基因组中，因此 iPSC 会继续携带病毒插入片段的拷贝，这些拷贝通常会在一段时间后被沉默。基因插入可能会在整合过程中产生突变，因为它们可能会干扰宿主基因，或导致宿主基因被不适当地激活。此外，原本沉默的编码多能性因子的基因可能会偶尔被重新激活，随后导致肿瘤的形成。这已经在由 iPSC 嵌合体培育的小鼠中观察到，特别是当 *Myc* 基因作为制造 iPSC 的基因之一时。由于这些原因，为了使在临床上递送患者特异性细胞成为现实，有必要使用不涉及基因整合的方法。最成功的方法是那些在基因递送后仅保留一定限度的载体复制的方法。一种方法是使用游离附加体 (episome)。附加体是有自身复制起点的环状 DNA，很少整合到基因组中，并且随着细胞分裂最终会从细胞中消失。另一种方法是使用仙台病毒载体 (Sendai vector)，这是一种源自动物病原体仙台病毒的复制缺陷型载体。仙台病毒有一个单链 RNA 基因组，通过在细胞质中形成双链 RNA 进行复制。同样，随着细胞分裂，仙台病毒最终会从细胞系中消失。第三种方法是使用选定的微 RNA (microRNA)，这些微 RNA 可以去除转录抑制因子，从而上调多能性基因的表达。

尽管长期培养是多能干细胞的一个决定性属性，但需要记住的是，长时间的培养总是会导致体细胞突变的积累，有时还包括染色体异常。这种情况在小鼠和人类的 ESC 与 iPSC 中都会发生。出于这个原因，用于临床移植的细胞需要在低传代数时进行冻存，并且在使用前仅培养较短的时间。

体细胞核移植

iPSC 的产生涉及将细胞核重编程为多能状态。另一种实现这一目标的方法，人们已经知晓了数十年，那就是将体细胞的核移植到卵母细胞中。这一过程现在被称为**体细胞核移植**（somatic cell nuclear transfer, SCNT）。最早的核移植实验是用蛙的胚胎进行的，初始动机是确定是否所有基因都保留在所有细胞类型的细胞核中。结果表明，囊胚细胞的细胞核在被注射到去核的次级卵母细胞后，被重编程并支持了正常的胚胎发育。通过将取自单个囊胚的细胞核注射到几个不同的去核卵母细胞中，可以创建出基因相同的蛙的克隆（图 22.5）。囊胚细胞核能产生高比例的存活胚胎，但取自后期发育阶段的细胞核效率要低得多，而来自成年期分化细胞的细胞核则几乎无法被重编程。通过对初次 SCNT 产生的有缺陷囊胚的细胞核进行连续核移植，可以改善重编程的结果。这可能是因为序列核移植让复杂的核重编程过程有更多时间发生。即便如此，仍无法从完全分化细胞的 SCNT 获得发育成熟的蛙。例如，爪蛙分化的皮肤角质形成细胞的细胞核，虽然能以有限的效率（所有核移植的 1.3%，连续核移植的 36%）支持胚胎发育至有心脏跳动的阶段，但不能支持胚胎发育为成熟的蛙。

图 22.5　在非洲爪蛙上进行的体细胞核移植 (SCNT) 实验。这些白化爪蛙都是囊胚核的后代，囊胚核取自一个雄性白化胚胎，被注入图中所示雌蛙的几个去核卵母细胞中。来源：转载自 Gurdon and Colman (1999). Nature. 402, 743-746，经 Nature Publishing Group 许可。

继著名的"多莉"羊诞生之后，已经对多种哺乳动物物种（包括小鼠、大鼠、牛和人类）进行了去核次级卵母细胞的核移植（图 22.6）。与非洲爪蛙一样，如果供体细胞核取自最早期的发育阶段之后，其发挥作用的效率就会很低；但如果有足够的卵母细胞，就有可能产生一些存活的胚胎。由于没有精子的参与，需要对重构的合子进行人工激活，对于小鼠来说，这是通过氯化锶实现的，而对于灵长类动物，则是通过电脉冲或钙离子载体处理来实现的。在核重编程过程中，供体组蛋白被母体组蛋白取代，组蛋白修饰被重编程，DNA 甲基化大大减少，这主要是由于复制过程中甲基化的被动丢失而造成的。注射 KDM4A（一种抑制性组蛋白修饰 H3K9Me3 的去甲基化酶）的信使 RNA（mRNA），以及组蛋白去乙酰化抑制剂曲古抑菌素 A（trichostatin A）进行处理，均可以提高产生 SCNT 后代的效率。这两种方法都可能有助于供体细胞核中被沉默的合子基因的表达。尽管确实可以使用 SCNT 技术克隆动物，但对 SCNT 胚胎的研究表明，存在许多持续性的异常情况，特别是在全基因组的表观遗传标记状态方面，包括 DNA 甲基化和组蛋白修饰，在印记基因的表达方面也存在异常。

人类 SCNT 已于 2013 年首次实现，并被用于建立 ESC 系。对这些 ESC 与源自胚胎的 ESC 和 iPSC 的比较表明，SCNT 衍生的 ESC 在整体基因表达模式上更接近于胚胎衍生的 ESC，而不是 iPSC。将 SCNT 胚胎植入受体子宫，可能是人类**生殖性克隆**（reproductive cloning）的一条途径。尽管很少有人支持使用 SCNT 来克隆人，但科学界普遍支持使用 SCNT 产生的早期胚胎来建立 ESC 系。这些细胞在基因上与供体原来的细胞核相同，因此这些细胞系理论上可以为其供体提供免疫相容的移植物来源。因为这一过程不涉及真正的克隆人，所以它被称为**治疗性克隆**（therapeutic cloning）。尽管这一过程引发了许多伦理辩论，但现在有一种更实用且在伦理上没有争议的、获得个性化多能细胞的途径，即 iPSC。

尽管几乎在世界各地，人类生殖性克隆都为法律所禁止，但这很可能是可以实现的，特别是考虑到猕猴已通过 SCNT 被成功克隆了（图 22.7）。猕猴的克隆是通过注射 *KDM4D* RNA 和曲古抑菌素 A 处理而实现的。

直接重编程

引入合适的转录因子不仅可以将细胞重编程为多能性，还可以将它们从一种分化状态（通常是真皮成纤维细胞）重编程为另一种分化状态。在每种情况下，成功的基因组合都是通过测试许多参与相关细胞类型正常发育的转录因子编码基因，并将选择范围缩小到一组能给出最佳结果的小基因群来确定的。筛选通常使用所需细胞类型的报告基因，例如，Tau-GFP 利用编码神经元 Tau 蛋白的基因启动子来驱动 GFP 的表达，从而标记出具有神经元样表型的细

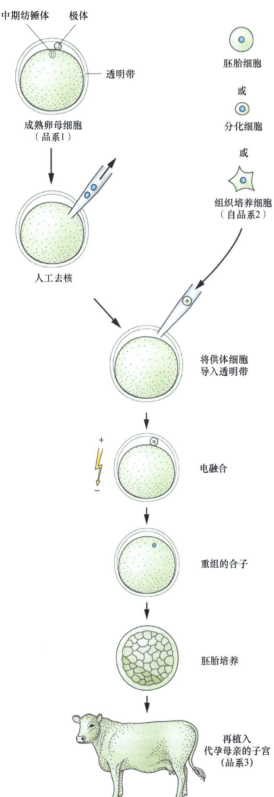

图 22.6　用于克隆哺乳动物整体的程序。由此产生的动物具有被引入卵母细胞的细胞核的遗传组成。

标注：中期纺锤体　极体　透明带　成熟卵母细胞（品系1）　人工去核　胚胎细胞　或　分化细胞　或　组织培养细胞（自品系2）　将供体细胞导入透明带　电融合　重组的合子　胚胎培养　再植入代孕母亲的子宫（品系3）

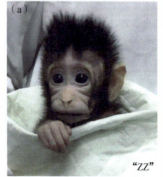

"ZZ"　"HH"

图 22.7　SCNT 产生的两只食蟹猴：中中（ZZ）和华华（HH）。来源：Liu et al.（2018）. Cell. 172, 881–887.

胞。这些基因是通过复制缺陷型病毒导入的，通过使用适当的因子组合，已经成功地将成纤维细胞转化为神经元、心肌细胞、肝细胞和其他细胞类型。这些分化细胞类型的一个问题是它们不具有增殖能力。因此，与 iPSC 的情况不同，无法在体外扩增新的细胞类型以扩大其规模。然而，移植到再生中的肝脏的重编程肝细胞可以增殖，利用合适的荧光报告基因或细胞表面标记物，通过荧光激活细胞分选法仅纯化到少量非增殖的细胞。使用多西环素诱导型慢病毒来表达这些因子，可以随意上调和下调它们，并且使用这种载体的研究表明，被转化的细胞在几天后就激活了新细胞类型的内源基因表达程序，不再依赖于载体编码的基因产物。

直接重编程并不重现正常发育过程。相反，它以一种不自然的方式导致从一种细胞类型到另一种细胞类型的"跳跃"。根据 Waddington 的"表观遗传景观"（第 4 章，图 4.15），直接重编程代表细胞从一个末端低谷移动到另一个末端低谷，而 iPSC 的形成则可被视为从低谷向网络上方移动回到起点。由于直接重编程是通过有意改变调节基因的表达来实现的，所以没有特别的理由认为不自然的跳跃是无法实现的。而另一方面，我们知道，当细胞仅仅暴露于不同的环境条件下时，这种跳跃是非常罕见的，这一点在对造血干细胞移植后所谓的转分化事件的调查中得到了证实（见第 20 章）。

人类多能干细胞的应用

在考虑应用时，注意力通常集中在使用源自人类 ESC 的分化细胞进行细胞移植治疗的潜力上。大多数困扰西方国家的常见疾病，如心力衰竭、癌症、糖尿病、关节炎和神经退行性疾病，都涉及某些特定细胞群的丢失或损伤，而人类胚胎干细胞提供了健康细胞的来源，这些细胞有可能被移植来修复受损的组织或器官。这确实是一个重要的前景。本章给出了定向分化的原理和一些临床试验的例子，但也有其他一些重要的应用。

首先是对正常发育的研究。正如第 12 章所述，目前对人类发育仍然知之甚少，这既是因为获得早期植入后胚胎有实际困难，也是因为在收集胚胎进行研究方面存在的伦理问题。尽管可以肯定的是，人类发育的总体过程与其他脊椎动物相同，但的确存在细节的差异，而这只能通过对人类发育的直接研究来确定。能够在体外进行发育过程的人类细胞的存在，至少为研究正常人类发育的某些方面提供了一种方法，若没有这些细胞，这些研究方面将难以实现。就此而言，**类器官**（**organoid**）占据着重要地位。类器官是由干细胞生长而成的结构，由特定的细胞类型组成，这些细胞类型通过细胞分选和局部诱导信号自组织（self-organize）成组织层和三维器官样结构。已经从人类多能干细胞制造出许多不同类型的类器官。其中一些处理方法与用于引导细胞沿着特定分化途径进行分化的方法相同，但类器官形成在很大程度上仍依赖于其自组织能力。人们对人脑类器官表现出了极大的兴趣，它包含前脑和中脑结构，下面的内容和图 22.8 中给出了一个例子。肠类器官也已被制备，其过程包括：用激活素 A 处理干细胞产生内胚层，用 Wnt 和 FGF 处理使内胚层后部化，然后将其包埋在 Matrigel 中进一步培养。这些类器官形成了具有正常肠道中可见的所有上皮类型的隐窝–绒毛结构。肝脏类器官是通过在基质胶上用激活素 A 处理多能干细胞，然后用 FGF 和 BMP 处理，并在肝细胞生长因子和表皮生长因子以及人内皮细胞和间充质细胞中培养而制备的。这些类器官可以在移植到免疫缺陷小鼠后实现功能成熟。

一个使用类器官研究人类发育的例子是大脑皮层的形成。人大脑皮层形成是无法在人类胚胎中研究的，并且其在许多方面都与啮齿动物不同。例如，在人类胚胎中，前脑的室下区被分成两层祖细胞，外层包含一种独特的放射状胶质细胞类型。此外，最终的人类大脑皮层比啮齿动物的大脑皮层更加褶皱，有许多深沟或脑回（gyri）。图 22.8 展示了一个模拟人类大脑皮层形成的类器官系统。多能细胞在神经诱导条件下形成类胚体。神经上皮细胞被包被在基质胶里面，并置于旋转生物反应器中。大约 1 个月后，这种培养物会发育成脑类器官，器官可以扩展到直径约 4 mm 大小，并在此后存活数月时间。脑类器官主要包含前脑结构。与正常人类胚胎一样，它们显示出室下区内、外两层祖细胞的形成。大脑皮层的形成是通过新形成的神经元向外迁移以生成细胞层来实现的，在这个过程中，每个细胞队列都通过前一批进行迁移。通过研究利用 ESC 制成的类器官，已经获得了有关脑回形成机制的一些线索。在这些 ESC 中，使用 CRISPR/Cas9 技术敲除了两个 *PTEN* 基因（图 22.9）。PTEN 是一种磷酸酶，可去除磷脂酰肌醇-3,4,5-磷酸中的 3-磷酸，从而抑制磷酸肌醇 3（phosphoinositide-3, PI3）激酶通路。这种操作导致神经元前体细胞数量的增加，类器官中折叠增加。对小鼠脑类器官进行类似的操作并不会增加折叠，因此这种增加神经元产生的效应是人类特异的。

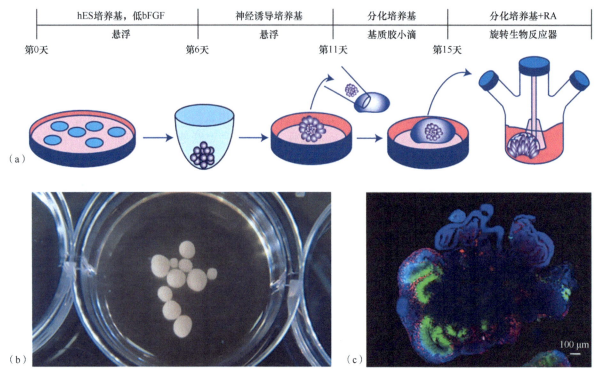

图 22.8　从人类多能干细胞形成脑类器官。（a）制作类器官的程序。（b）成熟的类器官。每个直径几毫米。（c）类器官的切片。神经祖细胞用 SOX2（红色）染色，神经元用 TUJ1（绿色）染色。标尺：200 μm。来源：（b）奥地利科学院。（c）Muotri 实验室/UCTV。

　　人类多能干细胞的第二类应用是它们使得获取正常分化的人类细胞用于药物筛选成为可能。一些细胞类型，如心肌细胞，通常很难获得，甚至人类肝细胞也非常短缺。心肌细胞很重要，因为许多药物对心脏有副作用，因此希望在药物开发的早期阶段筛选出这些副作用。例如，一些药物可以通过延迟心肌细胞收缩后的复极化而引发心律失常。在最严重的情况下，这可能是致命的。现在可以从人类 iPSC 中培养出含有高比例人类心肌细胞的培养物。一个名为 CiPA（Comprehensive *in vitro* Proarrhythmia Assay，全面体外致心律失常试验）的国际倡议已经由制药行业和监管机构的联盟发起。其目的是针对现有药物和新药进行复极化延迟副作用的筛选。这是通过高通量方法来完成的，如细胞外电位监测，或使用电压敏感荧光染料来监测动作电位。

　　肝细胞对于药物作用的分析也非常重要，因为药物的活性在很大程度上取决于肝脏中药物的代谢。肝脏是口服药物经肠道吸收后遇到的第一个器官。代谢转化可能使药物失活，或将其转化为活性形式，或以其他方式显著地改变药物。

　　在第三大类应用中，人类多能干细胞被用于研究那些细胞自主性遗传疾病的细胞病理学，且这些疾病所涉及的相关细胞类型可以通过定向分化获得。在没有合适的疾病动物模型的情况下，这一点尤为重要。有两种可能的方法来获得表现出特定疾病病理的细胞。一种是从患有这种疾病的患者身上制造 iPSC，另一种是使用正常的 iPSC 并利用 CRISPR/Cas9 对特定基因进行适当的修饰。第一种方法的优点是可以研究复杂的多基因疾病，并且能够捕捉患者的个体差异。第二种方法的优点是疾病的性质非常明确。这种方法的一个例子是使用来自阿尔茨海默病患者的细胞，这些患者在编码 SORL1（Sortilin-related receptor 1, Sortilin 相关受体 1）基因中携带不同的突变。SORL1 是一种载脂蛋白受体，调节淀粉样蛋白前体蛋白的运输。其功能降低导致淀粉样蛋白前体蛋白更多地转化为形成斑块的 β-淀粉样蛋白。研究发现，*SORL1* 中的一些突变与神经营养因子 BDNF（brain-derived neurotrophic factor，脑源性神经营养因子）的上调相容，而另一些则不相容，这为理解这些突变在疾病中的作用提供了合理的基础。

细胞移植治疗

在讨论多能干细胞目前对临床细胞移植的贡献之前，有必要先了解一般的细胞移植问题，特别是**造血（骨髓）移植（hematopoietic [bone marrow] transplantation）**，因为这是目前最常见的细胞移植形式。

细胞移植治疗所需的大多数有用细胞类型在组织培养中不会分裂；即使分裂，也会迅速失去那些使它们有用的特征和性质，例如，肝脏中的肝细胞和胰腺中的 β 细胞就是这种情况。由于这个问题，目前已获得成功的细胞治疗很少涉及在移植前对组织培养细胞群体进行扩增。相反，细胞移植主要包括将细胞直接从一个人移植到另一个人，或者从患者身体的一个部位移植到另一个部位。在骨髓移植中，可以从活体供体中获取足够数量的骨髓（以及其中包含的造血干细胞）。但其他类型的细胞治疗，如胰腺胰岛或肝细胞移植，目前是使用人类尸体供体进行的。这极大地限制了细胞供应，从而限制了这些方法的潜在应用。相比之下，由于多能干细胞可以在体外无限制地扩增，它们可提供大量任何所需的细胞类型，从而极大地扩大细胞移植的范围。

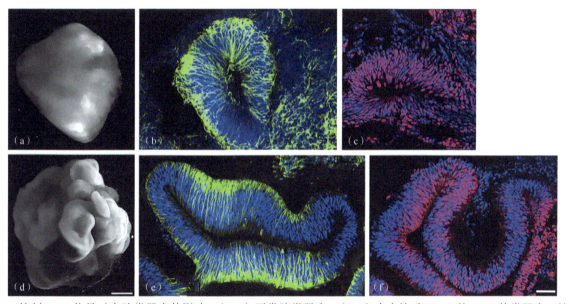

图 22.9　抑制 PI3K 信号对大脑类器官的影响。（a～c）正常脑类器官。（d～f）来自缺乏 PTEN 的 iPSC 的类器官，这些类器官显示出更高程度的皮质折叠。（a,d）光片显微照片。标尺：500 μm。（b,e）Nestin（绿色）。（c,f）PAX6（红色）。标尺：50 μm。来源：Li et al.（2017）. Cell Stem Cell. 20, 385-396。

所有异体移植治疗面临的一个主要问题是宿主免疫问题。为对抗感染而进化的免疫系统也会导致对从一个个体移植到另一个个体的细胞、组织或器官的排斥。移植物的细胞会被 **T 淋巴细胞（T lymphocyte）**识别为"非自身"。这些 T 淋巴细胞通过将靶细胞暴露于**细胞因子（cytokine）**而将其破坏，其中包括干扰素（在对病毒感染的反应中也很重要）和肿瘤坏死因子（通常由肿瘤分泌，并介导其许多全身毒性作用）。T淋巴细胞几乎可以识别它们在体内通常不会遇到的任何新分子，但大部分免疫反应是针对一类称为 **HLA（human leucocyte antigen，人类白细胞抗原）**因子的细胞表面分子的。HLA 是细胞表面糖蛋白，在个体之间表现出巨大的变异性。它们由两组基因簇编码，称为 ABC 和 DR，每个基因簇都可能被大量的可能等位基因中的任何一个占据。这些等位基因的组合总数是巨大的，这就是为什么将组织从一个个体移植到另一个个体（**同种异体移植，allogeneic graft** 或 **allograft**）通常会引发宿主 T 淋巴细胞的排斥反应。在临床实践中，这些反应可以用免疫抑制药物控制，这些药物会降低活化 T 细胞的反应。例如，药物环孢菌素

（cyclosporine）和他克莫司（tacrolimus）通过抑制钙调神经磷酸酶起作用，钙调神经磷酸酶在 T 细胞受体激活后介导钙升高的作用；雷帕霉素（rapamycin，西罗莫司，sirolimus）通过抑制 TOR（target of rapamycin，雷帕霉素靶蛋白；参见第 21 章）起作用。但是使用免疫抑制药物来控制同种异体移植排斥反应需要付出相当大的代价。这些药物通常有副作用，会导致各种类型的器官损伤，而且由于它们降低了个体对入侵微生物产生免疫反应的能力，也使接受免疫抑制的患者更容易受到感染。如果一开始移植物和宿主的 HLA 等位基因之间就没有太多的不匹配，那么就更容易实现成功的免疫抑制。确定供体和宿主之间 HLA 匹配的程度是组织分型的基础，这对于器官移植和目前实践中的细胞治疗类型都非常重要。

　　自 20 世纪 50 年代以来，人们就知道同卵双胞胎之间的组织移植物是可耐受的。这是因为同卵双胞胎对于所有 HLA 基因以及任何其他与移植物排斥有关的基因都有完全相同的等位基因。对于从个体自身获取并重新植入同一身体另一部位的任何移植物（**自体移植，autologous graft 或 autograft**）也是如此。排斥问题凸显了多能干细胞提供的进一步潜在机会。一种解决方案是建立多能干细胞库，以便能为任何个体提供 HLA 匹配相当良好的供体。为此目的所需的细胞系的数量估计约为数百个。另一种可能性是使用从个体患者身上培养的 iPSC。这可以为任何个体提供完美匹配，尽管它涉及成本和质量控制方面的实质性问题。

造血干细胞移植

　　既往已实施了各种类型的细胞移植治疗，但就数量而言，最重要的还是**造血干细胞移植（hematopoietic stem cell transplantation）**。这更广为人知的说法是骨髓移植，但造血干细胞的来源可能是骨髓本身，也可能是外周血或脐带血。全世界每年进行约 50 000 例造血细胞移植，其中约 1/3 是异体移植。这些移植大多用于治疗白血病或淋巴瘤，还有一小部分用于治疗其他癌症或血液遗传疾病。如第 20 章所述，**造血干细胞（hematopoietic stem cell, HSC）**会持续产生血液和免疫系统中的所有细胞类型。它们存在于由骨细胞和血管构成的骨髓中的干细胞龛中，并在个体的一生中持续存在。在经历严重的辐射或化疗之后，HSC 会被杀死，导致骨髓衰竭和死亡。对于癌症的治疗，骨髓移植最初的基本原理是为使用足够大剂量的放疗或化疗来完全根除癌细胞创造条件。完全根除癌细胞是必要的，因为只要有任何癌细胞存活，癌症很快就会复发。治疗强度的限制在于正常干细胞群体（尤其是骨髓中的 HSC）对放疗或化疗的敏感性。但如果可以牺牲患者的骨髓，那么就能够给予患者更大剂量的治疗。在此之后，可以通过给患者输注健康的骨髓来避免骨髓衰竭和死亡，从而使患者得到救治。由于患者的 HSC 被破坏，骨髓中的干细胞龛就空了出来，移植物中的干细胞可以在这些空的干细胞龛中定植，然后用供体来源的细胞终身重新填充血液和免疫系统。

　　由于所给予的放疗或化疗强度较大，宿主通常几乎没有能力对移植物产生免疫反应并排斥它。然而，在造血细胞移植中，移植物本身含有许多 T 淋巴细胞，这些 T 淋巴细胞可以对宿主组织产生免疫反应。这会导致**移植物抗宿主病（graft-versus-host disease, GvHD）**，这是同种异体移植中发病和死亡的主要原因。GvHD 可以通过免疫抑制药物来控制，但仍然非常危险。不过，这也有一定的益处，因为免疫攻击既针对宿主的正常组织，也针对肿瘤。这种"移植物抗肿瘤"效应与正常的移植物抗宿主效应有关，但可能并不完全相同。如今，同种异体 HSC 移植的基本原理已经有所改变，其主要目的是利用移植物本身的抗肿瘤效应，作为清除最后残留癌细胞的一种手段。

　　同种异体 HSC 移植仍然是一种危险的手术，仍伴随着显著的、与治疗相关的死亡率，这主要是由于 GvHD 的问题，以及控制该病所需的激进的免疫抑制。因此，同种异体 HSC 移植仅用于治疗白血病、淋巴瘤等致命性疾病，以及造血系统本身的一些遗传缺陷。它并不用于众多的免疫系统疾病，如 1 型糖尿病，虽然从理论上讲，1 型糖尿病可以通过替换免疫系统的细胞来治疗，但也可以通过其他方法进行治疗。

　　自体造血移植也有大量的应用。在这种情况下，先从患者身上获取骨髓样本，然后对患者进行放疗或化疗，接着再将骨髓回输。自体造血移植的优点是不会发生 GvHD，但其不利之处在于也没有了移植物抗肿瘤效应。自体造血移植的另一个问题是，骨髓中很可能会存在一些癌细胞，这些癌细胞会随着移植物重新被引入，并充当癌症复发的种子。因此，自体造血移植主要用于局部性肿瘤如淋巴瘤的治疗。

　　尽管造血干细胞移植的成功为其他细胞类型的移植提供了借鉴，但目前正在开发的多能干细胞移植与其仍存在一些差异。首先，造血干细胞移植是一种干细胞移植，旨在重新填充干细胞龛，并实现目标组织（在这种情况下是血液和免疫系统）的终身重建。基于多能干细胞的细胞移植治疗并不涉及干细胞本身，因为这些干细胞在植入患者体内时会形成危险的畸胎瘤；相反，这种治疗使用的是源自多能干细胞的分化细胞。由于移植物不是干细胞，所以在移植前不需要清除受体的干细胞龛。另一个区别是，造血移植物不需要在体外培养；它们是从一个个体获取后直接移植到另一个个体身上（或者在自体移植的情况下，移植回同一患者体内）。这避免了组织培养中的细胞发生突变，或无意中引入致病病毒的问题。最后，造血细胞移植的主要并发症是 GvHD，但这不会发生在不含淋巴细胞的其他类型的移植上。由于这些原因，源自多能干细胞的分化细胞移植在潜在安全性上高于造血干细胞移植，一旦众多的技术和监管问题得到解决，它们可能会得到更广泛的应用。

使用多能干细胞的细胞移植疗法

基于多能干细胞的细胞移植治疗涉及在体外制造所需的分化细胞，然后将其植入患者体内的适当部位。它们不涉及植入多能干细胞本身，因为 ES 和 iPS 细胞的特性之一是在植入宿主时会形成畸胎瘤。与大多数肿瘤一样，畸胎瘤非常危险。对于这种类型的治疗，首要的安全要求是确保待植入的细胞群体中不存在多能细胞，从而使形成畸胎瘤的风险可以忽略不计。

图 22.10 中描述的动物实验展示了一种能够设想到的最复杂的操作流程，它结合了 iPSC、基因治疗和造血移植。在这个实验中，使用了一种小鼠品系，其自身的血红蛋白 β 基因被导致镰状细胞贫血的人类血

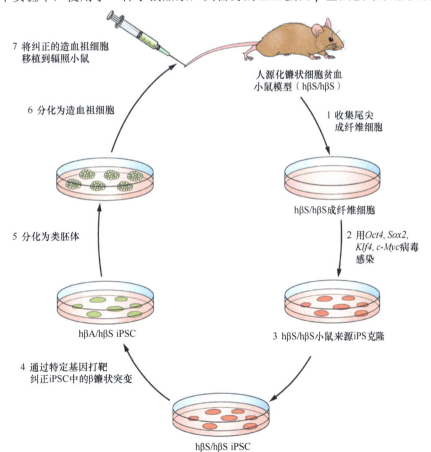

图 22.10　一个治疗镰状细胞病小鼠的模型实验方案。这些小鼠具有携带镰状细胞等位基因的人源化血红蛋白 β 基因。制备 iPSC，并通过与正常拷贝的同源重组修复基因缺陷。然后通过 Hoxb4 的过表达使细胞分化为造血干细胞。接着对患有镰状细胞病的小鼠进行辐照，以去除内源性造血干细胞，并移植 iPSC。最后，经过基因修复的细胞在血液中定植。hβA，正常等位基因；hβS，镰状细胞等位基因。来源：Hanna（2007）. Science. 318, 1920-1923, © 2007 American Association for the Advancement of Science.

红蛋白 βS 等位基因所取代。从尾尖成纤维细胞制备 iPSC，然后使用第 11 章中描述的方法通过基因打靶修复基因缺陷，使得一个镰状细胞等位基因被正常人类血红蛋白 β 基因所取代。接着，从 iPSC 生成造血干细胞。这需要类胚体的形成和 *Hoxb4* 基因的过表达。最后，对患有镰状细胞病的小鼠进行辐照，以破坏它们自身的造血干细胞，并将分化后的 iPSC 通过静脉移植到小鼠体内。其结果是移植物中的造血干细胞重新填充骨髓，进而使有缺陷的红细胞被正常的红细胞更替。

多能干细胞的定向分化

使人类多能细胞分化为特定细胞类型的策略，依赖于对正常发育过程的深入理解，同时也基于人类发育与其他脊椎动物发育相似这一假设。例如，制备 β 细胞的方法依赖于对正常胰腺和 β 细胞发育的深入了解（见第 18 章）。从胚胎的原条阶段开始，首先形成内胚层，然后内胚层进一步细分并建立前肠区域；前肠产生两个胰腺芽，它们从原始肠管向外生长，随后融合在一起形成一个单一的器官。在胰腺芽内，内分泌祖细胞开始发育，其中一些会成为 β 细胞，其余的则会成为胰岛中发现的其他内分泌细胞类型。因此，设计用于将人类多能干细胞定向分化为 β 细胞的方案至少包括 5 个步骤：向内胚层分化、向前肠分化、向胰腺芽分化、向内分泌祖细胞分化，最后向 β 细胞分化（图 22.11）。这些步骤中的每一步都是通过使用特定的诱导因子、激素或信号通路抑制剂来实现的。每一步的成功与否通过检测已知所需的关键基因的激活来进行监测，如 *SOX17*（内胚层）、*HNF4A*（前肠内胚层）、*PDX1*（胰腺芽）、*NGN3*（内分泌祖细胞）和 *INSULIN*（β 细胞）。不同的实验室设计了略有不同的方案，但它们在原理上都是相似的。

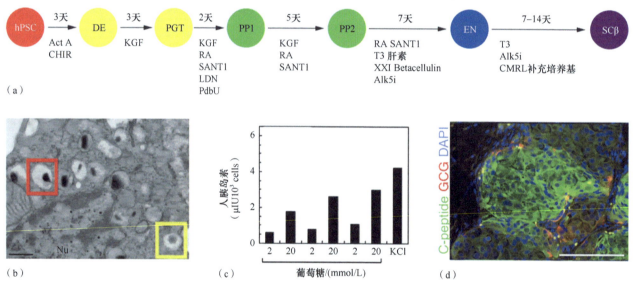

图 22.11 人多能干细胞（hPSC）定向分化为胰腺 β 细胞的一种具体方案。(a) 该过程由六个阶段组成，每个阶段都涉及添加不同的因子与抑制剂，以控制下一个发育决定。DE：定型内胚层；PGT：原始肠管；PP1 和 PP2：胰腺祖细胞；EN：胰腺内分泌细胞；SCβ：β 细胞。(b) SCβ 细胞的透射电子显微镜图像，显示未成熟（黄色框）和成熟（红色框）的胰岛素分泌颗粒。(c) SCβ 细胞在葡萄糖刺激下的胰岛素分泌情况。(d) 移植到免疫缺陷小鼠肾脏后的 SCβ 细胞。大多数移植细胞含有 C-肽，表明它们正在制造胰岛素。来源：(b,d) Pagliuca et al. (2014). Cell. 159, 428–439.

可以通过将此类细胞植入免疫缺陷小鼠（如在"人类胚胎干细胞"部分中描述的 NOD-SCID 品系小鼠）体内来测试它们的有效性，这些小鼠自身的 β 细胞已通过药物链脲佐菌素处理而被清除。由于 β 细胞感知葡萄糖并相应分泌胰岛素的能力并不依赖于特定的解剖位置，移植物通常被嵌入肾脏，以使其获得良好的血管化和细胞存活。

现实是，目前对正常发育事件的理解并不完全精确，培养皿中的环境与完整胚胎的环境也有所不同，并且不同的多能细胞系表现也略有差异。由于所有这些原因，需要对移植方案进行经验测试与合理设计，不同的实验室也可能会产生略有不同的细胞分化方案。此外，尽管付出了巨大努力，已发表方案的可重复性仍然不太理想。

糖尿病的移植治疗

糖尿病是一种常见疾病，其特征是血糖水平高且不受控制。在正常情况下，餐后血糖的升高会刺激胰腺的 β 细胞分泌胰岛素，这将导致脂肪组织、肌肉以及肝脏摄取葡萄糖。在肝脏中，葡萄糖会转化为糖原和脂肪。在缺乏胰岛素的情况下，血糖浓度会升高，因为葡萄糖无法被组织吸收。

糖尿病主要有两种类型。1 型糖尿病通常在儿童期或青年时期发病，是由于自身免疫攻击导致 β 细胞缺失而引起的。自身免疫的初始原因尚不清楚，但可能是由病毒感染引发的，或者是因为有遗传易感性基础。尽管 β 细胞可以在一定程度上再生，但 1 型糖尿病患者最终会失去所有的 β 细胞，在不经治疗的情况下会迅速死亡。他们完全依赖于胰岛素注射，并且需要仔细监测饮食，定期注射合适剂量的胰岛素，以将血糖控制在合理的水平。

2 型糖尿病更为常见，往往在年龄较大时发病。这是一种复杂的多因素疾病，通常涉及 β 细胞的某些病理变化，使得它们无法适应机体对胰岛素需求的增加，如在肥胖发生之后。外周组织中也可能存在一定程度的胰岛素抵抗，使得现有的胰岛素无法产生足够的效果，不能驱动过量葡萄糖的摄取。2 型糖尿病的治疗通常包括使用各种药物来减缓肠道中葡萄糖的释放、增加 β 细胞分泌胰岛素，并增强可用胰岛素的活性。通常，随着病情的发展，2 型糖尿病患者也往往需要注射胰岛素。

如果照顾得当，现在可以控制糖尿病，使患者的预期寿命接近正常，但无法精确控制的血糖浓度仍然会对血管造成损害。从长远来看，这种损害会导致严重且令人痛苦的并发症。这些并发症包括心脏病、中风、失明以及外周血管疾病，外周血管疾病会导致轻微伤口亦难以愈合，有时甚至导致截肢。糖尿病是基于多能干细胞的细胞移植治疗的主要目标之一，这是因为它有现有疗法可供借鉴，即胰岛移植。

胰岛移植主要用于患有严重 1 型糖尿病且对低血糖无意识的患者，这可能非常危险，因为低血糖会很快使人失去知觉或死亡。这种技术包括从已故器官捐献者的胰腺中获取胰岛，并通过连接肠和肝脏的肝门静脉将它们注入肝脏。胰岛寄宿在肝脏中，并会分泌适量的胰岛素来控制其所感知到的葡萄糖水平。胰岛移植已被证明相当成功。所有接受治疗的患者都恢复了对低血糖的感知能力，有些患者甚至能够完全停止注射胰岛素。胰岛移植的治疗效果可以通过测量血清中的 C-肽来监测。C-肽是在双链胰岛素蛋白成熟过程中从胰岛素原多肽上切除的一个片段，其血清含量可作为 β 细胞活性的衡量指标。

但是胰岛移植有两个主要问题。首先，像所有依赖器官供体的移植一样，供体细胞的供应根本无法满足需求。其次，这些移植物是同种异体移植物，会受到宿主免疫系统的排斥，这意味着接受胰岛移植者必须终身服用免疫抑制药物。这些药物会产生令人不适的副作用，并且还会损害移植的 β 细胞，缩短其寿命并降低其有效性。

干细胞研究在这一领域的潜力体现在两个方面。如果能够可靠地从多能干细胞在体外制备 β 细胞，那么细胞供应就有可能变得源源不断。此外，如果干细胞来源是从个体患者身上制备的 iPSC 系，那么这些细胞在基因上会与患者完全匹配，理论上不需要进行免疫抑制来抑制移植物排斥。然而，由于 1 型糖尿病是一种自身免疫性疾病，即使移植物在基因上是完美匹配的，患者仍然可能对移植物发起自身免疫攻击。因此，仍然需要一定的免疫抑制来控制这种情况，尽管可能不需要像保护同种异体移植物免受排斥那样强烈的免疫抑制方案。另一种避免移植物排斥和自身免疫的方法是将细胞包裹在部分可渗透的材料（如褐藻胶）中，这种材料可以允许胰岛素和营养物质通过，但不允许宿主的细胞毒性淋巴细胞通过。

目前正在进行临床试验，测试使用包裹和非包裹方法递送人类 ESC 制成的 β 细胞对 1 型糖尿病的有效性。

视网膜色素上皮

在眼睛中，视网膜的中央有一个小的（直径 5 mm）色素沉着区域，称为黄斑。它是视网膜中视锥型光感受器密度最高的区域，负责视野中心部分的高分辨率和视觉辨别能力。随着年龄的增长，视网膜的这一部分由于光感受器的缺失而发生退化是很常见的，大约 10% 的 65 岁以上老人患有某种程度的年龄相关性黄斑变性（age-related macular degeneration, ARMD）。在严重的情况下，这可能导致中心视力丧失，从而无法阅读、识别人脸以及完成其他需要高视力的任务。尽管患者仍保留一些周边视力，但许多患有 ARMD 的人在法律上被认定为盲人。

ARMD 有两种主要形式。干型 ARMD 与黄斑区域出现碎屑有关，被认为是由于视网膜色素上皮细胞（retinal pigment epithelium, RPE）的缺陷所致，RPE 是位于光感受器下方的一层色素细胞，最初由视杯的外层形成（见第 16 章）。湿型 ARMD 是一种从眼球的脉络膜向视网膜下空间过度生长血管的情况。干型 ARMD 目前没有治疗方法。湿型 ARMD 可以通过激光消融新生血管和（或）注射拮抗血管生长的特异性抗体来治疗。

许多 ARMD 相关实验都是使用一种名为皇家外科学院（Royal College of Surgeons, RCS）大鼠的动物模型进行的。这种大鼠具有一种自发突变，阻止了 RPE 对碎屑的清除，这些碎屑通常是由感光层产生的。由此导致的碎片堆积会致使光感受器的死亡和血管变化。将 RPE 移植到 RCS 大鼠的视网膜下空间，可以保护邻近的光感受器层，并维持视力，这种效果可以通过电生理记录和行为测试来评估。一种人类 RPE 系在这种动物实验中也是有效的。尽管眼睛通常被认为是免疫系统细胞相对难以到达的部位，然而一旦出现任何损伤，这种情况就会改变，所以仍然需要进行免疫抑制。

这些实验引发了一种设想，即可以从人类多能干细胞中制备 RPE 细胞，并将其作为视网膜下移植物来治疗 ARMD。事实证明，RPE 是一种相对容易从多能干细胞中获得的细胞类型，由于其色素沉着的特性，它的形成非常明显（图 22.12）。将这种 RPE 细胞制剂移植到 RCS 大鼠的视网膜下空间时，确实可以改善视觉功能，并且不会形成畸胎瘤。

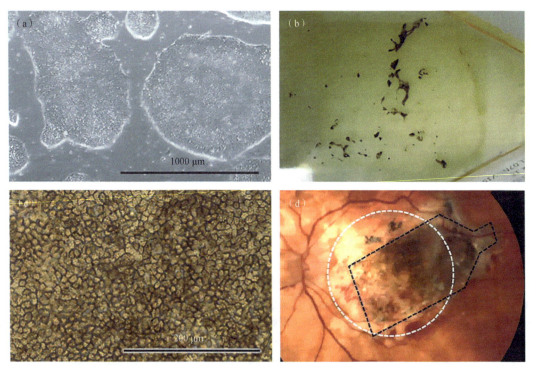

图 22.12　视网膜色素上皮（RPE）细胞。（a～c）从人类 ESC 中分化出的均质的 RPE 细胞群。（d）在 ARMD 患者神经视网膜下的生物相容性 RPE 细胞贴片（黑色轮廓）移植。光感受器损伤区域由白色轮廓表示。来源：（a～c）da Cruz et al.（2018）Nature Biotechnology. 36, 328-337;（d）Kashani et al.（2018）. Science Translational Medicine. 10, eaao4097。

细胞移植治疗在这方面有几个有利因素。第一，干型黄斑变性缺乏其他替代治疗方法。第二，可以通过观察眼睛的瞳孔来监测移植后的情况。第三，有一种观点认为，如果出现畸胎瘤，通过切除受影响的眼睛，仍然可以使患者免受其致命影响。目前，欧洲、美国和日本已经进行了数年的临床试验。初步结果表明，该手术是安全的，并且有一些证据表明它在恢复视觉敏锐度方面是有效的。

脊髓修复

脊髓受到创伤后，损伤平面以下的瘫痪和感觉丧失通常是由下行（运动）或上行（感觉）神经纤维束受损引起的。这些神经纤维束的细胞体可能位于较远的位置，并且仍然存活。脊髓创伤还会导致局部神经元和胶质细胞死亡，并形成胶质瘢痕，这会抑制任何神经纤维生长穿越该区域。此外，一些原本未受损的神经纤维可能会出现髓鞘丢失的情况，而髓鞘的丢失会阻碍电信号的有效传导。

首个基于多能干细胞的临床试验于 2009 年开始，使用能够重新形成髓鞘的细胞来治疗脊髓损伤。该临床试验检测了由人类 ESC 制成的少突胶质细胞移植物。**少突胶质细胞（oligodendrocyte）**是一类通常负责轴突髓鞘形成的胶质细胞，其基本原理是一些存活的神经纤维会重新形成髓鞘，然后恢复功能活性。该试验的结果表明，移植物是安全的，但有效性尚不确定。

心肌细胞

在现代发达社会中，最常见的猝死原因是心脏病发作（心肌梗死）。在这种情况下，一条或多条冠状动脉会发生堵塞，其正常供血的那部分心肌就会缺氧。除非堵塞自行缓解，或者通过紧急治疗得以疏通，否则受影响的心肌区域会在大约 1 h 内坏死。如果损伤范围足够大，导致大部分心脏功能丧失，患者就会死亡。如果受影响的区域相对较小，患者能够存活下来，但心脏会永久性受损。关于心肌细胞在人的一生中是否会正常更替仍存在一定争议，但可以确定的是，即使有更替，速度也非常缓慢，而且在受损区域似乎并没有明显的再生现象。相反，受损区域会被心脏成纤维细胞填充，这些细胞会分泌细胞外基质物质，因此坏死的心肌区域会被瘢痕组织所取代。瘢痕组织具有一定的机械完整性，但在收缩功能方面不起作用，所以心脏功能也会相应地减弱。如果心脏承受过多的额外压力，那么存活的心肌细胞会增大，机械功能也会下降，最终会导致心力衰竭。虽然还有其他原因，如高血压或瓣膜疾病，但心脏病发作导致的功能丧失是心力衰竭最常见的原因。从定义上来说，心力衰竭意味着心脏无法为身体其他部位提供足够的血液。这会引发许多问题，并且根据严重程度的不同，可能会在或长或短的时间内导致死亡。

许多研究团队已经设计出了有效的分化方案，能够从人类多能干细胞中制备心肌细胞。如前所述，这类细胞也可用于体外检测药物引发的心律失常。用于心脏细胞移植治疗的动物模型，通常是通过结扎冠状动脉，使特定部位的心肌受到损伤。然后将细胞注射到受影响的部位，并通过一系列生理测试来研究心脏功能。最后，处死实验动物，确定移植物来源细胞的存在情况、分化状态和空间分布。图 22.13 展示了将人类 ESC 制备的心肌细胞植入因实验性梗死而受损的豚鼠心脏后的结果。

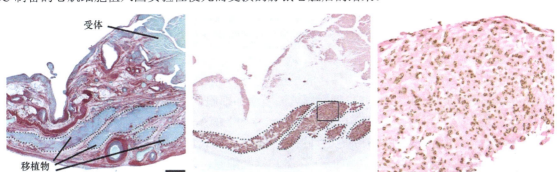

图 22.13　豚鼠中 hESC 衍生心脏移植物。左图用天狼星红染色，瘢痕组织呈红色，存活组织呈绿色。中间和右侧的图片显示了用抗 β 肌球蛋白重链抗体进行免疫染色以显示心肌，以及用人类探针进行原位杂交以显示细胞的人类来源。标尺：500 mm。来源：Shiba et al.（2014）. J. Cardiovasc. Pharmacol. Ther. 19, 368−381。

总的来说，动物实验结果表明，移植的细胞能够长期存活，并且心脏功能也有所改善。研究发现，当将细胞附着在细胞外物质（例如纤维蛋白）制成的"贴片"上进行移植时，效果会更好。这有助于细胞存活，并降低在移植心脏中诱发心律失常的风险。目前正在进行临床试验，以测试将心肌细胞移植到人类心脏中的安全性和有效性（图 22.14）。近年来，也有许多将其他细胞类型注射到心脏中的试验，如各种间充质干细胞制剂。尽管有报道称这些试验取得了一些暂时的改善，但移植细胞无法长期存活，治疗效果也不确定。

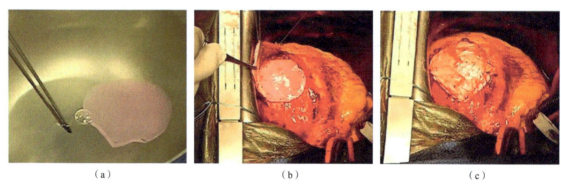

（a）　　　　　　　　　　（b）　　　　　　　　　　（c）

图 22.14　将含有人类 ESC 来源的心脏祖细胞的纤维蛋白贴片移植到人类心脏上。（a）含有细胞的贴片。（b,c）手术过程。来源：Menasché et al.（2018）. J. Am. Coll. Cardiol. 71, 429–438。

帕金森病

帕金森病是一种影响运动的进行性疾病。它是仅次于阿尔茨海默病的第二常见的神经退行性疾病。发病率随着年龄的增长而增加，其特征是身体僵硬、震颤、动作缓慢，在极端情况下甚至无法行动。虽然帕金森病主要影响运动能力，但它也会影响语言和认知能力。运动问题源于大脑皮层运动区域所受到的刺激减少，这意味着运动皮层无法正常控制运动和协调。这是由脑干黑质区域的多巴胺能神经元缺失所导致的。在帕金森病患者体内，这些正在退化的神经元会死亡，并且在退化过程中会出现一种称为路易小体（Lewy body）的结构。当帕金森病患者出现症状时，他们体内产生多巴胺的细胞已经丧失了 80% 或更多。

多巴胺通常由左旋多巴（3,4-二羟基苯丙氨酸，L-DOPA）合成。自 20 世纪 60 年代起，左旋多巴与其他药物一起被用于治疗帕金森病。它确实有一定的疗效，但同时也会带来一些问题，如不受控制的运动，以及其他副作用，如情绪障碍和睡眠紊乱。随着病情的发展，患者出现的"冻结"不能动弹的症状以及认知功能的丧失，可能会对左旋多巴的治疗不再有反应。

已经进行了一些临床试验，将从 6～9 周龄人类胎儿的中脑获取的组织移植到尾状核和壳核前部，这些区域是多巴胺能神经元通常投射的脑区。这些移植物会产生大量的多巴胺能神经元，神经元可以长期存活并与其他神经元建立连接。尽管这种治疗的有效性一直存在争议，但的确有些患者的症状得到了改善。而且，令人惊讶的是，多年后的尸检研究表明，移植物中的细胞也会出现路易小体，表明这种疾病可以从宿主传播到移植物细胞中。这种传播的机制尚不清楚。

这种方法的一个问题是，作为移植物供体的早期人类胎儿来源有限。而且，这些胎儿是通过选择性流产获得的，因此不可避免地存在一些伦理问题。为了增加细胞供应并避免使用流产胎儿，已经开发出了各种方法，将人类多能干细胞分化为多巴胺能神经元。一般来说，这些方法包括形成类胚体的阶段，随后进行神经诱导过程，并将类似神经干细胞的细胞以聚集体的形式在悬浮液中培养。然后用诱导因子（如 FGF8，已知在正常胚胎发育中可诱导中脑的形成）处理这些细胞，并将其作为单层培养物进行分化。最好的方案能够产生 90% 的类似胎儿中脑的细胞（这些细胞的特征是表达 FOXA2 和 LMX1A），并将它们转化为相似比例的、分泌多巴胺的神经元。

细胞治疗实验的标准动物模型是对大鼠的一侧脑半球注射 6-羟基多巴胺，这种物质会破坏多巴胺能神经元。这种单侧损伤会导致各种不对称的行为。将假定具有治疗作用的细胞注射到大脑受影响的一侧，通常是注射到纹状体（多巴胺能神经元通常连接的区域），并通过一系列行为测试来评估疗效。在适当的时间后，处死大鼠，并分析它们的大脑，以确定移植细胞的存活情况和分化状态（图 22.15）。这类实验表明，从改善行为的角度来看，这种治疗方法是有效的。实验还表明，移植的细胞（包括许多多巴胺能神经元）能够长期存活，并且通常不会形成畸胎瘤。涉及将多能干细胞来源的多巴胺能神经元植入人体的临床试验已于2018年开始。

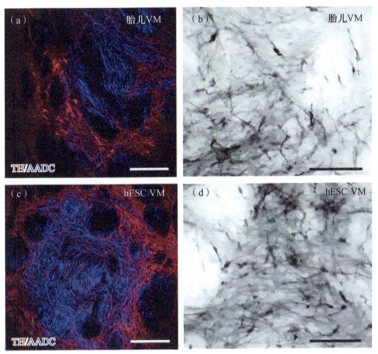

图 22.15　将多巴胺能神经元移植到环孢菌素免疫抑制的成年大鼠的大脑中。（a,b）人类胎儿的中脑移植物。（c,d）人类 ESC 来源的移植物。红色和蓝色显示酪氨酸羟化酶（TH）和氨基酸脱羧酶（AADC）的表达，两者都是合成多巴胺所必需的。黑白图像显示了通过 TH 免疫染色勾勒出的细胞形态。标尺：200 μm。来源：Kirkeby et al.（2012）. Cell Rep. 1, 703–714。

新疗法的引入

如本章所述，有多项临床试验正在进行，而且多能干细胞在移植治疗方面的长期应用前景非常广阔。但进展缓慢。这有几个原因。所有新疗法都受到美国食品药品监督管理局以及其他国家相关机构的严格监管审查，获得开展临床试验的批准是一个漫长且昂贵的过程。

其中一个问题是安全性。细胞移植治疗相对较新，存在一些潜在的新风险。一个明显的风险是，移植物中残留的多能细胞可能会形成畸胎瘤。必须非常有把握地证明所采用的方法能够去除所有的多能细胞。另一种风险来自制备移植物过程中使用的动物制品，如饲养细胞或动物血清，这可能引入会导致人类患病的病毒。因此，所有用于治疗的细胞都必须有在高度明确的、不含任何动物制品的培养基中培养的记录。为了解决这个问题以及其他相关问题，在制备细胞的过程中必须遵守严格的标准，即"良好生产规范"（Good Manufacturing Practice, GMP）。一种新疗法并不需要 100% 保证安全，可接受的风险水平取决于疾病的严重程度。例如，当骨髓移植首次被引入时，患者所患的白血病已知会迅速致命，因此尝试一种高风险的新治疗方法是可以接受的。对于糖尿病来说，现有的治疗方法效果良好，可接受的风险水平就要低得多。

其次是有效性的问题。在实验动物身上效果良好的治疗方法，在人体上却完全不起作用，这种情况并不少见，所以许多治疗方法在首次临床试验后就被放弃了。此外，一种新的治疗方法不仅要有效，而且必须比现有的治疗方法更有效。对于这里描述的大多数疾病，都有现有的治疗方法，例如，治疗 1 型糖尿病的先进胰岛素泵非常有效，或者治疗帕金森病的药物治疗和深部电刺激也有一定效果。考虑到可能的成本和潜在的风险，干细胞治疗必须比目前最好的治疗方法效果更好，才有可能被采用。

最后是成本问题。在 GMP 条件下进行大规模细胞培养非常昂贵。针对患者个体的细胞培养成本会更高，因为这需要从患者身上建立一个新的 iPSC 系，对其进行全面的特性鉴定，然后大规模培养，并将其定向分化为所需的细胞类型。目前分析人士认为，这一过程的成本过高，不太可行。然而，以往的技术在发展过程中成本都大幅降低了，多能干细胞很可能也会遵循这一趋势。

经典实验

人类胚胎干细胞

这篇文章描述了从人类胚泡的内细胞团中培养细胞的过程，这些细胞类似于之前从小鼠和非人灵长类动物中获得的 ESC。

Thomson, J.A., Itskovitz-Eldor, J., Shapiro, S.S. et al. (1998) Embryonic stem cell lines derived from human blastocysts. *Science* **282**, 1145–1147.

与此同时，类似的细胞也被从人类胎儿的原始生殖细胞中生长出来。

Shamblott, M.J., Axelman, J., Wang, S. et al. (1998) Derivation of pluripotent stem cells from cultured human primordial germ cells. *Proceedings of the National Academy of Sciences USA* **95**, 13726–13731.

经典实验

体细胞核移植

Briggs 和 King 的文章是首次成功将细胞核移植到去核的次级卵母细胞中，从而形成存活胚胎的例子。Gurdon 扩展了这项工作，并详细检查了终末分化细胞的细胞核的行为。Wilmut 等的文章描述了将核移植方法扩展到哺乳动物的结果，产生了"多莉"羊。最后，人类 SCNT 于 2013 年得以实现。

Briggs, R. & King, T.J. (1952) Transplantation of living nuclei from blastula cells into enucleated frogs' eggs. *Proceedings of the National Academy of Science USA* **38**, 455–463.

Gurdon, J.B. (1962) The developmental capacity of nuclei taken from intestinal epithelium cells of feeding tadpoles. *Journal of Embryology and Experimental Morphology* **10**, 622–640.

Wilmut, I., Schnieke, A.E., McWhir, J. et al. (1997) Viable offspring derived from fetal and adult mammalian cells. *Nature* **385**, 810–813.

Tachibana, M., Amato, P., Sparman, M. et al. (2013) Human embryonic stem cells derived by somatic cell nuclear transfer. *Cell* **153**, 1228–1238.

经典实验

诱导多能干细胞

第一篇文章描述了将一组候选基因导入小鼠成纤维细胞，并应用选择性培养基，创建类似于胚胎干细胞的细胞。接下来的两篇文章描述了使用类似方法创建人类 iPSC 的过程。最后一篇文章提示了 iPSC 有可能实现的细胞移植治疗类型，是一个较早的关于 iPSC 应用的杰出展示。

Takahashi, K. & Yamanaka, S. (2006) Induction of pluripotent stem cells from mouse embryonic and adult fibroblast cultures by defined factors. *Cell* **126**, 663–676.

Yu, J., Vodyanik, M.A., Smuga-Otto, K. et al. (2007) Induced pluripotent stem cell lines derived from human somatic cells. *Science* **318**, 1917–1920.

Takahashi, K., Tanabe, K., Ohnuki, M. et al. (2007) Induction of pluripotent stem cells from adult human fibroblasts by defined factors. *Cell* **131**, 861–872.

Hanna, J., Wernig, M., Markoulaki, S. et al. (2007) Treatment of sickle cell anemia mouse model with iPS cells generated from autologous skin. *Science* **318**, 1920–1923.

新的研究方向

更好地理解类胚体和畸胎瘤的生物学特性。这两者对多能细胞的表征都很重要，且就类胚体而言，它们通常是定向分化方案的第一步。

开发更好的方法来实现 ESC 和 iPSC 的定向分化。这些方法应当稳健可靠，并且适合在 GMP 下进行规模化制备。

采用更先进的细胞递送方法，利用组织工程构建体，使移植物在移植后能够保持活性和功能。

要点速记

- 多能干细胞（ESC 和 iPSC）可以在体外不受限制地生长，并且可以分化成身体的所有细胞类型。
- 人类胚胎干细胞（ESC）是从冷冻储存在辅助生殖诊所的胚泡中生长出来的，由父母捐赠，并专用于此目的。
- 诱导多能干细胞（iPSC）是通过将多能性基因导入分化的细胞类型并进行筛选而制备的。iPSC 可以从个体人类患者的血液样本中制备。
- 人类 ESC 和 iPSC 对应的是小鼠 ESC 的"始发"而非"原始"类型。
- 体细胞核移植（SCNT）到去核的次级卵母细胞，虽然效率较低，但可以产生存活的胚胎。已经使用该程序建立了一些人类多能干细胞系。
- 有时可以通过过表达选定的转录因子组合来将其他细胞类型直接重编程为神经元、心肌细胞或肝细胞。
- 人类多能干细胞可用于多种用途：研究人类发育；研究遗传疾病的细胞病理学；在人类分化细胞上测试药物。
- 目前大多数干细胞治疗是造血干细胞移植，主要用于治疗白血病和淋巴瘤。同种异体移植需要免疫抑制，而自体移植（或来自同卵双胞胎的移植）则不需要。
- 多能干细胞的定向分化可以通过将细胞暴露于一系列因子，以模拟形成该细胞类型所涉及的正常发育决定层级来实现。
- 目前正在进行多能干细胞来源细胞的移植临床试验，用于治疗糖尿病（β 细胞）、视网膜变性（视网膜色素上皮）、脊髓损伤（少突胶质细胞）、帕金森病（多巴胺能神经元）和心力衰竭（心肌细胞）。

拓展阅读

综合

Slack, J.M.W.（2018）*The Science of Stem Cells*. Hoboken, NJ: Wiley-Blackwell.

Slack, J.M.W.（2021）*Stem Cells: A Very Short Introduction*, 2nd edn. Oxford: Oxford University Press.

小鼠 ESC 与 iPSC

Stadtfeld, M. & Hochedlinger, K.（2010）Induced pluripotency: history, mechanisms, and applications. *Genes and Development* **24**, 2239–2263.

González, F., Boué, S. & Belmonte, J.C.I.（2011）Methods for making induced pluripotent stem cells: reprogramming à la carte. *Nature Reviews Genetics* **12**, 231–242.

Nichols, J. & Smith, A.（2011）The origin and identity of embryonic stem cells. *Development* **138**, 3–8.

Plath, K. & Lowry, W.E.（2011）Progress in understanding reprogramming to the induced pluripotent state. *Nature Reviews Genetics* **12**, 253–265.

Dunn, S. J., Martello, G., Yordanov, B. et al.（2014）Defining an essential transcription factor program for naïve pluripotency. *Science* **344**, 1156–1160.

González, F. & Huangfu, D. (2016) Mechanisms underlying the formation of induced pluripotent stem cells. *Wiley Interdisciplinary Reviews: Developmental Biology* **5**, 39–65.

人 ESC 与 iPSC

Thomson, J.A., Itskovitz-Eldor, J., Shapiro, S.S. et al. (1998) Embryonic stem cell lines derived from human blastocysts. *Science* **282**, 1145–1147.

Ma, H., Morey, R., O'Neil, R.C. et al. (2014) Abnormalities in human pluripotent cells due to reprogramming mechanisms. *Nature* **511**, 177–183.

Davidson, K.C., Mason, E.A. & Pera, M.F. (2015) The pluripotent state in mouse and human. *Development* **142**, 3090–3099.

Weinberger, L., Ayyash, M., Novershtern, N. et al. (2016) Dynamic stem cell states: naive to primed pluripotency in rodents and humans. *Nature Reviews Molecular Cell Biology* **17**, 155–169.

Shi, Y., Inoue, H., Wu, J.C. et al. (2017) Induced pluripotent stem cell technology: a decade of progress. *Nature Reviews Drug Discovery* **16**, 115–130.

Ludwig, T.E., Kujak, A., Rauti, A. et al. (2018) 20 Years of human pluripotent stem cell research: it all started with five lines. *Cell Stem Cell* **23**, 644–648.

畸胎瘤和类胚体

Lensch, M.W., Schlaeger, T.M., Zon, L.I. et al. (2007) Teratoma formation assays with human embryonic stem cells: a rationale for one type of human–animal chimera. *Cell Stem Cell* **1**, 253–258.

Bulic-Jakus, F., Katusic Bojanac, A., Juric-Lekic, G. et al. (2016) Teratoma: from spontaneous tumors to the pluripotency/malignancy assay. *Wiley Interdisciplinary Reviews: Developmental Biology* **5**, 186–209.

Brickman, J.M. & Serup, P. (2017) Properties of embryoid bodies. *Wiley Interdisciplinary Reviews: Developmental Biology* **6**, e259.

体细胞核移植

Gurdon, J.B. (2006) From nuclear transfer to nuclear reprogramming: the reversal of cell differentiation. *Annual Review of Cell and Developmental Biology* **22**, 1–22.

Byrne, J.A., Pedersen, D.A., Clepper, L.L. et al. (2007) Producing primate embryonic stem cells by somatic cell nuclear transfer. *Nature* **450**, 497–502.

Yang, X., Smith, S.L., Tian, X.C. et al. (2007) Nuclear reprogramming of cloned embryos and its implications for therapeutic cloning. *Nature Genetics* **39**, 295–302.

Gurdon, J.B. & Melton, D.A. (2008) Nuclear reprogramming in cells. *Science* **322**, 1811–1815.

Tachibana, M., Amato, P., Sparman, M. et al. (2013) Human embryonic stem cells derived by somatic cell nuclear transfer. *Cell* **153**, 1228–1238.

Matoba, S. & Zhang, Y. (2018) Somatic cell nuclear transfer reprogramming: mechanisms and applications. *Cell Stem Cell* **23**, 471–485.

直接重编程

Xu, J., Du, Y. & Deng, H. (2015) Direct lineage reprogramming: strategies, mechanisms, and applications. *Cell Stem Cell* **16**, 119–134.

Srivastava, D. & DeWitt, N. (2016) in vivo cellular reprogramming: the next generation. *Cell* **166**, 1386–1396.

Lin, B., Srikanth, P., Castle, A.C. et al. (2018) Modulating cell fate as a therapeutic strategy. *Cell Stem Cell* **23**, 329–341.

Aydin, B. & Mazzoni, E.O. (2019) Cell reprogramming: the many roads to success. *Annual Review of Cell and Developmental Biology* **35**, 433–452.

人 ESC 分化与移植

Murry, C.E. & Keller, G. (2008) Differentiation of embryonic stem cells to clinically relevant populations: lessons from embryonic development. *Cell* **132**, 661–680.

Kirkeby, A., Grealish, S., Wolf, D.A. et al. (2012) Generation of regionally specified neural progenitors and functional neurons from human embryonic stem cells under defined conditions. *Cell Reports* **1**, 703–714.

Pagliuca, F.W., Millman, J.R., Gürtler, M. et al. (2014) Generation of functional human pancreatic β cells in vitro. *Cell* **159**, 428–439.

Leach, L.L. & Clegg, D.O. (2015) Concise review: making stem cells retinal: methods for deriving retinal pigment epithelium and implications for patients with ocular disease. *Stem Cells* **33**, 2363–2373.

Takasato, M., Er, P.X., Chiu, H.S. et al. (2015) Kidney organoids from human iPS cells contain multiple lineages and model human nephrogenesis. *Nature* **526**, 564–568.

Priest, C.A., Manley, N.C., Denham, J. et al. (2015) Preclinical safety of human embryonic stem cell-derived oligodendrocyte progenitors supporting clinical trials in spinal cord injury. *Regenerative Medicine* **10**, 939–958.

Trounson, A. & DeWitt, N.D. (2016) Pluripotent stem cells progressing to the clinic. *Nature Reviews Molecular Cell Biology* **17**, 194–200.

Ronaldson-Bouchard, K., Ma, S.P., Yeager, K. et al. (2018) Advanced maturation of human cardiac tissue grown from pluripotent stem cells. *Nature* **556**, 239–243.

Parmar, M., Grealish, S. & Henchcliffe, C. (2020) The future of stem cell therapies for Parkinson disease. *Nature Reviews Neuroscience* **21**, 103–115.

其他应用

Passier, R., Orlova, V. & Mummery, C. (2016) Complex tissue and disease modeling using hiPSCs. *Cell Stem Cell* **18**, 309–321.

Avior, Y., Sagi, I. & Benvenisty, N. (2016) Pluripotent stem cells in disease modelling and drug discovery. *Nature Reviews Molecular Cell Biology* **17**, 170–182.

Di Lullo, E. & Kriegstein, A.R. (2017) The use of brain organoids to investigate neural development and disease. *Nature Reviews Neuroscience* **18**, 573–584.

Shi, Y., Inoue, H., Wu, J.C. et al. (2017) Induced pluripotent stem cell technology: a decade of progress. *Nature Reviews Drug Discovery* **16**, 115–130.

Brassard, J.A. & Lutolf, M.P. (2019) Engineering stem cell self-organization to build better organoids. *Cell Stem Cell* **24**, 860–876.

Rowe, R.G. & Daley, G.Q. (2019) Induced pluripotent stem cells in disease modelling and drug discovery. *Nature Reviews Genetics* **20**, 377–388.

第 23 章

进化与发育

发育生物学和进化生物学之间的联系有着悠久的历史。19 世纪初，德国胚胎学家卡尔·冯·贝尔（Karl Von Baer）注意到，不同类型的脊椎动物胚胎在早期阶段彼此非常相似，并提出动物的更一般特征会先于其更为特殊的特征发育。19 世纪中叶，恩斯特·海克尔（Ernst Haeckel）提出了"个体发育重演系统特征性发育"的理论，换句话说，个体生物的发育时期序列类似于其进化祖先的演化顺序。在当时盛行的拉马克进化论（Lamarckian theory of evolution）的背景下，这种观点是有道理的。拉马克理论认为，遗传性变化可能源于生活经历，因此会被"添加"到发育序列的末端，但从自然选择的角度来看，这一观点就难以解释了。

20 世纪初，"新达尔文主义"逐渐被普遍接受。这一理论综合了达尔文的自然选择学说、孟德尔的遗传学理论，以及费舍尔（Fisher）、赖特（Wright）和霍尔丹（Haldane）提出的遗传学定量数学理论。人们认为，进化变化的机制源于突变，每种突变都会赋予携带它的个体一种生殖优势，从而使突变在种群中传播，最终成为野生型等位基因。根据新达尔文主义，形态上的变化将逐渐发生，并且是由许多各自影响较小的突变共同作用的结果。由自然选择引起的变化被称为**适应性进化**（adaptive evolution）或适应（adaptation）。20 世纪下半叶，分子生物学的研究清楚地表明，DNA 一级序列中的许多变化并非适应性的，而是经历了**中性进化**（neutral evolution），由无选择后果的突变积累而成，这些突变通过从一代到下一代等位基因的随机抽样效应（遗传漂变，genetic drift）在种群中传播。

从分子层面理解发育过程，对进化生物学产生了重要影响，为解决一些以前无法回答的问题提供了途径。第一个问题是远缘同源性问题。传统上，不同动物各部位之间的同源性是通过比较解剖学方法来确定的，其中包括对发育时期的研究。但是，目前对发育机制的分子基础的了解，常常使我们能够在即使不存在形态相似性的情况下，也可确定同源性。对早期发育机制的研究，尤其是系统发育型阶段前后的研究，使我们能够确定所有动物都源自一个共同的祖先。这也使得我们能够可信地重建原始动物的主要基因表达区域。

第二个问题是研究进化改变的**发育制约**（developmental constraint）。考虑到特定的早期发育机制，我们可以预测，导致特定关键组分功能丧失或获得的突变总是有害的，因为涉及的基因具有多种不同的功能（**多效，pleiotropic**）。对某一项功能潜在有利的变化，极有可能伴随着对其他功能的有害变化。这意味着生育群体中，可利用的突变变异总是有限的。没有变异，选择就无法发挥作用，因此引出了这样一种观点，即存在一些发育制约，阻止了某些进化途径的发生。

第三个问题是理解进化中实际发生了什么。特别是，我们现在可以研究具有进化重要性的形态变化的发育基础。这包括两个方面。首先，要确定是相关发育系统中的何种变化导致了所观察到的形态变化。其次，要发现那些在种群中固定下来并引发了这一变化的实际基因突变。这些并不一定是同一回事。例如，体节特征的变化可能是由 Hox 基因表达的改变引起的，但导致这种变化的突变本身并不一定存在于 Hox 基因中。这种方法为解决一个长期存在的进化难题提供了可能性，即在新达尔文主义传统中普遍不受青睐的**大突变**（macromutation）（具有显著效应的突变）是否能够促进进化改变。

进化发育生物学的研究必然涉及对"六大"实验室模式物种以外的生物的研究。本章中提到的例子有：

文昌鱼，它是**头索动物**（cephalochordate）的一员，被认为是脊椎动物"姐妹群"；**刺胞动物**（cnidarian），通常被认为是两侧对称动物的"姐妹群"；甲壳类，是源自共同祖先的极端体节多样性的例子；蛇，它是脊椎动物中失去四肢的一个例子。但进化发育生物学最终可能会研究几乎任何一种生物。幸运的是，进行此类研究的技术已经有了很大的进步。首先，现在进行全基因组测序相对容易，这使得我们能够获取任何生物的完整基因清单，同时还能获得有关基因在染色体上的位置信息，以便与经过深入研究的实验室模式物种进行对比。其次，原位杂交技术能够用于研究基因表达模式。第三，在没有更复杂的转基因方法可用的情况下，电穿孔常常可用于导入基因。现在可以使用 CRISPR/Cas9 技术进行基因操作，以消除基因活性或人为造成特定的基因异常表达。此外，RNA 干扰或 Morpholino 也常常用于降低基因活性。尽管取得了这些技术进步，使研究任何生物成为可能，但通常能够获得所研究生物的胚胎阶段仍然很重要，这意味着那些能够在实验室中完成整个生命周期的动物是理想的研究材料。

宏观进化

生物是以层级的方式进行分类的，生物的细分单位被称为**分类单元**（taxon）。动物物种被归为属、科、目、纲，而最高等级的分类单元是**门**（phylum），大约有 35 个门，其具体数量因不同学者而异。门的规模大小不一，从包含数以万计物种的大型门，如软体动物门（Mollusca），到只有少数物种的微小型门，如铠甲动物门（Loricifera）。从发育生物学的角度来看，脊椎动物和昆虫是最重要的类群，但实际上它们不是门，而是纲。脊椎动物是脊索动物门（Chordata）中最大的一个纲，而昆虫是节肢动物门（Arthropoda）中最大的一个纲。

一个分类系统（即**分类学**，taxonomy）可以是完全主观任意设定的，但只要它能够清晰无误地鉴定标本，那它就仍然是有用的。然而，长期以来，生物学界一直试图使分类学与相关生物体的实际进化历史相一致。根据这一传统，每个分类单元都应该是一个**进化枝**（clade），由来自共同祖先的所有后代组成（图 23.1）。某些众所周知的类群不是进化枝，但由于人们对它们比较熟悉，所以仍然被保留下来。例如，爬行动物不是一个进化枝，因为它们不包含鸟类，鸟类是从爬行动物中演化出来的后代，并非来自脊椎动物主干的一个独立类群。尽管可以制定任意数量的分类方案，但只有一个"真正的进化树"，它精确地遵循了在进化过程中实际发生的分支，这被称为**系统发生树**（phylogenetic tree），无论它涉及的是门本身还是较低等级的分类单元。因此，系统发生树的每个节点都应该对应于真实的祖先生物种群，这个种群分裂产生了两个分支。当然，严格来说，这一点只有在物种层面的细节上才是完全正确的，因为从实际情况来看，进化的主体是作为可相互交配繁殖的生物种群的物种。物种以上层面的进化被称为**宏进化**（macroevolution）。必须记住，对于较高等级的分类单元来说，不存在进化的驱动力，因为这将涉及许多不同物种同时发生平行变化，而这种情况不太可能发生。宏进化仅仅是大量物种层面进化的结果，包括灭绝事件，这些在很长一段时间内改变了地球上生命的总体构成。所以，在描绘更高等级分类单元的系统发生树上，一个节点仍然对应着一个特定的祖先，也就是那个发生了分化从而产生两条进化谱系的单个物种，但在同一时期还会存在许多其他相关分类单元的生物，并且它们也会在同一棵进化树上有所体现。

构建系统发生树是一项复杂的工作，超出了本书的范围。原则上有两种构建方法。一种方法是对大量特征（包括连续的定量特征）进行评分，并根据更相似标本在血统上应该更接近的原则来构建树，这被称为数值分类学或表型分类学。另一种方法应用关于不同类型变化的可能性的某些假设，以尝试推断出实际的系统发生树。这被称为分支（cladistic）分类学或系统发

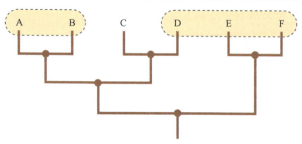

图 23.1 系统发生分类学（= 分支分类学）。A～F 代表由所示的系统发生中产生的分类单元。A + B 代表一个可接受的较高等级分类单元，因为它是源自一个共同祖先的一整套生物。D + E + F 不是一个可接受的较高等级分类单元，因为遗漏了共同祖先的一些后代。

生 (phylogenetic) 分类学。使用任何方法都不能保证产生"真正的树",但使用的数据越多,构建的树就可能越准确。

长期以来,动物学家一直对不同生物体之间的两种相似性进行区分,即**同源性**(homology)和**同功性**(analogy)。如果两个结构是同源的,则不仅意味着它们看起来相似,而且这种相似性是由于它们源自一个拥有相关部位祖先形态的共同祖先。**四足动物**(tetrapod)的肢就是一个例子。从人类到鳄鱼等许多类型的脊椎动物,它们的肢在骨骼和肌肉的数量、排列方式以及在身体上的位置方面都明显相似。相似的原因是,曾经存在一个祖先四足动物,所有现存的四足动物都是它的后代,而它的肢就是这样的。由于它们有着共同的祖先,同源结构应该是由相似的发育机制形成的。相比之下,如果两个结构是同功的,这意味着它们没有共同的祖先,而这些部分看起来相似是因为自然选择的压力迫使结构趋同,以满足相似功能的需求。一个例子是昆虫的翅膀与鸟类的翅膀。显然,它们不可能有一个有翅膀的共同祖先,因为从化石记录中我们知道,在任何一个类群中出现有翅膀的成员之前,脊椎动物和昆虫都已经有了很长的进化历史。此外,昆虫和脊椎动物的共同祖先一定是一种海洋生物,因为它存在于任何动物类群登陆陆地之前。请注意,尽管翅膀本身不可能是同源的,但参与翅膀形成的各种单个基因或遗传途径可能仍然是同源的,本章将讨论这个问题。一般来说,被认为与祖先特征相似的特征被称为原始特征或**基部**(basal)特征,而那些被认为是适应性进化结果的特征则被称为**衍生**(derived)特征。

分子分类学

现代分类学的很多研究都使用基因的一级序列作为原始数据,而不是形态特征。由于蛋白质中只有一部分氨基酸对其生物活性是必需的,所以基因和蛋白质的序列在进化过程中会逐渐发生变化。大多数变化是**中性**(neutral)的,或近乎中性的;也就是说,它们不会影响个体生物的生存或繁殖,并且既不会受到自然选择的青睐,也不会受到排斥。对于任何单个突变来说,它最终在整个物种中传播并成为基因或蛋白质的正常版本的可能性非常小。由于存在许多这样的突变,而且进化时间非常长,所以在蛋白质中那些不影响其生化功能的位置上,会发生许多氨基酸的替换。群体遗传学理论预测存在一个**分子钟**(molecular clock),这表明自两个谱系分歧以来的时间与序列之间的差异数量大约呈线性关系。可以使用各种不同类型的算法,从一级序列数据构建系统发生树,包括那些简单比较差异数量的算法(表型分类法)和那些试图最小化替换事件数量的算法(分支分类法)。用于这些研究的理想基因是那些能够清楚地被鉴定为同源的基因,并且在被研究的生物范围内显示出一定的变异,但又不至于使替换事件相互叠加过多。对于远缘系统发生研究,人们大量使用了大、小核糖体 RNA 基因,因为自原核生物和真核生物分歧以来,这些基因一直保持着相同的功能。在蛋白质编码基因中,一些常用的基因包括 RNA 聚合酶、糖酵解酶和细胞色素,在任何生物中基本上都具有相同的功能。随着全基因组序列的出现,现在可以将大量基因纳入系统发生树的构建中。分子系统发生方法的吸引力在于,它们完全独立于形态学,并且原则上可以应用于一组来自现代生物的序列,而无需了解这些生物的其他任何信息。然而,它们不一定能预测出唯一的系统发生树,最接近真实树的结果可能是通过综合比较形态学、分子序列和化石证据的信息来获得的。

分子分类学的兴起扩展并完善了我们对同源性和同功性的概念。尽管由于中性突变,蛋白质序列中许多非关键位置的氨基酸会发生变化,但许多其他非关键位置的氨基酸仍然保持不变。正是这些非关键位置氨基酸的同一性(identity),表明来自不同生物的两个基因确实是同源的。但由于在进化过程中广泛存在的**基因复制**(gene duplication),识别不同生物中的同源基因并不总是简单的。如果一个基因发生了复制,那么只需要一个拷贝来执行原始功能。另一个拷贝常常会丢失,但如果它被保留下来,就可以自由地获得不同的功能。有时两个拷贝会分担原始功能(亚功能化,subfunctionalization)。有时一个拷贝保留原始功能,而另一个获得新的功能。在任何一种情况下,导致这种变化的关键突变通常发生在基因的调控区域,而不是编码区域本身。在脊椎动物中,参与发育的基因中有很大比例属于多基因家族。同一生物中由基因复制产生的两个基因被称为**旁系同源基因**(paralog)。如果两个基因在不同生物中通过谱系直接相关并保留共同的功能，则被称为**直系同源基因**（**ortholog**）。为了在物种之间进行恰当的比较，确定真正的直系同源基因是至关重要的；否则，所进行的比较将涉及基因复制事件的时间，而这可能比祖先物种分裂的时间早得多。

如果两个基因从完全不同的序列开始，趋同于相同的功能，它们可能根本没有序列同一性，或者它们仅有的序列同一性局限于分子中实际负责其催化或其他生化活性的一小部分区域。一个分子同功性的例子是晶状体蛋白，它们是构成眼睛晶状体的蛋白质。在不同类型的脊椎动物中，使用了完全不同种类的蛋白质来构成透明的晶状体，尽管它们具有相同的生理功能，但它们没有共同的一级序列。

动物的系统发生

图 **23.2** 展示了一个现代的、被广泛认可的关于一些最重要动物类群的系统发生树。由于不同门的成年动物之间缺乏共同的形态特征，传统上人们利用来自胚胎和幼体的信息来尝试绘制系统发生树。

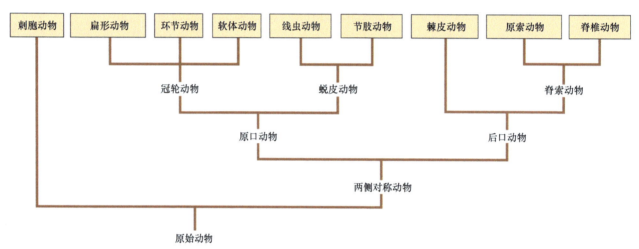

图 23.2　共识的动物系统发生树，显示了一些关键的动物门。

第一个特征是胚层的数量。如我们所见，大多数动物在原肠胚形成结束时已形成了三个组织层：外胚层、中胚层和内胚层。它们被称为**三胚层动物**（**triploblast**）。只有三个门不是三胚层的：多孔动物门（Porifera；如海绵），其根本没有明确定义的组织层；刺胞动物门（Cnidaria；包括水螅、水母和海葵）和栉水母动物门（Ctenophora；栉水母），它们有两个组织层。刺胞动物门和栉水母动物门被称为**双胚层动物**（**diploblast**）。这三个门的动物总体上也大多呈现辐射对称性，而大多数三胚层动物表现出两侧对称性，因此也被称为**两侧对称动物**（**bilateria**）。

下一个重要特征是**体腔**（**coelom**）是否存在。体腔是在中胚层内形成的腔室；内衬中胚层衍生的上皮，即腹膜；常常构成主要的体腔。扁形动物门（Platyhelminthes，扁虫）和纽形动物门（Nemertea，带状蠕虫）没有体腔，被称为无体腔动物。许多其他无脊椎动物门，包括线虫动物门（Nematoda），具有一个仅部分被中胚层包围的体腔，被称为假体腔动物（pseudocoelomate）。环节动物门（Annelida，分节蠕虫）、软体动物门（Mollusca）、节肢动物门（Arthropoda）、棘皮动物门（Echinodermata，海胆、海星等）和脊索动物门（Chordata）都有体腔。

传统上，有体腔的门被分为两个"超门"，称为**原口动物**（**protostomia**）和**后口动物**（**deuterostomia**）。后一个类群包含棘皮动物门和脊索动物门。后口动物的特征定义为**辐射型卵裂**、由原口形成肛门，以及**肠体腔法**（**enterocoely**，即通过中胚层原基从肠道出芽形成体腔）。实际上，真正的肠体腔法在脊椎动物中并不存在，但在一些**原索动物**（**protochordate**）和棘皮动物中可以见到，因此肠体腔法有助于将这两个门联系起来。原口动物的特征定义是**螺旋型卵裂**、早期起作用的**细胞质决定子**，以及裂体腔法（schizocoely，即通过中胚层的分裂形成体腔）。较早的教科书可能还包括以原口形成口的内容，但这是不正确的。在原口动物中，原口通常缩小成为一个腹侧狭缝，口和肛门都从这个腹侧狭缝发育而来。

最近，分子分类学的应用改变了这种分类情况。后口动物仍然作为一个分类单元存在，但体腔的重要性已经消失。现在原口动物由两个新的超门组成：环节动物和软体动物都有一种称为**担轮幼体**（**trochophore**）的幼虫类型，它们与其他一些门一起被归为**冠轮动物超门**（**Lophotrochozoa**）；节肢动物、线虫及其他蜕皮动物，组成了**蜕皮动物超门**（**Ecdysozoa**）。

分子分类学的优势在于，它能够比形态学更深入地追溯到过去，并且原则上能够告诉我们所有动物的最后一个共同祖先何时处于繁盛时期。但现实中，这已被证明相当困难，因为其估计的时间依赖于从化石记录中得出的校准日期。尽管化石日期本身相当可靠，但当应用于分子树时，结果发现脊椎动物积累中性突变的速度比无脊椎动物慢。其原因尚不清楚，但由于校准的不确定性，对所有动物最后共同祖先的估计时间跨度相当长，从大约 10 亿年前到大约 6 亿年前。后一个日期是使用无脊椎动物的分歧时间（divergence date）获得的，并且确实与最早的后生动物化石（可追溯至埃迪卡拉纪）非常吻合。

化石记录

化石记录为我们展现了过去的真实面貌，也是系统发生树时间校准的唯一来源。化石是保存在岩石中的生物的任何遗迹。几乎所有的化石都是在沉积岩中发现的，沉积岩是由海洋或淡水中的沉积物堆积而成的岩石。大多数化石仅由生物的坚硬部分组成，例如，海洋无脊椎动物的外壳或脊椎动物的骨骼，而且这些坚硬部分常常会矿化，以至于原本的有机物质被岩石所取代。化石也可能是"遗迹化石"，如洞穴或足迹，它们显示出生物活动的迹象，但没有实际的遗骸。极少数地质遗址中保存着状态特殊的生物，在这些化石中生物的软组织也清晰可见，如著名的寒武纪伯吉斯页岩和澄江化石群。

图 23.3 展示了地质年代以及各种分类群化石的首次出现情况。可以注意到，这些首次出现的化石大多属于脊椎动物。在**寒武**（**Cambrian**）纪时期，大多数（可能是全部）无脊椎动物门就已经存在了，寒武纪是岩石中含有大量化石的最早地质时期。"寒武纪大爆发"是指所有无脊椎动物门出现的时期，从地质学角度来看，这一时期相当短暂，不到两千万年。这种快速的多样化给寻找动物界真正的系统发生树带来了难题。系统发生树是根据现代生物的特征构建的，无论是形态特征还是基因序列，而几乎所有发生的变化都出现在寒武纪大爆发之后。对于那些应该以类似时钟的方式进化的中性特征而言，只有大约 2% 可能与大爆发期间的谱系多样化时间相关，其余 98% 是从那以后积累的。这意味着在后来进化的所有干扰因素中，很难找到有用的信号。

化石记录无法证明系统发育关系，因为我们不可能知道某个特定的化石是否真的是在更高地层中发现的化石的祖先。然而，一些可能性可以被排除，因为一个较晚出现的类群显然不可能是一个较早出现类群

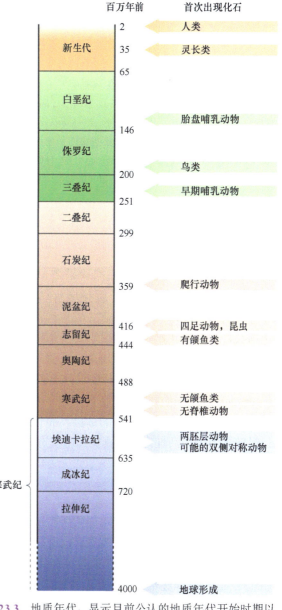

百万年前		首次出现化石
	新生代	2　人类
		35　灵长类
		65
	白垩纪	
		胎盘哺乳动物
		146
	侏罗纪	
		鸟类
		200
	三叠纪	早期哺乳动物
		251
	二叠纪	
		299
	石炭纪	
		359　爬行动物
	泥盆纪	
		416　四足动物，昆虫
	志留纪	有颌鱼类
		444
	奥陶纪	
		488
	寒武纪	无颌鱼类
		无脊椎动物
		541
	埃迪卡拉纪	两胚层动物
		可能的双侧对称动物
		635
	成冰纪	
前寒武纪		720
	拉伸纪	
		4000　地球形成

图 23.3 地质年代，显示目前公认的地质年代开始时期以及主要动物类群化石的首次出现时期。

的祖先。化石记录还以分歧时间的形式为系统发生树提供了有价值的时间校准，分歧时间是指一个新类群首次出现的时间点。例如，鸟类和哺乳动物的分歧时间大约在 3 亿年前，果蝇和蚊子的分歧时间大约在 2.35 亿年前。这些时间实际上并不能从化石本身推断出来。化石的作用是使不同地质遗址之间能够关联成一个连贯的序列。绝对时间只能通过对岩石进行放射性测年获得，而这本身就是一项复杂的工作，因为沉积岩中很少含有适合测量这种半衰期的放射性元素。然而，通过对世界上许多遗址的结果进行关联，得到了图 23.3 所示的时间尺度。

在寒武纪之前的一个时期被称为**埃迪卡拉纪**（**Ediacaran**，也称为文德纪，Vendian），在这个时期发现了类似于刺胞动物的化石。这些化石存在一些不确定性，因为众所周知，水母很难保存为化石，而且埃迪卡拉纪的生物群可能代表了某种其他类型的辐射对称生物，这些生物具有可保存的坚硬部分，但后来灭绝了，没有留下后代。然而，在埃迪卡拉纪也有一些疑似后生动物的化石，它们与现存的任何门都不相似（图 23.4），还有一些类似足迹或洞穴的遗迹化石。最可靠的分子系统发生树将所有后生动物（包括海绵）的起源追溯到一个称为拉伸纪的前寒武纪时期，距今超过 7.2 亿年前。它将两侧对称动物（三胚层动物）的起源定在成冰纪，这是一个距今 6.35 亿至 7.2 亿年前的前寒武纪时期，在这个时期整个地球可能都被冰盖覆盖；将后口动物等超门级别的类群的起源定在埃迪卡拉纪。如果分子钟是正确的，那么所有动物共同祖先的化石可能永远都找不到，但如果分子钟存在误差，那么最早的动物化石可能最晚在埃迪卡拉纪才出现。

图 23.4　埃迪卡拉纪的疑似动物化石。(a) 狄更逊水母（*Dickinsonia costata*）。(b) 金伯拉虫（*Kimberella quadrata*）。狄更逊水母的标本长几厘米，而金伯拉虫的长度不到一厘米。来源：(a) Cunningham et al. (2017). BioEssays. 39, 1600120., (b) Aleksey Nagovitsyn / Wikipedia Commons / Public Domain.

原始动物

进化发育生物学最重要的成果之一，是能够通过研究决定身体结构的基因的表达和功能，揭示以前未曾发现的同源性。为了解释这一点，首先有必要考虑**躯体模式**（**body plan**）本身和**系统发育型阶段**（**phylotypic stage**）这两个概念。躯体模式（德语原文为 Bauplan）指的是这样一种观点，即有可能从广泛的动物类群中抽象出解剖结构组织的基本特征。每当动物学教科书展示一个广义的脊椎动物或软体动物的示意图时，就是在进行这样的抽象。证明身体结构是真实存在而非任意抽象概念的证据来自发育生物学，因为人们发现关键的转录因子和信号分子在一个分类单元内具有非常相似的表达区域。例如，脊椎动物中 *tbxt*（= *brachyury*）基因的表达，在斑马鱼、非洲爪蛙、鸡和小鼠体内所处的区域形状颇为不同，但这些区域都对应着以前被认为是中胚层的部位。而且实际上，这些发现强化了中胚层这一概念，即中胚层是一种可由一组转录因子的活性定义的真实细胞状态，而不仅仅是胚胎区域的一个任意标签。

系统发育型阶段

系统发育型阶段是分类单元的所有成员表现出最大形态相似性的发育阶段。这个概念在昆虫和脊椎动物中应用最为广泛，不过其他类群也可以定义系统发育型阶段。昆虫在**延伸胚带**（**extended germ band**）阶段看起来都相当相似。在这个阶段，身体的体节排列得非常明显，有 3 个颚节、3 个胸节和数量不定的腹节（图 23.5a）。延伸胚带阶段在胚胎背部闭合之前达到，由一个包含外胚层和中胚层组分的板组成。此时有一条腹神经索，但未来表皮结构的大多数细节尚未出现，并且内胚层（就前中肠内陷和后中肠内陷而言）尚未形成。在脊椎动物中，系统发育型阶段是**尾芽**（**tailbud**）期（图 23.5b），此时所有脊椎动物都有一个前端特化的背神经索、分节的体节、一个腹侧的心脏和一组咽弓。对不同阶段基因表达谱的比较表明，在系统发育型阶段，基因表达的保守性最强，这支持了系统发育型阶段确实是最大相似性阶段的观点（图 23.6）。

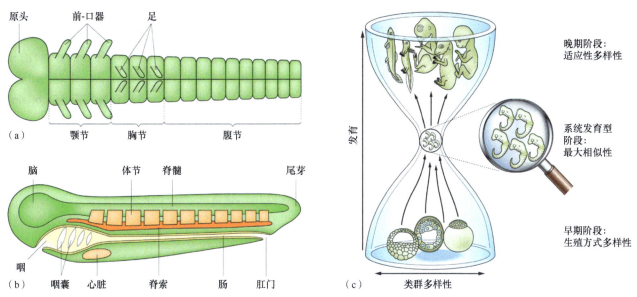

图 23.5　系统发育型阶段。（a）昆虫的系统发育型（延伸胚带）阶段。（b）脊椎动物的系统发育型（尾芽）阶段。（c）脊椎动物的"系统发育型煮蛋计时器"。来源：（c）自 Duboule（1994）. Dev. Suppl. 135-142, © 1994 Company of Biologists。

除昆虫和脊椎动物外，其他类群的系统发育型阶段可能包括软体动物的**面盘幼虫（veliger）**期。面盘幼虫有一个头部、一个后部、一个贯通型肠道、一个背部的壳腺和一个腹侧的肌性足。环节动物的系统发育型阶段可以认为是已经出现了一定数量的体节，并且生物体具有一个头部、一条腹神经索、一条贯通的肠道和涉及所有胚层的体节的发育时期。棘皮动物门是一个非常特殊的门，其从幼虫到成虫的变态过程尤为显著。在这里，海胆的**海胆原基（echinus rudiment）**，或者其他纲中类似的结构，应该被认为是其系统发育型阶段，因为早期阶段的幼虫通常是两侧对称的而非辐射对称的，并且不具有棘皮动物的特征，如水血管系统或管足。最后，具有 3 对头部附肢的**无节幼体（nauplius）**幼虫期，被认为是甲壳类动物的系统发育型阶段。系统发育型阶段的概念因各种原因而受到争议，但除了这里提到的基因表达相似性之外，研究表明，平均而言，在系统发育型阶段表达的基因在进化时间上比在早期或晚期发育阶段表达的基因起源更早。

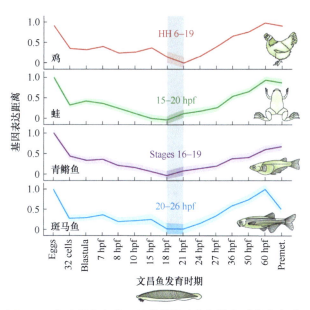

图 23.6　与文昌鱼相比，几种脊椎动物胚胎在系统发育型阶段的转录多样性处于最低水平。改编自 Marletaz, F. et al. (2018), Nature. 564, 64-70。

了解为什么保守的躯体模式特征会在某一个阶段表现出来是很有帮助的。尽管人们经常说，发育的最早阶段在进化中不能改变，因为这会影响到后续的发育事件，但早期胚胎形态非常多样化却是一个常见的事实。造成这种情况的主要原因是繁殖生活方式和策略的多样性。即使亲缘关系相当近的动物，其卵的卵黄含量也可能存在显著差异。这是进化权衡的结果，使得生物逐渐占据不同的生态位，在这些生态位中，它们可能会产生大量存活概率较低的小型卵，或者会产生一些生存机会较好的大型卵。更多卵黄的存在会推动早期发育的各种变化，包括卵裂方式（**不全卵裂**而非**完全卵裂**）和原肠胚形成运动的性质（**外包**而非**内陷**）。**胎生（viviparity）**生殖方式给早期胚胎生命施加了更为剧烈的变化，并且必然伴随着由受精卵以及母体产生的各种胚外膜和支持结构的早期形成。因此，早期发育是多样化的，因为繁殖行为是多样化的。晚期发育也具有多样性，但原因却截然不同。到了晚期发育阶段，胚胎会变得与胚胎后生物体（无论是幼体还是成体）非常相似。自由生活的生物会受到自然选择的影响，为了存活到繁殖阶段，它们必须占据独特的生态位，所以晚期胚胎必须多样化，因为它们发育成的生物是多样化的。由此必然得出结论：在一个大类群中，最大相似性阶段将是胚胎发育的中早期，即受到繁殖策略的限制之后，以及受到自由生活生物适应环境的限制之前的阶段。系统发育型阶段是存在于卵壳、胶状层或子宫内的中早期阶段，因此与环境的相互作用不超过最低限度。按照这种思路，系统发育型阶段并没有特定的成因，它只是一个处于中间的阶段，在这个阶段，改变的选择压力最小，因此最有可能保留共同祖先的特征。这一观点体现在杜布勒（Duboule）构思的"系统发育型煮蛋计时器"（phylotypic egg timer）示意图中（图 23.5c）。

动物型

动物门的定义方式使得每个门都对应着一种不同的身体结构，这意味着除了上述发育特征之外，不可避免地很难在它们之间找到任何形态上的同源性。然而，发育生物学的发现使得比较不同门之间关键发育基因的表达模式成为可能。其中一些基因的表达模式似乎在动物界的大部分类群中都是保守的。图 23.7 是一幅动物胚胎图，展示了参与区域特化的各种关键基因的表达区域。在所有已研究的主要两侧对称动物类群的系统发育型阶段前后，这些基因都是活跃的。这些共同表达区域的总和被称为"**动物型**"（zootype），用以表明这种发育基因表达模式的隐秘解剖结构定义了动物的真实本质。这里使用的是脊椎动物的命名法，但所有这些基因的同源基因都存在于果蝇和其他无脊椎动物中，并执行类似的功能。现在人们知道"动物型"这个术语并不十分恰当，因为这组基因表达区域是两侧对称动物的特征，而不是海绵或刺胞动物的特征。它可能更准确地被称为"三胚型"（triplotype），因为它是三胚层动物或两侧对称动物的特征。这种基因表达区域的组合可能在所有两侧对称动物的祖先中就已经存在，那要追溯到前寒武纪时期，所以它为我们提供了一种全新的方式来追溯所有三胚层动物的祖先，而不依赖于化石记录。

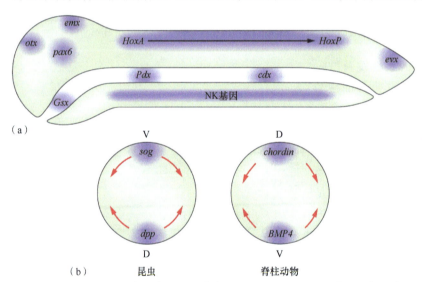

图 23.7 "动物型"，现在更恰当地被称为"三胚型"，是两侧对称动物躯体模式中发现的发育基因表达域的共同组合。(a) 在系统发育型阶段活跃的转录因子。HoxA→HoxP 表示一组 Hox 基因，它们具有嵌套表达域，各自具有不同的表达前部界限。(b) 昆虫和脊椎动物中同源的背-腹信号系统。

Hox 基因

在第二部分中，我们已经在各个模式生物的背景下介绍过 Hox 基因。目前的数据表明，所有两侧对称动物都使用同一组 Hox 基因来控制身体的前-后图式。它们属于同源基因群，并且通常（但并非总是）在一条染色体上形成一个基因簇，有时会被其他基因打断。就表达模式而言，一般的趋势是每个基因在不同的前后区域表达，并且前部表达界限的顺序与染色体上基因的顺序相似。在那些已经进行过实验的系统中，研究表明，Hox 基因功能的丧失通常会导致同源异形转变，使得身体在正常前部表达界限附近变得前部化，而功能的获得通常会导致在正常前部表达界限附近变得后部化。

从进化的角度来看，Hox 基因，以及实际上发育工具箱中的几乎所有组成部分，其关键特性在于它们仅仅作为开关起作用，上调或阻遏其他基因的表达。任何转录因子只要与信号通路有适当连接，都可以完成这项工作。如果动物是从各种不同的低等真核生物祖先进化而来的，那么几乎可以肯定，会有不同的转录因子组合被选择来承担构建前-后图式的任务。所有两侧对称动物都使用同一组基因来完成这项工作，这一事实有力地证明了它们来自一个共同的祖先。

对脊椎动物 Hox 基因的研究揭示了一个被认为发生在脊椎动物起源时期的显著事件，即整个基因组的四倍体化。头索动物文昌鱼长期以来一直被认为是与假定的脊椎动物共同祖先最为相似的现代动物。它有一条背神经索、一条脊索、体节、咽鳃裂和一条贯通的肠道（图 23.8）。像其他无脊椎动物一样，它有一个单一的 Hox 基因簇，但与其他无脊椎动物不同的是，它的基因数量增加到了 15 个（图 23.9）。相比之下，脊椎动物在不同的染色体上有 4 个 Hox 基因簇（图 23.9）。每个基因簇都包含文昌鱼基因簇直系同源基因的一个子集，这使得看起来脊椎动物的共同祖先通过两轮染色体复制获得了该基因簇的 4 个拷贝，然后在各个脊椎动物谱系中，每个基因簇中的个别基因又独立地丢失了。尽管不同动物类群中 Hox 基因簇之间的相似性非常显著，但应该注意的是，尤其是在无脊椎动物中（包括果蝇），Hox 基因的间距和方向可能差异很大，并且在某些情况下，基因簇在不同程度上已经瓦解。

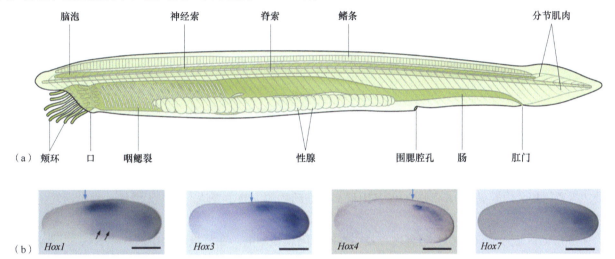

图 23.8　头索动物文昌鱼。（a）腮口文昌鱼（*Branchiostoma lanceolatum*）的成体。（b）原位杂交显示的晚期神经胚中的 Hox 基因表达。浅蓝色箭头表示基因表达的前部界限。来源：（b）自 Koop et al.（2010）. Dev. Biol. 338, 98-106，经 Elsevier 许可。

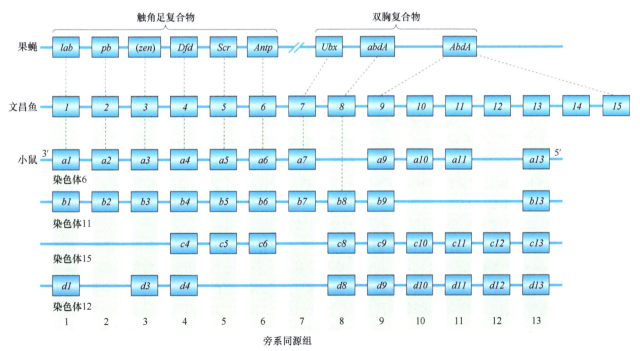

图 23.9　在果蝇、文昌鱼和小鼠中发现的 Hox 基因示意图。

脊椎动物的 Hox 基因簇被称为 a、b、c 和 d，单个基因从基因簇的 DNA 3′ 端开始编号为 1～13。由于胚胎中表达区域的顺序与染色体上的位置顺序相同，因此编号也反映了前部表达边界的顺序。具有相同编号的单个基因，如 a4、b4、c4 和 d4，是**旁系同源**基因（如"分子分类学"部分中所解释的），这组旁系同源基因被称为**旁系同源群（paralog group）**。之所以认为是整个基因组而不仅仅是 Hox 基因簇经历了两次染色体复制，是因为脊椎动物中的许多其他基因家族与无脊椎动物中的单个基因相对应。使基因组加倍的最简单方法是变成**四倍体**，也就是说，有丝分裂的产物未能分离，使得每个细胞核现在包含的染色体数量是原来的两倍。四倍体化在进化中并不罕见。模式生物之一的非洲爪蟾是一个已经存在了约 1700 万年的四倍体，而硬骨鱼类的祖先在约 4.2 亿年前经历了四倍体化。基于对文昌鱼和一些脊椎动物的基因组测序，人们认为脊椎动物的起源以两次四倍体化事件为标志，这使得其基因总数从大约 15 000 个增加到大约 60 000 个，随后又通过基因丢失减少到大约 25 000 个。这种潜在有用遗传物质的大幅增加可能为脊椎动物惊人的适应性辐射提供机会。

在脊椎动物中，Hox 基因的表达区域不会延伸到后脑的前部。前脑和中脑的区域模式由 *Otx* 和 *Emx* 组的其他同源框基因控制。这些基因在无脊椎动物中也有直系同源基因，它们在最前端表达，因此被认为也是动物型/三胚型的一部分。

其他基因簇

尽管 Hox 基因在脊椎动物的所有胚层中表达，但在大多数无脊椎动物中，它们仅限于外胚层，而其他胚层中的前-后图式则由其他基因控制。内胚层由一组称为副同源框（parahox）基因簇的姐妹基因簇进行区域化。这可能代表了 Hox 基因簇在很早以前的一次复制，它包含 3 个基因：*Gsx*、*Pdx*（*Xlox*）和 *Cdx*。后两个基因在脊椎动物肠道发育中的重要性是广为人知的：*Pdx1* 对胰腺发育至关重要，而 *Cdx2* 对肠道发育至关重要（两者的相关内容见第 18 章）。*Gsx* 基因群在脊椎动物的大脑中表达，但在无脊椎动物中通常在内胚层的前部表达。

中胚层的区域模式至少在一定程度上是由 NK 基因簇控制的。在脊椎动物中被称为 Nkx 的同源框基因群，在果蝇中形成一个单一的基因簇。这个基因簇在文昌鱼中分裂成三对，而在脊椎动物中则更加分散。这些基因在中胚层区域图式化中的作用的一个例子是，其中一个基因在脊椎动物中被称为 *Nkx2.5*，在果蝇中被称为 *tinman*，它与心脏的发育特别相关（见第 17 章）。原始的两侧对称动物可能没有心脏，因为它们可能非常小，其组织通过扩散来获取氧气。只有在寒武纪，当动物体型变大时，才产生了对循环系统的需求。所以，Nkx2.5 最原始的作用很可能是特化前腹中胚层区域，而不是特化心脏本身。

背-腹图式

对非洲爪蟾的研究表明，Spemann 组织者的主要活性是分泌如 Chordin 等 BMP 抑制剂（见第 8 章）。这建立了从腹侧到背侧的 BMP 信号活性梯度，该梯度控制着外胚层和中胚层的背-腹图式。对果蝇的研究表明，存在一个从背侧到腹侧的 BMP 同源蛋白 decapentaplegic（Dpp）的活性梯度（见第 13 章），而由腹外侧外胚层分泌的 Chordin 同源蛋白 Short-gastrulation 会对抗这种梯度。同样，在涡虫中，BMP 同源蛋白在背侧表达，通过 RNA 干扰（RNAi）敲低 BMP 信号通路的组成部分会导致腹侧化。所以，类似的系统控制着背-腹图式的形成，但脊椎动物的背侧对应着无脊椎动物的腹侧。

这些信息可以与一个长期以来已知的事实相互印证，即脊椎动物的主神经索位于背侧，而至少一些无脊椎动物，如节肢动物和环节动物，其主神经索位于腹侧。在那些有心脏的无脊椎动物门中，心脏往往位于背侧，而在脊椎动物中，心脏则位于腹侧。所有这些都表明，存在一个在所有动物中都起作用的原始背-腹图式化系统，但在脊椎动物起源的时候，这个系统发生了反转，以至于脊椎动物的极性现在与无脊椎动物类群的极性相反（**图 23.7**b）。这可能是由于脊椎动物共同祖先的确"颠倒"了其生活习性；或者，关键的变化可能是躯干相对于头部的旋转。这也可以解释像视神经这样的感觉神经束的交叉现象，这正是脊椎动物神经解剖学的典型特征。

感觉器官和细胞类型

两侧对称动物的一个定义性特征是，它们在身体的一端集中了某种感觉器官，这一端代表着"头部"，也被称为前端。*Pax6* 基因与眼睛的形成密切相关。在小鼠小眼（*small eye*）突变体中，该基因存在缺陷；而在果蝇中，*Pax6* 被称为"无眼"（*eyeless*）突变，其功能丧失会完全阻止眼睛的发育。*Pax6* 也在**头足类**（**cephalopod**）软体动物和涡虫的眼睛中表达。头足类动物很重要，因为它们具有成像眼睛，除了视网膜的方向外，其结构与脊椎动物的眼睛非常相似。这一直是教科书上关于**同功性**的经典例子，因为人们认为脊椎动物和头足类动物不可能有一个具有成像眼睛的共同祖先。然而，相同的转录因子参与了这两种眼睛的形成，这表明它们至少在某种程度上是同源的，即它们的祖先动物拥有某种在 *Pax6* 的帮助下形成的光感受器。在涡虫中，再生过程中的 RNAi 消融实验表明，*Pax6* 本身并不是眼睛再生所必需的，但另一个同源框基因 *Sine oculus* 是必需的。*Sine oculus* 在果蝇眼睛发育途径中位于 *Pax6* 的直接下游，其在脊椎动物中的同源基因 *Six3* 是小鼠眼睛发育所必需的。这些结果表明，在整个动物界中，一小群与形成光敏感器官相关的转录因子在功能上具有显著的保守性。

上述基因都与发育过程中身体区域的特化有关。但在个体分化细胞类型以及负责其形成的基因方面，也存在远缘同源性。同样，这在两侧对称动物中表现得最为明显。海绵动物和双胚层动物的细胞类型往往比两侧对称动物少，而且它们的细胞通常具有多种功能，例如，海绵动物中的光敏感舵细胞（rudder cell），或者刺胞动物中的肌上皮细胞。

一个对于形成某种细胞类型很重要的基因是成肌基因家族，其原型成员是 *MyoD*。成肌基因存在于所有两侧对称动物中，并且是肌肉细胞分化所必需的。另一个例子是两个 *Opsin* 基因家族，它们对于光感受器的形成至关重要。此外，Delta-Notch 信号系统负责控制神经元从神经原性上皮的分化，而且正如我们在第 18 章中所看到的，它还控制内胚层上皮内特化细胞类型的分化。每种细胞类型都由一组转录因子组成的核心调控复合物控制。一个关于新细胞类型进化的有趣例子是哺乳动物胎盘蜕膜基质细胞的出现。这似乎是由转录因子基因 *Hox11* 和 *Cebpβ* 的特定突变导致的，这些突变使它们的蛋白质产物能够与 FOXO1 形成一种新的调控复合物。

基部动物

现在，许多完整的基因组已经被测序，这使得我们能够对构成动物所需的基因以及这些基因在进化中出现的时间有一些了解。**领鞭毛虫**（**choanoflagellate**）是具有一些动物细胞特征的单细胞真核生物，在其中发现了一些编码转录因子和信号系统的发育控制基因家族。但大多数系统，包括 Hox 基因和一些其他同源框基因、Wnt、转化生长因子 β（TGFβ）和核激素受体，都是首先在动物类群中出现的。

在进化的背景下，"基部的"一词意味着靠近系统发生树的根部，也用于指代那些自系统发生树根部时期以来变化相对较小的现代动物，这一判断要么基于化石证据，要么是对当时祖先特征的推断。如今现存的最基部动物通常被认为是多孔动物门（海绵）。这些动物的细胞类型很少，并且没有真正的组织层次结构。它们含有一个类似 NK 的同源框基因簇，但没有真正的 Hox 基因。扁盘动物门的丝盘虫（*Trichoplax*）也是如此，它是另一种没有组织层次结构的简单生物。一些基于现代基因组学的分子系统发生树将栉水母动物门（栉水母）置于多孔动物门的基部，但它们也没有 Hox 基因。

刺胞动物门包括海葵、水母，以及常见的、用于再生研究的淡水水螅（hydra）。传统上，刺胞动物被认为是基部动物，但与上述动物不同的是，它们确实拥有几乎完整的一组参与动物发育的基因家族。刺胞动物与大多数其他动物的不同之处在于，它们只有两个胚层（外胚层和内胚层），而不是三个，并且它们是辐射对称而非两侧对称的。海葵"星状海葵"（*Nematostella vectensis*）（图 23.10）最近已被驯化用于实验研究。它可以在实验室中完成整个生命周期的饲养，从卵到成熟需要 3～4 个月。受精卵分裂形成球形囊胚，然后进行原肠胚形成，内陷从上部（动物极）开始。内陷的物质形成内胚层，外部区域形成外胚层。一个可游动的**浮浪幼虫（planula）**从卵中孵化出来，游动一段时间后变为固着生活，并形成**水螅体（polyp）**，水螅体有一圈触手环绕着口/肛门开口，该开口通过咽通向胃腔。外胚层包含支持细胞、腺细胞、刺细胞（在触手上尤其丰富的刺细胞）和一些神经元。内胚层包含吸收细胞、腺细胞、可收缩的肌上皮细胞和神经元。内胚层的内部由 8 个纵向排列的结构组成，称为隔膜。这些隔膜包含生殖腺和肌上皮细胞，并具有收缩功能。隔膜在一定程度上彼此不同，并允许定义第二个主要身体轴，即**指示轴（directive axis）**，它与口-反口（oral-aboral）轴成直角。在这方面，星状海葵和其他海葵一样，显示出一些两侧对称的迹象。在组织层之间是一种称为中胶层（mesoglea）的细胞外基质，其中包含一些变形细胞。星状海葵还拥有一个由两个胚层产生的神经元组成的弥散神经网络。

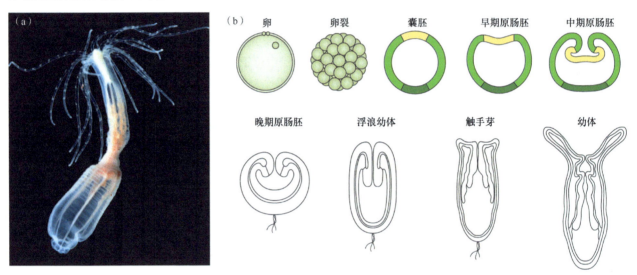

图 23.10　星状海葵。（a）成体水螅体。（b）星状海葵的发育；黄色表示内胚层。来源：（a）Layden et al.（2016）. Dev. Biol. 5, 408−428。

　　为研究星状海葵而开发的方法包括免疫染色和原位杂交、使用 CRISPR/Cas9 进行转基因，以及使用 Morpholino 或 RNAi 抑制特定基因的活性。其完整的基因组已被测序，而且令人有些惊讶的是，测序结果显示脊椎动物中发现的所有主要基因家族在星状海葵中都存在。星状海葵和其他刺胞动物具有 Hox 基因，尽管它们并不形成一个连锁的基因簇，而是单独或成对分散在基因组中。Hox 基因的表达数据表明，沿口-反口轴的表达界限几乎没有交错。然而，沿着指示轴存在一组嵌套的表达区域，这在隔膜之间的表达差异中表现得很明显（图 23.11）。关于口-反口轴是否与两侧对称动物的前-后轴同源的问题，已经有很多讨论，但 Hox 基因的表达数据表明，如果存在这样的同源性，那么它与指示轴有关。另一个支持这一观点的证据是，如果原口和后来的口部开口沿着指示轴被压缩成一个狭缝，则与许多原口无脊椎动物的原口相似，因为口和肛门都将从这个狭缝发育而来。

　　此外，对星状海葵中 BMP 和 Chordin 同源物的研究表明，它们也沿着指示轴进行区域化。与两侧对称动物不同，BMP 和 Chordin 都在水螅体的同一侧表达（图 23.12a，b）。这可能表明指示轴与两侧对称动物的背-腹轴同源，或者更有可能的是，刺胞动物和两侧对称动物的主要体轴之间根本不存在真正的同源性。

　　尽管星状海葵和其他刺胞动物一样只有两个胚层，但它确实在内胚层中表达一些通常是中胚层特征的基因，例如，从原肠胚形成开始，一个 *snail* 同源基因就在内胚层区域表达（图 23.12c，d）。像这样的例子使人们提出了这样的观点，即中胚层在进化中起源于内胚层的一个细分部分。在其他刺胞动物类群中发现的水母或**水母体（medusa）**，拥有横纹肌细胞，如果这些细胞出现在两侧对称动物中，则肯定会被认为是中胚层来源的。对水螅动物介穗水母（*Podocoryne carnea*）中横纹肌细胞的形成过程已经进行了分析。该物种表现出水螅体和水母体之间的世代交替，并且可以在实验室条件下完成整个生命周期。水螅体产生无性芽，而无性芽发育成水母体。水母体产生配子并进行有性生殖，形成可游动的浮浪幼虫，浮浪幼虫最终定居下来成为新的水螅体。水母的肌肉细胞从一个称为内胚层基盘（entocodon）的细胞层发育而来，内胚层基盘在无性芽中产生，并表达中胚层类型的基因，包括 *twist*、*snail* 和 *Mef2* 的同源基因。就内胚层基盘起源于内细胞层而言，这可以被视为中胚层从内胚层进化而来的额外证据。

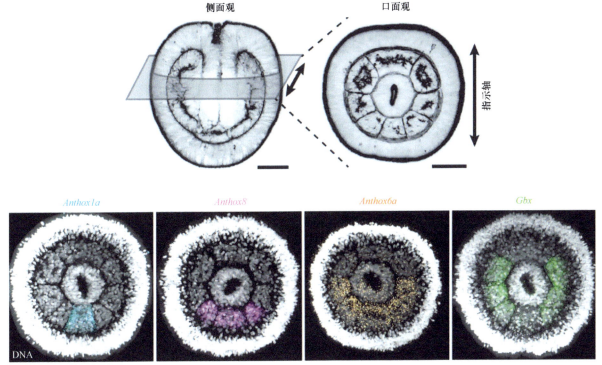

图 23.11　星状海葵隔膜中 Hox 基因的表达。表达图式沿指示轴呈嵌套模式。来源：He et al.（2018）. Science. 361, 1377−1380。

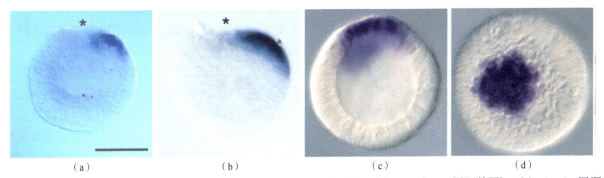

图 23.12　通过原位杂交观察到的星状海葵胚胎中一些关键基因的表达。(a) Dpp（BMP 同源基因）。(b) chordin 同源基因。(c,d) Snail A：侧视图 (c) 和从动物极观察的视图 (d)。来源：(a,b) Saina et al.（2009）PNAS 106, 18592−18597 ；(c,d) Layden et al.（2016）Developmental Biology. 5, 408−428。

对基部动物的研究表明，多孔动物门、栉水母动物门和扁盘动物门这三个类群并不具备动物发育特征性基因。尽管刺胞动物确实拥有动物发育特征性基因中的大部分，而且它们的一些相互作用也是相同的，但刺胞动物并没有两侧对称的身体结构，甚至刺胞动物和后生动物之间的体轴的同源性也非常不确定。因此，动物发育特征性基因的存在显然并不会自动产生两侧对称动物的躯体模式。然而，一旦在进化中出现了这样的躯体模式，并且各种发育控制基因被共同选择来建立其关键特征，那么事实证明这种躯体模式是非常稳定的，而且也导致了后生动物各门之间存在着的远缘同源性，这种同源性如今可以通过基因组测序和表达分析检测出来。

进化中真正发生了什么？

除了动物起源的问题之外，发育生物学可以帮助解决进化问题的另一个重要领域是找出进化过程中实际发生了什么。通过比较导致两种不同形态（一种是祖先形态，一种是衍生形态）的关键发育基因的表达模式，可以获得一些关于这方面的证据。然而，这还不够。就像阐明发育机制时一样，还需要进行过表达和功能缺失试验来确定相关基因的实际生物学活性。

当试图确定发生了什么时，重要的是要避免"设计谬误"；换句话说，一旦理解了某个发育系统，就会有一种倾向，即认为"只要让基因 A 激活基因 B，就很容易地产生额外的腿，所以进化过程中一定就是这么发生的"。首先，这可能并没有发生。也许额外的腿是在 A 没有激活 B 的情况下形成的。其次，即使 A 在新的位置确实激活了 B，导致这种情况发生的突变也可能不在 A 或 B 中。它们可能完全在不同的基因中，并且可能会有多个小的变化，而不是一个大的变化。一般来说，由于发育系统是通过自然选择产生的，所以它们比由一个有意识的主体设计出来的情况要复杂得多，而且它们不一定会使用最简单的途径从一种行为转变为另一种行为。

这一考量也与**发育制约**的问题相关。不关注发育机制的生物学家常常在潜意识里假定，可能的突变变异不存在任何限制，并且只要有足够的突变体、足够长的时间和足够多的选择，就有可能从任何一种生物进化出其他任何一种生物。例如，如果你想把一只蜗牛进化成一头大象，这只是时间和选择的问题。发育生物学家常常倾向于陷入另一个极端，认为唯一可能的突变变异是由特定发育系统的每个已知组成部分的功能获得或丧失所产生的。这将把可获得的形态范围限制在相对较小的一组，这些形态是通过对野生型模式进行单步改变而得到的。对斑马鱼或小鼠等脊椎动物进行的诱变筛选只产生了相对有限的表型范围。原因是，具有多种功能的多效性基因的突变往往会在早期导致致死效应，而且许多形态变化没有被观察到，因为它们需要同时存在几个突变才会出现。此外，我们可以想象出各种各样可能会赋予生物更强适应性但却并未进化出来的躯体模式，比如，除了胳膊和腿之外还有一对实用的翅膀的躯体模式。另一方面，我们知道，只要有足够的时间和资源，确实有可能把一只蜗牛进化成一头大象。可以首先通过选择使所有形态消失，将生物体转化为一种类似于原生质团的无特征寄生生物，然后再应用第二种选择机制，最终使生物体具有大的体型、四条腿、象牙和象鼻。发育制约对进化理论的潜在重要性是巨大的。如果约束非常有限，那么进化的进程几乎完全由对不断变化的环境的适应所决定。如果发育制约很显著，那么进化的进程主要由在当前情况下可能发生的事情所决定。目前，发育制约的真正程度和作用仍然未知。

一般来说，在一些已被充分理解的系统中，如那些控制体节特征或肢体模式形成的系统，其已知组成部分的突变通常是**大突变**，即那些只要一步就会引起显著形态变化的单一突变。新达尔文主义者一直不太接受"大突变"的概念，他们认为大突变几乎总是有害的，并且会被自然选择所淘汰。发育生物学家通常对所谓的**"希望畸形"**（hopeful monster，即由大突变产生的生物）更能接受，因为这种突变变化与发育学解释是一致的。此外，一些形态特征在本质上似乎是定性的，很难想象存在微小的、难以察觉的中间形式。例如，如果一个生物体增加了一个体节，那么这个额外的体节要么存在，要么不存在。似乎更合理的情况是，一个带有额外体节的突变体是一步产生的，然后接受自然选择的筛选，而不是沿着一个需要经历许多代、从一个非常小的新体节逐渐变大的轨迹发展。但是正统的新达尔文主义者更倾向于认为，进化是通过微小的、难以察觉的步骤发生的，并且许多导致这些变化的突变发生在"修饰基因"中，也就是说，这些基因位于发育机制之外，但对发育机制有定量的影响。同样，我们确实不知道大突变和微小效应突变的相对重要性到底如何。

由于广泛的基因组测序，一个已经确立的原则是，大多数驱动发育变化的突变发生在基因的顺式调控区域。这些突变通常表现为转录因子结合位点的建立或丢失、这些位点亲和力的变化，或者通过转座因子的作用使调控序列重新定位。其原因在于，大多数发育基因是**多效**的。如果基因本身失去功能，这将影响多个系统，结果很可能是致死效应，或者至少会使生物体的适应性降低。但是，如果只是调控区域的一部分发生改变，这可能会导致基因表达位置或时间的微小变化，这种变化可能只会影响形态的一个方面，而不会在其他地方产生有害影响。一个有趣的例子是不同果蝇物种之间毛状体（小的单细胞毛，包括幼虫的腹侧细齿）模式的变化。尽管有数百个基因会影响毛状体模式，但物种间的差异都归因于 *shavenbaby* 基因座（也称为 *ovo*）的调控性突变（图 23.13）。这是因为这个基因整合了来自上游许多发育控制基因的输入信息，而这些上游基因都具有其他功能，并且它启动了形成毛状体的程序。上游基因功能的显著增强或丧失会对其他系统产生严重后果，而下游组件的突变只会影响单个毛状体的组装，而不会影响毛状体的模式。

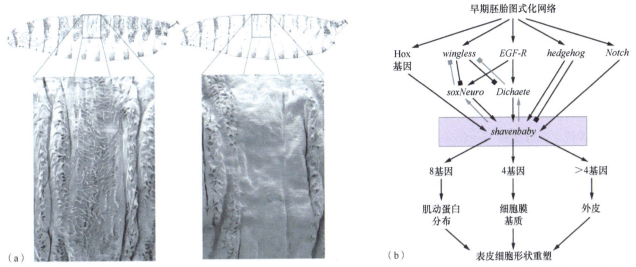

图 23.13　果蝇物种间毛状体模式的差异是由 *shavenbaby*（*ovo*）基因调控区域的突变造成的。（a）黑腹果蝇和塞切尔果蝇幼虫。（b）*shavenbaby* 基因的顺式调控区域整合了许多上游基因的信息，以产生 Shavenbaby 蛋白的先期模式，该模式控制毛状体的形成。来源：Stern and Orgogozo（2009）. Science. 323, 746–751。

分节的躯体模式与 Hox 基因

节肢动物门是一个非常大的门，包含四个纲：昆虫纲、甲壳纲、多足纲（蜈蚣和千足虫）和螯肢纲（蜘蛛和蝎子）。每个纲的区别在于躯体模式中根本上不相同的体节排列，但我们从形态学和分子系统发生学中知道，节肢动物是一个进化枝，是从一个共同的祖先进化而来的。自从发现 Hox 簇及其在控制体节特征方面的作用后，人们很自然地会认为躯体模式的变化源于 Hox 基因表达的变化。特别是在果蝇中，已知基因 *Ubx* 和 *abd-A* 有效地确定了胸部和腹部之间的边界，因为它们抑制腿从腹部形成。已在多种节肢动物中研究了 *Ubx* 和 *abd-A* 的表达情况（图 23.14）。结果表明，Hox 基因的表达区域总体上与身体区域存在关联，

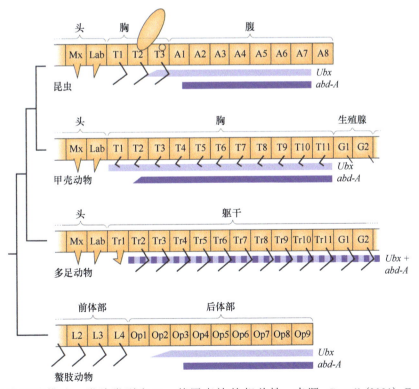

图 23.14　节肢动物中体节模式、附肢类型和 Hox 基因表达的相关性。来源：Carroll（2001）. From DNA to Diversity. Blackwell., © 2001 John Wiley & Sons。

但并非特异性地与胸部或腿部抑制相关。在甲壳类动物中，这两个 Hox 基因在整个胸节中表达，且所有胸节都有腿，但它们不在头部或生殖器区域表达。在多足类动物中，*Ubx* 和 *abdA* 在除第一胸节之外的所有体节都有表达。在螯肢动物中，*Ubx* 和 *abdA* 表达的前边界在后体部（opisthosoma）内，后体部是身体的后部区域，没有任何附肢。在甲壳类动物和多足动物中，附肢形成所必需的 *distalless* 与 *Ubx* 在早期腿部共同表达，因此它显然不受 *Ubx* 阻遏。由此得出的一般结论是，Hox 基因边界与体节类型的边界存在一些关联，但诸如腿部抑制等特定功能并不保守。由此可见，Hox 基因的作用一定是为生物体提供一个通用的坐标系统，或者说是**位置信息**（**positional information**），并且大多数进化新颖性发生在它们下游的调控连接中。

在一个具体实例中，已经成功追踪到 Hox 基因表达与特定附肢类型之间的密切关系。片脚类甲壳动物夏威夷明钩虾（*Parhyale hawaiensis*）可以在实验室中饲养，并且已经开发出原位杂交、基因过表达和基因敲低的实验方案。Hox 基因的正常表达区域如**图 23.15** 所示，这与腿部类型有很好的相关性。通过将 Cas9 信使 RNA（mRNA）或蛋白质与特定的向导 RNA 一起注射到受精卵中，可以消除每个 Hox 基因。其结果与依据"Hox 基因组合代码决定体节特征"所预测的非常相符。*Scr* 或 *Dfd* 的去除会导致颚部区域形成触角。去除 *Antp* 会在 T2、T3 上生成步行足而不是螯足。去除 *AbdB* 会导致腹部出现步行足。

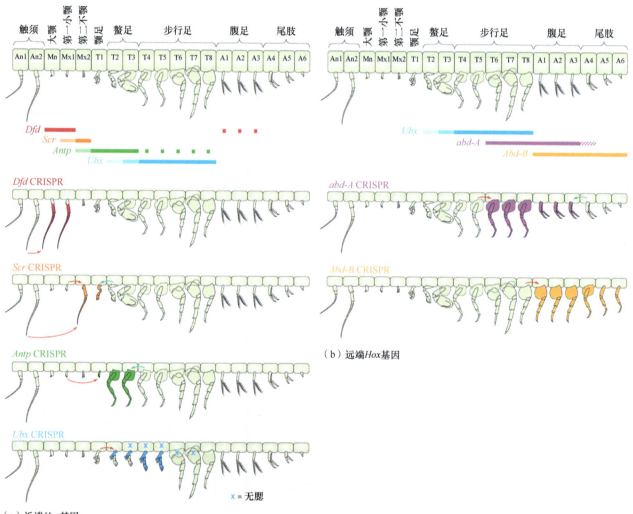

（a）近端*Hox*基因

图 23.15 不同 Hox 基因在发育过程中的表达示意图，以及在甲壳动物夏威夷明钩虾（*Parhyale hawaiensis*）上发现的类似腿部的附肢类型。图中展示了依次使用 CRISPR/Cas9 敲除每个基因对附肢形态改变的影响。来源：重绘自 Martin et al. (2016). Curr, Biol. 26, 14–26。

通过向受精卵注射由热休克启动子驱动的 *Ubx* 基因，也可以进行 *Ubx* 过表达。通常情况下，第一胸节（T1）与头部融合，并且长有颚足。接下来的两个胸节（T2、T3）长有抓握附肢，再接下来的五个节

（T4～T8）长有运动附肢。这三种类型的附肢分别与肢体芽形成过程中 *Ubx* 基因的不表达、低表达和高表达相关（图 23.16）。如果 Ubx 蛋白的合成减少，那么 T2 节的附肢会发育成颚足（图 23.17b）。相反，如果 Ubx 过表达，这会导致头部和胸部出现各种后部化变化，包括触角、小颚和颚足转变为胸足（图 23.17c）。这一系列实验证实了 Ubx 和其他 Hox 基因确实控制着这种生物的附肢特征，但实际上改变这些基因表达并在不同甲壳纲动物类群的进化中固定下来的突变的本质，目前还不清楚。

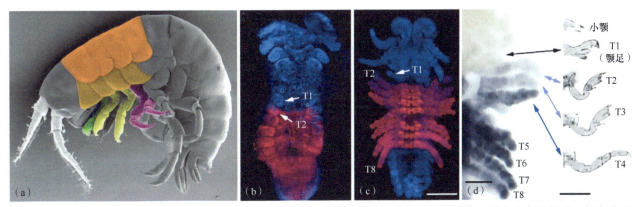

图 23.16　夏威夷明钩虾（*Parhyale hawaiensis*）的附肢。(a) 孵化幼体的扫描电子显微图像，其中白色为触须、绿色为颚足、黄色为抓握足、洋红色为运动足。(b～d) 附肢发育过程中 *Ubx* 表达的原位杂交。标尺：100 µm。*Ubx* 在颚足芽（T1）中不表达；它在抓握足芽（T2、T3）中表达水平较低，在运动足芽（T4～T7）中表达水平较高。来源：(a) Pavlopoulos et al. (2009) PNAS 106, 13897–13902., (b～d) Liubicich, D. M., et al., (2009). PNAS 106, 13892–13896，经 National Academy of Sciences 许可。

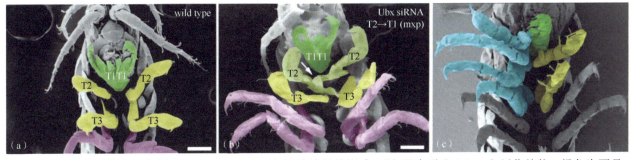

图 23.17　*Ubx* 对夏威夷明钩虾（*Parhyale hawaiensis*）附肢特征的影响。(a) 野生型（wild type）孵化幼体，绿色为颚足。(b) 用 siRNA 敲低 *Ubx* 已将 T2 附肢转变为颚足（mxp）形态。(c) *Ubx* 功能的获得导致 T1～T4 附肢向运动足（蓝色）后部化转变。该标本是一个镶嵌体，*Ubx* 的异位表达仅在受影响的（左侧）一侧。标尺：50 µm。来源：Liubicich et al. (2009). PNAS. 106, 13892–13896，经 National Academy of Sciences 许可。

昆虫的翅和腿

已知一些早期的昆虫化石显示，其幼虫（若虫）的所有体节上都有翅膀，而成年个体则无翅。但在现代昆虫中，翅在成虫阶段才完全发育。这种生活史中事件相对时间的转变，以及由此导致的成虫形态的变化，被称为**异时发育**（**heterochrony**），这是进化中的一个常见主题。在果蝇中，所有无翅体节上翅的发育都受到了 Hox 基因的抑制。在第一胸节，翅的发育被 *Sex combs reduced* 抑制，在腹部则被 *Ubx*、*abdA* 和 *AbdB* 抑制。由于果蝇是双翅目昆虫，它在第三胸节上也没有翅，在这个部位，背成虫盘形成的是平衡棒而不是翅，这是由 *Ubx* 控制的（参见第 19 章）。与上述甲壳类动物的例子类似，人们可能会认为非双翅目昆虫的 *Ubx* 基因前部表达边界向腹部移动，以允许翅在 T3 形成。但事实并非如此。在所有昆虫中，Hox 基因相对于体节的表达情况都非常相似。所以，似乎双翅目昆虫中翅的抑制现象一定是由于 *Ubx* 基因下游建立了新的调控连接，而不是因为 Hox 基因本身表达的变化。

返祖现象

产生具有进化祖先形态特征的突变被称为**返祖现象**（**atavism**）。由于节肢动物的许多多样化似乎都依赖于 Hox 基因活性下游的调控连接对附肢的抑制，所以 Hox 基因的功能丧失突变常常会产生返祖表型也就不足为奇了。例如，由于平衡棒盘中 *Ubx* 基因完全缺失而产生的四翅果蝇就是一种返祖现象（如图 2.17 和图 13.28 所示）。

有时在进化过程中，返祖现象可能会作为野生型固定下来，因此代表了进化的部分逆转。例如，蝴蝶的毛虫在其 4 个腹部体节（A3～A6；图 23.18）上都有腿。人们认为原始的节肢动物可能像现代多足纲动物一样，大多数体节上都有腿。当检查蝴蝶中 *Ubx*、*abdA* 和 *Distalless* 基因的表达模式时，可以发现 Hox 基因实际上在腿芽中是关闭的，这大概使得 *Distalless* 基因能够表达，从而形成了返祖的腿。

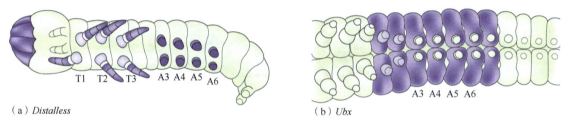

（a）*Distalless*　　　　　　　　　　　　　　（b）*Ubx*

图 23.18　蝴蝶毛虫的腹部腿。(a) *Distalless* 的表达。(b) 胚胎阶段的 *Ubx* 表达。

这个例子表明，类似的进化变化可以通过不同的方式实现。Hox 基因表达的变化可以改变整个体节的特征；或者，如蝴蝶的例子所示，局部的基因表达变化可能会改变体节内的结构。这些变化也可能是由 Hox 基因下游基因调控区域的突变引起的。对于发育生物学家来说，一种实现变化的特定方式看起来优雅而简单，并不意味着在进化过程中就采用了这种特定方式。

脊椎动物的肢

脊椎动物的肢在进化生物学中有着重要的研究历史。很早就认识到，在**四足动物**中，肢是一种同源结构。由于存在复杂的骨骼，肢在化石中常常得以保存，并且它为进化中的异速生长变化提供了一些显著的例子。**异速生长**是指身体各部分之间的差异生长（见第 21 章）。例如，在进化过程中，马腿的中趾变长，直到现代马实际上只有一个趾，而其他趾则退化为痕迹器官。相比之下，蝙蝠前肢的所有趾都变得非常长，用来支撑构成翅膀的皮膜。

根据化石记录，人们认为第一批四足动物出现在泥盆纪，它们的祖先类似于一种名为潘氏鱼（Panderichthys）的生物（图 23.19a）。这是一种与现代腔棘鱼属于同一目的叶鳍鱼（图 23.19b）。它生活在浅水中，也许能够像现代鲶鱼一样爬出水面。直到最近，人们还认为潘氏鱼的四肢没有**肢梢**（**autopodium**，即手或脚）。这一事实与四足动物中存在而硬骨鱼中不存在的 *Hoxd13* 基因增强子有关，这个增强子导致注定要成为肢梢的区域中的晚期 *Hoxd13* 表达。人们据此认为这种遗传元素的起源是四足动物肢进化的关键。然而，现在通过对潘氏鱼化石的计算机断层扫描发现，这种生物实际上具有类似于原始肢梢的远端骨骼元件（图 23.19a）。此外，已在基部硬骨鱼，如白鲟中检测到了 *Hoxd13* 在肢梢的表达，尽管 *Hoxd13* 的肢梢表达未在斑马鱼等硬骨鱼类中发现。这表明，在陆生脊椎动物实际的肢出现很久之前，形成肢的基本发育机制就已经存在了。四足动物肢梢的新颖性必定是源于与骨骼分化模式相关的下游基因调控的变化。

对斑马鱼成对鳍的发育研究为不同解剖结构背后存在共同发育机制提供了进一步的证据。在斑马鱼胚胎中，注射靶向 Wnt2b 或 Tbx5 的 **Morpholino** 都会抑制鳍芽的形成，就像在四足动物中一样。在早期鳍芽生长过程中，存在一个表达 *Fgf* 的顶端外胚层嵴和一个表达 *Shh* 的后部区域，这与四足动物的肢芽非常相似。但是在这个阶段，斑马鱼会形成 4 个平行的软骨元件，这些元件随后会骨化，并作为鳍条的附着点。

这些近端骨骼的模式以及由真皮骨化形成的鳍条本身，都与现代四足动物的肢完全不同，甚至与潘氏鱼的肢也完全不同（图 23.19c）。因此，这再次说明，关键的进化变化一定发生在下游基因中。

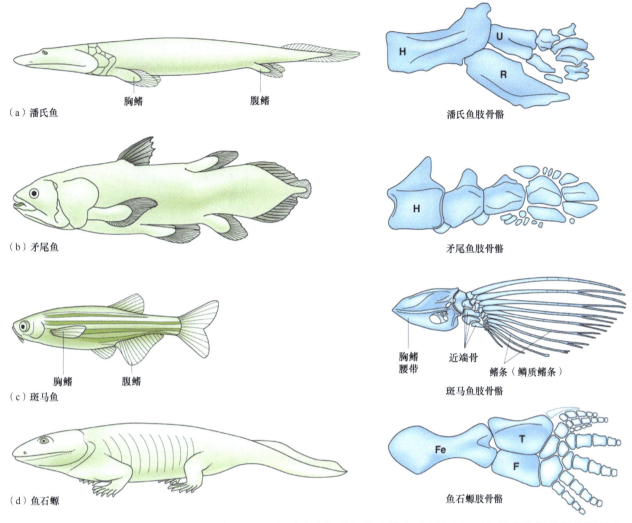

图 23.19　腿的起源。(a) 潘氏鱼及其前肢骨骼。(b) 具有胸鳍骨架的腔棘鱼（矛尾鱼）。(c) 具有胸鳍骨架的斑马鱼。(d) 鱼石螈的后肢骨骼显示出多趾。来源：(b) Jonathan Slack。

现代四足动物的肢最明显的特征之一是，指/趾的数量很少超过 5 个。"五趾型肢"（pentadactyl limb）一词表明原始肢有 5 个趾，且所有趾数量减少的类型都缘自五趾型肢。据推测，存在阻止趾的数量超过 5 个的发育制约机制，因为用于区分趾区域的 Hox d 基因的数量就是 5 个。但不幸的是，这个理论经不起化石证据的检验，因为在泥盆纪早期有几种四足动物，如鱼石螈（*Ichthyostega*），在潘氏鱼出现后不久就出现了，它们的肢梢明显具有超过 5 个的趾（图 23.19d）。

肢的有无及其位置

一些四足动物的肢大大退化，或完全丧失，包括蛇、鲸鱼和不会飞的鸟类的前肢。通常，一个原始的腰带或近端肢体骨骼的一部分会作为退化痕迹存留下来，这表明它们的祖先比现代后代拥有更发达的肢。肢在侧板上的位置通常由整个身体的前–后图式化系统所特化。这涉及 Hox 基因，如第 17 章所述，它们会在肢区域上调 Tbx 基因的表达。已经在几种蛇类中研究了 Hox 基因的表达，但这并没有提供关于无肢状态的解释。在完全无肢的玉米蛇中，*Hoxb9*（其前部边界定义了鸡的前肢区域）不与任何特定结构相关联。然而，*Tbx5* 的表达区域有所扩展，这表明导致无肢现象的变化发生在 Hox 基因和 Tbx 基因作用的下游。

导致无肢现象的一个候选事件是 *Shh* 基因的一个远程增强子发生了变化，该增强子称为 *ZRS*，它通常负责 *Shh* 在肢芽后缘的表达。蛇的这个增强子存在变体，其中至少缺失了一个 ETS1 转录因子的结合位点。在图 23.20 中展示了一组基因敲入小鼠，其中 *ZRS* 增强子已被替换为各种其他物种的增强子。当被人类的 *ZRS* 增强子序列替换时，小鼠的肢发育完全正常。相当令人惊讶的是，当被腔棘鱼的 *ZRS* 增强子序列替换时，小鼠的肢发育也完全正常，这表明自泥盆纪有叶鳍鱼类时代以来，*ZRS* 的功能就是保守的。另一方面，来自蟒蛇的 *ZRS* 增强子仅表现出有限的活性，而蟒蛇是一种具有退化的后肢的基部蛇类。来自没有肢的眼镜蛇的 *ZRS* 序列则完全没有活性，与 *ZRS* 删除没有区别。因此，蛇的 *ZRS* 发生的变化看起来确实很像是在进化中导致无肢形态的事件。

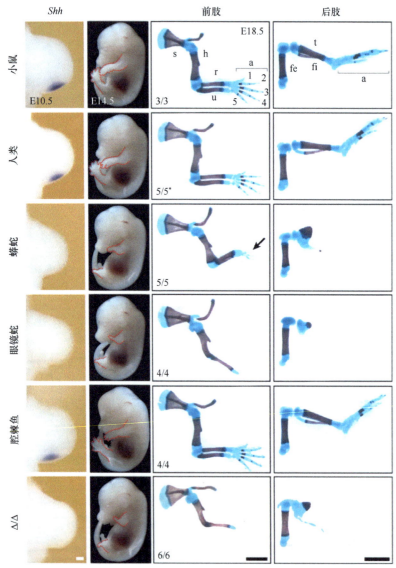

图 23.20　将不同物种的 *ZRS* 增强子敲入到小鼠相应的基因座中。人类和腔棘鱼的增强子能够支持小鼠肢发育，但蛇的增强子却不能。标尺：肢芽为 0.1 mm，E18.5 肢为 2 mm。来源：Kvon et al. (2016). Cell. 167, 633−642。

脊椎动物的翅与昆虫的翅

如前所述，脊椎动物的翅和昆虫的翅被认为是同功的，而非同源的，因为这两类动物的共同祖先（若有）必定生活在海洋中，不可能拥有翅。然而，在这两个系统中，转录因子和信号分子的表达模式及功能却存在着数量惊人的相似之处：两者都具有由在背侧表达的同源 Lim 转录因子基因（*apterous* 和 *Lim1*）控制的背−腹图式；两者在确定背−腹边界时都有 *Fringe* 基因的参与；两者都由 Hedgehog 信号转导来控制前−后图式，甚至在脊椎动物的翅和昆虫的翅中，Hedgehog 与 BMP/Dpp 之间都存在相互作用。在这两种情况下，远端生长都依赖于同源结构域因子 Distalless。有这么多共同的发育机制，昆虫和脊椎动物的翅肯定应该是同源的吧？！这个谜团的答案目前尚不清楚。但普遍认为，这些共同特征代表了发育遗传回路的模块。这些模块可能在早期已经进化形成，对应于原始的两侧对称动物，然后被选用于各种目的，如形成在三维空间中需要不对称性的附肢（appendage）。这里得到的启示是，明确同源性存在的层面始终是至关重要的。昆虫和脊椎动物的翅作为翅来说并非同源，但它们作为附肢可能是同源的。在共同祖先中可能存在由这些系统形成的某种附肢，不过其功能很可能与现在大不相同。可以确定的是，这两种类型的翅都包含同源的活跃基因和遗传通路。这个例子凸显了在面对诸如同源性这样的复杂概念时，保持清晰思路的重要性。这一点在整个发育生物学领域都极具价值，而在发育与进化的复杂交叉领域体现得尤为明显。

经典实验

远缘发育同源性

　　前两篇论文描述了一项重大突破，即发现小鼠 Hox 基因的前部表达极限与果蝇有相同的顺序。这是一个关键的发现，意味着存在一个在所有动物中都共有的发育蓝图。不过，读者应当注意，这些论文中使用的 Hox 基因的命名法与今天使用的不同。第三篇论文表明，小鼠的 *small eye* 基因与果蝇的 *eyeless* 基因同源，编码 Pax6。在果蝇其他成虫盘中过表达果蝇或小鼠 *Pax6*，都能够诱导异位眼组织的形成。

Duboule, D. & Dolle, P.（1989）The structural and functional organization of the murine Hox gene family resembles that of *Drosophila* homeotic genes. *EMBO Journal* **8**, 1497-1505.

Graham, A., Papalopulu, N. & Krumlauf, R.（1989）The murine and *Drosophila* homeobox gene complexes have common features of organization and expression. *Cell* **57**, 367-378.

Halder, G., Callaerts, P. & Gehring, W.J.（1995）Induction of ectopic eyes by targeted expression of the *eyeless* gene in *Drosophila*. *Science* **267**, 1788-1792.

新的研究方向

　　进化发育生物学（EvoDevo）仍然是一个广阔的研究领域。在进化过程中究竟发生了什么才造就了动物身上每一个关键的形态新颖性，我们仍然知之甚少。最清晰的研究结果很可能通过对亲缘关系密切的物种进行比较而获得，因为在这种情况下，导致特定形态变化的突变不会被过多其他变化所掩盖。

　　现在有多种方法可以用来对非模式生物进行必要的研究，包括完整基因组测序、用于分析表达模式的整体原位杂交技术，以及进行基因修饰的 CRISPR/Cas9 技术。

　　更值得一提的是，顶级科学期刊对有关进化的故事始终有着永不满足的胃口！

要点速记

- 进化既包括由自然选择带来的适应性变化，也涉及由遗传漂变建立的中性变化。中性变化在 DNA 和蛋白质序列中表现得最为明显。
- 对生物的分类通常试图反映相关类群的进化历史，这被称为系统发生分类学或分支分类学。
- 同源特征之所以相似，是因为它们源自共同的祖先。同功特征则是通过趋同进化而相似，是由自然选择共同驱动的结果。
- 利用描述性胚胎学、分子分类学以及化石记录中的信息，可以构建出动物各门的系统发生树。据认为，所有动物的共同祖先生活在 10 亿年至 6 亿年前的某个时期。
- 系统发生树的时间校准最终来自对沉积岩的放射性测年。这为在化石记录中观察到的各谱系之间的分歧时间提供了绝对年代。
- 动物类群通常存在一个系统发育型阶段，所有类群在这个阶段都表现出最大程度的相似性。

- 所有三胚层动物（两侧对称动物）都共享一组负责建立总体躯体模式的基本基因的表达域，并且这些基因很可能具有相似的功能。这种基因活性的组合包括 Hox 基因簇、副同源框（ParaHox）基因簇和 NK 基因簇，以及某些其他基因，如 *Otx*、*Emx* 和 *Pax6*。这种组合，或称为动物型（zootype），很可能存在于所有三胚层动物的共同祖先中。
- 发育制约以及大突变相对于微突变在进化中的重要性，目前仍不清楚。
- 节肢动物体节结构的变化，部分是由 Hox 表达的变化引起的，但主要源于 Hox 基因模式控制的下游基因的变化。
- 四足动物肢发育的基本机制也存在于鱼类的成对鳍中。
- 即使不存在形态同源性的情况下，同源性也可以在遗传通路和回路的层面存在。

拓展阅读

综合

Gould, S.J. (1977) *Ontogeny and Phylogeny*. Cambridge, MA: Harvard University Press.

Raff, R.A. (1996) *The Shape of Life: Genes, Development and the Evolution of Animal Form*. Chicago: University of Chicago Press.

Gerhart, J. & Kirschner, M. (1997) *Cells, Embryos and Evolution*. Malden, MA: Blackwell Science.

Carroll, S.B., Grenier, J.K. & Weatherbee, S.D. (2001) *From DNA to Diversity*. Malden, MA: Blackwell Science.

Davidson, E.H. (2001) *Genomic Regulatory Systems in Development and Evolution*. New York: Academic Press.

Hall, B.K. & Olson, W.M., eds. (2003) *Keywords and Concepts in Evolutionary Developmental Biology*. Cambridge, MA: Harvard University Press.

Carroll, S.B. (2008) Evo-Devo and an expanding evolutionary synthesis: a genetic theory of morphological evolution. *Cell* **134**, 25–36.

Moczek, A.P., Sears, K.E., Stollewerk, A. et al. (2015) The significance and scope of evolutionary developmental biology: a vision for the 21st century. *Evolution & Development* **17**, 198–219.

Arendt, D., Musser, J.M., Baker, C.V.H. et al. (2016) The origin and evolution of cell types. *Nature Reviews Genetics* **17**, 744–757.

古生物学

Conway Morris, S. (1993) The fossil record and the early evolution of the Metazoa. *Nature* **361**, 219–225.

Knoll, A.H., Walter, M.R., Narbonne, G.M. et al. (2006) The Ediacaran Period: a new addition to the geologic time scale. *Lethaia* **39**, 13–30.

Smith, M.P. & Harper, D.A.T. (2013) Causes of the Cambrian Explosion. *Science* **341**, 1355–1356.

Janvier, P. (2015) Facts and fancies about early fossil chordates and vertebrates. *Nature* **520**, 483–489.

Cunningham, J.A., Liu, A.G., Bengtson, S. et al. (2017) The origin of animals: can molecular clocks and the fossil record be reconciled? *Bioessays* **39**, 1600120.

Erwin, D.H. (2020) The origin of animal body plans: a view from fossil evidence and the regulatory genome. *Development* **147**, dev182899.

躯体模式

Slack, J.M.W., Holland, P.W.H. & Graham, C.F. (1993) The zootype and the phylotypic stage. *Nature* **361**, 490–492.

Arendt, D. & Nübler-Jung, K. (1997) Dorsal or ventral: similarities in fate maps and gastrulation patterns in annelids, arthropods and chordates. *Mechanisms of Development* **61**, 7–21.

Ferrier, D.E.K. & Holland P.W.H. (2001) Ancient origin of the Hox gene cluster. *Nature Reviews Genetics* **2**, 33–38.

Martindale, M.Q. (2005) The evolution of metazoan axial properties. *Nature Reviews Genetics* **6**, 917–927.

Niehrs, C. (2010) On growth and form: a Cartesian coordinate system of Wnt and BMP signaling specifies bilaterian body axes. *Development* **137**, 845–857.

Dunn, C.W., Giribet, G., Edgecombe, G.D. et al. (2014) Animal phylogeny and its evolutionary implications. *Annual Review of Ecology, Evolution, and Systematics* **45**, 371−395.

Irie, N. & Kuratani, S. (2014) The developmental hourglass model: a predictor of the basic body plan? *Development* **141**, 4649−4655.

Bier, E. & De Robertis, E.M. (2015) BMP gradients: a paradigm for morphogen-mediated developmental patterning. *Science* **348**.

Lowe, C.J., Clarke, D.N., Medeiros, D.M. et al. (2015) The deuterostome context of chordate origins. *Nature* **520**, 456−465.

Layden, M.J., Rentzsch, F. & Röttinger, E. (2016) The rise of the starlet sea anemone Nematostella vectensis as a model system to investigate development and regeneration. *Wiley Interdisciplinary Reviews: Developmental Biology* **5**, 408−428.

Escriva, H. (2018) My favorite animal, amphioxus: unparalleled for studying early vertebrate evolution. *Bioessays* **40**.

He, S., del Viso, F., Chen, C.-Y. et al. (2018) An axial Hox code controls tissue segmentation and body patterning in Nematostella vectensis. *Science* **361**, 1377−1380.

Nielsen, C., Brunet, T. & Arendt, D. (2018) Evolution of the bilaterian mouth and anus. *Nature Ecology & Evolution* **2**, 1358−1376.

案例研究

Gehring, W.J. (2002) The genetic control of eye development and its implications for the evolution of the various eye types. *International Journal of Developmental Biology* **46**, 65−73.

Cañestro, C., Albalat, R., Irimia, M. et al. (2013) Impact of gene gains, losses and duplication modes on the origin and diversification of vertebrates. *Seminars in Cell & Developmental Biology* **24**, 83−94.

Weatherbee, S.D. & Carroll, S.B. (1999) Selector genes and limb identity in arthropods and vertebrates. *Cell* **97**, 283−286.

Clark, E., Peel, A.D. & Akam, M. (2019) Arthropod segmentation. *Development* **146**, dev170480.

Liubicich, D.M., Serano, J.M., Pavlopoulos, A. et al. (2009) Knockdown of Parhyale ultrabithorax recapitulates evolutionary changes in crustacean appendage morphology. *Proceedings of the National Academy of Sciences* **106**, 13892−13896.

Martin, A., Serano, J.M., Jarvis, E. et al. (2016) CRISPR/Cas9 mutagenesis reveals versatile roles of Hox genes in crustacean limb specification and evolution. *Current Biology* **26**, 14−26.

Ahlberg, P.E. & Milner, A.R. (1994) The origin and early diversification of tetrapods. *Nature* **368**, 507−514.

Clack, J.A. (2009) The fish−tetrapod transition: new fossils and interpretations. *Evolution: Education and Outreach* **2**, 213−223.

Kvon, E.Z., Kamneva, O.K., Melo, U.S. et al. (2016) Progressive loss of function in a limb enhancer during snake evolution. *Cell* **167**, 633−642.e11.

Leal, F. & Cohn, M.J. (2018) Developmental, genetic, and genomic insights into the evolutionary loss of limbs in snakes. *Genesis* **56**, e23077.

第 24 章

缺失部分的再生

再生的类型

"再生"一词用于描述许多现象，这些现象具有不同的机制，并且出现在不同类型的动物中（图 24.1）。一种有用的分类如下：

- 细胞再生，例如，被切断的神经轴突的重新生长。
- 组织再生，例如，受伤后表皮或血管的再生长。
- 器官再生，例如，心脏、肝脏或晶状体的再生，这种再生往往能恢复器官的质量，但不会恢复内部结构图式。
- 远端再生，例如，两栖动物肢或昆虫附肢的再生。
- 全身再生，例如，涡虫的再生，在涡虫中，根据切割面的方向，头部或尾部可以从身体的同一部位再生出来。

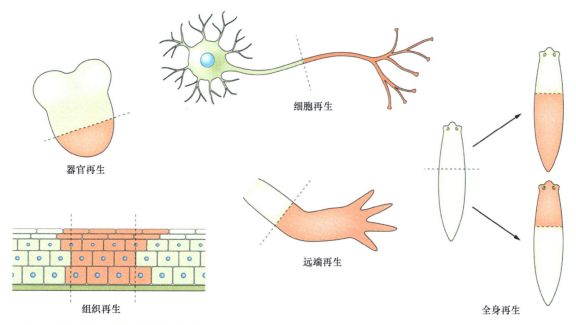

图 24.1　动物中发现的 5 种不同类型的再生。

这些不同层次的再生显然涉及不同的机制。细胞再生需要一个触发因素来促进细胞生长；组织再生需要一个触发因素来增加细胞复制。内脏器官的再生必须能够感知器官的总体大小，并在恢复到原有大小时停止生长。附肢的远端再生不仅需要做到这一点，还需要生成空间图式，其中常常包括在截肢表面原本不存在的结构图式。全身再生则需要同时做到这两点，并且在进行任何操作之前，先确定新结构的极性（头部还是尾部）。

再生能力的分布

人们通常认为，再生能力在简单动物中最为广泛，这些动物在进化上被认为是**基部**的。但这并不完全正确。即使是最引人注目的全身再生类型，也能在动物界的各个门中找到。这些门至少包括无体腔动物门、扁形动物门、环节动物门、棘皮动物门和无脊椎脊索动物门的一些成员。已知能够再生头部的最复杂的、进化上为**衍生**的动物是半索动物黄殖翼柱头虫（*Ptychodera flava*），一种海洋柱头虫；以及群体尾索动物门的拟菊海鞘（*Botrylloides leachi*），其小血管碎片能再生出完整的、功能齐全的身体（**个虫，zooid**）。从进化角度来看，半索动物与棘皮动物归为一类，而尾索动物属于脊索动物门。这些被认为是相对衍生的动物。这也凸显了一个事实，即便是全身再生，也并不仅局限于最基部的动物。全身再生通常与通过裂殖进行的无性繁殖相关，并且在脊椎动物或被称为蜕皮动物超门的动物门群（包括昆虫和线虫）中从未发现过全身再生现象。

脊椎动物和昆虫确实都表现出一些附肢的远端再生能力，这种能力与无性繁殖无关。昆虫外部附肢的再生仅限于**半变态类（hemimetabola）**昆虫，即那些通过一系列幼虫形态逐渐发育为成虫的昆虫类群。在**全变态类（holometabola）**昆虫中不存在这种现象，像果蝇这样的全变态昆虫，在蛹期会经历突然的变态发育。因此，果蝇不会表现出任何成虫结构的再生；如果成虫盘在变态之前受损，它们是可以再生的（参见第 19 章）。在脊椎动物中，再生能力主要体现在两栖动物身上。有尾目动物（蝾螈和火蜥蜴）通常在变态前和变态后都能再生肢、尾和颌。无尾目动物（蛙和蟾蜍）在蝌蚪阶段通常能够再生，但在变态后失去这种能力。蜥蜴以能够再生尾巴而闻名，但新尾巴并不包含原来尾巴的所有组织和结构，而是一个有点缺陷的复制品。斑马鱼能够再生鳍，包括尾鳍。

在哺乳动物中，大型外部附肢的唯一再生现象是鹿角的重新生长。然而，也有一些器官再生的例子，特别是肝脏的再生，在第 19 章中已有所描述。切除一侧肾脏后，另一侧剩余的肾脏会出现类似的增生现象。这涉及细胞数量的快速增加，但除了非常年幼的动物外，肾单位的数量不会增加。新生小鼠和猪的心尖能够再生，但在发育几天后这种能力就会丧失。相比之下，蝾螈和斑马鱼在一生中都能够再生心尖。

也许由于成年线虫的细胞数量固定且不变，秀丽隐杆线虫和其他线虫表现出的唯一再生类型是受损神经轴突的重新生长。

全身再生和附肢再生必然涉及图式的区域特化，由于相关的相互作用是局部的，这意味着关于图式的隐含信息必须存在于整个成熟结构中，准备在受伤后发挥作用，这有时被称为**位置信息（positional information）**。这个术语曾经被广泛用于表示发育图式信息，但随着对胚胎发育分子基础理解的增加，它已经不再被使用。然而，在再生相关的文献中仍然经常会遇到这个术语。

涡虫再生

涡虫是属于扁形动物门的、自由生活的淡水蠕虫，有三个胚层（外胚层、中胚层和内胚层），但没有体腔，也没有全身分节。它们有一个长有眼睛的头部，但没有任何循环系统或呼吸系统；肠道在身体中部的一个肌性咽部开口，是一个两叶的、盲端的囊，没有独立的肛门。从光学显微镜观察来看，涡虫有 13 种细胞类型，但最近的单细胞 RNA 测序显示有 23 种不同的细胞谱系，每个谱系都包含许多祖细胞状态。

尽管相对简单，涡虫确实展示了动物的基本特征，其 Hox 基因以从后到前的嵌套方式表达，*Otx* 同源基因在头部表达，*Pax6* 同源基因在眼睛中表达（**图 24.2**）。与其他**原口**无脊椎动物一样，主要的神经索位于腹侧。已经有许多不同种类的涡虫被用于再生研究，尽管地中海圆头涡虫（*Schmidtea mediterranea*）逐渐受到青睐，并且其基因组已被完全测序。涡虫不适合进行涉及有性杂交的遗传学实验，但用于消融特定信使 RNA（mRNA）的 **RNAi**（参见第 3 章）方法效果很好。所需的双链 RNA（dsRNA）在一个质粒中编码，该质粒有两个相对的 T7 启动子。含有这种质粒以及噬菌体 T7 聚合酶的细菌会双向转录该序列，然后两条互补的 RNA 链杂交，在细菌内形成 dsRNA。将细菌与喂食涡虫的食物混合，当涡虫进食时，一些 dsRNA 会被吸收到涡虫的细胞中。用这种方法进行了大量的筛选，已经确定了许多再生所需的基因（见第 3 章，图 3.14c）。

与第二部分中描述的任何模式生物不同，涡虫是"永久胚胎性的"，因为控制早期躯体模式图式化的形态发生素梯度会持续到其成体阶段。简要而言，涡虫中从后到前持续存在 Wnt/β-catenin 活性梯度，从背到腹存在骨形态发生蛋白（bone morphogenetic protein, BMP）活性梯度，以及由内向外的 Slit（内侧）-Wnt5（外侧）的梯度（图 24.3）。使用针对这些途径成分的 RNAi 会导致预期类型的图式异常。例如，抑制经典 Wnt 活性会导致前部化并形成异位头部，抑制 Wnt5 会导致中线扩张并形成异位眼睛。这些梯度维持了涡虫肌肉层中许多被称为"位置控制基因"的表达，这些基因包括 Hox 基因。众所周知，Hox 基因在其他动物中是前后位置的决定因素。正是这些位置控制基因或它们的一个子集，在正常生长和再生过程中控制着细胞分化的模式。其中许多基因本身编码信号分子，如 ndl 基因群组，它们编码缺乏酪氨酸激酶结构域的成纤维细胞生长因子

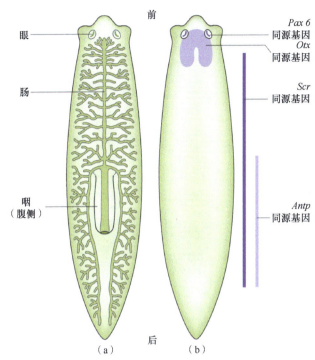

图 24.2　涡虫蠕虫：(a) 解剖结构特征；(b) 在再生过程中展示的一般两侧对称动物特征（动物型）的各个方面。

（fibroblast growth factor, FGF）受体样分子，可能是 FGF 信号的抑制剂。

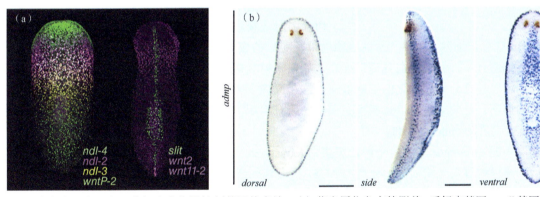

图 24.3　地中海圆头涡虫肌肉细胞中位置控制基因的表达。(a) 荧光原位杂交检测前-后标志基因。ndl 基因属于 FGFR-样群组。前端朝上。(b) BMP 拮抗剂 ADMP 的基因在侧缘和腹侧中线上的表达。标尺：200 μm。来源：(a) Reddien (2018). Cell. 175, 327−345.；(b) Gavino et al. (2011). Current Biology. 21, 294−299。

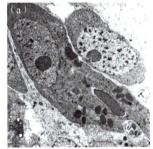 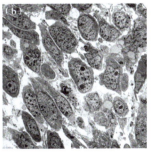

图 24.4　地中海圆头涡虫成新细胞的电子显微图像。(a) 右上为成新细胞，左下为分化的杆状细胞。9000 ×。(b) 地中海圆头涡虫再生第 3 天时后端芽基区域中的一些未分化细胞。3200 ×。来源：Baguña (2012). Int. J. Dev. Biol. 56, 19−37。

细胞更替和成新细胞

涡虫处于持续的细胞更替状态，每天会根据食物供应情况而生长或缩小。存在一群称为**成新细胞（neoblast）**的细胞群体，它们体积小、细胞核大（图 24.4），其特征是表达 PIWI 蛋白，该蛋白质负责 RNA 加工，通常存在于其他动物的生殖细胞中。成新细胞可根据它们的大小和粒度通过 **FACS** 与其他细胞类型分离。它们是通常情况下唯一进行分裂的细胞，在稳定状态下，一条涡虫含有大约 20%

的成新细胞和 80% 的分化细胞。对地中海涡虫成新细胞的单细胞 RNA 测序表明，它们包含了每种终末细胞类型的祖细胞群，并且还包括一个**多能干细胞**（pluripotent stem cell）亚群，被称为克隆源性成新细胞（c-neoblast）。

涡虫的再生过程

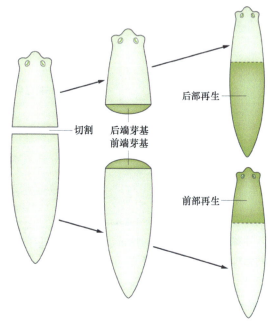

图 24.5 涡虫的前部与后部再生。

涡虫长期以来以其强大的再生能力而闻名。如果将涡虫切成两半，前半部分将从其后部切面再生出一个新的尾部区域，而后半部分将从其前部切面再生一个新的头部区域（图 24.5）。横切后，肌肉收缩会限制切口区域，并在切口表面快速形成一层薄薄的创伤上皮。创伤上皮下会聚集未分化细胞，这些细胞构成了再生芽基。**芽基**（blastema）是一个通用术语，用于描述包含未分化增殖细胞的再生芽，尽管在涡虫中，这个术语指的是一个无色素的远端区域，这有点令人困惑，但在这个区域中并没有细胞分裂。构成涡虫芽基的细胞来自芽基本身近端正在分裂的成新细胞。芽基通过细胞募集而扩大，并在几天内重新分化，形成缺失的结构。随后是一个涡虫剩余部分的重组时期，以恢复通常的身体比例。这个重组过程涉及新细胞的产生、细胞的丢失和细胞的移动，被称为**形变/形态重建**（morphallaxis）。

成新细胞产生再生组织的证据有两个来源。首先，在切除前对成新细胞进行 BrdU 标记，会导致芽基中包含许多不再分裂的 BrdU 标记细胞。其次，X 射线照射以及随后的成新细胞迅速消失，会破坏涡虫的再生能力。辐照后不再有新细胞产生，涡虫会在几周后死亡。如果辐射剂量不是致命的，那么会有少数成新细胞存活下来，然后它们可以建立分裂和分化的细胞群落，这在原理上类似于哺乳动物肠道或睾丸的干细胞在高剂量辐射后形成的群落。这些群落可以重新填充涡虫的所有组织，表明至少一些涡虫成新细胞具有完全的多能性，其行为就像哺乳动物胚胎干细胞一样。

最近发现，多能 c-neoblast 表达一个四跨膜蛋白 tetraspanin 1（TSPAN-1），并且在用针对 TSPAN-1 的荧光抗体染色后，可以通过荧光激活细胞分选（FACS）分离这些细胞。当单个 TSPAN-1 阳性的成新细胞被移植到受到致死辐射的宿主体内时，移植的细胞可以增殖和分化，重新填充整个涡虫，并通过再生最终建立一个新的无性涡虫群落（图 24.6）。缺乏 TSPAN-1 的成新细胞不具有这种能力。这是关于 c-neoblast 具有多能性特征的确凿证明。

涡虫再生的模式

多能 c-neoblast 是负责再生的细胞。但是，是什么控制着它们的分化能力，使其能够准确地形成那些已被移除的结构呢？这是位置控制基因的任务，这些基因在表皮下的肌肉层中表达。

芽基细胞必须做出的第一个决定是**极性**（polarity）决定——是形成头部芽基还是尾部芽基，而对此起关键控制作用的是 Wnt/β-联蛋白通路。切除后，Wnt-P 在两个切面迅速表达，而一种名为 notum 的 Wnt 抑制剂仅在朝向前部的切面表达，这与 Wnt 信号导致后部发育的观点一致。针对 Wnt 通路组分的 RNAi 会导致朝向后部的切面产生新的头部，而不是尾部（图 24.7）。有关 notum 表达不对称性的起源尚不清楚，但这可能取决于前切面和后切面愈合的不对称性。在前部芽基，创伤上皮来源于背部表皮，而在后部芽基中的创伤上皮则来自腹侧表皮。当然，通过手术造成的背-腹极性对立足以启动新芽基的形成。

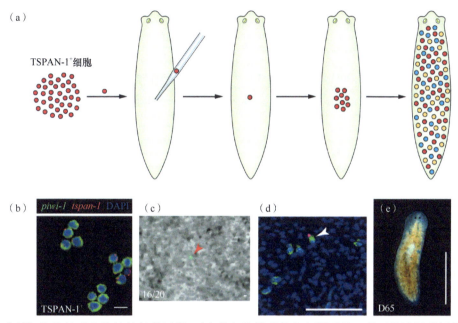

图 24.6 克隆性成新细胞移植后多能性特性的证据。(a) 单细胞被移植入辐照受体，并对其进行重新填充。(b) 一部分 PIWI 阳性细胞（绿色）表达 *tetraspanin-1*（红色）。标尺：10 μm。(c) 移植后不久用四跨膜蛋白荧光抗体标记的单个细胞。标尺：10 μm。(d) 移植 5 天后，移植细胞的后代，以 PIWI（绿色）和有丝分裂标记物（红色）免疫染色显示。标尺：100 μm。(e) 单细胞移植 65 天后，存活的宿主涡虫。标尺：1 mm。来源：Zeng et al. (2018). Cell. 173, 1593−1608。

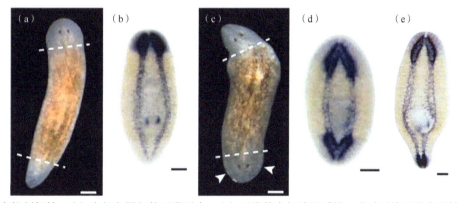

图 24.7 β-联蛋白控制极性。(a) 头部和尾部的正常再生。(b) 正常的中枢神经系统，通过对编码激素原转化酶 2 的 mRNA 进行原位杂交显示。(c,d) 用靶向 β-联蛋白 dsRNA 处理后的双头再生。箭头指示再生的光感受器。(e) 用靶向 β-联蛋白 dsRNA 使不再生的涡虫的尾部向头部重编程。虚线表示切除水平。标尺：200 μm。

极性控制也可能会出错。在几种涡虫中，经常看到来自涡虫中部的短片段在两端都形成了前部芽基，并再生为雅努斯双头（Janus-headed）样的**双极形（bipolar form）**（图 24.8），这与 β-联蛋白在两个切面都被激活相关。

在切除后 2～3 天内，位置控制基因的表达模式会在芽基和相邻组织中重新建立。特别是，在双极形的情况中，来自成新细胞的新肌肉细胞分别在两个芽基的中线处成为前部和后部极细胞。从这些极细胞群体发出的信号梯度也可以重新特化躯体的图式，如图 24.9 中移植类型所示。如果将第二个头部移植到靠近第一个头部的位置，然后移除第一个头部，由于第二个头部的存在，第一个头部的再生会受到抑制。如果将一个头部移植到后部、咽部后的区域，那么可以

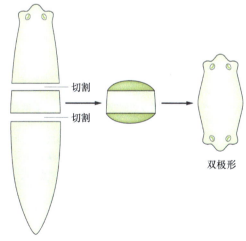

图 24.8 从短的身体片段再生出双前部双极形。

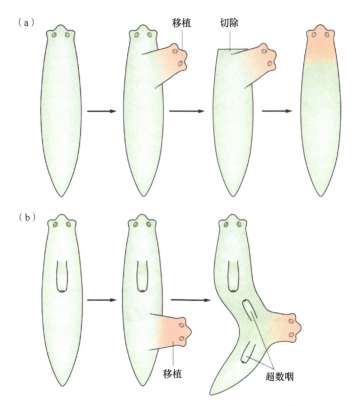

图 24.9 涡虫再生中远程相互作用的证据。（a）移植的头部对头部再生的抑制；（b）移植的头部诱导额外的咽部。

从连接处再生出一对新的咽部。

再生组织中每个结构的形成似乎都依赖于一个两步过程。由 c-neoblast 形成的不同祖细胞类型的比例取决于肌肉中表达的局部位置控制基因。一旦形成，这些祖细胞就会迁移到现有器官（如果存在）中，或者迁移到由位置控制基因指示的确切位置（若没有器官）。在生理稳态的情况下，可见的解剖结构和位置控制基因表达模式是协调一致的，但在再生的早期阶段它们并不一致。在这些情况下，当设计实验以确定祖细胞倾向于迁移到何处时，会发现它们会迁移到由位置控制基因指示的位置，除非它们非常接近现有结构。例如，在图 24.10 显示的一个实验中，涡虫先是被切除后半部分，然后又被移除了一只眼睛。新眼睛的原基会按照位置控制基因的指示向前移动，而原来的眼睛仍然会吸引它自己一侧的祖细胞。如果同时对涡虫进行侧面切割，将左侧再生的眼原基区域向内侧移动并远离剩余的眼睛，那么就会再生出两个眼睛原基。由此产生的三眼涡虫在稳态生长中保持稳定（三眼性状），但如果其头部又被切除，那么它们会重新建立一

组正常的位置控制基因，并再生出通常的两只眼睛。

近年来，对涡虫再生的理解有了很大的进展，使涡虫有望成为其他动物全身再生机制的典范。之所以这样说，是因为在所有两侧对称动物发育过程中，Wnt 和 BMP 通路都用于建立后–前和背–腹图式。将胚胎信号梯度保留到成年期是一种控制全身再生和通过裂殖进行无性再生（繁殖）的合理机制。另一个有启发性的例子来自无体腔动物门（Acoela）。该门动物由具三胚层的蠕虫构成，它们表面上看起来与涡虫相似，但实际上在基因组序列方面与涡虫存在很大的差异。对无体腔动物三带黑豹蠕虫的全身再生研究表明，其再生过程与涡虫非常相似，根本上也是由 Wnt 和 BMP 梯度控制的。

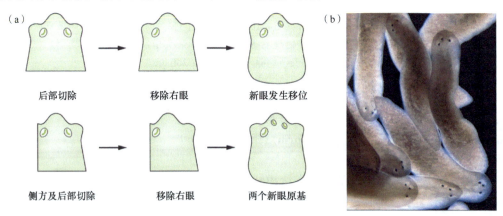

图 24.10 再生眼睛的移位。（a）在上排图中，后部切除导致位置控制基因表达向前移动，使得右侧新眼原基在左侧旧眼的前方形成。在下排图中，后部和侧向的联合切除使两只眼睛的位置发生了足够大的移动，远离了原来的眼睛位置，从而产生了三眼涡虫。这样的涡虫可以无限期地保持三只眼睛的状态（b）。来源：自 Reddin（2018）图 5。

昆虫肢再生

在变态后，果蝇等**全变态类**昆虫大多处于有丝分裂后状态，因此没有再生现象。但在蝗虫或蟑螂等**半变态类**昆虫中，附肢确实可以再生。这类昆虫从卵中孵化出来时是**若虫**（nymph），然后通过一系列蜕皮逐渐发育为成虫。如果一条腿或触角被切除，它会再次生长，并会在下一次蜕皮、旧表皮脱落时显现出来。通常，完全再生需要几个生长和蜕皮周期。

昆虫腿再生已在黄斑黑蟋蟀（*Gryllus bimaculatus*）中得到了较为详细的研究。蟋蟀的腿由单层表皮、肌肉和内部的气管组成。腿的整体形状在三维空间中是不对称的，其表面上各种附属物如刺和毛发的分布也是不对称的（图 24.11a）。第一、第二和第三胸节上的几对腿之间存在一些明显的差异。在三龄若虫的早期，当胫节中段被截肢后，完全再生需要 35～40 天，或经历 4～6 次蜕皮（图 24.11b，c）。

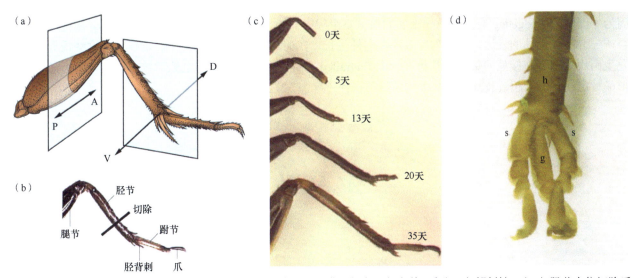

图 24.11　昆虫腿的再生。(a) 蟋蟀后胸腿的结构，图中显示了背−腹 (D-V) 和前−后 (A-P) 解剖轴。(b,c) 胫节中位切除后蟋蟀腿的再生。(d) 蟑螂腿轴向反转实验产生的成对超数肢。h，受体；g，移植物；s，超数肢。来源：自 Mito et al. (2002). Mech. Dev. 114, 27–35，经 Elsevier 允许。

紧接着截肢后，血液中的血细胞会立即形成痂。大约 2 天时，表皮在痂的下方生长覆盖伤口。然后创伤表皮会形成再生芽基，并继续生长形成远端的表皮部分。这是一个典型的**形态发生再生**（**epimorphic regeneration**，割处再生；或 **epimorphosis**，微变态）的例子：通过芽基的生长形成新的部分。微变态常与涡虫所表现出的**形变**形成对比，尽管细胞分裂当然也是涡虫再生的关键部分。目前尚未对蟋蟀的细胞谱系进行专门研究，但对甲壳类动物腿部再生的分析表明，肌肉是从残肢中的肌卫星细胞再生而来的。在蟋蟀中，肌肉和气管很可能都是从它们各自原有的组织中再生而来的，尽管这一点尚未得到证实。

对蟋蟀和其他半变态昆虫多年的实验表明，就区域特化而言，昆虫腿再生具有某些有趣的特性。首先，如果图式中存在间隙，如将远端部分移植到更近端的腿残端而产生的间隙，则该间隙将会通过一种称为**插入再生**（**intercalary regeneration**）的过程得以填充。在蟋蟀中，新的组织来自连接处更具远端特征的一侧。这一点可以通过在不同胸节的腿之间进行移植来确定，因为不同胸节的腿带有诸如刺和毛发等特征性特化结构，然后再生组织中这些特征的性质可以初步表明再生组织来源于哪一侧。如果将来自不同圆周区域的肢组织对接在一起，也会发生插入再生。有一个著名的实验，生动地对此进行了说明。在该实验中，左腿被移植到右腿残肢（或反过来），并使一条横轴对齐。例如，若将背−腹轴对齐，则在左肢到右肢的移植中，移植物和宿主的前−后轴将是相反的。这产生了图式的不连续，导致从最大的图式不连续的位点长出完整的超数（supernumerary）肢。在此类移植后，移植物的表皮和宿主的表皮会在 3 天内愈合在一起。第一次蜕皮（9 天）后，会出现两个芽基，在第二次蜕皮（14 天）后，可以清楚看到两条超数肢（图 24.11d）。

超数肢产生的分子基础

对这些非凡现象的分子层面的理解来自两个方面：对正常果蝇腿成虫盘发育的理解；利用 RNAi 消除蟋蟀中的基因活性。在果蝇中，每个腿成虫盘的后区室由转录因子 Engrailed 的表达所界定。后区室分泌 Hedgehog，而 Hedgehog 诱导编码 Decapentaplegic 的基因（*dpp*）在前区室的背侧部分表达，以及编码 Wingless 的基因（*wg*）在前区室腹侧部分表达（参见第 19 章，图 19.17）。在 Dpp 和 Wg 蛋白组合水平最高的区域，*vein* 的表达会上调，而 *vein* 编码表皮生长因子受体（epidermal growth factor receptor, EGFR）的配体，并促进远端的生长。

蟋蟀没有成虫盘。相反，蟋蟀在胚胎中形成肢芽。但是肢芽中的基因表达模式表明，其区域性特化的机制与果蝇成虫盘是相同的。这些基因表达域在发育中的幼虫肢中继续存在，尽管其表达水平较低。截肢后，所有的关键基因在芽基中基本相同的区域中表达上调。因此，可以预见，正常的再生之所以发生，是因为后区室的 Hedgehog 会重新诱导相邻的前区室组织中 Dpp 和 Wg 的表达，并且 Dpp + Wg 浓度最高的点会诱导 EGFR 配体的表达，并作为远端尖端向外生长。在前-后轴反转的实验中，可以预测这些诱导事件会发生两次，因为连接处的每一侧都将有一个 Engrailed 阳性的后区室和前部组织对接。因此，两个超数肢的形成被启动，每个超数肢都有与宿主肢相反的极性（图 24.12）。

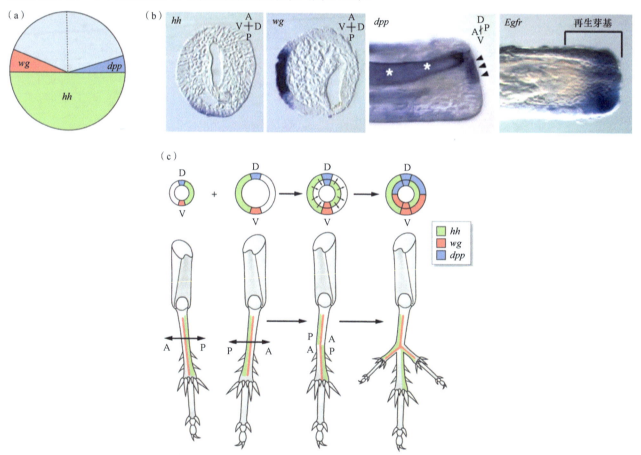

图 24.12　控制蟋蟀腿再生的基因。(a) 腿芽示意图，尖端视图。(b) 再生芽基中 *hh*、*wg*、*dpp* 和 *Egfr* 表达的原位杂交。(c) 轴向反转后超数肢形成的机制。来源：(a,c) 转自 Campbell and Tomlinson（1995）Development. 121, 619-628; (b) Mito et al.（2002）. Mech. Dev. 114, 27-35.

这些预测已经通过利用 RNAi 敲低单个基因的表达进行了验证。在蟋蟀中，将 dsRNA 注射到若虫的腹部，通过原位杂交可以显示目标 RNA 的水平被降低了。dsRNA 的效果可以持续多达 3 次蜕皮。靶向 *hedgehog*、*β-catenin* 或 *Egfr* 的 dsRNA 会抑制再生。但这些 dsRNA 不会抑制若虫肢的正常发育，这可能是因为肢的正常发育仅需要较低水平的基因表达。

是什么使得芽基能够检测到近–远端区域性的不连续性并启动插入再生呢？这很可能是 Fat-Dachsous 系统，该系统将细胞表面的事件与 Hippo 通路以及 Yorkie 的促生长作用联系起来（见第 21 章）。在正常的肢芽中，Fat 存在于近端，Dachsous 存在于远端，而 Dachs 则遍布全肢。当发育中的肢的分节变得可见时，存在一个反复出现的基因表达模式，即可以看到 *fat* 和 *four-jointed* mRNA 在每个节段的近端表达，而 *dachsous* 和 *dachs* 在每个节段的远端表达。利用 RNAi 敲低 *fat* 或 *dachsous* 会增加芽基中的细胞分裂，并产生扩张的、短而粗的再生肢。敲低 *dachs* 或 *yorkie* 则会抑制 *fat* 或 *dachsous* RNAi 的效果，这与 *dachs* 和 *yorkie* 在通路中处于下游位置是相符合的。类似的实验表明，*fat* 和 *dachsous* 对插入再生也是必需的，但在由轴向反转实验产生的超数肢形成中则不是必需的。这证实了 Fat 系统与近–远而非前–后的图式化有关系。

脊椎动物肢的再生

在脊椎动物中，只有某些两栖动物物种在手术切除肢后能够再生肢。**无尾类（Anurans）**两栖动物的蝌蚪在肢生长和分化期间通常能够再生肢，但在变态过程中会失去这种能力。相比之下，许多**有尾类（urodeles）**两栖动物物种可以在整个幼体和成体生命中都能够再生肢。过去曾使用过各种物种作为再生实验的模型，但最近墨西哥钝口螈（美西螈，axolotl）已成为首选的实验生物。墨西哥钝口螈（*Ambystoma mexicanum*）（图 24.13）是一种终生不会变态并保留幼体解剖特征的蝾螈。尽管其在墨西哥的自然栖息地中几乎灭绝，但在实验室中却很容易繁殖和饲养。现在已经获得了它的全基因组序列，其显著特点是所含 DNA 量是人类基因组的 10 倍，不过其基因数（23 251）与其他脊椎动物相似。已经为墨西哥钝口螈开发了各种实验方法，包括转基因的制备，以及通过病毒转导或电穿孔技术瞬时导入基因。通过将 DNA 注射到受精卵中可以制备转基因动物，并且已经使用 CRISPR/Cas9 系统对特定基因座进行基因敲入。此外，已有几种 CreER 品系可供使用。

图 24.13　成体墨西哥钝口螈。其终生保留的外鳃和尾鳍，这通常是有尾两栖动物幼体的特征。图中是蝾螈的白色变种，常被用于实验操作。野生型墨西哥钝口螈呈灰绿色。来源：Jonathan Slack。

肢再生的过程

墨西哥钝口螈肢再生的过程如图 24.14 所示。截肢后，残肢会通过表皮细胞在切割表面的迁移迅速形成创伤上皮。然后，内部组织会从切割处开始去分化，深度约为 1 mm。来自这个区域的细胞形成再生**芽基**，芽基由一层被厚表皮包裹的、松散排列的间充质细胞组成。与涡虫的芽基不同，两栖类肢的芽基由增殖细胞组成。芽基增殖一段时间后，按近端到远端的顺序重新分化出肢的结构。再生完成时形成一个缩微版的肢，然后会经过一段长时间的生长，以恢复到原来的大小。再生的阶段被分为去分化（dedifferentiation）期、锥形（cone）期、调色板状（palette）期、指（趾）形成（digit）早期和指（趾）形成晚期（图 24.14a）。以缩微肢形式再生出完整图式所需的时间因动物的年龄和大小而异，但在较小的幼体通常需要 2～3 周，大的成体则需要几个月。

芽基最初的细胞增殖是由创伤上皮分泌的因子维持的。这些因子包括一种称为 MLP（MARCKS 样蛋白）的蛋白质，在哺乳动物中，这是一种细胞内蛋白，但在墨西哥钝口螈中，它会被分泌出来。注射这种蛋白质会引发细胞分裂，如果将 MLP 中和抗体或特异性 Morpholino 注射到截肢残肢中，细胞分裂就会受到抑制。

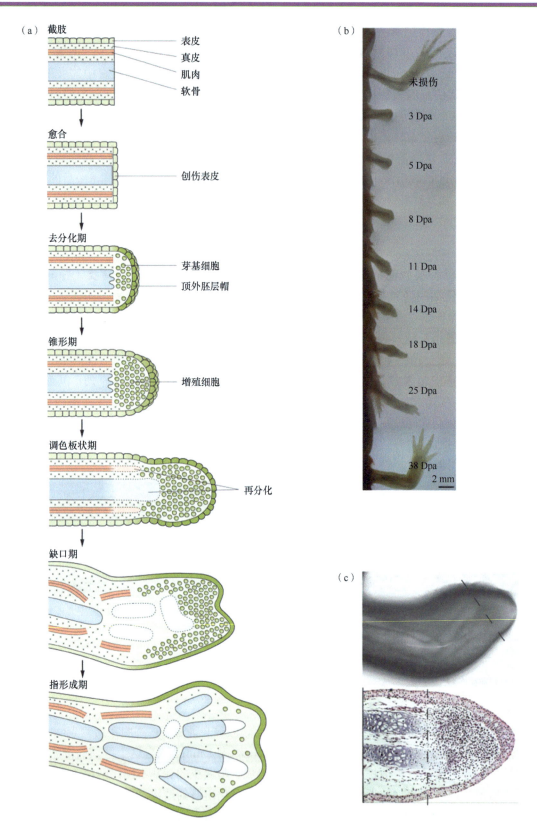

图 24.14 有尾两栖类肢再生过程。(a) 芽基的形成、生长和再分化示意图。(b) 一只 5～6 cm 长墨西哥钝口螈再生肢体的大体外观。(c) 锥形期再生芽基切片,显示间充质的形貌。来源:(b) Gerber et al. (2018) Science. 362, eaaq0681 (Suppl. data);(c) Simon and Tanaka (2013) WIREs Dev. Biol. 2, 291-300。

长期的细胞分裂则依赖于肢的神经供应。在神经供应被切断的动物中,早期再生事件会正常发生,有芽基的形成,但这个芽基无法生长,再生过程会中止。神经的功能是释放促有丝分裂因子,通常称为**神经营养因子(neurotrophic factor)**。请注意,"神经营养因子"这个术语通常是指神经元生长或存活所需的生长因子，而在再生的背景下，它是指源自神经元并为芽基生长所必需的促有丝分裂活性物质。神经营养因子很可能包括神经调节蛋白（neuregulin），它们在神经轴突中含量丰富，并且对分离的芽基具有促有丝分裂的作用。神经调节蛋白与 EGF 类似，是受体酪氨酸激酶 ErbB2 的配体。此外，还有一种糖蛋白，称为前部梯度（anterior gradient, AG）同源蛋白，最初是在非洲爪蛙胚胎的胶黏腺中发现的，并且经常在人类肿瘤中表达。截肢后，神经鞘和创伤表皮的腺细胞会合成 AG 蛋白，它对芽基细胞也具有促有丝分裂作用。将 AG 蛋白的 DNA 电穿孔导入去神经肢的芽基中，在一定程度上可以恢复再生能力。

关于神经营养效应的一个非常引人注目的事实是，可以制备出几乎没有任何神经支配的肢，这些"无神经"（aneurogenic）肢在再生时不需要神经营养因子。制造这种肢的一种方法是从肢形成区域移除神经管，并将手术处理后的胚胎与另一个胚胎进行**联体共生**（**parabiosis**，联合血液循环）以确保其存活（图 24.15）。然后，在神经支配有限或不存在的手术区域会生长出一个肢。这些肢外观正常，在后期会出现肌肉退化。尽管没有神经，它们仍能正常再生。如果在神经支配仍在发生的幼体阶段，将无神经肢移植回正常宿主中，那么它可以被宿主神经支配，然后其再生就变得依赖神经了。对此现象的解释是，在无神经肢中，AG 物质是由表皮持续产生的。然而，一旦接触到神经，AG 的产生就会下调，成功的肢再生就会变得依赖于神经损伤。

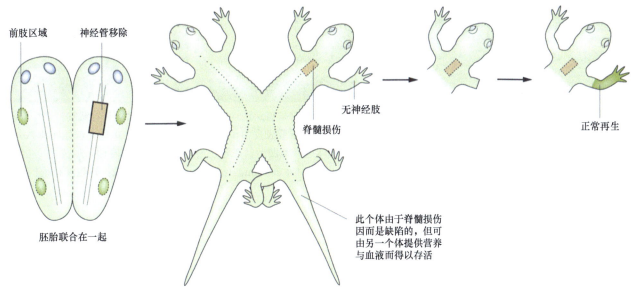

前肢区域　神经管移除

胚胎联合在一起

脊髓损伤

无神经肢

此个体由于脊髓损伤因而是缺陷的，但可由另一个体提供营养与血液而得以存活

正常再生

图 24.15　联体共生动物中无神经肢的再生。由于从胚胎中移除了部分神经管，因此肢缺乏神经支配。尽管如此，它仍能正常再生。

神经作用的另一个奇怪现象是"矛盾性再生"（paradoxical regeneration）现象。如果给予肢足够剂量的 X 射线照射，这将抑制再生。如果压碎臂丛神经以诱导去神经支配，这也会抑制再生。然而，如果同时进行这两种处理，那么在一段时间后，肢将会恢复再生能力。对此现象的解释是，神经会沿着旧的神经通路向下再生进入肢中。神经轴突沿着这些通路生长，因此能够提供必要的促有丝分裂因子。此外，成纤维细胞会沿着再生通路生长，并引入一群未受辐射的细胞，由于这些细胞具有结缔组织特性，它们可以形成再生肢的骨骼（参见下文"再生的细胞来源"）。

再生的细胞来源

芽基细胞的谱系长期以来在其起源和多潜能分化能力方面一直存在争议。现在已经清楚的是，它们起源于伤口局部，并且在其行为上存在一定程度的**化生/组织转化**（**metaplasia**）。"化生"在第 21 章中提到过，是指在成熟生物体中一种组织类型转变为另一种组织类型的现象。现在已经通过结合细胞标记技术、单细胞 RNA 测序和克隆分析解决了芽基细胞谱系的问题。

通过将绿色荧光蛋白（GFP）标记的转基因墨西哥钝口螈组织移植到未标记的宿主中，研究了再生过程中的组织转化程度。具体方法是：制作一个肢，使其含有单一标记的组织类型，然后将其截肢并使其再生，接着检查标记细胞的分布情况。对于某些组织类型，如软骨和表皮，可以将较纯的标记组织外植体移植到宿主中；而对于其他组织类型，包括肌肉和神经，移植需要在胚胎阶段完成。如第 17 章所述，在神经胚阶段进行体节组织移植，将为相邻的肢芽产生标记的肌肉。同样，移植神经管节段将在肢芽中产生标记的神经。一旦肢生长完成，它只包含单一的标记组织类型，标记细胞的命运在截肢和再生后就可以很容易地被跟踪了。

此类实验的结果如下：表皮只会变成新的表皮，肌肉只会变成新的肌肉，神经鞘的施万细胞只会变成新的施万细胞。然而，包括真皮、软骨、肌腱、韧带和纤维囊在内的结缔组织家族确实表现出广泛的组织转化，以至于这些组织类型中的每一种都可以相互转化（图 24.16）。因此，再生肢中的细胞谱系限制与发育中肢的细胞谱系限制相同，在发育中的肢中，结缔组织类型来源于肢芽间充质，肌肉细胞来自体节，施万细胞来自神经嵴，表皮细胞类型则来自肢芽表皮。

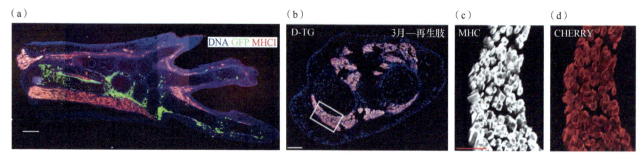

图 24.16　再生过程中的细胞谱系示踪。(a) 将一块 GFP 转基因软骨移植到正常动物，然后通过移植区进行截肢。切片显示绿色移植物来源细胞仅填充骨骼和结缔组织，而不存在于肌肉纤维或表皮中。标尺：100 μm。(b～d) 他莫昔芬处理 *Pax7-CreER; stoplox-Cheery* 转基因肢以标记肌卫星细胞。对该肢体进行截肢后，在再生肢中仅肌肉纤维被 Cherry 荧光（红色）标记，而其他组织不被标记。MHC，肌球蛋白重链。标尺：(b) 中为 200 μm，(c,d) 中为 50 μm。来源：转载自 Kragl et al. (2009). Nature. 460, 60–65, 经 Nature Publishing Group 许可。

这些结果已经通过单细胞 RNA 测序得到了进一步的拓展。就结缔组织来源细胞而言，可以使用 *Prrx1-CreER* 转基因技术对这些细胞进行标记，然后通过荧光激活细胞分选术（FACS）将它们分离出来。Prrx1 是一种在胚胎的肢前（pre-limb）间充质中表达的转录因子，当 *Prrx1-CreER* 与合适的报告构建体组合时，一定剂量的他莫昔芬可以标记大部分结缔组织细胞，而不会标记肌肉、血细胞、血管或神经。从单细胞转录组生成的拟时间细胞谱系（见第 5 章）表明，在截肢后大约 11 天，结缔组织细胞会去分化为类似于幼体肢芽间充质的状态。随后，它们会重新分化为骨骼和非骨骼结缔组织。使用 **Brainbow** 报告基因可以检查单个克隆的行为，这表明单个细胞可以产生后代，这些后代会分化为几种不同的结缔组织类型，包括骨骼、骨周组织、成纤维细胞和肌腱。但是，其他组织类型在再生过程中会维持它们自身的细胞谱系。在墨西哥钝口螈中，肌肉纤维来源于肌卫星细胞（关于东美螈肌肉再生的细胞来源，请参阅"再生：祖先特性还是适应性特性？"部分），而血管和神经则分别来源于残肢中的相应组织。除了为芽基提供大部分细胞外，结缔组织来源的细胞还负责形成再生组织的空间图式（见下文"区域图式的再生"）。

区域图式的再生

近–远图式

再生肢的解剖图式与残肢的解剖图式一致，因此截肢平面远端的所有部分都会被替换。即使切割面朝向近端，近端部分也不会从截肢面再生，如图 24.17 中的实验步骤所示。这一事实被概括为"远端转化定律"（law of distal transformation），该定律适用于所有能够再生的脊椎动物和节肢动物的附肢。在两栖动物的肢中（但昆虫的肢体并非如此），该定律也适用于**插入再生**，即发生在通常不相邻的部分之间的组织连接处的再生。当芽基从远端移植到近端时，再生肢图式中可能存在的缺口会由残肢侧的插入再生来填补。然而，如果将近端芽基移植到远端残肢上，则不会发生如昆虫腿再生中所见的反向插入来填补缺口；相反，每个部分都会按照正常情况进行再生，从而在图式上留下不连续的部分（图 24.18）。在这类实验中，再生过程中组织的贡献已通过使用在皮肤色素沉着、三倍体或转基因标记等方面存在遗传差异的动物之间进行移植而得到了确定。

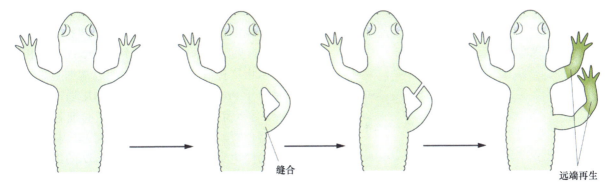

图 24.17　如这个经典实验所示，即使截面朝向近端，也会发生远端再生。

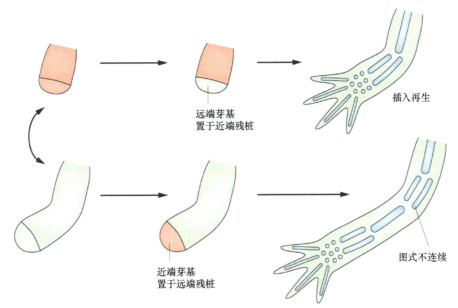

图 24.18　近–远轴的插入再生。残桩可以产生更远端的组织，但芽基无法生成更近端的组织。

　　许多关于再生的实验结果表明，肢的组织携带**位置信息**，或者说是一种区域身份编码，它特化了在分化过程中会形成何种结构。这可以通过以下类型的实验来说明：对肢进行辐照以抑制其再生，将未受辐照动物上臂的一块皮肤套袖移植到受辐照动物的下臂，然后通过移植部位对组合肢体进行截肢，将会形成一个来源于移植物的再生肢，并且再生的骨骼图式将从上臂开始，而不是从下臂开始，因为这代表了移植物的近–远端身份。这样的再生肢存在肌肉缺陷，因为参与再生的细胞来自移植物的真皮，无法分化为肌纤维。

　　近–远端区域特性与细胞黏附的差异有关。这可以通过将一个肢的芽基移植到另一个肢的芽基–残肢连接处来显示。随着这种移植物–宿主组合的生长和分化，供体芽基将形成一个异位肢，从宿主肢分支出来。值得注意的是，异位肢从宿主肢分支的近–远端水平与其自身的近–远端特征是相对应的。换句话说，如果是近端芽基，那么它最终会处于近端位置；如果是远端芽基，那么它最终会处于远端位置（图 24.19）。

　　位置信息中一个可能的分子组成部分是一种名为 Prod1 的蛋白质。这种蛋白质是有尾类两栖动物所特

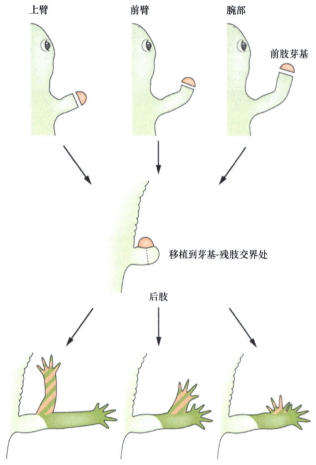

图 24.19　移植到后肢芽基-残肢连接处的芽基的迁移。近端芽基最终处于近端位置；远端芽基最终处于远端位置。

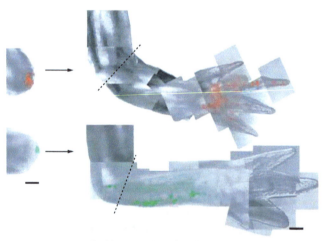

图 24.20　Prod1 控制近-远端图式化的证据。*Prod1* 与 *Gfp* 一起被电穿孔导入芽基中。再生后，绿色细胞最终处于近端位置。在仅电穿孔 *DsRed* 的对照芽基中，红色细胞最终处于远端位置。左标尺：200 μm；右标尺：1 mm。虚线表示截肢平面。来源：转载自 Echeverri and Tanaka (2005). *Dev. Biol.* 279, 391–401，经 Elsevier 许可。

有的，尽管它与哺乳动物中补体激活抑制剂 CD59 在生物化学上有一定的远缘关系。Prod1 在近端芽基中的含量比在远端芽基中更为丰富，并且其表达被视黄酸上调（参见"视黄酸的作用"部分）。它是一种带有糖基磷脂酰肌醇（glycosylphosphatidylinositol, GPI）锚的细胞表面蛋白。如果将近端芽基和远端芽基放在一起培养，近端芽基会包围远端芽基，这表明远端细胞之间的黏附力比近端细胞之间的黏附力更强（见第 6 章）。但是，针对 Prod1 的中和抗体可以阻止这种情况发生，这表明近端细胞黏附力降低是由于 Prod1 水平较高所致。如果通过电穿孔将 *Prod1* 导入芽基中，接受了 *Prod1* 的细胞最终会处于近端位置，就如同移植的近端芽基一样，而作为对照的经电穿孔处理但未导入 *Prod1* 的细胞最终会处于远端位置（图 24.20）。

与位置信息相关的转录因子是 Meis 蛋白，它们在脊椎动物发育中的肢近端（肢柱）表达，也在果蝇腿成虫盘的近端部分表达。如果通过电穿孔将 *Meis* 基因导入墨西哥钝口螈芽基细胞中，含有这些基因的细胞会比对照细胞移动到更靠近近端的位置，这与表达 *Prod1* 的细胞的行为方式相同。

由于 Hox 基因中的 a-旁系同源组和 d-旁系同源组基因在肢发育中具有重要作用，因此它们在两栖动物肢发育和再生过程中的表达情况已被深入研究。在幼体肢芽发育过程中，这些基因的表达情况与在鸡和小鼠中观察到的相似。*Hox-a* 基因的表达从远端到近端呈嵌套式分布，而 *Hox-d* 基因的表达从后部到前部呈嵌套式分布。在再生过程中，它们按照从近端到远端的顺序（即 *Hox-a9*，然后是 *Hox-a11*，接着是 *Hox-a13*）表达，同样呈嵌套式排列。这表明近-远端再生并不像一些理论模型所预测的那样，依赖于最早建立的最远端编码（即表达 *Hox-a13*），然后再进行插入再生。

横轴上的图式再生

因为肢在三个维度上都是不对称的，因此原则上，它应该需要三组位置信息编码来特化三个解剖轴（远-近轴、前-后轴和背-腹轴）的分化图式；并且在某些方面，肢确实是以这种方式运行的。在横轴上，只有通过截肢或神经偏移（本节将进一步讨论）引发去分化和芽基形成时，才能检测到位置信息。一个常见的实验方案是通过手术重新排列一个肢，然后将其缝合在一起使其愈合。这本身并不会引发再生。但是，如果随后对经过改造的肢进行截肢，就会在切割面上形成一个芽基，并且再生结构的图式既取决于切割面上位置信息编码的呈现情况，也取决于这些编码之间相互作用的性质。

有两条已经得到较好验证的原则可以概括这些相互作用的规律。一条原则是插入（intercalation）原则。该原则指出，当芽基由两个位置信息编码不连续的组织区域产生时，再生过程会用通常出现在这两个区域之间的结构来填补缺口。这可以通过将肢一部分的皮肤移植到另一部分，然后在移植区进行截肢来证明。介于中间的结构既来自移植物，也来自宿主（图 24.21）。通过移植单一组织类型，这类实验还可以揭示哪些具体组织携带了区域信息编码。答案是，这些编码由结缔组织携带，而不由肌纤维或表皮携带。因此，尽管在这类实验中经常使用皮肤移植，但只有**真皮**起作用。这一点可以通过以下事实得到证明：纯真皮层的移植具有类似的效果，而纯表皮的移植则没有效果。

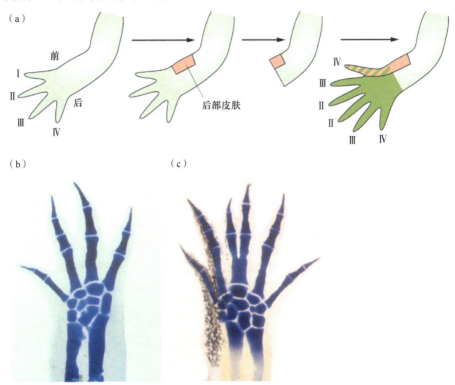

图 24.21 前-后轴上的插入再生。（a）后部皮肤移植促使宿主组织形成中间的指。移植物显示为橙色，再生结构以橄榄绿色显示。（b,c）一个复制的蝾螈肢，由皮肤移植后的再生产生。（b）对照再生肢，注意四指的不同外观。（c）将着色动物的后部皮肤移植到无色素的宿主肢前部后得到的再生肢。从色素沉着来看，额外的第 4 和第 3 指来自移植物，而复制的第 2 指来自宿主。来源：（b,c）Jonathan Slack。

另一条原则是，切割面上位置信息编码需要存在一定程度的不连续性，才能启动远端再生。例如，如果将一小块皮肤移植到受辐照后无法自行再生的肢上，然后通过移植区进行截肢，那么只会形成非常有限的再生肢。但是，如果将来自肢体相对两侧的两块大小相似的正常皮肤进行移植，那么再生组织将会更加可观，并且包含许多图式元素。然而，切割面上并不一定需要存在所有正常的编码，因为不完整的肢或缺少某些结构的异常肢都能够很好地再生。例如，通过在胚胎中进行**极性活性区**（**ZPA**，参见第 17 章）移植或在成体中进行皮肤移植而形成的双后部肢（图 24.21），将会再生出缺少最前部结构的双后部再生肢。

插入原则和横轴位置不连续性这两个要求，在轴反转实验中都发挥着作用，这与"昆虫肢再生"部分中描述的昆虫肢的相同操作过程非常相似。轴反转实验是将芽基移植到动物对侧的残肢上。由于肢在三维空间中是不对称的，因此无法将右肢完全覆盖在左肢上。如果将芽基从右侧移植到左侧，或者从左侧移植到右侧，那么相对于宿主残肢来说，它必然会有一个轴是反转的（图 24.22）。这种移植会在差异最大的点可靠地产生一对超数再生肢。因此，总共会再生出三个肢。一个肢由芽基产生，具有其原来的极性；另外两个肢由位置不协调的芽基-残肢连接处产生，其极性与中间的肢相反。仅仅将芽基在其自身的残肢上旋转也可能会产生超数肢，但是其数量、位置和解剖完整性的变化要大得多，因为编码的差异在整个圆周上都比较相似。

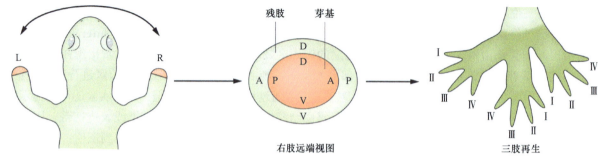

图 24.22 芽基轴向反转移植到残肢上产生三肢：一个中间肢和两个超数肢。

在许多近期的实验中，通过神经偏移（nerve deviation）可以产生一种更易于控制的实验情况。如果通过手术将臂神经偏移穿过上臂的皮肤，将促使形成一个芽基，但在没有进一步处理的情况下，这个芽基很快就会退化。如果在前部进行神经偏移的同时，移植一块来自肢后部的皮肤，那么芽基就会持续生长，并且会在连接处形成一条完整的肢（图 24.23）。如果神经从后部偏移并辅以前部皮肤移植，情况也是如此。

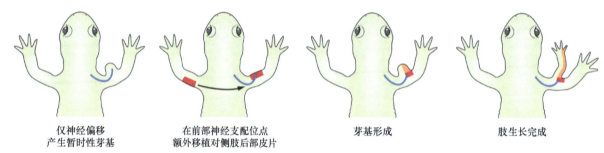

仅神经偏移　　　　在前部神经支配位点　　　　芽基形成　　　　肢生长完成
产生暂时性芽基　　额外移植对侧肢后部皮片

图 24.23 远端再生需要切面图式的不连续性。当神经穿过上臂皮肤偏移时，会形成短暂的芽基。但芽基只有在前部和后部皮肤都同时存在时才会生长并产生再生肢。此图中，神经偏移位于前部，并移植了后部皮肤。

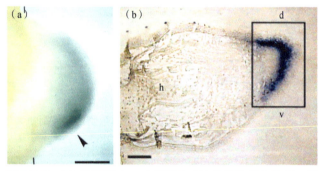

图 24.24 (a) 东美螈（newt）芽基中 Shh 的整体原位杂交，前部朝上。标尺：500 μm。(b) 墨西哥钝口螈（axolotl）芽基切片 Fgf8 的原位杂交。Fgf8 表达集中在前部，并且存在于基底表皮帽和远端间充质中。标尺：100 μm。来源：(a) Imokawa and Yoshizato（1997）. PNAS 94, 9159-9164, © (1997). National Academy of Sciences, USA; (b) Han et al. (2001). Dev. Dyn. 220, 40-48。

已经基于对肢发育的了解，对控制前-后图式的信号的性质进行了研究（第 17 章）。通常情况下，Shh 在芽基的后部间充质中表达，而 Fgf8 在前部表皮帽和间充质中表达（Fgf8 并非像在鸡肢芽中那样仅在顶端表皮中表达）（图 24.24）。与在肢发育过程中一样，这些因子通过一个涉及 Gremlin 蛋白的正反馈回路来维持彼此的表达。将 Shh 递送到芽基的前部将产生双后部重复结构，这表明 Shh 在再生过程中具有与在肢发育中类似的后部化效应。在神经偏移模型中，将 Shh DNA 转导至肢前部神经偏移部位可以促使形成一条良好的再生肢，将 FGF8 递送至后部神经偏移部位也会激发很好的肢再生。Shh 的特异性抑制剂可以抑制前部神经偏移并伴有后部皮肤移植情况下的再生，而 FGF 的特异性抑制剂则可以抑制后部神经偏移并伴有前部皮肤移植情况下的再生。总体而言，这些实验有力地表明，至少前-后图式是由 Shh 和 FGF 的互补梯度所控制的。

目前尚不清楚存储在结缔组织中的长期位置信息的分子基础的性质。这种信息一定非常稳定，因为在没有再生的情况下，皮肤移植物可以在至少一年内保持与周围组织不一致的位置身份特征。对成熟结缔组织中候选基因表达情况的研究很少。转录因子 Lmx1b 的基因可能是一个候选基因。它的同源基因与鸡肢芽的背部特征相关，并且 Lmx1b 在墨西哥钝口螈成熟肢的背部真皮中表达，在芽基的背部表达水平更高。它的表达会被具有腹部化特性的视黄酸抑制（见"视黄酸的作用"部分）。Hox-d 基因在肢发育中与前-后图式相关。已经对它们在墨西哥钝口螈中的表达情况进行了研究，但其中一些基因的表达是作为创伤反应的一部分出现的，这种反应可以在身体的任何部位发生，并非是再生所特有的。

视黄酸的作用

通过用视黄酸处理锥形期的芽基，可以实现几种不同类型的位置信息编码的重新特化。这包括视黄酸对三个体轴图式中每一个轴的影响，导致近端化（proximalization）、后部化（posteriorization）和腹部化（ventralization）。由于在这些实验中，整个动物都被浸没在视黄酸溶液中，因此可以假定芽基在处理过程中会接触到均匀剂量的视黄酸。

当用视黄酸处理被截断但在其他解剖学方面正常的肢时，其结果是近端化，即芽基的进一步发育导致结构的系列重复。例如，用视黄酸处理腕部水平的芽基可以再生出完整的手臂（图 24.25）。这显然违反了正常情况下的"远端转化定律"。视黄酸存在一定的剂量–反应效应，剂量越高，近端化程度越高，但超过一定剂量时，生长被抑制，再生被完全阻止。

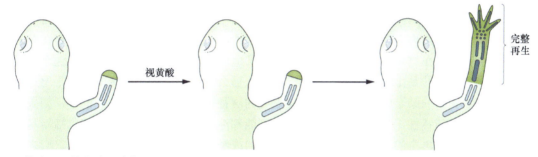

图 24.25　视黄酸处理使芽基近端化。

在用视黄酸处理来自半侧肢的芽基时，视黄酸展现出后部化效应。通常情况下，后部半肢的再生能力比前部半肢更强，前者常常能够再生出完整的远端肢，而后者仅能再生出很少的结构或不能再生。但是视黄酸会改变这种情况，它会促使前部半肢正常再生，而抑制后部半肢的再生。如果通过手术制造出具有双前部（double-anterior）或双后部（double-posterior）形态的肢，那么通常双后部肢会产生一些远端再生，而双前部肢则不再生。同样，在视黄酸处理下，这种情况会发生反转。双前部肢能够产生两个完全再生肢，而双后部肢无任何再生（图 24.26）。这些结果可以通过假设视黄酸使芽基后部化来解释。用视黄酸进行的均匀处理使得芽基在整体上都具有后部特征。然后，芽基与来自残肢的新去分化组织之间的相互作用，会在前–后编码存在不连续的任何地方产生肢。

当用视黄酸处理背侧和腹侧半肢时，也能得到类似的结果。视黄酸处理后，背侧半肢会再生，双背侧半肢会形成双肢。这表明视黄酸也会使芽基腹部化，并且再生肢是在芽基与新的去分化残肢组织相互作用后产生的。对这一解释的支持来自这样一个事实：在去分化完成后，再用视黄酸进行后期处理，会导致图式的删节。这是因为到了这个阶段，残肢无法再提供更多的去分化组织，使得启动远端再生所需的相互作

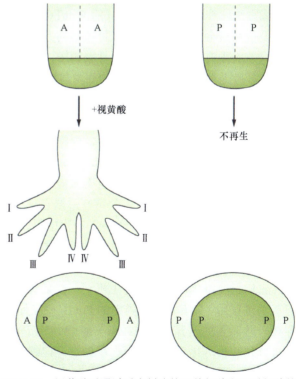

图 24.26　视黄酸对通过手术制造的双前部肢和双后部肢的影响。由于后部化的芽基与未改变的残肢之间的相互作用，双前部肢会形成双再生肢。

用无法发生。

因此，视黄酸的总体作用相当复杂，包括同时使芽基近端化、后部化和腹部化。除了近端化过程（已知视黄酸会使 *Prod1* 和 *Meis* 基因的表达上调）外，其作用的分子基础仍不清楚。视黄酸发挥作用的初始步骤是与属于核受体类的视黄酸受体结合。有尾类两栖动物的肢含有几种类型的视黄酸受体，包括一些有尾类动物特有的形式（称为 δ 受体），它们介导了再生反应。

已在含有与报告基因偶联的视黄酸反应元件（RARE）的转基因墨西哥钝口螈中，观察到了内源性视黄酸的活性。结果显示，视黄酸在前肢肢芽的近端表达，但令人惊讶的是，其在后肢肢芽中并不表达。在再生过程中，视黄酸信号转导仅局限于顶端表皮。因此，视黄酸具有有趣的重新特化身份的活性，并且该活性存在于创伤表皮中。然而，视黄酸抑制剂对再生的影响相当轻微，因此视黄酸在再生过程中的确切体内作用仍不确定。

再生：祖先特性还是适应性特性？

再生具有祖先特性的观点，意味着它可能是生命物质的一种固有属性，一直存在，只是在各种情况下可能会被掩盖。另外，如果再生能力是一种进化上的新特性，那就意味着生命物质并不存在普遍的再生能力，而是说这种再生能力在进化过程中多次出现，是为了适应特定环境而逐渐形成的。这个问题具有明显的实际意义。如果再生真的是生命物质的一种固有属性，那么或许存在一种简单的方法，通过恢复在近期进化历程中被关闭或丧失的某个组成部分，就能让人类的这种再生能力重新显现。但是，如果每一种再生现象都是一种进化上的新特性，那么每一种再生现象可能都涉及新机制的产生，也许包括新基因。要将这样一种机制引入一个不能再生的生物体中，需要许多新的或经过修饰的组成部分，以及它们之间的许多新连接。当然，最终可能会发现这两种观点在某种程度上都是正确的，即一些再生行为是祖先的，而另一些则是近期才产生的。

支持再生具有祖先特性的观点的依据是，所有三胚层动物（两侧对称动物）似乎都有一种共同的躯体模式形成方法，涉及控制前-后图式的 Wnt/FGF 梯度，以及控制背-腹图式的 BMP 梯度。在全身再生过程中，这些信号系统会重新激活，并以可预期的方式控制无体腔动物和涡虫中的图式再生。全身再生通常与一种无性繁殖类型有关联，在这种无性繁殖中，身体可以自发地分裂成两部分，每一部分都能发育成一个新的个体。裂殖无性繁殖和全身再生的要求显然非常相似。全身再生还与细胞的持续更替相关，在这个过程中，身体的主要部分不断由多能干细胞进行替换。

脊椎动物和昆虫在发育过程中确实具有同源的躯体模式形成机制，但它们不表现出全身再生。这可能是因为这些类群的发育具有层级性。脊椎动物中任何特定的成熟细胞类型的形成都需要经历几个连续的发育决定过程（见第 2 章）。Wnt、FGF 和 BMP 信号在发育过程会被多次重复利用，这表明响应细胞的感应性必须反复改变。成体涡虫仍然含有多能干细胞，但据我们所知，成年脊椎动物则没有。因此，尽管从进化的角度来看全身再生是祖先的特性，但它只能在那些含有持续的 Wnt 和 BMP 梯度，以及能够对这些梯度做出反应的持续存在多能干细胞的动物中得以保留。

支持再生是特殊适应性特性这一观点的依据是，人们注意到在自然界中存在大量对动物突出部位（如蝾螈的四肢和尾巴）的非致命捕食。这与这样一种观点相契合，即对于那些生活方式使其易受攻击的动物而言，它们已经进化出了新的再生机制。在某些情况下，能够再生的物种所特有的新基因似乎在附肢再生中起着关键作用（如有尾两栖类中的 Prod1 和视黄酸受体 δ）。此外，在看似相似的物种中，再生机制之间也存在一些显著的差异。在绿红东美螈（*Notophthalamus viridescens*）的肢再生中，新的肌肉是由多核肌纤维的去分化和再分化形成的，而在墨西哥钝口螈中，新的肌肉则来自肌卫星细胞。类似动物之间的这种差异确实表明，至少对于附肢再生来说，对非致命性捕食的再生反应经历了多次进化。

再生的一般特性

尽管上述已经强调了再生中的各种差异，但在缺失部分的再生过程中，仍然有一些明显的一般特征。为了实现再生，相关部分应该仍然含有能够分裂的细胞，并且控制生长和区域特化的基因要么仍然具有活性，要么至少在受伤后能够上调表达。再生中，细胞的去分化程度比以前认为的要低。在涡虫中不存在去分化，再生依赖于多能干细胞的持续存在。在有尾类动物的肢中，结缔组织确实会发生去分化，但只会达到类似肢芽的状态。在不能再生的情况下，为了实现再生而需要重新表达的基因通常很难上调表达。例如，在有尾类动物中，负责前-后图式形成的 Shh 基因的增强子在 DNA 水平上未被甲基化，并且大概可以被相关的调节蛋白所作用；而在变态后不能再生肢的无尾类动物中，相同的增强子被甲基化且没有活性。尽管由于起始点和事件规模的不同总会存在一些差异，但再生确实倾向于重新利用胚胎发育中使用的机制。

经典实验

图式再生

以下这些再生研究领域的经典论文形成了一个逻辑系列，而且不同寻常的是，在通过实验验证之前，理论学家就已经推导出了正确的结果。第一篇文章试图为成虫盘、半变态昆虫的肢以及两栖动物肢的再生推导出一些一般的现象学规则。它并不完全正确，但在当时极具影响力。第二篇文章是对该模型的三维改进。第三篇文章基于果蝇腿成虫盘的分子信息，而最后一篇文章则表明基因表达模式与在半变态昆虫再生肢中所预测的一致。

French, V., Bryant, P.J. & Bryant, S.V. (1976) Pattern regulation in epimorphic fields. *Science* **193**, 969-981.

Meinhardt, H. (1983) Cell determination boundaries as organizing regions for secondary embryonic fields. *Developmental Biology* **96**, 375-385.

Campbell, G. & Tomlinson, A. (1995) Initiation of the proximodistal axis in insect legs. *Development* **121**, 619-628.

Mito, T., Inoue, Y., Kimura, S. et al. (2002) Involvement of hedgehog, wingless, and dpp in the initiation of proximodistal axis formation during the regeneration of insect legs, a verification of the modified boundary model. *Mechanisms of Development* **114**, 27-35.

新的研究方向

再生研究仍然存在一些非常深刻的问题：

为什么有些结构能够再生，而其他看似相似的结构却不能再生（如有尾类和无尾类动物的肢）？

在涡虫中，细胞如何知道它们是处于朝前的切面还是朝后的切面？

两栖结缔组织去分化的分子基础是什么？为什么去分化停止在类似肢芽状态？

在两栖动物中，存储在成熟结缔组织中的位置信息的分子基础是什么？

要点速记

- 一些无脊椎动物能够从小块组织碎片中再生出完整的身体。在这种情况下，被横切的身体可以从朝向前方的切割面形成一个新的头部，从朝向后方的切割面形成一个新的尾部。这被称为全身再生。昆虫和脊椎动物只能再生附肢，并且总是从切割面开始向远端进行再生。
- 涡虫是能够进行全身再生的动物。再生能力依赖于成新细胞，它们是一群小的、未分化的、能进行有丝分裂的细胞，约占涡虫身体的20%。成新细胞中的一个亚群为多能干细胞。
- 涡虫的区域图式由 Wnt、FGF 和 BMP 的持续浓度梯度以及它们调节的基因控制。
- 半变态昆虫肢的再生行为可以用与果蝇腿成虫盘发育中相同的相互作用来解释。

- 大多数有尾类两栖动物一生中都能够再生肢。截肢后，会形成一个由明显未分化细胞组成的再生芽基。它以从近端到远端的顺序生长和分化，以重新形成缺失的部分。然后，这个缩微版的肢再生长到正常大小。芽基的生长需要创伤表皮和神经分泌的生长因子。
- 再生肢是由切割表面附近的细胞形成的。结缔组织会去分化为类似肢芽的状态。在再分化过程中，结缔组织类型会发生组织转化，但肌纤维、施万细胞和表皮不会转化为其他细胞类型。
- 在移植实验中，肢的表现就好像它包含一个位置信息系统，该系统对每个部分进行标记，并控制再生过程中形成的结构的图式。对于远端再生来说，位置信息需要存在一定的不连续性。视黄酸可以使芽基近端化、后部化和腹部化。

拓展阅读

综合

Carlson, B.M.（2007）*Principles of Regenerative Biology*. London: Academic Press.

Agata, K., Saito, Y. & Nakajima, E.（2007）Unifying principles of regeneration I: epimorphosis versus morphallaxis. *Development Growth and Differentiation* **49**, 73–78.

Bely, A.E.（2010）Evolutionary loss of animal regeneration: pattern and process. *Integrative and Comparative Biology* **50**, 515–527.

Bely, A.E. & Nyberg, K.G.（2010）Evolution of animal regeneration: re-emergence of a field. *Trends in Ecology & Evolution* **25**, 161–170.

Slack, J.M.W.（2017）Animal regeneration: ancestral character or evolutionary novelty? *EMBO Reports* e201643795.

Pinet, K. & McLaughlin, K.A.（2019）Mechanisms of physiological tissue remodeling in animals: manipulating tissue, organ, and organism morphology. *Developmental Biology* **451**, 134–145.

Joven, A., Elewa, A. & Simon, A.（2019）Model systems for regeneration: salamanders. *Development* **146**, dev167700.

Sanz-Morejón, A., Mercader, N.（2020）Recent insights into zebrafish cardiac regeneration. *Current Opinion in Genetics & Development*. **64**, 37–43.

涡虫再生

Egger, B., Gschwentner, R. & Rieger, R.（2007）Free-living flatworms under the knife: past and present. *Development Genes and Evolution* **217**, 89–104.

Witchley, J.N., Mayer, M., Wagner, D.E. et al.（2013）Muscle cells provide instructions for planarian regeneration. *Cell Reports* **4**, 633–641.

Zhu, S.J. & Pearson, B.J.（2016）（Neo)blast from the past: new insights into planarian stem cell lineages. *Current Opinion in Genetics & Development* **40**, 74–80.

Srivastava, M., Mazza-Curll, K.L., van Wolfswinkel, J.C. et al.（2014）Whole-body acoel regeneration is controlled by Wnt and Bmp-Admp signaling. *Current Biology* **24**, 1107–1113.

Reddien, P.W.（2018）The cellular and molecular basis for planarian regeneration. *Cell* **175**, 327–345.

Plass, M., Solana, J., Wolf, F.A. et al.（2018）Cell type atlas and lineage tree of a whole complex animal by single-cell transcriptomics. *Science* **360**, eaaq1723.

Zeng, A., Li, H., Guo, L. et al.（2018）Prospectively isolated tetraspanin+ neoblasts are adult pluripotent stem cells underlying planaria regeneration. *Cell* **173**, 1593–1608.e20.

Pellettieri, J.（2019）Regenerative tissue remodeling in planarians – the mysteries of morphallaxis. *Seminars in Cell & Developmental Biology* **87**, 13–21.

节肢动物附肢再生

Nakamura, T., Mito, T., Bando, T. et al.（2008）Dissecting insect leg regeneration through RNA interference. *Cellular and Molecular Life Sciences* **65**, 64–72.

Konstantinides, N. & Averof, M.（2014）A common cellular basis for muscle regeneration in arthropods and vertebrates. *Science* **343**, 788−791.

Das, S.（2015）Morphological, molecular, and hormonal basis of limb regeneration across Pancrustacea. *Integrative and Comparative Biology* **55**, 869−877.

Bando, T., Mito, T., Hamada, Y. et al.（2018）Molecular mechanisms of limb regeneration: insights from regenerating legs of the cricket Gryllus bimaculatus. *International Journal of Developmental Biology* **62**, 559−569.

两栖动物肢再生
综合

Iten, L.E. & Bryant, S.V.（1973）Forelimb regeneration from different levels of amputation in the newt Notophthalamus viridescens: length, rate and stages. *Wilhelm Roux's Archives of Developmental Biology* **173**, 263−282.

Scadding, S.R.（1977）Phylogenetic distribution of limb regeneration capacity in adult amphibia. *Journal of Experimental Zoology* **202**, 57−68.

Khattak, S., Murawala, P., Andreas, H. et al.（2014）Optimized axolotl（Ambystoma mexicanum）husbandry, breeding, metamorphosis, transgenesis and tamoxifen-mediated recombination. *Nature Protocols* **9**, 529−540.

Tanaka, E.M.（2016）The molecular and cellular choreography of appendage regeneration. *Cell* **165**, 1598−1608.

Stocum, D.L.（2017）Mechanisms of urodele limb regeneration. *Regeneration* **4**, 159−200.

细胞谱系

Namenwirth, M.（1974）The inheritance of cell differentiation during limb regeneration in the axolotl. *Developmental Biology* **41**, 42−56.

Kragl, M., Knapp, D., Nacu, E. et al.（2009）Cells keep a memory of their tissue origin during axolotl limb regeneration. *Nature* **460**, 60−65.

Sandoval-Guzman, T., Wang, H., Khattak, S. et al.（2014）Fundamental differences in dedifferentiation and stem cell recruitment during skeletal muscle regeneration in two salamander species. *Cell Stem Cell* **14**, 174−187.

Gerber, T., Murawala, P., Knapp, D. et al.（2018）Single-cell analysis uncovers convergence of cell identities during axolotl limb regeneration. *Science* **362**, eaaq0681.

位置信息与视黄酸

Tank, P.W. & Holder, N.（1981）Pattern regulation in the regenerating limbs of urodele amphibians. *Quarterly Reviews of Biology* **56**, 113−142.

Bryant, S.V. & Gardiner, D.M.（1992）Retinoic acid, local cell−cell interactions, and pattern formation in vertebrate limbs. *Developmental Biology* **152**, 1−25.

Stocum, D.L.（1996）A conceptual framework for analysing axial patterning in regenerating urodele limbs. International *Journal of Developmental Biology* **40**, 773−783.

Echeverri, K. & Tanaka, E.M.（2005）Proximodistal patterning during limb regeneration. *Developmental Biology* **279**, 391−401.

Monaghan, J.R. & Maden, M.（2012）Visualization of retinoic acid signaling in transgenic axolotls during limb development and regeneration. *Developmental Biology* **368**, 63−75.

Nacu, E., Glausch, M., Le, H.Q. et al.（2013）Connective tissue cells, but not muscle cells, are involved in establishing the proximo-distal outcome of limb regeneration in the axolotl. *Development* **140**, 513−518.

Nacu, E., Gromberg, E., Oliveira, C.R. et al.（2016）FGF8 and SHH substitute for anterior−posterior tissue interactions to induce limb regeneration. *Nature* **533**, 407−410.

术 语 表

术语表不包括大多数单个基因或基因产物的名称。

abdominal histoblast，腹部成组织细胞
存在于全变态昆虫幼虫中的细胞巢，在变态过程中产生腹部角质层。

acinus，腺泡
腺上皮中的细胞簇。

acrosome，顶体
精子中存在的大分泌囊泡。

adaptive evolution，适应性进化
自然选择产生的进化变化。

adherens junction，黏着连接
由钙黏蛋白、跨膜蛋白组成的细胞之间的附着，在钙离子存在的情况下相互结合。在细胞质侧，钙黏蛋白通过包括联蛋白的蛋白质复合物与肌动蛋白细胞骨架连接。

adipose tissue，脂肪组织
储存和合成脂肪的组织。

adult stem cell，成体干细胞
=tissue-specific stem cell（组织特异性干细胞）。

aggregation chimera，聚集嵌合体
由两个不同基因型的胚胎聚合而成的小鼠。

AGM region，AGM 区
脊椎动物胚胎的中胚层主动脉–性腺–中肾区域。

agouti，刺鼠色/刺鼠
哺乳动物特有的毛色/一种啮齿动物。

allantois，尿囊
羊膜动物源自后内胚层的胚胎外结构，尽管在小鼠中它完全由后中胚层形成。在鸟类和爬行动物中，它用于呼吸和储存含氮废物。

allele，等位基因
具有替代 DNA 序列且占据基因组中相同基因座的基因。

allelic series，等位基因系列
一组显示出逐渐增强的表型的等位基因。

allograft，allogeneic graft，同种异体移植
从一个成熟个体到另一个成熟个体的移植；可能会引发免疫反应，除非个体属于相同的近交系。

allometry，异速生长
生物体的两个部分之间或不同生物体的同源部分之间的差异生长。

allotetraploid，异源四倍体
通过不同（通常密切相关）物种的杂交，拥有四个基因组副本。

amniocentesis，羊膜腔穿刺术
从人类胚胎羊膜腔内采集细胞样本。这使得早期检测染色体异常成为可能。

amnion，羊膜
羊膜动物特有的胚胎外膜，由面向胚胎一侧的外胚层和面向绒毛膜一侧的中胚层组成。

amniote，羊膜动物
胚胎有羊膜的脊椎动物，即哺乳动物、鸟类或爬行动物。

amphioxus，文昌鱼
最著名的头索动物类型。它有脊索、分段肌肉和咽裂，但没有椎骨或头骨。文昌鱼被认为与脊椎动物的共同祖先相似。

ampulla，壶腹
管道的扩展区域。在发育生物学中，通常指的是法特氏壶腹，即胰管通往肠道的出口，或指发生受精的输卵管部分。

analogy，同功

在进化中，不同生物体中的结构由于同源性以外的原因而彼此相似。

anamniote，无羊膜动物

胚胎没有羊膜的脊椎动物，即鱼或两栖动物。

anchor cell，锚细胞

作为秀丽隐杆线虫外阴信号中心的细胞。

androgenetic，雄核发育的

其遗传物质仅源自精子的胚胎。

aneuploidy，非整倍体

染色体数量异常，通常是染色体增加或丢失的结果。

angiogenesis，血管生成

从已有血管生长而形成新血管。

animal cap，动物极帽

从两栖动物或鱼类胚胎的动物极外植的区域，通常用于测试诱导因子。

animal hemisphere，动物半球

卵子或卵母细胞的上半球；受精后通常含有极体。

animal model，动物模型

通常是转基因或基因敲除小鼠，被设计为具有与人类疾病类似的缺陷。

animal pole，动物极

卵中通常位于最上面的极，动物极细胞质卵黄含量较低，并且通常带有极体。

antagonist，拮抗剂

抑制或阻止另一种物质作用的物质。

anterior，前部（端）

动物的头端。请注意，在人体解剖学中，由于我们的直立姿势，前与腹相同。

anterior intestinal portal，前肠门

羊膜动物胚胎前肠开口，通入胚盘下层（**中肠**）的腔。

anterior midgut，前中肠

昆虫胚胎肠道从前端内陷的部分。

anterior visceral endoderm（AVE），前脏壁内胚层

小鼠孕体中的胚胎外信号中心。

anteroposterior or anterior-posterior，前后或前–后

朝向动物前末端和后末端的方向或连线。在人体解剖学中，与背–腹相同。

antibody，抗体

由免疫系统的 B 淋巴细胞产生的免疫球蛋白，可以与特定的目标物质特异性且高亲和力地结合。抗体是通过用感兴趣的物质（称为抗原）对动物进行免疫来产生的。

antigen，抗原

任何通过免疫动物产生抗体的物质。

antimorphic，反效等位

= dominant negative（显性负性）。

antisense，反义

与目标序列互补并能够与其杂交的 DNA 或 RNA 序列。

anurans，无尾类

无尾两栖动物，如蛙和蟾蜍。

apical，顶端

上皮中远离基底膜的一侧，通常面向管腔。

apical ectodermal ridge（AER），顶端外胚层嵴（AER）

脊椎动物肢芽上的表皮嵴，是远端生长所必需的。

apoptosis，细胞凋亡

最常见的程序性细胞死亡类型。它涉及胱天蛋白酶的激活，并避免有毒产物释放到周围环境中。

appositional induction，并置诱导

两个接触的细胞片之间的诱导。

arbor，（树突）树

在发育生物学中指的是神经元上的树突状突起。

archenteron，原肠腔

由于原肠胚形成运动而形成的空腔；成为或参与后来的肠腔。

area opaca，暗区

禽类胚盘的外部胚外区域，扩展形成卵黄囊（yolk sac）。

area pellucida，明区

禽类胚盘的中心区域，胚胎本身从这里发育。

asexual reproduction，无性繁殖

无须两个配子融合形成合子的繁殖。这可以有多种形式，包括出芽、片段化或源自卵的孤雌生殖。

aster，星体

微管阵列，在细胞分裂过程中分离染色体。

astrocyte，星形胶质细胞

中枢神经系统中的一种胶质细胞。

asymmetrical division，不对称分裂

细胞分裂产生的两个子细胞彼此不同的情况。

atavism，返祖现象

一种类似于祖先生物体特征的形态特性，通常由突变引起。

autologous graft，自体移植

从成熟个体的一个部位移植到另一部位；可避免任何免疫排斥反应。

autonomic system，自主神经系统

神经系统中处理无意识过程（如控制心率或肠道运动）的部分。

autonomous，自主的

用于描述过程，不需要周围细胞的任何输入。

autopod（=autopodium），肢梢
脊椎动物肢的手或脚。

autoradiography，放射自显影
通过暴露于照相乳剂来检测凝胶或组织切片上的放射性的方法。

autosomes，常染色体
不是性染色体的染色体。

axis，轴
①一条线或方向，如在前后轴中；②脊椎动物胚胎的中线结构，包括脊索、体节和神经管。

β cell，β 细胞
胰腺中朗格汉斯岛分泌胰岛素的内分泌细胞。

β-galactosidase，β-半乳糖苷酶
lacZ 基因的产物。β-半乳糖苷酶的酶活性很容易通过组织化学方法检测，因此 *lacZ* 基因经常被用作基因表达的报告基因。

β-geo
β-半乳糖苷酶和新霉素抗性蛋白的融合蛋白。

B lymphocyte，B 淋巴细胞
产生和分泌抗体的淋巴细胞。

balancer chromosome，平衡染色体
不会与其同源物重组的染色体，通常携带隐性致死突变和显性标记。特别适用于简化诱变筛选和维持杂合形式的隐性致死突变体库。

Balbiani body，巴尔比亚尼体
脊椎动物卵母细胞中与种质相关的细胞质结构。它含有线粒体、高尔基体膜和 RNA。

band shift assay，条带移位分析
用于证明蛋白质与核酸结合的凝胶电泳技术。

basal，基部/基础
①上皮中，靠近基底膜的一侧；②分类单元中，与共同祖先最相似的类群。

basement membrane，基底膜
上皮下方的细胞外基质层。

bipolar form，双极形
整个身体的镜像对称复制，如在涡虫或水螅的再生过程中遇到的。

birth defect（=congenital defect），出生缺陷（=先天缺陷）
哺乳动物胚胎在出生时显现的缺陷。这些可能是由遗传原因、胚胎染色体异常或致畸刺激源导致的。

bistable switch，双稳态开关
具有两种稳定状态的分子机制，这两种稳定状态可以通过某些外部信号相互转换。

bivalent，二价体
①减数分裂染色体，含有四个染色单体，由父本和母本染色体配对形成；②具有两个结合位点的分子。

blastema，芽基
未分化的芽样细胞团，分裂增殖（除在涡虫中外）产生一种结构。

blastocoel，囊胚腔
囊胚中心充满液体的腔。

blastocyst，胚泡
空腔形成后的哺乳动物胚胎；胚泡与囊胚不同，因为它含有分化的胚外组织。

blastoderm，胚盘
类似于囊胚，但排列成片状而不是细胞球状。

blastomere，卵裂球
受精卵通过卵裂分裂产生的大细胞。

blastopore，胚孔
原肠胚形成过程中细胞移动到内部所经过的凹陷或裂隙。

blastula，囊胚
早期发育阶段，受精卵反复卵裂产生的一团相似的细胞。

blot，印迹
印迹是通过核酸杂交或抗体结合将凝胶电泳分离的产物转移到适合生化分析的膜上而制作的（参见 **Northern**、**Southern**、**Western** 印迹）。

body plan（=Bauplan），躯体模式（=Bauplan）
一个分类单元各成员共有的整体的基本特征。

border cell，边缘细胞
控制果蝇卵母细胞极性的特殊卵巢卵泡细胞。

brachial plexus，臂丛神经
由供应脊椎动物前肢的脊神经融合和再分支形成的神经排列。

branchial arch，鳃弓
（= 咽弓 pharyngeal arch），咽囊之间的节段性结构，每个鳃弓包括一个软骨弓、血管和脑神经。

branching morphogenesis，分支形态发生
通过细胞运动和（或）上皮生长形成分支结构。

bromodeoxyuridine（BrdU），溴脱氧尿苷（BrdU）
DNA 核苷酸类似物，用于标记 S 期细胞。

Cambrian，寒武纪
最早的动物化石常见的地质时期，距今 5.41 亿年至 4.88 亿年。

cancer，癌症
身体自身细胞不受控制的生长；常表现出局部侵袭行为和转移。

capacitation，获能

用在哺乳动物精子中，获能是女性生殖道中的一个调节过程，使精子能够受精。

carcinoma，上皮癌/癌

源自上皮的癌症。

cardia bifida，心脏双裂

一种先天性异常，有两颗心脏。

carpal，腕骨

手腕的骨头。

cartilage model，软骨模型

参见 model。

caudal，尾部

与尾有关，通常相当于后部。

cavitation，空腔形成

细胞团内腔的形成。

CCD（= charge-coupled device），CCD（= 电荷耦合器件）

数码相机中的光学传感器。

cell biology，细胞生物学

专注于细胞结构、功能和行为的生物学方法。

cell lineage，细胞谱系

一群细胞的"家谱"，显示哪些细胞是较早细胞的后代。

cell type，细胞类型

在光学或电子显微镜下具有特征性外观和特定功能的细胞。细胞类型将越来越多地由单细胞转录组来定义。

cellular blastoderm，细胞胚盘

昆虫的发育阶段，在此阶段合胞体胚盘分裂成细胞。

central nervous system，中枢神经系统

脊椎动物的大脑和脊髓。

centriole，中心粒

在大多数真核细胞中组织有丝分裂纺锤体的圆柱形细胞器。它由微管组成。

centromere，着丝粒

细胞分裂时附着于纺锤体的染色体区域，DNA 复制后附着于姐妹染色单体，在减数分裂时附着于同源染色体。

cephalochordate，头索动物

脊索动物门的一个分支，包括文昌鱼。与尾索动物（如海鞘动物）相比，现在认为其与脊椎动物的关系不太密切。

cephalopod，头足类动物

软体动物门的一类，包括章鱼和鱿鱼。

cerebellum，小脑

脊椎动物脑中控制运动的部分，由菱脑节 1 形成。

chalone，抑素

一种循环的、组织特异性的生长抑制剂。

checkpoint，检查点

细胞分裂周期中的一段时间，在此时间段内细胞受到控制，以决定细胞是否继续进行该周期。

chemokine，趋化因子

一类细胞外信号分子，对于白细胞的激活特别重要。

chimera，嵌合体

①= 遗传镶嵌体，尤其是哺乳动物胚胎，其中一种基因型的细胞已被注射到不同基因型的胚胎中；②用于通过分子克隆从多个来源组装的分子，参见融合蛋白和结构域交换。

ChIP-Seq，ChIP 测序

一种用于研究蛋白质与 DNA 相互作用的方法。可以使用特定抗体沉淀结合的蛋白质，并对关联的 DNA 进行测序。通过这种方式，可以鉴定转录因子结合的 DNA 序列。

choanoflagellate，领鞭毛虫

被认为与海绵类似的单细胞和群体生物的真核分类单元。

cholangiocyte，胆管细胞

胆管和胆囊内壁的胆管上皮中的细胞。

chondroblast，成软骨细胞

软骨中有丝分裂活跃的细胞，是尚未成熟的软骨细胞。

chondrocyte，软骨细胞

成熟的软骨细胞。

chordates（=Chordata），脊索动物

包括脊椎动物以及尾索动物和头索动物的动物门。

chorioallantoic membrane，尿囊绒膜

禽类胚胎的胚外膜，由尿囊与绒毛膜融合而成。

chorion，绒毛膜

①羊膜动物的胚外膜（extraembryonic membrane），与羊膜相似，但形成外层；②昆虫或鱼卵周围的细胞外层。

chromatin，染色质

DNA 与染色体蛋白以有助于调节其表达和行为的方式结合的组合体。

chromobox gene，染色体盒基因

编码 *Polycomb* 基因同源物的基因，通过染色质结构调节 Hox 基因表达。

clade，进化枝

由某共同祖先的所有后代组成的分类单元。

cleavage，卵裂

一种不生长的细胞分裂，因此子细胞比母细胞小；通常出现在发育的早期阶段。

cloaca，泄殖腔

共同的泌尿生殖孔和肛门孔。

clonal analysis，克隆分析

通过研究单个标记细胞的后代的位置和分化，获得有关发育机制信息的分析。

clone，克隆

①体内或体外源自单个祖细胞的细胞群；②通过分子克隆制备的 DNA 分子。

cloning，克隆

①使用限制酶和连接酶组装 DNA 序列，然后插入克隆载体并生长至有用的数量（= 分子克隆）；②从单个细胞生长出细胞集落（= 细胞克隆）；③从一个细胞形成整个有机体（= 整体动物克隆，或人类的生殖性克隆）。

clonogenic，克隆性/克隆源性

指细胞在适当的测定系统中分裂和形成克隆的能力。

cnidarians（=Cnidaria），刺胞动物

动物门，包括水母和海葵。

coelom，体腔

躯体的腔，内衬有中胚层。

commissural neuron，连合神经元

将脊髓的一侧连接到另一侧的神经元。

commitment，定型

用于细胞或组织区域，表明它已被编程以遵循特定的发育途径或命运。

compaction，致密

哺乳动物桑葚胚细胞变得更具黏性，并更紧密地堆积在一起的过程。

compartment，区室

胚胎的一个区域，细胞克隆可以在其中移动，但不会跨越其边界。

competence，感应性

对诱导因子做出反应的能力。

complementation test，互补试验

基因测试，通过在母本染色体上引入一个突变、在父本染色体上引入另一个突变来确定两个隐性突变体是否位于同一基因中。如果它们位于不同的基因中，那么野生型等位基因应该互补并显示出正常的表型。但如果它们位于同一基因中，它们将无法互补，并会导致突变表型。

compound microscope，复式显微镜

一种可见光显微镜，用于观察切片或其他非常薄的物体。

conceptus，孕体

哺乳动物胚胎以及由合子形成的所有胚胎外膜。

condensation，凝聚

①间充质内的密集细胞块；②此类密集细胞块的形成。

conditional knock out，条件性敲除

敲除小鼠，其中基因的消融发生在实验者控制的一组特定环境下。

confocal（scanning）microscope，共聚焦（扫描）显微镜

使用激光扫描样本以建立特定光学切片的数字图像的显微镜。

connective tissue，结缔组织

严格来说，结缔组织是指含有由成纤维细胞分泌的大量富含胶原蛋白的细胞外基质的组织。有时泛指除上皮之外的所有组织。

constitutive，组成性

描述持续活跃的基因或基因产物。

convergent extension，会聚性延伸

形态发生运动，其中细胞片由于组成细胞的主动运动而拉长和变窄，以改变其整体堆积排列。

coronal section，冠状切面

= 额面切面。

corpus allatum，咽侧体

昆虫中发现的内分泌腺，分泌保幼激素。它可以防止幼虫发育过程中的变态。

corpus luteum，黄体

哺乳动物卵母细胞排卵后在卵巢中形成的结构。

cortex，皮质

细胞的外部区域，尤其是卵子或卵母细胞，在质膜下方，有几微米厚。

cortical granule，皮质颗粒

含有卵黄膜成分的分泌囊泡，在受精时从卵子中释放。

cortical rotation，皮质旋转

合子皮质相对于内部细胞质的旋转。

cranial，颅（脑）的

与头部有关，通常相当于前部。

cranial nerve，脑神经

来自大脑的神经。

Cre-lox

用于在受控环境下于特定位点引发 DNA 重组或切除事件的系统。

CRISPR/Cas9

一种基因打靶方法，可以高效地在基因组 DNA 中产生功能丧失突变体。它还可用于在修饰位点引入新序列。CRISPR 代表"成簇规律间隔短回文重复序列"，这些序列存在于发现该系统的细菌和古细菌中。Cas9 是相关的核酸酶。

crossing over，交换

减数分裂时父本和母本染色单体的重组；也可以在正常有丝分裂周期的四链阶段被人工诱导。

cryostat（=cryotome），恒冷箱（= 冷冻切片机）

在冰点以下操作以切割标本冰冻切片的切片机。

cumulus，卵丘

在哺乳动物卵母细胞成熟时与其一起释放的卵巢卵泡细胞。

cystoblast，成包囊细胞

果蝇中卵母细胞+15 个护理细胞的前体细胞。

cytoplasmic determinant，细胞质决定子

参见 determinant（决定子）

cytoskeleton，细胞骨架

由细丝和小管组成的系统，构成细胞细胞质的结构支撑。

cytotrophoblast，细胞滋养层

人类滋养层仍保持细胞状态的部分，与合体滋养层形成对比，合体滋养层变为合胞体。

dauer larva，dauer/持久型幼虫

线虫的抗性休眠状态。

deciduum，蜕膜

由于对植入胚胎的反应而产生的子宫隐窝肿胀。

deep cell，深层细胞

早期胚胎内部的细胞，尤其是鱼胚胎。

definitive endoderm，定形内胚层

羊膜动物胚胎的胚胎内胚层，与胚外内胚层相对。

dehydration，脱水

去除水。

delamination，分层

细胞作为个体从细胞片中分离出来。

denticle，细齿

果蝇幼虫腹侧小的细胞附属物。

derived，衍生的

就分类单元而言，指的是那些与共同祖先差异最大的分类单元。

dermal papilla，真皮乳头

真皮细胞堆，特别是在毛囊中。

dermatome，生皮节

体节的一部分，形成背侧真皮。

dermis，真皮

皮肤的结缔组织层。

dermomyotome，生皮生肌节

体节的一部分，形成生皮节和生肌节。

desmosome，桥粒

一种细胞间连接，其特征是质膜细胞质侧有电子致密斑块和中间丝束连接。

determinant（=cytoplasmic determinant），决定子（=细胞质决定子）

位于卵子或卵裂球中某部位的物质，该物质导致继承它的细胞获得特定的发育定型。

determination，决定

细胞或组织外植体在移植到胚胎中的任何不同位置后都不可逆的一个发育定型类型。

Deuterostomia，后口目

以辐射型分裂、调节性发育和从胚孔形成肛门为特征的动物门类群。

developmental constraint，发育制约

发育机制的一个方面，阻止某些类型突变体生存。

diaphysis，骨干

长骨的杆部。

diencephalon，间脑

脊椎动物前脑的后部。

differentiation，分化

在发育过程中获得成熟功能细胞所具备的特性。该术语通常指的是发育的最后阶段，而不是早期的细胞定型事件。

diI，diO

用于命运图谱构建的脂溶性荧光活性染料。

diploblast，双胚层动物

只有两个胚层的动物类群，即刺胞动物门和栉水母动物门。

diploid，二倍体

有两套染色体，一套来自父亲，一套来自母亲。

directive axis，指示轴

用于描述星状海葵和其他海葵水螅型的轴。它与口-反口轴成直角。

dissecting microscope，解剖显微镜

用于观察和操作相对较大的固体物体的显微镜类型。

distal，远端

离身体最远的地方。

distal tip cell，远顶细胞

作为线虫种系的信号中心的细胞。

DNA sequencing，DNA 测序

确定 DNA 中碱基（A、T、C 和 G）的序列。

domain swap，结构域交换

编码蛋白质的基因，其中来自其他蛋白质的两个功能域（例如，来自一个蛋白质的 DNA 结合域和另一个蛋白质的激素结合域）被组合在一起。

dominant，显性的

在野生型等位基因存在的情况下产生突变表型的突变类型。

dominant negative，显性负性

拮抗野生型等位基因效应的突变类型。

dorsal，背侧（部）

动物的上表面（或背部）。在人体解剖学中，它与后部相同。

dorsal closure，背侧闭合

昆虫胚胎的形态发生运动，导致卵黄团被位于腹侧的胚带包围。

dorsalization，背部（侧）化

原肠胚组织者（如蛙的 Spemann 组织者、鱼的胚盾及羊膜动物的原节）影响下的背侧定型状态的特化。

dorsal lip，背唇

两栖动物胚胎环形胚孔的背部。背唇正上方的组织是

Spemann 组织者。

dorsal root ganglia（DRG），背根神经节（DRG）

脊神经（**spinal nerve**）背支上的感觉神经节。

dorsoventral or dorsal-ventral，背腹或背–腹

朝向动物的背侧和腹侧末端的方向或连线。

driver mutation，驱动突变

在癌症生物学中，指的是导致细胞变成恶性或更具侵袭性的体细胞突变。

dsRNA，双链 RNA

双链 RNA，用于 RNA 干扰。

ductus arteriosus，动脉导管

哺乳动物胎儿的主动脉和肺动脉的结合处。

dysplasia，发育不良

生长和分化模式改变。

E

Ecdysozoa，蜕皮动物

基于一级序列数据定义的超门，包括节肢动物和线虫等类群。

echinus rudiment，海胆原基

海胆幼虫中的芽，在变态过程中发育为成虫。

ectoderm，外胚层

三个胚胎胚层的外部。

ectopic，异位

不在通常的位置；如异位结构或异位基因表达。

Ediacaran，埃迪卡拉纪

最早的发现动物化石的地质时期，距今 6.35 亿年至 5.41 亿年。

egg，卵

严格来说，是第二次减数分裂完成后的雌性配子（= 卵子，**ovum**）。也指受精卵（= 合子）。也经常广泛用于次级卵母细胞和早期胚胎。

egg chamber，卵室

雌性果蝇中的结构，由卵母细胞、抚育细胞及它们周围的卵巢卵泡细胞组成。

egg cylinder，卵柱

啮齿动物胚胎的阶段，此时胚胎由两层组成，排列成杯状。

electron microscope，电子显微镜

使用电子束形成图像的显微镜，因此比光学显微镜具有更高的分辨率和放大倍率。

electroporation，电穿孔

通过电场脉冲将物质（通常是 DNA）引入细胞。

embryoid body，类胚体

胚胎干细胞或畸胎癌细胞从促生长培养基中取出后形成的类似于胚胎的结构。

embryonic induction，胚胎诱导

称为感应性区域的一组细胞的发育被来自称为信号中心（signaling center）或组织者的另一组细胞的诱导因子所改变的过程。

embryonic shield，胚盾

鱼类胚胎的胚环增厚的背侧部分。

embryonic stem cell（ESC），胚胎干细胞（ESC）

从具有发育多能性的早期哺乳动物胚胎中生长出来的细胞。

emission，发射光

从荧光染料发出的特定特征波长的光。

endocardial cushion，心内膜垫

参与形成心脏的室间隔和房室瓣的结构。

endocardium，心内膜

心脏内部的内皮层。

endochondral bone，软骨内骨

首先形成软骨模型的骨骼，构成脊椎动物体内的大部分骨骼。例外情况包括锁骨和颅骨，它们由膜成骨形成。

endocrine，内分泌

用于无导管腺体，将物质分泌到血液中。

endoderm，内胚层

三个胚胎胚层中最里面的胚层。

endothelial cell，内皮细胞

血管内壁的内衬细胞，以及形成毛细血管的细胞。

enhancer，增强子

控制基因表达的 DNA 调控区，通常与其相对于基因的精确位置无关。

enhancer trap，增强子捕获

含有报告基因的转基因系，其活性受内源增强子调节。

enteric nervous system，肠神经系统

肠壁的自主神经元，源自神经嵴。

enterocoely，肠腔形成

中胚层胚芽从肠道中出芽形成体腔。

enterocyte，肠上皮细胞

小肠上皮的吸收细胞。

enteroendocrine cell，肠内分泌细胞

肠上皮的内分泌细胞。

enveloping layer（EVL），包膜层（EVL）

早期鱼胚胎的外层，由扁平细胞组成。

ependyma，室管膜

脊椎动物中枢神经系统的室管衬里细胞。

epiblast，上胚层

哺乳动物或鸟类胚盘或鱼胚环的上层。

epiboly，外包

原肠运动过程中，细胞层的主动扩展以及其面积的增加。

epidermis，表皮

皮肤的上皮部分。

epigenetic，表观遗传

曾被用于与发育有关的任何事物，但现在更常指基于 DNA 甲基化或染色质结构的基因控制机制。

epiphysis，骨骺

①长骨的末端扩展区域；② = 松果体。

epistasis，上位性

一般指的是一个基因的表型受到另一个基因的活性的影响。特别用于描述其他基因中的突变对一种突变表型的抑制。

epithelium，上皮

一种组织类型，其中细胞在基底膜上排列为相互连接的单层或多层片。

epitope，表位

被抗体识别的分子的一部分。

equivalence group，等价组

具有相同感应性的细胞集。

erythrocyte，红细胞

红血球。

euchromatin，常染色质

解压缩的活性染色质。

excitation，激发光

为从荧光染料中激发荧光所需的能量输入。

exocrine，外分泌

用于描述腺体，其将物质分泌到导管中。

exogastrula，外原肠胚

异常原肠胚，其内胚层 + 中胚层与外胚层分离，而不是内陷于外胚层内。

experimental embryology，实验胚胎学

通过显微外科方法进行发育研究。

extended germ band，延伸胚带

昆虫发育的系统发育型阶段。

extracellular matrix（ECM），细胞外基质（ECM）

填充细胞之间空间的物质，如基底膜和卵黄膜等结构。

extraembryonic，胚外的

与源自合子但不是胚胎本身一部分的结构有关，这些结构用于支持或滋养胚胎。

fallopian tube，输卵管

人类的输卵管。

fascicle，神经束

一束神经轴突，通常被结缔组织包围。

fate，命运

表明胚胎的某个区域将会发生什么。命运常常可以通过实验操纵来改变。

fate map，命运图

胚胎或器官原基的示意图，显示每个部分将移动的位置以及在正常发育过程中将变成什么。

feeder layer，饲养层

经过处理以阻止分裂的组织培养细胞，它们可提供一个能够使无法在标准培养基中生长的其他细胞生长的环境。

femur，股骨

脊椎动物后肢上部的骨头（也是昆虫腿的一部分）。

fertilized egg，受精卵

从精子进入到第一次卵裂期间的卵。

fibroblast，成纤维细胞

分泌胶原蛋白的星状细胞，是结缔组织的主要细胞类型。

fibula，腓骨

脊椎动物后肢下部的后侧骨。

filopodium，丝状伪足

来自细胞的又长又细的手指状延伸。

fixation，固定

对样本进行处理以保存样本并使其能够承受进一步的处理（如染色或切片）。

fixative，固定剂

用于固定的化学物质，如甲醛或戊二醛。

floor plate，底板

脊椎动物胚胎脊髓的中-腹部分。

floxed

包含 loxP 位点的 DNA 序列，它是 Cre 介导的重组的底物。

FLP system，FLP 系统

在所需基因组位点诱导重组的方法；特别用于果蝇。

fluorescence，荧光

荧光染料吸收更短波长的光后发射的某种波长的光。

fluorescence-activated cell sorting（FACS），荧光激活细胞分选（FACS）

基于不同荧光标记的附着而能够将细胞群分离成不同细胞类型的技术。

fluorochrome，荧光染料

可以附着在蛋白质、抗体等上的荧光物质。

follicle cell，卵泡/滤泡细胞

卵巢的体细胞上皮细胞。

foramen ovale，卵圆孔

哺乳动物胎儿心脏的房间隔中的间隙。

forebrain，前脑

脊椎动物胚胎的脑中将来会发育成端脑和间脑的区域。

foregut，前肠

脊椎动物胚胎位于前肠门前面的肠道区域。

forward genetics，正向遗传学

从突变表型开始分析生物现象。

foster mother，养母/代孕母亲

在小鼠中，接受植入前胚胎移植的雌性受体，胚胎在其中进一步发育。

frontal，额面的

涉及分隔身体的背和腹侧部分的平面或截面。

functional genomics，功能基因组学

对基因功能的理解，特别是在许多基因的功能未知的总基因组序列的背景下。

functional proteomics，功能蛋白质组学

对蛋白质功能的理解，特别是在比较复杂的蛋白质群体的背景下。

fusion protein，融合蛋白

由两个或多个功能域组成的蛋白质，通过分子克隆和表达产生。

gain of function，功能获得

用于描述突变，赋予基因产物额外的或改变的活性。

gamete，配子

单倍体生殖细胞，即精子或卵。

gametogenesis，配子发生

生殖细胞发育成配子。

ganciclovir，更昔洛韦

用于在组织培养中选择所需重组事件的药物。

ganglion，神经节

周围神经系统中含有神经元的结构。

gap gene，间隙基因

其表达定义果蝇胚胎身体区域的基因。

gap junction，间隙连接

允许低分子质量物质在细胞之间通过的细胞接触。

gastrula，原肠胚/原肠胚期

原肠胚形成发生的发育阶段。

gastrulation，原肠胚形成

早期发育中一阶段的形态发生运动，原肠胚形成导致三个胚层的形成。

gene duplication，基因复制

基因组中现有基因副本的出现。

gene therapy，基因治疗

涉及将基因引入患者体内的疗法。

gene trap，基因捕获

插入突变的类型，其中报告基因被引入内源基因的基因座中。内源基因的功能通常被破坏，但其调控元件驱动报告基因的正常表达模式。

genetic marker，遗传标记

参见 **marker gene**（标记基因）。

genetic mosaic，遗传镶嵌体

由两种或多种遗传上不同的细胞组成的生物体。

genetic regulatory network（GRN），基因调控网络（GRN）

一组基因之间的调节联系，这些基因一起执行某种共同的功能；或描述这些连接的模型。

genital ridge，生殖嵴

形成性腺的脊椎动物胚胎中胚层区域；也可称为性腺嵴。

genome，基因组

生物体的整个核 DNA。

genotype，基因型

与单个生物体或遗传系相关，基因型是指存在于特定遗传位点的特定等位基因。

germ cell，生殖细胞

属于生殖系/种系的细胞。

germ layer，胚层

外胚层、中胚层和内胚层。

germ line，种系

将形成配子的细胞谱系，包括原始生殖细胞、精原细胞和卵原细胞，以及其他克隆后代如抚育细胞。种系通常在发育早期通过细胞质决定子的作用形成。

germ plasm，种质

导致原始生殖细胞形成的可见的细胞质决定子。

germ ring，胚环

鱼胚胎胚盘中增厚的边缘。

germinal vesicle，生发泡

初级卵母细胞的细胞核。

GFP，绿色荧光蛋白

参见 **green fluorescent protein**（绿色荧光蛋白）。

gizzard，砂囊（肌胃）

禽胃的肌性区域。

glial cell，胶质细胞

中枢神经系统和周围神经节的非神经元细胞。

gliogenesis，胶质细胞生成

胶质细胞的形成。

gnathal segment，颚节

昆虫胚胎的部分，位于头部的后部并带有口器。

goblet cell，杯状细胞

含有大黏液囊泡的分泌细胞；见于肠上皮。

gonad，性腺

含有生殖细胞的体细胞结构。

gradient，梯度

某些特性随位置的不断变化。通常用于指形态发生素的浓度梯度。

graft，移植

从一个地方移植到另一个地方的一块组织，或进行移植的行为。

graft-versus-host disease，移植物抗宿主病

在同种异体造血移植中，移植物的免疫细胞对宿主组织的攻击。

granulocyte，粒细胞

具有特征性颗粒的血液细胞，包括嗜酸性粒细胞、中性粒细胞和嗜碱性粒细胞。

gray（=grey）crescent，灰色新月

两栖动物卵在皮质旋转后于背侧形成的中间色素沉着区域。

green fluorescent protein（GFP），绿色荧光蛋白（GFP）

一种经常用作报告分子的荧光蛋白。

growth cone，生长锥

生长中的神经轴突前端的结构。

growth factor，生长因子

具有短程生物活性的细胞外蛋白的总称，包括许多胚胎诱导因子。

growth plate，生长板

发育中的脊椎动物长骨的骨骺和骨干之间的有丝分裂软骨区域。

gynogenetic diploid，雌核发育二倍体

因卵基因组复制而成为二倍体的生物体，不包含父本基因组。

³H-thymidine（tritiated thymidine），³H-胸苷（氚化胸苷）

放射性标记的胸苷，用于标记 S 期（S phase）细胞。

hemangioblast，成血液血管细胞

形成内皮细胞和造血干细胞的多潜能细胞。

hematopoietic（= hemopoietic），造血

造血。

hemogenic endothelium，生血内皮

产生造血干细胞的内皮。

hemolymph，血淋巴

节肢动物的"血液"。

haltere，平衡棒

蝇类后胸上发现的小型平衡器官，其取代了其他昆虫中的第二对翅膀。

haploid，单倍体

具有一组染色体，如减数分裂后。

haploinsufficient，单倍剂量不足

一种遗传显性类型，其产生是因为一个基因拷贝丢失降低的产物水平足以产生突变表型。

Hayflick limit，海弗利克极限

原代细胞系在组织培养中可以成功生长的传代次数。

head fold，头褶

羊膜胚胎胚盘头端的折叠，该折叠导致前肠形成。

head process，头突

羊膜原肠胚形成期间通过原结内移的头部中胚层。

Hemimetabola，半变态类

经历逐渐变态的昆虫群，若虫阶段由蜕皮分开。

Hensen's node，亨森结

禽类胚胎原条前端细胞的凝聚。

hepatoblast，成肝细胞

发育的肝脏中的双潜能细胞，可以成为肝细胞或胆管细胞。

hepatocyte，肝细胞

肝脏的主要细胞类型。

hermaphrodite，雌雄同体

产生雄性和雌性配子的生物个体。

heterochromatin，异染色质

浓缩的、非活性的染色质。

heterochrony，异时发育

发育中事件相对时间的进化漂变。

heterotopic，异位

移植到宿主体内、与供体体内不同位置的移植类型。

hindbrain，后脑

脊椎动物胚胎的大脑中将成为小脑和延髓的区域。

hindgut，后肠

脊椎动物胚胎中位于后肠门后方的肠道区域。

histologic（al）sections，组织学切片

生物样本的薄片，可以使用多种技术进行染色，可以实现细胞排列和结构的可视化。

holoblastic，完全卵裂

整个合子被细分为卵裂球的卵裂类型。

Holometabola，全变态类

一群经历完全变态的昆虫。

homeobox，同源框

编码同源结构域的 DNA 序列，同源结构域是一个 60 个氨基酸的 DNA 结合结构域，定义了一类重要的转录因子。

homeodomain，同源域

由同源框编码的蛋白质序列。

homeotic gene（=selector gene），同源异形基因（=选择者基因）

其表达可区分两个身体部位的基因；如果发生突变，那么身体的一个部分将转变为另一部分。

homologous recombination，同源重组

将转基因重组到基因组中具有完全相同序列的基因座中。

homolog，同源物（同系物）
①由于同源（即源自共同祖先）而彼此相似的结构或基因；②在减数分裂时相互配对的母本和父本染色体。

homology，同源性
（生物）因源自共同的祖先而具有相关性（亲缘关系）。

homophilic，同亲和的
分子与相同类型的其他分子的结合。

hopeful monster，希望畸形
由于大突变而产生的生物个体。

horseradish peroxidase（HRP），辣根过氧化物酶（HRP）
一种用于细胞标记和神经元追踪的酶。

Hox gene，Hox 基因
控制动物前后特化的同源框基因的子集。

humerus，肱骨
脊椎动物前肢上部的骨。

hybrid dysgenesis，杂种不育
特指在果蝇 P 因子的背景下，转座因子的转移导致后代的生存能力降低。

hybridization，杂交
①用于核酸，由两个互补序列形成双螺旋；②用于动物，一种动物与另一种动物杂交产生杂种后代，这些后代通常不能存活或不育。

hybridoma，杂交瘤
产生特定单克隆抗体的细胞系。

hydroid，水螅
属于刺胞动物门的一类动物，通常营固着生活且为群居性的，具有许多由匍匐茎连接的水螅体。

hyperplasia，增生
过度生长。

hypoblast，下胚层
鸟类或其他羊膜动物胚盘的下层，或鱼胚胎胚环（germ ring）的下层。

hypodermis，下皮
线虫的合胞体外层。

hypomorph，亚效等位基因
显示部分功能丧失的突变等位基因（allele）。

imaginal disc，成虫盘
果蝇和其他全变态类幼虫的上皮结构，在变态时形成成虫角质层。

imago，成虫
全变态昆虫的成虫形式。

immunoprecipitation，免疫沉淀
通过将样品与特定抗体一起孵育，然后以固相形式回收抗体-物质复合物来分离特定物质。

immunostaining，免疫染色
通过使用特定抗体和检测系统使切片或整体样本中抗原的位置可见的程序。

imprinting，印记
仅来自亲本基因组之一的基因表达。

induced pluripotent stem cell（iPSC），诱导多能干细胞（iPSC）
通过引入一组选自多能性基因网络的基因，普通体细胞被重编程为多能性状态。

inducible，诱导性
用于基因或基因产物，其活性可以通过某种实验方法控制。

inducing factor，诱导因子
负责胚胎诱导的信号物质。

induction，诱导
①胚胎诱导；②也可以指基因表达的上调。

inner cell mass，内细胞团
哺乳动物胚泡内的细胞，形成整个胚胎和一些胚外膜。

insertional mutagenesis，插入突变
通过 DNA 元件如转座子或逆转录病毒产生突变，突变会随机整合到基因组中并在此过程中破坏内源基因。

in situ hybridization，原位杂交
与特定探针杂交，然后使用合适的检测方法对探针进行可视化，检测生物样本中的特定 RNA（有时是 DNA）。

instar，龄期
生物体生命周期中两次蜕皮之间的时期。

instructive induction，指令性诱导
一种增加胚胎复杂性的诱导过程，因为响应细胞可以根据信号的浓度沿着两个或多个可能的途径发育。

intercalary regeneration（= intercalation），插入再生（= 插入）
在身体两个部分连接处的再生，再生的结构在正常情况下位于两者之间。

intermediate filament，中间丝
细胞骨架的组成部分；大小介于微丝和微管之间的细胞内丝，由各种类型的蛋白质组成。

intermediate mesoderm，间介中胚层
脊椎动物胚胎中位于体节和胚体壁之间的中胚层区域。

invagination，内陷
细胞片层向内折叠以形成内部突出物或袋。

in vitro fertilization（IVF），体外受精（IVF）
在母体体外形成受精卵，通常是在培养皿中混合卵子和精子。

involution，内卷
通过自由边缘引导的运动，使细胞片内化。

Islets of Langerhans，朗格汉斯岛/胰岛
胰腺中发现的内分泌细胞簇。

isomerism，异构

①动物中正常左右不对称性丧失；②化学上的异构现象是指两种物质具有相同的分子式但结构不同。

isthmus，峡部

脊椎动物胚胎中脑和后脑之间的缢缩。

Keller explant，Keller 外植体

来自非洲爪蛙原肠胚的背部外植体，用于研究形态发生运动。

keratinocyte，角质形成细胞

表皮的主要细胞类型。

knock in，敲入

通过同源重组将转基因引入基因组中的特定位点。

Knock out，敲除

通过定向诱变产生的无效突变。

Koller's sickle，科勒镰状区

早期禽胚盘明区后部增厚区域。

Kupffer's vesicle，Kupffer（库普弗）囊泡

参与斑马鱼胚胎左右图式化的短暂纤毛器官。

lacZ

编码大肠杆菌 β-半乳糖苷酶的基因，通常用作报告基因。

lamellipodia，片状伪足

运动细胞前缘的大平面延伸。

lampbrush chromosomes，灯刷染色体

两栖动物或鱼类卵母细胞生发泡中大的二价染色体。

lateral inhibition，侧向抑制

区域特化机制，涉及孤立的细胞或细胞簇向特定方向分化，并散发诱导因子，抑制周围细胞朝相同方向分化。

lateral plate，侧板

脊椎动物胚胎的中胚层区域，位于体节和中间中胚层的侧面。

left-right asymmetry，左–右不对称

身体左侧和右侧在基因表达、形态发生运动或分化方面的差异。

Leydig cell，睾丸间质细胞

睾丸的内分泌细胞。

lineage，谱系

参见 **cell lineage**（细胞谱系）。

lineage labeling，谱系标记

标记一个细胞或一组细胞的方法，可以识别其所有后代。

longitudinal section，纵切面

平行于生物体长轴的剖面，通常但不一定位于矢状面。

long terminal repeat（LTR），长末端重复序列（LTR）

逆转录病毒的强启动子，通常用于驱动转基因。

Lophotrochozoa，冠轮动物门

基于一级序列数据定义的超门，包括环节动物、软体动物和扁形动物。

loss of function，功能丧失

通常描述导致基因蛋白质产物失活或活性低于野生型的突变。

luciferase，萤光素酶

催化磷光反应的酶，通常用作报告因子。

lumbosacral plexus，腰骶丛/腰荐丛

由供应脊椎动物后肢的脊神经融合和再分支形成的神经排列。

lumen，腔

器官内的空腔，通常衬有上皮。

lymphocyte，淋巴细胞

负责特异性免疫的细胞；T 细胞和 B 细胞。

MARCM（mosaic analysis with a repressible cell marker），MARCM（使用可抑制细胞标记的镶嵌分析）

一种克隆标记方法，其中纯合突变克隆带有阳性标记。在以前的技术中，未被标记的纯合突变克隆处于标记的野生型背景下。

macroevolution，宏进化

物种水平以上类群的进化。

macromere，大裂球

大卵裂球，通常位于胚胎的植物半球。

macromutation，大突变

产生显著形态效应的突变。

macrophage，巨噬细胞

与免疫和炎症有关的细胞；起源于造血干细胞，但存在于组织中。

mantle layer，套层

邻近胚胎脊椎动物中枢神经系统室管膜区、富含细胞的层。

marginal zone，边缘区/边缘带

①在两栖动物胚胎中，囊胚周围的环（边缘带），在原肠胚形成期间内陷；②在鸡胚中，明区和暗区的交界处（边缘区）；③在胚胎脊椎动物中枢神经系统中，靠近软脑膜表面的细胞贫乏区域。

marker gene，标记基因

转基因或内源基因的等位基因，使得可以可视化识别拥有它的细胞。

mass spectrometry，质谱

以非常高的精度测定分子或分子分解片段分子质量的技术。

maternal effect，母体效应

胚胎的表型对应于母亲的基因型而不是胚胎自身基因型的

情况。这是由卵母细胞组装缺陷引起的。

Matrigel，基质胶

细胞外基质材料的商业制剂，用于细胞和器官培养。

matrix，基质

①毛球内表皮细胞增殖区域；② = 细胞外基质（**extracellular matrix**）。

medial（= median），内侧（= median）

与生物体的中线有关。

mediolateral，内外侧

从动物的中线到外侧边缘的方向或连接线。

medulla oblongata，延髓

脑干的一部分，负责自主功能（如呼吸和心率）。它由后脑后部形成。

medusa，水母体

刺胞动物生命周期的水母阶段。

megakaryocyte，巨核细胞

形成血小板的骨髓衍生细胞。

meiosis，减数分裂

导致配子形成的最终分裂，其中染色体组成减半。

melanocyte，黑素细胞

产生黑色素的细胞，通常呈深色。

membrane bone，膜成骨

直接从真皮发育而来的骨骼，没有软骨模型。

meroblastic，不完全卵裂

一种卵裂类型，其中只有合子的一部分发生分裂，而其余部分（通常是卵黄）不发生卵裂。

mesenchyme，mesenchymal，间充质，间充质的

组织类型，其中星状细胞分散在细胞外基质内。

mesoderm，中胚层

三个胚胎胚层的中间胚层。

mesoderm induction，中胚层诱导

响应诱导因子的中胚层形成。

mesometrium，子宫系膜

将小鼠子宫附着在体壁上的膜。

mesonephros，中肾

发育中肾脏的中段。

mesothorax，中胸

昆虫的第二胸节。

metacarpal，掌骨

脊椎动物前足（手）的近端骨。

metamorphosis，变态

身体在发育后期的重大重塑。

metanephros，后肾

发育中肾脏的后部区域；成为哺乳动物最终的肾脏。

metaplasia，组织转化/化生

一种组织类型转变为另一种组织类型。

metastasis，转移

癌细胞在体内较远部位的迁移、植入和生长。

metatarsal，跖骨

脊椎动物后足的近端骨。

metathorax，后胸

昆虫三个胸节中最靠后的部分。

microarray，微阵列

包含特定互补 DNA（cDNA）或寡核苷酸点网格的小载玻片。用于通过与感兴趣的细胞类型的 cDNA 杂交来建立基因表达谱。

microfilament，微丝

细胞骨架的组成部分；由肌动蛋白组成的细胞内细丝。

micromere，小裂球

小卵裂球，通常位于胚胎的动物半球。

microtome，切片机

用于制作生物样本切片的机器。

microtubule organizing center，微管组织中心

细胞中微管生长的地方，如中心体或基体。

microtubule，微管

细胞骨架的组成部分；由微管蛋白组成的细胞内杆状结构，其直径比微丝或中间丝更大。

microvilli，微绒毛

细胞的小突起，通常见于吸收性上皮细胞的顶端表面。

midblastula transition（MBT），囊胚中期转换（MBT）

晚期囊胚的一系列协调变化，包括合子基因组转录的开始。

midbrain，中脑

胚胎脊椎动物大脑将成为视顶盖（或同等结构）以及其他一些结构的区域。

midgut，中肠

位于前肠门和后肠门之间的羊膜动物胚胎内胚层区域，最终终止于脐部。

mirror symmetry，镜像对称

两组部件相互关联，其中一组可能是另一组在镜子中的影子。

mitotic index，有丝分裂指数

样本中进行有丝分裂的细胞比例。

model，模型

①出于有利的技术考虑而用于实验工作的模式生物物种。在发育生物学中，模式生物上获得的结果被认为具有远远超出物种本身的意义。②人类疾病的动物模型。③软骨模型，是在软骨中形成的骨骼元素，随后被骨取代。

molecular clock，分子钟

中性突变群体中固定的机制，它导致了这样的预测：固定在两个谱系中的中性突变的数量将与它们从共同祖先趋异的时间成正比。

molecular cloning，分子克隆

将核酸序列插入克隆载体（通常是细菌质粒）中，以便可以将其扩增至有用的量。

monoclonal，单克隆

由单个细胞克隆组成或产生。

monoclonal antibody，单克隆抗体

由单个淋巴细胞克隆产生的抗体。单克隆抗体是单一分子种类，而正常（多克隆）抗体是许多略有不同的分子种类的混合物。

monocyte，单核细胞

血液中的巨噬细胞样细胞。

morphogen，形态发生素

诱导因子类型，对这种因子，感应性细胞在不同阈值浓度下可以做出至少两种不同反应。这意味着响应细胞响应因子的浓度梯度而形成一系列不同的定型区域。

morphogenesis，形态发生

发育的一些方面，涉及细胞或细胞片运动以及相关结构形成。

Morpholino，吗啉代寡核苷酸

一种化学组合，以一种寡核苷酸类似物命名，它可以与核酸杂交，同时对核酸酶具有抗性。

morphology，形态学

生物体的结构（＝解剖学）。

morula，桑葚胚

多细胞囊胚前的胚胎阶段，通常用于描述哺乳动物胚胎。

mosaic，镶嵌体

①一种胚胎，其中各部分与胚胎的其余部分分离后，按照命运图谱继续发育；②＝遗传镶嵌。

motor protein，马达蛋白质

沿着微管或微丝易位的蛋白质。

MSC（mesenchymal stem cell），MSC（间充质干细胞）

作为骨祖细胞的骨髓基质细胞。也适用于来自多种组织的、表征不清的细胞，这些细胞被一些人认为具有多潜能特性。

mucosa，黏膜

湿润的内部上皮及其直接下方结缔组织（connective tissue）。

Müllerian duct（=paramesonephric duct），米勒管（＝中肾旁管）

在女性中成为生殖道而在男性中退化的导管。

mutagen，诱变剂

诱导基因突变的物质。

mutagenesis screen，诱变筛选

分离大量影响生物体某些特性的突变体的过程。这可能涉及胚胎的整体解剖结构，或某些特定的器官或细胞类型。

mutant，突变体

携带突变的生物体。

mutation，突变

基因组 DNA 的变化。

myeloid cell，髓样细胞

血液中的非淋巴细胞包括红细胞、单核细胞、粒细胞和巨核细胞。

myoblast，成肌细胞

定型于分化为肌肉的单核细胞。

myocardium，心肌

心脏的肌肉壁。

myoepithelial cell，肌上皮细胞

具有收缩能力的上皮细胞。

myofiber，肌纤维

骨骼肌的多核纤维。

myogenic，成肌

导致肌肉形成。

myotome，生肌节

形成横纹肌的体节部分。

myotube，肌管

组织培养中成肌细胞形成的肌纤维样结构。

nauplius，无节幼体

甲壳类动物特有的一种幼虫。

neoblast，成新细胞

涡虫中唯一的分裂细胞，为组织更新和再生所需；有些是多能干细胞。

neocortex，新皮质

与其他脊椎动物相比，哺乳动物的大脑皮层中额外的神经元层。

neomycin，新霉素

用于选择组织培养中所需重组事件的药物。

neoplasm，瘤/新生物

任何"新增长"；不一定是恶性的。

nephric duct（= Wolffian duct），肾管（＝沃尔夫管）

形成肾脏集合系统的导管，以及男性的输精管。

nephrogenic，生肾的

导致肾脏形成的。

nephron，肾单位

脊椎动物肾脏的基本功能单位。

nerve，神经

一种细长的结构，包含许多神经元的轴突以及施万细胞和成纤维细胞，周围有结缔组织鞘。

neural crest，神经嵴

来自脊椎动物胚胎背神经管的迁移细胞，形成多种细胞类型。

neural plate，神经板

神经上皮平板，将卷起形成脊椎动物胚胎的神经管。

neural stem cell，神经干细胞

中枢神经系统中可以产生神经元的干细胞。

neural tube，神经管

脊椎动物中枢神经系统的原基。

neuroblast，神经母细胞

分裂产生神经元的细胞。

neuroenteric canal，神经肠管

神经管腔和脊椎动物胚胎后肠之间的短暂连接。

neuroepithelium，神经上皮

组成神经管的组织。

neurogenesis，神经发生

神经元的形成。

neuromuscular junction，神经肌肉接头

运动神经元的轴突与其目标肌纤维之间形成的特殊突触。

neurosphere，神经球

源自胚胎脊椎动物中枢神经系统的结构，含有神经干细胞，可以在悬浮培养物中生长。

neurotrophin or neurotrophic factor，神经营养蛋白或神经营养因子

①特别与神经元生长和存活相关的一类生长因子；②神经释放的其他结构再生所需的物质。

neurula，神经胚

脊椎动物发育的阶段，在此期间形成神经管。

neurulation，神经胚形成

脊椎动物胚胎形成神经板和神经管的形态发生运动。

neutral evolution，中性进化

进化是由突变逐渐积累而产生的，这些突变既无益也无害。

neutralizing antibody，中和抗体

不仅与其靶标结合，而且还抑制靶标生物活性的抗体。

neutral mutation，中性突变

既无益也无害的突变。

Nieuwkoop center，Nieuwkoop 中心

早期两栖动物胚胎的背侧植物区，诱导 **Spemann** 组织者。

nodal cilia，原结纤毛

仅在发育中胚胎中发现，它们的顺时针旋转激活胚胎左侧的 nodal 信号。它们负责建立左右不对称，存在于小鼠的原节、爪蛙的原肠腔和斑马鱼的**库普弗囊泡**中。

node，原节

小鼠胚胎原条前端的细胞凝聚，类似于鸡的亨森结。

nonautonomous，非自主的

受周围细胞事件影响的过程。

nonpermissive，非允许

温度敏感突变导致突变表型的温度。

normal development，正常发育

胚胎发育过程中发生的不受任何实验操作干扰的事件。

Northern blot，Northern 印迹

通过凝胶电泳分离样品并将样品从凝胶转移到膜上后与标记探针杂交来检测特定信使 RNA（mRNA）的方法。

notochord，脊索

软骨样杆状结构，包含脊椎动物或无脊椎脊索动物胚胎中胚层的最背侧部分。

nucleic acid hybridization，核酸杂交

通过碱基互补性连接 DNA 或 RNA 链（A 与 T/U 结合，C 与 G 结合）。杂交的特异性使得能够使用互补标记探针来测量特定序列的位置或数量。

nucleus，核

①存在于细胞中，含有基因组 DNA；②中枢神经系统神经元的凝聚。

nude mouse，裸鼠

没有胸腺的小鼠，可以耐受多种同种异体移植物。

null，无效

与显示出完全功能丧失的突变有关。

nurse cell，抚育细胞

昆虫卵母细胞的姐妹细胞；雌性卵原细胞通过 4 次连续的有丝分裂形成 15 个抚育细胞和 1 个卵母细胞。

nymph，若虫

半变态类昆虫的未成熟阶段。

 oligodendrocyte，少突胶质细胞

中枢神经系统中的一种神经胶质细胞，在轴突周围形成髓鞘。

oncogene，癌基因

编码一种产物的基因，该产物如果在组织培养细胞中过表达，就能够赋予细胞类似癌症的行为。

oocyte，卵母细胞

完成有丝分裂后的雌性生殖细胞是初级卵母细胞，完成第一次减数分裂后是次级卵母细胞。

oogenesis，卵子发生

卵母细胞的发育。

oogonia，卵原细胞

变成卵母细胞的有丝分裂生殖细胞。

optic tectum，视顶盖

非哺乳脊椎动物的中脑区域，视神经轴突终止于此。

optic vesicle，视泡

脊椎动物胚胎前脑的凸生，形成眼睛。

organ，器官

动物中解剖学上可定义的、具有特定功能的结构。器官通常包含多种组织类型。

organ culture，器官培养

胚胎器官原基在体外的生长。

organizer (= signaling center)，组织者 (= 信号中心)

散发诱导因子的细胞群。

organogenesis，器官发生

脊椎动物发育中各个器官形成的过程或阶段。

organoid，类器官

与器官具有相似组织学组织的结构，通常通过干细胞的分化和自组织在体外形成。

ortholog，直系同源物

如果一个基因是另一个物种中基因的直接同源物，而不是两个物种分化之前出现的复制基因座的同源物，则该基因是另一个物种中基因的直系同源物。

orthotopic graft，原位移植

一种移植类型，宿主体内移植位置与供体体内位置相同。

osteoblast，成骨细胞

分泌骨基质的细胞；"-blast"后缀通常表示增殖细胞类型，但成骨细胞可能是有丝分裂后的。

osteoclast，破骨细胞

造血来源的多核细胞类型，可吸收骨，对于骨重塑至关重要。

osteocyte，骨细胞

骨的成熟细胞。

otic placode，耳基板

形成耳囊的表皮结构。

overexpression，过表达

异常高水平的基因表达。在某些胚胎类型（如非洲爪蛙）中，这可以通过注射体外合成的 mRNA 来实现。

oviduct，输卵管

雌性生殖道的一部分，即将成熟卵母细胞从卵巢输送到子宫的管道。

ovulation，排卵

卵母细胞的释放，通常伴随着第一次减数分裂的完成。

P-element，P 因子

果蝇的转座因子。

P-granule，P 颗粒

见 **polar granules**（极性颗粒）。

pair-rule gene，成对规则基因

控制果蝇分节模式的基因，基因表达模式为一个条纹对应每个预期的分节。

Paneth cell，潘氏细胞

小肠隐窝底部的中性粒细胞样细胞，分泌多种抗菌物质。

parabiosis，联体共生

两只动物以共享共同血液循环的方式连接在一起。

paralog group，旁系同源群

同一基因组中由基因复制产生的一组相似基因。特别用于脊椎动物 Hox 簇内的 Hox 基因（**Hox gene**）同源组。

parasagittal，矢状旁

与矢状面平行但向右侧或左侧移动的平面。

parasegments，副体节

昆虫胚胎中最初形成的节段重复结构。

paraxial mesoderm，轴旁中胚层

形成脊椎动物胚胎体节的中胚层板。

parietal endoderm，体壁内胚层

接触小鼠胚胎滋养外胚层的胚外内胚层。

parthenogenesis，孤雌生殖

卵母细胞的无性发育，没有精子的遗传贡献。

passenger mutation，乘客突变

在癌症生物学中，肿瘤中存在的体细胞突变，但并不为肿瘤恶性行为所需要。

pentadactyl，五指（趾）的

有 5 个指/趾的。

perdurance，接续性

基因活性在基因表达停止后的持续存在。这是由于蛋白质产物的持续存在。

perichondrium，软骨膜

软骨结构周围的结缔组织鞘。

pericyte，周细胞

血管中发现的间充质细胞，沿着内皮细胞及其周围延伸突起。

periosteum，骨膜

骨头周围的结缔组织鞘。

peripheral nervous system，外周神经系统

脊椎动物神经系统中位于大脑和脊髓之外的部分。

permissive，允许性/允许

①用于诱导，是延续特定发育途径所需的信号，但不控制替代发育命运；②就温度而言，允许温度指的是温度敏感型突变体表型不会显现出来的温度。

phalange，指/趾骨

脊椎动物前肢或后肢的指/趾的骨。

pharyngeal arche，咽弓

见 branchial arche（鳃弓）。

pharyngeal pouch，咽囊

脊椎动物胚胎咽部区域中分段重复的凹坑或通向外部的开口。

phenocopy，表型复制

与突变产生的表型相同，但通过其他方式产生。

phenotype，表型

生物体的特征集合，特别是与同一物种的其他成员相关的特征。主要是由个体的基因型决定的。

phosphorescence，磷光

化学反应过程中发出的光。

phylogenetic tree，系统发生树

一种依据各分类单元实际的进化关系来描述这些分类单元的分类方案。

phylotypic stage，系统发育型时期

动物群体成员彼此最相似的发育阶段。

phylum，门

动物分类学的最高细分。

pial surface，软膜表面

脊椎动物中枢神经系统的外表面。

pigment epithelium，色素上皮

参见 retinal pigment epithelium（视网膜色素上皮）。

pituitary gland（＝hypophysis），垂体

脊椎动物的内分泌腺，位于大脑底部（下丘脑）。它调节多种功能，包括生长、繁殖和对压力的反应。

placode，基板

表皮的增厚，是结构（通常是感觉器官）的原基。

planar cell polarity，平面细胞极性

细胞片内相邻细胞显示出的极性。

Planaria，涡虫

属于扁形动物（Platyhelminthes）门的一组自由生活的扁虫。它们的肠道是盲端的，没有体腔。

Platyhelminthes，扁形动物

包括自由生活的和寄生的扁虫及绦虫的动物门。

pleiotropic，多效等位

用于突变，指具有不止一种效应。

ploidy，倍性

表示每个核的亲本染色体组数。动物通常是二倍体（diploid，两组，亲本各一组），但在特殊情况下可以是单倍体（haploid，一组）、三倍体（三组）、四倍体（tetraploid，四组）等。

pluripotent，多能

能够形成体内所有分化的细胞类型。

polar body，极体

由卵母细胞减数分裂产生并作为小囊泡从卵母细胞排出的染色体组。

polar granule（＝P-granule），极性颗粒（＝P 颗粒）

与秀丽隐杆线虫的种质有关。

polarity，极性

①用于细胞，细胞的一端和另一端之间的差异，如顶端-基底极性；②用于胚胎，胚胎或胚胎的一部分，沿着特定轴的区域之间的定型差异，如动物-植物（animal–vegetal）极性。

pole cell，极细胞

果蝇生殖系细胞，在胚胎其余部分细胞化之前形成。

pole plasm，极质

与果蝇种质有关。

polyclonal，多克隆

由多个细胞克隆组成或形成。

polyclonal antibody，多克隆抗体

通过对动物进行免疫而产生的抗体。它将由来自许多淋巴细胞克隆的免疫球蛋白分子组成。

polydactyly，多指畸形

有太多指/趾。

polymerase chain reaction（PCR），聚合酶链反应（PCR）

通过链分离、引物杂交和复制的重复循环来扩增 DNA 样品。

polyp，水螅体/息肉

① 刺胞动物生物体的固着期；②突出的分化赘生物，通常是良性的。

polyploidy，多倍体

整个染色体组的重复或更高倍数。

polyspermy，多精受精

一个卵子由多个精子受精。

polytene，polyteny，多线

DNA 重复复制而染色体不分离，导致形成巨大的染色体。

positional cloning，定位克隆

从突变开始克隆基因，将其映射到非常高分辨率以找到其所在的基因。

positional information，位置信息

动物组织的一种假设特性，与体内的正常位置具有一对一的关系，并在再生过程中发挥作用。

posterior，后

动物的尾端。

posterior（＝caudal）intestinal portal，后（＝尾）肠门

羊膜动物胚胎中后肠通向胚盘下腔（中肠，midgut）的开口。

posterior midgut，后部中肠

昆虫胚胎肠道从后端内陷的部分。

postmitotic，有丝分裂后

用于细胞，细胞不再分裂。

potency，潜能

用于细胞或组织区域，表示其在暴露于一系列不同环境时能够形成的结构或细胞类型的全部范畴。

prenatal screening，产前筛查

出生前检测发育异常（可能是遗传性或自发性）的测试。

primary cell line，原代细胞系

直接从组织外植体体外生长的细胞系。

primary oocyte，初级卵母细胞

见 oocyte（卵母细胞）。

primitive ectoderm，原始外胚层

= 哺乳动物胚胎的上胚层。

primitive endoderm，原始内胚层

哺乳动物胚胎中第一个形成的内胚层；参与形成胚外膜。

primitive streak，原条

原肠胚形成中的羊膜动物胚胎中细胞会聚和内陷的区域。

primordial germ cell（PGC），原始生殖细胞（PGC）

处于早期发育阶段，在成为卵原细胞或精原细胞之前的生殖系细胞。

probe，探针

一种经过标记的反义核酸，可用于通过杂交技术检测互补核酸，既可以在诸如印迹法之类的生化方法中使用，也可以在标本中进行原位检测。

procephalon，原头

昆虫胚胎形成前部头部的部分。

proctodeum，后肠

肠道的最后部分，仅在理论上有外胚层衬里。

progenitor，祖细胞

正在分裂的细胞，定型于形成特定类型的分化细胞，并且只能持续有限的时间。

programmed cell death，程序性细胞死亡

发生在正常发育过程中的细胞死亡，通常是通过细胞凋亡。

promoter，启动子

基因中位于编码序列 5' 端的区域，RNA 聚合酶（**RNA polymerase**）会结合于此。它也可能包含与转录因子结合的调控序列，这些转录因子控制着基因的表达。

pronephros，前肾

发育中的肾脏的前段。

proneural cluster，前神经细胞簇

一组细胞，它们都能够形成神经元，但由于侧向抑制过程，其中只有一个或少数细胞能够形成神经元。

pronucleus，原核

受精卵中的瞬时核样结构，含有精子或卵子染色体。

proteomics，蛋白质组学

蛋白质分析，特别是大规模使用二维电泳技术来解析复杂混合物，然后通过质谱来识别各个成分的分析。

prothorax，前胸

昆虫三个胸节中最前的部分。

prothoracic gland，前胸腺

昆虫的内分泌腺，通过分泌类固醇激素蜕皮激素来调节蜕皮。

protochordate，原索动物

非脊椎脊索动物门的成员；例如，文昌鱼是头索动物，海鞘是尾索动物。

Protostomia，原口目

以螺旋型卵裂、镶嵌发育和裂殖为特征的动物门类群。

proventriculus，腺胃

禽胃的腺体区域。

proximal，近端

更接近身体。

pseudoallele，假等位基因

其序列极为相似，看似像是等位基因，但实际上位于不同的基因位点上的基因。这类基因通常是基因复制（**gene duplication**）的结果。

pseudocoelom，假体腔

与真正的体腔不同的体腔，因为它没有完全衬有中胚层。

pseudopregnant，假孕

在小鼠中，与不育雄性交配产生的荷尔蒙状态。

pseudotime，拟时序

一种根据单细胞 mRNA 序列数据计算得出的时间尺度。其假设是，当根据相似性对转录组进行排序时，这反映了一种发育进程。

pupa，蛹

全变态昆虫发育阶段，其间发生变态。

R

radial cleavage，辐射型卵裂

对称类型的卵裂。

radial glia，放射状胶质细胞

细胞横跨发育中大脑整个宽度的细胞，从室管到软膜表面（**pial surface**）；现在已知是神经干细胞。

radius，胫骨

脊椎动物前肢下部的前侧骨。

RCAS virus，RCAS 病毒

具有复制能力的禽类特异性逆转录病毒，用于鸡胚胎中的过表达实验。

real-time PCR，实时聚合酶链反应

一种定量类型的聚合酶链反应（PCR），在扩增反应过程中连续监测产物的形成。

receptor，受体

由特定配体（通常是诱导因子）识别和激活的分子类型。

recessive，隐性的

一种突变，如果与野生型等位基因一起存在，则不会产生异常表型，但如果同时存在于两个同源基因座，则会产生异常表型。

redundancy，冗余

两个或多个基因的功能部分或完全重叠。

regeneration，再生

在成年或发育后期，缺失身体部位的重新生长。

regenerative medicine，再生医学

基于干细胞移植、组织工程和基因治疗的疗法。

regional specification，区域特化

从一组相似的细胞开始，形成一组细胞区域，每个区域都定型于成为不同的结构或细胞类型。

regulative，调节的

除了其"一个事物控制另一个事物"的一般含义之外，"调节型胚胎"指的是这样一种胚胎：其分离出的部分不一定会按照命运图谱来发育，而通常会形成比命运图谱所预测的要多的结构。

renewal tissue，更新组织

经历持续的细胞更新的组织，由一群组织特异性干细胞提供细胞。

reporter gene，报告基因

通常是一种转基因，它产生的产物非常容易检测，因此能够"报告"其调控环境的性质和活动。

reproductive cloning，生殖性克隆

指从单个细胞培育出一个完整的人类个体，这种情况或许是可能的，但目前是非法的。

retinal pigment epithelium，视网膜色素上皮

眼睛的色素层，源自视杯。

retrovirus，逆转录病毒

一种具有 RNA 基因组的病毒，在感染过程中会逆转录为 DNA。

reverse genetics，反向遗传学

对已知基因的研究，特别是通过创建功能丧失（loss-of-function）突变体进行研究。

reverse transcription polymerase chain reaction（RT-PCR），逆转录聚合酶链反应（RT-PCR）

通过逆转录为 DNA 来检测样品中的特定 mRNA，然后通过聚合酶链反应（PCR）扩增感兴趣的特定序列。

rhombomere，菱脑节

脊椎动物胚胎后脑的节段结构。

RNA interference（= RNAi），RNA 干扰（= RNAi）

通过引入短的互补双链 RNA 序列来失活特定 mRNA 的方法。

RNA polymerase Ⅱ，RNA 聚合酶Ⅱ

负责蛋白质编码基因转录的 RNA 聚合酶。

RNAse protection，RNA 酶保护

通过将样品与标记探针杂交，然后用 RNase 酶消化未杂交的 RNA，并通过电泳分离受保护的产物来检测 mRNA 的方法。

RNA-seq，RNA 测序

一种对细胞群或单个细胞的 RNA 进行测序的方法，提供特定时间点转录组的快照。

roof plate，顶板

脊椎动物胚胎脊髓的中-背部分。

Rosa26

在所有组织中表达 β-半乳糖苷酶的基因捕获小鼠品系。

rostral，喙部

主要用于神经科学，通常相当于前部。但请注意，在人体解剖学中，喙部表示头部的前侧。

 S phase，S 期

细胞周期中 DNA 复制的部分。

sagittal，矢状面

有机体的内侧平面，分隔身体的左半部和右半部。

sarcoma，肉瘤

源自结缔组织（广义上）的癌症。

satellite cell，卫星细胞

与脊椎动物肌肉相关的单核细胞，在适当的刺激下可以变为成肌细胞并形成新的肌纤维。

scaffold，支架

组织工程中使用的三维细胞外基质；通常由合成聚合物而不是天然细胞外成分制成。

schizocoely，裂体腔法

通过预先存在的中胚层的空化形成体腔。

Schwann cell，施万细胞

形成周围神经轴突髓鞘的细胞。

sclerotome，生骨节

体节中形成椎骨的部分。

secondary oocyte，次级卵母细胞

见 oocyte（卵母细胞）。

section，切片

参见 histological sections（组织学切片）。

segment polarity gene，体节极性基因

果蝇中在每个预期体节中以一个条带表达的基因。

segmental plate，分节板

= **paraxial mesoderm**（轴旁中胚层）。

segmentation，分节

将身体或附肢细分为重复的结构单元，通常涉及所有胚层（germ layer）。在老旧的文献中也可以是卵裂的同义词。

selector gene，选择者基因

= **homeotic gene**（同源异形基因）。

septum intermedium，中隔

心脏室间隔的一部分。

septum transversum，横隔

脏壁中胚层中肝脏芽长入的区域。

Sertoli cell，支持细胞

睾丸的支持细胞。

sex chromosome，性染色体

两种性别之间不同的染色体，如哺乳动物的 X 和 Y 染色体。

sex determination，性别决定

确保一些个体成为雄性、一些个体成为雌性的机制。

sex linked，性连锁

用于基因或突变，位于性染色体上的。

signaling center（=organizer），信号中心（= 组织者）

散发诱导因子的细胞群。

signal transduction pathway，信号转导通路

连接细胞表面受体与其细胞内效应器（基因、细胞骨架、分泌系统）的代谢途径。它通常涉及一系列蛋白质磷酸化事件和激活的转录因子进入细胞核的运动，在那里它们可以调节基因活性。

sink，汇

破坏或以其他方式去除诱导因子的细胞区域。

situs inversu，反位

正常左右不对称的反转。

situs solitus，正位

身体左右两侧某些器官的正常不对称排列。

somatic，躯体的

指不属于种系的所有组织。

somatic cell nuclear transfer（SCNT），体细胞核移植（SCNT）

将体细胞核移植到卵母细胞中。

somatic cell，体细胞

生物体中除种系以外的所有细胞；可以统称为（胞）体。

somatic mesoderm，体壁中胚层

位于体腔外部的外侧中胚层。

somatopleure，胚体壁

羊膜动物胚胎的外侧部分，由表皮覆盖的体壁中胚层组成。

somite，体节

脊椎动物胚胎中分段的中胚层结构，产生椎骨和横纹肌。

source，源

产生诱导因子的细胞区域。

Southern blot，Southern 印迹

通过凝胶电泳分离样品，然后将样品从凝胶转移到膜上，然后与标记探针杂交来检测特定 DNA 序列的方法（由 Ed Southern 发明）。

specification，特化

细胞或组织外植体的发育定型类型，在分离培养物中表现出来，但并非不可逆转。

Spemann's organizer，Spemann 组织者

两栖动物胚胎的胚孔背唇区域，散发 BMP 抑制剂，从而使周围组织背侧化。

spermatogonia，精原细胞

产生精子的增殖细胞。

spinal nerves，脊神经

来自脊椎动物脊髓的节段性神经。

spiral cleavage，螺旋型卵裂

不对称类型的卵裂，其中四重层小裂球以交替方向被隔离。

splanchnic mesoderm，脏壁中胚层

位于体腔内部的侧部中胚层。

splanchnopleure，胚脏壁

脏壁中胚层与并置其下的内胚层一起，称为胚脏壁。

squamous，鳞状的

描述了一种薄而扁平的细胞，通常存在于鳞状上皮中。

stage series，时期（阶段）系列

对物种正常发育的描述，分为多个标准化时期，可以通过外部可见特征进行识别。

stem cell，干细胞

未分化的细胞；存活时间较长；分裂以产生更多的自身副本；并且也分裂产生注定要分化的后代。

stem cell niche，干细胞龛

支持干细胞生存和功能的微环境。

stroma，间质

器官的非上皮部分，主要包括结缔组织、血管和免疫细胞。特别用于与癌症有关的情况。

superficial cleavage，表面卵裂

细胞核裂解而不形成细胞。

symmetry breaking，对称性破缺

从一个均一情况开始出现两个或多个迥异细胞状态的过程。

syncytiotrophoblast，合体滋养层

人类滋养层变成合胞体的部分。

syncytium（adj. syncytial），合胞体（形容词 syncytial）

含有许多细胞核的细胞质团。

T lymphocyte，T 淋巴细胞

负责细胞介导免疫（如移植排斥）的淋巴细胞。

tailbud，尾芽

①脊椎动物胚胎后部产生部分或全部尾部的区域；②脊椎动物胚胎的系统发育型时期。

tarsal，跗骨

脚踝的骨头。

taxon，分类单元

一群生物。

taxonomy，分类学

研究生物分类的科学。

telencephalon，端脑

脊椎动物前脑的前部。

telomerase，端粒酶

DNA 复制后恢复染色体端粒的酶-RNA 复合物。

telomere，端粒

染色体的末端，由短 DNA 序列的许多拷贝组成。

telson，尾节

昆虫胚胎的未分节的后端。

temperature sensitive，温度敏感

用于描述在一种温度（通常是高温）下有影响但在另一种温度（通常是较低温度）下没有影响的突变。

teratogenic，致畸的

导致畸形效应。

teratology，畸胎学

对胚胎暴露于有毒物质、辐射或感染等有害刺激而引起的发育异常的研究。

teratoma，teratocarcinoma，畸胎瘤，畸胎癌

源自生殖细胞或多能干细胞的多能肿瘤。

terminal system，末端系统

果蝇胚胎两端激活某些基因的系统。

tet-off，四环素抑制

通过撤除四环素而激活的诱导型基因表达系统。

tet-on，四环素诱导

通过添加四环素激活的诱导型基因表达系统。

tetraploid，四倍体

基因组已被复制，因此每条染色体都包含两个母本副本和两个父本副本的生物体。

tetrapod，四足动物

四肢脊椎动物，包括两栖动物、爬行动物、鸟类和哺乳动物。

theca cell，卵泡膜细胞

卵巢的内分泌细胞。

therapeutic cloning，治疗性克隆

从克隆人胚泡制成的胚胎干细胞开始，在组织培养中产生用于移植的分化细胞。

therapeutic target，治疗靶标

可能是开发抑制或增强其活性药物的合适靶标的基因产物。

threshold response，阈值反应

在特定诱导因子浓度下，细胞状态发生急剧且不连续的变化。

tibia，胫骨

脊椎动物后肢下部的前骨（也是昆虫腿的一部分）。

tight junction，紧密连接

上皮内的带状顶端细胞连接，防止物质通过细胞之间的空间穿过上皮。

tissue，组织

源自特定类型干细胞或胚胎祖细胞的细胞集合。

tissue culture，组织培养

体外细胞生长，通常作为细胞单层。

tissue engineering，组织工程

组织和器官在体外的生长，有时在三维支架上生长，以用于移植或临时替代受损器官的功能。

tissue-specific stem cell（= adult stem cell），组织特异性干细胞（= 成体干细胞）

在更新组织中发现的干细胞；通常只定向分化形成该组织中已有的细胞类型。

topographic，空间拓扑

表示一种结构的各部分与另一种结构的部分之间的一对一映射；尤其与神经连接的形成有关。

totipotent，全能

能够自行形成一个完整的有机体。该术语过去用于胚胎干细胞，但现在专用于受精卵。

tracheae，气管

昆虫的呼吸系统。

transcription factor，转录因子

DNA 结合蛋白，控制特定基因的转录。

transcription activator-like effector nucleases（TALEN），转录激活因子样效应物核酸酶（TALEN）

以预定序列切割 DNA 的人工限制性内切酶。

transcriptome，转录物组

由特定细胞类型或细胞群产生的 mRNA 的总和。

transdetermination，转决定

果蝇成虫盘的特化状态向不同成虫盘类型状态的改变。

transdifferentiation，转分化

严格来说，是一种分化的细胞类型向另一种细胞类型的转变，而不经过未分化的中间状态；经常用作组织转化的同义词。

transfilter，转滤器

实验装置，其中信号转导组织和响应组织被具有确定渗透特性的膜分开。

transgene，转基因

引入生物体的克隆基因。

transgenesis，转基因作用

将新基因引入生物体，通常引入种系。

transit-amplifying cell，过渡性扩增细胞

更新组织中的祖细胞。它们源自干细胞，但在分化前只能分裂有限次数。

transplantation，移植

组织从有机体的一个部分到另一个部分，或从一个个体到另一个个体的移动。它可以指在胚胎上进行的显微移植，也可以指成人的器官移植。

transposable element or transposon，转座因子或转座子

一段有时可能从基因组的一个部分移动到另一个部分的DNA。

transverse section，横截面

与生物体前后轴正交的剖面。

triploblast，三胚层动物

具有三个胚层（germ layer）即外胚层、中胚层和内胚层的动物类群；大多数动物是三胚层动物。

triploid，三倍体

每个核具有三组染色体的细胞或个体。

trochophore，担轮幼体

环节动物和软体动物中发现的幼虫类型。

trophectoderm，滋养外胚层

哺乳动物胚泡外层；形成胎盘的一部分。

trophoblast，滋养层

人类胚胎或胎儿的滋养外胚层。

truncoconal swelling，圆锥干隆起

心脏流出道的向内生长，将流出道分为肺支和全身分支。

ts

= temperature sensitive = 温度敏感。

tumor suppressor gene，肿瘤抑制基因

编码生长抑制剂的基因，去除该基因将引发不受控制的生长。

turning，转向

一种形态发生运动，啮齿动物头褶阶段胚胎移动和（或）扭曲，使得背侧中线结构向着外侧呈 C 形曲线。

ulna，尺骨

脊椎动物前肢下部的后侧的骨。

umbilical tube，脐管

连接羊膜动物胚胎与卵黄团或胎盘的管子。

unfertilized egg，未受精卵

严格来说，是第二次减数分裂产生的卵子。实际上，大多数脊椎动物在次级卵母细胞阶段受精，因此该术语也经常用于次级卵母细胞。

ureteric bud，输尿管芽

肾管的增生，形成后肾的管道系统。

urochordates，尾索动物

脊索动物门的一个亚门，包含海鞘。

urodeles，有尾类

有尾巴的两栖动物，如蝾螈（newts 及 salamanders）。

vasculogenesis，血管发生

中胚层从头分化形成新血管。

vegetal hemisphere，植物半球

卵子或卵母细胞的下半球。

veliger，面盘幼体

除头足类动物外，软体动物纲的一种幼虫特征。

ventral，腹部

动物的下表面。在人体解剖学中，腹侧也称为前侧。

ventral furrow，腹沟

昆虫胚胎中预期中胚层的内陷。

ventricular septum，室间隔

心脏右心室和左心室之间的壁。

ventricular zone，室管膜层（区）

脊椎动物中枢神经系统脑室旁边的细胞区。

visceral endoderm，脏壁内胚层

胚外内胚层的一部分，最初形成啮齿类动物卵柱期胚胎的下层。

vital dye（=vital stain），活体染料（= 活体染色剂）

可应用于活体标本的染色剂。

vitelline membrane，卵黄膜

合子周围的细胞外膜。

vitellointestinal duct，卵黄肠管

羊膜动物胚胎中肠到脐管的持续投射。

viviparous，胎生

指胚胎和胎儿在母亲体内发育，由胎盘滋养。

Western blot，蛋白质印迹

使用抗体检测特定蛋白质，然后通过凝胶电泳分级分离样品，并将样品从凝胶转移到膜上。

wholemount，整体样本

被视为三维物体的样本。

wild type，野生型

遗传位点上正常出现的等位基因；或整个生物体的正常表型。

Wilson cell, Wilson 细胞

斑马鱼胚胎中赤道环内的一群细胞，它们与卵黄的细胞质保持连接并形成卵黄合胞体层。有些还形成库普弗囊泡。

Wolffian duct，Wolffian（沃尔夫）管

见 nephric duct（肾管）。

X-chromosome，X 染色体

性别决定染色体：在哺乳动物中，女性为 XX，男性为 XY。

X-inactivation，X 失活

雌性哺乳动物两条 X 染色体之一活性的关闭。

yolk，卵黄

储存在卵母细胞中并用于胚胎营养的食物储备颗粒。卵黄颗粒含有一些主要的蛋白质和脂质。

yolk sac，卵黄囊

在禽类胚胎中，附着在卵黄块上的胚外膜，由胚外中胚层和内胚层组成；在啮齿动物胚胎中，相应的结构是最终包围胎儿的三层膜的中间膜，源自连接卵柱与外胎盘锥的内胚层和中胚层。

yolk syncytial layer（YSL），卵黄合胞体层（YSL）

鱼类胚胎中，卵黄细胞和细胞化胚胎部分的交界处的合胞体区域。

zinc（Zn）finger，锌（Zn）指

一些转录因子中发现的 DNA 结合基序。可以设计锌指的人工组合来制造切割特定 DNA 序列的核酸酶。

zona pellucida，透明带

哺乳动物早期胚胎周围的透明细胞外层。

zone of polarizing activity（ZPA），极性活性区（ZPA）

位于脊椎动物肢芽后部区域的信号中心（signaling center），控制区域特化的前后图式。

zooid，个虫

一种动物，是较大群体动物的一部分，由无性出芽产生。

zootype，动物型

系统发育型阶段基因表达域的配置，定义了所有三胚层动物的共同模式。

zygote，合子

受精的卵，严格来说是指雄性和雌性原核融合阶段之后的受精卵。

zygotic，合子的

指与胚胎而不仅是母亲的基因组有关。

索 引

研究级水生模式动物养殖设备

「科研精准 喂养无忧」

研究级水生模式动物养殖设备应用于生命科学、遗传发育、医学、药理、环境监测等研究领域。适用于实验室斑马鱼、青鳉鱼、稀有鮈鲫、文昌鱼、爪蟾、蝾螈等模式动物的养殖与繁育。研究级水生模式动物养殖设备系统由净水供水单元、养殖单元、循环水处理单元组成，具有循环、过滤、消毒、增氧、温控功能，可选配光照、pH调节、电导率调节、自动喂食等功能。

上海海圣生物实验设备有限公司是一家从事水生物养殖系统设计与制造的专业生产型企业，并连续获得国家高新技术企业认定和上海市"专精特新"中小企业认定，已获得30多项专利，10多项软件著作权，在行业内率先通过了ISO9001质量管理体系认证、ISO14001环境管理体系认证、ISO45001职业健康安全管理体系认证、售后服务体系认证、知识产权管理体系认证、信息安全管理体系认证。上海海圣已与中国科学院水生生物研究所国家斑马鱼资源中心、中国科学院动物研究所、中国科学院神经科学研究所、中国科学院上海生命科学研究所、北京大学、复旦大学、浙江大学、上海交通大学、南京大学、中山大学、南开大学、山东大学、同济大学、华东师范大学、香港科技大学、四川大学华西医院、上海交通大学医学院附属瑞金医院、复旦大学附属中山医院、中山大学附属第一医院等高校医院科研单位成功合作。